W0256795

Verlag von Julius Springer in Berlin W 9

Handbibliothek für Bauingenieure

Ein Hand- und Nachschlagebuch für Studium und Praxis

Herausgegeben von

Robert Otzen

Geheimer Regierungsrat,
Professor an der Technischen Hochschule zu Hannover

I. Teil: Hilfswissenschaften .... 5 Bände
II. Teil: Eisenbahnwesen und Städtebau .. 10 Bände
III. Teil: Wasserbau .... 8 Bände
IV. Teil: Konstruktiver Ingenieurbau ...... 4 Bände

Inhaltsverzeichnis.

I. Teil: Hilfswissenschaften.

1. Band: Mathematik. Von Prof. Dr. phil. H. E. Timerding, Braunschweig. Mit 192 Textabbildungen. VIII und 242 Seiten. 1922. Gebunden RM 6.40
2. Band: Mechanik. Von Dr.-Ing. Fritz Rabbow, Hannover. Mit 237 Textabbildungen VIII und 203 Seiten. 1922. Gebunden RM 6.40
3. Band: Maschinenkunde. Von Prof. H. Weihe, Berlin-Lankwitz. Mit 445 Textabbildungen. VIII und 228 Seiten. 1923. Gebunden RM 6.40
4. Band: Vermessungskunde. Von Prof. Dr. Martin Näbauer, Karlsruhe. Mit 344 Textabbildungen. X und 338 Seiten. 1922. Gebunden RM 11.—
5. Band: Betriebswissenschaft. Von Dr.-Ing. Max Mayer, Duisburg. Mit 31 Textabbildungen. IX und 219 Seiten. 1926. Gebunden RM 16.50

II. Teil: Eisenbahnwesen und Städtebau.

1. Band: Städtebau. Von Prof. Dr.-Ing. Otto Blum, Hannover, Prof. G. Schimpff †, Aachen, und Stadtbauinspektor Dr.-Ing. W. Schmidt, Stettin. Mit 482 Textabbildungen. XII und 478 Seiten. 1921. Gebunden RM 15.—
2. Band: Linienführung. Von Prof. Dr.-Ing. Erich Giese, Charlottenburg, Prof. Dr.-Ing. Otto Blum und Prof. Dr.-Ing. Kurt Risch, Hannover. Mit 184 Textabbildungen. XII und 435 Seiten. 1925. Gebunden RM 21.—
3. Band: Unterbau. Von Prof. W. Hoyer, Hannover. Mit 162 Textabbildungen. VIII und 187 Seiten. 1923. Gebunden RM 8.—
4. Band: Oberbau und Gleisverbindungen. Von Dr.-Ing. Adolf Bloss, Dresden. Mit 245 Textabbildungen. VII und 174 Seiten. 1927. Gebunden RM 13.50
5. Band: Bahnhöfe. Von Prof. Dr.-Ing. Otto Blum, Hannover, Prof. Dr.-Ing. Risch, Hannover, Prof. Dr.-Ing. Ammann, Karlsruhe, und Regierungs- und Baurat a. D. v. Glinski, Chemnitz. Erscheint im Jahre 1927.

6. Band: Eisenbahn-Hochbauten. Von Regierungs- und Baurat C. Cornelius, Berlin. Mit 157 Textabbildungen. VIII und 128 Seiten. 1921. Gebunden RM 6.40

7. Band: Sicherungsanlagen im Eisenbahnbetriebe. Auf Grund gemeinsamer Vorarbeit mit Prof. Dr.-Ing. M. Oder † verfaßt von Geh. Baurat Prof. Dr.-Ing. W. Cauer, Berlin; mit einem Anhang „Fernmeldeanlagen und Schranken“ von Regierungsbaurat Dr.-Ing. Fritz Gerstenberg, Berlin. Mit 484 Abbildungen im Text und auf 4 Tafeln. XVI und 459 Seiten. 1922. Gebunden RM 15.—

8. Band: Verkehr und Betrieb der Eisenbahnen. Von Prof. Dr.-Ing. Otto Blum, Hannover, Oberregierungs-Baurat Dr.-Ing. G. Jacobi, Erfurt, und Prof. Dr.-Ing. Kurt Risch, Hannover. Mit 86 Textabbildungen. XIII und 418 Seiten. 1925. Gebunden RM 21.—

9. Band: Eisenbahnen besonderer Art. Von Prof. Dr.-Ing. Ammann, Karlsruhe, und Regierungsbaumeister H. Nordmann, Steglitz. Erscheint im Jahre 1927.

10. Band: Aufgaben und Technik des neuzeitlichen Straßenbaues. Von Prof. Dr.-Ing. E. Neumann, Stuttgart. Erscheint voraussichtlich Ende 1927.

III. Teil: Wasserbau.

1. Band: Grundbau. Von Prof. O. Franzius, Hannover. Unter Benutzung einer ersten Bearbeitung von Regierungsbaumeister a. D. O. Richter, Frankfurt a. M. Mit 389 Textabbildungen. XII und 360 Seiten. 1927. Gebunden RM 28.50

2. Band: See- und Seehafenbau. Von Prof. H. Proetel, Aachen. Mit 292 Textabbildungen. X und 221 Seiten. 1921. Gebunden RM 7.50

3. Band: Flußbau. Von Regierungs-Baurat Dr.-Ing. H. Krey, Charlottenburg.

4. Band: Kanal- und Schleusenbau. Von Regierungs-Baurat Friedrich Engelhard, Oppeln. Mit 303 Textabbildungen und einer farbigen Übersichtskarte. VIII und 261 Seiten. 1921. Gebunden RM 8.50

5. Band: Wasserversorgung der Städte und Siedlungen. Von Prof. O. Geißler, Hannover, und Geh. Reg.-Rat Prof. Dr.-Ing. J. Brix, Charlottenburg. Erscheint voraussichtlich im Jahre 1927.

6. Band: Entwässerung der Städte und Siedlungen. Von Geh. Reg.-Rat Prof. Dr.-Ing. J. Brix und Prof. O. Geißler, Hannover. Erscheint voraussichtlich Ende 1927.

7. Band: Kulturtechnischer Wasserbau. Von Geh. Reg.-Rat Prof. E. Krüger, Berlin. Mit 197 Textabbildungen. X und 290 Seiten. 1921. Gebunden RM 9.50

8. Band: Wasserkraftanlagen. Von Prof. Dr.-Ing. Adolf Ludin, Berlin. Erscheint im Jahre 1927.

IV. Teil: Konstruktiver Ingenieurbau.

1. Band: Statik. Von Prof. Dr.-Ing. Walther Kaufmann, Hannover. Mit 385 Textabbildungen. VIII und 352 Seiten. 1923. Gebunden RM 8.40

2. Band: Der Holzbau. Von Dr.-Ing. Th. Gesteschi, Berlin. Mit 533 Textabbildungen. X und 421 Seiten. 1926. Gebunden RM 45.—

3. Band: Der Massivbau. (Stein-, Beton- und Eisenbetonbau.) Von Geh. Reg.-Rat Prof. Robert Otzen, Hannover. Mit 497 Textabbildungen. XII und 492 Seiten. 1926. Gebunden RM 37.50

4. Band: Eisenbau. Von Prof. Martin Grüning, Hannover. Erscheint im Jahre 1928.

Handbibliothek für Bauingenieure

Ein Hand- und Nachschlagebuch für Studium und Praxis

Herausgegeben

von

Robert Otzen

Geh. Regierungsrat, Professor an der Technischen Hochschule zu Hannover

II. Teil. Eisenbahnwesen und Städtebau. 10. Band:

Der neuzeitliche Straßenbau

Von

E. Neumann

Berlin

Verlag von Julius Springer

1927

Der neuzeitliche Straßenbau

Aufgaben und Technik

Von

E. Neumann

Dr.-Ing., o. Professor an der Technischen Hochschule zu Stuttgart

Mit 210 Textabbildungen

Berlin

Verlag von Julius Springer

1927

ISBN-13: 978-3-642-89107-6 e-ISBN-13: 978-3-642-90963-4
DOI: 10.1007/978-3-642-90963-4

Softcover reprint of the hardcover 1st edition 1927

Vorwort.

Die lebhafte Entwicklung des Straßenbaues in den letzten Jahren hat das Erscheinen einer großen Zahl von Schriften auf diesem Gebiet zur Folge gehabt. Die Mehrzahl dieser Veröffentlichungen befaßt sich aber mit Einzelgebieten, und es fehlt immer noch ein zusammenfassendes Handbuch, das, ausgehend von dem neuen Straßenverkehrsmittel Kraftwagen, die Aufgaben und die Technik des auf dem Kraftwagenverkehr beruhenden neuzeitlichen Straßenbauses erschöpfend behandelt.

Mit dem vorliegenden Buch mache ich den Versuch, diesem Mangel abzuhelfen. Dabei habe ich mich auf all den Gebieten, auf denen die Ergebnisse noch nicht abgeschlossen sind, und bei denen es überhaupt noch an der Durchforschung fehlt, damit begnügen müssen, auf Teilergebnisse oder auf die noch zu lösende Aufgabe hinzuweisen. Wenn ich häufig die Ergebnisse und Erfahrungen des Auslandes, insbesondere der Vereinigten Staaten von Amerika erwähnt habe, so ist dies nicht auf eine übermäßige Einschätzung des ausländischen Straßenbaues zurückzuführen, sondern darin begründet, daß das Kraftfahrwesen im Ausland schneller eine größere Ausdehnung genommen hat, und infolgedessen daselbst bereits längere Erfahrungen über den Straßenbau vorliegen, deren Kenntnis uns nicht schaden, vielleicht aber nützen kann. Ich habe versucht, die Anforderungen, die dem deutschen Straßenbau in der Gegenwart gestellt sind, besonders hervorzuheben. Hinweise der Fachgenossen auf Irrtümer, Lücken und Verbesserungen werde ich gern entgegennehmen. Meinem Assistenten, Herrn Dipl.-Ing. Franz Pöpel, danke ich für seine aufmerksame Mitarbeit bei der Herstellung der Abbildungen, der Verlagsbuchhandlung für die Ausstattung der Schrift und schnelle Drucklegung.

Stuttgart, im August 1927

Erwin Neumann.

Inhaltsverzeichnis.

Verzeichnis der Abkürzungen.

Stu. f. A.	Studiengesellschaft für Automobilstraßenbau.
V. ü. Kfzgv.	Verordnung über den Kraftfahrzeugverkehr.
D. V. M.	Deutscher Verband für Materialprüfung der Technik.
A. S. T. M.	American Society for Testing Materials.
D. Str. B. V.	Deutscher Straßenbauverband.
I. Str. K.	Internationaler Straßenkongreß.
Z. f. A. T.	Zentralstelle für Asphalt- und Teerforschung.
U. S. B. of P. R.	United States Bureau of Public Roads.
V. St. A.	Vereinigte Staaten von Nordamerika.
V. T.	Verkehrstechnik.
Str.B.	Der Straßenbau.
Z. V. D. I.	Zeitschrift des Vereins deutscher Ingenieure.
Z. f. T. u. Str.	Zeitschrift für Transportwesen und Straßenbau.
Z. d. B.	Zentralblatt der Bauverwaltung.
P. R.	Public Roads.
T. G.	Technisches Gemeindeblatt.
Bztg.	Süddeutsche Bauzeitung.
Schw. Z. f. Str.	Schweizerische Zeitschrift für Straßenwesen.
B. u. G.	Bauamt und Gemeindebau.
A. T. I.	Asphalt- und Teerindustriezeitung.
Bauing.	Der Bauingenieur.
B. T.	Die Bautechnik.
Eng. News Rec.	Engineering News Record.
St. T.	Der städtische Tiefbau.
H. f. B.	Handbibliothek für Bauingenieure.
V. T. W.	Verkehrstechnische Woche.

Berichtigungen.

S. 48. Z. 26 v. o. lies „Gelände“ statt „Gebäude“.
S. 52. Z. 30 v. o. lies „v“ statt „V“.
S. 75. Zusammenstellung 17 lies „100 km“ statt „1 km“.
S. 78. Abb. 53. Die Numerierung der Schaltgänge ist verwechselt und nach Abb. 30 zu berichtigen.
S. 131. Z. 8 v. o. lies „Chlorcalcium“ statt „Chlornatrium“.
S. 189. Z. 4 v. u. lies „das“ statt „daß“.
S. 195. Z. 25 v. o. lies „denn“ statt „endn“.
S. 214. Z. 1 v. o. lies „m“ statt „cm“.
S. 214. Z. 5 v. o. lies „Feststellung“ statt „Textstellung“.
S. 228. Z. 9 v. u. lies „40°“ statt „40“.
S. 326. Z. 6 v. o. lies „vier Deckenarten“ statt „drei Dekenarten“.
S. 360. Z. 3 v. o. lies „2000 m^3“ statt „200 m^3“.
S. 365. Z. 7 v. o. lies „die“ statt „dir“.
S. 365. Z. 8 v. o. lies „Aufreißer“ statt „Aufreißee“.

Das auf S. 187 beschriebene Verfahren zur Härtung der Stampfasphaltdecken ist als D. R. P. angemeldet.

I. Entwicklungslinien zum neuzeitlichen Straßenbau.

Eine Schrift, die sich mit dem neuzeitlichen Straßenbau befaßt, muß davon ausgehen, daß Fahrzeug und Straße nach Einführung des Kraftfahrzeuges in engsten Beziehungen zueinander stehen. Man hat den Ausdruck geprägt und ihm auch durch die Anordnung der Straßeneinteilung sichtbare Form gegeben, daß die Straße, auf der sich der Kraftwagen bewegt, einen bahnmäßigen Charakter haben muß. Wir müssen uns der dynamischen Kräfte, die im heutigen Straßenverkehr stecken und durch ihn zur Wirkung kommen, mehr bewußt werden und ihnen in der Ausgestaltung der Straßen Genüge tun. Alle dynamischen Wirkungen sind mit Verlusten verbunden. Diese auf das Mindestmaß einzuschränken, ist heute der Leitgedanke bei allen technischen Aufgaben. Das Streben nach dem größten Erfolge mit dem geringsten Aufwand von Mitteln muß auch im neuzeitlichen Straßenbau einsetzen. Zwar hat Launhardt in seiner Schrift über kommerzielle Trassierung diesen Gedanken schon aufgegriffen. Die einfache Form der Straßenbeförderung zu seiner Zeit, das geringe Verständnis der Wirtschaft für die Ermittlung der Beförderungskosten, die mangelnde Übersicht über Größe und Art des Verkehres und der Stillstand des Straßenverkehres nach dem Bau der Eisenbahnen wird wohl die Veranlassung gewesen sein, daß die von ihm aufgestellten Grundgedanken keine ausgiebige Anwendung im Straßenbau gefunden haben. Vor allem sind sie durch die Entwicklung überholt. Es muß hier auf den Unterschied zwischen Straße und Eisenbahn aufmerksam gemacht werden. Im Eisenbahnverkehr liegen Bahn und Beförderung in einer Hand, die Beförderungskosten sind an die Bahnunternehmer zu entrichten. Sie unterliegen der öffentlichen Kritik. Der Eigentümer der Straße — Staat, Provinz, Gemeinde — hat mit dem Straßenverkehr keine wirtschaftliche Verbindung. Er hat bisher dem Beförderungsgewerbe die Straße zur Verfügung gestellt, ohne sich darum zu kümmern, ob der Benutzer auch den wirtschaftlichsten Gebrauch davon gemacht hat. Das hat in der Natur der Sache gelegen. Die Bau- und Unterhaltungskosten hat die Allgemeinheit, besonders nach Fortfall der Chausseegelderhebung, getragen. Nachdem aber die stärkere Inanspruchnahme der Straßen durch das Kraftfahrzeug seine Heranziehung zu den Kosten notwendig gemacht hat, ist die Beziehung zwischen Fahrzeug und Straße hergestellt. Sie sind aufeinander angewiesen. Zudem ist das Kraftfahrzeug eine Maschine von hoher Empfindlichkeit. Seine Unterhaltung, Lebensdauer und Leistung wie Betriebskosten werden durch den Zustand der Straße in höherem Maße beeinflußt, als es bei dem Pferdewagen der Fall ist. Bei den hohen Werten, die heute im Kraftwagenpark eines Landes stecken, muß man auf diese Eigenschaften ganz besondere Rücksicht nehmen. Die volkswirtschaftlichen Verluste an Triebstoff, Reifenverschleiß, beschränkte Lebensdauer der Wagen und die ungenügende Ausnutzung der Fahrgeschwindigkeit und Auslastung schlagen so zu Buch, daß sich heute kein Land mehr den Luxus schlechter Straßen leisten kann. Da aber andererseits die Kosten für den Straßenbau und die Unterhaltung zu gewaltigen Summen anschwellen, wird heute die Straßenbautechnik die schwierige Aufgabe zu lösen haben, den richtigen Ausgleich zwischen den Aufwendungen für die Straße und für die Beförderungskosten zu finden, vor allen Dingen, um aus den Ersparnissen in der Beförderung einen Anteil für den Bau und Unterhaltung der Straßen beanspruchen zu können. Diese Aufgabe wird auf recht verschiedene Weise gelöst werden müssen. Es wäre falsch, nur eine Lösung für die richtige zu halten. Die örtlichen Bedingtheiten werden einen gewichtigen Einfluß haben. Die Kunst des Straßenbauingenieurs wird darin beruhen, auf Grund seiner Erfahrungen und des geschulten Blickes für den ihm unterstellten Bezirk die besonderen Bedingungen zu erkennen und die richtigen Mittel zur Lösung zu finden und anzuwenden. Aufgabe dieser Schrift kann daher nur sein, dem Straßenbauingenieur die Mittel und das Rüstzeug an die Hand zu geben, um ihn auf die Lösung seiner Aufgabe hinzuführen.

Zu beachten ist besonders, daß wir in Deutschland, im Gegensatz zu den Vereinigten Staaten von Amerika und anderen noch weniger erschlossenen Ländern, schon ein gut angelegtes und ausgebautes Landstraßennetz haben. Das macht die Aufgabe noch besonders schwierig und wird zu eigenartigen Lösungen zwingen. Ferner besteht ein großer Gegensatz in der Technik des Kraftfahrzeuges und der der Straße, der weiterhin vor schwierige Entscheidungen stellt. Die Maschinentechnik schreitet sehr schnell vorwärts, sie hat alle Mittel ausgebildet, um die Wirkungen von Erfindungen und Verbesserungen schnell beurteilen zu können, wobei viele Konstruktionen auf mathematisch-mechanischer Berechnung beruhen. Ganz anders liegt der Fall bei der Straße. Bisher ist es nur in bescheidenem Maße gelungen, die Beanspruchungen des Kraftfahrzeuges auf die Straßen in ihrer tatsächlichen Größe festzustellen. Es wirken bei der Fahrt eines Kraftwagens so viele Kräfte auf die Straße, daß ihre Erfassung unmöglich erscheint. Die Beziehungen zwischen Rad und Straße sind so verwickelt geworden, daß man mit einer mehr handwerksmäßigen Ausübung im Straßenbau, wie es früher der Fall gewesen ist, nicht mehr zum Ziele kommt. Verkehrssicherheit und Wirtschaftlichkeit in der Straßenbenutzung rufen nach der Leitung durch wissenschaftlich geschulte Kräfte, die das ganze Rüstzeug der technischen Wissenschaften auf den Straßenbau anzuwenden verstehen. Um dem schnellen Fortschritt in der Fahrzeugtechnik nachzukommen und auch die Verbesserungen in der Straßentechnik schnell auf ihren Wert festzustellen, wird nichts anderes übrigbleiben, da die Beobachtung auf einer dem üblichen Verkehr ausgesetzten Straße zu lange Zeit beansprucht, besondere Versuchsstraßen anzulegen und zu betreiben und die Ergebnisse auf diesen Versuchsstraßen auf die Verkehrsstraßen zu übertragen. Dabei wird auf diesen Versuchsstraßen nicht nur die Bewährung der einzelnen Deckenarten in ihrem materialtechnischen Verhalten, sondern auch nach ihrer Wirtschaftlichkeit, bezogen auf eine Verkehrsgröße, festzustellen sein. Diese Untersuchungen werden zugleich die Prüfung und die Bewertung der Bau- und Konstruktionsstoffe in der Prüfungsanstalt erfordern, damit man Güteziffern erhält, aus denen man auf die Zweckmäßigkeit und Brauchbarkeit der Stoffe für bestimmte Verhältnisse schließen kann. Der neuzeitliche Straßenbau stellt also eine Fülle von Aufgaben, deren Lösungen nicht aufgeschoben werden können. Denn das Kraftfahrzeug hat sich, wie man es bei jedem neuen Verkehrsmittel beobachten kann, mit einer solchen Kraft durchgesetzt und wird unser Wirtschafts- und Verkehrsleben in solchem Maße beeinflussen, daß seine weitere Entwicklung an der Straße nicht zum Scheitern kommen darf und auch nicht wird. Der Gedanke, daß etwa das Flugwesen das Kraftfahrzeug ausschalten könnte, ist ebenso abwegig, als ob dem Eisenbahnverkehr durch den Kraftwagen Abbruch geschehen könne. Man hat stets die Beobachtung gemacht, daß ein Verkehrsmittel das andere nicht ablöst, sondern nur ergänzt. Die auf der Eisenbahn unwirtschaftlichen Frachten werden auf den Kraftwagen übergehen und damit die Eisenbahn entlasten und ihre Leistung steigern. Es kommt in Frage die Beförderung von hochwertigen Stückgütern auf verhältnismäßig kurzen Strecken, z. B. Industrieerzeugnisse und

Lebensmittel — Milch, Gemüse, Vieh. Im Personenverkehr wird die Eisenbahn von dem ihr lästigen und wenig einträglichen Nah- und Siedlungsverkehr insofern entlastet werden, als der weitere Zuwachs dieses Verkehres, mit dem bestimmt zu rechnen ist, nicht allein auf die Eisenbahn, sondern auch auf den Kraftomnibus übergehen wird. Es ist für deutsche Verhältnisse kaum anzunehmen, daß die Eisenbahnen und Straßenbahnen ihre Linien werden stillegen und zum Kraftwagenbetrieb übergehen müssen, wie es z. Z. in den Vereinigten Staaten von Nordamerika bisweilen schon geschehen ist. Solche Fälle werden nur ganz vereinzelt auftreten. Dagegen wird der Kraftomnibus sowohl im inner- und außerstädtischen Verkehr, wie im Überlandverkehr eine bedeutende Stelle einnehmen. Es ist sehr wohl denkbar, daß der gesamte Landverkehr auf Kraftomnibus und Lastkraftwagen übergehen wird und damit der Ausbau der Kleinbahnnetze abgeschlossen ist.

Dem Flugverkehr wird der Kraftwagen etwas Personen- und Postverkehr abgeben, aber es ist kaum anzunehmen, daß sich hier irgendwelche Verschiebungen bemerkbar machen werden. Vielmehr wird der Flugverkehr, dessen Vorteile in dem Zeitgewinn auf sehr großen Strecken liegt, sich sein eigenes Verkehrsgebiet und Verkehrsgut schaffen und sich in die bestehenden Verkehrsarten eingliedern.

Wenn man besonders berücksichtigt, welche Anwendung der Kraftwagen in der Landwirtschaft in den V. St. A. gefunden hat, möchte man glauben, daß er berufen ist, die Agrarfrage, die allen Ländern, die zugleich Industrieländer sind, ernste Schwierigkeiten bereitet, zu lösen, indem er die Landbewohner der Stadt näherbringt und den schnellen und wirtschaftlichen Austausch der Güter bewirkt, abgesehen davon, daß auch die Mechanisierung des landwirtschaftlichen Betriebes durch den Kraftwagen die landwirtschaftliche Erzeugung erhöhen kann. Deshalb wird letzten Endes die Erstellung eines für den Kraftwagen geeigneten Straßennetzes, auf dem er sich leicht, gefahrlos und billig unter Ausnutzung seiner Vorteile bewegen kann, nicht nur dem Kraftwagen und seiner Erzeugungsindustrie nebst allen Nebenbetrieben, sondern dem ganzen Lande selbst zugute kommen.

Die Wandlung im Straßenbau hat sich nun keineswegs sprunghaft vollzogen, sondern die heutigen Vorgänge haben ihre Vorläufer gehabt. Noch ehe der Kraftwagen als Beförderungsmittel erschienen ist, hat eine Bewegung im Straßenbau eingesetzt, die man bereits als eine neuzeitliche ansprechen muß. Sie ist durch dieselben Erscheinungen hervorgerufen worden, die dann später auch zum Bau von Selbstfahrern geführt hat, so daß beides, neuzeitlicher Straßenbau und Kraftwagen, auf denselben Ausgangspunkt zurückgeführt werden müssen, und dieser Ausgangspunkt ist im Übergang von der Agrarwirtschaft zur Industrie zu suchen. Die Industrialisierung der Kulturländer hat zur Städtebildung geführt, jene Anhäufung von Menschenmassen, deren Notwendigkeit in dem vorhandenen Ausmaß zwar bestritten wird, die aber einmal da ist und ihre Anforderungen stellt. In der Entwicklung zur Großstadt hat die Straße eine wesentliche Rolle gespielt. Um überhaupt die Großstadt durchführen zu können und ihre Entwicklung in die richtigen Bahnen zu lenken, hat man besondere Rechtsverhältnisse für die Straße schaffen müssen. Die Straße als Mittel zum Anbau hat eine andere Behandlung in rechtlicher und technischer Beziehung erfordert, als die frühere Straße, die den Verkehr von der Gutswirtschaft zum Acker und von Ortschaft zu Ortschaft vermittelt und nur einem mäßigen Verkehr dient. Die Geburtsstunde des neuzeitlichen Straßenbaues muß man daher in Deutschland etwa in die Zeit von 1870 verlegen, als die Entwicklung zur Großstadt eingesetzt hat.

Der Städtebau fordert, die Straßen nach Wohnstraßen und Verkehrsstraßen zu unterscheiden. Die Wohnstraßen dienen dem Anbau, der Besonnung und Belüftung der Blöcke und Häuser, sie vermitteln den Zugang zu den Wohnungen und nehmen die Versorgungsleitungen auf. Der Verkehr auf ihnen ist nur gering. Diesen Anforderungen entsprechend müssen die Straßen ausgestaltet werden. Vor allen Dingen muß bei ihnen auf die Bedürfnisse der Anwohner Rücksicht genommen werden, auf ihre Ruhe, Gesundheit und Wohlbehagen, aber auch auf die Wirtschaftlichkeit der Geländeerschließung, die nur durch billige Straßen gewährleistet ist. Bei den Verkehrsstraßen muß diesen Anforderungen zwar auch Genüge getan werden, sie müssen aber zugleich mit denjenigen des Verkehres vereinigt werden. Der Verkehr nimmt hier die vorherrschende Stellung ein. Da zugleich mit dem Anwachsen der Städte eine erhebliche Zunahme des Verkehres eingetreten ist, hat man bessere als die sonst üblichen Deckenbefestigungen wählen müssen, um die Unterhaltungskosten herabzusetzen, um Wagen und Zugtiere zu schonen, eine leichte Reinigung zu ermöglichen, die starken Geräusche und die Staubbildung, die auf schlechtem Pflaster auftreten, zu verhindern. Man ist zu einem Straßenbau damals übergegangen, dessen besondere Eigenart seine hygienischen Vorzüge sind, die Geräusch- und Staubarmut. Es ist bekannt, daß das Stampfasphaltpflaster im Jahre 1873 in Berlin gerade wegen seiner Geräuschlosigkeit eingeführt worden ist. Daß es sich später dann sogar als das wirtschaftlichste erwiesen hat, spricht für den richtigen Blick der Ingenieure, die zu seiner Anwendung geschritten sind[1].

Der städtische Straßenbau hat dann im Laufe der Entwicklung unserer Großstädte ein reiches Arbeitsfeld gefunden. Den Aufwendungen, die der Straßenbau erfordert, stehen aber sichtbare Einnahmen nicht gegenüber. Deshalb haben die Ingenieure alle technischen Errungenschaften im Bauwesen heranziehen müssen, um durch eine wirtschaftliche Betriebsführung im Straßenbau die Ausgaben soweit als möglich einzuschränken. Man hat das auch auf dem Wege erreicht, daß man bei der ersten Herstellung von Anbaustraßen gemäß § 15 des Fluchtliniengesetzes in Preußen den Anliegern eine möglichst gute Straßenbefestigung vorgeschrieben hat. In diesem Bestreben ist man allerdings bisweilen über das Ziel hinausgeschossen, aber weniger bei der Straßenbefestigung, als bei den sonstigen Auflagen, die man den Anliegern gemacht hat — Beiträge zu Parkanlagen, Untergrundbahnen u. a. m. Der Auffassung des späteren Reichskanzlers Dr. Luther in seiner Schrift über den Immobiliarkredit vom Jahre 1914[2], daß die Straßen bisweilen zu sehr für die Ewigkeit befestigt erscheinen, kann nicht beigetreten werden. Solange die Wohnstraßen durch Anbau mit fünfgeschossigen Häusern zu Verkehrsstraßen gestempelt worden sind, hat man einen dauerhaften, hygienisch besonders einwandfreien Straßenbau betreiben müssen. Dagegen hat die Anlegung der Wohnviertel in flachen Bauweisen, von denen Verkehr durch die richtige Anlegung des Bebauungsplanes ferngehalten wird, gestattet, die Anforderungen an die Straßenbefestigung, was Breite der Verkehrsstreifen und Widerstandsfähigkeit der Fahrbahndecke anbetrifft, herabzumindern. Dagegen hat man die hygienischen Anforderungen beibehalten müssen. Diese Verhältnisse haben dem Straßenbauingenieur wieder neue Aufgaben gestellt, die nahezu wohl als gelöst gelten können.

Um die Jahrhundertwende herum haben die Straßen in allen Groß- und Mittelstädten in der ganzen zivilisierten Welt, kann man sagen, einen hohen Grad der Vollkommenheit gehabt und dem damals im Verkehrsleben erscheinenden Kraftwagen die Wege geebnet. Man muß sich darüber klar sein, daß die Einführung des Kraftwagens sich nicht so schnell hätte durchführen lassen, wenn infolge der schlechten Beschaffenheit der Straßen seine anfänglich an sich noch hohen Betriebskosten noch erhöht worden wären. Der Kraftomnibus ist anfangs überhaupt an die guten Straßen gebunden gewesen, weil auf schlechten Straßen sein Reifen- und Getriebeverschleiß so groß geworden wäre, daß er den Wettbewerb mit den anderen öffentlichen Verkehrsmitteln nicht hätte aufnehmen können. Der gute Zustand der städtischen Straßen in allen Ländern — Deutschland, Frankreich, England, Nordamerika — hat dem Kraftwagen den Boden bereitet und seine Ausbreitung gefördert. Den durch den Kraftwagen hervorgerufenen Beanspruchungen ist die meist fugenlose ebene und mit gutem Unterbau versehene Straße in der Stadt im allgemeinen gewachsen.

Neue und dringliche Aufgaben im Straßenbau hat der Kraftwagen gestellt, als er von den städtischen Straßen auf die Landstraßen übergegangen ist. Vor dieser Zeit haben die Landstraßen an der Entwicklung der Technik im städtischen Straßenbau nicht teilgenommen. Sie haben nach dem Bau der Eisenbahnen kaum noch Anregungen zu besonderen technischen Maßnahmen geboten. Durch die in der letzten Hälfte des Jahrhunderts eingetretene Ertragssteigerung der Landwirtschaft und durch die Ansiedlung von Industrien auf dem Lande, hat der Verkehr auf den Landstraßen zwar eine Zunahme erfahren, die aber zu wesentlichen Veränderungen an den Straßen nicht geführt hat. Die einzige Neuerung ist das von Gravenhorst im Jahr 1887 erfundene Kleinpflaster gewesen, das überall dort angewendet worden ist, wo schon längst die sonst übliche Schotterdecke den Verkehrsansprüchen nicht mehr gewachsen gewesen ist. Aber einen großen Umfang hat diese Verbesserung der Straße nicht angenommen. Nach Angaben auf der Münchener Verkehrsausstellung haben sich die einzelnen Pflasterarten auf die Straßen der preußischen Provinzen und der sämtlichen deutschen Landkreise folgendermaßen verteilt:

Zusammenstellung 1.

Straßen der	Groß-pflaster	Klein-pflaster	Klinker-bahnen	Steinschlag-Decken	Teer u. Asphalt	Sonst. Straßen	Sa.
Preußische Provinzen	5268	3619	1826	40133	32	682	51560
Der Landkreise . . .	16637	3046	1855	99003		3767	124308
Summe	21905	6665	3681	139136	32	4449	175868
In vH-Teilen	12,5	3,8	2,1	79,1		2,5	100

Der Anteil des Kleinpflasters beträgt nur 3,8 vH.

Mehr als Dreiviertel der Straßen sind noch mit Steinschlagdecken befestigt. Dazu kommen noch 4449 km sonstige Befestigung, worunter zum überwiegenden Teile Straßen mit ganz leichter Decke gehören. Wie bekannt, sind aber Steinschlagdecken und noch leichtere Befestigungen den Beanspruchungen der Kraftwagen nicht gewachsen. Die Schwierigkeiten, die hier in technischer und geldlicher Hinsicht zu lösen sind, um die Landstraßen den besonderen Eigenarten des neuen Verkehrsmittels anzupassen, sind recht erheblich und stellen vor ernste Entscheidungen.

Der Kraftwagen hat auch insofern eine andere Auffassung in den Straßenbau hineingebracht, als die scharfe Trennung zwischen Landstraße und Stadtstraße nicht mehr gerechtfertigt ist, wenigstens, was die Straßenbefestigung anbelangt. Der Kraftwagen stellt für die Stadt- und Landstraße die gleichen Anforderungen, beispielsweise auf dem Gebiete der Staubbekämpfung, die bisher nur in den Städten dringend ist, nunmehr aber auch auf den Landstraßen eingeführt werden muß. Sie wird im übrigen nicht für sich allein zu behandeln sein, sondern die Staublosigkeit wird sich aus der besseren Deckenbefestigung von selbst ergeben. Ein Unterschied zwischen Land- und Stadtstraße wird nur noch im Kern der Städte anzunehmen sein, wo die Kraftwagen bei geringerer Fahrgeschwindigkeit aber durch die große Zahl besondere Maßnahmen in der Straßenanlage für die Verkehrsregelung verlangen. In den Außenbezirken der Städte und auf der Landstraße wird das Bestreben, dem Kraftwagen die volle Ausnützung seiner Eigenschaften zu gestatten, zu den gleichen technischen Anordnungen führen müssen.

II. Die neuzeitlichen Straßenverkehrsmittel.

A. Fahrrad und Kraftrad.

Als erstes Massenverkehrsmittel in Form des Selbstfahrers ist das Fahrrad anzusehen. Bei dem geringen Preise, zu dem jetzt die Fahrräder auf den Markt kommen, hat die handarbeitende Bevölkerung leicht die Möglichkeit, es zu erwerben. Sie benutzt es auf den Wegen zur und von der Arbeitsstätte und zur Erholung. Das Fahrrad ermöglicht es demnach der in den Außenbezirken der Städte oder auf dem Lande wohnenden Bevölkerung, ihre Wohnungen zu behalten und in der Stadt Arbeit und Beschäftigung zu nehmen. Einen Anhalt für den Umfang des Radfahrverkehres geben einige Zahlen. Vor dem Kriege sind in Deutschland jährlich etwa 1000000, nach dem Kriege zeitweilig sogar bis 2400000 Fahrräder hergestellt worden, von denen aber ein Teil ins Ausland ausgeführt worden ist. Immerhin sind genügend im Lande verblieben, so daß eine weitere Zunahme des Radfahrverkehres zu erwarten ist. Städte in günstiger ebener Lage, wie Magdeburg, Kopenhagen, Amsterdam weisen so viele Fahrräder auf, daß etwa auf drei bis vier Einwohner ein Fahrrad kommt. Es muß deshalb auf das Fahrrad bei der Straßenanlage Rücksicht genommen werden. Da seine Geschwindigkeit geringer ist als die der Kraftwagen, so muß man die Fahrstreifen des Fahrrades von denen der Kraftwagen trennen. Es verlangt zwar keine besonders widerstandsfähige Befestigung, immerhin ermüdet der Benutzer weniger, wenn er eine ebene und glatte Fahrbahn benutzt, so daß es im öffentlichen Interesse liegt, die Fahrradwege mit fugenloser Decke zu versehen. Der Bau des Fahrrades dürfte als abgeschlossen anzusehen sein, denn es sind in den letzten Jahren kaum noch Verbesserungen eingeführt worden. Eine Vervollkommnung kann nur noch im motorischen Antrieb gesehen werden. Nach dieser Richtung geht denn auch die Entwicklung. Vom leichten mit Hilfsmotor angetriebenen Fahrrad bis zum schwersten Kraftrad gibt es eine ganze Reihe von Zwischenstufen, die je nach dem Zweck den sie erfüllen sollen, Verwendung finden. Nach der Verordnung über das Kraftwesen v. 5. Dezember 1925 werden mit Krafträdern solche Kraftfahrzeuge bezeichnet, die auf nicht mehr als 3 Rädern laufen und nicht mehr als 200 kg Gewicht im betriebsfähigen Zustande haben. Als Krafträder gelten außerdem Kraftfahrzeuge mit 2 Laufrädern und 2 seitlichen Stützrädern, wenn ihr Eigengewicht im betriebsfertigen Zustande 300 kg nicht übersteigt.

Nach der Statistik des Deutschen Reiches sind am 1. Juli 1926 236387 Großkrafträder und 26934 Kleinkrafträder in Deutschland im Gebrauch gewesen. Die große Zahl der Krafträder und die starke Zunahme (46,4 vH i. J. 1926 gegen 1925) läßt annehmen, daß sie sich auch in den Kreisen der werktätigen Bevölkerung eingebürgert haben und als Verkehrsmittel benutzt werden, um die Entfernung zwischen Wohnung und Arbeitsstätte abzukürzen. Um ihre Verwendung für diesen Zweck nicht durch falsche Steuermaßnahmen zu unterbinden, ist die Steuer auf Krafträder nach dem letzten Kraftfahrzeugsteuergesetz nicht in dem gleichen Maße erhöht wie bei den anderen Kraftfahrzeugen. Bezüglich des Einflusses auf die Straßen wird man das leichte Kraftrad mehr dem Fahrrad zurechnen, das schwere dagegen dem leichten Personenkraftwagen gleichsetzen müssen. Das Kraftrad bietet aber den Vorteil, daß es auch auf Wegen fahren kann, die für einen vierrädrigen Kraftwagen unbenutzbar sind.

Die verkehrswirtschaftliche Bedeutung des Kraftrades wird aber immer nur eine beschränkte bleiben. Das erkennt man an seiner geringen Verwendung in den Ländern, wo der Kraftwagen selbst das Feld beherrscht. So findet man z. B. in den V. St. A. Krafträder nur in geringer Zahl. Der niedrige Anschaffungspreis eines mehrsitzigen Personenwagens hat dort das Kraftrad nicht aufkommen lassen. Der Güterbeförderung kann es nur in sehr bescheidenem Maße dienen, allenfalls als Dreirad z. B. in der Form der Zyklonette. Sein Eigengewicht ist aber dann schon so groß, daß es die für Krafträder festgesetzte Grenze von 300 kg übersteigt und als Kraftwagen zu gelten hat.

B. Personen- und Lastkraftwagen.

a) Statistische Angaben.

Die Ausbreitung des Kraftwagens als Personen- und Lastkraftwagen in Deutschland ist durch die folgenden Zahlen des Bestandes in den Jahren 1914 und 1926[3] gekennzeichnet:

Zusammenstellung 2. Zahl und Verwendungszweck der Kraftfahrzeuge.

Bezeichnung	1914	1926
Großkrafträder	20611	236387
Personenkraftwagen	55000	
Droschken und Omnibusse im öffentlichen Fuhrverkehr		20392
Für Zwecke der Behörden		4208
Für gewerbliche, berufliche und andere Zwecke		181856
Lastkraftwagen	9071	
Bis 2000 kg Eigengewicht		33208
Mit mehr als 2000 kg Eigengewicht:		
Für Dienste der Behörden		6082
In land- und forstwirtschaftlichen Betrieben		2430
Im Transportgewerbe		6208
Für Handels-, Gewerbebetriebe und andere Zwecke		42091
Kraftfahrzeuge für sonstige Zwecke:		
Zugmaschinen ohne Güterladeraum		10263
Feuerlöschwagen, Straßenreinigungsmaschinen		1769
Kraftfahrzeuge insgesamt	84682	544894
Außerdem Kleinkrafträder		26934

Zusammenstellung 3. Weltbestand an Kraftwagen.

Staat	1926	
	Personen- u. Lastkraftwagen in 1000 Stück	Auf einen Wagen entfallen Einwohner
Ver. Staaten von Amerika	19954	6
Großbritannien	903	49
Frankreich	735	54
Canada	720	12
Deutschland (ohne Saargebiet)	296	211
Italien	115	346
Belgien	93	82
Schweden	82	74
Spanien	76	286
Dänemark	67	51
Schweiz	38	102

Der Kraftfahrzeugbestand ist aber ungleichmäßig über die einzelnen Bezirke Deutschlands verteilt. Er ist am größten in den dichtbevölkerten, industriellen Bezirken und am niedrigsten in den rein landschaftlichen Gegenden. Im Rheinland kommen auf 1 Kraftwagen 103 Einwohner, in Berlin 86, in Ostpreußen 237, in Oberschlesien 339, im Staate Sachsen 86, in Mecklenburg 128.

An sich ist der Bestand an Kraftwagen in Deutschland gegenüber anderen Kulturländern als gering zu bezeichnen. Er wird mehrfach überholt durch die westlichen Länder, wie aus der Zusammenstellung 3 zu entnehmen ist, die den Weltbestand an Kraftwagen wiedergibt.

b) Anteil am städtischen Verkehr.

Die Zahl der Wagen kann aber allein nicht ausschlaggebend sein für die Beurteilung des Anteiles am Gesamtverkehr. Die größere Geschwindigkeit des Wagens und seine jederzeitige Fahrtbereitschaft gestattet eine größere Ausnutzung als beim Pferdewagen, infolgedessen belastet auch der Kraftwagen räumlich wie dynamisch die Straßen in größerem Umfange. Das gilt vornehmlich in den Städten. Der Kraftwagen hat sich in den übrigen Straßenverkehr hineingeschoben, ohne daß dieser Verkehr an sich merkbar abgenommen hat. Das zeigen deutlich die gelegentlich aufgenommenen Verkehrszählungen. Da diese früher nicht überall nach einheitlichen Gesichtspunkten angestellt worden sind, lassen sie sich schwer vergleichen. Regelmäßige Verkehrszählungen hat die frühere Stadt Charlottenburg vor ihrem Aufgehen in die Gesamtgemeinde Berlin einmal im Frühjahr und einmal im Herbst an 11 Punkten der Stadt über 24 Stunden veranstaltet. Sie zeigen deutlich die Zunahme des Straßenverkehres im allgemeinen, wie vor allem des Kraftwagenverkehres. Ein Hauptverkehrspunkt ist die Berliner Chaussee an der ehemaligen Grenze von Berlin und Charlottenburg zwischen Knie und Tiergarten. Für diese Zählstelle liegt eine Zählung aus dem Januar 1926 vor, die mit früheren Zählungen 1914 und 1921 sich vergleichen läßt. Die Zählung ist allerdings 1926 nur an einzelnen Verkehrsstunden vorgenommen worden, da aber die früheren Zählungen stundenweise aufgezeichnet sind, so ist es möglich gewesen, den entsprechenden Stundenverkehr festzustellen und mit demjenigen von 1926 in der Zusammenstellung 4 zu vergleichen.

Zusammenstellung 4. Zählstelle Berliner Straße zwischen Knie und Tiergarten.

Uhr	13. 6. 1914	17. 9. 1921	Bemerkungen
	Alle Wagengattungen		
2—3	360	450	Gesamtzahl der Pferdelastwagen in 24 Stunden 183, der Kraftwagen einschl. Lastkraftwagen 3757
4—5	450	480	
7—8	350	440	

1926

Uhr	Pferdefuhrwerk			Personenkraftwagen	Lastkraftwagen	Anhänger	Summa
	30 Ztr.	30—50 Ztr.	50—70 Ztr.				
2—3	110	80	8	580	147	10	935
4—5	34	42	2	640	102	5	825
7—8	40	5	—	855	8	—	908
	184	127	10	2075	257	15	2668
	311						

Im Jahr 1921 sind insgesamt in 24 Stunden 3757 Kraftwagen einschließlich der Lastkraftwagen, im Jahr 1926 aber bereits in 3 Zählstunden 2075 Personenkraftwagen und 257 Lastkraftwagen mit 15 Anhängern, insgesamt 2132 Wagen, gezählt worden, d. h. in 3 Stunden 57 vH der im Jahr 1921 in 24 Stunden festgestellten Fahrzeuge. Diese Zunahme des Straßenverkehres zumal bei den Lastkraftwagen ist insofern auffällig, als das Jahr 1926 in einem Zeitraum des wirtschaftlichen Niederganges liegt. Die Bautätigkeit, die stets einen erheblichen Teil der Gespanne stellt, ist gering gewesen. Die Abfuhr von den Güterbahnhöfen und Häfen, die zweifellos einen erheblichen Teil des Güterverkehres ausmacht, muß in demselben Maße zurückgegangen sein, wie dieser

Verkehr selbst zurückgegangen ist. Seine Abnahme ist sogar eine sehr bedeutende gewesen. Nach dem Bericht der Handelskammer[4] Berlin vom Jahre 1913 hat der Eisenbahngüterverkehr 10336000 t und der Wasserstraßenverkehr 5088700 t betragen. Dieser Verkehr ist im Jahre 1925 auf 7200000 t bei der Eisenbahn und 4000000 t bei den Wasserstraßen zurückgegangen. Gegenüber dieser die gegenwärtigen Verhältnisse kennzeichnenden Verkehrsabnahme findet sich für die Zunahme des Straßenverkehres schwer eine Erklärung. Diese Erscheinung wird nur so verständlich, daß im Güterverkehr des Wirtschaftsgebietes Berlin eine Verschiebung eingetreten ist in der Weise, daß viele Güter, die früher mit der Bahn oder dem Schiff von einem Vorort zum anderen geleitet worden sind, jetzt zur Ersparnis von Umladung, Verpackung und Zeit mit dem Kraftwagen befördert werden. Die Reichsbahnverwaltung, die früher auf Gürtelbahnen die Stück- und Eilgüter von einer Stadtgegend nach der anderen verfrachtet hat, bedient sich jetzt selbst des Kraftwagens.

Bekanntermaßen wächst mit der Zunahme der Bevölkerung die Zahl der Fahrten des einzelnen Bewohners[5], und die Zunahme der zurückgelegten Fahrten vermehrt sich mit dem Quadrate der Bevölkerungszunahme. Anscheinend gilt ein solches Gesetz auch für den Güterverkehr.

Die Zunahme des Personenwagenverkehres beruht auf den bekannten Erscheinungen, daß die einen Erwerb ausübenden oder in einem Berufe tätigen Personen, wie Handel- und Gewerbetreibende, Ärzte, Anwälte, Beamte u. a. Berufe Kraftwagen benutzen, um sich unabhängig von den öffentlichen Verkehrsmitteln zu machen und damit ihre Leistung zu erhöhen. In der Tat ist der Zeitgewinn bei Benutzung eines Kraftwagens solange erheblich, solange die Straßen nicht zu sehr überfüllt sind und noch keine zu straffe Verkehrsregelung einsetzen muß. Bei dieser Art der Benutzung kann der Personenwagen nicht als Luxusgegenstand bezeichnet werden. Das gleiche Bild zeigt die Zählung an der Kaiser-Wilhelm-Gedächtniskirche in Charlottenburg vom März 1926. Diese Stelle gehört mit zu den verkehrsreichsten von Berlin. Es sind in der Zeit von 8 Uhr morgens bis 8 Uhr abends 32219 Fahrzeuge jeder Art gezählt worden.

Im Stadtinnern hat sich der Personenwagen bereits als ein empfindliches Verkehrshindernis erwiesen, er verstopft die Straßen, hält die öffentlichen Verkehrsmittel auf und erschwert daher die gesamte Verkehrsabwicklung. In der Innenstadt wird es darauf ankommen, nur die leistungsfähigen Verkehrsmittel für den Personenverkehr zuzulassen. Nun ist übereinstimmend in Deutschland (Giese: Straßendurchbrüche. Berlin 1925) wie in Nordamerika[6 und 7] festgestellt worden, daß ein Straßenbahnzug für die Beförderung eines Fahrgastes 0,44 m², ein Kraftomnibus 0,81 m² und ein Personenkraftwagen 9,75 m² beanspruchen, d. h., daß sich die Leistungsfähigkeit bezogen auf die Straßenfläche von Straßenbahn zu Omnibus zu Personenkraftwagen wie 1 : 1,8 : 22 verhält[8]. Es genügt daher schon, daß ein geringer Anteil der Bevölkerung vom öffentlichen Verkehrsmittel auf den Kraftwagen abwandert, um eine Überfüllung der Straßen herbeizuführen. Denn für eine solche Verkehrsbelastung bietet das städtische Straßennetz nicht mehr Raum genug. Besondere Verkehrsstauungen werden an Engpässen hervorgerufen, in Amerika nennt man sie Flaschenhälse — bottle necks —, wie z. B. der Potsdamer Platz in Berlin, der Strand in London. Hier kann nur eine straffe Verkehrsregelung Erleichterung schaffen. Nimmt der Verkehr solchen Umfang an, daß auch auf den Hauptverkehrs- und Ausfallstraßen die Verkehrsregelung erfolgen muß, dann geht die Reisegeschwindigkeit in den Straßen so erheblich zurück, daß eine schnellere Beförderung mit dem Personenkraftwagen nicht mehr zu erwarten ist. Bei Benutzung der öffentlichen Verkehrsmittel — Omnibus und Straßenbahn — kommt man dann mindestens ebenso schnell vorwärts wie im Personenkraftwagen. Das einzige Verkehrsmittel, das eine schnellere Beförderung gestattet, ist dann die Untergrund-, Hoch- oder Stadtbahn. Hier liegen bereits ausreichende Erfahrungen in den Großstädten nicht nur Amerikas, sondern auch Europas vor. In vielen Städten wird die polizeiliche Verkehrsregelung auf den Straßen allein nicht Besserung schaffen können, sondern die Städte werden durch Entlastungsstraßen dem Verkehr Luft schaffen müssen. Die Aufgaben, die der Kraftwagen in den Städten stellt, erstrecken sich daher sowohl auf Verbesserungen an der Fahrbahn, an der Straßeneinteilung, als auch auf den städtischen Bebauungsplan in der Straßenführung und Vermehrung.

c) Anteil am Landstraßenverkehr.

Die allgemeine Übersicht über den Bestand an Kraftwagen läßt bereits erkennen, daß in der Gegenwart die Mehrzahl der Wagen in den Städten beheimatet ist. Das freie Land weist eine nur geringe Zahl an Kraftwagen auf. Demgemäß zeigt auch der Verkehr auf den Landstraßen nicht diese Zunahme an Kraftwagen, wie sie in den städtischen Straßen festgestellt worden ist. Die Veränderungen, die auf den Landstraßen vor sich gegangen sind, lassen sich zahlenmäßig erfassen und über einen längeren Zeitraum überblicken. Daß Straße und Verkehr in Beziehungen zueinander stehen, ist schon den Straßenbauingenieuren alsbald nach Aufnahme eines kunstgerechten Straßenbaues klar gewesen. Man hat daher schon frühzeitig den Verkehr auf den Landstraßen gezählt, um daraus die Verkehrsbedeutung einer Straße zu ermitteln und Unterlagen für die Befestigungsart und Unterhaltung zu gewinnen. Allerdings sind nur in einzelnen Bezirken solche Zählungen systematisch und auch nur in größeren Zeitabständen vorgenommen worden, z. B. in Baden, Sachsen und Württemberg. Auch hier hat wieder der Kraftwagen neue Anregungen gegeben. Die Verkehrszählungen sind in allen Ländern mit Kraftwagenverkehr wieder aufgenommen oder überhaupt neu organisiert und nach bestimmten genau festgelegten Verfahren eingerichtet worden. So hat der D. Str. B. V. seit dem 1. Oktober 1924 regelmäßige Zählungen auf den Landstraßen veranstaltet. Es liegen auch bereits Ergebnisse vor, die im Vergleich mit den früheren Zählungen einen Überblick über die gegenwärtigen Verkehrsverhältnisse auf den Straßen gestatten.

Die in den Jahren 1909 und 1924/25 im Freistaat Sachsen vorgenommenen Zählungen zeigen folgende Verteilung des Verkehres im Durchschnitt für das ganze Land:

Zusammenstellung 5.

Jahr	Zugtiere	Kraftwagen		Gesamt-	Nutz-	Im ganzen Jahr geleistete tkm · 10^6	
		Krafträder und Personen-	Last-	last in t		Gesamtlast	Nutzlast
1909	221 (89,5 vH)	7 (10,5 vH)		335,5	104	438	134
	Bespannte Fahrzeuge						
1924/25	81 (37,5 vH)	98 (30,6 vH)	23 (31,9 vH)	474	—	610	—

Eine Übersicht gestatten auch die Zählungen in dem Freistaat Baden aus den letzten Jahrzehnten. Die Zahlen entsprechen dem Durchschnitt des ganzen Straßennetzes:

Zusammenstellung 6.

Jahr	Zugtiere	Personenkraftwagen	Lastkraftwagen	Mittl. täglicher Verkehr des ges. Straßennetzes t	Im ganzen Jahr geleistete tkm in Millionen
1907	160	3,5	0,3	—	—
1913	130	11,4	2,6	—	—
1923	98	18,7	18,9	—	—
1924/25	66[1])	61	19	328	514

[1]) Bespannte Fahrzeuge.

Die Höchstwerte an Tonnenbelastung auf einer Strecke in 24 Stunden im Jahresdurchschnitt betragen in Westfalen 6271 t, in der Rheinprovinz, Straße Köln-Düsseldorf, 7110 t, im Freistaat Sachsen 3981 t und in Hannover 3527 t. Für Landstraßen sind das recht erhebliche Belastungen[9].

Es bleibt festzustellen, daß der gesamte Straßenverkehr auf der Landstraße zugenommen hat, und daß diese Zunahme zum größten Teil auf die Kraftwagen, vor allem auch auf die Lastkraftwagen zurückzuführen ist, wenn die Zunahme nach dem Gewicht der beförderten Massen beurteilt wird. Dabei zeigen sich folgende bemerkenswerte Erscheinungen, die bezeichnend für die Verkehrsverhältnisse in ganz Deutschland sind, und die für den Ausbau des deutschen Straßennetzes von Bedeutung sein werden.

1. Die Durchschnittsbelastung der Straßen hat sich gegen 1909 um etwa 40 vH erhöht. Die Höchstwerte besonders in der Nähe der Städte sind aber bedeutend mehr gestiegen, etwa über das fünffache. Es erstreckt sich demnach das Anwachsen des Verkehres in erster Linie auf die Ausfallstraßen der Großstädte und auf Industriemittelpunkte.

2. Ganz ausgesprochene Durchgangsstraßen mit Kraftwagenverkehr gibt es selbst in den industriereichen Bezirken noch nicht. Der Verkehr auf den Durchgangsstraßen nimmt mit der Entfernung von den Großstädten sehr bald ganz ab.

Deshalb wird es als noch keine übermäßig dringende Aufgabe angesehen, besondere, das ganze Land durchschneidende, Kraftwagenbahnen zu bauen, die nur den Kraftwagen zugänglich sind. Die industriereichen Provinzen Rheinland und Westfalen, bei denen infolge der dichten Besiedlung und der Verteilung der Industrie über das ganze Gebiet die Straßen auf ihrer ganzen Länge voll belastet sind, werden eine Ausnahme machen. Hier wird man zuerst wohl darangehen können, Kraftwagenbahnen anzulegen; das sind selbständige, kreuzungsfreie, gebührenpflichtige Verkehrsbänder, die nur den Kraftwagen vorbehalten sind. Sonst wird dem Verkehr ausreichend entsprochen werden, wenn die Straßen als Kraftwagenstraßen in der Weise ausgebildet werden, daß sie einen besonderen Streifen für Kraftwagen erhalten. Der Verkehr steht in Beziehungen zur Wirtschaft. Befindet sich diese in günstiger Lage, dann ist auch lebhafter Verkehr vorhanden. Die Zählungen des D. Str. B. V. sind nun im Jahre 1925 gemacht worden, das als ein wirtschaftlich günstiges Jahr anzusehen ist. Das muß auch auf die Zählungen, besonders soweit die Kraftwagen in Frage stehen, Einfluß gehabt haben. Anzeichen deuten darauf hin, daß das Jahr 1926 einen wirtschaftlichen Rückschlag aufweist, und daß der Verkehr infolgedessen nachgelassen hat. Das wird aber nur ein vorübergehender Zustand sein, dem keine Bedeutung beizumessen ist. Mag für einige Zeit die Kurve der Entwicklung etwas flacher ausfallen, ihre steigende Richtung wird sie unbedingt beibehalten.

Wenn auch die Landstraßen für die nächste Zukunft im allgemeinen den Verkehr werden fassen können, so liegen andererseits ausreichende Erfahrungen vor, daß ihre Befestigung schon heute völlig unzulänglich ist. Die Anpassung der Straßendecke an den Kraftwagenverkehr ist daher die Aufgabe, die gegenwärtig die dringlichste ist und auch mit Nachdruck behandelt wird. Es wäre aber verfehlt, bei weitgehenden Verbesserungen an der Decke nicht gleich auch die anderen Anforderungen, die vom Kraftwagen an Breite, Linienführung und sonstige Ausgestaltung gestellt werden, zu berücksichtigen. Das wäre eine Kurzsichtigkeit, die sich in Kürze schon rächen würde. Darum gilt es, einen Straßenbau auf weite Sicht zu betreiben, der die Bahnen für die sicher zu erwartende weitere Entwicklung ebnet.

Es ist von den deutschen Verwaltungen, denen die Unterhaltung obliegt, geschätzt worden, um wieviel stärker der Kraftwagen durch seine besonderen Eigenschaften, die später noch näher behandelt werden, die Straßendecken in Anspruch nimmt als der Pferdeverkehr. Nach den Verkehrsermittlungen des

Freistaates Sachsen ergibt sich schon für 1924 eine mindestens sechsfache Beanspruchung der Straßen gegen 1909. Diese Feststellung dürfte das Richtige wohl getroffen haben. Es wird besonders einschneidender Maßnahmen bedürfen, um diese Einflüsse auf ein Maß zurückzuführen, daß die mit der Unterhaltung der Straßen verbundenen Unkosten in erträglichen Grenzen bleiben.

Aus diesen Beobachtungen und Feststellungen ist zu folgern, daß der Verkehr auf Stadt- wie Landstraßen sich im Laufe der letzten 20 Jahre völlig verändert hat. Wenn man aber den Stand des Kraftwagenverkehres in anderen Ländern verfolgt, so drängt sich unwillkürlich die Empfindung auf, daß diese Entwicklung auch Deutschland erfassen wird, und daß die Grenzen hier gar nicht zu erkennen sind. Vielmehr muß man es als sicher annehmen, daß in nicht zu ferner Zeit mit einer über alle bisherige Vorstellung hinausgehenden Verwendung des Kraftwagens, mit einer weiteren Verdichtung des Verkehres und mit einer kaum denkbaren Vermehrung der Menschen- und Güterbewegung zu rechnen ist, die die Beziehung der Menschen untereinander völlig verändern wird.

Es wäre vermessen, diese Entwicklung etwa aufhalten zu wollen. Im Gegenteil wird sie schon jetzt alle Maßnahmen und Entscheidungen beeinflussen; man wird sich schon heute auf sie einzustellen haben. Dann werden aber die alten Grundsätze und Erfahrungen im Bau und Betrieb der Stadt- und Landstraßen in vielen Beziehungen als überholt anzusehen sein und einer Neugestaltung bedürfen. Die Forderungen und Aufgaben, die nunmehr der Kraftwagen an die Straßen stellt, wird man unter dem Sammelbegriff des „Neuzeitlichen Straßenbaues" zusammenfassen können, dessen wissenschaftlicher Aufbau mit Nachdruck betrieben werden muß, wenn der Straßenbau hinter der Entwicklung des Kraftwagens nicht zurückbleiben soll.

III. Bauart und Wirkungsweise der Kraftwagen.

A. Kennzeichnung.

Unter einem Kraftwagen (Automobil) versteht man ein zur Beförderung von Personen und Gütern bestimmtes Fahrzeug, das die zu seiner Fortbewegung dienende und durch irgendeine Kraft getriebene Maschine selbst trägt. Nach dem Gesetz über den Verkehr mit Kraftfahrzeugen vom 3. Mai 1909 und 21. Juli 1923 werden als Kraftfahrzeuge Landfahrzeuge bezeichnet, die durch Maschinenkraft bewegt werden, ohne an Bahngleise gebunden zu sein. Die Maschinenkraft besteht entweder in einer Dampfmaschine, elektrischen Sammelbatterie oder Verbrennungsmotor. Die letztgenannte Antriebsweise ist gegenwärtig vorherrschend im Kraftwagenbau, weil sie die meisten Vorteile bietet: Geringes Gewicht, große Geschwindigkeit, großer Aktionsradius.

Die Übertragung der im Motor erzeugten Kraft vollzieht sich im Kraftwagen in der Weise, daß die durch den Motor in Drehungen versetzte Kurbelwelle über ein Wechselgetriebe ihre Kraft an die Triebräder abgibt (Abb. 1). Die Übertragung auf die Triebachse erfolgt durch die Gelenkwelle mit Kreuzgelenken mittels Kegelräder oder Schnecke und auch durch Zwischenschaltung von Ketten. Beim Kreuzgelenkantrieb sitzen die Räder fest auf der angetriebenen Achse. Da beim Durchfahren von Krümmungen die beiden Räder verschieden große Wege durchlaufen, ist die Achse mit einem Ausgleichgetriebe versehen. Bei den Wagen mit Kettenantrieb ist das Ausgleichgetriebe an der Antriebwelle der Ketten angebracht. Bei den elektrisch angetriebenen Wagen treiben die Motoren entweder die Räder unmittelbar an, und zwar sowohl die Vorder- wie die Hinterräder, oder der Motor überträgt die Kraft auf Ketten wie bei den Wagen mit Verbrennungsmotoren. Die letztgenannte Antriebsart findet man hauptsächlich bei den schweren Lastwagen und den Elektroschleppern.

Der Unterschied zwischen dem Pferdefuhrwerk und Kraftfahrzeug besteht darin, daß das Fuhrwerk gezogen, das Kraftfahrzeug angetrieben wird. Hinsichtlich der Berührung zwischen Rad und Straße unterscheidet man daher zwischen gezogenem und angetriebenem Rad. Aber damit ist der Unterschied zwischen Fuhrwerk und Kraftfahrzeug keineswegs erschöpft. Die Eigenart

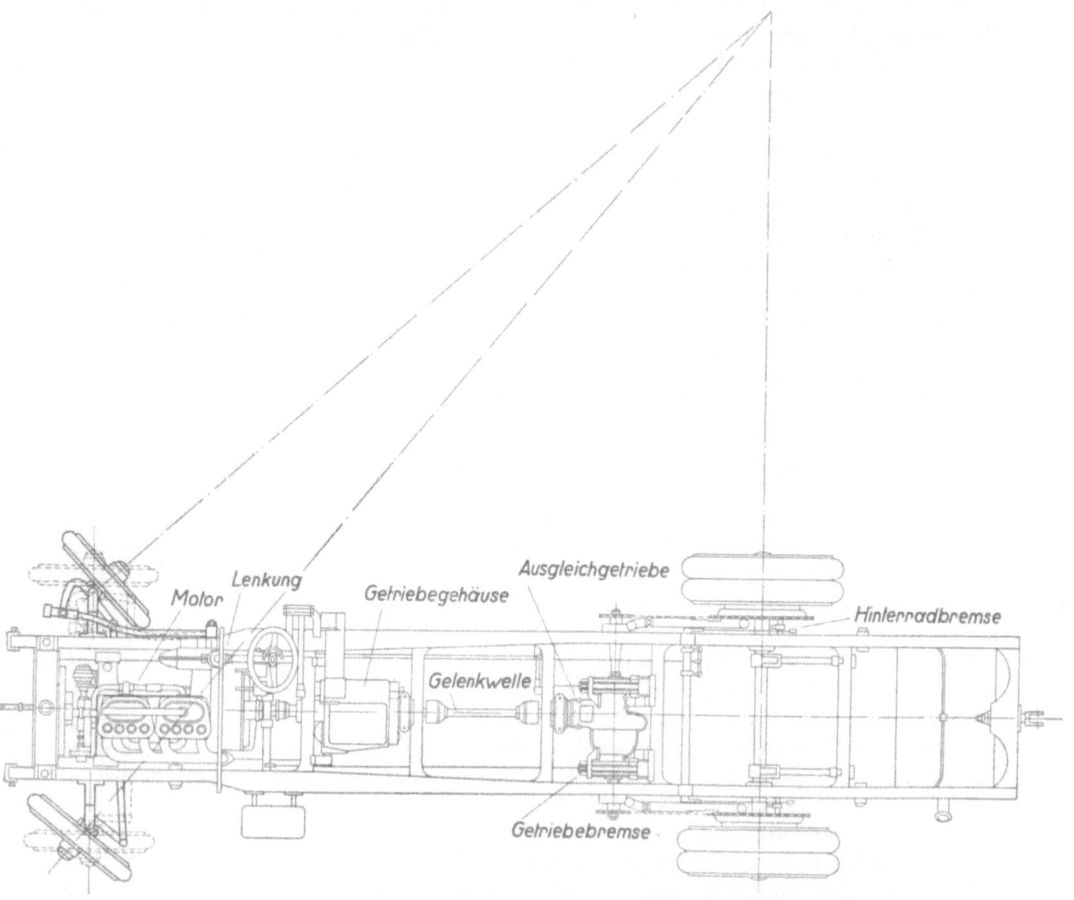

Abb. 1. Aufsicht auf das Fahrgestell eines Lastkraftwagens.

des Kraftwagens führt gegenüber dem Pferdefuhrwerk zu weiteren Abweichungen. Da der Motor mit allen Nebenanlagen und Getriebe das Wagengewicht vergrößert und auch die Kraftübertragung im Wagen selbst eine besonders kräftige Rahmenausbildung verlangt, so ist das tote Gewicht beim Kraftwagen wesentlich höher als beim Fuhrwerk. Das gilt ganz besonders für den Lastkraftwagen. Damit ein gesundes Verhältnis zwischen totem Gewicht und Nutzlast vorhanden ist, muß eine größere Belastung zugelassen werden. Es werden damit erheblich höhere Lasten auf die Straße übertragen. Der Kraftwagen entwickelt gegenüber dem Pferdewagen wesentlich größere Geschwindigkeiten, wodurch die Bauart des Wagens beeinflußt worden ist. Entsprechend seinen besonderen Eigenschaften hat der Kraftwagen, ehemals dem Pferdewagen nachgebildet, jetzt eigene Formen erhalten. Der Kraftantrieb wird benutzt zur Personenbeförderung in Personenwagen, die entsprechend der geringeren Belastung leicht gebaut sind, ferner für Lastkraftwagen. Leichte Lastwagen, etwa bis 1 t Nutzlast, haben denselben Unterbau wie Personenwagen. Es wird in diesem Falle auf das gleiche Untergestell ein für Güterförderung geeigneter Wagenkasten aufgesetzt.

Die Beförderung schwerer Lasten verlangt einen besonderen Unterbau, der von demjenigen des Personenwagens in wesentlichen Teilen abweicht. Ein solch schwerer Unterbau wird auch für die Personenmassenbeförderung — den Omnibus — verwendet. Nach der V. ü. Kfzgv. gelten als Kraftomnibusse Personenkraftwagen mit mehr als acht Sitzplätzen einschl. Führersitz.

Eine besondere Form des Kraftzuges sind die Motorschlepper, die nach der Verordnung als Zugmaschinen ohne Güterladeraum bezeichnet werden. Sie ziehen angehängte Lasten und gestatten daher eine sehr vielseitige Verwendung sowohl im städtischen wie im landwirtschaftlichen Verkehr. Sie fahren mit geringer Geschwindigkeit, üben aber bei geringem Eigengewicht hohe Nutzzugleistungen aus. Sie gestatten eine Steigerung der Arbeitsleistung gegenüber dem Pferdezug und sind wirtschaftlicher als dieser. Im städtischen Verkehr werden sie bei der Beförderung von Massengütern verwendet, z. B. Kohlen und Baustoffen und in der Spedition (Möbelwagen). In der Landwirtschaft dienen sie der Güterbeförderung und der Bodenbearbeitung, z. B. bei der Urbarmachung von Mooren, zum Pflügen, Walzen und Eggen u. a. Arbeiten.

Eine Abart der Motorschlepper sind die Raupenschlepper, die im Abschnitt III. C. f) behandelt werden.

B. Die Abmessungen der Kraftwagen.

a) Die Abmessungen und Gewichte der Kraftwagen für Personen- und Kraftverkehr sind in der folgenden Zusammenstellung 7 zusammen mit denen der Pferdefuhrwerke angegeben. Da die Breite der Wagenkasten maßgebend ist für die Straßenbreite, so wird angestrebt, hierüber eine Vereinbarung zu erzielen und die Breite auf ein bestimmtes Maß gesetzlich zu beschränken. Nach Feststellungen von Ministerialrat Speck für den D. Str. B. V.[10] und Stadtbaurat Weingarten für die Stu. f. A. weichen die Bestimmungen über die zulässigen Wagenkastenbreiten in den einzelnen Ländern sehr voneinander ab, z. T. sind die Verordnungen veraltet. Neben den Bestimmungen für die Wagenbreite bestehen auch noch solche über die Ladebreite, vornehmlich wohl für landwirtschaftliche Fuhrwerke, die eine Beladung bis zu 2,8 m Breite gestatten. Solche Unterscheidungen erschweren die Festsetzung ausreichender Straßenbreiten. Wagenkastenbreiten von 2,50 m sind bei Lastkraftwagen keine Seltenheit mehr. Die Industrie hat das Bestreben, die Breite der Wagenkästen zu vergrößern, um die Fahrzeuge leistungsfähiger zu machen. Dieser Entwicklung muß rechtzeitig entgegengetreten werden, damit keine verkehrsgefährlichen Zustände entstehen, denn weder die vorhandenen Land- noch Stadtstraßen sind darauf eingerichtet, Fahrzeuge in solcher Breite in größerer Zahl aufzunehmen. Um einen gleichmäßigen Ausbau der Straßen zu ermöglichen und die Aufwendung für die Straßenbefestigung auf ein Mindestmaß zu beschränken, hat der D. Str. B. V. folgende Leitsätze für die Wagenbreite aufgestellt [10]:

1. Die Wagenkastenbreite und die Ladebreite der Fahrzeuge, soweit sie auf den großen Durchgangsstraßen verkehren, muß für ganz Deutschland reichsgesetzlich geregelt werden.

2. Als größte Wagenkastenbreite wird 2,30 m vorgeschlagen. Für Sonderfahrzeuge, insbesondere landwirtschaftliche Fahrzeuge, sind Ausnahmen durch die oberste Landespolizeibehörde zulässig.

3. Als größte Ladebreite wird 2,80 m vorgeschlagen. Ausnahmen wie bei 2. Der Verkehrsausschuß der Stu. f. A. hält eine geringere Breite für ausreichend.

Er schlägt vor, für Lastkraftwagen (einschl. aller vorstehenden Teile) 2,10 m, für geschlossene Personenomnibusse und Möbelwagen bis 2,25 m. Alle Fahrzeuge von größerer Breite haben als Sonderfahrzeuge zu gelten und bedürfen für ihre Fahrten und die dabei zu benutzenden Straßen der Genehmigung der örtlichen Polizeibehörde und der Gemeinde.

Als Sonderfahrzeuge wären z. B. dann Personenomnibusse zu betrachten, die, wenn sie viersitzig mit Mittelgang eingerichtet sind, mindestens 2,38 m Breite einnehmen. Sollen die Sitze aber bequem sein, werden sie 2,50 m erhalten müssen. Dann erreichen diese Wagen aber die volle Breite der Verkehrsspur, die man früher in den städtischen Straßen einschließlich der Spielräume zugrunde gelegt hat. Bei den höchstens 2 m breiten Pferdefuhrwerken hat der Spielraum mindestens 0,5 m betragen. Bei einem 2,5 m breiten Kraftwagen würde dieser Spielraum fehlen. Dann kann sich aber auf einer nur 2,5 m breiten Verkehrsspur bei den wesentlich schneller fahrenden Kraftfahrzeugen der Verkehr nicht mehr reibungslos abwickeln. Es ist auch mit der Möglichkeit zu rechnen, daß Kraftwagen mit großen Breiten auch auf die Landstraßen übergehen — z. B. Omnibusse im Ausflugverkehr. Diese Straßen mit meist nur schmalen befestigten Fahrbahnen sind erst recht nicht geeignet, breite Fahrzeuge aufzunehmen. Eine Erbreiterung ist hier allgemein aus wirtschaftlichen Gründen ausgeschlossen. Eine weitere Zunahme der Wagenbreite muß also zu bedenklichen Zuständen auf den Stadt- wie Landstraßen führen. Es müssen daher die Kraftwagen in ihrer Breitenabmessung sich den gegebenen, z. Z. schwer abzuändernden Verhältnissen auf den Straßen anpassen. Nach den Verordnungen in der Schweiz und Italien darf die Breite einschließlich aller vorstehenden Teile und der Ladung 2,2 m nicht übersteigen.

Die Landwirtschaft verwendet eine ganze Anzahl von Geräten, die entsprechend ihrem Verwendungszweck größere Breiten aufweisen, z. B. Düngerstreu- und Sämaschine bis 4,5 m, Motorpflüge bis 2,5 m Breite. Das sind Sondergeräte, denen man die Benutzung der Straße wird gestatten müssen, denn es liegt im öffentlichen Belange, die Ertragfähigkeit und Wirtschaftlichkeit der Landwirtschaft durch Einführung von Maschinen zu erhöhen. Dennoch darf man nicht verkennen, daß ein breites Gerät den Verkehr stark behindert. Diese Maschinen fahren aber nur zur Zeit der Bestellung und der Ernte auf den Straßen, also in verhältnismäßig kurzen Zeitabschnitten, auf kurzen Strecken und in geringer Zahl. Eine Regelung für diese Wegebenutzer ist nur so denkbar, daß sie durch Vorschriften gehalten sind, auszuweichen und dem anderen Verkehr eine genügende Bahn freizugeben. Ohne Aufenthalte für den übrigen Verkehr wird das aber nicht abgehen. Aber diese Rücksicht wird der übrige Verkehr zugunsten der Volksernährung nehmen müssen.

b) Die Länge der Fahrzeuge wird auf die Abmessung in den Krümmungen von Einfluß sein. Besondere Bestimmungen über Beschränkung der Längen sind bisher nicht ergangen. Als dasjenige Fahrzeug, das in letzter Linie die Abmessungen der Krümmungen von Straßen bestimmt, ist der Langholzwagen anzusehen. Die Abmessungen des in der Holzabfuhr jetzt schon vielfach eingeführten Kraftwagens gehen aus der Abb. 2 hervor.

c) Bei Pferdewagen erfolgt die Lenkung durch Drehung der Vorderachse um einen durch Achse, Langbaum und Drehschemel gehenden vertikalen Bolzen. Beim Kraftwagen sitzen die Vorderräder nicht fest auf der Vorderachse, sondern auf besonderen Achsenschenkeln, die drehbar auf der Achse befestigt sind. Durch eine Hebelübertragung, die von einem Lenkrad im Führersitz betätigt wird, werden die Vorderräder bewegt (Abb. 1 auf S. 13). Die Richtungsänderung für die beiden Räder ist so eingestellt, daß sich die Verlängerungen der beiden Radzapfen in einem Punkte auf der verlängerten Hinterachse schneiden. Es ist demnach der Drehwinkel der beiden Achsenschenkel verschieden, damit die beiden Räder konzentrische Kreise beschreiben, deren Mittelpunkt auf der verlängerten Hinterachse liegt. Auf diese Weise wird vermieden, daß eines der beiden Lenkräder gleitet. Der Drehwinkel beträgt etwa 30—40°. Die Wendigkeit der Kraftwagen ist nicht so groß wie bei den meisten Pferdewagen, z. B. Personenkutschen und Rollwagen, bei denen die Vorderachse so weit unterschlagen kann, daß sich der ganze Wagen um das innere Hinterrad dreht. Die gewöhnlichen Straßenbreiten reichen daher nicht aus, um mit einem Kraftwagen, Personen- wie Lastwagen, auf ihnen zu drehen, zumal auch die Achsabstände der Kraftwagen größer sind als bei den Pferdegespannen. Die Wagen können daher nur durch Rückwärtseinschlagen wenden. Soll das vermieden werden, wird man mit einem Mindesthalbmesser für Personenwagen von rund 5 m und für Lastkraftwagen von rund 10 m rechnen müssen (s. Abschnitt IV. A. a)).

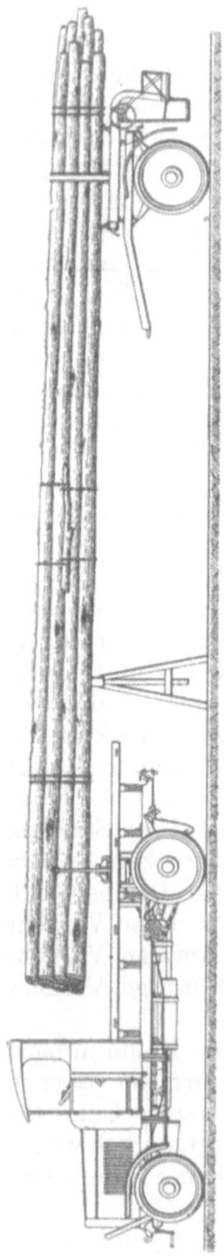

Abb. 2. Kraftwagen für Langholzbeförderung (A.-G. Krupp, Essen).

d) Die Zusammenstellung 7 enthält auch Angaben über die Spurbreiten. Sie ist für Pferdefuhrwerke in einzelnen Ländern gesetzlich geregelt, in Preußen durch das Gesetz vom Jahr 1839 auf 1,52 m festgelegt worden. Diese Bestimmung ist aber durch die Entwicklung im Wagenbau überholt. Die Standsicherheit fordert bei breiten schweren Wagen, deren Schwerpunkt zuweilen recht hoch liegt, breite Spuren. Das gilt besonders für die schweren Lastkraftwagen. Es soll sich daher die Spurweite der Wagen ihrer Bauart und Zweckbestimmung anpassen. Es ist angeregt worden, die Außenspurweite, d. h. das Maß der Entfernung der Räderaußenseiten voneinander durch den deutschen Normenausschuß festlegen zu lassen. Ein großes Bedürfnis nach einer solchen Normalisierung kann aber nur soweit anerkannt werden, als damit das Höchstmaß von Außenkante Rad bis Außenkante Rad (oder auch Nabe) normalsiert wird, das in Beziehung zur Wagenkastenbreite stehen müßte. Die Rücksicht auf eine gleichmäßige Abnutzung der Straßenfahrbahnen läßt es viel eher angezeigt erscheinen, daß eine möglichst große Verschiedenheit in der Spurweite besteht. Denn gerade durch das Spurfahren werden die Straßendecken am stärksten mitgenommen. Der Straßenbau legt lediglich Wert darauf, daß in Zukunft eine Höchstspurbreite nicht überschritten wird, damit die vorhandenen Straßenbreiten den Verkehr aufnehmen können. Ausnahmen machen hierbei die schon erwähnten Sonderfahrzeuge der Landwirtschaft, Straßenreinigungswagen, Feuerwehr und ähnliche Sonderzwecken dienende Fahrzeuge.

e) Die Höhe der Fahrzeuge wird durch die Anforderungen der Straßen nicht bestimmt. Es sind andere Rücksichten, die hier die Einhaltung gewisser Maße verlangen. Für die Höhe vieler Fahrzeuge ist die Höhe der üblichen Toreinfahrten zu Scheunen, Lagerhäusern und Fabrikanlagen maßgebend. Auf der Straße selbst schreibt die Durchfahrtshöhe der Brücken die zulässige Höhe und Beladung der Wagen vor. Aus diesem Grunde weisen auch die Verordnungen der Verkehrspolizei Vorschriften über die Höhe der Fahrzeuge auf; aber diese Vorschriften sind wiederum sehr verschieden, wie bei den Wagenbreiten. Geht man von der üblichen Durchfahrtshöhe der Brücken aus, die allgemein jetzt wohl 4,5 m beträgt, dann würde man eine höchste Lade- oder Wagenhöhe von

4,0 m zulassen können. Telegraphenleitungen, Hochspannungsleitungen und Leitungen der elektrischen Straßenbahnen liegen an den Aufhängepunkten etwa 6 m, an den tiefsten Punkten etwa 5,5 m über der Straßenkrone, so daß bei 4,0 m Ladehöhe die Gefahr der Berührung mit Starkstromleitungen und die Beschädigung von Telegraphenleitungen an Straßenkreuzungen nicht vorhanden ist. Größere Lade- oder Wagenhöhe dürfte nur in Ausnahmen zugelassen werden.

Zusammenstellung 7. Abmessungen, Eigengewichte und Tragfähigkeit von Pferde- und Kraftwagen.

Bezeichnung der Fahrzeuge	Breite	Länge in m	Achsstand in m	Eigengewicht in kg	Nutzlast in kg
Personenfuhrwerk		2,5—4,0	1,5—2,25	600—700	—500
Lastfuhrwerk:					
a) Dreizölliger		—6,0	—4,0	600—1000	—3000
b) Vierzölliger		—6,0	—4,0	1000—1300	—5000
Langholzwagen		$^2/_3$ der Stammlänge		—	—
Möbelwagen	2,60—2,10	4,0—9,0	2,0—4,0	2000—2500	—6000
Pferdewalze		10,4 mit 2 Deichseln		4000—10000	
Kraftwagen					
Kleinwagen	1,4	3,3	2,4—2,8	—600	—500
Personenwagen	—1,8	—5,	2,8—3,5	1000—1800	—700
Omnibusse, zweiachsig	1,9—2,2	7,53—9,00	4,0—5,5	3200	4500
in Städten	—2,5			Vorderachse	2500
				Hinterachse	5200
Lastwagen, zweiachsig	2,10	6,0—9,0	4,0—6,0	3000	6000
				Vorderachse	3000
				Hinterachse	6000
Lastwagen, dreiachsig	—2,20	9,0	1—2 5,9	5000	—10000
			2—3 1,25	Vorderachse	5000
				Hinterachse	5000

Raddurchmesser, Felgen- und Spurbreite von Pferde- und Kraftwagen.

Art der Fahrzeuge	Durchmesser der Räder		Felgenbreite		Spurbreite	
	Vorder- in m	Hinter- in m	Vorderrad in cm	Hinterrad in cm	Vorderrad in m	Hinterrad in m
Zweiräderige Frachtkarre . . .	1,6					
Landfrachtfuhrwerk	0,9—1,4	1,1—1,5	6,5—10	6,5—10	1,1—1,25	1,1—1,25
Dreizölliger Lastwagen	0,9—1,4	1,1—1,5	7,5	7,5	1,1—1,25	1,1—1,25
Vierzölliger Lastwagen	0,9—1,4	1,1—1,5	10	10	1,1—1,25	1,1—1,25
Personenfuhrwerk .	0,85—1,0	1,1—1,4	4—5	4—5	1,1—1,25—1,52	1,1—1,25—1,52
Roll- oder Möbelwagen	0,75	0,90	7,5—12	7,5—12	1,1—1,3—1,52	1,1—1,3—1,52
Kraftwagen						
Personenwagen . .	0,82—0,895	0,82—0,895	9,0—13,5	9,0—13,5	1,25—1,45	1,25—1,45
Omnibus, zweiachsig	1,025	1,025	12,0—16,0	12,0—16,0	1,56	1,56
Lastwagen, zweiachsig	0,85—1,05	0,93—1,05	14,0—22,5	14,0—22,5	1,70	1,575
Lastwagen, dreiachsig	1,15	1,15	15,2	15,2	1,73	1,73

f) Die Gewichte der Fahrzeuge — Eigengewicht wie Nutzlast — entsprechen ihrer Eigenart. Die schwersten Fahrzeuge sind diejenigen, die der Güterbeförderung dienen. Zur Schonung der Straße hat man bisher die Höchstbelastung durch Verordnung festgesetzt. Nach dem preußischen Gesetz vom 20. 6. 1887 muß die Felgenbreite betragen bei den höchstzulässigen Ladungsgewichten

2000 kg -- 5 — $6^1/_2$ cm,
2500 „ — $6^1/_2$ — 10 „
5000 „ — 10 — 15 „
7500 „ 15 cm und darüber;

Das entspricht einer Belastung von 125 kg auf 1 cm Felgenbreite. Die Straßenordnung von Berlin hat als größtes Gesamtgewicht — Eigen- und Nutzlast — 6000 kg zugelassen, auf jedes Rad 1500 kg. Da die üblichen schwersten Pferdefuhrwerke in Norddeutschland zehn (4′) breite Felgen haben, so ist damit die Höchstbelastung eines Rades mit 1500 kg festgelegt worden oder 150 kg auf 1 cm Felgenbreite. Die Verordnung über den Verkehr mit Kraftfahrzeugen hat diese Grenze auf 9 t heraufgesetzt, wobei keine Achse mit mehr als 6 t belastet sein darf, so daß die höchste Radlast 3000 kg beträgt.

Beim Vorhandensein von drei Achsen darf jede Achse höchstens 5 t Last erhalten, das gesamte betriebsfertige Gewicht im beladenen Zustand demnach 15 t betragen. In allen Fällen darf der Druck auf 1 cm Felgenbreite — Basis der Gummireifen — 150 kg nicht überschreiten. Diese letzte Bestimmung, die vom Pferdefuhrwerk übernommen ist, entbehrt der technischen Begründung. Denn nach der genannten Verordnung sollen die Radkränze mit Gummi oder einem anderen elastischen Stoff bereift sein und dürfen keine Unebenheiten besitzen, die geeignet sind, die Fahrbahn zu beschädigen. Diese elastische Bereifung legt sich aber nicht in der vollen Breite der Felge, deren Breite der Basis der Gummireifen entspricht, auf die Straßenfahrbahn auf, weil sie wulstförmig auf die Felge aufgesetzt ist. Die Berührung zwischen Reifen und Fahrbahn erfolgt in einer ellipsenförmigen Fläche, deren große und kleine Achse der Größe der Last und Beschaffenheit des Reifens, ob Vollgummi- oder Luftreifen, entsprechen. Im Abschnitt III. C. wird eingehend behandelt, welche Drücke bei den verschiedenen Reifenarten dadurch auf die Fahrbahn ausgeübt werden. Vollgummireifen müssen bei Kraftfahrzeugen, deren Gewicht 2,5 t oder deren Höchstgeschwindigkeit auf ebener Bahn 15 km in der Stunde übersteigt, einschl. Stahlband auch im abgenutzten Zustand mindestens 50 mm stark sein. Für die dreiachsigen Wagen gilt noch die besondere Vorschrift, daß sie mit Luftreifen versehen sein müssen, wenn ihr betriebsfertiges Gewicht im beladenen oder unbeladenen Zustand 9 t übersteigt.

Da höhere Lasten und größere Geschwindigkeiten besondere Eigenschaften der Kraftwagen sind, die sich im Straßenverkehr sowie in ihrem Einfluß auf die Straßendecke bemerkbar machen, so hat man für notwendig gehalten, nicht nur die Gewichte, sondern auch die Geschwindigkeiten, und zwar in Abhängigkeit von der Belastung und der Güte der Bereifungsart zu regeln. Die Personenwagen haben verhältnismäßig geringes Gewicht, wie aus der Zusammenstellung 7 hervorgeht, deshalb ist auf der Landstraße ihre Geschwindigkeit durch Verordnungen nicht beschränkt, sondern nur in der bebauten Ortslage, aber mehr zur Sicherung des Verkehres als zur Schonung der Straßen. Die Personenkraftwagen nehmen bei ihrem geringen Gewicht, infolge ihrer guten Abfederung und Luftbereifung die Straßen weniger in Anspruch. Die Lastkraftwagen dagegen übertragen erhebliche Gewichte auf die Straßen. Darum ist die Geschwindigkeit nach der Größe ihres Gewichtes abgestuft. Es sind die folgenden Fahrgeschwindigkeiten km/stdl. nach der V. ü. Kfzgv. vorgeschrieben:

Zusammenstellung 8. Höchstzulässige Geschwindigkeit in km/stdl.

Gewicht der Wagen	Luft- oder hochelastischer Vollgummi		Vollgummireifen		Ohne elastische Bereifung	
	innerhalb	außerhalb	innerhalb	außerhalb	innerhalb	außerhalb
t	geschl. Ortsteile		geschl. Ortsteile		geschl. Ortsteile	
Bis 5,5	30 [1])	unbeschränkt	—	—	12	15
Mehr als 5,5	30	30	25	25	8	12
Mit Anhänger	16		16			

Diese Beschränkungen für den Verkehr mit Lastkraftwagen sind bisher für die Erhaltung der Straßen notwendig gewesen. Der IV. I. Str. K. in Sevilla hat folgende Geschwindigkeitsgrenzen für die verschiedenen Belastungen empfohlen:

Zusammenstellung 9.

Gesamtes Gewicht	Zulässige Achsbelastung	Höchstgeschwindigkeit in der Stunde				
		gew. Verkehrsstraße			bes. angelegte Straße	
kg	kg	eiserne Reifen	Vollgummireif.	Luftreifen	Vollgummireif.	Luftreifen
3000— 4000	2—3000	12	25	35	30	45
4500— 8000	3—5500	8	20	30	25	40
8000—11000	5,5—8000	5	15	20	20	30
über 11000	> 8000	5	8	10	15	20

C. Besonderheiten zur Minderung der Straßeninanspruchnahme.

Bei Überschreitung der in der V. ü. Kfzgv. festgesetzten Geschwindigkeiten wird mit Zerstörungen in der Straße gerechnet, die über die Vorteile, die mit der höheren Geschwindigkeit verbunden sind, hinausgehen. Diese Regelung kann nur eine vorläufige sein. Denn es hat sich als ein Irrtum herausgestellt, daß die Größe der Straßenabnutzung als eine Funktion der Bewegungsenergie, d. h. der lebenden Kraft der Fahrzeuge ist, und daß man durch behördliche Beschränkung der Fahrgeschwindigkeit und des Gewichtes der Fahrzeuge die Straßenbeanspruchung mildern kann. Dagegen hat die wissenschaftliche Kraftwagenwertung (Riedler, Becker, Wawrziniok, Langer) durch Klarstellung der Wechselkräfte zwischen Fahrzeug und Fahrbahn den Nachweis erbracht, daß die Straßenbeanspruchung entscheidend von der Bauart der Fahrzeuge abhängig ist. Es wird das Ziel sein, die Beziehungen zwischen Straße und Kraftwagen so günstig zu gestalten, daß man später diese Grenzen hinaufsetzen kann[11].

Im wesentlichen ist die Kraftwagentechnik in der Lage, durch folgende Maßnahmen die Angriffe auf die Straße zu mildern: durch

a) tiefe Lage des Wagenschwerpunktes,
b) richtige Abfederung des Wagenrahmens gegen die Räder,
c) elastische Bereifung,
d) Vermehrung der Räder,
e) Ersatz der Räder durch Raupen.

Die Maßnahme zu a) wird abhängig sein von der Konstruktionshöhe der Wagenteile, wie Räder und Getriebe, aber auch von dem Zweck, dem der Wagen dient. Eine tiefe Lage des Schwerpunktes kann erreicht werden, indem die

[1]) Kann bis auf 40 km hinaufgesetzt werden.

Hinterachsen gekröpft werden, eine Bauart, die besonders bei Personenomnibussen angewendet worden ist. Der Antrieb der Hinterräder erfolgt dann durch Zahnräder in der Form der Abb. 3, links: Kegeltrieb-Stirnradvorgelege-Ausgleichgetriebe-Halbwelle; rechts: Kegeltrieb-Ausgleichgetriebe, kurze Querwellen, zwei Stirnradvorgelege. Die letzte Anordnung gestattet den Fußboden auf größere Breite tiefer zu legen[12].

b) Die Abfederung eines Kraftfahrzeuges hat die Aufgabe, die Bauteile des Wagens vor schädigenden Stößen zu bewahren und zu bewirken, daß die von den Wagenfedern getragenen Teile des Fahrzeuges beim Lauf des Wagens auf unebener Fahrbahn ihre normale Lage behalten und nicht um ihre Gleichgewichtslage auf und ab schwingen, sondern ausschließlich in der Fahrtrichtung sich vorwärts bewegen.

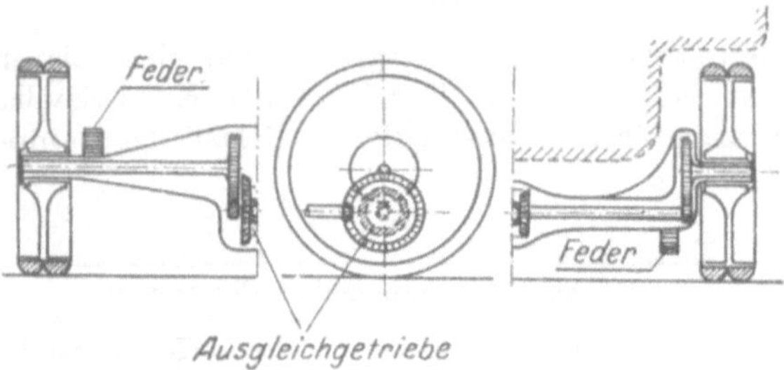

Abb. 3. Kröpfung der Hinterachsen für Niederflurwagen.

Die bisher angewendeten Abfederungsarten der Kraftwagen erfüllen diese Aufgabe allerdings nur unvollkommen. Bei Unebenheiten in der Fahrbahn führt der Wagenoberbau mehr oder weniger beträchtliche Schwingungen aus, wobei die Abfederung selbst erhebliche Beanspruchungen erleidet, die sogar, worauf in späteren Abschnitten mehrfach hingewiesen wird, zu Federbrüchen führen kann. Immerhin wird die Stoßwirkung unter Mitwirkung von elastischer Bereifung durch die Abfederung gemildert, vor allem der Schwingungsausschlag abgeflacht und ihm damit seine schädigende Wirkung auf die Wagenteile und Stärke für die Insassen und Wagenladung genommen.

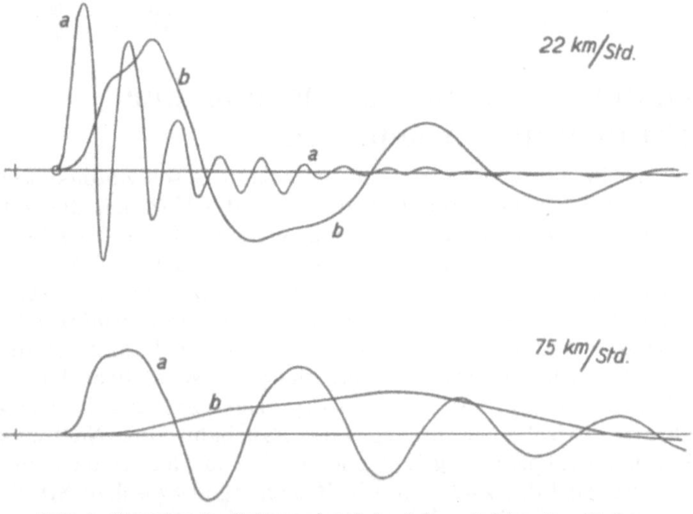

Abb. 4. Bewegung des Rahmens *b* und der Achse *a* infolge eines Stoßes.

Der Verlauf der Schwingungsbewegung der Achse eines elastisch bereiften Rades und des Rahmens während eines Stoßvorganges nach Untersuchungen von Bobeth auf dem Prüfstand (s. Abschnitt III. E.) ist in der Abb. 4 dargestellt[13]. Der Stoß ist durch ein Hindernis in der Bahn, über das das Rad hinwegrollen mußte, hervorgerufen worden. Kurve *a* zeigt den Verlauf der Achsbewegung, Kurve *b* der Rahmenbewegung. Beim Überspringen über ein Hindernis erhält die Achse eine vertikale Beschleunigung, die so lange andauert, als die senkrecht nach oben wirkenden Kräfte diejenigen übersteigen, die der Aufwärtsbewegung der Achse entgegenstehen, d. h. solange die Kräfte nach oben stark genug sind, die Feder durchzubiegen. Ist die Grenze erreicht, so ist ein Gleichgewichtszustand eingetreten. Es schließt sich nunmehr ein Abwärtsschwingen der Achse an, wobei die Achsmasse eine beträchtliche lebendige Kraft nach unten erhält, die sich darin ausdrückt, daß die Achse über ihre normale Lage nach unten schwingt und einen erhöhten Bodendruck ausübt. Als Folge des gesteigerten Bodendruckes setzt eine zweite Aufwärtsschwingung ein, der sich weitere Schwingungsbewegungen anschließen. Diese Ausschläge werden aber immer kleiner, weil die Kräfte durch innere Arbeit, z. B. durch Reibungsarbeit in den Federn aufgezehrt werden. Die Achse überträgt ihre Bewegung durch die Feder auf den Rahmen. Aber seine Bewegung bleibt hinter der der Achse beträchtlich zurück. Der Anstieg des Rahmens (s. die Kurve *b*) erfolgt erheblich später als der der Achse, und es tritt ebenso die Höchstlage des Rahmens beträchtlich später ein als die der Achse. Das beruht darauf, daß die Feder nach ihrer Durchbiegung wieder in die normale Form übergehen will und dabei den Rahmen hebt, weil sie infolge der nach oben gerichteten Schwingungen der Achse nach unten nicht ihre normale Lage annehmen kann. Je größer die Dämpfung der Federn ist, desto schneller ebbt die Schwingung aus und desto geringer fallen auch die Bodendrücke aus. Eine zweckmäßig ausgebildete Abfederung schont daher auch die Straße. Die Zerstörung der Straße wird im wesentlichen durch die nicht abgefederten Massen, das sind Räder, Achse und Getriebe, bewirkt, die hammerartig auf die Fahrbahn einwirken.

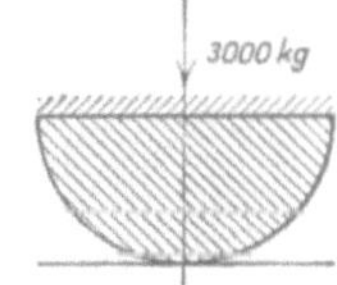

Abb. 5. Vollgummireifen.

Die Spannung der Feder muß sich aber der Nutzlast anpassen. Beim unbeladenen Lastkraftwagen wird die Feder nur in beschränktem Maße in Wirkung treten und in diesem Falle der ganze Wagen als ungefedert anzusehen sein. Leerfahrende Lastkraftwagen rufen daher größere Erschütterungen hervor als beladene.

c) Das wirkungsvollste Mittel, um auch diese Kräfte auf unebener Fahrbahn zu vermindern, ist die elastische Bereifung. Gegenwärtig verwendet man drei Arten:

1. den Vollgummireifen,
2. den hochelastischen Kissenreifen,
3. den Luftreifen.

1. Der Vollgummireifen hat halbkreisförmigen Querschnitt (Abb. 5) und ist auf ein Stahlband aufgezogen. Die elastische Bereifung von Kraftfahrzeugen federt um so weicher, je größer ihre Eindrucktiefe bei gleicher Belastung ist. Die Elastizität des zur Kraftwagenbereifung verwendeten Gummis gegenüber Druckbeanspruchung ist recht begrenzt. Ein Vollgummireifen läßt sich nur zu einem kleinen Teil seiner Höhe elastisch zusammenpressen. Sobald die Belastung wächst, oder der Druck infolge starker Bodenunebenheiten durch die abwärts gerichteten Achsschwingungen für kurzen Zeitabschnitt vergrößert wird, tritt eine so ungünstige Zusammendrückung des Gummis ein, daß er alle Federungseigenschaften einbüßt. Die Beziehungen zwischen Belastung und Eindrucktiefe sind ungefähr durch die Gleichung ausgedrückt[14].

$$y^2 = 125\,x, \tag{1}$$

y die Eindrucktiefe in Millimeter
und x die Belastung.

Die Berührungsfläche zwischen Reifen und Boden nimmt etwa die Form einer Ellipse an. Der Einheitsbodendruck ist aber nicht gleich groß. Er wächst wegen der Wölbung des Reifens von der Seite nach der Mitte sowohl in der Richtung der großen wie kleinen Achse parabelförmig an.

Der Größtwert ist nach den Untersuchungen von Agerley und Schaar zu dem 1,75fachen der Durchschnittsbelastung anzunehmen. Ist P die Radlast, F die Berührungsfläche und p der Einheitsdruck, so besteht die Gleichung

$$p = \frac{P}{F} \quad \text{und} \quad p_{\max} = 1{,}75\,\frac{P}{F}\,. \tag{2}$$

Dies gilt aber nur, solange der Reifen nicht überlastet oder abgefahren ist. Der letztere Fall ist, wie schon erwähnt, in der Verordnung berücksichtigt, indem vorgeschrieben ist, daß Vollgummireifen bei Kraftfahrzeugen, deren Gewicht im beladenen oder unbeladenen Zustand 2,5 t oder deren Höchstgeschwindigkeit auf ebener Bahn 15 km in der Stunde übersteigt, einschl. Stahlband auch im abgenutzten Zustand mindestens 50 mm stark sein muß.

Die Berührungsfläche kann man für Vollgummireifen durch Versuche feststellen, indem man die abgeplattete Fläche des Reifens, die die Form einer Ellipse hat, mißt. Bei der Fahrt erhält aber der Höchstdruck noch einen Zusatzdruck infolge der Bewegungsvorgänge. Weil durch die Fliehkräfte die Gummiteilchen am Reifen nach außen geschleudert werden, wächst der innere Widerstand, die Eindrucktiefe wird geringer und damit auch die Größe der Berührungsfläche. Bei sehr schneller Fahrt ist die Zeit auch zu gering, um die Formänderungsarbeit am Reifen zu vollziehen, wodurch die Eindrucktiefe weiter verringert wird. Es wird angenommen, daß diese Zusatzbelastung $^1/_5$ des Höchstdruckes ausmacht, so daß der Höchstdruck auf das 2,1fache der Einheitspressung wächst.

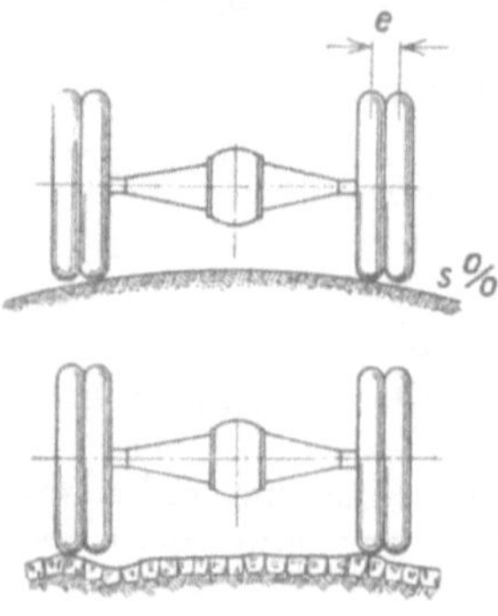

Abb. 6. Ungleichmäßige Belastung von Doppelreifen.

Für die Triebräder reicht bei größeren Lasten ein Vollgummireifen nicht aus, weil ein Stahlband von bestimmter Breite nur eine genau bemessene Gummimenge tragen kann, es müssen dann zwei Reifen nebeneinander auf die Felge gelegt werden. Eine gleichmäßige Lastverteilung auf beide Reifen ist aber nicht immer gewährleistet. Das hängt mit der Straßenwölbung zusammen. Der ungünstigste Fall ist der, daß der Wagen in Straßenmitte fährt, dann steht das Rad auf einer geneigten Fläche (Abb. 6). Infolgedessen wird der innere Reifen stärker zusammengepreßt als der äußere. Das Maß der verschiedenen Gewichtsverteilung hängt von der Querneigung der Fahrbahn ab. Für einen Abstand e der beiden zusammengehörenden Reifenmitten und ein Quergefälle in s in vH ist der Höhenunterschied $\frac{e \cdot s}{100}$. Die Eindrucktiefe des äußeren Reifens sei zu a angenommen, die dem Lastanteil x entspreche, dann ist die Eindrucktiefe des inneren Reifens $a + \frac{e \cdot s}{100}$ für den Lastanteil. Da für Lastanteile und Eindrucktiefen die Beziehung der Gleichung (1) angenommen wird, bestehen zwei Gleichungen für die zwei Unbekannten a und x, deren Lösung den Wert

$$a = -\frac{es}{2 \cdot 100} \pm \sqrt{\frac{125 \cdot P}{2} - \left(\frac{e \cdot s}{100}\right)^2 \frac{1}{4}} \tag{3}$$

annimmt. P ist die Felgenlast.

Dr.-Ing. Schaar berechnet für die statische Radlast von 3000 kg bei Doppelreifen die Höchstbodenpressung zu 28,5 kg/cm².

Bei einem Fuldablockreifen 1030 × 140 und 3,0 t Radlast würde der Lastanteil des inneren Reifens bei einem Quergefälle von 3 vH 65 vH betragen. Diese ungleiche Belastung ist ebenso nachteilig für die Reifen wie für die Straße. Die Reifenfabriken schreiben daher für Zwillingsreifen eine um 20 vH geringere zulässige Belastung vor als für einfache Reifen. Man erstrebt daher auch, bei den stärksten Belastungen nur einen Reifen anzuwenden, oder die Radbelastung zu verringern, was durch den Sechsradwagen erreicht ist. Die Radbereifung für die schweren und schwersten Kraftfahrzeuge ist von ausschlaggebender Bedeutung. Die Erfahrung hat gelehrt, daß je elastischer die Radbereifung, desto günstiger sich die wirtschaftliche Ausnutzung des Lastkraftwagens gestaltet. Die schon erwähnte ungenügende Elastizität des Vollgummireifens lassen ihn höchst ungeeignet erscheinen. Eine Verbesserung durch eine größere Höhe der Gummiauflage ist nicht möglich, da sie zur Breite des Stahlbandes nur in einem bestimmten Verhältnis stehen darf.

2. Diese Schwierigkeit ist bei dem Kissenreifen überwunden, bei dem durch Aussparung in kurzen Abständen und durch die Querschnittsform dem Material Gelegenheit geboten wird, dem Druck besser nachzugeben — Fulda-Kissenreifen (Abb. 7). Eine konstruktive Umgestaltung, bei der dem Vollreifen die Möglichkeit genommen ist, sich bei hohem Druck im Kern zu einer fast unelastischen Masse zusammenzudrücken, bedeutet der Continental Elastik Hohlraumreifen und der Fulda Parabelkissenreifen mit Luftkammer (Abb. 8). Hier wird bei den stärksten Druckbelastungen dem Gummi die Möglichkeit gegeben, in den inneren Hohlraum auszuweichen. Bei diesen Reifenarten bleibt die Elastizität auch bei zunehmender Abnutzung erhalten.

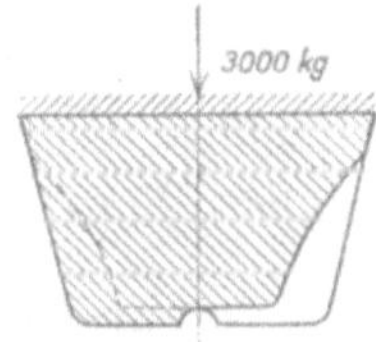

Abb. 7. Fuldakissenreifen.

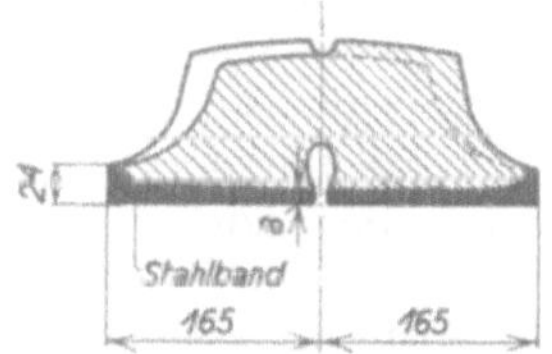

Abb. 8. Parabelkissenreifen mit Luftkammer.

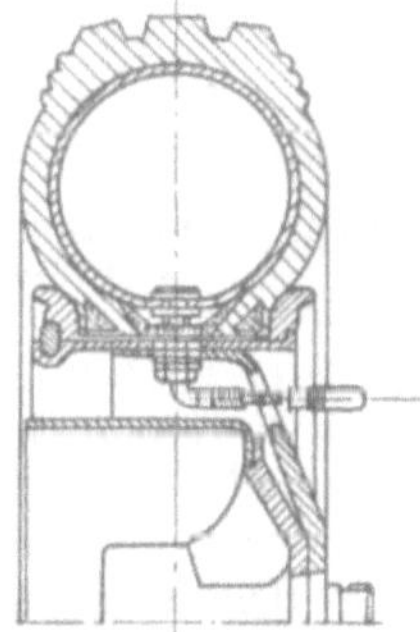
Abb. 9. Luftreifen.

3. Eine noch günstigere Belastung übt der Luftreifen auf die Fahrbahn aus. Anfangs nur für leichte Fahrzeuge, Personen- und Lieferwagen von geringer Tragfähigkeit anwendbar, hat er jetzt eine so kräftige Durchbildung erfahren, daß er auch für schwere Lastkraftwagen genommen werden kann. Die Luftschlauchinnenpressung beträgt 1,5—8 at. Man bevorzugt gegenwärtig die Reifenarten mit hohem Luftdruck, z. B. beträgt der vorgeschriebene Innendruck für den Continental-Riesenluftreifen (Abb. 9) zwischen 5,5—7 at = 5,5—7 kg/cm². Diesem Innendruck muß auch der Bodendruck entsprechen. Der Luftreifen übt demnach im Zustand der Ruhe einen verhältnismäßig geringen Druck auf die Fahrbahn aus. Auch beim Luftreifen tritt beim Fahren durch die innere Walkarbeit und die Fliehkräfte mit zunehmender Geschwindigkeit ein Härterwerden des Reifens ein. Die Walkarbeit und der Schlupf bewirken ein Warmwerden der Reifen, dadurch erhöht sich der innere Luftdruck. Das Maß, um das der Flächendruck gegenüber der Schlauchinnenpressung zunimmt, wird auch von ihrer Größe abhängen. Bei niedrigem Schlauchinnendruck wird sie gering sein, bei stark aufgepumpten Riesenluftreifen soll die Bodenpressung auf das Doppelte des Innendruckes steigen, wozu für Erwärmung der Luft ein Zuschlag von 30 vH gemacht wird. Man rechnet mit einer Zunahme von 20 vH im Mittel. Die Größe des Flächendruckes soll aber nach Versuchen von Professor Dr. Wawrziniok auch von der Bauart des Reifens abhängen, da die Steifigkeit des Gewebes die Druckübertragung beeinflußt[15]. Abgesehen von den Besonderheiten der einzelnen Reifenarten ist die Druckübertragung dadurch gekennzeichnet, daß bei geringem Schlauchinnendruck die Flächenpressung im Verhältnis größer ist als bei hohem, wie es die Abb. 10 für Continental-

Pneumatik 820 × 135 bei Übertragung von 400, 800 und 1200 kg Raddruck zeigt. Diese Ergebnisse stammen aber von Reifen aus der Zeit vor dem Kriege. In den letzten Jahren sind die Reifengewebe wesentlich verbessert worden, so daß die durch die Wand zu übernehmenden Lastanteile niedriger angesetzt werden können. Da für die Beanspruchung der Straßen der Maximaldruck ausschlaggebend ist, so würde bei einem Riesenluftreifen von 8 kg/cm² Innenpressung mit vielleicht 12 kg/cm² Bodendruck zu rechnen sein. Schaar glaubt sogar, mit 16 kg/cm² rechnen zu müssen, dem widersprechen aber die vorstehenden Überlegungen und die Erfahrungen auf der Straße.

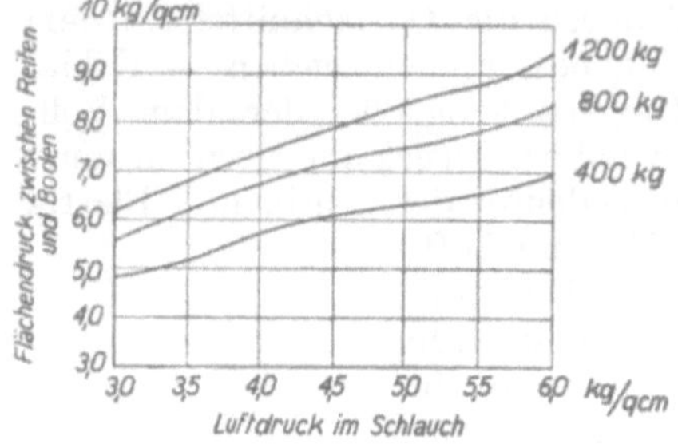

Abb. 10. Verhältnis des Schlauchinnendruckes zum Flächendruck.

Auch bei Luftreifen genügt ein Reifen bei schweren Lasten nicht, es müssen Doppelreifen verwendet werden, womit gewisse Nachteile, wie schon beim Vollgummireifen erwähnt, verbunden sind. Bei unebenen Straßen und bei verschiedenem Luftdruck der Reifen werden die Wagenlasten, die Antriebs- und Bremskräfte ungleichmäßig auf die Räder und damit auf die Straße verteilt. Es nutzt sich daher der eine Reifen mehr als der andere ab. In Straßenkrümmungen haben beide Reifen verschiedene Wege zurückzulegen. Es muß deshalb eine Zerrung an den Reifen vor sich gehen. Dieser letzte Vorgang soll allerdings die Schleudergefahr vermindern. Werden zwei Hinterachsen angebracht, so daß die Räder nicht mehr neben- sondern hintereinander stehen, so fallen diese Übelstände fort.

d) Die Vermehrung der Achsen von zwei auf drei hat den Vorteil der Lastverteilung auf sechs statt vier Punkte, wobei die Last durch eine besondere Wagenbalkenanordnung auf alle vier Hinterräder gleichmäßig verteilt wird. Ein weiterer Vorzug dieser Bauart ist, daß eine Erhöhung des Ladegewichtes von 9 auf 15 t ohne Überlastung der Achsen vorgenommen werden kann (s. S. 18).

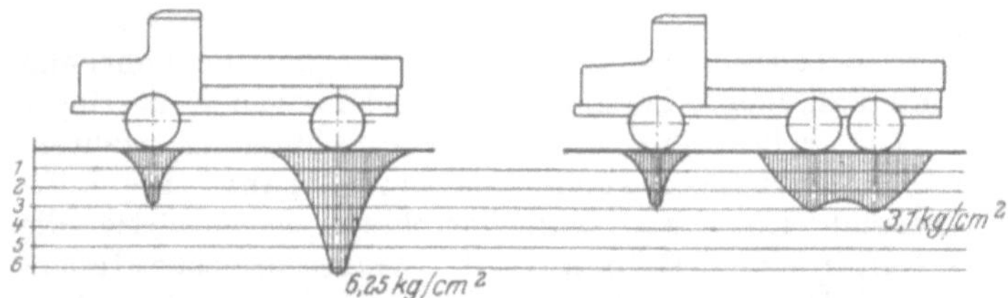

Abb. 11. Unterschied in der Bodenbelastung beim zwei- und dreiachsigen Wagen.

Die Verringerung des Bodendruckes geht aus der Abb. 11 hervor, entsprechend ermäßigen sich auch die Stoßwirkungen. Wenn der Wagen über ein Hindernis fährt, wird er nur um die halbe Höhe des Hindernisses gehoben, dafür allerdings zweimal. Es sind also mit dieser Bauart erhebliche Vorteile für die Beanspruchung der Straße verbunden. Die Folge davon ist ein sehr ruhiges Fahren, so daß besonders für den Überlandverkehr dreiachsige Wagen bevorzugt werden. Die Verwendung von Luftreifen gestattet außerdem, mit einer höheren Geschwindigkeit zu fahren (s. S. 19). Beide Hinterachsen werden durch je eine besondere Gelenkwelle angetrieben.

e) In noch höherem Maße wird das Ziel, den Bodendruck zu ermäßigen, durch den schon im Abschnitt III. A. erwähnten Raupenschlepper erreicht. Die Kraftübertragung zwischen Maschine und Straße erfolgt hier nicht an einer Radfelge, sondern einer Kette, die sich mit breiter Fläche auf den Boden auflegt und über den Boden abgewälzt wird, wodurch die Auflagefläche auf dem Boden über das bei Rädern erreichbare Maß hinaus vergrößert wird, da die

Kette zwischen den beiden Raupenführungsrädern, von denen das eine Triebrad ist, durch besondere Stützrahmen die Lasten auf den Boden überträgt. Zur Vorwärtsbewegung sind die Bodenplatten mit Rippen versehen. Diese liegen aber in solcher Breite und so großer Zahl auf dem Boden, daß der Einheitsbodendruck nur wenige Kilogramm beträgt, z. B. bei dem W. D.-Raupenschlepper der Hanomagwerke bei einem Eigengewicht von 3160 kg und 28 Rippen von 21 cm Breite und 2,3 cm Dicke 2,35 kg/cm². In weichem Boden, in dem sich die Rippen eingraben und die Bodenplatten mittragen, sinkt der Einheitsdruck sogar auf 0,53 kg/cm². Bei anderen Schleppern, z. B. M. T. W.-Raupenschlepper, werden die Raupenglieder bei der Straßenfahrt mit Gummiklötzen versehen. Professor Dr. Becker hat bei den von ihm untersuchten Raupenschleppern Bodendrücke von weniger als 1 kg/cm² festgestellt[16]. Raupenschlepper üben daher nur geringe Drücke aus und eignen sich daher besonders für Arbeitsleistungen auf weichem Boden in der Land- und Forstwirtschaft. Bei der geringen Fahrgeschwindigkeit (bis etwa 8 km/stdl.) ist allerdings der Raupenschlepper auf die Lastenbeförderung beschränkt, bei der es auf Schnelligkeit nicht besonders ankommt. Nach der V. ü. Kfzgv. rechnen die Raupenschlepper nicht zu den Kraftfahrzeugen, bedürfen daher ebenso wie die Dampfstraßenlokomotiven, Straßenwalzen, Motorpflüge einer besonderen Genehmigung zur Benutzung der öffentlichen Straßen.

f) Unterschied zwischen eiserner und elastischer Bereifung. Es wird noch die Frage zu klären sein, ob der eiserne Reifen auf die Straße einen höheren Druck ausübt als der elastische Reifen, und zwar als Voll-, Kissen- oder Luftreifen, ob also durch die Zwischenschiebung des elastischen Reifens, besonders mit Rücksicht auf die beim Kraftwagen zugelassenen höheren Lasten, eine Schonung der Straße anzunehmen ist. Hierzu ist es notwendig, sich Kenntnis von dem üblichen Druck des eisernen Reifens zu verschaffen. Nach dem preußischen Gesetz vom 20. 6. 1887 darf die Nutzlast auf den Zentimeter Felgenbreite 125 kg nicht überschreiten (s. S. 18). Bei einem Eigengewicht des Wagens von etwa 2000 kg und 15 cm Felgenbreite, von der aber nur 10 cm wegen der Abnutzung der Radreifen als Auflagerfläche angenommen werden sollen, errechnet sich eine Belastung von etwa 240 kg für 1 cm Felgenbreite. Nach den Beschlüssen des II. I. Str. K. wird die Belastung für den Zentimeter Felgenbreite noch von dem Durchmesser des Rades abhängig gemacht. Diese Bestimmung ist insofern berechtigt, als auch beim eisernen Reifen die Berührung zwischen Rad und Straße nicht in einer Linie (Mantellinie des zylinderförmigen eisernen Reifens), sondern in einer Fläche erfolgt, weil sowohl das Rad unter der Last etwas seine Form ändert, als auch die Fahrbahn sich eindrückt. Es entsteht ein Berührungsbogen, dessen Größe vom Raddurchmesser abhängig ist. Die Berührungsbogen verhalten sich wie die Wurzel der Raddurchmesser[17]. Ein großes Rad wird einen größeren Berührungsbogen aufweisen als ein kleines. Infolgedessen wird auch die zulässige Belastung auf den Zentimeter Felgenbreite in Abhängigkeit von der Wurzel des Durchmessers gebracht werden müssen. Der II. I. Str. K. schlägt folgende Beziehung vor:

$$p = c\,\sqrt{d}\,\text{kg/cm}\ (d\text{ in m}), \qquad c = 125. \tag{4}$$

Für eiserne Reifen von 1,0 Durchmesser wird $p = 125$ kg/cm.

Das Einsinken des Rades wird von der Nachgiebigkeit der Fahrbahn abhängen. Eine schwache Fahrbahn wird sich unter der Felge tief eindrücken, damit eine möglichst große Lastverteilung entsteht und die Belastung für den Quadratzentimeter gering ausfällt. Unter Annahme der Beziehungen der Abb. 12 verhält sich

$$u : a = a : D,$$
$$a = \sqrt{u\,D};$$

ferner

$$u : \frac{l}{2} = \frac{l}{2} : (D - u).$$

$$\frac{l}{2} = \sqrt{uD - u^2}. \tag{5}$$

Da u gegen D sehr klein ist und da bei der Flachheit des Bogens $\frac{l}{2} = a$ gesetzt werden kann, wird

$$a = \sqrt{uD}\ (D \text{ in cm}).$$

Bei einem Berührungsbogen von 1 cm Breite würde statt a p gesetzt werden können. Dann würde nach den Annahmen des II. I. Str. K. $\sqrt{u} = 125$ zu setzen sein, wenn D in Meter eingesetzt wird.

Nach dieser Überlegung wird also die Annahme des I. Str. K. bestätigt.

Wird eine größere Berührungslänge angenommen, dann wird die Bodenpressung der Eindrückungsform und die Belastung P dem Inhalt des Druckdiagramms

$$P = \tfrac{2}{3}\, l\, p$$

entsprechen.

Für den Wert p werde die aus dem Gleisbau bekannte Bettungsziffer C eingeführt, das ist diejenige Belastung, unter der sich die Fahrbahn um 1 cm zusammendrückt. Bei u cm Einsenktiefe würde die Gleichung den Wert annehmen

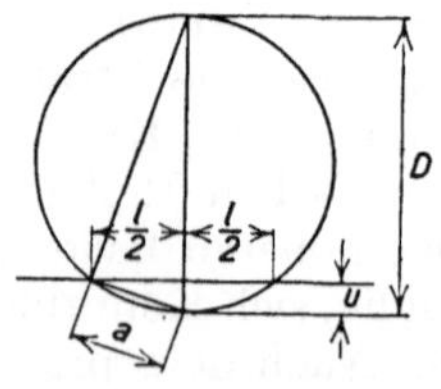

Abb. 12. Beziehung zwischen Berührungsbogen und Raddurchmesser.

$$P = \tfrac{2}{3}\, l\, u\, C$$

$$= \tfrac{4}{3}\, a\, u\, C \quad \text{mit Gleichung (5)}$$

$$= \tfrac{4}{3} \cdot C \sqrt{u^3 D}$$

$$p_{\max} = u \cdot C$$

$$p = \sqrt[3]{\frac{9 \cdot P^2 \cdot C}{16\, D}} \tag{6}$$

Für den Lastwagen mit 240 kg Belastung auf den Zentimeter Felgenbreite, 1 m Raddurchmesser und verschiedene Bettungsziffern ergaben sich dann die folgenden Drücke:

1. Erdbahn $C = 2$ kg/cm², $p = 8{,}6$ kg/cm²;
2. Kiesbahn $C = 4$ kg/cm², $p = 10{,}9$ kg/cm²;
3. frisch beschotterte Steinschlagbahn $C = 8$ kg/cm², $p = 13{,}7$ kg/cm²;
4. festgefahrene Schotterdecke nach Dr.-Ing. Bloss [18] $C = 29{,}7$ kg/cm², $C = \sim 30$ kg/cm², $p = 21{,}1$ kg/cm²;
5. Betondecke nach Dr.-Ing. Bloss $C = 119{,}4$ kg/cm², $C = \sim 120$ kg/cm², $p = 33{,}8$ kg/cm².

Das letzte Ergebnis bedarf noch einer Nachprüfung. Während die Schotterdecke nachgiebig ist und infolgedessen der Reifen sich auf eine größere Breite in die Decke eindrücken wird, ist mit einem solchen Vorgang auf den unnachgiebigen Decken, Stampfasphalt oder Beton, vor allem auch auf Steinpflaster nicht zu rechnen. Die Annahme, daß die Felge auf 10 cm Breite aufliegt, kann daher nur für nachgiebige Decken, z. B. Schotterdecken, gelten, für andere wie

Beton ist sie viel zu günstig. Bei abgefahrenen eisernen Reifen wird die Berührungsbreite auf starren Decken wesentlich geringer sein und in der Regel höchstens 2 cm betragen. Dann aber wird die Bodenpressung z. B. bei Beton für die Radlast $P = 1200$ auf 1 cm Felgenbreite, $C = 120$, $p = 46$ kg/cm².

Es kann also allgemein die Frage gar nicht entschieden werden, welche Bereifungsart die höchsten Einheitsdrücke ausübt, sondern die Deckenart wird dabei mit berücksichtigt werden müssen. Bei den elastischen Reifen ist davon ausgegangen, daß sie auf der Pflasterdecke in Form einer Berührungsellipse die Drucke übertragen. Auf weichen Befestigungen mit niedriger Bettungsziffer werden aber auch die elastischen Reifen sich eindrücken und die Ellipse wird sowohl nach der großen wie kleinen Achse sich vergrößern, d. h. infolge der Vergrößerung der Berührungsfläche werden die für Vollgummi und Luftreifen berechneten Einheitsdrücke geringer werden. Aus der folgenden Gegenüberstellung lassen sich die wahrscheinlichen Drucke für ruhende Last erkennen.

Zusammenstellung 10.

	Eiserner Reifen kg/cm² $p =$	Stoßfrei	
		Vollgummireifen kg/cm²	Luftreifen kg/cm²
1. Erdbahn	8,6	Wahrscheinlich geringer als 28,5	Wahrscheinlich geringer als 12
2. Kiesbahn	10,9		
3. Schotterdecke, frisch	13,7		
Schotterdecke, festgefahren	29		
4. Beton	46	28,5	12 (höchstens 16)

Eine Nachprüfung der Berührungsellipsen würde bei Vollgummireifen und Luftreifen bei den Fahrbahndecken zu 1—3 ergeben, daß sie wesentlich größer sind als zu 4, so daß also die für Beton errechneten Bodenpressungen nicht in Erscheinung treten. Wertvoll ist aber die Feststellung zu 4, daß der eiserne Reifen den höheren Bodendruck abgibt.

Die Ergebnisse der Übersicht werden durch die Erfahrung in allen Punkten bestätigt. Die Zerstörungen der weichen Decken zu 1—3 durch die Kraftwagenreifen erfolgen, wie später noch erörtert wird, nicht durch die Bodenpressung, sondern durch andere Kräfte, wie Wirbelung, Stoß und Schlupf. Dagegen ist einwandfrei nachgewiesen, daß der eiserne Reifen am Beton erhebliche Zerstörungen bewirkt; da auf den völlig ebenen Betondecken Stöße nicht hervorgerufen werden, kann die starke Abnutzung durch eiserne Reifen u. a. auf die zu hohe Bodenpressung zurückgeführt werden. In den Leitsätzen des V. I. Str. K. ist ausdrücklich festgelegt, daß die Betonstraße nur für den Verkehr von gummibereiften Fahrzeugen, aber nicht für eiserne Reifen geeignet ist, und die Abnutzung der Betonstraßenabschnitte auf der Versuchsbahn bei Braunschweig, sobald eiserne Reifen zugelassen worden sind, bestätigt die Richtigkeit der Übersicht der Zusammenstellung 10.

Auf keinen Fall darf aber die Beanspruchung der Straße von der Bodenpressung der Felge allein beurteilt werden, weil beim angetriebenen Rad noch andere Einflüsse mitsprechen.

D. Die Kraftübertragung zwischen Felge und Straße im Kraftwagen.

Die richtige Ausbildung der Kraftübertragung im Kraftwagen ist sowohl für den Kraftwagen wie für die Straße von erheblicher Bedeutung. Darum hat die wissenschaftliche Kraftwagenwertung den Vorgängen im Getriebe sowohl wie an den Radumfängen ihre besondere Aufmerksamkeit zugewendet und sie eingehend untersucht. Es sind zu diesem Zwecke Prüfstände gebaut worden, bei denen die Triebräder des Kraftwagens auf Trommeln gestellt werden und ihre Kraft an diese abgeben, indem der Wagen selbst durch Zugbänder festgehalten wird. Die Fahrleistung wird dann auf den Trommeln in der Weise gemessen, daß die Trommeln mit Dynamomaschinen gekuppelt sind, deren elektromotorische Leistung abgelesen wird. Die Abb. 13 gibt die Anordnung des Prüfstandes

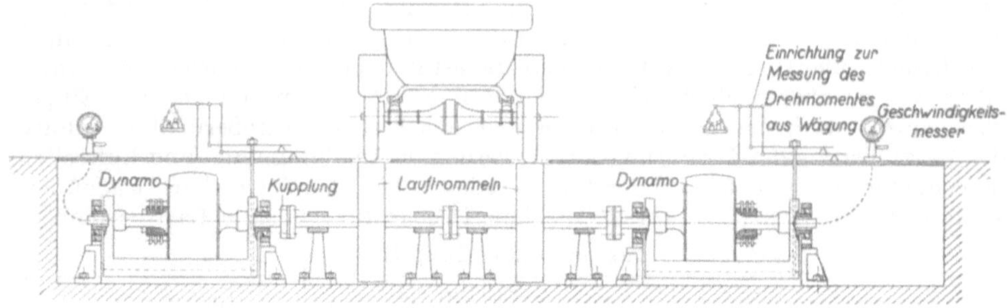

Abb. 13. Trommelprüfstand für Kraftwagen.

der Versuchsanstalt für Kraftfahrwesen an der Technischen Hochschule zu Dresden[15]. Als Nachteil der Trommeln wird angeführt, daß die Räder nicht auf einer Ebene, sondern auf Zylindern abrollen, was Fehler bei der Bestimmung

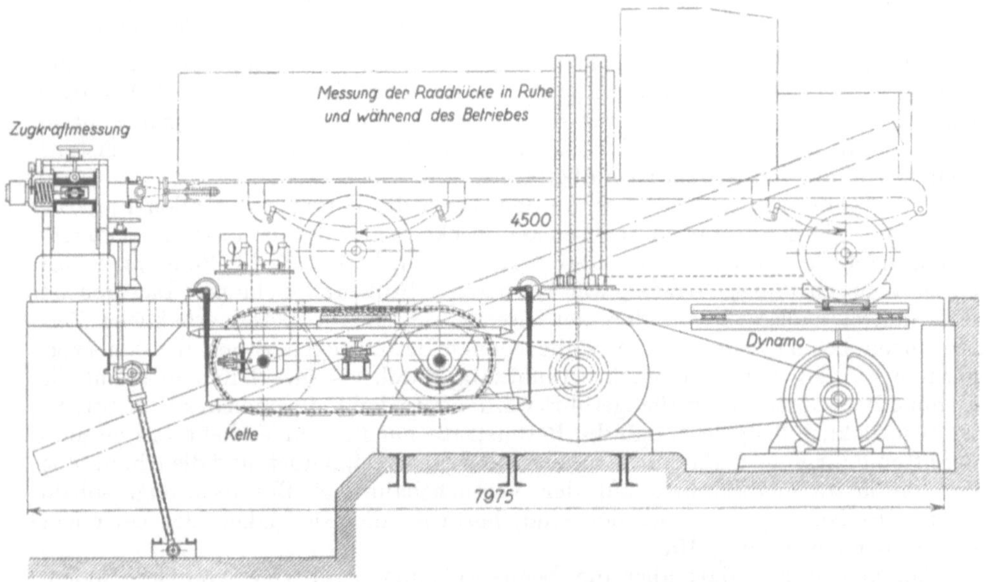

Abb. 14. Laufbandprüfstand für Kraftwagen.

der Rollverluste verursachen muß. Denn auf der gekrümmten Laufbahn wird die Eindrückungstiefe des Reifens und damit die Formänderungsarbeit erhöht. Statt der Trommeln hat Professor Langer[19] in Aachen Laufbänder, die wie bei den Raupenschleppern aus einzelnen mit Gelenken verbundenen Gliedern bestehen, angewendet, die dem Triebrad eine der guten Pflasterstraße ähnliche Laufbahn darbieten (Abb. 14). Bei dieser Form ist es möglich, die einzelnen Raddrücke während des Betriebes zu messen, da unter dem Laufband ein Rollentisch angeordnet ist, der auf einer Wage liegt. Die Raddrücke wirken auf Meßdosen, die unter dem Rollentisch angeordnet sind und die Drücke mittels selbstschreibender Manometer aufzeichnen. Der Prüfstand kann gekippt werden, um Bergfahrtstellung einzunehmen.

a) Fahr- und Steigungsbilder.

Die Ergebnisse werden jetzt einheitlich zeichnerisch aufgetragen, so daß man Vergleichsbilder erhält, die die Eigenart jedes Wagens kennzeichnen. Aus diesen Fahrbildern können die Werte über die Leistungen und Verluste leicht abgegriffen werden, auch diejenigen, die sich auf die Kraftübertragung zwischen Rad und Straße beziehen, deren Kenntnis in mehrfacher Hinsicht für die Ausbildung der Straße in Anlage und Befestigung von Wert sind. Als Beispiel eines solchen Fahrbildes ist das des Daag-Schnellastwagens nach den Untersuchungen

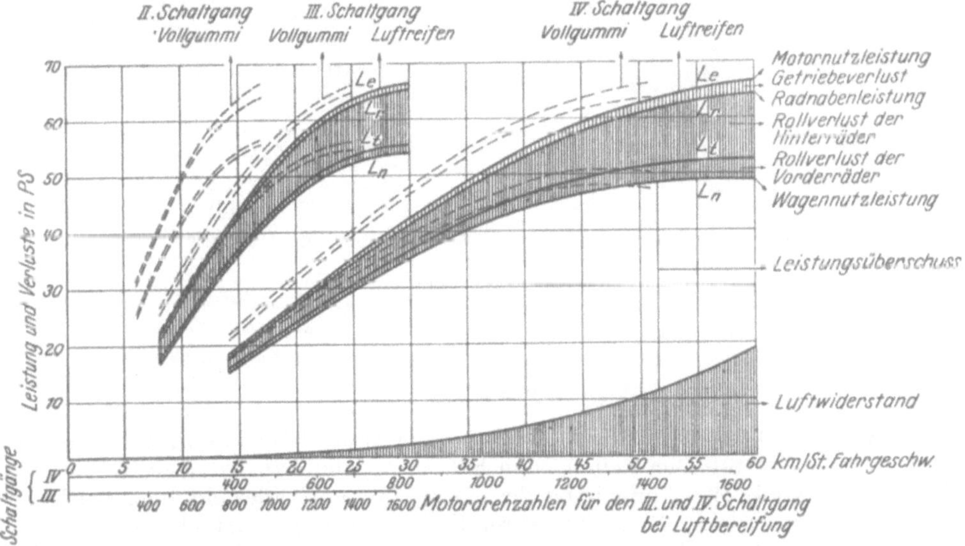

Abb. 15. Fahrbild des Daag-Schnellastwagens nach Prof. Dr.-Ing. Becker.

von Professor Dr. Becker in Charlottenburg in der Abb. 15 wiedergegeben[11]. Sämtliche Werte, mit Ausnahme des Luftwiderstandes, sind auf dem Prüfstand ermittelt. Der Luftwiderstand ist nach bekannten Formeln berechnet. Aus diesem Fahrbild ist für den Straßenbau zu entnehmen: Die Leistung des Motors bei den verschiedenen Fahrgeschwindigkeiten und Schaltgängen, die Rollverluste der Vorderräder und der Hinterräder, verursacht durch den Fahrbahnwiderstand und die Größe des Leistungsüberschusses. Dieser wird auf der Ebene nicht ausgenutzt und kann für die Beschleunigung und zur Überwindung von Steigungen verwendet werden. Aus dem Leistungsüberschuß in Kilogrammmeter kann man diejenige Steigung für eine bestimmte Geschwindigkeit ermitteln, die der Wagen mit dem betreffenden Schaltgang noch überwinden kann. Es ist:

$$s \text{ (Steigung der Fahrbahn in vH)} = \frac{3{,}6 \cdot 75 \cdot 100}{G V} L_s\,, \qquad (7)$$

wenn ist:

G = Wagengewicht,
V = Geschwindigkeit km/stdl.,
L_s = Leistungsüberschuß in PS.

Die errechneten Steigungsdiagramme des 2-t-Daag-Schnellastwagens zeigt die Abb. 16.

Man erkennt die bedeutende Größe des Steigungsvermögens der Kraftwagen, das ausreichend ist für die Überwindung aller dem Kraftwagen zugänglichen Straßen auch im Hochgebirge. Die im Steigungsbild des Daag-Wagens vermerkten Unterschiede zwischen dem Steigungsvermögen mit Luftreifen und Vollgummireifen sind durch die größeren Durchmesser der Luftreifen gegenüber den Vollgummireifen und das dadurch verschiedene Übersetzungsverhältnis zwischen Motor- und Triebraddrehzahl verursacht. Die besondere Eigenschaft des Kraftwagens, große Steigungen vollausgelastet nehmen zu können, macht ihn besonders geeignet für gebirgiges Gelände. Sie wird auf die Linienführung von Kraftwagenstraßen von Einfluß sein, worauf später noch hingewiesen wird (Abschnitt IV. B.).

Der große Unterschied in den Rollverlusten der Triebräder gegenüber denen der Vorderräder ist auf die Leistungübertragung am Triebrad zurückzuführen. Überhaupt muß man feststellen, daß die großen Verluste bei Kraftwagen nicht im Triebwerk liegen, wie allgemein angenommen wird, sondern außerhalb des Triebwerkes in der Bereifung insbesondere bei hohen Fahrgeschwindigkeiten und Leistungen. Die Ursache dieser Verluste muß in der größeren Formänderungsarbeit am elastischen Radumfang der Gummibereifung gesucht werden.

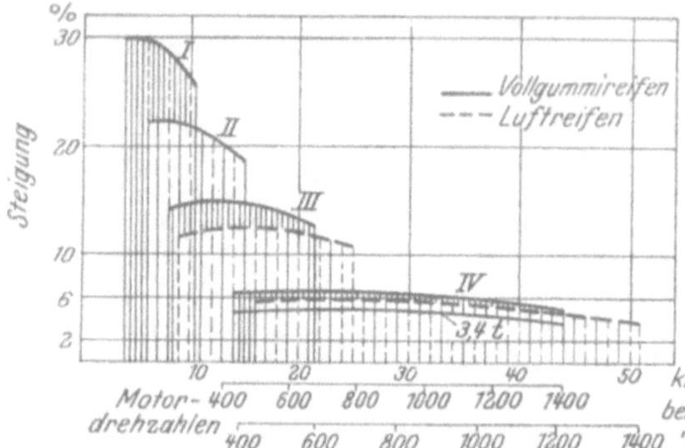

Abb. 16. Steigungsbild des Daag-Schnellastwagens.

Der Reifen ist aus Gewebeeinlagen aufgebaut, die in einer Gummibettung liegen. Läuft der Reifen beim Fahren auf der Fahrbahn, so tritt an der Bodenberührstelle eine Abflachung des runden Reifenprofiles ein, die Lauffläche und die Seitenwände des Reifens erfahren Einbiegungen (vgl. Abschnitt III. C. c)). Es müssen sich daher die Gewebeeinlagen und die Gummiteilchen gegeneinander verschieben. Durch diese innere Bewegung und Reibung entstehen Leistungsverluste, die sich durch Erwärmung des Reifens kenntlich machen. Die Verluste sind abhängig in erster Linie von der Fahrgeschwindigkeit, da die Leistungsverluste um so größer sind, je schneller die Einbiegungen des Reifenumfanges erfolgen. Weiterhin hängen die Verluste ab von der Abflachung der Reifen, die mit dem Raddruck und der Weichheit der Reifen zunehmen, d. h. also mit der Luftschlauchinnenpressung, der Achsbelastung, der Reifenbauart und der Reifengröße.

b) Schubkräfte.

Die Vorwärtsbewegung des Wagens erfolgt durch ein von dem Motor erzeugtes Drehmoment, das durch das Getriebe auf die Hinterräder ausgeübt wird. Dieses Drehmoment berechnet sich aus der Motorleistung N in PS und der Drehzahl der Räder in der Minute (n) bei einem Wirkungsgrad η.

$$M_d = \frac{N \cdot 716{,}20 \cdot \eta}{n} \text{ cmkg} . \tag{8}$$

Die Drehzahl der Hinterräder hängt ab von der Geschwindigkeit des Wagens V in km/Std. und dem Halbmesser r. Es ist $n = \frac{V \cdot 60}{3{,}6 \cdot 2\, r \cdot \pi}$. Der Wert von n, eingesetzt in Gleichung (8), ergibt dann

$$M_d = \frac{N \cdot 270 \cdot \eta \cdot r}{V}$$

und die Umfangskraft an einem Rad

$$\frac{M_d}{r} = P = \frac{270 \cdot N \cdot \eta}{2V} \tag{9}$$

Diese Umfangskraft muß, damit die Räder auf dem Boden abrollen, kleiner sein als die Gegenstützkraft der gleitenden Reibung. Diese Stützkraft ist das Produkt aus dem Reibungsgewicht Q_r des Wagens, das auf den Triebrädern ruht, und der Reibungsziffer f für gleitende Reibung

$$P < Q_r \cdot f. \tag{10}$$

Um diese Stützkraft möglichst groß zu gestalten, wird die Triebachse stärker belastet als die Laufachse. Bei Lastkraftwagen erhält sie 64—75 vH des Wagengewichtes einschließlich der Nutzlast, bei Personenwagen 0,56—0,62 vH.

Für den Daag-Schnellastwagen, dessen Fahrbild in der Abb. 15 gegeben, berechnet sich die Schubkraft für 40 km Geschwindigkeit bei voller Ausnutzung des Leistungsüberschusses, z. B. bei Steigungen, und 82 vH Getriebeverlust aus einer Motorleistung von 55 PS zu

$$K = \frac{135 \cdot 55 \cdot 0{,}82}{40} = 125 \text{ kg}.$$

Diese Schubkraft wird etwa bei einer Steigung von 6 vH ausgeübt. Bei einer Geschwindigkeit von nur 10 km mit dem II. Schaltgang und in einer Steigung von etwa 22 vH würde die Schubkraft auf

$$K = \frac{135 \cdot 50 \cdot 0{,}82}{10} = 554 \text{ kg}$$

steigen. Damit der Wagen diese Steigung nehmen und diese Schubkraft von der Fahrbahn aufgenommen werden kann, muß sie mindestens einen Reibungsbeiwert der gleitenden Reibung nach der Gleichung (10) aufweisen, wenn Q_r-$\geqq$ des Hinterrades für den Daag-Wagen rd. 2000 kg beträgt,

$$554 < 2000 \cdot f,$$
$$f \geq 0{,}28.$$

Die Vorwärtsbewegung des Wagens hängt demnach von der Rauhigkeit der Fahrbahn ab. Über diese Rauhigkeit, d. h. über die Größe des Beiwertes der gleitenden Reibung, fehlt es heute noch an zuverlässigen Angaben (vgl. Abschnitt III. D. e)).

Zu dem ruhenden Raddruck aus Eigengewicht und Belastung treten bei der Bewegung noch Zusatzdrücke durch die folgenden Kraftwirkungen:

1. Das Drehmoment, das vom Motor ausgeht, sucht den Wagen um die Hinterachse zu drehen. Auf Prüfständen kann daher aus der Entlastung der Vorderachse die Größe des Drehmomentes ermittelt werden.

2. Das am Ausgleichgetriebe angreifende Drehmoment belastet das eine Hinterrad und entlastet das andere.

Wenn mit

M_d das Drehmoment,
r_1 der Halbmesser des Kegelrades an der Gelenkwelle,
r_2 ,, ,, ,, ,, am Ausgleichgetriebe,
a der Achsabstand
und b die Spurbreite

bezeichnet werden, ist die tatsächliche Zusatzbelastung des am stärksten belasteten Hinterrades

$$\sum = \frac{1}{2} \frac{M_d}{r_1} \cdot \frac{r_2}{a} + \alpha \frac{M_d}{b}, \tag{11}$$

wobei $\alpha > \frac{1}{2}$ anzunehmen ist[20].

c) Schlupf.

Die Bewegungsvorgänge lassen annehmen, daß zwischen Umfangskraft am Rad und Stützkraft am Boden von vornherein nicht Gleichgewicht besteht, sondern daß die Wirkung der gleitenden Reibung erst durch einen meßbaren Gleitvorgang hervorgerufen wird. Dieses Gleiten ist dadurch zu erkennen, daß das Triebrad des Kraftwagens auf der Straße nicht nur abrollt, sondern dabei auch schleift. Dieses Schleifen wird mit Schlupf bezeichnet. Dieser Vorgang ist damit gekennzeichnet, daß der vom Umfang des Rades abgerollte Weg größer ist als der vom Wagen tatsächlich zurückgelegte. Dieser Schlupf ist beim schnellfahrenden leichten Wagen gering, er steigert sich mit der Zunahme der Zugkraft und der Motorleistung, hängt aber auch von der Beschaffenheit der Fahrbahn und des Reifens ab. Der Schlupf wird zum Schleudern, wenn der Reibungsbeiwert der gleitenden Reibung oder das Gewicht auf der Triebachse nicht ausreichen, die Umfangskraft aufzunehmen; das ist der Fall, wenn

$$P > Q_r \cdot f$$

ist.

Über die Größe des Schlupfes für verschiedene Reifenarten und Geschwindigkeiten hat Professor Dr. Becker in Berlin Untersuchungen angestellt, deren

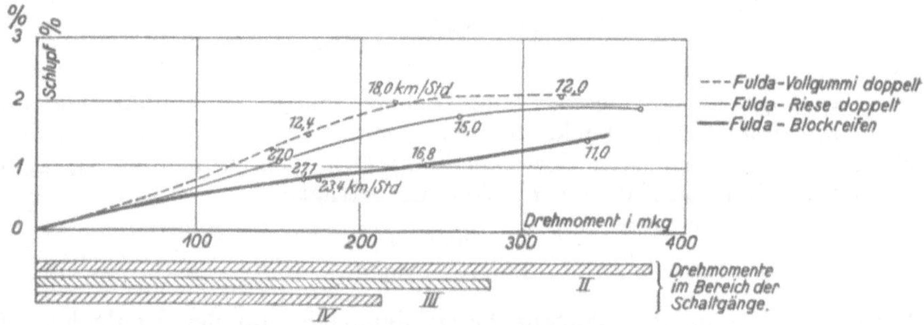

Abb. 17. Größe des Schlupfes in vH.-Teilen des Radweges bei verschiedenen Reifenarten nach Prof. Dr.-Ing. Becker.

Ergebnis in der Abb. 17 dargestellt ist (nach Mitteilungen der Fulda-Werke). Bei Lastwagen, die Beiwagen ziehen, wächst der Schlupf bis auf 8 vH, und bei Motorschleppern kann der Schlupf bis zu 40 vH der gefahrenen Strecke annehmen[16]. Ist das Haftvermögen zwischen Straße und Reifen groß, so ist der Reibungsbeiwert zwischen Straße und Radreifen groß, der Schlupf gering. Man möchte annehmen, daß ein solcher Reifen auch die Straße schont. Reifen mit geringem Haftvermögen haben einen großen Schlupf, kommen daher stark ins Schleudern. Nach Beobachtungen der Allgemeinen Berliner Omnibus-Gesellschaft entsteht bei allen Reifen von mehr als 3 vH Schlupf auf glatten Fahrbahnen eine unerträgliche Schleudergefahr, die sich beim Bremsen noch wesentlich erhöht[12]. Die Schleudergefahr läßt sich aber bei genügend rauhen Fahrbahnen vermeiden. Andererseits kann dieser Gefahr auch durch die Wahl richtiger Reifen vorgebeugt werden. Infolge des Schlupfes reibt das Triebrad auf der Fahrbahn und nutzt sie daher ab. Auf diese Schleifarbeit ist ein erheblicher Teil der Abnutzung der Fahrbahnen zurückzuführen.

Bei den Vorderrädern ist der Radweg kürzer als der Laufweg, weil diese von der Hinterachse vorwärts geschoben werden.

d) Wirbelkräfte.

Die erste nachteilige Wirkung des Kraftwagens auf die Straße, die man beobachtet hat, ist die Staubbildung gewesen. Staub hat es auf den Straßen auch schon vor dem Erscheinen des Kraftwagens gegeben, denn durch die Abnutzung der Straßendecke unter dem Verkehr bilden sich mehlfeine Teilchen, Deckenstaub genannt. Der Verkehr selbst liefert solche Stoffe als Pferdemist, Verlust undichter Wagen bei Beförderung von Kies, Sand und anderer Baustoffe, Kohlen u. a. m., die unter dem Verkehr zermahlen und als Verkehrsstaub bezeichnet werden. Diese feinen Teilchen werden schon von geringen Luftzügen erfaßt und emporgewirbelt. Stärkere Winde können sogar gröbere Stoffe, wie Papier u. a. m., emporheben. Um diese Staubbildung in den Städten zu bekämpfen, wo man sie besonders lästig empfunden hat, ist man zu den hygienisch einwandfreien Pflasterarten, Stampfasphalt, Holzpflaster, Steinpflaster mit Fugenausguß schon längst vor dem Erscheinen des Kraftwagens übergegangen, die sich auch leicht reinigen lassen. Im wesentlichen ist es die atmosphärische Luftbewegung gewesen, die die Staubbelästigung bewirkt hat. Der schnellfahrende Kraftwagen ruft nun seinerseits je nach der Größe seiner Fahrgeschwindigkeit starke Luftbewegungen hervor. Denn bei der Fahrt des Wagens bildet sich hinter dem Wagen ein luftverdünnter Raum, in den die vorn verdrängte Luft neben, über und unter den Wagen zu strömen sucht. Die Wirkung wird nicht auf die unmittelbar am Wagen liegenden Luftflächen beschränkt bleiben, sie wird auf größere Strecken einwirken, und auf diese Weise werden auch die am Boden liegenden Luftschichten mitgerissen werden. Sie werden, genau so wie der Wind die feinen Staubteilchen, die bei ihrem geringen Gewicht und geringen Kohäsion zum Boden keinen Widerstand leisten, emporwirbeln und in die Luftströmungen hinter den Wagen bringen. Dann bildet sich jene bekannte Staubfahne, die die Fahrt eines Kraftwagens abzeichnet. Diese Staubbildung wird noch durch verschiedene Einwirkungen verstärkt. So werden die sich verhältnismäßig schnell drehenden Räder die sie umgebende Luft erfassen und in Drehung versetzen, durch die wiederum der Bodenstaub mitgerissen wird. Der Reifen des Triebrades schleift auf dem Boden, er wird daher durch seine Schubkraft Bodenteilchen losreißen und tangential emporwerfen. Sie geraten in die zuerst genannten Luftströmungen und werden von diesen aufgenommen und weitergeschoben. Diesen Vorgang kann man besonders gut beobachten, wenn ein Kraftwagen auf einer feuchten und sandigen steilen Straße bergauf fährt. Dann übt er eine starke Schubkraft aus, durch die die Decke aufgelockert wird; die feuchten, daher zu größeren Körnern zusammengeballten Teile werden durch die Kraftwirkung des Rades einige Zentimeter emporgeworfen und bilden einen Wulst hinter dem Radreifen. Da die Teilchen wegen ihrer Größe und Feuchtigkeit zu schwer sind, können die Luftströmungen sie nicht emporreißen, sie legen sich gleich hinter dem Rad wieder auf den Boden und bilden eine Spur. Ein auf solcher Straße bergab fahrendes Rad, das keine Schubkraft ausübt, sondern zufolge der Schwerkraft abrollt, bildet solchen Staubwulst nicht. Man spricht ferner davon, daß der elastische Reifen auch noch eine Saugwirkung hervorruft, die an dem zuletzt geschilderten Vorgang beim Abheben des Radkranzes vom Boden beteiligt sein kann. Diese Saugwirkung wird so erklärt, daß sich ein luftverdünnter Raum bildet, in den die Luft nachströmt und die Bodenteilchen mitreißt. Eine solche Saugwirkung besteht ohne Zweifel. Sie ist am größten bei glatten Reifen, d. h. wenn der elastische Reifen bei seiner Abplattung eine möglichst innige Verbindung mit der Fahrbahndecke eingeht. Diese Saugwirkung hat sich auf der Versuchsstraße in Braunschweig auffällig beim Kleinpflaster gezeigt. Es sind dort zwei Kleinpflasterstrecken verlegt worden, eine aus einem sehr glatten ebenen Basalt und eine aus einem sehr unebenen Gabbro. Auf der Basaltstrecke hat sich der Reifen, sowohl Voll- wie Gummireifen, an den ebenen Flächen satt aufgelegt und beim Abheben aus den Fugen die feinen Stoffe herausgesaugt, so daß nicht nur eine Staubspur sich auf dem Basaltkleinpflaster abgezeichnet, sondern der dauernde Verlust an Bindemitteln in der Fuge ein Nachsacken des Kleinpflastersteines bewirkt hat und sich allmählich Gleise gebildet haben. Auf der stark kuppigen Grauwacke sind solche Gleise nicht entstanden, weil der Reifen über den Fugen geblieben und keine so starke Luftverdrängung entstanden ist. Diese Erscheinung ist aber nur bei Trockenheit festgestellt worden. Bei Feuchtigkeit ist gerade das Umgekehrte zu beobachten gewesen. In den schmalen Fugen des Basaltkleinpflasters hat die Sandfüllung festgelegen, aus den großen Fugen des Gabbropflasters sind die Füllstoffe herausgewickelt worden. Alle durch die schnelle Bewegung des Wagens hervorgerufenen Kräfte, wie Luftströmungen, Wirbel, Saugwirkungen greifen nun besonders die Kleinschlagdecken an, deren Deckschicht stets bei Trockenheit aus feineren Stoffen besteht. Man hat versucht, diese Vorgänge auch rechnerisch zu erfassen, was bei dem Zusammenwirken vieler Einflüsse unmöglich erscheint ([14], S. 33).

Die Wege, um die Kräfte, die hier auftreten, abzuschwächen, sind an sich klar vorgezeichnet. Je geringer die Luftströmungen sind, die bei der Fahrt auftreten, um so weniger Staubteilchen werden emporgerissen werden. Diejenige Wagenform, die die geringsten Luftströmungen hervorruft, wird auch den geringsten Fahrwiderstand haben. Bei Anwendung von Wagenformen mit geringstem Fahrwiderstand werden auch die Wirbelkräfte eingeschränkt werden. Das hat der Versuch mit dem Jarayschen Stromlinienwagen bestätigt (Motorwagen 1923, S. 355), bei dem der Staub nur etwa 0,5—0,6 m vom Boden emporgehoben, dann aber völlig wieder auf den Boden gedrückt worden ist. Je schwerer auch die Bodenteilchen sind und je größer ihre Kohäsion und Verkittung untereinander, desto eher werden sie den Saug- und Wirbelbewegungen standhalten. Für diesen Fall die Grenzen des Gewichtes und Bindekräfte zu bestimmen, ist insofern überflüssig, als schon aus anderen Gründen, z. B. gegen Stoßwirkungen, Witterungseinflüsse wesentlich höhere Ziele für die Widerstandsfähigkeit der Straßendecken gesteckt sind, als die Saug- und Wirbelkräfte verlangen.

Es wird sich daher weniger darum handeln, den Versuch zu machen, die Wirbelkräfte rechnerisch zu erfassen, das dürfte erfolglos sein, sondern man wird ihre Bildung möglichst einschränken müssen. Den Wirkungen der Saugkräfte wird man dadurch begegnen, daß man schon aus anderen Gründen für den Kraftwagenverkehr Decken wählt, die eine geschlossene Oberfläche haben und deren einzelnen Teile so verkittet sind, daß sie den Saugkräften von vornherein widerstehen.

e) Beiwert der gleitenden Reibung.

Bei Behandlung der Schubkraft ist schon darauf hingewiesen worden, daß die Vorwärtsbewegung des Wagens davon abhängt, daß die Fahrbahn die am Radumfang ausgeübte Schubkraft aufnehmen kann, wobei die gleitende Fahrbahnreibung in Wirkung treten muß. Reicht diese nicht aus, so mahlt das Rad auf der Stelle. Die Wagenbewegung hängt daher von der Größe der gleitenden Reibung ab, über die einige Angaben gemacht werden sollen.

Auf Grund von Versuchen ist Dr.-Ing. Niedner über den Beiwert der gleitenden Reibung zu folgenden Werten gekommen[21]:

Zusammenstellung 11.

		Stampf-asphalt		Guß-asphalt		Zement-Makadam		Granit		Hartholz		Weichholz	
Leder auf	1	0,68	0,60	0,79		0,76		0,71		0,75	0,60	0,84	
	2	0,74		0,95		0,80		0,83		0,92		0,91	
	3	0,55		0,57		0,53		0,53		0,55		0,62	
Gummi auf. . . .	1	0,67	0,62	0,89		0,88		0,70		0,93	0,76	0,83	
	2	0,75		0,94		0,83		0,87		1,00		0,90	
	3	0,45		0,50		0,44		0,50		0,46		0,60	
Eisen auf	1	0,35	0,30	0,42	0,38	0,39		0,35	0,27	0,60	0,54	0,52	0,41
	2	0,45	0,40	0,45	0,38	0,36		0,35	0,27	0,53	0,50	0,57	0,51
	3	0,40	0,35							0,42	0,38		

Die Ziffern 1—3 beziehen sich auf verschiedene Zustände:
Nr. 1 = trocken und sauber, Nr. 2 = naß, unsauber, Nr. 3 = durch Schlamm schlüpfrig.

Jeautand[22] gibt folgende Reibungsbeiwerte an, vermutlich für Räder mit Eisenbereifung:

Auf trockenem Holzpflaster . . . . $f = 0{,}20$,
auf feuchtem Holzpflaster . . . . $f = 0{,}25$,
auf trockenem Steinpflaster . . . . $f = 0{,}30$,
auf trockener Makadamstr. (je nach Gewicht des Wagens) $f = 0{,}25$—$0{,}40$,
auf feuchter Makadamstraße . . . . $f = 0{,}42$.

Bredtschneider hat in der Weise den Beiwert der gleitenden Reibung festgestellt, daß auf wagerechter Straße während der Fahrt am Dynamometer zwischen ziehenden und gebremsten Wagen die Zugkräfte gemessen worden sind, aus denen dann bei bekannter Achslast die Reibungsbeiwerte errechnet sind. Die Personenkraftwagen haben Luftreifen, die Lastkraftwagen Vollgummireifen gehabt. Bei Wagen mit Gleitschutz bestand dieser aus eisernen Nieten, die am rechten Vorder- und linken Hinterrad angebracht waren. Bei diesen Versuchen haben sich die folgenden Reibungsbeiwerte ergeben:

Zusammenstellung 12.

Art der Straßendecke	Personenkraftwagen mit Gleitschutz		Personenkraftwagen ohne Gleitschutz		Lastwagen ohne Gleitschutz	
	Zustand der Straße					
	trocken	naß schlamm-frei	trocken	naß schlamm-frei	trocken	naß schlamm-frei
Teerschotter.	0,50	0,45	0,56	0,50	0,62	0,57
Holzpflaster.	0,44	0,34	0,60	0,30	0,62	0,22
Stampfasphalt.	0,39	0,32	0,53	0,27	0,60	0,25

Bei Gummireifen ist, wie schon aus den Untersuchungen von Niedner hervorgeht, ein hoher Reibungsbeiwert anzunehmen. Arnaux[22] schätzt den Wert

auf trockener Makadamstraße . . 0,67,
auf trockenem Asphalt 0,715,

der aber auf nassem, schlüpfrigem Pflaster bis auf 0,17—0,062 sinken kann. Dann ist eine Vorwärtsbewegung ausgeschlossen, es sei denn, daß man die Reibung durch besondere Maßnahmen vergrößert, z. B. durch Streuen von Sand und Auflegen von Ketten auf den Reifen. In Chicago ist beobachtet, daß die Kraftdroschken bei schlüpfrigem Wetter auf einem Hinterrad eiserne Ketten aufgelegt haben.

Bei eisernen Reifen wird die Adhäsion durch Auflegen von Stollen vergrößert. Ketten wie Stollen rufen aber erhebliche Beschädigung an den Fahrbahndecken hervor und sind daher polizeilich verboten. Zur Erhöhung der Reibung werden auch Gleitschutznieten auf den Gummireifen aufgesetzt. Bei Eis und Schnee ist der Reibungsbeiwert der gleitenden Reibung selbst für Gummireifen gering, noch geringer für eiserne Reifen. In solchem Falle kommt man ohne Auflegen von Schneeketten, die schraubenförmig um die Felgen und Reifen gelegt werden, nicht vorwärts.

Wie schon im Abschnitt III. C. c), S. 24, bemerkt, ist bei Luftreifen der Flächendruck infolge der Steifigkeit des Reifengewebes höher als der Luftschlauchinnendruck. Das ist für die Bewegung des Wagens günstig, da ein hoher Einheits-Adhäsionsdruck geeignet ist, das Gleiten der Räder zu verhindern[15]. Es genügt daher nicht, für die Fahrleistung einen gewissen gesamten Raddruck Q_r zu fordern und der Beschaffenheit der Fahrbahn durch Einführung eines Reibungsbeiwertes f zu genügen, sondern es muß der Einheitsraddruck eingeführt werden.

Die Beziehung $f \cdot Q_r > P > Wg$, worin P die Schubkraft (III. D. b)) und Wg der gesamte Fahrwiderstand ist, trifft nicht mehr das Richtige. An Stelle von Q_r muß der Einheitsraddruck (kg/cm²) zur Berechnung der Adhäsion herangezogen werden. Dann treten an Stelle der Reibungsbeiwerte f andere f', die noch für die verschiedenen Fahrbahnbeschaffenheiten festzusetzen sind.

Um den Einheitsadhäsionsdruck zu erhöhen, werden die Reifenoberflächen gerippt. An den Aussparungen wird keine Druckübertragung ausgeübt, infolgedessen wird der Flächendruck auf den Rippen erhöht. Je höher dieser Druck ist, desto besser kann sich der Reifen in die Unebenheiten und Rauhigkeiten der Fahrbahn anpressen und etwaige Schlammschichten, die die Bahn schlüpfrig machen, werden zur Seite gedrückt.

E. Größtwerte der Straßenbeanspruchung.

a) Schubkraft.

Nicht nur für die Fahrleistung, sondern auch für die Beanspruchung der Straße ist nicht die Größe der Schubkraft an sich maßgebend, sondern die Einheitsschubkraft auf den Quadratzentimeter Fläche. Die Schubkraft wird sich in der gleichen Weise über die Berührungsellipse zwischen Reifen und Straße verteilen, wie die Druckkräfte, worüber bereits im Abschnitt III. C. c) die Angaben gemacht sind. Es wird also bei einem Vollgummireifen die maximale Schubkraft gleich dem 2,1fachen der Durchschnittsschubkraft anzusetzen sein. Bezeichnet man diese mit K, so ist ihre Größe

$$k = \frac{K}{F} \qquad \text{und} \qquad k_{\max} = 2{,}1\,\frac{K}{F}\,.$$

Da nach der Gleichung $F = \frac{P}{p}$ ist, kann man dieser Gleichung auch die Form geben:

$$k_{\max} = 2{,}1\,\frac{K \cdot p}{P}\,.$$

Beim Luftreifen ist der Druck auf der gesamten Berührungsfläche gleich groß, infolgedessen ist auch die Einheitsschubkraft $k = \frac{K}{F}$ für den ganzen Querschnitt unveränderlich.

Schaar macht auch einige Angaben über die Größe der auftretenden Schubkräfte unter Benutzung der Ergebnisse der Riedlerschen Versuche an verschiedenen Wagen[14]. Es bedarf keines besonderen Beweises, daß die größte Schubkraft bei einem Lastwagen (Büssing) auftritt. Er ermittelt für 16 km Stundengeschwindigkeit und 2060 kg Radlast eine maximale Schubkraft von 15,8 kg/cm² und bei 5 km Geschwindigkeit (also bei Bergfahrt) 13,1 kg/cm². Eigentlich müßte die Schubkraft im letzten Falle größer sein. Es wird aber in der Schaarschen Rechnung für diesen Fall eine größere Berührungsfläche des Reifens angenommen. Schubkraft und lotrechter Raddruck setzen sich zu einer Mittelkraft zusammen, die für das behandelte Beispiel einen Wert von 22 kg annimmt.

Für einen 6-Rad-Büssing-Wagen mit 6-Zylindermotor, der mit Riesenluftreifen 1150 × 250 bereift ist, berechnet sich die Schubkraft bei Bergfahrt mit dem I. Gang 7,8 km/Std. Fahrgeschwindigkeit und einer Motorleistung von 78 PS nach dem Fahrdiagramm nach der Formel (9)

$$P = \frac{135 \cdot 78 \cdot 0{,}9}{7{,}8} = 1200 \text{ kg}.$$

Der vorgeschriebene Luftdruck im Reifen ist 7 at. Nach der Abb. 10 wird aber ein Einheitsflächendruck von mindestens 10 kg/cm² anzunehmen sein. Dann errechnet sich die Einheitsschubkraft bei einer Radbelastung von 2500 kg nach Formel

$$P = \frac{1200 \cdot 10}{2500} = 4{,}8 \text{ kg/cm}^2.$$

Mit 20 vH Zuschlag für Härterlaufen des Reifens ergibt sich eine Schubkraft von etwa 6 kg/cm². Dieser Wert, der wesentlich niedriger ist als der von Schaar errechnete, kennzeichnet die Vorteile der Luftreifen gegenüber den Vollgummireifen. Die Mittelkraft aus Raddruck und Schubkraft wird etwa zu

$$\sqrt{10^2 + 6^2} = 11{,}7 \text{ kg/cm}^2$$

anzusetzen sein.

Schaar folgert aus dem von ihm ermittelten Wert, daß die Straße durch die Einheitsschubkraft eines Lastkraftwagens stärker beansprucht wird als durch die Kraftleistung eines Pferdes. Er schätzt nämlich die Einheitsschubkraft eines Pferdes, ausgeübt durch den Huf, zu 1 kg/cm². Das scheint zu gering und beruht auf falschen Annahmen. Die Hufeisen der Lastpferde sind mit Stollen oder Griffen versehen, mit denen sie sich in die Fahrbahn einstemmen. Die Kraftübertragung geht dann bei jedem Hufeisen nur durch drei Punkte mit verhältnismäßig kleinen Auflagerflächen. Bei flotter Gangart werden die Zugkräfte im ungünstigsten Falle durch zwei Hufe, im ganzen also durch sechs Punkte, auf die Fahrbahn übertragen. Bei 350 kg Gewicht eines mittelstarken Pferdes entfallen auf jeden Punkt 58,5 kg. An den Stollen, die das Pferdegewicht aufnehmen, muß auch die Zugkraft übertragen werden, die wagerecht ausgeübt wird und sich mit der Druckkraft zu einer Mittelkraft vereinigt. Die von einem Pferde auszuübende Zugkraft wird zu $^1/_5$ seines Gewichtes = etwa rd. 75 kg angesetzt. Diese Kraft wiederum nur auf sechs Punkte übertragen, gibt auf jeden etwa rd. 18 kg. Die Mittelkraft aus beiden beträgt dann rd. 60 kg, die unter einem steilen Winkel auf der Straßenoberfläche ansetzt und auf die geringe Fläche von 1 cm² einwirkt. Es mag dieser Fall etwas ungünstig sein, aber mit seinem Auftreten muß gerechnet werden.

Da die Stollen kaum einen größeren Querschnitt als 1 cm² aufweisen, wird mit einer recht hohen Druckkraft bei Pferdeverkehr zu rechnen sein. Das bestätigt auch die Erfahrung. Auf neuen Schotterstraßen oder Teer- und Asphaltstraßen hinterlassen die Pferdehufe scharfe Eindrücke, die die Decken wund machen, während die schwersten Lastkraftwagen keinerlei Beschädigung hervorrufen. Die Beanspruchungen der Straße durch Pferdeverkehr auf völlig ebenen Fahrbahnen müssen daher, bei gleichmäßiger Fahrt, ungünstiger beurteilt werden als durch den Kraftwagenverkehr. Es besteht aber eine Wechselwirkung insofern, als auf einer durch Pferdeverkehr wundgemachten Decke der Kraftwagen schwache Punkte in der Decke findet, z. B. Rollsteine oder Vertiefungen, an denen dann die Angriffe der Kraftwagenräder ansetzen können, durch die dann eine sehr schnelle Zerstörung der Decke herbeigeführt wird. Wie auch die Ergebnisse auf der Versuchsstraße in Braunschweig (s. Abschnitt XIII.) gezeigt haben, ist es keineswegs der Kraftwagenverkehr, der den schnellen Verschleiß auf den Decken herbeiführt, sondern die Zusammenwirkung von Pferde- und Kraftwagenverkehr, der gemischte Verkehr. Da dieser im Gegensatz zu anderen Ländern, vornehmlich gegenüber den Zuständen in den V. St. A. bei uns noch lange vorherrschen wird, ist die Aufgabe des Straßenbaues und der Straßenunterhaltung, beiden Verkehrsarten zu genügen, in Deutschland eine besonders schwierige.

Im übrigen wird auf die im Abschnitt III. C. c), S. 27, bei Behandlung der elastischen Bereifung errechneten Werte für die Unterschiede, die in dem Einheitsflächendruck bei eisernen Reifen und elastischer Bereifung bestehen, hingewiesen.

b) Beschleunigte und verzögerte Bewegung.

Bei den bisherigen Betrachtungen über Schubkraft und Schlupf ist von der gleichmäßigen Bewegung auf grader Bahn ausgegangen. Die Vorgänge ändern sich aber, wenn die Fahrt eines Wagens beschleunigt oder verzögert wird, bei Störungen in der Fahrt und beim Durchlaufen von Krümmungen. Beim Anfahren und Bremsen des Wagens, sowie bei jeder Änderung des Übersetzungsverhältnisses, die beim Kraftwagen sprunghaft durch Einschalten eines anderen Ganges vor sich geht, treten besondere Kräfte auf, die auf der Fahrbahn erhöhte Schleifarbeit hervorrufen. Die Größe dieser Kräfte wird abhängig sein von der Strecke, auf der die Beschleunigung bis zur Erlangung der Endgeschwindigkeit und der Verzögerung bis zum Stillstand vor sich geht.

Wird die Geschwindigkeit v_1 auf der Strecke s auf die Geschwindigkeit v_2 gebracht, so errechnet sich die zu leistende Arbeit

$$K_b s = \frac{Q}{2g}(v_2^2 - v_1^2)\,. \tag{11}$$

K_b ist die Schubkraft, die auf der Strecke s ausgeübt wird. Je kürzer dieses Strecke ist, desto größer ist K_b. Demnach wird die Fahrbahn durch Wagen mit hohem Anzugsmoment, bei denen die volle gleitende Reibung zur Anwendung kommt, und starker Bremsung besonders stark in Mitleidenschaft gezogen. Bei Steigungen findet an Gefällbrechpunkten, bei denen ein anderer Gang eingeschaltet werden muß, eine bemerkbare Beanspruchung der Fahrbahn statt. Wenn die Räder beim Sprung über ein Hindernis die Berührung mit der Fahrbahn verlieren, fällt für kurze Zeit der Widerstand der Fahrbahn fort, die Triebräder erhalten infolgedessen eine Beschleunigung. Wenn sie wieder auf die Fahrbahn aufsetzen, haben sie eine Umdrehungsgeschwindigkeit, die größer ist als die Wagengeschwindigkeit. Sie werden dem Wagen nur eine geringe Beschleunigung erteilen können, der größte Teil der lebendigen Kraft wird durch Reibungsarbeit an der Fahrbahn vernichtet werden. Die Räder werden stark auf der Decke schleifen, wie durch Beobachtungen hinlänglich bestätigt ist.

c) Fliehkraft in Krümmungen.

In Krümmungen wirkt die Fliehkraft, deren Größe sich nach der Formel

$$C = \frac{m v^2}{r} \tag{12}$$

berechnet, auf den Kraftwagen ein. Diese horizontal wirkende Kraft muß von der Fahrbahn aufgenommen werden, wenn der Wagen nicht aus der Kurve herausgeworfen werden soll. Zudem werden die äußeren Räder infolge des durch die Fliehkraft entstehenden Momentes belastet. Die Größe der Zusatzbelastung beträgt nach Abb. 18

$$C \cdot u = P_c \cdot s,$$

$$P_c = \frac{C \cdot u}{s}\,. \tag{13}$$

Damit ein Kraftwagen in der Krümmung nicht aus der Bahn herausgeschleudert wird, muß die Fahrbahn Schubkräfte radial zur Fahrtrichtung aufnehmen. Die Größe der Schubkräfte ergibt sich aus der Reibung der Fahrbahn. Ist die Fahrbahn in der Krümmung glatt, fehlt es also an der genügenden Reibung am Berührungspunkt des Rades mit der Fahrbahn, dann können diese Schubwirkungen nicht entstehen, und der Wagen wird aus der Bahn geworfen. Dieser für den Kraftwagenverkehr sehr gefährlichen Wirkung der Fliehkraft kann man dadurch begegnen, daß man der Straße in der Krümmung eine Querneigung gibt und die Fahrbahn mit einer rauhen Befestigung versieht. Auf nachgiebigen Fahrbahnen macht sich die Schubkraft beispielsweise dadurch bemerkbar, daß sich in der äußeren Spur ein Wulst bildet. Die Ausbildungen der Krümmungen zur sicheren Führung der Wagen wird unter dem Abschnitt Linienführung der Straßen, Abschnitt IV. A. a), S. 51, behandelt werden.

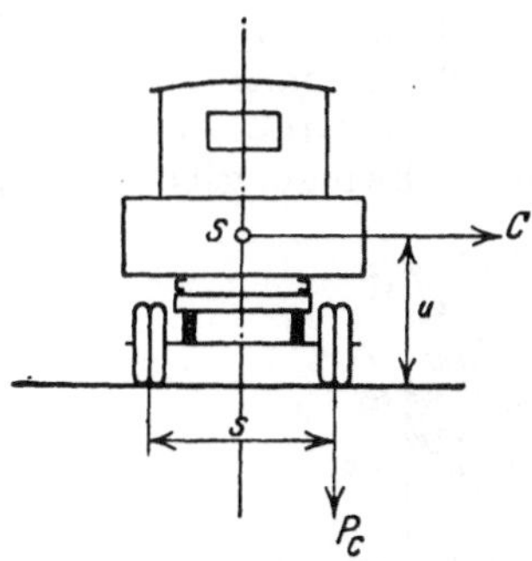

Abb. 18. Zusatzbelastung infolge der Fliehkraft.

d) Stoßwirkungen.

Ist die Fahrbahn uneben, d. h. mit Vertiefungen und Erhöhungen versehen, so entstehen Stöße beim Überfahren dieser Unebenheiten.

Die Kraftwagentechnik sucht die Stoßwirkung durch Abfederung der Wagen und elastische Bereifung zu mildern (Abschnitt III. C. b)). Das Ziel des Straßenbaues wird darauf gerichtet sein, unebene Fahrbahnen auszuschließen und solche Deckenbefestigungen zu vermeiden, die von vornherein uneben sind, wie z. B. Pflaster mit großen Fugen. Stöße, hervorgerufen durch die Straßendecke, beschädigen nicht nur den Kraftwagen und wirken auch schädlich auf die Decke ein, sondern rufen auch Erschütterungen hervor, die in städtischen Straßen die Gebäude an der Straße empfindlich in Mitleidenschaft ziehen, worüber in der letzten Zeit besondere Feststellungen gemacht worden sind. Es liegt in der Natur der Sache, daß Stöße sich nicht ganz vermeiden lassen. Es sei nur auf die Einbauten von Versorgungsleitungen in städtischen Straßen hingewiesen, deren glatter Anschluß an das umgebende Pflaster als nahezu unmöglich anzusehen ist. Diese Verhältnisse erfordern daher, über Wesen und Größe der Stoßwirkung Klarheit zu besitzen, zumal die starren Decken, wie Beton, im Kraftfahrstraßenbau bevorzugt werden, die aber unter den Stößen besonders leiden. Die wissenschaftliche Kraftwagenwertung hat die Stoßwirkung zuerst unter dem Gesichtspunkt der Einwirkung auf den Wagen — Abfederung —, dann aber auch das Verhalten der Bereifungsart beim Stoß untersucht und dabei auch für den Straßenbau wertvolle Ergebnisse erzielt. Wie schon im Abschnitt III. C. b) erwähnt, sind auf den Trommelprüfständen künstlich durch Auflegen von Nocken Stöße erzeugt worden, deren Verlauf für verschiedene Geschwindigkeiten, Bereifungsarten, Luftschlauchinnenpressungen, verändertem Achsdruck u. a. m. verfolgt worden ist. Soweit die Ergebnisse für den Straßenbau von Bedeutung sind, sollen sie im folgenden wiedergegeben werden.

Das Ergebnis der Untersuchung über den Einfluß der Fahrgeschwindigkeit auf die Stoßwirkung stellt das Diagramm Abb. 19 dar, das mit einem Cardan-Wagen und Luftreifen flaches Profil 895/135 von Bobeth[13] aufgenommen worden ist. In ihm bezeichnet h_A die Höhe, bis zu der die Achse über ihre normale Gleichgewichtslage angehoben wird, h_R die Höhe, bis zu der der Rahmen über seine normale Gleichgewichtslage angehoben wird,

v_A die beim Schwingungsvorgang erreichte größte Vertikalgeschwindigkeit der Achse (der Tangentenwinkel α besitzt seinen Größtwert),

v_R die beim Schwingungsvorgang erreichte größte Vertikalgeschwindigkeit des Rahmens (der Tangentenwinkel α besitzt seinen Größtwert),

S_t der Zeitraum zwischen dem ersten Augenblick des Anhebens der Achse und dem des erstmaligen Zurückkehrens in die Gleichgewichtslage, Strecke AF des Diagrammes,

st_A die mittlere halbe Schwingungszeit der Achsschwingung,

P die Größe des Druckes zwischen der Bereifung und dem Boden im Punkt G der Schwingungsbewegung, d. i. nach Beendigung der ersten Achsrückschwingung.

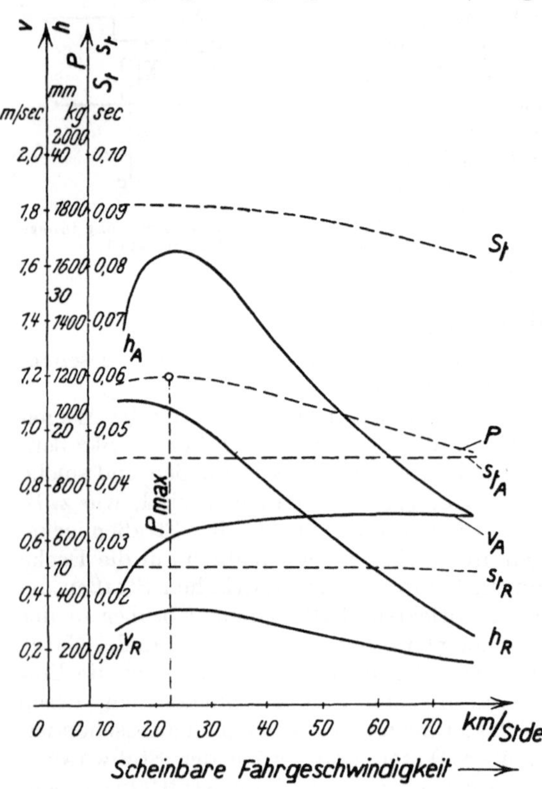

Abb. 19. Beziehungen zwischen der Fahrgeschwindigkeit, Stoßbewegung und Bodendruck nach Bobeth.

Die Beziehung zwischen Rad und Fahrbahn wird durch das Anheben der Achse beim Hinwegrollen über das Hindernis gekennzeichnet. Je schneller das Rad über das Hindernis hinwegrollt, um so schneller muß die Achse und durch Vermittlung der Feder auch der Rahmen angehoben werden, d. h. um so größer müssen die Vertikalbeschleunigungen sein, die die Achmasse erfährt. Für große Beschleunigungen sind aber Drücke zwischen Rad und Hindernis erforderlich. Bei einer elastischen Radbereifung ist die unmittelbare Folge hiervon, daß sich das Hindernis bis zu einer größeren Tiefe in den Radreifen einbettet. Die die Achse anhebenden Kräfte werden gesteigert, ihre Einwirkungszeit ist aber geringer. Es müssen sich daher mit gesteigerter Fahrgeschwindigkeit die Schwingungsausschläge der Achse und die während des Schwingungsvorganges erreichten Höchstgeschwindigkeiten der Achse verändern. Eine rechnerische Verfolgung des Vorganges ist wegen der vielen unsicheren Annahmen nicht möglich. Der Versuch zeigt aber deutlich, daß die Schwingungsausschläge h_A der Achse mit der Fahrgeschwindigkeit zunächst etwas ansteigen, daß sie aber bei einer Geschwindigkeit von rd. 22 km/stdl. stark abzufallen beginnen. Die Kurve der Schwingungsausschläge h_R des Rahmens zeigt denselben Anstieg und Abfall mit zunehmender Fahrgeschwindigkeit. Auf der Straße selbst dürften sich diese Vorgänge noch günstiger stellen, da kleinerer Vertiefungen in einer sonst ebenen Bahn bei einem schnell fahrenden elastisch gelagerten und bereiften Fahrzeug überhaupt nicht zur Wirkung kommen, da das Fahrzeug vermöge seiner wagerecht wirkenden lebendigen Kraft über die Vertiefung hinwegschwebt. Die kritische Geschwindigkeit von 22 km/stdl. gilt nur für den untersuchten Fall. Sie wird bei anderer Wagenform und Art des Hindernisses einen anderen Wert annehmen.

Welche Unterschiede in der Stoßwirkung beim Überfahren eines 15 mm hohen Hindernisses zwischen einer elastischen Bereifung (Riesenluftreifen) und Vollgummi, also weniger elastischen bestehen, veranschaulichen die Untersuchungen von Professor Dr. Becker, Charlottenburg (Abb. 20) für 20 und 50 km

Fahrgeschwindigkeit[11]. Abgesehen von den Größenangaben, zeigen diese Aufnahmen, daß bei Vollgummireifen die Sprunghöhen der Räder zwei bis zweieinhalbmal und die des Wagenrahmens eineinhalb bis dreimal so groß wie bei Riesenluftreifen sind.

Aus den Schwingungen, die die Achsen durchmachen, kann man auf die Bahndrücke schließen, wenn man die Belastungen vorher ermittelt hat, die notwendig sind, um das Rad mit Reifen um das der Schwingung entsprechende Maß zusammenzudrücken, d. i. die sogenannte statische Federungscharakte-

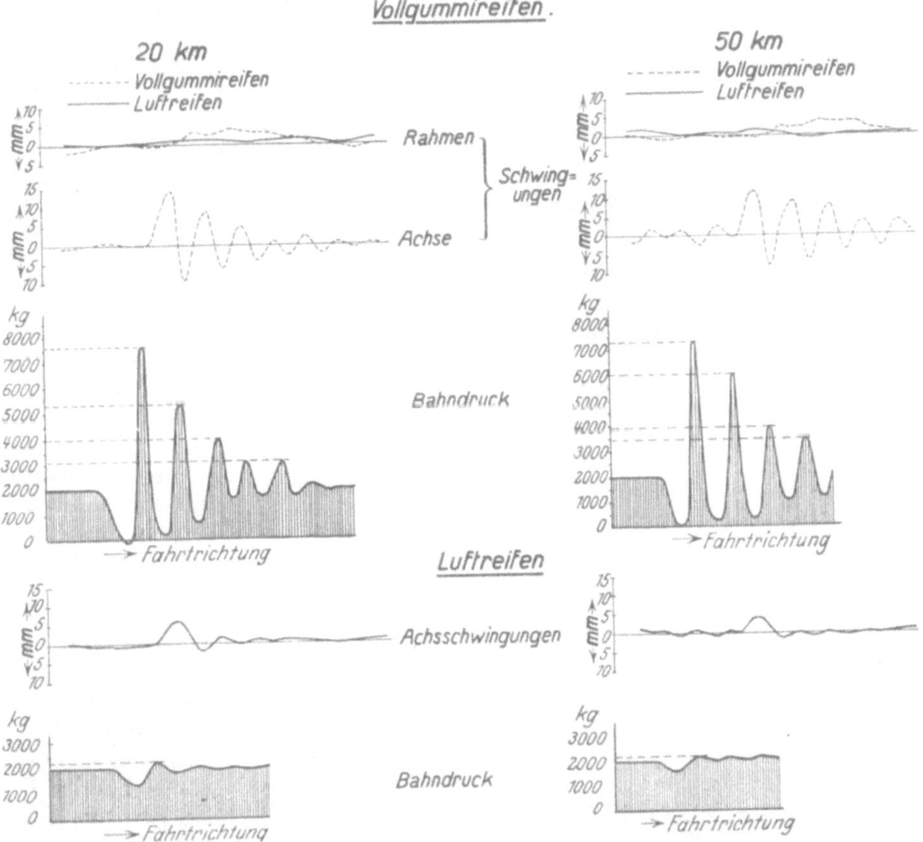

Abb. 20. Schwingungen und Bahndrücke beim Überfahren eines 15 mm hohen Hindernisses für Vollgummi- und Luftreifen nach Prof. Dr.-Ing. Becker.

ristik. Es sind daher unter den Schwingungsausschlägen die zu ihnen entsprechend gehörenden Bahndrücke in Abb. 20 dargestellt. Den hohen Bahndrücken der Vollgummireifen stehen die wesentlich geringeren der Riesenluftreifen gegenüber. Die Ergebnisse stehen auch mit denjenigen von Bobeth (s. Abb. 19) im Einklang, wonach die Bahndrücke mit der zunehmenden Geschwindigkeit nach Überschreitung einer Maximalgrenze abnehmen.

Beim Vollgummireifen treten viele Vertikalschwingungen und damit bei jeder Abwärtsschwingung starke Druckerhöhungen auf. In der ersten Abwärtsschwingung wächst der Fahrbahndruck von 2000 kg auf 7600 kg, also fast auf den vierfachen Wert, in der zweiten Abwärtsschwingung auf 5300 kg, in der dritten auf 4000 kg, in der vierten und fünften Abwärtsschwingung noch auf 3000 kg. Erleidet demnach ein mit Vollgummi bereiftes Rad einen Stoß, so gerät es in starke Schwingung, wobei es mit jedem Schwingungsaufschlag eine starke

Schlagwirkung auf die Straße ausübt, durch die auf Steinschlagdecken die bekannten Schlaglochreihen hervorgerufen werden. In ihnen zeichnen sich die Bahndruckdiagramme ab, die um so stärker werden, je mehr gleichartig gebaute Fahrzeuge mit der gleichen Fahrgeschwindigkeit auf derselben Strecke fahren.

Das Bahndruckbild für den Riesenluftreifen bestätigt dagegen die schon zuvor angeführten Feststellungen von Bobeth, daß beim Überfahren des Hindernisses der Luftreifen das Hindernis schluckt und daher wesentlich geringere Schwingungen und dementsprechend geringere Bahndrücke auftreten, die auch mit zunehmender Geschwindigkeit abnehmen. Daraus folgt, daß die Luftbereifung die Wegeabnutzung vermindert, und daß fernerhin bei Luftbereifung keine Ursache vorliegt, mit Rücksicht auf die Straßenunterhaltung die Geschwindigkeit zu beschränken. Vielmehr wird man die Geschwindigkeit, die der Eigenart des Wagens entspricht, zulassen dürfen. Dieser Schlußfolgerung ist indessen von dem D. Str. B. V. widersprochen worden mit dem Hinweis, daß die lebendige Kraft eines Wagens mit dem Quadrate der Geschwindigkeit wächst und demnach mit zunehmender Geschwindigkeit die Wirkungen in einer höheren Potenz sich steigern müssen. Um diese strittige, für die Zukunft des Kraftwagenwesens so außerordentlich wichtige Frage zu klären, hat der D. Str. B. V. die Versuchsstraße bei Braunschweig gebaut und betrieben, auf der sich die Richtigkeit der Schlußfolgerungen aus den Prüfungsuntersuchungen ergeben hat.

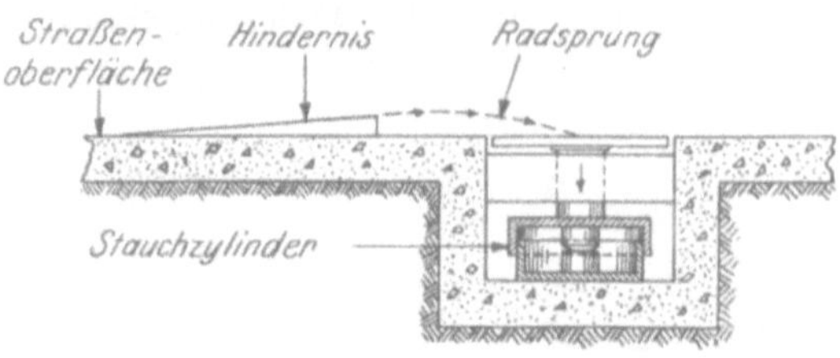

Abb. 21. Messung des Bodendruckes beim Stoß durch Stauchzylinder.

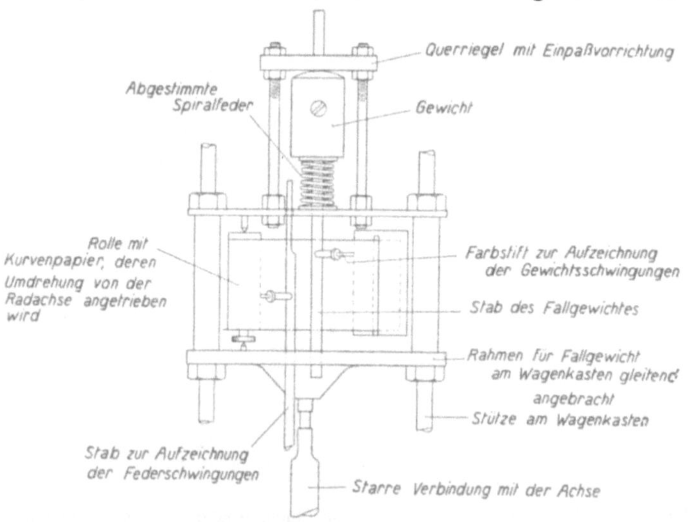

Abb. 22. Meßeinrichtung für Stöße.

In der Erkenntnis, daß es eigentlich die Stöße sind, die an den Fahrbahnen die größten Zerstörungen hervorrufen, hat man neben den schon genannten Versuchen auf dem Prüfstand noch weitere auf der Straße selbst vorgenommen, um die Einflüsse der Stöße zu erfassen. Man ist hierbei in verschiedener Weise vorgegangen. Die Straßeningenieure in den V. St. A. haben das Rad bei der Fahrt von einer geringen Höhe auf einen Kupferzylinder herabfallen lassen, dessen Stauchung sie gemessen und daran die ausgeübte Pressung ermittelt haben. Die Versuchsanordnung für diesen Fall erläutert die Abb. 21. An Stelle des Kupferzylinders ist auch eine Meßdose verwendet worden[23].

Ein anderes Verfahren, um die Wirkung von Stößen zu ermitteln, benutzt die Bestimmung der Beschleunigung, die ein auf einer Spiralfeder montiertes Gewicht beim Stoßvorgang erleidet[23]. Die Einrichtung ist auf einem Lastkraftwagen bestimmter Größe so aufmontiert, daß das Beschleunigungsgewicht mit Feder starr mit der Radachse verbunden ist und nur in einem am Wagenkasten anmontierten Gestänge beweglich gehalten wird. Das Gewicht überträgt seine Bewegung mit einem Schreibstift auf einen Papierstreifen, dessen Trommel zufolge einer Riemenübertragung von der Achse sich verhältnisgleich der Wagengeschwindigkeit abrollt. Während auf diesem Wege die Stoßwirkung der nicht abgefederten Massen aufgezeichnet wird, ist mit dieser Einrichtung noch eine Führungsstange verbunden, die auf der Feder der Hinterachse starr befestigt ist und die Bewegung der Feder auf denselben Streifen Papier überträgt. Die Federungscharakteristik der Feder ist vorher bestimmt worden, so daß man aus ihrer Zusammenpressung den Druck, den sie auf das Rad ausübt, ermitteln kann. Die Anordnung dieser Meßvorrichtung ist aus Abb. 22 zu ersehen. Das Beschleunigungsgewicht mit Spiralfeder ist in einem sehr eingehend durchgearbeiteten Verfahren geeicht worden. Die gesamte Druckkraft, hervorgerufen auf der Straße durch die Stoßwirkung, berechnet sich dann nach der Formel:

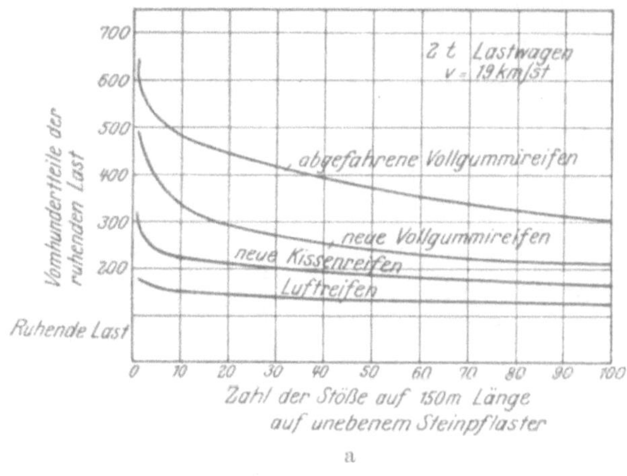

a

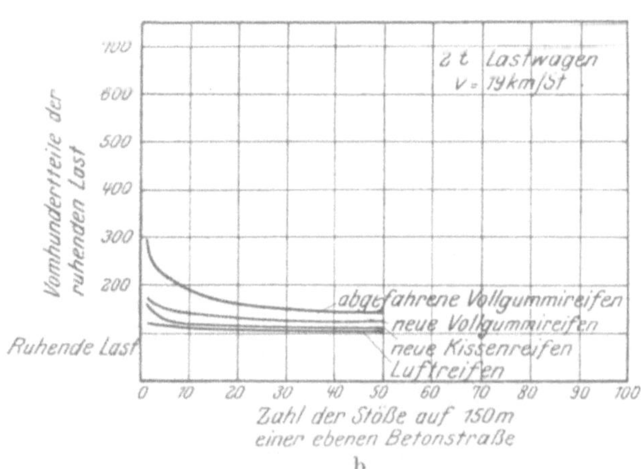

b

Abb. 23a und b. Beziehungen zwischen Reifenart, Stoßzahl und Bodendruck für unebene und ebene Decken.

$$F = m\,(a + g) + P, \quad (14)$$

m = Masse der ungefederten Teile des Lastkraftwagens,
a = Beschleunigung der ungefederten Teile m/sec^2,
g = Erdbeschleunigung,
P = Druck der Feder in Kilogramm.

Dieses Verfahren gestattet, die Stoßwirkungen auf der Straße selbst aufzunehmen, es kommt daher der Wirklichkeit näher als die Prüfstandversuche. Der Einfluß eines rauhen Pflasters mit oft sich wiederholenden Stößen bei verschiedener Bereifungsart, abgenutzte Vollreifen, neue Vollreifen, neue Kissenreifen, Luftreifen, zeigt die Abb. 23a, aus der zu ersehen ist, daß wenige Stöße auf einer 150 m langen Strecke eine stärkere Wirkung ausüben, als schnell sich wiederholende; die Fahrgeschwindigkeit hat 19,3 km/stdl. betragen. Bei dem schlechtesten Reifen beträgt die Stoßkraft das Sechsfache der statischen Last, bei Luftreifen nur das Eineinhalbfache. Bei ebenem Pflaster, wie Beton, liegen die Werte wesentlich niedriger, wie Abb. 23b erkennen läßt.

Die Wirkungen beim Überfahren von Hindernissen verschiedenen Querschnitts und Höhe auf einer ebenen Straße, ein Parallelversuch, wie er auf dem Prüfstand vorgenommen ist, geben die Abb. 24 wieder. Die Stoßwirkung der Vollgummireifen ist wieder die stärkste von allen, besonders wenn sie schon abgefahren sind. Bei neuen Vollgummireifen steigt die auf der Fahrbahn ausgeübte Stoßkraft bei 19,3 km/stdl. Fahrgeschwindigkeit bis auf das Sechs- bis Siebenfache der ruhenden Belastung. Es haben sich demnach nach diesem Verfahren höhere Werte ergeben, als auf dem Prüfstand bisher ermittelt worden sind. Man wird demnach die Stoßkräfte noch höher einschätzen müssen, als bisher angenommen worden ist. Der Einfluß der Fahrgeschwindigkeit auf die Bahndrücke für ein Hindernis von bestimmter Höhe, wiedergegeben in der Abb. 25, zeigt bei diesen Versuchen denselben kritischen Wert, den schon Bobeth festgestellt hat; bei Geschwindigkeiten zwischen 19,6 — 24 km/stdl. erreicht die Stoßwirkung den Höchstwert. Denselben kritischen Wert haben auch Messungen mit Beschleunigungsmessern auf fahrenden Kraftwagen ergeben[25].

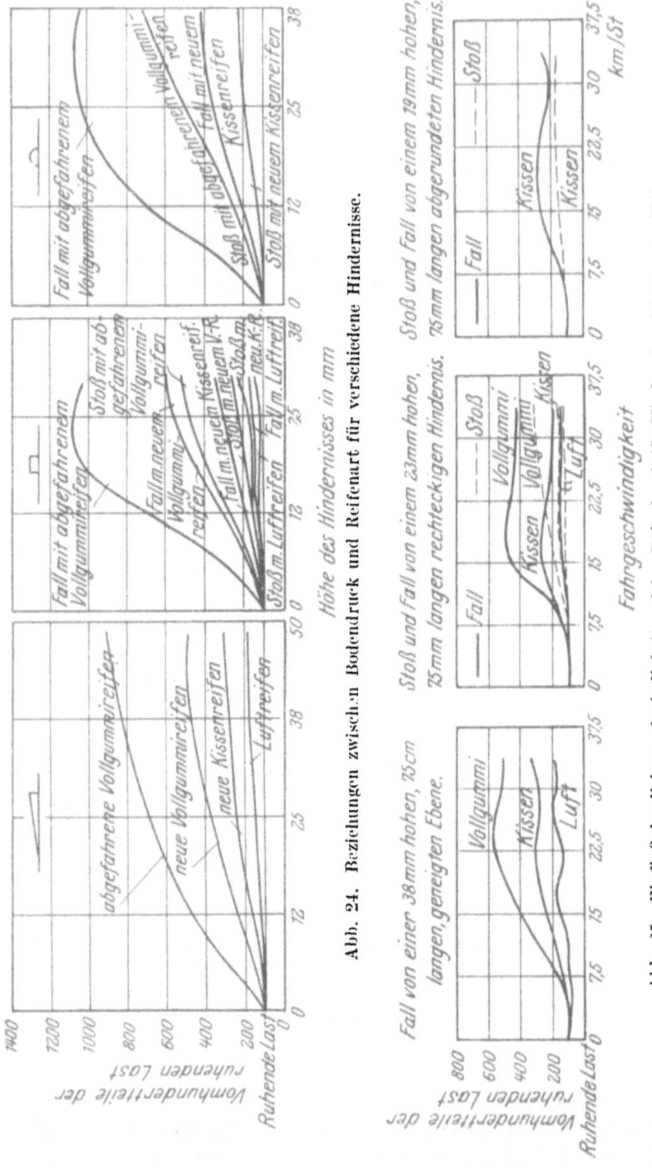

Abb. 24. Beziehungen zwischen Bodendruck und Reifenart für verschiedene Hindernisse.

Abb. 25. Einfluß der Fahrgeschwindigkeit auf den Bahndruck für Hindernisse bestimmter Höhe.

Dies Verfahren der Stoßmessung ist auch benutzt worden, um den Einfluß der Doppelbereifung gegenüber den Einzelreifen festzustellen mit dem Ergebnis, daß Doppelreifen neben dem schon geschilderten (Abschnitt III. C. c) 1.) den weiteren Nachteil haben, daß sie eine erhöhte Stoßwirkung ausüben, und zwar ist die Zunahme des Bahndruckes beim Doppelreifen zweimal so groß als beim Einzelreifen. Das wird darauf zurückgeführt, daß der Einzelreifen gegenüber dem Doppelreifen ein stärkeres und schmäleres als

Kissen wirkendes Zwischenglied abgibt als der flache breitere Doppelreifen (Abb. 26a u. b).

Das Ergebnis aus den nach verschiedenen Richtungen hin unternommenen Versuchen über den Bahndruck beim Stoß muß man dahin zusammenfassen, daß die Stöße eine Wirkung ausüben, die in ungünstigem Falle das Elffache der ruhenden Last annehmen kann, daß Luftbereifung ganz wesentlich die Stöße herabmindert, und daß Einzelreifen günstiger wirken als Doppelreifen. Übereinstimmend ist demnach nachgewiesen, welche bedeutenden Kräfte beim Stoß, sowohl im Kraftwagen wie auch auf der Straße, erzeugt werden. Während auf völlig ebener Bahn die Beanspruchung durch den Kraftwagen nach den Betrachtungen im Abschnitt III. C. c) geringer sind als durch das Pferdefuhrwerk, so gilt das nicht, sobald Stoßwirkungen auftreten. Das ergibt sich aus den höheren Gewichten und größeren Geschwindigkeiten der Kraftwagen, deren lebendige Kraft viel höher ist als beim Pferdefuhrwerk. Die Vernichtung dieser lebendigen Kraft beim Stoß muß daher auch entsprechende Wirkungen auf die Straßendecke ausüben. Die Erfahrung an den Straßen haben das in jeder Weise bestätigt und die Bedeutung der Stöße auffällig gezeigt. Mit dieser Erkenntnis sind aber zugleich die Wege gewiesen, die beschritten werden müssen, wenn man die Beanspruchungen der Straße durch Kraftwagen niedrig halten will. Es wird sich darum handeln, entweder die Kraftwagen so elastisch auszugestalten, daß sie keine Stöße erzeugen können, oder die Straßen so auszubilden, daß auf ihnen Stöße nicht auftreten können. Man wird sich grundsätzlich weder für das eine oder andere entscheiden dürfen, sondern beide Wege verfolgen müssen. Die Kraftfahrzeugindustrie glaubt durch die elastische Bereifung so viel ausrichten zu können, daß es auf die Wegeverbesserung nicht besonders mehr ankommt, und der Kraftwagen alsdann nicht mehr so hoch besteuert zu werden braucht. Das scheint ein Irrtun zu sein, wie auch das Vorgehen in den V. St. A. beweist. Die Kraftwagenbesitzer würden ihre Belange und die der Allgemeinheit viel mehr fördern, wenn sie mehr Wert auf die stoßfreien Straßen legen würden. Denn die Gewähr der tatsächlichen und dauernden Stoßfreiheit ist bei einer ebenen

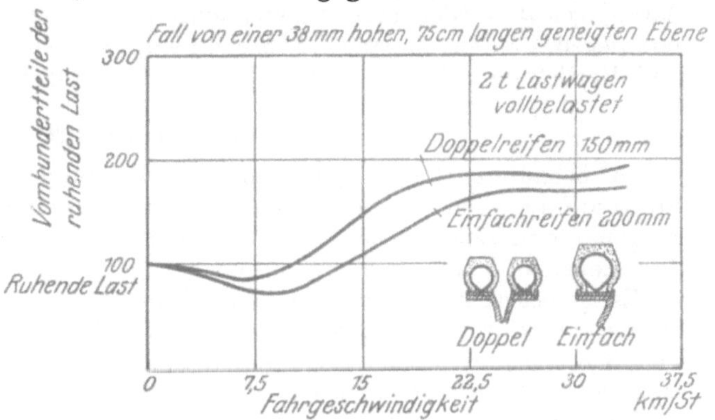

Abb. 26a. Einfluß der Fahrgeschwindigkeit und Reifenart auf den Bodendruck.

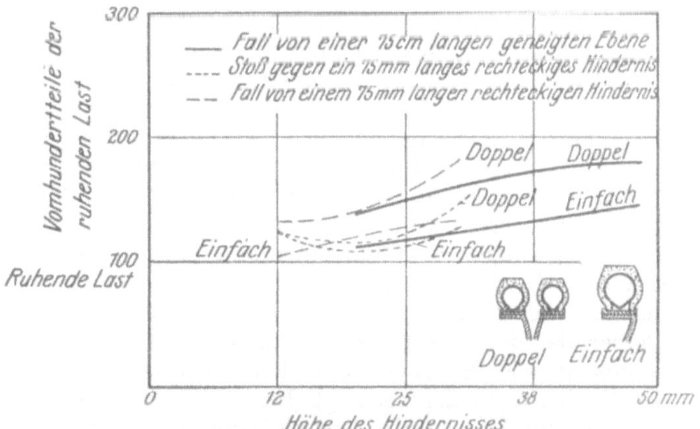

Abb. 26b. Einfluß der Höhe des Hindernisses auf den Bahndruck bei verschiedener Reifenart.

Straße viel größer als bei einem noch so gut bereiften und abgefederten Wagen. Sind erst einmal die Hauptverkehrsstraßen eben, dann können die Wagen leichter gebaut werden, ihr Reifenverschleiß und Brennstoffverbrauch ist entsprechend geringer, worüber in dem Abschnitt IX. Angaben gemacht werden, die Fahrt ist sicherer. Dann wird die Benutzung der Wagen entsprechend zunehmen und die Kraftwagenindustrie die Vorteile haben. Das Schwergewicht wird daher darauf gelegt werden müssen, möglichst ebene Fahrbahnen zu schaffen, die so fest liegen, daß sie als starr anzusehen sind, daß sich keine abgenutzten Stellen und Vertiefungen bilden, durch die der Kraftwagen einen Stoß erleiden kann.

e) Erschütterungen.

In bebautem Gelände pflanzen sich die durch unebene Decken bewirkten Stöße auf die an der Straße liegenden Häuser fort und bewirken dort Erschütterungen, die in vielen Fällen schon das zulässige Maß überschritten haben, so daß die unebenen Straßendecken durch ebene ersetzt werden mußten.

Es ist begreiflicherweise der Wunsch entstanden, solche Erschütterungen zu messen, um Unterlagen zu gewinnen, welche Bedeutung ihnen zukommt, in welcher Straße sie erträglich oder unerträglich und als erhebliche Belästigung oder sogar als Gefährdung anzusehen sind. Bei den einzelnen Straßenpflasterarten wird besonders darauf hingewiesen, wenn sie Erschütterungen hervorrufen.

Mit der Messung haben sich verschiedene Stellen befaßt. Jentsch erwähnt in seiner Schrift „Aussichten und Aufgaben für den deutschen Straßenbau“[9] Untersuchungen von Prof. Dr. de Quervain in Zürich, der einen Seismographen benutzt hat. Mit demselben Apparat sind in Rotterdam und neuerdings auch von Dipl.-Ing. Wittig Erschütterungsmessungen in Magdeburg und auf der Versuchsstraße in Braunschweig vorgenommen worden[24]. Seismographische Messungen über die Bodenerschütterungen, hervorgerufen durch Lastkraftwagen, sind auch vom Laboratorium für Kraftfahrwesen der Technischen Hochschule in Aachen vorgenommen worden, bei denen besonders der Einfluß der gefederten und ungefederten Massen für Vollgummi und Luftreifen ermittelt sind[25]. Es hat sich ergeben, daß die Bodenerschütterungen bis zu einem Geschwindigkeitsbereich von etwa 20 km/stdl. mit einer größeren als der ersten Potenz zunehmen, bei größeren Fahrgeschwindigkeiten zunächst mit einer Potenz, die kleiner als 1 ist. Die Lage des Wendepunktes bei 20 km/stdl. entspricht den Ergebnissen von Bobeth und den amerikanischen Untersuchungen, daß sich die Höchstwerte der Sprunghöhen bei etwa 20 km/stdl. ergeben.

Professor Langer in Aachen benutzt zur Stoßmessung einen von ihm konstruierten Beschleunigungsmesser, der aus dem Beschleunigungsgewicht und der Spiralfeder besteht. Diese Spiralfeder ist aber auf eine bestimmte Beschleunigung geeicht, so daß sie bei allen Stößen, deren Beschleunigung unter der geeichten liegt, in Ruhe bleibt und erst eine elastische Veränderung erleidet, wenn diese Beschleunigung überschritten wird. Mit dem Beschleunigungsmesser ist ein elektrisches Lämpchen verbunden, das erlischt, wenn der Stoßmesser eine Beschleunigung erfährt, die über der geeichten liegt. Es wird also nur ein Grenzzustand gemessen. Die Verwendung eines zweiten Stoßmessers, der auf eine höhere Beschleunigung geeicht ist, ermöglicht, die obere Grenze festzustellen, innerhalb der die Stoßwirkung liegt, wenn der zweite Messer nicht ausgeschlagen hat, bei ihm also das Lämpchen nicht erloschen ist. Innerhalb der Beschleunigungen, auf die die beiden Messer geeicht sind, liegt die gesuchte. Je geringer man den Abstand zwischen beiden Messern wählt, desto genauer kann man die Grenzen erfassen, innerhalb deren die Stoßwirkung auftritt.

Diese Anordnung hat vor derjenigen, die von den Ingenieuren des U. S. B. of. P. R. benutzt worden ist, den Vorzug, daß es nicht notwendig ist, das sehr kleine von dem Beschleunigungsmesser aufgezeichnete Kurvenbild auszuwerten. Vielmehr wird die Größe der Kraft sofort angezeigt, so daß auch Ungeübte mit diesem Gerät umgehen können. Solche Beschleunigungsmesser können von Professor Langer, Vorsteher der Laboratoriums für Kraftfahrwesen an der Technischen Hochschule zu Aachen, bezogen werden.

Ausgehend von der Tatsache, daß die Unebenheit der Fahrbahn Stöße erzeugt, und daß diese Stöße jede Art Fahrbahn sehr schnell beschädigen müssen, ist angestrebt worden, eine Einrichtung zu bauen, mit der man die Ebenheit oder Unebenheit der Fahrbahn feststellen kann. Nach Versuchen in mannigfacher Hinsicht wird jetzt in den V. St. A. die Ebenheit einer Fahrbahn nach folgendem Verfahren gemessen.

Auf der Vorderachse des Kraftwagens ist eine lotrecht stehende Zahnstange angebracht, die die Stöße der ungefederten Achse auf ein Zahnrad überträgt. Dieses Zahnrad ist so gelagert, daß jede Drehung infolge des Stoßes auf ein Zählwerk übertragen wird, worauf das Rad, geführt durch die Zahnstange, eine neue Ruhestellung einnimmt. Es wird also nur die Zahl der Stöße gezählt, die ein Kraftwagen beim Fahren über eine Fahrbahn erleidet und nach der Zahl der Stöße die Rauhigkeit der Fahrbahn beurteilt (Abb. 27)[23].

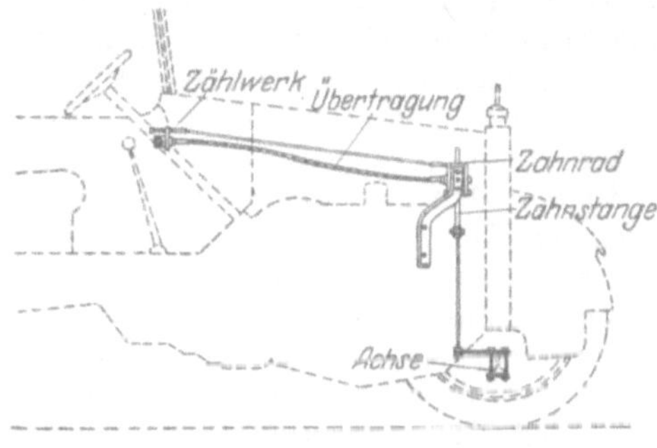

Abb. 27. Stoßzähler am Kraftwagen.

Die Nachprüfung beim Befahren derselben Strecke in beiden Richtungen mit derselben Geschwindigkeit hat eine sehr genaue Übereinstimmung in der Zahl der Stöße ergeben und damit die Brauchbarkeit des Messers erwiesen. Die Schwingungen des Wagens, in Beziehung zur Zahl der Stöße gebracht, hatten zur Aufstellung folgenden Maßstabes geführt:

Weniger als 80	Stöße auf	1 Meile:	Keine wahrnehmbare Bewegung;
80—100	„ „	1 „	Leichtes Erzittern;
110—150	„ „	1 „	Wahrnehmbares Erzittern und leichtes Schlingern;
150—200	„ „	1 „	Unangenehmes Erschüttern und wahrnehmbares Schlingern;
200—300	„ „	1 „	Unangenehmes Schlingern und bereits gefahrvoll für leichte Wagen bei hoher Fahrgeschwindigkeit.

Der Fortschritt im Bau der Betonstraßen wird durch die folgende Feststellung gekennzeichnet:

8 km Betonstraße, 1920 erbaut, im Durchschnitt für 1 Meile 266 Stöße,
13 km Betonstraße, erbaut 1924, im Durchschnitt für 1 Meile 89,3 Stöße.

Für andere Straßenbefestigungen liegen keine Angaben vor. Bei der Einfachheit des Messers empfiehlt sich seine Anwendung und Erprobung auch für andere Verhältnisse.

IV. Linienführung der Straßen.

A. Im Grundriß.

Die Führung der Straße nach Lage und Höhe wird von dem Zweck bestimmt, den sie erfüllen soll. Nach dem Bau der Eisenbahnen hat die Landstraße nur dem örtlichen Verkehr oder als Zubringer zur Bahn gedient. Die alten, vor dem Bau der Eisenbahnen angelegten Staatsstraßen haben daher auch später noch den Bedürfnissen entsprochen, sie sind allenfalls durch Anschlußstrecken an die Bahnlinien ergänzt worden. Die Bevölkerungszunahme auf dem Lande, die Steigerung der landwirtschaftlichen Erzeugung und die Abwanderung von

Industrie auf das Land hat dann dazu geführt, das Straßennetz auf dem Lande weiter auszubauen, wobei es sich im wesentlichen darum gehandelt hat, vorhandene Verbindungswege, die von leistungsschwachen Gemeinden verwaltet und daher nur mäßig befestigt und unterhalten worden sind, auszubauen. Diese Arbeit haben in anzuerkennender Weise hauptsächlich die Kreisverwaltungen übernommen. So ist denn das Netz der Kreisstraßen in Deutschland auf 124308 km angewachsen. Die dabei angewandte Bauweise hat sich den örtlichen Bedürfnissen und dem Pferdeverkehr angepaßt und daher neue technische Gesichtspunkte nicht entwickelt. Der Kraftwagen im Durchgangs- wie im ländlichen Verkehr stellt neue Aufgaben, die Änderungen an den Straßen verlangen. Bisher hat der Grundsatz gegolten, die Straße dem Gelände möglichst anzuschmiegen, um die Baukosten zu ermäßigen. Im bewegten Gelände hat man keine Bedenken getragen, zahlreiche und starke Krümmungen einzulegen, um die Falten des Geländes auszufahren. Man hat die dadurch bewirkte Linienverlängerung in Kauf genommen, weil damit Ersparnisse an Erdarbeiten und eine Ermäßigung der Steigung verbunden gewesen sind. Nach den Grundsätzen der wirtschaftlichen Linienentwicklung nach Launhardt sollen zwar die Verzinsung der Anlagekosten, die Unterhaltungskosten und die Beförderungskosten einen Geringstwert annehmen.

In der Mehrzahl der Fälle hat man wohl im Landstraßenbau mangels genügender Kenntnis der zu erwartenden Gütermengen und der Höhe der Beförderungskosten keine Rücksicht auf die Wirtschaftlichkeit des Verkehres genommen, sondern unter einer Zahl von Linien die mit dem geringsten Baukostenaufwand bei Einhaltung einer Höchststeigung gewählt. Vielfach sind für die Linienführung auch noch andere Rücksichten maßgebend gewesen, z. B. die Höhe der Zuschüsse der anzuschließenden Ortschaften, kostenlose Gebäudeabtretungen, Grundbesitzlage, aber auch Geländeverhältnisse, wie schlechter Untergrund, schattige Lage, Gefahr der Schneeverwehungen, Nähe von Baustofflagerplätzen und ähnliches. Um diesen Anforderungen stets gerecht zu werden, hat man keine Bedenken getragen, Krümmungen in die Linie einzulegen, die sich jetzt für den Kraftwagenverkehr empfindlich bemerkbar machen.

Die vielfach enge Ortslage, schmale und gewundene, mit starken Knickpunkten versehenen Ortsstraßen, durch die sich die Landstraßen hindurchwinden müssen, erschweren den Kraftwagenverkehr, belästigen und gefährden die Bewohnerschaft und zwingen zu erheblichen Ermäßigungen der Geschwindigkeit. In dieser Hinsicht stellt der Kraftwagenverkehr andere Anforderungen. Bei der höheren Fahrgeschwindigkeit sind Krümmungen mit geringem Halbmesser nicht nur lästig wegen der notwendigen Geschwindigkeitsermäßigung, sondern auch gefährlich. Der Kraftwagenverkehr verlangt möglichst gradlinige und gestreckte Linienführung, um seine Geschwindigkeit ausnutzen zu können. Schnellverkehr erfordert aber auch Übersichtlichkeit der Straßen. Die Ortschaften müssen daher vom Durchgangsverkehr durch Umgehungsstraßen entlastet werden. Unzureichende Übersicht findet man auf heutigen Landstraßen an den Eisenbahnübergängen, wenn Bahn- und Straßenachse sich spitzwinklig schneiden. Um einen Übergang normal zur Straßenachse zu schaffen, ist die Straßenachse S-kurvenförmig abgebogen. Solche Übergänge sind bei Nacht dem Kraftwagenverkehr gefährlich und müssen umgebaut werden.

Sind also die vorhandenen Landstraßen nach dieser Richtung hin, Abflachung der Krümmungen, Umgehung der Ortschaften und Umlegung der Bahnüberführungen hauptsächlich umzubauen, so werden unter Beachtung der erwähnten Gesichtspunkte besondere Rücksichten zu erfüllen sein, wenn neue Straßen anzulegen sind, die nur dem Kraftwagenverkehr dienen sollen. Hier werden ähnliche Grundsätze anzuwenden sein, wie beim Bau von Eisenbahnlinien. Im einzelnen ist bei der Linienführung folgendes zu beachten:

a) Ausbildung der Krümmungen.

1. Halbmesser und Verbreiterung.

Beim Durchfahren einer Krümmung beschreiben die Hinterräder einen kleineren Halbmesser als die Vorderräder. Deshalb wird eine größere Breite der Fahrbahn von einem Wagen in der Krümmung als in der Geraden eingenommen. Die Verbreiterung hängt ab vom Halbmesser der Krümmung, der Spurweite des Wagens und dem Radstand. Wenn derselbe Spielraum zwischen zwei sich begegnenden Wagen in der Krümmung wie in der Geraden vorhanden sein soll, dann muß die Krümmung weiterhin um ein entsprechendes Maß verbreitert werden. Es gibt aber für jede Wagenform einen Mindesthalbmesser, der nicht unterschritten werden darf, um die Krümmung glatt zu durchfahren. In diesem Falle ist der kleinste zulässige Krümmungshalbmesser von dem Radstand, der Spurweite und dem Drehwinkel der Straßenfuhrwerke abhängig. Die Ermittlung des kleinsten Halbmessers ist besonders notwendig bei Bergstraßen mit Kehren (Wendeplatten). Je geringer der Halbmesser ist, desto geringer werden auch die Erdarbeiten an dieser Stelle ausfallen. Entscheidend wird der Halbmesser beeinflußt auch durch die Forderung, daß Langholzbeförderung möglich ist.

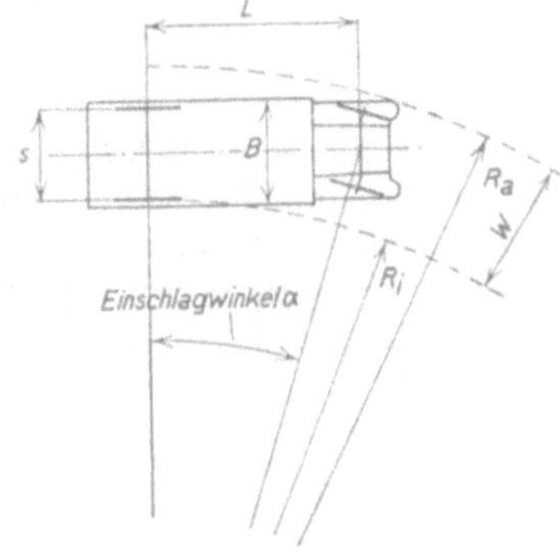

Abb. 28. Verbreiterung in der Krümmung.

Der Kraftwagen, zumal Lastwagen, hat eine größere Spurweite und einen größeren Achsstand als der Pferdewagen, während der Einschlagwinkel der gleiche ist. Bei einem größten Achsstand von 5,0 m (Vomag-Lastwagen hat einen Achsstand von 4,83 m) einer Breite über alles = 2,10 m, einer Spurbreite von s = 1,7 m und einem mittleren Einschlagwinkel α von rd. 30° würde der kleinste Halbmesser nach Abb. 28 sein.

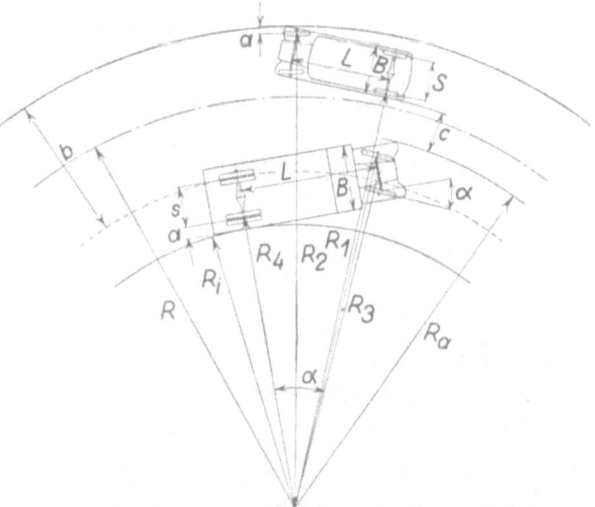

Abb. 29. Verbreiterung der Krümmung für zwei Spuren.

$$R_i = L \cdot \operatorname{ctg} \alpha - s/2 = 7{,}80 \text{ m}, \qquad (15)$$

$$R_a = L/\sin \alpha + B/2 = 11{,}05 \text{ m}. \qquad (16)$$

Aus dem Unterschiede von $R_a - R_i$ errechnet sich die vom Wagen beim Durchlaufen der Krümmung eingenommene Breite zu

$$W = R_a - R_i = 11{,}05 - 7{,}80 \text{ m} = 3{,}25 \text{ m}.$$

Zweispurige Fahrbahnen werden auch in den Krümmungen so angelegt werden müssen, daß sie zweispurig befahren werden können. Es tritt dann noch zu der Breite, die jede Spur beansprucht, ein Spielraum hinzu, der sicherheitshalber zwischen den einzelnen Wagen eingehalten werden muß und der nicht zu klein genommen werden darf. Das Fahrbild in einer solchen Krümmung zeigt die Abb. 29.

Ist der Halbmesser der Krümmung R gegeben und soll für eine vorhandene Fahrbahnbreite b die notwendige Erbreiterung W ermittelt werden, so bestehen nach Abb. 29 Beziehungen:

$$R_4 = \sqrt{\left(R+\frac{b}{2}-a\right)^2 - 2L^2 - 2\sqrt{\left(R+\frac{b}{2}-a\right)^2 - L^2} \cdot (B+C) + 2BC + B^2 + C^2} - s\,,$$

$$W = R - R_4 + a + \frac{1}{2}\,b\,. \tag{18}$$

Nach dieser Gleichung würden die Verbreiterungen für die verschiedenen Halbmesser bei Annahme von $C = 1{,}5$, $b = 6{,}0$, $a = 0{,}5$ m für die Abmessungen des Vomag-Lastwagens abgerundet folgende Größen annehmen:

$R = 10$	15	20	25	30	40	50	60	90	120	150
9,1	8,0	7,55	7,3	7,1	6,9	6,8	6,7	6,6	6,5	6,5

Es sind demnach für verhältnismäßig große Halbmesser noch Erbreiterungen vorzusehen (s. S. 57). Krümmungen von sehr geringen Abmessungen werden nur in ganz besonderen Fällen zugelassen werden können. Man wird also als Mindestmaß für Lastwagen einen Krümmungshalbmesser von 10 m annehmen können. Auf Bergstraßen wird dieses Maß allerdings meistens unterschritten. So haben die Kehren der Schweizer Alpenpässe nur einen äußeren Durchmesser von 12—12,5 m, die von größeren Postwagen bis 17 Sitzen noch befahren werden können[26].

Besondere Anforderungen stellt die Langholzbeförderung, die jetzt auch schon mit Lastkraftwagen betrieben wird. Die Besonderheit der Last erfordert hier einen vierrädrigen Triebwagen nach Abb. 2, S. 16, auf dem das eine Ende der Stämme auf einem Drehschemel mit Rungen gelagert ist, während das andere Ende auf einem zweirädrigen Schemel ruht. Dieser Schemel kann auch gedreht werden, eine Bewegung, die Schwiggen genannt wird. Ohne Schwiggen würde bei dem langen Achsstand zwischen Triebwagen und Schemel der Halbmesser der Krümmung eine Größe erfordern, die im Gebirge nur selten möglich ist. Auch muß man zulassen, daß die Stammenden über die Straßenbreite herausragen, an der Bergseite höchstens bis an die Mittelachse des Grabens. Für die Innenseite der Krümmung wird gefordert, daß die Stämme in der Fahrbahn bleiben und sogar auch noch mit einem Spielraum (etwa 30 cm) den Fußweg freilassen. Die dann vorzunehmende Verbreiterung der Fahrbahn stellt das Höchstmaß dar.

Für die rechnerische Ermittlung sind wiederum als gegebene Größen anzunehmen: Der Drehwinkel α, der Schwiggwinkel β, die Stammlänge L, der Abstand der 2. und 3. Achse a, der Überstand der Stammenden über die letzte Achse l, die Spurweite S, die Ladebreite b und der Abstand der Ladung von der Fußwegkante n. Gesucht sind: Der Weg der Stammenden R'_a, der in der Mitte der Grabenachse verläuft, der innere Halbmesser R_i. Ihre Größen errechnen sich aus den folgenden Formeln nach der Zeichnung Abb. 30

$$R'_a = \sqrt{\frac{a^2 \cdot \cos^2\alpha}{\sin^2(\alpha+\beta)} + \frac{a \cdot \cos\alpha}{\sin(\alpha+\beta)} \cdot 2\,l \cdot \sin\beta + l^2} + \frac{b}{2}\,, \tag{19}$$

$$R_i = \frac{a \cdot \cos\alpha}{\sin(\alpha+\beta)} - \left(\frac{s}{2} + n\right). \quad \text{(Siehe Gl. (15).)}$$

Aus dem Unterschied zwischen R'_a abzüglich der halben Grabenbreite und des Außenbanketts und des Innenhalbmessers R_i ergibt sich die Fahrdammbreite in der Krümmung. Je kleiner die Halbmesser R_a und R_i sind, desto größer muß die Verbreiterung ausfallen. Die Vorteile, die eine starke Krümmung z. B. als Wendeplatte in einer Ermäßigung der Erdarbeiten haben kann, werden erkauft mit entsprechender Verbreiterung, die wieder Erdarbeiten und Mehrausgaben für die Befestigung erfordern. Es wird also in jedem Falle die wirtschaftlich günstigste Form zu suchen sein, bei der die Summe aller Aufwendungen für Erdarbeiten, Befestigungen u. a. m. einen Geringstwert erreichen. Für den auf Seite 16 angenommenen Langholzkraftwagen wird der mittlere Krümmungshalbmesser 17,53 m; die Straßenbreite 7,0 m. Eine solche Krümmung ermöglicht

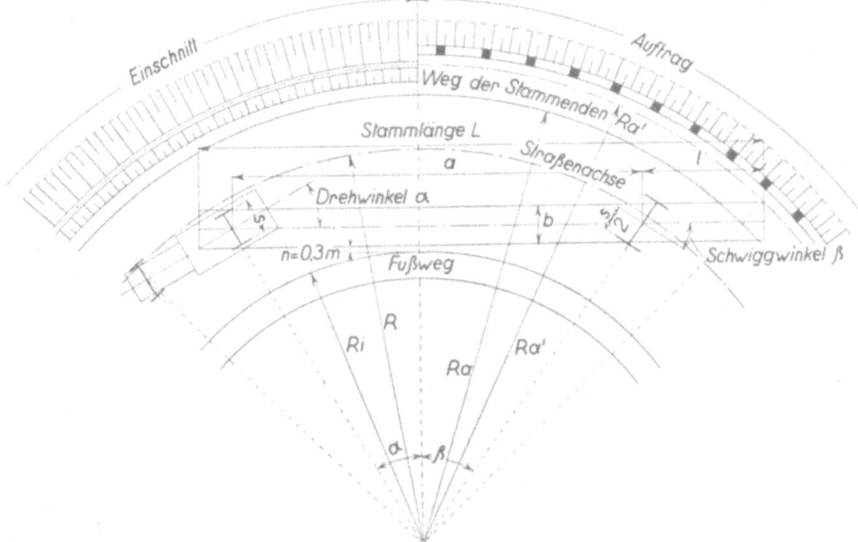

Abb. 30. Mindesthalbmesser für Langholzbeförderung.

anderen Kraftfahrzeugen, wie Lastwagen und Kraftomnibussen, die nur 10 m wie zuvor berechnet verlangen, ein sehr bequemes Durchfahren. Die Form, in der die Verbreiterung vorgenommen wird, soll zusammen mit den Maßnahmen für die Überhöhung von Krümmungen behandelt werden (s. S. 56).

2. Überhöhung.

Diese aus der Art und Abmessungen der Fahrzeuge sich ergebenden Halbmessergrößen erweisen sich aber noch als zu gering, wenn man die aus der Geschwindigkeit, mit der die Kraftwagen durch die Krümmungen fahren, entstehenden Fliehkräfte berücksichtigt, deren Größe sich aus der Gleichung (12), S. 38.

$$C = \frac{G}{g} \cdot \frac{v^2}{r}$$

errechnet.

Bei gleichbleibender Geschwindigkeit nimmt die Fliehkraft mit wachsendem Krümmungshalbmesser ab. Demnach ist ein Mittel, ihren Einfluß auf die Bewegung eines Wagens durch die Krümmung zu ermäßigen, die Wahl eines genügend großen Halbmessers. Die Wirkung der Fliehkraft kann sich am Wagen in zweierlei Form äußern. Sie kann den Wagen zum Kippen bringen oder ihn aus der Bahn herausschleudern. Die erste Wirkung tritt auf, wenn die Mittelkraft aus Gewicht des Wagens und der Fliehkraft, die beide am Wagenschwerpunkt angreifen, die Fahrbahn außerhalb der Wagenspur schneidet. Mit der zweiten Wirkung ist zu rechnen, wenn der Fliehkraft keine gleich große, aber entgegengesetzte Horizontalkraft zwischen Rad und Fahrbahn entgegenwirkt.

Damit der Wagen bei der Fahrt durch eine Krümmung im Gleichgewicht ist, muß $H = 0$ sein, d. h. an der Berührungsstelle zwischen Rad und Fahrbahn müssen Horizontalkräfte aufgenommen werden können, die der Fliehkraft entgegengesetzt gerichtet und größer sind als sie. Diese Horizontalkräfte auf der Fahrbahn werden bewirkt durch das Gewicht des Wagens und die gleitende Reibung zwischen Rad und Fahrbahn. Wie schon im Abschnitt III. E. c) auf S. 39 erwähnt, muß die Fahrbahn durch ihre Rauhigkeit in der Lage sein, seitliche Schubkräfte aufzunehmen. Die Sicherheit eines eine Krümmung durchfahrenden Wagens kann dadurch erhöht werden, daß man nach dem Vorbilde der Eisenbahn in der Krümmung die Straße mit einer einseitigen Neigung versieht, indem die Straße außen höher als innen angelegt wird. Da bei der Eisenbahn die innen liegenden Spurkränze durch Anlaufen gegen die äußere Schiene den Zug vor dem Herausschleudern bewahren, kommt für die sichere Führung eines Zuges durch die Krümmung nur die zunächst genannte Wirkung des Umkippens in Frage. Beim Kraftwagen liegen die Verhältnisse anders. Hier fehlt es an den besonderen Einrichtungen, die den Wagen in der Spur festhalten, er wird daher von beiden Wirkungen erfaßt, und es handelt sich nur, zu entscheiden, welche unter sonst gleichen Umständen die größere, gefährlichere ist. Es sei angenommen, daß die Fahrbahn bereits eine einseitige Neigung erhalten hat, deren Neigung $\operatorname{tg} \alpha$ sei. Für die Abmessungen des Wagens nach der Abb. 31 ist die Grenzgeschwindigkeit, damit der Wagen nicht umkippt, wenn man die Momentengleichung durch den linken Radauflagerpunkt ansetzt und nach V auflöst

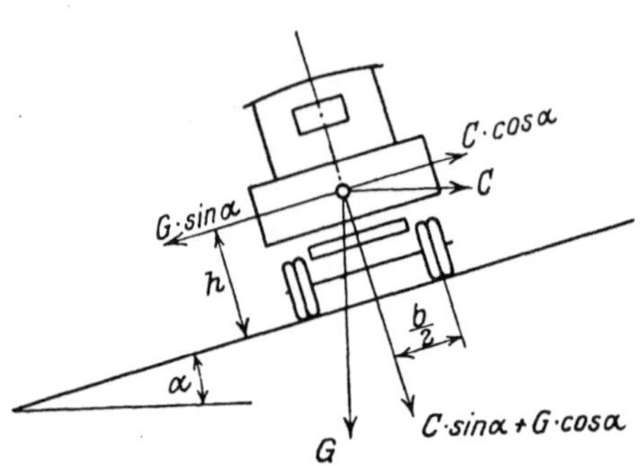

Abb. 31. Kräftebild beim Durchfahren einer Krümmung mit Querneigung.

$$v \leqq \sqrt{\frac{g \cdot r \cdot \left(h \operatorname{tg} \alpha + \frac{b}{2}\right)}{h - \frac{b}{2} \cdot \operatorname{tg} \alpha}} \text{ m/sec} . \tag{20}$$

Da die meisten Straßen heute noch keine einseitige Neigung in den Krümmungen haben, so würde die Grenzgeschwindigkeit, die ein Wagen annehmen darf, der an der Außenseite die Krümmung durchfährt, den Wert annehmen

$$v \leqq \sqrt{\frac{g \cdot r \cdot \left(h \cdot \operatorname{tg} \alpha + \frac{b}{2}\right)}{h + \frac{b}{2} \operatorname{tg} \alpha}} \tag{21}$$

und bei Auflösung der Gleichung nach r

$$r \geqq \frac{v^2}{g} \cdot \frac{\left(h + \frac{b}{2} \cdot \operatorname{tg} \alpha\right)}{h \cdot \operatorname{tg} a + \frac{b}{2}} . \tag{22}$$

Da der Nennerwert in der Gleichung (21) größer geworden ist, wird diese Grenzgeschwindigkeit wesentlich geringer sein als die bei vorhandener einseitiger Querneigung.

Das Kippmoment verringert sich, wenn man den Schwerpunkt des Wagens tief legt und die Spur verbreitert.

Wenn kein Kippen des Wagens eintritt, so bewirkt doch die Fliehkraft eine einseitige Belastung des Wagens, wie schon aus dem Kräfteplan der Abb. 31 zu ersehen ist. Nach Gleichung (13) auf Seite 38 ist

$$P_c = \frac{C h}{s} = \frac{Q \cdot V^2 \cdot h}{g r s}.$$

Beim unvermittelten Einfahren in die Krümmung muß das Stöße geben, die, von den Federn aufgenommen, auf die Räder übertragen werden und dort Zusatzbelastungen hervorrufen. Zur Verminderung der Stöße wird ein Übergangsbogen eingelegt (s. S. 55).

Die Grenzgeschwindigkeit für Gleiten tritt dann ein, wenn, wie oben schon erwähnt, $H = 0$ ist. Diese Werte nach der Abb. 31 geben die Beziehung

$$\left.\begin{aligned} C \cdot \cos\alpha - G \cdot \sin\alpha &= (C \cdot \sin\alpha + G \cdot \cos\alpha)\, f, \\ C \cdot (\cos\alpha - f \sin\alpha) &= f (G \cdot \cos\alpha + G \cdot \sin\alpha), \\ \frac{G v^2}{g r} (\cos\alpha - f \sin\alpha) &= f (G \cdot \cos\alpha + G \cdot \sin\alpha), \\ v &= \sqrt{\frac{g r \cdot (f \cdot \cos\alpha + \sin\alpha}{\cos\alpha - f \sin\alpha}}, \\ &= \sqrt{\frac{g r \cdot (f + \operatorname{tg}\alpha)}{1 - f \operatorname{tg}\alpha}} . \end{aligned}\right\} \quad (23)$$

und bei Auflösung der Gleichung nach r

$$r = \frac{v^2 (1 - f \operatorname{tg}\alpha)}{g (f + \operatorname{tg}\alpha)} . \quad (24)$$

Da in diesen Gleichungen drei Abhängige vorhanden sind, r, v und $\operatorname{tg}\alpha$, muß für eine von ihnen eine Annahme gemacht werden, wenn die Beziehungen der beiden anderen zueinander verfolgt werden.

Den Anforderungen des Kraftwagenverkehrs wird man am ehesten gerecht, wenn man bei der Annahme von der Geschwindigkeit ausgeht und diese recht hoch ansetzt und die erforderliche Querneigung ermittelt. Dann ergeben sich aber für verhältnismäßig große Halbmesser schon so starke Querneigungen, daß auf Straßen mit gemischtem Verkehr der Zugtierverkehr die Straße nicht mehr gefahrlos benutzen kann. Es muß daher in dieser Hinsicht ein Ausgleich überall dort geschaffen werden, wo noch mit Gespannverkehr zu rechnen ist.

Der III. I. Str. K. in London hat eine Querneigung von 6 vH empfohlen. Sie ist noch sicher für Zugtiere. Bei ausgesprochenen Kraftfahrstraßen könnte man höhere Querneigungen zulassen. Die Bauvorschriften nordamerikanischer Staaten stufen die Querneigung ab und nehmen bei Halbmessern bis 150 m 8,3 vH, darüber 6,25 vH, nähern sich also bei größeren Halbmessern dem Vorschlage des III. I. Str. K.

Über die Wechselbeziehungen Halbmesser und Geschwindigkeit gibt die Abb. 32 für eine Querneigung von 6 vH und einem Beiwert der gleitenden Reibung $f = 0{,}2$ einen Überblick. In dieser Abb. ist die Beziehung zwischen Geschwindigkeit und Halbmesser für das Kippmoment für einen Kraftwagen, dessen Schwerpunkt 0,7 m über der Fahrbahn liegt, und der eine Spurweite von 1,8 m hat, dargestellt. Aus der Gegenüberstellung beider Kurven ist zu entnehmen, daß bei demselben Krümmungshalbmesser die Gefahr des Kippens bei weitem nicht so groß ist, wie die des Schleuderns. Die Halbmesser, die gerade groß genug sind, um dieser Gefahr vorzubeugen, werden für die verschiedenen Geschwindigkeiten zugrunde zu legen sein.

Werden die Krümmungen mit einer gleichmäßigen Querneigung angelegt, so würde sich die Geschwindigkeit, mit der sie durchfahren werden kann, aus der Größe des Halbmessers ergeben. Zur Sicherung des Verkehres ist es erwünscht, in der Ausbildung der Krümmungen eine gewisse Einheitlichkeit walten zu lassen, damit jeder Kraftfahrer weiß, mit welcher Höchstgeschwindigkeit er die Krümmung durchfahren kann. So hat z. B. die Schweiz für den Ausbau der Krümmungen eine Geschwindigkeit von 30 km/stdl. zugrunde gelegt[27]. Aber diese wünschenswerte Einheitlichkeit ist von geringer praktischer Bedeutung, weil sich ein Faktor nicht maßgebend beeinflussen läßt, das ist der Rauhigkeitsgrad der Fahrbahn, der bei einigen Deckenarten unter der Witterung stark schwankt. Dieser Unsicherheit kann man nur dann aus dem Wege gehen, wenn man in den Krümmungen gleichmäßig eine bestimmte Deckenart verwendet, die auch bei feuchter Witterung rauh bleibt, wie Kleinpflaster, Beton oder Klinker. Die Verwendung einer widerstandsfähigen Befestigung in der Krümmung empfiehlt sich schon wegen der seitlichen Schubkräfte. In diesem Falle ist mit Ausnahme von Schnee und Glatteis eine gleichmäßige Rauhigkeit des Pflasters gewährleistet. Wird bei der Fahrt durch die Krümmung die gleitende Fahrbahnreibung voll ausgenutzt, dann bleibt nichts mehr für die Bremsung übrig, und ein Wagen, der abbremst, muß sofort schleudern.

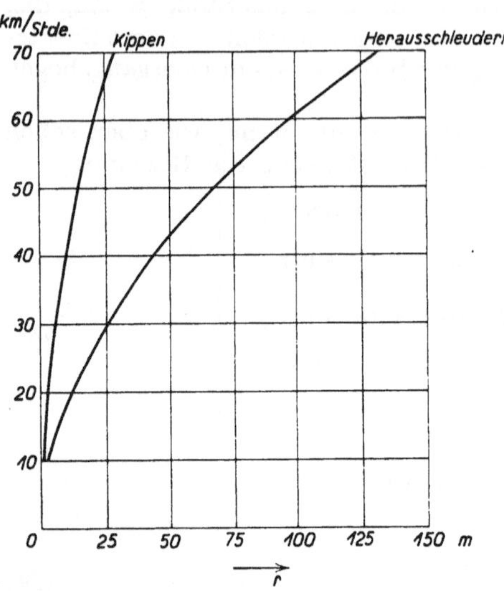

Beziehungen zwischen Krümmungshalbmesser, Fahrgeschwindigkeit und Gefahr des Herausschleuderns und Umkippens.

Abb. 32.

Von allen Möglichkeiten erscheint diejenige am zweckmäßigsten, daß einheitlich alle Krümmungen eine bestimmte Querneigung erhalten, wie schon im III. I. Str. K. vorgeschrieben und wie es auch im nordamerikanischen Straßenbau üblich ist. Der Kraftfahrer weiß alsdann, mit welcher Querneigung er rechnen kann und richtet nach dem Halbmesser, den er schätzen kann, und nach dem Straßenzustand seine Geschwindigkeit ein.

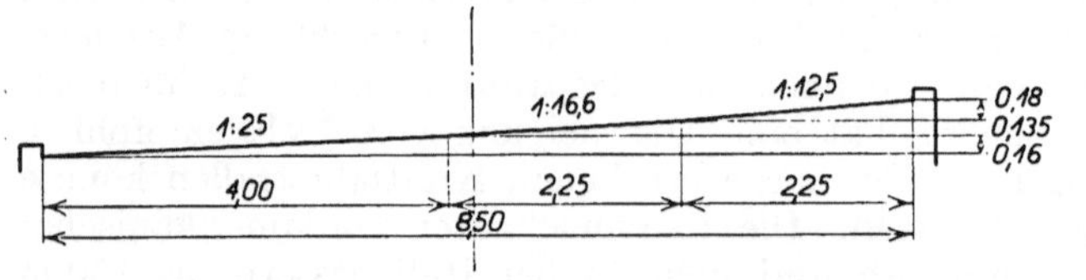

Abb. 33. Überhöhung in den Krümmungen der Straße Luzern—Zürich.

An Stelle einer gleichmäßigen Querneigung in der Überhöhung ist auch eine von innen nach außen steigende angewendet worden. In der Schweiz, auf der Straße von Luzern nach Zürich, ist diese Form zu finden (Abb. 33)[28]. Der Pferdeverkehr kann dann die flachere Neigung benutzen. Theoretisch würde für die Kraftwagen mit der höchsten Geschwindigkeit die äußere Zone zur Verfügung stehen. Dann wird aber der Grundsatz des Rechtsfahrens und damit die Vorteile dieser Anordnung durch die Unsicherheit in der Verkehrsregelung wieder aufgegeben.

Es hat wenig Bedeutung, einen Mindesthalbmesser, der nicht unterschritten werden darf — der I. I. Str. K. hat 50 m vorgeschlagen —, festzulegen. Vielmehr wird der Grundsatz zu gelten haben, möglichst große Halbmesser zu wählen. Je nach der Lage und Art der Straße — ob ausgesprochene Kraftwagenbahn, Rennstrecke oder Straße mit gemischtem Verkehr — wird sich ein Mindesthalbmesser von selbst ergeben. Er wird im Flachlande und Hügellande an sich größer ausfallen als im Gebirge. Die Jochbergstraße, die schon dem Kraftverkehr angepaßt ist, hat beim Umbau geringste Halbmesser von 20 m erhalten[29]. Es ist aber zu beachten, daß gerade auf Bergstraßen sowohl bei der Berg- wie Talfahrt hohe Geschwindigkeiten nicht entwickelt werden können, demnach geringere Halbmesser zulässig sind. Bei Kehren und Wendeplatten bestimmt sich der geringste Halbmesser nach dem größten Fahrzeuge, das die Straße befahren soll. Wenn irgend möglich, wird man versuchen müssen, zur Erleichterung des Wendens einen größeren Halbmesser zu wählen.

3. Übergangsbogen.

Ein Kraftwagen, der aus einer Geraden in eine Krümmung unvermittelt eintritt, erhält einen Stoß. Zur Sicherung eines ruhigen Laufes der Wagen muß nach dem Vorbilde des Schienenweges ein allmählicher Übergang geschaffen werden, dessen theoretische Grundlage der Gleisbau entwickelt hat, die ohne weiteres auch auf den Straßenbau angewendet werden kann. Zur Erreichung eines stoßfreien Laufes wird zwischen der Geraden und der Krümmung ein Übergangsbogen eingelegt, dessen Halbmesser von $\varrho = \infty$ stetig bis zum Halbmesser der Krümmung $\varrho = R$ überleitet. Erhält die Straßenkrümmung außen eine Überhöhung, so ist innerhalb der Länge des Übergangsbogens im Aufriß die äußere Straßenkante anzurampen, damit an der Stelle, wo der Halbmesser R beginnt, auch die volle Überhöhung erreicht ist. Der Übergangsbogen wird zweckmäßig eine solche Form erhalten, daß die Krümmung im geraden Verhältnis zur Abszisse wächst. Dann entspricht die Form des Übergangsbogens einer kubischen Parabel nach der Gleichung[30]

$$y = \frac{X^3}{6\,P}, \tag{25}$$

in der

$$P = n \cdot R \cdot h = l \cdot R$$

ist.

Die Länge des Übergangsbogens l ist anzunehmen. Als Grundlage für die Längenfestsetzung ist einmal zu berücksichtigen, daß der Übergang von der Geraden, die einen dachförmigen Querschnitt hat, zur einseitigen Querneigung eine windschiefe Fläche darstellt, auf der also alle vier Wagenräder nicht gleichmäßig aufliegen. Die Räder des Wagens werden also ungleichmäßig belastet, ein Vorgang, der Stöße hervorrufen kann. Für den Schienenweg gilt, daß der Übergangsbogen so lang sein muß, daß an keiner Stelle der Spurkranz eines Rades eine Lage über die Schienenhöhe annimmt, weil dann Entgleisungen eintreten können, ferner, daß die Fahrzeit durch den Übergangsbogen mindestens 3,6 Sek. betragen soll. Wird die letztgenannte Vorschrift auch auf den Straßenbau angewendet, was bei der nahezu gleichen Fahrgeschwindigkeit von Eisenbahn und Kraftwagen naheliegt, dann nimmt der Übergangsbogen die Länge in Meter

$$l = V \text{ km/Std.}$$

an. Der Übergangsbogen wird nun zur Hälfte vor, zur Hälfte hinter den ursprünglichen Bogenanfang gelegt. Durch die Einlegung des Übergangsbogens tritt eine Verschiebung zwischen dem Kreis und der Geraden ein, die beim Eisenbahngleis durch eine Verminderung des Bogenhalbmessers um das Maß m entsteht. Als Bestimmung für m wird angenommen, daß am Kreisanfang $m/2$ erreicht sein soll. Für $x = l/2$ ergibt sich

$$= \frac{l^3}{8 \cdot 6\,R \cdot l} = \frac{l^2}{48\,R} = \frac{m}{2},$$

$$m = \frac{l^2}{24\,R}. \tag{26}$$

Die Ordinate am Endpunkt ist dann 4 m. Die Verschiebung m nimmt beim Eisenbahngleis nur sehr geringe Werte an, sie wird nur selten größer als 300—350 mm. Das hängt mit dem wesentlich größeren Halbmesser zusammen, die im Eisenbahnbau angewendet werden. Die geringeren Halbmesser und die wesentlich größeren Überhöhungen, die angewendet werden müssen, um den Kraftwagen gegen Herauschleudern und nicht nur gegen Kippen, wie bei der Eisenbahn, zu sichern, verlangen ein anderes Vorgehen. Es liegt keine Veranlassung vor, und es wird auch nicht möglich sein, den Übergangsbogen wie die Überführung mit der bei der Eisenbahn notwendigen Genauigkeit vorzunehmen. Eine genaue Absteckung würde durch nicht zu vermeidende Unebenheiten in der Straßendecke, die sich bei der windschiefen Lage nicht mathematisch genau verlegen läßt, in ihrem Wert abgeschwächt. Die Praxis hat daher andere Wege eingeschlagen. Da in Deutschland die Überhöhung von Krümmungen selten angewendet worden ist, so fehlt es noch an Erfahrungen. Im nordamerikanischen Straßenbau wird grundsätzlich eine Überhöhung und Verbreiterung in der Krümmung von einer bestimmten Durchmessergröße an vorgenommen. Für die Ausführung sind von den einzelnen Staaten eigene Absteckungsvorschriften erlassen, die es ermöglichen, nach Zusammenstellungen die Überhöhungen und Verbreiterungen vorzunehmen. Die schon zuvor behandelte Verbreiterung der Krümmungen wird zusammen mit dem Übergangsbogen und der Überhöhung bei den Ausführungen abgesteckt werden müssen. Diese drei Maßnahmen wollen daher im folgenden Abschnitt gemeinsam behandelt werden.

4. Bauliche Ausführung.

Die Meinungen sind darüber noch nicht einheitlich, wo die Verbreiterung beginnen soll. Die Beobachtung des Laufes eines Fahrzeuges in einem Kreise ergibt, daß, wenn die Vorderräder sich der Krümmung anpassen, daß die Hinterräder eine Übergangskurve zu konzentrischen Krümmungen mit kürzerem Halbmesser beschreiben. Dieser Übergang beginnt in der Geraden angenähert eine Wagenlänge vor dem Tangentenpunkt und ist gewöhnlich beendet nach ein bis eineinhalb Wagenlänge in der Kurve. Die einfache Form des Überganges der Abb. 34 hat sich als zweckmäßig erwiesen, bei der der Übergang die Form einer Verjüngung hat und die Verbreiterung ohne Rücksicht auf die Größe des Halbmessers 30 m vor dem Bogen beginnt. Statt der Geraden kann auch ein Übergangsbogen angewendet werden. Die Notwendigkeit der Verbreiterung besteht demnach praktisch für die ganze Kurvenlänge. Demnach sollte die volle Verbreiterung schon an dem Krümmungsansatz vorhanden sein. Sie muß also schon in einiger Entfernung beiderseits vor Beginn der Krümmung ansetzen. Theoretisch steht der Beginn der Verbreiterung mit dem Halbmesser der Krümmung in Beziehung. Nach diesem Grundsatz hat der Staat Pennsylvania die folgenden Bauanweisungen und Absteckungsvorschriften für Krümmungen von 15—180 m erlassen [31]:

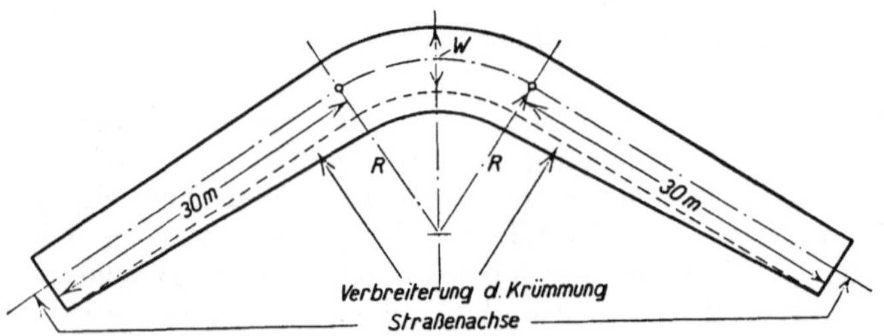

Abb. 34. Ausbildung der Krümmung mit Verbreiterung und Übergangsbogen.

Die Fahrbahn wird nach innen verbreitert, weil damit eine Abflachung des Halbmessers verbunden ist. Es wird der Beginn der Verbreiterung und der Überhöhung zur Hälfte vor und zur Hälfte hinter den ursprünglichen Bogen-

Zusammenstellung 13.

Halbmesser R in m	Verbreiterung in m	Zentriwinkel Grad	Ordinaten der Verbreiterung von der Tangente zur Kurvenlinie								Neigung	Gesamtüberhöhung
			x_1	y_1	x_2	y_2	x_3	y_3	x_4	y_4		
15	2,4	40	3,20	0,36	6,35	1,2	9,5	2,61	12,7	4,71		0,65
18	2,4	40	4,14	0,30	8,3	1,2	12,4	2,70	16,6	5,43		0,65
24	2,25	35	5,46	0,27	10,9	1,14	16,4	2,73	21,8	5,7		0,64
30	2,10	30	6,3	0,27	12,6	1,05	18,9	3,15	25,2	5,5		0,625
36	2,10	25	6,6	0,27	13,2	1,05	19,8	2,37	26,4	5,0	1:12	0,625
42	1,8	25	7,8	0,24	15,8	0,9	24,0	2,31	31,6	5,3		0,60
48	1,8	25	9,2	0,21	18,35	0,9	27,6	2,52	36,7	5,85		0,60
54	1,8	25	10,5	0,33	20,9	0,9	34,4	2,58	41,8	6,45		0,60
60	1,8	18	8,6	0,24	17,2	0,9	25,7	2,04	34,4	4,52		0,60
67,5	1,5	16	8,7	0,21	17,4	0,75	26,2	1,95	34,8	3,96		0,57
75	1,5	16	9,7	0,24	19,5	0,75	29,2	2,01	39,0	4,22		0,57
90	1,5	15	11,1	0,21	22,2	0,75	33,3	2,04	44,4	4,44		0,57
105	1,2	12	10,5	0,15	21,0	0,60	31,6	1,53	42,0	3,42		0,41
120	1,2	11	11,0	0,12	22,2	0,60	33,2	1,56	44,3	3,33		0,41
150	0,6	9	11,5	0,15	23,0	0,30	34,5	0,84	46,0	2,4	1:16,7	0,375
180	0,6	8	12,3	0,15	24,6	0,30	37,0	0,81	49,2	2,31		0,375

anfang gelegt. Der Übergangsbogen für die Verbreiterung wird aus vier Punkten zusammengesetzt, deren Ordinaten und Abszissen gemessen entlang und von der Tangente des unverbreiterten Querschnittes, wobei $x_2 = \frac{x_4}{2}$ ist.

Die Verbreiterung selbst für die einzelnen Halbmesser ergibt sich aus der Zusammenstellung 13. Auf der Baustelle wird der Übergang so angelegt, daß bei A der Abb. 35 (das gegenüber dem Anfangspunkt der Krümmung liegt) die halbe Verbreiterung angelegt wird, von diesem Punkte wird rückwärts in die Grade hineingemessen und der Punkt S in der Entfernung x_2 und der Zwischenpunkt x_1 festgelegt und vorwärts in den Kurven auf der Tangente entlang um die Punkte x_3 und x_4 festzulegen, von denen dann die Normalen y_1, y_2, y_3, y_4 abgetragen werden. Die Linie zwischen den Punkten selbst wird dann mit dem Auge ausgeglichen.

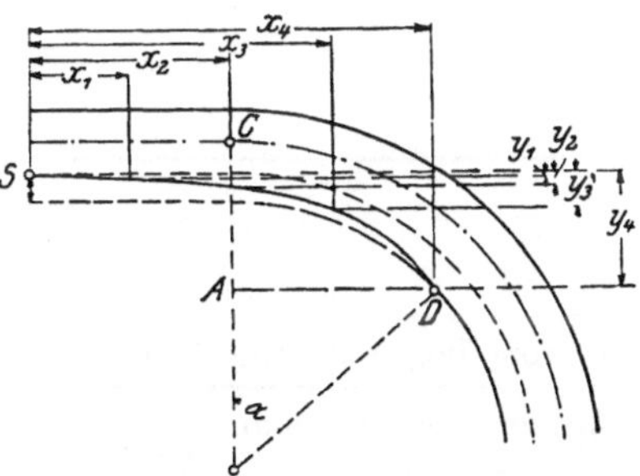

Abb. 35. Verbreiterungs- und Übergangsbogen in Pennsylvania (V. St.A.).

Die Überhöhung beginnt am Querschnitt S, an dem die Straße noch die normale Kronenanlage hat. Von diesem Punkte geht die Krone langsam zu einer einseitig geneigten über. Am Punkte G ist die Hälfte der Überhöhung erreicht; sie wächst dann gleichmäßig, so daß die gesamte Überhöhung nach der Zusammenstellung 13 gegenüber D vorhanden ist.

Bei Krümmungen über 180—300 m bleibt die normale Kronenabwölbung (die nach einem Kreisbogen oder nach einer Parabel geformt ist) erhalten. Die Überhöhung beginnt 15 m vor dem Krümmungsanfangspunkt, erreicht an diesem Punkte die Hälfte und 15 m weiter die volle Überhöhung.

Bei Krümmungen mit kleinem Zentriwinkel würden die hier angenommenen Maße zu groß sein. In diesem Falle wählt man für die Bogenstrecke vom Bogenansatz bis D einen Zentriwinkel, der = ⅓ oder kleiner als der Krümmungswinkel ist. Die Strecke DA ist dann $= R \cdot \sin \alpha$ und die Ordinate y_4 = Verbreiterung $+ R\,(1 - \cos \alpha)$.

Die Zusammenstellung 13 bestätigt die Berechnungen auf S. 50, daß noch verhältnismäßig große Halbmesser Verbreiterungen der Fahrbahn erfordern. Die Zusammenstellung 13 ist berechnet für 5,4 m breite Fahrdämme.

Die Bauvorschriften des Staates Massachusetts sehen für die Strecke vom Bogenanfang bis zur vollen Verbreiterung eine im Bogen gemessene Strecke von 7,5 m vor. Sie verteilen die Verbreiterung je nach der Größe des Halbmessers in die anschließende Gerade nach der Zusammenstellung 14, wobei für Halbmessergrößen von 30 m zu 30 m gleiche Maße angenommen werden. Je kleiner der Halbmesser ist, desto länger ist die Strecke in der Tangente, in der der Übergangsbogen und der Ansatz der Überhöhung liegt. Die Zusammenstellung 14

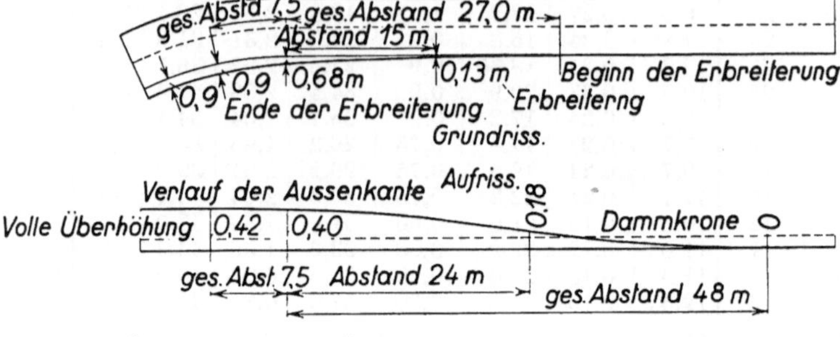

Abb. 36. Verbreiterung, Übergangsbogen und Überhöhung in Krümmungen von 150—180 m in Massachusetts (V. St. A.).

gilt für Straßen von 6 m Fahrbahnbreite. Die Überhöhung wird noch vor dem Beginn der Verbreiterung angesetzt. Die Abb. 36 gibt ein Beispiel für Halbmesser von 150—180 m.

Vollkommener ist die Anordnung, daß man Übergangsbogen sowohl für die innere wie für die äußere Straßenkante nach der Abb. 37 anwendet. In diesem Falle ist der äußere Übergangsbogen kürzer als der innere.

Die Übergangsbogen gelten allgemein für Winkel, die gleich oder kleiner sind

Zusammen-
Erbreiterung und Überhöhung in
nach der Dienstvorschrift

	90—120		120—150		150—180	
	Erbreiterung	Überhöhung	Erbreiterung	Überhöhung	Erbreiterung	Überhöhung
Links vom Bogen Anfang 7,5 m . .	1,50	0,54	1,22	0,48	0,90	0,42
Rechts vom Bogen Anfang 03 m . .	1,28	0,53	0,97	0,47	0,68	0,42
„ „ „ „ 03 „ . .	1,08	0,52	0,80	0,45	0,54	0,40
„ „ „ „ 06 „ . .	0,90	0,50	0,65	0,43	0,41	0,39
„ „ „ „ 09 „ . .	0,73	0,49	0,51	0,40	0,30	0,37
„ „ „ „ 12 „ . .	0,59	0,46	0,40	0,37	0,21	0,34
„ „ „ „ 15 „ . .	0,46	0,43	0,29	0,34	0,13	0,30
„ „ „ „ 18 „ . .	0,35	0,40	0,20	0,29	0,08	0,27
„ „ „ „ 21 „ . .	0,25	0,37	0,13	0,25	0,03	0,22
„ „ „ „ 24 „ . .	0,17	0,32	0,07	0,20		0,18
„ „ „ „ 27 „ . .	0,10	0,28	0,03	0,16		0,14
„ „ „ „ 30 „ . .	0,05	0,24		0,12		0,10
„ „ „ „ 33 „ . .		0,19		0,09		0,07
„ „ „ „ 36 „ . .		0,15		0,06		0,04
„ „ „ „ 39 „ . .		0,11		0,04		0,02
„ „ „ „ 42 „ . .		0,08		0,02		
„ „ „ „ 45 „ . .		0,06		0,01		
„ „ „ „ 48 „ . .		0,04				
„ „ „ „ 51 „ . .		0,02				
„ „ „ „ 54 „ . .		0,01				
Größe der Querreinigung in vH. . .		9		8		7

als ein Drittel des Zentriwinkels, damit zwischen den Übergangsbogen noch eine ausreichende Strecke der kreisförmigen Krümmung vorhanden ist.

Die Übergangsbogen der äußeren und inneren Begrenzung werden aus einer Anzahl von Koordinatenpunkten zusammengesetzt, deren Abszissen längs der

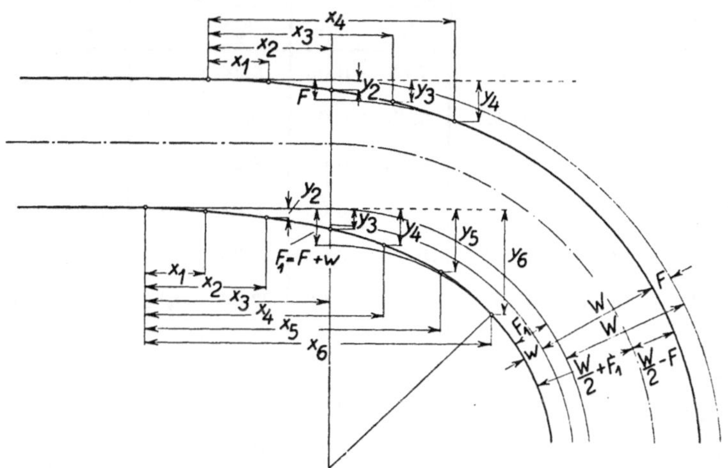

Abb. 37. Abflachung der Krümmung mit zwei Übergangsbögen (Cook County V. St. A.).

Tangenten gemessen und die Ordinaten von der Tangente abgetragen werden, sowohl auf der Innen- wie Außenseite. Bei der Außenseite wird der Anfangspunkt um den Wert x_2 in die anschließende Gerade zurückversetzt, für die innere Begrenzung um den Wert x_3. Für einige Halbmesser und die kleinsten Zentriwinkel, die noch zulässig sind, um diese Übergangsbogen anzulegen, sind in der Zusammenstellung 15 Verbreiterungen, Abszissen und Ordinaten berechnet. Die Straßenbreite beträgt 18 Fuß = 5,4 m.

stellung 14.
Krümmungen von 90—300 m.
des Staates Massachusetts.

180—210		210—240		240—270		270—300	
Erbreiterung	Überhöhung	Erbreiterung	Überhöhung	Erbreiterung	Überhöhung	Erbreiterung	Überhöhung
0,61	0,37	0,61	0,34	0,30	0,29	0,30	0,26
0,44	0,36	0,44	0,33	0,18	0,28	0,18	0,25
0,33	0,35	0,33	0,31	0,12	0,27	0,12	0,23
0,24	0,33	0,24	0,30	0,07	0,25	0,07	0,20
0,17	0,31	0,17	0,27	0,03	0,21	0,03	0,16
0,11	0,28	0,11	0,24		0,18		0,12
0,06	0,24	0,06	0,20		0,13		0,07
0,03	0,20	0,03	0,16		0,10		0,04
	0,15		0,12		0,06		
	0,11		0,08		0,03		
	0,08		0,05				
	0,05		0,03				
	0,03						
	6		5,7		5		4,25

Zusammenstellung 15.

Halbmesser der Mittellinie m	Halbmesser der Außenseite m	Zentriwinkel der Außenseite	Länge d. Übergangsbogens m	Abflachung d. Außenseite F mm	Koordinaten der Außenkante in m							
					Punkt T_1		Punkt T_2		Punkt T_3		Punkt T_4	
					x_1	y_1	x_2	y_2	x_3	y_3	x_4	y_4
60,7 (200′)	63,43	27°24′	30,5	0,6	7,63	0,03	15,26	0,30	22,82	1,03	30,3	2,4
91,44 (300′)	94,18	18°33′	30,5	0,41	7,63	0,02	15,26	0,20	22,82	0,7	30,4	1,6
121,9 (400′)	124,6	14°	36,55	0,44	9,14	0,03	18,28	0,22	27,39	0,76	36,48	1,7
152,4 (500′)	155,1	11°16′	36,55	0,36	9,14	0,02	18,28	0,18	27,43	0,61	36,51	1,4
182,9 (600′)	185,62	9°25′	42,67	0,41	10,66	0,02	21,34	0,20	31,98	0,69	42,60	1,6
304,8 (1000′)	303,18	5°41′	45,72	0,36	11,42	0,02	22,86	0,14	34,29	0,49	45,72	1,1

Innere Kante.

Halbmesser der Mittellinie m	Erbreiterung m	Abflachung der Innenseite m	Halbmesser der Innenseite m	Zentriwinkel der Innenseite	Länge des Übergangsbogens m	Koordinaten des Übergangsbogens											
						Punkt T_1		Punkt T_2		Punkt T_3		Punkt T_4		Punkt T_5		Punkt T_6	
						x_1	y_1	x_2	y_2	x_3	y_3	x_4	y_4	x_5	y_5	x_6	y_6
60,7	0,91	1,52	57,96	30°	46,35	7,71	0,03	15,42	0,23	23,16	0,76	30,87	1,8	38,3	3,57	45,62	6,
91,44	0,76	1,17	88,69	19°42	49,97	8,35	0,03	16,7	0,17	25	0,57	33,4	1,4	41,5	2,7	49,7	4,
121,9	0,76	1,2	119	14°39′	59	9,8	0,02	19,5	0,18	29	0,6	38,6	1,43	49	2,8	58,5	4,
152,4	0,76	1,12	150	11°40′	63,5	10,6	0,02	21,2	0,17	31,8	0,55	42,4	1,34	53	2,62	63,2	4,
182,9	0,76	1,17	180	9°42′	71,5	11,8	0,02	23,8	0,16	35,5	0,58	47,6	1,4	59	2,7	71	4,
304,8	0,61	0,89	302	5°47′	80,5	13,4	0,01	26,8	0,13	40,4	0,46	53,5	1,06	67	2,07	80,5	3,

b) Übersichtlichkeit der Straße.

Straßen, auf denen Kraftwagen verkehren, verlangen eine ausreichende Übersicht, so daß zu jeder Zeit, selbst bei höchster Geschwindigkeit, der Fahrer in der Lage ist, Hindernissen auszuweichen oder rechtzeitig seinen Wagen zum Stehen zu bringen. Das muß bei der Linienführung der Straßen beachtet werden und wird an den Krümmungen besondere Maßnahmen erfordern. Ihre Anlage wird daraufhin nachzuprüfen sein, ob diese Übersichtlichkeit überall gewahrt ist, und wie sie gegebenenfalls bewirkt werden kann. Auf ebenem, völlig freiem Gelände wird diese Übersicht an und für sich vorhanden sein, wenn die Bäume am Rande der Straße nicht zu dicht stehen. Überall aber wo der Straßenrand auf der Innenseite der Krümmung bebaut oder mit Wald bestanden ist, wo die Straße am Bergabhang oder im Einschnitt liegt, fehlt die Übersicht bei kleinem Halbmesser völlig. Selbst wenn der Wagen auf der rechten Seite der Fahrbahn fährt, so ist doch, zumal auf Straßen mit gemischtem Verkehr, mit unerwarteten Hindernissen zu rechnen, z. B. Pferdewagen, die meistens in der Straßenmitte fahren, so daß es an Platz zum Überholen fehlt, breitgeladene landwirtschaftliche Fuhrwerke, Viehherde und ähnliches. Krümmungen mit mangelhafter Übersicht sind daher Gefahrpunkte für den Kraftwagenverkehr und müssen verschwinden und dürfen auch nicht mehr gebaut werden; denn es kann dem Kraftwagenverkehr nicht zugemutet werden, in der Krümmung seine Geschwindigkeit zu ermäßigen, daß er allen Gefahren rechtzeitig aus dem Wege gehen, vielmehr verlangt die technische Durchbildung, daß die Geschwindigkeit, für die die Krümmung nach den zuvor gemachten Ausführungen ausgebaut ist, auch ohne Gefährdung durch den übrigen Straßenverkehr eingehalten werden kann. Es muß also eine ausreichende Sehstrecke vorhanden sein. Die

Länge dieser Sehstrecke ergibt sich aus dem ungünstigsten Falle, daß zwei mit voller Geschwindigkeit einander entgegenkommende Wagen, von denen einer auf der falschen Seite fährt, sich ausweichen oder rechtzeitig anhalten können, ehe ein Zusammenstoß erfolgt. Es muß für die verschiedenen Möglichkeiten der ungünstigste Fall ermittelt werden, der dann bei der Ausführung zu berücksichtigen ist. Vorauszuschicken ist, daß eine gewisse Überlegungszeit vorgesehen werden muß, das ist die Zeit, die ein Fahrer braucht, um nach Erkennen des Hindernisses die notwendigen Steuer- oder Bremsbewegungen auszuführen. Sie wird allgemein zu 1 Sek. angenommen. In dieser Zeit fährt der Wagen mit seiner ursprünglichen Geschwindigkeit in seiner Richtung weiter.

Zuerst soll die Möglichkeit des Ausweichens betrachtet werden. Zwei Kraftwagen begegnen sich, von denen der eine auf der falschen Seite fährt, z. B. bei Überholung eines langsamen Wagens. Er muß rechtzeitig in die richtige Fahrspur überschwenken können, ehe ein Zusammenprall eintritt. Hierzu muß der Wagen eine S-Krümmung durchfahren, deren Halbmesser nicht zu gering sein darf, damit der Wagen nicht schleudert. Für den zu erreichenden Abstand a nach der Abb. 38 errechnet sich die Entfernung, in der beide Wagen sich spätestens erkennen müssen, folgendermaßen.

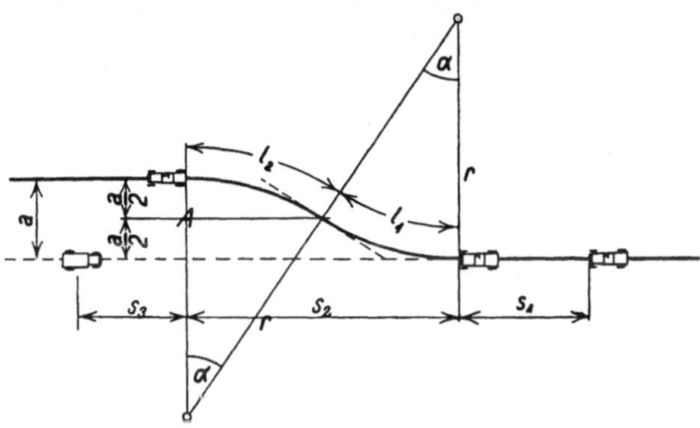

Abb. 38. Erforderlicher Abstand der Wagen, um ausweichen zu können.

Die in der Überlegungszeit zurückgelegte Strecke

$$s_1 = v\ \text{m/sec} = \frac{V}{3{,}6}\ \text{km/Std.}$$

Die Ausweichstrecke $$s_2 = l_1 + l_2 = 2\,r \cdot \frac{\pi}{180} \cdot \alpha\,.$$

Der Zentriwinkel α hängt ab von dem zu gewinnenden Abstand und dem Halbmesser

$$\cos\alpha = \frac{r - \frac{a}{2}}{r}\,.$$

Gesamtstrecke $$s_1 + s_2 = v + 2\,r\,\frac{\pi}{180} \cdot \alpha$$

$$= v + 2 \cdot 0{,}01745 \cdot r \cdot \alpha\,. \tag{27}$$

Dieses Ergebnis gilt für ein feststehendes Hindernis. Besteht dieses aber aus einem entgegenkommenden Kraftwagen mit der Fahrgeschwindigkeit v', so legt dieser in derselben Zeit, in der die Ausweichbewegung ausgeführt wird, eine Strecke zurück, deren Länge sich nach seiner eigenen Fahrgeschwindigkeit v' und der Ausweichzeit des ersten Wagens bemißt. Bis zur Begegnung an der Stelle A legt er folgende Strecke zurück

$$s_3 = v' + 2 \cdot 0{,}01745 \cdot r\alpha\,\frac{v'}{v}, \tag{28}$$

Länge der Gesamtübersichtsstrecke dann

$$\sum s = s_1 + s_2 + s_3 = v + 2 \cdot 0{,}01745\,r \cdot \alpha + v' + 2 \cdot 0{,}01745 \cdot r \cdot \alpha \cdot \frac{v'}{v}$$

$$= v + v' + 2 \cdot 0{,}01745 \cdot r \cdot \alpha \cdot \frac{v + v'}{v}\,. \tag{29}$$

Für die gleiche Geschwindigkeit = der Höchstgeschwindigkeit, die in der Kurve bei bester Beschaffenheit möglich ist, nimmt die Gleichung den Wert an

$$s = 2v + 4 \cdot 0{,}01745 \cdot r \cdot \alpha. \tag{30}$$

Für $r = 30$ m, $a = 3$ m ergeben sich für verschiedene Geschwindigkeiten folgende Werte:

V km/stdl.	20	30	40	50	60	70	80	90	100
Strecke m	49	54,7	60,2	65,8	71,4	77	82,6	88	94

Bei einem feststehenden oder langsam entgegenkommenden Hindernisse würde in jedem Falle die Sehstrecke geringer ausfallen, darum wird man, gleichgültig, ob man es mit Straßen mit gemischtem oder einem Kraftwagenverkehr zu tun hat, mindestens diese Strecken einhalten müssen.

Ist ein Ausweichen nicht möglich, dann muß rechtzeitiges Halten erfolgen. Aus der Gleichsetzung von Bremsarbeit und der zu vernichtenden lebendigen Kraft

$$Q_h \cdot f \cdot b = \frac{Q V^2}{2g \cdot 3{,}6^2} \text{ mkg}$$

findet man den Bremsweg

$$b = \frac{Q V^2}{2g \cdot 3{,}6^2 f \cdot Q_h},$$

hinzu kommt noch die Überlegungszeit

$$s_1 = \frac{V}{3{,}6} \text{ km/stdl.}$$

für Q_h (Gewicht der gebremsten Achsen) $= {}^2/_3\,Q$,

$$f = 0{,}2,$$

$$b = \frac{V}{3{,}6} + \frac{V^2\, 3}{2g \cdot 3{,}6^2 f \cdot 2}. \tag{31}$$

Für die Geschwindigkeiten von 20—100 km/stdl. ist mit den folgenden Bremsstrecken für einen Wagen zu rechnen (Reihe 2). Da der andere Wagen auch bremsen muß, gilt für ihn die gleiche Strecke und außerdem noch ein Zuschlag von 10 m, dann erhält man als mindest einzuschaltende Sehstrecke die Werte der Reihe 3.

V km/stdl.	20	30	40	50	60	70	80	90	100
Bremsstrecke rd. . . .	17	35	58	88	123	165	212	264	328
Sehstrecke.	44	80	126	186	256	340	434	358	666

Man erkennt, daß die Sehstrecke für Halten wesentlich größer ausfällt als die für Ausweichen, so daß also der Fall des Anhaltens der Bemessung der Sehstrecke und der Freilegung der Krümmung zugrunde gelegt werden muß.

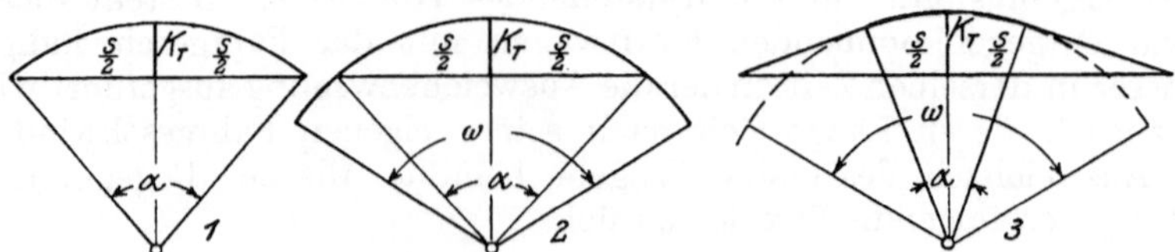

Abb. 39. Sichtweite in Krümmungen.

Anzustreben ist nun, daß möglichst der Krümmungshalbmesser so groß angenommen wird, daß die zwischen die beiden sich begegnenden Wagen gelegte Verbindungslinie die Innenkante der Krümmung berührt. Allgemein gilt nach der Abb. 39, daß für bestimmte Sehstrecken S und Halbmesser r der Innenkante die Strecke K_T einen bestimmten Wert annehmen muß. Bleibt K_T innerhalb der Fahrbahn, dann tritt der zuerst erwähnte Fall ein, daß die Krümmung an der Innenseite nicht frei gelegt zu werden braucht.

Dieser Fall wird sehr selten sein. In der Mehrzahl der Fälle wird der Sehstrahl zur Bogensehne werden, deren Pfeilhöhe K_T für den Krümmungshalbmesser der Innenkante r die erforderliche Sichtweite s und den Abstand $S = \frac{N}{2} + W + 1{,}5$ des Wagens von der Innenkante den Wert

$$K_T = r - \sqrt{(r + S)^2 - \frac{s^2}{4}} \tag{32}$$

annimmt. Muß ein bestimmtes Maß K_T eingehalten werden, weil Baulichkeiten, Gebäude-Stützmauern u. a. vorhanden sind, die nicht beseitigt werden können, dann bietet die Gleichung (33) die Möglichkeit, r zu berechnen.

$$r = \frac{\frac{s^2}{4} - S^2 + K_T^2}{2 \cdot (S + K_T)}. \tag{33}$$

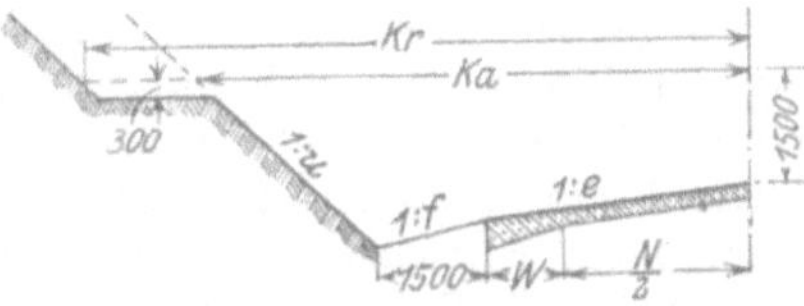

Abb. 40. Maß der Freilegung in Krümmungen.

α ist in der Abb. 39 der kritische Winkel, d. h. wenn der $\sphericalangle \alpha >$ der Zentriwinkel ω der Krümmung (Ziff. 3) ist, dann greift die Sehstrecke auf die anschließenden Geraden über.

Es ist nicht erforderlich in Einschnitten und Berglehnen bis zur Höhe der Straßenkrone freizulegen, denn das Auge des Fahrers liegt etwa 1,5 m über der Straßenkrone, auch die Straßenwölbung erhöht noch die Lage des Gesichtsfeldes. Bei geböschtem Einschnitt verringert sich damit die Breite der erforderlichen Abgrabung um das Maß der Höhe des Gesichtsfeldes über dem Böschungsfuß entsprechend der Böschungsneigung. Für die Lage des Wagens im Abstand S von der Böschungskante und bei einem Straßenquergefälle $1 : e$ und Böschungsneigung $1 : u$ errechnet sich nach der Abb. 40 die Breite der Abgrabung

$$A = K_T - K_a = K_T - \left(S + 1{,}5 \cdot u + \left(\frac{\frac{N}{2} + W}{e} + \frac{1{,}5}{f}\right) \cdot u\right). \tag{34}$$

Auf der dadurch gebildeten Berme wird sich Pflanzenwuchs entwickeln, der den Blick versperren wird, darum wird man sicherheitshalber die Berme noch 30 cm tiefer abgraben müssen.

Ist der zur Sichtweite gehörende Zentriwinkel α kleiner als der Zentriwinkel der Krümmung, so kann die Freilegung nicht auf die Bogensehne beschränkt bleiben, denn in diesem Falle würde der Blick eines in die Krümmung einfahrenden Wagens die verlangte freie Sehweite nicht vorfinden. Diese wird dadurch geschaffen, daß man an die symmetrisch liegende Bogensehne einen tangierenden Kreis aus dem Krümmungsmittelpunkt legt, der auf beiden Seiten begrenzt wird durch die Tangenten, die aus dem Anfang des Bogens oder Übergangsbogens an den Kreis gelegt werden (Abb. 41)[1]).

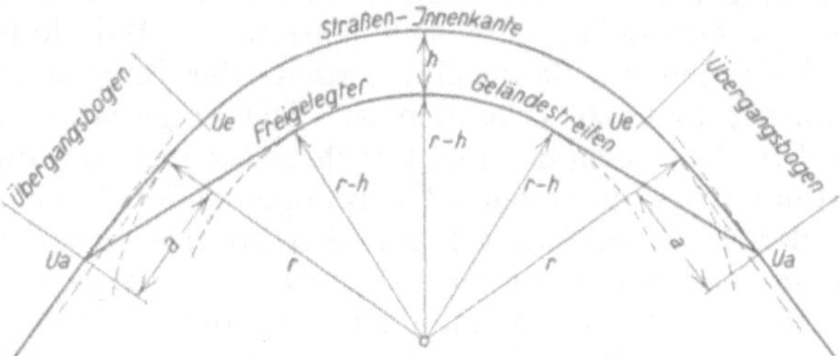

Abb. 41. Freilegung des Geländes an der Innenseite der Krümmungen.

Besondere Erschwernisse findet der Kraftwagen beim Durchfahren von Bogen mit entgegengesetzten Krümmungen — S-Krümmungen. Wenn diese dicht aufeinanderfolgen, so erhalten die Wagen Stöße und können leicht schleudern

[1]) Nach Dr.-Ing. Schenk: Die Kraftwagenstraße, Charlottenburg 1925, S. 66.

und verunglücken. Es muß deshalb zwischen den beiden entgegengesetzten Krümmungen eine ausreichende Zwischengerade eingeschaltet werden. Im Eisenbahnwesen verlangt die B. O. J. T. V. 29 eine Zwischengerade von mindestens 30 m zwischen den Endpunkten der Überhöhungsrampen. Da der Kraftwagenverkehr ähnliche Geschwindigkeiten aufweist wie der Eisenbahnverkehr, ohne daß der Kraftwagen die Führung an den Schienen gegen Abgleiten aus der Bahn hat, wie der Eisenbahnwagen, so wird man das Sicherheitsmaß keineswegs überspannen, wenn man gleichfalls im Kraftfahrstraßenbau eine Zwischengerade von mindestens 30 m zwischen den Endpunkten der Überhöhungsrampen vorschreibt. Da die Übergangsbogen vor den theoretischen Bogenanfängen ansetzen, so nimmt die Zwischengerade, gemessen zwischen den Bogenanfängen, eine Größe von etwa 60—70 m an. Mit diesen Maßen muß man bei der Trassierung der Linien, die sich nur aus Geraden und Krümmungen zusammensetzt, rechnen, damit genügend Raum zum Einlegen der Übergangsbogen vorhanden ist.

Die Krümmungen erfordern demnach nach den zuvor gemachten Ausführungen beim Entwurf der Straße im Grundriß besondere Maßnahmen, die sich erstrecken auf Erbreiterung, Anschluß von Übergangsbogen, Überhöhung in der Form einer einseitigen Querneigung und Freilegung der Innenseite zur Vergrößerung der Sehstrecken.

Entgegengesetzte Krümmungen weisen unsere Landstraßen häufig bei Eisenbahnübergängen in Schienenhöhe, aber auch bei Brücken und Unterführungen auf. Man hat in diesen Fällen eine möglichst rechtwinklige Kreuzung zwischen der Straße und dem anderen Verkehrsweg, der eine Eisenbahn, bei Brücken aber auch ein Kanal sein kann, zu schaffen, weil dann die Kosten der Bauwerke — Brücke oder Unterführung — niedriger ausfallen. Die Straße als der untergeordnete Verkehrsweg nach der landläufigen Anschauung hat sich bisher den Anforderungen des anderen Verkehrsweges anpassen müssen. Dieser Zustand ist für den Kraftwagenverkehr lästig, z. T. sogar gefährlich. Man wird solche Stellen, wo es noch möglich ist, z. B. Eisenbahnübergänge, umbauen und in Zukunft auch der glatten Durchführung des Straßenverkehres größere Beachtung schenken müssen.

c) Eisenbahnübergänge.

Landstraßen sind an ihren Rändern mit Bäumen bestanden, die zumal nachts und bei Schnee als Wegweiser dienen. Schwenkt an einem Eisenbahnübergang die Straße S-förmig aus, so wird auch auf dieser Strecke die Baumreihe unterbrochen, die sich jenseits der Bahnlinie fortsetzt. Im Nachtdunkel zeichnet sich die Baumreihe jenseits der Bahn deutlich ab, während die Unterbrechung nicht zu erkennen ist. Die Folge ist, daß der schnellfahrende Wagen die Straßenabbiegung nicht rechtzeitig bemerkt und sie verfehlt. Die scharfen Krümmungen an solchen Übergängen gefährden den Verkehr, besonders nachts, da der Lichtkegelwinkel der Scheinwerfer gestattet, nur einen beschränkten Raum der Krümmung zu überblicken, zumal es an allen diesen Stellen an Übersichtlichkeit fehlt, da hohe Hecken oder Bahnwärtergebäude die Aussicht versperren. Der Bahnübergang ist erst spät zu erkennen und bei geschlossenen Schranken fehlt es für das rechtzeitige Halten der Wagen an der ausreichenden Auslaufstrecke. An solchen Stellen häufen sich daher die Gefahrpunkte für den Kraftwagenverkehr. Gestreckte Durchführung der Straße ist daher ein unabweisbares Erfordernis. Dabei ist auf ausreichende Übersichtlichkeit zu achten. Bei spitzwinkliger Kreuzung bleiben die mit dem Kraftwagen in gleicher Richtung fahrenden Züge leicht unbemerkt, da das Geräusch des Kraftwagens das des Zuges übertönt. Deshalb muß der spitze Winkel zwischen Straße und Bahn auf weite Strecken hin frei bleiben. Aber auch nach dem stumpfen Winkel hin muß volle Blickfreiheit bestehen, damit die entgegenkommenden Züge gleichfalls erkannt werden. Mit dieser Anordnung wird man die Gefahren der Bahnübergänge mildern, aber nicht beseitigen können. Schienenfreie Kreuzung ist hier die einzige Lösung. Liegt die Bahn im Einschnitt, so ist die Überführung des Weges, liegt sie im Auftrag, so ist die Unterführung das Gegebene. In völlig ebenem Gelände werden die Vorteile und Nachteile beider Möglichkeiten gegeneinander abgewogen werden müssen. Vom Standpunkte der zu überwindenden Höhe wird die Wegeunterführung zweckmäßiger sein. Denn für den Straßenverkehr wird eine lichte Durchfahrtshöhe von 4,5 m genügen. Giese verlangt für städtische Straßen 4,4 m[32]. Die Unterführungen der neuen Kraftwagenbahn Köln—Düsseldorf sollen 4,5 m Durchfahrtshöhe erhalten. Mit Rücksicht auf die einzuführende elektrische Zugförderung verlangt die Eisenbahnverwaltung schon jetzt 5,5 m lichte Durchfahrtshöhe. Unter der Annahme, daß die Bauhöhen der Brücken in beiden Fällen dieselben sind, hätte der Straßenverkehr bei einer Überführung mindestens 1 m mehr zu überwinden. Es werden auch die Zufahrtsrampen der Straße bei gleichem Gefälle entsprechend länger. Für den Eisenbahnverkehr hat die Wegüberführung den Nachteil, daß die Übersicht über die Strecke und die Signale behindert ist. Die Eisenbahnverwaltung tritt daher für die Wegeunterführung ein. Diese Anordnung hat aber für die Straße den Nachteil der Blickbeschränkung, besonders wenn sie in einer S-Krümmung liegt, und das Erschwernis in der Entwässerung (Grundwasser). Die in solchen Unterführungen stets vorhandene Feuchtigkeit macht die Bahn schlüpfrig und im Winter glatt, darin liegt eine Gefährdung des Schnellverkehres.

Die Umwandlung einer Geländekreuzung in eine schienenfreie, gleich welcher Art, ob Unter- oder Überführung, hat Rückwirkungen für den Straßenverkehr im Gefolge, deren Ausmaß von der Steigung der Rampen abhängt. Das Steigungsverhältnis wird sich dem Charakter der Gegend anzupassen haben, es wird im Flachlande flacher als im Gebirge sein müssen, damit die Nutzlasten des Pferdeverkehres auf der die Bahn kreuzenden Straßenstrecke nicht vermindert werden müssen, weil sonst die Beförderungskosten auf der Straße erhöht werden. Die Rampen werden also flach gehalten werden müssen, als stärkstes Gefälle wird 3 vH empfohlen. Bei Wegeunterführungen müssen an der tiefsten Stelle die beiden Gegengefälle mit genügend großem Halbmesser ausgerundet werden, womit wiederum eine Senkung des Gefälles und eine Verlängerung der Rampen verbunden ist. Bei Überführungen kann der Ausgleich im Buckel durch die bei Brücken übliche Anhebung des Brückenscheitels erfolgen. Für bekannte Verkehrsmengen würde sich die Erhöhung der Beförderungskosten, die sich durch Einlegung der schienenfreien Kreuzung ergeben, berechnen lassen, und eine solche Untersuchung würde dann auch mit zu der Entscheidung beitragen, ob Über- oder Unterführung anzuwenden ist. Unbedingt wird die Eisenbahnverwaltung bei solchen Anlagen den Anforderungen des Verkehres wie der Wirtschaft Genüge leisten müssen und bei Verkehrswegen für Kraftwagen sich nicht darüber hinwegsetzen dürfen[33].

Für diese Unterführungen gilt in gesteigertem Maße das, was schon für die Bahnübergänge gefordert ist, daß der Straßenlauf nicht geknickt werden darf. Eine rechtwinklige Kreuzung zur Verringerung der Länge des Unterführungsbauwerkes würde mit beträchtlichen Verkehrserschwernissen erkauft werden. Eine solche Straßenführung ist ebenso gefährlich als bei den Bahnübergen. Bei schiefem Schnittwinkel ist eine Unterführung normal zur Bahnachse nur dann zugelassen, wenn zu beiden Seiten möglichst lange gerade Strecken vorgesehen sind, an die die Straßen mit großen Krümmungen angeschlossen werden. Aus der Forderung der glatten Durchführung der Straßen unter oder über anderen Verkehrswegen ergeben sich höhere Aufwendungen für die vorzunehmenden Bauwerke. An diesen Kosten wird gegenwärtig der Umbau oder die Wagenverbesserung scheitern. Die Straßen werden ebensowenig wie die anderen Verkehrswege die Kosten tragen können. Dagegen wird bei Neuanlagen diese Forderung berücksichtigt werden müssen. Bisweilen ist das schon geschehen.

Zur Sicherung der Wegübergänge in Schienenhöhe haben die Straßenfachmänner in der Schweiz Forderungen aufgestellt, die im folgenden auszugsweise wiedergegeben sind, da sie allgemeine Bedeutung haben[34]:

1. Der neuzeitliche Bahn- und Straßenverkehr erträgt an Haupt- und wichtigen Durchgangsstraßen keine Übergänge im Gelände mehr, sondern muß ausschließlich aus Wegunter- oder -überführungen bestehen.
2. Jeder Übergang in Schienenhöhe ist in erster Linie von allen natürlichen und künstlichen Hindernissen, die die gute Sicht behindern, wie Hecken, Sträuchern, Bäumen, Wärter-, Stellwerksanlagen, Geländeerhöhungen usw. zu befreien.
3. Jeder Übergang bedarf einer unter allen Sichtverhältnissen erkennbaren und jederzeit wirkenden Hauptsicherung.
4. Die Hauptsicherung sind Schranken mit Bedienung, zweitens selbsttätig wirkende Schranken, drittens bloße Warnungssignale.

d) Bahnfreie Straßenkreuzungen.

Bahnfreie Kreuzungen kommen auch für die Überschneidung zwischen Straßen in Frage, wenn eine oder beide Straßen Kraftwagenbahnen sind. Solche Anlagen für den Kraftwagenverkehr verlangen dieselben Rücksichten und technischen Maßnahmen, wie die Schienenbahnen. Das liegt in der Fahrgeschwindigkeit, die beiden eigen ist, begründet. Die freie Beweglichkeit des Kraftwagens verlangt aber, daß an der Kreuzung zweier Straßen eine Übergangsmöglichkeit besteht, da jede Straße, mit Ausnahme von Feldwegen und untergeordneten Straßen, die nur als Zugang zu landwirtschaftlichen Flächen dienen, als Zubringer zu den Kraftwagenbahnen angesehen werden können. Es wird stets diejenige Straße möglichst glatt durchgeführt werden, die die höhere Verkehrsbedeutung hat. Wo also eine Kraftwagenbahn andere öffentliche Verkehrswege kreuzt, wird anzustreben sein, die Kraftwagenbahn glatt durchzuführen und die anderen Straßen, je nach der Geländelage, über- oder zu unterführen.

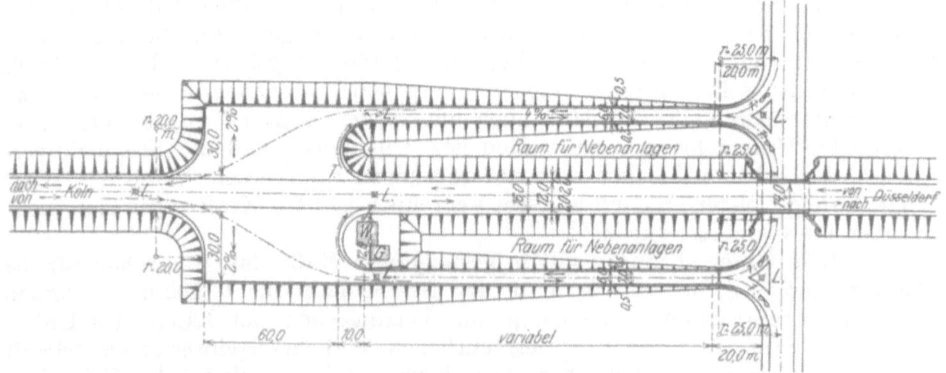

Abb. 42. Überführung einer Kraftwagenbahn über einen öffentlichen Verkehrsweg mit Anschluß (Kraftwagenbahnhof).

Zur Ermäßigung der Rampen für die Straße und damit zur Verringerung der Kosten ist es zulässig, die Kraftwagenbahn leicht zu senken oder zu heben. Der Anschluß der Straßen untereinander wird an solche Kreuzungsstellen zu legen sein. Sie haben die Bezeichnung Bahnhöfe erhalten. Dieser Ausdruck ist insofern berechtigt, als nach den Grundsätzen des Eisenbahnverkehres Zusammenführungen von Linien in Bahnhöfen stattfinden müssen. Wenn öffentliche oder private Verkehrsmittel auf den Kraftwagenbahnen laufen, würden solche Kreuzungen mit anderen Straßen die gegebenen Stellen sein, um Fahrgäste und Güter aufzunehmen, um Tankstellen und Raum für nicht betriebsfähige Wagen vorzusehen, und um die Einrichtungen für die etwaige Gebührenerhebung und die Dienstgebäude und Wohnungen der Betriebsbeamten aufzunehmen. Damit würden aber diese Stellen alle diejenigen Merkmale annehmen, die die Bahnhöfe der Eisenbahn kennzeichnen. Nach dem Entwurfe für die Kraftwagenbahn Köln—Düsseldorf ist die Ausbildung nach der Abb. 42 als zweckmäßig anzusehen. An dieser Stelle können auch die Wagen durch Unterfahrung der Bahn wenden, da in Bahnhöfen dieser Vorgang nicht zugelassen werden kann.

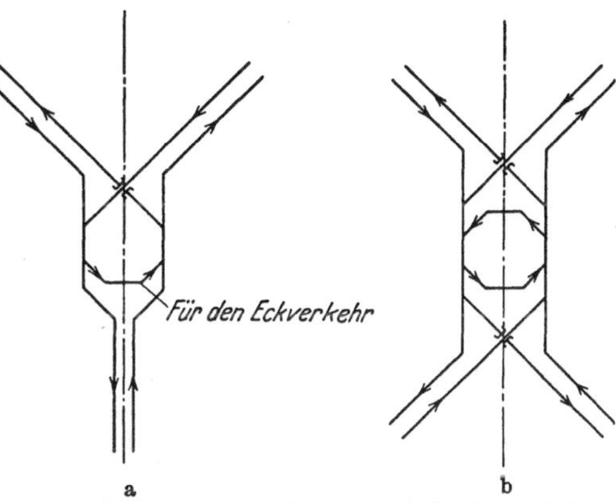

Abb. 43a u. b. Zusammenführung von Kraftwagenbahnen (nach Z. d. B. 1925, S. 352).

Die Zusammenführung oder Kreuzung zweier Kraftwagenbahnen ist nur so denkbar, daß sich die entgegengesetzten Verkehrsrichtungen bahnfrei überschneiden. Der Eckverkehr, der im Eisenbahnbetrieb durch den Bahnhof geführt wird, kann zweckmäßig beim Kraftwagenverkehr schon vorher abgelenkt werden[35]. Bei breiter Anlage des Bahnhofes wird es möglich sein, durch Anlage eines Kreisverkehres ihn auch über den Bahnhof zu führen. Öffentliche Verkehrsmittel für Personen- und Güterverkehr würden Wert darauf legen, den Bahnhof zu berühren. Infolgedessen erscheint die Anordnung Abb. 43a für die Zusammenführung zweier Kraftwagenbahnen und Abb. 43b für den Schnittpunkt zweier Kraftwagenbahnen mit der Möglichkeit des Überganges die gegebene zu sein.

e) Anwendung der bei Landstraßen geltenden Grundsätze auf Stadtstraßen.

Die Notwendigkeit, in den Krümmungen Rücksicht auf die Wirkung der Fliehkräfte zu nehmen, gilt nicht nur für die Landstraßen, sondern auch in gleichem Maße für die Stadtstraßen. Das erhellt schon daraus, daß in den Städten mit 30 km/Std. Geschwindigkeit gefahren werden darf, das ist die Geschwindigkeit, für die auf den Landstraßen die Krümmungen ausgebaut werden sollen (s. S. 54). Allerdings wird bei kurzen Wendungen, z. B. beim Einfahren aus einer Straße in die andere, abgebremst, weil im allgemeinen in solchem Falle mit dem geringsten Krümmungshalbmesser gefahren wird, den die Steuerung zuläßt. Nach der Berliner Polizeiverordnung soll beim Umfahren der Ecken Schrittgeschwindigkeit eingehalten werden. Es gibt indessen viele Stellen in den städtischen Straßen, in denen auch durch größere Halbmesser und demnach mit größerer Geschwindigkeit gefahren werden kann. Dieser Fall tritt ein, wenn die Straßen selbst gekrümmt sind, oder wenn Innenplätze umfahren werden müssen. Da bei den städtischen Straßen auf gute Entwässerung besonderer Wert gelegt wird, so erhalten die Fahrdämme starke Quergefälle. Ist ein solches Quergefälle in einer Krümmung in der Richtung der Fliehkraft geneigt, so kann die Krümmung nur mit sehr geringer Geschwindigkeit befahren werden, wenn die Wagen nicht ins Schleudern geraten wollen. Bisher sind die Anforderungen der Entwässerung denen des Verkehres vorangestellt worden. Das kann aber jetzt nicht mehr zugelassen werden. Fast ausnahmslos wird in Straßen mit zwei Fahrdämmen und Mittelstreifen die Dammkrone in die Bordkante des Mittelstreifens gelegt und das Quergefälle nach den Baufronten zu gegeben. In geraden Strecken ist dagegen nichts einzuwenden. In der Krümmung würde aber der Außenfahrdamm mit Bezug auf die Wirkung der Fliehkräfte falsch geneigt und der Verkehr gefährdet sein. Eine solche Ausführung ist zu verwerfen. Es muß in diesem Falle die Dammkrone von der Bordkante der inneren Bordschwelle schon vor dem Beginn der Krümmung herumgeschwenkt werden, damit der Fahrdamm die richtige Querneigung erhält. Drei Beispiele aus der Praxis des Verfassers sollen die Ausführung und die Bedeutung dieser Maßnahmen erläutern[36]. Im ersten Falle handelt es sich um die Königin-Elisabeth-Str. in Charlottenburg, die Zufahrtsstraße zur Automobilverkehrs- und Übungsstraße (Avus), die also einen lebhaften Kraftwagenverkehr im Laufe der Jahre aufzunehmen hat. Sie hat zwei Fahrdämme (Abb. 44) und an der Einmündung einer Querstraße einen Knick, der ausgerundet ist. An dieser Stelle hat sich die Notwendigkeit ergeben, die zuvor erwähnte Ausschwenkung der Dammkrone für den südlichen Fahrdamm vorzunehmen, was in der Form der strichpunktierten Linie geschehen ist. Schwieriger gestaltete sich die Durchführung der gleichen Maßnahme beim Umbau des Wittenbergplatzes in Charlottenburg, weil hier der Fahrdamm zwei S-Krümmungen beschreibt (s. Abb. 45). In der geraden Strecke liegt die Dammkrone an den Bordkanten des Mittelstreifens. Die Durchführung der Querneigung des Dammes in dieser Form um den Platz herum wäre für den schnellfahrenden Verkehr verhängnisvoll gewesen, da in diesem Falle die Neigung des Fahrdammes in der Richtung der Fliehkraft gelegen hätte. Es mußte vielmehr die Dammkrone an dieser Stelle nach der Bordkante der beiden äußeren Bürgersteige verlegt werden. Das ist auch geschehen, wie in der Abb. 45 durch Querschnittschraffur zu erkennen ist. Die Überleitung der Dammkronen — in der Abbildung strichpunktiert — von der Mitte nach den Seiten erforderte besondere Sorgfalt, damit beim Überfahren die Wagen keinen Stoß erleiden. Zum Teil konnte das bei der Herstellung der mit Asphalt versehenen Fahrdämme durch Anlegung sanfter Übergänge erreicht werden. Wäre das bei der Umänderung des Platzes aus Anlaß des Einbaues der Untergrundbahn im Jahre 1912 nicht beachtet worden, dann hätte bei dem dichten Kraftwagenverkehr, der jetzt an dieser Stelle herrscht, der ganze Platz alsbald umgebaut werden müssen.

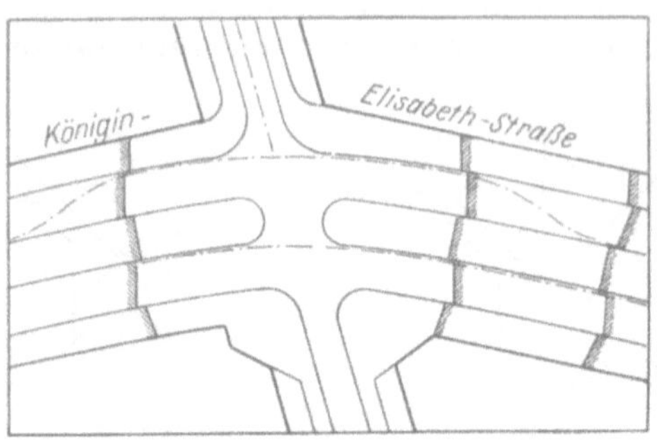

Abb. 44. Stadtstraße mit einseitigem Quergefälle in der Krümmung.

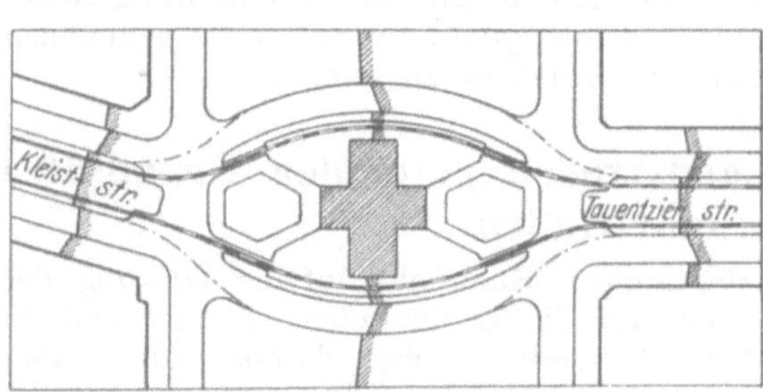

Abb. 45. Querneigung der Fahrdämme am Wittenbergplatz in Charlottenburg.

Ausbildung des Platzes in dieser Weise kann aber nur als eine Verlegenheitslösung betrachtet werden, weil gegebene Verhältnisse vorgelegen haben. Die Anlage einer Zwischengerde zwischen den beiden Gegenkrümmungen ist z. B. wegen des beschränkten Raumes nicht möglich gewesen. Dem Straßenverkehr hätte ein schwach gekrümmter Übergang aus der Richtung der Tauentzienstraße in die der Kleiststraße bei Fortfall des breiten Mittelplatzes besser entsprochen. Für die Führung der städtischen Straßen, vor allem bei Verkehrsstraßen, muß dieselbe Forderung wie bei den Landstraßen gestellt werden, daß die Linienführung eine gestreckte ist und scharfe S Krümmungen möglichst vermieden werden. Aber selbst in Bebauungsplänen der neueren Zeit ist das nicht beachtet. Verstöße in dieser Hinsicht können auch durch eine noch so ausgeklügelte Ausbildung der Fahrbahn nicht wieder gutgemacht werden. Ein Beispiel für eine in dieser

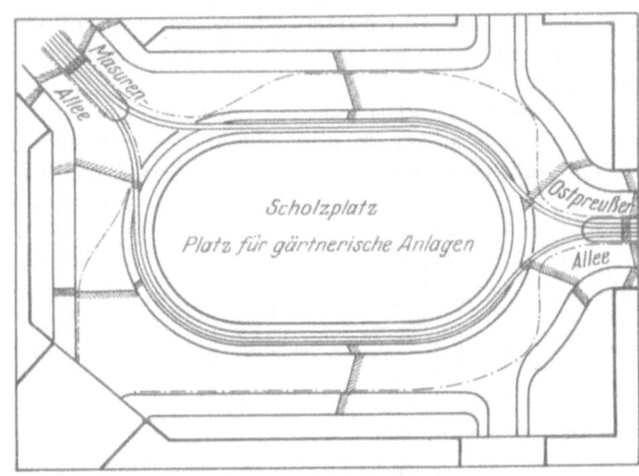

Abb. 46. Scholzplatz in Charlottenburg, Führung der Dammkronen.

Abb. 47. Ausfallstraße mit bahnfreien Kreuzungen in Detroit (Entwurf).

Hinsicht völlig verfehlte Platzanlage ist der Scholzplatz in Charlottenburg, wie die Abb. 46 erkennen läßt. Hier muß der sehr starke Verkehr einer Ausfallstraße zwischen Ostpreußen-Allee und Masuren-Allee in scharfen S-Krümmungen um die Platzanlage herumgeführt werden. Eine Notwendigkeit, den

Platz so auszubilden, hat nicht vorgelegen, nur zur Schaffung eines besonderen Städtebildes ist diese Form vom Architekten gefordert und ihm zugestanden worden. Zur Erleichterung des Verkehres sind die Dammneigungen nach dem Beispiel des Wittenbergplatzes aber wegen der beschränkten Raumentwicklung mit sehr harten Übergängen so geführt worden, wie aus der Lage der strichpunktierten Dammkrone und der eingezeichneten Querneigungen zu entnehmen ist.

Die beim Landstraßenbau erwünschte bahnfreie Kreuzung der Straßen wird in den Städten im gleichen Maße erwünscht sein, sie wird sich nur nicht in dem Maße durchführen lassen, weil es an Platz für die Entwicklung der Rampen fehlen wird. Dagegen würde sie in neuzeitlichen Bebauungsplänen vorzusehen sein. Als Beispiel einer solchen Straßenführung diene Abb. 47 aus dem Entwurf für die Anpassung des Straßennetzes der Stadt Detroit (V. St. A.). Die bahnfreie Kreuzung ist ferner angewendet an dem Hauptbahnhof der Grand Central in New York am Schnittpunkt der Park Avenue mit der 42. Straße. Auf der von Süden kommenden Park Avenue entwickelt sich eine Rampe, die mit einer Brücke über die 42. Straße setzt. Der Verkehr wird im ersten Stock um das Empfangsgebäude auf beiden Seiten herumgeführt. Die Straßen senken sich an der 45. Straße, wie die Abb. 48 erkennen läßt. Es bestehen eine große Anzahl von Entwürfen für ähnliche Lösungen für Großstädte in den V. St. A., über die der Reisebericht des Verfassers[31] Mitteilungen macht. Um den Raum zur Entwicklung der Rampen zu gewinnen, müssen in einschneidender Weise Gebäude niedergelegt und Straßen durchbrochen werden. Als deutsches Beispiel für eine teilweise bahnfreie Straßenkreuzung kann die Unterführung der Straßenbahn quer unter der Straße Unter den Linden in Berlin angesehen werden.

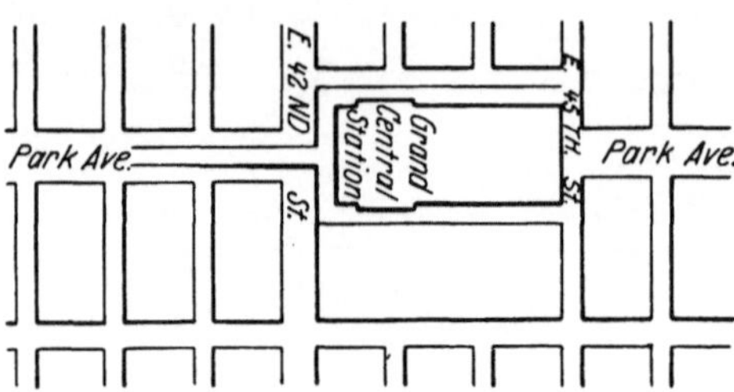

Abb. 48. Überführung der Park Avenue über die 42. Straße in New York.

B. Linienführung der Straßen im Aufriß.

a) Allgemeines.

Bei Straßen, die in Steigungen verlegt werden müssen, tritt zu dem Bewegungswiderstand auf der Fahrbahn noch derjenige der Steigung hinzu. Es muß demnach die Zugkraft noch um den Betrag der Hubkraft vergrößert werden. Der Widerstand W, der von der Zugkraft überwunden werden muß, setzt sich zusammen aus dem Fahrwiderstand einschließlich des Luftwiderstandes und der aufzuwendenden Hubkraft

$$W = Z = KG \cdot \cos\alpha \pm G \cdot \sin\alpha\,, \tag{35}$$

G = Wagengewicht, α der Neigungswinkel, K der Fahrwiderstand kg für 1 t. Wird das Wagengewicht in Tonnen eingesetzt und statt tang α die Straßensteigung s in vH, dann wird die Zugkraft:

$$\frac{Z}{\cos\alpha} = W = K \cdot G \pm 10\,G \cdot s\,.$$

Das positive Vorzeichen gilt für Bergfahrt, das negative für Talfahrt. Da die Steigungswinkel sehr klein sind, kann ohne bedeutenden Fehler $\cos\alpha = 1$ gesetzt werden. Dann nimmt die Gleichung die vereinfachte Form an

$$Z = G \cdot (K \pm 10\,s) \text{ in t}\,. \tag{36}$$

Ergibt diese Gleichung für Z einen negativen Wert, so muß der Wagen bei der Talfahrt gebremst werden. Steigungen, bei denen für einen gegebenen Wert von K $Z = 0$ wird, werden als unschädliche bezeichnet. Wenn die Zugkraft gegeben ist, die zulässige Nutzlast für eine bestimmte Steigung s berechnet sich:

$$G = \frac{Z}{K + 10\,s} \text{ in t}.$$

Dieselbe Gleichung nach s aufgelöst, ergibt die maßgebende Steigung für eine angenommene Nutzlast:

$$s = \frac{Z - K \cdot G}{10\,G}. \tag{37}$$

Für kürzere Strecken kann mit der doppelten üblichen Zugkraft des Pferdes gerechnet werden, dann nimmt die Gleichung für die maßgebende Steigung den Wert an

$$s = \frac{2\,Z - K\,G}{10\,G}. \tag{38}$$

Es ist zu beachten, daß beim Pferdefuhrwerk das Gewicht des Pferdes (G) bei Steigungen mit in Rechnung zu stellen ist. Trennt man das Wagengewicht nach Nutzlast Q und Wagengewicht Q_0 und Eigengewicht des Pferdes G_p, so geht die Formel (36) in den folgenden Ausdruck über:

$$Z = (Q + Q_0)\,K + (Q + Q_0 + G_p)\,s\,10 \text{ (alles in t)},$$

$$Z = Q\,K + Q_0\,K + Q\,s\,10 + (Q_0 + G_p)\,s\,10, \tag{39}$$

$$Q = \frac{Z - (Q_0 + G_p) \cdot s \cdot 10 - Q_0 K}{K + 10\,s}, \tag{40}$$

$$s = \frac{Z - (Q + Q_0)\,K}{(Q + Q_0 + G_p)\,10}. \tag{41}$$

Die Werte für Q und s können nur dann gefunden werden, wenn für Zugkraft, Wageneigengewicht, Widerstandsziffer Annahmen gemacht werden. Diese können aber sehr verschieden sein.

Launhardt hat das Gesetz aufgestellt: Bei richtiger Anordnung gleichzeitig der Nutzladung wie der Ansteigung, muß sich die Nutzlastung zum Gewicht des unbeladenen Fuhrwerkes einschließlich seiner Bespannung für Bergfahrten verhalten wie die Ansteigung zu dem Widerstandsbeiwert:

$$\frac{Q}{Q_0 + G} = \frac{s}{K}. \tag{42}$$

Im allgemeinen wird die Zugkraft eines Pferdes zu einem Fünftel seines Eigengewichtes angenommen. Ein Pferd mittlerer Größe hat etwa ein Gewicht von 375 kg und übt demnach eine Zugkraft von 75 kg bei einer gleichmäßigen Geschwindigkeit von $v = 1{,}1$ m/sec und 8 Stunden Arbeitszeit aus. Steigt die Geschwindigkeit der Bewegung, so muß die Last vermindert werden, wenn achtstündige tägliche Arbeitszeit beibehalten werden soll, oder aber die Arbeitszeit muß eingeschränkt werden. Die Beziehungen zwischen Zugkraft K, Geschwindigkeit v und täglicher Arbeitszeit Z, wenn diese Größen von der natürlichen abweichen, gibt die Kraftformel von Maschek

$$Z = Z_m \cdot \left(3 - \frac{v}{c} - \frac{Z}{t}\right). \tag{43}$$

Den relativ günstigsten Wert erhält man für das Verhältnis $\frac{v}{c} = \frac{Z}{t}$, und man kann dann der Kraftformel den Ausdruck geben:

$$Z = Z_m \cdot \left(3 - \frac{2\,v}{c}\right). \tag{44}$$

Zur Veranschaulichung der Verschiedenheiten in der Höhe der Beförderungsleistung für einen gegebenen Straßenwiderstandsbeiwert $K = \frac{1}{33}$ bei verschiedenen Fahrgeschwindigkeiten und Steigungen diene die nachstehende Zusammenstellung aus dem Handbuch der Ingenieurwissenschaften I. 4.

Zusammenstellung 16.
Mittlere Nutzlast eines Pferdes auf Straßen verschiedener Steigung.

Gewöhnliche Chausseesteigung	Geschwindigkeit in Metern für die Sekunde			
	1,5 Nutzlast kg	1,25 Nutzlast kg	1,0 Nutzlast kg	0,75 Nutzlast kg
Wagerecht	1100	1650	2223	2800
1 vH	612	1025	1455	1887
3 vH	125	400	687	975
4 vH	—	214	467	714
5 vH	—	87	303	519
6 vH	—	—	174	366
8 vH	—	—	—	145

Die technischen und wirtschaftlichen Grundlagen für die Trassierung von Straßen mit tierischer Zugkraft sind seit langem festgelegt. Zu verweisen ist hierbei auf Launhardt: Theorien des Trassierens, Hannover 1887; ders., Bestimmung der zweckmäßigsten Steigungverhältnisse der Chausseen, Z. d. Arch.- u. Ing.-Vereins zu Hannover 1867, S. 198; Löwe: Straßenbaukunde, Wiesbaden 1895, und Handbuch der Ingenieurwissenschaften I. 4, Leipzig 1912.

b) Kraftaufwand und Betriebskosten des Kraftwagens.

Aus der Zusammenstellung 16 ist zu erkennen, in welchem Maße höhere Geschwindigkeiten und größere Steigungen die Nutzlast bei Pferdeantrieb herabsetzen, daß also die Verwendung von Pferden eine höchst unwirtschaftliche Beförderungsart ist.

Es ist schon bei der Behandlung der neuen Straßenverkehrsmittel darauf hingewiesen worden, daß der Kraftwagen von vornherein in seinem Motor einen erheblichen Leistungsüberschuß besitzt, der für die Überwindung selbst sehr starker Steigungen ausgenützt werden kann. Der Kraftwagen ist also in der Lage, ohne Verminderung seiner Nutzlast sehr starke Steigungen zu nehmen, solange diese Nutzlast innerhalb der Leistung des Motors liegt. Die höchste Steigung, die ein Wagen nehmen kann, berechnet sich nach dem Leistungsüberschuß L_s

$$s = \frac{3{,}6 \cdot 75 \cdot 100}{G \cdot v} L_s \text{vH}. \tag{45}$$

L_s kann aus dem Fahrbild entnommen werden. Für eine bestimmte Geschwindigkeit, die nicht überschritten werden soll, ist damit die Steigungsgröße gegeben. Selbst bei Geschwindigkeiten, die für Lastförderung gegenüber dem Straßenfuhrwerk sehr hoch angesehen werden müssen, kommt man noch zu erheblichen Steigungen. Aus dem Steigungsbild für den Daag-Schnellastwagen (Abb. 16) kann man entnehmen, daß dieser Wagen mit dem zweiten Schaltgang bei 13 km Fahrgeschwindigkeit eine Steigung von 20 vH nehmen kann. Damit ist aber die Beförderung auf Straßen unabhängig von den Steigungen der Straße gemacht worden. Diese erheblichen Vorteile des Kraftwagens sowohl für Personen- wie Güterbeförderung lassen es begreiflich erscheinen, wenn gerade im Gebirge die Benutzung des Kraftwagens für die Personen-, Post- und Güterbeförderung einen großen Umfang angenommen hat und z. T. wohl nur noch ausschließlich betrieben wird. Für die Linienführung von Straßen, bei denen Kraftwagenverkehr vorherrscht, werden neue Gesichtspunkte anzuwenden sein. Bei Straßen mit gemischtem Verkehr allerdings wird die Rücksicht auf den empfindlichen Pferdeverkehr vorherrschen müssen. Aber zumal im Gebirge wird man jetzt den Kraftwagen allein benutzen und deshalb dort neue Kraftfahrstraßen anlegen müssen. Auch für diese Straßen wird der Grundsatz gelten, daß die Jahreskosten für Verzinsung und Tilgung der Anlage $A \cdot \frac{i}{100}$ für 1 km, die Unterhaltungskosten U für 1 km und die Beförderungskosten für 1 km eine Mindestgröße annehmen müssen. Es wird vorerst zu untersuchen sein, wie hoch sich die Beförderungskosten stellen und welchen Einfluß die Steigungen darauf haben.

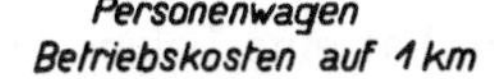

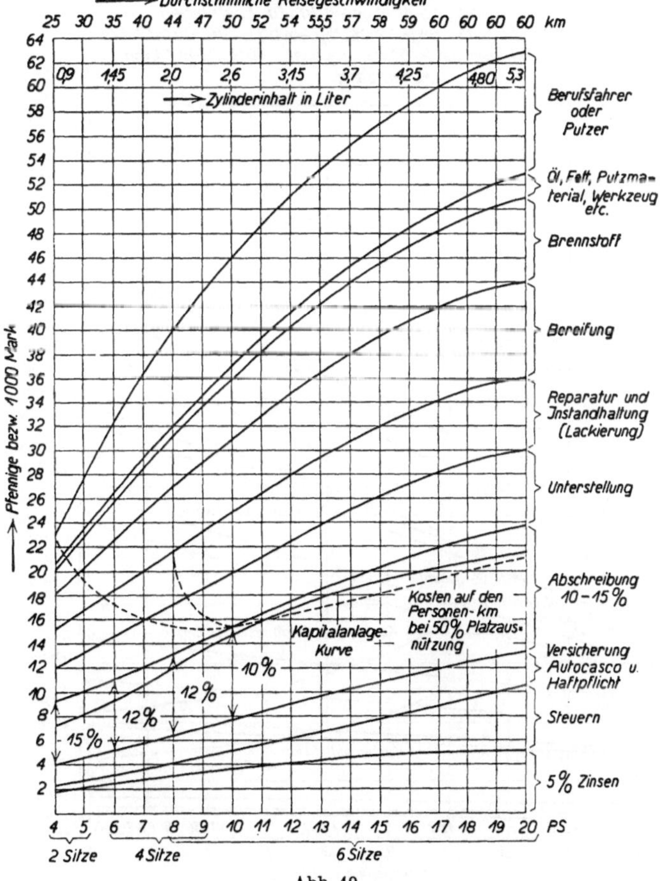

Abb. 49.

Die Betriebsunkosten jedes Beförderungsmittels setzen sich aus drei Größen zusammen:

1. jährlich in der Regel feststehenden tatsächlichen Ausgaben, wie Fahrer, gegebenenfalls Mitfahrer, Putzer, Steuern, Versicherungen, Unterhaltung;

2. rechnerisch zu erfassende Ziffern für die Verzinsung des in Wagen, Wagenschuppen, Tankanlage, Werkzeug usw. angelegten Kapitals, für die Abschreibungen bzw. Rücklage zur Neubeschaffung;

3. die mit der Fahrstrecke in Zusammenhang stehenden, daher mit der Länge dieser Fahrstrecke veränderlichen Kosten für Bereifung, Betriebsstoff, Schmier- und Putzmittel.

Auch für Kraftwagen gilt der selbstverständliche Satz, daß die kürzeste Verbindung zwischen zwei Verkehrsknotenpunkten in der Ebene die geringsten Beförderungskosten erfordert. In dieser Hinsicht sind Pferdefuhrwerk und Kraftwagen gleich zu achten. Sind aber auf der kürzesten einzuhaltenden Straße Steigungen zu überwinden, so besteht der schon erwähnte Unterschied zwischen Straßenfuhrwerk und Kraftwagen, daß der Kraftwagen nahezu unabhängig von Steigungen ist, es wird nur noch zu entscheiden sein, ob nicht die Überwindung von Steigungen mit zu hohen Betriebsunkosten verbunden ist, ob also die unter 3. genannten Aufwendungen für Steigungen besonders hohe Werte annehmen.

Über Betriebskosten für Personenwagen gibt die Abb. 49[1] eine gute Übersicht[37]. Es liegen der Berechnung folgende Annahmen zugrunde:

Im Jahre zurückgelegte Strecke 20000 km.

Preise der Betriebsstoffe: Benzin 35 Pf., Benzol 46 Pf. } im Mittel 40 Pf./l.
Getriebeöl 28 Pf., Motoröl 62 Pf., Fett 85 Pf. } für das Kilogramm.

Ein Satz Luftreifen hat eine Lebensdauer von 10000 km. Man erkennt, daß der Betriebsstoff einen verhältnismäßig geringen Anteil an den Betriebskosten hat, nur 11 vH der Gesamtkosten, die Bereifung 12,5 vH.

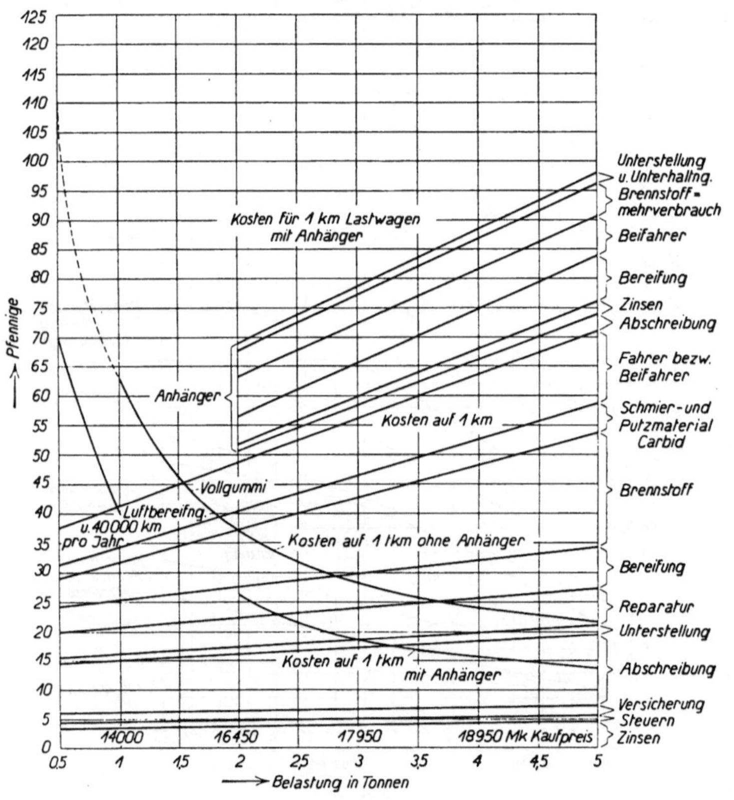

Abb. 50.

Dieselbe Übersicht der Betriebskosten für 1 km und für 1 tkm für Lastwagen von 0,5—5 t Nutzlast zeigt die Abb. 50[1]). Den Kosten liegt die Annahme zugrunde, daß die Ladefähigkeit zu zwei Drittel ausgenutzt ist und 20000 km im Jahr zurückgelegt werden. Beim Anhänger ist gleichfalls mit zwei Drittel der Nutzlast und 10000 km gerechnet. Bei diesen Lastwagen schwankt der Anteil der Betriebsstoffkosten an den Gesamtkosten von 12,5 vH (0,5-t-Wagen) bis 27 vH (5-t-Wagen). Bei Mitführung eines Anhängers machen die Betriebsstoffkosten beim 2-t-Triebwagen 19 vH, beim 5-t-Triebwagen 25 vH der Gesamtbetriebskosten aus. Der Anteil des Betriebsstoffes ist demnach nicht so ausschlaggebend für die Wirtschaftlichkeit der Kraftwagen. Diese Verbrauchsmengen gelten für die gerade Strecke und ebene gute Wege. Der Einfluß von Steigungen ist darin nicht enthalten. Er soll besonders für zwei Lastkraftwagen untersucht werden. Hierfür eignen sich wiederum die Versuche in den Prü-

[1]) Preuss: Die Wirtschaftlichkeit der Automobilbetriebe, Jahrbuch des Reichsverbandes der Automobilindustrie, S. 187 u. 190. Berlin 1925.

fungsanstalten, die sich auch auf den Betriebsstoffverbrauch bei verschiedenen Geschwindigkeiten erstrecken. Zwei Beispiele sind ausgewählt: Der 35-PS-Büssing-Armeelastzug nach den Untersuchungen von Prof. Riedler[38] und der Daag-Schnellastwagen nach den Untersuchungen von Prof. Dr. Becker vom Laboratorium für Kraftfahrzeuge an der Technischen Hochschule zu Berlin[11] Die Untersuchung des Büssing-Lastwagens stammt aus dem Jahre 1913. Sie ist auf Grund von Angaben der Büssing-Werke auf den Stand des Jahres 1926 gebracht worden, indem die Leistungskurven für die gegenwärtig verwendeten 50—60-PS-Motoren umgezeichnet worden sind, und zwar für einen 10-t-Wagen und einen 6-Radwagen mit 11,5 t und 38 km Höchstgeschwindigkeit (Abb. 51).

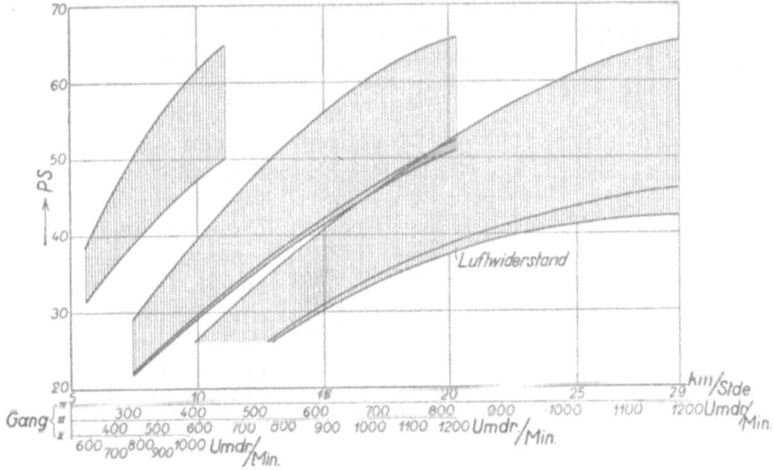

Abb. 51. Fahrbild des Büssing-Lastkraftwagens.

Für den Benzolverbrauch ist die von Riedler in der Schrift „Wissenschaftliche Automobilwertung" gebrachte Kurve noch maßgebend[38].

Zusammenstellung 17. Benzolverbrauch für verschiedene Steigungen für 1 km.

Nr.	Daag-Schnellastwagen		Büssing-Lastwagen		
	Steigung vH	Benzolverbrauch kg/100 km	Steigung vH	Benzolverbrauch kg/100 km 11,5 t	Benzolverbrauch kg/100 km 10 t
1	12,5	24,7	10,0	38,0	37,9
2	11,0	25,8	8,0	41,7	35,5
3	6,0	22,7	6,0	41,7	37,8
4	4,0	23,85	4,0	39,0	35,6
6	2,0	25,0	2,0	38,0	37,0

Um den Einfluß der Steigungen auf den Verbrauch an Betriebsstoff zu ermitteln, ist der Fall angenommen, daß auf einer Strecke von 100 km eine Höhe von 2000 m erreicht werden soll. Es werden verschiedene Linien angenommen, die sich in dem Steigungsverhältnis unterscheiden, und zwar 10, 8, 6, 4, 2 vH. Ist die Höhe von 2000 m erreicht, so ist die weitere Strecke wagerecht. Für diese Fälle ist der Verbrauch für die drei Wagenarten in der Zusammenstellung 17 berechnet worden. Es ergeben sich für jede Wagenart nur sehr geringe Schwankungen im Brennstoffverbrauch für die angenommenen fünf Fälle, die z. T. auf Unebenheiten in den Rechnungsannahmen zurückzuführen sind. Der Verbrauch bei den Büssing-Wagen zwischen 35,5—41,7 kg/100 km kommt der Wirklichkeit sehr nahe. Denn die Allgemeine Berliner Omnibus A.-G. hat für ihre Büssing-Wagen einen Durchschnittsverbrauch von 35,6 kg/100 km ermittelt[39]. Zwar sind mit

Ausnahme der Brückenrampen Steigungen in der Stadt Berlin nicht zu überwinden, dafür müssen aber die Wagen in kurzen Abständen halten. Für den Daag-Schnellastwagen ist in der Ebene ein Verbrauch von 16—19 kg/100 km Benzol festgestellt worden. In dem in der Zusammenstellung 17 errechneten Verbrauchswert kommt die Steigung zum Ausdruck.

Um den Wert dieser Berechnung richtig zu beurteilen, muß man beachten, daß im Betriebe auf der Straße selbst geringe Störungen oder unzweckmäßige Maßnahmen, die im Verhältnis zu den Unterschieden bei verschiedener Steigung nach Zusammenstellung 17 als viel belangreicher auf die Wirtschaftlichkeit der Transportleistung angesehen werden müssen, viel größeren Betriebsstoffverbrauch hervorrufen können. Verschiedene Einstellungen der Zündungen, Zündungsstörungen, falsche Vergaserdüsen, können den Betriebsstoffverbrauch um große Vomhundertteile beeinflussen. Vor allem die Art der Fahrt, ob sie mit oder ohne Unterbrechung oder mit veränderten Fahrgeschwindigkeiten vor sich geht, ruft erhebliche Schwankungen hervor, die, wie Abb. 52[37] zeigt, zwischen 14,2 km/l—10,6 km/l nach Untersuchungen an einem Personenkraftwagen liegen können[1]). Im Vergleich hiermit sind die errechneten Schwankungen im Betriebsstoffverbrauch für die der Berechnung zugrunde gelegte Strecke von 100 km mit den verschiedenen Steigungen außerordentlich gering. Man kann daraus die Folgerung ziehen, daß es für den Betriebsstoffverbrauch ohne Einfluß ist, ob zur Ersteigung einer Höhe eine starke oder schwache Steigung verwendet wird. Die Straßenlinie kann auch aus einer Anzahl verschiedener Steigungen zusammengesetzt sein. Demnach scheidet für die Ermittlung der wirtschaftlichen Straßenlinie der Betriebsstoffverbrauch aus.

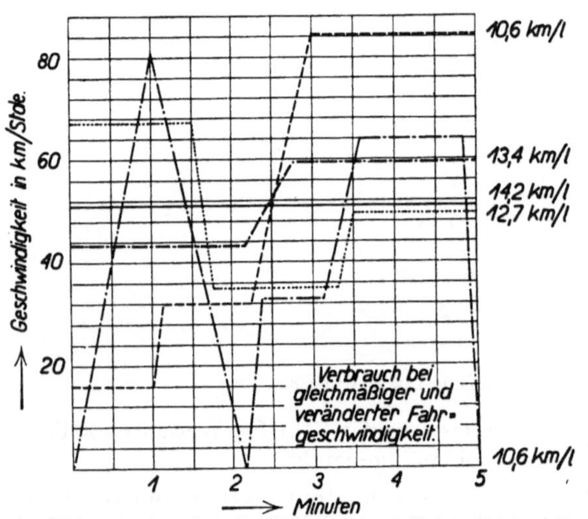

Abb. 52. Einfluß der Fahrweise auf Betriebsstoffverbrauch.

Das ergibt sich auch schon aus den zuvor gemachten Angaben, daß an den Gesamtbetriebskosten eines Kraftwagens der Betriebsstoff nur einen verhältnismäßig geringen Anteil hat. Den beweglichen Kosten, bestehend in Betriebsstoff- und Reifenverbrauch, Schmiermittel und Ausbesserungen, stehen sehr erhebliche feste Ausgaben wie Zinsen, Steuern, Abschreibung, Unterstellung und Löhne gegenüber. Die Betriebskosten für einen Nutztonnenkilometer werden daher nicht nur von beweglichen Kosten abhängig sein, sondern in gleichem Maße auch von den Anteilen an den festen Kosten. Je größer die jährliche Leistung eines Wagens an Nutztonnenkilometer ist, desto geringer wird dieser Anteil werden, desto niedriger die Beförderungskosten. Die Leistung eines Kraftwagens steht aber in Beziehung zur Fahrzeit. Darum wird der Maßstab für die Wirtschaftlichkeit einer Straßenentwicklung die Fahrzeit sein, die der Wagen zurücklegen muß, und diejenige Linie die geringsten Betriebskosten aufweisen, die mit der geringsten Fahrzeit durchmessen werden kann. Die Technik der Gegenwart ist dazu übergegangen, die vierte Dimension — die Zeit — in ihre Berechnungen

[1]) S. Fußnote auf S. 74.

einzusetzen. Da die Betriebskosten eines Kraftwagens eine Funktion der Zeit sind, so muß nunmehr auch die Zeit als Fahrzeit die Grundlage für die Beurteilung von Straßenlinien abgeben.

c) Virtuelle Längen.

Da auf der horizontalen Straße die größte Geschwindigkeit entwickelt werden kann, die in der Steigung ermäßigt werden muß, so wird man jede Steigung auf die Horizontale beziehen können, wenn man sie um das Maß verlängert, das für ihre Durchmessung mehr gebraucht wird als auf der Horizontalen. Nach diesem Verfahren werden die virtuellen Längen von Straßenlinien ermittelt und miteinander verglichen. Es werden also Verhältniszahlen festzusetzen sein, die die Zeitverluste bei den Steigungen durch entsprechende Verlängerung der Steigungsstrecken zum Ausdruck bringen. Diese Zahlen werden sich aus der üblichen zulässigen Geschwindigkeit in der Wagerechten im Verhältnis zu den bei den einzelnen Steigungen möglichen und wirtschaftlichen Steigungen ergeben.

Eine Unterlage für diese Zahlen gibt das Steigungsdiagramm derjenigen Wagenform, die auf der betreffenden Straße hauptsächlich verkehren wird. Das kann sein ein Lastwagen bestimmter Bauart, Personen- oder Postomnibus oder Lastzug. Da das Steigungsbild Sprünge zeigt, so muß ein Übergang durch Annahme eines mittleren Steigungsbildes geschaffen werden. Für die Form dieser Ausgleichlinie ist folgende Überlegung maßgebend. Der vollbelastete Motor hat den geringsten Brennstoffverbrauch. Bei Vollast läuft der Motor mit einer mittleren Tourenzahl, die für jeden Motor bekannt ist. Dieser Drehzahl entspricht eine bestimmte Geschwindigkeit. Der Motor ist bei dieser Geschwindigkeit voll belastet, d. h. auch sein Leistungsüberschuß völlig ausgenutzt, wenn er bei dieser Drehzahl auf der aus seinem Steigungsdiagramm für den betreffenden Schaltgang sich ergebenden Steigung fährt. Ein Punkt der Ausgleichskurve ist also der Schnittpunkt der Tourenzahl mit dem zu dem Schaltgang gehörenden Steigungsbild. In dieser Lotrechten liegt zugleich die Fahrgeschwindigkeit. Bei geringerer Steigung würde eine höhere Fahrgeschwindigkeit zuzulassen sein, um den Motor möglichst voll auszunutzen.

Für den Daag-Schnellastwagen ist unter der Annahme, daß eine günstige Drehzahl des Motors 700 ist — nach Angaben von Professor Becker verbraucht der Motor innerhalb 650—1350 Touren die geringste Menge Brennstoff —, eine solche Ausgleichskurve entworfen. Die Drehzahl darf nicht zu hoch genommen werden, weil sonst beim Übergang von einem Schaltgang zu einem anderen der Motor eine noch höhere Drehzahl annimmt (Abb. 53).

Aus diesem Bild kann man nunmehr die virtuellen Längen berechnen, wenn die Geschwindigkeit — z. B. für einen Schnellastwagen — auf der Wagerechten zu 50 km/stdl. angenommen ist, ergeben sich die Verhältniszahlen zur Ermittelung der virtuellen Längen für verschiedene Steigungen nach der folgenden Zusammenstellung:

Steigung vH	Geschwindigkeit km/stdl.	Verhältniszahl
2	39	1,28
4	30	1,67
6	25	2,0
8	22	2,27
10	19	2,63
12	17	2,94
14	14	3,57
16	12	4,16
18	10	5,00
20	9	5,56
22	8	6,25
24	7	7,15

Für den Büssing-10-t-Wagen mit dem B-4-K-Motor ergeben sich folgende Zahlen für die virtuellen Längen:

Steigung	2	4	6	8	10	12	14	16	20	24 vH
Geschwindigkeit .	21	17	13	10	8	7	6	5	4	3 km/stdl.
Verhältniszahl . .	1,19	1,47	1,92	2,5	3,13	3,57	4,17	5	6,25	8,35

Durch die virtuellen Längen sind die Steigungen in ebene Strecken umgewandelt worden und die Betriebskosten für ein Jahr werden nunmehr berechnet,

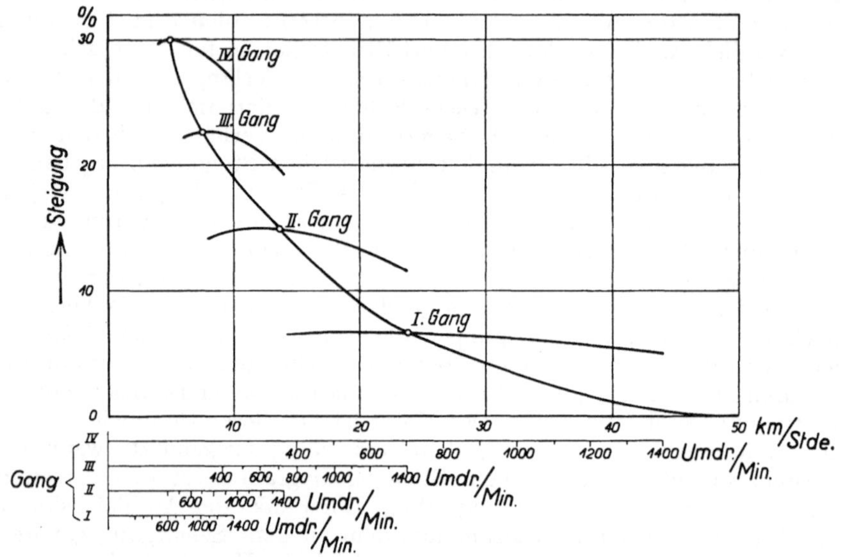

Abb. 53. Steigungsbild des Daag-Lastkraftwagens mit Ausgleichskurve.

indem der zu erwartende Verkehr in Tonnen mit der virtuellen Länge und dann mit dem Einheitssatz für 1 tkm in der Ebene multipliziert wird. Bei Personenbeförderung würde man statt Tonnen die Zahl der Omnibusfahrten einzusetzen haben und dann Wagenkilometer erhalten.

Die Werte für die Betriebskosten von Lastkraftwagen kann man aus den Kurven der Abb. 49 und Abb. 50 entnehmen. Die Sätze des Wagenkilometers für Personenbeförderung hängen von vielen Umständen ab. Man kann als Durchschnittssatz etwa 0,80—0,90 RM. annehmen.

Kommt Verkehr von Lastkraftwagen und Personenomnibus in Frage — leichte Personenwagen scheiden bei diesen Betrachtungen aus —, so würde der Anteil der beiden Beförderungsarten zu ermitteln und die eine Beförderungsart in die Werte der anderen umzurechnen sein.

Wie bekannt, sind die Beförderungskosten allein nicht ausschlaggebend für die Wirtschaftlichkeit, vielmehr müssen auch die Bau- und Unterhaltungskosten der Straße herangezogen werden. Das geschieht in der Weise, daß die jährlichen Aufwendungen für die Verzinsung und Tilgung des Baukapitals die jährlichen Unterhaltungs- und die nach den zuvor gemachten Angaben errechneten Beförderungskosten für jede Linie summiert und dann die sich ergebenden Endsummen verglichen werden. Diejenige Linie, die den geringsten Aufwand erfordert, ist dann die wirtschaftlichste.

Die Verwendung der Verkehrsgeschwindigkeit und daraus die Ermittlung der Fahrzeit ist bereits auch schon für den Pferdeverkehr von dem Franzosen Lèchalas eingeführt worden. Er kapitalisiert die beim Vergleich mehrerer Linien entstehenden Beförderungsersparnisse aus dem Zeitgewinn. Um diesen Betrag kann der rascher zu durchfahrende Straßenzug teurer sein als ein anderer, der einen geringen Baukostenaufwand erfordert, aber mehr Zeit zur Durchfahrung beansprucht. Wie aus dem Handbuch der Ingenieurwissenschaften I, 4 zu entnehmen ist, hat die Anwendung dieses Verfahrens sich auch in Deutschland — Bezirksverband Wiesbaden — bewährt und zu glücklichen Lösungen geführt. Diese Erfahrungen lassen darauf schließen, daß bei der besonderen Eigenart des Kraftwagens das zuvor entwickelte Verfahren gleichfalls den Anforderungen gerecht und in Zukunft für Kraftfahrstraßen anzuwenden sein wird.

Bei diesem Verfahren hat der Betriebsstoffverbrauch nicht diejenige Berücksichtigung erfahren, die ihm nach sonst allgemeinen Anschauungen zukommt. Das ist mit guten Gründen geschehen. Es ist schon erwähnt worden, daß der Verbrauch an Betriebsstoff stark von der Wartung der Maschine und der Fahrweise abhängt (s. S. 76), aber auch die Deckenart hat Einfluß darauf (vgl. Bem. im Abschnitt IX., B. c). Angesichts dieser Abhängigkeiten und der noch geringen Erfahrungen über den wirklichen Verbrauch im praktischen Fahrbetrieb ist es nicht zulässig, bei der Wertung verschiedener Linien den Betriebsstoffaufwand ausschlaggebend in Rechnung zu stellen. Es sprechen aber auch andere Einflüsse bei den Betriebskosten mit, die bisher noch nicht erwähnt worden sind, das ist die Bereifung, der Wagen- und Bremsenverschleiß. Bei Steigungen wird eine erhöhte Schubkraft am Reifen ausgeübt. Die Schleifarbeit ist größer, der Reifen wird also mehr abgenützt. Die höheren Drucke im Getriebe bei Steigungen nehmen das Fahrwerk erheblich mehr mit, und bei Gefällen erleiden die Bremsen höhere Abnutzung. Diese Betriebsunkosten sind in der Berechnung der Beförderungskosten nicht berücksichtigt worden. Sie werden durch die geringere Fahrstrecke ausgeglichen. Die Lebensdauer der Reifen wird nach Kilometer Fahrstrecke gemessen. Eine Ersparnis an der Entfernung wird zwar die Lebensdauer der Reifen, gemessen an der Jahresleistung, nicht vermehren; denn auf der kürzeren Strecke ist ein stärkerer Reifenverschleiß anzunehmen, aber auch nicht vermindern. Dasselbe gilt auch vom Getriebe, das nach einer bestimmten Fahrstrecke nachgesehen und instand gesetzt werden muß. Auch dieser Aufwand wird auf der kürzeren Strecke, gemessen an der Leistung, derselbe sein, wie auf der längeren Strecke. Man kann also hier einen Ausgleich annehmen. Bei der langen Strecke werden Reifen und Wagen mehr geschont, dafür weniger Reisen gemacht, als auf der kürzeren, bei der die Wagen etwas härter mitgenommen werden.

d) Verlorene Steigungen.

Ob verlorene Steigungen von Einfluß auf die Betriebskosten sind, wird von der Art der Steigungen abhängen. Der Research Board der Straßenbauverwaltung der amerikanischen Bundesregierung hat als Ergebnis seiner Untersuchungen bekanntgegeben, daß eine verlorene Steigung dann ohne Einfluß auf die Betriebskosten ist, wenn sie mit dem höchsten Gang des Kraftwagens genommen werden kann, und wenn bei der Talfahrt die Geschwindigkeit in solchen Grenzen bleibt, daß Bremsen unterbleiben kann, ohne daß die Sicherheit des Wagens gefährdet wird.

Bei einer solchen Steigung wird die Überschußleistung im Motor voll ausgenutzt, ohne daß eine Verminderung der Geschwindigkeit einzutreten braucht. Da der Motor bei Vollast außerdem den geringsten Brennstoffverbrauch auf die Einheit hat, entstehen nur geringe Mehraufwendungen für Brennstoff. Eine Bergfahrt auf einer solchen Steigung ist daher weder mit Zeitverlusten noch mit besonderen Betriebsunkosten verbunden. Das gleiche gilt von der Talfahrt. Da ein Bremsen nicht erforderlich ist, fallen bei der Talfahrt in stärkeren Neigungen auch die sonstigen Beanspruchungen des Wagens an den Bremsen und Reifen fort. Der Motor läuft zwar mit, verbraucht aber nur wenig Brennstoff. Solche Steigungen wird man daher als unschädliche bezeichnen können.

Der 50-PS-Büssing-Wagen würde ohne Anhänger bis zu 5 vH Steigung mit dem vierten Gang nehmen können; die Geschwindigkeit würde 25 km/stdl. bleiben. Der Daag-Schnellastwagen kann sogar 6 vH Steigung mit dem vierten Schaltgang nehmen bei einer Geschwindigkeit von 40 km/stdl. und etwa 1400 Umdrehungen in der Minute. Auf Grund der hohen Überschußleistung, die in jedem Motor steckt, wird eine Steigung, die als unschädlich noch zu bezeichnen ist, verhältnismäßig groß sein können.

Es wird jetzt die zweite Bestimmung zu untersuchen sein, welche Neigung bei der Talfahrt zulässig ist. Von den beiden Steigungen, die sich bei Talfahrt und Bergfahrt ergeben haben, wird dann diejenige gewählt werden müssen, die die geringste Steigung hat, weil der Verkehr in beiden Richtungen stattfindet und dieselbe Strecke zugleich zur Talfahrt wie Bergfahrt benutzt wird.

Die Bestimmung, daß bei der Talfahrt der Wagen keine Geschwindigkeit annehmen darf, die seine Bewegung gefährdet, wird man dahin näher festlegen können, daß die für die betreffende Wagengattung durch Verordnung zugelassene Geschwindigkeit nicht überschritten werden darf. Das würde bei Lastkraftwagen mit mehr als 5,5 t Gesamtlast 25 km/stdl. sein.

Wenn der Wagen eine bestimmte Geschwindigkeit nicht überschreiten soll, ohne daß gebremst wird, so muß der Wagen eine gleichförmige Bewegung annehmen. Zugleich sei aber auch noch die Annahme gemacht, daß der Motor mit Zündung mitläuft. Dann erhält der Wagen Antrieb nur durch die Erdbeschleunigung, der entgegenwirken der Luftwiderstand, der Rollenwiderstand der Räder und der Widerstand in dem mitarbeitendem Getriebe. Würde der Wagen ohne Antrieb von dem Scheitelpunkt der Gegensteigung herunterfahren, so würde die Länge der Gefällstrecke mit ausschlaggebend sein. Es sei aber angenommen, daß der Wagen, nachdem er die Höhe mit der üblichen Geschwindigkeit erreicht hat, mit dieser auch talwärts zu fahren sucht. Sieht man vom Luftwiderstand ab, so gilt auch für den Kraftwagen, das was L a u n h a r d t schon für den Pferdewagen ermittelt hat, daß dasjenige Gefälle das vorteilhafteste bleibt, bei welchem die parallel der Straße abwärts wirkende Teilkraft der Schwerkraft dem Widerstande des Fuhrwerkes auf der Straße das Gleichgewicht hält.

Das ergibt auch die Gleichung der Motorleistung:

$$L = \frac{\left[Q\left(K - \frac{s}{100}\right) + \mu_\lambda \cdot F v^2\right] v.}{270\,\eta} \tag{46}$$

L wird Null, weil der Motor zwar mitläuft, aber nicht mitarbeitet.

Aufgelöst nach $\frac{s}{100}$ oder s vH ergibt:

$$s = \frac{QK + \mu_\lambda \cdot F v^2}{Q} \quad \text{(s. Gl. (41))}.$$

Alle Werte in Kilogramm eingesetzt, ergibt z. B. für den Büssing-Wagen von 10 t bei 25 km/Std. Geschwindigkeit, wenn auf dem Prüfstand festgestellt ist, Rollverlust der Vorderräder = 2,2 PS, Rollverlust der Hinterräder bei Freilauf = 12,6 PS, Luftwiderstand = 3 PS:

$$s = \frac{17{,}8 \cdot 75 \cdot 3{,}6}{25} = \frac{17{,}8 \cdot 270}{25} = 192\,\text{kg} = \frac{192}{10000},$$

$$s = 1{,}92\ \text{vH}.$$

Es ist zu beachten, daß die benutzten Werte aus Versuchen auf dem Prüfstand stammen und nicht auf der Straße gemessen sind. In den Werten kommt daher nur der Rollwiderstand auf der Holztrommel zum Ausdruck. Da die rollende Reibung auf der hölzernen Trommel nahe an dem Wert 0,019 liegt, so trifft also für diesen Fall die Rechnung zu. Demnach wären also verlorene Gefälle etwa bis zu 2—3 vH, wenn die Reibungsziffern der Fahrbahn diesen Größen entsprechen, zulässig, da sie ohne Geschwindigkeitsverminderung sowohl bei der Talfahrt und Bergfahrt genommen werden können. Solche Steigungen und Gefälle sind also als unschädlich zu bezeichnen. Unter zwei Linien von sonst gleicher Länge, Bau- und Unterhaltungskosten würde also derjenigen der Vorzug zu geben sein, die die verlorenen Steigungen innerhalb der angegebenen Werte enthält.

Anders stellen sich aber die Bedingungen für die Betriebskosten, wenn zwei Linien zu vergleichen sind, bei denen die eine zwar erhebliche Gegensteigungen hat, aber in der Gesamtlänge kürzer ist, als eine andere, deren Linie eine größere Längenentwicklung mit nur schwachen verlorenen Gefällen hat. Nach dem zuvor aufgestellten Gesetz, daß die Betriebskosten von der Fahrzeit abhängen, wird als Maßstab für die Wirtschaftlichkeit der Linien ihre virtuellen Längen zu betrachten sein.

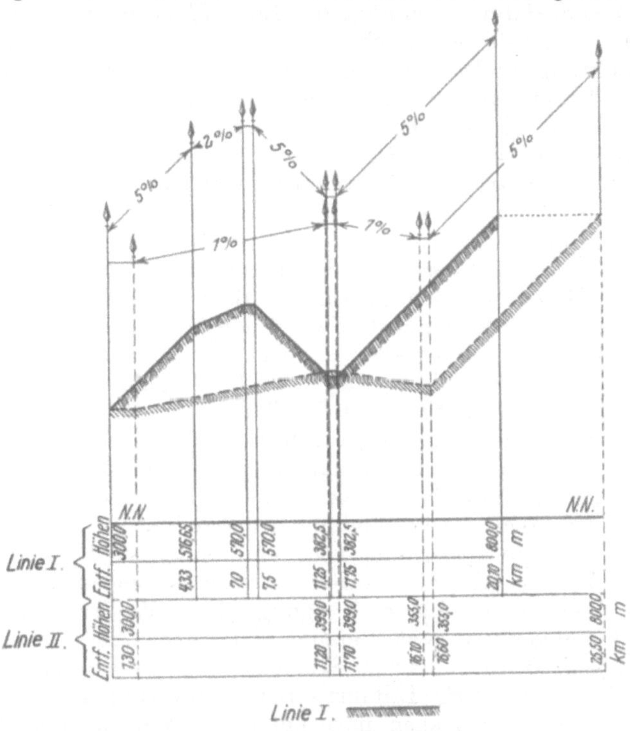

Abb. 54. Vergleich zwischen zwei Linien.

Zur Veranschaulichung dieser Verhältnisse ist für den Anstieg auf eine Höhe von 500 m ein Vergleich zwischen zwei Linien untersucht worden, die Linie *I* (Abb. 54) erreicht diese Höhe auf 20,1 km Länge, aber mit einer verlorenen Steigung von 187,5 m, die andere nur mit einer verlorenen Steigung von 44 m, bei sehr flachen Steigungen und Gefällen (2 vH und 1 vH) und 25,5 km Länge. Für die Linie *I* und *II* ist der Verbrauch an Brennstoff und der Zeitaufwand zur Durchfahrung der Strecke sowohl bei Berg- wie Talfahrt für einen Daag- und für einen Büssing-Wagen ermittelt und in der Zusammenstellung 18 gegenübergestellt worden. Die Linie *I* ergibt sich hinsichtlich der Betriebskosten als die wirtschaftlichere. Für die Untersuchung ist angenommen, daß in der Wagerechten bis 2 vH Steigung bei Bergfahrt und bei Talfahrt der Daag-Wagen mit 40 km/stdl. und der Büssing-Wagen mit 25 km/stdl. gefahren werden, während bei 5 vH Steigung die Geschwindigkeiten 25 km/stdl. bzw. 18 km/stdl. betragen. Der Aufwand an Pferdestärken und der Brennstoffverbrauch ist aus den Angaben von Prof. Dr. Becker und der Büssing-Werke entnommen.

Zusammenstellung 18.

	Linie *I*		Linie *II*	
	Daag	Büssing	Daag	Büssing
Virtuelle Längen	57,08	55,6	59,9	59,2
Betriebsstoffverbrauch . . . kg	8,44	16,18	8,89	17,34
Zeitaufwand	1 Std. 15 Min.	1 Std. 51 Min.	1 Std. 25 Min.	2 Std. 11 Min.

Für Linie *I* ist trotz der größeren verlorenen Steigung demnach die kürzere Fahrzeit ermittelt. Wenn es sich hier auch nur um 10′ beim Daag-Wagen oder 20′ beim Büssing-Wagen handelt, so kann das bei einer stark belasteten Straße im Laufe eines Jahres auf die Gesamtbeförderungskosten einen erheblichen Einfluß haben. Bei einer Fahrgeschwindigkeit von 40 km/stdl. entsprechen 10 Min. etwa 6 Betriebskilometer. Um diesen Betrag ist auf der Linie *II* der Weg jeder Last größer. Für einen Jahresverkehr von 50000 t in beiden Richtungen gleichmäßig würden auf der Linie *II* gegenüber Linie *I* 300000 tkm mehr zu leisten sein. Die Kosten eines Tonnenkilometers werden zu 18 Pfg. angenommen werden können, dann verschlingt die Linie *II* gegen Linie *I* 54000 M. mehr. 50000 t Jahresverkehr entspricht einem täglichen Verkehr von etwa 340 t in beiden Richtungen. Das ist nach den statistischen Erhebungen des D. Str. B. V. etwa der Durchschnittsverkehr auf den Straßen in dem Staat Sachsen.

Es ist schon bei der Prüfung der Frage, ob maßgebende Steigungen für Kraftfahrstraßen dieselbe Bedeutung wie bei Pferdeverkehr haben, festgestellt worden, daß der Betriebsstoffverbrauch nicht nur von den Steigungsverhältnissen der Straßen, sondern von anderen Einflüssen abhängig ist, und daß es daher eine Verkennung der Tatsachen sein würde, wenn man dem Betriebsstoffverbrauch Bedeutung beimessen würde. Festzuhalten bleibt, daß der Schnellastverkehr in jeder Beziehung den günstigsten Betriebsstoffaufwand aufweist. Demnach wird allein nur noch der Zeitaufwand den Maßstab für die Wirtschaftlichkeit der Betriebskosten auf Straßen abgeben.

Das Ergebnis der vorliegenden Untersuchungen, daß Gegensteigungen auf den Kraftwagenverkehr keinen Einfluß haben, solange eine Linienverkürzung damit verbunden ist, läßt es jetzt begreiflich erscheinen, warum die amerikanischen Landstraßen ohne Rücksicht auf die zu überwindenden Hügel- und Bergrücken die gerade Linie bevorzugen. Die früheren Kolonistenpfade, die auf möglichst kurzem Wege die Verbindungen herstellten, und die nach dem Bau der Eisenbahnen ihre Bedeutung verloren haben, werden jetzt trotz ihrer zahlreichen Gegensteigungen als Kraftfahrstraßen ausgebaut.

Wenn auch nach den Steigungsbildern Kraftwagen sehr erhebliche Steigungen nehmen können, so wird man dennoch übermäßig steile Steigungen nicht zulassen dürfen. Denn in starken Steigungen wird die Decke stark beansprucht, sowohl auf der Berg- wie Talfahrt. Beim Abwärtsfahren wird außerdem das gesamte Fahrwerk der Wagen mitgenommen. Man wird auch beachten müssen, daß selbst auf reinen Kraftfahrstraßen Wagen ganz verschiedener Stärke fahren, und daß vornehmlich die kleineren Personenwagen nicht stark genug sind, steile Steigungen, besonders auf langen Strecken, zu überwinden. Sobald Lastkraftwagen mit Beiwagen fahren, ermäßigt sich ihr Leistungsüberschuß, worauf bei Festsetzung der Steigung zu achten ist. Die klimatischen Verhältnisse sind auch zu berücksichtigen. Wo mit viel Nässe und im Winter mit Frost zu rechnen ist, werden die Straßen zeitweilig so glatt, daß sie in starken Steigungen selbst mit Schneeketten nicht befahren werden können. Es sind also in dieser Hinsicht Grenzen gezogen. Die preußischen Vorschriften vom Jahr 1871 schreiben folgende Steigungen vor:

im Gebirge . . . . 5 vH,
im Hügelland . . . . 4 vH,
im Flachland . . . . 2 vH.

Für Bayern sind die Steigungsverhältnisse durch Ministerialerlaß vom 3. 4. 1909 in der Weise festgelegt, daß in der Nähe größerer Städte oder bei starkem Verkehr 3 vH nicht überschritten werden sollen. Unter schwierigen Verhältnissen sind dagegen bei Staats- und Distriktsstraßen 5 vH, bei Gemeindewegen bis zu 7 vH zulässig. In Nordfrankreich und Belgien, verhältnismäßig flachen Gebieten, ist für den Neubau von Straßen 3 vH vorgeschrieben, für hügeliges Gelände 5 vH. Ähnliche Festsetzungen bestehen auch für Baden und Württemberg.

Bei diesen Festsetzungen ist auf die Leistungsfähigkeit von Zugtieren Rücksicht genommen aber noch nicht auf Kraftfahrzeuge. Die Erfahrungen auf den von Kraftwagen viel befahrenen Straßen, wie Jochbergstraße bei Hindelang, Ettaler Steige zwischen Oberammergau und Partenkirchen und der Kesselbergstraße zeigen, daß die dort vorhandenen Steigungen von 5,75 vH glatt genommen werden. Es werden auf diesen Steigungen noch Durchschnittsgeschwindigkeiten von 40 km/Std. gefahren. In der Schweiz wird angestrebt, im Flachlande nicht mehr als 5 vH Gefälle anzuwenden. Im Gebirge findet man aber größere Steigungen. So befinden sich auf der Straße Thusis—Avers an zwei Stellen Steigungen von 18 vH auf 600 m Länge, die von Postautomobilen befahren werden können[26]. Die steilste Straßenstrecke wird sich wohl auf dem Nürburgring befinden. Hier ist zur Abkürzung zwischen zwei Schleifen als Prüfungsbahn auf 550 m eine Steigung eingebaut, die auf 150 m 27 vH aufweist.

Der erste Kongreß für Sicherheit auf den Straßen in den V. St. A. vom Dezember 1924 hat als höchste Steigung 6 vH (1 : 17) festgesetzt. Die meisten Staaten lassen für Straßen erster Ordnung Steigungen bis zu 5 vH zu, manche 6 bis 7 vH. West-Virginia geht sogar bis 9 vH. Für Straßen zweiter Ordnung gehen die meisten Staaten bis 7 vH, Connecticut bis 10 vH. Diese Angaben zeigen bei allen Staaten die Richtung, die zulässigen Steigungen zu ermäßigen, früher waren sie höher. Allerdings bestehen keine festen Regeln, die Steigungen richten sich nach dem Charakter des Landes und den örtlichen Verhältnissen. Kansas bringt die Steigung auch in Beziehung zur Länge der Steigung und geht bis zu 300 m Länge bis 6 vH, über 400 m Länge bis 5 vH.

Den Höchstgefällen stehen auch Geringstgefälle gegenüber. Denn die Trockenhaltung der Straße läßt ein gewisses Längsgefälle erwünscht erscheinen. In Deutschland wird als Gefälle, das möglichst eingehalten werden soll, 0,5 vH, in England 1,25, in Frankreich 0,8, in den V. St. A. 0,5 vH empfohlen. Die Anwendung bleibt auf solche Stellen beschränkt, wo sich ein Gefälle überhaupt anlegen läßt. Künstlich Erdbewegungen vorzunehmen, um dieses Gefälle zu erzielen, dürfte unzweckmäßig und durch die angenommenen Vorteile in der Unterhaltung der Straße kaum zu rechtfertigen sein.

Wenn auch vielfache Rücksichten dafür sprechen, die Steigungen für Kraftfahrstraßen nicht zu stark zu nehmen, so muß doch als Ergebnis der Untersuchungen selbst festgehalten werden, daß Steigungen die Leistungsfähigkeit und Betriebskosten keineswegs beeinträchtigen.

Den Einfluß des Kraftwagens auf die Gestaltung der städtischen Straßen kann man z. B. daran erkennen, daß die Tiefbauverwaltung der Stadt Stuttgart kein Bedenken getragen hat, zwei Hauptverkehrsstraßen, die neuerdings ausgeführt worden sind, die Pragstraße, die eine Verbindung von Cannstatt nach dem westlichen Teil von Stuttgart und nach Zuffenhausen herstellt und die südlich anschließende Parkstraße — mit 6 vH Gefälle anzulegen mit der ausdrücklichen Begründung, daß bei dem starken Anteil des Kraftwagens im städtischen Verkehr solche Steigungen unbedenklich sind.

e) Ausrundung der Gefällwechsel.

Der Übergang von einer Steigung zur anderen muß allmählich vor sich gehen, sonst erleidet der Wagen einen Stoß, der zu Feder- oder Achsbrüchen führen kann. Außerdem wird die Fahrbahn durch das Einsetzen eines niederen Ganges, ein Vorgang, der sich immer an der gleichen Stelle wiederholt, stark abgenutzt. Es müssen also an allen Gefällbrechpunkten Ausrundungen angelegt werden. Je größer der Halbmesser der Ausrundung ist, um so angenehmer befährt sich die Straße. Für Hauptverkehrsstraßen soll ein Halbmesser von rd. 5000 m, für Nebenstraßen von 2500 m gewählt werden. Für die Ausführung ist die Länge der Tangente und die Zwischenpunkte der Übergangskurve zu ermitteln. Es ist nach der Abb. 55

$$t = R \cdot \operatorname{tg} \frac{\alpha - \alpha'}{2},$$

da es sich um kleine Winkel handelt

$$t = \frac{R}{2} \cdot \operatorname{tg} (\alpha - \alpha'), \tag{47}$$

wird die Neigung in vH eingeführt, so wird

$$t = \frac{R}{2} \frac{(s_2 - s_1)}{100}. \tag{48}$$

Der Übergangsbogen soll aus einzelnen Sehnenabschnitten zusammengesetzt sein, deren Neigung nur gering voneinander abweichen dürfen. Zu diesem Zweck teilt man den Bogen in eine gleich große Anzahl Sektoren. Der Neigungsunter-

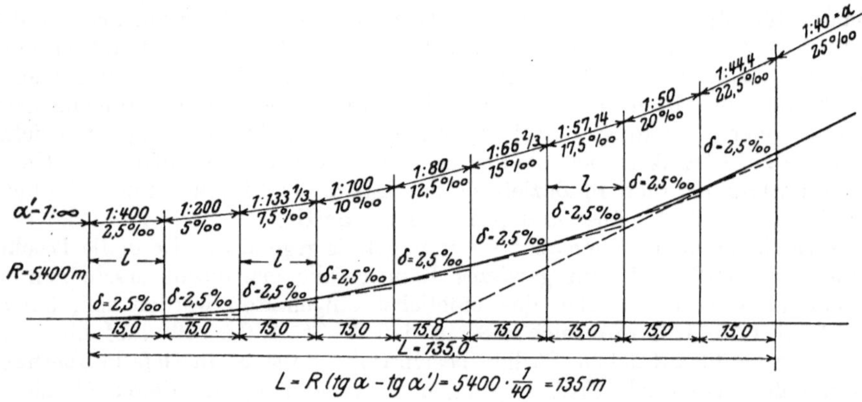

Abb. 55. Ausrundung von Gefällwechsel.

schied zwischen den anschließenden Sehnen zweier Sektoren soll auf Hauptstraßen nicht größer als 2,5 a. T., auf Nebenstraßen nicht größer als 5 a. T. angenommen werden. Man unterteilt demnach den Zentriwinkel der Ausrundung in so viele Sektoren, als notwendig sind, um einen Teil-Zentriwinkel zu erhalten, dessen Tangente bei Hauptstraßen unter 2,5 a. T., bei Nebenstraßen unter 5 a. T. beträgt. Die Sehnen selbst dürfen nicht zu kurz sein, man macht sie mindestens der Straßenbreite gleich, wenn möglich aber noch länger. Ist die Lage des Tangentenanfangspunktes bestimmt, etwa durch die Einmündung einer Querstraße, vor der die Ausrundung noch nicht ansetzen kann, dann wird man den Ausrundungshalbmesser notgedrungen kleiner machen müssen. Nach der Gleichung (47) würde er sich aus der angenommenen Tangentenlänge ergeben.

f) Übersicht bei Kuppen.

Der Übergang aus der Steigung in das Gefälle erfordert besondere Aufmerksamkeit. An solchen Buckeln ist damit zu rechnen, daß bei großer Geschwindigkeit sich der Wagen abhebt (Abb. 56), dann hart aufsetzt und dabei beschädigt wird. Ferner ist die Übersicht der Straße durch den Buckel verdeckt. Sich begegnende Wagen erkennen sich bei scharfer Ausrundung erst kurz vor der Höhe. Das kann Anlaß zu Zusammenstößen geben, besonders bei schmalen Straßen, wenn die Wagen sich nicht genau auf der rechten Seite halten. Bei großem Achsstand und kleiner Ausrundung kann außerdem eine Berührung der Straßenoberfläche mit den unter dem Wagen liegenden Getriebeteilen erfolgen (Abb. 57), durch die Beschädigungen verursacht werden. Bei einem Achsstand von 5,5 m und einer allerdings sehr geringen Buckelausrundung von nur 10 m ist der Stich des Bogens über der Sehne von 5,5 m rd. 38 cm groß. Liegen Wagenteile weniger als 38 cm über der Straßenfläche, so findet eine Berührung zwischen Straße und Wagen statt, die den Wagen nicht nur beschädigen, sondern auch durch den Stoß gefährden kann. Die Ausrundung von Buckeln muß also so groß sein, daß erstens eine solche Berührung nicht erfolgen kann, daß zweitens kein Abheben eintritt und drittens genügend Übersicht vorhanden ist. Zur

Abb. 56. Abheben des Wagens bei Fahrt über Buckel.

Abb. 57. Buckelausrundung.

Erfüllung der letztgenannten Forderung muß der Übergang so ausgebildet sein, daß zwei begegnende Wagen sich rechtzeitig erkennen und ausweichen oder abbremsen können. Nach den unter Abschnitt IV. A. b), S. 62, gemachten Ausführungen würde sich die Länge der Bremsstrecke berechnen einschl. der Überlegungssekunde:

$$\frac{Qv^2}{2g} - Q \cdot \sin\alpha \cdot b = f \cdot Q_h \cdot b\,,$$

$$b = \frac{Q v^2}{2g \cdot (f \cdot Q_h + Q \operatorname{tg} \alpha)}\,, \tag{49}$$

wenn bei kleinen Winkeln sin α mit tg α vertauscht werden kann. Die Geschwindigkeit v ist abhängig von der Steigung. Auf flachen Steigungen können alle Kraftwagen, zumal Personenwagen, ihre volle Geschwindigkeit entwickeln, auf stärkeren ist sowieso die Fahrgeschwindigkeit begrenzt. Bei schwachen Steigungen ergibt sich von vornherein eine Ausrundung mit großem Halbmesser. Daher wird erst bei starken Steigungen die richtige Anordnung der Buckelübergänge Bedeutung erlangen. Auf solchen Strecken wird aber mit geringer Geschwindigkeit gefahren. Die Geschwindigkeit soll in Beziehungen zur Steigungsgröße gebracht werden. Gewählt ist ein Personenwagen mit

Wagengewicht	= 1800 kg,
Gewicht der Bremsachse	= 1200 kg,
Reibungsbeiwert	= 0,2,
Steigung	= 4, 6, 8 vH.

Da bei zwei sich begegnenden Wagen jeder die gleiche Bremsstrecke einhalten muß, so muß mindestens die doppelte Strecke zur Verfügung stehen. Der Augenpunkt des Fahrers liegt 1,5 m über Straßenkrone. Es muß dann der Sehstrahl, der sich an den Buckel als Tangente legt, mindestens die Länge der Spalte 4 der Zusammenstellung 19 haben einschl. der Überlegungssekunde. Diese Forderung ist erfüllt bei Ausrundungshalbmessern der Spalte 5.

Zusammenstellung 19.

s vH	V km/stdl.	b in m	$2b$ in m	r in m
4	60	100	200	3332
6	50	65	130	1410
8	40	40	80	534

Diese Zusammenstellung ist berechnet für den gewählten Wagen nach der Gleichung (49). Die Größen der Spalte 5 ergeben sich aus der Beziehung

$$r = \frac{b^2 - h^2}{2h} \qquad h = 1{,}5\ \mathrm{m}\,.$$

Es wird noch nachzuprüfen sein, ob dann auch den beiden anderen Forderungen — ausreichend Spielraum zwischen Fahrbahn und Wagen und kein Abheben von der Fahrbahn — Genüge getan ist. Der Spielraum ist bei Halbmessern der Spalte 5 auf jeden Fall vorhanden. Ein Herausschleudern aus der Bahn würde bei den gewählten Halbmessern nach Gleichung (12) eintreten bei folgenden Geschwindigkeiten:

$$v = \sqrt{g r}\,,$$

$$R = 2500 = v = \sqrt{2500 \cdot 9{,}81} = 157\ \mathrm{m/sec} = 570\ \mathrm{km/Std.}$$

$$R = 1000 = v = \sqrt{1100 \cdot 9{,}81} = 108 \quad ,, \quad = 390 \quad ,,$$

$$R = 500 = v = \sqrt{500 \cdot 9{,}81} = 22 \quad ,, \quad = 79 \quad ,,$$

Solche Geschwindigkeiten werden in keinem Falle erreicht. Es genügen demnach diese Ausrundungen völlig. Als geringste Ausrundung wird man 500 m anzunehmen haben. Diese Größe hat der I. I. Str. K. vorgeschlagen. Auch die bayrische Verwaltung verlangt einen Übergang durch einen parabolischen Bogen. Der Krümmungsradius am Scheitel der Parabel soll mindestens 500 m betragen.

Erfolgt der Ausgleich durch einen Kreisbogen, so ist dasselbe Verfahren wie bei der Ausrundung von Steigungen anzuwenden. Es gelten dieselben Gleichungen wie bei Nr. (47), nur ist statt $(\alpha - \alpha')$ $(\alpha + \alpha')$ einzusetzen. Der Bogen ist dann gleichfalls aus mehreren Sehnen zu bilden, deren Neigungswinkel zueinander höchstens 2,5 a. T. betragen soll.

g) Beispiele.

Als Beispiel einer Straßenanlage mit sehr starker Steigung, in der den verschiedenen Verkehrsarten in zweckmäßiger Weise entsprochen ist, kann die Straße über den Bredeneyer Berg bei Essen, Abb. 58[40], gelten. Sie führt von Essen südlich nach dem Bergischen Land und hat einen sehr lebhaften Verkehr von 800—900 Fahrzeugen am Tag, von denen ein Sechstel nur noch Pferdegespanne sind. Lastkraftwagen mit Anhängern, die Kohle nach Süden liefern, überwiegen. Der Höhenunterschied von 116 m zwischen dem Bredeneyer Berg und dem Ruhrtal muß auf der kurzen Strecke von 2 km überwunden werden. Mit Ausnahme einer kurzen Strecke im Gefälle 4,8 vH (1 : 20,9) herrscht die Steigung von rd. 7,1 vH (1 : 14) vor. Die alte Landstraße von 7,5—8 m Gesamtbreite und einer befestigten Fahrbahn von 5 m Breite ist im Jahr 1925 umgebaut worden, weil die Breite und die bisherige Steinschlagdecke dem Verkehrsumfang nicht mehr entsprochen haben. Die Straße hat eine nutzbare Fahrbahnbreite von 9,80 m erhalten. Mit der Verbreiterung sind zugleich die Kurven durch Abgraben an der Bergseite übersichtlich gemacht worden. Die Fahrbahn ist der Verkehrsart entsprechend verschiedenartig gepflastert worden. Auf der Seite der Bergfahrt (Ostseite) ist ein 3 m breiter Streifen mit Schotterdecke für Pferdeverkehr angelegt, daneben liegt ein 5,50 m breiter Streifen, der mit Großpflaster versehen ist, es schließt sich ein 1,3 m breiter mit Hochofenschlacke befestigter Bremsstreifen an. Er hat den Zweck, den zu Tal fahrenden Lastwagen, wenn sie ins Gleiten kommen und der Führer die Gewalt über den Wagen verloren hat, einen Schutz zu bieten und im Winter bei Schnee und Glätte die auf der Straße sich drehenden oder abrutschenden Wagen aufzufangen und Richtung zu geben. Es sind außerdem auf der Seite der Talfahrt keinerlei Maste aufgestellt, so daß die Wagen im Falle der Gefahr die Böschung anfahren können, um dort Halt zu suchen. Aus diesem Grunde ist auch an der Bergseite nur eine ganz flache Rinne ausgebildet. Für Fußgänger, die die Fahrstraße benutzen müssen, ist auf der Talseite ein 2 m breiter Bürgersteig vorgesehen, für den anderen Fußgängerverkehr ist ein Autoschutzweg oberhalb der Fahrstraße angelegt, der so geführt ist, daß er zugleich Ausblicke in die Landschaft bietet. Einen Querschnitt der Straße zeigt Abb. 58. Die ganze Anlage der Straße kann nach Maßgabe der örtlichen Verhältnisse und der Art des Verkehres als ein gutes Vorbild für eine neuzeitliche Straßenanlage angesehen werden.

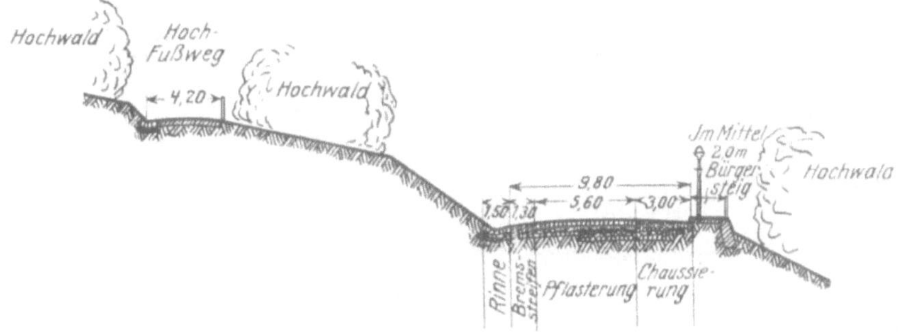

Abb. 58. Straße am Bredeneyer Berg bei Essen.

Die im Abschnitt IV. erörterte Linienführung im Grundriß und Aufriß soll an dem besonderen Beispiel der Ausbildung einer Wendeplatte behandelt werden.

Auftreten einer Kehre.

Wenn in einem steilen Gelände bei der Auslegung einer Straßenlinie sich durch die Einhaltung einer maßgebenden Steigung eine künstliche Längenentwicklung notwendig erweist, wird sie vielfach so vorgenommen, daß die Straße in Windungen auf dem Hang entlang geführt wird. Die Auslegung der Linie geht bekanntlich so vor sich, daß mit der maßgebenden Steigung auf den Höhenlinien eine Nullinie abgesetzt wird, die einen gebrochenen Linienzug darstellt, die mit entsprechenden Ausrundungen versehen werden muß. Die Ausrundung wird an solchen Stellen ausgedehnter, an denen die Nullinie aus einer Richtung in die entgegengesetzte übergeht. Diese Stellen werden mit Kehre oder Wendeplatte bezeichnet.

Lage der Kehre.

Die Einhaltung eines angemessenen Krümmungshalbmessers verlangt an solchen Stellen ein erhebliches Abweichen von der Nullinie. Da damit eine sehr erhebliche Vergrößerung der Erdarbeiten verbunden ist, wird die Kehre nach Möglichkeit an flache Stellen des Hanges gelegt werden müssen, um die aus der Anlage einer Wendeplatte sich ergebenden Erdarbeiten möglichst gering zu halten. Mit Rücksicht auf einen günstigen Massenausgleich innerhalb der Wendeplatte wird am zweckmäßigsten der Brechpunkt der Nullinie zum Mittelpunkt des Halbmessers der Kehre gewählt. Der Anschluß an die Nullinie wird durch Gegenkrümmungen geschaffen, wobei zwischen Krümmung und Gegenkrümmung eine Zwischengerade von mindestens 30 m Länge, besser aber von 60—70 m Länge eingeschaltet werden muß (S. 64).

Die durch die Anlage einer Wendeplatte bedingten Erdarbeiten lassen sich durch Wahl eines möglichst kleinen Krümmungshalbmessers einschränken. Seine Größe richtet sich nach dem auf der Straße verkehrenden größten Langholzwagen (s. Abb. 30), günstiger aber ist es, ihn mit Rücksicht auf den übrigen Kraftwagenverkehr noch größer, also möglichst nicht unter 20 m zu wählen.

Durch die Einlegung eines solchen Krümmungshalbmessers wird die Nulllinie verlängert. Also wird bei Einhaltung der maßgebenden Steigung vor und hinter der Wendeplatte die Strecke der Kehre, um die sich die Nullinie verlängert, horizontal gelegt werden müssen. Dies ist aber mit Rücksicht auf den Verkehr und die Erdarbeiten unvorteilhaft. Zweckmäßig ist es, die durch die Wende-

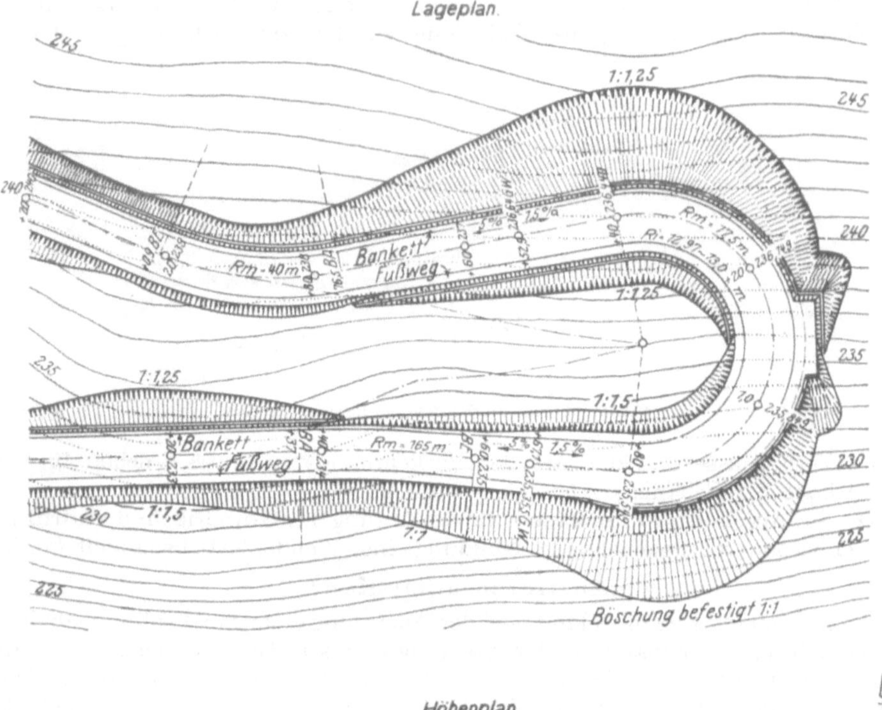

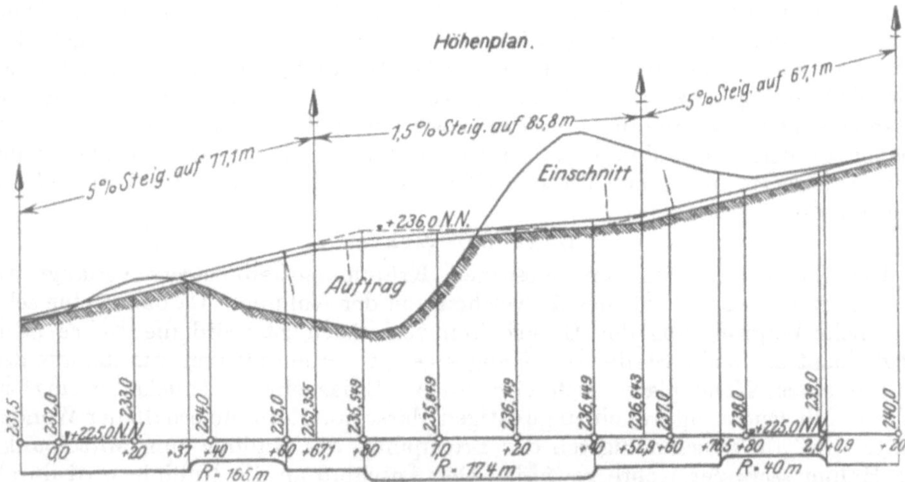

Abb. 59. Ausbildung der Wendeplatte.

platte bedingte Verlängerung der Nullinie dazu zu benutzen, im Zuge der Kehre eine Steigungsermäßigung eintreten zu lassen. Für den Verkehr ist dieses günstiger. Auch werden die erforderlichen Erdarbeiten durch diese Maßnahme verringert. Das Gefälle in der Wendeplatte wird angenommen. Es soll je nach der Größe des Zentriwinkels der Kehre ½—⅓ der maßgebenden Steigung betragen und so bemessen sein, daß die Gefällsbrechpunkte innerhalb der vor und hinter der Wendeplatte einzuschaltenden Zwischengeraden liegen. Der Höhenplan der im Grundriß dargestellten Wendeplatte nimmt dann die Form der Abb. 59 an. Die Lage der Brechpunkte kann rechnerisch bestimmt werden. Es wird bezeichnet mit

q in vH die Steigung der Wendeplatte,
p in vH die maßgebende Steigung der Straßenlinie,
l in Meter die Länge der Wendeplatte,

dann ist $h = \frac{l/2\,q}{100}$, und daraus folgt nach Abb. 60

$$x = \frac{h \cdot 100}{p - q} = \frac{l/2 \cdot q}{p - q}. \qquad (50)$$

Fällt x nicht in die an die Wendeplatte anschließende Gerade, so muß die Steigung der Wendeplatte q noch weiter ermäßigt werden.

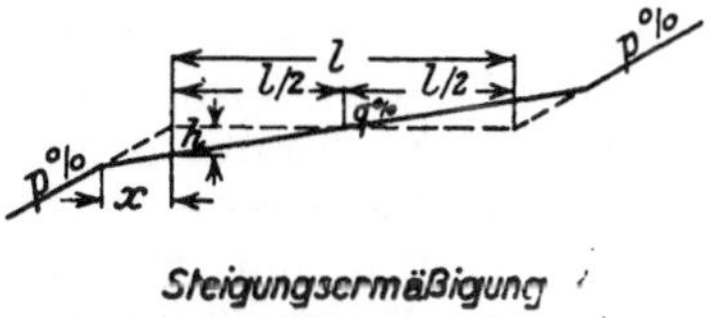

Die Gefällsbrechpunkte bei x müssen nunmehr nach Abschnitt IV. B. e) ausgerundet werden. Die Größe des Ausrundungshalbmessers soll nicht 500 m unterschreiten. Damit ist die Höhenlage der Straßenachse festgelegt.

Steigungsermäßigung

Abb. 60.

Im Grundriß ist nun die Erbreiterung und die Überhöhung der Straße vorzunehmen, wobei von dem Halbmesser der Achse ausgegangen wird. Die Länge der Übergangsbogen, die Erbreiterung und die Überhöhung wird dann je nach Wahl nach den Zusammenstellungen 13, 14 oder 15 vorgenommen. In der Abb. 59 sind die Maße der Zusammenstellung 13 angewendet worden.

V. Straßenbreite.

A. Allgemeines über Fahrdämme.

Zahlreiche Untersuchungen haben sich mit der Festsetzung von Straßenbreiten befaßt, um zu allgemein gültigen Abmessungen zu kommen, an denen es bisher gefehlt hat. Die Breiten der Landstraßen in den einzelnen deutschen Ländern, deren Maße durch Bestimmungen festgelegt sind, die aus den verschiedensten Zeitperioden stammen, weichen sehr voneinander ab. Auf der Städtebauausstellung in Dresden 1903 sind 130 verschiedene Straßenprofile mit 50 verschiedenen Fahrdammbreiten in den ausgestellten Stadtplänen gezählt worden. Im allgemeinen hat man in den Städten den Einfluß des Verkehres auf die Straßenbreite bei Anlage von Stadterweiterungen in den letzten 50 Jahren überschätzt und zu breite Fahrdämme angelegt, bis man sich des Unterschiedes zwischen Wohn- und Verkehrsstraße bewußt geworden ist. Die Straßenbreite setzt sich zusammen aus den Breiten der einzelnen Verkehrsstreifen, die auf ihr untergebracht werden sollen. Jede Verkehrsart beansprucht ihren besonderen Streifen. Als Verkehrsart kommen in Frage: Fußgänger, Fuhrwerke, Straßenbahnen, Reiter und Radfahrer. Die Breite der Fahrdämme, die den Hauptteil der Straße ausmachen und daher zuerst behandelt werden sollen, wird sich aus der Breite der Fahrzeuge und der Zahl der Fahrspuren, die die Straße wird aufnehmen müssen, ergeben. Über die Breite der Fahrzeuge gibt die Zusammenstellung 1, S. 17, Auskunft. An dieser Stelle (S. 14) ist bereits darauf hingewiesen, daß der D. Str. B. V. eine größte Wagenbreite von 2,30 m, die Stu. f. A. eine solche von 2,25 m für Straßen erster Ordnung und 2,10 m für Straßen zweiter Ordnung vorschlagen. Aus diesen Abmessungen wird eine Wagenspur von 3,0 m für Hauptverkehrsstraßen abgeleitet. Diese Breite wird für Wohnstraßen unbedenklich auf 2,75 m und sogar bis auf 2,5 m herabgesetzt werden können. Dagegen wird sie für Straßen, auf denen mit Geschwindigkeiten von 100 km/stdl. und mehr gefahren wird, auf 3,25 oder 3,50 m erhöht werden müssen. Der IV. I. Str. K. hat die Wagenbreite auf 2,5 m festgesetzt. Das ist lediglich ein Vorschlag ohne bindende Kraft. In Deutschland, wie auch in den meisten anderen Kulturländern, bestehen über die zulässige Breite der Wagen keine Vorschriften. Der Vorschlag der französischen Regierung zu dem Abkommen über den internationalen Straßenverkehr, die größte Breite aller Fahrzeuge auf 2,5 m zu beschränken, ist abgelehnt worden. Es besteht nur eine Übereinkunft, daß die Möbelwagen im internationalen Verkehr nicht breiter als 2,5 m sein sollen. Für öffentliche Fuhrwerke hat England die Breite auf 2,2 m beschränkt. Sie müssen eine Kurve von 18,3 m durchfahren können. Die Breite der Wagenspur ist darnach auf 10′ = 3,05 m festgesetzt worden.

Maßgebend für die Fahrspur ist übrigens nicht nur die Wagenbreite, sondern vielmehr die zulässige Ladebreite, die vielfach die Wagenbreite überschreitet. Nach der Polizeiverordnung von Berlin ist eine Ladebreite von höchstens 2,8 m zugelassen. Nachprüfungen auf den Straßen von Manchester haben ergeben, daß dort die Ladebreite der Straßenfuhrwerke 2,5 m betragen hat. Es muß also eine Übereinstimmung zwischen Wagen- und Ladebreite erreicht werden, wenn die nach der Wagenbreite festgesetzten Fahrspurbreiten auch ausreichen sollen. Im amerikanischen Städtebauinstitut hat man sich im Jahre 1921 auf eine Fahrspur von 2,75 m geeinigt. Dieses Maß haben auch Pepler und Josef Brix in ihrem Bericht über „Schlagadern des Verkehres" (Arterial roads) für den IV. Internationalen Kongreß für Städtebau und Landesplanung 1925 in New York übernommen.

Für Hauptverkehrsstraßen ist aber ein Maß von 2,75 m nicht ausreichend, während es für ruhige Wohnstraßen als zu groß anzusehen ist. Den Bedürfnissen wird am ehesten Genüge geschehen, wenn die Fahrspur, je nach der Verkehrsbedeutung der Straße, von 2,5—3,5 m gestaffelt wird. Die Breite des Fahrdammes einer Straße richtet sich alsdann nach der Zahl der erforderlichen Fahrspuren. In dieser Hinsicht wird ein Unterschied zwischen den Land- und Stadtstraßen zu machen sein. Das ergibt sich aus der Verschiedenartigkeit des Verkehres.

a) Landstraßen.

Für die heutige Breite der Fahrbahnen der Landstraßen sind die von den einzelnen Landesregierungen erlassenen Bestimmungen maßgebend gewesen. Nach der Zirkularverfügung des preußischen Handelsministers vom 17. Mai 1871 sind die einzelnen Breitenabmessungen der Kunststraßen, wie in der Zusammenstellung 20 wiedergegeben, festgesetzt worden:

Zusammenstellung 20. Für die gebräuchlichsten Abmessungen der Kunststraßen.

Breite in Metern	Mit Sommerweg					Ohne Sommerweg					
Steinbahn	5,0	4,5	4,5	4,5	4,5	5,6	5,0	5,0	4,5	4,5	4,5
Sommerweg	3,0	3,0	2,5	2,5	2,5	—	—	—	—	—	—
Materialienbankett . .	2,0	1,5	1,5	1,5	1,5	2,0	1,8	1,5	1,8	1,5	1,5
Fußgängerbankett . .	1,5	1,0	1,0	0,5	0,5	1,4	1,2	1,0	1,2	1,5	1,0
Gesamtbreite	11,5	10,0	9,5	9,0	9,0	9,0	8,0	7,5	7,5	7,5	7,0

In anderen Ländern sind ähnliche Bestimmungen getroffen worden; die Abmessungen unterscheiden sich aber stark voneinander. Im allgemeinen sind im Flachlande die Straßen breiter angelegt als im Hügellande und im Gebirge. In Württemberg schwankt die Breite des Fahrdammes je nach der Verkehrsbedeutung der Straße zwischen 4,2—6,0 m. Sommerweg ist nicht vorhanden. Er fehlt durchgängig im Hügelland und Gebirge. Gemessen an dem zuvor als notwendig erkannten Maß der Fahrspuren, sind die Fahrdämme der Landstraßen für den heutigen Verkehr nicht breit genug. Denn auf den Landstraßen werden die Kraftwagen — Personen- wie Lastkraftwagen — versuchen, die höchstmögliche Geschwindigkeit auszunutzen. Dann muß für eine Wagenspur mindestens 3 m Breite angesetzt werden. Für die schon immer zweispurig angelegten Straßen ist dann eine geringste Breite von 6,0 m zu fordern. Dieses Breitenmaß hat auch der II. I. Str. K. für Landstraßen empfohlen. 6 m breite Fahrdämme sind aber nur auf wenigen Straßen vorhanden. Da auf Landstraßen auch viel langsam fahrendes Landfuhrwerk verkehrt, so muß die Möglichkeit der Überholung gegeben sein. Hierzu steht u. U. das Material- oder Fußgängerbankett zur Verfügung. Wo der Fußweg — wie z. B. in Württemberg — hochgelegt ist, fällt die Möglichkeit des Ausweichens fort, oder ist zum mindesten erschwert. Demnach ist z. Z. ein reibungsloser Verkehr von breiten Kraftwagen, Personenomnibussen und Lastkraftwagen auf sehr vielen Landstraßen noch nicht möglich. Die Unzulänglichkeit der Breite der deutschen Landstraßen für den Kraftwagenverkehr ergibt sich auch aus den Erfahrungen auf den amerikanischen Landstraßen. Sie sind bisher mit 18′ = 5,4 m breiter befestigter Bahn angelegt worden. Beiderseits liegt eine 1,8 m breite Berme, die auf Straßen geringerer Bedeutung bis auf 0,9 m eingeschränkt ist (Abb. 61, Regelform für Makadambefestigung). Diese Berme ist mit Steinschlag, Kies oder Makadam befestigt. Wagen, die halten oder überholt werden sollen, können auf die Berme übergehen. Sie wird auch viel befahren; denn in den Straßenunterhaltungsarbeiten wird immer besonders auf die Instandhaltung dieser Bermen hingewiesen. Man wird sie also mit zur Fahrbahn zuschlagen müssen. Dann ergibt sich eine nutzbare Fahrdammbreite von 8,7—7,2 m. Das ist zu beachten, wenn man auf Grund der Erfahrungen in Nordamerika Breitenabmessungen festsetzen will. Aber selbst die bisherige Breite von 5,4 m der befestigten Bahn reicht nicht mehr aus, so daß die Staaten mit starkem Industrieverkehr, wie Pennsylvania und Massachusetts, sie auf 6,0 m verbreitern werden. Bei einer zuvor angenommenen gesamten Fahrdammbreite von 6 m für Verkehr von Kraftwagen würde also nach den amerikanischen Verhältnissen der Verkehr noch behindert sein; denn dort stehen auch die Bermen zur Verfügung. Bei den deutschen Straßen mit Sommerweg wird es möglich sein, diese, im Falle von Umpflasterungen, in die befestigte Bahn einzubeziehen. Auch Streifen von Bermen hat man bei Neudeckung der Straßen mit hinzugenommen. Aber in den seltensten Fällen wird die nutzbare Fahrdammbreite über 6,0 m hinausgehen. Die zureichende Bemessung der Fahrdammbreiten der deutschen Landstraßen mit Rücksicht auf den Kraftwagenverkehr ist daher eine äußerst schwierige Frage, deren Lösung mit starken geldlichen Opfern verbunden ist. Man muß deshalb dem Standpunkt der straßenunterhaltungspflichtigen Verbände eine gewisse Berechtigung zuerkennen, wenn sie darauf sehen, daß die Wagenkasten und Ladebreite der Kraftwagen in solchen Grenzen bleiben, daß die Straßen, die nur 4,0—4,5 m breite befestigte Steinbahnen haben, noch von Kraftwagen zweispurig befahren werden können. Die Länge der Straßen, die nur in solcher Breite befestigt sind — es sind vornehmlich die Kreisstraßen —. ist erheblich, und ihr Umbau auf breitere Fahrbahnen würde unerschwingliche Summen kosten. Lediglich bei Neudeckungen wird man in der Lage sein, die erforderliche Verbreiterung vorzunehmen. Eine Fahrdammbreite von 5,0 m wird in diesem Falle für ausreichend angesehen.

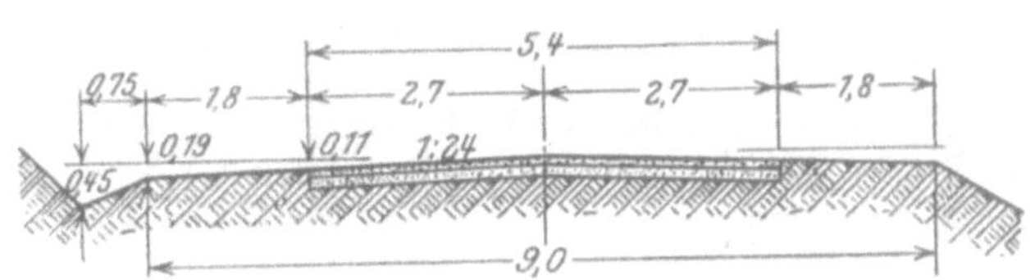

Abb. 61. Regelform der amerikanischen Landstraße.

Bei Bergstraßen wird besonders infolge der Geländeschwierigkeiten angestrebt, die Breite möglichst gering zu halten, so daß breite Personenomnibusse auf ihnen nicht verkehren können. Die Jochbergstraße bei Hindelang in den bayrischen Voralpen hat eine 4 m breite befestigte Bahn und 5,70 m lichte Gesamtbreite (Abb. 62). Die Schweiz erstrebt bei ihren Straßen im Flachlande eine Breite von 6,0 m. Landstraßen werden in den seltensten Fällen dreispurig angelegt werden. Ihr Fahrdamm müßte dann mindestens 9 m Breite erhalten. Eine solche Breite kommt erst auf den Strecken in der Nähe der Städte in Frage; diese Straßen sollen im folgenden Abschnitt besonders behandelt werden.

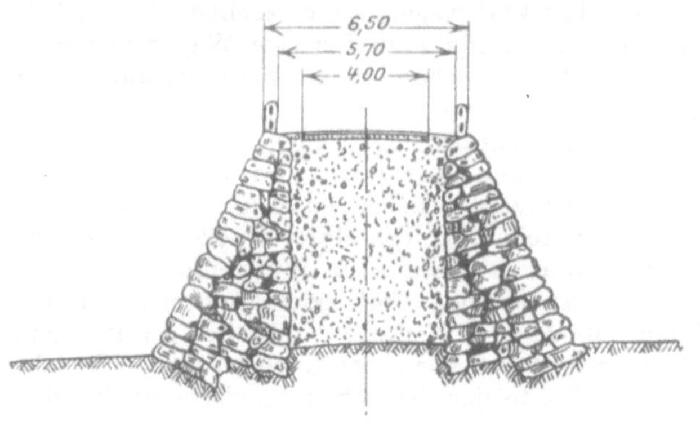

Abb. 62. Querschnitt der Jochbergstraße.

b) Stadtstraßen.

Bevor der Kraftwagenverkehr seinen Einfluß geltend gemacht hat, ist als Wagenspur in den städtischen Straßen das Maß von 2,5 m als Grundlage für die Breitenbemessung der Fahrdämme angenommen worden. Je nach der Anzahl der für notwendig gehaltenen Fahrspuren hat die Breite des Fahrdammes ein Mehrfaches des Grundmaßes von 2,5 m erhalten. Der zweispurige Damm ist 5,0 m, der dreispurige 7,5 m, der vierspurige 10 m u. s. f. angelegt worden, wobei zur Erleichterung des Verkehres geringe Zuschläge von 0,5—1 m gemacht worden sind, so daß dann Fahrdammbreiten von 6, 8, 11 m mit vielen Zwischenstufen entstanden sind. Das Maß von 2,5 m hat, wie schon zuvor erwähnt, Berechtigung nur noch in den verkehrsarmen Wohnstraßen. Hier genügt ein zweispuriger Fahrdamm von 5,0 m, wenn die Straßenränder flach bebaut sind. Bei hoher Bebauung muß darauf Rücksicht genommen werden, daß neben dem Verkehr noch Platz für Wagen gelassen werden muß, die an der Bordschwelle halten. Mit dieser Möglichkeit ist unbedingt zu rechnen. Theoretisch würde eine Breite von 7,5 m notwendig sein. Eine über das erforderliche Maß hinausgehende Breite des Fahrdammes belastet nur die anliegenden Grundstücke mit hohen Anliegerbeiträgen und verteuert die Bebauung. Sammelstraßen, das sind solche Straßen, die den Verkehr aus Wohnstraßen zusammenfassen und in die Verkehrsstraßen leiten, werden dreispurig anzulegen sein und dann mindestens 8,0 m breite Fahrdämme erhalten müssen. In diesem Falle wird die Verkehrsspur von etwa 2,75 m ausreichen. Bei den Verkehrsstraßen wird man zur 3,0 m breiten Spur übergehen müssen. Eine geringere Breite von 2,75 m ist zulässig, wenn die Verkehrsstraße so unterteilt ist, daß die Fahrdämme nur in einer Richtung befahren werden, besonders wenn sich dieser Verkehr langsam bewegt. Der zweispurige Fahrdamm würde dann 5,5 m breit sein. Im übrigen würde die Fahrdammbreite von 3 m zu 3 m gestaffelt werden müssen.

Die Spurzahl wird unter dem Gesichtspunkte der Leistungsfähigkeit der Straße zu betrachten sein. Bei Fuhrwerken, die alle gleich schnell fahren, ist eine zweispurige Straße, wie noch im Abschnitt XI. näher nachgewiesen wird, recht leistungsfähig. Sobald aber langsamer und schneller Verkehr über die Straße geht oder mit Standraum an der Bordkante zu rechnen ist, fehlt es bei zweispurigen Straßen an Überholungsraum. Zweispurige Verkehrsstraßen sollten daher nur als Einbahnstraßen in einer Richtung betrieben werden. Dreispurige Straßen können bei geringerem Verkehr in beiden Richtungen befahren werden, ihre Leistung ist aber dann nicht wesentlich größer als die von zweispurigen Straßen, die Sicherheit zudem bei stärkerem Verkehr gefährdet. In beiden Richtungen betriebene Straßen sollten in Gebieten dichteren Verkehres vier Spuren erhalten, und zwar je eine Spur für den langsamen Verkehr — Lastkraftwagen — und je eine für die schnellfahrenden Personenwagen.

Städtische Verkehrsstraßen werden zumeist Straßenbahnen aufnehmen müssen. Über die Lage dieser Gleise in der Straße haben sich bereits bestimmte Anschauungen entwickelt, die im Abschnitt VI. C. Straßeneinteilung, besprochen werden. Hier sollen nur die Breitenabmessungen behandelt werden. Die Spurbreite der Bahnen — ob Schmal- oder Normalspur — ist ohne Einfluß auf das lichte Raummaß der Bahn. Im allgemeinen haben die Straßenbahnwagen

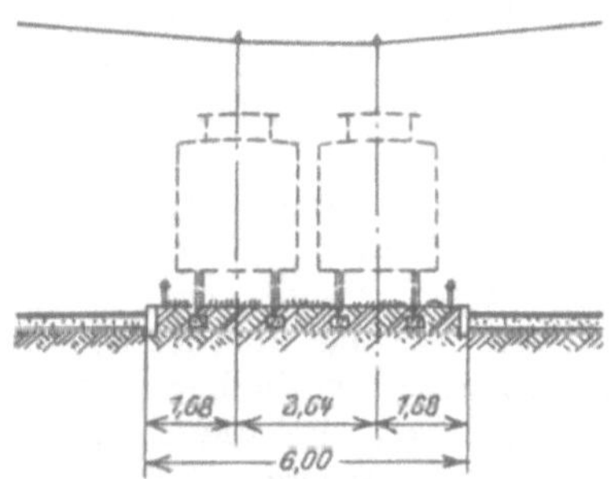

Abb. 63. Besonderer Straßenbahnkörper — Geringstmaß.

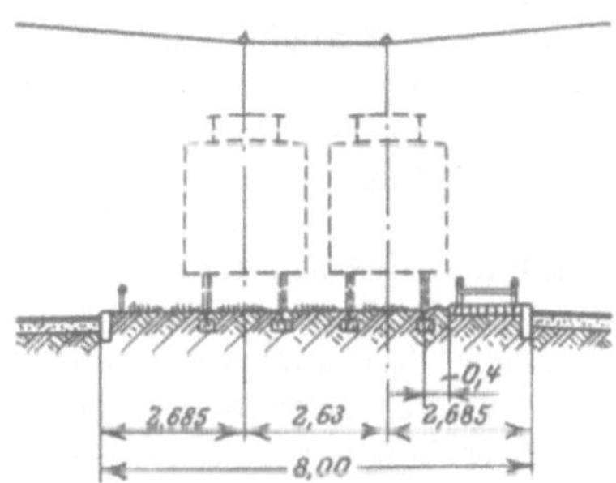

Abb. 64. Besonderer Straßenbahnkörper mit Bahnsteig an Haltestellen.

sowohl bei Schmal- wie Normalspur eine lichte Breite von 2,0—2,2 m. Zwischen zwei Wagen soll nach der Betriebsordnung ein Zwischenraum von 0,5 m gehalten werden. Der Abstand von Mitte Gleis zu Mitte Gleis ergibt sich dann zu 2,5 bis 2,7 m. Auf den Außenseiten besteht die Vorschrift, daß Einbauten 1,5 m von Gleismitte entfernt bleiben müssen. Der lichte Raum, den demnach eine Straßenbahn in Anspruch nimmt, beträgt 5,5—5,7 m. Mit Rücksicht darauf, daß die Bahn an feste Gleise gebunden ist, wird man nach dem Muster der Wagenspur die Breite einer zweigleisigen Straßenbahn auf 6,0 m gleich zwei Wagenspuren setzen müssen. Ein Fahrdamm mit Straßenbahngleisen in der Mitte und je einer Wagenspur an den Seiten muß eine Breite von 11,0 m erhalten. Die Spuren der Straßenbahnen können dann von dem übrigen Verkehr mitbenutzt werden. Bei starkem Fuhrwerkverkehr wird der Straßenbahnverkehr durch die überholenden Wagen erheblich behindert. Es muß dann die Fahrbahnbreite auf 16 m erweitert werden.

Die Verlegung der Straßenbahn in den Fahrdamm bietet aber manche Nachteile, auf die im Abschnitt VI — Straßeneinteilung — noch besonders hingewiesen werden wird. Es wird erstrebt, die Straßenbahn in besonderem Bahnkörper, der von Bordkanten eingefaßt ist, zu verlegen. Ein solcher zweigleisiger Bahnkörper würde nach den zuvor gemachten Ausführungen nach Abb. 63 mindestens 6,0 m Breite beanspruchen. Fahrzeuge, die auf dem Fahrdamm dicht an der Bordkante halten, ragen zwar etwas in den lichten Raum der Straßenbahn hinein, eine Gefährdung ist aber nicht anzunehmen, da genügend Spielraum vorhanden ist. Eine Breite von 6,0 m erweist sich als unzulänglich, wenn auf dem Bahnkörper noch Platz für wartende Fahrgäste an den Haltestellen geschaffen werden soll. Nach Erfahrungen in Charlottenburg, das als erste Stadt in Deutschland den besonderen Bahnkörper eingeführt hat, muß er in diesem Falle 8 m breit werden. Er erhält dann die Anordnung der Abb. 64. An den Stellen, die nicht mit Bahnsteigen versehen sind, können die Ränder mit Bäumen oder Blumen bepflanzt werden.

B. Bürgersteige.

Für die Breite der Bürgersteige ist der Umfang des Verkehres an Fußgängern in erster Linie maßgebend, aber auch die Notwendigkeit, auf den Bürgersteigen Maste, Laternen Transformatoren, Bäume, Anschlagsäulen, Zeitungshäuschen u. a. m. und unter ihnen Versorgungsleitungen anzubringen, bestimmt ihre Abmessungen. In Wohnstraßen flacher Bauweise wird vielfach mit Rücksicht auf den geringen Verkehr auf Bürgersteige verzichtet. Besonders in der Form des Wohnhofes, der als Sackgasse ausgebildet ist, wird das zulässig sein. Dagegen wird bei Straßen, die einen durchgehenden Verkehr gestatten, ein Bürgersteig auf beiden Seiten jetzt gefordert werden müssen. Das ergibt sich aus den Überlegungen, daß auch in den Wohnstraßen der Kraftwagen eindringen wird. Es muß dann zwischen dem Haus oder dem Vorgarten und dem auf dem Damm stehenden Personenkraftwagen Raum für Fußgänger geschaffen werden.

Ein Bürgersteig, der Raum für zwei sich begegnende Personen bieten soll, muß mindestens 1,50 m breit sein. Wenn am Rande Laternen aufgestellt werden sollen, muß das Maß auf 2,30 m vergrößert werden. Straßen, die an den Häusern Geschäfte aufweisen, brauchen breitere Bürgersteige, damit der schnelle Fußgängerverkehr den langsamen ohne gegenseitige Störung überholen, und daß sich beide Verkehrsrichtungen bequem nebeneinander vorbeibewegen können. In Sammelstraßen wird eine Breite von 3,5 m genügen. Bei dieser Breite ist es möglich, alle Versorgungsleitungen, zu denen Gas-, Wasser-, Entwässerungsleitungen, Kabel der Post und Feuerwehr, der Elektrizitätswerke und Straßenbahn rechnen, unterzubringen. Geschäfts- und Verkehrsstraßen verlangen Bürgersteige von mindestens 6 m Breite. Sollen Bäume an den Bordkanten aufgestellt werden, so ist darauf zu achten, daß ihre Baumkronen nicht den unteren Geschossen das Licht fortnehmen. Von 6 m Breite an werden Baumpflanzungen zugelassen sein. Wenn schmalere Bürgersteige Baumreihen erhalten sollen, werden Baumarten auszuwählen sein, die keine Kronen entwickeln, z. B. Pappeln, oder die Bäume werden geschnitten: Kugelakazien, Platanen, Rot- und Weißdorn u. a. Breite Bürgersteige werden in Geschäfts- und Verkehrsstraßen viele Vorteile bieten. In solchen Straßen nehmen die Versorgungsleitungen solchen Umfang an, daß die sonst in Wohnstraßen auskömmliche Breite nicht mehr zureicht. Denn in solchen Straßen werden neben den Leitungen zur Versorgung der Häuser noch die Hauptstränge unterzubringen sein. Auch treten zu den vorhandenen üblichen noch andere hinzu, wie z. B. neuerdings die Fernheizleitungen, die mindestens einen Streifen von 1,0 m beanspruchen. Breite Bürgersteige bieten zudem den Vorteil, daß sie, wenn das Raumbedürfnis der Fahrdämme so angewachsen ist, daß sie nicht mehr genügen, unbedenklich verschmälert und zur Verbreiterung der Fahrdämme benutzt werden können. Es wird sich daher stets empfehlen, die Bürgersteige so breit als irgend möglich anzulegen.

C. Nebenanlagen.

Radfahrwege, die in einer Richtung befahren werden, müssen mindestens 1,2 m Breite erhalten. Die nutzbare Breite für zwei Fahrrichtungen wird mindestens 2,0 m betragen müssen. Auf Ausfallstraßen mit starkem Radfahrerverkehr, auf Parkstraßen und überall da, wo es möglich ist, soll die Breite auf 3 m vergrößert werden. Reitwege werden nur gelegentlich anzulegen sein. Sie werden in Parkanlagen und Stadtwäldern gewünscht werden und auf den Zufahrtsstraßen zu solchen Grünflächen angebracht sein. Die geringste Breite ist zu 3,0 m anzunehmen. Der Reitweg auf dem Kaiserdamm in Charlottenburg hat zwischen den Bordkanten 6,5 m Breite. Von diesem Maß geht aber noch ein mit Bäumen besetzter Grünstreifen von 1,0 m ab. Ein anderer Reitweg in Charlottenburg ist sogar auf 9 m Breite innerhalb der Bordschwellen angelegt, nach Abzug von etwa 2 m für zwei Baumreihen bleiben 7,0 m für den Reitweg nutzbar.

VI. Straßenmäßige Einteilung.

A. Allgemeines.

Unter der straßenmäßigen Einteilung versteht man die Unterteilung des Straßenraumes nach den verschiedenen Verkehrsarten. Es kommen in Frage:

1. die Fußgänger, für die Fußwege, Bürgersteige und Promenaden vorzusehen sind,
2. langsamer Verkehr von Lastwagen,
3. Schnellverkehr,
4. an Schienen gebundene Bahnen, wie Straßenbahnen und Schnellbahnen,
5. Radfahrer,
6. Reiter.

Die Sicherheit des Verkehres verlangt, daß jede Verkehrsart einen genügend breiten Streifen erhält, und daß die einzelnen Streifen so zueinander liegen, daß sie sich nicht gegenseitig behindern, sondern der Verkehr sich so reibungslos als möglich abwickelt. Die Breite der Verkehrsbänder richtet sich nach den Abmessungen der Verkehrsmittel und nach dem Verkehrsumfang, worüber im vorhergehenden Abschnitt die erforderlichen Angaben gemacht sind.

Im Aufbau der straßenmäßigen Einteilung wird man zwischen Landstraßen und Stadtstraßen unterscheiden können, obwohl an den Rändern der städtischen Siedlungen am Übergang von Stadt zu Land sich der Unterschied verwischt und in Bezirken wie im Ruhrgebiet, im Bergischen Land, im niederrheinischen Siedlungsgebiet, am Mittel- und Oberrhein und im sächsischen Industriemittelpunkt die Ortschaften so dicht liegen, daß die Landstraßen fast lückenlos bebaut sind und von Landstraßen daher kaum die Rede sein kann. Dennoch soll nach Land- und Stadtstraßen unterschieden werden.

B. Landstraßen.

Landstraßen haben bisher nur zwei Verkehrsarten gekannt, den Fußgängerverkehr, dem eine Berme am Rande des Planums zugewiesen worden ist, und den Fuhrverkehr, der den überwiegenden Teil der Straße in Anspruch genommen hat. In Deutschland ist durch Anlage der Sommerwege gewissermaßen noch eine Unterscheidung nach langsamem und schwerem, schnellem und leichtem Verkehr erfolgt. Für den erstgenannten ist die befestigte Steinbahn, für den anderen, der aus leichten Personenwagen, Reitern, Viehherden besteht, der Sommerweg bestimmt. Die üblichen Breitenabmessungen nach den preußischen Vorschriften sind schon im Abschnitt V. A. a) gegeben, wo auch schon darauf hingewiesen ist, daß der Sommerweg für die Verbreiterung der befestigten Fahrbahn mit Rücksicht auf den Kraftwagenverkehr benutzt werden wird. Es liegt noch keine Veranlassung vor, an der vorhandenen Einteilung, wie sie Zusammenstellung 20 wiedergibt, etwas zu ändern, lediglich muß mit der Zeit der befestigte Streifen der Fahrbahn auf mindestens 5—6 m verbreitert werden. Denn im Abschnitt II. B. c), S. 10, ist durch die Verkehrszählungen des D. Str. B. V. darauf hingewiesen, daß in größerer Entfernung von Städten der Umfang des Verkehres nicht so stark geworden ist, daß er besondere Maßnahmen erfordert, wenn auch eine gewisse Behinderung des schnellen Kraftwagens durch das langsame landwirtschaftliche Fuhrwerk nicht abgeleugnet werden kann. Hier kann die schon als notwendig erkannte und vielfach schon durchgeführte Verbreiterung der Fahrbahn und eine bessere Verkehrsregelung und Fahrdisziplin, wie sie durch die Verordnung über den allgemeinen Verkehr auf öffentlichen Wegen (Reichstagsdrucksache Nr. 2357) angebahnt ist, für lange Zeit noch Wandel schaffen.

Zu einschneidenden Maßnahmen zwingt die Entwicklung bei den Landstraßen dort, wo sie in den Einflußbereich der Städte kommen, oder wo der schon oben erwähnte Fall eingetreten ist, daß die Landstraße zur Siedlungsstraße geworden und an den Rändern angebaut worden ist. Auf diesen Strecken haben sie nach den Verkehrszählungen einen starken Verkehr aufzunehmen. Ihre Ausgestaltung wird daher nach zwei Richtungen besondere Rücksichten fordern: auf den Verkehr, dem in den Außengebieten die volle Entfaltung seiner Schnelligkeit ermöglicht werden muß, ferner auf die siedlungstechnische Entwicklung der Stadt. Es darf weder die Straße die zukünftige Entwicklung des Stadtgebildes, noch der Bebauungsplan die kommende Verkehrsentwicklung und Abwicklung behindern. Es wird also für Entwicklungsmöglichkeiten der nötige Spielraum zu lassen sein. Der Ausbau des Straßennetzes wird schrittweise vor sich gehen und nach folgenden Gesichtspunkten zu erfolgen haben.

Die Fahrdammflächen für den Verkehr mit der größten Geschwindigkeit liegen in der Mitte, für die geringere Geschwindigkeit (Orts- und Haltverkehr und Fußgänger) an den Seiten. Diese Verteilung ist eine allgemein anerkannte

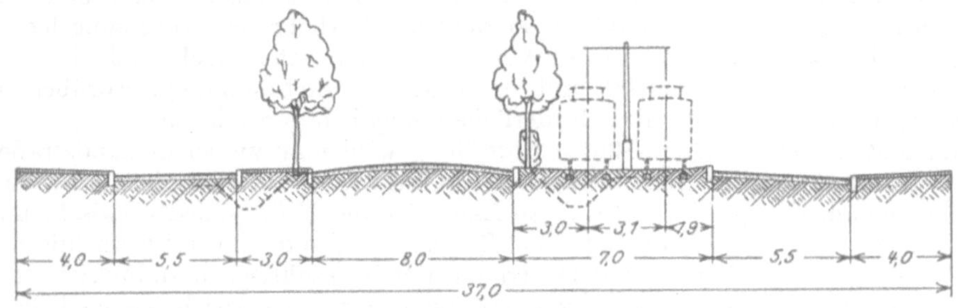

Abb. 65. Umbau einer Landstraße in eine städtische Ausfallstraße.

Regel und gilt für alle Land- wie Stadtstraßen. Ihre Anwendung auf die Landstraßen ermöglicht zugleich eine leichte Einführung der Landstraße in die Stadtstraße. Die Aufgabe wird folgendermaßen zu lösen sein. Der Fahrdamm der alten Landstraße bildet das Rückgrat der neuen Straße, indem er später für den Schnellverkehr in Aussicht genommen wird. Er bildet die Mitte, die Erweiterung erfolgt nach beiden Seiten. Bei einer Breite der befestigten Fahrbahn von 4,5 m, 3 m Sommerweg, 1,5 m Fußsteig und 1,0 m Berme, beträgt die ganze Planumbreite 10 m (s. S. 90). Da die Baummitten 0,3 m von der Planumskante abstehen, verbleiben von Mitte zu Mitte Baum 9,4 m. Sollen die Bäume erhalten werden, würde die den Fahrdamm begrenzende Bordschwelle 0,7 m von Baummitte anzulegen sein und dann ein 8 m breiter, also ein allenfalls dreispuriger Fahrdamm verbleiben (Abb. 65). Auf vielen Landstraßen wird ein zweispuriger Ausbau in 6 m Breite für lange Zeit noch genügen. Die Verbreiterung würde für spätere Zeit vorzusehen sein.

Sobald die Landstraße sich dem Siedlungsrand nähert, oder auf Landstraßen in dichter besiedelten Gegenden (Rheinland, Westfalen), macht sich das Bedürfnis geltend, eine Kleinbahn anzulegen. Wird die Bahn eingleisig betrieben, so wird das rechte Gleis zuerst angelegt und der Graben zur Entwässerung der Straße und des Bahnplanums belassen. Mit dem zweigleisigen Ausbau wird zumeist wohl eine unterirdische Entwässerung der Straße verbunden sein, so daß der

Graben zugeschüttet werden kann. Greift die Bebauung auf die Straßenfluchten über, müssen sie durch besondere Ortsfahrdämme zugänglich gemacht werden, die zugleich dem langsamen Schwerverkehr dienen. Der endgültige Ausbau entspricht dann der Abb. 68 mit einer Breite zwischen den Baufluchten von 37 m. Bei einseitigem Anbau würde die Straße die Einteilung der Abb. 66 erhalten (Straße von Stuttgart nach Feuerbach[41]).

Aus diesen Ausbauvorschlägen der Landstraßen folgt, daß rechtzeitig durch Erlaß entsprechender Bauordnungen die nötige Breite der zukünftigen Straße sichergestellt wird. Es muß durch Vorschriften und sogenannte elastische Bebauungspläne jede zu dicht an der Straße liegende Bebauungsmöglichkeit verhindert werden. Für diesen Fall sind klare Richtlinien vorgezeichnet, deren Einhaltung schon deshalb gesichert erscheint, weil das in Anspruch zu nehmende Gelände als Ackerland billig sein wird. Die Durchführung kann auch wirtschaftlich erfolgen, wenn die auf die Anlieger umzulegenden Straßenausbaukosten nur für die Ortsstraße berechnet werden — eine Maßnahme, die sich aus dem öffentlichen Recht aller deutschen Staaten ergibt (Preuß. Fluchtliniengesetz § 15, Württ. Baugesetz von 1910, Sächs. Baugesetz) — und die Ausbaukosten der

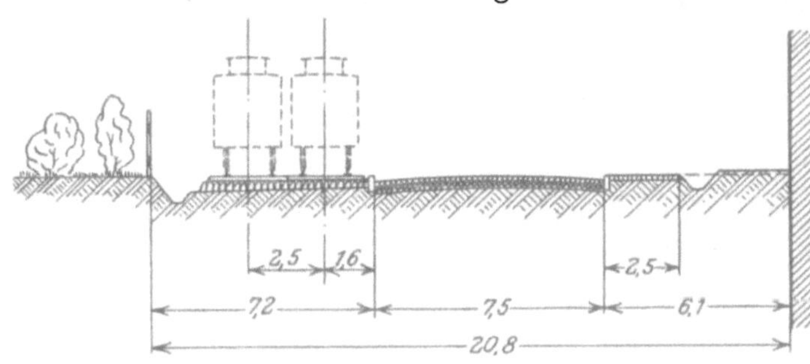

Abb. 66. Einseitig bebaute Verbindungsstraße.

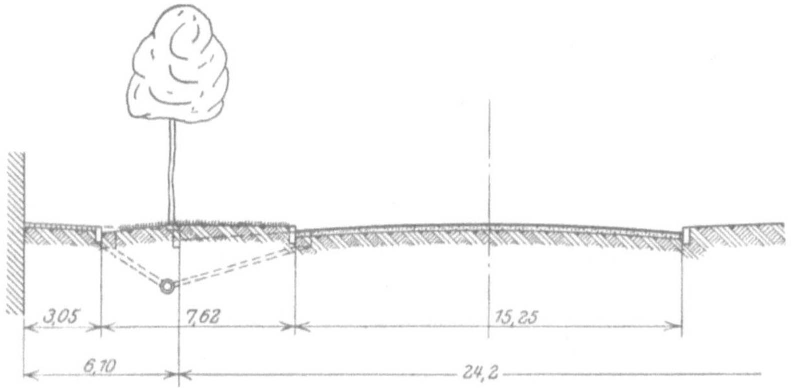

Abb. 67. Ausfallstraße in England.

Kraftwagenbahn der straßenunterhaltungspflichtige Verband übernimmt, der sie bisher getragen hat. Recht weiträumig sind auch die englischen Landstraßen, die zwischen Fußweg und Fahrdamm einen breiten Grünstreifen aufweisen, der einmal den Bürgersteig dem Einflusse des Wagenverkehres entzieht und später zur Fahrdammverbreiterung mitbenutzt werden kann (Abb. 67).

In dichter besiedeltem hochwertigen Gelände wird die Durchführung von Straßen solcher Einteilung und Breite auf erhebliche Schwierigkeiten stoßen. Die Kosten für Straßen in einer Gesamtbreite zwischen den Baufluchten bis zu 50 m werden nicht aufzubringen sein. In solchen Gebieten bleibt nichts anderes übrig, als unter Beibehaltung der gegebenen Einteilung Einschränkungen vorzunehmen. Solche Verhältnisse liegen jetzt beim Ruhrsiedlungsverband vor, zu dessen Zuständigkeit die Festlegung von Verkehrsbändern und Ausbau von Überlandverbindungen auch in den städtischen Weichbildern gehört. Da es sich hierbei um große Durchgangsstraßen handelt, wird man sie noch unter den Begriff Landstraßen rechnen können. Die Zustände im Verbandsgebiet, die sich von ähnlichen stark besiedelten Bezirken, z. B. um Leipzig, herum kaum unterscheiden werden, haben zu klaren technischen Entscheidungen geführt, deren Grundsätzlichkeit für die gesamte Frage von Bedeutung ist, und die daher im nachfolgenden behandelt werden sollen.

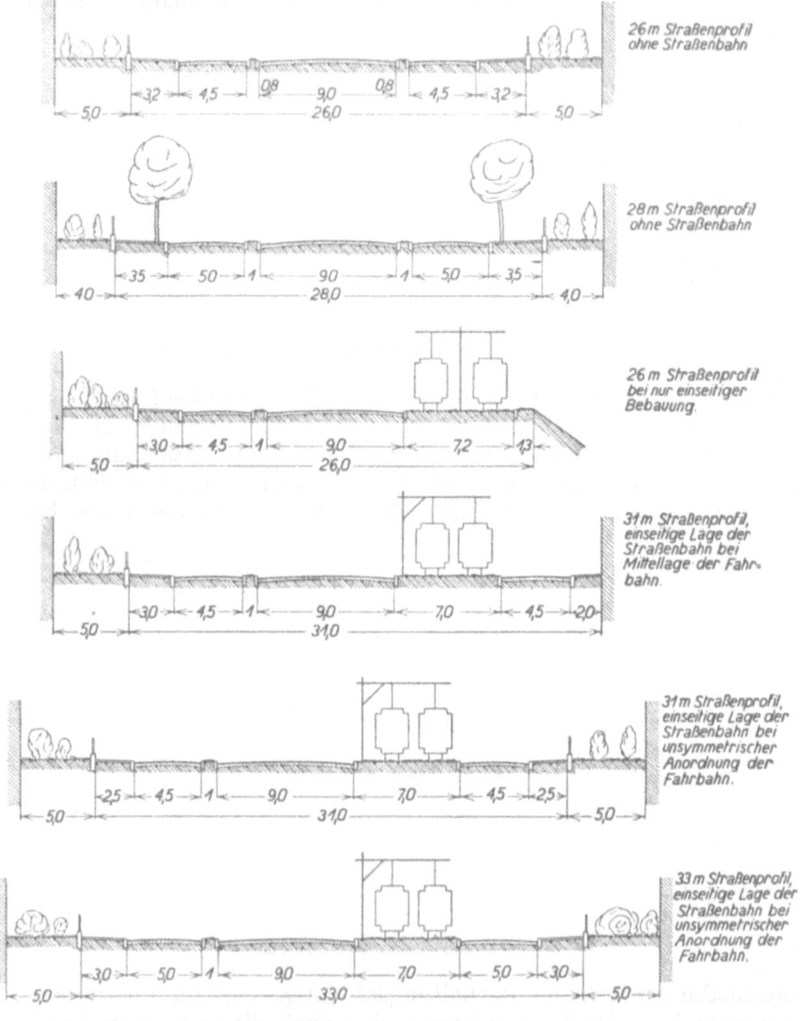

Abb. 68. Regelformen des Ruhrsiedlungsverbandes.

Für das Verbandsgebiet kommen Fernstraßen, auf denen nur Kraftwagen verkehren, und die nicht dem Anbau dienen, nicht in Frage, weil die Bebauung ins Innere des Industriebezirkes zu weit fortgeschritten ist. Sie würden aus wirtschaftlichen Schwierigkeiten auch nicht durchzuführen sein. Solche Straßen würden außerdem planumfreie Kreuzungen mit den andern Straßen verlangen. Um dem Kraftwagen aber die freie Beweglichkeit nicht zu nehmen, müßten in geringeren Abständen Rampen angelegt werden, für deren Anlage das Gelände kaum oder nur sehr schwer zu beschaffen ist. Für solche Bezirke kommt also nur die ausgebaute, dem gemischten Verkehr dienende Straße in Frage, für deren straßenmäßige Einteilung die Vorschläge nach Abb. 68 gemacht worden sind[1]):

Mit Ausnahme der Straßenbreite von 26,0 und 28,0 m Breite haben diese Straßen Straßenbahnkörper, deren Breite allerdings nur zu 7,0 m angenommen ist, weil auf der Seite des Ortsfahrdammes auf einen Bahnsteig an den Haltestellen verzichtet werden kann. Die Einteilung dieser Querschnitte entwickelt sich aus der ehemaligen Landstraße, die schrittweis etwa nach dem Muster der Abb. 65 ausgebaut wird. Da diese Straßeneinteilungen bereits die städtischen Bedürfnisse befriedigen sollen, kann eine richtige Beurteilung nur erfolgen, nachdem zuvor die Anforderungen der städtischen Straßen behandelt sind.

C. Stadtstraßen.

Auf den Unterschied zwischen Wohn- und Verkehrsstraßen ist bereits im Abschnitt V.A. hingewiesen (S. 89). Mit diesen Begriffen wird nicht eine ganz bestimmte Form bezeichnet, sondern es ist nur ein Gattungsbegriff, der viele Spielarten umfaßt. Wohnstraßen fallen in Kleinstädten, städtischen Außensiedlungen anders aus als im geschlossenen Wohnbezirk. Die Abb. 69 zeigt eine Gegenüberstellung von Wohn-, Verkehrs- und Hauptverkehrsstraßen aus den staatlichen Bergmannsiedlungen Hassel, Scholven und Bertlich, die um 1915 herum erbaut worden sind. Die Abmessungen der Straßen decken sich nahezu mit den im Abschnitt V.

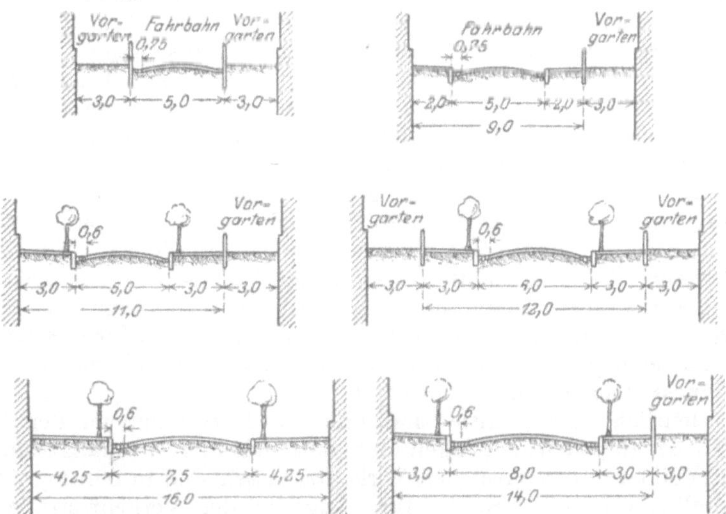

Abb. 69. Einteilung von Wohn- und Verkehrsstraßen in Siedlungen.

gegebenen Grundmaßen. Da es sich um kleine Siedlungsmittelpunkte handelt, bleiben die Straßenbreiten innerhalb beschränkter Grenzen. Für Einteilung der Wohnstraßen in Gebieten des Flachbaues haben bisher die Normalmaße dieser Abbildung gegolten. Sie sind nur noch zulässig in sehr bescheidenen Anlagen, z. B. in Wohnhöfen. Vielfach sind in Wohnsiedlungen auch einspurige Straßen angelegt worden, die seitlich schmale Fußwege erhalten haben. Das muß als eine verfehlte Anordnung bezeichnet werden, weil Bürgersteige zum Schutze der Fußgänger vor dem Wagenverkehr an solchen Straßen nicht erforderlich sind. Es ist viel zweckmäßiger, den Raum der Bürgersteige zum Fahrdamm zuzuschlagen, diesen auf diese Weise zweispurig anzulegen und auf die Bürgersteige zu verzichten. Dafür spricht die Tatsache, daß auch der Kraftwagen

[1]) Zufolge Mitteilung des Ruhrsiedlungsverbandes in Essen.

heute schon in die bescheidensten Siedlungen eingedrungen ist. Seine dezentralisierende Wirkung im Siedlungswesen, indem er dem Siedler gestattet, weitergelegene Wohngebiete aufzusuchen, wird sich bald auch bei uns bemerkbar machen. Die Benutzung des Kraftwagens erfordert, nach dem Beispiel der amerikanischen Wohnstraßen, daß es möglich ist, den Wagen auch auf der Straße stehenzulassen. Minimalbreiten von Wohnstraßen, wie sie Genzmer, Scheuermann und Althoff errechnet haben, können heute als vorbildlich nicht mehr betrachtet werden. Das Schema der schmalen Wohnstraße wird revisionsbedürftig. Für die Zukunft wird es sich empfehlen, Wohnstraßen etwa nach dem Vorbild der Abb. 69, die beiden mittleren Querschnitte, auszubilden. Solche Straßeneinteilung würde für Gebiete der dreigeschossigen Bauweise noch anwendbar sein. Für die geschlossenen Wohngebiete mit vier- bis fünfgeschossigen Bauten, die zwar nach den geltenden Anschauungen nicht mehr ausgeführt werden sollen, die aber in vielen Bebauungsplänen und Bauordnungen der Großstädte noch vorhanden sind und wegen der wirtschaftlichen Auswirkungen nicht mehr beseitigt werden können, müssen breitere Straßen vorgesehen werden. Die Fahrdämme werden mindestens dreispurig angelegt werden müssen. Für eine Wagenspur von 2,5 m ergeben sich Fahrdammbreiten von 7,5 m, als mittleres Maß dürften 7 m genügen, wie es sich bei Wohnstraßen in Charlottenburg als ausreichend erwiesen hat. Diese Breite ist aus den Anforderungen des Kraftwagenverkehres durchaus begründet. Hätten die nordamerikanischen Wohnstraßen nicht so breite Fahrdämme von vornherein gehabt, würden sich jetzt schon recht fühlbare Verkehrsschwierigkeiten in den Wohngebieten einstellen. Das vielfach in den nordamerikanischen Wohnstraßen geübte Verfahren, aus Mangel an Unterstellraum die Kraftwagen auf den Straßen stehenzulassen, hat bei einer Mindestbreite von etwa 7—7,5 m nachteilige Folgen auf die Verkehrsabwicklung in den Straßen nicht gehabt. Sollte eine solche Entwicklung auch in Deutschland vorauszusehen sein, muß sich die Fahrdammbreite ihr anpassen. In vorhandenen Straßen kann es durch Verschmälerung der Vorgärten erreicht werden. Selbst wenn es für unsere deutschen Verhältnisse nicht in Frage kommen sollte, die Kraftwagen nachts auf den Straßen zu belassen, so wird doch die Aufstellung am Tage, z. B. während der Geschäftspausen in den Wohnstraßen, in größerer Zahl nicht verhindert werden können und daraus zu folgern sein, daß bei der Breitenabmessung und Einteilung der Wohnstraßen auf Standraum für den Kraftwagen Rücksicht zu nehmen ist, wobei aber nicht gesagt sein soll, daß die amerikanischen Abmessungen für uns vorbildlich sind.

Außerordentlich mannigfaltig sind nun die Entwicklungen der Verkehrsstraßen. Es ist aber deutlich erkennbar, daß sich hier Normalgrößen mit der Zeit herausgebildet haben. Auf den Verkehrsstraßen sind in den meisten Fällen Straßenbahnlinien untergebracht. Ihre Lage in der Verkehrsstraße ist umstritten. Das vom Eisenbahnwesen her bekannte Unterscheidungsmerkmal des Linien- und Richtungsbetriebes läßt sich auch auf die Straße hinsichtlich der Unterbringung des Straßenbahnkörpers anwenden. Bei der üblichen Form, daß die Straßenbahn in der Mitte des Fahrdammes eingepflastert liegt, besteht Richtungsbetrieb, insofern als die Grenze in der Fahrtrichtung durch die Straßenkrone geht und jedes Gleis in der Richtung des neben ihm herlaufenden Wagenverkehres fährt. Die Lage des an Schienen gebundenen Beförderungsmittels an dieser Stelle ist nicht ungünstig. Es trennt zugleich die beiden Fahrtrichtungen des Wagenverkehres und ordnet damit den Verkehr. Nachteilig ist diese Lage nur für die Fahrgäste, die bei Benutzung die Fahrdämme kreuzen und an den Haltestellen ungeschützt den Angriffen des Fuhrverkehres ausgesetzt sind. Eine Verbesserung ist es gewesen, als im Jahre 1904 zum erstenmal in der Hardenbergstraße in Charlottenburg die Straßenbahn in Straßenmitte in eigenem Bahnkörper verlegt worden ist. Die Ausführung hat sich so bewährt, daß bei dem

Entwurf von Verkehrsstraßen in Bebauungsplänen die Lage der Gleise in besonderem Bahnkörper gefordert werden muß. Die Vorteile dieser Anordnung sind:

1. Eine Vermehrung der Fahrgeschwindigkeit der Straßenbahnen;

2. Eine Erhöhung der Sicherheit der Fußgänger beim Überschreiten der Straße, weil sie die neben den Straßenbahngleisen befindlichen Streifen als Zuflucht benutzen können;

3. Eine Herabminderung der Anlage- und Unterhaltungskosten der Straßenbahngleise, weil der Straßenbahnkörper von den Fuhrwerken und Wagen nicht benutzt wird und daher mit minderwertigem Material gepflastert werden kann;

4. Eine Herabminderung des Geräusches der Straßenbahnen, weil eine Betonunterbettung in ganzer Breite des Bahnkörpers nicht erforderlich ist, vielmehr eine schmale Schotterunterbettung der Schienen genügt.

Der besondere Bahnkörper in Straßenmitte trennt den Fuhrwerksverkehr nach seinen beiden Richtungen hin scharf, während bei der zuerst behandelten Verlegung der Gleise im Fahrdamm ein Querverkehr möglich ist und die Gleise von den Fuhrwerken mit benutzt werden können. Das ist bei besonderem Bahnkörper nicht möglich. Infolgedessen werden die nur in einer Richtung befah-

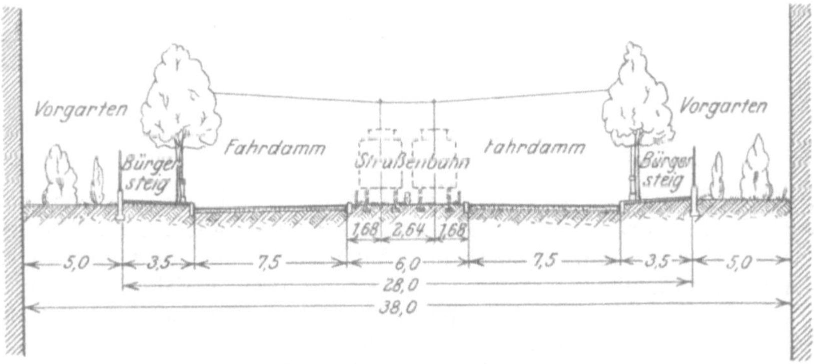

Abb. 70. Einteilung einer Hauptverkehrsstraße.

renen Fahrdämme etwas breiter angelegt werden müssen. Der Raumbedarf für einen Fahrdamm mit besonderem Straßenbahnkörper ist daher größer. Bei eingebauter Straßenbahn reichen 10—11 m Fahrdammbreite zwischen den Bordkanten aus. Bei besonderem Bahnkörper sind für diesen allein 8 m anzusetzen. Die Fahrdämme erfordern je nach der Verkehrsbedeutung mindestens 6 m, so daß die gesamte Breite auf 20 m anwächst. Bei 6 m breiten Bürgersteigen erhält eine solche Verkehrsstraße 32 m Breite. Dieselbe Straße mit 7,5 m breiten Fahrdämmen zeigt einen leistungsfähigen und übersichtlichen Querschnitt (Abb. 70). Der Fahrdamm ist dreispurig, je eine Spur für den schnellen, langsamen und den Orts- oder Halteverkehr. Eine solche Einteilung ist wirtschaftlich und wird sich daher auch noch im geschlossen bebauten Stadtring durchführen lassen. Dieser Querschnitt mit 8 m breiten Fahrdämmen und 38 m Gesamtbreite ist das Normalmaß, das beispielsweise für den Ausbau des Straßennetzes den Bebauungsplänen der Stadt Charlottenburg zugrunde gelegt worden ist.

Erweist sich die Notwendigkeit, drei Fahrdämme anzulegen, dann ist die Entscheidung zu treffen, ob Richtungsbetrieb oder Linienbetrieb eingeführt werden soll. Richtungsbetrieb würde bedeuten, daß die beiden Gleise getrennt und je ein Gleis zwischen Orts- und Schnellfahrdamm gelegt werden wird. Die Vorteile dieser Anordnung bestehen darin, daß die Verkehrsrichtungen klar getrennt sind.

Diese Anordnung wird vom Standpunkte der Betriebs- und Unfallsicherheit als eine brauchbare Lösung angesehen, weil beim Kreuzen einer solchen Straße für jede Hälfte nur Verkehr aus einer Richtung zu erwarten und daher zu beobachten ist. Ferner werden für die bei so breiten Straßen wünschenswerte Baumbepflanzung zwischen Straßenbahnkörper und Ortsfahrbahn durch den nur mit Rasen bedeckten Bahnkörper günstige Wachstumsbedingungen geschaffen und der Baum weit genug von dem Kraftwagenschnellfahrdamm abgerückt. Dennoch stehen dieser Anordnung Bedenken entgegen. Es ist nicht damit zu rechnen, daß der Straßenbahnfahrgast immer gerade diejenige Straßenseite aufsuchen wird, auf der das von ihm benutzte Gleis liegt. Wenn eine große Verkehrsstraße zu beiden Seiten ein fast nahezu gleich tiefes Hinterland besitzt, wird die Zahl

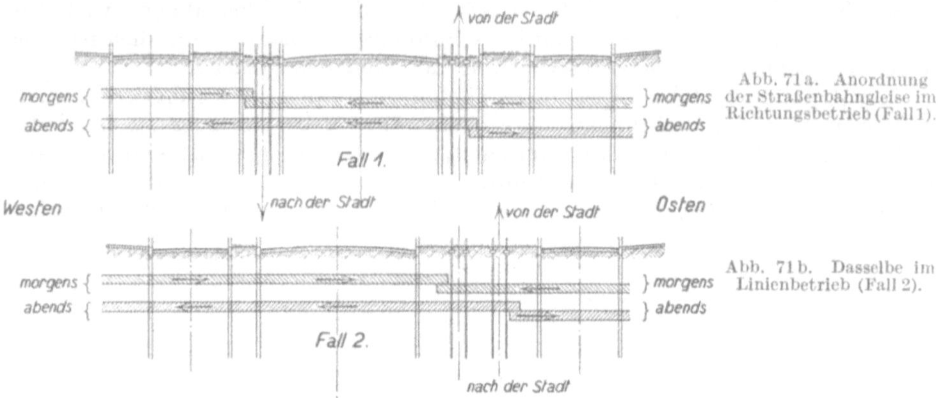

Abb. 71a. Anordnung der Straßenbahngleise im Richtungsbetrieb (Fall 1).

Abb. 71b. Dasselbe im Linienbetrieb (Fall 2).

der Straßenbahnbenutzer sich zu gleichen Teilen auf beide Seite des von der Straße durchschnittenen Stadtgebietes erstrecken. Im Falle 1 (Abb. 71a) müssen die vom Osten kommenden Fahrgäste auf der Fahrt zur Stadt den Mittelfahrdamm kreuzen und die Bewohner der Westseite auf der Fahrt von der Stadt. Im Falle 2 würden nur die auf der Westseite Wohnenden auf der Fahrt zu und von der Stadt den Mitteldamm überschreiten müssen. Bei gleich starker Besiedlung östlich und westlich der Straße wird die Anzahl der Personen, die beim Besteigen und Verlassen der Straßenbahn den Mittelfahrdamm kreuzen müssen, dieselbe sein, gleichgültig, ob die Gleise getrennt sind oder zusammenliegen. Nur der Personenkreis ist ein anderer, wie sich aus Abb. 71 ergibt. Das Bild ist ein anderes, sobald das Hinterland zu beiden Seiten der Verkehrsstraße verschieden groß ist, oder wenn auf der einen Seite der Verkehrsstraße Verkehrssammelpunkte liegen, wie z. B. Bahnhöfe, Theater, Schulen u. a., dann würde man die Zahl derjenigen Personen, die die Straßenbahn benützen können, ohne den Mittelfahrdamm zu kreuzen, einschränken, wenn man beide Gleise zusammen auf die Seite mit dem größeren Verkehr legt.

Für die Zusammenlegung der beiden Gleise sprechen auch Vorteile beim Betrieb der Bahn. Wenn mehrere Linien auf dem Bahnkörper geführt werden, zwischen denen Umsteigeverkehr besteht, so würde den Fahrgästen beim Umsteigen im Eckverkehr das Überschreiten des Mittelfahrdammes erspart bleiben. Die Gleissperrungen und der eingleisige Betrieb auf kürzeren Strecken läßt sich ohne Beeinträchtigung des übrigen Verkehres durchführen, wenn die Gleise nebeneinander liegen, bei getrennter Lage müssen die Überführungsgleise als Klettergleise auf dem Straßenpflaster des Mittelfahrdammes verlegt werden. Sie unterbrechen den glatten Fahrdamm, und die Straßenbahnzüge stören bei Kreuzung des Mittelfahrdammes den Verkehr auf ihm und gefährden sich gegenseitig. Dieselbe gegenseitige Behinderung tritt auf an den Endhaltestellen, wo die Züge von einem Gleis auf das andere umsetzen müssen. Zweifellos wird sich auch die Gleisunterhaltung verbilligen, wenn beide Gleise zusammenliegen. Bei getrennter Lage werden sich Mehrausgaben bei der Anlage, bei der Oberleitung durch Vermehrung der Masten und der Abspanndrähte und Ausleger ergeben. Vom Standpunkte des Straßenbahnbaues und Betriebes würde sich daher die Zusammenlegung der Gleise empfehlen, also Linienbetrieb. Aber auch die vielfach betonte Erleichterung der Kreuzung solcher Verkehrsstraßen, wenn Richtungsbetrieb herrscht, kann nicht zugestanden werden. Es trifft zu, daß bei Richtungsbetrieb derjenige, der die Straße kreuzt, bis zur Straßenmitte nur die eine Fahrrichtung und jenseits nur die andere Fahrrichtung im Auge zu behalten braucht. Straßenbahn und Kraftwagenverkehr sind aber ganz verschieden einzuschätzen. Die Folge der Straßenbahnwagen ist meistens nicht so dicht, wie die der Kraftwagen, auch ist die Bahn an die Gleise gebunden. Vor den Gleisen kann man sich durch schnellen Blick nach links und rechts davon überzeugen, ob die Gleise für eine gefahrlose Kreuzung auf genügende Zeit frei sind und dann seine Aufmerksamkeit voll dem Schnellfahrdamm zuwenden, dessen Verkehr sich wegen der Überholung von Wagen schwerer übersehen läßt. Bei getrennter Lage der Gleise muß der Kreuzende neben der Beobachtung des Verkehres auf dem Fahrdamm auch noch die Vorgänge auf dem jenseits liegenden Gleis ins Auge fassen und abschätzen, ob er nach reibungsloser Überquerung des Fahrdammes auch sofort das Gleis noch schneiden kann. Dichter Verkehr und Wagen mit hohen Aufbauten, z. B. Kraftomnibusse, können aber leicht den Überblick auf das jenseits liegende Gleis behindern und damit die Kreuzung des Mittelfahrdammes erschweren. Die Notwendigkeit, drei Verkehrsbänder beim Richtungsbetrieb auf einmal übersehen zu müssen, ist als ein Nachteil anzusehen und sprechen gegen ihn. Man wird den ungebundenen Wagenverkehr und den regelmäßigen an Gleise gebundenen Straßenbahnverkehr nicht gleichartig bewerten dürfen. Alle diese Überlegungen werden bedeutungslos, wenn die Kreuzung von Hauptverkehrsstraßen durch Polizeiposten oder durch Lichtsignale geregelt wird. In diesem Falle scheiden die Rücksichten, die vom allgemeinen Verkehrsstandpunkte zu beachten sind, aus, und lediglich die betrieblichen Vorzüge für die Straßenbahn, wenn beide Gleise zusammenliegen, behalten ihre Geltung. Da der zukünftige Massenverkehr nur mit Fahrregelung möglich ist, bestehen keine Bedenken mehr, den Anforderungen der Straßenbahn in erster Linie bei der Zuweisung ihres Verkehrsbandes auf Hauptverkehrsstraßen zu genügen. Dann würde aber hinsichtlich der Lage der Straßenbahn in der Straßeneinteilung Linienbetrieb gegeben sein. Die Straßenbahn bildet in diesem Falle ein eigenes Verkehrsband. Für diese Anordnung hat sich auch der Ruhrsiedlungsverband entschieden, wie die Beispiele auf der Abb. 68, S. 98, erkennen lassen.

Es soll damit nicht grundsätzlich festgelegt werden, daß bei der straßenmäßigen Einteilung von Verkehrsstraßen nur Linienbetrieb für die Straßenbahn gegeben ist. Das wird von Fall zu Fall zu entscheiden sein; aber die Vorteile beim Zusammenlegen der Gleise werden in der Mehrzahl der Fälle auch nach den Erfahrungen der Praxis, die Nachteile, die damit verbunden sind, überwiegen.

Die Bevorzugung des Linienbetriebes wird sich noch aus einer praktischen Erwägung heraus ergeben. Nicht alle Straßen werden in voller Breite auf einmal ausgebaut werden, sondern schrittweis, je nach der Entwicklung. In solchen Fällen wird es sich dann von selbst ergeben, daß zuerst nur ein Straßenbahnkörper angelegt wird. Die Gleise dann beim endgültigen Ausbau zu trennen, dürfte aus wirtschaftlichen Gründen abzulehnen sein, wenn die für den Verkehr sich ergebenden Vorteile so bestritten sind, wie zuvor auseinandergesetzt ist.

Die Anordnung der Abb. 68 entspricht derjenigen, die auch für den Ausbau der Landstraßen als zweckmäßig dort erkannt worden ist (s. Abb. 65), wo sie in den Einflußbereich der Städte kommen. Es wird sich demnach bei dieser Ausbildung ein ungestörter Übergang des Landstraßenverkehres auf den städtischen vollziehen. Es ist demnach eine scharfe Trennung heute zwischen Landstraßen und Stadtstraßen nicht mehr zu machen. Mit weiterer Zunahme des Kraftwagenverkehres in Deutschland werden sich auch hier solche Verhältnisse ergeben, die Lewes im Bericht zum III. I. Str. K. treffend kennzeichnet: „Der Motorwagen hat die Stadt mit den sie umgebenden ländlichen Gebieten und mit benachbarten Städten in so enge Beziehungen gebracht, daß ihre Abhängigkeit voneinander so groß geworden ist, daß das städtische wie das ländliche Straßennetz als ein Ganzes betrachtet werden muß."

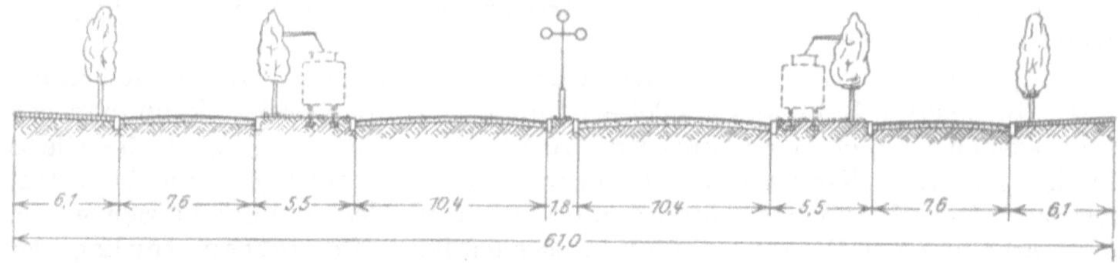

Abb. 72. Queens Boulevard in New York.

Das Ziel, einen ausgesprochenen Richtungsbetrieb durchzuführen, wird, wenn genügend Raum zur Verfügung steht und wenn die Straßenbahn mit größtmöglicher Geschwindigkeit betrieben wird, was in Außenbezirken stets anzunehmen ist, weil die Straßenbahn als Schnellstraßenbahn betrieben wird, durch die Anordnung der Abb. 68 erreicht. Nach diesem Vorschlage ist auch der Schnellverkehr in seine beiden Richtungen zerlegt. Beim Fehlen einer Straßenbahn vereinfacht sich die Einteilung entsprechend. Die Trennung der beiden Schnellverkehrsrichtungen erfolgt durch eine Scheidelinie, die in einem Farbstrich oder in der Pflasterung eingebauter und abgedeckter Lampen, sogenannter Schildkröten, bestehen kann. Eine Bordschwelle anzulegen, erscheint bedenklich, da sie beim Abweichen von der Spur den Kraftwagen gefährden. Der Schaden, der dadurch bei Unfällen auftreten kann, ist höher als der Nutzen. An den Straßenkreuzungen werden Fußgängerinseln auf der Mitte angelegt.

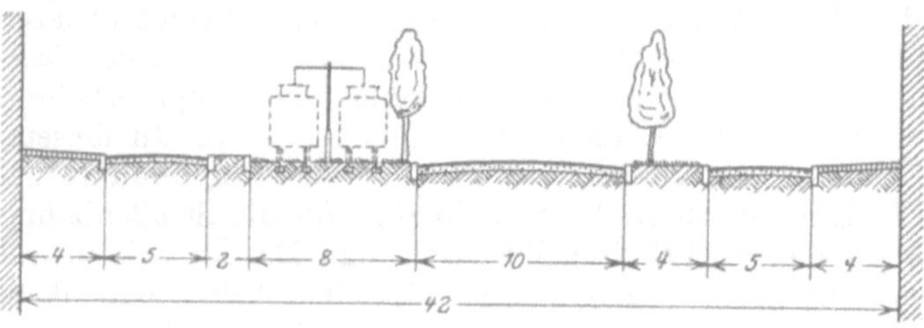

Abb. 73. Neußer Straße in Köln.

Es baut sich also die Einteilung der Verkehrsstraßen so auf, daß die Verkehrsart mit der größten Geschwindigkeit die Mitte, die mit der geringsten (Orts- und Halteverkehr, Fußgängerverkehr) die Ränder benutzt. Nach diesen Gesichtspunkten sind bereits eine Anzahl von Straßen ausgeführt worden, die sich als Schlagadern des Verkehres in jeder Beziehung bewährt haben; einige Beispiele geben die Abb. 72, 73[42] wieder.

D. Besondere Anlagen.

Bei der Zuweisung der Streifen auf die einzelnen Verkehrsarten verlangt neben ihrer Geschwindigkeit ihre Eigenart gewisse Rücksichten. Z. B. ist bei Reitwegen zu beachten, daß sie möglichst nicht neben die Straßenbahn gelegt werden, weil das Geräusch der Straßenbahn, namentlich das Läuten, die Pferde scheu macht. Reitwege sollen auch nicht neben den Bürgersteigen geführt werden, weil der aufgeworfene Reitwegkies u. a. die Fußgänger beschmutzt und der Verkehr von den Häusern zur Straße unterbrochen und erschwert wird.

Radfahrwege sind auf Straßen mit ebenem Pflaster nicht notwendig, da der Radfahrer sehr beweglich ist und sich leicht durch den Verkehr windet. Ihm kann der Ortsfahrdamm, auf dem nur langsames Fuhrwerk sich bewegt, mit zugestanden werden. Wo mit starkem Verkehr von Fahrrädern zu rechnen ist, liegen die Streifen für Radfahrer am besten neben dem Reitweg oder neben den Bürgersteigen auf einem durch eine Bordschwelle vom Bürgersteig abgetrennten Streifen, damit die Radfahrer nicht verführt werden, den Bürgersteig zu benutzen.

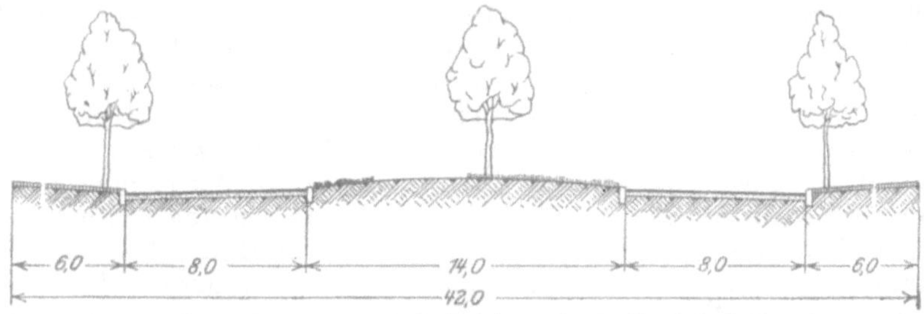

Abb. 74. Promenadenstraße (Reichsstraße) in Charlottenburg.

Für Fußgänger werden vielfach Promenadenwege angelegt. Sie dienen mehr der Erholung der Menschen als dem Verkehr und sind nur dort am Platze, wo ein besonderer Zweck damit verfolgt wird, ohne daß die Belange anderer Verkehrsarten dadurch beeinträchtigt werden. Auf Verkehrsstraßen sind Promenaden überflüssig, denn auf solchen Straßen ist keine Möglichkeit der Erholung vorhanden. Die geeigneten Straßen für Promenaden sind die Parkverbindungsstraßen, die meistens als Ringstraßen angelegt sein werden. Sie bieten dann den Erholung suchenden Fußgängern die Möglichkeit, auf ruhigen Straßen, unbelästigt von anderem Verkehr, die Grünflächen zu erreichen. Beispiel für solche Parkstraßen mit Promenaden ist die Reichsstraße (Abb. 74) in Charlottenburg.

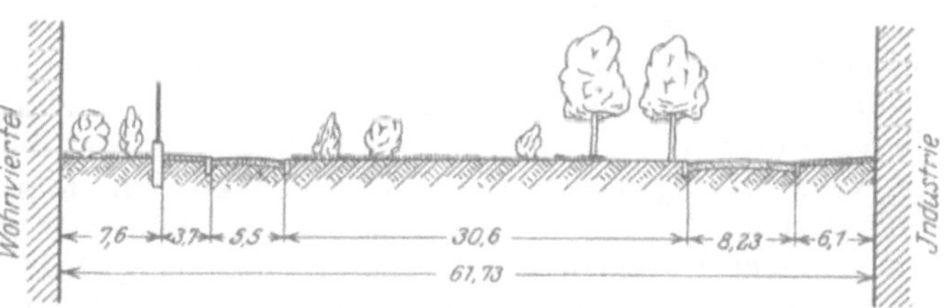

Abb. 75. Trennung des Industrie- vom Wohnviertel durch Straße mit Grünanlagen.

Die Parkstraße hat die Aufgabe, die städtischen Grünflächen in die bebauten Viertel hineinzuziehen; ihre Bedeutung für den Verkehr tritt damit zurück. Es zeigt sich hier die Möglichkeit, bei der Stadtanlage die Straße für besondere Aufgaben, die auf hygienischem, sozialem oder ästhetischem Gebiet liegen, zu benutzen. Diese Möglichkeit wird nun in den Bebauungsplänen in mannigfacher Weise ausgenützt. Wo es z. B. gilt, Wohnbezirke von Industrie- oder Gewerbebezirken zu trennen, kann das durch besondere Ausgestaltung der Straße geschehen. Die Abb. 75 entspricht einem Vorschlage des IV. Intern. Kongresses für Städtebau und Landesplanung für eine solche Straße. Die 30,6 m breite Grünfläche soll die Trennung der beiden Bezirke übernehmen.

VII. Der Straßenkörper.

A. Unterbau.

a) Bodenuntersuchung.

Straßen brauchen, wie alle Bauwerke, einen tragfesten Untergrund. Die Ausführung hochwertiger Kunststraßen auf unsicherem Grunde, z. B. Moor, ist unmöglich. Aber auch bei sonst tragfestem Boden ist die Beschaffenheit des

Untergrundes von erheblicher Bedeutung für die Bauart und Erhaltung der Decke immer gewesen und heute noch besonders infolge Ausbildung neuer Deckenformen geworden. Im Bauwesen gilt der Grundsatz in unserem Klima, bis auf die frostfreie Tiefe zu gründen, d. h. etwa bis zu einer Tiefe von 0,8—1,0 m. Dieser Grundsatz, auf die Straße angewendet, würde bedeuten, daß sie mindestens auch 0,8—1,0 m in den Erdboden hineingelegt werden müßte. Die Römer haben das bei ihren Straßen getan. Darum haben ihre Straßen auch Jahrtausende überdauert. Die Decken der heutigen Landstraße sind wesentlich schwächer. Nach der preußischen Zirkularverfügung vom 17. Mai 1871 schwankt die Stärke der Steinbahnen aus Packlage und Schotter zwischen 21—28 cm. Einzelne Länder haben stärkere Decken eingeführt, z. B. Württemberg — 40 cm; aber auch sehr viele Straßen in Deutschland von Bedeutung haben überhaupt keinen Unterbau, z. B. in Sachsen und Bayern. Der Bestand solcher Straßen hängt dann völlig von der Beschaffenheit des Untergrundes ab. Trockener Untergrund, der aus Felsen, aus Kies- oder Sandboden besteht, wird durch den Frost nicht merkenswert beeinflußt, solange das Niederschlagswasser ferngehalten wird[1]). Auf solche Böden können daher Straßen unbedenklich gebaut werden. Bei allen Kunststraßen wird der Untergrund außerdem noch besonders durch die längs der Straße auf beiden Seiten laufenden tiefen Gräben trocken gehalten.

Bedenklicher sind solche Böden, die zufolge ihrer Kapillarität das Wasser ansaugen und zufolge ihrer Wasserkapazität auch festhalten. Sie sind der Frostwirkung, je nach ihrem Wassergehalt, unterworfen und werden unbedingt Bewegungen durchmachen müssen. Böden, wie starke Lehm- und Tonböden, quellen bei Wasseraufnahme infolge ihrer Bodenkolloide und schwinden bei Beseitigung der Nässe, bewegen sich also. Bisweilen können sie sich sogar auflösen, zum mindesten weich werden. Diese für den Bestand der Straße gefährlichen Wirkungen solcher Böden sind bekannt und bei Straßenbauten berücksichtigt worden. Im allgemeinen ist bei solchen unsicheren Böden bisher durch Schaffung einer kräftigen Entwässerung mittels Dränröhren oder Sickerschlitzen und durch Auskoffern auf größere Tiefe und Einbringen einer Kiesschicht von entsprechender Stärke der Unterbau festgelegt worden.

Die bisher übliche Befestigungsart, bestehend in Steinschlagdecken auf Packlage oder die Pflasterstraßen — Groß- wie Kleinpflaster — können bis zu einem gewissen Grade als nachgiebig angesprochen werden. Sie folgen etwaigen Bewegungen des Bodens, wenn er durch Wasseraufnahme oder Frost sich aufbläht. Bei starken Bewegungen allerdings werden sie schnell zerstört. Aber die heutigen fugenlosen Decken in Asphalt und Beton sind wesentlich empfindlicher. Schon sehr geringe Bodenbewegungen können den völligen Bruch hervorrufen. Das sehr verschiedene Verhalten von Teer- und Asphaltdecken auf ehemaligen Schotterdecken und manche Fehlschläge müssen darauf zurückgeführt werden, daß durch äußerlich kaum merkbare Bodenbewegungen Risse entstanden sind, durch die die Feuchtigkeit hat eindringen und ihr Zerstörungswerk beginnen können. Der Einfluß der Bodenbeschaffenheit macht sich besonders bemerkbar bei den Betondecken, die, wie später ausgeführt werden wird, nur in geringer Stärke auf dem Boden aufliegen, so daß jede Bodenbewegung die Lastübertragung und damit die statischen Vorgänge in der Betondecke selbst verändert. Darunter muß die Festigkeit der Decke leiden und sie unter Umständen zu Bruch gehen. Die neuen Befestigungsmittel, die der Kraftwagen in den Straßenbau eingeführt hat, sind, was die Beschaffenheit des Bodens anbelangt, noch weit empfindlicher als die früher üblichen. Es muß daher der

[1]) Dr.-Ing. Scheuermann berichtet, daß in Wiesbaden unter Holzpflaster von 10 cm und Betonunterbau von 20 cm, im ganzen also 30 cm Stärke, bei Aufbruch nach Eintritt von Tauwetter der freigelegte Straßenboden noch auf 40 cm gefroren war.

Beschaffenheit des Untergrundes im heutigen Straßenbau eine mehr eingehende Beachtung geschenkt werden, als bisher notwendig gewesen ist.

Auf schon bestehenden Straßen wird man an die gegebenen Verhältnisse gebunden sein und lediglich festzustellen haben, ob die vorhandenen Zustände die Verlegung einer neuzeitlichen Decke gestatten. Bei neu anzulegenden Straßen wird aber eine eingehende Untersuchung des Bodens vorzunehmen und darnach zu bestimmen sein, welche Art von Befestigung der Straßenkörper unbedenklich wird tragen können. Eine solche Untersuchung wird sich nicht allein darauf erstrecken, ob der Untergrund tragfest ist, sondern auch darauf, welche Zusammensetzung der Boden hat, wie er sich gegen Wasseraufnahme und Frost verhält.

Da neue Straßen in Europa z. Z. wenig gebaut werden, so hat keine Veranlassung vorgelegen, die Untersuchungsverfahren auszubilden. Es hat die Anregung dazu gefehlt[1]). Dagegen haben die besonderen Verhältnisse in den V. St. A. und die dort gemachten Erfahrungen mit den Betondecken erkennen lassen, daß nur bestimmte Bodenarten dafür geeignet sind, und daß Verfahren ausgebildet werden müssen, um die Geeignetheit der Böden festzustellen. Der Straßenbau in Nordamerika ist „a question of drainage" eine Frage der Entwässerung des Bodens, und ihr wird besonders nachgegangen. Die Art der Abführung des Bodenwassers hängt aber von der Beschaffenheit des Bodens selbst ab, eine Tatsache, die aus den Arbeiten der Landeskultur auch bekannt ist. Denn die Bodennässe steht in Beziehungen zum Tongehalt des Bodens. Darum gilt es, mittelbar oder unmittelbar den Tongehalt festzustellen. Da aber auch noch andere mineralische Beimengungen die Wasser aufnahmefähig beeinflussen, z. B. kohlensaurer Kalk und Eisenoxyd, so bedarf es einer eingehenden chemischen Bodenanalyse, um die Zusammensetzung festzustellen. Das ist sehr umständlich und zeitraubend. Eine Ermittlung, die sich auf die Fähigkeit des Bodens, mehr oder weniger Wasser zu halten, beschränkt, würde völlig ausreichen. Eine solche Untersuchung auf bestimmte Eigenschaften des Bodens führt schneller zum Ziel[42]. Nach Verfahren der amerikanischen Straßenbaubehörden wird der Boden folgenden Behandlungen unterzogen:

1. Mechanische Bodenanalyse,
2. Farbenveränderung,
3. Feuchtigkeitsgleichwert,
4. Kapillarität,
5. Schwindmaß.

Zu 1. Nach Abschlämmen der Tonteile wird der Boden nach folgenden Korngrößen untersucht:

Die Probe wird in bekannter Weise durch Trocknen bei 100° bis zur Gewichtsstetigkeit und vorsichtige Zerkleinerung im Mörser, so daß die kieseligen Bestandteile nicht zerdrückt werden, vorbereitet, das Ganze dann im Sieb von 8 mm Lochweite gesiebt. Der Rückstand wird ausgeschieden und von dem Durchgang eine Durchschnittsprobe von 50 g entnommen. Sie wird nach nochmaliger Trocknung auf Gewichtsstetigkeit und Abkühlung im Exsikkator in 500 ccm destilliertes oder gutes Leitungswasser gelegt und eine Stunde in einem Becherglas so gelinde gekocht, daß ausgesprochenes Sieden nicht auftritt. Nach Abkühlung wird die Flüssigkeit bis auf 3 cm über dem Boden in einem großen Kessel von 10—20 l abgehebert. Ammoniakwasser in der Lösung 1 : 500 wird dann bis auf 11 cm dem Becherglas zugesetzt, die Bodenteile zerkleinert und mit einer scharfen Bürste für 1—2 Minuten gebürstet und dann 8 Minuten stehengelassen. Die Flüssigkeit wird dann auf 8 cm Tiefe in den Kessel abgehebert. Dieses Verfahren wird so oft wiederholt, bis die Flüssigkeit im Becher-

[1]) Es liegt nur eine Untersuchung von Gravenhorst-Stade vor.

glas klar wird. Auf diese Weise ist Sand und Feinsand von dem Ton, der in den Kessel übergehebert ist, getrennt. Der Inhalt des Becherglases wird verdampft und auf Gewichtsstetigkeit getrocknet und nach Abkühlung im Exsikkator durch Siebe von 2 mm, 0,85 mm, 0,14 mm und 0,074 mm ausgesiebt.

Der Rückstand auf dem 2-mm-Sieb ist Grobsand und wird zu dem Rückstand auf dem 8-mm-Sieb zugeschlagen. Mit Sand werden die Bestandteile bezeichnet, die zwischen dem 2-mm- und 0,05-mm-Sieb liegen, mit Feinsand der Durchgang durch das 0,05-mm-Sieb bis 0,005 mm, und mit Ton die abschlämmbaren Bestandteile unter 0,005 mm.

Der Anteil der abschlämmbaren Bestandteile wird dann ermittelt, indem aus dem Kessel eine Durchschnittsprobe von 200 cm³ abgehebert und verdampft wird. Die verbleibende Trockensubstanz ist Ton. Aus der gewonnenen mit a bezeichneten Menge wird der gesamte Anteil der abschlämmbaren Bestandteile berechnet nach der Formel

$$A = \frac{a \cdot C}{200}, \tag{51}$$

wenn C der Inhalt im Kessel gewesen ist.

Der Tongehalt A wird auf den Durchgang durch das 2-mm-Sieb in Vomhundertteilen berechnet, wenn G das Gesamtgewicht der Probe gewesen ist:

$$T = \frac{A \cdot 100}{G} \text{ vH}. \tag{52}$$

Der zuvor ermittelte Vomhundertteil von Sand und Feinsand und T in vH müssen dann zusammengezählt 100 ergeben. Abweichungen bis 3 vH sollen zugelassen sein.

Die Ermittlung der abschlämmbaren Bestandteile erfolgt in Deutschland bei der Bodenanalyse nach ähnlichen Verfahren. Sie beruhen auf dem freien Fall der in Wasser aufgeschlämmten Bodenteilchen, z. B. im Schlämmzylinder von Sikorsky (Schönescher Schlämmapparat) und in der Einrichtung von Kopetzky, bei der sich ein Wasserstrom von bestimmter Menge nacheinander durch vier Flaschen von verschiedenem Querschnitt bewegt. Entsprechend der abnehmenden Fließgeschwindigkeit in dem größeren Querschnitt setzen sich in jeder Flasche Bodenteilchen bestimmter Größe ab (2,0 — 0,1 mm, 0,1—0,05 mm, 0,05—0,01 mm). Die abgeführten Mengen werden als die abschlämmbaren Bestandteile (unter 0,01 mm) bezeichnet.

Die Bodenanalyse dient in der Land- und Forstwirtschaft dazu, die Wachstumsbedingungen zu ermitteln. Im kulturtechnischen Wasserbau wird nach der Zusammensetzung des Bodens die Tiefenlage und Entfernung der Dräns ermittelt. Beide Ziele haben für den Straßenbau keine Bedeutung, vielmehr kommt es hier nur darauf an, das Verhalten des Bodens gegen Feuchtigkeit festzustellen und daraus zu entnehmen, wie weit er bei Wasseraufnahme und Frost quellfähig ist.

Zu 2. Der Gehalt an abschlämmbaren Bestandteilen kann auch durch den Färbungsversuch festgestellt werden, da stark tonhaltige Böden Lösungen von Anilinfarbe entfärben. Aber einen ganz zweifelsfreien Aufschluß über die Art des Tones gibt diese Probe noch nicht.

Zu 3. Darum hat man in den V. St. A. ein anderes Verfahren ausgebildet mit dem Ziel, den Feuchtigkeitsgehalt in Vomhundertteilen der Trockensubstanz nach einer bestimmten Behandlung zu ermitteln. Es wird als Feuchtigkeitsgleichwert (moisture equivalent test) bezeichnet. Er wird nach folgenden Verfahren ermittelt:

Es werden 5 g, die in der schon angegebenen Weise vorbereitet sind, in einen Gooch-Tiegel, dessen Boden ein Filter enthält, das vorher mit Fließpapier ausgelegt wird, gebracht und bis zur Sättigung angefeuchtet. Über Nacht kommt der Tiegel in einen mit Feuchtigkeit angefüllten Raum, um eine gleichmäßige

Verteilung der Feuchtigkeit zu erreichen. Dann wird der Tiegel in ein Babcock-Gefäß (s. Abb. 76) gebracht, auf dessen Boden ein durchbohrter Gummistopfen liegt, dessen Loch groß genug ist, um das Wasser, das durch die Zentrifugen austritt, aufzunehmen. Der Stopfen dient zugleich als Kissen. Der Behälter wird luftdicht verschlossen. Die Probe wird dann eine Stunde lang in einer Schleuder, die durch Abb. 76 erläutert ist, mit einer Geschwindigkeit, die, nach dem Durchmesser der Schleuder berechnet, das Tausendfache der Schwerkraft beträgt, geschleudert.

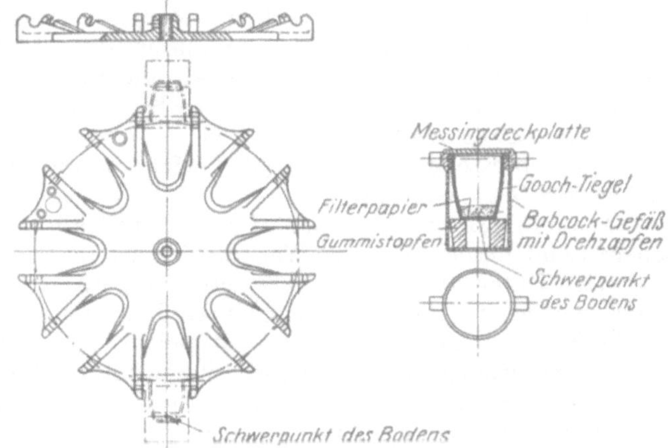

Abb. 76. Zentrifuge zur Ermittlung des Feuchtigkeitsgleichwertes.

Sofort nach der Ausschleuderung wird die Probe gewogen, in einem Ofen bis zur Gewichtsstetigkeit getrocknet und zum zweiten Male gewogen. Der Feuchtigkeitsgleichwert berechnet sich dann als Vomhundertgehalt:

$$\frac{(A - b) - (A^1 - b^1)}{A^1 - (a + b^1)} \cdot 100\,, \qquad (53)$$

wenn

A das Gewicht des Tiegels mit Inhalt nach der Ausschleuderung,
A' das Gewicht des Tiegels mit Inhalt nach der Trocknung,
a das Gewicht des Tiegels,
b das Gewicht des nassen Fließpapieres,
b^1 das Gewicht des trockenen Fließpapieres ist.

Böden mit mehr als 20 vH Feuchtigkeitsgleichwertgehalt werden als bedenklich angesehen.

4. Ferner wird noch die Kapillarität des Bodens, d. h. die Eigenschaft, Wasser über seine freie Oberfläche durch Massenanziehung zu erheben, ermittelt. Alle Böden sind in einem gewissen Maße kapillar. Bei diesem Verfahren wird der, wie schon angegeben, vorbereitete Boden in eine Glasröhre von 25 mm in 10 cm Höhe gebracht, die unten mit einem dichten Tressengewebe abgeschlossen ist. Mit dem unteren Ende wird die Röhre in Wasser getaucht, bis die Feuchtigkeit die Oberfläche der Bodenfüllung erreicht. Dann wird gewogen und täglich weiter beobachtet, bis eine Gewichtsstetigkeit erreicht ist. Die Wasseraufnahme ist dann, wenn

A = Gewicht des Glasrohres mit Bodenabschluß und feuchtem Boden,
A' = dasselbe mit trockenem Boden,
a = Gewicht des Glasrohres,
b = Gewicht des Bodenabschlußgewebes, naß,
b^1 = Gewicht des Bodenabschlußgewebes, trocken

ist

$$= \frac{(A - A^1) - (b - b^1)}{A^1 - (a + b^1)} \cdot 100\,. \qquad (54)$$

Mitscherlich gibt in seiner Schrift „Bodenkunde" ein ähnliches Verfahren an.

5. Eine weitere Untersuchung zur Beurteilung des Bodens ist die Feststellung des Schwindmaßes. Die getrocknete Probe wird mit Wasser angemacht

und in einer Porzellanform von 6 cm Kantenlänge und 1 cm Tiefe eingeknetet. Man läßt sie dann an der Luft trocknen und wiegt sie in Abständen, bis keine Gewichtsabnahme mehr festgestellt werden kann. Die eingetretene räumliche Schwindung wird gemessen durch die Menge Quecksilber, die notwendig ist, um die Hohlräume in der Form wieder auszufüllen. Böden mit mehr als 15 vH räumliches Schwindmaß sind als bedenklich anzusehen. Nach diesem Verfahren vorgenommene Untersuchungen in der Straßenbauversuchsanstalt Stuttgart haben seine Zweckmäßigkeit bestätigt.

Die Ergebnisse aus diesen fünf Verfahren und ihre Brauchbarkeit selbst werden wie folgt beurteilt:

Die mechanische Bodenanalyse gibt nur ein allgemeines Bild über die Bodenzusammensetzung. Ihr Wert wird auch in Deutschland nicht hoch eingeschätzt. Unter 20 vH Tongehalt gelten als gute, 20—30 vH als noch geeignete Böden, mit mehr als 30 vH Tongehalt werden als ungeeignete Böden bezeichnet.

Die Feststellung des Feuchtigkeitsgleichwertes wird als sehr wichtig bezeichnet. Sie ermöglicht an bekannten Verhältnissen durch Vergleich die Leichtigkeit der Entwässerung der Böden festzustellen. Erfahrungsgemäß sollen Böden mit 20 vH und mehr Feuchtigkeitsgleichwert einen schlechten Untergrund abgeben. Es ist allerdings durch Versuch festgestellt worden, daß der Feuchtigkeitsgleichwert sich mit der Größe und dem Charakter der Bodenkörner ändert. Je kleiner die Körner, um so größer ist ihre Oberfläche für eine bestimmte Menge des Bodens und um so größer ist der Feuchtigkeitsgleichwert vH-Gehalt. Die Beschaffenheit der Körner, ob glasig oder rauh, porös oder fest, beeinflußt den Versuch. Nach einer Arbeit von Dr.-Ing. Jung (Diss. Braunschweig) „Kritische Betrachtungen an Zementmörtel" ist festgestellt, daß das Benetzungswasser mit der Wurzel aus der Oberfläche der Körner zunimmt. Dieses Verhältnis wird sich bei der Ausschleuderung nicht ändern und daher auch der Feuchtigkeitsgleichwert ähnliche Beziehungen zur Oberfläche aufweisen. Demnach kann noch nicht gesagt werden, daß alle Böden auf Grund des Feuchtigkeitsgleichwertes, die unter einer gegebenen Bezeichnung eingeordnet sind, oder sogar solche Böden, welche, wie die mechanische Analyse angegeben hat, unter eine gegebene Bezeichnung zu fallen scheinen, auch nahezu ähnliche sind. Dennoch ist zu glauben, daß zuletzt die Bestimmung des Feuchtigkeitsgleichwerts vH die mechanische Bodenanalyse in der Bodenklassifizierung ersetzen wird, da die Bestimmung einfach ist und das Ergebnis als ein einziger Wert ausgedrückt werden kann. Es wird also noch weiterer Untersuchungen und Ermittlung weiterer Unterscheidungsmerkmale bedürfen.

Zu 4. Die über die Kapillarität ermittelten Werte lassen erkennen, daß das Maximum der Feuchtigkeit eines Bodens in seiner natürlichen Lagerung, ausgedrückt in Vomhundertteilen, etwa über dem Feuchtigkeitsgleichwert liegt.

Zu 5. Da Laboratorien nicht immer in das Gelände mitgenommen werden können, so hat man versucht, durch einfachere Verfahren die Eignung des Bodens für Straßen zu ermitteln, und hier hat gerade die Ermittlung des Schwindens sich als brauchbar erwiesen. Es wird in ähnlicher Weise, wie schon auf S. 110 beschrieben, eine Probe von 300 g, die mit Wasser voll gesättigt ist, in eine Form von 13 mm Höhe, 40 mm Breite und 350 mm Länge gebracht und eingeknetet. Die Probe wird gewogen, aus der Form genommen, ihre Länge gemessen und im Ofen bei 105° getrocknet und dann wieder gemessen. Der Längenunterschied, in Vomhundertteilen der feuchten Probe gemessen, wird als lineares Schwindmaß angenommen. Daraus kann die räumliche Schwindung berechnet werden, wenn angenommen wird, daß sie nach allen drei Richtungen hin in gleichem Verhältnis erfolgt.

Die Beobachtungen über den Einfluß des Schwindmaßes haben ergeben, daß ein lineares Schwinden über 5 vH auf schlechte Bodenbeschaffenheit hinweist.

Es ist auch eine zeichnerische Einteilung der Böden auf Grund der Untersuchungen in dem bekannten Dreifeldsystem vorgenommen worden, indem man sechs Bodenklassen festgesetzt hat. In der Bezeichnung wird stets der Anteil, der am stärksten vertreten ist, zuerst gesetzt und dann der an Gewicht nächstfolgende hinzugefügt:

feinsandiger Ton,	toniger Sand,
sandiger Feinsand,	toniger Feinsand,
sandiger Ton,	feinsandiger Sand.

Als Sand wir der Durchgang durch das 2-mm-Maschen-Sieb und Rückstand auf dem 0,074-mm-(200)-Maschensieb bezeichnet. Feinsand ist der Durchgang durch das 0,074-mm Sieb, der beim Schlämmen (nach Ziff. 1) nach 8 Minuten absinkt; Ton ist Durchgang durch 0,074-mm-Sieb, der im Behälter bei 8 cm Wasserhöhe innerhalb 8 Minuten in der Schwebe bleibt. Diese sechs Klassen liegen in dem Dreieck (Abb. 77) innerhalb der angegebenen Felder. Dieselbe Darstellung, für die geeigneten Böden unmittelbar angewendet, zeigt das folgende Bild (Abb. 78).

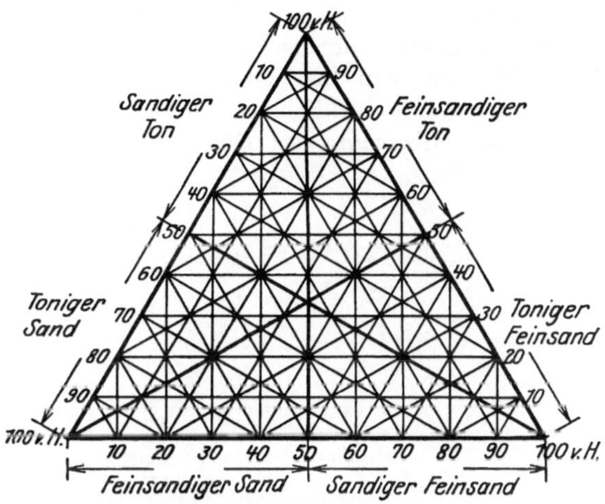

Abb. 77. Dreifeldsystem zur Einteilung der Bodenarten.

Die horizontalen Linien stellen den Vomhundertgehalt des Tones dar, der, wie zuvor ausgeführt ist, die Eigenschaft des Bodens in erster Linie beeinflußt. Alle Böden unter 20 vH Tongehalt können als gute angesprochen werden: Sand—Lehm. 20—30 vH Tongehalt können allenfalls noch zugelassen werden. Alle noch in die mit Schraffur bezeichneten Felder fallenden Böden können als brauchbar bezeichnet werden. Die charakteristischen Eigenschaften der schlechten und guten Böden sind die folgenden:

Schlechte Böden.	Gute Böden.
Außerordentliche Feinheit der Einzelbestandteile, z. B. Ton. Hohe Wasserkapazität. Besondere Nachgiebigkeit. Schwer zu entwässern. Geringe Tragfähigkeit. Starke Veränderungen im Raumgehalt.	Grobkörnige Bestandteile. Geringe Wasserkapazität. Auch feucht nicht nachgiebig. Leicht zu entwässern. Hohe Tragfähigkeit. Geringe Veränderungen im Rauminhalt.

Die Brauchbarkeit des Verfahrens hat Verfasser an Boden vom Bau des Nürburgringes, der bis 28 vH Ton gehabt hat, nachprüfen können.

Als Ergebnis der bisherigen Studien am Boden bezeichnet die amerikanische Straßenbauverwaltung folgendes:

Der Feuchtigkeitsgleichwert scheint ein kritischer Wert zu sein mit Rücksicht auf die Tragfähigkeit des Bodens. Wenn der Boden über diesen Gehalt hinaus Feuchtigkeit aufnimmt, nimmt die Tragfähigkeit schnell ab.

Es bestehen Anzeichen dafür, daß in einer solchen Tiefe unter der Oberfläche, wo der Boden nicht mehr unter dem Einfluß des Oberflächenwassers und anderer Formen freien Wassers steht, der Feuchtigkeitsgehalt selten über den Feuchtigkeitsgleichwert hinaus steigt.

Es sind Hinweise dafür vorhanden, daß bei richtigem Entwurf der Straßen es möglich ist, den Feuchtigkeitsgehalt eines Bodens wirkungsvoll zu beeinflussen, so daß eine Höchstmenge an Feuchtigkeit, die etwa dem Feuchtigkeitsgleichwert entspricht, nicht überschritten wird.

Die Bauweisen, die angewendet werden können, um die Wirkungen eines schlechten Untergrundes auszuschalten, bestehen in

a) Verwendung eines grobkörnigen Auffüllbodens über schwerem Tonboden, z. B. Schlacken, die in England in großem Maße angewendet sind,
b) Seitengräben besonderer Bauart,
c) Dränrohre beiderseits, aber nicht unter dem Pflaster,
d) Verwendung körniger Unterlagen zur Magerung des Bodens,
e) Verstärkung der Decke bei Betondecken,
f) Einlegen von Eiseneinlagen bei Betondecken.

Als dringende Studien am Boden werden die folgenden bezeichnet:

Die Klassifizierung der Böden in Übereinstimmung soweit als möglich mit den Bezeichnungen und Abstufungen, wie im Landeskulturwesen üblich ist.

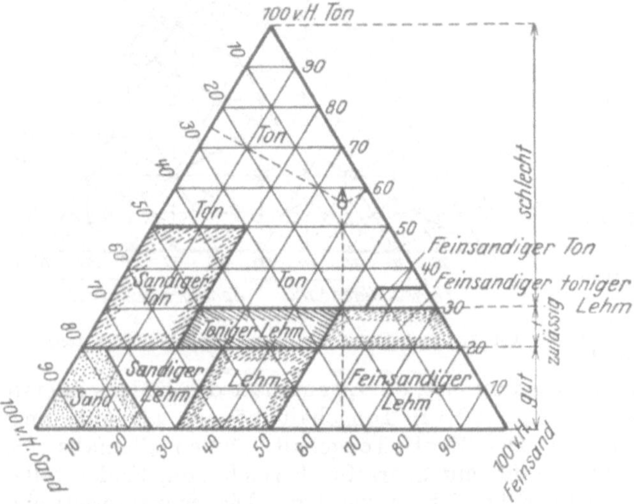

Abb. 78. Dreifeldsystem zur Beurteilung der Bodengüte.

Die Annahme von feststehenden Verfahren für Laboratorium- und Felduntersuchungen am Boden.

Die Bestimmung der Verteilung der Höchstdrücke durch das Pflaster und den Untergrund bei verschiedenen Pflasterarten und Stärke des Unterbaues bei verschiedenen Bodenarten.

Die Bestimmung der höchstzulässigen Drücke, die man auf den verschiedenen Bodenarten zulassen kann, wie Sand, Schliefsand und Ton. Diese Höchstdrücke mögen für denselben Boden sich unterscheiden entsprechend der Fläche, mit der sie sich auf den Untergrund verteilen bei der Art und Stärke der Pflasterdecke.

Die Bestimmung der höchsten und niedrigsten Feuchtigkeitsgleichwerte, die im Straßenuntergrund durch richtige Anlage bewirkt werden können, entsprechend den verschiedenen klimatischen Verhältnissen.

Die Bestimmung der Grenzen für schlechten und guten Untergrund, wo die klimatischen und Verkehrsverhältnisse die gleichen sind.

Die Bestimmung der Versuchsgrenzen für Böden mit verschiedenartiger Durchlässigkeit, welche festsetzt, ob Entwässerungsleitungen überflüssig, wirksam oder unwirksam sind.

Unter bestehenden Straßendecken Auffindung der Stufen, die die Vorgänge beim Gefrieren des Bodens begleiten.

Die mit diesen kurzen Angaben umrissenen Ziele des notwendig gewordenen Studiums des Untergrundes für Straßen werden auch in anderen Ländern verfolgt werden müssen, wo ein technisch einwandfreier Straßenbau betrieben wird. Die Bodenkunde ist bisher in Deutschland von den Agronomen unter dem Gesichtspunkte des Bodenertrages gepflegt worden. Es liegen sehr wertvolle Arbeiten vor. Verwiesen sei auf die Schriften von **Mitscherlich** und **Ramann** u. a. Es dürfte naheliegen, sie für die Bedürfnisse des Straßenbaues auszuwerten und weiter auszubauen. Hinweise, nach welcher Richtung hin das zu erfolgen hätte, sind in den vorstehenden Ausführungen enthalten.

b) Bodenentwässerung.

Das Ziel der Bodenuntersuchungen ist, Unterlagen zu gewinnen, auf welche Weise der Untergrund der künftigen Straße durch Entwässerungsanlagen trockengelegt werden kann. Die Erfahrungen des kulturtechnischen Wasserbaues können hier nur in beschränktem Maße herangezogen werden. Denn der Boden, der Pflanzen tragen und ernähren soll, darf nur so weit vom Wasser befreit werden, daß ein bestimmter Luftgehalt entsteht, und daß die Ebene der Bodenfeuchtigkeit unterhalb der Bodenoberfläche liegt, damit keine Verdunstung ein-

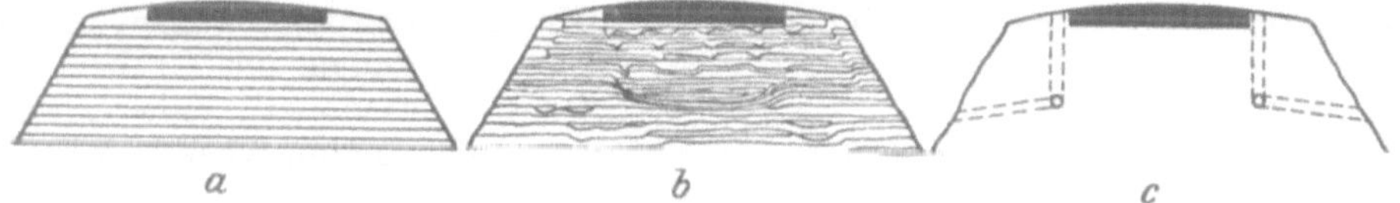

Abb. 79. Entwässerung von Dämmen aus tonig-lehmigen Böden.

treten kann, die dem Boden Wärme entzieht. Bekanntlich gefährdet eine zu weit getriebene Bodenentwässerung den Bodenertrag; er darf niemals ganz austrocknen. Beim Untergrund einer Straße muß aber erreicht werden, daß der Boden auf die übliche Frosttiefe überhaupt keine Feuchtigkeit mehr aufweist, und daß alles Niederschlagswasser so schnell als möglich abgeführt wird. Es ist daher unzureichend, die in der Dränungskunde für Tiefenlage und Entfernung der Dräns geltenden Grundsätze auch auf den Untergrund für Straßen anzuwenden. Vielmehr muß der Wasserspiegel bei Straßen viel tiefer abgesenkt werden. Während in der kulturtechnischen Dränung eine Tiefenlage der Leitungen von 1,25 m üblich ist, wird man im Straßenbau bis auf 2 m Tiefe gehen müssen.

Für die Lage der Dräns wird empfohlen, sie zu beiden Seiten der Pflasterung anzulegen, damit die ungeschützten Planumstellen am stärksten entwässert werden. Das gilt besonders für Dämme, die aus einem lehm- oder tonhaltigen Boden bestehen. Solche Damme sollen bekanntlich lagenweis geschüttet und die einzelnen Lagen gewalzt werden, damit der Damm sich möglichst wenig setzt. Jede Lage bildet dann aber gewissermaßen eine undurchlässige Schicht, in der Schichtwasser sich ansammeln kann. Damit dieses abgeführt wird, müssen beiderseits der Pflasterung die Entwässerungsleitungen verlegt werden, und zwar nach Fertigstellung des Dammes. Denn durch das Einschneiden der beiden Gräben für die Entwässerungsleitungen wird eine Verbindung zwischen den einzelnen Schichten hergestellt, und das Wasser findet aus allen Schichten seinen Weg zum Drän (Abb. 79).

Da Baumwurzeln ihren Weg zu den Dränröhren nehmen und diese leicht verstopfen, müssen Bäume möglichst weit von den Leitungen abbleiben. In der Kulturtechnik wird ein Abstand von 15 m empfohlen oder die Anlage kurzer Kopfdräns. Überhaupt wird die Anpflanzung von Bäumen, die, wie im Abschnitt VII. B. a) behandelt wird, auch aus anderen Gründen nicht mehr zweckmäßig ist, bei feuchtem Untergrund am besten ganz fortbleiben.

Die Dräns, die im übrigen sowohl aus Tonröhren, wie aus Holz-, Faschinen- und Steindräns oder Rigolen bestehen können, müssen in ausreichendem Gefälle verlegt werden. Soweit die Straße selbst kein ausreichendes Gefälle besitzt, müssen die Dräns zu Tiefpunkten geführt werden, wo sie nach den Gräben hin entwässern können. Es wird sich überhaupt empfehlen, diese Ausmündungen in kurzen Abständen zu verlegen, damit Dräns, die sich verstopft haben, schnell aufgefunden und mit geringen Kosten aufgenommen und neu verlegt werden können.

Bei Anwendung der Dränage wird zu entscheiden sein, ob die in Deutschland üblichen Gräben in Einschnitten und bei Lage der Straße im Gelände notwendig sind. Sie nehmen viel Breite in Anspruch. In der preußischen Zirkularverfügung vom 17. Mai 1871 (s. S. 90) wird, je nach der Tiefe des Grabens, eine Breite von 2—4 m vorgeschrieben. Vorteilhaft wäre es, wenn diese Breite noch für die Straße ausgenützt werden könnte. Vielleicht müßte die Anschauung über Bedeutung des Grabens eine Wandlung erfahren. Gegenüber den Wassermengen, die die Gräben abzuführen haben, sind sie zwar nicht zu tief, aber zu groß. Ihre Herstellung ist zweifellos bei Anlage der Landstraßen billig, und der Grunderwerb für die beiden Gräben ist nicht bedeutend gewesen, Gesichtspunkte, die heute anders gewertet werden müssen. Für den Kraftwagenverkehr ist zudem der Graben gefährlich, weil jede Abweichung vom Wege sich beim Sturz in den Graben verhängnisvoller auswirkt, als ein Anprall an eine Böschung. Deshalb wird zu erwägen sein, ob nicht der Graben bei Straßen, deren Breite nicht mehr ausreicht, mit hinzugenommen wird. Es würde dann ein Straßenprofil nach der Abb. 80 ausgebildet werden. Die schraffierte Fläche wird als Entwässerungsrinne anzusehen sein. Ihre Leistungsfähigkeit ist natürlich begrenzt, und es muß von Zeit zu Zeit eine Abführung nach einem Vorfluter oder eine Leitung eingelegt werden. Die Straßenbauverwaltungen in der Schweiz legen besonderen Wert auf schnelle und gründliche Beseitigung des Oberflächenwassers, bevorzugen aber statt der Chausseegräben die Anlage von Beton- oder Pflasterschalen. Abb. 81 zeigt den Regelquerschnitt des Kantons Zürich[281].

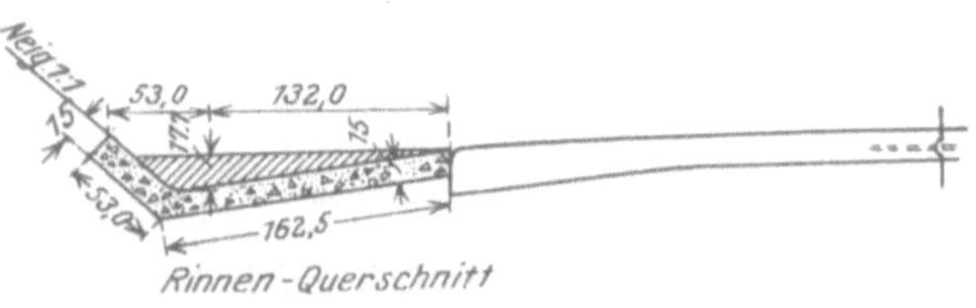

Abb. 80. Rinnenausbildung.

Es wird angenommen, daß die Rinne nur das Oberflächenwasser der Straße aufzunehmen hat, das nach einem Vorfluter geführt werden soll. Hierzu genügt aber die Rinne nach der Abb. 80. Sie kann bei einem Querschnitt von etwa 0,17 m² für die einzelnen Gefälle folgende Wassermengen abführen (Spalte 3):

Zusammenstellung 21.

1 $J =$	2 $v =$ in m	3 $Q =$ in cbm	4 Fläche bei 120 l/sec ha	5 Graben ist gefüllt bei Länge[2] km
0,005	0,50	0,085	0,7	1,17
0,01	0,70	0,102	0,85	1,42
0,015	0,85	0,145	1,2	2,00
0,02	1,00	0,17	1,42	2,37
0,025	1,10	0,19	1,58	2,64
0,03	1,20	0,2	1,66	2,77

Die Rinne würde bei Annahme eines sehr starken Regens von 120 l/sec ha bei den in der Spalte 1 angegebenen Gefällen jedesmal nach einer Entfernung wie in der Spalte 5 aufgeführt gefüllt sein und dann durch eine Leitung entlastet werden müssen, die bis zum nächsten Vorfluter führt. Zur Sicherung des Ver-

[1] Stu. f. A. Reise nach der Schweiz zum Studium des Teerstraßenbaues S. 7.
[2] Die halbe Straßenbreite = 6 m.

kehres würde es sich empfehlen, im Bereich der Stichleitung die Einfallschächte in geringerem Abstand anzulegen. In einem Boden, dessen Schichtung und Beschaffenheit als durchlässig bekannt ist, der aber Wasser führt, wird zur Ableitung am sichersten eine Rigole wirken, die nach Abb. 82 angelegt ist. Der Durchmesser des Rohres wird nach den bekannten Regeln der Kanalisationstechnik und für Dränageentwürfe zu berechnen sein. Die Tiefenlage des Ent-

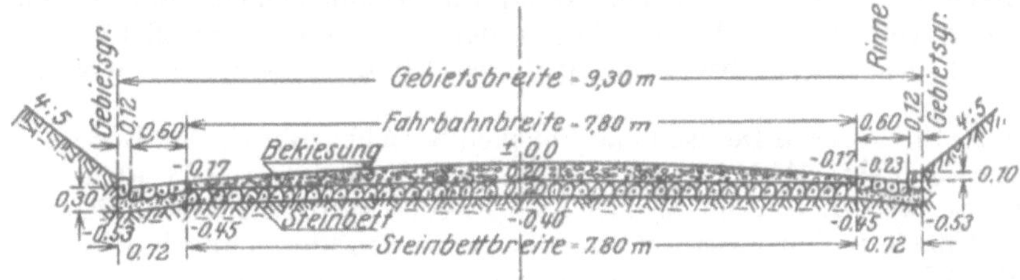

Abb. 81. Regelquerschnitt des Kantons Zürich.

wässerungsrohres richtet sich je nach der Bodenbeschaffenheit und wird etwa 1,8—2,0 m in tonigem Boden betragen. Der Graben, in den das Rohr verlegt wird, erhält erst eine Lage von Schotter auf etwa 8 cm Höhe, darauf wird das Rohr verlegt, das mit Schotter mindestens 30 cm über dem Rohrscheitel umpackt wird. Die Fugen werden werden mit Werg oder Teerpappe umkleidet, damit keine abschlämmbaren Bestandteile in die Leitung gelangen. Bei Verwendung von Muffenrohren muß die Muffe gegen die Fließrichtung verlegt werden. Über der Packung wird dann gröberer Schotter bis 7 cm Stückgröße eingebaut. Die obere Schicht besteht aus undurchlässigem Boden, um Oberflächenwasser fernzuhalten. Diese Rigole wird alles Wasser schlucken, auch etwaiges Quellwasser, das von Berglehnen an die Straße herantritt. Rigolen und Rohre sollen nur bis zu 0,5 vH Gefälle verlegt werden. Für flache Strecken sind Gräben vorzusehen. Die neuen englischen Landstraßen, die alle eine wasserundurchlässige Decke erhalten, haben keine Gräben mehr. Das Wasser wird vielmehr wie auf städtischen Straßen in der durch einen Bordstein gebildeten Rinne in kurzen Abständen durch Einfallschächte ohne Schlammfang in Leitungen abgeführt (s. Abb. 67 auf S. 97). Der Graben wird daher zweckmäßig durch Entwässerungsleitungen beim Bauen von Kraftwagenstraßen, schon zur Ersparung an Fläche, ersetzt.

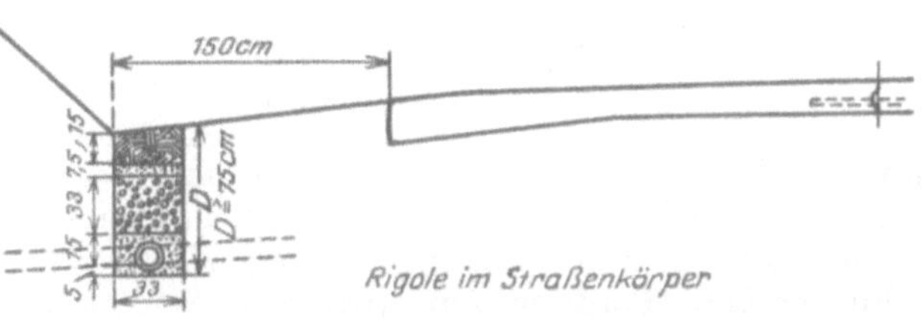

Abb. 82. Straßenentwässerung.

c) Bodenbewegung.

Die Linienführung der Straßen erfolgt bekanntlich auch unter dem Gesichtspunkte der Ersparnis an Erdarbeiten oder des Massenausgleiches. Die hierfür geltenden technischen Grundlagen decken sich mit denen des Eisenbahnbaues. Sie sind im II. Teil, 3. Band der H. f. B. — Unterbau — behandelt. Es sind aber in den letzten Jahren Bauweisen entwickelt worden, die auf die besonderen Anforderungen des Straßenbaues zugeschnitten sind, und die daher als Kennzeichen des neuzeitlichen Straßenbaues angeführt werden müssen. Es handelt sich dabei um die maschinelle Bodenbewegung, die zur Ersparung von Arbeitskräften in den V. St. A. weitgehend ausgebildet ist. Ob diese

Bauweisen in der Gegenwart für den Straßenbau auch in Deutschland geeignet sind, mag einigem Zweifel begegnen, da der Straßenbau vor allem zur Beschäftigung Erwerbsloser geeignet ist und gerade bei den Erdarbeiten am besten Erwerbslose aus allen Berufen angestellt werden können. Wenn daher auch im Augenblick das Verwendungsgebiet für Maschinen in Deutschland nicht groß ist, so ist doch die Kenntnis dieser Verfahren und der dabei verwendeten Maschinen und Geräte nützlich. Denn für Kolonialgebiete und in Ländern mit ungenügenden Verkehrsmitteln, in denen gerade der Straßenbau zur Erschließung des Landes betrieben wird, werden diese Bauweisen eine Zukunft haben.

An der Stelle der in Deutschland üblichen Schiebkarren werden Bodenschraper (Schleppschaufeln), Abb. 83, verwendet. Sie fassen etwa 0,08—0,32 m³ losen Boden. Sie werden von einem oder zwei Pferden gezogen und schleifen auf dem Boden. Um sie zu füllen, kantet ein Arbeiter an den hinten angebrachten Griffen die Schaufel um die Schneide. Infolge des von dem Gespanne ausgeübten Zuges arbeitet sich die Schneide in den Boden und nimmt ihn auf. Die gefüllte Schaufel wird dann zur Abladestelle geschleift, wo sie wieder durch Anheben der Griffe gekippt und entleert wird. Die Beförderung soll bis zu etwa 50 m wirtschaftlich sein. An der Aufladestelle sind besondere Arbeiter aufgestellt, die die Schraper anheben und füllen, und an der Abladestelle, die sie entleeren. Der Gespannführer wird zu diesen Arbeiten nicht herangezogen. Der Boden wird vorher durch einen Pflug aufgelockert. Die Leistung soll bei zehnstündiger Arbeitszeit und Beschäftigung von 1 Vorarbeiter, 14 Arbeitern, 1 Pflug mit Gespann und 6 Schaufeln mit Gespann 220—260 m³ auf 10—50 m Beförderungslänge betragen[44].

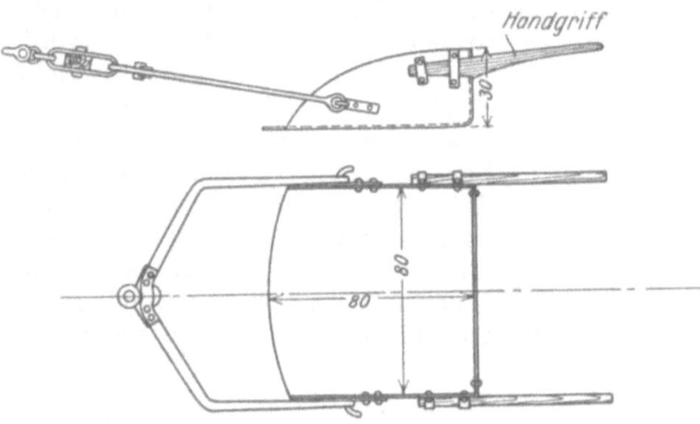

Abb. 83. Schleppschaufel.

Für größere Förderweiten wird eine Schleppschaufel verwendet, die von zwei Rädern getragen wird (Radschraper), s. Abb. 84. Die Fassung beträgt 0,25—0,5 m³. Zur Aufnahme des Bodens, der durch einen Pflug gelockert ist, wird der Schraper so gesenkt, daß die Schneide den Boden aufnimmt. Ist er gefüllt, wird er durch einen Hebel gehoben und durch eine Klinke festgehalten. Auf der Abladestelle wird der Schraper zur Entleerung gestürzt (s. gestrichelte Linie auf Abb. 84). Auf einer üblichen Baustelle sind beschäftigt 1 Vorarbeiter, 6 bis 11 Gespannführer, 1 Pflüger, 2 Auflader, 2 Entlader, 1 Arbeiter für das Anlegen der Böschung, 1 Gespann für den Pflug, 4—8 Gespanne für die Schraper, 1—2 Gespanne zum Vorspannen beim Aufnehmen des Bodens. An Geräten werden gebraucht: 8 Schraper von 0,3—0,4 m³ Fassung, 1 Pflug. Förderlänge 50—180 m, tägliche Fördermenge 150—220 m³[44].

Der Nachteil der Bodenschraper soll darin bestehen, daß bei schwerem Boden die Aufschüttung aus einzelnen Schollen besteht, zwischen denen lose Erde liegt. Diese setzt sich schneller als die Schollen, und dadurch wird ein ungleichmäßiges Setzen des Dammes bewirkt. Es entstehen Hohlräume, in denen Wasser stehenbleibt. Unter dem Verkehr bilden sich später Sackungen. Für Auffüllung mit Schrapern eignet sich am besten Sandboden.

Für größere Leistungen müssen Rollbahnen verwendet werden, die mit Dampfschaufeln beladen werden. Diese Bauweise behandelt Band 3 des II. Teiles H. f. B. — Unterbau — ausführlich.

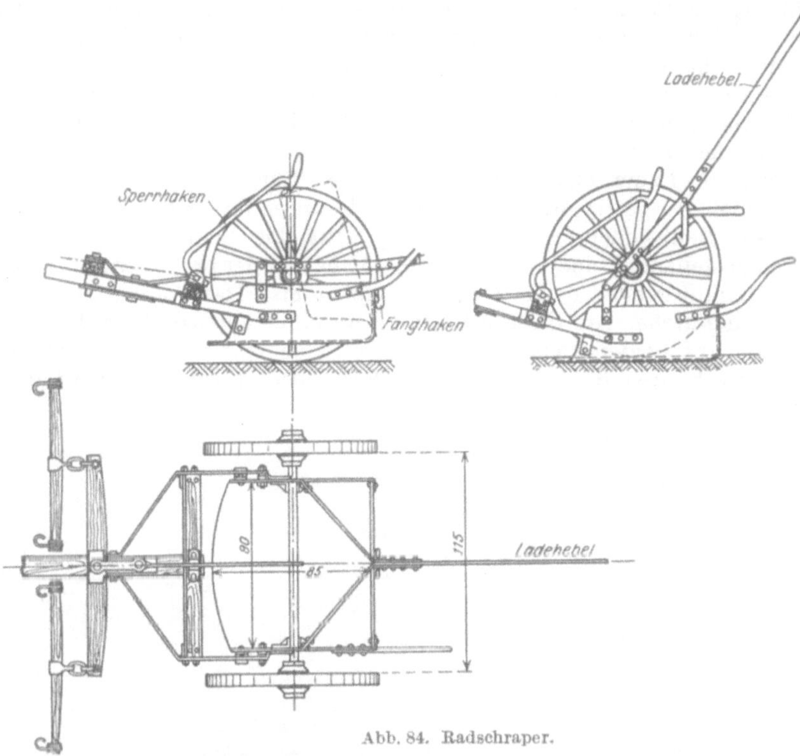

Abb. 84. Radschraper.

Für den Bau einfacher Straßen, die sich dem Gelände anschmiegen und vorerst keine Befestigung erhalten sollen, ist ein Gerät eingeführt, das ohne Inan-

Abb. 85.

spruchnahme besonderer Arbeitskräfte mechanisch das Straßenplanum herstellt. Es wird in Nordamerika Road Grader (Straßenpflug) genannt und besteht aus einer 2,1—2,4 m langen Pflugschar die an einem vierrädrigen Wagen verstellbar aufgehängt ist (Abb. 85). Nach Angaben von Woernle[45] werden diese Schneiden sogar bis zu 3,6 m Länge ausgebildet. Die Pflugschar oder das Schneidzeug läuft auf einer kreisförmigen, am Wagengestell aufgehängten Schiene, so daß sie in verschiedener Neigung zur Längsachse eingestellt werden kann. Auch kann sie beliebig gehoben werden.

Der Aufwuchs auf dem Boden, in dem die Straße hergestellt werden soll, wird erst abgebrannt, dann wird die Schneide schief gestellt, so daß sie nur mit einer Ecke den Boden faßt, und an die Grabenecke angesetzt. Es entsteht ein Graben von 15 cm Tiefe und 45 cm Breite. Der aufgenommene Boden wird nach der Mitte zu getrimmt, da die Schneide unter 60° gegen die Straßenachse geneigt ist. Beim nächsten Arbeitsgang wird das Schneidzeug gesenkt und flacher eingestellt und eine zweite Kante 45 cm von der ersten entfernt angesetzt und der Aushub weiter nach der Mitte getrimmt. Das Außenrad läuft dabei in der ersten Furche. Auf diese Weise wird durch eine ganze Anzahl von Arbeitsgängen, die auf beiden Seiten der Straße gleichartig ausgeführt werden, das Straßenprofil hergestellt. Um den Straßenkörper einzuebnen, wird die Ober-

Abb. 86. Grabmaschine mit Förderband.

fläche der Aufschüttung erst geharkt, um die Schollen zu zerkleinern, worauf der Straßenpflug mit senkrecht zur Straßenachse eingestelltem Schneidzeug über die Straße fährt und sie glättet. Kann die Schneide umgedreht werden, dann wird diese Fahrt mit der konvexen Seite der Schneide nach vorn gerichtet ausgeführt. Damit der Fahrer die vorgeschriebene Richtung einhält, werden bei Beginn der Arbeit auf die innere Seite des Grabens Pfähle in 30—60 m Abstand gesetzt, die beim ersten Gang allerdings umgerissen werden. Das ist aber bedeutungslos, da die Straßenlage nach dem ersten Anschnitt festgelegt ist und es der Pfähle dann nicht mehr bedarf. Damit das Fahrzeug den von der Schneide ausgeübten seitlichen Schub aufnehmen kann, werden die Laufräder schräg gestellt. Nach Angaben von Woernle (a. a. O.) werden schwere Ausführungen des Straßenpfluges durch Raupenschlepper gezogen (Leistung etwa 30—60 PS, Fahrgeschwindigkeit 3—6 km/stdl., Gewicht 5—10 t). Neuerdings werden die Straßenpflüge selbstfahrend ausgebildet. Als Antrieb wird ein Fordson Tractor benutzt, der den Straßenpflug schiebt, so daß er auch zu anderen Arbeiten verwendet werden kann. (The Gilbert Universal Road Maschine.)

Sobald der aufgehobene Boden nicht im Planum untergebracht, sondern seitlich abgelagert werden muß, wird eine Grabmaschine nach der Bauart des Straßenpfluges benutzt, die aber zugleich den Boden seitlich fortbefördert, der in Wagen, die von Pferden gezogen werden, oder Lastkraftwagen verstürzt wird. Die Hauptbestandteile sind das Schneidzeug, der Abstreicher und das Förderband (Abb. 86). Der Abstreicher wirft das Gut auf das Förderband, das in drei bis fünf Abschnitte unterteilt ist, so daß jede Länge von 4,5—9 m am Ausleger hergerichtet werden kann. Das Förderband wird entweder durch Vorgelege von der hinteren Wagenachse aus angetrieben, die ein Rad mit Stollen hat, oder von einem besonderen Motor; in letzterem Fall ist die Kraft für die Bewegung der ganzen Maschine geringer anzusetzen. Bei schwerem Boden braucht eine solche Maschine 16 Vorspannpferde und 4 an den Seiten, 2 Gespannführer und 2 Maschinisten. An Stelle der Pferde genügt ein 25pferdiger Raupen- oder Motorschlepper. Die Maschine arbeitet in der Weise, daß sie den Einschnittboden lagenweise abhebt, indem sie über die ganze Strecke hin und her fährt und ihn auf Wagen überlädt, bis die gewünschte Tiefe erreicht ist. Da sie eine Arbeitsbreite hat, die geringer als die Straßenbreite ist, bei tiefen Einschnitten auch noch die Böschungsbreite hinzutritt, so bleibt neben dem Straßenpflug Platz für die Wagenkolonnen, die den Boden von dem Förderband übernehmen. Die Leistungsfähigkeit hängt von sehr verschiedenen Umständen ab. Zuerst von der Bodenart. Ein geeignetes Feld für das Gerät sind Ton- und Lehmböden in welligem Gelände. Zu stark bewegte Gelände mit steilen Hängen und scharfen Absätzen oder in Boden mit Steinen und starken Wurzeln kann der Pflug nicht verwendet werden, auch nicht auf Sandboden, weil der Sand nicht auf dem Förderband liegenbleibt. Die Maschine fährt in einer Schleife und hat eine Geschwindigkeit von 1,1 m/sec. Die Schneidfläche soll theoretisch einen Inhalt von 0,1 m² haben. Das würde bei einer Fahrgeschwindigkeit von 3,6 km/stdl. in einer Minute einem Aushubboden von 6 m³ entsprechen und für den zehnstündigen Tag eine Leistung von 3600 m³ ergeben. Die wirklich erzielte Leistung ist aber wesentlich geringer und beträgt im günstigsten Falle 1200 m³. Dieser Leistungsrückgang hat verschiedene Ursachen. Erstens kann nicht die volle Schnittfläche von 0,1 m³ durchgeführt werden. Sie bleibt meist 50—60 vH darunter. Schon damit sinkt die Leistung auf 1800—2160 m³. Zweitens wird die Fahrgeschwindigkeit nicht dauernd eingehalten und drittens treten nicht unerhebliche Zeitverluste beim Beladen auf. Die Wagen fahren beim Aufladen mit dem Straßenpflug mit, aber mit der höheren Geschwindigkeit von 1,2 m/sec, so daß sie unter dem Förderband durchfahren und die Füllung gleichmäßig verteilt wird. Hat der Wagenkasten 1,8 m Länge, dann erfordert die Durchfahrt 18 Sekunden. Bei voller minutlicher Leistung von 6 m³ müßte der Wagen 1,8 m³ aufnehmen können. Aufgeladen werden aber nur 50 vH, so daß Wagen von etwa 1 m³ Fassung würden beladen werden können. Ein Zeitverlust tritt beim Wagenwechsel auf, der, wenn der folgende Wagen dicht aufschließt, nur wenige Sekunden

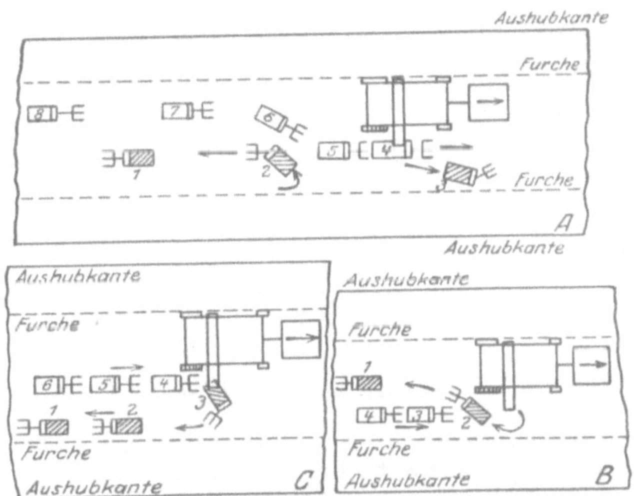

Abb. 87. Fahranordnung bei der Grabmaschine.

beträgt, erfahrungsgemäß aber 18 Sekunden in Anspruch nimmt. Es ist aber nicht immer möglich, die Wagen dicht hintereinander folgen zu lassen, da die Weglängen, die die Wagen bis zur Abladestelle zurückzulegen haben, dauernd wechseln. Es ist eine besonders schwierige Aufgabe, den Bedarf an Förderwagen den Veränderungen anzupassen. Auch bei der An- und Abfahrt zum Straßenpflug behindern sich die Wagen, wenn keine richtige Fahrordnung eingehalten wird. Vorgeschlagen wird die Fahrweise der Abb. 87, Fall *A*. Die bekannten Grundlagen der Massenverteilung lassen sich nicht auf diese Maschine anwenden, weil für die Förderweiten nicht die Schwerpunktsabstände maßgebend sind. Denn es ist nicht möglich, an den Ausgleichscheiden auch gleich die Abfuhrrichtung abzuändern. Es bedarf also einer sehr genauen Arbeitseinteilung und scharfer Aufsicht, um diese Maschine bei Bodenbewegungen voll auszunutzen. Sie wird deshalb nur dort, wo Arbeitskräfte teuer oder schwer zu erhalten sind, am Platze sein.

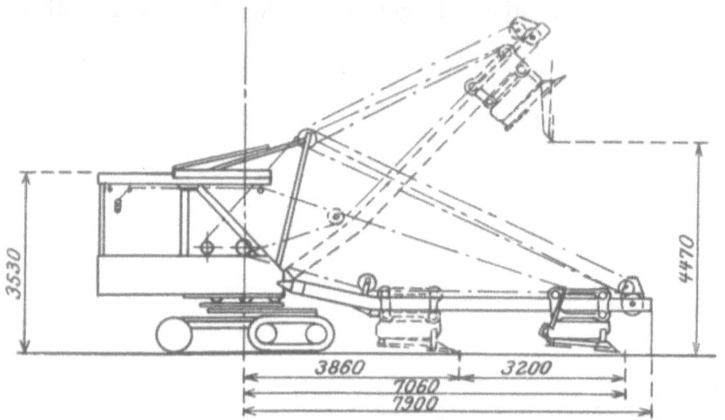

Abb. 88. Keystone-Straßenschaufel.

Für große Bodenbewegungen werden die auch sonst gebräuchlichen Maschinen verwendet. Zum Lösen besonders die Dampfschaufel in allen denkbaren Formen. Da sich hierüber auch nähere Angaben in Band 3, Teil II der H. f. B. finden, soll nur auf eine vornehmlich im Straßenbau benutzte Schaufel aufmerksam gemacht werden, die das Gut nicht aus der Böschung nimmt, sondern vom Boden abhebt. Die Abb. 88 zeigt die Keystone-Straßenschaufel. Sie kann auf verhältnismäßig beschränktem Raum arbeiten, z. B. wird sie beim Umbau von Straßenbahngleisen benutzt. Die Schaufel holt hier den Betonaufbruch und Boden zwischen dem normalspurigen Gleis heraus, das eine neue Unterbettung und Auspflasterung erhalten soll.

B. Oberbau der Straßen.

a) Steinschlagstraßen.

Es ist nicht so, wie vielfach angenommen wird, daß die Steinschlagstraße auch Schotterbahn, Kleinschlagdecke und Chaussierung genannt, im Zeitalter des Kraftwagens sich überlebt hat. Aus der Übersicht auf S. 5 ist zu entnehmen, daß auf den Landstraßen in Deutschland die Steinschlagdecken überwiegen. Aber auch in den städtischen Wohnstraßen sind sie noch viel zu finden. Man schätzt den Umfang in Städten auf 80000 km. Vornehmlich die Städte in hügeligem Gelände und mit flacher Wohnweise sind auf die Steinschlagdecke angewiesen. Es ist ganz ausgeschlossen, sie in größerem Umfange zu beseitigen, dazu fehlen die Mittel, es würde auch technisch nicht zu begründen sein. Die Aufgabe wird vielmehr darin bestehen, die in den Steinschlagstraßen steckenden Werte durch entsprechende Maßnahmen zu erhalten. Auch wird bei Neubauten sehr wohl zu überlegen sein, ob nicht Steinschlagdecken angebracht sind, wenn sie nur nach dem neuesten Stande der technischen Erkenntnis aufgebaut werden. Eigenschaften der Steinschlagbahn: Sie ist selbst bei dem steilsten Gefälle anwendbar. Da sie rauh und griffig ist, kommt sie daher für sehr steile Straßen mit mehr als 7 vH Steigung fast allein in Frage. Zur schnellen Abführung des Niederschlagswassers muß die Steinschlagbahn ein starkes Quergefälle erhalten, etwa 1 : 25—1 : 20. Das Quergefälle wird dachförmig angelegt, nur in der Mitte wird auf eine kurze Strecke (2 m) die Dammkrone ausgerundet. Die Rinne wird bei erhöhten Fußwegen mit zwei oder drei Reihen Pflaster im Kiesbett befestigt (Sohle genannt).

Viele der vorhandenen Steinschlagstraßen besitzen keinen Grundbau. Abgesehen von untergeordneten Wegen würde man wohl Steinschlagbahnen ohne Grundbau nicht mehr ausführen. Die für die Verbesserung des Untergrundes notwendigen Maßnahmen sind bereits im Abschnitt VII. A. a) und b) behandelt. Auf dem guten oder verbesserten und entwässerten Untergrund wird nunmehr der Grundbau, der in der bekannten Packlage besteht, errichtet. Er überträgt die Lasten der Straßendecke auf den Untergrund. Da dieser selbst bei guter Beschaffenheit nur eine geringe Tragfähigkeit von einigen Kilogramm auf den Quadratzentimeter hat, so muß eine ausreichende Lastverteilung durch die gesamte Decke erfolgen. Je stärker diese Decke ist, um so geringer ist der Einheitsdruck auf den Boden. Das trifft aber nur zu, wenn die Decke selbst so gut in sich verspannt ist, daß sie eine Druckverteilung bewirkt. Die Stärke der Decken der vorhandenen Steinschlagstraßen kann als ausreichend angesehen werden. Nicht immer ist die wünschenswerte Verspannung vorhanden. Bei der Packlage selbst kann von einer Verspannung kaum gesprochen werden. Die einzelnen Steinpyramiden stehen für sich, wenn auch die zwischen ihnen bestehenden Hohlräume gut ausgezwickt sind. Die Packlagesteine sind die Widerlager von Bögen, die sich gewissermaßen von einer Steinpyramide zur anderen spannen. Es hängt also die Lastübertragung davon ab, ob die vom Steinschlag zu übernehmende Gewölbewirkung auch erreicht ist. Wie jedes Gewölbe bei Belastungen Durchbiegungen erleidet, so wird auch das Deckengewölbe der Steinschlagdecke, wenn es gut verspannt ist, nachgiebig sein. Den Steinschlagbahnen können daher elastische Eigenschaften zugesprochen werden. Die gute Verspannung der Steinschlaglage wird erreicht durch Verwendung eines harten aber zähen Gesteines und Stücken von möglichst würfeliger Form und durch kräftige Abwalzung. Der Vorteil harter Gesteine besteht darin, daß sie beim Walzen nicht zerdrückt werden, sondern höchstens Stücke absplittern, die sich in die vorhandenen Hohlräume legen und die größeren Stücke durch Vermehrung der Zahl der Berührungspunkte gegeneinander abstützen. Die Form der einzelnen Steine soll sich der Würfelform nähern, weil ihre Widerstandsfähigkeit gegen Druck bei dieser Form besonders groß ist. Außerdem sollen die Steine möglichst gleiche Größe haben, weil dann eine gleichmäßige Abnutzung erzielt wird. Das ist eine alte Erfahrung, die schon ihren Niederschlag in der Anweisung des preußischen Ministeriums für Handel, Gewerbe und Bauwesen vom 6. April 1834 betreffend Bau und Unterhaltung der Kunststraßen gefunden hat. § 63 Ziffer C lautet:

„Es wird den Wegebaubeamten zur ganz besonderen Pflicht gemacht, auf eine vollkommene Gleichförmigkeit des Steinschlages in der vorgeschriebenen Größe zu halten und die Steinschläger darauf abzurichten. Diese Gleichförmigkeit bedingt die genaue Verbindung, mithin die Festigkeit und Glätte der Steinbahn. Sie bewirkt eine gleichmäßige Abnutzung der Bahn, wogegen größere Steine, welche länger hervorstehen, sich von den übrigen ablösen, Veranlassung zu steten Reparaturen geben und Steine des Anstoßes für den Verkehr sind.“

Damals ist die Größe von 2,6—3,9 cm vorgeschrieben worden, die dann auf 3—5 cm erhöht worden ist. Neuerdings wird eine Korngröße von 5—7 cm empfohlen, weil beobachtet worden ist, daß Steinschlag von kleinerem Korn vor der Walze hergeschoben wird und vor dem Lenkrad Wulste bildet, die dann von der Walze übersprungen werden, so daß die verdichtende Wirkung ausbleibt, außerdem Wellen in der Fahrbahn entstehen, an denen der Angriff der Verkehrslasten später ansetzen kann. Je gröber der Steinschlag ist, desto geringer ist die Gefahr ungleichmäßiger Zusammenpressung. Schon MacAdam hat die Bedeutung der richtigen Größe und Gleichförmigkeit der Körnung erkannt und zur Nachprüfung einen Ring von entsprechendem Durchmesser verwendet. Bei härteren Gesteinen kann die Stückgröße geringer sein als bei weicheren. Bedauerlicherweise wird die Forderung der würfelförmigen Gestalt bei Steinschlag, der maschinell gebrochen wird, nur unzureichend erfüllt. Der Anteil der flachen und schalenförmigen Stücke ist bei Maschinenschotter immer größer als bei Handschlag. Die schalenförmigen Stücke brechen leicht beim Walzen und schwächen dann die wünschenswerte Verkeilung. Vorgeschlagen wird, den Überlauf aus den Siebtrommeln zu nehmen und ihn von Steinschlägern mit der Hand nachschlagen zu lassen.

Um die Verspannung zu unterstützen, wird Splitt und Kies der Decke zugesetzt, aber erst nachdem sie durch Walzung eine gewisse innere Festigkeit erreicht hat. Ein zu frühes und reichliches Geben von Kies hat ein Schieben der Decke unter der Walze zur Folge. Der für Beton und Steingemische geltende Grundsatz der kleinsten Hohlraumausfüllung mit Asphalt und Teer gilt für die Steinschlagdecke nicht. Es würden zwar durch Beigaben von kleinen und kleineren Korngrößen die verhältnismäßig großen Hohlräume ausgefüllt; aber die einzelnen Steine würden durch die übergroße Zahl der Stützpunkte labil gelagert sein und sich nicht mehr unter dem Walzendruck verzwicken. Der lose gelagerte Steinschlag hat etwa 40—50 vH Hohlräume. Durch die Arbeit der Walze sollen diese erheblich vermindert werden. Je geringer der Hohlraum nach der Walzung ist, um so fester ist die Decke geworden. Die Beigabe kleinerer Korngrößen würde die Verdichtung der Decke unmöglich machen.

Die Walzung kann durch Pferdewalzen oder Dampfwalzen (Motorwalzen) erfolgen. Pferdewalzen, die nur noch wenig gebraucht werden, haben leer ein Gewicht von 3—5 t, belastet 6—8 t. Man rechnet auf 1 t Walzengewicht ein Pferd. Das Gestell hat zur Vermeidung des zeitraubenden jedesmaligen Umspannens am Ende der Walzstrecke eine in einem wagrechten Ring drehbare Deichsel. Die Walzarbeit erfolgt mit unbelasteter Walze von der Seite nach der Mitte hin, wobei die Gänge sich um 20—30 cm überdecken. Dann wird das Walzengewicht vermehrt. Die stündliche Leistung beträgt 20—25 m^2 fertige Decke oder 1,5—2 m^3 bei hartem, 2—4 m^3 Steinschlag bei weichem Gestein. Das Einwalzen wird zweckmäßig bei feuchter Witterung vorgenommen. Bei trockenem Wetter und sicherem Untergrund wird zur Beschleunigung der Walzarbeit und Schonung des Steinschlages, damit er sich leichter verspannt, mit Schlauch oder Sprengwagen gewässert. Bei feuchtem oder tonigem Untergrund muß diese Wässerung vorsichtig erfolgen oder unterbleiben. Die Dampfwalze wird jetzt bevorzugt. Sie hat eine größere Arbeitsleistung. Sie drückt die doppelte Menge Steinschlag in derselben Zeit an, wie eine Pferdewalze, und führt dabei eine gleichmäßigere Arbeit aus, zumal das Aufreißen der gewalzten Decke durch die Pferdehufe fortfällt. Die Dampfwalze kann auf steilen Straßen (1 : 6) verwendet werden, sie walzt vorwärts und rückwärts ohne zu wenden, ist leicht lenkbar, daher verbilligt sie die Walzarbeit und erzielt eine vollkommenere Dichtung der Decke. Über die Bauart der Dampfwalzen werden nähere Angaben im Abschnitt X. B. a), S. 356, gemacht. Die Arbeitsgeschwindigkeit der Dampfwalze beträgt 1,7 m/sec. Die Länge der Walzstrecke ist beliebig, während sie bei Pferdewalzen 400—700 m betragen muß, wenn nicht durch das Umspannen zuviel Arbeitszeit verloren werden soll. Eine Steinschlagdecke ist fertig gewalzt, wenn sie so fest geworden ist, daß ein vor die Walze geworfenes Steinstück von etwa 4 cm Seitenlänge nicht mehr in die Oberfläche eingedrückt, sondern zerquetscht wird. Eine solche Festigkeit ist etwa nach 80 Walzengängen erreicht. Die Zahl der Walzengänge hängt aber von der Art des Gesteines ab. Sie schwankt zwischen 60 und 150. Die auf einmal von der Walze anzudrückende Steinschlaglage darf nicht stärker als 12 cm sein, weil sonst die Decke nicht fest wird. Stärkere Lagen müssen in zwei Schichten abgewalzt werden. Es empfiehlt sich, bei Lohnarbeit nach Kubikmeter abgewalzten Schotters abzurechnen. Bei der Walzung und ebenso unter dem Verkehr reiben sich die Steine gegeneinander. Dadurch entsteht ein Gesteinsstaub, von dem eine Kittwirkung ausgehen kann, die die innere Festigkeit der Decke vergrößert. Abgesehen von der richtigen Ausführung und genügenden Verdichtung durch die Walzung hängt demnach die Haltbarkeit einer Steinschlagdecke von der Art des Gesteins ab, ob es eine genügende Druckfestigkeit und Widerstand gegen Verwitterung besitzt, ob es würfelig geschlagen ist, nicht zu sehr splittert und sein Gesteinsstaub bindig ist. Das sind die Gesichtspunkte, nach denen Hirschwald und Brix im Laboratorium für technische Gesteinsforschung der Technischen Hochschule zu Berlin versucht haben, auf dem Wege der experimentellen Untersuchung Unterlagen für die Brauchbarkeit von Gesteinen zu Steinschlagstraßen zu gewinnen, die im Abschnitt VIII., Prüfung und Bewertung, S. 297, behandelt sind.

Auf der Versuchsstraße des D. Str. B. V. in Braunschweig, auf der Steinschlagdecken aus Gabbro, Diabas und Basalt eingebaut worden sind, ist der Versuch unternommen worden, das Verfahren nachzuprüfen. Die Ergebnisse sind aber noch nicht abgeschlossen. Wünschenswert ist, daß dieses Verfahren noch weiter verfolgt wird, weil es Einblicke gestatten wird, welche Gesteinsarten für Steinschlag besonders geeignet sind. Es ist anzunehmen, daß nicht die Steine mit der größten Härte und Druckfestigkeit die besten Straßen abgeben, sondern daß auch noch andere Eigenschaften mitwirken. Das vielfach festgestellte gute Verhalten des Diabas, obwohl er nicht zu den härtesten Gesteinen gehört, kann z. B. auf seinen Chloritgehalt zurückgeführt werden, der den Stein zäh macht und ein kittfähiges Gesteinsmehl bildet.

Die Steinschlagbahn erhält an der Oberfläche eine Verschlußdecke, die den Eintritt des Wassers in das Innere verhüten soll. Der Abschluß wird erreicht, indem nach Festwalzung der Steinschlaglage nacheinander erst Splitt aufgebracht wird, der die großen Öffnungen ausfüllt, dann Kies bis Sand, wodurch dann auch die feineren Fugen geschlossen werden. Durch Abwalzen wird die Decke noch verdichtet. Zum völligen Schluß der Decke wird lehmhaltiger Kies oder abgelagerter Chausseeschlick empfohlen. Das erscheint aber nicht richtig, weil diese Bindestoffe durch Wasser der Erweichung ausgesetzt sind. Sie bilden Schlamm, der ein schnelles Austrocknen der Decke verhindert, oder bei Trockenheit Staub. Das gilt besonders für schattige Strecken, während frei dem Wind ausgesetzte Strecken eher bindige Deckstoffe vertragen können. Durch den Verkehr werden die Kieskörner zermahlen und die dadurch entstehende Zerkleinerungsmasse übernimmt die Fugendichtung. Besonders schädlich sind lehmige und schlickige Bindestoffe, wenn die Steinschlagdecke später eine Oberflächenteerung erhalten soll. Splitt, Kies und Sand werden auch eingewalzt. Sollte der am Ort oder in der näheren Umgebung vorhandene Kies ungeeignet sein, dann kann auch Steinsplitt zur Schlußdecke allein verwendet werden.

Ebenso wichtig für die Dauerhaftigkeit einer Steinschlagbahn, wie die technisch richtige Herstellung, ist die ordnungsgemäße Unterhaltung. Da der Druck der Verkehrslasten größer ist als der der Walze, so bilden sich auf einer frischen Decke Gleise aus, bis sie durch den Verkehr eine weitere Verdichtung erhalten hat. Deshalb ist es zweckmäßig, anfangs nur leichteren Wagen das Befahren der Decke zu gestatten. Das wird sich aber nur selten durchführen lassen. Auch das Auslegen von Spursteinen, um das Einfahren von Gleisen zu verhüten, ist wegen der damit für den Kraftwagenverkehr verbundenen Gefahren unzulässig, wird aber noch viel von den Wegeverwaltungen angewendet. Die einzige Maßnahme zur Beseitigung der Gleise besteht in dem rechtzeitigen Einkehren der Gleise durch den Wegewärter. Es bilden sich selbst in guten Steinschlagbahnen bisweilen alsbald nach der Herstellung weiche Stellen, die sofort mit Steinschlag, Splitt und Kies eingedeckt und festgerammt werden müssen. Rollsteine müssen sorgsam abgesucht werden, weil sie die Decke wund machen, alles Maßnahmen, die sofort nach Herstellung zur Erhaltung der Decke aufzunehmen sind. Bei Herstellung der Steinschlagbahn durch Unternehmer ist es angebracht, die fortlaufende Unterhaltung der Bahn noch auf mindestens zwei Monate oder länger ihnen aufzuerlegen und erst nach dieser Frist die Straße abzunehmen.

Unter dem Einfluß des Verkehres erleidet die Steinschlagbahn eine Abnutzung, die sich anfangs in Bildung von Staub und Schlamm bei Nässe bemerkbar macht. Alsbald bilden sich auch Mulden und Schlaglöcher; die obere Schlußdecke wird abgefahren, und die Steine treten an die Oberfläche. Durch das Eintreten von Wasser wird der Zusammenhang gelockert. Die jetzt notwendigen Arbeiten zur Erhaltung der Decke sind seit vielen Jahrzehnten nach zwei verschiedenen Verfahren vorgenommen worden, nach dem Flickverfahren und Deckverfahren. Beim Flickverfahren werden fortlaufend die Schäden beseitigt. Vertiefungen, Mulden, Schlaglöcher werden mit der Picke aufgerauht, von Schmutz gereinigt, der gewonnene Steinschlag ausgegabelt, mit Zusatzsteinen wieder eingebaut und gerammt, dann mit Kies abgedeckt, nochmals abgerammt und dabei für eine ausreichende Wölbung gesorgt. Bisweilen sind die Flickstellen bei größeren Platten mit der Pferde- oder Dampfwalze abgewalzt worden. Die weitere Verdichtung wird dem Verkehr überlassen. Zu beachten ist, daß stets das gleiche Steinmaterial genommen wird, und daß die Nacharbeiten am besten bei feuchter Decke im Frühjahr oder Herbst vorgenommen werden, also entweder nach dem Regen oder nach vorheriger gründlicher Annässung. Bei Frost oder Trockenheit bindet der Steinschlag in der Flickstelle nicht an; er kann sich nicht in die Decke eindrücken. Da diese Stellen erst allmählich fest werden, so müssen sie dauernd beobachtet werden, weil sie leicht durch Hufe oder schwere Lasten wieder aufgerissen werden. Die Ausbesserungsstellen werden in größeren Zwischenräumen und in solchen Breiten angelegt, daß es den Fuhrwerken ohne Erschwerung der Fahrt möglich ist, die Flickstellen am Rande zu überfahren und die Neuschüttung nach der Mitte hin anzudrücken, so daß die Fahrzeuge selbst die Verdichtung vornehmen. Gleichmäßig abgefahrene Decken erhalten bisweilen eine Kiesüberdeckung, um den Steinschlag zu schützen. In dieser Weise sind fortlaufend die Decken durch Flicken in fahrbarem Zustande erhalten und zwar Jahrzehnte hindurch. Es ist anzunehmen, daß bei pfleglicher Behandlung ein solches Verfahren zweckmäßig gewesen ist. Aber für den Kraftwagen ist es wenig geeignet, weil eine solche Decke, infolge der vielen Übergangsstellen zwischen neuen Schüttungen und alter Decke, stets uneben sein wird. Dadurch erleidet sowohl der Kraftwagen ebenso wie die Decke Stöße, und abgesehen von der Erschwerung für den Kraftwagen selbst wird die Zahl der Schlaglöcher so zunehmen, daß man mit der Unterhaltung durch Flicken nicht mehr nachkommen kann. Auch die Arbeit des Andrückens der Flickstellen wird von Kraftwagen nicht zu erwarten sein. Sie können nur in gerader Richtung fahren und durchschneiden dann die Flickstellen meist in der gleichen Spur. Dadurch werden diese Stellen wieder aufgerissen, Steine und Deckstoffe herausgeschleudert. Es geht viel Baustoff verloren, und das Wasser füllt die Mulden. Daher ist das Flickverfahren auf Straßen mit regem Kraftwagenverkehr in dem früheren Umfange nicht mehr angebracht. Vor allem wird dasselbe alsdann schon durch den Stoffverlust kostspieliger als das andere, das Deckverfahren.

Bei dieser Betriebsweise läßt man die Steinschlagbahn bis auf einen Zustand abfahren, der gerade noch zulässig ist. Die Instandsetzung erfolgt dann durch Neuschüttung auf der ganzen Länge, mindestens auf größeren Strecken, und zwar entweder als Profilschüttung, die sich nicht auf die ganze Breite der Bahn erstreckt, sondern nur so weit, als sie abgefahren ist und es an genügendem Quergefälle fehlt, oder als Breitschüttung über die ganze Straßenbreite.

Bei der Profilschüttung muß das gleiche Gestein genommen werden, das sich schon in der Decke befindet. Bei Breitschüttungen kann auf eine vorhandene Decke von Weichgestein sehr wohl Hartgestein aufgebracht werden. Die Deckenstärke darf nicht unter 8 cm betragen, weil es sonst dem Steinschlag an der Möglichkeit fehlt, sich zu verspannen. Damit er auf der alten Decke haftet, werden in diese Querrillen mit der Picke gehackt, oder, was besser ist, die vorhandene, mit vielen Unebenheiten versehene Decke wird mit dem Aufreißer aufgerissen. Dieses Gerät wird im Abschnitt X. noch besonders beschrieben werden. Der losgelöste Steinschlag wird aufgenommen, ausgegabelt oder gesiebt und dadurch von den Schmutzstoffen befreit und kann mit dem Zusatz wieder verwendet werden. Soweit durch den Aufreißer die Unterlage nicht schon ausgeglichen worden ist, muß das vor dem Aufbringen der neuen Decke geschehen und alle Mulden und Unebenheiten ausgefüllt, Erhebungen abgepickt werden. Es muß die Unterlage schon im Profil der späteren Straße hergestellt werden, damit die neue Decke profilmäßig in gleichmäßiger Stärke aufgebracht werden kann. Im anderen Falle würde sich bei ungleichmäßiger Stärke die neue Decke unter dem Verkehr ungleichmäßig zusammendrücken und damit in Kürze ein Profil nicht mehr vorhanden sein. Die neue Decke wird dann abgewalzt. Beim Walzen ist stets von den Seiten nach der Mitte zu walzen.

Die Vorteile des Flickverfahrens beruhen darin, daß die Decke dauernd wenigstens einigermaßen instand gehalten wird, und daß Straßensperrungen nicht oder nur selten notwendig sind. Die Kosten bleiben bei geringem Verkehr niedrig. Die Nachteile beruhen in der stets unebenen Fahrbahn. Noch nicht festgefahrene Flickstellen können dem Kraftwagen gefährlich werden. Das Flickverfahren ist von Frankreich nach Deutschland gekommen und beispielsweise in Baden von 1848 ausgeübt worden. Es hat sich als zweckmäßig dort erwiesen, wo eine Straße nicht mehr als etwa 40—60 m³ Steinschlag auf 1 km jährlich erfordert, und wo guter Steinschlag vorhanden ist. Erst um 1900 herum hat sich die Notwendigkeit ergeben, auf einzelnen Strecken mit der Dampfwalze ganz neue Decken aufzubringen. Die Vorteile dieses Verfahrens für Straßen mit stärkerem Verkehr sind dabei erkannt und diese Unterhaltungsweise dann auf ⅓ des Straßennetzes in Baden ausgedehnt worden[46]. Die deckweise Instandhaltung bietet dem Verkehr auf Straßen mittelstarker und starker Abnutzung Vorteile, die die Mehrkosten der Unterhaltungsweise rechtfertigen. Der Mehraufwand ist in Baden nach den Mitteilungen über die Instandhaltung der Landstraßen im Großherzogtum Baden vom Jahre 1907 auf ⅓ gegenüber der flickweißen Unterhaltung angegeben worden (1070 M. für den Kilometer gegen 774 M.). Diese Verhältnisse dürften allerdings heute wohl überholt sein.

Bayern hat rund 61,7 vH seiner Staatsstraßen noch bis auf den heutigen Tag nach dem Flickverfahren in der Weise unterhalten, daß im Frühjahr und Herbst das Deckmaterial in einzelnen Platten (Flicken) von verschiedener Größe auf die beschädigten Straßenflächen ausgebreitet worden ist und dem Verkehr überlassen ist, sie festzufahren, soweit die Flicken nicht mit der Walze angedrückt worden sind. In Zukunft wird Bayern auf der Mehrzahl seiner Steinschlagbahnen das Deckverfahren einführen[47]. Württemberg ist schon in den achtziger Jahren allmählich zum Deckverfahren übergegangen.

Die Beanspruchung der Decken durch die Kraftwagen ist, wie zuvor nachgewiesen, eine andere als durch das Pferdefuhrwerk. Deshalb wird man die auf Landstraßen mit Pferdefuhrwerk gemachten Erfahrungen nur bedingt auf die heutigen Verhältnisse übertragen können. Es macht den Eindruck, als ob die Straßenverwaltungen, die bisweilen machtlos diesen Angriffen gegenüberstanden, das Heil der Straßenunterhaltung im Deckverfahren allein gesucht haben. selbst wenn die Straßen zweimal im Jahr neu geschüttet werden mußten. Die Erfahrungen auf der Versuchsstraße des D. Str. B. V. bei Braunschweig haben nun erwiesen, daß die gewöhnliche Steinschlagdecke sich durch sorgfältige Unterhaltung auch bei starker Belastung durch Lastkraftwagen in einem mehr befriedigenden Zustand erhalten läßt, als bisher angenommen worden ist. Die pflegliche Unterhaltung auf der Versuchsstraße hat darin bestanden, daß Schlaglöcher sofort bei ihrer Entstehung ausgefüllt worden sind, daß die Decke einen Kiesüberwurf von Zeit zu Zeit erhalten hat, daß größere Schlaglöcher mit Teersand (Abschnitt VII. B. e) 4., S. 168) ausgefüllt worden sind. Es ist also ein gegemischtes Verfahren angewendet worden, indem man das Flickverfahren vorläufig aufgenommen hat in der Absicht, nach einiger aber verhältnismäßig kurzer Zeit eine Neudeckung vorzunehmen. Durch eine Vereinigung von Flick- und Deckbetrieb scheint es demnach möglich zu sein, die Wiederholung der sonst in kurzen Abständen erforderlichen Neudeckungen hinauszuschieben und damit die Gesamtkosten zu ermäßigen. Die durch die sorgfältige Unterhaltung erzielbare Verlängerung der Lebensdauer der Steinschlagbahnen wird die Beantwortung der Frage stark beeinflussen, ob und inwieweit es wirtschaftlich richtig ist, die vorhandenen Steinschlagbahnen auf den durch mäßigen Kraftwagenverkehr beanspruchten Straßen bestehen zu lassen, und unter welchen Verhältnissen ein völliger Umbau vorzuziehen ist.

Zur Erhöhung der Lebensdauer werden, abgesehen von besonderen Schutzdecken, die in den Abschnitten VII. B. d) beschrieben werden, folgende Maßnahmen zur Erhaltung der Steinschlagbahnen vorzuschlagen sein:

1. Gründliche Entwässerung des Untergrundes, besonders bei lehmhaltigen und Tonböden.

2. Einbau von Grundbau, wo er fehlt.

3. Schnelle Abführung des Tagewassers.

4. Bau der Decke aus grobem, gebrochenem Hartgestein möglichst gleicher Körnung und reinem Sand und Kies.

5. Unterhaltung der Decken in einem Verbundverfahren, das besteht in einer sorgsamen Unterhaltung und rechtzeitigen Beseitigung aller Unebenheiten, also Flicken in kleinem Umfange, unter Umständen unter Benützung von Bindestoffen, Teer oder Emulsionen von Teer oder Asphalt und zeitweisen Neudeckungen.

Die Beantwortung der Frage, wann eine Decke noch wirtschaftlich ist, und wann sie durch eine mehr haltbare ersetzt werden muß, wird z. T. wohl auch von den zur Zeit bestehenden Unterhaltungskosten der Steinschlagstraßen abhängen, die bekanntlich im Laufe der letzten Jahre erheblich angewachsen sind. Die Angaben über die Unterhaltungskosten in Deutschland müssen allerdings besonders beurteilt werden, weil während und nach dem Kriege die Straßen unzureichend unterhalten worden sind und in der Gegenwart viel nachgeholt werden muß. Auch liegen keine genaueren Angaben über die Unterhaltungskosten der Steinschlagdecken allein vor. Die Verwaltungen geben zumeist nur die Durchschnittszahlen für ihr gesamtes Straßennetz an. Da aber 80 vH und mehr auf Steinschlagstraßen entfallen, werden die ermittelten Durchschnittszahlen etwa den für die Unterhaltung der Steinschlagstraßen aufgewendeten Kosten entsprechen. Ein besserer Vergleichsmaßstab als die Kosten, in denen auch vielfach noch diejenigen von Pflasterstraßen in geringem Umfang enthalten sind, bietet der Steinschlagverbrauch für den Kubikmeter. Es sind darüber auch von den Verwaltungen ins einzelne gehende Angaben gemacht worden.

Die Durchschnittszahlen nach Kosten und Verbrauch für verschiedene Gebiete sind in der folgenden Übersicht zusammengestellt[46].

Zusammenstellung 22.

Land	Jahr	Länge des Straßennetzes km	M./km	Steinschlagmenge in Kubikmeter für km	Bemerkungen
12 preuß. Provinzen.	1875	22103	855		Nach Dr.-Ing.
9 „ „ .	1905	32347	770		Wienecke, V. T.
9 „ „	1913	24250	970		1925, Nr. 36
Baden	1884	4000	434	36,8	
„	1907	3049	642	40,8	
„	1913	3043		41,3	
Bayern	1880—1900	6750	336[1]		
„	1913	6750	514	31,8	
„	1924	6750	533	30,7	
Österreich[48]	1911	15856	Kronen 1102	43 Dalmatien 21, Niederösterreich 31	Nur 8,14 vH in Decksystem unterhalten

Wenn auch durch die zuvor genannten Maßnahmen Steinschlagbahnen selbst unter Kraftwagenverkehr eine längere Lebensdauer aufweisen werden, wie auch die Beobachtungen auf der Versuchsstraße in Braunschweig ergeben haben, so ist doch die vorherrschende Anschauung, daß sie ohne besonderen Schutz nur noch auf Straßen mit geringem Verkehr gehalten werden können. Die sächsische Straßenbauverwaltung vertritt den Standpunkt, daß Steinschlagstraßen ohne Oberflächenbehandlung nicht mehr wirtschaftlich sind. Die badische Verwaltung vertritt die Ansicht, daß bei dem heutigen Geldstande die Walzschotterdecke bei nur einjähriger Lebensdauer die billigste Unterhaltungsweise der Fahrbahn ist, sie kommt aber zu dem Schluß, daß trotzdem diese Deckenart in ihrer Anwendung beschränkt ist, weil sie, kaum fertiggestellt, vom ersten Tage an in einen den Fuhrwerksverkehr in steigendem Maße belästigenden Unterhaltungszustand zur Ausbesserung der alsbald eintretenden Beschädigungen gerät. Es sind demnach ebenso die wirtschaftlichen, wie die Rücksichten auf den Verkehr, die diese Deckenart für Kraftwagenverkehr ausschließen, es sei denn, daß sie einen besonderen Schutz erhält.

Geht man von der Verkehrsbelastung aus, so wird die Steinschlagdecke noch auf solchen Straßen erhalten werden können, deren Verkehr in 24 Stunden 200 t nicht übersteigt. Nach den Verkehrszählungen des D. Str. B. V. weisen aber noch 40 vH aller Straßen einen Verkehr auf, der diese Grenze nicht überschreitet. Auf diesen Straßen wird demnach die Steinschlagdecke für einen langen Zeitraum am Platze sein. Der Verkehr auf diesen Straßen ist kein Durchgangsverkehr, sondern nur ein örtlicher der landwirtschaftlichen Betriebe. Mit einer Steigerung dieses Verkehrs ist kaum zu rechnen, da er von der Größe und Art des landwirtschaftlichen Betriebes und der Bevölkerungsdichte abhängig ist, die sich nur in geringem Maße ändern können. Verkehrszunahme ist nur dort zu erwarten, wo sich Industrie oder Gewerbe auf dem Lande ansiedeln. Es ergibt sich dann aus dem wirtschaftlichen Aufbau des Gebietes, ob die Steinschlagdecke noch die geeignete Fahrbahn ist. Wenn demnach alle Umstände, die den Straßenverkehr beeinflussen, aufmerksam beobachtet werden, sind sehr bald die Grenzen festzulegen, wo die Steinschlagdecke noch aus Gründen der Wirtschaftlichkeit und des Verkehres beibehalten werden kann.

[1] Ohne Straßenaufsichts- und Schneeräumungskosten.

Zur Erhaltung der Steinschlagbahnen dient eine möglichst trockene Lage. Deshalb ist eine Bepflanzung der Ränder mit Bäumen eigentlich vom technischen Standpunkt aus falsch. Bisher haben die Bäume bei Nacht und bei hoher Schneedecke die Wegbezeichnung übernommen, sie sind also nicht ganz nutzlos. Aber dasselbe läßt sich auch mit anderen Mitteln erreichen, z. B. mit Steinpfosten, die am Straßenrande aufgestellt und weiß gekalkt werden. Der Obstertrag, der vielfach mit die Veranlassung zur Anpflanzung von Bäumen gewesen ist, kann ihre Erhaltung allein nicht rechtfertigen. Denn der daraus erzielte Überschuß ist im allgemeinen zu gering, es sei denn, daß die Gegend besonders zur Obstzucht geeignet ist, z. B. Hessen. Der Schaden, der durch das Abtropfen von Regen und Tau und durch den Blätterfall an den Steinschlagstraßen verursacht wird, hebt diesen Ertrag wieder auf, abgesehen davon, daß auf belebten Straßen die Aberntung den Verkehr stört und das Fallobst ihn gefährdet. In den V. St. A. kennt man die Bepflanzung der Straßen mit Bäumen nicht. Hier übernehmen die Telegraphenpfosten, die auf 2 m über dem Erdboden weiß gestrichen sind, die Wegbezeichnung. Die Schweiz hat auf ihren Straßen jetzt auch die Baumpflanzung eingeschränkt.

b) Staubbekämpfung auf Steinschlagstraßen.

Der Ausgangspunkt für die Festigung der Steinschlagstraßen mit künstlichen Bindemitteln ist die Bekämpfung der Staubplage gewesen. Infolge der schon im Abschnitt III. D. d.) behandelten Wirbelkräfte der Kraftwagen ist eine Staubentwicklung auf den Steinschlagstraßen entstanden, die weit über das Maß hinausgeht, das die Pferdewagen verursachen. Staub in solchem Umfange, wie ihn schnellfahrende Kraftwagen aufwirbeln, bewirkt empfindliche Schädigungen nach folgenden Richtungen hin:

1. Wirtschaftliche Schädigung der an den Straßen Wohnenden,
2. wirtschaftliche Schädigung infolge der längs der staubenden Straßen liegenden landwirtschaftlichen Grundstücke,
3. Belästigung der auf den Straßen zu Fuß oder Wagen verkehrenden Personen,
4. Gefährdung des Verkehres.

Die Schädigungen zu 1. machen sich besonders dort bemerkbar, wo Wert auf staubfreie, der Gesundheit nicht abträgliche Beschaffenheit der Luft gelegt wird, das sind Sommerfrischen und Kurorte, in der Nähe von Erholungsstätten und Krankenhäusern. Aber auch die an den in Staub eingehüllten Straßen ansässigen Gewerbe werden geschädigt.

Die Schädigungen zu 2. betreffen die landwirtschaftlichen Grundstücke, Blumen- und Gemüsegärtnereien und Wiesen, deren Aufwuchs sich mit einem dichten Staubmantel überzieht, so daß die Pflanzen aus den Gärten nicht verkäuflich sind, soweit sie nicht überhaupt eingehen, und das Wiesengras in seinem Wert als Viehfutter gemindert wird. In Gebirgstälern, die an und für sich geringen Ertrag abwerfen, kann eine solche Vernichtung des Wiesenertrages geradezu verhängnisvoll werden.

Daß der übrige Straßenverkehr zu 3. unter Staub leidet und belästigt wird, und daß die zu 4. genannte Gefährdung des Straßenverkehres bei dichter Wagenfolge, wenn durch dichte Staubwolken die Übersicht behindert ist, eintreten muß, bedarf keiner weiteren Behandlung.

Schon vor dem Erscheinen des Kraftwagens in den Städten hat die Bestrebung eingesetzt, den Staub zu binden oder überhaupt seine Entstehung zu verhüten. Straßenbefestigungen, wie Stampfasphalt und Holzpflaster, sind schon längst vor Erfindung des Kraftwagens auch wegen ihrer Staubarmut in städtischen Straßen eingeführt worden. Die Staubbekämpfung an nicht staubarmen Decken, wie Steinschlag- und Pflasterdecken, bestand im allgemeinen in der Besprengung mit Wasser. Mit solchen Mitteln hat man aber auf Steinschlag- und z. T. auch auf Pflasterstraßen den von den Kraftwagen erzeugten Staub nicht wirksam bekämpfen können, weil das Wasser viel zu schnell verdunstet und weil, wie schon im Abschnitt III. D. c) auseinandergesetzt, der Kraftwagenreifen die feinen Stoffe aus den Decken und Fugen heraussaugt und zur Vermehrung des Deckenstaubes beiträgt. Solche Mengen feiner Deckstoffe kann man mit Wasser nachhaltig nicht binden. Das gilt besonders für die Landstraßen, auf denen eine Besprengung mit Wasser überhaupt nicht durchzuführen ist, da es in den meisten Fällen an den Wasserbeschaffungsstellen fehlen wird. Zur Staubbindung unter dem Kraftwagenverkehr kommen nur solche Mittel in Frage, die eine länger anhaltende, kräftigere Wirkung haben.

Nachdem der Kraftwagenverkehr solchen Umfang angenommen hat, daß seine Angriffe auf die Steinschlagdecke und ihre geringe Widerstandskraft gegen diese Angriffe offenbar geworden ist, hat es sich nicht mehr nur darum gehandelt, den Staub zu bekämpfen, sondern auch die innere Widerstandskraft der Decke zu kräftigen. Die nach dieser Richtung entwickelte Technik hat das Übel mehr an der Wurzel erfaßt, sie hat die Decke befestigt oder geschützt und als Nebenwirkung die Staubfreiheit oder Staubverminderung erzeugt. Es ist daher nicht mehr ganz zutreffend, wenn viele Maßnahmen an den Steinschlagdecken unter dem Gesichtspunkte der Staubbekämpfung betrachtet werden; denn sie dienen in erster Linie der Befestigung der Decke. Man kann daher diese Maßnahmen einteilen in Staubbekämpfungsmittel und in solche, die zugleich eine größere Haltbarkeit der Steinschlagdecke anstreben.

Nur die reinen Staubbekämpfungsmittel sollen an dieser Stelle behandelt werden.

Verwendet werden Salze, Laugen und Emulsionen.

a) Die Salze werden auf die Straßendecke ausgestreut. Infolge ihrer stark wasseranziehenden Eigenschaften nehmen sie Feuchtigkeit aus der Luft auf und haften dadurch auf der Decke und vermehren ihr Gewicht durch die Annässung. Der Wind oder Wirbelkräfte der Kraftwagen können sie nicht abheben. Auch geringe Regenfälle schwächen ihre Wirkung nicht. Dagegen werden sie durch starke Regenfälle abgeschwemmt. Folgende Salze haben eine allgemeine Anwendung gefunden: Gewerbesalz von Staßfurt, Chlormagnesium, Chlorkalzium.

b) Laugen. Das Ausstreuen der Salze ist dort unzweckmäßig, wo Sprengwagen vorhanden sind, mit denen die Lösung dieser Salze und andere Laugen ausgesprengt werden können. In Städten ist daher das Aussprengen von Laugen bevorzugt worden. Eine große Zahl solcher Erzeugnisse sind auf dem Markte erschienen, von denen sehr viele alsbald wieder verschwunden sind. Einige haben allerdings sich als brauchbar erwiesen und werden noch angewendet. Es sind dies Chlorkalzium aus Ammoniaksodafabriken und Chlormagnesiumlaugen als Nebenerzeugnis der Kaliverarbeitung und die daraus gewonnenen Erzeugnisse, wie z. B. Coeberit von Staßfurt. Die Stoffe sind anorganischer Natur. Auch Ablaugen der Sulfitzellulosefabriken werden zu Staubbindemitteln ausgenutzt, da sie kolloidale Stoffe enthalten. Da die Unschädlichmachung dieser Ablaugen der Zellulosefabriken große Schwierigkeiten und Unkosten bereiten, so würde die Ausnutzung dieser Abfallstoffe für den Straßenbau manche Vorteile bringen. Als ein solches Erzeugnis wird Dusterit geliefert. In Schweden sollen Sulfitlaugen in großem Umfange verwendet werden.

Die Laugen und die anderen Stoffe werden mit dem Sprengwasser, also in verdünntem Zustand ausgebreitet. Je größer der Verdünnungsgrad ist, um so billiger ist das Verfahren, um so geringer aber seine Wirkung. Hochprozentige Lösungen bewirken bisweilen Glätte. Die Laugen können auch bei nicht zu starkem Frost ausgesprengt werden, da ihr Gefrierpunkt herabgesetzt ist.

Dr.-Ing. Scheuermann hat in Wiesbaden Vergleichsversuche mit verschiedenen der genannten Mittel angestellt, die in nachfolgender Zusammenstellung wiedergegeben werden sollen[49]. Er hat auch eine Bewertung nach der wirtschaftlichen Seite versucht, indem er die Wirkung und die Kosten mit der reinen Wasserbesprengung verglichen hat. Er geht davon aus, daß das Besprengen mit Wasser auf 1000 m² 0,225 M. in den Jahren 1909—1913 seiner Untersuchung gekostet hat, und daß die Wirkung einen Vierteltag üblicherweise angehalten hat. Er bildet daraus den Wirtschaftsgrad $\frac{0{,}225}{0{,}25} \cdot c = 1$. Für Wasser ist demnach $c = 0{,}9$. Es sind nunmehr die Kosten der einzelnen Staubbindemittel auf 1000 m² und ihre Wirkung nach Tagen bemessen ermittelt und darnach der Wirtschaftlichkeitsgrad berechnet worden. Werte, die unter 0,9 liegen, sind demnach wirtschaftlicher als Wasser.

Zusammenstellung 23.

Lfd. Nr.	Bindungsmittel			Lösung in vH	Kosten in M. 1000 m²	Dauer in Tagen	Wirtschaftsgrad	Bemerkungen
	Name	Art	Wirkung					
1	Gewerbesalz	n	w		0,58	2	0,3	Laugen: c = Chlorkalzium
2	Chlorkalzium	c	w	10	31,10	4	8,6	k = kolloidhaltige Salze:
3	Dusterit . .	k	w/k	10	55,10	50	1,0	n = chlornatriumhaltige Wirkungen: w = wasseranziehend k = verkleisternd

Die Emulsionen als Sprengmittel werden bereits seit Jahren verwendet. Als reines Staubbindemittel gilt Westrumit, eine in Wasser lösliche Mischung von Mineral- und Pflanzenöl, als brauchbar. Nach Angaben von Dr.-Ing. Scheuermann hat Westrumit auf Steinschlagstraßen selbst bei wiederholter Anwendung schon am Tage der Aufbringung den Staub nicht ganz gebunden. Dagegen hat es sich auf Asphaltstraßen als nachhaltig und wirtschaftlich erwiesen. In Charlottenburg sind 1—2 vH Westrumitlösungen auf Asphaltstraßen eine Zeitlang angewendet, aber alsbald wieder eingestellt worden. Es ist anzunehmen, daß Westrumit die Stampfasphaltbahnen schlüpfrig macht und daher jetzt in seiner Anwendung beschränkt ist.

Alle neuerdings angewendeten Emulsionen zielen auf die Herstellung eines Deckenüberzuges auf der Steinschlagstraße hin, wollen demnach auf der Oberfläche nicht nur den Staub binden, sondern auch die Decke vor den Angriffen der Wagen schützen, sie werden daher in Abschnitt VII. B. e) 8. behandelt.

Allgemein sind folgende Anforderungen an Staubbindemittel zu stellen, wobei in Klammern diejenigen bereits erwähnten Mittel angegeben sind, die diese Anforderungen nicht erfüllen:

1. Die Salze, Laugen oder Emulsionen sollen sich leicht im Sprengwasser auflösen, ohne daß besondere Arbeiten dazu vorzunehmen sind (Chlorkalzium).
2. Sie sollen in möglichst konzentrierter Form hergestellt sein, damit sie stärker verdünnt werden können und ausgiebiger sind.
3. Besondere Vorbereitungen an den Straßen vor der Aufbringung dürfen nicht notwendig sein (Chlormagnesium).
4. Die Lösungen dürfen keine oder nur geringe Ausscheidungen in den Sprengwagen zurücklassen und die Düsen nicht verstopfen.
5. Aufgesprengt, dürfen sie die Straßendecke nicht schlüpfrig machen und auch nicht zur Kotbildung beitragen (Westrumit, Dusterit).
6. Die Mittel dürfen Leder, Gummi, Holz nicht angreifen und bei Eisen nicht zur Rostbildung führen (Chlornatrium in starker Lösung).

7. Sie sollen keinen unangenehmen Geruch hervorrufen (Westrumit, z. T. Dusterit).
8. Sie sollen vor allem Pflanzen nicht schädlich sein.
9. Sie sollen lange vorhalten und billig sein.

Hierzu äußert sich Dr.-Ing. Scheuermann, daß im großen und ganzen sich bei den Versuchen ergeben hat, daß die Mittel im Verhältnis zu den Kosten von viel zu geringer Wirkung sind[50].

Besprengungen mit Chlornatrium haben sich in Charlottenburg bewährt. Allerdings ist es möglich gewesen, die Lauge unmittelbar von der erzeugenden Fabrik (Scheringsche chemische Fabrik am Bahnhof Jungfernheide) abzuholen und in die Sprengwagen abzufüllen. Die Wirtschaftlichkeit hängt demnach auch von der Lage der Verbrauchsstätte zur Erzeugungsstätte ab.

Die Brauchbarkeit der Mittel wird, wie das Beispiel von Charlottenburg beweist, durch örtliche Verhältnisse beeinflußt. Zur Beurteilung werden die Ziffern 1—9 einigen Anhalt geben.

Die Zweckmäßigkeit wird bei solchen Mitteln, die sich überhaupt als wirkungsvoll erwiesen haben, darin zu suchen sein, daß die Straßen nicht so oft von den Sprengwagen befahren werden müssen. Einmal behindern diese Wagen den Verkehr, außerdem ist es nicht möglich, bei lebhafter Inanspruchnahme der Straße die ganze Fläche voll zu bestreichen, oder es werden Wagen und Fußgänger bespritzt. Bei Verwendung von Staubbindemitteln kann die Aussprengung zu verkehrsarmen Zeiten und dann gründlich vorgenommen werden. Allerdings sind diese Vorteile, soweit Steinschlagstraßen in Frage kommen, nicht hoch zu bewerten, denn solche Decken liegen heute nur noch in Wohnstraßen mit geringem Verkehr; die Verkehrsstraßen haben andere schon von vornherein staubarme Decken erhalten.

Durch die inzwischen eingetretene Entwicklung im Straßenbau und die Fortschritte der Technik treten die reinen Staubbindemittel gegenüber denjenigen Mitteln und Maßnahmen zurück, die zugleich eine innere Befestigung der Decke bewirken. Anders liegen die Verhältnisse bei Pflasterstraßen, auf denen Deckenstaub als Abnutzung der Steine entsteht und Verkehrsstaub, Auswurf der Pferde, Verluste der beförderten Güter, wie Baustoffe, Müll u. a. mehr. Für solche Straßen kann mit Ausnahme einer dichten Fugenausfüllung eine besondere Befestigung der Oberfläche nicht in Frage kommen. Bei ihnen hat die reine Staubbindung noch erhebliche Bedeutung, und die vorgenannten Staubbindemittel werden daher auch noch vielfach auf Pflasterstraßen verwendet. Das gleiche gilt auch für Asphalt- und Holzpflasterstraßen. Es ist hier aber bereits ein bemerkenswerter Einfluß des Kraftwagenverkehres festzustellen. Infolge Abnahme der Pferdefuhrwerke läßt die Verschmutzung der Straßen durch Pferdemist erheblich nach. Außerdem werden die Straßen durch das Tropföl der Kraftwagen, das durch die Gummireifen fein verteilt wird, mit einer Haut überzogen, die den Staub bindet. Auf Stampfasphaltstraßen ist diese Erscheinung höchst auffällig und vermindert die Notwendigkeit, Staubbindemittel zu verwenden.

c) Wasserglas-Betonal-Straßen.

Das Betonalverfahren soll darauf beruhen, daß Wasserglas mit höherem Kieselsäuregehalt als die gewöhnliche Handelsware sich mit Kalkstein chemisch verbindet, ihn härtet und zugleich die Mineralmassen durch Granularadhäsion (nach Hirschwald) verkittet. Es wird flüssiges Betonal und Betonalpulver zusammen verwendet, die beide stark hydraulische Eigenschaften entwickeln sollen. Die angenommene Zementwirkung kann wohl nur auf kolloidalen Vorgängen beruhen, aber eine Kristallbildung, wie bei der Erhärtung des Zementes, wird nicht vorhanden sein. Es wird bei der Ausführung Betonalpulver im Überschuß gegeben, so daß bei Hinzutreten von Wasser dieses Betonal zur Wirkung kommt, ein Fall, der eintritt, wenn die Straßendecke beschädigt wird und Risse erhält, die sich dann durch die Tätigkeit des vorhandenen Betonalpulvers schließen sollen. Man spricht von einer Regenerierung der Straße.

Es können harte und weiche Kalksteine verwendet werden. Je reiner der Kalk ist, desto sicherer wirkt Betonal. Aber der Kalkstein darf keinen Mergel oder Humus und lehmige Bestandteile enthalten, auch nicht aus Abraum stammen. Brauchbar sind Dolomite, Wetterstein- und Jurakalke, Muschelkalk und kreideartige Kalksteine. Rundkiesel sollen zu Stücken mit möglichst viel Bruchflächen gebrochen werden. Geschiebekalke und gipshaltige Kalksteine sind auszuschalten. Betonalpulver wie Flüssigkeit werden der Gesteinsart angepaßt.

Nach Untersuchungen im Materialprüfungsamt der Technischen Hochschule in Darmstadt ist die Druckfestigkeit von Kalkstein rheinhessischer Herkunft, gemessen an 4-cm-Würfeln von im Durchschnitt 731 kg/cm² durch Behandlung mit Betonal auf 1398 kg/cm² gesteigert worden. Die Bindung der Gesteinsstoffe durch Betonal ist in derselben Anstalt dadurch nachgewiesen, daß Würfel aus Kalksteinsplitt, die nach Behandlung mit Betonal 28 Tage an der Luft gelagert haben, eine Druckfestigkeit von 70—81 kg/cm² angenommen haben[51].

Die Mineralmasse soll aus gebrochenem Kalkstein von höchstens 40 mm Stückgröße und Kalksand bestehen in dem Mischverhältnis ¾ Kalksteinschlag 10—40 mm und ¼ Kalksand 0—10 mm. Auch bei diesem Baustoff wird darauf gesehen, daß die Zusammensetzung eine solche ist, daß die eingebaute Masse völlig dicht ist. Es leuchtet ein, daß dann die Betonalmasse fein verteilt ist und die Kolloidwirkung auch ausüben kann.

Die Ausführung erfolgt wie bei der Betonherstellung mit Hand oder in Mischmaschinen, indem Sand und Steinschlag mit flüssigem Betonal gemischt werden: auf 1 m³ Grobschotter 0,3 m³ Sand, 65 kg flüssiges Betonal. Die Mischung soll erdfeucht sein. Damit sie bei heißem Wetter nicht zu schnell erhärtet, muß je nach der Luftwärme Wasser zugegeben werden.

Als Unterbau kommt nur eine ehemalige Steinschlagdecke in Frage, die gesäubert, und deren Schlaglöcher ausgebessert sein müssen. Auf diese Decke wird die Mischung so verteilt, daß gerade 10 m² bedeckt werden. Die Oberfläche wird mit 0,05 m³ Sand und 10 kg Betonalpulver beworfen und dann fest eingewalzt. Es ist so viel Wasser bei der Walzarbeit zuzugeben, daß die Walze die Decke nicht aufwickelt. Das Gewicht der Walze ist der Druckfestigkeit des Kalksteines anzupassen. Bei festem Kalkstein kann das Gewicht bis 15 t betragen. Die Decke muß dann einige Zeit frei von Verkehr bleiben, damit sie erhärtet. Über die Ausführung solcher Betonalstraßen berichtet Ministerialrat Vilbig[52].

Es bildet sich eine feste betonartige Masse, die dem Verkehrangriff widersteht, nicht abgenutzt wird, keine Schlaglöcher und keinen Schlamm bildet und nicht staubt. Niederschlagswasser kann nicht eindringen, sondern läuft ab. Gegen Wärmeschwankungen soll die Decke unempfindlich sein und keine Risse erhalten.

Anfangs ist das Wasserglasverfahren von zwei Unternehmungen geliefert worden: Von den Rheinischen Wasserglasfabriken G. m. b. H., Rheingönnheim-Ludwigshafen am Rhein unter dem Namen Strassil und von Baerle in Worms unter dem Namen Betonal. Beide Unternehmungen haben sich jetzt zusammengeschlossen. Die Verfahren werden einheitlich gehandhabt.

In Frankreich sollen seit 1918 Kalksteinstraßen mit Wasserglas erfolgreich behandelt worden sein. Auch Versuche in Gegenden Deutschlands, die kalksteinreich sind, sollen befriedigt haben. Das Verfahren hat eine erhebliche Bedeutung für alle diejenigen Landstriche, denen es an Hartgestein fehlt, die dafür aber an weichen Kalksteinen reich sind. Das gilt für die bayrischen Alpen und Alpenvorland, Schwaben, Mittel- und Oberfranken, die vom Jura durchzogen werden und vor allem für das an Kalksteinen reiche Württemberg. Da die Kosten selbst gering sind, würde sich das Verfahren, selbst bei mäßiger Lebensdauer, wirtschaftlich erweisen.

Das Verfahren kann aber nur beschränkte Bedeutung haben, da es nur für Straßen mit einem Verkehr bis höchstens 800 t täglich nach Angaben der Hersteller verwendbar ist. Auch sind die Erfahrungen über die Bewährung noch nicht abgeschlossen. Die Kosten sollen nicht erheblich sein.

d) Riesenschotterdecke.

Beim Aufbau der Steinschlagdecke wird insofern ein Verstoß gegen die Regeln der Technik begangen, daß durch die Walze eine gewaltsame Zerstörung der Steine erfolgt, die allerdings als eine gewünschte Nebenerscheinung betrachtet wird, weil durch die Absplitterungen die Decke gefestigt wird. Das Maß dieser Zerstörung kann aber sehr verschieden sein, und der Erfolg ist keineswegs gesichert. Baurat Gravenhorst hat das erkannt und den Weg zum Kleinpflaster gefunden, das im Abschnitt VII g) behandelt wird. Auf der Mitte der üblichen Steinschlagbahn und dem Kleinpflaster liegt die Kleinschlagdecke mit Riesenschotter nach Patent Nr. 424836. Es werden hierzu Schottersteine im Mittel von 8—10 cm Abmessung verwendet, die in ein etwa 10 cm hohes Splittbett gesetzt werden. Die ersten Straßen sind in der Weise ausgeführt worden, daß der Schotter nur aufgeworfen und in den Splitt eingewalzt worden ist. Der Steinsplitt in seiner verschiedenen Körnung dringt von unten herauf in die Fugen zwischen Schotterstücke und füllt diese unter starker Verdichtung vollständig aus, so daß alle Hohlräume geschlossen sind und die saugende Wirkung der Kraftwagenreifen den Verband nicht mehr zu lösen vermag. Da nur Schottersteine von 8—10 cm verwendet werden, wird auch schon durch die Erhöhung des Gewichtes der einzelnen Steine erreicht, daß das Herausschleudern einzelner Steine verhindert und damit das Entstehen der Schlaglöcher vermieden wird. Da die Schottersteine aber selten würfelige Form haben, sondern sich mehr der Form der Pyramide oder des Parallelepipeds nähern werden, so haben sie sich unter der Walze ganz ungleichmäßig in den Splitt hineingearbeitet. Das muß zur Folge haben, daß unter dem Verkehr ein ungleichmäßiges Setzen eintritt. Nach den gegenwärtig üblichen Verfahren werden die Steine mit der Hand, genau so wie Kleinpflastersteine, mosaikartig gesetzt und dann abgewalzt. Es fällt also die beim Kleinpflaster übliche Abrammung fort. Die Befestigung besorgt die Walze. Das Walzen soll sehr schnell vor sich gehen. Eine 20-t-Walze drückt den Riesenschotter in die Unterlage ein, bis der gemischte Splitt nach oben durchdringt und die Hohlräume ausfüllt. Die Decke hat dann etwa eine Stärke von 11 bis 12 cm. Zur Erhaltung der Decke und Bindung etwaiger Staubbestandteile erhält sie eine Tränkung mit Teer-Emulsion. Diese Emulsionen, über die weitere Angaben im Abschn. VII. B. e) 8. gemacht werden — es wird das von der Chemischen Fabrik Dr. Raschig hergestellte Kiton oder das von den Rüttgerswerken eingeführte Magnon verwendet —, sollen die Decke gegen Aufnahme von Feuchtigkeit schützen. Die Teer-Emulsion wird zusammen mit dem Sprengwasser während des Walzens aufgebracht und mit lehmhaltigem Bindesand eingekehrt. Auch wird eine Oberflächenteerung empfohlen.

Es wird kaum von einer solchen Decke zu erwarten sein, daß sie besonders eben ist. Kraftwagen werden durch die unebene Oberfläche nicht ganz stoßfrei laufen, und es bedarf noch längerer Beobachtung, ob die Decke kräftig genug ist, um auf die Dauer die Stoßwirkungen aufzunehmen. Ihre Oberfläche ist schon wegen der vielen Fugen rauh und daher gut für Zugtiere zu begehen.

Die Vorteile des Riesenschotters sind gegenüber der Steinschlagbahn die kräftigere Ausbildung der Decke und der geringe Anteil von Deckstoffen, die sich nur in den Fugen befinden. Daher wird, besonders wenn sie durch Bindemittel festgehalten werden, Staub kaum entstehen und eine Lockerung der Decke nicht auftreten. Im Vergleich mit der Kleinpflasterstraße ist anzunehmen, daß die Riesenschotterdecke preiswerter sein wird, weil statt der geschlagenen Kleinsteine gebrochener Schotter verwendet wird, und zwar eine Stückgröße, die sonst im Bauwesen wegen ihrer Abmessung wenig Absatz findet. Auch wird das Abrammen erspart und durch das Walzen ersetzt. Dadurch ist mit Zeit- und Geldersparnis zu rechnen. Das Anwendungsgebiet dieser Decke werden solche Gegenden sein, wo die anstehenden sonst guten Hartgesteine schlecht spalten und daher nicht zu Kleinpflastersteinen verarbeitet werden können. Ein solches Gebiet ist beispielsweise der Landstrich nördlich des Harzes, der von den braunschweigischen staatlichen Gabbrobrüchen bei Harzburg versorgt wird. Der sehr harte Gabbro spaltet sehr unregelmäßig und läßt sich daher nur mit großem Arbeitsaufwand zu Kleinpflaster schlagen. Im Brecher auf 8 bis 10 cm gebrochen, gibt er wahrscheinlich einen brauchbaren Schotter für die Riesenschotterdecke ab. Dagegen erscheint die Zweckmäßigkeit des Riesenschotters dort noch nicht nachgewiesen, wo Kleinpflaster ausreichend und preiswert zu haben ist. Denn der Riesenschotter wird nach den Regeln der Steinsetzkunst genau so wie der Kleinpflasterstein gesetzt werden müssen. Dadurch entstehen Arbeitslöhne. Es wird nachzuprüfen sein, ob es nicht wirtschaftlicher ist, die Löhne auf einen hochwertigeren Stoff, wie es Kleinpflaster ist, aufzuwenden, das ein Pflaster von hoher Lebensdauer bekanntlich darstellt, als auf den Riesenschotter, der die Lebensdauer des Kleinpflasters bei starkem Verkehr kaum erreichen wird.

e) Teer und Asphalt im Dienste des Straßenbaues.

1. Allgemeines.

Die Verwendung von Teer und Asphalt im Straßenbau kann man zu einem Teil unter dem Gesichtspunkte betrachten, daß dadurch eine Verbesserung der Steinschlagdecke erfolgen soll und die darauf gegründeten Bauweisen als eine Fortentwicklung dieser Befestigungsart darstellen. Aber zu einem anderen Teil muß man die Teer- und Asphaltstraßen, vornehmlich die letzteren, ausgesprochen als selbständige Gebilde ansehen, bei denen aus dem Stoff heraus ganz andere Aufbaugrundsätze angewendet werden. Es wird daher dieses sehr umfangreiche Gebiet von Teer und Asphalt im Dienste des Straßenbaues in der Weise behandelt werden, daß nach Teer- und Asphaltstraßen, die letzteren nach Natur- und Asphaltkunstdecken unterteilt werden.

Bezeichnung und Begriffsbestimmung[1]).

1. Unter Bitumen sind zu verstehen alle natürlich vorkommenden oder durch einfache Destillation aus Naturstoffen hergestellten flüssigen oder festen, schmelzbaren und löslichen Kohlenwasserstoffgemische. Sauerstoffverbindungen können darin enthalten sein, mineralische Stoffe dagegen nur in untergeordnetem Maße.

2. Erdöl-Asphalte und Erdöl-Destillationsrückstände gehören zu den Bitumina und werden in paraffinische, paraffinisch-asphaltische und asphaltische unterteilt. Die asphaltischen Destillationsrückstände tragen die Bezeichnung Erdöl-Asphalt.

3. Das Wort bituminös soll nur für Stoffe benutzt werden, die nach Ziffer 1 zu den Bitumina gehören.

4. Pech ist nur auf Destillationsrückstände der Teere anzuwenden.

5. Unter künstlichen Asphalten sind Mischung der Bitumina mit Gesteinsstoffen zu verstehen.

---

[1]) Der Fachgruppe für Brennstoff- und Mineralölchemie des Vereins deutscher Chemiker.

Diese Begriffsbestimmung schließt sich den von Dr. Mallison gegebenen Vorschlägen an[53] und deckt sich in ihrer Haupteinteilung mit den englischen französischen Anschauungen und mit derjenigen des Amerikaners Abraham,[54] während die A. S. T. M. unter Bitumen auch Pech rechnet (Pyrobitumina).

2. Der Teer und seine Verbindungen.

Mit Teer und Pech werden die künstlich durch destruktive Destillation aus der Steinkohle gewonnenen Stoffe bezeichnet. Unterschieden wird nach a) Gasanstaltsteer, b) Kokereiteer, c) Hochofenteer, d) Steinkohlenurteer. Die Erzeugnisse der destruktiven Destillation anderer organischer Stoffe, wie Holz und Braunkohle u. a., finden im Straßenbau keine Verwendung und können daher außer Betracht bleiben. Bei der Entgasung der Kohle entstehen im wesentlichen Koks, Gas und Teer. Der Anteil an Teer, bezogen auf die Menge der vergasten Kohle, beträgt 4—5 vH. Er setzt sich zusammen aus einem Gemenge von Ölen und Pech; die Öle sind von recht verschiedener chemischer Zusammensetzung und wechselndem Flüssigkeitsgrad, der sich von leichtsiedend und beweglich bis zu hochsiedend und schwerflüssig erstreckt. Fängt man bei einer Destillation des Teeres die einzelnen Fraktionen zwischen bestimmten Temperaturgrenzen gesondert auf, so bekommt man Erzeugnisse verschiedener Beschaffenheit. Man unterscheidet

Leichtöl, das bis 170° übergeht,

Mittelöl, das von 170—230° siedet,

Schweröl, das einen Siedepunkt zwischen 230° und 270° zeigt und

Anthrazenöl, das letzte Fließende zwischen 270—360°. Zurück bleibt dann das Pech. Der Vorgang der Teerdestillation und seine Erzeugnisse sind in dem Kurvenband der Abb. 89[1]) dargestellt. Man nennt die Ausscheidungen zwischen den einzelnen Temperaturgrenzen Fraktionen.

Der Unterschied in dem Flüssigkeitsgrad bei 20° Wärme beträgt nach Engler, wenn mit 1 der Flüssigkeitsgrad des Wassers bezeichnet wird,

Vorlauf und Leichtöl etwa	1,
Schweröl	1,6—2,5,
Anthrazenöl	3,1—3,3.

Teer ist unter allen Umständen ein verschieden ausfallendes Gemisch mannigfacher chemischer Verbindungen. Auf seine Zusammensetzung und Eigenschaften haben die Kohlensorte, die Art des Destillationsverfahrens und der dabei verwandten Einrichtungen und andere Umstände Einfluß. Das Pech, das nach Absonderung des Anthrazenöles bis 360° entsteht, ist Hartpech. Wird die Erhitzung nur bis zum Beginn der Anthrazenölfraktion betrieben, dann bleibt mittelhartes Pech zurück. Die Leichtöle haben ein spezifisches Gewicht leichter als 1 (unter 0,980), die Mittelöle 0,98—1,03, die darüber liegenden schwerer als 1[53].

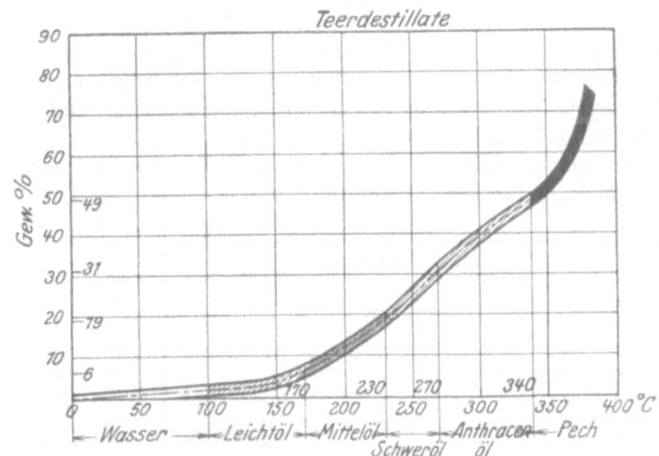

Abb. 89. Anteile der einzelnen Fraktionen im Teer.

[1]) Nach einer Darstellung des Herrn Dr. Nübling, Direktor des städt. Gaswerkes in Stuttgart.

Den Einfluß der Kohlensorte auf die Zusammensetzung des Teeres zeigt die folgende Zusammenstellung 24, die aus Dr. Spilker, „Kokerei und Teerprodukte der Steinkohle“[55] entnommen ist:

Zusammenstellung 24.

Wasser in vH	Minderwertige Destillate in vH			Kohlensorte	Wertvolle Destillate in vH			Pech in vH
	Leichtöl	Mittelöl	zus.		Schweröl	Anthrazen	zus.	
4,1	3,8	10,8	14,6	Saarkohle . . .	8,6	12,1	20,7	59,4
3,1	3,3	9,4	12,7	Engl. Kohle . .	7,0	17,0	24,0	59,9
4,9	2,5	12,9	15,4	Sächs. Kohle . .	11,2	15,2	26,4	55,2
3,0	2,1	12,0	14,1	Schles. Kohle . .	9,2	18,0	27,2	55,1
2,7	1,4	3,5	4,9	Ruhrkohle . . .	9,9	24,7	34,6	56,4

Es schwankt der Gehalt an minderwertigen Destillaten gegenüber den wertvollen Destillaten und beide zusammen in ihrem Verhältnis zum Pechgehalt. Sehr verschieden fallen auch die Teere aus je nach der Art der Öfen, in denen die Verkokung der Kohle vor sich geht. Die folgende Zusammenstellung 25 zeigt die Unterschiede, je nach der Bauart der Retorten, nach Angaben von Dr.-Ing. Scheuermann[56].

Zusammenstellung 25.

Fraktionen und deren Grade in °C	Je nach Bauart der Retorten			Destillate und deren spezifisches Gewicht	
	liegend	als Kammeröfen	stehend		
	ergaben sich an vH		Destillaten vH		
0—170	9	6	5	Leichtöl:	0,98
170—230	8	21	16	Mittelöl:	1,02
230—360	30	33	42	Schweröl: Anthrazenöl:	1,04 1,08
über 360	50	40	35	Pech	

Hiervon abweichende Zusammensetzung der Teere aus verschiedenen Retortenarten gibt Prof. Dr. Schläpfer[57] für Teer aus schweizerischen Gasanstalten an, Zusammenstellung 26. Aus diesen Eigenschaften der Teere folgert er:

„Die Horizontalretortenteere gelten im allgemeinen als die dickflüssigsten Rohteere, können aber in ihren Eigenschaften und ihrer physikalischen Beschaffenheit stark schwanken. Sie sind dickflüssiger als die Schrägretortenteere. Wenn sie viel freien Kohlenstoff und viel Wasser enthalten, eignen sie sich im allgemeinen für den Straßenbau wenig.

Zusammenstellung 26.

Anzahl der Proben	12	5	8
Aus Gasanstalten mit	Wagerechten	Schrägen	Senkrechten
		Retorten	
Wassergehalt	1,1—15,7	0,5— 6,4	1,2— 7,1
Leichtöl . . . . bis 170° C	0,3— 4,0	0,2— 2,8	0,1— 5,0
Mittelöl . . . . von 170° C „ 250° C	4,4—11,4	5,3— 8,8	3,8—16,5
Schweröl . . . . „ 250° C „ 270° C	5,9—11,2	5,6—12,7	8,9—17,2
Anthrazenöl . . . . . . „ 270° C „ 350° C	10,7—20,9	13,6—17,9	19,2—31,4
Pech	53,2—76,0	60,5—71,8	47,3—63,7
Freier Kohlenstoff	6,6—31,5	17,0—22,2	2,8— 5,0
Spezifisches Gewicht	1,13—1,2	1,17—1,22	1,09—1,14

Schrägretortenteere können ebenfalls in ihren Eigenschaften stark schwanken. Sie dürfen nicht zuviel an freiem Kohlenstoff enthalten und müssen auch durch Destillation entwässert werden.

Vertikalretorten- und Kammerofenteere sind wegen des großen Ölgehaltes und des geringen Gehaltes an freiem Kohlenstoff die dünnflüssigsten Rohteere. Um sie konsistenter zu machen, werden sie in der Schweiz fast überall von den Leichtölen und dem Wasser befreit und als destillierte Teere vielfach mit gutem Erfolge im Straßenbau verwendet.

Kokereiteere sind infolge des geringen Gehaltes an Benzol und Leichtöl und des etwas höheren Gehaltes an freiem Kohlenstoff und Pech in rohem Zustand dickflüssiger als die Vertikalretortenteere."

Unterschiede bestehen auch, ob der Teer aus der Gasfabrikation oder aus Kokereibetrieben stammt. Der Gasanstaltsteer ist kohlenstoffreicher und hat ein höheres spezifisches Gewicht als der Kokereiteer.

Zusammenstellung 27. Unterschied zwischen Gas- und Kokereiteer.

	A Gasteer vH	B Koksofenteer vH
Wasser	2,9	2,2
Leichte Öle 200 °C	4,0	3,4
Benzol	0,92	1,1
Naphtha	0,20	0,32
Kreosotöl	8,6	14,5
Rohes Naphthalin	7,4	6,7
Anthrazenöl	17,4	27,3
Reines Anthrazen	0,60	0,70
Pech	58,4	44,30
Kohlenstoff	15—25	5—8

Eine Fraktionierung des Teeres bietet also die Möglichkeit, mit einiger Bestimmtheit den Ursprung des Teeres und die Erzeugungsart festzustellen.

Es hat nahegelegen, als man die ersten Versuche mit Teer im Straßenbau gemacht hat, ihn so zu verwenden, wie er aus der Erzeugungsanstalt kommt, d. h. als Rohteer, der allerdings bei Tagestemperatur flüssig ist. Ein solcher Teer hat aber keinerlei Festigkeit, er kann allenfalls infolge seiner Klebrigkeit die feinen Mineralmassen, Staub, Sand u. a. m. zusammenkitten und sie vor dem Auffliegen unter den Kraftwagen schützen. Der Teer ist aber an der Luft unbeständig. Er gibt seine leichten Öle an die Luft ab und verwandelt sich langsam in Pech, das spröde wird, die Klebkraft nicht mehr besitzt, selbst unter dem Verkehr zermahlen wird und zur Staubbildung noch beiträgt.

Der Teer ist von vornherein warm auf die Straßen aufgebracht worden, weil er dann leichtflüssiger ist und tiefer in die Fugen und Hohlräume der Straßenbefestigung eindringt. Beim Erwärmen kocht Rohteer, weil er noch Wasser enthält, leicht über, kann Brände hervorrufen und die Arbeiter gefährden. Infolgedessen ist die erste Verbesserung gewesen, daß für Straßenbauzwecke nur wasserfreier Teer zugelassen worden ist. Aber auch in diesem Zustande gibt der Teer noch kein befriedigendes Wegebaumittel. Das hat viel Gründe, die in den besonderen Eigenschaften des Teeres zu suchen sind.

Ob die einzelnen Teerdestillate zum Straßenbau werden verwendet werden können, wird von ihren Eigenschaften abhängen. Dabei muß aber zugegeben werden, daß darüber noch keine volle Klarheit herrscht, welche Eigenschaften für und gegen die Verwendung im Straßenbau sprechen. Es wird zweckmäßig sein, von den Anforderungen auszugehen, die an die Bindemittel gestellt werden müssen. Man wird vier Eigenschaften verlangen.

Die Stoffe müssen sich in zweckmäßiger Weise in den Straßenkörper einfügen oder mit dem Steingerüst vermischen lassen, sie müssen die Straße gegen die auf sie einwirkenden Beeinflussungen (durch Wärme, Kälte, Sonnenschein, Regen und dgl.) und gegen die Beanspruchungen durch den Verkehr in genügender Weise schützen und selbst auf längere Dauer diesen Angriffen widerstehen können; sie dürfen keine schädlichen Einwirkungen auf Sachen, Menschen, Tiere und Pflanzen ausüben und müssen wohlfeil in der Anlage und Unterhaltung sein.

Diese Anforderungen sind recht allgemein gehalten und die Eigenschaften der Stoffe, die sie befähigen diese Anforderungen zu erfüllen, werden von recht verschiedener Art sein können in ihrer chemischen und physikalischen Beschaffenheit und Verhalten. Dabei werden gleicherweise die Beständigkeit, wie auch etwaige chemische Veränderungen der Stoffe als günstig und vorteilhaft angesehen werden können. Veränderungen dann, wenn sie unter dem Einflusse beispielsweise der Luft und des Lichtes die Wirkung der Stoffe erhöhen. Es ist also den Erfahrungen für die Beurteilung der Eigenschaften der Stoffe für ihre Brauchbarkeit ein weites Feld eingeräumt und daher nicht zu verwundern, wenn die Ansichten bisweilen auseinandergehen. Es sollen vorweg einige Eigenschaften des Teeres behandelt werden, von denen anzunehmen ist, daß sie von Bedeutung für das Verhalten in der Straße sind. Hierher gehört z. B. die Verdunstung.

Sie wird gemessen nach der Zeit, die erforderlich ist, damit von einer Probe mit bekannter Oberfläche eine Schicht von 1 mm Dicke bei 50° verdunstet. Bredtschneider[58] hat darüber Versuche angestellt, die in der Zusammenstellung 28 wiedergegeben sind. Diese Verdunstungszeiten sind am Gasanstaltsteer von Charlottenburg vorgenommen. Die unter II. aufgeführten Mischungen sind so zusammengesetzt, wie es der natürlichen Beschaffenheit des verwendeten Teeres entsprochen hat. Bei der Verschiedenheit der Teere kann angenommen werden, daß bei anderen Teeren die Verdunstungszeiten etwas anders ausfallen. Aber darauf kommt es nicht an, denn die Versuche haben nur einen Vergleichswert. Sie ergeben, daß die Teerstoffe mit Pech im allgemeinen eine höhere Verdunstungszeit haben, als diejenigen ohne Pech, und daß bei Mischungen mit Pech die Verdunstungszeit mit dem Siedepunkt des beigemischten Teeröles steigt.

Daraus ist der Schluß gezogen worden, daß nur solche Teerverbindungen brauchbar sind, die eine hohe Verdunstungszeit haben, bei denen also die leichten Öle ausgeschieden sind und dadurch eine Anreicherung des Pechgehaltes erreicht worden ist.

Zusammenstellung 28. Verdunstungszeiten in Stunden.

Nr.	Versuchsprobe	Verdunstungszeit in Stunden
	I. Natürliche Bestandteile von Gasanstaltsteer:	
1	Steinkohlenteer	62
2	Leichtöl	20
3	Schweröl	43
4	Anthrazenöl	225
5	Handelspech	33300
	II. Mischungen der natürlichen Bestandteile von Gasanstaltsteer:	
6	Leichtöl und Schweröl	37
7	Leichtöl und Anthrazenöl	49
8	Leichtöl und Hartpech	17900
9	Schweröl und Anthrazenöl	84
10	Schweröl und Hartpech	362
11	Schweröl und Anthrazenöl und Hartpech	227
12	Anthrazenöl und Hartpech	3040
13	Leichtöl und Schweröl und Anthrazenöl und Hartpech	123
	III. Mischungen aus Anthrazenöl und Hartpech, gewonnen aus Kokereiteer:	
14	10 Gew.-T. Anthrazenöl und 90 Gew.-T. Hartpech	33300
15	20 „ „ „ 80 „ „	2380
16	30 „ „ „ 70 „ „	820
17	40 „ „ „ 60 „ „	423
18	50 „ „ „ 50 „ „	313

Die leichten Öle enthalten Phenole und Rohteersäuren und Naphthalin. Die Phenole sind wasserlöslich, und es ist anzunehmen, daß sie die Kittwirkung schwächen. Das Naphthalin kristallisiert, stört die Bindekraft und muß daher gleichfalls als nachteilig angesehen werden. Andererseits findet man auch die Auffassung vertreten, daß ein geringer Gehalt an Phenolen günstig ist, weil er zur Verharzung des Teeres beiträgt. Um das Wasser, die Leichtöle und die in ihnen enthaltenen vermutlich schädlichen Bestandteile zu beseitigen, werden die Teere bis auf etwa 180—200° abdestilliert und nur die über 180—200° liegenden Rückstände, also ein Teil der Mittelöle, der Schweröle und das Pech für den Straßenbau verwendet. Diese destillierten Teere haben zugleich einen hohen Gehalt an Pech, das die Kittwirkung ausübt, und damit zugleich die wünschenswerte hohe Verdunstungszeit. Aber eine Masse von einer gewissen Gleichförmigkeit läßt sich auf diesem Wege noch nicht erreichen. Denn wie schon aus den Zusammenstellungen 25 und 26 zu erkennen, schwankt der Gehalt an Schweröl und Pech bei den einzelnen Teersorten innerhalb sehr weiter Grenzen. Dieses Verhältnis wird durch das Abdestillieren nicht geändert. Es kann demnach ein destillierter Teer aus einer geringen Menge Öl und viel Pech, oder umgekehrt aus viel Öl und weniger Pech bestehen. Diese Verschiedenheit, die äußerlich nur an der Konsistenz des destillierten Teeres zu erkennen sein wird, weil das erste Destillat fester, das andere flüssiger sein wird, kann der Benutzung als Straßenbaustoff nicht förderlich sein. Der Unterschied wird z. B. das Eindringen der Teerstoffe in die Decke beeinflussen. Nach Bredtschneider ist der Zähflüssigkeitsgrad (Viskosität) gemessen nach dem Verfahren von Engler, das angibt, wievielmal eine Flüssigkeit schwerer flüssig ist als Wasser, bei Zimmerwärme (+ 20°) für verschiedene Stoffe der folgende[58]:

1. Wasser, Spiritus, Petroleum 1
2. Maschinenöl 62
3. Gasanstaltsteer 80
4. Gasanstaltsteer, dem durch Überdampfen der Vorlauf entzogen ist . . . 1600
5. Hartpech und Anthrazenöl aus Kokereiteer-Mischung 50 : 50 4400

Der Zähflüssigkeitsgrad der Stoffe ändert sich mit dem Wärmegrad, er ist am niedrigsten im Siedepunkt und erhöht sich mit abnehmender Wärme, er geht in den dickflüssigen Zustand über, der im Tropfpunkt endet. Die folgende Zusammenstellung 29 gibt die Zähflüssigkeitsgrade einiger Teerverbindungen bei verschiedenen Wärmegraden an[58]:

Zusammenstellung 29.

Wärmegrad °C	Teer	Anthrazenöl	Handelspech	Anthrazenöl und Pech	Mischungen aus Kokereiteer: 30 T. Anthropenöl, 70 T. Hartpech	Mischungen aus Kokereiteer: 40 T. Anthropenöl, 60 T. Hartpech
+ 20	80,4	3,1	—	—	—	8500 ¹)
40	11,4	1,7	—	12900 ¹	9300 ¹	3700
60	4,2	1,3	—	5700	1450	121
80	2,4	1,1	7500 ¹	311	132	33,8
100	1,8	1,0	1800	63,5	15,4	5,2
180	Siedepunkt liegt bei 100°	0,9	6,2	2,0	1,6	1,4
Tropfpunkt liegt bei	weniger als 20°	weniger als 20°	+ 89°	+ 53°	+ 46°	+ 30°

Unter Handelspech ist ein Pech zu verstehen aus 56,2 Teilen Hartpech und $\frac{18,9}{2}$ Teilen Anthrazenöl. Es ist also das Anthrazenöl nicht bis zur Grenze aus-

¹) Im Tropfpunkt.

getrieben worden. Der Tropfpunkt wird nach dem Verfahren von Ubbelohde bestimmt.

Aus der geringeren Zähflüssigkeit bei hohen Temperaturen ergibt sich die Möglichkeit, eine an sich zähflüssige Mischung von Teerstoffen durch Erwärmung so leichtflüssig zu machen, daß sie in die Straßendecke eindringt. Es ist aber zu beachten, daß die erwärmten Mischungen an der Luft und bei Berührung mit dem Steingerüst schnell erkalten und dann ihre Leichtflüssigkeit verlieren. Wo es also darauf ankommt, Mischungen in große Tiefe eindringen zu lassen (Tränkverfahren), wird die Erwärmung einer zähflüssigen Masse unter Umständen den Erfolg allein nicht sichern. Der Zähflüssigkeitsgrad einer Mischung bei verschiedenen Wärmegraden wird in erster Linie zu berücksichtigen sein, wenn es sich darum handelt, über die Einbauweise und die dabei zu treffenden Maßnahmen zu entscheiden. Ein an sich erwünschter hoher Pechgehalt wird, wenn es die Einbauweise oder andere Umstände erfordern, zugunsten einer größeren Flüssigkeit ermäßigt werden müssen. Von einem Stoff, der bei gewöhnlicher Tageswärme aber noch flüssig ist, wird man besondere Kitt- oder Klebewirkung in einem Steingerüst kaum erwarten können. Für diese Wirkung wird ein anderer Zustand zu betrachten sein.

Eine Mischung, die sich in einem Zustande unterhalb des Tropfpunktes befindet, wird noch nicht starr sein, vielmehr wird sie noch äußeren Einwirkungen nachgeben und elastisches Verhalten zeigen. Man nennt diesen Zustand auf Vorschlag von Bredtschneider[58] den knetbaren. Sollen Teerstoffe die Lokkerungen und Zertrümmerungen in einer Schotterdecke verhindern, so müssen sie zähe genug sein, um die Stöße des Verkehres genügend abmildern zu können, ohne selbst den Zusammenhang zu verlieren. Bei solchen Eigenschaften der Teerstoffe werden die Schottersteine, Grus und Kiese aus ihrem Teerstoffbett nicht herausgedrückt, vielmehr durch die zähe Klebrigkeit (Kohäsion) zusammengehalten. Weder dünn- noch dickflüssige Stoffe werden eine solche Aufgabe erfüllen, ebensowenig aber auch, wenn sie sich in einem festen unnachgiebigen Zustand befinden. Gerade die festesten Stoffe, wie Gesteine und Zementbeton, leiden bekanntlich am meisten unter den Schlagwirkungen des Verkehres und werden zertrümmert. Dagegen wird der knetbare Zustand derjenige sein, bei dem von der Klebfähigkeit die beste Wirkung zu erwarten ist. Dieser knetbare Zustand wird nach oben hin begrenzt sein durch den Tropfpunkt, und nach unten hin durch den Zustand der völligen Erstarrung und Versprödung; diese Grenze wird Erstarrungspunkt genannt. Es wird also von einem brauchbaren Bindemittel verlangt werden müssen, daß es sich zu allen Zeiten und unter allen Umständen in diesem knetbaren Zustand befindet. Wie der Zähflüssigkeitsgrad, so wird auch seine Fortsetzung nach unten hin von der Temperatur abhängig sein, d. h. die Knetbarkeit wird bei einer Temperatur in der Nähe des Tropfpunktes größer sein, als dicht über dem Erstarrungspunkt. Auf jeden Fall wird aber zur Bindung und Erhaltung der Elastizität einer Decke verlangt werden müssen, daß zu jeder möglichen Temperatur in der Gegend, in der die Straße liegt, der knetbare Zustand erhalten bleibt. Die Lage dieser Temperaturspanne, oder auch Wärmeabstand genannt, hängt von dem Klima der Gegend ab, in die die Straße verlegt wird. In unserer gemäßigten Zone sind als höchste Temperaturen in Straßendecken, die meistens eine dunkle Farbe haben und infolgedessen die Wärmestrahlen der Sonne im Innern aufspeichern, 50^{0} C ermittelt worden. Auf der Versuchsstraße in Arlington bei Washington, das auf dem 38. Breitegrade liegt, sind 60^{0} als höchste Deckentemperatur festgestellt worden. In Deutschland würde also verlangt werden müssen, daß bei 50^{0} C noch ein knetbarer Zustand vorhanden ist und der Bindestoff nicht flüssig wird. Die tiefsten Temperaturen betragen in unserem Klima etwa -15^{0}, so daß innerhalb eines Wärmeabstandes von -15^{0} bis $+50^{0} = 65^{0}$ Bindestoffe, wie z. B. die Teerstoffe, in knetbarem Zustande bleiben müssen. Zusammenstellung 30 gibt darüber Auskunft, bei welchen Temperaturen die Tropfpunkte und Erstarrungspunkte der einzelnen Teermischungen liegen[58].

Zusammenstellung 30.

Nr.	Teerstoffe	Tropfpunkt °C	Erstarrungspunkt °C	Unterschied zwischen Tropf- und Erstarrungspunkt °C
1	10 Gew.-T. Anthrazenöl + 90 Gew.-T. Hartpech . .	+ 85	+ 40	45
2	20 „ „ + 80 „ „ . .	+ 65	+ 20	45
3	30 „ „ + 70 „ „ . .	+ 46	+ 3	43
4	40 „ „ + 60 „ „ . .	+ 30	— 10	40
5	50 „ „ + 50 „ „ . .	+ 10	unter — 15	
6	Teer, dem der Vorlauf und Leichtöl entzogen sind .	+ 20	unter — 15	
7	Teer, dem der Vorlauf, Leicht- und Schmieröl entzogen sind	+ 53	— 0	53

Aus dieser Zusammenstellung fällt einmal auf, daß bei der Mehrzahl der Mischungen die Spanne von 65° nicht erreicht ist, ferner, daß bei allen Mischungen der knetbare Zustand innerhalb der gleichen Spanne von 40—45° liegt. Unserem Klima dürfte die Mischung 4 mit 40 Gew.-T. Anthrazenöl und 60 Gew.-T. Pech, die einen Tropfpunkt von + 30° und einen Erstarrungspunkt von — 10° hat, angenähert, entsprechen. Auch eine Mischung 35:65 würde noch vorteilhaft sein. Es bietet sich also in der Mischung von Anthrazenöl mit Pech die Möglichkeit, ein gleichartiges Erzeugnis von genauer vorher zu bestimmender Zusammensetzung zu schaffen und die Unsicherheit zu vermeiden, die in der ungleichartigen Zusammensetzung des destillierten Teeres liegt, und eine Pechölmischung herzustellen, deren Zähflüssigkeit ganz den Anforderungen der Bauweise und der Zeit der Bauausführung und deren knetbarer Zustand den klimatischen Bedürfnissen des Anwendungsortes angepaßt werden kann. Diese Mischungen, die die Bezeichnung „Präparierter Teer" tragen, werden in der Weise gewonnen, daß Öl und Pech in genau abgewogenen Mengen entsprechend dem gewünschten Mischungsverhältnis (40 : 60 oder 35 : 65) zusammengeschmolzen werden. Bei der Vereinigung beider Massen ist aber zu beachten, daß sie auch gehörig miteinander vermischt werden, was mit Rührwerken erreicht werden kann, und daß keine zu hohe und zu lange Erhitzung dabei erfolgt, weil dann Teile der Öle verdunsten und leicht aus einer Pechölmischung 65 : 35 eine solche von 80 : 20 werden kann. Das muß unbedingt vermieden werden. Aber es darf nicht übersehen werden, daß die gewünschte Spanne des knetbaren Zustandes von 65° bei den Teermischungen nicht vorhanden ist. Es besteht also die Gefahr, daß der Teer auf oder in der Straßendecke bei warmer Witterung in den weichen Zustand übergeht und keine Kittwirkung mehr ausübt, während er bei kalter Witterung sehr bald fest und spröde wird und unter dem Verkehr splittert. Aus dieser Eigenschaft der Teerstoffe hat Bredtschneider, der zuerst diese Untersuchungen angestellt hat, den Schluß gezogen, daß selbst die in unserem Sinne besten Teerstoffe sich für den Straßenbau unmöglich in gleicher Weise eignen können wie die Asphalte, die neben anderen günstigen Eigenschaften eine Spanne des knetbaren Zustandes von 70—75° aufweisen, worüber später noch nähere Angaben gemacht werden (Abschnitt VII. B. e) 5.).

Unabhängig von dem Verhalten der Teerstoffe an sich wird bei allen Mitteln, deren Bindekraft allein auf ihrer Klebwirkung und Kohäsion und nicht, wie beispielsweise beim Zement, auf einer Versteinerung beruhen, die Feststellung des Tropfpunktes und Erstarrungspunktes und damit des Wärmeabstandes der Masse zu denjenigen Maßnahmen gehören, die einen Einblick in ihre Beschaffenheit und Brauchbarkeit gestatten. Es wird daher in den folgenden Ausführungen noch oft auf Tropfpunkt und Erstarrungspunkt zurückgekommen.

Teer ist auch *unbeständig*. Durch längeres Erhitzen wird er spröde. Das hängt mit der schon auf Seite 138 erwähnten Verdunstung zusammen. Nach Untersuchungen der Z. f. A. T. hat die zwanzigstündige Erhitzung bei 125° auf verschiedene Mischungen den folgenden Einfluß ausgeübt[59]:

Zusammenstellung 31.

Art	Verdampfungsverlust in Gew. vH	Erstarrungspunkt		Erhöhung des Erstarrungspunktes	Schmelzpunkt	
		vor	nach		vor	nach
		dem Erhitzen			dem Erhitzen	
		°C	°C	°C	°C	°C
Steinkohlenteerstoff, 75 Teile Pech, 25 Teile Anthrazenöl	15,8	— 8	+ 42	+ 50	32	81
Steinkohlenteerbitumen	14,5	+ 12	~ + 75		51	106

Beide Teere waren nach der Erhitzung völlig versprödet. Dieses Verhalten des Teeres ist bekannt. Aber auch in dieser Hinsicht unterscheidet sich Teer ungünstig von Asphalt, wie später noch nachgewiesen wird. Wenn auch im Straßenbau eine solche Beanspruchung des Teeres kaum auftreten wird, so ist auf jeden Fall daraus zu entnehmen, daß eine Erhitzung der Teermischungen nur mit Vorsicht erfolgen darf, damit nicht wesentliche unbeabsichtigte Veränderungen mit ihm vorgehen.

Weitere Veränderungen erleidet der Teer an der Luft, außer durch die schon erwähnte Verdunstung, durch *chemische* Vorgänge. Das Anthrazenöl bildet in Berührung mit der Luft Pechstoffe oder Teerharze. Diese Veränderungen sind nur zu einem geringen Teil durch die Verdunstung des Anthrazenöles verursacht, überwiegend sind die Einwirkungen des Luftsauerstoffes, in der Wärme besonders stark beschleunigte Oxydations-, Polymerisations- und Kondensationsvorgänge beteiligt. Dem Verharzungsvermögen der Pechölmischungen wird gegenwärtig besondere Aufmerksamkeit gezollt. Um sie beurteilen zu können, schlägt Oberbaurat Dr. *Herrmann* von der Z. f. A. T. ein Verfahren vor, das aber nicht erprobt ist (s. Abschnitt VIII. C. d) 1).

Durch Versuche mit porös aufgebauten Teersanden, die 5 Monate z. T. an der Luft, z. T. unter Wasser gelagert haben, ist in der Z. f. A. T. festgestellt, daß die luftgelagerten Körper sehr stark versprödet waren[60]. Diese Feststellung, die auch durch Beobachtungen aus der Praxis bestätigt wird, kann eine *gute*, aber auch eine nachteilige Wirkung haben, es kann durch die Verharzung die Klebfähigkeit erhöht werden, ein Vorgang, den man bei den Kalteinbauverfahren ausnützt, aber wenn die Berührung mit der Luft zu lange fortgesetzt wird, kann eine völlige Versprödung eintreten und die Teermasse absterben. Dem kann nur durch Luftabschluß der Teermasse entgegengewirkt werden, was auch durch entsprechende Bauweise erreicht wird.

Es ist bisher angenommen, daß in dem knetbaren Zustande bei verhältnismäßig hohem Zähflüssigkeitsgrad der Teerstoff einen genügenden Zusammenhalt hat und auch den angreifenden Kräften Widerstand gegen Zerreißen bieten kann (Kohäsion). Das ist aber keineswegs so sicher und bedarf besonderer Feststellung. Die Amerikaner nennen diese Eigenschaft des Bindemittels *Duktilität* und messen sie, indem sie in einer besonderen Einrichtung untersuchen, bis zu welcher Fadenlänge bei 25° Wärme sich das Bindemittel ausziehen läßt, sie messen also die Fadenlänge. Die Einrichtung wird bei der Asphaltuntersuchung angewendet und auch dort beschrieben werden (Abschnitt VIII.). Auch die Untersuchungen von *Bredtschneider* haben ergeben, daß die Fadenlänge ein zutreffender Maßstab für die Zähigkeit der Masse abgibt.

Abweichend von dem amerikanischen Verfahren, bei dem die Fadenlänge bei 25° gemessen wird, stellt die Z. f. A. T. die Fadenlänge im Tropfpunkt fest, indem beobachtet wird, wie lang der Faden ist, an dem der Tropfen beim Herabfallen hängt, ehe er abreißt. Solche Fadenausziehung ist nur bei Teer- und Asphaltstoffen festgestellt worden; daraus ist der berechtigte Schluß gezogen worden, daß Stoffe ohne Fadenlänge für den Straßenbau nicht brauchbar, daß Stoffe von weniger als etwa 10 cm Fadenlänge mit einiger Vorsicht zu betrachten sind, daß aber Stoffe mit mehr als 20 cm Fadenlänge zu den vorzüglichsten Straßenbaustoffen rechnen[58].

Nach Angaben von Bredtschneider liegt die Fadenlänge, gemessen im Tropfpunkt, bei Pechölmischungen von 100 vH Pech + 0 vH Anthrazenöl bis 50 vH Pech + 50 vH Anthrazenöl zwischen 13—10 cm.

Teer ist ein Kolloid und übt eine um so größere Kittwirkung aus, je größer seine Oberfläche ist. Es ist daher von vornherein falsch, bei den Teerungsverfahren dicke Teerschichten einzubringen. Je dünner die Schicht ist, desto stärker ist die Klebwirkung. Es kann in dicken Schichten aber diese Wirkung erhöht werden, indem dem Teer feine mineralische Bestandteile zugemischt werden, also feine Sande und Mehle bis zu 50 Raumhundertteilen. Diese, im Teer fein verteilt, geben ihm eine innere Stabilität und verhindern sein Ausfließen beispielsweise bei wärmeren Temperaturen. Darauf ist bei den einzelnen Verfahren zu achten. Die Wirkung des feinen Mineralstoffes ist übrigens im Teer selbst zu erkennen. Das aus dem Teer gewonnene Pech enthält freien Kohlenstoff, der zwar auf das chemische Verhalten des Teeres keinen Einfluß hat, aber aus den zuvor gemachten Angaben auf das physikalische Verhalten. Dieser fein verteilte Kohlenstoff hat eine große Oberfläche und beeinflußt daher die Zähflussigkeit, den Tropfpunkt und Schmelzpunkt. Der Kohlenstoff scheint notwendig zu sein, um der Mischung Form zu geben. Man erkennt jetzt, worauf die Bindekraft des Teeres beruht. Ein Übermaß an freiem Kohlenstoff kann aber auch schädlich wirken, weil dann die gesamte Kolloidwirkung schon durch die Kohlenstoffteilchen verzehrt wird. Der Fall des Übermaßes an freiem Kohlenstoff kann auf den Zustand der Sprödigkeit zurückgeführt werden. Daraus ergibt sich nunmehr, daß auch der Gehalt an freiem Kohlenstoff in einer Pechölmischung begrenzt sein muß. Der Kohlenstoffgehalt beeinflußt das spezifische Gewicht, hoher Kohlenstoffanteil erhöht es. Da nun, wie aus der Zusammenstellung 27, S. 137, hervorgeht, der Kohlenstoffgehalt bei den einzelnen Pecharten innerhalb sehr weiter Grenzen schwankt, so wird jede zum Straßenbau bestimmte Art vor destilliertem und präpariertem Teer auf ihren Kohlenstoffgehalt nachgeprüft werden müssen, und in den später behandelten Vorschriften für die Lieferung von Teer sind die Grenzen an Kohlenstoffgehalt angegeben, die nicht überschritten werden sollen.

Teer kann schädlich wirken und Pflanzen und Tiere gefährden. In jedem Teer sind Phenole und Kreosole, die als starke Pflanzengifte bekannt sind, in größerem oder geringerem Umfange enthalten. Diese Bestandteile haben selbst sehr geringe Verdunstungszeiten und drücken in den Teerstoffmischungen die Verdunstungszeit stark herab. Sie gelangen daher schnell und in verhältnismäßig großen Mengen in die Luft und an die Pflanzen in ihrer Nähe. Diese Phenole und Kreosole sind aber in größerer Menge nur in den Leicht- und Schwerölen enthalten. Werden diese, wie es bei den destillierten und präparierten Teeren der Fall ist, vorher ausgeschieden, dann kann eine nennenswerte Verdunstung der schädlichen Phenole und Kreosole nicht eintreten. Die Benutzung solcher vorbereiteter Teere schützt demnach vor schädlichen Einwirkungen auf die Pflanzen. Es sind daher in den letzten Jahren Schädigungen von Pflanzen durch Teer nicht mehr beobachtet worden.

Diese Phenole und Kreosole sind auch in Wasser löslich, selbst wenn sie in den destillierten oder präparierten Teeren nur in geringen Bestandteilen enthalten sind. Daß sie durch Regen aufgelöst und weggeschwemmt werden, ist durch folgende Beobachtung des Verfassers wohl bestätigt. Wenige Tage, nachdem in größerem Umfange in einem hochgelegenen Stadtviertel Oberflächenteerungen mit destillierten Teeren durch bewährte Unternehmer ausgeführt worden sind, hat sich ein starker Wolkenbruch über das Stadtviertel ergossen, der solche Wassermengen gebracht hat, daß in den tiefer gelegenen Vierteln die Deckel der Brunenschächte hochgehoben und die Entwässerungsleitungen gesprengt worden sind. Nach Ablauf der größten Wassermengen ist bei Besteigen der Kanäle ein durchdringender länger anhaltender Teergeruch wahrgenommen worden, der nur so erklärt werden kann, daß der Teer von den frischen Oberflächenteerungen lösliche Bestandteile an das Regenwasser abgegeben hat. Wenn Wassermengen, die lösliche Bestandteile des Teeres aufgenommen haben, in Flußläufe kommen, ist damit zu rechnen, daß sie die Fische gefährden, wie es z. B. durch Abwässer von Gasanstalten, die in öffentliche Gewässer abgeleitet worden sind, beobachtet ist. Nach dem Bericht des englischen Flußverunreinigungs-Ausschusses vom Jahre 1925 hat sich Teer als ein starkes Gift für alle Lebewesen ergeben. Kleine Fische werden bei Verdünnungen 1:80000 in 18 bis 20 Stunden getötet. Das Fischfleisch nimmt bei einem Mischungsverhältnis 1:70000 bereits nach 6 Stunden einen leichten Teergeschmack an. Stärkere Anteile 1:40000 und mehr machen schon in kürzerer Zeit die Fische ungenießbar (vgl. auch Berichte der Emschergenossenschaft über phenolhaltige Abwässer). Bei größerer Verdünnung 1 : 233000 werden die Fische unruhig und wandern ab. Bei 1 : 235000 Verdünnung werden die Kiemen von Bachforellen befallen. Wenn auch bisher Schädigung durch Wasser, das von Teerstraßen abgelaufen ist, noch nicht bekannt geworden sind, so muß doch auf diesen Umstand hingewiesen werden, daß bei Zusammenfallen besonders ungünstiger Umstände solche Schädigungen nicht ausgeschlossen sind und Vorsicht am Platze ist[61].

Bei Verwendung des Teeres im Straßenbau sind demnach seine besonderen Eigenschaften aufmerksam zu beachten und bei der Bauweise gebührend zu berücksichtigen. Gemeint ist die große Verschiedenheit der Teersorten untereinander, die Verdunstung der leichteren Bestandteile, die nicht ganz zureichende Spanne zwischen Tropfpunkt und Erstarrungspunkt, die Versprödung und die u. U. mögliche Schädigung für Pflanzen und Fische. Es ist der Versuch gemacht worden, Anforderungen, denen der Teer als destillierter Teer oder als Pechölmischung entsprechen, aufzustellen und die Beschaffenheit wenigstens innerhalb gewisser Grenzen vorzuschreiben. Solche Vorschriften hat das englische Wegebauamt als Anleitung an die Wegebau treibenden Verwaltungen und Unternehmer erlassen; auch der Amerikanische Verband für die Materialprüfung der Technik (A. S. T. M.[62]) hat eine Norm aufgestellt. Die beiden englischen und die amerikanische sind in den folgenden Zusammenstellungen dargestellt:

Zusammenstellung 32. Die englischen Bedingungen für Teer, die bei der Untersuchung zu erfüllen sind.

	Teer 1	Teer 2
Spezifisches Gewicht bei 15° C nicht höher als	1,225	1,240
Wasser oder Ammoniak nicht mehr als. . . . . vH Gew.-Tl.	1	1
Anderes Destillat (Leichtöle) unter 170° C nicht mehr als . vH Gew.-Tl.	1	
Destillate zwischen 170 und 270° C (Mittelöle) innerhalb . vH Gew.-Tl.	12—24	10—18
Destillate zwischen 270 und 300° C (Schweröle) innerhalb vH Gew.-Tl.	4—12	6—12
Phenole oder Rohteersäuren nicht mehr als . . . . . . vH Gew.-Tl.	5	4
Naphthalin nicht mehr als . . . . vH Gew.-Tl.	8	5
Freier Kohlenstoff nicht mehr als . . . . vH Gew.-Tl.	22	24
Zähflüssigkeit . . . . Sek. Redwood	3—20	20—1000

Zusammenstellung 33. Amerikanische Normen.

Wassergehalt	0,0 vH
Erweichungspunkt (Ring- und Kugelprobe)	30—40 °C
Destillation:	
Gewicht des ganzen Destillates von 0—170 °C nicht mehr als	1 vH
Gewicht des ganzen Destillates von 0—270 °C nicht mehr als	10 vH
Gewicht des ganzen Destillates von 0—300 °C nicht mehr als	20 vH
Spezifisches Gewicht des ganzen Destillates bis 300 °C bei 25 °C nicht weniger als	1,03
Entweichungspunkt des destillierten Rückstandes nicht höher als	65 °C
Gewicht des Rückstandes nicht weniger als	80 vH
Gesamtbitumen löslich in Schwefelkohlenstoff	78—95 vH

In Deutschland fehlen z. Z. besondere Vereinbarungen für die Beschaffenheit von Teeren. Es sind deshalb die englischen Bedingungen vorläufig übernommen worden. Mit Rücksicht auf das starke unterschiedliche Verhalten der Teerstoffe hat der Ausschuß 26 „Bituminöses Material für Straßenbau" des D. V. M. davon abgesehen, die zuvor besprochenen Verfahren, die einen Einblick in die Beschaffenheit der Bindemittel und eine Beurteilung ihres Verhaltens in der Straße ermöglichen, d. i. die Feststellung des Tropfpunktes, des Erstarrungspunktes, des Fließvermögens, der Eindringungstiefe, der Fadenlänge und der Beständigkeitsprüfung, die bei der Prüfung der Asphalte eine besondere Rolle spielen, auf die Teere und ihre Verbindungen anzuwenden. Da bei diesen Untersuchungen Teer und Asphalt ein andersartiges Verhalten zeigen, aus dem Unberufene ein falsches Bild über den Teer gewinnen könnten, sollen anscheinend diese Untersuchungsverfahren für Teer ausgeschaltet werden. Es wird bezweifelt, ob dieses Vorgehen der weiteren Entwicklung des Teerstraßenbaues förderlich sein wird, zumal die englischen Vorschriften die Feststellung des Fließvermögens und die amerikanischen des Erweichungspunktes kennen. Wenn es auch berechtigt sein mag, für diese Eigenschaften der Teere noch keine Vorschriften zu erlassen, weil ihre Beziehungen zum Verhalten des Teeres noch unerforscht sind, so kann die Kenntnis der Eigenschaften niemals schaden; sie ist sogar für die richtige Verarbeitung der Teerstoffe notwendig.

Wenn auch die von Bredtschneider aus der unzureichenden Spanne des knetbaren Zustandes geäußerten Bedenken gegen die Verwendung des Teeres als berechtigt erscheinen und auch von allen Sachverständigen anerkannt sind, so beweist doch aber der Umstand, daß es viele Straßenausführungen mit Teer nach recht verschiedenen Verfahren gibt, die sich bis jetzt gehalten haben, daß diese Mängel des Teeres durch entsprechende Maßnahmen in der Auswahl und Behandlung des Teeres und in der Zusammensetzung des Steingerüstes und sachgemäßen sorgsamen Ausführung nahezu ausgeglichen werden können. Allerdings herrscht volle Klarheit, worauf der Hauptwert gelegt werden muß, noch nicht. Die Z. f. A. T. der Vereinigung technischer Oberbeamter deutscher Städte gibt die andersartige für den Straßenbau weniger geeignete physikalische Beschaffenheit und eine geringere Beständigkeit des Teeres im Vergleich mit Asphalt zu[63]. Sie vertritt aber die Ansicht, daß es Mittel gibt, wie diesem andersartigen Verhalten der Teerstoffe, welches gegenüber dem von Asphalt zweifellos für die Praxis von Nachteil ist, zu begegnen ist, um schädliche Folgen bei der Verwendung von Teer zu Straßenbauzwecken zu vermeiden[64]. Diese Mittel, von denen allerdings nur einige im Straßenbau erprobt sind, sollen hier folgen:

1. Ein Zusatz von mineralischem Schmieröl (Zylinderöl) zu Pech gibt homogene Mischungen, die in der Kälte und Wärme beständig sind und eine geringe Verdunstung zeigen[64]. Praktische Erfahrungen liegen nicht vor.

2. Der Zusatz von Leinöl und Rüböl z. B. hat eine Mischung von 10 Teilen Leinöl, 75 Teilen Steinkohlenpech und 5 Teilen Steinkohlenteer, eine Spanne

zwischen Erstarrungspunkt und Schmelzpunkt von 60°. Je nach den klimatischen Verhältnissen können diese Werte herauf- oder herabgesetzt werden durch Änderung des Teeranteiles. Die Masse ist sehr geschmeidig und läßt sich zu einem langen Faden ausziehen. D. R. P. 344992. Statt des Leinöles können auch andere pflanzliche Öle zugesetzt werden, wie z. B. Rüböl, z. B. 10 Teile Leinöl, 5 Teile Rüböl, 75 Teile Steinkohlenpech und 5 Teile Steinkohlenteer. D. R. P. 355373. Nach Angaben der Z. f. A. T. darf der Gehalt an pflanzlichen Ölen nicht unter 10 vH betragen, auch muß das Mischverhältnis mit dem Pech genau untersucht werden. Erfahrungen liegen nicht vor. Die Zumischung pflanzlicher Öle wird die Ausführung verteuern und damit das Verfahren unwirtschaftlich werden.

3. Zweifellos wird der Zusatz sehr feiner Mineralstoffe den Teer beständig machen können. Das ergibt sich aus den Ausführungen im Abschnitt VII. B. e) 2., S. 143, über die Kolloidwirkung des Teeres. Über Versuche mit erdigen und pulverförmigen Gesteinen berichtet Dr. Herion, Essen[65]. Die Hohlräume dieser Stoffe liegen zwischen 50—74 vH. Die Menge des zugemischten Pechöles ist daher sehr groß. Aus solchen Mischungen hergestellte Würfel haben eine Druckfestigkeit ergeben, die derjenigen entspricht, die an Versuchskörpern von Pechölmischungen und splittrigem Gestein festgestellt worden sind. Es wird daraus gefolgert, daß die Wirkung des Pechöles durch die große Oberfläche der äußerst feinkörnigen Mineralteilchen besonders gesteigert wird. Über eine solche Wirkung macht die Z. f. A. T. bereits im Jahresbericht für 1921 die Angaben, daß die wachsende Menge an staubfeinem Material einen günstigen Einfluß auf die Festigkeit künstlicher Mischung hat, und daß zu einem gewissen Betrage die ungünstige Wirkung niedrig tropfenden Bitumens durch Verwendung viel staubfeinen Kornes gemildert, aber nicht ausgeglichen werden kann. Es kann sich hierbei aber nur um einen geringen Zusatz feinster Körnung handeln, weil sehr viel Teer gebraucht wird und die Mischungen dann teuer werden. Außerdem soll die Mischung schwierig sein, da die Mineralteilchen leicht zu größeren Gebilden zusammenbacken und ihre Festigkeit gegen Eindruck geringer sei, als wenn die Mischungen auch gröbere Kornanteile enthalten. Es scheint hier völlige Klarheit noch nicht zu herrschen. Unter Hinweis auf die besonderen Eigenschaften des Trinidadasphaltes mit 38 vH sehr feinen Mineralstoffen (s. S. 172) kann die Möglichkeit nicht ausgeschlossen werden, daß Mineralstoffe von ganz besonderer Feinheit besonderen Einfluß auf die Festigkeit der Teere gewinnen können. Hier ist noch eine Aufgabe durch weitere Forschung zu lösen.

4. Eine besondere Wirkung kommt dem Zusatz von Asphalt zum Teer zu. Die Asphalte besitzen entweder im natürlichen Zustande oder nach Aufbereitung oder Gewinnung aus Erdölen alle die Eigenschaften, die man von einem Bindemittel für den Straßenbau verlangen muß, wie im Abschnitt VII. B. e) 5. auseinandergesetzt wird. Wird Asphalt den Pechölen beigemengt, so nehmen sie die Eigenschaften des Asphaltes an. Die Verdunstung wird herabgesetzt und der Schmelzpunkt erhöht. Die Mischung muß heiß bei mindestens 130° erfolgen, besser wohl noch bei höheren Wärmegraden. Da Rohteer bei solcher Erhitzung bereits überkocht, kommt nur destillierter Teer in Frage. Nach den Erfahrungen in Deutschland und Schweiz genügt eine Beimischung von 20—30 vH Asphalt zum Teer. Voraussetzung ist, daß der Asphalt selbst richtig eingestellt ist. Durch den Zusatz eines Asphaltes, z. B. Spramex, das eine Eindringungstiefe von 200 hat, wird die Viskosität (Zähflüssigkeit) des Teeres erhöht und der bei 350° C siedende Anteil nimmt zu, es wird also die Verdunstungsmenge herabgesetzt. Der Teer wird dadurch bei niederen Temperaturen zäher und elastischer. Nach den Erfahrungen in der Schweiz[66] sind Beläge, die aus 20—30 vH Asphalt (Spramex) und 80—70 vH destilliertem Teer bestehen, weniger glatt und werden weniger weich. Sie widerstehen daher den Einflüssen der Hufschläge besser. Auch der Wechsel von Frost und Auftauen kann ihnen weniger anhaben. Auch können

solche Mischungen zu niedrigeren Temperaturen auf die Straße gebracht werden, als Asphaltbeläge, die bis auf 180° erwärmt werden müssen. Auch erhärten die Beläge schneller, als wenn sie nur aus Teer hergestellt werden. Nach Angaben von Dr. Herrmann[64] sind Mischungen mit einem höheren Gehalt als 20—30 Gewichtshundertteile Asphalt nicht mehr genügend gleichartig.

Die zeitweilig ungenügende Erkenntnis über das Verhalten des Teeres in der Straße ist darauf zurückzuführen, daß der Teerstraßenbau ausgebildet ist, ohne daß man sich über die für den Teerstraßenbau maßgebenden Eigenschaften des Teeres zugleich Rechenschaft gegeben hat. Das erste Jahrzehnt des Teerstraßenbaues steht unter dem Zeichen des Tastens und Versuchens. Die von Bredtschneider im Technischen Untersuchungsamt der Stadt Charlottenburg durchgeführten Versuche fallen erst in das zweite Jahrzehnt des Teerstraßenbaues — sie sind 1915 veröffentlicht worden —, als der Kriegszustand eine systematische Verfolgung unmöglich gemacht hat. Der alsbald nach dem Kriege einsetzende ausgedehnte Straßenbau in Deutschland hat dem Teer zwar ganz besondere Aufmerksamkeit geschenkt, aber die unbeeinflußt von irgendwelchen Störungen ausgeführten Decken liegen noch zu kurze Zeit, als daß über ihre Bewährung und der dabei angewendeten Verfahren endgültige Urteile gefällt werden können. Viele Unternehmer geben auch ihre Verfahren und die Zusammensetzung der von ihnen verwendeten Teermischungen nicht bekannt, so daß zweifelsfreie Feststellungen überhaupt nicht gemacht werden können. Aber auch im Auslande, das nicht in dem Maße durch den Kriegszustand in seinen Straßenbauarbeiten aufgehalten worden ist, soweit es den Teerstraßenbau betreibt — in England und der Schweiz —, kann von einer endgültigen Klärung der aufgeworfenen Fragen nicht gesprochen werden. Auch dort steht noch Meinung gegen Meinung und Erfahrung gegen Erfahrung. Dennoch wird anzuerkennen sein, daß unter Berücksichtigung dieser Eigenarten der Teerstoffe und bei Einhaltung der daraus sich als notwendig ergebenden Vorsichtsmaßnahmen mit Teerstoff sehr wohl brauchbare und dauerhafte Straßenbeläge geschaffen werden können.

Vielfach wird noch zugunsten des Teerstraßenbaues die Wirtschaftlichkeit angeführt. Diese ist aber schwankend und hängt von den Teerpreisen ab, die dem Angebot und der Nachfrage unterliegen, und die infolge des englischen Kohlenstreikes beispielsweise i. J. 1926 weit über die Preise des Asphaltes gestiegen sind. Die Erzeugung von Teer ist auch erheblichen Schwankungen unterworfen. Die Gasanstalten können allein den Teerbedarf nicht decken, die Erzeugung der Kokereien hängt aber von der gesamten Wirtschaftslage ab. Große Mengen Pech werden zudem in der Briketterzeugung und Dachpappenfabrikation verbraucht. Es ist daher durchaus denkbar, und solche Zeiten sind bereits vorhanden gewesen, in denen ein Mangel an Teer herrscht und die Teererzeugung auf die Abnahme durch den Straßenbau keinen Wert mehr legt[58]. Die Teerindustrie ist in erster Linie auf den Absatz ihrer Nebenerzeugnisse zu guten Preisen bedacht, Teer bedarf aber zum Straßenbau, wie zuvor auseinandergesetzt, einer sorgfältigen Aufbereitung, die wiederum von der Teerindustrie als Rohstofferzeugerin selten übernommen werden wird, weil sie keine Gewißheit hat, ob sie auch dauernd Beschäftigung für die dafür benötigten Maschinen und Einrichtungen hat. Das Destillieren und Präparieren des Teeres wird daher besonderen Unternehmungen, z. B. den Dachpappenfabriken oder den städtischen Tiefbauämtern, überlassen. Die Teerindustrie hat daher auch kein Interesse, einen möglichst gleichmäßigen Teer zu liefern, zumal der Kreis der Abnehmer sehr verschieden ist.

Die mit den gelieferten Teeren vorgenommenen Analysen zeigen stets eine große Verschiedenheit der Zusammensetzung. Diese Unsicherheit hat dem Teerstraßenbau zweifelsohne geschadet. Dr.-Ing. Scheuermann, der auf dem

Gebiete des Teerstraßenbaues große Erfahrung besitzt und auch sehr sachgemäße Studien betrieben hat, fordert in seiner Schrift: „Wichtige Fragen bei neuzeitlicher Gestaltung von Stadtstraßen“, daß von den Stellen, die den Straßenteer vertreiben — Gasanstalten und Kokereien, die letzteren übergeben ihren Teer durch das Teersyndikat —, eine bestimmte Gewähr für die Zusammensetzung der Teere und ihre Beständigkeit übernommen wird. Denn nur in diesem Falle hat der Teerstraßenunternehmer oder der verantwortliche Baubeamte die Sicherheit, daß die Ausführungen sich halten werden. Hier bestehen also noch Hemmungen für die ausgedehnte Anwendung des Teeres im Straßenbau, die noch nicht restlos geklärt sind und die derjenige, der seine Straßenwirtschaft auf den Teer aufbaut, nicht aus dem Auge lassen darf. Zum mindesten muß er sich Sicherungen verschaffen. Es ist fraglich, ob die 1926/27 besonders hohen Preise für Teer weichen werden. Es wäre ja denkbar, daß durch die zweifellos starke Verwendung des Teeres im Straßenbau eine Verknappung des Teeres eingetreten ist, die einen Rückgang der Preise verhindern wird. Das sind aber alles keine Gründe, um die Verwendung des Teeres vom Straßenbau auszuschließen. Es wird nur darauf ankommen, daß jeder Straßenbauingenieur und Unternehmer sich mit den guten und nachteiligen Eigenschaften des Teeres und mit der Wirtschaftlichkeit vertraut macht und sie entsprechend ausnutzt. Ob und wie das möglich ist, soll nunmehr an den einzelnen Bauverfahren besprochen werden. Es ist zwischen drei Verfahren zu unterscheiden, der Oberflächenteerung, der Tränkung und der Innenteerung, diese wieder nach Kalteinbau und Heißeinbau.

3. Oberflächenteerung.

Als Schutzschicht bei der Oberflächenteerung wird der Teer nur auf die Decke aufgebracht. Anfangs sollte der Teer nur den Staub binden. Das Verhalten des Teeres bei dieser Anwendung hat aber erwiesen, daß die Bekämpfung von Lärm, Staub und Schmutz nur eine untergeordnete Rolle spielt, daß dagegen der Schutz, den der Teer der Decke gegen Abnutzung und Einfluß der Atmosphärilien gewährt, mindestens ebenso hoch anzuschlagen ist. Oberflächenteerungen werden daher jetzt unter dem Gesichtspunkte ausgeführt, um die Oberfläche von Promenaden, Schulhöfen und vor allem von Steinschlagstraßen zu festigen und ihre Lebensdauer zu erhöhen. Die Wirkung beruht darin, daß der Teer die Bestandteile der Decke aneinanderkittet, so daß sie vom Verkehr nicht verschoben werden und die feinen Bestandteile nicht von der Luft oder dem Niederschlagwasser fortgetragen werden können, daß das Wasser verhindert wird, in die Decke einzudringen und sie etwa im Frost durch Auffrieren zu zerstören, daß die Decke auch vor den Angriffen des Verkehres geschützt wird. Der Teer hat demnach eine doppelte Aufgabe zu erfüllen, erstens die obere Schicht der Schotterdecke zu verkitten und außerdem eine ebene und elastische Fahrfläche zu schaffen. Damit der Teer diese Wirkung auch nachhaltig ausüben kann, wird fast ausschließlich nur noch abgekochter oder destillierter Teer verwendet. Der Rohteer, sowohl der von Gasanstalten, wie der von Kokereien, hat sich als unbrauchbar erwiesen, weil er noch Wasser enthält, das ebenso wie die noch vorhandenen Öle verdunstet und schließlich sprödes Pech übrigbleibt. Vorgänge, die durch die Erläuterungen im vorstehenden Abschnitt hinlänglich erklärt sind. Dieses Pech hat aber keine Bindekraft. Es wird zu braunem Staub zerfahren und ist noch lästiger als der übliche Straßenstaub. Nur in der Schweiz sollen noch Rohteere gelegentlich mit Erfolg verwendet werden. Diese Ausnahme findet darin ihre Erklärung, daß dort vielfach der Teer aus Gasanstalten bezogen wird, die noch Horizontalretorten haben, deren Teer nur einen geringen Gehalt an leichtflüchtigen und leichtlöslichen Bestandteilen haben sollen (vgl. Zusammenstellung 26), so daß der Verlust infolge Verdunstung gering ist und keine Versprödung eintritt. Sonst ist die allgemeine auch durch die Erfahrung bestätigte

Anschauung, daß nur Teere verwendet werden sollen, die ihre leichtflüchtigen Bestandteile abgegeben haben. Es sind das die destillierten Teere. Der Pechgehalt liegt dann etwa bei 62—65 vH. Dr.-Ing. Scheuermann in Wiesbaden verwendet rohen Gasanstaltsteer, der doppelt bis auf 180 ° C gekocht wird, und hat damit seit Jahren gute Erfahrungen gemacht. Ein derart abgekochter Teer wird einem destillierten Teer gleichzuachten sein, da er bei einer Temperatur von 180 ° C alle Bestandteile, bis zu einem Teile der Mittelöle, abgegeben haben wird.

Die Vereinigung Schweizer Straßenfachmänner hat im Jahre 1925 folgende Richtlinien für die Beschaffenheit des Teeres vorläufig festgesetzt[28]:

1. Die Teere sollen bei 15 ° C noch gut fließen und homogene Beschaffenheit besitzen.
2. In den Fässern und Zisternen soll kein überstehendes Wasser vorhanden sein.
3. Der Gesamtwassergehalt des Teeres soll 1 vH nie übersteigen. Normalerweise sollen die Teere aber nur Spuren von Wasser enthalten.
4. Bezogen auf den wasserfreien Zustand, soll der Teer nicht mehr als 18 vH freien Kohlenstoff enthalten.
5. Beim Destillieren bis auf 350 ° soll der Teer, je nach der Dickflüssigkeit, nicht unter 60 vH und nicht über 70 vH Pechrückstand ergeben. Zusammengesetzte Teere für Straßenbauzwecke sollen rd. 65 vH Pechrückstand und beim Erstarren keine körnige Beschaffenheit infolge zu hohen Naphthalingehaltes aufweisen.

Statt des destillierten Teeres wird präparierter Teer verwendet, dessen Zusammensetzung im vorhergehenden Abschnitt beschrieben ist. Das Mischungsverhältnis von Pech zu Öl ergibt sich aus den besonderen Anforderungen. Die Grundlage für die Festlegung der Zusammensetzung bildet die Zusammenstellung 30, aus der zu ersehen ist, wo die Tropf- und Erstarrungspunkte der einzelnen Mischungen liegen. Es wird nunmehr das Mischungsverhältnis nach der Lage der Straße bestimmt. Die Mischung 67 vH Hartpech und 33 vH Anthrazenöl hat einen Tropfpunkt von 40 ° und Erstarrungspunkt von — 5 ° C. Sie würde den klimatischen Verhältnissen vieler Orte Deutschlands entsprechen. Eine solche Mischung bietet aber nicht volle Gewähr, daß sie selbst beim Heißaufbringen die nötige Leichtflüssigkeit besitzt, um in die Decke einzudringen; denn schon bei geringer Abnahme der Einbautemperatur auf + 80° steigt der Zähflüssigkeitsgrad bereits auf 133. In solchem Zustande verklebt die Mischung bereits die Hohlräume. 40 vH Anthrazenöl und 60 vH Hartpech würde in dieser Hinsicht eine bessere Mischung abgeben. Aber auf die Entscheidung, welches Mischungsverhältnis zu wählen ist, kann auch die Jahreszeit und Witterung ausschlaggebend sein. Im Herbst oder bei kalter Witterung wird eine leichtflüssigere Mischung — bisweilen 50 vH Öl und 50 vH Pech — zu wählen sein, während man im heißen Sommer bis auf 25 vH Öl und 75 vH Pech hinaufgehen kann. Der Teer soll mit einer Temperatur von 100—120 ° aufgebracht werden. Bayern hat bei großer Feuchtigkeit der Straße eine Erwärmung auf 130—150 ° C mit gutem Erfolge vorgenommen.

Gerade bei Oberflächenteerungen hat sich ein Zusatz von Asphalt zum destillierten oder präparierten Teer als zweckmäßig erwiesen. Der Teer macht den Asphalt flüssiger, so daß eine geringere Erwärmung genügt, als sie sonst bei Asphalt angewendet werden muß. Die Mischung dringt leicht ein und verbindet sich gut mit der Decke. Der Asphalt seinerseits gibt dem Teer eine größere Beständigkeit. Für die Oberflächenbehandlung der Versuche in Braunschweig ist ein Gemisch aus 25 Gewichtshundertteilen Spramex, 30 Gewichtshundertteilen Steinkohlenteeröl (Anthrazenöl) und 45 Gewichtshundertteilen Steinkohlenpech verwendet worden. Über den Einfluß dieser Behandlung auf das Verhalten der Decke befinden sich Angaben in diesem Abschnitt auf S. 154.

Die Oberflächenteerung ist jetzt als ein Verfahren anzusehen, das für sich allein bestehen kann und unter den vielen Straßendecken eine besondere Stelle einnimmt. Es ist ein organischer Bestandteil der Steinschlagdecke geworden, und bei jeder neuen Steinschlagdecke soll entweder alsbald eine Oberflächenteerung vorgenommen werden oder zum mindesten alle Vorbedingungen geschaffen werden, daß man sie jederzeit aufbringen kann. Jede richtig ausgeführte wassergebundene Schotterbahn erhält eine Schlußdecke aus feinkörnigen Stoffen meist mit bindigem Charakter, Lehmgehalt oder Chausseeschlick. Es ist jedem Straßenbauingenieur klar gewesen, daß diese Schlußdecke nur bedingten Wert hat. Nur bei sehr starkem Quergefälle und ebener Decke hat sie ihre Aufgabe erfüllen können, worauf schon im Abschnitt VII. B. a) hingewiesen ist. In der Oberflächenteerung besitzt nunmehr die Straßenbautechnik ein Verfahren, mit dem sie eine nach den Regeln der Baukunde aufgebaute Schlußdecke schaffen kann. Die Teerhaut hält das Wasser von dem Schotterkörper völlig ab. Sie schützt auch die feinen Deckstoffe vor Zertrümmerung und Fortführen durch Wind und Wasser. Darum muß die Ausführung der Teerung als eigenes Verfahren betrachtet werden. Hierzu gehört, daß von vornherein eine Wiederholung der Teerung erst in kürzeren, später in größeren Abständen vorgesehen wird. Aus diesem Grunde empfiehlt es sich, bei der ersten Teerung die Teermasse weich einzustellen, damit der Teer in die Decke leicht eindringen kann. Es soll aber keine Steinschlagdecke gleich nach der Herstellung geteert werden, weil sie dann noch zuviel Hohlräume besitzt und zuviel Teer aufzieht, mehr als zum Schluß der Decke notwendig ist. So hat z. B. die Steinschlagdecke der Avusbahn in Berlin-Charlottenburg, die frisch nach der Walzung geteert werden mußte, 3,6 kg/m^2 Teer, allerdings in der stark flüssigen Mischung 50 vH Öl und 50 vH Pech, aufgenommen. Es ist zweckmäßig, erst auf einige Wochen den Verkehr über eine neue Decke zu leiten, damit sie sich dichtet, und sie dann nach Abkehren der feinen Staubteile zu teeren. Da jetzt der Teer den Deckenschluß übernimmt, ist es nicht nur nicht angebracht, sondern auch falsch, demselben Bindesand, Lehm oder Chausseeschlick beizugeben. Denn diese Stoffe haben kolloide Beschaffenheit und lösen den Teer mit Wasser auf. Das Vorhandensein dieser Stoffe hat noch stets zu Mißerfolgen geführt. Um die frische Steinschlagdecke zur Aufnahme einer Oberflächenbehandlung geeignet zu machen, hat man in der Schweiz der obersten Steinschlagschicht eine sehr geringe Menge von geteertem Material beigemengt. Sie wird erst aufgebracht, wenn die Steinschlagdecke in der gewohnten Form unter Verwendung von Wasser und Sand als Bindemittel fast fertig gewalzt ist. Es wird nur so viel Teerschotter eingebracht als notwendig ist, um die oberen Teile der Fugen zwischen den einzelnen Steinstücken auszufüllen. Durch die Beimischung von geteertem Steinschlag soll ein besseres Anhaften der später nachfolgenden Teerung bewirkt werden. Versuche mit diesem Verfahren sind in Neuenburg (Schweiz) gemacht. Unbedingte Voraussetzung ist, daß der Teer nur auf eine trockene und sauber abgekehrte Decke aufgebracht wird. Diese Vorsicht gilt auch allgemein für alle heißen Teerungsverfahren. Denn bei feuchter Beschaffenheit bringt der heiß aufgebrachte Teer das auf und in dem Gestein, Kies oder Sand befindliche Wasser zur Verdunstung. Der Wasserdampf kann aber nicht entweichen, sondern bleibt zwischen Steinoberfläche und Teerhaut festgehalten. Er verhindert infolgedessen die notwendige innige Verbindung zwischen Gestein und Teer, und eine geringe Bewegung zerreißt die Teerhaut und legt den Stein bloß. Hierin liegt der große Nachteil aller heißen Teerverfahren, daß sie nur bei warmer Witterung und nach völliger Austrocknung der Straßen ausgeführt werden können, nachdem die Decken nicht nur oberflächlich, sondern auch innen ausgetrocknet sind. Während der Teerung eintretende Regen zwingen zur Unterbrechung der Arbeit, bis die Decke wieder trocken ist. In Gegenden mit viel Niederschlag sind daher Oberflächenteerungen ein unsicheres Unternehmen.

Die Teerschicht wird sofort nach dem Aufbringen mit Splitt beworfen. Als Mineralstoff bei Oberflächenteerungen soll ein scharfkantiges körniges Gestein, am besten Hartgestein, genommen werden. Für alle Ausführungen mit Teer und Asphalt gilt die Erfahrung allgemein, daß diese Stoffe nur als feine Haut beständig sind. Dick aufgetragen oder in Klumpen oder Patzen sind sie wegen des knetbaren Zustandes unbeständig, leisten dem Verkehr keinen Widerstand, sondern werden von ihm hin und her geschoben und zerrissen oder abgehoben. Darum müssen alle Teermassen ein Stützgerüst erhalten, das dem Teer einverleibt wird, solange er sich noch auf der Straße in dünnflüssigem Zustande befindet. Das ergibt sich auch aus der Beschaffenheit des Teeres als Kolloidstoff. Bei warmem Wetter behält der Teer verhältnismäßig lange seinen flüssigen Zustand, bei kalter Witterung wird er schnell hart. Darum ist in solchem Falle eine sofortige Abgrusung und Absplittung notwendig.

Die Mineralmasse muß so reichlich gegeben werden, daß sich die Körner in dem Teer gegenseitig berühren, möglichst dicht an dicht liegen und keine besonderen Zwischenräume entstehen können. Dann ist der Teer auch bei warmem Wetter, wenn er weich wird, an seinem Platze festgehalten. Die Oberfläche ist in diesem Zustande als ein Pechmörtel anzusehen. Bredtschneider hat versucht, die Menge, Korn und Größe des Mineralgerüstes zu bestimmen, indem er davon ausgeht, daß der Teer die Hohlräume des Stützgerüstes ausfüllen soll, die etwa 25 vH der Masse ausmachen. Es muß also viermal soviel Grus als Teer aufgebracht werden. Schätzt man die Stärke der Teerschicht auf 1,5 mm entsprechend 1,5 kg/m^2 Teer, so würde die dem Teer einzuverleibende Mineralmasse eine Schichtstärke von 4,5—5 mm annehmen. Daraus geht hervor, daß die Körner nicht größer als etwa 5 mm sein dürfen, weil sie sonst aus der Teerschicht herausragen und zerstört werden. Andererseits hat sich gezeigt, daß Korngrößen dieser Abmessung vom Verkehr erfaßt und herausgeschleudert werden. Es muß demnach ein gröberes Korn verwendet werden. Die Ausführungsbestimmungen des englischen Wegeamtes[66] empfehlen eine Korngröße, die durch ein Sieb von $^3/_8''$ = 0,96 hindurchfällt. Da diese Körner meist elliptische Beschaffenheit haben, so werden die Steine etwa mit 1 cm Größe anzunehmen sein. In Deutschland wird jetzt Splitt bis 15 mm Korngröße angewendet. Die ausreichende Beschaffung des Splittes soll aber noch auf Schwierigkeiten stoßen, da die Schotterwerke auf die Herstellung eines reinen staubfreien Splittes noch nicht eingerichtet sind. Auch in der Schweiz ist die Körnung von 5—15 mm üblich geworden. Meinungsverschiedenheit besteht bisweilen darüber, ob die Absplittung sofort nach dem Teeren erfolgen soll oder später, wenn der Teer etwas erkaltet ist. Das letztere Verfahren scheint bedenklich, da der Teer dann in dicker Schicht liegt, während im anderen Falle der Splitt den überschüssigen Teer leichter aufnehmen kann. Auch die Rücksicht auf den Verkehr wird ein schnelles Aufbringen des Splittes erwünscht erscheinen lassen. Zuweilen wird die Decke leicht abgewalzt, um den Splitt anzudrücken. Die weitere Befestigung erfolgt durch den Verkehr. Soweit dieser Splitt vom Teer nicht gebunden wird, muß er nach einigen Wochen abgekehrt werden. An Stellen, an denen Teer im Übermaß aufgebracht ist und sich Teerpfützen bilden, muß nachgesplittet werden, bis sämtlicher Teer gebunden ist. Daraufhin ist die Oberflächenteerung, besonders bei warmer Witterung, stets zu beobachten und Splitt bereit zu halten.

Es entspricht dem Wesen der Oberflächenteerung als vollwertige Bauweise, daß man es bei einer einzigen Teerung nicht belassen kann, daß vielmehr einige Monate nach der ersten Teerung — die englischen Ausführungsbestimmungen geben 2—3 Monate an — zum Schutze der ersten eine zweite Teerung aufgebracht wird[67]. Für die der ersten Teerung folgenden Teerungen sollte man die Mischungen so zähflüssig als möglich herstellen, denn sie ruhen auf der vorhergehenden Teerung, so daß ein tiefes Eindringen in die Decke von ihnen nicht mehr verlangt zu werden braucht. In diesem Falle wird auch an Teer gespart, denn die Decke wird viel weniger annehmen. Es hat sich als zweckmäßig erwiesen, im ersten Jahre möglichst zweimal zu teeren, dann in den folgenden Jahren auch wenn die Decke an sich noch in guter Beschaffenheit ist. Durch jede Teerung und die damit verbundene Absplittung wird die Schutzdecke der Schotterbahn verstärkt und die Teerhaut in sich widerstandsfähiger und wasserundurchlässiger gemacht. Der Hauptwert ist darauf zu legen, daß die Teerdecke den Winter gut übersteht. Es ist aber nicht gesagt, daß eine im Sommer noch unversehrte Teerung den Winter ungefährdet übersteht. Eine geringe innere Schwäche, die im Sommer oder Herbst noch nicht in Erscheinung getreten ist, kann im Winter bei wechselnder Witterung und Nässe die Decke zum Aufbruch bringen. Dann ist aber auch die ganze Schotterbahn gefährdet, weil im Winter Ausbesserungsarbeiten nicht vorgenommen werden können. Bis zum Eintritt geeigneter Witterungsverhältnisse ist dann meistens die Decke völlig zerstört, und die Ersparnis der unterbliebenen Teerung muß dann mit einem völligen Neubau der Schotterbahn bezahlt werden.

Die Ausführung der Oberflächenteerung beginnt damit, daß aller Schmutz und Staub mit der Hand mit Stahldraht- oder hartem Piassavabesen oder durch Kehrmaschinen abgekehrt wird. Diese Arbeit muß sehr gründlich und sorgsam ausgeführt werden; sie darf aber nicht soweit gehen, daß die Steine dadurch gelockert werden. Vertiefungen oder Löcher in der Decke werden mindestens 1—2 Monate vor Beginn der Teerung sorgfältig beseitigt, damit die Decke eine ebene Oberfläche hat. Zweckmäßig wird schon für die Ausfüllung der Vertiefungen Teer benutzt. Die Ausbreitung der Teermasse erfolgt wohl überall jetzt mit Maschinen. Der Teer wird in Fässern von 200—300 l oder Kesselwagen zu 15 t bezogen. Schwierigkeiten bereitet in diesem Falle das Überpumpen des Teeres in die Ausbreitungsgeräte, weil der destillierte oder präparierte Teer bei Tagestemperatur dickflüssig ist und in diesem Zustande nicht übergepumpt werden kann. Es müssen die Versandbehälter vor der Entleerung erwärmt werden, wofür es besondere Einrichtungen gibt. Bei Kesselwagen können Kokskörbe verwendet werden. Die zuerst auf dem Internationalen Straßenkongreß in Paris 1908 vorgeführte und viel benutzte Einrichtung nach Lassailly besteht aus einem kesselförmigen Wagen mit Dampfkessel und einem Sprengwagen. Der Dampf wird benutzt, um den Teer zu erwärmen und ihn zugleich in die Sprengwagen überzudrücken. Im Kesselwagen wird der Teer auf 180^0 erhitzt, im Sprengwagen soll seine Wärme nicht unter 120^0 sinken. Der von Menschen oder Pferden gezogene Sprengwagen hat am hinteren Ende ein Sprengrohr, durch das der Teer unter der Schwerkraftwirkung auf die Straßendecke ausläuft. Durch Piassavabesen, die hinter dem Sprengrohr angeordnet sind, wird der Teer auf die Decke breit ausgestrichen. Mit dem Lassailly-Gerät sind im Jahr 1921 170000 m^2 Steinschlagbahn der Automobilverkehrs- und Übungsstraße im Grunewald bei Berlin in kurzer Zeit geteert worden. Auch bei den vom Verfasser ausgeführten Oberflächenteerungen hat sich dieses Gerät zweckmäßig erwiesen. Von den Firmen Herrmann Meyer, Ballenstedt, Henschel & Sohn, Kassel, und Eduard Linnhoff, Berlin-Tempelhof, sind nach ähnlichen Grundsätzen Teersprengwagen konstruiert worden. Nach Berichten der Straßenbauverwaltung Bezirk Kassel sollen die Sprengwagen der Firma Henschel gewisse Mängel gezeigt haben, indem die Düsen sich verstopft und die Verteilungsbesen verklebt haben. Vermutlich sind diese Erscheinungen auf nicht genügende Erwärmung des Teeres zurückzuführen. Die Einrichtungen werden im Abschnitt X. noch besonders behandelt.

Um diese Schwierigkeiten zu vermeiden, verteilen die neueren Sprenggeräte den erwärmten Teer mit Druck auf die Straße. Das kann durch Hand erfolgen. Der Druck wird durch eine Handpumpe erzeugt, der warme Teer durch eine Schlauchleitung nach einer Sprengdüse geführt. Der Teer tritt unter starker Zerstäubung aus und gibt einen gleichmäßigen Überzug. Der Nachteil dieser Ausführung soll darin liegen, daß der Teer beim Durchgang durch die Luft schnell erkaltet und damit seine Leichtflüssigkeit verliert und dann nicht mehr so tief in die Decke eindringt. Es erscheint zweifelhaft, ob diese Beobachtung richtig ist. Um große Leistungen zu erzielen, wird mit einem Sprengwagen der Teer mit vom Motor erzeugten Luftdruck von 4 at ausgesprengt. Diese Maschine wird in Nordamerika zur Oberflächenteerung und Asphaltierung viel verwendet. Die Tarvia-Teerungsgesellschaft bedient sich ihrer in ausgedehntem Maße.

Nach den im Jahre 1926 in Bayern gemachten Erfahrungen [1]) fällt die Oberflächenteerung um so besser aus, je geringer die bei der ersten Teerung aufgebrachte Teermenge ist. Die Mengen haben zwischen 1,4—1,9 kg/m² geschwankt. Bei Verwendung mit Sprengwagen haben die Decken stets zu reichliche Mengen erhalten. Dagegen hat sich die Menge beim Aussprengen mit Gießkannen beschränken lassen, so daß empfohlen wird, den ersten Oberflächenüberzug mit Gießkannen aus Kochkesseln vorzunehmen und später mit Sprengwagen auszuspritzen.

Mit den Teerungsarbeiten soll erst wärmere Jahreszeit abgewartet werden, bis die Decke gut durchwärmt und ausgetrocknet ist. Bei zu frühzeitig vorgenommenen Teerungen hat sich der Teer nicht mit der Decke verbunden und in Fladen abgelöst.

Der Teerverbrauch beträgt bei der ersten Teerung etwa 2 kg/m², nach bayrischen Erfahrungen 1,4—1,9 kg/m², er kann, wie bei der Avusbahn (s. S. 150), wenn die Decke noch frisch und nicht eingefahren ist, bis auf 3,6 kg/m² steigen. Bei den Nachteerungen ist der Verbrauch ein geringerer, 1,2—0,5 kg/m².

Der Grus und Splitt wird mit Schaufeln breitwürfig über die Straße ausgestreut. Im nordamerikanischen Straßenbau wird hierzu eine Maschine benutzt, die wie eine Drillmaschine den Splitt auf die Decke gibt[68]. Bei der Ausführung muß der Verkehr gesperrt werden. Kann das für die ganze Straße nicht erfolgen, so wird nur eine Hälfte geteert, die andere dem Verkehr überlassen.

Der Teerbelag der Straßen wird nicht ausreichen, wenn sie mit dichtem und schwerem Verkehr belastet ist. Nach dem Bericht des III. I. Str. K. in London von Sperber, Wernecke, Vilbig wird die Grenze der Belastung durch schweren Verkehr bei 300—400 Zugtieren, 36—40 Personenkraftwagen und 20 Lastkraftwagen für den Tag gefunden. Diese Angabe ist durch die inzwischen gemachten Erfahrungen nur noch bestätigt worden. Der Anwendungsbereich der Oberflächenteerung erstreckt sich daher auf städtische Wohnstraßen, in denen kein Verkehr stattfindet. Hier verbindet die geteerte Steinschlagdecke die Billigkeit der Herstellung mit Geräusch- und Staubarmut. In Verkehrsstraßen würden die in kurzen Zeiträumen vorzunehmenden Nachteerungen Verkehrssperrungen erfordern, die als unerträglich und unzulässig anzusehen sind. Dieser mit der Oberflächenteerung verbundene Nachteil erfordert besondere Aufmerksamkeit und kann auch veranlassen, daß die Teerung auf verkehrsreichen Landstraßen nicht mehr anwendbar ist. Vorteilhaft dagegen ist die Oberflächenteerung auf Landstraßen mit einem Verkehr, wie er oben zahlenmäßig angegeben ist, da er bereits so stark ist, daß eine Steinschlagdecke größere Unterhaltung erfordert, dessen Umfang aber noch nicht das Aufbringen einer Pflasterung oder hochwertigen Decke vom wirtschaftlichen Standpunkte aus rechtfertigt. Es ist daher die Absicht fast aller deutschen Straßenbauverwaltungen, die Oberflächenteerung in großem Umfange für ihre Straßen zu verwenden, einmal zur Staubbekämpfung, vor allem aber, um die Unterhaltungskosten zu ermäßigen und die vorhandene Steinschlagdecke so lange zu erhalten, als sich die Aufbringung einer aufwendigen Deckung noch nicht lohnt, auch die Mittel dafür noch nicht zur Verfügung stehen. Die Ergebnisse auf der Versuchsstraße in Braun-

---

[1]) Berichte des Teerausschusses der Stu. f. A.

schweig haben gezeigt, daß die Unterhaltungskosten bei Decken mit Oberflächenteerungen erheblich geringer sind als bei den wassergebundenen Steinschlagdecken.

Unterhaltungskosten nach einem Verkehr von rd. 940000 t Mittelwerte aus den drei Spuren in RM./m^2

	ohne Überzug	mit Überzug
Gabbro	2,85	1,24
Diabas	2,69	1,26
Basalt	2,72	1,83

Die Tiefbauverwaltung der Stadt Stuttgart betreibt Oberflächenteerungen seit 1905. Auf Grund der guten Erfahrungen ist sie 1921 dazu übergegangen, planmäßig größere Flächen der chaussierten Straßen zu teeren, um sie vor rascher Abnutzung und insbesondere auch um die Steilstraßen gegen starke Ausspülung durch Wasser zu schützen. Die Teerung erfolgt jetzt im Eigenbetrieb jährlich bis zu 250000 m^2 einschließlich der Wiederholungen[41]. Der Teer wird als präparierter Teer im Verhältnis 60 vH Pech und 40 vH Anthrazenöl erwärmt bezogen und mit städtischen Autokesselwagen, deren Behälter einen Wärmeschutz haben, zur Verwendungsstelle angefahren und mit 100° ausgebreitet. Mit solchen Kesselwagen können täglich bis 10000 m^2 geteert werden. Die Flächen werden von Kraftwagen aus mit Grus beworfen. In freigelegenen sonnigen Straßen mit nicht zu schwerem Verkehr hat sich diese Unterhaltungsweise, die 0,35 RM. für den Quadratmeter erfordert, als zweckmäßig und wirtschaftlich erwiesen. Während in der Schweiz bei 6—7 vH Längsgefälle Oberflächenteerungen noch zugelassen werden, sind sie in Stuttgart auf wesentlich steileren Straßen angewendet worden, ohne daß der Verkehr gefährdet ist.

Da auf der glatten Teerhaut das Niederschlagswasser gut abläuft, kann das Quergefälle auf geteerten Schotterstraßen flacher als auf ungeteerten angelegt werden. Das ist auch günstiger für den Verkehr, insbesondere für Kraftwagen, die auf flachen Querneigungen leichter zu steuern sind. Eine Querneigung 3—2,5 vH wird völlig ausreichen, soweit sie nicht auf Straßen mit gutem Längsgefälle noch flacher ausgebildet werden kann.

Gerade bei Oberflächenteerungen hat sich die Verbesserung des Teeres durch einen Zusatz von Asphalt, worüber im Abschnitt e) 2. nähere Angaben gemacht worden sind (S. 146), als sehr vorteilhaft aus den dort angegebenen Gründen erwiesen, so daß dieses Verfahren zur allgemeinen Anwendung nur empfohlen werden kann. Als eine Masse, bei der dem Teer Asphalt zugesetzt ist, kann wohl Bimex (Schliemann & Co., Hannover-Linden) angesprochen werden.

4. Innenteerung.

α) Tränkverfahren.

Bei dem Tränkverfahren wird das Steingerüst dadurch innerlich gefestigt, daß ihm das aus Teer bestehende Bindemittel nachträglich zugeführt wird. Dies Verfahren wird auch „Teereinguß“ genannt. In die frischgewalzte 9 cm hohe Steinschlagdecke aus 5—6 cm großen Steinen wird heißer Teer eingegossen, worauf die Decke endgültig eingewalzt wird. Den Abschluß bildet eine mit leichten Walzen rasch zu dichtende Lage aus Gesteinssplitt von 2 cm Größe, die festgewalzt und mit Grus bestreut wird, oder eine Oberflächenteerung als Schlußdecke. Der Teer erhält hier die Aufgabe, die einzelnen Steinstücke miteinander zu verkitten, ihrer Verschiebung im Verkehr entgegenzuwirken. Infolge seiner Elastizität ist der Teer in der Lage, die Verkehrsstöße zu mildern. Da die Steinschlagdecken große Hohlräume besitzen, so kann eine solche Decke, wenn alle Hohlräume ausgefüllt werden, große Teermengen schlucken, aber diese Teerfüllung ist nicht in der Lage, irgendwelche Kräfte aufzunehmen. Um dies zu erreichen, wird dem Teer Sand beigemischt, also ein Teer- oder Pechmörtel hergestellt, der in die Hohlräume eingebracht wird. Die mineralische Masse dient wieder wie bei der Oberflächenteerung zum Zusammenhalt des Bindemittels. Der verwendete Teer kann wiederum destillierter oder präparierter Teer sein; damit er tief genug eindringt, wird er leichtflüssig sein müssen. Das Tränkverfahren ist in England bei Aufnahme des Teerstraßenbaues viel angewendet worden. Im englischen Bericht zum I. Str. K. in London 1913 (Heft 22) befindet sich noch eine Anweisung des Wegebauamtes Nr. 3 „Leitsätze für Herstellung von Straßendecken aus Makadam mit Pechausfugung", aus denen folgende Angaben entnommen sind:

Die Schotterung für die neue Makadamdecke mit Pechausfugung soll aus Steinschlag von erprobter Güte bestehen, von dem wenigstens 60 vH eine Korngröße von 6,5 cm und 35 vH eine Korngröße von 6,5—3,3 cm aufweist. Die übrigen 5 vH, bestehend aus Splitt vom gleichen Steinmaterial mit 2—1 cm Korngröße, sind zur Ausfüllung nach dem Ausgießen mit geschmolzenem Pech zu verwenden.

Der Zähigkeitsgrad des zu verwendenden Peches, das den Wegeamts-Sondervorschriften entsprechen soll, wird den klimatischen und örtlichen Verhältnissen durch Änderung der in ihm enthaltenen Mengen an Teerölen angepaßt.

Die Oberfläche darf vor dem Aufgießen der Pechölmischung nicht feucht sein. Das Steinmaterial muß durch Überdecken gegen Feuchtigkeit geschützt, oder im Falle des Naßwerdens nach der Verlegung mit fahrbaren Ventilatoren oder mittels anderer Trocknungsverfahren getrocknet werden.

Die Pechölmischung wird sorgfältig geschmolzen und auf eine Temperatur von 150° gebracht. Sodann wird feiner scharfer Sand auf Sanderhitzern bis zu 200° erhitzt. Ein Mischkessel wird mit maßgleichen Teilen von erhitztem Pech und heißem Sand gefüllt und die Mischung gut umgerührt, während man sie aus dem Mischkessel in Gießkannen von 9—13,5 l Inhalt abfüllt, mit denen die Mischung auf die Straße ausgegossen wird. Verbrauch für eine nach dem Festwalzen 5 cm starke Decke 7 l, bei 6,3 cm Deckenstärke 8,5 l, bei 7,5 cm Deckenstärke 11 l.

Unmittelbar nach dem Vergießen ist mit dem Festwalzen zu beginnen und so schnell zu walzen, daß die Mischung keine Zeit hat, zu erkalten. Der Splitt ist teilweise vor dem Walzen und der Rest während des Walzens über die ausgefugte Straßendecke auszustreuen.

Das Schmelzen des Peches soll in der Weise vor sich gehen, daß in einem Kessel von 2—3 t Inhalt Pech eingefüllt und dann ein Feuer darunter angemacht wird; sodann ist ein stetiges Feuer bei geschlossenen Feuertüren zu unterhalten, um das Pech in 4—5 Stunden vollständig zu schmelzen. Es ist dann zur Erhitzung des Peches auf 150° C ein helles Feuer zu halten, worauf das Öl hinzugefügt und gut durchgerührt wird. Bei geöffneten Feuertüren läßt man die Temperatur des geschmolzenen Peches auf 120—130° C heruntergehen. Es kann dann abgefüllt werden, wobei gründlich umzurühren ist. Bei Unterbrechung der Arbeiten durch nasses Wetter öffnet man die Feuertüren, schließt die Abzugklappen und läßt die Temperatur auf 90—95° herunterfallen. Sobald die Arbeiten wieder aufgenommen werden, muß die Erwärmung auf 120° gebracht werden.

Dieses Tränkverfahren scheint aber in England mit der Zeit verlassen worden zu sein. Es haftet ihm unbedingt der Nachteil an, daß die volle Durchtränkung der Decke und Umhüllung der Steine nicht mit Sicherheit zu erreichen ist, daß daher Stellen und Lagen der Decke die Form der ungeschützten Schotterdecke behalten, was doch vermieden werden soll. In dem Bericht über die Reise nach London im Oktober 1924[69] wird das Tränkverfahren nicht mehr erwähnt. Auch in den in diesem Bericht abgedruckten Vorschriften des Wegeamtes ist das Verfahren nicht mehr aufgeführt. Der Bericht der englischen Ingenieure zum V. I. Str. K. in Mailand bringt auch keine Angaben mehr darüber. Es scheint demnach in England diese Bauweise aufgegeben zu sein. Auf der bekannten 1911 angelegten Versuchsstraße bei Südcup in Südengland ist das Verfahren auf zwei Strecken angewendet worden, einmal als einfache, die zweite Strecke als doppelte Makadamdecke mit Pechausfugung. Im Bericht des Kongresses wird der Zustand nach einem Jahr als befriedigend geschildert. Weitere Urteile fehlen, da die Versuchsstraße nicht weiter unterhalten worden ist.

Dagegen hat der schweizerische Straßenbau das Verfahren weiter ausgebildet. Es kommt zur Anwendung auf solchen Straßen, bei denen infolge ihres starken Verkehres Oberflächenteerungen nicht mehr ausreichen. Es kann nur auf neu geschütteten Decken angewendet werden. Steinschlag von der Korngröße 40—60 mm wird in 10—12 cm Stärke eingebaut und auf 9 cm eingewalzt. An Stelle eines Bindemittels wird nur Feinschlag zu etwa 10 vH in der Korngröße 15—30 mm gleichmäßig zur Dichtung der Hohlräume beigegeben. Ein Nässen der Decke darf während des Walzens nicht stattfinden. Nach gründlicher Austrocknung der gewalzten Decklage wird bei heißer Witterung etwa 2 kg auf den Quadratmeter destillierter Teer mit Druck eingespritzt, wozu besondere Geräte wie bei der Oberflächenteerung verwendet werden. Die Oberfläche erhält dann einen Bewurf auf 15 mm Höhe von staubfreiem, trockenem Hartsplitt von 5—13 mm Korngröße, der mit einer 10-t-Walze festgewalzt wird. Dann wird die Decke entweder mit destilliertem Teer oder Petrolasphalt weicher Konsistenz (180—200° C) gleichmäßig getränkt und noch einmal mit einem Hartschottersplitt von 5—10 mm Korngröße dünn abgesandet und mit einer 10-t-Walze nachgesandet. Nach etwa 3—5 Tagen, je nach Witterung, wird die Straße dem Verkehr freigegeben. Überschüssig zutage tretendes Bindemittel wird durch Überwerfen mit Splitt gebunden.

Mit Rücksicht darauf, daß der Teer im Innern bei Anlage einer guten Schlußdecke vor dem Zutritt von Luft und Wasser geschützt ist, also weder verdunsten noch verspröden kann, ist auch zur Tränkung Rohteer genommen worden. Zu beachten ist, daß in der Schweiz zusammen mit dem Teer Petrolasphalt verwendet worden ist, daß demnach angenommen wird, daß Teer durch Zusatz von Petrolasphalt verbessert werden kann. Hierüber werden noch weitere Angaben folgen. Das Tränkverfahren soll in der Schweiz billiger sein, als das im nächsten Abschnitt behandelte Mischverfahren. Es ist aber mehr abhängig von der Witterung. Angewendet wird es dort, wo der Verkehr umgeleitet werden kann, da die Ausführung längere Zeit in Anspruch nimmt.

In Deutschland ist das Tränkverfahren nach Einführung des Teerstraßenbaues auch angewendet worden; aber mit wechselndem Erfolge. Wo zuviel Teer eingegossen ist, sind die Decken nicht fest geworden. Günstige Erfahrungen gibt die sächsische Straßenbauverwaltung bekannt[50]. Es ist dort ein Steinschlag in der folgenden Zusammensetzung verwendet worden:

62 vH	Klarschlag	von	4—6	cm	Korngröße,
15 „	Klarschlag	„	2,5—4	„	„
12 „	Steinsplitter	„	0,5—2,5	„	„
11 „	Grus und Sand.				

Nachdem die gröberen Steine aufgebracht und mit den klarer geschlagenen überdeckt worden waren, wurde die Fahrbahn trocken abgewalzt, dann mit der ersten Mischung von 50 vH Teerpech und 50 vH Anthrazenöl und unmittelbar darauf mit der zweiten Mischung von 75 vH Pech und 25 vH Anthrazenöl, beide auf 120° C erhitzt, mittels des Reifenrathschen Teersprengwagens durchtränkt, hierauf gleichmäßig mit den Steinsplittern dünn abgedeckt und festgewalzt. Schließlich wurden die losen Steinsplitter abgekehrt, die Fläche mit heißem, dünnflüssigem Anstrich der ersten Teermischung versehen, nach Abdeckung mit Grus und Sand nochmals gewalzt und dem Verkehre freigegeben. Zur Ausfüllung der Hohlräume waren etwas mehr als 9 kg für 1 m² Mischungsmasse erforderlich.

Durch die Abstufung des Gesteinsstoffes, die dazu dienen soll, die Hohlräume zu ermäßigen, damit weniger Teer verbraucht wird und damit auch die Hohlräume gegen Eindringen von Wasser geschützt werden, ist eine zugleich ausreichende Bindung der an sich reichlichen Teermenge erfolgt; es ist ein Pechmörtel gebildet worden, der zugleich die Decke gut abdichtet, so daß Haltbarkeit wohl zu erwarten ist. Der Vorteil des Tränkungsverfahrens beruht darin, daß keine besonderen Maschinen gebraucht werden. Dennoch hat es nicht allgemein Anwendung gefunden, weil ihm viele unsichere Eigenschaften anhaften, die den Erfolg in Frage stellen, und weil der Teerverbrauch verhältnismäßig hoch ist.

Auf den Landstraßen in den V. St. A. ist das Tränkverfahren seit 1907 eingeführt und viel angewendet worden. Als Tränkmittel dient in gleicher Weise Teer und Asphalt. In einzelnen Staaten sind die Bauvorschriften für die Tränkungsverfahren vereinheitlicht und besondere Ausführungsvorschriften erlassen. Voraussetzung ist eine gute Unterbettung, als solche hat sich Makadam 150—200 mm als ausreichend erwiesen. Die Steinschlagdecke erhält eine Stärke von 6,5—7,5 cm abgewalzt. Die Korngröße der Schottersteine ist 38—64 mm. Der Steinschlag soll vor dem Aufbringen ausgegabelt werden, damit Schmutz und kleine Steine vorher ausgeschieden werden. Durch Walzen mit einer 10-t-Walze wird, unter Zugabe von Feinschlag von 29—38 mm, eine möglichst geschlossene Decke erreicht. Der Teer wird mit Sprengwagen unter einem Druck von etwa 2—5,5 at eingespritzt, auf die erste Schicht kommen etwa 8,5 l für den Quadratmeter. Die Temperatur des Teeres soll beim Einspritzen zwischen 80° und 120° C liegen. Damit alle Stellen gleichmäßig getränkt werden und einzelne Stellen nicht zuviel und andere zuwenig Teer erhalten, ist besonders vorgeschrieben, daß mit dem Einspritzen sofort unterbrochen werden muß, wenn der Kessel nahezu entleert ist und die Sprengstärke nachläßt. Ebenso soll zu Beginn, wenn der als Kraftwagen gebaute Sprengwagen sich in Bewegung setzt und die Sprengdüsen öffnet, Papier über die zuletzt besprengte Fläche ausgebreitet werden, damit die normale Sprengstärke erreicht ist, wenn der Wagen die noch unbenetzte Fläche erreicht. Verfasser hat Gelegenheit gehabt zu beobachten, daß diese Sorgfalt auch beobachtet wird. Auf die getränkten Flächen, möglichst wenn sie noch warm sind, wird eine Lage von Splitt von 18 mm Größe in solcher Menge ausgestreut, daß die Hohlräume ausgefüllt werden, die dann eingewalzt wird, bis die Decke gut geschlossen ist. Nicht gebundener Splitt wird alsdann abgekehrt. Sodann werden 2 l auf den Quadratmeter Teer aufgesprengt, indem der Sprengwagen mit viermal größerer Geschwindigkeit über die Strecke fährt, und die Fläche dünn mit Grus überstreut und nochmals abgewalzt. Darauf kommt noch einmal ein Guß von 1 l auf den Quadratmeter auf die Decke, nachdem vorher der überflüssige Grus abgefegt ist. Dann wird noch einmal Grus aufgeworfen, der eingewalzt wird. Überall, wo sich Überschuß an Teer zu erkennen gibt, wird Grus aufgestreut. Im Staate Massachusetts werden bei einer 5,4 m breiten Straße auf 30 m 35 t Schotter, 6 t Splitt und 4 t Grus gerechnet. Der für das Tränkverfahren verwendete Teer soll folgende Eigenschaften haben (Vorschriften des Staates Pennsylvania):

Zusammenstellung 34.

	Harte Beschaffenheit	Weiche Beschaffenheit
Wassergehalt	0,0 vH	0,0 vH
Viskosität bei 50° C	105—160	80—140
Löslich in CS_2-Gewichtshundertteilen	77—88	95
Destillat 0—170°	1	1
„ 0—270°	—	11
„ 0—300°	20	22
Erweichungspunkt des Destillationsrückstandes	70°	65°

Der Teer weicher Beschaffenheit entspricht nahezu den Angaben der Zusammenstellung 33.

Nach den amerikanischen Erfahrungen dringt Teer tiefer in die Fugen ein als Asphalt, auch sinkt er bei Wärme und Verkehr tiefer ein, während der Asphalt nach oben ausweichen soll.

Da in den V. St. A. der Schnellverkehr gegenüber dem schweren Lastverkehr überwiegt, so ist die vielfache Anwendung des Tränkverfahrens selbst auf Überlandstraßen mit lebhaftem Verkehr begründet. Das Tränkverfahren wird dort als eine Verbesserung der wassergebundenen Schotterdecke angesehen und daher dort angewendet, wo eine solche Decke als Unterbau bereits vorhanden ist. Wenn diese Bauweise besonders in den Neuengland- und östlichen Staaten zu finden ist, dann ist das mit darauf zurückzuführen, daß diese als die ältesten und am dichtesten besiedelten Staaten seit langem einen kunstgerechten Straßenbau betrieben haben und infolgedessen auch größere Strecken von wassergebundenen Schotterstraßen als Makadamstraßen (ohne Packlagenunterbau) besitzen, die in den westlichen und südlichen Staaten seltener anzutreffen sind. Das Tränkverfahren ist daher abhängig von dem Zustand der Straßen und wäre demnach in Ländern wie Schweiz und Deutschland durchaus angebracht.

Die Unterhaltung einer vom Einguß hergestellten Teerdecke kann nur in der Behandlung der Oberfläche bestehen. Nach amerikanischen Erfahrungen ist im zweiten oder dritten Jahre eine Oberflächenteerung fällig. Es wird empfohlen, in diesem Falle einen Asphaltanstrich mit Spramex oder einer ähnlichen Masse vorzunehmen. Es leuchtet ein, daß die Lebensdauer der Decke damit wesentlich erhöht werden kann.

β) Mischverfahren.

Teermischmakadam und Teerbeton. Heißeinbau. Beim Mischverfahren, das heute sowohl im Heiß- wie Kalteinbau betrieben wird, ist das Ziel, das verwendete Gestein mit einer Bindemittelschicht zu überziehen. Die von Professor Löwe in seiner Schrift „Die Innenteerung der Schotterstraßen" gegebene Erklärung, daß das Bindemittel in die Hohlräume der Beschotterung eingebracht werden soll, trifft den Kern der Sache nicht. Richtiger wäre es, wenn dem zuvor beschriebenen Tränkverfahren das „Umhüllungsverfahren" gegenübergestellt werden würde. Denn in dem Mischvorgang, in dem das Gestein heiß mit dem Teerstoff in Verbindung gebracht wird, wird lediglich so viel Teer zugesetzt, daß sich die Körner mit einer dünnen Teerhaut überziehen. Werden die Baustoffe in der Nähe der Einbaustelle mit Maschinen mit den Teerstoffen umhüllt und gleich warm eingebaut, dann wird diese Bauweise mit „Heißeinbau" bezeichnet. Erfolgt die Umhüllung in einer Fabrik oder Bauhof und lagert die mit Teer umhüllte Masse in der Regel einen oder mehrere Monate und wird dann kalt eingebracht, so spricht man von Kalteinbau. Der zur Verwendung kommende Teerstoff muß der Bauweise und den Anforderungen entsprechen, die zuvor eingehend festgelegt sind. Auch beim Mischverfahren wird destillierter oder präparierter Teer bevorzugt, Rohteer wird nur ausnahmsweise genommen. Beim präparierten Teer ergibt sich das Verhältnis von Pech zu Öl aus der Einbauart, ob Heiß- oder Kaltverfahren, und aus der örtlichen Lage der Straße und der Jahreszeit der Ausführung. Es wird aber auch vielfach Teer verwendet, der durch einen Zusatz von Asphalt oder sonstige seine Klebfähigkeit, Verharzung oder Beständigkeit fördernde Zusätze verbessert ist. (S. Abschnitt VII. B. e) 2.)

Allen Verfahren beim Heißeinbau ist gemeinsam, daß die Gesteinsstoffe in einer Trockentrommel, die mit einem Saugzuggebläse verbunden ist, entstaubt und getrocknet werden. Durch die Entstaubung sollen die feinen Stoffe, die durch ihre große Oberfläche viel Bindestoffe verbrauchen, entfernt und durch die Trocknung die Feuchtigkeit, die in jedem Gestein zu etwa 3—5 vH Gewichtsteilen der Masse enthalten ist, beseitigt werden. Die erwärmten Gesteinsteile werden sich leichter mit dem Bindestoff vereinigen. An kaltem Gestein würde der heiße Bindestoff abgeschreckt und sein Haftvermögen vermindert werden. Die Trockentrommeln sind in den meisten Fällen nach dem Grundsatz des Gegenstromes gebaut. Die Heizgase, die durch den Ventilator aus der Feuerung angesaugt werden, streichen in der einen Richtung durch die Trommel, von der anderen Seite werden die Gesteinsstoffe eingefüllt. Die wagerecht oder etwas geneigt liegende Trommel wird gedreht, so daß ihr Inhalt, der auf der höher liegenden Seite aufgegeben wird, langsam nach dem tiefer liegenden Austritt wandert, wobei er infolge der Drehung und der in der Trommel angebrachten Schaufeln (s. Abschnitt X., A. f.) durch freien Fall durchmischt und so aufgelockert wird, daß die Heizgase durchstreichen können. Der Vorteil des Gegenstromverfahrens beruht darin, daß die Steine bei ihrem Eintreten in die Trommel auf einen Luftstrom treffen, der sich an dem übrigen Trommelinhalt etwas abgekühlt hat. Es werden also die kalten Steine auf ihrem Durchgange durch die Trommel von Heizgasen berührt, deren Temperatur beim Weg durch die Trommel abnimmt, so daß sie sich langsam erwärmen können. Würden sie unmittelbar mit den ersten Heizgasen in Berührung kommen, so würde der starke Temperaturunterschied Spannungen in dem Gestein hervorrufen, die seine Festigkeit ungünstig beeinflussen können. Eine zu starke Erhitzung der Gesteinsstoffe ist aber auch schädlich, weil dann Dampf sich bilden kann, und die Bindestoffe bei Berührung mit dem zu stark erhitzten Gestein verbrennen können. Sie büßen dann ihre Klebfähigkeit ein. Diese Vorgänge sind demnach bei der Trocknung aufmerksam zu verfolgen. Die getrockneten und erwärmten Massen werden alsdann mit dem gleichfalls erwärmten Bindestoff zusammengebracht und gemischt. Hierbei ist wiederum zu beachten, daß die verschiedenen Bindestoffe zu verschiedenen Wärmegraden flüssig gemacht werden. Weich eingestellte Teerverbindungen werden auf geringere Temperatur erwärmt als hart eingestellte oder Asphalte, wofür die Erklärung in den zuvor gemachten Ausführungen über Erweichungsgrad der verschiedenen Verbindungen gegeben sind. Auf die Temperatur der Bindestoffe muß aber auch die Erwärmung der Gesteinsmassen eingestellt werden.

Die Mischung erfolgt in besonderen Mischbehältern, in denen das Gestein mit dem Bindestoff so durchgearbeitet wird, daß eine innige Verbindung zwischen beiden erfolgt. Die für die Zubereitung der Massen erforderlichen Maschinen werden in dem besonderen Abschnitt X. besprochen werden.

Die geteerten Massen werden sofort nach der Mischung ausgebreitet, eingebaut und abgewalzt. Es ist schon in dem Abschnitt VII. B. a), S. 122, darauf hingewiesen worden, daß der Korngröße und dem Verhältnis der Anteile der Korngrößen zueinander eine besondere Bedeutung zukommt. Diesem Umstande genügen die verschiedenen Einbauweisen in durchaus verschiedener Weise. Die Unternehmer im Teerstraßenbau haben meistens eigene Verfahren ausgebildet, wobei sie sowohl in der Zusammensetzung der Gesteinsstoffe wie des Teeres ihre Bauweisen mit der Zeit auch zufolge ihrer Erfahrungen recht verbessert haben. Sehr viele geben ihre Verfahren nicht bekannt oder machen nur so allgemeine Angaben, daß die wesentlichen Merkmale schwer festzustellen sind. Es sollen daher an dieser Stelle Innenteerungen nach dem Heißeinbauverfahren behandelt werden, über deren Zusammensetzung Näheres bekanntgeworden ist.

Die Straßenbaugesellschaft Zöller, Wolfers, Dröge in Berlin stellt eine Teerdecke im Dreischichtensystem als Heißeinbau seit 20 Jahren her, die sie Bitarmac nennt. Auf der Versuchsstraße in Braunschweig ist eine Strecke von ihr in folgender Bauweise verlegt worden[58]. Für die untere Schicht sind 3 Teile Schotter von 3—5 cm Körnung und 2 Teile Splitt von 1—3 cm Körnung in einer Mischmaschine unter Zusatz von Teer auf 120—130 ° erhitzt und innig miteinander gemischt worden. Die Mischdauer hat jedesmal etwa 10 Minuten betragen. Einem Kubikmeter Steinmaterial sind 80 kg Teer, bestehend aus 60 vH Hartpech und 40 vH Anthrazenöl zugesetzt. Das Gemisch ist in einer Schicht, die in losem Zustande etwa 5 cm stark war, auf die Straße aufgebracht und darüber die mittlere etwa 1 cm starke Schicht ausgebreitet worden. Das Material für die mittlere Schicht, bestehend aus 3 Teilen Splitt von 1—3 cm Körnung und 2 Teilen Grus von 0—0,5 cm Körnung, ist nach Zugabe von Teer in der Mischmaschine auf 120—130° C erhitzt und jedesmal etwa zehn Minuten gemischt worden. Der Zusatz an Teer hat 100 kg auf 1 cbm Steinmaterial betragen. Nach Einbringen dieser mittleren Schicht auf die untere Schicht sind einige Tage später beide Schichten auf einmal mit der 12-t-Dampfwalze abgewalzt worden. Durch das Abwalzen sind die beiden Schichten von 6 auf 4 cm verdichtet worden.

Das Steinmaterial der vorgenannten beiden Schichten besteht auf einer Straßenhälfte aus Diabas, auf der anderen Hälfte aus Kalkstein.

Für die obere Schicht sind 4 Teile Haldensand aus Clausthal, 2 Teile scharfer Putzsand und ½ Teil Rüdersdorfer Kalksteinmehl in der Mischmaschine unter Erhitzung auf 130—140° C mit Teermasse gemischt, und zwar sind einem Kubikmeter des vorstehenden Materials 150 kg Teermasse zugesetzt worden. Diese Masse bestand aus 75 vH Teer, wie es bei der Unter- und Mittelschicht verwendet war, und aus 25 vH. Asphalt der Mexiko-Bitumen-Compagnie mit einem Schmelzpunkt von 50—60° C. Das Gemisch ist heiß auf die Mittelschicht gebracht und sofort mit einer heißen mit Innenfeuerung versehenen Handwalze von rund 250 kg Gewicht abgewalzt worden. Die Handwalze hat eine Breite von 50 cm und einen Durchmesser von 75 cm. Die obere Schicht ist in gewalztem Zustande 2 cm stark, so daß die Gesamtstärke der Bitarmacdecke 6 cm beträgt.

Ausführungen nach dem Bitarmacverfahren haben sich in Wohnstraßen bei Beobachtung der notwendigen Sorgfalt bei der Ausführung recht dauerhaft erwiesen und nur geringe Unterhaltung erfordert.

Beachtenswert ist auch die von Dr.-Ing. Scheuermann in Wiesbaden ausgebildete Bauweise[49]. Er hat beim Aufbau der Teerdecke unterschieden zwischen „Tragkorn" und „Klebkorn", eine zweifellos glückliche Bezeichnung. Da unter den Verkehrslasten, wie schon bei der Schotterdecke nachgewiesen ist, die Schottermasse um so weniger ausweicht und die Decke um so standfester ist, je größer und je gleichmäßiger das Korn ist, so muß das Tragkorn vorherrschen. Die feineren Körnungen sollen lediglich die Hohlräume zwischen den gröberen Kornarten ausfüllen — etwa 50 vH — und Träger des Bindestoffes sein. Da die feineren Körner die größere Oberfläche haben, so ist ein Überschuß an solcher Kornart wegen des entsprechend größeren Bindemittelverbrauches nicht erwünscht. Auf dem Wege des Versuches ist Dr.-Ing. Scheuermann zu folgender Zusammenstellung gekommen:

Zusammenstellung 35.

Klebkorn	Korn		Tragkorn
	Größe in cm	Art	
—	3—5	Grobschotter	4 Teile
1,3 Teile	$^1/_2$—1	Grus	—
—	$1^1/_2$—3	Feinschlag	0,45 Teile
0,15 Teile	$^1/_4$—$^1/_3$	Sand	—
1,45			4,45

Tragkorn zu Klebkorn verhalten sich darnach wie 3 : 1. Nach Untersuchungen in der Straßenbauversuchsanstalt Stuttgart hat das Tragkorn 43 vH Hohlraumgehalt. Dieser wird zu 33 vH durch das Klebkorn ausgefüllt, das seinerseits etwa 35 vH Hohlraum hat, so daß der Hohlraumgehalt der Mischung auf 21,5 vH zurückgeht. Er kann durch Walzen weiter vermindert werden, so daß die eingewalzte Decke dann nur noch rd. 10 vH Hohlräume hat, die durch das Bindemittel Teer ausgefüllt werden. Bei der Art des Aufbaues ist von dem Gedanken ausgegangen, daß das Auffangen und die Übertragung der Verkehrskräfte am ehesten eine gleichmäßige Beanspruchung bewirkt, wenn das Deckenkorn möglichst klein ist. Eine durchaus zutreffende Annahme. Daher erhalten die nach dem Wiesbadener Verfahren hergestellten Teersteinschlagstraßen einen Deckenabschluß aus Teerüberzug mit eingewalztem Grus. Aus dieser Erwägung heraus wird die Decke auch zweischichtig ausgeführt, indem die Größe des Steinkornes in der unteren Schicht größer gewählt wird als in der oberen. Zwischen der Grundschicht aus 3—5 cm großem Grobschotter und der Deckschicht wird eine Mittelschicht folgender Zusammensetzung gelegt.

Zusammenstellung 36.

Klebkorn	Korn		Tragkorn
	Größe in cm	Art	
—	$1^1/_2$—3	Feinschlag	4 Teile
1,4 Teile	$^1/_2$—1	Grus	—
0,5 Teile	$^1/_4$—$^1/_3$	Steinsand	—
1,9 Teile	Klebkorn	zu Tragkorn	4 Teile

Der Anteil an Klebkorn ist wesentlich höher als in der Grundschicht. Die Mittelschicht enthält daher mehr Bindemittel, ist daher weicher eingestellt. Da sie außerdem mehr dem Einfluß der Witterung ausgesetzt ist, also im Sommer vor allem leichter zum Weichwerden neigen wird, so wird sie nicht sehr stark angelegt werden dürfen, damit sie sich nicht verdrückt. Ihre Stärke mit 3,5 cm entspricht etwa der Größe des größten Kornes. Die Decke baut sich auf, wie aus Abb. 90 zu entnehmen ist. Sie entspricht damit den Anforderungen, die durch einen Beschluß des III. I. Str. K. in London am 1. 7. 1913 folgendermaßen festgelegt sind und die heute noch gelten:

„Bei bituminösem — einschließlich Teer und Asphalt — Makadam, der durch das Mischverfahren hergestellt ist, sollte die Größe der Schotterstärke so gewählt und so abgestuft werden, daß eine geschlossene Decke mit **möglichst wenig Hohlräumen** erzielt wird. Wenn das gewählte Herstellungsverfahren mehr als eine Lage Schotter erfordert, sollte die **obere oder Abnutzungsschicht** aus kleinen Schotterstücken gebildet werden."

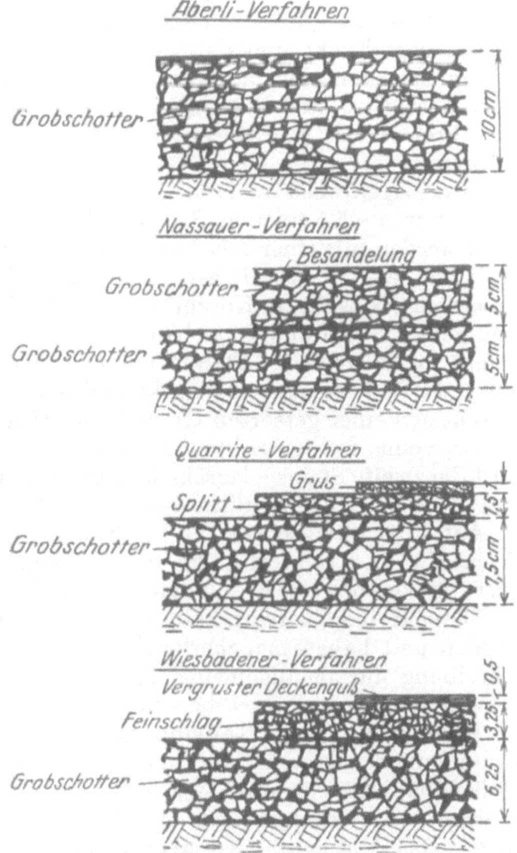

Abb. 90. Aufbau von Innenteerungen.

Die nach dem Wiesbadener Verfahren gebauten Decken sind maschinenmäßig in der üblichen Weise hergestellt. Das Gestein ist getrocknet, entstaubt und heiß gemischt, heiß eingebaut und abgewalzt. Sie haben bisher auch unter größerem Verkehr Haltbarkeit gezeigt und geringe Unterhaltung erfordert.

Das Verfahren der Straßenbauunternehmung Ohl[1]), die über langjährige Erfahrungen im Teerstraßenbau verfügt, besteht in einem Teersteinschlag (Teermischmakadam) aus drei Schichten bei 8 cm fertiger abgewalzter Stärke.

Erste Schicht: Grobschicht, vermischt mit Grob- und Feinsplitt	4 cm
Mittelschicht aus Grobsplitt 15—25, vermischt mit Feinsplitt 5—15 und Grus 1—5 mm	3 cm
Schlußschicht aus Feinsplitt, 5—15 mm, vermischt mit Grus 1—5 mm	1 cm
Fertig gewalzt	8 cm

Bei einer Deckenstärke von 10 cm wird Grobschicht 6 cm stark gemacht. Die Masse wird in der Ohlschen Mischmaschine mit heißem Pechöl gemischt. Der Pechölzusatz soll bei 8 cm Deckenstärke 11 kg betragen.

Das Breiningsche Verfahren verwendet schichtenmäßigen Aufbau. Es werden Korngrößen von 4—5 cm trocken mit Splitt von 1—2 cm Korngröße zusammengemischt im Verhältnis 3,3 Raumteile Kleinschlag zu 1 Raumteil Splitt getrocknet, erwärmt und mit destilliertem Teer und geschmolzenem Steinkohlenpech satt geteert. Außerdem wird eine Mischung aus Grus und Feinsplitt von 2—15 mm mit einer Pechölmischung, die aus 8 Gewichtsteilen Teer und 7 Gewichtsteilen Pech besteht, hergestellt. Der Einbau erfolgt in 2 Lagen, aus Kleinschlag mit Splitt, zwischen die eine dünne Schicht des geteerten Gruses gebracht wird. Die 13 cm hochgeschüttete Decke wird auf 9,5 cm mit einer 17,5 t schweren Walze zusammengedrückt und dann mit einer dünnen Schicht geteerten Gruses überworfen. Es sollen für den Quadratmeter 15 kg Teerpräparat verbraucht werden. Dem Teer wird für die ganze Decke oder nur für die Schlußdecke Präparat nach Professor Kippenberg zugesetzt, das die Verharzung des Teeres beschleunigen soll.

Zwei Lagen weist auch das Nassauische Verfahren Abb. 90 auf, die aus Steinschlag von 4—5,5 cm und Sand im Verhältnis 4 : 1 bestehen. Steinschlag und Sand werden mit einer Mischung aus heißem Pech und Anthrazenöl (60—70 vH Pech und 40—30 vH Öl) heiß gemischt. Mit derselben Pechölmischung werden außerdem Grobsplitt in Korngrößen 15—30 mm und Grus in Körnung von 5—15 m heiß geteert. Auf den Unterbau wird erst eine dünne Lage geteerten Splitts gebracht und abgewalzt. Darauf kommt die erste Lage Steinschlag, die wiederum mit einer Splittschicht abgedeckt und leicht abgewalzt wird. Der Deckenschluß besteht aus einer geteerten Grusschicht. Die Decke wird dann so lange gewalzt, bis ein völlig dichter Schluß der ersten Schicht erreicht ist. In gleicher Weise wird die zweite Steinschlagschicht aufgebracht und abgewalzt, so daß eine Decke von etwa 12—13 cm Stärke entsteht. An Zuschlägen soll gebraucht werden:

Auf 1 m^3 Steinschlag 0,5 m^3 Splitt, 0,25 m^3 Grus, 0,25 m^3 feiner Sand. Verbrauch an Teerstoff 10 kg für den Quadratmeter und 10 cm Deckenstärke oder 100 kg für den Kubikmeter Steinschlag und Sand.

Diese Heißeinbauverfahren sind aber im Laufe der Jahre weiterentwickelt worden und haben mancherlei Änderungen erfahren, so daß die gegebene Beschreibung nur als allgemeiner Anhaltspunkt für die Art des Aufbaues und der verwendeten Stoffe angesehen werden kann.

Kalteinbau. Beim Kalteinbauverfahren von geteertem Schotter erfolgt die Umhüllung des Gesteines mit dem Teerbindemittel in der gleichen Weise wie beim Heißeinbau maschinenmäßig, indem das Gestein verschiedener Körnung getrocknet, entstaubt, erwärmt und Teer und Gestein in Mischtrommeln gemischt wird. Das Mischgut wird aber nicht sofort eingebaut, sondern lagert einige Wochen. Hierin liegt ein Vorteil des Verfahrens. Es kann der Baustoff in Zeiten, in denen Straßenbau nicht möglich ist, vorbereitet und damit eine Beschäftigung

[1]) Nach Angaben der Unternehmung.

der Maschinen und Arbeitskräfte erzielt werden, die beim Heißeinbau brachliegen müssen. Das verbilligt die Gestehungskosten. Das erste Kalteinbauverfahren ist bekanntlich durch den Straßenaufseher Aeberli in Zürich ausgebildet worden (Abb. 90). Die erwärmten Steine werden mit kaltem Rohteer umhüllt, wozu z. T. eine besondere Maschine benutzt wird[70]. Der geteerte Schotter wird auf Haufen geworfen und mit einer 20 cm starken Sandschicht luftdicht abgedeckt. Nach 3—6 Wochen ist das Material einbaureif und wird kalt auf der vorher eingeebneten Unterbettung aufgebracht und in etwa 10 cm Stärke eingewalzt und die fertige Straße zu geeigneter Zeit mit einer Schlußteerung versehen. Es wird angenommen, daß durch Oxydation und Polymerisation des Teeres eine Verharzung eintritt. Besonders geeignet sollen Teere mit niedrigem Gehalt an leichtflüssigen Ölen und hohem Pechgehalt sein. Äberlistraßen sind in großer Zahl verlegt worden, aber mit sehr verschiedenem Ergebnis. Das muß z. T. darauf zurückgeführt werden, daß bei den ersten Ausführungen nicht genügend auf die richtige Kornzusammensetzung gesehen worden ist. Nachdem das Verfahren in dieser Hinsicht verbessert worden ist, sind haltbare Straßen damit gebaut worden. Die Stadt Essen weist eine Anzahl solcher Straßen auf, von denen einige schon seit längerer Zeit liegen und mit Oberflächenteerungen erfolgreich unterhalten worden sind, z. B. die im Jahre 1913 hergestellte Gildehofstraße aus Hochofenschlacke und Kokereiteer.

Führend auf dem Gebiete des Kalteinbaues ist wohl die Gesellschaft für Teerstraßenbau m. b. H., Essen, die eine Mehrschichtendecke mit verschiedenen Korngrößen ausgebildet hat, deren Gesamtstärke, je nach der Verkehrsbedeutung der Straße, im eingewalzten Zustand 7,5—5 cm beträgt[71]. Die Decke baut sich bei den verschiedenen Stärken folgendermaßen auf.

Zusammenstellung 37.

7,5 cm		5,5 cm		5,0 cm	
Schichtstärke cm	Kornart und Größe des Gesteins cm	Schichtstärke cm	Kornart und Größe cm	Schichtstärke cm	Kornart und Größe cm
4	Fein-, Mittelschl. Schotter 3—5	$3^1/_2$	Grobsplitt 2—3	3	Grobsplitt 2—3
2	Grobsplitt 2	$1^1/_2$	Feinsplitt 1—$1^1/_2$	$1^1/_2$	Feinsplitt 1—$1^1/_2$
1	Feinsplitt $1^1/_2$—1	$^1/_2$	Feingrus $^1/_2$	$^1/_2$	Grus $^1/_2$
$^1/_2$	Feingrus $^1/_2$				

Alle Kornsorten werden in ortsfesten Anlagen geteert und dann jede Sorte für sich kalt zur Baustelle gebracht, eingebaut und abgewalzt. Als Teer wird Spezialkokereiteer verwendet. Über die Menge des Teerzusatzes werden Angaben nicht gemacht. Da es sich um nicht geschlossene Decken handelt, werden wohl nicht mehr als 6—8 Gewichtshundertteile zur Umhüllung der Gesteine gebraucht. Die Oberfläche wird mit Schlackensand abgestreut. Als Gestein ist Basaltlava, aber auch viel Hochofenschlacke verwendet worden. Bei dieser Deckenart werden sich die stets kleineren Körner der oberen Schichten in die unteren hineindrücken und zur Hohlraumausfüllung beitragen. Die oberste Schicht dient als Verschleißschicht, die jederzeit durch eine Oberflächenteerung und Abgrusung erneuert werden kann. Um die Verdichtung und die richtige Verteilung der Masse beurteilen zu können, erhalten die Decken nicht gleich den Schlußüberzug, sondern es wird der Belag erst einige Wochen dem Verkehr ausgesetzt. Weiche oder magere Stellen treten dann in Erscheinung und können nachgebessert werden. Alsdann wird die Schlußdecke aufgebracht.

Kalteinbau kann auch bei Regenwetter durchgeführt werden. Die gröberen Schichten werden eingebaut und abgewalzt, bei den feinen Schichten unterläßt man die Walzung und nimmt sie erst vor, wenn sie haben austrocknen können.

Hierin liegt ein weiterer Vorzug des Kalteinbauverfahrens, daß es nicht in dem Maße von der Witterung abhängig ist wie das Heißeinbauverfahren.

Der Unterbau der Straßen besteht meist aus Schotterdecken, die durch diese Abdeckung mit Teerschotter verbessert werden. Aber auch alte ausgefahrene Pflasterdecken haben mit Erfolg eine Teerschotterdecke nach diesem Verfahren erhalten.

Dieses Vierschichtenverfahren ist in England ausgebildet und dann etwa 1910 durch die nicht mehr bestehende Deutsche Quarrite und Bitulithik Gesellschaft nach Deutschland eingeführt worden. Bei diesem Quarritepflaster hat die Unterschicht eine Stückgröße von 4—5 cm Seitenlänge, auf die eine Schicht Feinschotter oder Splitt von 2 cm Korngröße mit einer leichten Walze von 5 t eingewalzt worden ist. Darauf ist eine 1—2 cm hohe Schicht aus geteertem Grus oder Sand von 1 cm Korndurchmesser und darauf eine 1 cm hohe Deckschicht aus geteertem Sand (0,2—0,6 cm Korngröße) aufgebracht, die beide gleichfalls mit der 5 t schweren Walze angedrückt worden sind (Abb. 90). Die Oberfläche ist außerdem zum Schluß mit einer leichten Walze von 3 t geglättet worden. Die nach dem Quarriteverfahren erbaute Zufahrtstraße zur Rennbahn im Grunewald hat nicht gehalten, obwohl das Gestein — z. T. Kalkstein — in England gemischt und dann nach Deutschland eingeführt worden ist. Eine in einer sehr stillen Wohnstraße — Kirschenallee — von Charlottenburg-Westend erbaute Quarritefläche hat längere Zeit, ohne Unterhaltung zu erfordern, gelegen.

Der Teersteinschlagbau ist in England in ausgedehntem Maße angewendet worden. Das englische Wegebauamt hat allgemeine Vorschriften über Herstellung von Straßendecken mit Teersteinschlag erlassen, aus denen die folgenden besonderen Bestimmungen auszugsweise wiedergegeben werden:

1. Die Stärke der Decke muß entsprechend den Anforderungen des Verkehres festgewalzt 5—7,5 cm betragen. Bei einer größeren Schicht als 7,5 cm sollen die geteerten Stoffe in zwei Schichten aufgebracht werden. Voraussetzung ist, daß der Unterbau, der meist aus einer abgenutzten Straßenbefestigung besteht, standfest ist.

2. Die Masse der neuen Steinschlagteerdecke muß aus zerkleinerten Steinen oder aus ausgelesenen Schlacken von bewährter Beschaffenheit bestehen und enthalten:

60 vH	von	5	cm Korngröße,
30 „	„	3,8	„ „
10 „	„	1,9—1,3	„ „

Steine der letzten Größe müssen zum Ausfüllen der Zwischenräume während des Abwalzens verwendet werden. Bei einer zweischichtigen Decke muß die untere Schicht aus Steinen von 5 cm Korngröße bestehen und die Deckschicht aus Steinen von 3,8 cm Korngröße. Zum Ausfüllen der Zwischenräume beim Abwalzen sind 10 vH Steine in der Korngröße von 1,9—1,3 cm notwendig.

3. Zur Teersteinschlagherstellung muß ein Teer verwendet werden, der den Vorschriften des Wegeamtes zu entsprechen hat (Abschnitt VII. B. e) 2., S. 144).

4. Die Menge des zur Teerung von 1 t Steine verwendeten Teeres soll annähernd 41—54 l (5—6 Gewichtshundertteile) betragen, je nach den Abmessungen des Gesteinszuschlages, der Beschaffenheit des verwendeten Teeres, der Mischweise und der sonstigen Bedingungen.

5. Nachdem der Steinschlagteer eingebaut und abgeglichen ist, muß er zu einer ebenen Oberfläche eingewalzt werden, jedoch ist zu vieles Walzen zu vermeiden. Eine 10 t Walze ist das passende Gewicht.

6. Zur Erzielung eines guten Ergebnisses ist es ratsam, auf die Oberfläche noch eine Teerschicht aufzubringen, nachdem die Straße einige Wochen dem Verkehr ausgesetzt gewesen ist (Verbrauch etwa 0,9 l m^2). Der Teer muß wieder den Vorschriften des Wegeamtes der Sorte Nr. 2 entsprechen und auf 150^0 erhitzt werden.

Nach dem Bericht über „Eine Reise nach London“[69] hat sich der nach diesen Vorschriften hergestellte Teersteineinschlag bei einem täglichen Verkehr von 8000—9000 t auf mehrspuriger Breite bewährt und eine Haltbarkeit von mehr als zehn Jahre gezeigt.

Beurteilung der Verfahren. Bei der Innenteerung sind demnach zwei Bauweisen zu unterscheiden, die eine baut sich auf dem Grundsatze der Hohlraumausfüllung für die ganze Deckenstärke auf und ist in dem Wiesbadener Verfahren von Dr.-Ing. Scheuermann vertreten, die andere ist wohl als Schichtensystem zu bezeichnen, bei dem die untere grobkörnige Schicht als Tragschicht, die obere, oder bei mehreren Schichten die oberen zur Verteilung der Druck- und Schubkräfte und als Verschleißschicht dienen. Für beide Bauweisen wird der Ausdruck Teermakadam gebraucht. Es wird vorgeschlagen, für die Bauweise, die nach der Hohlraumausfüllung betrieben wird, die Bezeichnung „Teerbeton“ und für die andere „Teermischmakadam“ einzuführen. Diese beiden Bezeichnungen weisen sofort auf die Art der Decke, ob mit oder ohne Hohlraum, hin und decken sich zugleich mit denjenigen, die im Asphaltstraßenbau gewählt und allgemein angenommen sind (Abschnitt VII. B. e) 7. Während die erstgenannte Bauweise, Teerbeton, nur im Heißverfahren ausgeführt ist, wird die andere Bauweise im Heiß- und Kalteinbau angewendet. Welche den Vorzug verdient, kann heute noch nicht entschieden werden, da noch nicht ausreichende Erfahrungen vorliegen und die Vergleichsgrundlagen noch zu sehr voneinander abweichen. Konstruktiv betrachtet, scheint das Wiesbadener Verfahren, der Teerbeton, von einem richtigen Gedanken auszugehen, der z. B. beim Zementbeton sich durchgesetzt hat, während das Schichtensystem sich an die Ausführungsart der wassergebundenen Steinschlagdecke anlehnt. Gegen das Wiesbadener System kann angeführt werden, daß eine geschlossene Decke bei Teer als Bindemittel nicht erwünscht ist, weil bei großer Wärme der Teer weich wird und ausfließt. Ist Hohlraum in der Decke vorhanden, dann kann der Teer sich dorthin ergießen und wird nicht durch den Verkehr an die Oberfläche gepreßt. Hiergegen läßt sich wieder anführen, daß die Wärme nicht sehr tief in die Decke eindringt und daher der Teer in den tieferen Schichten eine Temperatur annehmen wird, die in Tropfpunkthöhe liegen wird. Andererseits hat Dr.-Ing. Dammann darauf hingewiesen[72], daß das Spröde- und Brüchigwerden vieler Teerstraßen auf eine mechanische Anreicherung von Mineral- und sonstigen Fremdkörpern in der Oberfläche zurückzuführen ist. Durch den Verkehr werden Mineralteilchen zertrümmert und zu Pulver zermahlen, wodurch immer mehr Teer gebunden wird. Auf diese Weise wird der Mineralgehalt immer größer, bis der vorhandene Teer nicht mehr ausreicht, das Mineral zu binden. Dann wird die Oberfläche hart und brüchig, löst sich ab und gibt Schlamm und Staub. Wird aber infolge hoher Luftwärme überflüssiger Teer an die Decke gebracht, dann kann er die Decke gewissermaßen erneuern. An sich wird versucht, das Trockenwerden der Teerdecken durch Oberflächenanstriche zu verhindern und damit die Abnützung zu verhüten. Aber bei genügend Teer in der Decke wird man die Zahl der Oberflächenanstriche ermäßigen können und ist in der Unterhaltung der Decke unabhängiger, da Oberflächenteerungen nur bei warmer Witterung aufgebracht werden können. Vielleicht sind manche Fehlschläge bei Teermischmakadamdecken auf den Mangel an Teer in der Oberfläche zurückzuführen. Für den Schichtenbau spricht sein geringer Teerverbrauch, da nur eine Umhüllung der Steine, keine Hohlraumausfüllung, vorgenommen wird. Infolge des geringen Teerverbrauches werden sich die Ausführungen billiger stellen.

Es ist anzunehmen, daß sich für den Kalteinbau nur der Schichteneinbau eignet, da es kaum möglich sein wird, Korngrößenmischungen, wie sie im Wiesbadener Verfahren angewendet werden, kalt dicht einzuwalzen. Da der Kalteinbau mancherlei Vorzüge genießt, wie schon erwähnt, so wird wohl der Schichtenbau mehr Aussicht auf Entwicklung haben, wenn es tatsächlich, wie Professor Höpfner in seinem Bericht[71] über die Besichtigung von Teerstraßen im rheinisch-westfälischen Industriegebiet vom Oktober 1925 sagt, eine Zeitspanne krisenhafter Schwierigkeiten hinter sich hat und nunmehr zu einem solchen Grade der Ausbildung vorangeschritten ist, daß man es mit Vertrauen auf seine Haltbarkeit empfehlen kann. Aber ein abgeschlossenes Urteil liegt nicht vor, und es kann nur jedem empfohlen werden, der den Teerstraßenbau aufnehmen will, sich sein eigenes Urteil zu bilden. Man braucht aber auch in der Aufnahme von Versuchen mit Teerstraßen nicht allzu zurückhaltend zu sein, wenn von den Unternehmern ausreichende Gewährleistung gegeben wird.

Teersplittdecke. Wiederholte Oberflächenanstriche mit anschließender Absplittung haben im Lauf der Zeit einen 2—3 cm starken Belag gegeben, der in sich fest verfilzt ist und zu einem Teppichbelage geworden ist. Günstige Erfahrungen an solchen Decken und zufällige Beobachtungen haben dann dazu geführt, solche Teersplittdecken als eigene Bauweise auszubilden. Bei einer Deckenstärke von 2—3 cm haben sie den Vorteil der Kostenersparnis. Die Decke besteht aus geteertem Splitt, der aufgewalzt wird. Sie erhält eine Oberflächenteerung und wird mit Steingrus abgedeckt. Ihre Anwendung ist vielleicht auf solchen Straßen geboten, auf denen eine Oberflächenteerung schon aus Gründen der Erneuerung innerhalb kurzer Zeiten nicht mehr zweckmäßig ist, auf denen aber der Verkehrsumfang eine mehr aufwendige Decke noch nicht rechtfertigt, zumal der Unterbau tragfest ist und sich in gutem Zustande befindet. Solche nur 2—3 cm starken Beläge liegen in der Mitte zwischen Oberflächenbehandlung und Massivdecke (Teermischmakadam) und haben als halbstarke Bauweise die Bezeichnung Teppich erhalten. Ihre Kosten sollen nur ⅓ der Massivdecken betragen. Das Verfahren soll sich in der Schweiz seit vielen Jahren und an vielen Stellen bewährt haben. Bekannt ist die Verwendung von Teersplitt zur Ausfüllung von Schlaglöchern in Steinschlagdecken. Solche Ausbesserungsstellen haben aber den Nachteil, daß sie sich weniger abnutzen als die umgebende wassergebundene Decke und dann als Buckel sich bemerkbar machen und verkehrsgefährlich werden.

Es wird bei dieser Teersplittdecke darauf ankommen, einen Zusammenhang mit der als Unterbau dienenden Steinschlagstraße herzustellen, daß sie nicht schiebt, und der an sich schwachen Decke den inneren Halt zu geben, daß sie die Schubkräfte auf den Unterbau übertragen kann, ohne wellig zu werden. Diesen Anforderungen soll die Pixondecke entsprechen. Sie ist 25 mm stark und besteht aus 3 unmittelbar aufgebrachten Lagen, deren jede einen besonderen Zweck erfüllt und deshalb aus besonderer Teer- und Asphaltmischung mit Mineralzusatz besonderer Körnung besteht. Die unterste Lage stellt die gute Verbindung mit der Steindecke her, die mittlere Lage gibt dem Teppich die nötige Festigkeit und die obere Lage schließt den Teppich nach oben dicht ab und gibt ihm die erforderliche Geschmeidigkeit. Die Pixondecke wird kalt eingebaut. Diese Teppichbeläge, mögen sie nun nach den verschiedenen Bauweisen ausgebildet sein, werden ihre Berechtigung haben und die Lücke zwischen Oberflächenbehandlung und Massivbau schließen.

Die Straßenbauunternehmung Ohl stellt eine Teersplittdecke von 4—6 cm her. Dazu wird Grobsplitt 15—30 mm verwendet, der im Mischer mit 30 vH Feinsplitt gemengt und dann in einer Lage eingebaut, abgewalzt und mit einer Feinsplittlage von 1—2 cm Stärke abgeschlossen und nochmals abgewalzt wird.

γ) Gesteinsstoff für den Teerstraßenbau.

Für Teerbeton, Teermischmakadam und Teersplitt kommt nur die Verwendung gesunden, wetterbeständigen und harten Gesteines in Frage. Darunter sind zu rechnen Granit, Basalt, Porphyr, Kalkstein, wenn er quarzreich und kristallinisch ist. Gegen Granit wird angeführt, daß er zur vollkommenen Trocknung stark erhitzt werden muß, daß infolge des glatten Bruches der Teer schlecht daran haftet und manches andere. Ganz einwandfrei sind diese Nachteile noch nicht erwiesen. Weiche Gesteine sind nur für Straßen mit geringem Verkehr zu empfehlen, da sie leicht zermalmt werden. Es fehlt dann an der genügenden Kittung durch den Teer, auch wird bei Staubbildung bei der Zerstörung der Steine der Teer zu sehr gemagert. Dem Umstand, daß in porösem Gestein der Teer einziehen kann, wird keine besondere Bedeutung mehr beigemessen, da eben poröses Gestein selten genügend widerstandsfähig ist. Basalt wird dort, wo er leicht zu haben ist, z. B. in Westdeutschland, bevorzugt. Im allgemeinen ist heute die Anschauung, daß zum Teerstraßenbau jede nicht zu weiche Gesteinsart vom Kalkstein bis zum Basalt benutzt werden kann, wenn sie an sich gesund und wetterbeständig ist[73].

Eine besondere Bedeutung kommt den Schlacken zu. Hochofenschlacke ist an sich sehr gut geeignet, da sie trocken ist und der Teer an ihr gut haftet. Sie darf aber nicht zerfallen. Nach englischen Erfahrungen sollen Schlacken mit 40 vH Kalk, 40 vH Kieselsäure und 20 vH Tonerde die besten sein. Nach dem Bericht 2 des Ausschusses für Verwertung der Hochofenschlacke sind die sauren Schlacken, die von der Erzeugung des Thomasroheisens und Stahleisens stammen, die beständigen. Von den deutschen Schlacken zerfallen die kalkreichen von selbst in mehr oder minder große Stücke und feines Mehl. Sie sind daher für den Straßenbau nicht verwendbar, während die kalkärmeren Schlacken die Form, die sie bei der Erstarrung erhalten haben, beibehalten. Sie zeigen höchstens Wärmespannrisse wegen der stärkeren Abkühlung an den Außenflächen. Diese Stückschlacke ist besonders für den Straßenbau geeignet. Die Schlacken werden jetzt von der Gesellschaft für Teerstraßenbau auf ihrem Werk auf der Gutehoffnungshütte warm verarbeitet. Ob eine Schlacke zerfallen wird, ist durch die chemische Analyse schwer festzustellen, da sich nach Dr. Guttmann die Analysenzahlen von beständigen und unbeständigen Schlacken überdecken[74]. Aussichtsreicher soll die mikroskopische Untersuchung sein, da die Stückschlacke einen kristallinen Charakter zeigt. Aber die Anfertigung von Dünnschliffen setzt immerhin besondere Kenntnisse voraus. Nach den Vorschlägen vom Staatlichen Materialprüfungsamt in Berlin-Dahlem kann die Beständigkeit der Schlacke durch achttägige Beobachtung an der Luft und unter Wasser mit ziemlicher Sicherheit festgestellt werden. Nach dem neuesten Stande der Technik bietet die Beobachtung der Schlacke mit einem Quarzlichtapparat durch ultraviolette Strahlen einen schnellen zuverlässigen Aufschluß über die Schlackenbeschaffenheit. Beständige Schlacke leuchtet nicht auf, dagegen sind im Zerfall begriffene Schlacken durch zahlreiche, manchmal zu Nestern vereinigte größere und kleinere gelbweise, speisegelb bis bronzefarben irisierende Flecken und Punkte auf hellviolettem, seltener auf dunkelviolettem Grunde oder durch große rostbraune Flecken mit hellzimtfarbenen Punkten erkennbar[75].

Über die Eigenschaften, die im Straßenbau zu verwendende Schlacke haben muß, werden gegenwärtig Vorschriften ausgearbeitet. Solange diese noch nicht vorliegen, empfiehlt es sich, die amtlichen Richtlinien für die Herstellung und Lieferung von Hochofenschlacke als Gleisbettungsstoff vom Februar 1921 zugrunde zu legen[76]. Diese verlangen, daß der Kleinschlag von 3—6 cm Korngröße ein Raumgewicht von mindestens 1250 kg/m^3 haben muß. Die Druckfestigkeit, die an Würfeln geprüft wird, die aus größeren Stücken herausgeschnitten werden, muß mindestens 1200 kg/cm^2 betragen.

Die Abnutzung von 5 kg möglichst gleich großer Stücke, die eine halbe Stunde lang in einer wellenförmigen Trommel gekollert werden, gemessen am Durchgang durch ein 7-mm-Sieb, soll 20 vH nicht überschreiten. Diese Untersuchung soll einen Maßstab für die Kanten- und Stoßfestigkeit geben.

Hochofenschlacken sind in Amerika, England, Holland und Frankreich viel zum Teerstraßenbau verwendet worden. Sie scheinen sich auch besonders dazu zu eignen. Es wird angenommen, daß die Phenole und rohen Teersäuren durch den Kalkgehalt der Schlacke verseift werden. Auch kann der Schwefelgehalt der Schlacke auf die Verharzung des Teeres günstig einwirken. Volkswirtschaftlich wäre es zu begrüßen, wenn die Hochofenschlacke, anstatt auf Halden zu wandern und nutzbaren Boden in Anspruch zu nehmen, restlos im Straßenbau ausgenutzt werden könnte.

δ) Teersand nach Dr. Dammann Es-As.

Nach einer ganz anderen Anschauung über die Wirkungsweise zwischen Bindemittel und Mineralstoff ist die Teerdecke zusammengesetzt, die als Essener Asphalt bezeichnet wird (D. R. P. 362529). Es werden nur feingemahlene Mineralstoffe, vor allem gemahlene Hochofenschlacke, verwendet, denen ein weicher Teer zugesetzt wird. Die Bezeichnung Asphalt trägt daher diese Befestigung mit Unrecht; denn Asphalt wird bis jetzt nicht verwendet, allerdings nur deshalb nicht, weil ein genügend weicher Asphalt nicht zur Verfügung steht. Der Teer hat auch weniger die Aufgabe zu binden, als die Zusammendrückung der Mineralteile zur Herstellung einer festen Decke zu bewirken. Dr.-Ing. Dammann, der Erfinder, hat der Zusammensetzung des Es-As die Beobachtung zugrunde gelegt, daß bei Sand- und Lehmstraßen die in solchen Decken vorhandene Feuchtigkeit die Aufgabe erfüllt, die Mineralteile fest zu lagern und das Abreiben und Wegstauben der Oberflächenteilchen unter dem Verkehr zu verhindern. Nach seinen Feststellungen genügen bereits 5 vH Feuchtigkeit, um bei Lehmstraßen solche Wirkung zu erzielen. Mit einer ähnlich geringen Menge Teer, die zwar nicht ausreicht, um die Hohlräume in der Mineralmasse auszufüllen, aber doch alle Teile mit einer dünnen Haut überzieht, gelingt es, eine stampfbare Masse, die sich sehr stark verdichten läßt, zu erzielen. Der Gegensatz zu den bisherigen Verfahren besteht beim Es-As in folgenden drei Merkmalen:

1. Es muß ein wesentlich weicheres Bindemittel (Teer) verwendet werden.
2. Von diesem Bindemittel nur etwa die Hälfte der üblichen Menge.
3. Die Masse muß einem viel langwierigerem Mischvorgang unterworfen werden.

Als Mineralstoff haben sich harte Gesteine, wie Quarzsand, und ebenso weiche Gesteine weniger brauchbar erwiesen. Hochofenschlacke ist dagegen sehr geeignet und daher auch reichlich verwendet worden. An sich soll die Korngröße des Minerals beliebig sein, da aber Oberflächen von grobem Gestein rauh werden und sich stark abnutzen, wird feine Korngröße, die nicht über 2—3 mm hinausgehen soll, bevorzugt. Besondere Aufmerksamkeit erfordert die Feststellung des richtigen Anteiles des Teerzusatzes, der auf 5,5 Gewichtshundertteile angegeben wird. Denn, wie schon erwähnt, darf der Teer nur die Oberfläche der Körner umhüllen, aber nicht die Hohlräume ausfüllen. Damit die Decke eine genügende Anfangsfestigkeit erhält, muß Staubkorn vorhanden sein; dieses mit Teer umhüllte Staubkorn erfüllt dann die Stelle des Klebekornes. Vom Teer wird verlangt, daß er zähflüssig ist, weil die Beläge sonst zum Schieben neigen. Es kann daher nur ein präparierter Teer (58 T. Handelspech und 42 T. Anthrazenöl) verwendet werden. Hart eingestellter Teer erschwert wiederum die Verdichtung der Decke, so daß sie stark abgenutzt wird und wohl auch durch Feuchtigkeitsaufnahme zerstört werden kann. Asphalt als Bindemittel soll einen Schmelzpunkt nach K. S. unter 20 °C haben. Die Mischdauer ist bei den verschiedenen Gesteinsstoffen und Körnungen recht verschieden zu wählen. Auch die Art der Straße erfordert besondere Rücksichten in der Zusammensetzung der Masse. Bei Straßen mit schwerem Verkehr, der die Decke schnell schließt und dichtet, muß der Teer hart eingestellt und nicht im Überschuß vorhanden sein, bei

Straßen mit geringem Verkehr muß der Teer weich und reichlich sein. Es sind also eine ganze Anzahl von Einzelheiten bei der Herstellung zu beobachten, von denen die Güte der Masse abhängt.

In der Aufbereitungsanlage der Stadt Essen, die unter der Leitung von Stadtbaurat Dr. Dammann steht, wird der Schlackensand und gemahlener Kalkstein von der vorgeschriebenen Körnung bis 2 mm auf einer offenen Darre getrocknet und mit heißem Teer (70 ° C) von niedrigem Tropfpunkt in einem Flügelmischer mindestens zehn Minuten gemischt. Neuerdings soll dem Teer auch 30 vH Asphalt (Bituroad) zugesetzt worden sein. Asphalt verlangt eine Erwärmung bis auf 100 °. Die Mischtemperatur liegt dann bei Teer zwischen 20—40 ° C, bei Asphalt zwischen 70—100 °.

Als Unterbau kann jedes tragfähige Pflaster dienen. Es muß aber so abgeglichen werden, daß der Belag überall gleich stark ist. Für Straßen mit leichtem Verkehr genügt Aschebahn, für solche mit stärkerem festliegende Pflasterung oder Steinschlagstraße. Die Decke verlangt, wie alle auf der Verdichtung beruhenden Massen, einen seitlichen Abschluß in Form eines Bordsteines oder Bordkante. Die Masse lagert beliebig lange in der Aufbereitungsanlage und wird kalt eingebaut in der Weise, daß sie auf dem Untergrund mit Harken verteilt und in der doppelten Höhe der fertigen Decke geschüttet wird. Dann wird die Masse mit leichten Handwalzen abgewalzt und dort, wo man mit Handwalzen nicht heran kann, wo aber auch der Verkehr nicht hinkommt, mit Handstampfern gestampft. Durch diese Arbeit wird nur zum geringen Teil eine Dichtung erreicht. Die Hauptarbeit hierfür wird dem Verkehr überlassen, der in kurzer Zeit den Belag gleichmäßig einwalzt. Auf die Witterungsverhältnisse ist nur insofern Rücksicht zu nehmen, als langanhaltender Regen bei kalter Witterung schaden kann. Feuchtigkeit, die im Sommer bei der Ausführung in die Decke gelangt, verdunstet sehr schnell und kann keinen Schaden anrichten. Um die Decke noch besonders zu schließen, wird neuerdings nach der Verlegung und Andrückung der Decke die Asphaltemulsion Colas aufgebracht. Bei der Porosität der Decke ist anzunehmen, daß das Wasser der Emulsion schnell verdunstet, ehe die Decke geschlossen ist. Der in der Oberfläche zurückbleibende Asphalt dichtet sie schneller und schließt sie. Es wird also auch in diesem Falle eine Verbesserung des Teeres durch Asphalt vorgenommen. Die fertige Decke erhält eine Stärke von 3—5 cm. Da die Decke rauh ist, kann sie in starken Gefällen verlegt werden.

Die Unterhaltung besteht in der möglichst sofortigen Beseitigung von Schlaglöchern. Oberflächenteerungen sind weniger zweckmäßig, besser soll zur Verhinderung der Staubentwicklung eine Ölung mit Anthrazenöl sein, das mit Gummischiebern über die Decke verteilt wird.

Die Vorteile des Essener Asphaltes beruhen in seiner Billigkeit und leichten Herstellung. Eine Sperrung der Straße während der Ausführung ist nur für kurze Zeit notwendig. Er ist auch nachgiebig. Aus diesem Grunde wird er viel im Ruhrkohlenbezirk verwendet, wo infolge des Bergbaues dauernd mit Bodensenkungen zu rechnen ist und daher starre Oberflächenbefestigungen wie Beton und Stampfasphalt ausgeschlossen sind. Außerdem gestattet die Eigenart des Stoffes viele Anwendungsmöglichkeiten. So hat man den Essener Asphalt für die Verbesserung der Steinschlagstraßen in der Weise benutzt, daß man die ungeteerte Steinschlaglage in Es-As-Masse gebettet hat. Auf die leichtangedrückte Steinschlagdecke, die aus möglichst groben Steinen bestehen soll, wird dieEs-As-Masse aufgebracht, eingekehrt und abgewalzt unter Zugabe von Masse, um die Hohlräume zu füllen, bis die Decke festliegt. Zum Deckenschluß wird dann nochmals Es-As-Masse verteilt, die mit der Decklage eingewalzt wird, aber nur so wenig, daß die Steine hervorschauen. Auch hier übernimmt der Verkehr die Dichtung. Eine solche Strecke ist auf der Versuchsstraße in Braunschweig verlegt worden.

Im ganzen lauten die Urteile über Essener Asphalt günstig.

5. Asphalt als Straßenbaustoff.

Da dieser Abschnitt sich nur mit dem Asphalt als Straßenbaustoff befassen wird, ist darauf verzichtet, die Entstehung seines Namens und seine Bedeutung in den einzelnen Kulturen zu behandeln. Es muß auf die entsprechenden Werke verwiesen werden[53, 54]. Nach der Begriffsbestimmung des Vereins Deutscher Chemiker fallen die Asphalte unter den Begriff Bitumen als in der Natur vorgebildete Kohlenwasserstoffverbindungen (S. 134). Die Vereinigung technischer Oberbeamter deutscher Städte hat in Zusammenarbeit mit dem Materialprüfungsamt Berlin-Dahlem und am Asphalt- und Teerverbrauch beteiligten Unternehmungen Vorschriften für die Prüfung und Lieferung bituminöser Massen, soweit sie im Straßen-, Tief- und Hochbau Verwendung finden, herausgegeben[77], die die folgende Begriffsbestimmung über Asphalt enthalten:

α) Naturasphalte.

Der Grundstoff des Stampfasphaltes soll mit Asphalt bezeichnet werden. Es wird also unterschieden Asphalt als Naturprodukt:

a) Durchtränkungsmasse von Gesteinen,

b) in selbständiger Form.

Dem Asphalt als Durchtränkungsmasse sind beigemengt Kalkstein, Schiefer, Sand, Ton usw., die in der Regel der Menge nach überwiegen. Asphalt in selbständiger Form ist z. B. Trinidadasphalt. Die Rückstände der Erdöldestillation werden nach der Begriffsbestimmung auf S. 134 zu den Asphalten gerechnet, wenn sie nicht oder nur in ganz geringem Maße Paraffin enthalten. Es hat sich herausgestellt, daß paraffinhaltige Kohlenwasserstoffverbindungen, auch wenn sie von der Natur vorgebildet sind, oder von Erdölen abdestilliert sind, im Straßenbau unbrauchbar sind. Die amerikanische Asphalt-Association in New York zählt folgende für den Straßenbau brauchbare Asphalte auf:

1. Naturasphalt ist ein Asphalt, der aus Petroleum durch den natürlichen Prozeß der Verdampfung oder Destillation entstanden ist. Der Asphalt, der in natürlichen Ablagerungen gefunden wird, ist für die Zwecke des Straßenbaues nicht geeignet, es sei denn, daß er durch Zusammenschmelzen mit Flußmitteln in einen brauchbaren Zustand erweicht ist. Die Naturasphalte, die besonders im Straßenbau verwendet werden, sind als Trinidad- und Bermudazasphalt bekannt; beide werden in als Asphaltseen bekannten Ablagerungen gewonnen.

2. Asphalt ist ein halbfestes oder festes, klebriges Erzeugnis aus der teilweisen Verdampfung oder Destillation eines gewissen Petroleums. Er entspricht den Asphalten, die in der Natur auftreten.

3. Petroleum-Asphalt ist Asphalt unmittelbar aus dem Raffinieren des Petroleum gewonnen. Die meisten Petroleumasphalte, die im Straßenbau gebraucht werden, werden nur durch das Abdestillieren des Gesoline, Keroden und anderer Öle gewonnen, die den Asphalt in Lösung halten. Die Hauptträger sind mexikanisches und kalifornisches Petroleum. Die von diesem Petroleum erzeugten Asphalte sind als mexikanische und kalifornische Asphalte bekannt.

4. Stampfasphalte sind poröse Gesteine, die auf natürlichem Wege mehr oder weniger mit Asphalt getränkt sind. Da sie in Amerika nur in geringem Umfange auftreten, haben sie dort keine Bedeutung. In Europa dagegen werden sie an vielen Stellen in großen Lagern angetroffen. Bekannt und ausgenutzt sind die folgenden Fundstellen: In Sizilien (Ragusa), Mittel-Italien (Abbruzzen), in der Schweiz (Val de Travers) bei Neuchâtel, in Deutschland (Limmer, Vorwohle, Eschershausen), in Frankreich (Mons, Seyssel, St. Jean, Marnejols), ferner in Dalmatien, Schweden, am Mittelmeer noch in Syrien und Palästina. Der Mineralbestandteil ist hier meistens Kalkstein. Eine Anwendung im Straßenbau haben auch in Ungarn anstehende asphalthaltige Sande gefunden.

5. Es werden dann noch in Nordamerika einige Sonderarten von Asphalten

gefunden wie Gilsonite, ein harter, spröder Naturasphalt, der in Bänken ansteht und wie Steinkohle abgebaut wird. Er dient mehr für Industrieerzeugnisse, z. B. Lacke.

6. Durch Dampf gereinigter Asphalt entsteht durch Abdestillieren der leichten Öle aus Petroleum, durch das während des Destillationsvorganges Dampf geblasen wird.

7. Oxydierter Asphalt. Gewisse Eigenschaften des Naturasphaltes werden bei ihm durch Blasen mit Luft bei höherer Temperatur verändert. Er wird deshalb auch geblasener Asphalt genannt. Er hat einen höheren Schmelzpunkt und geringere Duktilität (Fadenlänge).

Bei der Behandlung des Asphaltes als Straßenbaustoff wird wieder von den Anforderungen auszugehen sein, die schon dem Abschnitt VII. B. e) 1. „Der Teer und seine Verbindungen" vorangestellt sind. Wenn die Asphalte auch in geologischen Zeiträumen umgebildet worden sind und durch natürliche Vorgänge Eigenschaften angenommen haben, wie große Beständigkeit gegen Temperaturschwankungen und die Witterungseinflüsse, Widerstandsfähigkeit gegen mechanische Abnutzung, hohe Elastizität und Wasserdichtigkeit, die ihnen eine innere Festigkeit geben, so sind sie doch untereinander sehr verschieden. Das hängt mit ihrer Entstehung und ihrem Lagerungsort zusammen. Es gleicht kaum ein Asphalt dem anderen. Die größte Übereinstimmung zeigen noch die Stampfasphalte. Das sind Kalksteine, die mit Asphalt getränkt sind. Bei den meisten Asphaltlagerstätten ist die Tränkung des Kalksteines erst in späteren Zeiten erfolgt. Die Asphalte selbst sind an anderen Stätten aus tierischen Überresten entstanden und durch Druck und Bewegung in die Gesteine hineingedrückt worden. Je nach der Dichtigkeit sind die Kalksteine mit größeren oder geringeren Mengen von Asphalt getränkt. Eine Analyse der verschiedenen im Straßenbau verwendeten Stampfasphalte ist auf Seite 176 abgedruckt. Die anderen in der Erdrinde anstehenden Asphalte sind von recht wechselnder Beschaffenheit, schon im Aggregatzustand an der Luft weichen sie voneinander ab. Man findet flüssigen Asphalt z. B. in Kalifornien und Mexiko und in Bohrlöchern neben dem Trinidadsee, teigförmigen auf dem Bermudazsee in Venezuela und festen Asphalt auf der Insel Trinidad und am Toten Meere. Es wird angenommen, daß alle diese Asphalte sich noch in einer langsamen Umbildung befinden. Je länger die Luft oder der Luftsauerstoff auf sie hat einwirken können, um so fester sind sie geworden. Dieser Vorgang wird mit Polymerisation bezeichnet und stellt eine Umlagerung der Sauerstoffmoleküle dar. Zu gleicher Zeit hat auch eine Verdunstung stattgefunden, die leichteren Kohlenwasserstoffe sind entwichen, eine Erscheinung, die z. B. bei den deutschen Stampfasphalten auftritt, die nach der Gewinnung im Bruch sehr schnell bleichen. Diese Verdunstung tritt aber keineswegs in solchem Maße auf wie bei dem Teer, daß dadurch der Asphalt etwa versprödet. Vielmehr behält er durchaus seine nachgiebigen Eigenschaften.

Von den in der Natur vorkommenden nicht an Gestein gebundenen Asphalten kommt für den Straßenbau dem Trinidadasphalt besondere Bedeutung zu. Clifford Richardson, der ein besonderes Studium den in Amerika im Straßenbau üblichen Asphalten gewidmet hat, behauptet über die Entstehung der Asphalte, daß sie noch immer in beständiger Bildung begriffen und als sekundäres Erzeugnis der Umformung aus leichteren asphaltischen Stoffen durch Verdunstung und Polymerisation entstehen, ein Vorgang, bei dem Schwefel und Sulfate in erheblicher Weise mitwirken. Es wird angenommen, daß der Ausgangsstoff Petroleum ist. Der Trinidadasphalt tritt in einem See, der als Krater eines erloschenen Vulkanes anzusehen ist, an die Oberfläche. Der Asphalt wird gebrochen und abbefördert. An den Entnahmestellen strömt stets neuer Stoff nach. Der Asphalt ist sehr verunreinigt. Denn Schlamm und wäßriger Lehm quellen fortwährend zusammen von unten herauf, wodurch eine natürliche, gleichmäßige Mischung von Asphalt und feinen Bestandteilen entsteht. Er enthält außerdem noch Wurzeln und Pflanzenreste, von denen er erst befreit und gereinigt werden muß. Der Reinigungsvorgang besteht in einer Erhitzung auf 160°, durch die das Wasser und ein geringer Teil der leichten Öle abgetrieben werden. Der Trinidadasphalt setzt sich aus folgenden Bestandteilen zusammen[78]:

Bitumen, löslich in CS_2	56,5 vH
Mineralgehalt (Asche)	38,5 „
Organisch unauflöslich	5,0 „
	100,0 vH

Es fällt der große Anteil an Mineralstoffen auf. Diese sind im Asphalt sehr fein verteilt und werden als vulkanische Aschen bezeichnet. Sie sind derart fein, daß sie selbst durch das feinste Filtrierpapier, das für analytische Zwecke benutzt wird, hindurchgehen. Man sieht sie auch als kolloidalen Lehm an und mißt diesen Mineralbestandteilen einen besonderen Wert bei. Der Trinidadasphalt soll dadurch gegen Wärmeschwankungen unempfindlicher sein. Der Einfluß feiner staubförmiger Mineralstoffe auf den Teer als Kolloid ist schon im Abschnitt „Der Teer und seine Verbindungen" (S. 143) behandelt. Er tritt in gleichem Maße bei dem Asphalt auf und hat dort dieselbe Bedeutung. Der gereinigte Trinidadasphalt wird mit Trinidad Epuré bezeichnet. Die Reinigung erfolgt zum geringeren Teil auf der Insel Trinidad selbst, das meiste wird ungereinigt abbefördert.

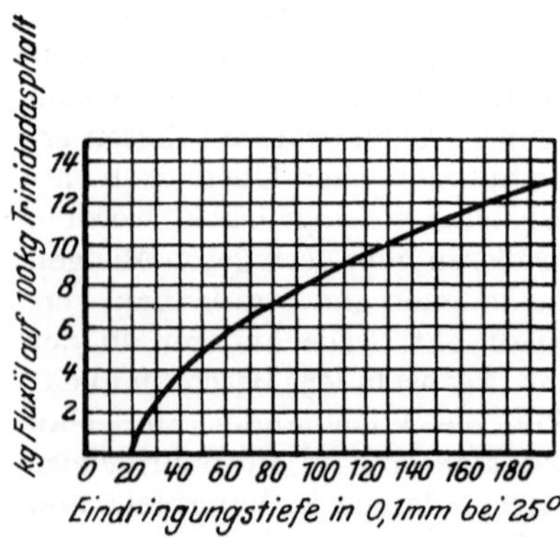

Abb. 91. Einfluß des Fluxöles auf die Eindringungstiefe (Penetration) des Trinidadasphaltes.

Auch bei den Asphalten ist die Lage des knetbaren Zustandes — d. h. die Temperaturspanne zwischen dem Tropfpunkt oder Erweichungspunkt und dem Erstarrungspunkt — und ihre Lage ausschlaggebend für seine Verwendung im Straßenbau. Beim Trinidadasphalt liegen diese Werte sehr hoch. Das wird auch auf den hohen Gehalt an Mineralstoffen zurückgeführt (s. die Zusammenstellung 40 S. 175).

Trinidad Epuré ist daher für den Straßenbau in dieser Form nicht verwendbar. Er muß erst mit Fluxöl vermischt werden, durch das die hohe Lage des knetbaren Zustandes, aber nicht seine Wärmespanne heruntergesetzt wird. Das Fluxöl ist ein schwerer Petroleumrückstand aus kalifornischen oder mexikanischen Ölen, das die folgende Zusammensetzung aufweist:

Spezifisches Gewicht bei 16° C	0,92—0,93,
Flammpunkt	177° C,
Verflüchtigung in 7 Std. bei 163° C nicht mehr als	5 vH.

Die Vermischung des Trinidadasphaltes mit dem Fluxöl erfolgt durch Luftdruck oder durch mechanisches Schütteln bei einer Temperatur von 160° C, und hierdurch entsteht eine gleichartige Masse mit folgender Zusammensetzung:

Bitumen, löslich in CS_2	67,0 vH
Mineralgehalt (Asche)	28,5 „
Organisch unauflöslich	4,5 „
	100,0 vH
Spezifisches Gewicht bei 16° C	1,27,
Penetration bei 25° C	60.

Die Mischung wird mit Gudron bezeichnet. In dieser Beschaffenheit wird der

Trinidadasphalt zum Straßenbau verwendet. Die Lage des Erstarrungs-, Schmelz- und Tropfpunktes des Gudron kann durch die Menge des Zusatzes beeinflußt werden. Es besteht aber kein lineares Verhältnis, sondern die Erweichung verläuft nach der abgebildeten Kurve[44] (Abb. 91). Angabe über Erweichungspunkt der gereinigten Trinidadasphalte befindet sich auf S. 175.

Bermudazasphalt tritt auf einer sumpfigen Gegend auf der Westseite des Golfs von Paria in Venezuela an der Mündung des Guacano gegenüber der Insel Trinidad hervor. Der Asphaltsee bedeckt eine Fläche von 360 ha in einer Tiefe von 0,6—2,7 m. Die Oberfläche ist mit Pflanzenwuchs und Wasserpfützen bedeckt. Der Asphaltsee ist aus dem Ausfluß von weichem Asphalt aus einzelnen Quellen entstanden. An den Quellen ist der Asphalt weich und gibt Gas ab. An der Oberfläche wird er bald hart. Auch dieser Asphalt wird in Stücke gebrochen, abgefahren und auf Schiffe verladen. Der rohe Asphalt zeigt folgende Zusammensetzung:

Spezifisches Gewicht	1,005—1,075,
Fließpunkt	55—86°,
Löslich in Schwefelkohlenstoff	90—98 vH,
Nichtmineralische unlösliche Bestandteile	0,62—6,45 vH,
Freie Mineralstoffe	0,5—3,65 vH.

Auch der Bermudazasphalt wird geschmolzen, um die Feuchtigkeit, die zwischen 10—40 vH schwankt, und die Gase auszutreiben. Auffällig ist beim Bermudazasphalt gegenüber dem Trinidadasphalt der große Gehalt an Asphalt. Der Asphalt ist so weich, daß er mit Greifern aus dem Schiffsladeraum gehoben wird. Angaben über die Lage des Erstarrungs-, Schmelz- und Tropfpunktes befinden sich auf S. 175.

β) Erdölasphalte.

Erdölasphalte werden aus den Erdölen durch Destillation gewonnen, indem die leichter siedenden Anteile, die Benzine, Zylinderöle, Mineralöle abgeschieden werden. Dann bleibt gewissermaßen als Pech der Asphalt zurück. Für den Straßenbau können nur solche Erdöle verwendet werden, die auf asphaltischer und nicht auf paraffinischer Grundlage aufgebaut sind. Es scheiden demnach die Erdöle aus Rumänien, Polen und Frankreich (Pechelbronn) und Nordamerika aus. Die Ungeeignetheit der paraffinischen Erdöle für den Straßenbau ergibt sich aus ihrer geringen Fadenlänge. Wegen ihres Paraffingehaltes wird auch vorgeschlagen, die Rückstände dieser Erdöle in der Bitumengruppe nicht unter die Asphalte aufzunehmen. Dagegen kommen die kalifornischen und mexikanischen Erdöle, die nur verschwindende Mengen Paraffin aufweisen (höchstens 0,5 vH), für die Asphaltgewinnung in Frage. Diese sind außerdem noch dadurch gekennzeichnet, daß sie größeren Gehalt stabil gebundenen Schwefel enthalten, z. B. die mexikanischen 5—7 vH. Von den mexikanischen Asphalten werden in Deutschland mehrere Arten verwendet, über die einige Angaben gemacht werden sollen. Asphalt für Straßenbau liefern die Mineralölwerke Rhenania A.-G., Düsseldorf, und zwar zwei Sorten, Mexphalt und Spramex. Der erstgenannte ist der härtere Asphalt. Er ist fast rein, denn 99,8 vH sind in CS_2 löslich.

Das spezifische Gewicht beträgt bei 25°	1,04	1,4	1,057
Schmelzpunkt nach K. S. C°	35—45	45—55	55—65
Eindringungstiefe nach Dow bei 25°	60—70	40—50	20—30
Fadenlänge in cm	über 100	70	20

Mexphalt wird für die inneren Teile der Straße verwendet. Für den Deckanstrich dient das weichere Spramex, das folgende Zusammensetzung aufweist:

Spezifisches Gewicht bei 15° C	1,028,
Schmelzpunkt nach K. S. C°	25—35
Eindringungstiefe nach Dow bei 25°	200,
Fadenlänge	100 cm,
Flammpunkt	über 200°.

In CS_2 sind mehr als 99 vH löslich.

Ein anderer mexikanischer Erdölasphalt wird durch die Mexico Bitumen Company in Deutschland für den Straßenbau eingeführt. Für den Inneneinbau Bitufalt, für die Oberflächenbehandlung Bituroad. Die Beschaffenheit beider ist aus der folgenden Zusammenstellung 38 zu entnehmen.

Zusammenstellung 38.

Bezeichnung	Schmelzpunkt		Fadenlänge cm	Eindringungstiefe 0,1 mm	Spez. Gew. bei 15°
	K. S.	Ring und Kugel			
Bituroad	30—40	43°	über 100	—	über 1,0
Bitufalt	50—60	65,5°	„ 100	16,5°	1,051

Die Mexican Petroleum Corporation bietet in Deutschland Erdölasphalt in drei Sorten in folgender Beschaffenheit an:

Zusammenstellung 39.

	Sorte I	Sorte II	Sorte III
Spez. Gewicht bei 25° C	1,055	1,045	1,035
Schmelzpunkt	50—60° C	40—50° C	30—40° C
Löslich in CS_2	99,98 vH	99,98 vH	99,98 vH
Fadenlänge bei 25° C	über 150 cm	über 150 cm	über 150 cm
Flammpunkt	über 300° C	über 300° C	über 300° C
Erstarrungspunkt	— 16° C	— 16° C	— 16° C
Verlust bei Erhitzung auf 180° C während fünf Stunden	sehr gering	sehr gering	sehr gering

Als vierte Erdölasphaltart ist Mexican Eagle zu erwähnen, dessen Eigenschaften aus der Zusammenstellung 40 auf S. 175 zu entnehmen sind.

Die von der Straßenbauversuchsanstalt Stuttgart nachgeprüften Eigenschaften lassen erkennen, daß wesentliche Unterschiede bei den mexikanischen Erdölasphalten kaum festzustellen sind. Es ist daher auch nicht möglich, auch nicht Aufgabe dieser Schrift, eine Sorte als besonders brauchbar zu empfehlen. Das muß die Erfahrung lehren. Beim Bau der Versuchsstraße in Braunschweig ist Asphalt der Rhenania-Werke und der Mexico Bitumen Company verwendet, aber ein Unterschied im Verhalten ist bisher nicht festgestellt worden.

Für die Beurteilung der Asphalte werden dieselben Merkmale gelten, die für den Teer zugrunde gelegt worden sind: Tropfpunkt, Schmelzpunkt (K. S.), Erstarrungspunkt, Verdunstungsgröße, Fadenlänge und Eindringungstiefe. Diese steht in Beziehungen zum Schmelzpunkt. Sie ist nur mittelbar zur Bestimmung der Asphaltart brauchbar, und nach den Berichten zum V. I. Str. K. und den aus diesem Anlaß getroffenen Vereinbarungen soll die Eindringungstiefe durch Schmelzpunkt ersetzt werden. Die Einrichtung zur Messung der Eindringungstiefe wird in dem Abschnitt VIII. beschrieben.

Über diese Merkmale und die durch längere Erhitzung bei den einzelnen Asphalten eintretenden Veränderungen als Maßstab der Beständigkeit gibt die Zusammenstellung 40 Aufschluß[59].

Diese Zusammenstellung gibt Anhaltspunkte für die Beurteilung der Asphalte. Man erkennt sofort, daß Bermudaz- und Trinidadasphalt Epuré in der untersuchten Form für den Straßenbau nicht geeignet sind, denn der Erstarrungspunkt (Spalte 4 l) mit + 4° und + 25° C liegt viel zu hoch. Sie müssen beide, wie schon erwähnt, durch Fluxöle erweicht werden. Dann wird auch der Schmelzpunkt heruntergesetzt. Das ist aber unbedenklich, da bei beiden die Schmelzpunkte (Spalte 4 l) recht hoch liegen. Der Wärmeabstand (knetbare Zustand) beträgt

Zusammenstellung 40. Einfluß einer zwanzigstündigen Erhitzung auf 125°.

Art des Bitumens	Verdampfungsverlust in Gewichtshundertteilen	Erstarrungspunkt vor dem Erhitzen	Erstarrungspunkt nach dem Erhitzen	Schmelzpunkt vor dem Erhitzen K. S.	Schmelzpunkt nach dem Erhitzen K. S.
		Grad	Grad	Grad	Grad
Bermudaz-Asphalt	5,1 Verlust	+ 4	+ 13	51,5°	65,5°
Trinidad Asphalt Epuré	1,7 „	+ 25	+ 38	82,0°	100,0°
Mischung Trinidad und Paraffinöl (90 Tr. + 10 P.)	3,5 „	— 13	— 2	59,0°	97,0°
Mischung Trinidad und galizische Erdölrückstände (50 Tr. + 50 E.)	1,0 „	— 3	— 1	55,5°	78,0°
Mexican Eagle Erdöl-Asphalt	0,2 „	— 8	— 8	62,5°	79,0°
Santa Fé Erdölasphalt, Sorte A . . .	0,1 „	— 10	— 3	52,0°	69,5
Santa Fé Erdölasphalt, Sorte B . . .	0,1 „	— 10	— 3	48,0°	69,0
Bitumen Emmerich (Mexico Bitumen Company)	0,7 Zunahme	— 10	0	61,5°	81,0

beim Bermudazasphalt (nicht erweicht) 47,5° und beim Trinidad Epuré 57°. Ziff. 3 und 4 gibt die Merkmale der mit Paraffinöl und Erdölrückständen erweichten Trinidadasphalte an. Der Wärmeabstand beträgt zu 3 72°, zu 4 58,5° und nimmt damit Werte an, die den klimatischen Verhältnissen Deutschlands entsprechen. Ähnliche oder noch günstigere Eigenschaften zeigen die Asphalte zu Ziff. 5, 6, 7, 8. Einen guten Einblick in die Beständigkeit und Brauchbarkeit der Asphalte gibt die Erhitzung auf 125° auf 20 Stunden. Diejenigen Asphalte, die diese Behandlung mit der geringsten Veränderung ausgehalten haben, werden die besten sein, da aus dem Verhalten zu erkennen ist, ob sie bei der Erwärmung aus Anlaß der Mischung und unter dem Einfluß der Luft mit der Zeit härter werden, oder ihren ursprünglichen Zustand bewahren werden. Recht günstig erweisen sich hierbei die mexikanischen Erdölasphalte Ziff. 5, 6, 7, 8. Auf den wesentlichen Unterschied zwischen den Asphalten und den Pechölmischungen, deren Verhalten nach einer solchen Erwärmung in der Zusammenstellung 31 auf S. 142 angegeben ist, sei besonders hingewiesen. Die erheblich größere Beständigkeit der Asphalte, die sich auch als Bindemittel im Straßenbau bemerkbar machen wird, macht sie eben für diesen Zweck besonders brauchbar. Die Asphalte eignen sich auch deshalb besonders zum Straßenbau, weil ihr knetbarer Zustand, d. h. der Wärmeabstand zwischen Erstarrungs- und Tropfpunkt, eine große Spanne zeigt, eine Eigenschaft, die die Teerpechmischungen nur in beschränktem Maße besitzen (s. S. 141). Wenn die Lage des Erstarrungs- und Tropfpunktes nicht den klimatischen Verhältnissen des Landes entspricht, besteht die Möglichkeit, durch Zusätze leichter Öle in größerem und geringerem Umfange die Asphalte dem Klima anzupassen. In nördlichen Gegenden würde mit Rücksicht auf die tiefen Wintertemperaturen durch Zusatz reichlicher Mengen Fluxöl der Erstarrungspunkt gesenkt, in warmen Gegenden mit hohen Sommertemperaturen würde eine geringere Menge Fluxöl genügen, damit der Tropfpunkt nicht zu tief fällt und der Asphalt nicht zu weich wird. Die Vorschriften, die für die Beschaffenheit der Asphalte von den amerikanischen und englischen Behörden erlassen worden sind, erstrecken sich entsprechend den zuvor gemachten Ausführungen auf die folgenden Eigenschaften:

Flammpunkt,
Eindringungstiefe (Penetration) bei 25°,
Fadenlänge bei 25°,
Verdunstungsverlust nach Erhitzung auf 165° C,
Zunahme der Eindringungstiefe nach der Erwärmung,
Schmelzpunkt,
Anteil der in Chloroform löslichen Bestandteile.

Die Anforderungen schwanken und sind abhängig von Klima, Stärke des Verkehres und der Bauweise. Sie werden zahlenmäßig bei Behandlung der einzelnen Pflasterarten angegeben werden.

6. Die Decken unter Verwendung von Stampfasphalt.

α) Stampfasphalt.

Alle Asphalte sind nur Bindemittel. Die eigentliche Decke bilden Stein- und Sandgemische, die durch die Asphalte zusammengekittet werden. Ausgangspunkt für die Herstellung von Asphaltstraßendecken ist aber eine natürliche Mischung von Asphalt und Mineralstoff gewesen, durch die der Asphalt als Straßenbaustoff überhaupt eingeführt worden ist, das ist der Stampfasphalt. Die natürlichen Asphalte sind ursprünglich nur für die Technik als Isoliermittel, für Dachpappenfabrikation und andere Zwecke von Wert gewesen. Die Asphalte der Erdöle als Rückstände aus der Mineralölherstellung sind lange Zeit sogar als wertlos betrachtet worden. Erst mit der Entwicklung des Kunststraßenbaues haben sie an Wert gewonnen. Im Gegensatz hierzu wird der Stampfasphalt fast ausschließlich zum Straßenbau verwendet. Er ist daher ein ausgesprochener Straßenbaustoff, der in Deutschland und Westeuropa ausschließlich auf städtischen Straßen, neuerdings in Italien auch auf Landstraßen verlegt worden ist. Nach Angaben von Dr.-Ing. Feuchtmann[79] ist die Zusammensetzung der im Straßenbau meist gebrauchten Asphalte die folgende:

Zusammenstellung 41.

	Val de Travers	Seyssel	Abruzzen	Ragusa	Limmer	Vorwohle[1])	
1. Asphalt	10,08	8,25	10,72	9,20	14,25	7,20	8,93
2. Kohlensaurer Kalk . .	88,20	91,40	82,25	88,00	66,90	81,30	83,20
3. Kohlensaure Magnesia .	0,40	0,10	5,50	0,80	—	0,60	4,18
4. Ton und Eisenoxyd . .	0,32	0,10	0,74	0,70	5,80	4,00	2,38
5. Schwefel	—	—	—	—			0,38 Gips
6. Sand	—	—	—	0,70	—	—	0,21 Pyrit
7. Sonstige säureunlösliche Stoffe (Kieselsäure) . .	0,50	—	0,10	—	12,20	4,90	0,73
8. Lösl. Kieselsäure . . .	—	—	0,05	—	—	—	—
9. Verlust (Feuchtigkeit, Gase).	0,50	0,15	0,64	0,60	0,85	2,00	—
	100,00	100,00	100,00	100,00	100,00	100,00	100,00

Neuere Angaben über die Zusammensetzung von Stampfasphalten befinden sich in Schmidt-Herrmann[64] und im Bericht der Z. f. A. T. 1925[80]. Wesentliche Unterschiede sind aber nicht festzustellen.

Diese Analysen geben nur Durchschnittswerte, die aber nicht erheblich schwanken. Die bitumenreichen Lager der deutschen Asphalte von Limmer und Vorwohle sind ziemlich abgebaut. Der Asphaltgehalt des allerdings in großen Lagern vorhandenen Gesteins beträgt nur noch etwa 6 vH. Es gibt aber auch Einschlüsse, die einen wesentlich höheren Asphaltgehalt aufweisen. Der Asphalt liegt dann in Spalten und Nestern. Die Mineralbestandteile sind bei diesen Asphalten ein sehr poröser und weicher Kalkstein. Der Stampfasphalt wird in den schon genannten Fundstätten (S. 170, Nr. 4) im Tagebau oder bergmännisch gewonnen. Da der Asphalt an Mineralstoffe gebunden ist, so kann der Stampfasphalt, der im Mittel etwa 90 vH Kalkstein enthält (s. obige Analysen), als Straßenbelag ohne weitere Beimischung verwendet werden. Er muß aber noch

[1]) Nach neuen Angaben der Z. f. A. T.

aufbereitet werden. Das Gestein wird im Bruch nach seinem Asphaltgehalt erst sortiert, indem die mageren Stücke für Stampfasphaltdecken bestimmt werden, die fetteren zur Asphaltmastixbereitung. Das Gestein wird in Steinbrechern etwa auf Faustgröße gebrochen und dann zu Mehl gemahlen. Die Mahlung kann in Kollergängen und Kugelmühlen nicht vorgenommen werden, weil dabei Wärme entsteht, durch die der Asphalt klebfähig wird und zusammenbackt. Die Zerkleinerung zur Mehlfeinheit erfolgt daher in Gitterbrechern (Desintegratoren), die im Abschnitt X. beschrieben sind. Das Gut wird dann auf Sieben abgesiebt und der Rückstand noch einmal in die Mahlmühle geschickt. Zur Herstellung von Pflasterdecken muß das Pulver erhitzt werden, damit der in den Kalksteinkörnern steckende Asphalt ausgetrieben wird, an die Oberfläche tritt und seine Bindekraft ausüben kann. Die Erhitzung erfolgt entweder in geheizten rotierenden Trommeln oder in Plandarren. Nicht alle Asphalte vertragen das Darren in Trommeln, deshalb hat das Darren auf ebenen Rosten eine größere Anwendung gefunden. Auf den Plandarren wird der Stampfasphalt in Zeitabständen umgeschaufelt, damit er gleichmäßig erwärmt wird. Asphalte aus Sizilien werden mit ungefähr 100—110° 2—3 Stunden lang gedarrt. Bei dem Asphalt von Neuchâtel kann die Darrhitze bis auf 150° gebracht werden. Der Darrvorgang bezweckt:

1. Die Entfernung der Feuchtigkeit aus dem Pulver,
2. Die Entfernung der flüchtigen Bestandteile,
3. Die Erweichung des Asphaltes,
4. Den Austritt des Asphaltes an die Kornoberfläche.

Jedes Gestein hat eine gewisse Bergfeuchtigkeit, auch der Stampfasphalt. Diese Feuchtigkeit muß ausgetrieben werden, da sie dem Belag in der Straße schadet, z. B. bei Frost. Das geschieht durch das Darren. Auch die Asphalte setzen sich aus leichten und schweren Ölen, genau so wie die Teere, zusammen. Infolgedessen tritt auch bei ihnen eine Verdunstung der leichten Bestandteile ein, durch die ein Härterwerden des Asphaltes bewirkt wird (s. Bemerkung auf S. 171). Damit der Asphalt nach dem Verlegen seine Eigenschaften nicht verändert, d. h. seine Weichheit einen bestimmten Grad erhält, der von Luft und Wasser nahezu unbeeinflußt bleibt, wird das Darren angewendet. Ferner bewirkt die Erwärmung des Asphaltes ein Weichwerden und zugleich Hervorquillen aus den Poren des Kalksteinmehles, so daß es Klebfähigkeit annimmt und sich unter Druck leicht zusammenpressen läßt. Aus gewissen Beobachtungen hat man gefolgert, daß eine Lagerung des Asphaltmehles vor dem Darren günstig ist (Feuchtmann), indem auch schon unter diesen Verhältnissen ein Austreten von Asphalt aus den Körnern bewirkt wird. Denn frisch gemahlenes Asphaltpulver läßt sich nicht so gut darren wie abgelagertes. Eine zu starke Erwärmung kann bewirken, daß der Asphalt verbrennt, d. h. daß auch die schweren Öle ausgetrieben werden und gewissermaßen nur das Pech übrigbleibt, das bei gewöhnlicher Lufttemperatur spröde ist. Einer solchen aus verbranntem Asphalt hergestellten Decke fehlt die Klebwirkung und die Nachgiebigkeit unter dem Verkehr, sie zerfällt sehr schnell. Die zulässigen Darrtemperaturen, die für jeden Asphalt durch Erfahrung bekannt sind, dürfen nicht überschritten werden.

Die Plandarren sind entweder bewegliche Felddarren oder ortsfeste. Die ersteren werden in der Nähe der Baustellen aufgestellt und das Mehl gleich an Ort und Stelle gedarrt. Ihr Nachteil besteht in einer ungenügenden Ausnutzung des Heizmateriales, da diese Darren in ihrer einfachen Form mit Wärmeverlusten arbeiten, auch wird die Umgebung durch Rauch belästigt. Sie sind aber dort am Platze, wo nur gelegentlich Straßen gebaut oder ausgebessert werden. An Stellen, wo große Straßenflächen aus Stampfasphalt liegen und infolge des jährlichen Neubedarfs und der fortdauernden Unterhaltung der Asphaltflächen die

Darren ununterbrochen in Betrieb sein können, sind ortsfeste Darren zweckmäßiger. Der Asphalt gibt seine Wärme nur schwer ab, so daß er nach dem Darren auf größere Entfernung befördert werden kann, ohne daß eine Abkühlung eintritt, die einen Einbau in der Straße unmöglich machen würde. Deshalb sind

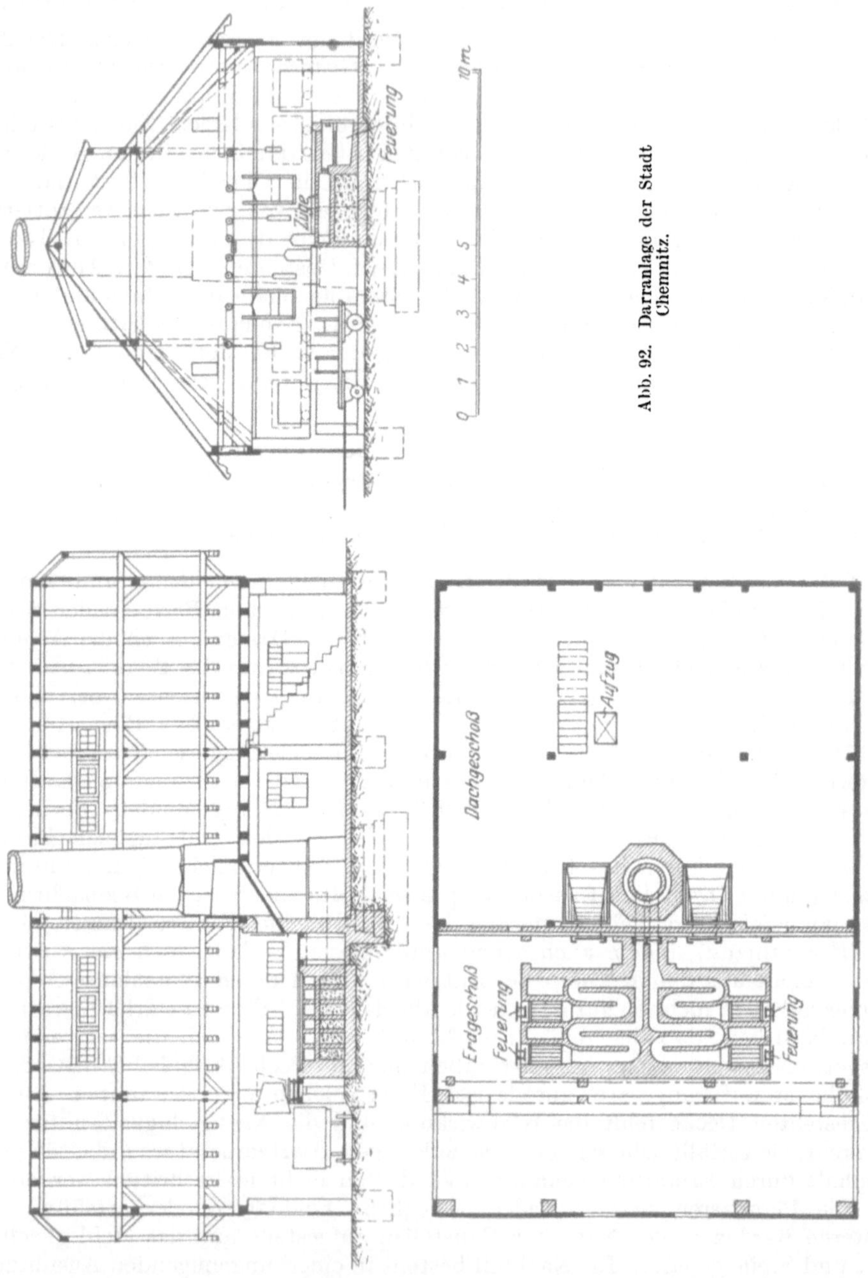

Abb. 92. Darranlage der Stadt Chemnitz.

in allen Städten, in denen der Stampfasphalt in größerem Umfange verlegt worden ist, ortsfeste Anlagen zu finden. Die Abb. 92 zeigt die Darranlage der Stadt Chemnitz, die für eine Tagesleistung von 400 m² eingerichtet ist. Das Darrschiff ist 6,6 : 2,4 m groß. An jeder Stirnseite liegen zwei Feuerungen mit 1000 : 620 mm großen Stahlpanzerstabrosten für Steinkohlenfeuerung und starken Geschränken mit Feuerungs- und Aschefallschlußtüren. Die Feuerung ist durch besonders starke Schamotteplatten abgedeckt; die Feuerbrücken bestehen aus Schamotteformsteinen. Die Züge liegen unmittelbar unter dem Darrschiff und sind S-förmig durch Einbau von Schamottezungen und Bogenstücken angeordnet. Die Züge aus je zwei Feuerungen münden in den Schornstein. Vor der Einmündung befindet sich ein Schieber, der ermöglicht, die eine Hälfte der Darre abzuschließen, so daß eine Darrhälfte allein betrieben werden kann. Der Boden der Darre besteht aus 6 cm starken Schamotteplatten, sie ist am Rande durch einen 12 cm hohen Bord von Profilsteinen eingefaßt. Der Schornstein für den Abzug der Feuergase ist 25 m hoch und hat eine obere Lichtweite von 80 cm. Neben dem Darraum, nur durch eine Brandmauer getrennt, liegt ein Schuppen, in dem das Asphaltmehl gelagert wird. Vom Bodenraume des Schuppens können die beiden Darrhälften durch Schurren mit Asphaltmehl beschickt werden. Das Asphaltmehl wird durch einen elektrischen Aufzug auf den Bodenraum gehoben. Vier Mann sind bei Vollbetrieb an der Darre tätig, vier weitere auf dem Boden- und Lagerraum. Durch Thermometer wird die Darrhitze nachgeprüft. Als Feuerung dient in Chemnitz Steinkohle. An anderen Orten (Berlin) wird Braunkohlenbrikett verwendet. Dann müssen die Roste entsprechend größer angelegt werden.

Nach dem Darren ist der Asphalt fertig für die Verlegung.

Unterbau. Der Stampfasphalt ist nur Abnutzungsschicht, nicht Tragschicht. Er erfordert also eine standfeste Unterbettung. Für Stampfasphaltstraßen gilt dasselbe wie für alle Straßen, daß sie nur auf gutem Baugrund errichtet werden können. Auf Moor- oder Torfboden, oder im Senkungsgebiet des Bergbaues können Asphaltstraßen nicht gebaut werden. Bei Lehm- und Tonböden ist eine Entwässerung wie sie im Abschnitt VII. A. b) (S. 113) behandelt ist, notwendig. Unter Umständen kann eine Kiesschicht auf dem Lehm- oder Tonboden angebracht sein. Als tragender Unterbau wird seit Jahrzehnten eine Zementbetonlage von etwa 20 cm Stärke im Mischungsverhältnis 1 : 8 verwendet. Diese Form der tragenden Schicht hat sich außerordentlich bewährt, sie hat sich, solange Pferdeverkehr auf den Straßen vorgeherrscht hat, als nahezu unvergänglich erwiesen. Wo an sich der Beton gut gewesen ist, hat sich die Unterhaltung der Straße nur auf die Asphalt- als Abnutzungsschicht erstreckt. Erst der schwere Kraftwagen als Lastkraftwagen und Kraftomnibus hat auch den Betonunterbau in Mitleidenschaft gezogen. Die durch den Kraftwagen hervorgerufenen Beanspruchungen können aber nur in Zusammenhang mit der Asphaltabnutzungsschicht behandelt werden (s. S. 184).

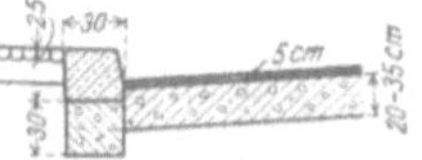

Abb. 93. Stampfasphaltdecke auf Beton.

Die 20 cm starke Betondecke wird auf den gut abgeglichenen Boden ausgebreitet. Bei der Herstellung des Betons sind die gegenwärtig dafür geltenden Grundsätze streng zu beachten. Diese beruhen im wesentlichen darin, daß die Kornzusammensetzung der Zuschläge richtig gewählt wird. Es kommt darauf an, eine möglichst hohlraumarme Zuschlagmasse und keine zu feuchte Mischung zu verwenden, weil hohlraumreiche und nasse Mischungen beim Austrocknen stark schwinden, beim Feuchtwerden sich ausdehnen, also zur Rißbildung neigen. Für die Baustoffbeschaffenheit und Ausführung von Betonunterbau für Asphaltstraßen gelten dieselben Grundsätze wie für Betonstraßen (Abschnitt VII. B. f)). Da diese im Abschnitt Betonstraßen behandelt werden, wird auf die an dieser Stelle gemachten Ausführungen verwiesen. Die Stampfasphaltdecken verlangen an den Seiten einen Abschluß aus Bordschwellen, aus Naturstein oder Beton, die auf Unterbettung ruhen oder tief in das Planum einbinden. Abb. 93 zeigt die Ausbildung an der Bordkante. Für diese Bordschwellen gelten die Dinormen Nr. 482.

Asphaltdecke. Auf dem vorschriftsmäßig verlegten Beton wird, nachdem er genügend Zeit gehabt hat, zu erhärten — etwa 14 Tage —, die erhitzte Stampfasphaltmasse ausgebreitet. Um eine 5 cm starke Decke zu erhalten, muß die Masse etwa 8 cm hoch aufgeschüttet werden. Sie wird zwischen 8 cm hohen Leisten ausgebreitet und dann mit einer Profillehre abgezogen. Alsdann wird die noch warme Masse mit 15—20 kg schweren eisernen Stampfern, die auf der Baustelle in einem Koksfeuer erwärmt worden sind, und mit kleinen Handwalzen, die innen durch ein Koksfeuer geheizt werden, eingeebnet und verdichtet. An Stellen, die mit Stampfern und Walzen schwer zu behandeln sind, wie z. B. an Bordschwellen, Schachtabdeckungen, Straßenbahnschienen u. a. wird der Stampfasphalt mit heißen Bügeleisen von 25—30 kg Gewicht mit ansteigendem Stiel und geschweifter Platte geglättet. Es werden etwa 100 kg Stampfasphaltmasse auf 1 m^2 Straßenfläche verbraucht. Der Anschluß an der Bordschwelle muß sorgsam erfolgen, damit die Feuchtigkeit, die in der Rinne am stärksten auftritt, nicht unter die Asphaltschicht gelangen kann. Weil der Verkehr den Asphalt in der Rinne nicht genügend dichtet und daher der porös gebliebene Stampfasphalt durch Wasser besonders leicht angegriffen werden kann, legt die Asphaltunternehmung Reh & Co. in Charlottenburg hydraulisch gepreßte Platten in die Rinne. Unter den mechanischen Einwirkungen verdichtet sich die Masse des Stampfasphaltes, die weitere Verdichtung wird dem Verkehr überlassen, der sofort die Decke benutzen kann. Dieser Vorgang ist äußerlich daran zu erkennen, daß das Raumgewicht im Laufe der Jahre zunimmt, da die Hohlräume immer geringer werden. Nach dem Einbau haben die besten Stampfasphalte ein Raumgewicht von etwa 2,05, nach fünf Jahren ist es auf 2,25—2,35 gestiegen. Es sind in Straßen mit starkem Verkehr Stampfasphaltdecken gefunden worden, die nur 0,0—0,5 Raumprozent Hohlräume aufweisen, mithin höhere Dichte als Granit haben[80].

Anforderungen an die Eigenschaften des Asphaltes. Über die Zusammensetzung der Stampfasphalte befinden sich bereits Angaben in der Zusammenstellung 41, S. 176. Der Asphalt der Stampfasphalte zeigt einen günstigen Wärmeabstand, wie aus der folgenden Zusammenstellung 42 hervorgeht[80], und zugleich auch eine günstige Lage insofern, als der Erstarrungspunkt weit unter $\pm 0^0$ und der Tropfpunkt nahe an 50^0 oder auch höher liegen.

Zusammenstellung 42.

Stampfasphalte	Frische Sizilianer-Asphalte	Frische mittelitalienische Asphalte	Val de Travers-Asphalte	Deutscher Asphalt
Schmelzpunkt K. S.	26⁰	53—59⁰	39,5	40⁰
Tropfpunkt	47—50⁰	74—81⁰	61	62⁰
Erstarrungspunkt	—20⁰	—6—8⁰	—19	—20
Fadenlänge	> 18 cm	> 18 cm	> 18 cm	> 18 cm
Eindringungstiefe (Penetration)	rd. 200⁰	11—20⁰	44⁰	65⁰

Die Menge des Asphaltes, die im Stampfasphalt vorhanden sein muß, richtet sich nach dem Hohlraum des Felsens. Es muß der Asphalt die Hohlräume ausfüllen. Wird der Hohlraumgehalt zu etwa 20—30 vH angenommen, dann müssen 20—30 vH räumlich gemessene Anteile von Asphalt zugefügt werden, oder bezogen auf Gewichtshundertteile der Kalksteinmasse, deren Raumgewicht mit 2,26 angenommen werden kann, 8—13 vH. Wenn eine genügende Asphaltmenge von vornherein nicht im Stampfasphalt enthalten ist, muß sie durch Zusatz auf die richtige Höhe gebracht werden, wie das bei dem deutschen Stampfasphalt geschieht. Deutscher Stampfasphaltfelsen hat nach der Zusammenstellung 41 auf S. 176 nur einen Gehalt von 7—8 vH Asphalt, der nicht ausreicht. Es wird daher dem deutschen Asphaltfelsen noch Trinidad- oder Erdölasphalt zugesetzt, in der Weise, daß das feingemahlene asphaltarme Gestein auf 60—90⁰ C erwärmt und dann in einer Mischmaschine mit der erforderlichen Menge von Trinidadgudron oder Mexphalt vermengt wird. Die Mischmaschine besteht aus einem

Gefäß, in dem Rührarme und Schaber, die sich um eine senkrechte Welle drehen, die beiden Stoffe bei 160° C innig vermischen. Die nun entstandene Masse muß noch einmal gemahlen werden. Der deutsche Stampfasphalt nimmt dann die folgende Beschaffenheit an (Untersuchungsergebnis der Z. f. A. T.).

Zusammenstellung 43.

Nach dem Befund		Nach den Vorschriften
A. Chemische Zusammensetzung:		
Gehalt an löslichem Asphalt	**11,16** Gew.-vH = **25,0** Raum-vH	8—13 Gew.-vH
„ „ unlöslichem Asphalt	1,07 Gew.-vH	1,6 Gew.-vH
„ „ kohlensaurem Kalk	80,20 „	Hauptmenge: kohlensaurer Kalk
„ „ kohlensaurem Magnesia	3,40 „	< 8 Gew.-vH
„ „ Ton (Al_2O_3, 2 SiO_2, H_2O)	**2,96** „	< 5 „
„ „ Gips (CaSO, $^1/_2$ H_2O)	0,45 „	< 0,8 „
„ „ Pyrit (FeS_2)	0,44 „	< 0,5 „
„ „ freier Kieselsäure	0,20 „	< 2 „
	99,88 Gew.-vH	
B. Eigenschaften des löslichen Asphaltes:		
Spezifisches Gewicht bei 20°	1,0398	
Schmelzpunkt nach Krämer-Sarnow	**40,0**° C	28° C
Tropfpunkt nach Ubbelohde	62,0° C	
Erstarrungspunkt	unter — **20,0**° C	— 10° C
Fadenlänge	18 cm	
Penetration bei 25°	65,4° = 6,54 mm	
Schwefelgehalt	2,67 Gew.-vH	

Wie aus der Spalte 3, die Angaben über die Vorschriften enthält, zu ersehen ist, erfüllt der deutsche Asphalt der Limmer und Vorwohler Grubenfelder in der angereicherten Form alle Bedingungen.

Die einzelnen Asphaltsorten unterscheiden sich aber noch in ihren Eigenschaften, die für ihre Anwendung von Bedeutung sind. So besteht nach neueren Untersuchungen der Z. f. A. T.[80] der Asphalt aus Sizilien aus einem sehr porösen Kalkstein. Während der bei 120° C mit 10 Schlägen eingestampfte mittelitalienische Stampfasphalt ein Raumgewicht von etwa rund 2 annimmt, der Neuchâtel-Asphalt 2,07, läßt sich der sizilianische Stampfasphalt nur bis auf 1,7 verdichten. Er zeigt also in diesem Zustande noch ganz erhebliche Hohlräume. Infolgedessen ist die Verdichtung des Stampfasphaltes auch in der Straßendecke anfangs eine ungenügende, so daß er leicht unter dem Verkehr schiebt, Wasser aufnimmt und durchläßt. Die Verdichtung schreitet nach unten nur sehr langsam fort. Erfolgt der Einbau im Herbst, so fehlt es an der genügenden Verdichtung bis zum Eintritt der feuchten und Frostwitterung. Die Masse nimmt Wasser leicht an, wodurch die Decke erweicht oder durch den Frost abgesprengt wird, sie zerfällt. Aber selbst wenn diese Wirkung nicht eintreten sollte, so muß mit einer anderen ebenso schädlichen gerechnet werden. Bei der Sprödigkeit des Asphaltes wird die Verdichtung von oben nach unten sehr langsam fortschreiten. Zuerst wird sich eine obere wenige Millimeter hohe dichte Schicht bilden. Im Winter wird die Verdichtung der unteren Zone durch Kälte und Wasser unterbunden; beginnt dann aber unter dem Einfluß von Sommerwärme die Verdichtung auch in die untere Zone sich fortzusetzen, dann verliert die obere Platte ihren Halt, und sie bricht durch. Dieselbe Erscheinung werden solche Stellen im Stampfasphalt zeigen, die beim Darren verbrannt oder zu arm an Asphalt sind. In allen diesen Fällen zeigt die Stampfasphaltdecke dieselbe Art der Zerstörung. Es bilden sich netzförmige klaffende Risse, und die schadhafte Stelle wird mosaikartig. Sie nutzt sich unter dem Verkehr stärker ab und bildet eine Mulde, in der das Wasser stehenbleibt, das nunmehr in die Decke bis in den Beton eindringen kann und jetzt seinerseits die Zerstörung von unten fortsetzt. Beim Aufbruch des beschädigten Stampfasphaltes findet man in den meisten Fällen den Beton feucht und angegriffen. Das hat zu der Auffassung geführt, daß die ungenügende Festigkeit des Unterbetons Schuld an der Asphaltzerstörung trägt. Nach der heutigen Erkenntnis werden mosaikartige Fehlstellen sowohl auf Fehler im Beton, wie auch im Asphalt — fehlerhafte Zusammensetzung des Stampfasphaltes — zurückgeführt werden müssen. Daraus ist zu folgern:

Erstens, daß der Gehalt an Asphalt im sizilianischen Stampfasphalt eine bestimmte Grenze nicht unterschreiten darf, damit die Verdichtung nicht zu langsam vor sich geht. Es werden als Mindestgehalt 9 Hundertgewichtsteile vorgeschlagen.

Zweitens soll Stampfasphalt — das gilt für alle Arten — nur im Frühjahr oder Sommer verlegt werden, damit der Verkehr eine genügende Tiefendichte des Belages bewirken kann.

Drittens allgemein, daß sachgemäße Herstellung des Unterbaues und der Decke Voraussetzung für die Haltbarkeit des Stampfasphaltes ist. Wie schon erwähnt, verdichtet sich der Stampfasphalt unter dem Verkehr im Laufe der Jahre sehr stark, so daß sein Hohlraumgehalt bis auf Null sinkt. Diese Verdichtung ist sogar notwendig, wenn die Decke haltbar bleiben soll. Stampfasphalt kann daher nur dort angewendet werden, wo von vornherein mit Verkehr zu rechnen ist. Bei ungenügender Verdichtung bleibt die Decke porös, Feuchtigkeit dringt ein und zerstört sie bald. Die Ansicht, daß es dem völlig verdichteten Stampfasphalt an der genügenden Nachgiebigkeit fehlt und er deshalb zertrümmert werden muß, wenn er zwischen starre Betonunterbettung und die Verkehrslast gerät, ist unzutreffend. Beobachtungen, die nach dieser Richtung hin von der Z. f. A. T. angestellt worden sind, haben keinerlei Anhaltspunkte dafür ergeben.

Die reichen Erfahrungen, die in den Großstädten mit Stampfasphalten gemacht worden sind und der Wunsch, von vornherein ihre Brauchbarkeit feststellen und schlechte ausscheiden zu können, haben dazu geführt, Vorschriften für seine Beschaffenheit aufzustellen. Sie sind niedergelegt in den „Vorläufigen Grundsätzen für die Herstellung und Unterhaltung von Stampfasphaltstraßen" aufgestellt im Jahre 1913 von der Vereinigung technischer Oberbeamter deutscher Städte und dem Verein zur Wahrung der Interessen der Asphaltindustrie in Deutschland. Die Bestimmungen über die Beschaffenheit der Asphaltmasse sind dann später in eine mehr allgemein gehaltene Zusammenstellung aufgenommen worden, Vorschriften für die Prüfung und Lieferung bituminöser Massen, soweit sie im Straßen-, Tief- und Hochbau verwendet werden[77]. Die Asphaltmasse soll die Bedingungen erfüllen, die in der Spalte 3 der Zusammenstellung 43 wiedergegeben sind[81].

Für das deutsche Klima darf der Schmelzpunkt nicht tiefer als 28 °C liegen. Das entspricht einem Tropfpunkt von etwa 50°. Stampfasphalte, die einen niedrigeren Schmelz- oder Tropfpunkt haben, werden im Sommer so weich, daß sie den Verkehr nicht mehr tragen können, sie erhalten Eindrücke.

Zu beachten ist auch der Tongehalt. Ton quillt bekanntlich bei Wasseraufnahme. Das hat sich auch bei Stampfasphalten gezeigt, die einen hohen Tongehalt aufgewiesen haben. Die Stampfasphaltflächen haben sich so ausgedehnt, daß sie sich an den Bordschwellen hochgeschoben haben. Sie haben dabei jeden Zusammenhalt verloren. 5 vH Tongehalt ist diejenige Grenze, die eingehalten werden muß, wenn die schädlichen Wirkungen des Tones vermieden werden sollen.

Der große Vorteil der Stampfasphaltstraßen liegt in ihrer leichten Unterhaltung. Ist die Decke abgenutzt oder durch besondere Einflüsse schadhaft geworden, dann wird sie abgehoben und mit frischem Stampfasphalt belegt. Die

Umlegung erfordert nur geringe Zeit, die neuen Flächen können sofort dem Verkehr übergeben werden. Der Asphaltaufbruch kann sogar wieder verwendet werden, indem er neuem Asphalt zugesetzt wird, nachdem er vorher gereinigt und wieder feingemahlen ist. Es gibt Stampfasphalte, die sogar mit Aufbruchzusatz besser werden, z. B. die Stampfasphalte vom Val de Travers. Allerdings sind hier Grenzen gesetzt. Nach den „Vorläufigen Grundsätzen" soll der Zusatz 25 vH nicht überschreiten. Gegenwärtig ist in einem zwischen der Tiefbauverwaltung der Stadt Berlin und der Berliner Asphaltstraßenbau-Vereinigung geschlossenen Vertrage das Verhältnis von neuem Asphalt zu Asphaltaufbruch auf 70 : 30 festgesetzt. Stampfasphalt, der längere Zeit schon in der Straße gelegen hat, wird durch Verdunstung härter. Nach den Untersuchungen der Z. f. A. T. zeigen sich an Stampfasphalten, denen zuviel Aufbruch hinzugesetzt ist, folgende Erscheinungen:

„Der Gehalt an unlöslichen Bitumen war höher, der Gehalt an löslichen Bitumen war geringer geworden. Tropf-, Schmelz- und Erstarrungspunkt lagen stark erhöht. Der Ton- und Sandgehalt infolge Aufnahme von der Straße und der Betonunterbettung ist höher, alles Eigenschaften, die für die Haltbarkeit der Asphaltdecken sehr schädlich sind; der Asphalt vor allen Dingen komprimiert nicht mehr".

Durch diese Feststellungen kann man im Stampfasphalt nachweisen, ob ein Übermaß an Aufbruch zugesetzt ist, wenn es auch noch nicht möglich ist, ein Mengenverhältnis — Mischverhältnis — festzustellen. Dazu ist der Aufbruch, je nachdem wo und wie lange er gelegen hat, zu verschieden.

Wenn man berücksichtigt, daß der Aufbruch auch noch einmal gemahlen wird und dabei eine größere Kornfeinheit erhält, wodurch wieder die Komprimierbarkeit leidet und die Dichte geringer wird, demgemäß auch eine größere Porosität und Wasseraufnahme, höhere Aufquellung und Abnutzung auftreten, dann erkennt man, welche Grenzen der Zumischung von Aufbruch gesetzt sind.

Denn ein Stampfasphalt, dessen Bindemittel in dieser Weise ölarm geworden ist, wird sich nur sehr schwer verdichten. Er bleibt sehr lange porös. Bei Einbau der Decke im Frühjahr und Sommer kann dieser Übelstand in seiner Wirkung abgeschwächt werden, weil die Wärme und der Verkehr sie zusammendrücken können.

Bei Einbau im Herbst oder Winter treten dieselben Erscheinungen auf, die auch der sizilianische Stampfasphalt wegen seines Gehaltes an porösem Kalkstein zeigt, d. h. ungenügende Verdichtung, die auf S. 181 beschrieben sind und zu denselben Mißerfolgen führen.

Aus der Verdichtung des Stampfasphaltes ergibt sich eine Erscheinung, die durch den Kraftwagenverkehr hervorgerufen wird, ganz besondere Aufmerksamkeit erfordert und für alle Asphaltstraßen gilt. Die verdichtete hohlraumlose Asphaltdecke fängt die Schlagwirkungen der Verkehrsstöße nicht mehr in dem Maße ab wie die poröse, sondern gibt sie ungemildert an die Betonunterlage weiter, so daß der Beton viel höheren Beanspruchungen ausgesetzt ist. Dieser Vorgang hat besondere Bedeutung für die Erhaltung der Asphaltstraßen unter dem Kraftwagenverkehr. Im Abschnitt III. C. f) ist rechnerisch nachgewiesen, daß der Einheitsflächendruck des eisernen Reifens auf starren Decken höher ist, als der der elastischen Bereifung. Das gilt sowohl für Vollgummi- wie Luftreifen, selbst bei den wesentlich größeren Achslasten der Kraftwagen. Zu solchen starren Decken wird auch der Stampfasphalt zu rechnen sein, besonders wenn er hoch verdichtet ist. Entsprechend dem hohen Einheitsflächendruck wird auch die Abnutzung durch Schleifwirkung beim eisernen Reifen gemeinsam mit den Angriffen der Pferdehufe größer sein als bei elastischer Bereifung. Kraftwagenverkehr nutzt daher die Stampfasphaltdecken weniger ab als Pferdeverkehr. Anders gestalten sich aber die Verhältnisse, wenn Stöße auftreten. Ihre Wirkung, die das Vielfache des Einheitsflächendruckes annehmen, worüber der Abschnitt III. C. zahlenmäßige Angaben enthält, wird unvermindert auf Beton übertragen.

Ganz besondere Beachtung verdienen in dieser Hinsicht amerikanische Versuche über den Schutz, den Asphaltdecken dem Betonunterbau gewähren. Die amerikanische Bundesregierung hat darüber Versuche in folgenden Form anstellen lassen:

Es sind Stoßmessungen mit einem Rad von 2000 kg ruhendem Druck sowohl auf ungeschütztem, wie auf einem durch eine 5 cm starke Sandasphaltschicht geschützten Beton vorgenommen worden. Man hat das mit Vollgummi versehene Rad aus verschiedenen Höhen abfallen lassen. Ein Fall, der praktisch auf der Asphaltstraße bei Flickstellen, Schlaglöchern, Absätzen z. B. zwischen dem ausgepflasterten Straßenbahnkörper und der anschließenden Stampfasphaltdecke, bei Wellen u. a. m. eintreten kann.

Nach diesen Versuchen steigt der Druck durch den Stoß bis auf das 8,5fache desjenigen der ruhenden Last (181).

Der Schutz, den der Asphalt bieten soll, kommt kaum zur Wirkung, weil die Zeit der Einwirkung zu gering ist. Eine Verminderung der Stoßwirkung wäre nur denkbar, wenn dem Asphalt Zeit gelassen würde, sich zu deformieren. Die Formänderungsarbeit würde dann einen Teil der Stoßwirkung verzehren. Das ist aber ncht der Fall, denn der Stoß hat nur den Bruchteil einer Sekunde. Der Schutz ist um so weniger vorhanden, je stärker der Asphalt verdichtet ist. Bei Stampfasphalt ist die völlige Verdichtung etwa nach 5—6 Jahren eingetreten. Sobald also mit Stößen gerechnet werden muß, beansprucht der Kraftwagenverkehr die Betonunterbettung der Stampfasphaltstraßen stärker als der Wagen mit eisernen Reifen, weil dieser mit wesentlich geringerer Geschwindigkeit und geringerer Achslast fährt. Hieraus ergeben sich für die Ausbildung der Stampfasphaltstraße zwei wichtige Forderungen:

1. Die Betonunterbettung muß verstärkt werden.
2. Die Stampfasphaltdecken müssen sehr sorgfältig unterhalten werden, damit sie stets eben liegen und nicht Stoßwirkungen hervorrufen.

Zu 1. Die Betonunterbettung in einer Stärke von 20 cm hat dem Verkehr der Pferdegespanne Jahrzehnte widerstanden, so daß heute noch an vielen Stellen die ersten bei der Herstellung angelegten Betonplatten liegen. Dort, wo mit Verkehr von Lastkraftwagen und Kraftomnibussen zu rechnen ist, wird diese Stärke nicht mehr ausreichen. Man ist daher schon bald in England und Amerika dazu übergegangen, sie auf 25—35 cm zu verstärken. Es hat sich auch an Straßen in Berlin gezeigt, daß nur durch eine Verstärkung der Betonunterbettung die Erschütterungen, die vom Kraftwagenverkehr ausgehen, vermindert werden können. Denn je größer die träge Masse, desto geringer werden ihre Schwingungen bei Stößen sein. Eine starke Betondecke wird also weder durchbrechen noch Erschütterungen fortpflanzen. Ganz werden sich Stöße auf Stampfasphaltdecken nicht vermeiden lassen, da an den Ausbesserungsstellen, an den Abdeckungen der Versorgungsleitungen u. a. eine gleich hohe Anlage der Stampfasphaltdecke nicht zu erreichen ist. Zu fordern ist, daß Durchbrüche der Betondecke vermieden werden. Denn die Ausbesserung der Betondecke kann niemals in einen so widerstandsfähigen Zustand gebracht werden wie die ursprüngliche einheitliche Decke. Sind erst einmal Durchbrüche eingetreten, dann wiederholen sie sich nach Erfahrungen des Verfassers in kurzen Abständen, bis schließlich die Betonunterbettung nur noch aus Flicken besteht und im ganzen erneuert werden muß. Das hat sich auf verschiedenen stark befahrenen Straßen in den Großstädten mit Kraftomnibusverkehr bereits als notwendig erwiesen.

Statt der Vermehrung der Betonstärke käme auch die Herstellung in einer fetteren Mischung und das Einlegen von Eiseneinlagen in Frage. Diese Maßnahme wird aber nur gelegentlich anwendbar sein. Die Londoner Umgehungsstraße Great West Road in Middlesex hat eine 25 cm starke Betondecke erhalten, bei der 5 cm über der Unterkante ein eisernes Maschengeflecht von 17,5×7,5 cm in Stärken von 4—5 mm Durchmesser eingelegt worden ist. Vermutlich ist wenig tragfähiger Untergrund die Ursache der Bewehrung gewesen. Bei Betonplatten von fetter Mischung mit und ohne Eiseneinlagen zur Ersparung an Plattenstärke wird aber auf den Vorteil der größeren Masse bei Erschütterungen verzichtet. Im allgemeinen wird eine Mischung von 1 Raumteil Zement und 8 Raumteilen Zuschlag angewendet. Wird ein solcher Beton mit einem normenmäßigen Zement, Zuschlägen und Sand in der richtigen Körnung hergestellt, dann weist er Druckfestigkeiten nach 28 Tagen bis zu 175 kg/cm^2 auf, und wenn die Zuschläge aus Kies und Schotter bestehen, kann mit Druckfestigkeiten nach 28 Tagen bis zu 350 kg/cm^2 gerechnet werden[82]. Diese Festigkeiten sind völlig ausreichend. Durch höheren Zusatz von Zement die Festigkeit zu erhöhen, empfiehlt sich nicht, da die Zunahme an Festigkeit in keinem Verhältnis zu den Kosten stehen würde. Auch die Verwendung von Eiseneinlagen ist unter diesem Gesichtspunkt als unzweckmäßig anzusehen. Vor allem verbietet die Möglichkeit, jederzeit die Betonunterbettung aufbrechen zu müssen, eine zu große Festigkeit des Betons sowohl wie die Verwendung von Eiseneinlagen. Da in der städtischen Straße, für die ausschließlich der Stampfasphalt in Frage kommt, die Versorgungsleitungen untergebracht werden, die bisweilen aufgenommen, neu verlegt, ausgewechselt und bei Schadhaftigkeit instand gesetzt werden müssen, so muß unbedingt mit gelegentlichem Aufbruch des Betons gerechnet werden. Selbst bei Anwendung von neuzeitlichem Arbeitsgerät, wie Preßluftwerkzeugen, würde der Aufbruch eines Betons von zu großer Widerstandskraft oder mit einem Netz von Eiseneinlagen einen zu hohen Arbeitsaufwand und zu lange Zeit erfordern, so daß hier Grenzen gesetzt sind. Welchen Einfluß die Notwendigkeit, gelegentlich Straßen aufreißen zu müssen, auf die Auswahl der Straßenbefestigung hat, ist aus der Tatsache zu entnehmen, daß in Nordamerika die Betonstraße, die auf den Landstraßen bevorzugt wird, in den Städten nach Erkundigungen daselbst noch nicht hat festen Fuß fassen können. Aufbruch und Wiederherstellung sind mit zu großen Nebenwirkungen verbunden. Das liegt beim Asphalt günstiger, wenn seine Betonunterbettung richtig zusammengesetzt ist. Bisher ist an dem Mischungsverhältnis 1 Raumteil Zement und 8 Raumteile Kies oder Kies mit Steinschlag festgehalten. Es wäre hier die Aufgabe noch zu lösen, dasjenige Mischungsverhältnis festzustellen, bei dem der Beton eine ausreichende Festigkeit hat, ohne daß er dem Aufbruch einen zu großen Widerstand entgegensetzt, der zudem die geringsten Kosten verursacht. Nachdem man im Betonstraßenbau gelernt hat, einen guten gleichmäßigen Beton herzustellen, sollten diese Erfahrungen auch auf die Unterbettung von Asphaltstraßen jeder Art angewendet werden. Dann würde die zuvor erwähnte Untersuchung für das zweckmäßigste und wirtschaftlichste Mischungsverhältnis am Platze sein.

Zu 2. Der Vorteil des Stampfasphaltes gegenüber anderen Pflasterarten beruht in seiner leichten und den Verkehr wenig behindernden Unterhaltung. Sie muß allerdings auch regelmäßig und sorgsam erfolgen. Da die Aufbereitung des Stampfasphaltes Fabrikanlagen und ausreichende Erfahrung erfordert, so haben die Städte in der Mehrzahl die Unterhaltung denjenigen Unternehmern übertragen, die die Stampfasphaltdecken hergestellt haben. Nur drei Städte sind im Laufe der Jahre zum Bau eigener Anlagen und Unterhaltung im Eigenbetriebe übergegangen, indem sie das Rohmehl von den Gruben bezogen haben, München, Dresden und Chemnitz. Nach dem in Groß-Berlin und einzelnen anderen deutschen Großstädten üblichen Verfahren haben die Hersteller die Decken für die Zeit bis zum Ablauf des vierten Jahres, das seit dem auf den Tag der Abnahme folgenden 1. April vergangen ist, unentgeltlich zu unterhalten, also etwa viereinhalb Jahre, alsdann fünfzehn Jahre gegen eine Bauschgebühr für den Quadratmeter. Die Höhe der Entschädigung ist von der Größe der Stadt und dem Verkehr, der auf den Straßen herrscht, abhängig gewesen. In kleineren Städten, in denen die Unternehmer keine Darranlagen haben unterhalten können und daher Felddarren und Arbeitskräfte haben hinbringen müssen, sind sie z. T. höher gewesen als in großen Städten. In Groß-Berlin haben die Entschädigungen in den ersten zwanzig Jahren zwischen 0,5—0,20 RM. geschwankt. Dieser Satz hat nach dem Preis für die Herstellung von Asphalt ausschließlich Beton einer jährlichen Umlegung von etwa 6—2,2 vH der Fläche entsprochen. Bei einer Umlegung von 6 vH wird jede Fläche etwa im Verlauf von sechzehn Jahren erneuert. Die Unterhaltung hat sich im allgemeinen so vollzogen, daß die Unternehmer, wo Schäden entstanden sind, stets größere Flächen umgelegt haben und auf diese Weise im Verlaufe einiger Jahre sämtliche Fahrdämme eine neue Decke erhalten haben. In dieser fortgesetzten Verjüngung der Decken liegt der besondere Vorteil des Stampfasphaltes. Sie können in einem Zustande erhalten werden, der nach vierzig Jahren noch demjenigen des ersten Jahres entspricht. Nach den schon genannten „Vorläufigen Grundsätzen" sind bei der Unterhaltung folgende Anforderungen zu erfüllen: Die Stampfasphaltdecke einschließlich der Betonunterbettung ist in einem guten, fahrbaren Zustand zu erhalten. Sie darf keine fehlerhaften Risse oder Löcher zeigen und muß überall an den in der Straße liegenden Einbauten, Schachtabdeckungen dicht anschließen. Die Oberfläche muß eben und regelmäßig sein, so daß der Abfluß des Wassers nicht behindert wird. Es darf ein Richtscheit von 1,0 m Länge, in irgendeiner Richtung auf die Asphaltoberfläche gelegt, mit dieser an keiner Stelle einen größeren Spielraum als 15 mm zeigen. Die Oberfläche muß beim Ablauf der Unterhaltung ein gleichmäßige Stärke von 15 mm haben.

Die beiden letzten Bestimmungen sind mit Rücksicht auf den inzwischen angewachsenen Kraftwagenverkehr von besonderer Bedeutung. Höhenunterschiede in der Decke von 15 mm machen sich als Wellen bemerkbar. Laufen diese Wellen parallel mit der Straßenachse, dann behindern sie den Wasserabfluß, sind sie normal zur Straßenachse gerichtet, dann verursachen sie Stöße der Kraftwagen, durch die die Decke beschädigt werden kann. Wellenbildung zeigen Stampfasphalte selbst bei hoher Lage des Tropfpunktes im Sommer, wenn sie stark der Sonne ausgesetzt sind, beispielsweise in ostwestlich gerichteten Straßen, wenn diese Straßen zugleich einen lebhaften Gespannverkehr gehabt haben. Diese Faltenbildung ist auf ein Schieben der Räder zurückzuführen. Daher haben diese Falten, in der Fahrtrichtung des Verkehres gesehen, eine konkave Form[58] in ganzer Straßenbreite, also S-Form. Wellenhöhen bis zu 36 mm sind gemessen worden. Wellenbildung wird jetzt auch durch den Kraftwagen in Krümmungen durch die Fliehkräfte und das Abbremsen bei dem Einbiegen um eine Straßenecke hervorgerufen. Demnach ist die Beseitigung der Wellen, ganz gleich in welcher Richtung sie verlaufen, unbedingt zur Erhaltung der Decke erforderlich. Jede Vernachlässigung in der Unterhaltung kann schon in kurzer Zeit zu größeren Schäden, wie Betondurchbrüchen, führen.

Die letztgenannte Bestimmung, daß die Decke nicht unter 15 mm abgefahren sein darf — bei einer üblichen Deckenstärke von 50 mm würde das einem Verlust von 35 mm entsprechen —, erscheint gegenwärtig zu weitgehend. Eine solche flache Schicht wird unter der schiebenden Wirkung der Vorderräder und der angetriebenen Hinterräder schnellfahrender Kraftwagen nicht standhalten. Es gibt zwar Stampfasphalte, die, selbst auf eine solch geringe Stärke abgefahren, ihren Zusammenhang noch behalten. Zu diesen gehören die aus den Abbruzzen stammenden Stampfasphalte, aber in der Mehrzahl können sie den Angriffen nicht mehr widerstehen. Darum wird die Erhaltung einer stärkeren Decke gefordert werden müssen, etwa von mindestens 25 mm. Eine Verteuerung der Unterhaltung wird deshalb kaum zu erwarten sein, weil mit Rückgang der Gespanne mit eisernen Reifen die Abnutzung der Stampfasphaltdecken geringer werden wird. Auf jeden Fall muß vor dem einen Irrtum gewarnt werden, als ob für den gummibereiften Kraftwagenverkehr die Anforderungen an die Unterhaltung des Stampfasphaltes herabgesetzt werden können. Nachgeben in dieser Hinsicht unter dem Druck der Finanznot hat bereits in Städten mit umfangreichen Stampfasphaltflächen zum Verfall der Decken geführt. Es wird als Erfahrungstatsache festgehalten werden müssen, daß der Stampfasphalt auch für den Kraftwagenverkehr eine ausgezeichnete Straßenbefestigung in Städten abgibt, wenn er mit derselben Sorgfalt wie früher unterhalten wird.

Da der Stampfasphalt, um der Feuchtigkeit und dem Frost zu widerstehen, verdichtet sein muß, so ergibt sich daraus von selbst, daß er im Winter nicht verlegt werden kann. Etwa in die noch poröse Decke eindringende Feuchtigkeit würde der Verdichtung entgegenstehen und im Frost die Masse aufbrechen. Deshalb schreiben die „Vorläufigen Grundsätze“ vor, daß zwischen dem 16. November und 14. März Stampfasphaltarbeiten nicht vorgenommen werden dürfen.

Gegen die Verwendung von Stampfasphalt wird geltend gemacht, daß er schlüpfrig wird. Das ist der Fall. Seine glatte Oberfläche verringert die aufzuwendende Zugkraft erheblich, sie ist aber auch die Veranlassung, daß Stampfasphalt in Steigungen höchstens bis 1,25 vH (1 : 80) zugelassen wird. Die Glätte wird noch gegenwärtig dadurch vermehrt, daß die Reifen der Kraftwagen mit Gleitschutznieten versehen sind, die den Stampfasphalt blank polieren, und daß das Tropföl von den Kraftwagen durch die Reifen dünn ausgebreitet wird und dadurch die Oberfläche glättet. Die Anwendung der Gleitschutznieten ist zwar verboten, das Verbot kann aber nicht streng durchgeführt werden, solange mit der Möglichkeit des Schlüpfrigwerdens des Stampfasphaltes gerechnet wird. Das Abtropfen von Öl auf die Fahrbahn wird nicht verhindert werden können. Es ist aber noch nicht entschieden, ob der Stampfasphalt wegen dieses Nachteiles als Straßenbefestigung für Kraftwagenverkehr ausscheidet. Gefahren ergeben sich aus der Schlüpfrigkeit nur, wenn übermäßig schnell gefahren wird. Das ist in städtischen Straßen, für die Stampfasphalt bisher nur in Frage gekommen ist, ausgeschlossen. Die Fahrgeschwindigkeit ist auf 30 km/stdl. nach der Kraftverkehrsordnung beschränkt. Nach den Polizeiverordnungen sollen die Straßenecken in Schrittgeschwindigkeit umfahren werden. Wie in dem Abschnitt XI. nachgewiesen wird, liegt die höchste Leistungsfähigkeit von Straßen bei einer Geschwindigkeit, die unter 30 km/stdl. liegt. Wenn diese Bestimmungen eingehalten werden, kann eine gelegentliche Schlüpfrigkeit nicht gefahrvoll sein, weil Schleudern der Wagen dann nicht eintreten wird, solange mit hartaufgepumpten Reifen gefahren wird (s. Bemerkungen im Abschnitt III. C. c) und S. 36). Es bestehen aber Möglichkeiten, die Gefahren der Schlüpfrigkeit, z. B. das Schleudern, noch weiter durch Anlage möglichst flacher Querneigungen zu vermindern. Die ebene Oberfläche der Stampfasphaltflächen ermöglicht auch bei flacher Querneigung einen guten Abfluß des Regen- und Waschwassers, so daß aus diesem Grunde besondere Rücksichten nicht zu nehmen sind. Es wird aber durch die Auswahl des Stampfasphaltes und die Unterhaltung verhindert werden müssen, daß sich Wellen im Asphalt bilden, die den Wasserabfluß erschweren. Zur Behebung der Schlüpfrigkeit gehört auch eine gründliche Reinigung der Flächen, die bereits in den „Vorläufigen Grundsätzen“ als notwendig zur Erhöhung des Lebensalters der Stampfasphaltflächen anerkannt ist (§ 20 d). Weitere Maßnahmen werden gegenwärtig ausgeprobt. Die Ursache der Schlüpfrigkeit ist in dem weichen Kalkstein zu suchen. Um härteres Gestein der Decke einzuverleiben, muß sie bei der Herstellung mit Basaltgrus oder einem anderen Hartgestein beworfen werden, das miteingestampft wird. Um das Hartgestein möglichst tief in die Decke zu bringen, kann ein Gebläse nach Art des Sandstrahlgebläses benutzt werden. Damit diese Gesteinskörner festgehalten werden und nicht zur Magerung der Decke beitragen, erhält die Decke einen Anstrich mit einer Asphaltemulsion, die im Abschnitt VII. B. e) 8. behandelt wird. Es ist anzunehmen, daß der Verkehr die Hartgesteinskörner in den Stampfasphalt einkneten wird. Auf bereits verdichteten Stampfasphaltflächen ist der Versuch gemacht worden, durch Emulsionen das Hartgestein auf der Oberfläche anzudrücken. Endgültige Ergebnisse liegen noch nicht vor. Das Maß der Glätte wird man durch Bremsversuche feststellen können.

Nachteilig für die Stampfasphalte hat sich die Betonunterbettung erwiesen, weil in ihr Risse entstehen, die sich auch auf die Stampfasphaltdecke übertragen. Die Ursachen — Schwinden und Bewegung infolge Wärmeänderung — dieser Risse sind dieselben, die auch bei der Straßendecke aus Beton auftreten und die daher im Abschnitt VII. B. f) behandelt werden. Auf Grund der daselbst vorgenommenen Berechnungen kann man annehmen, daß bei einem Beton im Mischungsverhältnis 1:8 die Risse in einer Entfernung von 9—10 m auftreten[60]. Das hat auch die Erfahrung bestätigt. Weil die Risse die Haltbarkeit des Betons und auch des darüber liegenden Stampfasphaltes beeinträchtigen, ist diese Erscheinung seinerzeit in Charlottenburg an Straßen in einer Gesamtlänge von 14 km beobachtet worden. Es sind die im Asphalt entstandenen Risse aufgenommen worden. Es ist ferner die Betonunterbettung bei Straßenausführung mit Fugen in verschiedenen Entfernungen angelegt und dann die Rißbildung in dem Stampfasphalt beobachtet worden. Immer hat sich ihre Entfernung 6—15 m, im Durchschnitt zu 9,5 m, also etwa dem errechneten Wert, ergeben. Nach den Erfahrungen an Betonstraßen wird sich die Bildung solcher Risse nicht vermeiden lassen. Denn sowohl die Anwendung fetterer Mischungen und von Eiseneinlagen können sie nicht ganz verhindern, abgesehen davon, daß solche Maßnahmen für Betonunterbettung zu teuer und aus den schon erörterten Gründen (S. 184) unangebracht sind. Da die Risse durch Zutritt von Wasser und Frost und durch den mechanischen Angriff des Verkehres zur Zerstörung des Stampfasphaltes beitragen, ist erwogen worden, eine Unterbettung zu wählen, die rißfrei bleibt. Als solche sind anzusehen Groß- oder Kleinpflaster oder Steinschlagdecke, die aus einzelnen Stücken oder Platten bestehen, die nicht durch einen Kitt zusammengehalten werden. Temperaturveränderungen haben auf solche Unterlagen keinen Einfluß, da sich jedes einzelne Plattenstück für sich allein verändert. Es ist daher als Unterbettung an Stelle des Betons Schotterdecke vorgeschlagen worden. Wenn damit früher Mißerfolge eingetreten sind, so kann das kein Grund sein, nachdem in der Gegenwart die Asphaltstoffe ganz anders wissenschaftlich erforscht sind, diese Versuche nicht zu wiederholen. Eine Vorbedingung wird aber erfüllt werden müssen. Die Steinschlagdecken dürfen keine neuen sein, die sich unter den Verkehrslasten noch bewegen und setzen. Es müssen bestehende Decken auf festem Unterbau sein, die durch den Verkehr festgefahren sind. Nur dann ist mit Erfolg zu rechnen. Die unverrückbare Lage der Betonunterbettung ist die Ursache gewesen, daß man sie von vornherein für Stampfasphalt gewählt hat, und die Beobachtung hat an Stellen, wo bei schlechtem Untergrund der Betonunterbau langsam, z. B. im Bergbausenkungsgebiet, versackt ist, ergeben, daß dann auch der Stampfasphalt gerissen und durch Witterung und Verkehr zerstört worden ist. Also nur ganz fest und trocken liegende Schotterdecken würden für einen solchen Versuch heranzuziehen sein, denn von unten eindringende Feuchtigkeit ist dem Stampfasphalt ebenso gefährlich. Nach dem italienischen Bericht zum V. I. Str. K. werden in der Provinz Mailand durch den bekannten Straßenbauunternehmer Puricelli große Flächen von Landstraßen mit Stampfasphalt bedeckt, bei denen der Stampfasphalt unmittelbar auf die Straßenfläche gelegt wird[83]. Der Erfolg wird abzuwarten sein. Der Anlaß zu diesen Arbeiten ist vermutlich in der Verwendung einheimischer Asphaltware zu suchen. Puricelli ist an italienischen Asphaltgruben in den Abbruzzen beteiligt. Nach den deutschen Erfahrungen ist aber gerade der Abbruzzenasphalt, der durch die Firma San Valentino Reh & Co. in Charlottenburg verarbeitet wird, ein besonders zäher Stoff mit einem sehr großen Wärmeabstand, so daß er vermutlich für diesen Fall besonders geeignet ist. Als Ausgleichsschicht zwischen der Schotterdecke und dem Stampfasphalt wird eine dünne Zwischenlage aus Asphalt- oder Teerbeton verlegt werden müssen, die allerdings bei den italienischen Ausführungen nicht vorgesehen ist. Wenn auf Grund solcher Überlegungen sich die Möglichkeit ergeben sollte, Stampfasphalt auf Schotterdecke mit besserem Erfolge als auf Beton zu verlegen, so ist damit noch nicht gesagt, daß es auch zweckmäßig ist. Stampfasphalt wird seit Jahrzehnten in den Innenstädten verwendet, wo auf eine geräuschlose, staubarme Decke, die sich leicht reinigen läßt, Wert gelegt wird. Solche Straßen bestehen selten aus alten festgefahrenen Schotterdecken, sondern zumeist aus Großpflaster. Die Höhenverhältnisse, Anschlüsse an Bürgersteige, Nebenstraßen, Entwässerungsanlagen und Straßenbahngleise gestatten in den seltensten Fällen das Aufbringen des Stampfasphaltes auf der alten Decke, so daß eine Beseitigung des vorhandenen Pflasters notwendig ist. Dann bleibt keine andere Wahl, als die Betonunterbettung. In der Vergangenheit ist Stampfasphalt bei der Erschließung neuer Baugelände verlegt worden, wo überhaupt noch keine Straßen vorhanden gewesen sind, es also an den festgefahrenen Schotterstraßen, die als Unterbau hätten benutzt werden können, gefehlt hat. Wo in der Gegenwart bei Aufschließungsstraßen Stampfasphalt überhaupt in Frage steht, werden die Verhältnisse ähnlich liegen. Bleiben dann nur noch die Landstraßen übrig. Aber hier scheidet Stampfasphalt aus vielerlei Gründen aus, Erschwernis der Aufbereitung wegen der Aufstellung von Darren, langsamer Baufortschritt, daher lange Straßensperrung. Es wird auch an der ausreichenden Stärke des Verkehres fehlen, so daß die Decke nicht schnell genug verdichtet wird, und auch der hohe Preis wird abschrecken. Trotz der sonst sehr guten Eigenschaften des Stampfasphaltes auch in wirtschaftlicher Hinsicht, ist seine Anwendung auf die Stadtstraßen mit Verkehr beschränkt. Dort hat er sich eine Stellung erobert, die ihm so bald nicht wird streitig gemacht werden können.

Die Wirtschaftlichkeit der Stampfasphaltdecke gegenüber dem Großsteinpflaster ist nach Untersuchungen von Oberbaurat Löschmann an den Verhältnissen der Stadt Berlin einwandfrei nachgewiesen worden[84]. In dieser Berechnung wird nach den Erfahrungen in Berlin für das Großsteinpflaster eine Lebensdauer von dreißig Jahren, für den Stampfasphalt eine unbegrenzte Lebensdauer angenommen, da durch die Art der Unterhaltung, wie zuvor ausführlich behandelt, die Abnutzungsdecke fortgesetzt erneuert wird. Die Betonunterbettung bedarf, von Ausnahmefällen abgesehen, auf große Zeiträume keiner Erneuerung. Für diese zutreffenden Annahmen ergibt sich aus der Verzinsung der Anlagekosten zu 5 vH 1914 und 10 vH 1926, aus der Erneuerungsrücklage bei 5 vH Zinseszinsen 1914 und 8 vH 1926 und den für Berlin ermittelten Unterhaltungskosten folgende Gesamt-Jahreskosten:

	Nach Oberbaurat Löschmann		Berichtigt
	1914	1926	
Steinpflaster . . . . RM.	1,48	3,34	2,62
Asphalt . . . . RM.	1,19	2,24	2,02

Durch ein Gutachten, daß Verfasser der Berliner Asphalt-Straßenbau-Vereinigung 1926 erstattet hat, ist allerdings nachgewiesen, daß die Beträge, die die Stadt Berlin 1926 für die Unterhaltung der Asphaltstraßen gezahlt hat, zu niedrig gewesen sind. Sie beruhten auf der Annahme, daß 4 vH der Fahrdammflächen im Lauf eines Jahres umgelegt werden müssen, entsprechend einem Unterhaltungssatz von 0,42 RM. bei einem Stampfasphaltpreis von 10,40 RM. für den Quadratmeter, während aber mindestens 6 vH zur Erhaltung der Straßen gefordert werden müssen = 0,63 RM. Aber selbst dann, wenn diese Erhöhung des Unterhaltungssatzes für Stampfasphalt und zugleich eine Erhöhung der Lebensdauer des Steinpflasters auf vierzig Jahre und der sehr niedrige Unterhaltungsaufwand von 0,06 RM. für den Quadratmeter und für die Verzinsung der Anlagekosten 8 vH zugrunde gelegt werden, bleibt der Stampfasphalt nach Spalte 4 wirtschaftlicher als Steinpflaster. Dann sind aber noch nicht abgegolten die hygienischen Vorteile des Stampfasphaltes, seine Geräusch- und Staubarmut.

Gegen die Anwendung des Stampfasphaltes spricht die schon erwähnte Glätte, die Steinpflaster nicht aufweist, und außerdem weniger vom technischen als volkswirtschaftlichen Standpunkt betrachtet der Umstand, daß Stampfasphalt in großen Mengen aus dem Auslande eingeführt werden muß, da der deutsche Asphalt alle Anforderungen wohl kaum wird decken können. Dadurch entsteht eine Belastung der deutschen Handelsbilanz, der insofern eine besondere Bedeutung zukommt, als Stampfasphalt nur etwa 10 vH Asphalt und 90 vH Kalkstein enthält; von dem letztgenannten Gestein ist Deutschland aber selbst reich gesegnet, so daß seine Einfuhr wirtschaftlich schwer zu vertreten sein würde, wenn es Mittel gäbe, sie zu vermeiden.

Zahlreiche Versuche sind unternommen worden, den Stampfasphalt künstlich zu erzeugen, indem Asphalt mit Kalksteinmehl gemischt wurde. Soweit solche Versuche zur Herstellung des amerikanischen Sandasphaltes geführt haben, sollen sie im Abschnitt VII. B. e) 7. behandelt werden. Es hat hier der Weg, den Stampfasphalt zu ersetzen, zu eigenen Konstruktionsgrundsätzen geführt. Alle anderen Versuche, durch mechanische Vermengungen von feingemahlenem Kalkstein mit geschmolzenem Asphalt ein dem natürlichen Stampfasphalt ebenbürtiges Erzeugnis zu erhalten, sind praktisch ohne Erfolg geblieben. Das ist erklärlich, wenn berücksichtigt wird, daß der Stampfasphalt in geologischen Zeiträumen entstanden ist und in einem kurzen Prozeß nicht das nachgeahmt werden kann, was die Natur im Laufe von Jahrtausenden geschaffen hat. Denn es kann von einem mechanischen Gemenge von Kalkstein und Asphalt hierbei nicht gesprochen werden, sondern die beiden Stoffe sind innig miteinander bis in die feinsten Teile verwachsen. Das ergibt sich aus Forschungen von Marcusson über die chemische Zusammensetzung und Unterscheidung der natürlichen und künstlichen Asphalte[85]. Nur wenn man dem Entwicklungsgang der Natur nachgeht, wird man auch den Weg zum synthetischen Asphalt finden. Dr. Zimmer hat ein durch Patent geschütztes Verfahren ausgebildet, bei dem er eine Emulsion von Asphalt in Wasser mit Hilfe von Alkalisalzen der Rizinusölsulfosäure herstellt und diese verdünnte Emulsion mit Kalksteinmehl, das aufs feinste gemahlen ist, vermengt. Die Emulsion zerfällt, das in kolloider Feinheit verteilte Bitumen legt sich um die einzelnen äußerst kleinen Kalkteilchen und bindet diese durch Adsorption, wodurch dasselbe erreicht ist, wie bei der natürlichen Entstehung des Stamphasphaltes. Der Vorgang muß als ein physikalisch-chemischer angesprochen werden. Durch Adsorptionskräfte versteinert die Masse. Sie muß daher wie Stampfasphalt gebrochen, gemahlen und gedarrt werden, ehe sie eingebaut werden kann. Synthetische Asphalte, die nach diesem Verfahren hergestellt und sonst wie Stampfasphalt in Berliner Verkehrsstraßen eingebracht worden sind, haben keinerlei Unterschiede gegenüber dem natürlichen Stampfasphalt gezeigt[58, 86]. Es hat 1914 die Absicht bestanden, dies Verfahren im großen auszuführen. Die A.-G. Jeserich in Charlottenburg hat bereits in Velten eine Fabrikanlage erbaut. Die Umstellung im Straßenbau durch die späteren Ereignisse hat die Durchführung verhindert. Auch bei diesem synthetischen Asphalt hätte zwar der Kalkstein vom Inland, der geeignete Asphalt aus dem Auslande bezogen werden müssen. Gegen das Verfahren von Zimmer ist der Einwand erhoben worden, daß die sulfurierten Fettsäure-Natriumsalze einmal sehr teuer sind, ferner sich hydrolytisch spalten und freie Schwefelsäure erzeugen. Die freie Schwefelsäure treibt als die stärkere die schwache Kohlensäure aus und bildet Gips aus dem Kalkstein. Die Entwicklung von Kohlensäure ist festgestellt. Gips ist wegen der Gefahr des Treibens unerwünscht, darf daher nur in sehr geringem Maße im Stampfasphalt enthalten sein (0,8 vH, s. S. 181). Da aber die Menge der sulfurierten Fettsäure sehr gering ist, die zur Emulgierung des Asphalts verwendet wird, so kann auch die Gipsbildung nur in sehr geringem Maße auftreten. Außerdem bildet sich auch noch Natriumsulfat, das leicht in Wasser löslich ist, so daß angenommen werden kann, daß ein großer Teil des Natriumsulfats und auch des Gipses im Wasser aufgelöst und damit abgeführt werden.

Zur Vermeidung der dem Zimmerschen Verfahren angeblich anhaftenden Mängel wird nach dem Patent von Sudfeldt & Co. statt der sulfurierten Fettsäure Naphthensulfosäure angewendet. Die Gefahr der Gipsbildung soll geringer sein. Auch soll die Naphthensulfosäure gegenüber den sulfurierten Fettsäurenatriumsalzen im Preis geringer sein. Praktische Erfahrungen liegen aber noch nicht vor[87].

β) Gußasphalt.

Aus dem Stampfasphalt ist der Gußasphalt entwickelt als ein künstliches Gemisch von Stampfasphaltpulver, Naturasphalt und Kies oder anderem Gesteinsstoff. In den Asphaltfabriken wird eine Mischung von Stampfasphalt und Naturasphalt hergestellt, das als Mastix bezeichnet wird und im Bauwesen, z. B. als Isoliermittel, vielfache Anwendung findet. Das in Brotform von 30 kg gegossene Mastix hat einen Asphaltgehalt von 15—17 vH und 85—83 vH Kalkstein. Mastix zusammengeschmolzen in großen Kesseln mit Rührwerken mit gewaschenem Kies oder Kies und Hartsteingrus gibt eine Masse, die bei gewöhnlicher Luftwärme fest ist. Die Herstellung erfolgt zum Teil fabrikmäßig, indem die Teile in zylindrischen Kesseln mit starken Rührwerken innig vermischt werden. Die fertige Masse wird dann in fahrbare Kessel abgefüllt und zur Verwendungsstelle gefahren. Diese Kessel sind mit Heizeinrichtungen und Rührwerken, die während der Fahrt betätigt werden, damit keine Entmischung eintritt, versehen[88]. Bei großen Bauausführungen werden Kessel von 5—10 t Inhalt auf der Baustelle selbst aufgestellt und in ihnen die gesamte Menge gekocht und gemischt. Für die Bewegung der Rührarme dient eine Lokomobile. Der Gußasphalt wird heiß bei 180—200° auf einer festen Unterbettung ausgegossen und mit hölzernen Sparteln in etwa 25—40 mm Stärke ausgebreitet. Bei Stärken von über 25 mm wird die Masse in zwei Lagen verlegt, weil die Gesteinsstoffe in der weichen Masse stets das Bestreben haben werden, nach unten zu sinken, so daß die Oberfläche sich mit Asphalt anreichert. Je dünner die Lage ist, desto geringer wird der Einfluß der Entmischung sein. Der Naturasphalt, der hierbei verwendet wird, ist Trinidad Epuré, das mit Fluxöl erweicht ist, die mit Gudron bezeichnete Mischung, oder auch andere Naturasphalte, wie z. B. Mexphalt. Die größere oder geringere Beigabe von Flußmitteln gestattet, die Lage des Tropf- und Erstarrungspunktes des Gußasphaltes entsprechend den klimatischen Verhältnissen einzustellen.

Der Kies und die mineralischen Zuschläge sind das Stützgerüst, sie geben der Decke die Festigkeit, der Asphalt ist das Bindemittel. Die Zuschläge werden nur dann eine genügende Druckaufnahme zeigen, wenn ihr Gefüge dicht ist, also möglichst geringer Hohlraum vorhanden ist. Dann wird auch nur ein Mindestmaß an Bindestoff gebraucht. Damit wird der Gußasphalt nicht nur verbilligt, sondern auch verbessert. Bei einem Übermaß an Asphalt pflegt die Mischung im Sommer weich zu werden, so daß die Verkehrslasten einsinken und Eindrücke hinterlassen, und im Winter Risse zu bilden. Ein widerstandsfähiger Gußasphalt soll nach den schon mehrfach erwähnten Vorschriften für die Prüfung und Lieferung von Asphalt- und Teermassen folgendermaßen zusammengesetzt sein:

Gehalt an Gesamtasphalt, d. h. an Gudron und Asphalt, der im Stampfasphalt enthalten ist,

nicht unter . . . . 8 Gewichtshundertteile
und nicht über . . . . 13 „ „

Die mineralischen Zuschlagsstoffe können aus Quarzkies, Grauwacke, Basalt, Granit oder Grünstein bestehen. Damit sie möglichst hohlraumarm sind, sollen die einzelnen Korngrößen etwa in dem nachfolgenden Verhältnis vertreten sein[89].

Korngröße bis 0,2 mm Durchmesser 70 vH,
„ von 0,2—0,6 mm Durchmesser 20 vH,
„ 0,6—2 „ „ 10 „
Korngrößen über 7 mm Durchmesser sollen überhaupt nicht vorhanden sein.

Für den englischen Gußasphalt wird folgende Zusammensetzung angegeben[69].

Zusammenstellung 44.

	Maschenweite mm	Im Mastix vH	Fertig verlegt nach Zugabe d. Steinplitts vH
In Schwefelkohlenstoff lösliches Bitumen . . .	—	16,4	10,8
Steinmehl 200 Maschen durchlaufend	0,074	43,2	22,1
„ 100 „ „	0,14	9,2	7,0
„ 80 „ „	0,17	2,0	2,8
„ 50 „ „	0,29	10,8	5,6
„ 40 „ „	0,36	4,5	2,6
„ 30 „ „	0,50	6,8	3,7
„ 20 „ „	0,85	4,7	2,3
„ 10 „ „	2,01	2,4	5,5
Grus 6 mm bis 2 cm	—	—	37,6
		100,0	100,0

Das Kalksteinmehl gibt die feinen mineralischen Bestandteile ab, der Grus die gröberen. Die Korngröße geht hier auffallenderweise bis 2 cm. Damit der Gußasphalt sich den Luftwärmeverhältnissen in Deutschland anpaßt, soll der Asphalt folgende Beschaffenheit aufweisen[59]:

1. Der Tropfpunkt darf nicht zu niedrig, aber auch nicht zu hoch liegen; er soll etwa einem Schmelzpunkt nach K. S. von 38° entsprechen.

2. Der Erstarrungspunkt soll mindestens —5° C betragen.

Nach den Angaben der Z. f. A. T. kann für einen guten Asphalt folgende Mischung empfohlen werden, wenn dazu ein Asphaltmastix mit 15 vH Asphalt und 85 vH kohlensaurem Kalk verwendet wird: 65 vH Gewichtsteile Mastix + 35 Gewichtsteile Kies oder Steingrus bis 7 mm Durchmesser. Der Gußasphalt setzt sich dann zusammen aus 9,8 Gewichtshundertteilen Asphalt und 90,2 Gewichtshundertteilen Mineralstoff, der aus 55,2 Gewichtshundertteilen Kalkstein und 35,8 Gewichtshundertteilen Kies oder Steingrus besteht.

Die Erfahrung hat bestätigt, daß so zusammengesetzte Gußasphalte in der Wärme nicht weich geworden und in der Kälte nicht gerissen sind. Zu erklären ist noch die Tatsache, daß Gemische mit einem so geringen Gehalt an Asphalt noch gußfähig sind, während die später zu behandelnden künstlichen Asphalte mit höherem Asphaltgehalt stampfbar und walzbar bleiben.

Das hängt damit zusammen, daß beim Gußasphalt der Asphaltgehalt um einige Raumvomhundertteile den Hohlraumgehalt der Mineralmasse übersteigt.

Dieser Überschuß macht die Masse beim Gußasphalt sehr schnell gießbar, weil in ihr mehr grobe Mineralmasse enthalten ist, deren Oberfläche weniger Asphalt verbraucht, und weil die vorhandene feinkörnige Masse — der Stampfasphalt — selbst Asphalt enthält, also keinen Asphalt in Anspruch nimmt. Ein geringer Asphaltüberschuß bringt daher in der Erwärmung die Masse schnell zum Fluß. Dieser geringe Überschuß an Asphalt im Gußasphalt wirkt nun seinerseits auf die Masse selbst nachteilig, als sie bei Wärme etwas nachgiebig wird, und es ist leicht einzusehen, daß schon ein geringes Mehr, als notwendig ist, um den Gußasphalt gießfähig zu machen, genügt, um ihn zu verderben. Die Schwierigkeit im Gußasphalt liegt also an der richtigen Bemessung des Asphaltzusatzes, worin sehr oft noch gefehlt wird.

Während die Hohlräume im Stampfasphalt je nach Art zwischen 30—15 vH betragen, die im Laufe der Zeit durch den Verkehr auf wenige Vomhundertteile zurückgehen, darf der Gußasphalt keine Hohlräume besitzen. Es müssen sogar nach Bredtschneider bei a vH Hohlraumgehalt $a + 5\ \mathrm{cm}^3$ Anteile an Asphalt vorhanden sein, wenn der Asphalt gußfähig sein soll[58]. Werden die Hohlräume vom Asphalt nur gerade ausgefüllt, dann bleibt die Masse noch lose und stampffähig. Ein Gemisch nach Art des Gußasphaltes gibt aber mit einem solchen Asphaltgehalt keine standfähige Decke. Die Mineralmasse ist zu grob. Es wird später bei den künstlichen Asphaltstraßen, beim Sandasphalt und Asphaltbeton erklärt, daß nur das Vorhandensein sehr feinen Mehles in diesem Falle eine beständige Masse bewirkt (S. 209).

Unterbau. Auch der Gußasphalt, der nur als Abnutzungsschicht anzusehen ist, bedarf, wie der Stampfasphalt, eine tragfeste Unterlage. Als solche ist zuerst Zementbeton angewendet worden, in derselben Weise wie bei dem Stampfasphalt, aber nur in 15 cm Stärke, weil Gußasphalt anfangs nur in Wohnstraßen mit geringerem Verkehr verlegt worden ist. Diese Betonunterbettung ist bei ihrer geringeren Stärke infolge Einflüssen der Temperatur noch stärker gerissen als bei Stampfasphaltstraßen und hat die Gußasphaltdecke in Mitleidenschaft gezogen. Erst nach Herstellung eines Gußasphaltes in einwandfreier Zusammensetzung haben selbst die Risse im Beton ihm nichts mehr anhaben können. Die Gußasphaltmasse hat bei ihrer Elastizität selbst bei Kälte den Rissen nachgegeben. Auf den Gußasphalt lassen sich aber die Arten von Unterbettung, die für den Stampfasphalt vorgeschlagen sind (s. S. 188), die Steinschlag- und Pflasterdecke, in recht zweckmäßiger Weise anwenden. Die Erfahrungen, die mit solchen Ausführungen im Verlauf der letzten fünfzehn Jahre gemacht worden sind, lauten durchweg günstig[89]. Ausgefahrene holperige Pflasterdecken von Groß- und Kleinpflaster erhalten einen Überzug von Gußasphalt, der in zwei Schichten aufgebracht wird, die untere mit niedrigerem Tropfpunkt dient zum Ausgleich der Unebenheiten — bei ihrer weicheren Beschaffenheit besitzt sie gegen Bewegungen der Unterbettung und gegenüber auftretenden Rissen Nachgiebigkeit und reißt nicht mit —, die obere, härtere, ist die Abnützungsschicht. Bei richtiger Zusammensetzung bleibt Gußasphalt daher selbst auf alten Pflaster- oder Steinschlagbahnen ohne Risse.

Gußasphaltdecke. Zufolge seines Gehaltes an Kies oder Hartgestein ist der Gußasphalt an seiner Oberfläche rauh, er kann infolgedessen auch in Straßen bis etwa 2 vH verlegt werden. Um den Bedürfnissen nach einer möglichst rauhen Befestigung zu genügen, ist dann der Hartgußasphalt als Straßenbelag eingeführt worden, bei dem ein möglichst hoch eingestellter Asphalt mit Hartgestein verwendet wird. Der Tropfpunkt liegt hoch über 60° C. Der Kies ist zum Teil durch Grus und Feinsplitt von Hartgestein ersetzt worden. Da die grobkörnige Masse weniger Oberfläche hat, ist der Bedarf an Asphalt als Bindemittel geringer, was zu beachten ist. Solche Hartgußasphalte werden also zu den asphaltärmeren gehören. Infolge ihrer größeren Rauhigkeit können sie in erheblich stärkeren Steigungen bis 5 vH verlegt werden.

Gußasphalt ist völlig dicht. Sein Raumgewicht liegt zwischen 2,3—2,4. Angaben über Zusammensetzung der Gußasphalte, Abnutzung im Sandstrahlgebläse und auf der Schleifscheibe befinden sich bei Schmidt-Herrmann[64], S. 40/41. Gußasphalt verdichtet sich nicht mehr unter dem Verkehr, sondern wird gleich in der vorgeschriebenen Höhe eingebaut. Diese Eigenschaften machen ihn unempfindlich gegen Feuchtigkeit und Witterungseinflüsse. Infolgedessen kann Gußasphalt zu jeder Jahreszeit verlegt werden. Er wird deshalb auch in der Zeit vom 15. November bis 15. März auch zur Ausbesserung von Stampfasphalt verwendet.

Gußasphalt ist anfangs nur in verkehrsarmen Wohnstraßen verlegt worden. Bei der geringen Kenntnis seiner richtigen Zusammensetzung ist die Beschränkung auf solche Straßen in der ersten Zeit berechtigt gewesen. Die Verbesserung seiner Zusammensetzung, vor allem in der Form des Hartgußasphaltes, ermöglichen jetzt aber auch, Gußasphalt in Straßen mit lebhafterem Verkehr zu verwenden, insbesondere auch auf Landstraßen. In diesem Falle wird die vorhandene Schotterdecke, die nachprofiliert werden muß, mit einer dünnen Gußasphaltdecke überzogen, 2—3 cm dürften genügen. Solche Überzüge werden sich wesentlich haltbarer erweisen als Oberflächenteerungen und den Vorteil haben, daß bei gelegentlichen Wiederherstellungsarbeiten nicht die Straße ganz oder zur Hälfte gesperrt werden muß, wie es die Oberflächenteerungen verlangen. Im Zuge der Straße London—Colchester liegt eine 5 cm starke Gußasphaltdecke auf Schotterbahn, die 1912 verlegt worden ist und nach dem Bericht über die Reise nach London[69] bis 1924 keinerlei Unterhaltung erfordert hat.

Im Bericht 18 zum V. I. Str. K. — Schweiz, Prof. Schlaepfer—wird darauf hingewiesen, daß nach den heutigen Erfahrungen der Betonunterbau fortgelassen werden kann und dann der Gußasphalt nicht nur als wirtschaftlicher Belag für städtische Straßen, sondern auch für Ausfallstraßen aus großen Städten in Frage kommt.

Seiner Verwendung im Großbetriebe sind allerdings gewisse Schranken gesetzt, weil bei der Verlegung noch viel Handarbeit erforderlich ist. Als tägliche Leistung für eine Maschine werden 350 m² gerechnet. Auf der Provinzialstraße Düsseldorf—Cleve sind 500 m² an einem Tage verlegt worden. Das ist nur ein Bruchteil der Fläche, die bei anderen Befestigungen, wie Asphaltkunstbelägen und Beton, hergestellt werden kann. Von der Leistung hängt aber in der Gegenwart viel ab, da Wert darauf gelegt wird, die Straßen nur auf möglichst kurze Zeit für den Verkehr zu sperren.

Gußasphalt ist im Preise stets geringer gewesen als Stampfasphalt, weil nur etwa 60 vH Stampfasphalt und etwa 5 vH Gudron in ihm enthalten sind, dafür 35 vH Kies. Der Aufbruch aus Stampfasphaltstraßen ist vorzugsweise für Gußasphalt verwendet worden, weil der Asphalt in ihm, wie schon erwähnt, durch die Lagerung einen höheren Tropfpunkt angenommen hat, wie er für den Gußasphalt verlangt wird. Da der Stampfasphalt aus Aufbruch als Abfall anzusehen ist, so ist sein Preis stets niedriger als bei frischem Stampfasphalt gewesen. Die Preiswürdigkeit des Gußasphaltes hängt demnach von der Gewinnung von Abfallstampfasphalt ab. Deshalb ist der Gußasphalt in Gegenden, wo viel Stampfasphalt liegt und zu unterhalten ist, stets leicht herzustellen und billig gewesen. Das muß sich ändern, wenn die Gußasphalterzeugung größeren Umfang annimmt, die gewonnene Asphaltaufbruchmasse nicht mehr ausreicht und neuer Stampfasphalt dazu verwendet werden muß.

In städtischen Straßen ist der Gußasphalt bis vor wenigen Jahren in der Weise unterhalten worden, daß der Unternehmer, der die Ausführung gehabt hat, auf zwanzig Jahre auch seine Unterhaltung, fünf Jahre lang unentgeltlich und dann fünfzehn Jahre gegen eine feste Entschädigung übernommen hat. Die Höhe dieser Entschädigung hat zwischen 0,25 und 0,10 RM., je nach der Verkehrsbedeutung der Straße, geschwankt. Hierfür haben die Verpflichteten die Gußasphaltdecke einschließlich der Betonunterlage stets in einem verkehrssicheren Zustand erhalten und etwa die Anforderungen erfüllen müssen, die bereits schon bei der Unterhaltung der Stampfasphaltstraßen (S. 186) erwähnt sind. Gegenwärtig erfolgt die Unterhaltung an vielen Stellen nur noch im Auftrage und gegen Bezahlung der wirklich geleisteten Arbeit, für die alljährlich Preise vereinbart werden. Bei der geringen Abnutzung des Gußasphaltes hat sich anscheinend dieses Verfahren als wirtschaftlicher erwiesen; denn an vielen Orten hat Gußasphalt überhaupt keine Unterhaltung erfordert.

Über die Größe der Abnutzung liegen keine Angaben vor. Es ist anzunehmen, daß der rauhe Hartgußasphalt sich stärker abnutzen wird als der feinkörnige Kiesgußasphalt. Ob der Versuch, das Maß der Abnutzung oder den Unterschied in der Güte verschiedener Mischungen im Sandstrahlgebläse festzustellen, gelingt, erscheint zweifelhaft. Zwar läßt sich bei der Abblasung sehr deutlich die Art der Zuschlagsstoffe erkennen, der Verlust wird aber auch vom Asphaltgehalt abhängen. Je mehr Asphalt der Gußasphalt enthält, desto geringer wird die Abnutzung sein. Eher wird der Abschleifversuch auf der böhmischen Schleifscheibe Erfolg versprechen und Einblick in die Abnutzung der Gußasphalte gestatten[64].

γ) Stampfasphaltplatten.

Bei der Behandlung des Stampfasphaltes ist schon darauf hingewiesen, daß für seine Herstellung und Unterhaltung Darranlagen notwendig sind. Um auch in kleineren Ortschaften und Städten, in denen die geringe Zahl an Straßen die Errichtung solcher Einrichtungen nicht lohnt, Stampfasphalt einführen zu können, werden Asphaltplatten hergestellt, die auf einer Betonunterbettung mit möglichst dichten Fugen verlegt werden. Bei diesen Platten kann eine Verdichtung durch den Verkehr nicht erwartet aber auch nicht zugelassen werden, endn durch die Fugen kann Feuchtigkeit unter die Platten geraten, und selbst wenn an der Oberfläche bereits eine Verdichtung eingetreten ist, kann sie von unten zerstörend wirken. Die Platten werden daher von der Fabrik verdichtet geliefert. Gedarrtes Stampfasphaltmehl wird in Pressen, wie sie bei der Kalksandstein- oder Betonplattenerzeugung benutzt werden, mit einem Druck von 125 kg/cm^2 hydraulisch gepreßt. Ihre Stärke beträgt zwischen 2,5—5 cm, Kantenlänge 25 cm. Der Stampfasphalt muß den zuvor genannten Bedingungen entsprechen. Die Platten werden auf Betonunterlage verlegt, sie erhalten einen Anstrich an der Unterfläche und an den Fugen von heißem Asphalt.

Plattenasphalt kommt nur für Straßen mit geringem Verkehr in Frage. Er hat nicht überall den Erwartungen entsprochen. So haben in vielen Straßen die Platten sich in der Richtung des Verkehres verschoben, weil die auf der Unterseite glatten Platten nicht genügend Reibung auf dem Beton finden. Die Fugen verlaufen also von einer Bordkante zur anderen in Form einer S-Krümmung. Außerdem lassen sich die Fugen nicht so dicht herrichten, daß nicht ein kleiner Zwischenraum entsteht. Diese geringe Lücke und der dadurch gebildete Absatz bieten den Verkehrslasten, vornehmlich den Pferdehufen und eisernen Wagenrädern, Angriffspunkte, und an dieser Stelle setzt die Zerstörung ein, eine Erscheinung, die bei allen Pflasterarten mit Fugen zu beobachten ist. Es ist anzunehmen, daß die Vorzüge des Gußasphaltes einer weitgehenden Verwendung des Plattenasphaltes entgegenstehen. Zweckmäßig haben sich Platten als Rinnenbelag bei Stampfasphaltstraßen (s. S. 180) und zur Belegung von Fußwegen, Bahnsteigen und Versammlungsplätzen, Fabrikfußböden erwiesen.

7. Die künstlichen Asphaltdecken.

α) Oberflächenbehandlung mit Asphalt.

Die Asphaltoberflächenbehandlung ist in Amerika zuerst aufgenommen worden, weil der Stoff reichlich zur Verfügung steht. In den Petroleumgebieten werden die Straßen, die überwiegend noch einfach befestigt sind und aus Kies- und Lehmwegen bestehen, mit Rohöl besprengt. Diese Maßnahme dient der Staubbekämpfung und Deckenbefestigung. An anderen Stellen werden die Destillate und die flüssigen Rückstände der Destillate und sogenannte cutback-Öle, das sind Öle, die mit einer leicht flüchtigen Fraktion gemischt worden sind, bevorzugt. Gerade die cutback-Öle sollen gute Erfolge gezeitigt haben. Über die Wirkungsweise der verschiedenen Öle hat die Straßenverwaltung von Illinois in den V. St. A. eine vergleichende Untersuchung vorgenommen, weil es von wirtschaftlicher Bedeutung ist, das haltbarste Öl zu ermitteln[90]. Denn im Staate Illinois werden jährlich 16000 km Straßen geölt und dabei $170 \cdot 10^6$ l Öl verbraucht. Es sind im Jahre 1923/24 sechs Versuchsstraßen in den verschiedenen Gegenden des Staates angelegt worden, um alle klimatischen Verhältnisse zu berücksichtigen. Es sind Öle, die auf reiner asphaltischer Grundlage, halbasphaltischer und paraffinischer aufgebaut sind, benutzt worden, im ganzen fünfzehn verschiedene Sorten. Das Ergebnis, kurz zusammengefaßt, ist das folgende.

Es kommt bei diesen Ölen weniger auf ihre Bindekraft als auf ihren Widerstand gegen Emulgierung und ihr Verhalten gegenüber dem Wasser an. Infolgedessen haben sich paraffinhaltige Öle am besten bewährt. Diese Erfahrung hat völlig der vermuteten widersprochen und ist wohl darauf zurückzuführen, daß Paraffin einen höheren Widerstand gegen die Emulgierung bietet. Verfasser hat an anderen Stoffen mit Paraffingehalt ähnliche Erfahrungen gemacht.

Die Verwendung leichter Öle hat sich in den Ländern, in denen sie nicht gewonnen werden, aus wirtschaftlichen Gründen nicht eingebürgert. Hier ist an ihre Stelle der Asphalt getreten. Es wird die Asphaltart verwendet, die bei den künstlichen Asphaltdecken den Oberflächenschluß bildet und infolgedessen weicher eingestellt ist als der in der Decke selbst verwendete Asphalt. Nach den im Abschnitt VII. B. e) 5. gemachten Angaben hat der Asphalt einen Schmelzpunkt von 36—46°. Damit er leichtflüssig ist, in die Decke eindringt und sich auch dünn ausstreichen läßt, muß er auf mindestens 180° erwärmt werden. Mexikanische Erdölasphalte, darunter hauptsächlich Spramex, werden zum Oberflächenanstrich verwendet. Die Masse wird in Vorkochern erwärmt und dann in Sprengwagen gefüllt und ohne und mit Druck auf die Straße ausgesprengt. Die Decke erhält dann einen Bewurf mit Splitt 5—15 mm groß, der zweckmäßig eingewalzt wird. Die Ausführung gleicht derjenigen bei Oberflächenteerungen. Die Oberfläche der Straße muß sauber abgekehrt werden, innen und oben völlig trocken sein, ehe der Asphalt aufgebracht werden darf.

Es ist aber beobachtet worden (V. I. Str. K.), daß die Verbindung zwischen Steingerüst und Asphalt bisweilen nur eine ungenügende ist, und daß der Asphalt unter dem Verkehr sich abschiebt und loslöst. Es wird das darauf zurückgeführt, daß die Asphaltmasse zum Gestein nur ein geringes Haftvermögen zeigt. Da der Asphalt sehr zähflüssig ist, so kann die Ursache der ungenügenden Haftung darin gesucht werden, daß beim Aussprengen der Asphalt sich bereits abkühlt, und daß er beim Auftreffen auf der Oberfläche so tief abgeschreckt wird, daß die Masse spröde wird und keine Verbindung mehr mit dem Gestein eingeht, auch nicht in die Decke eindringen kann, sondern sich nur darauf legt. Der bedeutenden inneren Bindekraft des Asphaltes, die durch seine große Fadenlänge gekennzeichnet ist, steht ein geringes Haftvermögen gegenüber. Es zeigt sich die eigenartige Erscheinung, daß die Adhäsion gering ist, wo die Kohäsion hoch ist.

Um dem Asphalt ein besseres Anhaften zu ermöglichen, hat es sich als zweckmäßig erwiesen, der Decke erst eine Oberflächenteerung mit einer Pechölmischung zu geben. Der leichtflüssige Teer haftet besser am Gestein. Er wirkt als Klebmittel zwischen Gestein und Asphalt, wenn bei dem nachfolgenden Aufbringen des Asphaltes der Teer durch den heißen Asphalt erweicht wird und sich mit ihm vermischt.

Dieselbe Wirkung oder noch bessere wird erzielt, wenn Asphalt und Teer gemischt werden. Da hierbei der Asphalt nur etwa 20—30 vH ausmacht, so wird eine solche Maßnahme als Oberflächenteerung anzusehen sein (S. 146. 154). Die Oberflächenasphaltierung hat vor der Oberflächenteerung den Vorzug, daß der beständige Asphalt länger den Angriffen der Verkehrslasten und der Witterung widersteht und daher eine längere Lebensdauer als Teerungen aufweist. Allerdings sollen Asphaltierungen eine glatte Fahrbahn abgeben, die bei Feuchtigkeit einen Spiegel zeigen, und daher in Steigungen über 4 vH nicht anwendbar sein.

β) Tränk- und Mischverfahren.

Vorbemerkung. Da nicht überall auf der Welt Kalksteinasphalt in solcher Zusammensetzung, daß er sich für den Straßenbau als Stampf- oder Gußasphalt eignet, vorkommt, ist der Wunsch entstanden, den Stampfasphalt aus Asphalt und Gestein in verschiedener Körnung künstlich zusammenzusetzen. Die Versuche sind bereits vor etwa sechzig Jahren in Nordamerika, wo es an Stampfasphalt fehlt, aufgenommen worden und haben zur Schaffung von Asphaltkunstbelägen von sehr brauchbaren Eigenschaften geführt. Parallel mit diesen Versuchen sind andere gegangen, die wassergebundenen Steinschlagdecken durch Einfügung von Asphalt zu verbessern. Aus diesen beiden Bestrebungen heraus sind dann Deckenarten entwickelt worden, in denen Asphalte — wie Trinidad- oder Bermudazasphalt oder auch die Erdölasphalte — die Stelle des Bindemittels aufnehmen und die in ihrem Aufbau mancherlei Übereinstimmung zeigen. Die Durchbildung dieser Decken ist gegenwärtig wohl bis zu einem gewissen Abschluß gekommen, und ein scharfer Unterschied zwischen der durch Asphalt verbesserten Steinschlagdecke und der Nachahmung des Stampfasphaltes auf künstlichem Wege ist zufolge der Anwendung gleichartiger Konstruktionsgrundlagen nicht mehr vorhanden. Das hat dazu geführt, diese Zusammensetzung aus Natur- oder Erdölasphalt und Steingemenge als die Asphaltkunstbeläge zu bezeichnen, zu denen in Deutschland gerechnet werden: Asphalttränkmakadam (Asphaltmakadam), Steinschlagasphalt (Asphaltmischmakadam) und Asphaltbeton (asphalt concrete open and closed binder), Sandasphalt (sheet asphalt). Diese vier Deckenarten zeigen einen ähnlichen konstruktiven Aufbau, wie die schon im Abschnitt Teerstraßen, VII. B. e) 4., behandelten, mit dem Unterschiede, daß an Stelle des Teeres der Asphalt tritt.

Die Bezeichnungen für diese Asphaltdeckenarten sind von der Stu. f. A. aufgestellt worden. Es ist zu wünschen, daß sie sich in Deutschland einbürgern. Denn es kommt sowohl dem Straßenbau wie den Unternehmern im Straßenbau zugute, wenn Klarheit über Bezeichnung und Wesen der üblichen Bauweisen herrscht. Die Stu. f. A. hat daher auch kurze Erläuterungen gegeben, was unter jeder Deckenbezeichnung zu verstehen ist und ein Merkblatt über die hauptsächlichen Konstruktionsmerkmale herausgegeben, das auch Angaben enthält, worauf bei den einzelnen Ausführungen besonders zu achten ist.

Unterbau. Feuchter Untergrund muß durch Dräns oder Sickerschlitze in der im Abschnitt VII. A. b) beschriebenen Weise trockengelegt und bei lehmigem oder tonigem Boden muß erst eine mindestens 30 cm starke Kieslage eingebaut werden. Auf das tragfähige oder entsprechend vorbereitete Planum wird erst eine Schotterlage von Fein- bis Grobschotter aufgebracht und auf 10—15 cm Stärke abgewalzt. Ein solcher Unterbau würde auf völlig neuen Straßen vorzusehen sein. Wenn stärkerer Verkehr zu erwarten ist und die hochwertigen Decken wie Steinschlagasphalt bis Sandasphalt angewendet werden sollen, kommt Packlage bis 20 cm Höhe und eine Steinschlaglage von 5—10 cm in Frage. Da sich solche Unterbettungen setzen, sollen sie ein Jahr dem Verkehr ausgesetzt werden, ehe die Asphaltdecke aufgebracht wird. Im übrigen sind die im Abschnitt VII.

B. a) gegebenen Grundsätze für die Herstellung von Steinschlagdecken zu beachten.

Die künstlichen Asphaltdecken eignen sich aber besonders für schon bestehende Straßen, z. B. Steinschlagstraßen, alte Klein- und Großpflasterdecken und Beton, weil dann die vorhandene Decke als Unterbau ausgenutzt werden kann. Solche Decken müssen aber selbst tragfest sein, Sackungen und Schlaglöcher müssen vorher beseitigt, auch müssen sie von Schmutz und Staub gereinigt werden, ehe die Asphaltdecke aufgebracht werden kann. Für die Ausbesserung kann bereits eine Asphaltmischung benutzt werden. Muß der ganze Unterbau nachprofiliert werden, dann empfiehlt es sich, ein flacheres Quergefälle vorzusehen, weil die Asphaltdecken an sich eine flachere Querneigung erhalten können. Beton kann nur dann eine brauchbare Unterlage abgeben, wenn lediglich die Oberfläche abgenutzt ist, die auf diesem Wege erneuert werden soll, und die Betonplatten selbst rißfrei sind. Sobald der Beton gerissen oder sonst zerstört ist, muß vor seiner Verwendung als Unterbau für Asphaltstraßen gewarnt werden aus Gründen, die im Abschnitt VII. B. e) 6., S. 184, bereits eingehend behandelt worden sind.

Gesteinsstoffe. Das für Asphalttränkmakadam, Steinschlagasphalt und Asphaltbeton bestimmte Gestein soll wetterbeständig und hart sein, es darf keine Neigung zum Spalten oder Splittern zeigen, keinen Schmutz oder lehmige Bestandteile enthalten, muß eine möglichst würfelige Form haben. Wenn der Steinschlag auf der Baustoffberme gelagert hat, muß er vor der Ausbreitung ausgegabelt werden. Großer Unterschied in dem Steinschlag, besonders großer Anteil an Splitt, kann bewirken, daß bei Asphalttränkmakadam einzelne Stellen zu dicht werden und dann der Asphalt nicht tief genug eindringt. Die Korngröße muß sich den einzelnen Asphaltdecken anpassen. Weitere Angaben werden bei den einzelnen Deckenarten gemacht. Wo Felsgestein nicht vorhanden ist, aber Geröll und grober Kies, können diese Stoffe verwendet werden, wenn sie sonst die zuvor aufgeführten Anforderungen erfüllen. Sie müssen aber vorher gebrochen und in Siebtrommeln ausgesondert werden. Es sollen nur solche Stücke verwendet werden, die mindestens zwei bis drei Bruchflächen besitzen. Hochofenschlacke ist ein brauchbarer Zuschlag, wenn er den Anforderungen entspricht, die im Abschnitt VII. B. e) 4. γ) S. 166 aufgestellt sind.

Der Asphalt. Über seine Beschaffenheit sind Vorschriften erlassen worden, die als entscheidend allerdings noch nicht angesehen werden können. Unter Bezugnahme auf die Ausführungen im Abschnitt VIII. C. d) S. 308 ist folgendes anzugeben:

Für die verschiedenen Straßenbauverfahren können die folgenden entscheidenden Merkmale für die Beschaffenheit der Asphalte angenommen werden:

Spez. Gew. bei 20° C nicht unter 1,0;
Gewichtsverlust: bei 163° C, während fünf Stunden nicht mehr als 3 vH;
Fadenlänge: im tropfenden Zustand nicht unter 18 cm;
Flammpunkt: höher als + 200° C;
Erstarrungspunkt: — 10° bis — 15° C oder niedriger, je nach dem Klima.

Für die verschiedenen Asphaltbeläge kommen folgende Schmelzpunkte für das zu verwendende Asphaltbitumen in Betracht:

Asphalttränkmakadam	28° C bis 35° C,
Steinschlag- (Asphaltmischmakadam) asphalt	40° C bis 50° C
Asphaltbeton, grob	40° C bis 50° C
Asphaltbeton, fein	40° C bis 50° C
Sandasphalt	40° C bis 50° C

Zur kurzen und einfachen Prüfung des Asphaltes auf der Baustelle ist die Feststellung der Eindringungstiefe (Penetration) geeignet.

Es können im allgemeinen folgende Eindringungstiefen als angemessen betrachtet werden:

Asphalttränkmakadam . . . . 60—150,
Steinschlagasphalt (Asphaltmischmakadam) . . 50—80,
Asphaltbeton, grob . . . . 40—70,
Asphaltbeton, fein . . . . 40—70,
Sandasphalt . . . . 30—60,

Grundsätzlich wählt man bei schwerem Verkehr und wärmerem Klima Asphalte von geringerer Eindringungstiefe und umgekehrt.

Welche besonderen Anforderungen die einzelnen Bauweisen an den Asphalt stellen, wird an der betreffenden Stelle noch besonders angegeben.

Asphalttränkmakadam. Eine trocken eingewalzte Lage von Steinschlag, enthaltend Grobschrotter oder Grob- und Mittelschotter, oder alle drei Schotterkörnungen und Splitt, in welche heißer Asphalt eingegossen, und die sodann mit Splitt oder Grus abgedeckt und nochmals überwalzt wird.

Der Belag hat Hohlräume, er erhält eine Verschlußdecke, bestehend aus Asphaltanstrich und Grusabdeckung, welche abgewalzt wird.

Es sind zwei getrennte Bauverfahren zu unterscheiden. Bei dem einen werden die Korngrößen abgestuft, die größeren unten, die feineren oben, bei dem anderen bereits in die untere Lage Kornmischungen eingebaut. Im ersten Falle hat der Steinschlag der unteren Lage 3—7,5 cm Korngröße, die auf 5 cm abgewalzt werden. Auf diese Decke wird unter Druck Asphalt (7,91 l/m²) ausgespritzt und dann ausreichend mit Splitt abgedeckt, daß die Walze darübergehen kann, ohne Asphalt aufzunehmen. Die Oberfläche wird gut abgewalzt. Dann kommen noch 2,25 l/m² auf die Decke, und noch einmal wird Splitt oder Grus aufgebracht und abgewalzt. Es ist darauf zu achten, daß der Asphalt völlig gleichmäßig aufgebracht wird und sich keine feuchten Stellen zeigen, da hier die Decke zu weich wird und sich unter den Lasten verschiebt.

U. S. B. of P. R. empfiehlt für das Gestein der zweiten Lage, daß 95 vH durch ein Sieb von 2,5 cm Maschenweite gehen und 85 vH auf dem 6-mm-Sieb zurückgehalten werden. Für die Ausführungen, bei denen schon die untere Lage Korngrößen innerhalb weiter Grenzen erhält, werden folgende Verhältnisse empfohlen:

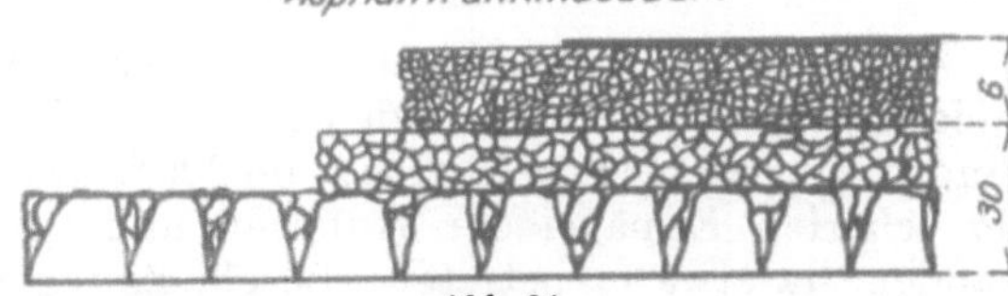

Abb. 94.

In Pennsylvania rechnet man für das Asphalttränkmakadamverfahren: 35 t Steine auf 30 m Straßenlänge zu 5,4 m Breite, Größe 1,6—7,0 cm bis auf 7,5 cm abgewalzt. 20—30 vH Verdichtung und 6,25 l/m² Asphalt. Dann werden Steine von 19 mm Größe aufgebracht, 6 t auf 30 m, sie sollen die Hohlräume in der Oberfläche ausfüllen. Sie werden abgewalzt; es wird 1,8 l/m² Asphalt aufgespritzt und dann feiner Splitt bis 12 mm, 4 t auf 30 m, aufgebracht und dann nochmals Asphalt = 1,1 l/m² und wieder abgewalzt (Abb. 94).

Das Merkblatt der Stu. f. A. schlägt die folgende Zusammensetzung vor:

1. Mittelschlag	von 3,5— 5,0 cm	Korn (Sieblochung)	etwa	65 vH,
2. Feinschlag	„ 2,5— 3,5 „	„ „	„	25 „
3. Splitt	„ 12—25 mm	„ „	„	10 „

Asphalttränkmakadam soll im früheren oder mittleren Sommer verlegt werden, weil der Asphalt dann warm wird und infolge seiner Weichheit ein Zusammenpressen der Decke eintritt.

Die Wahl des Verfahrens hängt von den Verkehrsverhältnissen ab. Bei leichtem Verkehr, wie er etwa in Wohnstraßen anzutreffen ist, wird das erstgenannte Verfahren brauchbar sein. Der Hohlraumgehalt ist zwar groß, aber es würde falsch sein, ihn voll mit Asphalt ausfüllen zu wollen. Vielmehr bietet die Verwendung eines Sprengwagens die Möglichkeit, durch verschiedene Einstellung des Druckes oder durch die Geschwindigkeit, mit der der Wagen über die Decke gefahren wird, die Menge des in die Decke gegossenen Asphaltes zu regeln und zu beschränken. Hiernach richtet sich dann auch der Preis der Ausführung.

Das zweite Verfahren wird für größeren Verkehr geeignet sein. Es hat in den V. St. A. selbst auf ausgesprochenen Lastverkehrsstraßen dem schweren Verkehr in befriedigender Weise widerstanden[31]. In Stuttgart sind eine Reihe stark belasteter Ausfallstraßen nach diesem Verfahren behandelt worden. Hierzu ist die alte Schotterdecke aufgerissen, eine gute Unterlage mittels der Walze hergestellt und eine 7—8 cm starke Schotterdecke aus reinem Hartschotter (Basalt, Diabas) verschiedener Korngröße aufgewalzt worden. Nach einem Einguß von rd. 12 kg/m² Mexphalt, mit einer Temperatur von 180°, ist Grus darübergewalzt und ein Aufguß von 2 kg Spramex, gleichfalls auf 180° erwärmt, aufgebracht und dann abgesplittet. Dieses Verfahren ermöglicht, große Flächen in kurzer Zeit herzustellen. Die Ausführung verlangt keine besonderen Maschinen. Das Mexphalt ist mit Gießkannen, das Spramex mit heizbarem Kesselwagen eingegossen worden. Zur Erwärmung ist ein Standkessel erforderlich. Die Ausführung ist billig. Zur Ersparnis an Asphalt wird neuerdings geteerter Schotter verwendet, der kalt eingebaut wird. Dann geht der Verbrauch an Mexphalt auf 5—6 kg zurück[41].

Asphalteigenschaften. Die Asphalt-Association in New York empfiehlt für verschiedene klimatische Verhältnisse und Verkehrsgrößen folgende Eindringungstiefe (Penetration):

Verkehr	Temperatur		
	leicht	mittel	hoch
Leicht	120—150	90—120	80—90
Mittel	90—120	90—120	80—90
Schwer	80— 90	80— 90	80—90

Asphalttränkmakadam ist in Schweden auf Straßen, die nahe dem Polarkreis liegen, ausgeführt worden (V. I. Str. K., Ber. 16) unter Verwendung einer Eindringungstiefe (Penetration) von 200°. Die Decken haben selbst den Angriffen der scharfen Eisnägel der Hufeisen und der Schneeketten im Winter widerstanden, da etwa eingetretene Beschädigungen durch den Verkehr in wärmerer Jahreszeit wieder eingefahren worden sind[83].

Asphalttränkmakadam kann in Steigungen bis zu 6 vH angewendet werden. Nach den Angaben der Asphalt-Association in New York erfordert eine solche Decke innerhalb fünf Jahre keine Unterhaltung, alsdann eine leichte Oberflächenbehandlung (1,1 l/m²), und eine leichte Bedeckung mit Grus. Ein solcher Anstrich kann aber erst aufgebracht werden, wenn die Decke vollständig abgewaschen, gereinigt und wieder abgetrocknet ist. Die Absplitterung muß mit Hartgestein erfolgen, da bei weichem Gestein eine schnelle Abnutzung der Decke beobachtet worden ist.

Bei der Ausführung werden sonst dieselben Gesichtspunkte beobachtet, die schon beim Teertränkverfahren (Abschnitt VII. B. e) 4. α)) behandelt sind, und auf die an dieser Stelle noch besonders hingewiesen wird.

Steinschlagasphalt. Ein Gemenge von Feinschotter, Steinsplitt, Steingrus und Steinquetschsand oder natürlichem Sand, im Trockner getrocknet, erhitzt auf etwa 170—200° C, mit Asphaltbitumen in einer Mischmaschine bei dieser Temperatur gemischt und sodann in heißem Zustande mit 150—170° C Temperatur auf der Straße verlegt und festgewalzt. Der Belag hat Hohlräume, er erfordert eine Verschlußdecke, bestehend aus Asphaltanstrich und Steingrusabdeckung, die leicht abgewalzt wird.

Das Merkblatt der Stu. f. A. gibt über seine Zusammensetzung folgendes an: Steinschlagasphalt wird in Deckenstärken von 4—8 cm ausgeführt (Abb. 95). Das Mischverhältnis kann beispielsweise folgender Art sein:

Steinschlag 3,5—4,5 cm 40 vH,	oder 3—4 cm 40 vH,	oder 2—3 cm 35 vH,
2,5—3,5 „ 33 „	2—3 „ 35 „	1—2 „ 35 „
2,0—2,5 „ 27 „	0,5—2 „ 25 „	0,5—1 „ 30 „

Man kann den Steinschlag durch Zusatz von Sanden und entsprechende Änderung des Mischungsverhältnisses dichter gestalten. Hierbei können die größeren Steinschlagsorten fortfallen.

Der Asphaltzusatz bewegt sich etwa zwischen 5 und 7 Gewichtshundertteilen der Mineralbestandteile.

Die Verschlußdecke wird durch Aufbringen einer weicheren Asphaltschicht von etwa 1—2,5 kg/m² hergestellt, die die Hohlräume der Oberfläche der Steinschlagasphaltdecke schließt und nachträglich am besten mit möglichst trockenem Hartsteinsplitt und Hartsteingrus überworfen wird.

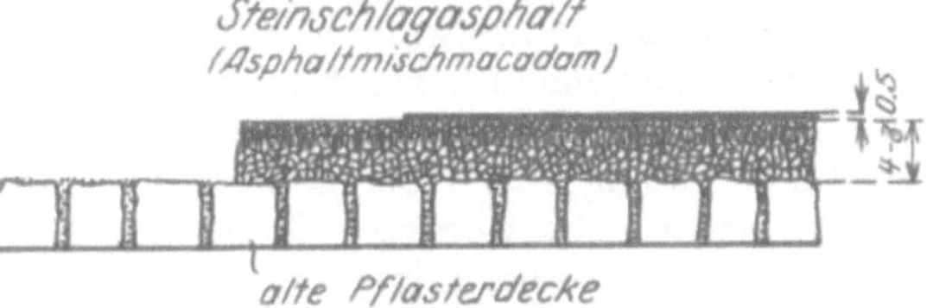

Abb. 95.

Der Angabe über den Asphaltanteil liegt die Annahme zugrunde, daß reine Naturasphalte wie Erdölasphalte verwendet werden. Für Trinidadasphalt ist zu beachten, daß er 36 vH Mineralbestandteile enthält, diese können als Bindemittel nicht angesehen werden. Da Trinidadasphalt erweicht wird, darf allerdings die gesamte Mineralmenge nicht abgezogen werden, sondern nur soviel, als in dem erweichten Asphalt noch vorhanden ist. Bei 10 vH Fluxölzusatz beträgt die Mineralmasse nur noch etwa 33 vH. Bei Verwendung von Trinidadasphalt ist demnach die Menge um etwa 33 vH zu erhöhen, d. h. statt 5—7 vH sind 7—9 vH dem Steingemisch zuzusetzen. Dieser Umstand ist bei Trinidadasphalt besonders zu beachten.

Der Steinschlagasphalt fällt nach den amerikanischen Begriffen unter den Asphaltbeton (s. den folgenden Abschnitt) mit Hohlräumen, der als open binder bezeichnet und unter Klasse 1 der drei Asphaltbetonarten gerechnet wird.

Nach den Vorschriften des U. S. B. of P. R. soll die Zusammensetzung des Steinmaterials folgendes sein:

95 vH sollen durch 1-Zoll-Sieb gehen,
25—75 „ „ „ ¾-Zoll-Sieb gehen,
85 „ „ auf ¼-Zoll-Sieb zurückgehalten werden.

Die Eindringungstiefe des Asphaltzementes soll betragen:

Verkehr	Temperatur		
	gering	mäßig	hoch
Leicht	90—120	80—90	70—80
Mittel	80—90	80—90	70—80
Schwer	80—90	70—80	70—80

Die Asphaltmenge liegt zwischen 5—7 Gewichtshundertteilen. Die geringe Menge deutet an, daß der Asphalt nicht die Öffnungen füllen, sondern nur kitten soll.

Die Decke muß unbedingt eine Oberflächenasphaltierung erhalten.

In dieser Form findet der Steinschlagasphalt besonders Anwendung als Unterlage und Verteilungsschicht bei Sandasphalt. In Europa, z. B. England, Holland, Deutschland, ist der Steinschlagasphalt als eine besondere Bauweise ausgebildet worden, die schon weit verbreitet ist und nach dem heutigen Stande der Erfahrung als brauchbar beurteilt werden muß. Beispielsweise ist auf der Versuchsstraße in Braunschweig Steinschlagasphalt in der folgenden Zusammensetzung in drei Schichten eingebaut worden:

Für die untere Schicht ist eine Mischung aus 1 Teil Basaltschotter von 3 bis 4 cm Körnung, 1 Teil Basaltsplitt von 2—3 cm Körnung, ½ Teil Basaltsplitt von 0,5—2 cm Körnung und ¼ Teil scharfem Grand verwendet worden. Diese Masse ist, nachdem sie in der Maschine auf 180° C erhitzt und entstaubt worden ist, mit gleichfalls auf 180° erhitztem Asphaltbitumen innig gemischt. Der Zusatz an Bitumen hat 9 kg auf je 150 kg Steinmaterial betragen. Für die eine Hälfte der mit Asphaltschotter belegten Strecke der Versuchsstrecke ist Mexphalt der Mineralölwerke Rhenania in Düsseldorf mit Schmelzpunkt 30—40°, für die andere Hälfte Bitumen Emmerich der Mexico Bitumen Company in Berlin mit Schmelzpunkt 40—50° verwendet. Das Gemisch ist heiß auf die vorher sauber abgefegte Mitteldecke der Straße in 10 cm starker Schicht eingebracht und sofort mit einer 12-t-Dampfwalze abgewalzt und auf 8 cm zusammengedrückt worden.

Die mittlere Schicht besteht zu gleichen Teilen aus scharfem Grand und feinem Sand. Nachdem diese Masse in der Maschine auf 180° C erhitzt worden ist, sind auf je 150 kg 9 kg Hochofenzement und 16 kg auf 180° erhitztes Asphaltbitumen zugemischt worden. Dieses Gemisch ist heiß auf die untere Schicht ausgebreitet und sofort mit einer 12-t-Dampfwalze abgewalzt. Etwa nach dem Abwalzen noch verbleibende rauhe Stellen sind mit erhitzten Stampfern bearbeitet worden, um eine 1 cm starke gleichmäßige Schicht zu erhalten.

Zur Herstellung der oberen Schicht hat die mittlere Schicht einen auf 180 bis 200° C erhitzten Spramexanstrich bekommen, der mittels Gummischiebern gleichmäßig verteilt ist. In diese Spramexschicht ist Basaltsplitt von 6—8 mm Körnung, sogenannter Basaltgrus, in dünner Lage mit einer 12-t-Dampfwalze eingewalzt worden.

Nach den Erfahrungen über das Verhalten der einzelnen Deckenarten unter den aufgewandten Verkehrsstärken (s. Abschnitt IX, S. 332) hat sich der Steinschlagasphalt nach der technischen wie wirtschaftlichen Seite bewährt. Wohl alle größeren Straßenbauverwaltungen haben Versuche mit Steinschlagasphalt aufgenommen. Auf der rheinischen Provinzialstraße Düsseldorf—Cleve sind 4,38 km Steinschlagasphalt mit Spramexanstrich gewissermaßen als Versuchsstraße verlegt worden. Es besteht die Absicht, bei der Unternehmung, die die Decke hergestellt hat — die Westdeutsche Wegebaugesellschaft in Düsseldorf —, die Lebensdauer der Decke, ohne daß irgendeine Unterhaltung daran vorgenommen wird, festzustellen. Ausgangs des Jahres 1926, nach einer zweieinhalbjährigen Liegedauer, sind Fehlstellen noch nicht zu beobachten gewesen. Auch die Abnutzung des Spramexüberzuges kann als erheblich nicht angesehen werden, obwohl der Verkehr auf der Straße rd. 3000 t täglich beträgt. Es sprechen die bisherigen Erfahrungen dafür, daß Steinschlagasphalt als dauerhaft und wirtschaftlich für viele Land- und Stadtstraßen in Frage kommt. Voraussetzung ist, daß die Schlußdecke von vornherein genügend stark und dicht hergestellt und auch fortlaufend unterhalten wird. Sobald durch Fehlstellen Feuchtigkeit in die Decke eindringt, ist sie stark gefährdet.

In Holland wird nach dem Bericht zum V. I. Str. K., Ber. 17 (Kerkhoff) vielfach folgende Steinschlagmischung angewendet:

40 vH in den Abmessungen 3—4 cm,
35 „ „ „ „ 2—3 „
25 „ „ „ „ $^1/_2$—2 „
Asphaltverbrauch etwa $5^1/_2$ Gewichtshundertteile.

Sobald dieser Mischung noch 20—30 vH Sand zugefügt wird, ist der Übergang zur geschlossenen Masse erreicht, bei der die Hohlräume auf ein Mindestmaß eingeschränkt werden. Diese Masse würde nach den deutschen Begriffsbestimmungen als Asphaltbeton zu bezeichnen sein. Die Grenzen können daher hier nicht ganz scharf gezogen werden.

Asphaltbeton. Ein Gemenge von Steinsplitt, Steingrus, Quetschsand oder Quarzsand wird so zusammengesetzt, daß die Mineralmasse ein Mindestmaß von Hohlräumen enthält, im Trockner getrocknet und auf 170—200° erhitzt und mit soviel Füllstoff und Asphaltbitumen in einer Mischmaschine bei dieser Temperatur gemischt, daß die Hohlräume in der Mineralmasse möglichst ausgefüllt werden. Das Gemisch wird in heißem Zustande mit 150—170° C Temperatur auf der Straße verlegt und festgewalzt.

Bei Asphaltfeinbeton fällt der Steinsplitt weg, die Mineralmasse besteht nur aus Grus, Quarzsand als Quetschsand und Steinmehl als Füllstoff.

Bei dem Topekabelag besteht die Mineralmasse nur aus Feingrus, Quarzsand oder Quetschsand und Steinmehl.

Der Asphaltbeton ist in den V. St. A. ausgebildet worden. Es werden drei Klassen von Asphaltbeton unterschieden, von denen die erste Klasse als Steinschlagasphalt (Asphaltmischmakadam) anzusprechen und infolgedessen im vorhergehenden Abschnitt behandelt ist. Bei Klasse 2 sollen die Kornmengen, die auf dem 2-mm-Sieb zurückgehalten werden, noch überwiegen (Abb. 96a), während bei der Klasse 3 diejenigen Korngrößen, die durch das 2-mm-Sieb hindurchgehen, vorherrschen (Abb. 96b).

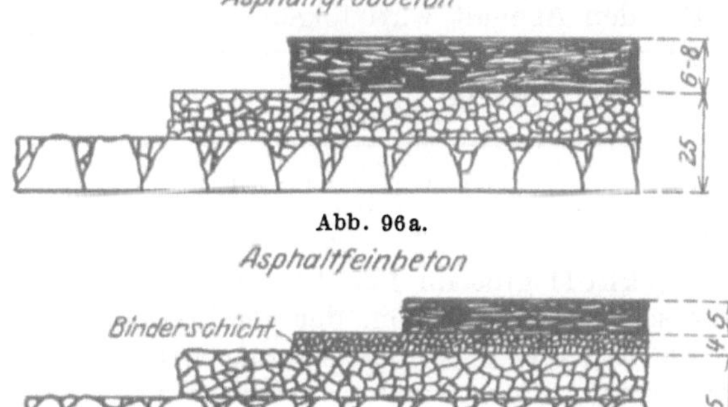

Abb. 96a.

Abb. 96b.

Die zweite Klasse gibt einen dichten Asphaltbeton, sie besteht aus groben und feinen Zuschlägen und Füllmasse. Die feinen Bestandteile schließen die Fugen besser und geben eine größere Sicherheit gegen Verschiebung. Man kann Kies verwenden. Das feine Material soll aus Quarzsand bestehen.

Typische Vorschrift der U. S. B. of P. R. für die Beschaffenheit der Zuschläge:

Alles soll durch ¼-Zoll-Sieb gehen, 30—70 vH sollen durch das 40-Maschen-Sieb gehen, nicht mehr als 10 vH sollen das 200-Maschen-Sieb passieren.

Die Mineralfüllmasse soll Kalksteinmehl oder Portlandzement sein. Alles soll durch das 30-Maschen-Sieb hindurchgehen, 60 vH durch das 200-Maschen-Sieb.

Für die Beschaffenheit des Asphaltes wird die folgende Eindringungstiefe vorgeschrieben:

Verkehr	Temperatur		
	niedrig	mittel	hoch
Leicht	70—80	70—80	60—70
Mäßig	70—80	70—80	60—70
Schwer	60—70	60—70	60—70

Für diese Asphaltbetonart hat das Merkblatt der Stu. f. A. die Bezeichnung Asphaltgrobbeton gewählt und folgende Zusammensetzung vorgeschlagen:

Steinschlag oder Hochofenschlacke von

	2,5— 3	cm	Korn	15—45 vH,
Splitt von	12—25	mm	„ (Sieblochg.)	8—20 „
Grus von	2—12	„	„ „	7—20 „
Sand von	0,6—2,0	„	„ „	7—11 „
Sand von	0,2—0,6	„	„ „	12—18 „
Sand von	0,085—0,2	„	„ „	5—7 „
Füllstoff (Steinmehl von 0—0,085 mm)				4—6 „
Asphalt				6—8 „

Die Klasse 3 des Asphaltbetons, der als Asphaltfeinbeton bezeichnet wird, führt auch den Namen Topeka, weil er in der Stadt gleichen Namens zuerst verwendet worden ist.

Die groben Zuschlagsstoffe — gebrochene Steine — sollen durch das ½-Zoll-Sieb hindurchgehen, also nicht größer als 12 mm sein. Kies ist weniger empfehlenswert, weil er rund geschliffen ist. 20 vH sollen auf dem ¼-Zoll-Sieb zurückgehalten werden. Aus den groben Zuschlagsstoffen sollen auch Bestandteile stammen, die durch das 2-mm-Sieb hindurchgehen. Die feinen Zuschlagsstoffe (Sand) sollen durch das ¼-Zoll-Sieb vollständig hindurchgehen und 90 vH auf dem 200-Maschen-Sieb (0,074 mm Maschenweite) zurückgehalten werden. Die Füllmasse entspricht derjenigen bei Klasse 2.

Für den Asphalt wird folgende Eindringungstiefe empfohlen:

Verkehr	Temperatur		
	niedrig	mittel	hoch
Leicht	60—70	60—70	50—60
Mäßig	60—70	60—70	50—60
Schwer	50—60	50—60	50—60

Kerkhoff gibt im Ber. 17 zum V. I. Str. K. für einen theoretisch ganz geschlossenen Asphaltbeton, der als Probestrecke in Amsterdam verlegt worden ist, die folgende Zusammensetzung an:

Durchgang	Rückstand	Gew.-vH	Grenzen vH
18 mm	12	29	20—30
12	6	9	8—25
6	2	25	20—30
2	0,36	12	$7^1/_2$—19
0,36	0,17	12	$5^1/_2$—19
0,17	0,074	7	4—13
0,17 (Füller)			6—8
Asphalt 8 Gew.-vH			

Das Merkblatt der Stu. f. A. schlägt die folgende Zusammensetzung der Mineralstoffe einschließlich Füllmasse und des Asphaltes vor:

Grus von	2—12 mm Korn	20—40 vH
Sand „	0,6—2 „ „	8—20 „
„ „	0,2—0,6 „ „	12—38 „
„ „	0,085—0,2 „	8—22 „
Füllstoff (Steinmehl) von 0—0,085 mm Korn		7—11 „
Asphalt		7—9 „

Der Hohlraumgehalt der gesamten Gesteinsmasse muß kleiner als 20 vH sein.

Es macht den Eindruck, als ob diese Einteilung der Asphaltbetonarten in drei Klassen der Versuch ist, etwas System in die vielen Arten von Asphaltbeton zu bringen. Tatsächlich wird Asphaltbeton in den mannigfachsten Mischungen ausgeführt. Das erkennt man schon an den Ausschreibungsbedingungen der staatlichen Landstraßenverwaltungen in den V. St. A. Die Verwaltung von Massachusetts kennt z. B. vier Arten von Asphaltbeton.

Das Ziel aller Bestimmungen für die Herstellung des Asphaltbetons der höheren Klassen ist, eine Mischung zu erhalten, die möglichst wenig Hohlräume hat. Die hier gemachten Angaben könnten noch erweitert werden. Das hat aber keinen Zweck; denn es soll durch die Angaben nur darauf hingewiesen werden, worauf es ankommt, nämlich auf die genaue Einhaltung gewisser Korngrößen der Zuschlagsstoffe, damit eine möglichst hohlraumarme Masse erzielt wird, und auf die richtige Einstellung des Asphaltes.

Beim Asphaltbeton besteht die Möglichkeit, auch minderwertige Zuschläge zu verwenden. Hierüber hat man in Massachusetts Versuche gemacht, die, nach Feststellung des Verfassers, gut ausgefallen sind. Man hat am Ort der zu bauenden Straße anstehenden, groben Kies verwendet, den man gebrochen und nach bestimmten Korngrößen ausgesiebt hat. Damit sind die Wege gewiesen, wie man auch an Stellen, die kein grobes Gestein führen und man darauf angewiesen ist, es von weither zu holen, vorhandenen Kies oder Geröll u. a., auch Sand ausnutzen kann. Voraussetzung ist, daß man vorher in der Versuchsanstalt die Stoffe auf ihre Zusammensetzung und Schaffung einer dichtesten Mischung und den in jedem Falle notwendigen Bitumengehalt untersucht. In dieser Hinsicht gesammelte Erfahrungen werden bald dazu führen, daß man schon mit einfachen Mitteln die zweckmäßigste Mischung erhält.

Die Mischung des Steinschlagasphaltes und Asphaltbetons erfolgt in besonders eingerichteten Maschinen, die das Gestein erst im Gegenstromverfahren trocknen, aufspeichern, gegebenenfalls nach verschiedenen Korngrößen aussondern und dann mit dem heißen Asphalt mischen. Der Asphalt muß auf eine Wärme von mindestens 170° C gebracht sein. Als Mischdauer werden 1½ Minuten vorgeschrieben. Die Mineralmassen sollen erst 15—20 Sekunden für sich gemischt werden, ehe der Asphalt zugesetzt wird. Die Masse wird dann auf der Straße eingebaut und abgewalzt.

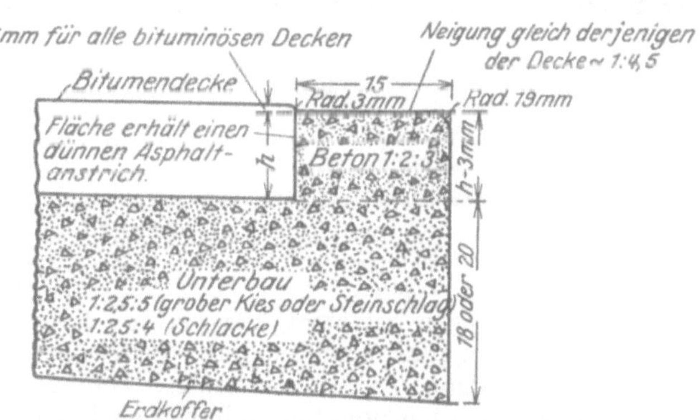

Abb. 97. Asphaltfeinbeton auf Zementbetonunterlage.

Asphaltfeinbeton erhält bisweilen einen Unterbau von Steinschlagasphalt oder Steinschlagteer, wenn starker Verkehr auf der Straße zu erwarten ist. Ein besonderer Oberflächenanstrich ist nicht mehr erforderlich, die Oberfläche des fertig gewalzten Asphaltbetons wird nur mit Kalksteinmehl oder Zement bestreut, um überflüssigen Asphalt zu binden. Die Bauweise der Mischmaschinen und der verwendeten Dampfwalzen ist im Abschnitt X. behandelt. Bei der Abwalzung ist darauf zu achten, daß keine Wellen in der Oberfläche entstehen.

Asphaltfeinbeton ist viel auf nordamerikanischen Landstraßen verlegt worden. Dort hat er einen Unterbau aus Beton erhalten, der mit seitlichen Rändern in der Stärke der Asphaltdecke versehen ist, die die Asphaltdecke begrenzen. Die Asphaltdecke muß etwas über den Betonrand hinausragen (rd. 6 mm) (Abb. 97). Auf diese Weise wird also ein Abschluß des Asphaltes am Rande auf gute und billige Weise erreicht.

Nach den Erfahrungen in Holland bietet der feinkörnige Asphaltbeton Vorteile vor dem Sandasphalt, der im nachfolgenden Abschnitt beschrieben ist. Topeka ist unter dem Einflusse des Verkehres weniger der Wellenbildung ausgesetzt, weil die gröberen Kornanteile im Asphaltbeton sich nicht so leicht verschieben lassen, wie die überwiegend feinen im Sandasphalt. Topeka bietet auch größeren Widerstand gegen das Einsinken bei stillstehender Belastung.

Sandasphalt. Ein Gemenge von Quarzsand oder Quetschsand, mit Steinmehl als Füllstoff, wird so zusammengesetzt, daß die Mischung ein Mindestmaß von Hohlräumen enthält. Der Sand wird im Trockner getrocknet und auf 170—200° erhitzt und mit so viel Füllstoff und Asphaltbitumen in einer Mischmaschine heiß gemischt, daß die Hohlräume in der Mineralmasse möglichst ausgefüllt werden. Das Gemisch wird in heißem Zustande mit 150—170° C Temperatur auf der Straße je nach dem Unterbau mit oder ohne Binderschicht verlegt und festgewalzt.

Der Sandasphalt verdankt seine Entstehung dem Bestreben, den Stampfasphalt auf künstlichem Wege zusammenzusetzen. Als zwischen 1860 und 1870 die Straßen der europäischen Hauptstädte — London, Paris, Berlin — mit Stampfasphalt wegen seiner Staubfreiheit und Geräuscharmut versehen worden sind, muß wohl der Wunsch, die städtischen Straßen in den V. St. A. mit einer Decke, die dieselben Vorzüge genießt, zu verbessern, die Entstehung des Sandasphaltes begünstigt haben. Es wird berichtet, daß der holländische Chemiker E. J. de Smedt in Newark (New Jersey) im Jahre 1870 die erste Sandasphaltstraße hergestellt hat. Im Laufe der Jahre ist diese Bauweise dann verbessert worden und hat mehr und mehr Anwendung in den städtischen Straßen, neuerdings auch auf Landstraßen, gefunden. Nach der letzten zugänglichen Aufzeichnung sind 27,3 vH aller Pflasterflächen in den Städten der V. St. A. und 31,5 vH in den Städten mit über 100000 Einwohner mit Sandasphalt belegt.

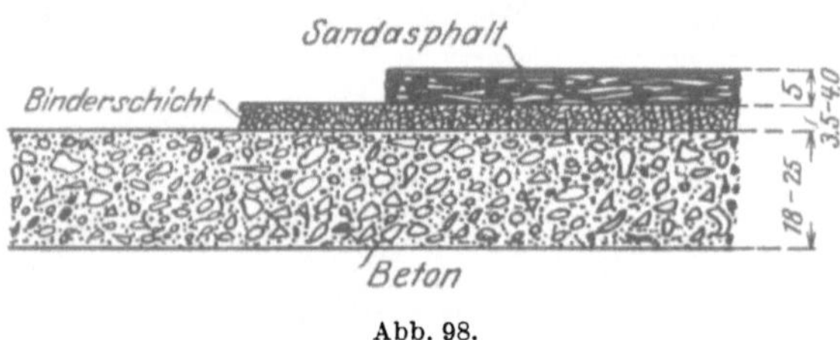

Abb. 98.

Die Bevorzugung des Sandasphaltes gegenüber anderen Pflasterarten beruht auf denselben Vorzügen, die schon beim Stampfasphalt erwähnt worden sind, seine hygienischen Eigenschaften, die Fugenlosigkeit, seine rauhe Oberfläche, die auch die Verlegung in Steigungen gestattet, der geringe Fahrwiderstand, die Möglichkeit der leichten Reinigung, des leichten Aufbruches und der schnellen Wiederherstellung. Gerade die letztgenannten beiden Vorteile gegenüber anderen Pflasterarten, vor allem dem Beton, haben nach den Angaben der amerikanischen städtischen Ingenieure bewirkt, daß Sandasphalt sich in den Straßen hat behaupten können.

Allerdings ist Sandasphalt sehr schwerem Verkehr nicht gewachsen, wie das in gewissem Maße auch beim Stampfasphalt der Fall ist. Deshalb wird in den amerikanischen Großstädten auf den Zufahrtsstraßen zu den Docks und Güterbahnhöfen oder sonst besonders stark befahrenen Straßen Sandasphalt ausgeschaltet und meistens Granitgroßpflaster mit kräftiger Unterbettung und Fugenausguß angewendet. Es sind das diejenigen Straßen, auf denen auch heute noch in Amerika Pferde und Wagen mit eisernen Reifen verkehren. Für solche schweren Beanspruchungen ist der Sandasphalt ungeeignet. Aber überall, wo sonst Kraftwagenverkehr, auch schwerer, mit nachgiebiger Bereifung vorherrscht, ist Sandasphalt am Platze.

Als Unterbau für Sandasphalt dient in den meisten Fällen Beton, der nach denselben Gesichtspunkten herzustellen und zu beurteilen ist, wie die Betonunterbettung bei Stampfasphalt. Er enthält eine Stärke von etwa 20 cm, die aus den bereits angegebenen Gründen (S. 184) in Straßen mit starkem Verkehr auf 30—35 cm verstärkt werden muß. Zwischen der Sandasphaltschicht und dem Beton wird eine Binderschicht aus Steinschlagasphalt oder Teermischmakadam verlegt, die auf etwa 3,5 cm Stärke abgewalzt wird (Abb. 98). Sie soll als elastische Zwischenlage dienen und ein Schieben des Sandasphaltes auf dem Beton verhindern. Alte Klinker-, Groß- und Kleinpflasterdecken können ebensogut als Unterbau verwendet werden, wenn der dadurch bewirkten Höherlegung der gesamten Fahrbahnoberfläche keine Schwierigkeiten begegnen. Die Unebenheiten solcher alten abgenutzten Befestigungen werden durch die Binderschicht ausgeglichen. Größere Vertiefungen über 25 mm sollen vorher mit Bindermasse gut ausgefüllt und festgefahren werden, ehe die Binderschicht selbst aufgebracht wird. Vor Aufbringen der Binderschicht muß das Pflaster gut gereinigt und mit einem flüssigen Asphaltöl angestrichen werden. Steinschlagdecken von größerer Stärke oder mit Packlageunterbau geben eine gute Unterlage für Sandasphalt. Wenn die Steinschlagdecke vor dem Aufbringen des Sandasphaltes ausgebessert und Schlaglöcher beseitigt werden müssen, ist eine gleichartige Festigung der gesamten Decke anzustreben, indem vorher einige Zeit der Verkehr über die Decke gelassen wird. Für die Binderschicht gelten dieselben Grundsätze wie für den Steinschlagasphalt, mit einer gewissen Einschränkung. Die Größe der Schottersteine kann sich dabei auf eine einzige von etwa 2,5—3,8 cm Durchmesser beschränken.

Die Schwierigkeit liegt beim Sandasphalt in der richtigen Beschaffenheit der Rohstoffe, Sand und Asphalt, in der Auswahl der Sande und der richtigen Zusammensetzung von Sand, Füllstoff und Asphalt, wie in der richtigen Mischung und Verlegung. Diesen Verhältnissen haben die amerikanischen Straßenbauingenieure ein besonderes Studium gewidmet. Bekannt ist die noch heute als grundlegend anzusehende Schrift von Clifford Richardson, ,,The modern asphalt pavement" New York 1905, die das Ergebnis eines fünfundzwanzigjährigen Studiums ist. Der Aufbau des Sandasphaltes soll nunmehr im einzelnen behandelt werden.

Der Sandasphalt verlangt eine bestimmte Zusammensetzung der Körnungen des Sandes. Die Kontrolle der Art und der Korngröße ist das Wichtigste in dem Aufbau des Sandasphaltes, er ist das Stützgerüst in der Decke. Die Sandkörner nehmen die Angriffe des Verkehres auf und sollen daher hart sein, am bestem aus reinem Quarz, dabei rein und frei von Beimengungen und von scharfer Oberfläche. Die Praxis und Theorie hat gelehrt, daß ein Sand mit verhältnismäßig wenig Hohlräumen der beste ist. Wir wissen, daß innerhalb gewisser Kornabstufungen der Vomhundertgehalt der Hohlräume am günstigsten ist, ohne daß andere charakteristische Eigenschaften damit benachteiligt werden, wie z. B. die Möglichkeit, die erforderliche Menge Füller aufzunehmen. Die Grenzen liegen nach den amerikanischen Anschauungen zwischen dem 10- und 200-Maschen-Sieb. Der Durchgang durch das 200-Maschen-Sieb, entsprechend einem Korndurchmesser von 0,074 mm, ist unerwünscht, weil die feinen Zuschläge besser durch andere Mehle, z. B. Portlandzement oder Kalksteinmehl ersetzt werden. Die Beschränkung des Zuschlages auf alles Korn unter 2 mm kann leicht durch Absieben erreicht werden. Das feine mehlartige Material unter 0,074 mm wird beim Durchgange durch den Trockner abgesaugt, so daß die Begrenzung des Sandes innerhalb der Größen ohne besondere Umstände zu erreichen ist. Ferner wird verlangt, daß bei Absiebung durch weitere sechs Siebe der Vomhundertsatz der Korngrößen, die innerhalb je zweier Siebe liegen, einen bestimmten Anteil einhält. Die Grenzen der Anteile sind verhältnismäßig weit gesteckt. Man läßt daher auch eine Abkürzung zu, indem man die Sandkörnung nach drei Anteilen unterscheidet: das grobe Korn zwischen 10—40-Sieb, dessen Anteil 14—50 im Mittel 32 vH, das mittlere, dessen Anteil 30—60 im Mittel 45 vH, und das feine 16—40, d. h. um 30 vH in Gewichtsteilen betragen soll.

Das Merkblatt der Stu. f. A. schlägt die folgende Zusammensetzung vor:

	Schwerer Verkehr vH	Leichter Verkehr vH	Mittlere Normen vH
Von 0,50 mm bis 2 mm	23	30	14—20
,, 0,24 ,, ,, 0,50 ,, ...	43	43	30—40
,, 0,08 ,, ,, 0,24 ,, ...	34	27	25—45

Wenn sich die Maschenweite der Siebgrößen des Merkblattes nicht mit denjenigen der amerikanischen Vorschriften decken, so liegt das darin, daß Unterschiede in den in beiden Ländern gebräuchlichen Siebgrößen bestehen.

Die Asphalt-Association in New York gibt folgende Korngrößenverteilung als wünschenswert an:

		Schwerer Verkehr vH		Leichter Verkehr vH	
Durchgang durch 10 (2 mm)	Rückstand auf 20 (0,85 mm) .	5	23	10	35
„ „ 20 (0,85 „)	„ „ 30 (0,5 „) .	8		10	
„ „ 30 (0,5 „)	„ „ 40 (0,36 „) .	10		15	
„ „ 40 (0,36 „)	„ „ 50 (0,29 „) .	13	43	15	45
„ „ 50 (0,29 „)	„ „ 80 (0,17 „) .	30		30	
„ „ 80 (0,17 „)	„ „ 100 (0,14 „) .	17	34	10	20
„ „ 100 (0,14 „)	„ „ 200 (0,074 „) .	17		10	
„ „ 200 (0,074 „)	„	0		0	
		100		100	

Man kann daher, ehe man sich die Mühe macht, einen Sand nach allen Korngrößen durchzusieben und ihren Anteil durch Wägung festzustellen, erst einmal nach den drei Gruppen trennen. Da man erstrebt, möglichst den am Orte anstehenden Sand zu benützen, so wird erwünscht sein, schnell eine Möglichkeit zu haben, um festzustellen, ob der Sand brauchbar ist. Diese ist geschaffen durch das schon aus der Zementtechnik bekannte Dreifeldsystem. Das beruht darauf, daß die Summe der Lote auf jeder Seite eines gleichseitigen Dreiecks, die sich in einem Punkte schneiden, stets gleich groß ist. Wenn irgendeine Substanz nur aus drei Stoffen besteht (Zement, z. B.: Kalk, Kieselsäure und Tonerde), dann ist es möglich, die Zusammensetzung jedes Stoffes durch einen genau bestimmbaren Punkt im gleichseitigen Dreiecke festzulegen.

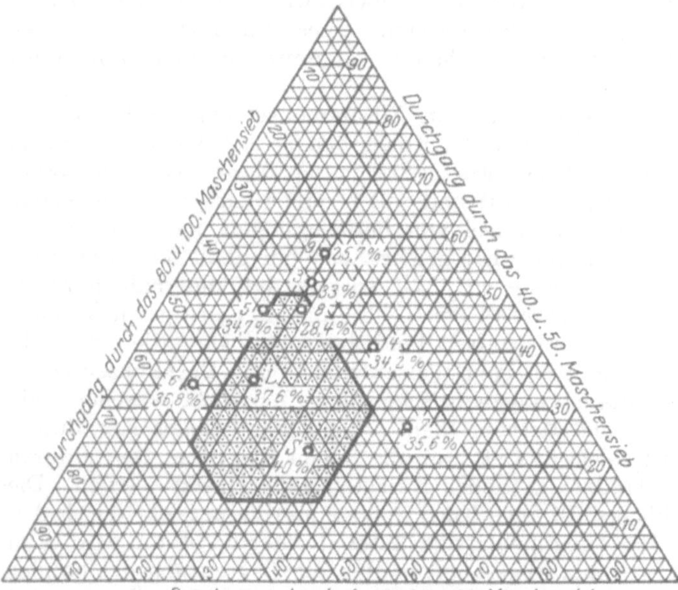

Abb. 99. Zusammensetzung der Sande.

Nach Prevost Hubbard sollen die Sandmischungen in dem stark ausgezogenen Felde der Abb. 99 liegen. Die Sande für leichten Verkehr bei *L*, für schweren bei *S*. Zum Vergleich sind die Angaben über Sandasphalte bei Kerkhoff[91], S. 38 (die Punkte 3, 4, 5) und aus der Studienreise nach England[91], S. 19 (die Punkte 6, 7, 8, 9) umgerechnet und in das Diagramm eingetragen und der in der Versuchsanstalt Stuttgart ermittelte Hohlraumgehalt daneben geschrieben. Die Sande liegen recht nahe der Grenzfläche. Nach diesem Verfahren läßt sich auch feststellen, nach welchem Verhältnisse zwei oder drei Sande, deren Kornzusammensetzung nach den drei Abständen bekannt ist, gemischt werden müssen, damit man einen brauchbaren Sand erhält. Zu diesem Zwecke werden die Punkte festgelegt im Dreiecke, die jedem Sande entsprechen. Geht die Verbindungslinie durch die Fläche, die die brauchbaren Korngrößenanteile ergänzt, dann kann man annehmen, daß diese Sande, selbst wenn jeder von beiden ungeeignet ist, in der Mischung einen brauchbaren Sand ergeben. Es muß, wie Abb. 100 zeigt, der Teilungspunkt, der die Anteile beider Sande festlegt, im Felde liegen. Wo er liegen soll, richtet sich danach, ob die Decke leichtem oder schwerem Verkehr angepaßt werden soll. Das gleiche Verfahren läßt sich auch für drei Sande anwenden, indem man erst die Mischung für zwei Sande ermittelt und dann den Anteil des dritten nach Abb. 101.

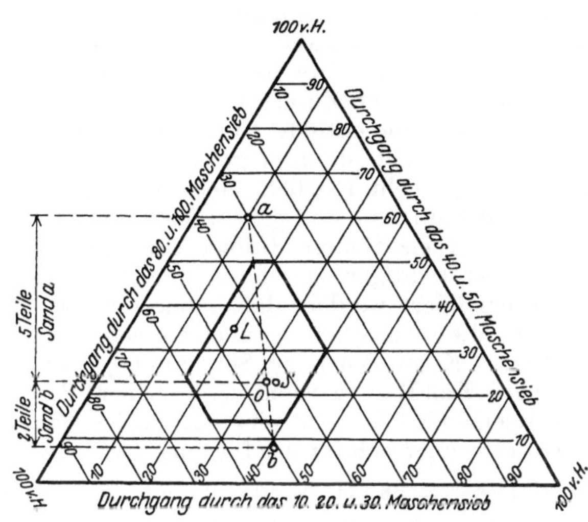

Abb. 100. Zusammensetzung aus zwei Sanden.

Eine technische Begründung für die Zusammensetzung der Sande nach den Vorschriften der Asphalt-Association u. a. hat bisher gefehlt. Erst im Ber. 12 zum V. I. Str. K. gibt der Berichterstatter Pope, Chefingenieur bei der Straßenbauverwaltung in Kalifornien, an, daß die wesentlichen Erfordernisse der Asphaltsande Festigkeit und richtige Abstufung in der Korngröße sind, um eine Maximaldichtigkeit zu erhalten, während auf die Formgestaltung der Mineralstücke wahrscheinlich weniger Aufmerksamkeit geschenkt werden kann. Diese Forderung deckt sich nunmehr auch mit der deutschen und holländischen Auffassung. Es soll die gesamte Gesteinsmasse einen Hohlraumgehalt unter 25 vH aufweisen. Hierfür sprachen noch folgende Gründe:

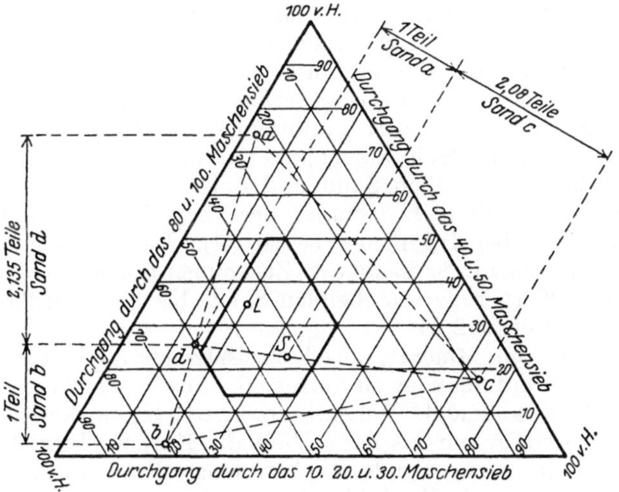

Abb. 101. Zusammensetzung aus drei Sanden *a*, *b*, *c*.

Füllmasse. Ein wichtiger Bestandteil des Sandasphaltes ist die Füllmasse. Das ist ein sehr fein gemahlenes Steinmehl, das die „winzigen Hohlräume in dem Sande ausfüllen soll, um eine dichte, hohlraumlose Masse nach der Verdichtung zu geben" (Erklärung der Asphalt-Association in New York). Von dieser Füllmasse verlangen die amerikanischen Vorschriften, daß die gesamte Menge durch ein Sieb von 0,5 mm und daß mindestens 66 vH auch durch das 0,074-Maschen-Sieb hindurchgehen. Das ist etwa die Mehlfeinheit des Zementes nach den amerikanischen Vorschriften. Wenn diese Füllmasse auch die Hohlräume im Sande ausfüllt, so wird zwar der Hohlraumgehalt der Mischung um ein Beträchtliches herabgesetzt. Immerhin bleiben noch immer Hohlräume zurück, deren Umfang abhängt von dem ursprünglichen Hohlraumgehalt des Sandes und der Menge der zugesetzten Füllmasse. Das möge an wenigen Beispielen erläutert werden. Ein Sand, der nur eine Korngröße enthält, weist etwa 38 vH Hohlräume auf. Werden diese durch Zusatz von 38 vH Füllmasse ausgefüllt, die ihrerseits etwa 40 vH Hohlräume enthält, so daß die Mischung aus 72,5 vH Sand und 27,5 vH Füllmasse besteht, dann zeigt sie noch etwa 15 vH Hohlräume. Praktisch ist es allerdings nicht möglich, eine solche gleichmäßige Durchmischung zwischen Sand und Füllmasse und genaue Lagerung der verschieden großen Körner untereinander herbeizuführen. Infolgedessen ist der Hohlraumgehalt größer als 15 vH. Die in der richtigen Durchmischung bestehenden Schwierigkeiten können dadurch gemildert werden, daß Sande mit verschiedenen Korngrößen genommen werden, die von vornherein einen geringen Hohlraumgehalt aufweisen. Ein deutliches Kennzeichen für Sande mit geringem Hohlraum ist ihr hohes Raumgewicht. Das Raumgewicht eines feinen, fast gleichförmigen Sandes, bis zum gleichbleibenden Gewicht eingerüttelt, beträgt etwa $r = 1{,}6$ und der Hohlraumgehalt errechnet sich für das für Quarzsande geltende spezifische Gewicht $s = 2{,}6$ zu rd. $1 - \frac{r}{s} = 38$ vH. Sande, deren Korn zwischen staubfeinem und etwa 2 mm Durchmesser schwankt, haben, bis zum gleichbleibenden Gewicht eingerüttelt, ein Raumgewicht von $r = 1{,}8$ und einen Hohlraumgehalt von 30 vH. Bei grobkörnigen Sanden, bei denen die Korngrößen bis 7 mm einen größeren Anteil haben, zeigen Raumgewichte, die dicht an 2 liegen, so daß ihr Hohlraumgehalt bis auf 24 vH sinkt. Solche Sande sind aber selten. Sie können aber künstlich durch Mischung hergestellt werden, und das zuvor geschilderte amerikanische Verfahren im Dreifeldsystem zeigt einen Weg für die zweckmäßige Vornahme solcher Mischungen. Im Durchschnitt wird wohl mit einem Hohlraumgehalt bei Sanden von mindestens 30 vH gerechnet werden müssen, der alsdann durch Zusatz von Füllmasse weiter heruntergesetzt wird. Nach Versuchen der Z. f. A. T.[92] läßt sich der Hohlraumgehalt dann etwa bis auf 18 vH ermäßigen. Das Mischverhältnis zwischen Sand und Füllmasse liegt dann etwa zwischen 70 : 30 und 80 : 20. Diese Ergebnisse der Z. f. A. T. werden durch die Forschungen holländischer Ingenieure bestätigt[1]). Das Raumgewicht der Masse steigt dann entsprechend, je nach der Zusammensetzung des Sandes, bei feinem nur aus einer Korngröße bestehenden Sande bis etwa auf 2,0 und bei gemischtkörnigem bis auf etwa 2,25.

Der dem Mineralgemisch zuzusetzende Asphalt hat die Aufgabe, die einzelnen Körner miteinander zu verkitten. Aus den früheren Ausführungen ist bekannt, daß die kolloidale Wirkung, d. h. die Kittwirkung, des Asphaltes am größten ist, wenn er nur als feine Haut die Körner überzieht. Bei dichten Mischungen wird die zuzusetzende Asphaltmenge diese Aufgabe erfüllen, wenn sie nur so groß ist, daß sie die Hohlräume der Mischung gerade füllt. Der Asphalt übernimmt dann noch die Aufgabe, den Eintritt von Wasser unmöglich zu machen. Die Haut, die die Körner einhüllt, soll nicht stärker als 4 μ sein. Überschreitet sie dieses Maß, so geht die Kittwirkung auffällig zurück. Bei einem Raumgewicht der Masse von 2 und 18 vH Hohlraumgehalt dürfte die Asphaltbeigabe 9 Gewichtshundertteile nicht übersteigen. Auch wenn der Asphaltzusatz geringer als 9 vH sein würde, ist noch mit einer standfesten Sandasphaltdecke zu rechnen. In diesem Falle würde sich die Decke beim Einwalzen und im Laufe der Zeit unter dem Verkehr

[1]) Nach mündlichen, dem Verfasser gemachten Angaben.

verdichten. Der Nachteil einer solchen Decke besteht darin, daß sie anfangs Hohlräume hat, ehe die Verdichtung völlig durchgeführt ist, in die Feuchtigkeit eindringen kann, die selbst oder durch Frostwirkung die Decke gefährdet. Auch würde es der Decke an der nötigen Nachgiebigkeit fehlen, wenn der Untergrund sich bewegt. Die Vorteile einer solchen Decke sind in einer größeren Rauhigkeit der Oberfläche und Standfestigkeit im Sommer zu suchen.

Sandasphalte, bei denen der Asphaltzusatz über dasjenige Maß herausgeht, das zur Hohlraumausfüllung notwendig ist, müßten eigentlich beweglich sein, da der Überschuß an Asphalt als Schmiermittel wirkt, er legt sich als Kissen zwischen die einzelnen Körner und verhindert ihre gegenseitige feste Abstützung. Die Versuche der Z. f. A. T. haben aber ergeben, daß sich nachteilige Wirkungen erst zeigen, wenn ein offensichtliches Übermaß an Asphalt vorhanden ist, dann läßt sich die Masse nicht mehr stampfen, sie nimmt die Beschaffenheit von Schmier- und Gußasphalt an. Aber der Übergang zum Gußasphalt tritt erst bei größerem Überschuß an Asphalt auf, als er z. B. zur Ausfüllung der Hohlräume beim Gußasphalt nötig ist (S. 193). Das ist auf den Gehalt an feinkörnigem Füller im Sandasphalt zurückzuführen. Seine Oberfläche verbraucht viel Asphalt. Es müssen reichliche Mengen an Asphalt in den wesentlich feiner verteilten Hohlräumen beim Asphaltfeinbeton und Sandasphalt vorhanden sein, ehe die Masse gußfähig wird. Das hat sich deutlich an den Versuchen der Z. f. A. T. gezeigt, über die einige Angaben gemacht werden sollen. Es sind Sande mit wechselnder Korngröße mit Füllmasse so gemischt, daß der geringste Hohlraum entstanden ist. Darauf ist nach Erhitzung auf 180° an einer Zahl verschiedener Probekörper Asphalt in verschiedener Menge zugesetzt, erst weniger als zur Ausfüllung des Hohlraumgehaltes notwendig gewesen wäre, dann mehr, bis ein erheblicher Überschuß vorhanden gewesen ist. Die Probekörper, die 7,1 cm Kantenlänge gehabt haben, sind dann bei 22,5° auf ihre Druckfestigkeit geprüft worden. Aus dem Verhalten der Versuchskörper sind dann die nachstehenden Schlußfolgerungen gezogen[92]:

1. Es ergibt sich als besonders auffallend und im Gegensatz zu anderweitigen Feststellungen und dem bisher Gemutmaßten, daß die Druckfestigkeit (und damit auch der Widerstand gegen den Penetrationsstempel) mit wachsendem Bitumengehalt zunächst ansteigt, und zwar bis zu einem Höchstwert, von dem aus sie dann durchgehends teilweise sehr schnell abfällt.

2. Die Körnung des Sandes zeigt bei diesen Versuchen keinerlei entscheidenden Einfluß; denn mit den verschiedensten Sanden sind fast gleich gute Festigkeiten und Dichtigkeiten erreichbar.

3. Die Druckfestigkeit der eingestampften Massen ist, solange sie noch kompressionsfähig sind, also der Asphalt die Hohlräume der Mineralmasse noch nicht völlig ausfüllt, etwas schwankend, je nach der Kompression, die durch die mechanische Einschlagarbeit erreicht worden ist, zeigt aber auch hier für die verschiedenen Sandkörnungen keine wesentlichen Unterschiede. Sie erreicht ihren Höchstwert etwa stets, sobald die Hohlräume in der eingestampften Masse so gut wie verschwunden sind, erst dann fällt sie ab.

4. Völlig mit Punkt 3 gleichlaufend verhält sich das Raumgewicht.

5. Unterhalb der Hohlraumausfüllung der Mineralmasse durch Asphalt hat die Stärke der umhüllenden Asphalthaut keinerlei Einfluß auf die Festigkeit, weil offenbar beim Einstampfvorgang das dabei völlig flüssige Bitumen, welches noch in stärkerer Schicht die Mineralstoffe umhüllt, bis zu einem auf der Oberfläche der Mineralkornelemente verbleibenden dünnsten Asphalthäutchen abgequetscht wird und in die Hohlräume eintritt. (Analogie mit Wasser beim Einschlagen nur erdfeuchten Mörtels und Betons.)

6. Erst wenn die Hohlräume durch den Einstampfvorgang auf diese Weise mit Asphalt völlig angefüllt sind, Asphalt also durch Abquetschen von der

Oberfläche des Minerals nicht mehr in Hohlräume abgeführt werden kann, tritt Verstärkung der umhüllenden Asphalthaut und damit ein Abfallen der Druckfestigkeit auf.

Zu 6 fällt bei den einzelnen Mischungen auf, daß diejenigen aus feinen Sanden die höchste Druckfestigkeit aufweisen, obwohl der Überschuß von Asphalt etwa 2 Gewichtshundertteile höher ist als der Hohlraumgehalt verlangt, während bei den gröberen Mischungen die höchste Druckfestigkeit einer Versuchsreihe dort liegt, wo die Asphaltmenge gerade die Hohlräume ausfüllt. Diese Erscheinung ist leicht zu erklären. Je feiner die Sande sind, desto größer ist die Oberfläche der Mischung, desto mehr Asphalt wird verbraucht, die Oberfläche der Körner zu umhüllen, ohne daß die Umhüllungshaut eine unzulässige die Molekularwirkung überschreitende Stärke annimmt.

Diese Feststellung ist ein Beweis für die in Holland gemachte Erfahrung, daß Sandasphalte im Sommer leicht Eindrücke erhalten, die bei Asphaltfeinbeton nicht beobachtet werden (s. Bem. S. 205). Es beruht das eben darauf, daß Sandasphalte gut einen Asphaltüberschuß vertragen, der ihre Herstellung sogar erleichtert, daß aber bei hohen Temperaturen der dann weich gewordene Asphalt nachgibt. Hätte die Z. f. A. T. die Versuchskörper mit Asphaltüberschuß bei höheren Temperaturen als 22,5° geprüft, hätte sie sicherlich einen Abfall in der Druckfestigkeit festgestellt[1]).

Bei der Beschaffenheit der Sande kommt es im wesentlichen darauf an, daß sie aus reinem Quarz bestehen und gemischtkörnig sind. Enthalten sie viele Bestandteile der Korngröße unter 0,074, so sind sie ungeeignet, weil bei der Erhitzung des Sandes in der Trockentrommel diese feineren Bestandteile abgesaugt werden. Der Verlust an Masse würde die Verwendung solcher Sande unwirtschaftlich machen.

Die Beschaffung eines brauchbaren Füllers ist nicht leicht. Steinmehle von der verlangten Feinheit liefert nur die Zement- und Kalkindustrie. Deshalb sind auch zuerst als Füllmasse Zement und hydraulischer Kalk verwendet worden und werden vor allem in Amerika auch heute noch zugesetzt. Der Umstand, daß diese Stoffe bei Zutritt von Wasser sich verändern, macht sie aber für Asphaltstraßen völlig ungeeignet. In Amerika hat man recht verschiedene Mehle ausprobiert, Mergel und kolloidale Tone, Kieselstaub, pulverisierter Schiefer und Kalksteinmehl. Nach dem Ber. 12 von Pope zum V. I. Str. K. hat dieses allein sich auf die Dauer bewährt. In Deutschland werden neuerdings Schiefermehle und Quarzmehle verwendet. Untersuchungen in der Versuchsanstalt des Verfassers lassen annehmen, daß neben der Feinheit der Mahlung auch noch andere Eigenschaften ausschlaggebend sind. Der Asphalt wird sich in seiner Beschaffenheit der örtlichen Lage und dem Verkehr anpassen müssen. Nach den Vorschlägen der Asphalt-Association soll die Eindringungstiefe betragen:

Verkehr	Temperatur		
	niedrig	mäßig	hoch
Leicht	50—60	50—60	40—50
Mäßig	50—60	50—60	40—50
Schwer	40—50	40—50	34—40

Wenn Trinidadasphalt verwendet wird, muß mehr Asphalt genommen werden, weil er nur 62 vH Asphalt und rd. 38 vH aus Mineralstoff besteht. Diese Menge vermindert sich entsprechend dem Zusatz an Flußmitteln (s. Bem. S. 201). Der Anteil an Mineralstoff muß der Füllstoffmenge zugeschlagen werden, die entsprechend ermäßigt werden kann.

[1]) In der Versuchsanstalt des Verfassers werden daher auch die Druckfestigkeiten bei + 50° C festgestellt.

Die Füllmasse ist kostspielig, sie verbraucht wegen ihrer großen Oberfläche viel Asphalt. Die Forderung nach viel Füllmasse ist nur dann berechtigt, wenn der Sand selbst hohlraumreich ist. Aber die Ausfüllung mit dem kostspieligen Füller ist nicht wirtschaftlich, der Mischvorgang ist erschwert, und außerdem bleiben solche Decken leicht weich, weil Füller gewissermaßen zum Tragen mit herangezogen wird. Sowie mehr Wert auf die Dichtigkeit des Sandes gelegt wird, ermäßigt sich auch die Menge an Füllmasse und in gleichem Maße an Asphalt. Es bleibt demnach als das Wichtigste bei dem Aufbau des Sandasphaltes die richtige Zusammensetzung, die eine möglichst dichte Masse abgibt.

Sie kann rechnungsmäßig zusammengestellt werden. Ihre Nachprüfung bei der Ausführung ist aber mit umständlichen Arbeiten verknüpft, so daß es erwünscht ist, sich schnell durch den Augenschein von der Zweckmäßigkeit der Zusammensetzung zu überzeugen. Hierzu dient ein Verfahren, das als Schlagversuch bezeichnet wird. Zu diesem Zwecke wird eine kleine Probe der heißen Mischung aus dem Mischer genommen und ihre Temperatur festgestellt. Sie wird sofort auf einen Bogen rauhen Manilapapieres und auf ein Brett gelegt. Das Papier wird dann zusammengefaltet und ein flaches schmales Reibholz 15 cm lang und 10 cm breit kräftig aufgedrückt. Danach erhält die Probe einen kräftigen Schlag mit dem Holz, worauf sie wieder ausgepackt und herausgenommen wird. Art und Aussehen der Durchfeuchtung des Papieres wird geprüft und mit Bezug auf die Temperatur der Probe daraufhin betrachtet, ob die erforderliche Menge Asphalt vorhanden und die Kornzusammensetzung die richtige ist. Hierzu gehört allerdings eine längere Erfahrung, die sich aber der örtliche Bauleiter aneignen soll.

Sandasphalt wird in derselben Weise hergestellt, wie die anderen künstlichen Asphaltdecken. Der Sand wird in Trommeln im Gegenstromverfahren getrocknet und erhitzt auf ein Silo gehoben, von dem es abgemessen in den Mischer fällt. Der Asphalt wird in besonderen Kesseln erwärmt und genau abgemessen dem Mischer zugeführt, nachdem vorher das Kalksteinmehl mit dem Sand vermischt worden ist. Bei den großen ortsfesten Mischanlagen der amerikanischen Städte wird der erwärmte Asphalt in Rohrleitungen den Mischern zugeführt. Damit der Asphalt aber nicht in den Rohren erkaltet und sie verstopft, muß der Asphalt ununterbrochen durch die Leitungen gedrückt werden. Das Kalksteinmehl kann nicht erwärmt werden; denn es ist zu fein, es würde von den Heizgasen mitgerissen werden. Der Sand muß daher einen Teil seiner Wärme an das Kalksteinmehl abgeben, ehe der Asphalt zugesetzt werden kann.

Nach guter Durchmischung in Flügelmischern wird die Masse in einen Wagen gestürzt und zur Baustelle gefahren. Hier wird die Masse mit Schaufeln ausgebreitet und mit Harken gleichmäßig auf der Binderschicht verteilt und abgewalzt. Die Masse soll an der Baustelle noch mindestens 170° C haben. Um den Sandasphalt gegen eine Abkühlung zu schützen, wird er im Wagen mit wollenen Decken abgedeckt. Beförderungsweiten bei ortsfesten Mischanlagen sollen bis 40 km zulässig sein. In Amsterdam werden Wagen mit doppelten Wänden als Wärmeschutz benutzt. Der Sandasphalt wird entweder unmittelbar auf der Unterbettung ausgebreitet oder auf der Zwischenlage (Binder). In diesem Falle ist es vorteilhaft, die obere Sandasphaltschicht aufzubringen, solange die Binderschicht noch warm ist, weil dann die Binderschicht dem Sandasphalt keine Wärme entziehen kann, beide Schichten sich besser verbinden, weil die Binderschicht nicht durch Schmutz verunreinigt werden kann. Auf Grund der Angaben auf S. 206, daß Steinschlagdecken einen guten Unterbau abgeben, scheint die Asphaltdecke als Topeka oder Sandasphalt als besonders zur Verbesserung unserer deutschen Landstraßen geeignet. Es ergibt sich dann eine Anordnung nach Abb. 102, bei der für die Verbreiterung der Decke, die auf deutschen Straßen zumeist auch in Frage kommt, Betonleisten von 0,6 cm Breite anbetoniert werden. Der Ausgleich zwischen dem starken Quergefälle der wassergebundenen Steinschlagdecke und dem flachen der Sandasphaltdecke wird durch verschiedene Stärke der Binderschicht erreicht. Nach dem gleichen Verfahren werden in England die bestehenden Landstraßen nach den letzten Textstellungen des Verfassers verbreitert und befestigt.

Sandasphalt, wie auch Asphaltbeton und Steinschlagasphalt verlangen eine seitliche Begrenzung. In städtischen Straßen ist sie durch die Bordschwellen gegeben. Auf Landstraßen ist sie auch vorhanden, wenn die Unterlage aus Beton besteht, der an den Rändern nach Abb. 97, S. 205, hochgezogen wird. (Ausbildung des Abschlusses auf Landstraßen in den V. St. A). Wenn Asphaltdecken auf ehemaligen Schotterdecken verlegt werden, sollen sie eine seitliche Begrenzung aus Beton oder Kalksteinen erhalten, die mit eingewalzt werden. Es wird auch seitlich nur eine Holzleiste als Abschluß während der Verlegung angebracht, die aber nicht über die Höhe der Asphaltschicht hinausragen darf. Sie wird nach Beendigung der Verlegung fortgenommen und die Bankette angehöht. Vor Kopf der Asphaltschüttung wird auch eine Holzbohle gelegt, damit

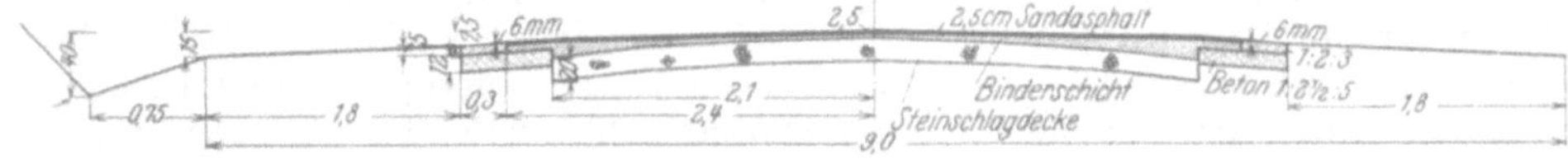

Abb. 102.

beim Abwalzen der Asphalt vorn einen Halt hat und nicht zu einer dünnen Platte ausgewalzt wird, an die die nächste Schüttung keinen Anschluß finden würde. Der Sandasphalt wird vom Wagen aus auf der Straße verstürzt und dann mit eisernen angewärmten Harken gleichmäßig ausgebreitet. Für eine 5 cm starke Schicht nach dem Walzen können mit 1000 kg etwa 10 m² ausgelegt werden. Da die größten Mischmaschinen eine stündliche Leistung von 12 t haben, können stündlich 120 m² verlegt werden, oder bei 10stündiger Arbeitszeit 1200 m² täglich. Die Leistung ist eine beträchtliche, sie kann mit Stampf- und Gußasphalt in dieser Höhe nicht erreicht werden. Dann wird die noch warme Mischung sofort eingewalzt. Es wird von den Seiten nach der Mitte zu gewalzt. Wo die Walze an den Rändern nicht arbeiten kann, wird gestampft. Erst wird eine leichte Handwalze benutzt, wie bei dem Einbau von Stampfasphalt, dann folgt die Dampfwalze. Vielfach wird aber auch die Handwalze fortgelassen und gleich die Dampfwalze angesetzt. Diese Walzarbeit muß besonders geschickt ausgeführt werden, wenn eine gute, völlig ebene Decke geschaffen werden soll. Vor allen Dingen darf die Walze beim Andrücken nicht zu schwer sein. 6—8 t Gewicht reichen aus. Die Walze darf auch keine Dreiradwalze sein, da diese ungleich andrückt, sondern es muß eine Tandemwalze sein, die sehr schnell umgesteuert werden kann, damit sie beim Übergang aus dem Vorwärts- in den Rückwärtsgang und umgekehrt nicht auf der Decke stehenbleibt und einen Eindruck erzeugt, der den Ansatz zur Wellenbildung bietet. Da Tandemwalzen wendig sind, soll auch bei genügender Straßenbreite schräg und normal zur Straßenachse gewalzt werden. Nach dem Walzen wird Kalksteinmehl über die Decke gestreut, um überschüssigen Asphalt zu binden und etwaige Öffnungen zu schließen. Das Walzverfahren ist das gleiche für alle vier Asphaltdecken, wobei Steinschlagasphalt, Asphaltbeton und Sandasphalt besondere Sorgfalt beim Walzen verlangen.

Auf den Asphaltdecken, vor allem beim Sandasphalt, bilden sich leicht Wellen in der Oberfläche. Sie sind für die Erhaltung der Decke und für den Verkehr ebenso nachteilig, wie die Wellen im Stampfasphalt, worüber im Abschnitt VII. B. e) 6. (S. 186) bereits Angaben gemacht worden sind. Sie entstehen in erster

Linie beim Walzen, können aber auch andere Ursachen haben, die nach einem Bericht von Prevost Hubbard zum IV. I. Str. K. Sevilla in folgendem beruhen:

1. Mängel im Unterbau.

a) Nicht genügende Tragfestigkeit.

b) Unregelmäßigkeiten im Profil, wodurch sich verschiedene Stärken der Decken ergeben, die eine ungleichmäßige Verdichtung verursachen. Die dicken Lagen werden sich stärker zusammendrücken als die dünnen. Darum muß die Verlegung auf schon bestehenden Straßendecken — Schotter und Pflaster —, ein Ausgleich der vorhandenen Unebenheiten vorher erfolgen.

c) Glatte Oberfläche, die der Decke ein Schieben gestattet.

Eine Binderlage kann das verhindern.

2. Mängel in der Mischung.

a) Verwendung eines Asphaltes, der zu weich ist, d. h. einen zu niedrigen Tropfpunkt hat.

b) Überschuß an Asphalt gegenüber dem vorhandenen Hohlraumgehalt.

c) Zu feines Korn und zuviel Sand mit runden Flächen. Nach Untersuchungen der Z. f. A. T. soll allerdings die Kornart auf die Festigkeit keinen Einfluß haben. Das gilt aber nur für die reine Druckfestigkeit. In der Decke, bei der der Asphalt in einen Rahmen eingespannt ist, treten noch andere Beanspruchungen auf.

3. Fehler in der Bauart.

a) Ungleichmäßige Ausbreitung der Masse und Ungleichheit in der Zusammensetzung der Masse, z. T. zu trocken, z. T. zu ölig.

b) Eine zu leichte Walze und zu starke Abkühlung der Masse. Bei kalter Witterung soll die Masse mit Decken gegen Abkühlung geschützt werden.

c) Zu große Deckenstärke, die mit einem Walzgang sich nicht genügend zusammendrücken läßt.

d) Schlechter Anschluß bei Fortsetzung der Deckenherstellung nach einer Unterbrechung. Es wird daher stets bei Wiederaufnahme der Arbeiten ein Streifen am Anschlusse fortgenommen, weil er einmal an der freien Kante verschmutzt ist und außerdem nicht genügend hat abgewalzt werden können.

Die Ursachen zur Wellenbildung können also recht mannigfache sein, und es gehört Aufmerksamkeit und Erfahrung dazu, um Asphaltbeton- und Sandasphaltstraßen zu verlegen, die keine Wellen haben. Erfahrungsgemäß bilden sich auf Asphaltbetonstraßen Wellen nicht so leicht als auf den Sandasphaltstraßen. Das ist wohl darauf zurückzuführen, daß in den Sandasphaltstraßen immer etwas Asphalt im Überschuß vorhanden sein muß, worauf schon hingewiesen ist.

Die Verdichtung spielt bei Sandasphalt- und Asphaltbetonstraßen nicht die Rolle, wie bei den Stampfasphaltstraßen. Richtig aufgebaute Mischungen sollen frei von Hohlräumen sein, so daß theoretisch eine Verdichtung nicht eintreten kann. Praktisch wird aber eine gewisse Verdichtung im Laufe der Zeit wohl anzunehmen sein, die sich aus der Erhöhung des Raumgehaltes würde nachweisen lassen.

Unterhaltung. Die Unterhaltung der künstlichen Asphaltstraßen zeigt jene einfache Form, die schon als Vorzug der Stampfasphaltstraßen geschildert worden ist. Beim Asphaltmakadam und Steinschlagasphalt besteht die Unterhaltung in einem gelegentlichen Anstrich der Oberfläche mit Absplittung. Falls sich Schlaglöcher gebildet haben, können sie leicht in der Weise beseitigt werden, daß mit lotrechten Wänden ein rechteckiges Stück herausgeschlagen wird, in das frische Masse warm eingebracht wird, die festgerammt, besser eingewalzt wird. Geringe Mulden können auch durch asphaltierten Splitt in Verbindung mit dem Oberflächenanstrich beseitigt werden. Auch Asphaltemulsionen (s. S. 220) eignen sich besonders zur Ausfüllung von Vertiefungen (Colas). An sich dürfen in den Asphaltdecken schadhafte Stellen nicht auftreten, wenn sie richtig zusammengesetzt sind und bei der Ausführung die nötige Sorgfalt beobachtet wird, daß keine Fremdkörper wie Holz, Flaschenkorken u. a. hineingeraten. Die Unterhaltung erstreckt sich dann nur auf Ersatz der im Laufe der Jahre abgefahrenen und zu dünn gewordenen Decken. Sandasphalt, der auf Steinschlagasphalt als Binder liegt, kann auf eine recht dünne Lage abgenutzt werden. Da Sandasphalt rauher ist als Stampfasphalt, erleidet er einen stärkeren Verschleiß und muß daher in kürzeren Abständen umgelegt werden. Über die Unterhaltung von solchen Straßen liegen in Deutschland nur geringe Erfahrungen vor. Die seit 1911 in Stuttgart verlegten Sandasphaltstraßen haben nur geringe Unterhaltung erfordert, so daß Baudirektor Dr. Maier die 7 cm starke Sandasphaltdecke in Städten bei mittlerem Verkehr für die wirtschaftlichste hält[93]. Längere Erfahrungen haben die amerikanischen Straßenverwaltungen. Auch dort ist zeitweilig die Unterhaltung der Straßen den Unternehmern auf längere Fristen gegen Entschädigung übertragen worden. Das hat sich aber nicht durchführen lassen (vgl. den Bericht des Verfassers über seine Studienreise nach den V. St. A. 1912, Z. f. T. u. Str. 1912), weil die Abhängigkeit der Städte von den Unternehmern größer ist als in Deutschland. Sie haben es vielfach verstanden, sich ihren Verpflichtungen zu entziehen. Darum sind die größeren Städte dazu übergegangen, lediglich für die Unterhaltung sich eigene Asphaltwerke zu bauen, in denen sie aber nur die Mengen an Steinschlagasphalt und Sandasphalt herstellen, die zur Instandhaltung ihrer Straßen notwendig sind. Manhattan (New York) z. B. hat eine Anlage am Harlem-Fluß mit einer täglichen Leistung von 4000 m^2 Steinschlagasphalt 4 cm, und 4 cm Sandasphalt. Die Gesteinsstoffe werden mit dem Schiff angefahren, von einem Kran ausgeladen und auf Silos gebracht, von denen sie in die Trockentrommeln gelassen werden können. Es sind mehrere Trommeln von erheblichen Abmessungen vorhanden, die mit Koks geheizt werden. Der getrocknete Sand, Kies oder Steinschlag wird mit Becherwerken auf Silos gehoben, von denen sie dem Mischer zugeführt werden. Der Asphalt wird mit Rohrleitungen aus den Tankschiffen in große Behalter gepumpt. Er wird erwärmt und fließt in Rohrleitungen den Mischern zu. Sand, Gestein und Asphalt werden erst in Raummaßen oder auf Wagen zugemessen und dann in die Mischer gegeben. Die Mischer liegen so hoch, daß sie unmittelbar in Wagen ihren Inhalt entleeren können.

Bei der Instandsetzung wird der unbrauchbar gewordene Asphalt weggepickt bis auf die Binderschicht, ist diese auch beschädigt, wird sie gleichfalls fortgenommen und ersetzt. Sie wird in der Weise abgewalzt, daß keilförmige Bretter den Übergang an die Sandasphaltdecke herstellen, so daß die Walze, ohne die Kante des noch gesunden Sandasphaltes zu beschädigen, auf die neugeschüttete Binderschicht gelangen kann. Die Ränder der Ausbruchstelle werden mit Asphalt angestrichen. Da die Verdichtung nur sehr gering ist, wird der Sandasphaltflicken nur wenige Millimeter höher angelegt als die anschließende Fläche. Die Ausbesserungsstelle wird dem Verkehr erst nach einigen Stunden freigegeben, wenn sie erkaltet ist. Die leichte Möglichkeit der Instandhaltung ohne Verkehrsstörung ist ein wesentlicher Vorteil der Asphaltstraßen, der ihre Anwendung in den Städten besonders gefördert hat.

Sonderausführungen. Neben diesen üblichen, nach einfachen Grundsätzen aufgebauten künstlichen Asphaltdecken, werden vornehmlich in den V. St. A. noch andere Arten ausgeführt, die meistens den Unternehmern durch Patente geschützt sind. Einige davon sollen nach der Bezeichnung der Asphalt-Association in New York aufgeführt werden.

1. Warrenit-Bitulithic der Warren Brothers Company Boston (Mass.) ist eine patentierte Straßendecke von grobem abgestuftem Steinmaterial nach der Art des Asphaltbetons, in die eine feinkörnige Oberflächenmischung während des Einbaues einverleibt wird. Man könnte diese Masse auch als Asphaltfeinbeton

mit Verschleißschicht bezeichnen. Die vertreibende Unternehmung — Gebrüder Warren — hat eine führende Stellung im Asphaltstraßenbau in den V. St. A.

2. Amiesite ist ein patentierter Asphaltbeton in zwei Schichten, die untere aus gröberem abgestuften, die obere aus feinem abgestuften Gesteinsstoff. Beide Mischungen werden kalt eingebaut zufolge besonderer Behandlung des Asphaltes mit einer Verflüssigungsmasse und zufolge des Zusatzes von hydraulischem Kalk.

3. Bitoslag ist ein patentierter Asphaltbeton, Feinbeton, zusammengesetzt aus Hochofenschlacke, Füllmasse und einer besonderen Asphaltbindemasse, bekannt als Bitozement.

4. Bitosan ist Sandasphalt mit einem besonderen asphaltischen Bindemittel.

5. Willite ist ein Mittelding zwischen Asphaltfeinbeton und Sandasphalt, in dem Kupfersulfat mit Asphaltzement zusammengemischt werden.

6. National Pavement ist eine Decke, deren Abnutzungsschicht aus einer Mischung feiner erdiger Stoffe, wie Ton mit Asphaltzement, besteht. Die Mischung wird auf einer Anlage hergestellt und heiß verlegt. Vermutlich ist diese Masse dieselbe, über die im Ber. 12 des V. I. Str. K. folgendes berichtet wird: Es werden kalkhaltige kolloidale Erden von solcher Feinheit verwendet, daß 85 vH durch ein 200-Maschen-Sieb hindurchfallen bei 16 vH Gehalt an Asphaltzement von verhältnismäßig hoher Eindringungstiefe (Penetrationsgrad).

7. Asphaltpflastersteine, ein den Stampfasphaltplatten vergleichbares Pflaster. Es werden aus Sandasphalt Pflastersteine in den Abmessungen 10,2 : 12,5 : 30 cm und 7,6 : 10,2 : 30 cm fabrikmäßig hydraulisch hergestellt. Das große Ausmaß wird unmittelbar auf Kies mit möglichst dichten Fugen verlegt, abgerammt und feiner Sand in die Fugen gekehrt. Das kleinere Ausmaß wird auf Beton verlegt. Die Köpfe der Steine nutzen sich an den Fugen schnell ab und werden kuppig. Dieses Pflaster, das nach den Feststellungen des Verfassers 1912 noch viel in Wohnstraßen verlegt worden ist, hat anscheinend dem Betonpflaster Platz machen müssen.

8. Eine deutsche Asphaltsonderart ist das Sandasphaltpflaster im Verbund mit der Betonunterlage nach Oberbaurat Reiner[94]. Die Binderschicht des Sandasphaltes wird ersetzt aus einer Lage von harten Gesteinsstücken, welche vorher mit einem dünnen Asphaltüberzug in Heißmischung versehen worden sind. Diese Schotterstücke werden auf den frisch ausgebreiteten Beton gestreut und leicht eingedrückt, so daß sie in der Betonschicht dicht nebeneinanderliegen und nur wenig aus der Schicht hervorragen. Nach dem Erhärten des Betons liegen sie in ihm fest. Etwaiger Zementmörtel an ihnen wird durch Abspritzen und Abkehren mit scharfen Besen beseitigt. Der alsdann aufgebrachte Sandasphalt soll sich mit den Schotterstücken verbinden, weil durch die heiße Sandasphaltmasse die feine Asphalthaut auf den Schottersteinen weich wird und dadurch eine Verbindung mit Sandasphalt und Schotter bewirkt. Der Zusammenhang zwischen dem Sandasphalt und dem Beton soll das Schieben und die Wellenbildung des Sandasphaltes verhindern, was wohl anzunehmen ist. Ausführungen dieses Sandasphaltes liegen in Berlin-Tempelhof auf dem Deutschen Ring seit 1924 und auf der bayrischen Versuchsstraße München—Weilheim—Scharnitz, Kilometer 78,595—78,690, seit 1925.

8. Emulsionen von Teer und Asphalt.

α) Allgemeines.

Der Einbau aller Teer- und Asphaltdecken ist von der Witterung abhängig; besonders bei Regen ist die Ausführung ausgeschlossen. Die unbeständigen Witterungsverhältnisse in Westeuropa erschweren daher sehr den Teer- und Asphaltstraßenbau. Die Heißverarbeitung bedarf großer und teurer Maschinenparke und ist außerdem, wenn nicht gefährlich, so doch mit Erschwerungen für die Arbeiterschaft verbunden. Einfluß der Dünste und die Beschmutzung der Kleider und Hände hemmt die Leistungsfähigkeit. Der Geruch und Rauch der Maschinen belästigt die anwohnende Bevölkerung. Um diese Nachteile und Hemmungen zu überwinden, sind Teer und Asphalt so umgewandelt worden, daß sie sich mit Wasser mischen lassen und zusammen mit dem Wasser auf die Straße gebracht werden.

Teer und Asphalt sind nicht wasserlöslich. Damit sie sich mit Wasser vermischen lassen, müssen sie mit Stoffen verarbeitet werden, die eine Verteilung feinster Teer- oder Bitumenteilchen im Wasser ermöglichen. Die Teilchen befinden sich in der Schwebe in dem Wasser, sie sind gewissermaßen über ihren Aggregatzustand getäuscht. Eine solche Mischung wird Emulsion genannt. Die Emulgierung kann auf chemischem und mechanischem Wege vorgenommen werden. Zweckmäßig erscheint die Vereinigung beider Verfahren, weil man in diesem Falle mit einem geringeren Anteil an chemischen Zusätzen, die teuer sind, auskommt. Der mechanische Vorgang wird durch eine sogenannte Homogenisierungsmaschine erzeugt, in der unter Anwendung von großen Geschwindigkeiten eine Zerstäubung in so kleine Teilchen erfolgt, daß eine Mischung von Wasser und dem zu emulgierenden Stoff vor sich geht[95].

Wenn Asphalt emulgiert werden soll, muß er stark erhitzt werden, da er im kalten Zustande sich nicht verarbeiten läßt. Wieweit dieses Verfahren überhaupt brauchbar ist und damit geeignete Emulsionen hergestellt werden können, ist noch nicht bekannt geworden.

An der Luft und bei der Berührung mit dem Gestein zerfällt die Emulsion, das Wasser scheidet sich ab und das Bindemittel schlägt sich auf und in der Straßendecke nieder. Das Wasser verdunstet, und das Bindemittel haftet fest an der Straßendecke. Es handelt sich hierbei nicht um ausgesprochene Staubbindemittel, wie sie im Abschnitt VII. B. b) behandelt sind, sondern um Kitte, die erst mit Hilfe des Wassers in die Decke eindringen und bei der Abstoßung des Wassers sich auf den Straßenbaustoffen niederschlagen und sie überziehen. Diese Kitte schützen die Decke vor Abnutzung und festigen ihren inneren Zusammenhang, sie wird staubarm, und Schlammbildung bei Steinschlagstraßen fällt fort. Die Kitte können aber auch als Tränkungsmittel im Eingußverfahren benutzt werden, wenn Steinschlagstraßen neue Decklagen erhalten. Der Bindestoff wird dann in der gleichen Weise eingegossen, wie das bereits beim Teertränkverfahren und Asphalttränkmakadam beschrieben ist, nur daß an Stelle der heißen Pechölmischung oder des erhitzten Asphaltes die Emulsion tritt. Ausgefahrene Groß- und Kleinpflasterstraßen können nach diesem Verfahren einen Überzug aus Splitt und Grus erhalten, die durch die Emulsion untereinander und mit der Decke verbunden werden. Die Emulsionen müssen daher umwälzend im Straßenbau wirken, wofür schon manche Beobachtungen sprechen.

Eine gute Emulsion muß zwei Bedingungen erfüllen, die sich eigentlich widersprechen.

1. Die Emulsion muß so haltbar sein, daß sie den Bahnversand aushält und unter den herrschenden klimatischen Verhältnissen lagerfähig ist.

2. Die Emulsion muß nach dem Auftragen auf der Straße sich genügend rasch zersetzen und das Bitumen so ausscheiden, daß es beständig ist, daß es nicht durch Regenwasser oder Sprengwasser ausgeschieden wird. Es muß bei dem Zerfall der Emulgator auch aus der Masse verschwinden.

Die ersten Emulsionen haben sich eines Fixativs oder Katalysators bedient, um den Emulgator unschädlich zu machen. Das erschwert aber das Verfahren, und außerdem ist seine Wirkung in Frage gestellt, weil nicht Gewähr gegeben ist, daß das Fixativ auch überall hingelangt. Die Stoffe selbst dürfen bei der chemischen Behandlung und Emulgierung, aber auch in ihren wertvollen Eigenschaften nicht verändert werden, d. h. daß z. B. ein Asphalt seinen richtigen

Erstarrungspunkt und Tropfpunkt und seinen Wärmeabstand behalten muß, daß er nicht verspröden darf, sondern klebfähig bleiben muß. Dasselbe gilt vom Teer.

Die chemische Industrie hat schon seit langem solche Emulsionen von Teer und Asphalt nach verschiedenen Verfahren ausgeführt, z. B. die deutschen Reichspatente Nr. 248084 und 250275 u. a. Diese haben aber für den Straßenbau keine Anwendung gefunden, oder wenn der Versuch gemacht worden ist, sind Fehlschläge aufgetreten. Für die besonderen Bedingungen des Straßenbaues haben andere Verfahren angewendet werden müssen, wobei es noch dahingestellt bleiben muß, ob sie alle als unbedingt zuverlässig angesehen werden können. Diese Verfahren werden mit Ausnahme des zum Patent angemeldeten Colas der Deutschen Trinidad-Öl- und Asphalt-A.-G., Dresden, und des Kitonverfahrens aber geheimgehalten.

β) Teeremulsionen.

Beim Kitonverfahren wird dem Teer die Emulgierbarkeit durch Zusatz einer geringen Menge von fettem Ton verliehen. In Gegenwart von Teer soll der Ton die ihn sonst kennzeichnende Eigenschaft, nach dem Trockenwerden mit Wasser wieder zu einer plastischen Masse aufzuweichen, vollständig verlieren. Der Teer soll den Ton wasserbeständig machen. Kiton soll 50 vH destillierten Steinkohlenteer, 10 vH Ton, 10 vH Petroleum und 30 vH Wasser enthalten. Kiton bildet eine Paste und läßt sich im Wasser leicht verteilen[96].

Beim Einbau in die Straße wird das Kiton mit etwa derselben Menge Wasser vermischt und am zweckmäßigsten mit einem Rührwagen an Stelle des beim Walzen üblichen Wasserzusatzes auf die schon eingebaute Schotterlage ausgesprengt. Die Fahrbahn wird durch weiteres Walzen und Überziehen mit Deckstoffen aus Sand mit 20 vH Lehm vollständig befestigt und mit scharfem Sand abgedeckt. Der Verbrauch stellt sich auf ½ kg für den Quadratmeter und Zentimeterdecke.

Versuche des Verfassers mit Kiton sind nicht günstig verlaufen. Nach dem Bericht über Staubbekämpfungsversuche auf den sächsischen Staatsstraßen in den Jahren 1911—1913 hat Kiton bei Basalt- und Granitschüttungen nicht befriedigt, die Schotterlage ist lange Zeit locker geblieben, die Bindestoffe sind schnell zerstört und haben einen bräunlichen schweren Staub gebildet. Bei Porphyrschüttungen hat Kiton ein günstigeres Verhalten gezeigt[50].

In dem Ber. 17 zum III. I. Str. K. London wird über Kiton gesagt, daß es sich als nicht einwandfreies Mittel gegen die Staubbildung erwiesen habe. Auch Dr. Dammann berichtet, daß die Verwendung des Kitons in Essen enttäuscht hat[72]. Wenn demgegenüber von Erfolgen berichtet wird, so muß aus den bekannt gewordenen Fehlschlägen angenommen werden, daß die Wirkung nicht immer sichergestellt ist, auch dort nicht, wo alle Sachkenntnis auf die Ausführung verwendet wird. Es ist allerdings zu beachten, daß Kiton früher nur aus Teer hergestellt worden ist, neuerdings aber 10 vH Petroleum zugesetzt wird. Der Erfolg dieser Maßnahme muß abgewartet werden. Dagegen sprechen Erfahrungen dafür, daß eine Kitondecke, die alsbald nach der Herstellung eine Oberflächenteerung erhalten hat, sich haltbar erweist. Es ist aber noch nicht klargestellt, ob die Wirkung mehr auf dem Kiton oder der Oberflächenteerung beruht und sich die Kosten der Kitontränkung lohnen.

Die Stuttgarter Gasanstalt stellt zwei Emulsionen her. Bei der einen werden die kleinsten Teerteilchen mit einer dünnen Haut von Wasser überzogen, die infolgedessen in jedem Verhältnis mit Wasser vermengt werden können. Die Emulsion wird mit Makadol bezeichnet und soll in jeder Verdünnung mit Wasser ein gutes Staubbekämpfungsmittel sein. Es kann mit Sprengwagen ausgesprengt werden. Bei der anderen Emulsion — Terrol genannt — sind die kleinsten

Wasserteilchen mit Teer vollkommen umhüllt und demzufolge in jedem Verhältnis mit Teer mischbar. Terrol dient als Kaltteer für Einguß und Oberflächenteerung[97].

Die Rütgerswerke in Berlin-Charlottenburg stellen die Emulsion „Magnon" her, die in derselben Weise wie Kiton aufgebracht wird. Über die Brauchbarkeit liegen noch keine Erfahrungen vor. Es scheint zweckmäßig zu sein, einer mit Magnon getränkten Decke später eine Oberflächenteerung zu geben.

Eine Emulsion von Teer mit einem geringen Bitumenzusatz ist Beueler Kaltasphalt (Vialit). Es wird sowohl zur Oberflächenbehandlung, zur Tränkung und zum Flicken von Steinschlagstraßen verwendet. Weil es die Straße rauh läßt, kann es auch in Steigungen angewendet werden, bei denen Teerungen wegen der Glätte ausscheiden. Magnon und Vialit erhalten im Tränkverfahren nach Untersuchungen in der Versuchsanstalt des Verfassers einen Überzug mit Asphaltemulsionen.

γ) Asphaltemulsionen.

Die Asphaltemulsion, die schon eine fünfjährige Erprobung erfolgreich überstanden hat, ist Colas, das aus England in Deutschland eingeführt worden ist und jetzt in Dresden und Köln von der Deutschen Trinidad-Öl- und Asphalt-A.-G. hergestellt wird. Es besteht in einer wässerigen bituminösen Emulsion, die durch Mischen einer Fettsäure oder Mischen von Fettsäuren mit geschmolzenen bituminösen Stoffen unter Hinzufügen einer verdünnten Lösung von Ätznatron oder Ätzkali oder Natrium- oder Kaliumkarbonat zu dieser Mischung hergestellt wird, dadurch gekennzeichnet, daß das Verhältnis der Fettsäure, auf das Gewicht des Bitumens gerechnet, weniger als etwa 5 vH beträgt.

Zur Herstellung selbst sind besondere Maschinen und Einrichtungen notwendig, die Geheimnis der Herstellerin sind. Colas kommt gebrauchsfertig in Fässern von 200 kg in den Handel oder wird in Kesselwagen der Eisenbahn geliefert. Bei Verwendung großer Mengen und günstiger Verkehrslage ist der Bezug in Wagen vorzuziehen. Es muß allerdings die Weiterbeförderung nach der Straßenbaustelle in Tankwagen am besten als Kraftwagen erfolgen. Colas hat als Grundstoff Weichasphalt mit einer Eindringungstiefe von 200°. Die Emulsion hat etwa 50 Teile Wasser, 50 Teile Asphalt, ist dickflüssig und hat eine schokoladebraune Färbung. An der Luft zerfällt sie sehr schnell. Der Asphalt scheidet als tiefschwarz glänzender Überzug aus. Colas ist so eingestellt, daß es sehr schnell bricht. Das ist als besonderer Vorteil hervorzuheben. Denn je schneller und kräftiger die Trennung zwischen Asphalt und Wasser eintritt, um so wirksamer wird sich der Asphalt auf die Decke legen, um so schneller kann das Wasser verdunsten oder abziehen, um so eher kann die Straße dem Verkehr übergeben werden. Während des Bauvorganges eintretende Witterungsänderungen können um so weniger den Erfolg beeinträchtigen. Colas wird in zwei Formen angewendet, entweder als Oberflächenbehandlung oder im Tränkverfahren.

Oberflächenbehandlung. Sie kommt vor allem für alte Decken in Frage. Auf abgenutzten mit Schlaglöchern versehenen Straßen müssen diese erst ausgeflickt werden. Hierzu kann Colas bereits benutzt werden. Die Schlaglöcher werden mit senkrechten Rändern möglichst viereckig ausgespitzt und sauber ausgekehrt. Die Vertiefung wird dann mit Colas ausgepinselt und kantiger Hartsteinsplitt von 20—30 cm Korngröße eingefüllt, gestampft, mit Colas getränkt, nochmals gestampft und leicht mit Sand überstreut. Die Ausfüllung tiefer Schlaglöcher kann auch nach dem Vorbilde des unter „Tränkverfahren" zu beschreibenden so erfolgen, daß das ausgespitzte und sauber ausgekehrte Loch mit lehmhaltigem Kies 2—3 cm hoch bedeckt und mit Schotter in abgestufter Korngröße ausgepackt und unter Annässen leicht abgerammt wird. Nach mäßiger Tränkung mit Colas wird Splitt von 5—15 mm Korngröße abgedeckt und ordentlich abgerammt. Ein Nachrammen am folgenden Tage empfiehlt sich. Danach muß die Oberfläche der Flickstelle bündig mit der Nachbarfläche liegen. Es darf nur soviel Colas eingegossen werden, daß keine Asphaltpfütze entsteht. Die Oberfläche muß rauh und steinig sein.

Bei flachen Vertiefungen genügt es, diese vorher sauber auszukehren, mit Colas bis zu ¾ der Tiefe auszufüllen, hierauf mit 5—15 mm großem Splitt so zu bedecken, daß Colas nicht mehr zu sehen ist, und die Stelle so lange abzurammen, bis Colas wieder an die Oberfläche tritt.

Es kann auch die Mischung von Splitt, Steinschlag und Colas eine Viertelstunde vorher fertiggestellt und dann eingebaut werden. Bei flachen Löchern oder Mulden genügt ein Reinigen von Staub und Schlamm, Bestreichen mit Colas, Abstreuen mit Splitt und Abrammen. Durch diese Beseitigung der Fehlstellen muß das Profil der Straße völlig wiederhergestellt werden. Die tiefen Flickstellen sollen erst vom Verkehr eingefahren werden, wozu eine Woche genügen wird, ehe die ganze Straße den Colasanstrich erhält. Bei sehr flachen Mulden genügt eine Ausgleichung vor dem Oberflächenanstrich.

Die übrige Fahrbahn wird gründlich von Staub und Schlamm gereinigt, durch Abkehren mit scharfen Besen, am besten Stahlbesen, deren Borsten aber nur ⅔ so lang sein dürfen wie die der sonst üblichen Piassavabesen, oder durch Ausspritzen mit Druckwasser. Das Steingerüst soll völlig blankgefegt sichtbar sein[98]. Feuchtigkeit in der Decke schadet nicht; im Gegenteil muß sogar bei großer Trockenheit die Decke etwas abgebraust werden. Hiernach wird Colas über die ganze Straßenoberfläche mit Gießkannen oder aus Tankwagen ausgegossen, mit Besen oder Gummischiebern gleichmäßig ausgebreitet, und zwar immer nach dem Arbeitenden hin, ohne daß der Asphalt dabei zuviel hin und her bewegt wird, oder mit Druck aus Tankwagen, in denen Colas etwas erwärmt wird, damit es die Düsen nicht verstopft, ausgesprengt. Bei warmem, trockenem Wetter ist der Überzug sofort mit Splitt abzudecken, bei regenfeuchter Fahrbahn kann das Abdecken erst nach 20—30 Minuten erfolgen, weil in diesem Falle die Trennung der Emulsion sich verzögert. Es muß aber der Augenblick abgepaßt werden, solange der Asphalt noch nicht abgebunden hat, damit der Asphalt sich auch an dem Splitt ansaugen kann. Der Splitt soll 10—15 mm Korngröße haben, kann von Basalt, Grünstein, Quarzporphyr u. a. Hartgestein, aber auch gebrochene Quarzkiesel aus Grubenkies von gleicher Korngröße sein. Die Menge muß so groß sein, daß der flüssige Colasüberzug gerade bedeckt wird. Es gelten hier dieselben Grundsätze, die für das Absplitten von Oberflächenteerungen maßgebend sind (s. S. 151). Die Menge des aufzubringenden Colas schwankt zwischen 1,2—2 kg. Es kommen also etwa 0,6—1 kg reiner Asphalt auf die Decke. Es wird auch hier, wie bei Oberflächenteerungen, anzustreben sein, bei der ersten Behandlung nicht zuviel Masse aufzubringen. Der Splitt muß völlig rein sein, sandige und mehlige Bestandteile würden den Asphalt zu stark binden und magern. Auch scheidet Splitt aus verwittertem Sedimentgestein, das tonhaltig ist, aus. Der Splittverbrauch kann auf 1 t für 100—115 m^2 angenommen werden. Ein Abwalzen der Fläche wird empfohlen, aber nicht für unbedingt notwendig gehalten. Die Straße kann sofort dem Verkehr übergeben werden. Die Räder der Fahrzeuge bewirken noch ein Andrücken des Splittes an den Asphalt.

Die Straße behält ihre Rauhigkeit. Der Anstrich mit Colas bewirkt aber, daß die Reifen der Kraftwagen durch ihre Saug- und Wirbelwirkung, Schubkraft und Schlupf die Decke nicht mehr angreifen können. Colas kann daher auch auf starken Steigungen angewendet werden, auf denen Teer oder Asphalt wegen der Glätte ausscheiden.

Bei Straßen mit schwerem Verkehr ist die Oberflächenbehandlung nach etwa

8—14 Tagen zu wiederholen. Es hat sich als zweckmäßiger herausgestellt, zwei Überzüge in kurzen Abständen herzustellen, als die gleiche Menge Colas und Splitt in einem Arbeitsgang anzuwenden. Die Zweckmäßigkeit eines solchen Verfahrens ergibt sich aus den Überlegungen, die bereits bei Behandlung der Oberflächenteerungen (S. 151) angestellt sind. Stellen, an denen zuviel Asphalt sich abgelagert hat, werden sich als feuchte Stellen bemerkbar machen. Sie müssen nachgesplittet und möglichst eingewalzt werden. Wo Asphaltmangel offenbar festgestellt wird, wird ein leichter Colasüberzug mit Splittbestreuung gegeben. Die Straße ist dann sorgsam zu überwachen und von Zeit zu Zeit Splittreste, die durch den Verkehr zerfahren oder nicht gebunden sind, abzukehren.

Die tägliche Leistung beträgt bei Ausbreiten von Colas mit Gieskannen etwa 800 m^2; sie kann bei Benutzung von Tankwagen auf 1500 m^2 gesteigert werden. Die sächsische Straßenbauverwaltung hat sogar im Jahre 1926 Durchschnittsleistungen von 3500 m^2 täglich und Höchstleistungen von 7000 m^2 täglich erreicht bei einer Gesamtlänge von 522 km, die mit Colas behandelt worden sind[99]. Hierzu ist aber ein flotter Anfahrbetrieb notwendig. Bei Tankwagen wird Colas aus dem Zapfhahn entnommen und durch eine Rinne, Schlauch oder Leitung auf die Straße abgelassen.

Das Tränkverfahren wird bei Herstellung neuer Decklagen angewendet. Es zeigt übereinstimmende Merkmale mit dem schon im Abschnitt „Teerstraßen" erwähnten Eingußverfahren und dem Asphalttränkmakadam. Nur der Aufbau der Schotterdecke erfolgt in anderer Weise. Um den Asphaltverbrauch, der bei den Eingußverfahren sehr hoch ist, einzuschränken, wird auf dem Unterbau, der zweckmäßig eine alte, gesäuberte Schotterdecke sein wird, eine Schicht reinen, scharfen Sandes von 3—4 cm Stärke aufgebracht, auf der dann die eigentliche Schotterdecke in einer Stärke von 8—14 cm ausgebreitet wird. Zur Verringerung der Hohlräume soll der Schotter gemischtkörnig sein, etwa von 2,5 bis 6 cm Korngröße und so eingebaut werden, daß keine Entmischung eintreten kann. Die Schüttlage wird dann unter Annässen mit einer Walze von 10—16 t so lange verdichtet, bis der Sand von unten durchgedrückt ist und sich 3—4 cm unter der Oberfläche befindet. Die Oberfläche der Decke zeigt noch viele Hohlräume. Um diese zu dichten, wird Feinschlag von 10—25 mm Körnung aufgestreut und unter leichtem Annässen wieder gewalzt. In diese so vorbereitete Decke werden 4—5 kg für den Quadratmeter Colas eingegossen. Im Staate Sachsen sind bei diesem als Halbtränkung bezeichneten Verfahren 5—6 kg m^2 verbraucht worden[99]. Damit alle Steine benetzt werden, muß die Flüssigkeit senkrecht von oben auf die Straßendecke fließen. Das wird erreicht, indem auf das Ausflußrohr der Gießkanne ein Gießblech gesteckt wird, gegen das die Flüssigkeit strömt und sich dann an dem Blech verteilt und senkrecht nach unten geführt wird. Eine gleichmäßige Verteilung des Colas wird durch Ansprengen unter Druck aus Sprengwagen, die als Kraftwagen gebaut sind, erreicht. Die Masse wird durch ein Sprengrohr aufgebracht, wie das bei den Heißverfahren schon erwähnt ist (S. 154, 197). Dieses Verfahren, bei dem an Beförderung, Umfüllen gespart wird, ist außerordentlich wirtschaftlich. Auf die getränkte Oberfläche wird Splitt von 10—15 mm Körnung leicht eingewalzt, der am folgenden Tage, nach Einkehren etwaigen losen Splittes mit Reisigbesen, festgewalzt wird. Nach 2 Tagen erfolgt ein zweiter Aufguß von Colas von etwa 1—1,5 kg für den Quadratmeter, Überstreuen mit Feinsplitt, am besten von zwei entgegengesetzten Seiten, und Abwalzen. Jetzt kann die Straße bereits dem Verkehr übergeben werden. Sollten sich noch undichte Stellen zeigen, so müssen diese mit Feinsplitt und Colas ausgefüllt werden. Auffällt an solcher Decke, daß sie keinen dunklen Spiegel zeigt, wie sonst Asphaltstraßen, sondern das natürliche Gestein gibt der Decke die Farbe. Es sind auch Straßen ohne die Sandunterlage gebaut worden. Allerdings ist dann der Verbrauch an Colas entsprechend größer.

Ausgleich und Überzug auf Steinpflaster, Teermakadam oder Beton. Bei Steinpflaster sind die Fugen mindestens 4 cm tief zu reinigen und dann mit Splitt oder bei breiten Fugen und stark kuppigem Pflaster mit Feinschlag auszufüllen, einzurammen und mit Colas auszugießen. Dadurch werden zugleich die Schlaglöcher ausgefüllt und die Oberfläche erhält Profil. Die ganze Fläche wird dann mit Colas angestrichen und mit Splitt abgedeckt und abgewalzt. Mit diesem Verfahren sind überraschende Erfolge erzielt worden. Die Stärke der Decke soll nicht mehr als 2—2,5 cm betragen. Auch Kleinpflaster hat in dieser Weise einen Überzug erhalten, indem die Fugen mit Wasser ausgespritzt worden sind und dann die Decke, wie zuvor angegeben, behandelt worden ist. Auch schadhaft gewordene Betondecken sind auf diesem Wege in Ordnung gebracht worden, indem sie nach Ausfüllung der Schlaglöcher einen Überzug von 2—5 mm erhalten haben und jetzt den Eindruck von Asphaltstraßen machen.

Die gegenwärtig vorliegenden Erfahrungen über Colas berechtigen zu besonderen Hoffnungen, daß damit alle die Straßen staubfrei und haltbar gemacht werden können, bei denen eine schwere Decke zur Zeit noch nicht aufgebracht werden kann, oder für die eine solche Decke überhaupt noch nicht angebracht ist. Zu den letztgenannten Straßen gehören bekanntlich die Mehrzahl der Landstraßen. Ebenso können mit Colas die städtischen Wohnstraßen staub- und geräuschfrei gemacht werden. Auch holperige Decken, die starke Erschütterungen unter dem Kraftwagenverkehr in den Häusern hervorrufen, können eingeebnet werden. Colas ist auch zur Oberflächenbehandlung von Asphalt- und Teerstraßen angewendet worden. Es wird zu diesem Zweck die Decke gereinigt, Colas aufgestrichen und mit Splitt von 3—8 mm Korngröße abgedeckt und abgewalzt bei einem Colasverbrauch von 0,8—1,2 kg/m^2. Alte Decken werden damit aufgefrischt.

In England und Frankreich liegen über Colas Erfahrungen seit 5 Jahren vor. Trotz des wesentlich feuchteren Klimas hat sich Colas dort als unbedingt zuverlässig erwiesen. Die im Jahre 1925 vom Staate Sachsen und der Stadt Dresden angestellten Versuche haben dazu geführt, daß beide Verwaltungen im Jahre 1926 es in großem Umfange aufgenommen haben. Der Staat Sachsen hat 800 km mit Colasüberzügen versehen, vornehmlich in der Umgebung der Großstädte, so daß diese stark mit Kraftwagen befahrenen Straßen völlig staubfrei geworden sind und für ihre Unterhaltung vorläufig keine Aufwendungen zu machen sein werden[99].

Es ist anzunehmen, daß die Vorteile des Colas: beim Einbau weniger beeinflußt von der Witterung als alle anderen bisherigen Verfahren, die leichte Handhabung und die nachhaltige Wirkung dem Colas ein weites Anwendungsgebiet verschaffen werden. Der Staat Sachsen gibt an, durch die Anwendung des Kaltasphaltes die Herrschaft über die Straße wieder gewonnen zu haben[99]. Die Möglichkeiten, Colas im Straßenbau zu verwenden, sind mit der Ausführung von Oberflächenanstrichen und Innentränkungen nicht erschöpft. Überall wo bisher Teer und Asphalt im Heißverfahren am Platze gewesen sind, kann auch Colas herangezogen werden, z. B. in den Verguß von Steinpflaster und als Klebemasse bei Holzpflaster (S. 289). Ein besonderer Fortschritt scheint dadurch erreicht zu sein, daß Colas jetzt auch in solcher Form hergestellt wird, daß es in der Mischtrommel mit Gestein, Sand und Füller gemischt wird und dann ein Asphaltkalteinbau nach dem Muster des Teerkalteinbaues möglich geworden ist. Die Masse wird Colascrete genannt. Ausführungen dieser Art liegen schon in Straßen Londons, die nach Feststellung des Verfassers selbst unter schwerem Verkehr (Bahnhofzufahrt) ein günstiges Verhalten zeigen.

Eine andere Asphaltemulsion ist Bitumuls. Sie ist in etwa der gleichen Weise angewendet worden als Anstrich von Steinschlagdecken, als Deckenbelag auf alten Schotterdecken, und auf Pflaster. Da die Emulsion erst seit kurzer Zeit hergestellt ist, kann ein endgültiges Urteil über ihre Bewährung nicht abgegeben werden. Auf Steinschlagdecken hat es sich bisher gehalten, auf Pflasterdecken dagegen sind Mißerfolge zu verzeichnen. Bitumuls ist als Emulsion anscheinend stabiler, d. h. die Trennung von Wasser und Asphalt geht langsamer vor sich. Bei Decken aus mehreren Lagen ist das insofern nachteilig, als die untere Lage das Wasser noch nicht abgegeben hat, oder wenn es ausgeschieden ist, noch nicht verdunstet ist, wenn die obere darauf gelegt wird. Ist das Wasser verhindert, in kurzer Zeit nach unten abzuziehen, wie z. B. bei Steinpflaster, dann bleibt es in dem Belag und bringt den Asphalt zum Faulen oder zerstört ihn durch Forst. Eine Erscheinung, die für alle Emulsionen gilt und daher ernste Beachtung verdient, z. T. auf konstruktive Fehler zurückzuführen ist, die überwunden werden können. Auf keinen Fall dürfen solche Mißerfolge gegen die Emulsionen als solche angeführt werden.

Andere Emulsionen von Asphalt, die sich im Straßenbau eingeführt haben, sind z. B. Cowabit, Euphalt, Emulbit, Dasagol u. a. Sie werden in derselben Weise, wie beschrieben, auf den verschiedenen Pflasterarten aufgebracht. Ihre Anwendung ergibt sich aus klaren technischen Überlegungen, sie sind begründet aus der besonderen Art der Emulsionen, wobei für die Brauchbarkeit jeder Emulsion die sachgemäße Ausführung und ihre chemische Herstellung und die dabei verwendeten Rohstoffe ausschlaggebend sein werden. Auf jeden Fall ist die Technik des Straßenbaues durch die Emulsionen wertvoll bereichert, so daß ihre Anwendung und ein eingehendes Studium ihrer Wirkungsweise und Eigenart, um einen Maßstab für ihre Beurteilung zu gewinnen, dringend empfohlen werden kann.

f) Betonstraßenbau.

1. Allgemeines.

Die Betrachtungen im Abschnitt III. E. über die Beziehungen zwischen Rad und Straße haben dazu geführt, das Ziel aufzustellen, daß die Fahrbahn für Kraftwagen einen möglichst stoßfreien Lauf gewähren muß. Nur eine ganz ebene Fahrbahn ermöglicht das, wie es z. B. die Asphaltstraße ist. Sie besteht aber aus zwei Teilen, aus dem Unterbau, der aus einer alten Straße bestehen kann, bei neuen meistens aus Beton hergestellt wird, und aus der Abnutzungsschicht, der Asphaltdecke. Bei neuen Straßen muß demnach erst ein Unterbau geschaffen werden, ehe die ebene und fugenlose Abnutzungsschicht aufgebracht werden kann. In einem Lande wie die V. St. A., in dem die Landstraßen zurückgeblieben sind und infolgedessen das für den Kraftwagenverkehr erforderliche Straßennetz von Grund aus aufgebaut werden muß, hat der Gedanke nahegelegen, eine Bauweise zu finden, bei der Unterbau und Abnutzungsschicht aus einem Guß hergestellt werden; das verbilligt und beschleunigt die Ausführung.

Als eine solche Bauweise erweist sich der Beton, der als Unterbau von Straßen schon um die Mitte des 19. Jahrhunderts eingeführt worden ist und sich bewährt hat. Der Gedanke, den Beton allein ohne eine Asphaltdecke als Straßenbefestigung zu wählen, hat sehr nahegelegen und ist auch in Deutschland in die Tat umgesetzt worden. Schon 1891 sind die ersten Betonstraßen in Deutschland in den Städten Leipzig, bald darauf in Breslau, Zwickau, Stettin und anderen ausgeführt worden. Schätzungsweise sollen 300000 m² Betonstraßen in Deutschland vorhanden sein, jedoch ausschließlich als Stadtstraßen. Nur die Avusbahn zwischen Charlottenburg und Nikolassee, die als städtische Straße nicht angesehen werden kann, hat 2000 m² Betondecke probeweise erhalten[100, 101].

Die bisher in den deutschen städtischen Straßen liegenden Betonstraßen können nur als Versuchsstraßen angesehen werden. Es sind immer nur geringe Flächen, die gelegentlich verlegt worden sind. In größerem Maße ist der Beton als Straßenbaudecke bis vor kurzem nicht verwendet worden. Das hat manche Gründe gehabt. In lebhaften Verkehrsstraßen hat er sich unter dem Verkehr mit eisernen Reifen und Pferdegespannen nicht bewährt. Das ist ganz deutlich an zwei Gegenbeispielen aus Berlin zu erkennen. Das Kieserlingsche Betonpflaster, das mancherlei Anwendung im Vieh- und Schlachthofbau gefunden hat und das technisch gut durchgebildet ist, hat sich auf der stark belasteten Kesselstraße nicht gehalten; es hat bald einen Überzug aus Hartgußasphalt erhalten müssen. Dasselbe Pflaster dagegen auf dem großen Weg im Tiergarten, der für Lastwagenverkehr gesperrt ist, liegt bereits über 20 Jahre und zeigt noch keine ernstlichen Zerstörungserscheinungen[102].

Die Schwierigkeit im Straßenbau in den letzten Jahrzehnten vor und nach 1900 hat in der Herstellung von billigen aber dauerhaften Belägen für städtische Straßen gelegen und hier hat, wie niemand wird bestreiten können, der Beton die Erwartungen nicht erfüllt. Der Stampfasphalt und das Großpflaster sind nicht zu übertreffen gewesen. Lediglich in Wohnstraßen hat sich der Beton etwas eingebürgert. Aber für solche untergeordnete Straßen genügen Kleinpflaster und Gußasphalt und neuerdings Colastränkung, die sich billiger als Beton damals gestellt haben und gegenüber dem Beton mancherlei Vorzüge aufweisen können. Diese liegen vor allem darin, daß Gußasphalt, Kleinpflaster und ähnliche Decken sich leicht aufbrechen und wiederherstellen lassen, was bei dem Beton nicht der Fall ist. In städtischen Straßen muß aber mit Aufbrüchen aus Anlaß der Verlegung von Versorgungsleitungen dauernd gerechnet werden. Dieser Nachteil haftet dem Beton auch heute noch an und wird ihm den Eingang in die städtischen Straßen erheblich erschweren. Auch lassen sich Schäden am Kleinpflaster und Gußasphalt sehr schnell und ohne Verkehrsstörung beseitigen. Beton muß erst abbinden, und in dieser Zeit muß die Fläche dem Verkehr gesperrt werden.

In den ersten Jahren des Betonstraßenbaues ist die Technik des Betons, seine richtige Zusammensetzung und die zweckmäßige Verarbeitung noch nicht genügend ausgebildet und auch der Zement noch nicht von der heutigen Güte gewesen. Sicherlich Einflüsse, die dem Betonstraßenbau geschadet haben und auch heute noch bewirken, daß das Vertrauen zur Brauchbarkeit sich noch nicht überall befestigt hat.

Die Schwenkung in der Einstellung gegenüber dem Betonstraßenbau muß jetzt von einem anderen Gesichtspunkte aus erfolgen. Es darf die Änderung nicht übersehen werden, die im Verkehr durch die Zunahme des Kraftwagens inzwischen eingetreten ist, die die schon in der Einleitung erwähnten Folgen hat, daß die Beanspruchung der Straße eine ganz anders geartete ist, und daß jetzt das Schwergewicht des Straßenbaues auf die Landstraße zu verlegen ist. Hier sind es die Vorgänge in anderen Ländern, vor allem in den V. St. A. als demjenigen Land mit dem dichtesten Kraftwagenverkehr der ganzen bewohnten Erde, die die Betonstraße als die Straße der Zukunft empfehlen. Für die Aufgabe, die der Beton hier zu erfüllen hat, weist er gegenüber anderen Pflasterungen erhebliche Vorzüge auf. Wie schon erwähnt, vereinigt die Betondecke Unterbau und Abnutzungsschicht. Die maschinelle Herstellung des Betons ermöglicht die Ausführung mit großen Leistungen unter Verwendung weniger Arbeitskräfte. Die Decke selbst ist bei richtiger Ausführung eben, hat die nötige Rauhigkeit, um bei feuchter Witterung nicht schlüpfrig zu werden, geringer Triebstoffverbrauch und Reifenverschleiß. In den meisten Ländern können alle Baustoffe, wie Zement, Sand, Kies und Schotter im Lande selbst, die Zuschläge bisweilen in nächster Nähe der Baustelle entnommen werden. Angesichts dieser Vorzüge ist es erklärlich, wenn die Betonstraße sich in den V. St. A. besonders auf den Landstraßen durchgesetzt hat und mit jedem Jahre größere Anwendung findet. Die Technik des Betonstraßenbaues ist dort in fast vollendeter Weise ausgebildet, und die dortigen Erfahrungen werden sich alle anderen Völker zunutze machen müssen, wenn sie nicht Fehlschläge erleiden wollen. Bereits sind auch die englischen Straßenbaubehörden bei ihren umfangreichen Umgehungsstraßen dazu übergegangen, auf völlig neuen Wegestrecken Beton zu bevorzugen.

2. Untergrund.

Der allgemeine im Straßenbau geltende Grundsatz, daß nur auf festem Untergrund Straßen errichtet werden sollen, gilt in erhöhtem Maße für den Betonstraßenbau. Es kommt dabei nicht nur darauf an, daß der Untergrund fest ist, sondern er muß eine völlig gleichartige Tragfestigkeit haben und diese auch unter allen Umständen behalten, wenn er für Betondecken geeignet sein soll. Er darf sich bei Nässe und Frost nicht bewegen. Boden, der abschlämmbare Bestandteile enthält, dehnt sich bei Wasseraufnahme aus, gefriert im Winter, wodurch er aufgetrieben wird. Beim Auftauen wird er weich und gerät in Bewegung. Es ist schon im Abschnitt VII. A. a) auf diese Erscheinungen hingewiesen und die Prüfungsverfahren behandelt, mit denen die Zusammensetzung des Bodens und sein hygroskopisches Verhalten ermittelt werden. Der Betonstraßenbau kann ohne diese Feststellungen nicht erfolgreich betrieben werden. Nur wenn die Betondecke auf eine schon bestehende Decke, ehemalige Steinschlagstraße, aufgebracht werden soll, wird eine eingehendeBodenuntersuchung unterbleiben können. Es wird nur festzustellen sein, ob die vorhandene Decke selbst stark genug ist, um als tragfähig angesehen zu werden. Immerhin wird in solchem Falle auf Strecken mit moorigem Untergrund oder ähnlich beweglichem Boden der Bau von Betondecken auszuschließen sein. In den V. St. A. werden auch die Makadamstraßen nicht als Unterbau beibehalten. Nach den Vorschlägen des Bulletin 1077 des U. S. B. of P. R. sollen Makadam- oder Kiesstraßen auf ihre volle Breite und Tiefe aufgerissen werden, bevor sie als Unterbau für Betonstraßen in das richtige Profil gebracht werden. Anderenfalls ist mit einem gleichförmig tragfesten Unterbau nicht zu rechnen. Das völlige Aufreißen ist besonders notwendig, wenn die Betondecke breiter angelegt wird als die alte Befestigung, weil dann in Straßenmitte ein Rücken größerer Widerstandskraft steht als an den Rändern, so daß sich in der Betondecke später Längsrisse bilden. Das geringe Zutrauen zu den Makadamstraßen in den V. St. A. ist wohl darauf zurückzuführen, daß sie meistens ohne Packlage gebaut sind und ihre Stärke sehr wechselt, sie also nicht genügend gleichmäßig sind, und daß mit dem Bau neuer Straßen zumeist Verbreiterungen oder Änderungen im Höhenplan verbunden sind. Bei der Güte der deutschen Steinschlagdecken und der angemessenen Linienführung der Straßen, die nur gelegentlich, z. B. in Krümmungen oder Buckeln, verändert werden muß, wäre es Vergeudung, die Steinschlagdecken herauszureißen. Es wird im Gegenteil angestrebt werden müssen, das in sie gesteckte Kapital zu erhalten. Sie werden nach Beseitigung größerer Schlaglöcher als Unterlage für Betonstraßen geeignet sein. Es sind denn auch eine große Zahl der in Deutschland in den letzten Jahren ausgeführten Betonstraßen auf Steinschlagdecken verlegt, z. B. Versuchsstraße im Forstenrieder Park, Staatsstraße München—Tegernsee, München—Weilheim, Düsseldorf—Mülheim, auf der Straße Dresden—Görlitz, bei Weißig u. a.[100, 101]. Da die Landstraßen für den gegenwärtigen Verkehr zu schmal sind, erhalten die Betonfahrbahnen eine größere Breite, so daß sie an den Rändern in die unbefestigten Teile der Straße hineinragen. Es müssen dann diese Ränder noch einen besonderen Unterbau erhalten, auf dessen genügende Stärke und Festlegung besonders zu achten ist, weil die Betondecke an den Rändern leicht überbeansprucht wird und dann reißt, wie die amerikanischen Erfahrungen bestätigen.

Da der Vorteil der Betonstraße darin besteht, daß bei ihr Unterbau und Abnutzungsschicht in einem Guß hergestellt werden, so wird sie sich in erster Linie für Straßen eignen, die neu auf frischem Grund verlegt werden. Erweist sich der Boden nach den vorgenommenen Untersuchungen (Abschnitt VII. A. a)) geeignet, oder ist er durch Aufbringen körniger Massen verbessert und durch besondere Anlagen (Abschnitt VII. A. b)) entwässert worden, dann muß das ausgekofferte Planum noch durch Abwalzen verdichtet und geglättet werden. Die Walzen sollen mindestens 10 t Gewicht haben und keine dreirädrigen, sondern Tandemwalzen sein, weil sonst der mittlere Streifen des Untergrundes bis auf die Breite des großen Triebrades doppelt gewalzt, der Rand aber nur einmal gewalzt wird. Diese ungleiche Festigung des Untergrundes fällt bei der Tandemwalze mit nur zwei Rädern fort. Die Glättung ist erwünscht, damit der Reibungswiderstand, wenn die Decke sich bewegt, möglichst gering ist. Ein geglätteter Untergrund kann die Gefahr der Rißbildung vermindern. Betondecken können nur auf gewachsenem Boden verlegt werden. Es muß also der gesamte Aufwuchs mit Wurzeln beseitigt und der Mutterboden ausgehoben werden. Bei der Herstellung des Bettes ist zudem zu beachten, daß die im Entwurf vorgesehene Höhenlage eingehalten und nirgends infolge von Unaufmerksamkeit zu tief ausgehoben wird. Denn die Ausfüllung solcher Löcher auf die vorgeschriebene Höhe wird niemals die Standfestigkeit annehmen wie der gewachsene Boden. Da Beton als hochwertiges Gut anzusehen ist, soll die Betondecke die im Entwurf vorgesehene Stärke genau erhalten, aber nicht überschritten werden. Um das vorgeschriebene Straßenprofil nach Länge und Breite zu erhalten, muß der Untergrund bereits peinlich genau hergerichtet werden. Um ihn während der Deckenherstellung in diesem Zustande zu erhalten, sollen die Baustoffe nicht auf dem vorbereiteten Bett befördert werden. Es soll überhaupt so wenig als möglich betreten werden. An Kreuzungen mit anderen Wegen soll das neue Straßenbett überbrückt werden. Ausgenommen hiervon ist die Mischmaschine, die sich auf dem Straßenbett bewegt und den Beton hinter sich ausschüttet. Sie läuft entweder auf sehr breiten Rädern oder sogar auf Raupen, um möglichst den Boden zu schonen. Über die Baustoffanfuhr ohne Benützung des Bettes werden später noch Angaben gemacht werden (S. 253).

Zur Vorbereitung des Untergrundes gehört auch ein gehöriges Annässen, das besonders bei wasseranziehendem Boden, feinem Sand und bei warmer Jahreszeit unbedingt erforderlich ist. Für eine nachhaltige Annässung werden 5 l für den Quadratmeter mindestens erforderlich sein. Über die Beschaffung des Wassers werden noch besondere Angaben gemacht werden (S. 268).

3. Längs- und Quergefälle.

Die Betonstraße weist eine griffige Oberfläche auf, so daß sie in den als zulässig angesehenen Gefällen etwa bis 5 vH (1 : 20) ohne weiteres verlegt werden kann. In den V. St. A. verwendet man sie sogar in noch stärkeren Gefällen, was sich aber für Straßen mit gemischtem Verkehr nicht empfehlen wird. Die stärkste Steigung hat wohl die Betonstraße auf den Roanake (Virg.), V. St. A., mitteilweise 11 vH[103]. Das Quergefälle kann sehr flach angelegt werden; denn bei der sehr ebenen Oberfläche kann das Wasser gut ablaufen, so daß die Neigung zwischen 2 vH (1 : 50) und 1 vH (1 : 100) liegen kann. Auf den deutschen Versuchsstraßen ist ein Quergefälle zwischen 2—$2^1/_2$ vH gewählt; die Betonstrecke auf der Versuchsstraße in Braunschweig hat sogar nur ein Quergefälle von 1 vH erhalten. Je flacher das Quergefälle ist, desto leichter und sicherer fahren die Kraftwagen. Wenn in der Mitte eine Längsfuge vorgesehen ist, soll das Querprofil dachförmig ausgebildet werden, so daß die obere Verbindungslinie zwischen

Fahrbahnmitte und Außenkante eine Gerade ist. Im anderen Falle soll nur die Mitte mit einem kleinen Halbmesser ausgerundet werden. (§ 8. Merkblatt für den Bau von Automobilstraßen aus Beton der Stu. f. A.)

4. Die Querschnittsform.

α) Rechnerische Ermittlung.

Die Querschnittsform der Betonstraße hat im Laufe der Zeit manche Wandlungen erfahren, bis sich eine befriedigende, den auftretenden Beanspruchungen entsprechende Form herausgebildet hat. Die Form ist aus praktischen Versuchen hervorgegangen. Es ist aber auch der Versuch gemacht worden, für die Bemessung der Platte rechnerische Grundlagen zu gewinnen. Es liegen zwei Untersuchungen vor, Professor Westergaard an der Universität Illinois[104], und Dr.-Ing. Leitz[105]. Beide gehen von der Gleichung für eine Steifigkeitslänge aus, innerhalb der der Untergrund die auf der Platte liegende Last aufnimmt. Diese Steifigkeitslänge l ist abhängig von der Bettungsziffer des Bodens (C), dem Elastizitätsmaß des Betons (E), der Plattenhöhe (h) und der Querdehnung (ν) nach dem Poissonschen Bruch. Die Gleichung lautet

$$l = \sqrt[4]{\frac{E\,h^3}{12\,(l - \nu^2)\,C}}\,. \tag{55}$$

Während Leitz den Wert $\nu = 0$ setzt, nimmt Westergaard 0,15 an. l wächst mit der Steifigkeit der Platte und nimmt mit der Steifigkeit des Untergrundes ab (höhere Bettungsziffer).

Für $E = 180000$, $\nu = 0{,}15$ verschiedene Bettungsziffern und Plattenhöhe berechnet sich die Steifigkeitslänge zu

	$c = 4$	16	32	
$h = 10$ cm	$= 44$	31,2	26,1	cm.
$k = 15$,,	$= 59{,}6$	42,2	35,5	
$h = 20$,,	$= 74$	52,4	44,1	

Drei Sonderfälle werden für die Belastung der Platten angenommen:

Fall I. Die Last steht auf einer Ecke.

Fall II. Die Last steht am Rande der Platte.

Fall III. Die Last steht in der Mitte einer Platte in genügender Entfernung von den Rändern.

Alle drei Fälle bezeichnen Zustände, die bei Straßen vorkommen können. Die Untersuchung ergibt unter Anwendung der Navierschen Biegungstheorie zufriedenstellende Ergebnisse mit Ausnahme in der nächsten Nähe der Angriffspunkte der Last, solange diese als in einem Punkte angreifend angenommen wird. Hier werden die Biegungsmomente unendlich groß. Es muß daher die Last auf eine größere Fläche verteilt werden, was den tatsächlichen Verhältnissen beim Kraftwagen entspricht, denn wie aus Abschnitt III. C. c), S. 21, entnommen werden kann, plattet sich der Gummireifen an der Berührungsstelle mit der Fahrbahn zu einer Ellipse ab, deren Größe bei derselben Last von der Elastizität bei Vollgummi- und bei Luftreifen von der Schlauchinnenpressung abhängt. Statt des Angriffes in einem Punkte kann ein der Ellipse flächengleicher Kreis angenommen werden, damit symmetrische Verhältnisse geschaffen werden.

Unter Benutzung von Entwicklungen, wie sie Schleicher über „Kreisplatten auf elastischer Unterlage“, Festschrift zur Jahrhundertfeier der Technischen Hochschule Karlsruhe 1925, gebracht hat, werden dann die Bodendrücke für die Fälle I, II und III ermittelt und daraus Momente und Querkräfte berechnet.

Aus der Kenntnis der Kräfte kann dann auf die Spannungen in der Platte für bestimmte Plattenhöhe und Bettungsziffern geschlossen werden. Im Falle I (Eckstellung) und II (Randstellung) ist noch zu beachten, daß auch der außerhalb der Platte liegende Boden mittragen wird, da sich der Bettungsdruck zufolge der Lastverteilung im Boden selbst auch auf die neben der Platte liegenden Zonen erstrecken wird. Leitz berücksichtigt diesen Mangel in der Theorie, indem er für Fall II (Randstellung) die Bettungsziffer auf das Doppelte und im Falle I (Eckstellung) auf das Vierfache der vollen Platte erhöht. Als Ergebnis seiner Untersuchungen ist die Abb. 103 wiedergegeben, aus der die Biegungsspannungen für eine Last von 1 t bei Mittelstellung (Fall III), und zwar für gleichmäßige Lastverteilung über die Lastfläche und 15 cm Plattenhöhe für verschiedene Bettungsziffern und verschieden große Durchmesser der Berührungsfläche zwischen Reifen und Platte entnommen werden können[1]). Für Vollgummireifen ist ein Spannungszuschlag von 0,4 kg/cm² bei Mittelstellung, 0,6 bis 0,7 kg/cm² für Randstellung und 1,0—1,2 kg/cm² für Eckstellung zu machen.

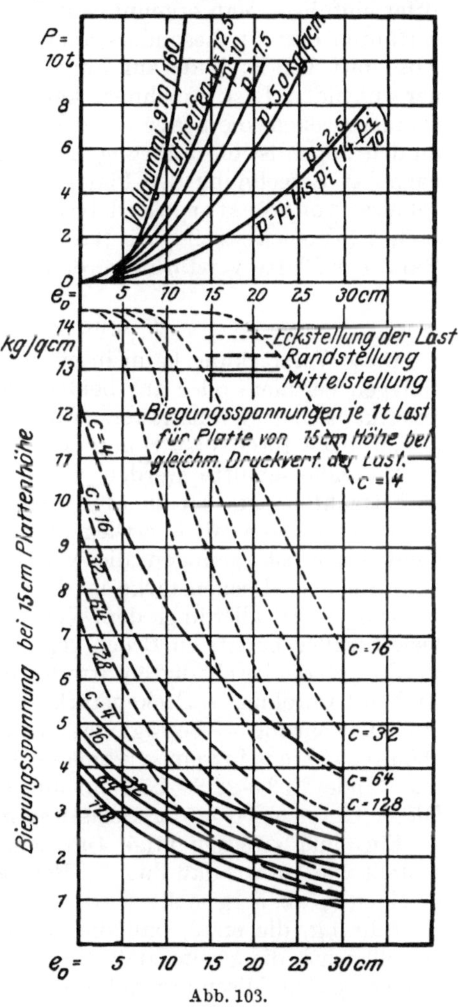

Abb. 103.

Für $e_0 = 7{,}5$ cm und 3 t Last können die Biegungsspannungen einschließlich der Zuschläge aus der Abb. 103 entnommen werden zu (Bettungsziffer = 16)

Fall I = 43,8 kg/cm²,
Fall II = 19,1 „
Fall III = 11,7 „

Die zulässigen Spannungen werden bei der unbewehrten Platte, bei der also der Beton Zugspannungen aufnehmen muß, nach diesen zu bemessen sein. Bei der Biegungsbelastung übernimmt Beton Zugspannungen gleich dem Doppelten der reinen Zugbeanspruchung. Diese muß von Fall zu Fall nach der Güte des Betons bestimmt werden.

Für Luftreifen mit 4 kg/cm² Innendruck kann mit einem Einheitsflächendruck von 5 kg/cm² gerechnet werden. Bei 3 t Last wird $e = 14$ cm, und die Biegungsspannungen ergeben sich nach Abb. 103 wiederum unter denselben Annahmen wie bei dem Vollgummireifen zu

Fall I = 27,0 kg/cm²,
Fall II = 12,0 „
Fall III = 8,4 „

In dieser Rechnung sind aber noch manche Unsicherheiten enthalten. Über die Bettungsziffer herrscht noch keine Klarheit, sie wird bei demselben Boden Schwankungen unterworfen sein, so daß also der praktischen Anwendung der Berechnung noch Schwierigkeiten begegnen.

[1]) Aus B. T. 1926, S. 647.

Westergaard[104] geht in seinen Untersuchungen von den gleichen Theorien wie Dr.-Ing. Leitz aus, kommt aber bezüglich der Spannungen zu höheren Werten. Es fällt besonders auf, daß bei ihm die Randstellung (Fall II) die höchsten Werte annimmt. Das ist zum überwiegenden Teil darauf zurückzuführen, daß in allen drei Fällen dieselben Bettungsziffern benutzt werden, während Dr.-Ing. Leitz im Falle II die doppelte und im Falle I die vierfache Bettungsziffer einführt. Man erkennt, auf wie unsicheren Füßen das ganze Berechnungsverfahren besteht, besonders auch hinsichtlich der Belastung. Es ist schon im Abschnitt III. E. d) darauf hingewiesen, daß die Stoßbelastung ein Vielfaches der ruhenden Last annehmen kann. Allerdings gehört die Betondecke zu den ebenen Decken, die Stöße eigentlich nicht hervorrufen können und sollen. Aber an den Fugen ist die Führung des Wagens doch mit Stößen verbunden, die demnach bei Berechnung der Platten mit berücksichtigt werden müßten. Die Ergebnisse von Westergaard bestätigen jetzt das, was auf dem Wege des Versuches (Versuchsstraße bei Bates, Ill.) bereits festgestellt worden ist, daß der Rand der Platte verstärkt werden muß.

β) Querschnittsausbildung.

Diese Verstärkung kann in einer Verdickung der Platte, aber auch in Eiseneinlagen beruhen, oder aus beiden vereinigt sein. Einige bezeichnende Formen amerikanischer Betonstraßen (Abb. 104a—f) zeigen die verschiedenen Möglichkeiten. Die Randverstärkung ist auf allen Querschnitten zu erkennen.

Die Querschnitte werden unter dem Gesichtspunkte der Verkehrsstärken zu betrachten sein, die sie aufzunehmen haben. Da in Californien und in Nord-Carolina, Staaten mit überwiegend landwirtschaftlicher Einstellung, der Verkehr nicht stark ist, genügen die verhältnismäßig schwachen Querschnitte. Von Californien — Deckenstärke in der Mitte 15,2 cm, am Rande 22,8 cm ohne Bewehrung — ist allerdings dem Verfasser in den V. St. A. mitgeteilt worden, daß viele Straßen bereits zu Bruch gegangen seien. Es konnte aber nicht festgestellt werden, ob die beschädigten Straßen den abgebildeten Querschnitt gehabt haben. In Nord Carolina — Deckenstärke 17,8 cm in der Mitte und am Rande 20,3 cm ohne Bewehrung — beträgt das höchste wegepolizeilich erlaubte Wagengewicht 6800 kg, während in Pennsylvania — Deckenstärke in der Mitte 12,7—15,2—17,8 cm am Rande 20,3—22,8—25,4 cm mit Eiseneinlagen — 12700 kg zugelassen sind. Dieser Unterschied in der Belastung muß sich auch in der Bauweise ausdrücken.

Ein- und zweischichtige Querschnitte. Wenn anfangs die Behauptung aufgestellt worden ist, daß mit der Betonstraße Tragschicht und Abnutzungsschicht in einem Guß hergestellt wird, so bestehen doch zwei Möglichkeiten für diese Ausführung, die erste, daß die ganze Platte aus einer einzigen Mischung hergestellt wird, die zweite, daß die obere Abnutzungsschicht für sich aus einer besonders guten Mischung auf die aus magerem Beton bestehende Tragschicht aufgebracht wird. Es wird zwischen der ein- und zweischichtigen Betondecke unterschieden. Welche anzuwenden ist, wird sich aus den Anforderungen ergeben. Nach Feststellungen des Verfassers wird die zweischichtige in den V. St. A. wohl nur noch selten ausgeführt. Das hat besondere Gründe. Der Verkehr besteht in den V. St. A. fast ausschließlich nur noch aus Kraftwagen mit Gummibereifung, der die Oberfläche nicht so in Anspruch nimmt, wie eiserne Reifen und Pferdeverkehr. Aus den Ergebnissen der nur aus Betondecken verschiedener Bauart bestehenden Versuchsstraße in Pittsburg, (Cal.), ist gefolgert worden:

> Der ohne besondere Oberflächenbehandlung hergestellte Beton hat allen Angriffen von Vollgummireifen widerstanden. Ein beschränkter Verkehr mit eisernen Reifen hat erkennen lassen, daß mit entsprechend schweren Lasten frühzeitig die Oberfläche beschädigt würde.

Außerdem wird die Oberfläche der einschichtigen Decke jetzt mit Maschinen so gut hergestellt, daß sie gegenüber einem gewöhnlichen Betongemisch be-

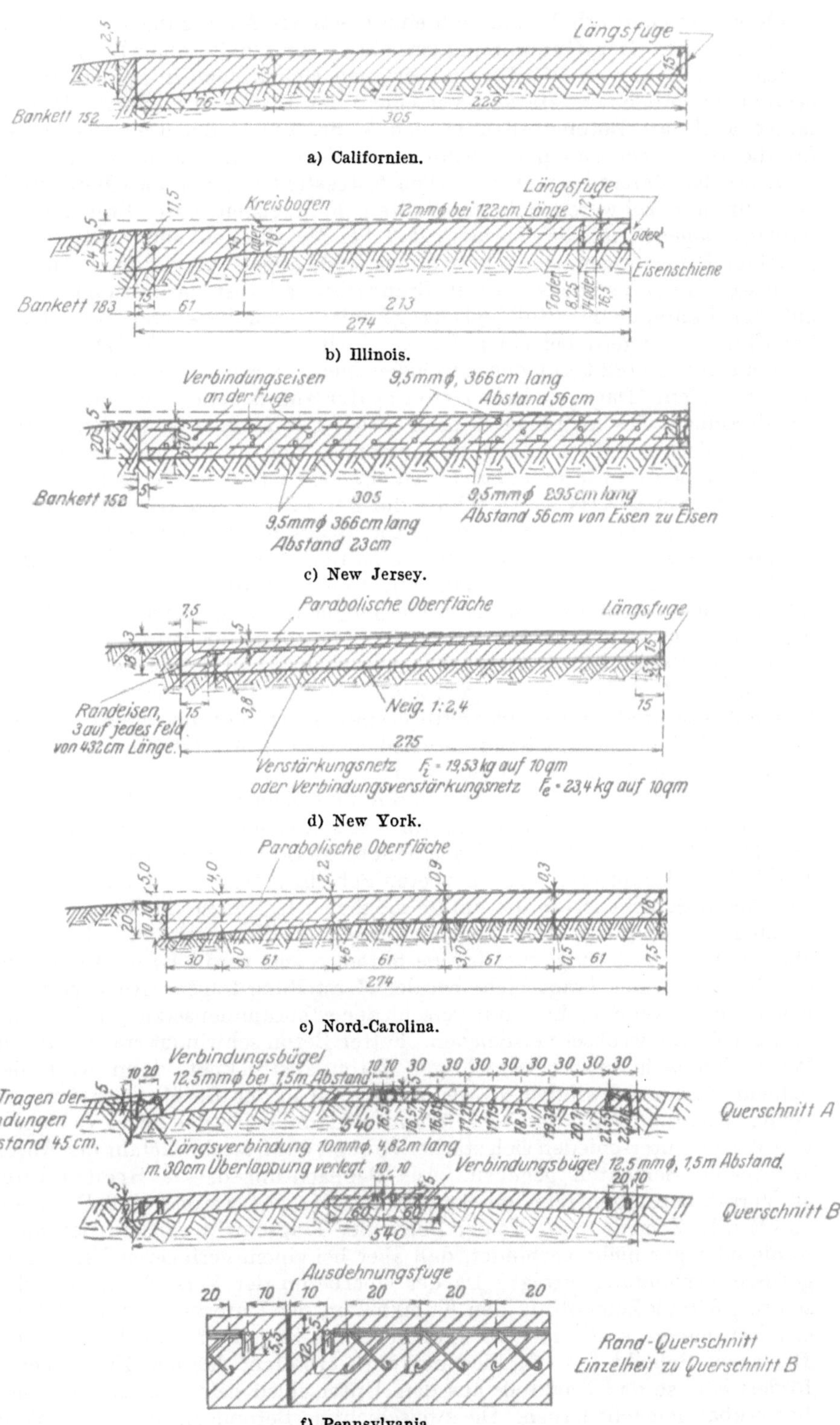

Abb. 104. Regelquerschnitte amerikanischer Betonstraßen.

sondere Festigkeit erhält, und daß eine besondere Abnutzungsschicht nicht mehr notwendig ist. Der Gummireifenverkehr nutzt die Betondecke kaum ab. Wo dagegen Verkehr von Pferden und eisernen Reifen noch in ausgedehntem Maße besteht, ist mit einem starken Verschleiß der Decke zu rechnen. Das hat Verfasser auch an Betonstraßen in den V. St. A.[31] beobachtet. Gefährlich wird für die Betondecke auch bei Schnee der Verkehr mit Schneeketten. Auf dem V. I. Str. K. Mailand ist ausdrücklich festgestellt worden, daß Betonstraßen für Verkehr mit schweren gummibereiften Fahrzeugen gute Ergebnisse gezeigt haben. Dagegen ist die Fassung, daß bei Metallreifen und Zugtierverkehr die gleichen Erfahrungen gemacht worden sind, abgelehnt worden. Auch die Ergebnisse auf der Versuchsstraße in Braunschweig haben das erwiesen. Hier haben auf der Fahrspur IV Bulldoglastzüge mit Gummibereifung und mit gummibereiften Anhängern bei einer Fahrgeschwindigkeit von 6 km/stdl. nach einem Verkehr von 28482 t auf den laufenden Meter Straße keinerlei Beschädigungen hervorgerufen. Dagegen haben zwei später zugelassene eisenbereifte Anhänger bei derselben Geschwindigkeit nach 19547 t auf einen laufenden Meter selbst die Betondecke deutlich angegriffen, indem sich an einzelnen Stellen Vertiefungen gebildet haben und in den Radspuren ein wahrnehmbarer Verschleiß entstanden ist (s. Abschnitt XIII.). Dabei ist die Betondecke auf der Versuchsstraße in zwei Schichten ausgeführt worden. Die Deckschicht hat eine fettere Mischung als die Tragschicht und Hartgestein erhalten. Wenn also überhaupt Beton auf solchen Straßen mit Pferdeverkehr angewendet werden soll, dann muß er zweischichtig hergestellt werden. Auf eine möglichst widerstandsfähige Deckschicht wird besonders zu achten sein. Nach dem Merkblatt für den Bau von Automobilstraßen aus Beton (§ 2) — ausgearbeitet vom Ausschuß Betonstraßen der Stu. f. A. — „soll die obere Schicht nur gebrochenes Steinmaterial, das große Druckfestigkeit aufweist und unbedingt wetterbeständig ist, mit höchstens 25 mm Korngröße in Verbindung mit Sand verwendet werden. An der Oberfläche muß möglichst würfelige Masse vorhanden sein".

Der Beton wird nach Korngemisch und Zementmenge besonders sorgsam zusammengesetzt werden müssen, worüber später noch Angaben gemacht werden (S. 244). Ferner weist auch das genannte Merkblatt darauf hin, daß „für gute Verbindung der unteren mit der oberen Schicht gesorgt werden muß. Der Beton der oberen Schicht ist an die untere möglichst fest anzuschließen." Die Voraussetzung für ein gutes Anbinden der oberen an die untere Schicht ist, daß die obere auf die noch möglichst frische untere gelegt wird. Es muß also die Deckschicht schnell der Tragschicht bei der Herstellung folgen. Auch verhalten sich bekanntlich zwei Schichten mit verschiedener Zusammensetzung beim Schwinden und bei Wärmewechsel verschieden. Fetter Beton schwindet stärker als magerer. Wenn demnach ein zweischichtiger Beton austrocknet, dann wird die obere Schicht stärker schwinden als die untere und in der Berührungsfläche zwischen beiden Spannungen entstehen. Wenn alsdann noch die obere Schicht infolge von Wärmeunterschieden sich stärker bewegt, dann ist die Gefahr der Abtrennung der beiden Schichten gegeben. Aus Beobachtungen, die Bredtschneider[58] an Vorsatzbeton gemacht hat, kann wohl gefolgert werden, daß Deckbeton, der 10 vH i. R. Zement mehr als der Beton der Tragschicht enthält, sich mit diesem wenig oder gar nicht verbindet, daß aber bei einem geringeren Unterschied eine gewisse Verbindung erfolgt. Da der Oberbeton der Versuchsstraße bei Braunschweig 350 kg Zement auf den Kubikmeter, der Unterbeton nur 250 kg Zement erhalten haben, so ist hier ein größerer Unterschied als 10 vH i. R. vorhanden. Die obere Schicht hat ein Eisennetzwerk erhalten, das den Zusammenhalt gefördert hat, so daß Nachteile aus dem Unterschied beider Mischungen sich nicht bemerkbar gemacht haben. Die zweischichtige Betondecke erschwert die maschinelle Herstellung, weil mit derselben Maschine innerhalb kurzen Abständen, ohne daß ein Ortswechsel der Maschine erfolgen darf, zwei verschiedene Betongemische hergestellt werden müssen. Dabei können sich leicht Irrtümer und Versehen einschleichen. Der dabei einzuhaltende Bauvorgang wird später noch behandelt werden. Zweischichtige Betonstraßen in Deutschland sind verlegt worden (nach Dr.-Ing. Riepert: Betonstraßenbau in Deutschland, Charlottenburg 1926, S. 31, 46, 61, 87).

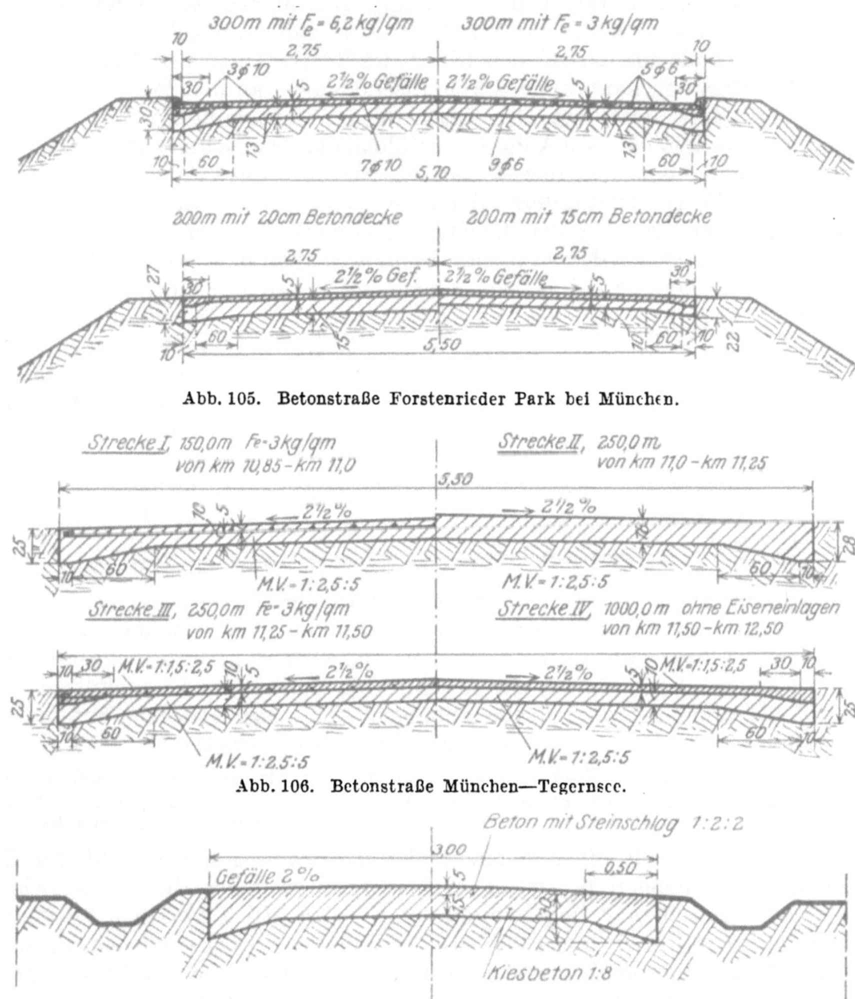

Abb. 105. Betonstraße Forstenrieder Park bei München.

Abb. 106. Betonstraße München—Tegernsee.

Abb. 107. Betonstraße bei Wassmannsdorf.

Forstenrieder Park bei München (Abb. 105),
Straße München—Tegernsee, streckenweise (Abb. 106),
Betonstraße auf dem Rieselfeld Wassmannsdorf bei Berlin (Abb. 107),
Betonstrecke auf der Hohen Straße in Dresden.
Versuchsstraße bis Braunschweig.
Einschichtige Straßen:
Straße München—Tegernsee, streckenweise,
Betonstraße auf dem Werk der Gelsenkirchener Bergwerks-A.-G., Abteilung Schalke (Abb. 108).

Eisenbewehrung. Die Querschnittsformen zeigen auch, verglichen mit den amerikanischen, noch eine große Mannigfaltigkeit. Eine Übereinstimmung kann nur in der schon erwähnten Verstärkung der Decken am Rande festgestellt werden. Die Zweckmäßigkeit hierfür hat sich schon aus der theoretischen Berechnung ergeben. Sie ist aber schon aus den Ergebnissen der Versuchsstraße bei Bates in Illinois gefolgert worden und hat sich auf der darauf in Pittsburg (Cal.) angelegten Versuchsstraße aufs neue bestätigt. Das Merkblatt für den Bau von Automobilstraßen aus Beton der Stu. f. A. sieht daher im § 8 Abs. 2 eine Verstärkung am Rande um 25 vH der Dicke des Querschnittes in Fahrbahnmitte vor. Die Verstärkung kann auch durch Eiseneinlagen an den Rändern erfolgen. Die sonst im Querschnitt verteilten Eiseneinlagen entbehren einer zuverlässigen Begründung. Sie können zwei Aufgaben erfüllen, den Querschnitt gegen Biegungsbeanspruchungen aussteifen, das Reißen des Betons infolge Schwinden und Ausdehnung in der Wärme verhindern oder wenigstens einschränken. Zur Aufnahme der Biegungsspannungen werden Eiseneinlagen sowohl in der oberen wie in der unteren Zone verlegt werden müssen. Denn wie aus der theoretischen Berechnung hervorgeht, können bei den verschiedenen Laststellungen Zug- und Druckspannungen sowohl in der oberen wie unteren Zone entstehen. Infolge Wärmeunterschiede zwischen der Oberfläche und Unterfläche kann sich die Betonplatte in der Mitte oder an den Rändern abheben und dadurch bei Belastung abwechselnd in der oberen wie unteren Zone gleichfalls Zug- und Druckspannungen auftreten. Wenn daher dem Beton Zugspannungen nicht zugemutet werden sollen, werden die untere und die obere Zone mit Eiseneinlagen zu bewehren sein. Die Stärke der Eiseneinlagen wird von der Beanspruchung der Straße abhängen. In dieser Hinsicht hat die Versuchsstraße in Pittsburg (Cal.) folgende Erfahrung gezeitigt[106]:

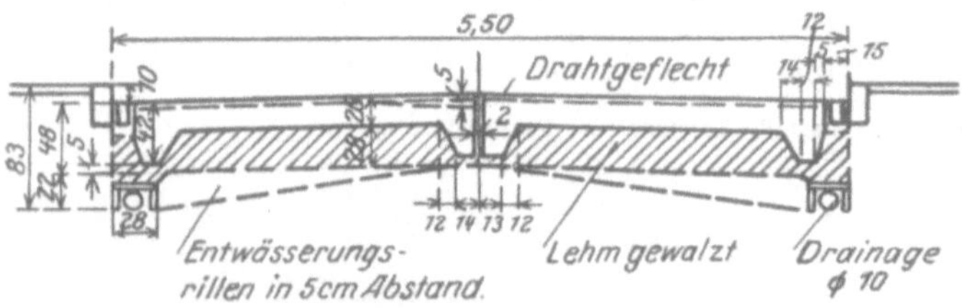

Abb. 108. Betonstraße auf dem Werk der Gelsenkirchener Bergwerks-A.-G., Schalke.

Die Betonabschnitte, die Eiseneinlagen in solcher Lage haben, daß sie befähigt sind, die Zugspannungen von Biegungsmomenten aufzunehmen, haben eine größere Lebensdauer, als die von denselben Abmessungen, aber ohne Eiseneinlagen an entsprechender Stelle.

Bisher hat an Stelle einer zweifelsfreien Berechnung das Gefühl des Entwerfers die Eisenmengen bestimmt. Es schwanken daher die Eisengewichte, die in den Betondecken verlegt worden sind, beträchtlich zwischen 2—3 kg/m² und 6—9 kg/m², z. B. bei einer Straße in den Londoner Docks, die sehr schweren Verkehr hat. Bei Eiseneinlagen wird bisweilen der Betonquerschnitt um ein geringes schwächer angelegt. Nach dem Bulletin 1077 des U. S. B. of P. R. (V. St. A.) sollen Eisenbewehrungen eingelegt werden, wenn mit sehr schwerem Verkehr zu rechnen ist, oder wenn der Untergrund weich ist und nicht durch besondere Maßnahmen verbessert werden kann. In dieser Hinsicht kommt eine besondere Bedeutung den Eiseneinlagen zu, die in etwa 15 cm Entfernung von den Außenrändern wie eine Ringverankerung in die Betondecke in die Mitte zwischen Ober- und Unterschicht verlegt sind. Damit sollen besonders die Ecken versteift und Risse in der Decke verhindert werden.

Ursprünglich sind die Eiseneinlagen überhaupt nur mit der Absicht in die Betondecke verlegt worden, daß sich keine Risse bilden können. Denn Risse sind die ersten Schäden gewesen, die an Betonstraßen beobachtet worden sind. Man wollte sie durch Eiseneinlagen beschränken. Für diesen Zweck wird Streckmetall oder Eisengeflecht verwendet. Nach dem schon genannten Bulletin 1077 genügen 1,3—2 kg Eisen für den Quadratmeter. Gleich guter Erfolg wird von Streckmetall erwartet, das 12 mm Durchmesser hat und in beiden Richtungen in 60 cm Entfernung 5 cm unter der Deckenfläche verlegt wird. An Stoßstellen soll sich das Netz auf 10—20 cm überdecken. Leichter als einzelne Stäbe läßt sich das Geflecht verlegen, das von Fabriken in Walzen bezogen und gleich fertig im Beton verlegt werden kann. Die Erhöhung der Kosten wird auf 37—75 cts/m² geschätzt, das sind wohl 10 vH der Gesamtkosten.

Nach einer Zusammenstellung der Portlandzement-Association über die in allen nordamerikanischen Staaten gewählten Querschnittsformen werden in dreizehn Fällen Eiseneinlagen 5 cm unter der Oberfläche verlegt. Die Bewehrung besteht in Netzwerk, dessen Gewicht zwischen 1,2—3,2 kg/m² schwankt. Nach den Ergebnissen auf verschiedenen Versuchsstraßen ist die Schlußfolgerung gezogen: Eisenbewehrung, kreuzweise verlegt in gleichem Verhältnis in beiden Richtungen, verhindert eher Eckenabbrüche, als wenn dieselbe Menge Eisen nur in einer Richtung verlegt wird.

Bei Aufwendung derselben Eisenmenge ist eine dichte Verteilung mit kleinen Durchmessern der Stäbe wirkungsvoller als mit großen Stäben in großer Entfernung. In einzelnen Fällen hat man die Beobachtung gemacht, daß zwar die Eiseneinlagen die Bildung von Rissen nicht haben verhüten können, daß sie aber die weitere Entwicklung von Rissen und Zerstörungen aufgehoben haben. Bei der Verlegung von Eisen sind dieselben Grundsätze zu beachten, die für die Bauweise in Beton gelten, d. h., das Eisen muß frei von Schmutz und Öl sein und für eine gute Einbettung der Eiseneinlagen im Beton muß gesorgt werden. Das Merkblatt der Stu. f. A. enthält in § 6 entsprechende Anweisungen. Umfang und Zweck der Eiseneinlagen wird auch noch in Verbindung mit den Bewegungsfugen zu beurteilen sein.

γ) Bewegungsfugen.

Die Ursachen der Betonbewegung. Die ersten Ausführungen von Betonstraßen haben bereits erkennen lassen, daß der Beton sich bewegt und Risse bildet. Da die ersten Versuche für zweckmäßige Ausbildung der Fugen nicht ganz erfolgreich gewesen sind, hat sich der Betonstraßenbau in Deutschland nicht recht entwickeln können. Die Bildung der Bewegungsfugen ist dann weiter studiert worden an dem Betonunterbau der Stampf- und Gußasphalt- und Holzpflasterstraßen. Die Rißbildung hat sich den Befestigungen selbst mitgeteilt, obwohl der Beton durch die Abnutzungsschicht einen gewissen Schutz gegen die unmittelbaren Wirkungen von Wärme, Kälte und Feuchtigkeit erhält. Dafür ist allerdings der Beton an dieser Stelle bei Straßendecken nur von mäßiger Festigkeit und Dichtigkeit und erreicht den in Betonstraßen üblichen an Güte nicht (vgl. Bemerkungen im Abschnitt VII. B. e) 6., S. 188). Die Risse beruhen auf zwei Ursachen. Der bei der Herstellung feuchte Beton trocknet allmählich aus und schwindet. Das Schwindmaß ist abhängig von dem Zementgehalt und der bei der Mischung zugesetzten Wassermenge. Ein Zementstab von 1 m Länge schwindet in zwei Jahren um 2 mm, Beton im Mischungsverhältnis 1 : 4 erdfeucht 0,4 mm, bei nasser Aufbereitung mehr[58, 82]. Je schneller dem Beton die Feuchtigkeit entzogen wird, desto größer ist die Schwindung. Die Oberfläche einer Betonplatte schwindet stärker, da sie schneller abtrocknet als die Unterlage. Infolgedessen wird die Zugfestigkeit des Betons in der oberen Schicht leicht überschritten; es bilden sich netzartige Risse. Um diese zu verhüten, muß die Oberfläche vor schneller Wasserabgabe geschützt werden. Über die dabei einzuhaltenden Maßnahmen werden später noch Angaben gemacht werden. Selbst bei gleichmäßiger, langsamer Austrocknung entstehen in dem Beton jetzt Zugspannungen infolge des Schwindens. Zu diesen treten nunmehr die Spannungen, die durch Wärmeänderungen im Beton hervorgerufen werden. Bei Erwärmung dehnt sich der Beton aus, dann übt er Druckkräfte aus, die der Beton bei seiner hohen Druckfestigkeit leicht aufnehmen kann, bei Abkühlung zieht er sich aber zusammen. Dieser Vorgang ruft Zugspannungen im Beton hervor, die sich mit denen aus dem Schwinden des Betons summieren. Obwohl der Beton Zugspannungen nur in beschränktem Maße aufnehmen kann, ist eine Rißbildung damit noch nicht gegeben. Sie entsteht erst durch den Widerstand, den der Beton auf dem Untergrund findet. Eine Betondecke, die sich frei ohne äußeren Widerstand bewegen kann, zieht sich selbst zusammen und bleibt dabei eine zusammenhängende Masse. Aber diese Bedingung liegt im Straßenbau nicht vor. Zwischen der Betonplatte und dem Untergrund tritt Reibung auf, wenn sich die Platte auf ihm bewegen will. Angenommen eine Betonplatte sei in der Mitte festgehalten und ziehe sich nunmehr zusammen, dann wollen sich die Enden nach der Mitte hin bewegen. Dieser Bewegung entgegen wirken die Reibungskräfte am Boden. Die Größe dieser Reibungskräfte können ermittelt werden, sie sind $= Qf$, wenn Q das Gewicht der Platte ist und f der Reibungswert zwischen Boden und Beton. Dieser liegt nach Untersuchungen im ehemaligen Technischen Untersuchungsamt der Stadt Charlottenburg etwa zwischen 0,6—0,9[58], für trockene Erde kann er zu 0,7, für feuchte zu 0,8 angenommen werden. Ist das Gewicht der Betonplatte für 1 m² bei 20 cm Stärke 470 kg und der Reibungswert 0,7, dann errechnet sich der Reibungswiderstand zu 308 kg für 1 m Plattenbreite und für eine Länge $l = 308\,l$. Wo dieser Reibungswiderstand vom Beton nicht mehr aufgenommen werden kann, wo also die Zugfestigkeit überwunden wird, muß der Beton reißen. Ein Beton 1 : 6 feucht angemacht, hat eine Zugfestigkeit von etwa 10 kg für den Quadratmeter. Ein Querschnitt von 1 m Breite und 20 cm Dicke kann also 20000 kg Zugkraft aufnehmen. Eine solche wird erreicht bei einer Länge der Betonplatte von

$$\frac{20000}{308} = l = 65\,\mathrm{m}\,. \tag{56}$$

Tatsächlich treten aber die Risse in geringeren Abständen auf. Es liegen eine Anzahl Beobachtungen vor, die aber in weiten Grenzen schwanken. Nach Feststellungen des Verfassers, die die Unterlagen zu den Mitteilungen von Bredtschneider[58] gegeben haben, liegen sie bei Beton als Unterbau von Asphaltstraßen zwischen 9—10 m, so daß dann nur mit einer Zugfestigkeit von etwa 1,5 kg/m² zu rechnen ist. Aber da die Straßen mit Verkehr belastet sind, die Biegungsspannungen in der Decke hervorrufen, so ist anzunehmen, daß eine höhere Zugfestigkeit vorhanden ist, daß aber der Riß erst auftritt, wenn aus dem Zug infolge der Bodenreibung und aus der Biegung die im Beton vorhandene Zugfestigkeit überwunden wird. Außerdem treten noch die Spannungen aus dem Schwinden des Betons hinzu. Das sind aber Belastungszustände, die sich jeder rechnerischen Behandlung entziehen.

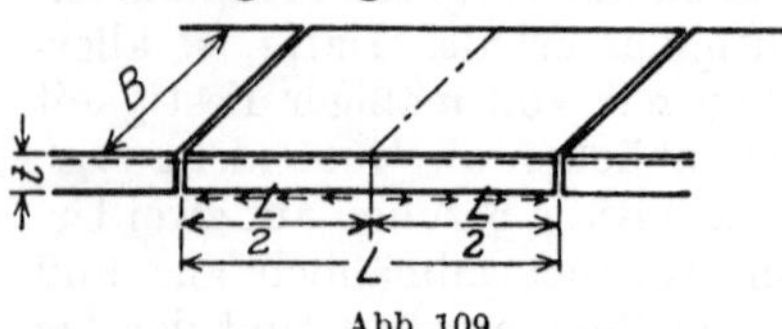

Abb. 109.

Nach dem schon mehrfach erwähnten Bulletin 1077 wird die Entfernung der Fugen zu rd. 12—24 m angenommen. Goldbeck, Leiter der Versuchsanstalt im U. S. B. of P. R. (V. St. A.) behandelt in der Zeitschrift P. R. 1925 die Beziehungen zwischen den Eiseneinlagen und Querrissen bei Betonstraßen. Er geht von der gleichen Voraussetzung aus, daß durch die Reibung am Boden die Betonplatte sich nicht zusammenziehen kann und daher dort reißen muß, wo die Zugspannung des Betons überwunden ist. Er nimmt an, daß die Platte in der Mitte festgehalten wird und sich an beiden Enden zusammenzieht (Abb. 109). Für die Entfernung der Risse stellt er dann die folgende Gleichung auf in Kilogramm und Zentimeter für 1 m Breite umgerechnet:

$$f \cdot \frac{L}{2} \cdot g = 100 \cdot t \cdot \sigma_z^b \cdot + a \cdot \frac{E_e}{E_b} \sigma_z^e\,. \tag{57}$$

In dieser Gleichung ist:

f der Reibungswert zwischen Boden und Platte = 2[1],
L die Entfernung zwischen den Rissen in m,
G das Plattengewicht kg/m²,
t die Plattenstärke in cm,
σ_z^b die Betonzugspannung kg/cm² angenommen zu 2,1 kg/cm²,
a der Querschnitt der Eiseneinlagen in cm²,
$\frac{E_e}{E_b}$ = Verhältnis der beiden Elastizitätswerte = 10.

Für diese Gleichung werden die folgenden wahrscheinlichen Rißentfernungen berechnet:

1	2	3
	Verlangte Fugenentfernung	
Längseisenbewehrung für einen laufenden Meter Breite	wenn keine Zwischenrisse auftreten sollen	wenn keine weiteren Zwischenrisse auftreten sollen
	m	m
Keine	8,7	8,7
2,1 cm² = 0,14 vH	8,9	10
4,2 cm² der Fläche = 0,28 vH	9,0	20
6,3 „ „ „ = 0,42 „	9,1	30

Aus der Spalte 2 ist zu entnehmen, daß die Eisenbewehrung nur einen geringen Einfluß auf die Fugenentfernung hat, wenn keinerlei Zwischenrisse auftreten sollen.

Sind im Beton Haarrisse zugelassen, dann muß die Zugfestigkeit des Betons außer Betracht bleiben und nur die Eiseneinlage für die Aufnahme der Zugkräfte herangezogen werden. Die Gleichung lautet dann:

$$f \cdot \frac{L}{2} \cdot G \cdot = a \cdot \sigma_z^e. \tag{58}$$

Die zulässige Zugspannung im Eisen zu 1750 km/cm angenommen, ergibt die Werte der Spalte 3. Aus der Gleichung (58) ist zu erkennen, daß der Abstand der Fugen verhältnisgleich der Zugfestigkeit und umgekehrt verhältnisgleich des Beiwertes der Reibung zwischen Platte und Erdboden ist. Daraus ist zu entnehmen, wie wichtig es ist, den Beton lange genug feucht zu halten, bis er eine hohe Zugfestigkeit erlangt hat, bevor zugelassen wird, daß der Beton sich zusammenzieht und Zugkräfte aufnimmt. Außerdem ist daraus zu ent-

[1] Nach den Versuchen auf der bundesstaatlichen Versuchsbahn in Arlington ist der Reibungsbeiwert für verschiedene Bodenarten in folgenden Größen gefunden worden, wobei auch die Geschwindigkeit, mit der der Beton über den Boden bewegt worden ist, mit berücksichtigt worden ist:

	Geschwindigkeit v	Beiwert f	Geschwindigkeit v	Beiwert f	Geschwindigkeit v	Beiwert f
Geebeneter Ton	0,001	0,55	0,01	1,30	0,05	2,07
Unebener Ton	0,001	0,57	0,01	1,29	0,05	2,07
Lehm	0,001	0,34	0,01	1,18	0,05	2,07
Ebener Sand	0,001	0,69	0,01	1,24	0,05	1,38
18 mm starke Kiesel	0,001	0,52	0,01	1,10	0,05	1,26
18 mm großer Schotter	0,001	0,44	0,01	0,92	0,05	1,09
7,5 cm großer Schotter	0,001	1,84	0,01	1,78	0,05	2,18

Gewicht des Betonblockes 400 kg, Widerstand gemessen am Dynamometer, die Umfangsgeschwindigkeit an einer Kurbel, die ein Rad drehte, an dem das Zugseil des Betonblockes befestigt gewesen ist[44]. S. 1174.

nehmen, daß der Untergrund möglichst glatt gemacht werden soll, um den Reibungsbeiwert niedrig zu halten und damit die Zugkräfte beim Schwinden des Betons zu ermäßigen.

Der Reibungsbeiwert ist sehr hoch; er kann unter gewissen Bedingungen geringer sein, dann sind die Fugenentfernungen größer. Goldbeck folgert aus seinen Betrachtungen, daß seine Annahmen in mancher Hinsicht verbesserungsfähig sind, wenn weitere Erkenntnisse gewonnen werden. Man ist daher in der theoretischen Erfassung der Fugenentfernung recht weit vom Ziel.

Nach den amerikanischen Erfahrungen, die Verfasser aus eigenen Beobachtungen bestätigen kann, sind aber die Betonstraßen auch noch innerhalb der Fugen kreuz und quer gerissen, wahrscheinlich weil infolge der Bewegung durch Feuchtigkeitsveränderungen höhere Zugkräfte entstanden sind. Bei Ausdehnung infolge starker Erwärmung haben sich an den Fugen die Platten übereinandergeschoben, wenn die Fugen nicht genau lotrecht abgeglichen worden sind. Schon eine Abweichung von 5° von der Lotrechten hat bewirken können, daß die eine Platte 5—7 cm über die andere sich hochgeschoben hat.

Schäden solcher Art werden verschiedentlich berichtet. Bei der im Jahre 1912 bei Chevy Cheese in der Nähe von Washington angelegten Versuchsstraße ist auch eine Betonstrecke ohne Bewegungsfugen verlegt worden, weil man die Bewegungen beobachten wollte. Das Fehlen von Dehnungsfugen hat sich insofern schädlich bemerkbar gemacht, als die ganze Betondecke an der anschließenden Asphaltdecke sich um 12 mm in horizontaler und vertikaler Richtung verschoben hat. Die Straße scheint aber nur kurze Zeit beobachtet worden zu sein. Nach Angaben von Kleinlogel haben sich bei einer 42 km langen, bei kaltem Wetter betonierten Straße die 12 mm starken als Dehnungsfugen ausgebildeten Arbeitsfugen zusammengeschlossen und ein Heben der Plattenenden verursacht. Es treten sogar Längsrisse infolge Überbeanspruchung auf. An einer Stelle bildete sich ein 5 cm hoher Grat[107].

Trotz dieser Erscheinung neigt man im Betonstraßenbau sehr dazu, die Betondecken ohne Bewegungsfugen anzulegen. Hierbei spricht aber das Klima der Gegend mit, in der die Betonstraße gebaut werden soll. In südlichen Gegenden der V. St. A. hat man keine Bedenken getragen, lange Strecken ohne Bewegungsfugen herzustellen (Nord-Carolina, Georgia, Californien), weil dort ein Klima mit geringen Wärmeunterschieden herrscht. Selbstverständlich sind die Betondecken unregelmäßig gerissen, aber diesen Vorgängen wird nur geringe Bedeutung beigemessen. Dagegen fällt auf, daß in den nördlichen Staaten, wie Pennsylvania und Massachusetts, auf die Bewegungsfugen noch sehr großer Wert gelegt wird. Z. T. werden Bewegungsfugen in geringen Abständen eingelegt, z. T. werden sie nur bei Arbeitspausen, also in ungleichen Abständen, vorgesehen. Grundsätzlich wird eine Fuge angeordnet, wenn die Arbeit über mehr als 30 Minuten unterbrochen wird. Ob die Betondecken mit oder ohne Fugen größere Widerstandskraft zeigen werden, wird von der Unterhaltung der Fugen oder der Risse, die sich beim Fortlassen der Fugen auf jeden Fall bilden, abhängen.

Da die Ausdehnung des Betons für je 1° C und 1 m Länge 0,00001 m beträgt, berechnet sich die Breite der Risse bei 10 m Länge und einem größten Unterschied in der Jahrestemperatur von 40 zu 4 mm. Um diesen Betrag können also die Fugen auseinanderklaffen und sich wieder schließen. Damit sich nicht Schmutz in den Fugen ansammeln kann, der ein Schließen verhindert, werden sie mit einer nachgiebigen Masse ausgefüllt werden, die zugleich den Schutz der Kanten gegen Beschädigung durch den Verkehr aufnehmen kann. Aber diese Fugenfüllung bringt manche Nachteile mit sich, ebenso wie die Herstellung der Fugen die Ausführung erschwert und den Bau verteuert, denn sie erfordern sehr sorgfältiges Arbeiten.

Für die Bewegungen des Betons wird sein Zementgehalt und die Feuchtigkeit, mit der er hergestellt ist, ausschlaggebend sein. Beton, der weich eingebaut wird, unterliegt stärker dem Schwinden und Quellen und den nachteiligen Folgen dieser Bewegung als erdfeucht eingebrachter Stampfbeton; denn der Weichbeton ist weniger dicht, zeigt ein geringeres Raumgewicht und geringere Festigkeit. Er hat Hohlräume, die durch das Verdunsten des Wassers entstehen, und die sich bei Annässen leichter füllen und ein Durchquellen des Zementes gestatten. Allerdings wird durch besondere Maßnahmen, die später noch besprochen werden, bei den Betonstraßen durch Verdichtung versucht, den Hohlraumgehalt zu vermindern. In der Tat kann durch Herstellung eines trockenen Betons der Schwindungs- und Dehnungsumfang verringert werden. Diese Erkenntnis hat dazu geführt, Betondecken mit Preßfugen zu machen, d. h. es werden in gewissen Abständen Unterbrechnungen in der Betondecke angelegt, die z. B. mit den Arbeitsfugen zufolge von Arbeitspausen zusammenfallen können. Es stößt Beton an Beton knirsch zusammen, ein Anbinden der einen Fläche an die andere wird verhindert. Erfolgt die Ausführung bei mittlerer Jahrestemperatur und mit erdfeuchtem Beton, so wird damit gerechnet, daß die Schwindung infolge Austrocknung und Wärmeabnahme nur gering ist und die Fugen an den Arbeitsunterbrechnungen sich nur sehr wenig öffnen, daß aber bei Dehnung infolge Anfeuchtung und Wärmezunahme der Beton sich zwar hart an den Fugen zusammenpressen, aber die hohe Druckfestigkeit des Betons Beschädigungen ausschließen, vielmehr die Elastizität des Betons diese Spannungen aufnehmen wird. Tatsächlich hat der Solidititbeton, ein Beton, der mit kalkarmem Zement erdfeucht und mit besonderer Sorgfalt hergestellt wird, gezeigt, daß knirsche Fugen möglich sind und, soweit eine fünfjährige Beobachtung gestattet[108], sich auch halten. Darum ist die im Jahr 1926 hergestellte Betonstraße Duisburg—Mühlheim a. Rh. bei 4 km Länge mit Preßfugen in 15 m Entfernung hergestellt worden. Beobachtungen nach einhalbjähriger Liegedauer lassen bereits ein Absplittern an den Kanten erkennen, so daß es zweifelhaft ist, ob sich das Verfahren bewähren wird. Es besteht die Gefahr, daß die Fugen im Winter sich öffnen, Sand und Schmutz aufnehmen und im Sommer, da die Fugenfüllung nicht entweichen kann, der Druck auf die Fugen doch zu stark wird und nach den Erfahrungen an amerikanischen Betonstraßen eine Platte sich gegenüber der anderen anhebt, also ein Grat entsteht, oder sich Längsrisse bilden. Absplittern der Kanten an den Fugen ist auch an den knirsch gestoßenen Fugen der Versuchsstraße in Braunschweig festgestellt worden. Der Spielraum in der Fugenweite läßt sich in der Weise einschränken, daß jede zweite Deckenplatte ausgespart und erst verlegt wird, wenn die ersten Platten sich genügend gefestigt und vor allem den Schwindungsvorgang hinter sich haben. Die dadurch entstandene Verkürzung wird eine entsprechende Vergrößerung der später verlegten Deckenplatten zur Folge haben. Die Fugenöffnung wird geringer werden.

Neben Querrissen haben sich selbst auf verhältnismäßig schmalen Betonstraßen Längsrisse gebildet. Nach dem Bulletin 1077 treten in Decken von 3 m Breite Risse noch nicht auf, aber sobald die Breite über 4,8 m hinausgeht. Um die wilde Rißbildung zu vermeiden, werden grundsätzlich Längsfugen angelegt, sobald die Straßen größere Breiten erhalten. Bei 5,4—6 m Breite — das ist die übliche auf Landstraßen — wird allerdings eine Längsfuge nur dann vorgesehen, wenn die Decke nur für die halbe Straßenbreite auf einmal hergestellt wird, weil der Verkehr nicht abgelenkt werden kann. Längsrisse entstehen vermutlich dadurch, daß bei quelligem Boden infolge stärkerer Durchfeuchtung am Rande die Decke angehoben wird und in der Mitte hohl liegt und dann unter der Verkehrsbelastung bricht. Solche Bewegungen sind beobachtet. Sie sind auch daran zu erkennen, daß die durch den Längsriß geteilten Plattenstücke die Neigung zeigen, mit der Zeit nach dem Rande zu wandern und den Riß zu vergrößern.

In dieser Hinsicht müssen die Längsrisse als nicht ungefährlich angesehen werden. Längsrisse werden auch darauf zurückgeführt, daß die Platten gegeneinander drängen und dann Zugspannungen rechtwinklig zur Druckrichtung entstehen, die das Bersten der Platten bewirken. Die Längsrisse gehen dann von den Querfugen oder Querrissen aus.

Ausführung der Fugen. In der Ausführung der Fugen hat sich eine ausgedehnte Technik entwickelt, je nach der Bedeutung, der die Fuge zugemessen wird. Die einfache Preßfuge entsteht durch die Arbeitsunterbrechung. Bei ihr ist vor allem darauf zu achten, daß sie genau lotrecht abgeglichen wird. Nach längeren Pausen, wenn der Beton bereits angebunden hat, kann der neue Beton ohne weiteres gegen den Abschluß gelegt werden. Bei kurzen Unterbrechnungen (Mittagspause) wird die Fläche mit einer dünnen Schicht Lehm bestrichen. Damit der Betonabschluß an der Arbeitsfuge seine genaue Lage und ebene Fläche während der Arbeitsunterbrechung behält, wird eine kräftige Lehre gegengesetzt, die mit Schnurnägeln und Keilen festgehalten wird. Die Trennung zwischen den beiden Platten kann auch durch eine Lage Dachpappe erfolgen.

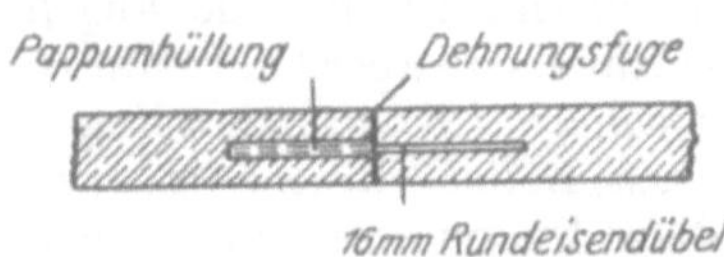

Abb. 110. Dübel in Längsfugen.

Die Längsfugen werden stets knirsch aneinandergesetzt, weil zwischen der Ausführung der einen und anderen Straßenhälfte ein längerer Zeitraum liegt. Damit sich die beiden Plattenhälften nicht gegeneinander verschieben können, werden Eisendübel verwendet, die in der einen Seite in Abständen von 0,6—0,9 m mit einbetoniert werden und auf ihrem freien Ende mit Pappe umhüllt oder mit Teer angestrichen werden, damit sie in der anderen Deckenhälfte nicht anbinden (Abb. 110).

Diejenigen Fugen, die als Bewegungsfugen angesehen werden, die also Bewegungen ausgleichen sollen, werden mit besonderen Hilfsmitteln hergestellt und mit nachgiebigen Zwischengliedern versehen. Zum Schutz der Kanten an den Fugen sind früher Flacheisen oder Winkeleisen eingebaut worden, die im Beton verankert sind. Sie haben zwar die Fugenkante selbst geschützt, aber dafür ist der Angriff der Verkehrslasten nach der Fuge hinter dem Fugeneisen oder wagerechten Schenkel und der Betonoberfläche gewandert, und es haben dort die Zerstörungen eingesetzt. Von einem besonderen Schutz der Fugenkanten durch widerstandsfähige Bewehrung ist man jetzt abgekommen. Durch Ausfüllung der Fugen mit einer nachgiebigen Masse, wie Asphaltpappe und Asphalt, lassen die Fugen sich besser schützen. Für die dabei angewendeten Bauweisen werden im folgenden einige Beispiele gegeben. Zuerst die Ausführung des Staates Pennsylvania (vgl. Abb. 111), nach der für die bauleitenden Beamten erlassenen Dienstvorschrift, die erkennen läßt, welche Sorgfalt den Fugen beizumessen ist.

Alle Dehnungs-, Konstruktions-, Quer- und Längsfugen sollen lotrecht, eben und frei von allen Unregelmäßigkeiten sein. Unebenheiten, hervorgerufen durch ungenaue und fahrlässige Arbeit, rufen Schäden in der Decke hervor, z. B. in der Weise, daß eine Platte sich gegen die andere hebt und daß weitere Risse sich bilden. Die Fugen sollen genau nach den Zeichnungen und den Bedingungen verteilt und ausgebildet werden; sie sollen normal zu den Kantenformen in den Geraden und radial in den Kurven angelegt werden. Vor der Verwendung der Fugeneinlage muß die Fuge selbst nach ihren Abmessungen und Beschaffenheit untersucht werden. Viele schlechten Ergebnisse sind die Folge von Fugen, die zu eng und nicht tief genug sind.

Die Fugeneinlage muß in glatten und nicht gekrümmten Stücken angeliefert werden. Sie muß dauernd, mit Ausnahme kurz vor dem Einbau, unter Verschluß aufbewahrt werden. Fugeneinlagen, die bei der Anlieferung gerissen oder gebrochen sind, müssen zurückgewiesen werden.

Nur wenn es in den Bedingungen zugelassen ist, dürfen kurze Enden der Einlagen zu vollen Stücken zusammengesetzt werden. Diese kurzen Enden müssen durch Fäden und Krampen oder andere geeignete Mittel miteinander verbunden werden, ehe sie eingebaut werden. Die stählerne Lehre soll genaue Abmessungen haben und eingeölt oder eingefettet sein. Wenn sie nicht gebraucht wird, muß sie flach hingelegt werden, damit sie sich nicht wirft. Alle Verwindungen müssen sofort geglättet werden, sobald sie bemerkt werden. Die Lehre muß auf der Seite, wo der Mischer steht, mit eisernen Nägeln befestigt werden. Die Menge und Länge hängt vom Zustand des Untergrundes und von der Art des Abgleichens des Betons ab. Die Fugeneinlage soll an die Seite der Fugenlehre gesetzt werden, die vom Mischer abgewendet liegt. Bei den Arbeitsfugen bei Tagesende soll eine 8 cm starke hölzerne Bohle verwendet werden.

Die stählerne Lehre, gegen die die Fugeneinlage gelegt wird, muß fest gehalten werden durch mindestens zehn Nägel, 30—45 cm lang, je nach Art des Untergrundes (Abb. 111). Je fünf Nägel auf beiden Seiten der Lehre und der Fugeneinlage, deren Höhe 5 cm unter der Oberfläche liegt. Die Nägel müssen lang

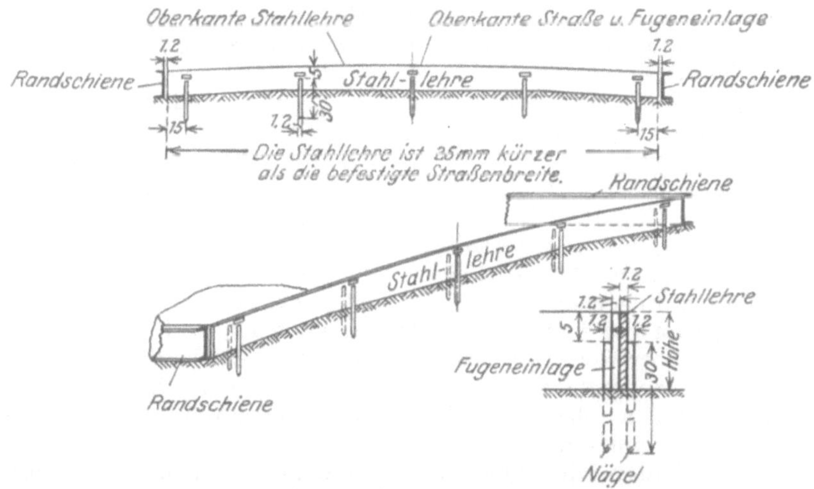

Abb. 111. Fugenausführung im Staate Pennsylvania.

genug sein und müssen an ihrem Platz gehalten werden, damit sie ebene gerade Fugen nach jeder Richtung hin schaffen. Wenn die Fugenausfüllung unmittelbar gegen den erhärteten Beton gelegt wird, genügen fünf Nägel auf der vom Beton abgewendeten Seite.

Die Fugeneinlage soll beim Abgleichen des Betons mit Hand höher sein als die abgeglichene Betonoberfläche. Bei Benützung des Straßenfertiger (Lakewood Finisher) soll die Oberkante mit der Oberfläche bündig liegen. Die am meisten befriedigende Art, um eine bündig liegende Ausfüllung zu erhalten, besteht darin, die Fugeneinlage etwas höher zu machen, als die Fuge tief ist, und gegen die Lehre zu setzen und dann entlang der Krone der Lehre mit einem Messer abzuschneiden.

Etwas Zwischenraum soll an der geölten und eingefetteten Lehre belassen werden, damit man sie leicht fortnehmen kann. Die Lehre soll erst fortgenommen werden, nachdem mindestens 30 cm Beton vor Kopf ausgebreitet ist und das Stampfen und Abgleichen der Oberfläche auf beiden Seiten begonnen hat, oder wenigstens auf der oberhalb liegenden Seite. Kein Stampfen oder Abgleichen soll ausgeführt werden, nachdem die Lehre fortgenommen ist, außer dem Abgleichen mit einer Kelle, um den Hohlraum auszufüllen, den die Lehre gelassen hat. Die Lehre soll herausgenommen werden, indem sie an beiden Seiten angehoben wird. Die Lehre hat zu diesem Zwecke auf beiden Seiten Löcher, in die Haken eingeführt werden (oder Handgriffe). Nachdem die Lehre herausgenommen ist, soll die Fugeneinlage bei Abgleichen mit der Hand, wenn sie über der Oberfläche liegt, scharf abgeschnitten werden und dann die Kante mit einem Halbmesser von 3 mm abgerundet werden.

Bei Benutzung des Straßenfertigers soll dort, wo die Einlage etwas überschaut oder bündig abschneidet, die Kante mit demselben Halbmesser abgerundet werden. Das Fertigmachen der Fuge soll von einem besonders geübten Arbeiter von einer Brücke aus vorgenommen werden. Auf keinen Fall darf zusammenhängender Beton die Fugen überdecken, da dieser Zustand die Fuge unter dem Verkehr zum Absplittern bringt. Für das Abrunden ist eine besondere Hohlkelle zu verwenden.

Sorge ist dafür zu tragen, daß keine Haufen und überflüssiger Beton auf der Fuge liegenbleiben. Sehr oft sind Abschuppungen festgestellt, wo die Neigung bestanden hat, zuviel Arbeit auf das Abgleichen zu verwenden. Das Abgleichband sollte sofort auf beiden Seiten der Fuge in Anwendung treten, um der gesamten Oberfläche ein gleichmäßiges Aussehen zu geben. Die Oberfläche längs der Fugen muß durch einen erfahrenen Arbeiter mit der größten Sorgfalt abgeglichen werden, um unebene Fugen zu vermeiden, welche eine unebene wellige Oberfläche hervorrufen.

Sobald die Seitenschalungen fortgenommen sind, muß untersucht werden, ob auch alle Fugeneinlagen durch die ganzen Fugen hindurchgehen, wenn nicht, soll der Unternehmer beide Seiten mit dem Meißel öffnen. Auf keinen Fall darf erlaubt werden, daß die Bankette mit Schottermaterial angeschüttet werden, bevor nicht volle Sicherheit besteht, daß die Fuge auch völlig offen ist.

Die Bauleitung muß sich versichern, daß der Unterbau so profiliert ist, daß die Fugeneinlage durch die ganze Stärke der Decke hindurchgeht.

Ausfüllen der Fugen und Risse. Es ist vorzuziehen und billiger, die Fugen auszugießen, bevor der Verkehr über die Decke gehen darf. Wenn die Fugeneinlage über der Oberfläche steht, soll sie bündig mit der Oberfläche abgeschnitten werden und der Schmutz auf beiden Seiten mit einem scharfen Gerät gelöst und dann mit einem scharfen Besen abgekehrt oder durch Dampfstrahl oder Handblasebalg gereinigt werden.

Dasselbe Verfahren soll benutzt werden, um die Fugen zu reinigen, bei denen die Einlage bündig oder etwas unter der Oberfläche liegt. Alle Fugen oder Risse müssen völlig gereinigt und ausgetrocknet werden, bevor der Asphalt eingefüllt wird. Eine leichte Schicht von Staub oder Feuchtigkeit im Augenblick des Aufbringens dürfte bewirken, daß der Asphalt am Beton nicht haftet. Bewährte Asphaltmischung bis zu einer genügenden Temperatur erhitzt, so daß es schnelle Anwendung ermöglicht, soll bündig mit der Fuge eingefüllt werden. Man muß dafür sorgen, daß die Fugenlinie genau eingehalten wird und der Streifen nur schmal ist. (Bei einem Übermaß von Asphalt, der Wellen über dem Beton bildet, erleiden die Wagen starke Stöße; das ist immer ein Zeichen schlechter Fugenunterhaltung. Trifft man aber oft an.) Durch breite Asphaltstreifen wird das Aussehen der Betonoberfläche verdorben.

Im allgemeinen soll der Fugenfüllstoff in solcher Menge eingebracht werden, daß er auf beiden Seiten etwa 26 mm seitlich der Fuge sich erstreckt und nur ganz wenig höher als die Fuge liegt (flach und nietkopfartig). Der Asphalt darf nicht überhitzt werden (weil er dann spröde wird). Er darf nur so weit erhitzt werden, daß er so dickflüssig wie Sahne ist. Asphalt, der so dünnflüssig ist, daß er wie Wasser läuft, bricht unter dem Verkehr, es ist auch schwer, ihn so auszugießen, daß er nur einen geraden dünnen Streifen gibt. Sogleich nach der Einfüllung, aber vor der Erkaltung, soll der Asphalt mit scharfem Sand bedeckt werden.

Um sicher zu gehen, daß nur ganz schmale Streifen entstehen, besonders wo die Öffnungen nur eng sind, soll ein Gießgefäß mit enger Schnauze benützt werden, damit der Asphalt nur in dünnem Strahl ausfließt. Alle Fugen und Risse sollen mit Asphalt ausgefüllt werden, bevor die Bauten gegen den Winter eingestellt werden. Um die Fahrzeuge stoßfreier über die Fugen zu führen, sind sie zuweilen im spitzen Winkel zur Achse angelegt. Dadurch entstehen aber an allen Platten spitzwinklige Ecken, die leicht abbrechen. In England werden die Betonstraßen mit Fugen in sehr geringem Abstand, 4—5 m, mit einer Neigung von 60° gegen die Straßenachse ausgeführt. Die englischen Ingenieure neigen aber nach mündlicher Auskunft jetzt auch dazu, die Dehnungsfugen normal zur Achse zu legen.

Die Längsfuge wird in Pennsylvania durch ein Fugenblech gebildet, das nut- und federartig gebogen ist, so daß die beiden Deckenhälften auf diese Weise miteinander verzahnt werden. Außerdem werden auch noch die eisernen Dübel angewendet, die durch das Fugenblech durchgesteckt werden (Abb. 104f.).

Eiserne Dübel werden auch in den Querfugen verwendet, um eine lotrechte Verschiebung der beiden Deckenplatten gegeneinander zu verhindern. Auf der einen Seite dürfen die Dübel aber nicht an den Beton anbinden, um die Möglichkeit der Bewegung zu erhalten.

Die Fugenweite ist verschieden bei den einzelnen Verwaltungen; sie schwankt etwa zwischen 6—12 mm, beträgt aber in einzelnen Fällen sogar 25 mm. Ohio

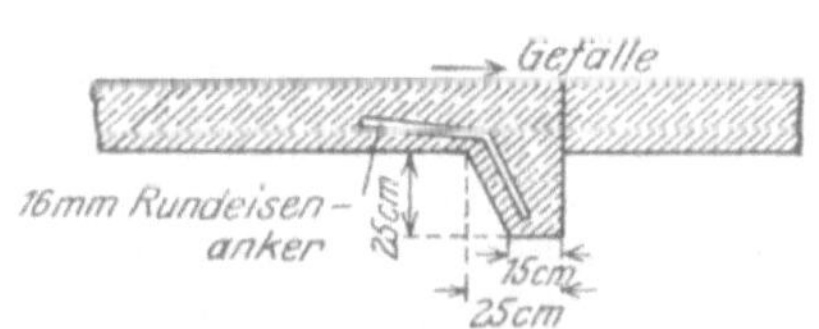

Abb. 112. Fugen bei Betonstraßen im Gefälle.

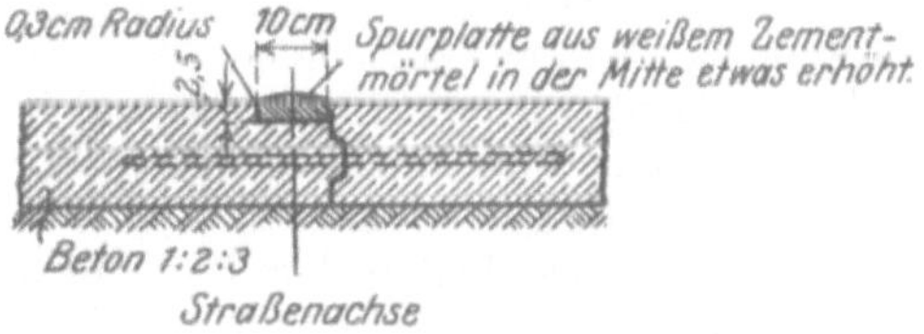

Abb. 113.

macht 6 mm starke Fugen, wenn die Luftwärme während des Baues über 10°C, und 12 mm, wenn sie unter 10°C ist. Die Fugenbreite richtet sich auch nach der Dicke der eingelegten Asphaltpappe. Bei Straßen im Gefälle stützen sich die obenliegenden Platten gegen die tiefer liegenden. Dadurch können Verschiebungen eintreten. Es wird deshalb die Auflagerfläche der Platte am Fuß mit einem Anker versehen, daß sie noch in den gewachsenen Boden einbindet (Abb. 112).

Die Längsfuge wird dazu verwendet, die beiden Verkehrsrichtungen zu trennen. Es wird auf den Straßen in den V. St. A. streng darauf geachtet, daß nur rechts gefahren wird. Um die Einhaltung der richtigen Dammseite dem Wagenführer zu erleichtern, dient an sich schon die deutlich erkennbare Fuge in der Mitte. Sie wird aber gelegentlich noch mit einer besonderen Spurschwelle versehen. Es wird bei der Herstellung der Fuge an der Oberfläche Beton ausgespart und dann die Schwelle nachträglich eingesetzt (Abb. 113).

5. Bauausführung.

α) Die Baustoffe.

Der allgemeine Fortschritt in der Betonbauweise und die gewonnene Erkenntnis über die richtige und zweckmäßige Zusammensetzung des Betons sind in vollem Maße der Betonstraße zugute gekommen und haben unmittelbar ihre Entwicklung gefördert. Durch wissenschaftliche Untersuchungen in den Versuchsanstalten sind die Grundlagen geschaffen worden, deren Beachtung einen brauchbaren, jedem besonderen Zwecke angepaßten Beton gewährleisten. Zugleich sind aber auch die besonderen Anforderungen festgestellt, die der Straßen-

16*

bau an den Beton stellt, und die Mittel angegeben worden, wie sie befriedigt werden können.

Der Betonstraßenbau kann nur dann Erfolg haben, wenn er sich die gesamten für den Betonbau geltenden Ergebnisse wissenschaftlicher und praktischer Forschung zunutze macht und ferner die für ihn selbst geltenden Vorschriften beachtet. Beide sollen im folgenden behandelt werden. Es ist nicht zu leugnen, daß vor kurzem noch die V. St. A. vor Europa einen Vorsprung in der wissenschaftlichen Durchdringung der Betontechnik gehabt haben. Mit den reichen Mitteln der amerikanischen Zementindustrie hat Professor Abrams vom Lewis Institut in Chicago umfangreiche Versuche am Beton vornehmen können, die be sonders darüber aufgeklärt haben, welchen Einfluß der Wassergehalt und die Kornzusammensetzung auf die Festigkeit des Betons hat. Gleichlaufend ist aber auch in Deutschland auf diesem Gebiete gearbeitet worden, und die Forschungsarbeiten von Oberbaurat Dr. Herrmann vom Technischen Untersuchungsamt der Stadt Berlin, Professor Graf vom Materialprüfungsamt der Technischen Hochschule Stuttgart, von Professor Probst in Karlsruhe und Dr.-Ing. Jung in der Versuchsanstalt für Ingenieurbauwesen an der Technischen Hochschule in Braunschweig bestätigen nicht nur die amerikanischen Ergebnisse, sondern gehen bereits über dieselben hinaus [82, 109, 110, 111]. Mit Rücksicht auf ihre Bedeutung für den Betonstraßenbau werden sie im folgenden zusammengestellt. An die Eigenschaften der einzelnen Baustoffe werden für die Herstellung eines sachgemäßen Betons folgende Anforderungen gestellt:

Zement. Es darf nur solcher Zement verwendet werden, der langsam bindet und den Normen für die Lieferung und Prüfung von Zement entspricht. Es kann Portlandzement und hochwertiger verwendet werden. Hochwertiger Zement mit hoher Anfangsfestigkeit hat den Vorteil, daß die Betondecke sehr schnell erhärtet und um so früher dem Verkehr übergeben werden kann. Bei Herstellung zweischichtiger Decken besteht aber die Gefahr, daß der Unterbeton schon in den Zustand der Erhärtung übergegangen ist, ehe der Oberbeton aufgebracht werden kann, und daß dann beide Schichten nicht mehr aneinander anbinden. Dieser Umstand wird bei zweischichtigem Beton besondere Aufmerksamkeit erfordern. Auch werden solche Zemente bevorzugt werden müssen, die möglichst wenig schwinden und hohe Zugfestigkeit haben. Gerade auf die letztgenannte Eigenschaft wird besonders im Straßenbau Wert gelegt werden müssen, da schon darauf hingewiesen ist, daß bei der wechselvollen Beanspruchung des Betons Zugspannungen in allen Querschnitten auftreten können und auch die Rißbildung von der Zugfestigkeit des Zementes abhängig ist.

Sand, Kies und andere Zuschläge. Es herrscht in Deutschland noch keine Übereinstimmung darüber, bis zu welcher Korngröße Sand zu rechnen ist. Die Bestimmungen für Ausführung von Bauwerken aus Eisenbeton begrenzen in § 5 den Sand mit 5 mm, das schon genannte ,,Vorläufige Merkblatt für den Bau von Automobilstraßen aus Beton" (§ 2) mit 7 mm. Nach den Ausführungen im Abschnitt VIII. C. b)., S. 306, sind die Körnungen zwischen 2 und 0,05 mm als Sand zu bezeichnen. Alle Gruben-, Fluß-, Brech- oder Quetschsande können verwendet werden. Sie sollen nicht mehr als 1,5 Gewichtshundertteile abschlämmbare Bestandteile enthalten (Abrams läßt 2 vH zu) und müssen frei von organischen Bestandteilen sein.

Kies. Natürliche Kiesgraupen, Kiessteine, Kiesel von 2 mm Korngröße aufwärts bis höchstens 50 mm Korngröße.

Kiessand. Das natürliche Gemenge von Sand und Kies.

Steingrus und Steinsplitt. Zerkleinertes Gestein von etwa 2—25 mm Korngröße.

Steinschlag und Schotter. Von Hand oder mit der Maschine zerkleinertes Gestein zwischen etwa 25—50 mm größter Abmessung.

Das Mischverhältnis von Zement und Sand im Beton richtet sich nun nach der Festigkeit, die erreicht werden soll. Diese ist aber auch abhängig von der Kornmischung der Zuschläge. Es kommt darauf an, daß das Gemisch der Zuschläge so zusammengesetzt ist, daß es einen möglichst geringen Hohlraum hat. Es ist nicht schwer, diesen Hohlraumgehalt festzustellen. Er ergibt sich aus dem Raumgewicht. Je höher dieses ist, um so geringer sind die Hohlräume. Sie berechnen sich, wenn s das spezifische Gewicht und r das Raumgewicht ist, zu

$$H = 1 - \frac{r}{s} \quad \text{(s. S. 210)}.$$

Ihre Größe kann auch auf dem Versuchswege festgestellt werden, indem man in ein Hohlraummaß bekannten Inhaltes das Zuschlagsgemisch einfüllt und dann die Wassermenge mißt, die notwendig ist, um die Hohlräume auszufüllen. Ist der Inhalt des Gefäßes v und w die gemessenen Kubikzentimeter Wasser, dann ist

$$H = \frac{w}{v}.$$

Der Hohlraumgehalt ist am geringsten, wenn die Zuschläge möglichst gemischtkörnig zusammengesetzt sind und die groben Bestandteile einen genügend großen Anteil ausmachen. Um die Kornzusammensetzung feststellen zu können, wird das Gemisch nach verschiedenen Korngrößen ausgesiebt. Eine einheitliche Auffassung, welche Siebe zur Bestimmung der Korngrößenzusammensetzung ausgewählt werden sollen, besteht noch nicht, wird aber angestrebt (Din.). Ein übersichtliches Bild über die Zusammensetzung eines Gemisches läßt sich gewinnen, wenn die Anteile der einzelnen Körnungen zeichnerisch, beginnend mit der kleinsten Korngröße in vH-Teilen, so aufgetragen werden, daß die vH-Teile jeder folgenden Korngröße zu den vorhergehenden hinzugezählt werden, also eine Summenkurve gebildet wird. Bei einer solchen Auftragung muß die Kurve der Korngrößen eine gewisse Form annehmen, wenn die Zuschläge für die Betonherstellung geeignet sein sollen. Da im Beton der Sand mit dem Zement den Kitt bildet, der die gröberen Zuschläge zusammenhält, so ist es selbstverständlich, daß die Festigkeit des Betons ebensosehr von der Festigkeit der Zuschläge wie von den Eigenschaften des Mörtels abhängt. Unter der Annahme, daß festes gesundes Gestein verwendet wird, beruht die Festigkeit des Betons auf der des Mörtels. Es wird deshalb die Kornzusammensetzung des Sandes und sein Anteil zuerst festgestellt. Nach Graf wird eine weitgehende Ausnützung des Zementes erreicht, wenn die Kornzusammensetzung des Mörtels im Beton bei der Aussiebung nach den Korngrößen 0,24 mm, 1 mm, 3 mm und 7 mm eine Summenkurve bildet, die dem Linienzug der Abb. 114 entspricht, d. h. es sollen 25 vH

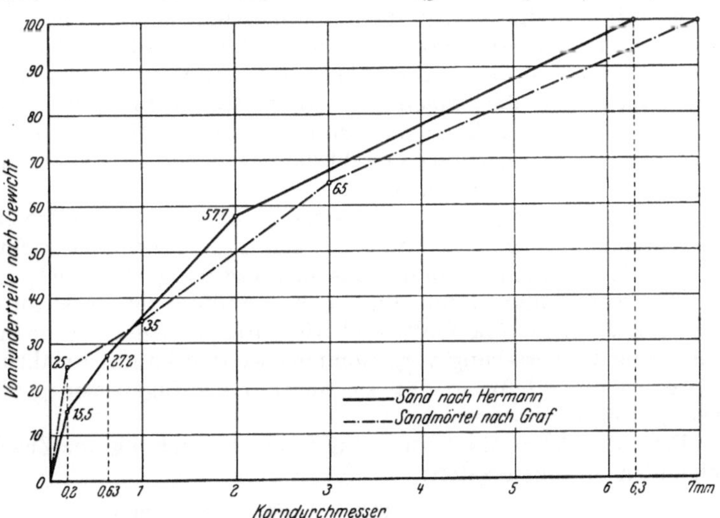

Abb. 114. Summenkurve von Sand und Sandmörtel.

der Sandmenge durch das Sieb von 0,24 mm Maschenweite, 35 vH durch das Sieb von 1 mm, 65 durch das Sieb von 3 mm Lochweite fallen. Die Kornzusammensetzung der gröberen Zuschläge ist gegenüber den feinen nur von geringer Bedeutung. Erwünscht ist nur eine gewisse Abstufung und möglichst rauhe und scharfe Beschaffenheit. Steingemische haben, ohne daß die Korngröße Einfluß darauf hat, etwa 48—55 vH Hohlraumgehalt, den der Mörtel ausfüllen muß. Diese Forderung ist etwa erfüllt, wenn das Verhältnis von Sand zu Steinschlag zu 2 : 3 gewählt wird und je nach der gewünschten Druckfestigkeit 250 bis 350 kg Zement auf 1 m³ Beton genommen wird.

Auf ähnlicher Grundlage beruhen die Vorschriften des Technischen Untersuchungsamtes der Stadt Berlin. Hier wird die gesamte Masse der Zuschläge nach Korngrößen durch Siebung getrennt, was besonders bei Verwendung von Kies sich empfiehlt. Die Trennung erfolgt nach folgenden Korngrößen:

$K\,I$ = 0 —0,22 mm,
$K\,II$ = 0,22—0,6 „
$K\,III$ = 0,6 —2 „
$K\,IV$ = 2 —6,3 „
$K\,V$ = über 6,3 „

Um einen Kies mit möglichst geringem Hohlraum zu erhalten, sollen die einzelnen Korngrößen in folgenden Anteilen vorhanden sein[82]:

Mindestens 70 vH müssen aus den Korngrößen K_{III}, K_{IV} und K_V bestehen. Keine der Korngrößen K_{III}—K_V darf mit weniger als 20 vH vertreten sein. Steine von größeren Abmessungen als 60 mm sind ausgeschlossen.

Auch nach diesen Vorschriften ist der Anteil der feinen Korngrößen sehr gering. Eine für diese Korngrößenverteilung aufgestellte Summenkurve deckt sich nahezu mit derjenigen von Graf, wobei zu berücksichtigen ist, daß die Kurve von Graf für Trockenmörtel, die von Dr. Herrmann für Sand und Kies entworfen ist. Infolgedessen bleibt die Kurve von Dr. Herrmann bei den kleinen Korngrößen unter der von Graf.

Nach Erfahrungen des Verfassers ist es durchaus möglich, bei der Auswahl von Betonzuschlägen sich nach diesen Vorschriften zu richten. Es gibt viele Kiese, die angenähert dieser Zusammensetzung entsprechen. Wenn das nicht der Fall sein sollte, dann gibt die Feststellung der Abstufung der Korngrößen ein Bild, welche Größe fehlt, und wie durch Hinzusetzen des fehlenden Bestandteiles eine Verbesserung vorgenommen werden kann. Erfahrungsgemäß sind die Kiese meist zu fein, so daß sie durch Hinzufügen von grobem Zuschlag verbessert werden können.

Professor Abrams benutzt für die Untersuchung der Zuschläge Siebe in den folgenden Maschenweiten:

Sieb		$1^1/_2$ =	38	mm,
„		$^3/_4$ =	19	„
„		$^3/_8$ =	9,5	„
„	Nr.	4 =	4,76	„
„	„	8 =	2,38	„
„	„	16 =	1,19	„
„	„	30 =	0,59	„
„	„	50 =	0,297	„
„	„	100 =	0,149	„

Nach diesen Größenabstufungen werden die Sande und Zuschläge ausgesiebt und der Durchgang durch die einzelnen Siebe als Vomhundertteil der Gesamtmasse festgestellt, sämtliche Teile summiert und durch 100 geteilt. Das gibt den Feinheitsmodul, der, sobald ein Sand mehr als eine Korngröße hat, größer als 1 ist. Je mehr der Sand verschiedene Korngrößenabstufungen hat, desto größer ist der Feinheitsmodul. Nach Abrams ist Sand die Körnung, die zu 95 vH durch ein Sieb von 4,76 mm Maschenweite hindurchgeht, zwischen 50—80 vH soll auf dem 0,59-mm-Maschensieb zurückgehalten werden. Der Feinheitsmodul soll 2,5—3,2 betragen.

Kies soll durch einen Ring von 7,6 cm voll durchfallen. Zwischen 20—40 vH sollen auf dem 38-mm-Sieb zurückgehalten werden, dagegen nicht mehr als 5 vH durch das 4,76-mm-Maschensieb fallen. Der Feinheitsmodul soll zwischen 7,5—8,3 liegen.

Schotter soll dieselben Bedingungen wie der Kies erfüllen. Zur Veranschaulichung, welchen Einfluß eine möglichst große Kornabstufung und Verwendung von Schotter auf die Festigkeit des Betons hat, wird die folgende Kurve (Abb. 115) von Abrams gegeben, die bei gleichem Zementgehalt und Wasserzusatz die Druckfestigkeit für verschiedene Feinheitsmodul und Zuschlagsgrößen wiedergibt.

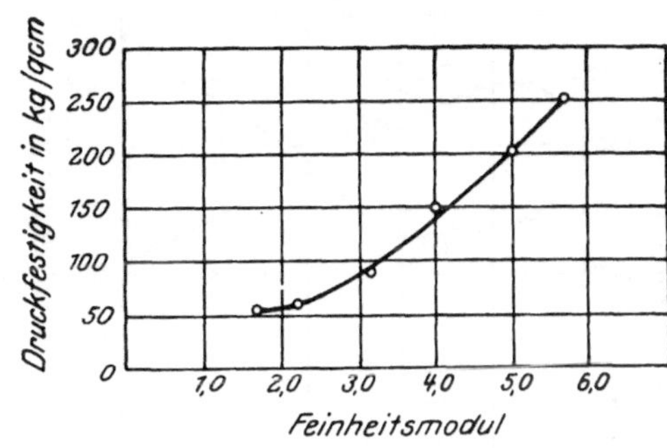

Abb. 115. Einfluß der Korngrößenverschiedenheit auf die Festigkeit des Betons.

Diese Erfahrung wird durch die Versuche von Dr. Herrmann bestätigt[82], wonach z. B. ein Beton 1 : 5 und die Mischung 1 : 3 : 7 dieselbe Festigkeit von 288 kg/cm² erreicht haben.

Der Zementgehalt wird in Gewicht für einen Kubikmeter Beton festgestellt. Nach den Bestimmungen für Ausführung von Bauwerken in Eisenbeton vom Jahre 1925, die auf Betonstraßen angewendet werden können, da es sich um hochwertige, vielfach mit Eiseneinlagen bewehrte Betonbauten handelt, sollen auf 1 m³ Beton 300 kg Zement genommen werden. Das Merkblatt empfiehlt bei zweischichtiger Decke in der oberen Schicht Sand und Splitt bis 25 mm und 350 kg Zement und in der unteren Lage (Tragschicht) 250 kg/cm³ (§ 3) zu geben.

Wasserzusatz. Besondere Beachtung ist dem Wasserzusatz bei der Betonbereitung zu schenken, weil davon die Festigkeit und, wie bei den Bewegungsfugen behandelt, auch die Ausdehnungseigenschaften beeinflußt werden.

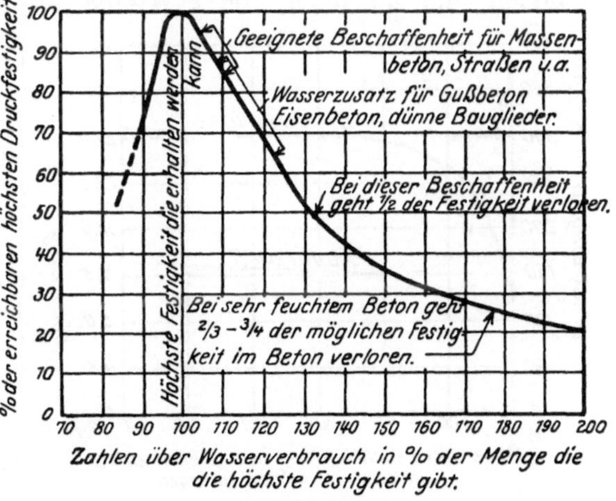

Abb. 116. Einfluß des Wasserzusatzes auf die Betondruckfestigkeit.

Die Druckfestigkeiten wachsen mit geringer werdendem Wasserzusatz. Dem Verhältnis $w = \frac{\text{Wassergehalt}}{\text{Zementgehalt}}$ kommt demnach eine erhebliche Bedeutung zu. Der Wasserzusatz muß aber auch so geregelt werden, daß die Masse sich für den beabsichtigten Zweck handhaben läßt. In dieser Hinsicht kommt es auch auf die Zusammensetzung der Zuschläge an, da die Oberfläche ihrer Körner Benetzungswasser verbraucht, und zwar je größer die Körner sind, desto geringer ist ihre verhältnismäßige Oberfläche und damit der Wasserbedarf[112]. Beton mit viel feinem Sand braucht daher entsprechend mehr Wasser. Auch hierüber hat Abrams eine Übersicht gegeben, die gestattet, festzustellen, in welchem Maße die Festigkeit des Betons abnimmt, wenn mehr Wasser zugeführt wird, als zur Erreichung der Höchstfestigkeit notwendig ist. Die Darstellung (Abb. 116) zeigt, daß bei falschem Wasserzusatz bis zu ⅔—¾ der erreichbaren Festigkeit verlorengehen kann[112]. Wenn so viel von dem richtigen Wasserzusatz abhängt, muß ein Mittel bestehen, sehr schnell nachzuprüfen, ob die Betonmischung den richtigen Wassergehalt hat. Das geschieht jetzt mit der Setzprobe. Es wird ein Trichter in Form eines abgestumpften Kegels mit einem Durchmesser der Grundfläche von 200 mm, des oberen Halses von 100 mm bei 30 cm Höhe mit dem Beton der vorgeschriebenen Beschaffenheit gefüllt und leicht gestampft. Wird der Trichter abgehoben, dann wird ein trockener Beton die Form ganz oder nahezu behalten, ein sehr feuchter zusammensinken. Das Setzmaß s, d. h. das Maß, um das der Betonkegel gegen die Höhe der Form zusammensinkt, wird zur Kennzeichnung der Beschaffenheit des Betons bezeichnet. Es wird nun auf Grund der Zusammensetzung des Betons, der Art der Zuschläge, der erwünschten Druckfestigkeit und Behandlungsart ein bestimmter Wasserzusatz gewählt, dem ein Setzmaß entspricht. Es können fortlaufend beim Bau aus dem Beton Proben entnommen und an ihnen die Setzprobe gemacht werden. Allerdings ist die Bestimmung nicht frei von Zufälligkeiten und störenden Einflüssen und daher nicht sehr zuverlässig. Es wird noch nach einem besseren Verfahren gesucht. Die Ergebnisse mit dem Rütteltisch, bei dem der Beton nach der Setzprobe noch gerüttelt wird und sich alsdann zu einem Kuchen ausbreitet, dessen Durchmesser ein Maß für den Feuchtigkeitsgehalt abgeben soll, gelten z. Z. als zuverlässiger und mehr eindeutig[109]. Die Menge des Wasserzusatzes wird nunmehr nach der Setzprobe oder Ausbreitung auf dem Rütteltisch nachgeprüft. Da schlechtes Wasser, das vor allem nicht frei von fäulnisfähigen Stoffen ist, oder das Sulfate und Humussäuren enthält, für den Beton schädlich ist, so empfiehlt sich im Zweifelsfalle eine chemische Untersuchung. Das Vorhandensein von fäulnisfähigen Stoffen kann durch Behandlung mit Ätznatron und Beobachtung der Verfärbung des Wassers festgestellt werden.

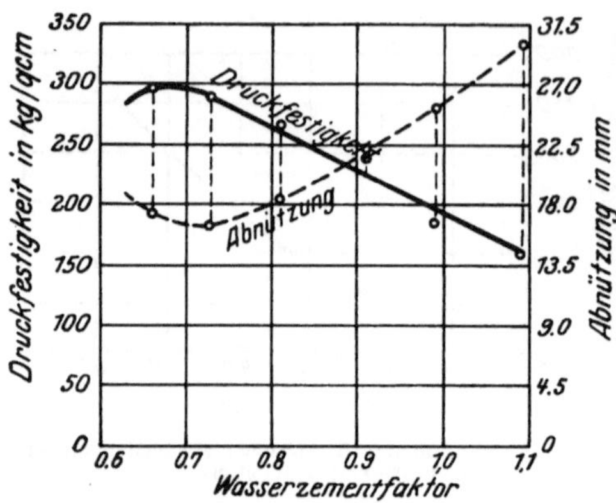

Abb. 117. Beziehungen zwischen Wasserzusatz, Druckfestigkeit und Abnutzung.

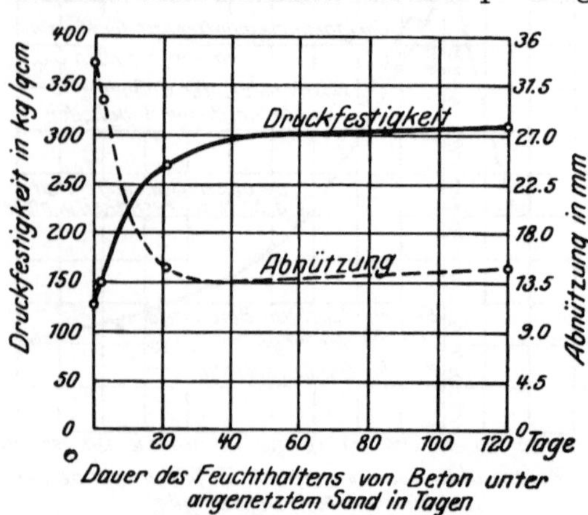

Abb. 118. Einfluß des Feuchthaltens des Betons auf Druckfestigkeit und Abnutzung.

Es entspricht dem Fortschritt im Betonbauwesen, wenn in den Vorschriften der amerikanischen Straßenbehörden für die Unternehmer die Zusammensetzung und Beschaffenheit des Betons ziemlich genau festgelegt wird. So finden sich Vorschriften über die Kornzusammensetzung des feinen und des groben Zuschlages und die Widerstandsgröße gegen Abschleifen und Abnützung in der

Deval-Trommel (s. Abschnitt VIII. C. b), Anteil der abschlämmbaren Bestandteile, die auf 3 vH beschränkt sind, und die Mindestmenge des Zementes auf 1 m^3. Das Mischverhältnis ist fast übereinstimmend 1 : 2 : 3, in einzelnen Fällen 1 : 2 : 4, 1 : 2 : 3½. Besondere Zusätze, wie hydraulischer Kalk, sind im allgemeinen nicht üblich. Vorgeschrieben wird die Zeitdauer der Mischung, weil nach Versuchen festgestellt worden ist, daß 1—1½ Min. Mischdauer den festesten Beton geben soll (S. 254), ferner das Maß der Setzprobe, das 2,5—5 cm betragen soll.

Die besonderen Versuche, um die Behandlungsweise und Beschaffenheit des Betons als Straßenbaustoff zu ermitteln, sind z. T. in Versuchsanstalten, z. T. auf Versuchsstraßen vorgenommen worden. Sie beziehen sich vor allem auf den Widerstand der Oberfläche gegen die Abnützung durch den Verkehr. Auf der Versuchsstraße in Arlington sind 62 verschiedene Betonarten in einer Kreisbahn verlegt und durch einen Blockwagen von 1,4 t Gewicht und 35 km Geschwindigkeit 300000mal befahren worden (s. Abschnitt XIII.), um die Verschleißfestigkeit der mannigfachen Zuschläge, die nach den örtlichen Verhältnissen für Betonstraßen in Frage kommen, zu klären. Einige auch für deutsche Verhältnisse anwendbare Ergebnisse mögen folgen:

Die Verschleißgröße hängt ab von der Widerstandsfähigkeit des groben Zuschlages. Weiches Gestein zeigt hohe Abnutzung, auch wenn der Mörtel von guter Beschaffenheit ist. Es soll daher Gestein, das für Beton in Straßendecken verwendet wird, mindestens den Härtegrad 7 (s. Abschnitt VIII.) aufweisen.

Schotter- und Kiesbeton zeigen keinen Unterschied, auch die runde abgeschliffene Form der Kiesel sind ohne Einfluß.

Hochofenschlacken sind brauchbar, wenn ihr Raumgewicht 1200 kg beträgt (die deutschen Vorschriften, S. 167, schreiben 1250 kg vor).

Grober Sand bei sonst gleichen Verhältnissen hat größeren Verschleißwiderstand als feiner.

Ein Zusatz von gelöschtem Kalk hat keinen Einfluß auf die Verschleißfestigkeit. Über die Eigenschaften des Kalkzementbetons liegen auch Versuche aus der Anstalt von Professor Abrams vor[114], die besagen, daß ein günstiger Einfluß weder auf die Druckfestigkeit noch Abschleifhärte festzustellen ist.

Unter sonst gleichen Verhältnissen zeigen ungewöhnlich trockene und ungewöhnlich nasse Mischungen einen größeren Verschleiß als Mischungen mit mittlerem Feuchtigkeitsgehalt.

Besondere Untersuchungen von Professor Abrams haben bezüglich des Einflusses der Zusammensetzung des Betons auf die Abnutzung folgendes ergeben:

1. Im allgemeinen gewährleisten die Bestandteile im Beton, die eine hohe Druckfestigkeit erzeugen, auch eine hohe Verschleißfestigkeit.
2. Zementzunahme setzt die Verschleißfestigkeit herab.
3. Höhere Wasserzusätze als notwendig sind, um einen verarbeitungsfähigen Beton zu erhalten, bewirken eine Zunahme der Abnutzung (Abb. 117).
4. Je größer die Korngrößen der Zuschläge bis zum Feinheitsmodul 5,5—6,0, desto geringer die Abnutzung.
5. Die Feuchthaltung des Betons übt einen wirksamen Einfluß auf die Verschleißfestigkeit aus (Abb. 118).
6. Die Verschleißfestigkeit wird durch längeres Mischen verbessert.
7. Mit dem Alter nimmt die Verschleißfestigkeit zu.

Zusammensetzung der oberen Schicht. Der große Anteil des Pferdeverkehres und der eisernen Reifen in Deutschland zwingt dazu, der Zusammensetzung der oberen Schicht besondere Aufmerksamkeit zu widmen. Es liegen auch einige Ergebnisse aus der Versuchsanstalt des Verfassers vor, die die Richtung erkennen lassen, die bei der Auswahl des Gesteins zu treffen sind. Abschleifversuche auf der Schleifscheibe nach Böhme und dem Sandstrahlgebläse von Gary als Mittel zur Feststellung der Verschleißhärte sind an folgenden Betonarten vorgenommen worden und in der Zusammenstellung 45 gegenübergestellt:

Zusammenstellung 45.

		Druckfestigkeit kg/cm nach 28 Tg.	Verlust Böhmesche Abschleifmaschine Versuchsanstalt Braunschweig cm³/cm²	Nürnberg cm³/cm²	Sandstrahlgebläse cm³/cm²	Raumgewicht	Bemerkungen
A. Straße München—Tegernsee	1:7	224	0,3715		0,1812	2,376	
	1:4	447	0,2179	0,104	0,2038	2,317	
	1:1:1:1		0,1818	0,140	0,1718	2,487	
B. Versuchsstraße Braunschweig 1 : $1^1/_2$: 3	1	188—194	0,216—0,290 0,2842		0,342	2,251	Aus20-cm-Probekörpe
	2a		0,265		0,362	2,355	Aus der Decke mit Wasserg
	2b		0,413		0,3925		„ „ „ ohne „
C. Solidititbeton			0,212—0,287 0,2547		0,2776		
			Versuchsanstalt Frankfurt a. M.				
D. Hartbeton		890	0,072				
D. Stahlkornbeton			0,0364				
D. Thermolithbeton			0,158				

A. Beton der Versuchsstraße München—Tegernsee in drei Mischungen.

1. 1 : 7 für den Unterbeton 2 RT Grubenquetschsand, 5 RT Grubenquetschkies.

2. 1 : 4 für den Oberbeton, enthaltend Basaltsand 0—7 mm, Basaltsplitt 7—25 mm, Quarzsand 0—3 mm, Quarzriesel 3—8 mm.

3. 1 : 1 : 1 : 1 Probemischung.

Für diese Mischungen liegen Vergleichsversuche auf Abnützung der Bayrischen Landesgewerbeanstalt in Nürnberg vor.

B. Beton der Versuchsstraße in Braunschweig { 1 RT Zement, $1^1/_2$ RT Wesersand 0—10 mm, 3 RT Basaltsplitt 10—25 mm

1. aus den Versuchskörpern auf Druckfestigkeit,
2. aus herausgenommenem Deckenstück.

C. Solidititbeton aus einem herausgenommenen Deckenstück.

D. 1. Hartbeton der Unternehmung Buchheim & Heister,
2. Stahlkornbeton der Unternehmung Buchheim & Heister,
3. Thermolitbeton der Unternehmung Buchheim & Heister.

Die Versuche zu D. 1., 2. und 3. hat die Materialprüfungsstelle der Tiefbauverwaltung Frankfurt a. M. nach dem gleichen Verfahren vorgenommen, wie die Versuchsanstalt in Braunschweig.

Die Ergebnisse lassen bereits erkennen, was nach den amerikanischen Erfahrungen an erster Stelle steht, daß die Verschleißhärte des groben Zuschlages die Widerstandsfähigkeit der Schicht bestimmt.

Bei der Zusammensetzung der oberen Schicht werden demnach harte Gesteine mit Quarzsand zu bevorzugen sein; die Mischung muß möglichst dicht sein und nicht zu feucht angesetzt und gestampft werden. Ein sachgemäßer Betonstraßenbau wird erfordern, daß nach diesen Erfahrungen gearbeitet wird, wobei durch vorherige vergleichende Probeversuche die beste Zusammensetzung ermittelt werden soll.

Die amerikanischen Straßenbauingenieure begnügen sich nicht damit, während des Baues die Baustoffe nachzuprüfen, fortlaufend Probekörper zu entnehmen und den Baufortgang selbst sehr genau zu beaufsichtigen, um Gewähr für einen guten Beton zu haben, sondern sie bohren auch Betonstücke aus der fertigen abgebundenen Decke heraus, um festzustellen, wie der Beton beschaffen ist, ob er sich entmischt hat, welchen Einfluß die Oberflächenbehandlung gehabt hat, und welche Festigkeit der Beton angenommen hat. Die Probekörper werden durch eine besondere Maschine herausgebohrt, die am Hinterteil eines Lastwagens angebracht ist (Abb. 119). Mit dem Bohrer können Betonkerne von

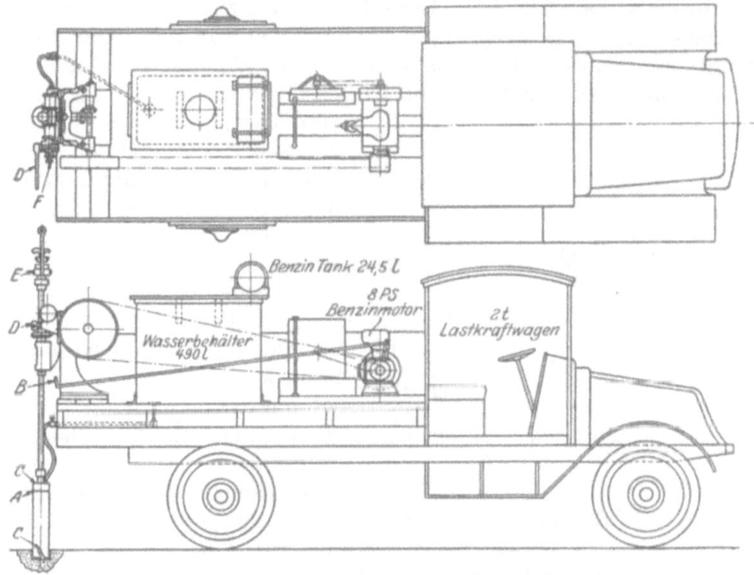

A Bohrzylinder, *B* Kupplung, *D* Druckhebel mit Sperrklinke.
Abb. 119. Maschine der Ingersoll Rand Co. zum Ausbohren von Betonkernen.

5—25 cm Durchmesser genommen werden. Die Bohrgeschwindigkeit der Maschine kann genau eingestellt, der Druck genau abgelesen werden. Der von Hand ausgeübte Druck auf den Bohrer wird verdreißigfacht. Der Antrieb erfolgt nicht durch den Kraftwagenmotor, sondern durch einen besonderen 8-PS-Motor. Außerdem ist ein Wasserbehälter von 500 l vorhanden mit einer Pumpe zum Auffüllen. Das Wasser wird zum Kühlen des Bohrers verwendet. Der Wasserverbrauch soll ganz gering sein, für einen Kern von 20 cm Durchmesser 12 l. Der Bohrer besteht aus einem zylindrischen Bohrkranz aus weichem Eisen, am Kopf leicht abgerundet, der mit 200 Umdrehungen in der Minute gedreht wird. Zwischen Bohrkranz und Beton wird eine dünne Lage Stahlschrot gebracht. Dieser wird durch den Druck und die Umdrehungen in feine scharfkantige Stücke gerissen. Sie drücken sich in den weichen Bohrkranz und üben damit die Bohrwirkung aus. Durch eine Führung wird dauernd Stahlschrot zugegeben. Wenn er zu feinem Mehl vermahlen ist, wird er durch das Kühl- und Spülwasser hoch- und abgeschwemmt. Diese Bohreinrichtung wird von der Ingersoll Rand Co., New York, einem Werk, das besondere Maschinen für Tiefbohrungen herstellt, geliefert.

Da in den V. St. A. die Festigkeit an Zylindern und nicht wie in Deutschland an Würfeln nachgeprüft wird, so gestattet die Prüfung eines solchen Bohrkernes einen unmittelbaren Vergleich mit den während des Baues hergestellten Probekörpern. An solchen Bohrkernen ist auch festgestellt worden, daß der im folgenden Abschnitt beschriebene Lakewood-Straßenfertiger eine Entmischung des

Betons herbeiführt, indem die schweren Bestandteile nach unten, die feinen nach oben gebracht werden. Auf der französischen Versuchsstraße bei Bry sur Marne sind nach demselben Verfahren Zylinder ausgebohrt und auf ihre Festigkeit geprüft.

Der Kraftwagen mit der Bohreinrichtung dient im Staate Pennsylvania zugleich noch zur Aufnahme von Unterhaltungsgerät.

β) Deckenausführung.

Die Betondecke verlangt bei der Ausführung einen seitlichen Abschluß, eine Art Schalung, wie sie bei allen Betonbauten notwendig sind, um die Masse zu formen. Diese Schalung, ursprünglich eine Bohle von 2,5—5 cm Stärke und einer Höhe entsprechend der Deckenstärke, die mit Pfählen am Boden befestigt worden ist, besteht jetzt allgemein aus Flußeisen, wenn die Strecke länger als 800 m ist, weil durch sie nicht nur der Arbeitsvorgang bei Verwendung besonderer Maschinen vereinfacht wird, sondern allein die verlangte ebene Oberfläche der Decke gewährleistet werden kann. Die Querschnittsausbildung der Form paßt sich den besonderen Anforderungen an. Der abgerundete Kopf (Abb. 120) kann keinen Beton annehmen oder schnell davon gereinigt werden. Er dient den Rädern des Straßenfertigers (Finisher), der später noch beschrieben wird, als Führung.

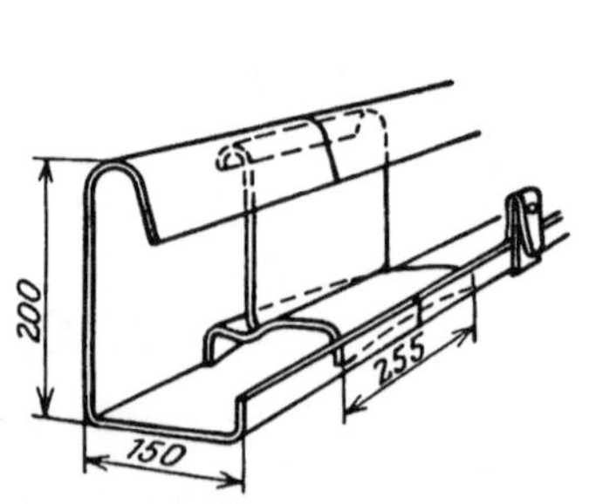

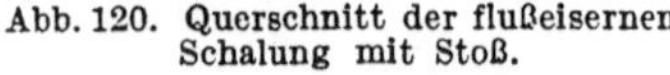
Abb. 120. Querschnitt der flußeisernen Schalung mit Stoß.

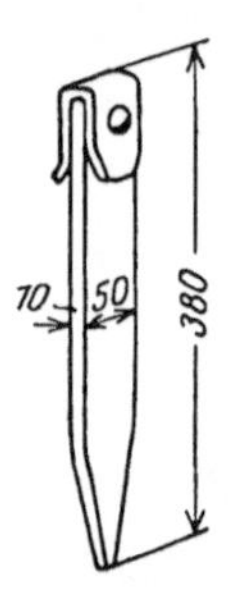

Abb. 121. Nägel zum Befestigen der Schalung.

Er besitzt großen Widerstand gegen Knicke, die die genaue Flucht der Decke beeinträchtigen können. Formen, die 6 mm auf 3 m in lotrechtem Sinne ein- oder ausgeknickt sind, dürfen nicht verwendet werden. Sie müssen kräftig ausgebildet sein, damit sie den seitlichen Druck des Betons und die Erschütterungen durch die Abgleichmaschine aufnehmen können. Die Formschienen haben eine Länge von 3,60 m. Sie werden mit dichten Fugen verlegt und erhalten, um dem Straßenfertiger eine glatte Führung zu geben, am Stoß eine Keilschloßdeckung nach der Abb. 120, die ein Einknicken der Form am Stoß unmöglich macht. Die Formschienen werden auf dem genau vorbereiteten Untergrund aufgesetzt und mit Nägeln am Untergrund angeheftet. Diese Nägel sind aus Flacheisen, 37,5 cm lang, 5 cm breit und 10 mm stark (Abb. 121). Mit der am Kopf angebrachten Leiste greift er in die Aufbördelung der Formschiene und hält sie fest. Jede Schienenlänge wird mit mindestens drei Nägeln befestigt. Es lassen sich mit der Formschiene auch Kurven legen, da das Trägheitsmoment für die horizontale Achse nicht übermäßig groß ist, so daß, wie bei Eisenbahnschienen, die Kurve lediglich durch Annageln am Untergrund die gewünschte Krümmung erreicht werden kann, wie Verfasser auf verschiedenen Baustellen in den V. St. A. beobachtet hat. Allerdings wird zugelassen, daß in Halbmessern unter 45 m entweder Holzformen oder 1,5 m lange Stahlschienen verwendet werden dürfen. Die Formschienen werden genau nach der vom Landmesser abgesteckten Kurve und angegebenen Höhenlage verlegt, nachdem bei weniger tragfestem Boden die im Abschnitt VII. A. beschriebenen Bodenverbesserungen durch Aufbringen von Schotter oder Schlacke und durch Walzen vorgenommen sind. Der Abstand der beiden Formschienen muß genau eingehalten werden, weil der später auf der Schiene laufende Straßenfertiger eine festbegrenzte Spur hat. Auf diese Weise wird eine gleichmäßige Breite der Straße erreicht, ebenso wie die Stärke der Decke durch die Höhe der Formschiene am

Rande genau gegeben ist. Die Schienen dienen zuerst dazu, das Bett in der vorgeschriebenen Form herzurichten, indem auf ihnen ein Wegehobel (Abb. 122) entlang gefahren wird, der mit Stahlzähnen den Boden lockert und mit pflugartig ausgebildeten Messern den überschüssigen Boden in zwei Strichen auf dem Bett zusammentrimmt, von wo er leicht mit Schaufeln abgehoben werden kann. Der Wegehobel wird von einem Motorschlepper, Lastkraftwagen oder Dampfwalze gezogen. Die Messer und die Zähne sind genau auf die untere Begrenzungslinie der späteren Betondecke eingestellt, so daß nicht 1 cm Boden mehr abgehoben wird, als notwendig ist. Der Wegehobel kann auf verschiedene Breiten und die Messer auf verschiedene Höhen eingestellt werden. Zur Beförderung von Baustelle zu Baustelle wird die Maschine auf ein Räderpaar gesetzt.

In das seitlich von den mit Öl eingefetteten Formschienen eingefaßte und sauber abgeglichene Bett wird nunmehr der Beton eingebracht, nachdem vorher der Untergrund, je nach seinem Vermögen, Wasser aufzunehmen, angefeuchtet worden ist. Um das der Deckenstärke entsprechend angelegte Bett nicht zu beschädigen, erfolgt die Baustoffanfuhr auf den seitlichen Streifen auf besonderen Rollbahnen, oder aber, bei Benutzung von Lastkraftwagen, vermittels einer Drehscheibe, die im Straßenkoffer liegt und die Wagen von der Seite her über

Abb. 122. Wegehobel zur Herstellung des Planums.

die Formschienen hebt und vor dem Mischer absetzt. Im Straßenbett bewegt sich eigentlich nur der Mischer, der auf sehr breiten Rädern oder auf Raupen läuft und daher nur geringe Eindrücke auf der Oberfläche hinterläßt. Um etwaige entstandene Verdrückungen auszugleichen, zieht er nach sich eine Lehre, die auf den seitlichen Führungsschienen läuft und das Bett wieder einebnet. Verschiedene Werke in den V. St. A. beschäftigen sich mit dem Bau von Mischern, bekannt sind die Koehring-Mischer. Abgebildet ist hier der Multifoote-Mischer, dessen einzelne Teile durch die Beschreibung der Abb. 123 erläutert sind. Die flach auf der Erde liegende Ladeschaufel (*h*), auch Löffel genannt, wird durch Lastkraftwagen, die als Hinterschütter ausgebildet sind, und auf der schon erwähnten Drehscheibe (s. o.) an den Mischer herangebracht oder bei Rollbahnanfuhr durch einen Derrickkran, der die abnehmbaren Wagenkästen abhebt und auskippt, gefüllt. Der Löffel wird von der Maschine selbst angehoben und der Inhalt in die Mischtrommel geschüttet. Der Wasserzusatz wird in abgemessener Menge selbsttätig sofort vor Beginn der Durchmischung zugeführt, weil die Ausführungsvorschriften verlangen, daß die gesamte Masse einschließlich des Wassers sich im Mischer vor Beginn des Mischens befinden muß, eine Ansicht, die in Deutschland nicht immer geteilt wird, weil hier bei einzelnen Maschinen erst eine trockene Durchmischung erfolgen soll, bevor das Wasser zugegeben wird. Die Mischdauer wird auf 1¼—1½ Minuten vorgeschrieben; der Mischer darf nicht mehr als 14—20 Umdrehungen in der Minute machen. Er muß vor Aufnahme einer neuen Füllung die erste völlig abgegeben haben. Diese Vorschriften sind wohl deshalb erforderlich, weil die Unternehmer, um recht große Leistungen zu erzielen, das Bestreben haben, die Mischdauer möglichst abzukürzen. Nach Blanchard[44] soll eine Mischdauer von 1—1½ Minuten die größte Festigkeit ergeben — über Einfluß der Mischdauer auf die Güte des Betons liegen auch Untersuchungen von Professor Abrams vor —, während das Bulletin 1077 die Ansicht

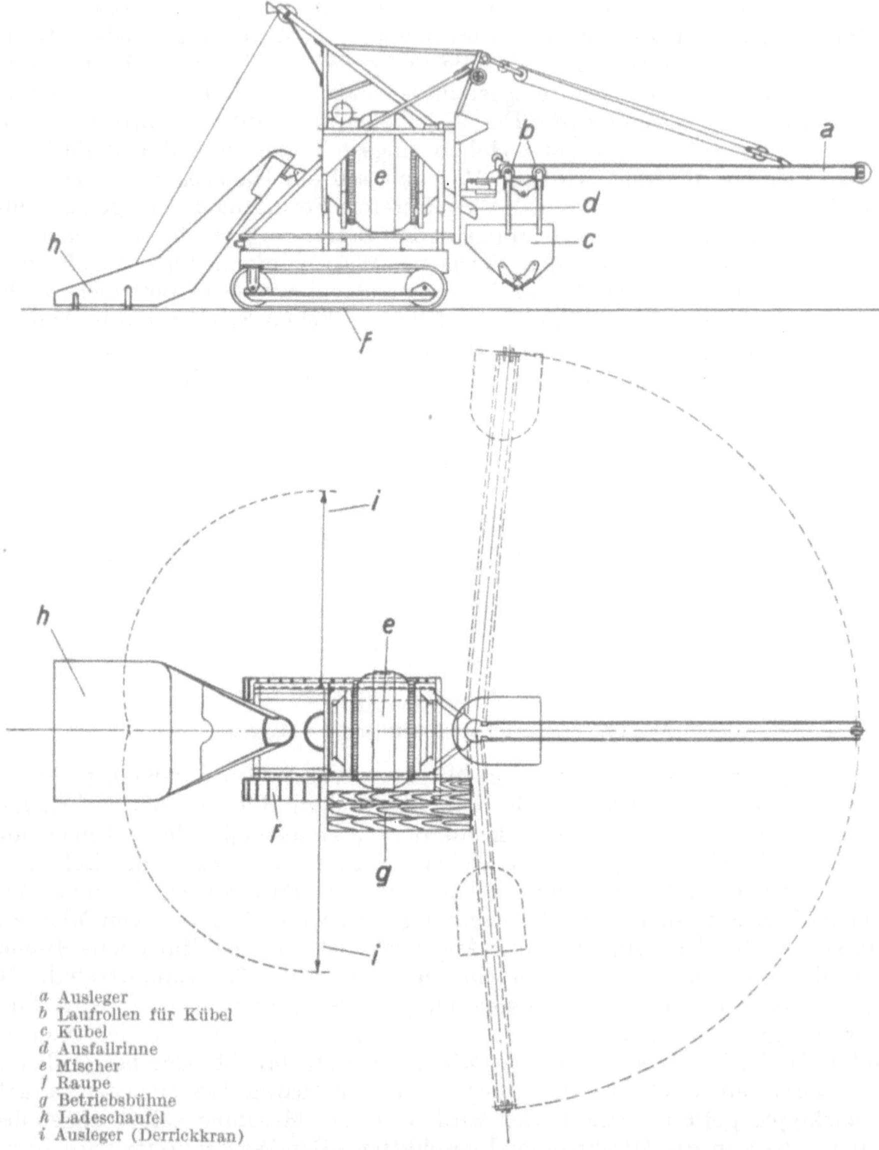

Abb. 123. Betonmischmaschine mit Kübel.

vertritt, daß die Länge der Mischdauer die Druckfestigkeit und Verschleißhärte des Betons günstig beeinflußt, daß aber die Dauer praktisch begrenzt ist durch den Rückgang an Leistung, und daß maßgebend sein muß, für den geringsten Kostenaufwand die größte Druckfestigkeit im Beton zu erhalten.

Genaue Zeitstudien an Mischern haben folgende Zeitverteilung gegeben:

Anheben des Löffels und Einlaufen in Mischer . . .	10 Sek.
Mischen	60 „
Entleeren	5 „
	Sa. 75 Sek.

Hierbei sind gewisse Spielräume eingerechnet. Bei diesem Zeitverbrauch kann der Mischer 48 Füllungen in der Stunde leisten. Wenn der Löffel erst angehoben wird, nachdem die Mischtrommel ganz entleert ist, verlaufen 85 Sekunden, und die Leistung geht auf 13 vH zurück. Es ist möglich, den Mischer schon zu füllen, ehe er noch ganz entleert ist, so daß diese beiden Vorgänge sich auf 2 Sekunden überdecken. Denn bei 14—20 Umdrehungen minutlich ist es ausgeschlossen, daß die neue Beschickung innerhalb 2 Sekunden zum Auslauf gelangt. Diese Anordnung würde aber der zuvor gegebenen Vorschrift über völlige Entleerung widersprechen und daher nur bei sehr zuverlässigen Unternehmern zulässig sein. Alle Maßnahmen am Mischer müssen sich dieser Zeiteinteilung unterordnen. Vor allem müssen die Baustoffe so schnell angeliefert werden, daß sie in der Mischzeit von 60 Sekunden auf den Löffel aufgegeben werden können. Die volle Ausnutzung des Mischers ist daher unbedingt durch eine zweckmäßige Baustoffanfuhr oder Verteilung längs der Baustrecke und damit eine Beförderungsfrage geworden.

Die Entleerung des Mischgutes auf die Straße erfolgt auf zwei Weisen. Der Beton fällt vom Mischer entweder in einen Kübel, der, wie Abb. **123** zeigt, an einem schwenkbaren Ausleger von 5,50 m Länge geführt wird und an der gewünschten Stelle durch einen Anschlag am Ausleger geöffnet wird und durch Bodenklappen seinen Inhalt entleert, oder durch eine Rinne, die unterteilt ist, so daß durch Hochklappen einzelner Stücke die Schüttweite verändert werden kann. In beiden Fällen kann der Mischer größere Mengen Beton verarbeiten und Straßenflächen von 3—5 m Länge herstellen, ohne seinen Standort zu verändern. Bei der Schüttrinne muß der Mischer hoch liegen, so daß der ganze Aufbau der Maschine groß ausfällt, auch wird als Nachteil angegeben, daß der Beton sehr weich sein muß, um in der Rinne gut zu fließen; es muß Gußbeton sein, während bei Bewegung in Kübeln auch trockener Beton verarbeitet werden kann. Gußbeton erhärtet aber langsamer; es besteht daher die Gefahr, daß sich Kiesnester bilden, was bei der geringen Stärke der Decke ihren Bestand gefährden muß. Es wird daher auch die Maschine mit Kübel bevorzugt. Die Abbildung einer Maschine mit Rinne befindet sich im Reisebericht des Verfassers[31].

In Deutschland werden jetzt Straßenmischer gebaut, die zwar denselben Arbeitsgang erledigen, in ihrer baulichen Anordnung aber durchaus eigene Formen zeigen. Das Hüttenamt Sonthofen hat einen Mischer ausgeführt, der bereits beim Bau der Betonstraße im Forstenrieder Park und der Straße nach Tegernsee benutzt worden ist (Abb. 124). Durch einen Muldenaufzug, dessen Inhalt 15 vH mehr als der des Mischers beträgt, werden die Baustoffe aufgegeben. Als Mischer ist der bekannte Sonthofener Flügelmischer mit doppeltem Mischwerk und Seitenmischung verwendet worden, der auch erdfeuchten Beton unter Vermeidung jeder überflüssigen Wasserzugabe schnell verarbeitet. Zwangs- oder Rührwerksmischer sollen anerkanntermaßen die beste Mischleistung erzielen, so daß sie für Straßenbau, bei dem es auf einen sehr gleichmäßigen Beton ankommt, besonders geeignet sind. Sie sind allerdings schwerer als Freifallmischer, beanspruchen höhere Maschinenkraft und größere Unterhaltung. Der größere Kraftbedarf der Zwangsmischer gegenüber den Freifallmischern kann aber durch Ersparnisse in der Mischzeit wieder ausgeglichen werden. Der Vorteil der Flügelmischer besteht auch darin, daß sie offen sind, und daher die Beschaffenheit des Betons beobachtet werden kann. Ihre Fassung beträgt 500 l. Diese Größe wird nach den im Straßenbaumaschinen-Ausschuß der Stu. f. A. gemachten Vorschlägen für deutsche Verhältnisse als die zweckmäßige gehalten. Das Mischgut fällt durch eine Bodenklappe in den Kübel, der sich an einem 8 m langen Ausleger entlang bewegt. Dieser Ausleger, der bei einem Drehwinkel von 90° C eine Fläche von 6 m Breite und 8 m Länge bestreichen kann, wird bei der Sonthofener Maschine durch Kupplung und Schneckenrad mechanisch geschwenkt, weil bei schräger Lage, d. h. mit Schlagseite z. B. bei Betonschüttung in überhöhten Krümmungen und bei Winddruck, die Bewegung mit Hand zu anstrengend ist.

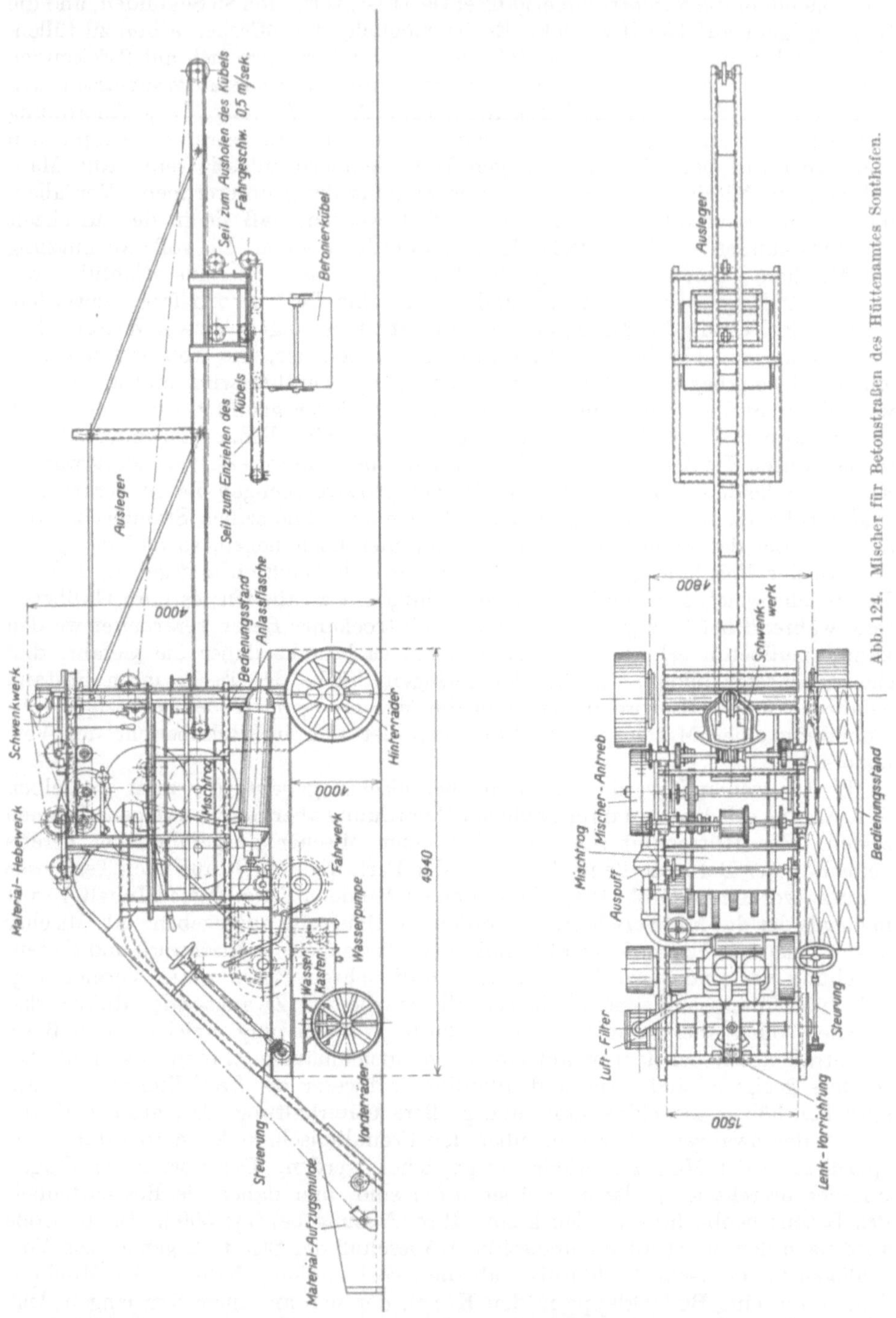

Abb. 124. Mischer für Betonstraßen des Hüttenamtes Sonthofen.

Der Kübel von 500 l Inhalt wird durch ein Seil ohne Ende befördert. Er wird mit der Hand oder durch besonderen Antrieb geöffnet und hat einen besonderen Betonabstreifer. Das Fahrwerk des Mischers hat zwei Vorwärts- und einen

Rückwärtsgang bei 1,7 und 3,5 km Fahrgeschwindigkeit in der Stunde. Den gesamten Antrieb besorgt ein Zweizylinder-Rohölmotor von 24 PS. Am Mischer sind zwei Mann erforderlich, einer bedient Aufzug und Mischer, der andere Schwenkwerk und Seilwinde für den Kübel. Die Leistung der Maschine ist bereits bis auf 54 Mischungen, entsprechend 27 m³ stdl. gebracht worden. Das geht noch über die amerikanische Leistung hinaus und ist wohl darauf zurückzuführen, daß der Flügelmischer kräftiger die Massen durcharbeitet, als die sonst üblichen Freifallmischer, so daß die Mischzeit herabgesetzt werden kann. Über diesen Gegenstand werden in Deutschland zur Zeit auf Veranlassung der Stu. f. A. Versuche bei der Siemens-Bauunion ausgeführt.

Das Wasser, das in Amerika selbsttätig der Mischung zuläuft, soll nach deutscher Auffassung (Straßenbaumaschinen-Ausschuß der Stu. f. A.) von Hand zugegeben werden, weil die Menge den jeweiligen, oft rasch wechselnden Verhältnissen angepaßt werden soll. Diese werden bedingt durch den Feuchtigkeitsgehalt der Zuschlagsstoffe, die, je nach den Witterungseinflüssen, Nässe oder Sonnenbestrahlung, aber auch zu den verschiedenen Tageszeiten stark schwanken kann. Da aber auch die selbsttätige Wasserzuführung der amerikanischen Maschinen regelbar ist, so ist anzunehmen, daß ein Maschinenführer, der aufmerksam die Beschaffenheit des fertigen Mischgutes beobachtet, solchen Schwankungen genügen kann; denn eine verschiedene Behandlung einzelner Mischungen wird beim deutschen Verfahren auch kaum zu erwarten sein.

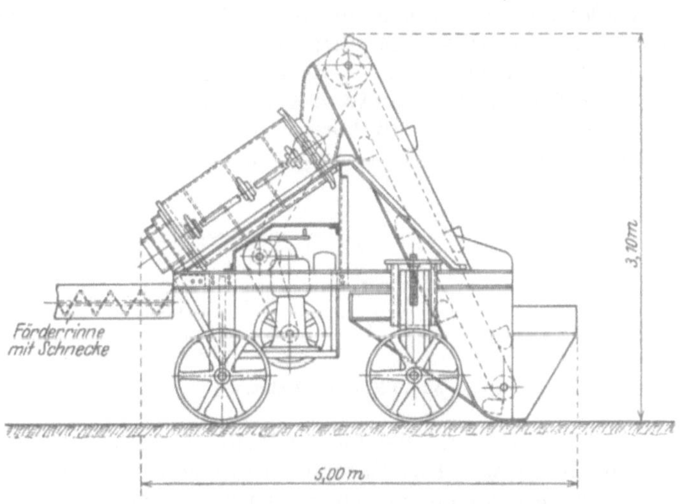

Abb. 125. Betonmischer von Eschrich & Schlüter, Berlin.

Ganz neue Grundsätze kommen bei dem von der A.-G. Krupp entworfenen Mischer zum Ausdruck (Abb. 125). Während alle bisher angewendeten Mischer absatzweise arbeiten, wird hier ein Durchlaufmischer angewendet. Da im Straßenbau auf eine besonders genaue Einhaltung des Mischverhältnisses geachtet werden muß, ist dieser Mischer mit besonderen Becherwerken versehen, von denen jedes getrennt aus einem Einfülltrichter Sand, Kies und Zement in die Mischtrommel gibt. Die Becher, die für verschiedene Mischverhältnisse auswechselbar sind, werden, um Ungenauigkeiten zu vermeiden, mit Abstreichern glatt abgestrichen. Sand und Kies werden an der Hinterseite des Mischers aufgegeben, Zement durch einen besonderen Fülltrichter zwischen Becherwerk und Mischtrommel. Die Becher entleeren ihren Inhalt immer gleichzeitig in den Einwurftrichter. Im Augenblick des Einwurfes erhält das Mischgut selbsttätig den nötigen Wasserzusatz. Die Mischtrommel besteht aus einer schrägliegenden Drehtrommel, die durch Platten in sechs Kammern geteilt ist. Das Mischgut fällt bei der Drehung der Trommel von Kammer zu Kammer und wird dabei gut durchmengt. Da die Mischmenge der einzelnen Aufgaben nur gering ist, kann eine gleichmäßige Durchmischung erwartet werden. Auf einer Welle feststehend angeordnete Kratzer verhindern während des Mischens ein Ansetzen des Betons an der

Trommelwand. Die Mischtrommel kann zur Reinigung aufgeklappt werden. Sämtliche Arbeitsvorgänge werden durch einen Viertakt-Motor der Deutzer Motorenfabrik bewirkt, der drei Schaltgänge hat. Für die verschiedenen Geschwindigkeiten liefert der Mischer 4,2, 8,4 oder 12,6 m³ Beton stündlich. Die Maschine muß von einer Zugmaschine gefahren werden. Für den Straßenbau erhält sie eine um 180° schwenkbare Förderrinne, in die der Mischer seinen Inhalt entleert. In der 3,5 m langen Förderrinne, die eine Straßenbreite von 7,0 m bestreicht, bringt eine wagerecht liegende Schnecke das Mischgut an den Auslauf am Ende der Rinne, an dem es durch einen Trichter auf die Straße fällt. Die Maschine soll in England befriedigende Arbeit geleistet haben. Ihr Gewicht und ihr Anschaffungspreis ist gering, so daß anzunehmen ist, daß sie sich schnell auch in Deutschland einführen wird.

Straßenmischer baut auch die A.-G. Jos. Vögele, Mannheim. Verwendet wird der aus Amerika eingeführte Jäger-Schnellmischer — eine Vereinigung von Freifall und Flügelmischer —, dessen Vorteil in geringer Mischdauer liegen soll. Das kugelförmige Mischgefäß hat nur eine Öffnung, die zugleich Einfall- wie Ausfallöffnung ist. Es muß daher zum Einfüllen und Entleeren um 180° gedreht werden. Damit geht Zeit verloren, die aber durch schnellen Auswurf und Abkürzung der Mischzeit wieder ausgeglichen werden dürfte. Während des Umkippens in die beiden Stellungen dreht sich der Mischer weiter, so daß diese Zeit noch zum Teil zum Mischen benutzt werden kann. Bei vierzig Füllungen stündlich leistet ein Mischer mit 575 l Inhalt 15 m³. Die Maschine hat eigenes Fahrwerk vom 15-PS-Antriebsmotor aus. Ein an einem schwenkbaren Ausleger laufender Kübel nimmt das Mischgut auf und führt es weiter. Nach einem anderen Entwurf soll die Masse auf einem Gurtband vom Mischer zur Verwendungsstelle befördert werden.

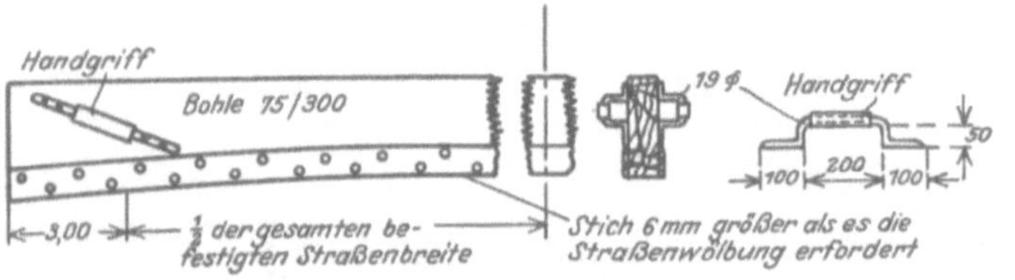

Abb. 126. Abziehlehre.

Der abgeworfene Beton wird von Hand mit Schaufeln 2—5 cm über die erforderliche Stärke ausgebreitet, und dann beginnt sofort die Arbeit des Andrückens und Abgleichens. Diese Arbeit wird von Hand mit besonderen Einrichtungen oder mit Maschinen besorgt.

Bei der Handarbeit wird erst mit einer Abziehlehre (Abb. 126) der Oberfläche die vorgeschriebene Form gegeben, wobei die Lehre selbst einen etwa 6 mm größeren Stich hat als die spätere Straßenwölbung, weil der Beton im Laufe der folgenden Behandlungen etwas zusammensackt. Die Lehre wird nicht nur in der Längsrichtung bewegt, wobei sie an den Formschienen die Führung findet, sondern auch durch Hinundherschieben in seitlicher Richtung. Vor der Abziehlehre soll sich immer ein geringer Überschuß an Beton befinden, da sich sonst leicht an der Oberfläche Mulden bilden, wo es an Masse gefehlt hat. Daran schließt sich die Bearbeitung der Oberfläche mit einer Handlehre (Abb. 127) an[1]), deren untere Wölbung genau der Deckenwölbung entspricht. Mit ihr werden kurze und schnelle Schläge auf die Oberfläche ausgeübt. Die beste Art der Anwendung ist, daß die Lehre auf der einen Formschiene festgehalten und das andere Ende einen halben bis ganzen Meter vorwärts bewegt wird, indem gleichzeitig die Stampfbewegung erfolgt. Dann wird derselbe Arbeitsgang auf der anderen Seite fortgesetzt. Es werden auch kleinere Stampfer nach Abb. 128 ver-

[1]) Die Abb. 127—130 sind der Schrift des Verfassers — Kritische Betrachtungen . . . [31]. Berlin: Verlag W. Ernst & Sohn 1926, entnommen.

wendet. Es folgt ein Abwalzen der Decke mit einer Walze nach Abb. 129. Diese Arbeit muß so schnell als möglich sich der Stampfarbeit anschließen, ehe die

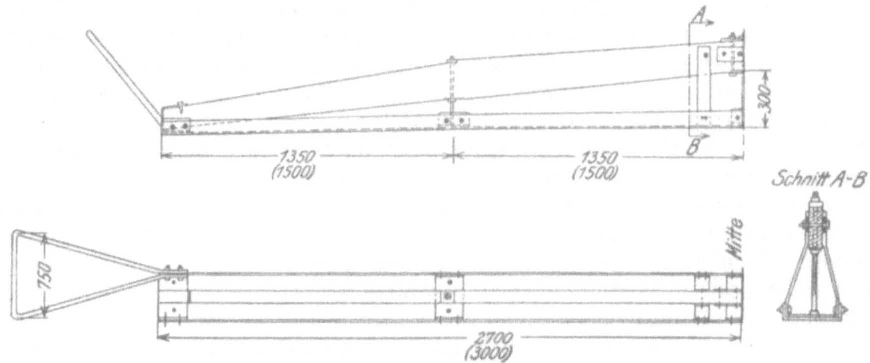

Abb. 127. Handlehre zum Abgleichen des Betons.

Oberfläche hat abbinden können. Die Walze hat zwei lange Stiele oder Ketten, an denen sie von einer Seite zur anderen mit einer Geschwindigkeit von etwa

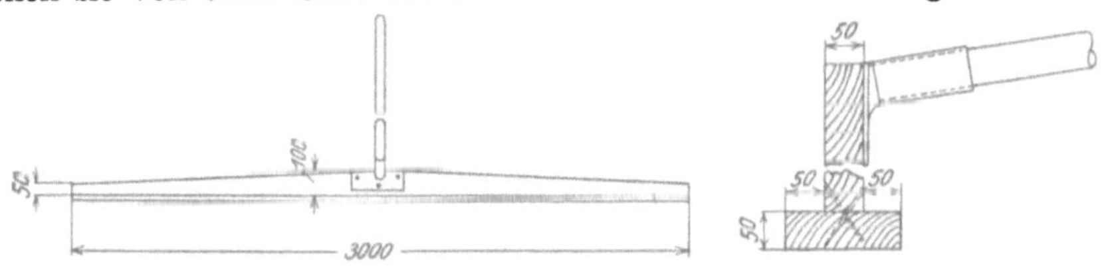

Abb. 128. Stampfer.

1 m/sec gezogen werden kann. Die Walzenbahnen sollen sich um die halbe Walzenbreite überdecken. Das Walzengewicht soll 1 kg auf 1 cm betragen. Die Walze hat die Aufgabe, leichte Unebenheiten an der Oberfläche zu beseitigen und das überschüssige Wasser auszutreiben. Nach der Abwalzung wird die Oberfläche mit einer 3 m langen Lehre nachgeprüft, ob sich nicht Mulden oder Buckel gebildet haben. Diese werden angezeichnet und sofort von einer Brücke aus, die auf die seitlichen Formschienen gelegt wird, mit Hand und mit Reiben nachgebessert. Die Schlußarbeit besteht in einem Abglätten der Oberfläche mit einem Gummigewebe oder Lederriemen von 25—30 cm Breite. Der Riemen soll 0,6 m länger sein als die Decke breit ist und mit Handgriffen versehen sein. Er kann auch nach Abb. 130 durch einen Bügel gespannt sein. Er wird zweimal angewendet, zuerst mit langen Querstrichen bei langsamem Fortschritt, darauf ein nochmaliges Abgleichen mit kurzen Querstrichen und schnellem Fortschritt. Der Riemen soll feucht oder geölt und stets sauber sein. Er darf nicht so schwer sein, daß er Eindrücke in dem Beton hinterläßt. Die letzte Arbeit sollte erst vorgenommen werden, wenn der Wasserglanz von der Decke verschwunden ist und ihre Ober-

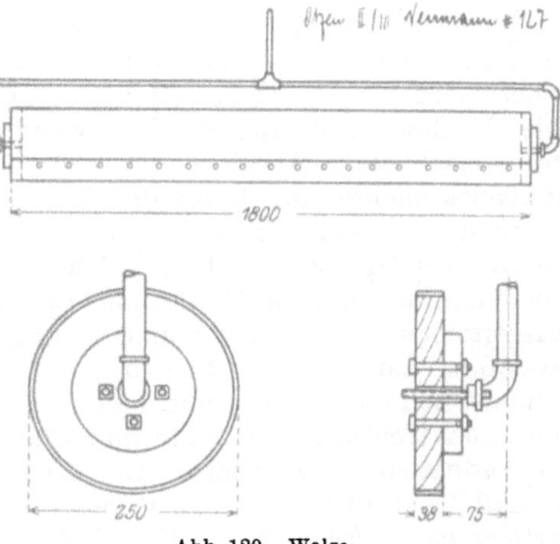

Abb. 129. Walze

fläche ein stumpfes Aussehen angenommen hat. Außerdem wird mit einem Reibebrett die Kante an der Formschiene abgerundet und dort hängengebliebener Beton beseitigt. Von der Brücke aus werden auch die Kanten der Bewegungsfugen nachgebessert und abgerundet und eingedrungener Beton ausgekratzt. Die Handbearbeitung der Decke ist noch allgemein gebräuchlich und bei Straßen in starken Steigungen auch nur möglich, weil bei maschineller Behandlung der Beton bergabdrängt und die Decke dann wellig wird. Die Ausführung muß von unten nach oben erfolgen. Bei Straßen in Steigungen wird bisweilen der Beton angerauht in der Weise, daß eine Bohle quer über die Decke gelegt wird, die auf den seitlichen Formschienen ruht, und an der ein Piassavabesen entlang gezogen wird. Bei Gummireifenverkehr halten sich die durch den Besenstrich erzeugten Rippen auffallend lange, wie Verfasser an älteren Betonstraßen in Massachusetts hat feststellen können, so daß daran zu erkennen ist, wie wenig sich die Oberfläche der Betondecke abnützt.

Die Abgleichung der Oberfläche kann aber auch durch eine Maschine unter nahezu völliger Ausschaltung der Handarbeit erfolgen. Die Maschine — Finisher genannt —, Abgleichmaschine oder Straßenfertiger, bewegt sich mit je zwei Rädern mit Spurkränzen auf den Formschienen, von einem Motor getrieben, vorwärts.

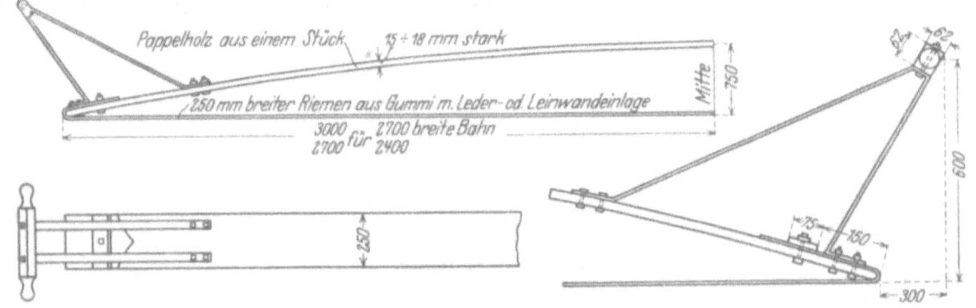

Abb. 130. Bügel.

Bei dem Gewicht der Maschine von etwa 2000 kg und ihrer stoßweisen Arbeit, muß auf eine sehr feste Lage und genügende Steifigkeit der Formschienen gesehen werden. Von ihrer festen Lage hängt erheblich die Güte der Arbeit ab. Die Maschine (Abb. **131**) der Lakewood Engineering Co. Cleveland (Ohio) leistet drei verschiedene Arbeitsgänge, erst gleicht sie beim Vorwärtsgang mit einer Winkeleisenlehre oder Bohle die Betonschüttung ab, dann fährt sie zurück und bearbeitet auf der abgeglichenen Strecke mit einer zweiten Lehre in einem anderen Arbeitsgang die Decke. Hierdurch wird der Mörtel hochgebracht, der notwendig ist, um die Hohlräume zu schließen, zugleich wird Luft und Wasser ausgetrieben und die Hohlräume verringert. Der Beton wird dadurch verdichtet, so daß er später weniger Feuchtigkeit aufnehmen kann. Als dritter Arbeitsgang schließt sich das Glätten mit dem Riemen an. Die Arbeitsgänge werden wiederholt, zum Teil arbeiten Lehre und Glätter, die auf der Maschine hintereinander angeordnet sind, zusammen. Die Arbeitsgeschwindigkeit beträgt etwa 2 m/min, so daß bis fünf Fahrten über dieselbe Deckenplatte gemacht werden. Straßenfertiger bauen ferner A. W. French & Co Chicago (Ill.), von Ord und Dunn Road Machinery Co. Councant (Ohio). Nach Woernle[45] soll bei dem Lakewood-Straßenfertiger eine Entmischung des Betons stattfinden. Der Ord-Straßenfertiger hat nur zwei Arbeitsgeräte, die auf den Randschienen liegen, von denen die vordere den Beton nur knetet, die andere glättet. Zur Verdichtung des Betons wird vor der ersten Schiene Beton in hoher Auffüllung zugelassen. Bei diesem Gerät soll keine Entmischung eintreten. Über den Dunn-Straßenfertiger sollen Erfahrungen noch nicht vorliegen. In Steigungen über 3 vH soll, wenn überhaupt die Abgleichmaschine benutzt wird, noch hinterher ein Abwalzen von Hand erfolgen. Die mechanische Ausführung dieser Arbeiten soll einen wesentlich besseren Beton und eine völlig ebene Decke bewirken. Auf jeden Fall zeigen die Betonstraßen in den V. St. A. eine bewundernswerte Gleichmäßigkeit und ebene Oberfläche, so daß sie sich sehr angenehm befahren. In Krümmungen mit großem Halbmesser wird die einseitige Querneigung der Straße nur durch Senken der inneren Schiene unter Beibehaltung der Deckenwölbung bewirkt, ohne daß eine Verbreiterung erfolgt. An solchen Stellen kann der Straßenfertiger seine Arbeit ohne Unterbrechung fortsetzen. Wenn dagegen die Krümmungen mit geringem Halbmesser einseitig und mit Verbreiterungen angelegt werden, muß die Ausführung mit der Hand erfolgen. An den Fugen braucht die Abgleichmaschine ihre Arbeit nicht zu unterbrechen, weil die Fugenfüllung bündig mit der Oberkante liegen muß. Es ist nur erforderlich, daß die Kanten nachgearbeitet werden. In jedem Falle müssen die Deckenplatten beiderseits der Fugen in genau gleicher Höhe liegen. Um das zu erreichen, werden beide Seiten von der schon erwähnten Brücke aus mit einem Reibebrett zu gleicher Zeit bearbeitet, das in

Abb. 131. Lakewood-Straßenfertiger.

der Mitte einen Schlitz hat, in den die Fugenausfüllung sich einpassen kann. Die Bearbeitung mit dem Straßenfertiger gibt bisweilen wellige Oberflächen. Das ist oft die Folge einer zu großen Geschwindigkeit, einer zu großen Ansammlung von Beton vor der Lehre, oder auch zu wenig Masse auf der Decke, oder Stampfarbeit auf der Stelle ohne Vorwärtsgang der Maschine. Der Straßenfertiger soll langsam mit einer gleichmäßigen Geschwindigkeit vorwärts fahren, Masse vor der Lehre nur soviel liegen, um Hohlräume ausfüllen zu können. Wenn die Maschine hat halten müssen, soll sie nicht von der Stelle weiterfahren, sondern einige Meter zurückfahren, ehe die Stampfarbeit wieder aufgenommen wird. Zu starke Abgleicharbeit bringt zuviel Mörtel auf die Oberfläche, besonders bei weichem Beton, der dann später in Schalen sich ablöst. Aber auch zu spätes Ansetzen des Abgleichers kann Mörtelüberfluß in der Decke bewirken. Alle Abgleichvorrichtungen wie Lehre, Stampfer und Riemen sollen niemals auf frischem Beton liegenbleiben, wenn sie nicht bewegt werden, da sie sofort Grate und Unregelmäßigkeiten an der Oberfläche bewirken.

Die seitlichen Formschienen können nach etwa 24 Stunden fortgenommen werden. Sie müssen dann von Schmutz und Beton gereinigt und auf der Innenfläche mit Öl eingeschmiert werden. Der Bedarf an Schienen richtet sich demnach nach dem Baufortgang; es müssen mindestens für doppelt soviel Meter

Straßenlänge Formschienen vorhanden sein, als täglich ausgeführt werden kann.

Der Bedarf an Handarbeitern im Betonstraßenbau ist gering. Mischer und Straßenfertiger werden von je einem Manne bedient. Drei bis vier Mann stehen am Mischer, bewegen den Kübel oder die Rinne und breiten den Beton aus. Die Leistung beträgt nach Feststellungen des Verfassers bis zu 300 m Straße täglich.

Wie schon auf S. 248 erwähnt, hängt die Druckfestigkeit und Verschleißhärte des Betons stark davon ab, wie lange er feucht gehalten wird. Es muß sich daher an die Arbeit des Verlegens und Glättens sofort die Behandlung des Betons anschließen, die in einem Schutz gegen Austrocknen und länger anhaltender Anfeuchtung besteht. Es werden zuerst, solange der Beton nicht betreten werden darf, feuchte Decken (in Deutschland hat man früher Zementsäcke benutzt) auf der Oberfläche ausgebreitet. Nach 24 Stunden werden sie durch feuchte Erde oder Stroh, das feucht gehalten wird, bedeckt, oder es wird durch eine besondere Sprenganlage ununterbrochen Wasser aufgebracht. Die Erddecke muß mindestens 5 cm stark sein und täglich zweimal angenäßt werden. Der Boden wird aus den Seitenstreifen entnommen und bleibt 20 Tage auf der Decke. Wo der Boden steinig ist, oder, wie in bebauten Straßen, es an Boden fehlt, wird Stroh in 10 cm Höhe aufgebracht und angenäßt. Stroh läßt sich sehr leicht beim Baufortgang vorwärts bewegen und weiterbenutzen. Das Annässen allein ohne Schutzmasse erfolgt in Becken, die durch Aufbringen von kleinen Erddämmen geschaffen und mit Wasser gefüllt werden, oder durch Streudüsen. Nach mindestens einundzwanzigtägiger Behandlung darf die Decke erst dem Verkehr übergeben werden. Durch die Feuchthaltung soll die Schwindung der Decke verhindert werden, ehe eine genügende Zugfestigkeit im Beton erzeugt ist (s. S. 235).

Da von der dichten Herstellung der Oberfläche das Verhalten der Betondecke günstig beeinflußt wird, indem sie eine größere Verschleißfestigkeit und geringere Bewegung bei Wärme- und Feuchtigkeitsänderungen zeigt, so sind verschiedene Wege beschritten worden, um die Betondecke in dieser Hinsicht zu verbessern. Einmal auf mechanischem Wege, indem in gesteigertem Maße, als es bereits durch die Stampfarbeit der Abgleichmaschine erfolgt, durch Erschütterung der Decke eine Härtung der Oberfläche angestrebt wird: Das Vibrolithik- oder Vibration-Verfahren. Zur Erhöhung der Wirkung wird vorher die leicht abgeglichene Decke mit Hartgesteinschotter beworfen. Es werden auf die Oberfläche eines Betons im Mischverhältnis 1 : 2 : 3½ bis 1 : 2 : 5 sofort nach der Ausbreitung je nach der Verkehrsbedeutung der Straße 15—30 kg/m² Hartgestein von 2,5 bis 5 cm Größe geworfen und ausgebreitet. Dann werden Holzstabmatten mit 3 mm weiten Fugen darauf gelegt, auf denen kleine Wagen, die durch einen nicht ausgewogenen Motor erschüttert werden, hin und her bewegt werden. Die Matten sind an ihren Längsseiten etwas abgeschrägt, so daß sie sich der Deckenkrone anpassen. Beim Erschüttern spritzt das Wasser durch die 3 mm weiten Fugen der Matten und steht auf der Betondecke, die eine stark gerippte Oberfläche annimmt. Sie wird mit einem gewöhnlichen Gartenschlauch als Bügler abgezogen, wobei das Wasser dann seitlich abläuft. Die Oberfläche ist sofort so erhärtet, daß man sie begehen kann. Eine Nachbehandlung mit Wasser wie bei den Betondecken sonst findet nicht mehr statt. Selbst im heißen Sonnenbrande in Atlanta, wo Verfasser mehrere Ausführungen nach der Vibrolithik-Weise gesehen hat, unterläßt man sie. Die Straßen können nach 10 Tagen dem Verkehr übergeben werden. Durch die Erschütterung soll das Hartgestein in die Decke getrieben werden. Daß eine solche Wirkung durch Rütteln am Beton erreicht werden kann, ist auch bei uns schon bekannt und ausgenutzt. Der Vorteil dieses Verfahrens soll darin liegen, daß man zum Beton selbst weniger gute Zuschläge nehmen kann. Durch den Zusatz von Hartgestein in der Oberschicht, dessen Abnutzungsbeiwert (franz. in der Deval-Trommel) 15 betragen soll, erhält die Decke die nötige Härte gegen Abnutzung. Durch die Erschütterung wird außerdem die Decke gedichtet und nimmt kein Wasser auf. In Chicago liegt eine 1922 nach dieser Bauweise hergestellte Decke im Lincoln-Park, die einen sehr lebhaften Verkehr vor allem von Autobussen aufzunehmen hat. Die Zementschlammschicht an der Oberseite hatte sich abgefahren, aber die Decke selbst zeigt große Dichte. Die Unkosten der Oberflächenbehandlung werden dadurch eingebracht, daß diese Decken um 2,5 cm schwächer sein können als die gewöhnlichen. In Wohnstraßen macht man sie 15 cm, in Verkehrsstraßen höchstens 17,5 cm stark; denn nach Untersuchungen im Pittsburger Untersuchungsamt hatte gewöhnlicher Mörtel 1 : 2 eine Druckfestigkeit von 210 kg/cm^2 (Zylinderproben), der erschütterte Mörtel 1 : 2½ 295 kg/cm^2, also etwa 40 vH mehr[31].

γ) Sonderausführungen.

Andere Verfahren zur Verdichtung der Oberfläche beruhen in Zusätzen zum Zement oder Verwendung von Sonderzementen und in Behandlung mit Zusätzen, die eine chemische Wirkung ausüben.

Zusatz von Traß. An Stelle eines kalkarmen Zementes kommt auch in Frage, einen hydraulischen Zuschlag zu wählen, der das freie Kalkhydrat, das der Portlandzement während des Abbindevorganges durch die Umbildung kalkreicher Silikate in kalkärmere ausscheidet, bindet, z. B. Traß[114]. Er dichtet zugleich den Beton, wie vielfach nachgewiesen ist. Gegen die Verwendung von Traß spricht der Umstand, daß Traß die Erhärtung verlangsamt. Erst nach sehr langer Zeit erreicht der Traßbeton dieselbe Druckfestigkeit wie der Beton ohne Traß. Da aber ein wesentliches Erfordernis der Betonstraßen ist, daß sie sehr schnell so fest werden, daß sie ungefährdet den Verkehr aufnehmen können, so ist in dieser Hinsicht Traß als nachteilig anzusehen. Traß ist insoweit angebracht, als er durch seinen löslichen SiO_2-Gehalt den freien Kalk bindet. Je kalkärmer ein Zement ist, Eisenportlandzement, hochwertige, Hochofen- oder Schmelzzemente, um so weniger ist Traß am Platze. Der nicht zur Bindung des Kalkes verwendete Traß muß die Mörtelmasse magern und ist dann schädlich. Es müßte demnach in jedem Falle die zulässige Menge des Traß festgestellt werden.

Vermutlich hat Traßbeton noch andere für Straßenbau nachteilige Eigenschaften. Das ist zwar noch nicht erforscht, aber denkbar und wird gegen die Verwendung von Traß sprechen. Auch setzt Traß die Verschleißfestigkeit des Betons herab und macht den Beton glatt. Bei der Ausführung kann außerdem leicht eine Verwechslung von Traß und Zement erfolgen und dann ganze Strecken der Straße verunglücken. Traßzusatz würde den Bauvorgang dadurch verwickelter machen und höhere Kosten verursachen. Alles das spricht gegen die Verwendung von Traß. Die bisher mit Traßzusatz bei Betonstraßen gemachten Versuche sind, wie vorauszusehen, mißlungen (Straße bei Mühlheim (Ruhr) und Leipzig—Merseburg).

Zusätze, die eine chemische Wirkung ausüben können, sind:

Behandlung mit Kalziumchlorid. Kalziumchlorid und andere lösliche Verbindungen von Kalziumchlorid werden als Zusatz zum Beton empfohlen, um ein schnelles Abbinden und Erhärten zu erreichen. Die wasseranziehenden Eigenschaften des Kalziumchlorids sind im Straßenbau bekannt. Im Beton soll die Wirkung auch auf dieser Eigenschaft beruhen, indem das Kalziumchlorid das Wasser, das der Zement zur Erhärtung braucht, zur Verfügung hält. Es soll sehr schnell in den Beton einziehen. Professor Abrams hat die Wirkung untersucht und folgendes festgestellt[115].

1. Kalziumchlorid und Beimischungen, die Kalziumchlorid enthalten, erhöhen die Festigkeit des Betons, wenn sie innerhalb beschränkter Mengen zu-

gesetzt werden. Der Einfluß der verschiedenen Lösungen ist verschieden, je nach Art und Menge, aber bezogen auf den Chlorgehalt zeigen sie ähnliche Ergebnisse.

2. Den größten Einfluß auf einen Beton im Mischverhältnis 1 : 5,2 von üblicher Beschaffenheit und feuchter Lagerung hat ein Zusatz von 2—4 vH des Zementgewichtes. Kritisch ist ein Zusatz von 6—8 vH; denn sobald er überschritten wird, nimmt die Druckfestigkeit ab. Die Druckfestigkeitssteigerung ist anfangs sehr groß, sie beträgt für ein Handelchlorkalzium nach 2 Tagen etwa 170 vH des unbehandelten Betons, nach 7 Tagen 125 vH, nach 28 Tagen 110 vH. Dann tritt ein Stillstand ein.

3. Die Zunahme der Druckfestigkeit läßt bei nassem Beton nach und steigert sich bei trockenem in derselben Form wie bei unbehandeltem Beton, ebenso wie bei mageren Mischungen 1 : 7 kein Festigkeitszuwachs mehr eintritt, dagegen mit der Erhöhung des Zementanteiles bis 1 : 4 die Festigkeit steigt, dann aber stehenbleibt.

4. Die Verwendung von Kalziumchlorid, um den Einfluß des Frostes vom Beton fernzuhalten, hat keine große Bedeutung.

Durch die Behandlung mit Kalziumchlorid kann die Feuchthaltung der Betondecke mit Erde, Stroh oder Sprenganlagen erspart werden. Es wird, nachdem die Decke angezogen hat, also etwa 6—8 Stunden nach dem Einbau, der flockige oder körnige Stoff möglichst gleichmäßig in dem zweckmäßigen Verhältnis zur Zementmenge verteilt. Bei Regen wird es abgeschwemmt, dagegen hat Regen einige Stunden nach dem Aufbringen nur noch geringen Einfluß auf die Wirkung.

Kalium- und Natriumsilikat (Wasserglas). Die Betonerhärtung erfolgt auf chemischem Wege, indem das Silikat mit dem freien Kalk des Zementes ein Kalksilikat bildet, wodurch die Hohlräume im Beton ausgefüllt und ein Härterwerden des Betons bewirkt wird. Die Masse ist flüssig und wird auf den Beton, nachdem er fertig verhärtet ist, aufgestrichen. Ihre Eigenschaften sind übrigens in der Technik seit langem bekannt. Auf der Versuchsstraße in Braunschweig hat eine Fläche einen Anstrich mit Wasserglas erhalten, ebenso die Strecken III und IV (Natronwasserglas 1 T. und 4 T. Wasser) der Versuchsstraße München—Tegernsee, und die Versuchsstraße im Forstenrieder Park. Erfahrungen liegen noch nicht vor.

Fluate. Wässerige Lösungen von Fluorverbindungen, die auch den Kalk binden und damit eine Härtung des Betons vornehmen. Bekannt sind die Keßlerschen Fluate Lithurin. Im Betonstraßenbau liegen noch keine abgeschlossenen Erfahrungen vor.

Anstriche mit Teer und Asphalt. Betonstraßen haben bisweilen einen Anstrich von Teer oder Asphalt erhalten. Auf diese Weise soll der Feuchtigkeit der Eintritt in den Beton verwehrt, die aus der Feuchtigkeitsaufnahme entstehenden Bewegungen der Decke und etwaige sich bildende feine Risse durch den nachgiebigen Überzug geschützt werden und überhaupt nicht in Erscheinung treten, so daß keine Feuchtigkeit eindringen kann. Auch soll die Blendwirkung der hellen Betondecken bei Sonnenbestrahlung durch solche Anstriche aufgehoben werden. Gegenwärtig scheinen aber solche Anstriche nicht mehr, wenigstens nach den Beobachtungen des Verfassers, in den V. St. A. ausgeführt zu werden. Denn sie haben den Nachteil, daß sie die Betondecke, deren Vorzug ihre Rauhigkeit bei jeder Witterung ist, schlüpfrig machen. Die dunkle Farbe wird zudem die Wärme aufspeichern und die Decke daher eine höhere Wärme annehmen, als die Betondecke ohne Anstrich, so daß mit einer entsprechend größeren Ausdehnung im Sommer zu rechnen ist. Der Schutz der Betondecke ist nur gering, so daß besondere Vorteile in dem Anstrich nicht zu erkennen sind. Auffallenderweise sind die Betondecken der oberitalienischen Kraftwagenstraßen mit einem Asphaltanstrich versehen worden, um den Verschleiß der Fahrfläche zu verringern und um die Staubfreiheit zu sichern[116]. Ebenso sind Betonflächen auf der Kraftwagenrennbahn zu Montlhéry bei Paris mit Colas angestrichen worden, das mit Splitt beworfen ist, weil Beton dort zu glatt geworden ist.

Auf der Versuchsstraße in Braunschweig ist eine Betonfläche mit Inertol, eine andere mit Teer angestrichen worden. Die Versuchsstraße im Forstenrieder Park hat teilweise einen Inertolanstrich, und zwei Strecken auf der Versuchsstraße München—Tegernsee haben einen Überzug von Teer und Spramex erhalten. Der Teerüberstrich ist deshalb aufgebracht, weil Spramex, unmittelbar auf den Beton gelegt, nicht haftet.

Auf der Versuchsstraße München—Weilheim—Scharnitz ist die Betonstrecke auf ihrer ganzen Länge von 400 m geschützt worden (Abb. 132). Es sind die folgenden Anstriche aufgebracht: Teerung, Spramex, Mexikoasphalt, Mexikoasphalt auf zweimaligem Inertolanstrich, zweimaliger Inertolanstrich allein. Eine Strecke hat eine 2 cm starke Sandasphaltauflage auf zweimaligem Inertolanstrich erhalten, eine andere Sandasphalt auf Haftkörnern nach Reiner (s. S. 217) Die beiden letzten Deckenbefestigungen müssen als eigene Bauweisen betrachtet werden. Da die Straße einen starken gemischten Verkehr aufweist, hat

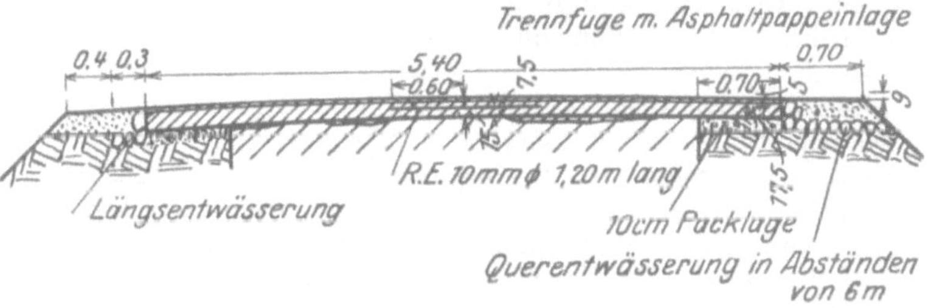

Abb. 132. Betonstraße München—Weilheim mit Überzug.

die Verwaltung es wohl nicht verantworten können, die Betondecke ungeschützt zu lassen. Wieweit diese Maßnahmen Erfolg gehabt haben, bleibt abzuwarten.

Als allgemeine Regel wird zu gelten haben, daß solche Anstriche sich gut mit dem Beton verbinden müssen. Sind sie zu dick, so wird ihr eigener Zusammenhang größer sein als ihr Haftvermögen an dem Beton, und sie werden sich aufwickeln oder wellig werden. Solche Wellen bei größerer Tiefe gefährden aber den Beton, denn sie rufen Stöße hervor. Über die Größe dieser Stöße sind bereits im Abschnitt III. E. d) Angaben gemacht. Soweit diese Anstriche aus Teer und Asphalt bestehen, wird verlangt werden müssen, daß sie sich in ihrem knetbaren Zustand (s. S. 140) den klimatischen örtlichen Verhältnissen anpassen, und daß sie wetterbeständig sind. Die Anstriche werden daher verschieden beurteilt. Die einen sehen darin ein mangelndes Zutrauen zu den Betonstraßen, die anderen gehen davon aus, daß Betonstraßen sowieso reißen und abgenutzt werden, und daß sie dann nur mit Asphalt oder Teer geflickt werden können. Dann erscheint es aber zweckmäßiger, von vornherein zu diesen Mitteln zu greifen und damit die Abnutzung aufzuhalten.

Die Anstriche können nur auf der ganz reinen Decke warm aufgebracht und müssen mit Steinsplitt gebunden werden. Empfehlen wird sich unbedingt die Verwendung der Asphaltemulsionen, vor allem Colas, das z. B. die Betondecke der Königstraße in Dresden-Neustadt, in 2—5 mm Stärke aufgebracht, vor dem Verfall gerettet hat (s. Abschnitt III. B. e) 8. γ).

Sonderbaustoffe.

Dem Beton als Baustoff haften einige Mängel an, die nicht fortzuleugnen sind — Schwindung und Dehnung —, so daß die Technik nach Mitteln sucht, sie zu verbessern. Sie können mancher Art sein, in der Verbesserung des Bindemittels liegen, aber auch in der Zusammensetzung des Betons oder in Zusätzen zum Beton bestehen. Als Bindemittel hat sich offenbar Solidititzement bewährt.

Soliditit ist ein von einem Spanier erfundener Spezialzement, der durch seine besondere chemische Zusammensetzung andere Wirkungen wie der gewöhnliche Zement hervorruft. In dem daraus hergestellten Beton wird nicht, wie bei dem gewöhnlichen Zement, nur eine mechanische Verkittung der Zuschläge bewirkt, sondern es soll der Solidititzement durch thermochemische Wirkungen mit den Zuschlägen, die stets aus siliziumreichem Gestein z. B. Granit bestehen müssen, eine chemische Verbindung eingehen. Nach einer Angabe in den Drucksachen des IV. I. Str. K. in Sevilla 1923 sind die Anteile Kalk, Kieselsäure und Aluminium und noch andere Substanzen in bestimmtem geheimgehaltenen Verhältnis genau abgemessen. Nach einer einfachen Begriffsbestimmung im Genie civil 1924 ist der Solidititzement reich an Silizium und arm an Kalk und geht mit dem an Quarz reichen Granit daher innige Verbindung ein.

Die mit Solidititzement hergestellten Straßen haben bisher keine Bewegung und keine Risse gezeigt, obwohl sie ohne Dehnungsfugen, sondern nur mit knirschgestoßenen Arbeitsfugen hergestellt sind (s. S. 238)[117]. Auch dürfte die Oberfläche hart und griffig sein, so daß die Solidititbetonstraße auch für Steigungen verlegt werden kann. Seine Verschleißhärte geht aus der Zusammenstellung 45 (S. 250) hervor.

Rhoubenitebeton. Um die Bewegung des Betons zu verhindern, wird ihm ein Masse aus Sägemehl mit einer wasserabweisenden teerigen Substanz beigemengt, die eine Erfindung des Ingenieurs R. Houben ist. Die genaue Zusammensetzung und Vorbehandlung der Stoffe ist nicht bekannt. Dem Schotter wird so viel Mörtel im Mischverhältnis 1 RT Zement zu 1 RT Sand zugesetzt, daß die Schottersteine ausgefüllt sind. Da die Decke mit Dampfwalzen abgewalzt wird, so tritt eine starke Verdichtung des Schotters ein, so daß nur mit etwa 25 vH Hohlraum gerechnet wird. Danach wird die Menge des Mörtels bemessen. Das Rhoubenitepulver wird während der ersten Umdrehung dem trockenen Gemisch in der Trommel zugesetzt, alsdann naß gut durchgemischt. Nach der Ausbreitung wird der Beton abgeglichen und mit Dampfwalzen abgewalzt.

Die Festigkeitseigenschaften des Betons sollen nicht beeinträchtigt werden, dagegen soll der Beton völlig dicht und die Rißbildung gering sein. Es liegen günstige Erfahrungen mit Rhoubenitebeton aus Belgien vor. Er ist dort in 10 cm Stärke auf alten Steinschlagbahnen verlegt worden. Die Oberfläche ist eben, aber nicht schlüpfrig. Rhoubenitebetonstraßen sind inzwischen auch in Deutschland durch die A.-G. Wayss & Freytag gebaut worden.

Teerzementpflaster. Ähnliche Wirkungen werden durch das Teerzementpflaster angestrebt. Auf einen Kiesunterbeton wird ein 4—5 cm starker Zementstrich aufgebracht, dem ein Teerdestillat, das patentamtlich geschützt ist, zugesetzt wird. Da Dehunngsfugen in 10 m Abstand mit Fugenausfüllung notwendig sind, scheint die Bewegung durch den Zusatz nicht vermindert zu werden.

Bei allen diesen Zusätzen ist das einheitliche Bestreben zu erkennen, den Beton gegen die Aufnahme von Wasser zu schützen und damit seine Bewegung einzuschränken. Die bisherigen Erfahrungen lassen besondere Erfolge auf diesem Gebiete noch nicht erkennen, auch fehlt es noch an der systematischen Lösung dieser Aufgabe.

Stahlbeton. Der Ausdruck Stahlbeton ist irreführend, es müßte Stahlmörtel heißen. Denn das Stützgerüst besteht aus Eisenfeilspänen, Drehspänen u. a. Abfalleisen, das in eine feine körnige Form umgearbeitet ist, daß es sich leicht mit Zement als Bindemittel zu einem Mörtel verarbeiten läßt. Mit Rücksicht auf die Feinheit des Kornes kann nur von Mörtel gesprochen werden. Stahlmörtel hat ein sehr dichtes Gefüge und infolgedessen eine hohe Druckfestigkeit von 600—700 kg/cm², entsprechende Zugfestigkeit und eine hohe Verschleißhärte. Die Staubbildung unter dem Verkehr ist daher sehr gering. Durch die Eisenspäne ist die Oberfläche rauh, bietet also den Verkehrsmitteln eine gute Haftung. Der Mörtel wird als Schicht in 10—20 mm Stärke als Abnutzungsfläche auf einer Betonunterbettung von üblicher Stärke aufgebracht. Die Stärke der Tragschicht wird sich nach der Stärke des Verkehres richten müssen. Da die Mörtelschicht unelastisch ist, überträgt sie die Stöße und Verkehrslasten unmittelbar auf die Unterbettung, die daher die Querschnittsausbildung der Betonstraßen erhalten muß.

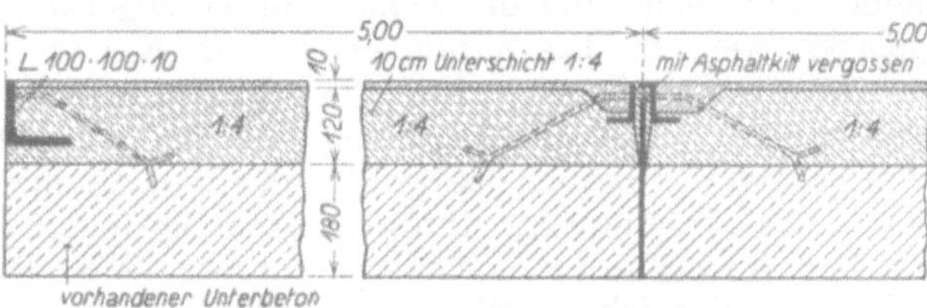

Abb. 133. Dehnungsfugen bei Stahlbeton.

Bisher ist der Stahlmörtel von Dr.-Ing. Kleinlogel im Mischverhältnis 1 : 1 hergestellt worden. Wenn sich das auch in geschützten Räumen als haltbar erwiesen hat, so haben doch die damit hergestellten Versuchsstraßen in Berlin auf der Königin-Augusta-Allee und Breitenbachplatz erkennen lassen, daß eine so fette Mischung sich infolge der auf Straßen stärker auftretenden Wärmeunterschiede bewegt und dann von der Unterfläche ablöst, weil, worauf schon auf S. 230 bei Behandlung der zweischichtigen Querschnitte hingewiesen ist, der Unterschied im Zementgehalt zwischen Ober- und Unterschicht zu groß ist. Das Mischverhältnis 1 : 2, bestehend in

4 kg Härtestoff,
4 kg Zement,
3½ l reiner scharfer Sand

für eine 5 mm starke Mörtelschicht hat sich dagegen von der Unterlage nicht abgelöst.

Stahlmörtel erfordert Bewegungsfugen (Abb. 133) in verhältnismäßig geringem Abstand, weil er sich bei Wärmewechsel ausdehnt und zusammenzieht. Da bei der Feinheit des Mörtels die Ecken an den Fugen stark gefährdet erscheinen, werden sie durch besondere Fugeneisen (Abb. 134) geschützt. Auf den üblichen Betonstraßen haben sich die Fugeneisen aus den auf S. 240 angegebenen Gründen nicht bewährt. Wenn sie bei Stahlbeton trotzdem angewendet werden, ist das nur damit zu erklären, daß sein Widerstand gegen die Verkehrsangriffe größer ist. Auch die besondere Form der Eisen, die Kammbildung, bewirkt, daß die darübergehenden Räder glatt über die Fuge geführt werden und daher keinen Stoß erleiden und ein Schlag nicht auftreten wird. Der Zwischenraum zwischen den Fugeneisen wird mit Asphalt ausgegossen[118].

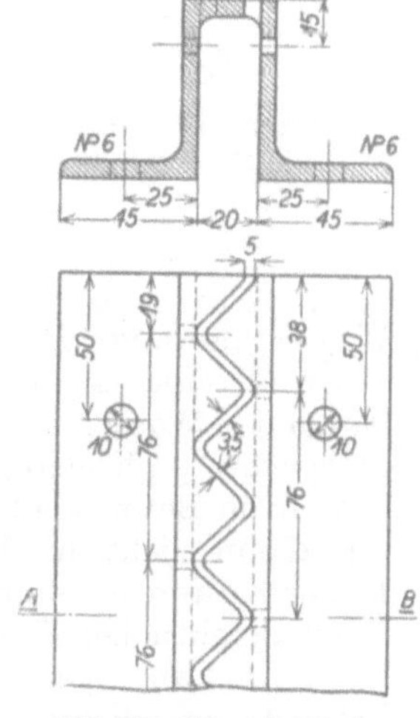

Abb. 134. Fugeneisen bei Stahlbeton.

δ) Baustelleneinrichtung bei Betonstraßen.

Der große Vorteil der Betonstraße liegt in der maschinellen Ausführung, die einen genau ineinandergreifenden Baubetrieb gestattet. Wenn diese Vorteile aber auch ausgenutzt werden sollen, muß von vornherein eine sicher arbeitende Baustelleneinrichtung geschaffen werden, bei der alles so angelegt ist, daß keine Arbeitsunterbrechungen eintreten können, daß in der Massenbeförderung und -verteilung keine Zeit- und Wegevergeudung vorhanden ist, und daß möglichst kein Arbeitsvorgang von Zufälligkeiten oder menschlichem Irrtum oder Nachlässigkeit abhängig ist.

Zuerst muß alles darauf angelegt sein, daß der Mischer dauernd arbeiten kann. Bei dem hohen Anschaffungspreis des Mischers bringt jede Unterbrechung erhebliche Verluste mit sich. Sie können entstehen durch Mangel an Baustoffen und Störungen in der Zufuhr und gegebenenfalls auch im Wassermangel. Vorratlagerung der Baustoffe ist daher zuerst erforderlich. Sie kann auf der Baustelle selbst erfolgen, indem nach Herstellung des Untergrundes die groben und feinen Zuschläge und der Zement unter Segeltuchplanen geschützt daselbst abgelagert werden. Die Zufuhr erfolgt mit Karren. Eine solche Baustelleneinrichtung zeigt die Abb. 135. Sie hat noch manche Mängel. Denn die Benutzung des Straßenbettes zur Lagerung und Anfuhr der Baustoffe zwingt dazu, vor Aufbringen des Betons das Bett noch einmal nachzuarbeiten. Solche Einrichtung kann nur für kleine Ausführungen mit geringen Leistungen in Frage kommen.

Der Wasserbedarf spielt eine entscheidende Rolle. Bei städtischen Straßen wird die Wasserbeschaffung keine Schwierigkeiten bereiten, anders auf Landstraßen. Da aber sowieso Wasser zur Betonbereitung und Feuchthalten des Betons notwendig ist, so gehört zur Baustelleneinrichtung einer Betonstraße eine

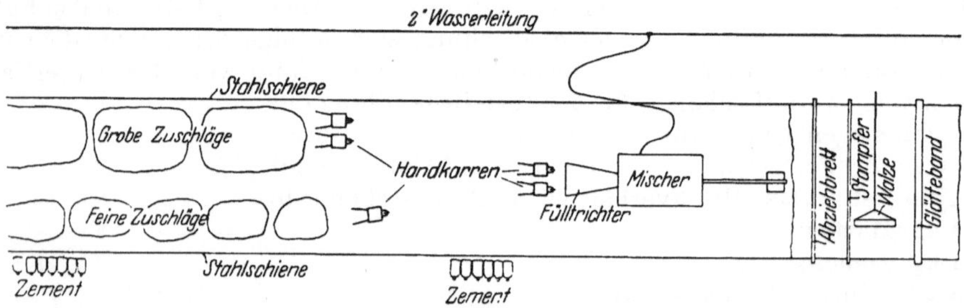

Abb. 135. Baustelleneinrichtung für Handbetrieb.

Wasserzuleitung. Die Anfuhr mit Wasserwagen dürfte sich als kostspieliger ergeben als eine Leitung, die entweder aus höher gelegenen Quellen oder Bachläufen das Wasser zuführt, oder das Wasser wird mit elektrischen oder Verbrennungsmotoren hochgepumpt. Auf jeden Fall ist die ausreichende Wasserbeschaffung beim Betonstraßenbau besonders zu überlegen und sachgemäß durchzuführen, damit nicht durch Wassermangel Störungen im Straßenvortrieb entstehen. In der Kostenberechnung kann in wasserarmen Gegenden die Wasserbeschaffung einen beachtlichen Posten annehmen. Der Wasserbedarf und die Größe der Zuleitung soll an einem Beispiel nachgewiesen werden. Beim Bau einer 6 m breiten Betonstraße soll die tägliche Leistung der im Mittel 18 cm starken Betondecke 205 laufende Meter betragen. Das Betongemisch soll als Klatschbeton 13 Gewichtshundertteile Wasser erhalten. Der Boden soll mit 5 l/m² und die fertige Betondecke mit 1 l/sec angenäßt werden, ferner noch Wasser zur Pferdetränkung, Waschen, Genuß u. a. Zwecke verbraucht werden. Da der Wasserbedarf während der achtstündigen Arbeitszeit gedeckt werden muß, so sind etwa 3 l/sec zuzuführen, die eine Leitung von 5 cm Durchmesser erfordern. Leitungen solcher Abmessungen von mehreren Kilometern Länge sind auf Baustellen in den V. St. A. vom Verfasser festgestellt worden.

Hauptwert ist auf eine zweckmäßige Anlage des Baustofflagers zu legen, so daß die Beförderungseinrichtungen — Rollbahnen oder Kraftwagen — möglichst nur mit kurzen Aufenthalten beladen werden können. Die Hochwertigkeit des Betons verlangt besonders ausgewählte Baustoffe, die nur unter besonderen Umständen am Ort der Baustelle zu beschaffen sind. In der Mehrzahl der Fälle müssen die Baustoffe von anderen Gewinnungsstellen mit der Bahn angefahren werden. Es kommt nun alles darauf an, den Umschlag von Bahn auf Lager und Rollbahn oder Kraftwagen möglichst leistungsfähig und einfach zu gestalten. Das möge an einer Anlage beschrieben werden, wie sie Verfasser in den V. St. A. in Nord Carolina bei einer Tagesleistung von 300 m Straße besichtigt hat (Abb. 136).

Von der Bahnlinie zweigt ein Freiladegleis ab, auf dem die Wagen mit Schotter, Sand und Zement abgestellt werden. Ein elektrisch oder mit Dampf betriebener Laufkran entladet die Eisenbahnwagen mit Greifern und wirft die Massen auf einem geräumigen Platz, getrennt je nach der Art, ab. Für Sand und Schotter sind außerdem an dieser Stelle Vorratsbehälter aufgestellt, die von demselben Kran dauernd gefüllt gehalten werden. Neben diesen Behältern läuft das Gleis der Rollbahn, so daß die Wagen durch eine Schurre mit dem Gut beladen werden. Die Behälter entleeren auf eine Wage oder ein Hohlraumgefäß, die ihren Inhalt im vorgeschriebenen Mischverhältnis an die Rollbahnwagen abgeben. Es fährt demnach der Zug an den Sand- und Schotterbehältern vorbei, und jeder Wagen erhält die zugemessene Menge Sand und Schotter. Dann fährt er an dem Zement-

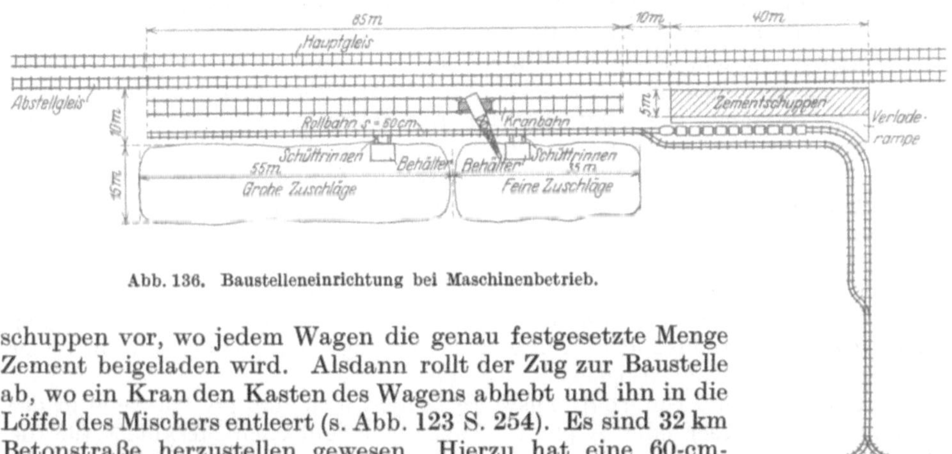

Abb. 136. Baustelleneinrichtung bei Maschinenbetrieb.

schuppen vor, wo jedem Wagen die genau festgesetzte Menge Zement beigeladen wird. Alsdann rollt der Zug zur Baustelle ab, wo ein Kran den Kasten des Wagens abhebt und ihn in die Löffel des Mischers entleert (s. Abb. 123 S. 254). Es sind 32 km Betonstraße herzustellen gewesen. Hierzu hat eine 60-cm-Spurbahn zur Verfügung gestanden. Die Baustelle ist 2,5 km von der Bahnlinie entfernt gewesen. Eine 5 cm starke Wasserleitung ist entlang der ganzen Baustelle verlegt gewesen, die von einer mit Benzinmotor angetriebenen Pumpstation aus einem benachbarten Bachbett gespeist worden ist. Der Bedarf an Arbeitern wird etwa wie folgt angegeben: 1 Platzverwalter, 1 Kranführer, 1 Vorarbeiter, 2 Wagenreiniger, 3 Mann an den Schurren der Vorratsbehälter, 1 Bremser, 4 Mann zum Aufnehmen des Zements in den Zementschuppen und 4 zum Aufladen auf die Rollbahn. Auf der Baustelle selbst folgende Besetzung: 1 Polier, 5 Mann am Ausbreiten und Abgleichen des Betons, 2 Mann am Mischer, 1 Kranführer und 2 Mann an den Wagen, 6 Lokomotivführer. 8 Mann bei der Aufstellung der Formschienen und Herrichten des Bettes, 3 Mann an der Wasserleitung, 6 Mann an der Gleisunterhaltung, 12 Mann bei der Abdeckung und Anfeuchtung des fertigen Betons, insgesamt 62 Mann, auf je einen Mann etwa 5 m Straße täglich.

Gerätebedarf: 1 Kran, 6 Benzinlokomotiven, 72 Wagen mit abnehmbarem Kasten, entsprechende Kilometer Gleis, 1 Betonmischer, 1 Abgleichmaschine, 1 Straßenwalze, 1 Wasserpumpanlage und Wasserleitung, mindestens 1200 m Formschienen.

ε) Unterhaltung der Betonstraßen.

Hierüber sagt Blanchard, daß eine beträchtliche Schwierigkeit besteht, am Beton in irgendeiner Form Ausbesserungen vorzunehmen, wobei das Haupterschwernis darin beruht, eine einwandfreie, sichere Verbindung zwischen dem neuen und alten Beton herzustellen. Instandsetzungen erweisen sich notwendig, wo Schlaglöcher entstehen, Risse sich gebildet haben, und an den Fugen, und ausnahmsweise der Ersatz größerer verunglückter Deckenplatten. Vielfach ist die Ursache von Fehlstellen Schmutz, Erde oder andere weiche Stoffe, die beim Betonieren in die Decke geraten sind, was bei einem geordneten Bauvorgang nicht geschehen darf. Da der Verkehr in kurzer Zeit kleine Schäden vergrößert, so daß die Decke zu Bruch gehen muß, ist schnelle Instandsetzung das erste Gebot bei Betonstraßen. Kleine Löcher, Risse und Fugen sollen nach der amerikanischen Anschauung mit Asphalt oder Teer ausgefüllt werden, der mit scharfem Sand überstreut wird. Für solche Arbeiten werden die Unterhaltungskolonnen mit Gerät ausgerüstet, daß sie die Arbeit schnell und sauber ausführen können. Zweimal im Jahre sollen sie die Straßen abfahren und ausbessern. Größere Fehlstellen sollen mit dem Meißel herausgearbeitet werden mit lotrechten Rändern und mindestens 2,5 cm tief. Das Loch wird dann gereinigt, mit Teer oder Asphalt angestrichen, worauf es mit Steinschlagteer oder Asphalt ausgefüllt wird. Die Oberfläche wird mit Sand, Grus oder Splitt abgestreut. Die Teer- oder Asphaltmischungen müssen die Beschaffenheit haben, die im Abschnitt VII. B. e) verlangt werden. Auch Kalteinbau mit Teerschotter oder Colas wird für solche Ausbesserungen geeignet sein. Die Ausrüstung einer Instandsetzungskolonne soll bestehen aus einem leichten Lastkraftwagen, Gießkannen, Drahtbesen, Hammer, Meißel, Splitt und Kies und einem Teerkessel, der hinten am Wagen angehängt ist. Die Arbeiten mit Teer und Asphalt können ohne Störung des Verkehres ausgeführt werden. Nach den Beobachtungen des Verfassers wird diese Ausbesserungsweise in weitem Umfange angewendet. Stellen, die eine Instandsetzung mit Beton erfordern, müssen dem Verkehr gesperrt werden. Die Arbeiten sollen dann mit derselben Sorgfalt vorgenommen werden, wie bei der Herstellung neuer Decken. Sie müssen infolgedessen während der Erhärtung feucht gehalten werden und dürfen erst nach völliger Erhärtung, d. h. in 14 bis 21 Tagen, dem Verkehr freigegeben werden.

Die amerikanische Unterhaltungsweise besteht also zum großen Teile in der Verwendung von Teer oder Asphalt. Nach dem deutschen Merkblatt für die Unterhaltung von Automobilstraßen aus Beton der Stu. f. A. soll nur Beton zur Ausbesserung verwendet werden. Nach § 2 sollen schadhafte Stellen in genügender Tiefe, bis 10 cm, mit dem Meißel mit lotrechten Rändern herausgehauen und dann mit reinem Zementmörtel überzogen werden. Alsdann ist Beton von der gleichen Zusammensetzung und in der gleichen Weise wie bei Herstellung der Straße in die Vertiefungen einzubringen und zu behandeln. Dabei soll nach Möglichkeit schnell erhärtender Zement verwendet werden.

Die Zuschlagstoffe zum Beton sollen nicht gröber sein, als etwa der halben Tiefe des auszubessernden Loches entspricht. Der einzubringende Beton soll weder flüssig noch weich, sondern gut erdfeucht sein. Die Mischung muß fest eingestampft werden, so daß keinerlei Hohlräume übrigbleiben. Nach einer Pause von 5—30 Minuten soll das Stampfen wiederholt werden, bevor die letzte Oberflächenbehandlung vorgenommen wird. Die Länge der Zwischenpause richtet sich nach der Abbindezeit des Zementes und nach den Temperatur- bzw. Witterungsverhältnissen.

3. Nach der letzten Stampfung ist die Oberfläche mit einem hölzernen Handbrett zu bearbeiten, um die Ränder der ausgebesserten Stelle tadellos an die bestehende Fahrbahn anzuschließen.

4. Die ausgebesserten Stellen sind mit Sand zu bedecken, der feucht zu halten ist, und mindestens 2 Tage lang dem Verkehr zu entziehen. Sie sind gut sichtbar durch Umzäunung abzusperren.

Die Sperrung des Verkehres auf Kraftwagenbahnen, selbst wenn sie sich nur auf 2 Tage erstreckt, ist nach den Erfahrungen des Verfassers, z. B. auf der Döberitzer Heerstraße, ein sehr gefährliches Unternehmen und geht selten ohne Unfälle ab. Sie kann wirksam nur erfolgen, wenn jede Stelle mit Wächtern besetzt ist, die den Verkehr warnen und die Absperreinrichtungen instand halten. In dieser Erkenntnis scheint man in Amerika die Ausbesserung mit Teer oder Asphalt für zweckmäßiger zu halten.

An einer gut gebauten Betonstraße sollen überhaupt keine Schäden entstehen, die eine Instandhaltung notwendig machen, da Anlaß dazu überhaupt nicht vorhanden ist. Die Decke ist völlig eben, Stöße sind daher bei guter Fugenunterhaltung ausgeschlossen. Es kann also nur durch Abschleifen eine Abnutzung eintreten, die bei Gummireifenverkehr, wie schon auf Seite 260 erwähnt, nur sehr gering ist. Daher wird zugunsten der Betonstraße ihr geringer Unterhaltungsaufwand angeführt, und das wohl auch mit Recht. Die einzigen schwachen

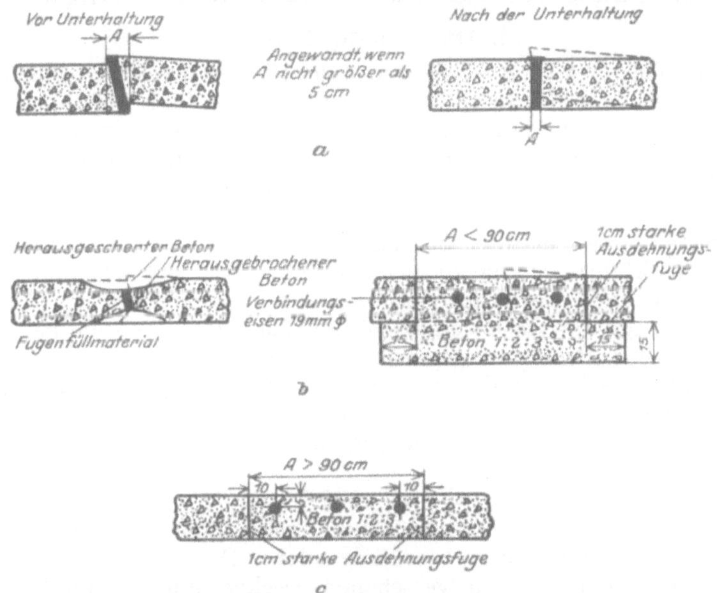

Abb. 137. Ausbesserung beschädigter Dehnungsfugen.

Stellen sind die Dehnungsfugen und die Risse. Hier ist allerdings fortlaufend Unterhaltungsarbeit notwendig. Sie besteht hauptsächlich in der Erneuerung der Asphaltfüllung, die von Zeit zu Zeit nachgearbeitet und ergänzt werden muß, es sei denn, daß größere Schäden entstanden sind, die weitgehendere Arbeiten erfordern. Wenn z. B. die beiden Platten sich an einer Fuge übereinandergeschoben haben (Abb. 137 a) und das Maß A nicht größer als 5 cm, muß ein schmaler Schlitz mit dem Meißel ausgehauen werden und die neue Fuge mit Bitumen ausgefüllt und mit scharfem Sand bedeckt werden. Ist der Beton an einer Fuge abgeplatzt und eine Vertiefung entstanden, Abb. b, so wird ein größeres Plattenstück herausgehauen. Bei einer Breite der Öffnung unter 90 cm wird die Ausfüllung durch neuen Beton mit Eiseneinlagen nach der Abb. 137 b, und wenn die Breite über 0,9 beträgt, nach der Abb. 137 c vorgenommen. An den beiden Stoßstellen sind Fugen von 9 mm zu lassen, die mit Füllmasse auszugießen sind.

Städtische Straßendecken müssen sehr oft aufgebrochen werden, um zu den unterirdischen Leitungen zu gelangen. Das kann nur mit besonderen Werkzeugen, z. B. Preßluft, geschehen. Bei gutem Beton ist ein erheblicher Arbeitsaufwand erforderlich, besonders wenn der Beton mit Eiseneinlagen versehen ist. Bei der Wiederherstellung solcher Aufbruchstellen besteht vor allem die Gefahr, daß die Gräben nicht fest genug verfüllt werden, so daß später die Decke hohl liegt. Über den Baugruben der Untergrundbahn in Berlin hat Verfasser verkehrsgefährliche Durchbrüche infolge Nachsacken des Untergrundes erlebt. Die Ausfüllung der Aufbruchstelle selbst muß dann nach den schon gegebenen Vorschriften erfolgen. Nach § 3 des Merkblattes sind die Eiseneinlagen in der Mitte des Grabens vorsichtig abzuschneiden und abzubiegen. Später sind sie wieder zurückzubiegen, und durch Überlegen von neuem Eisen oder Schweißen ist der Verband wiederherzustellen.

Die besonderen Schwierigkeiten beim Aufbruch und der Wiederherstellung machen die Betondecken weniger geeignet für städtische Straßen. Sie sind dafür eine sehr geeignete Befestigung für ausgesprochene Kraftwagenbahnen.

g) Pflasterungen aus natürlichen Steinen.

1. Das Kleinpflaster.

Das Kleinpflaster wird man zu den neuzeitlichen Decken rechnen müssen, wenn es auch schon 1887 durch Gravenhorst eingeführt worden ist, als der Kraftwagenverkehr noch unbekannt war. Zu seiner Ausbildung und weiteren Anwendung haben aber die damals schon auf den Landstraßen bestehenden Verkehrsverhältnisse geführt, die haltbare Deckenbefestigungen verlangt haben. Kleinpflaster ist eine ausgesprochene deutsche Pflasterart, weil Deutschland viele Hartgesteinsarten besitzt, die sich dazu besonders eignen. Die damit gemachten guten Erfahrungen haben vielfach den Wunsch entstehen lassen, die gesamten notwendigen Verbesserungen am deutschen Straßennetz mit Kleinpflaster vorzunehmen. Indessen stehen einer solchen Maßnahme gewichtige technische und wirtschaftliche Bedenken gegenüber. Aber damit ist wohl zu rechnen, daß bedeutende Strecken, und sicherlich die mit dem stärksten Verkehr, Kleinpflaster erhalten werden. Auf die richtige Ausführung dieser Kleinpflasterdecken wird es dabei besonders ankommen.

α) Unterbau.

Als Unterbau dienen Schotterdecken in erster Linie, da das Kleinpflaster in der Mehrzahl der Fälle zur Verbesserung solcher Decken verwendet wird. Die abgenutzten mit Schlaglöchern versehenen Decken müssen durch Aufreißen und Abwalzen eingeebnet werden. Besteht die Abgleichung nur im Ausfüllen der Schlaglöcher, dann sind die folgenden Grundsätze zu beachten[118]:

1. Die Unterbauebene für das Kleinpflaster muß so vorbereitet werden, daß sie die gleiche Form der zukünftigen Pflasteroberfläche erhält, und muß eine gleichmäßig feste, unwandelbare Masse darstellen, je härter, desto besser.

2. Der Ausgleich der Unebenheiten darf keinesfalls mit Pflastersand geschehen.

3. Die ausgebesserte Unterbauebene ist vor dem Einbau des Pflasters so lange dem Verkehr auszusetzen, bis sie gleichmäßig fest ist. Besonders ist auf das vorherige Ausbessern der Schlaglöcher zu achten. Unmittelbar vor dem Pflastern sind neugebildete Unebenheiten nochmals sorgfältig auszugleichen.

Soll die neue Pflasterdecke seitlich durch Bordschwellen begrenzt werden, dann darf mit dieser Arbeit erst begonnen werden, nachdem die Abwalzung vorgenommen ist.

Für neue Straßen besteht der Unterbau entweder aus Packlage, auf der eine Schüttlage aufgewalzt wird, oder aus Beton. In städtischen Straßen ist Beton in 15 cm Höhe vielfach verwendet worden. In besonderen Fällen ist die Betondecke auch stärker, wenn es der Verkehr erfordert. Beton hat sich in zweifacher Weise als nachteilig erwiesen: die im Unterbau unvermeidlichen Risse können sich auch in der Decke fortsetzen, wenn z. B. das Kleinpflaster in Zementmörtel verlegt wird, ferner ist die Betonplatte geräuschvermehrend. Allerdings wird diesem Umstand in Zukunft weniger Gewicht beizulegen sein, je mehr der Verkehr mit Pferden und eisernen Reifen gegenüber dem Gummiverkehr zurücktritt. Die Abneigung gegen Beton wird deshalb wohl fallen gelassen werden können und müssen, wenn das Kleinpflaster als Sonderausführung in Verkehrsstraßen mit Steigung verwendet werden soll. Für Einfahrten in Bürgersteigen hat Verfasser eine Betonunterbettung aus einzelnen Betonplatten von 30 cm Seitenlänge und 15 cm Stärke verwendet, die mit dichten Fugen in die feinkörniger Sand eingeschlämmt wird, verlegt werden. Da Bürgersteige aus Anlaß von Leitungsverlegungen oft aufgebrochen werden, ist eine durchlaufende Betondecke auf ihnen nicht angebracht. Die Betonplatten lassen sich leicht aufnehmen und wieder verlegen, haben zudem genügende Auflagerfläche, um größere Lasten auf den Untergrund zu übertragen.

β) Baustoff.

Für Kleinpflaster haben sich alle gesunden Hartgesteine bewährt. Trotzdem muß für bestimmte Zwecke eine besondere Auswahl getroffen werden. Basalt, ein an sich sehr geeignetes Gestein, wird unter dem Verkehr glatt, bei Feuchtigkeit für Zugtiere sowohl wie für Kraftwagen unsicher und kann daher in Steigungen nur bis höchstens 4 vH verlegt werden. Granit ist rauher und geeignet bis zu 6 vH. Feinkörniger Granit gibt ein ausgezeichnetes ebenes dabei rauhes Pflaster. Grobkörniger Granit ebenso wie Gabbro liefern wegen ihres muscheligen oder pockennarbigen Bruches ein holperiges Pflaster, das bei Granit eher wie bei Gabbro mit der Zeit je nach der Stärke und Art des Verkehres eben wird. Quarzporphyr soll bis zu 8 vH Steigungen verwendbar sein. Diabas hat sich in der Gegend des Harzes und in Sachsen zu einem sehr brauchbaren Kleinpflaster verarbeiten lassen (Speck). Nach Beobachtungen des Verfassers ist auch Grauwacke ein rauhes, haltbares Gestein für Kleinpflaster. Nach Erfahrungen von Dr.-Ing. Scheuermann sollen die Gesteine, die zu Kleinpflaster verwendet werden, folgenden Prüfungsansprüchen genügen[119].

Druckfestigkeit mehr als 2500 kg/cm^2,
Abnutzung bei 608 m Schleifweg weniger als 18 g,
Spezifische Dichte mehr als 0,990,
Schlagfestigkeit mehr als 600 cmkg/cm^3.

Die Prüfung des Gesteines, ob es witterungsbeständig ist und diesen Anforderungen entspricht, hat nach den im Abschnitt VIII. gegebenen Grundsätzen zu erfolgen.

Besonders ist noch zu beachten, daß Basalt nicht vom Sonnenbrand befallen ist, daß Granit nicht Wasser anzieht und Quarzporphyr frostbeständig ist. Die gute Spaltbarkeit des Quarzporphyrs ist bisweilen auch die Ursache, daß er durch Frost und stärkeren Verkehr in schmale Platten gespaltet wird. Sächsische Quarzporphyre zeigen besonders diesen Nachteil[118].

Nur Gesteine, die sich gut spalten lassen, sind für Kleinpflaster geeignet.

Für das Schlagen der Kleinpflastersteine wird jetzt eine Steinspaltmaschine (Abb. 138) der Maschinenfabrik Max Friedrichs & Co., Leipzig-Plagwitz verwendet, weil Handarbeit sich zu teuer stellt. Der zum Spalten der Steine benötigte Schlag wird durch einen Fallbär (*1*) ausgeübt, der von einem Friktionsrollenpaar angehoben wird. Der Spaltmeißel (*6*) ist in einen Amboß (*7*) eingebaut. Der Fallbär wird mit einem Fußhebel (*10*) gesteuert. Beim Heben des Fußhebels hebt sich der Fallbär, während beim Senken des Fußhebels der Fallbär fällt. Wird der Hebel ganz frei gegeben, so hebt sich der Fallbär bis in die Höchststellung und wird dort festgehalten. Die Maschine wird durch zwei feste Riemenscheiben an den beiden oberen Rollen angetrieben. Gespalten wird in der Weise, daß der Arbeiter das Bruchgestein mit beiden Händen auf den Spaltmeißel an der Stelle setzt, an der das Stück getrennt werden soll und dann den Bär fallenläßt. Große Leistungen lassen sich erzielen, wenn der Arbeiter aus Erfahrung die Flächen kennt, in denen das Gestein spaltet. Dabei muß er aber darauf sehen, daß sich die geforderten Abmessungen ergeben. Ein geschickter Arbeiter kann 2 m³ in 8 Stunden herstellen.

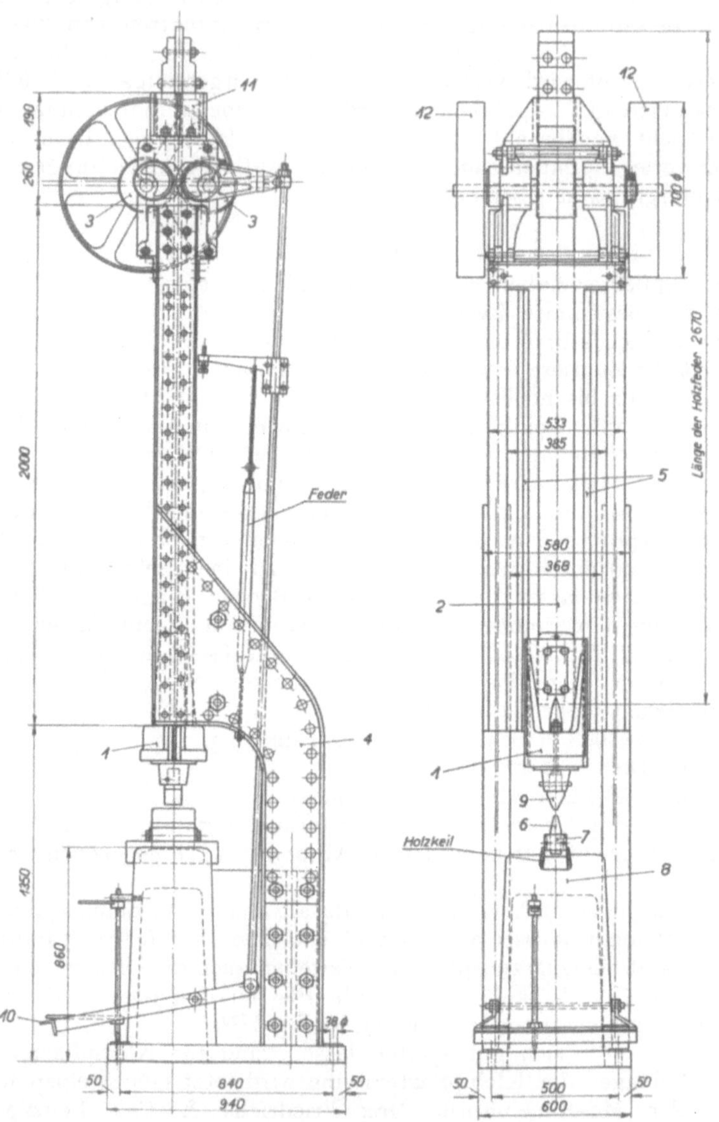

Abb. 138. Steinspaltmaschine für Kleinpflaster.

Für die Größenabmessung der Kleinpflastersteine ist Din. 481 maßgebend. Ob sich aber die Anforderungen nach der Dinorm stets werden erfüllen lassen, muß dahingestellt bleiben. Die Größe und Form des Steines ist abhängig von der Spaltbarkeit des Gesteins. Hier lassen sich schwer Vorschriften machen. Verlangt muß aber werden, daß die Steine derselben Lieferung nur innerhalb gewisser Grenzen voneinander abweichen; so soll der Höhenunterschied nur 3 cm betragen. Die Steine werden nach ihrer Höhe nach drei Gruppen vor der Einpflasterung ausgesondert. Die Steine mit der größten Höhe werden in der Fahrbahnmitte eingepflastert, die nächsthohen in den danebenliegenden Streifen und die niedrigste Gruppe am Rande. Wo zweispurig gefahren wird, kommen die Steine mit der größten Höhe in die beiden Spurbahnen, die mittlere Größe in die Fahrbahnmitte. Es soll dort, wo die stärkste Abnutzung erfolgt, sich der Stein mit der größten Höhe befinden. Zur Unterscheidung werden die zweite und dritte Gruppe mit verschiedenen Farbtupfen versehen. Aus Kleinpflaster kann auch Reihenpflaster hergestellt werden, allerdings nur aus solchem Gestein, das sich zu Reihensteinen ohne zu großen Aufwand an Arbeit und Verlust an Stoff verwenden läßt. Feinkörnige schlesische Granite geben ein gutes Reihenpflaster, das Verfasser zuerst auf Betonunterbettung als Ersatz für Holzpflaster in Groß-Berlin eingeführt hat.

γ) Verlegung.

Kleinpflaster wird auf ein flaches Sandbett von 2—3 cm gesetzt, in das es so eingerammt wird, daß zwischen Fuß und Unterbettung nur etwa 1 cm Sandschicht vorhanden ist. Eine so dünne Zwischenlage setzt voraus, daß die Steine sehr genau nach ihrer Höhe ausgesondert sind. Wo das nicht möglich ist, muß ein höheres Sandbett genommen werden. Die württembergische Anleitung gibt an, daß das Sandbett ⅓ der Höhe der Steine betragen soll. Das erscheint zweckmäßig. Es erhält einen seitlichen Abschluß. Für Landstraßen genügen hammerrecht bearbeitete Randsteine nach Din. 482. In Stadtstraßen werden neben den Bordstein oder Bordschwelle erst noch zwei Reihen Großpflaster gesetzt. Die Großpflastersteine können aus Altmaterial stammen, sofern sie noch genügend hoch sind und gute Setzfläche haben. Sie erleichtern dann mit ihrer glatten Oberfläche als Rinnenpflaster den Wasserablauf. Dieses Pflaster wird in Kies gesetzt und so hoch angelegt, daß es mit dem späteren abgerammten Kleinpflaster bündig liegt. Die Einfassung kann zur Abgleichung des Sandbettes benutzt werden, indem eine Lehre, die auf der Einfassung reitet, über den Sand gezogen wird. Kleinpflaster wird in folgenden Formen gesetzt:

1. Als Mosaikpflaster,
2. in Fächerform,
3. in Kreisbogen.
4. in Sägeform,
5. als Reihenpflaster,

Bei allen Formen ist in erster Linie auf möglichst schmale Fugen zu achten. Denn der Kleinpflasterstein soll bei seiner kleinen Fußfläche nicht befähigt sein, allein den Verkehrsdruck auf die Unterbettung zu übertragen. Es muß nach der üblichen Anschauung eine Druckverteilung durch Reibung in der Fugenfläche auf die benachbarten Steine erfolgen, die dadurch mittragen sollen. Ob eine solche Wirkung vorhanden ist, scheint zweifelhaft. Auf jeden Fall wird zur Erhöhung der Standfestigkeit der gesamten Pflasterfläche, wie des einzelnen Steines, wie auch zur Verhinderung der Staubbildung mit engen Fugen gepflastert werden müssen. Danach sind die Steine vom Steinsetzer auszuwählen. Sie sollen auch nach unten keinen Anzug haben, wie es bei Großpflaster üblich ist, weil bei Kleinpflaster infolge seiner geringen Höhe eine geringe Abnutzung ein Loswerden der Steine bewirken muß.

Für die Wahl der verschiedenen Einpflasterformen ist maßgebend die Gesteinsgröße. Kleine Steine, wie z. B. beim Basalt, müssen mosaikartig versetzt werden. Bei Steinen mit größeren und regelmäßigeren Kopfflächen können die Formen 2—4 angewendet werden. Als Nachteil der Fächerform wird angesehen, daß der Zwickel im Ansatz zweier Bogen schlecht ausgefüllt werden kann. Kreisbogen werden bevorzugt. Der Winkel zweier Kreisbogen am Kämpfer soll ein rechter sein. In Steigungen werden Fächer und Kreisbogen so angelegt, daß die Scheitel stets höher liegen als die Kämpfer. Das entspricht auch der Beanspruchung durch den Verkehr und erleichtert den Wasserabfluß. Die Abmessung der Bogen soll sich den folgenden Vorschlägen anpassen:

Steingröße in cm	Bogenlänge in m	Bogenhöhe in cm	Bogenradius in m
6— 8	0,80—1,10	22/24	0,65
8—10	1,10—1,35	24/27	0,90
10—12	1,35—1,70	27/32	1,25

Die Zahl der Bogen richtet sich nach der Straßenbreite, über die die Bogen gleichmäßig verteilt werden. Für die württembergische Verwaltung ist vorgeschrieben für die verschiedenen Straßenbreiten die Bogensehne 1,0—1,5 m, der Bogenhalbmesser $r = s \cdot \sqrt{2}$

$B =$ 5,0	5,5	6,0	m
$2s =$ 1,25	1,38	1,20	„
$r =$ 0,88	0,93	0,85	„

An der Bordkante setzen die Bogenscheitel an. Die Stichhöhe der Bogen soll mit der Größe der Steigung abnehmen, weil das den Verkehr erleichtert.

Die Kleinpflasterdecke wird zwei- bis dreimal abgerammt und dann wie üblich eingeschlämmt. An Einbauten im Pflaster, besonders an runden Einsteigeschächten, ist schwer ein Anschluß mit Kleinpflaster herzustellen. Es wird deshalb der Einbau mit Großpflaster umgeben, das eine rechteckige Form erhält, an das sich das Kleinpflaster anlehnen kann. Das gleiche gilt auch vom Anschluß an Straßenbahnschienen. Der Höhenunterschied zwischen Schiene und Stein müßte durch ein hohes Sandbett ausgeglichen werden, in dem der Stein ohne festen Halt stehen würde, zumal der Sand unter den Gleiserschütterungen sich bewegt. Daher werden Gleise mit würfeligem Großpflaster eingefaßt.

Eine Sonderausführung ist das Reihenpflaster in Zementmörtel. Seine Zweckmäßigkeit hat sich in Straßen ergeben, die mit Holz gepflastert gewesen sind, das abgängig durch eine andere Decke hat ersetzt werden müssen. Um eine Veränderung der Höhenlage der Unterbettung, der Einbauten und Anschlüsse zu vermeiden, hat nur ein Pflaster verwendet werden können, das von der gleichen Höhe wie das Holzpflaster (13 cm) ist. Die starke Steigung der Straßen (2 vH) und der schwere Verkehr (Seitendamm des Kaiserdammes in Charlottenburg) hat außerdem ein besonders wiederstandsfähiges Pflaster verlangt. Es ist schlesischer Granit gewählt worden, der einen guten, würfeligen Kleinpflasterstein auch als Reihenstein liefert. Die Steine sind in trockenem Zementmörtel verlegt und eingerammt worden. Die Fugen sind dann mit nassem Mörtel ausgegossen und die ganze Fläche stark gewässert worden, so daß auch der trockene Mörtel hat abbinden können. Zur vollständigen Erhärtung ist das Pflaster 2 Wochen dem Verkehr gesperrt gewesen und in dieser Zeit noch weiter gewässert worden. Das gute Verhalten der Versuchsstrecke hat dann die weitere Anwendung in größerem Ausmaß als Ersatz für Holzpflaster bewirkt.

Die Pflasterung soll möglichst in voller Breite der Straße erfolgen, um die Verspannung der Decke zu erreichen. Wo der Verkehr aufrechterhalten werden muß, wie das vielfach auf Landstraßen nicht zu umgehen ist, und erst eine, dann die andere Straßenhälfte gepflastert werden kann, ist für die erste Hälfte als Seitenabschluß nach der Fahrdammitte eine eiserne Schiene oder kräftige Bohle mit Schnurnägeln am Untergrund zu befestigen, gegen die sich die Pflasterung legt. Beim Anschluß der anderen Hälfte ist eine Verzahnung mit der ersten vorzusehen.

Der Baufortschritt bei Kleinpflaster ist gering, da ein Pflasterer kaum mehr als 13 m² am Tage verlegt. Um größere Leistungen zu erzielen, müßten sehr viele Steinsetzer beschäftigt werden, mehr als in den einzelnen Bezirken vorhanden sind und auch an einer Stelle beschäftigt werden können. Für eine 1 km lange und 5 m breite Kleinpflasterstraße würden bei einer Bauzeit von 4 Wochen

= 25 Arbeitstagen allein sechzehn Steinsetzer und die gleiche Anzahl Hilfsarbeiter und Rammer notwendig sein. Dieselbe Straßenfläche kann bei Ausführung in Gußasphalt in 10 Tagen, bei Zementbeton und Asphaltbeton in längstens 6 Tagen mit einem wesentlich geringeren Aufwand an Arbeitskräften hergestellt werden. Der geringe Arbeitsfortschritt bei Kleinpflaster ist ein wesentlicher Nachteil, der besonders in der Gegenwart, weil es darauf ankommt, unsere Straßen schnell in Ordnung zu bringen, ins Gewicht fällt. Die maschinelle Herstellung des Pflasters läßt eine größere Förderung erwarten. Sie erfolgt in der Weise[120], daß auf zwei seitlichen Schienen ein Wagen läuft, auf den die Steine durch Arbeiter aufgegeben werden. Sie ruhen auf Gleitflächen und werden durch mehrere Reihen von Schiebarmen, die in regelmäßigen Abständen vor- und rückwärts gehen, ruckweis vorwärtsgeschoben. Die gesetzte Reihe wird von den letzten Schiebarmen gegen die schon gepflasterte Fläche angedrückt und zugleich eingerammt. Die Leistung der Maschine wird zu 31000—32000 Steine oder 333—350 m² täglich angegeben. Da nur fünf Arbeiter an ihr beschäftigt werden, leistet sie das Fünffache gegenüber Handarbeit. Der Nachweis der Brauchbarkeit, Leistungsfähigkeit und Wirtschaftlichkeit muß aber noch erbracht werden.

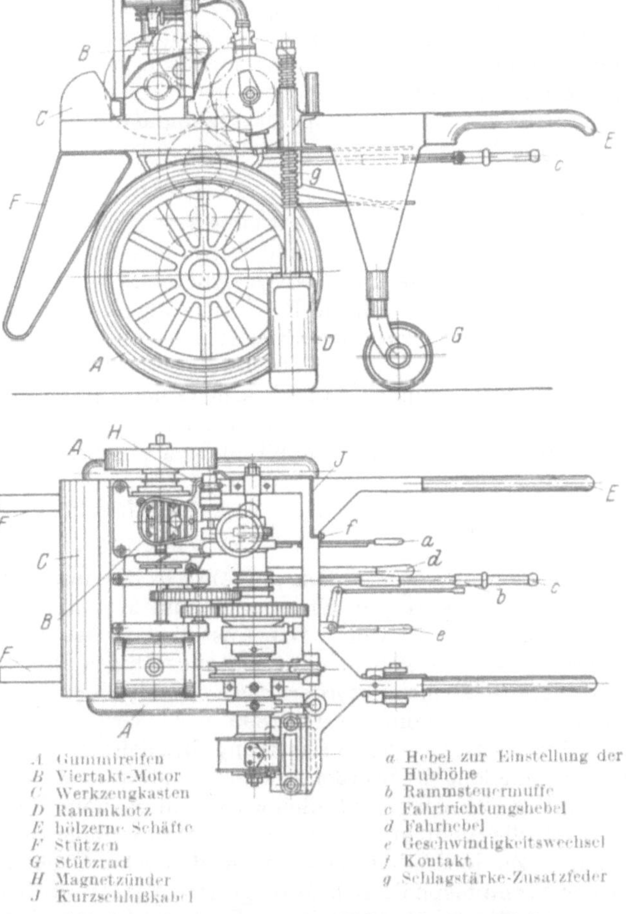

Abb. 139. Pflasterramme der Eßlinger Maschinenfabrik.

Für die Rammarbeit allein kommt die Pflasterrammaschine der Eßlinger Maschinenfabrik in Frage (Abb. 139), die sich bereits in Schweden bewährt hat, und die wegen ihrer mannigfachen Anwendungsmöglichkeit auch in Deutschland Aussicht auf Verwendung hat. Der Rammbär wird von einer von einem Benzinmotor angetriebenen Welle gehoben und fällt durch selbsttätige Auskuppelung nieder. Die ganze Maschine steht auf einem zweirädrigen Wagen, der von einem Arbeiter gelenkt, aber durch den Motor bewegt wird. Die Pflasterramme ist für Kleinpflaster, Großpflaster und Mosaikpflaster anwendbar. Sie leistet die Arbeit von drei bis sechs Mann. Besonders zweckmäßig scheint sie zur Abrammung steiler Straßen, weil hier die Rammer die Steine nicht parallel mit der Straßenneigung, sondern lotrecht abzurammen pflegen, so daß das Pflaster sägeförmig wird und sich die Steine ungleichmäßig abnützen.

δ) Unterhaltung.

Die Abnutzung an Kleinpflasterdecken zeigt sich im Zerfall einzelner Steine und in der Bildung von Schlaglöchern, Schüsseln oder Mulden. Diese können eine Folge der schlechten Ausführung sein, wenn die Schlaglöcher der Unterbettung mit weichem Füllstoff, der nicht Gelegenheit gehabt hat, sich zusammenzudrücken, ausgefüllt worden sind. In solchen Fällen muß die Instandsetzung am Unterbau beginnen. Im anderen Falle genügt der Ersatz der schlechten oder abgenutzten, Steine. An sich sollen die Unterhaltungsarbeiten an sachgemäß hergestellten Kleinpflasterstraßen gering sein. Die Erfahrung bestätigt, daß der Unterhaltungsaufwand selbst auf stark befahrenen Straßen gering ist und die niedrigen Unterhaltungskosten, sowie die lange Lebensdauer der Decken geben ihnen das wirtschaftliche Übergewicht gegen die Schotterstraßen. Abgefahrene Decken werden unter Steinersatz umgepflastert und können auf diese Weise noch für längere Zeit erhalten werden. In städtischen Straßen hat das abgefahrene Kleinpflaster einen Überzug aus Gußasphalt, Teersplittdecke oder einen Teppichbelag aus Colas mit Erfolg (s. S. 223) erhalten.

ε) Bewährung.

Kleinpflaster verbindet mit einer griffigen aber ebenen Oberfläche, die geringe Zugkraft erfordert, Staub- und Geräuscharmut, so daß es allgemein als ein sehr brauchbares für viele Zwecke geeignetes Pflaster angesehen wird. Indessen hat sich herausgestellt, daß die Erschütterungen, die es durch schweren Kraftwagenverkehr erleidet, von allen Pflasterarten am größten sind, wie die Versuche auf der Versuchsstraße in Braunschweig mit Erschütterungsmeßeinrichtungen erwiesen haben, so daß es aus diesem Grunde in städtischen Straßen in seiner Anwendung beschränkt ist. Aber diesem Übelstand kann durch Überziehen mit Gußasphalt oder Colas schnell und mit geringen Mitteln abgeholfen werden.

2. Großpflaster.

α) Unterbau.

Die neuzeitliche Entwicklung am Großpflaster ist gekennzeichnet durch Anordnung eines kräftigen Unterbaues und Maßnahmen zur Ausfüllung der Fugen durch dauerhaften Stoff. Der Anstoß dazu ist von den Städten ausgegangen, deren starker Verkehr ein widerstandsfähiges Pflaster aber zugleich ein staub- und geräuscharmes erfordert hat. Nach dem Verwaltungsbericht der Stadt Charlottenburg vom Jahre 1890 wird Großpflaster auf fester Unterbettung als eine kunstgerechte Pflasterung bezeichnet, dessen Einführung bei den neu zu erschließenden Straßen, deren Kosten nach § 15 des Fluchtliniengesetzes die Anlieger tragen, empfohlen wird, weil die hohe Rente, die der Baustellenhandel abwirft, die nicht unbedeutenden Aufwendungen durch die Grundbesitzer rechtfertigt. Zu jener Zeit haben viele deutsche Großstädte, Berlin an der Spitze, bevor Stampfasphalt sich durchgesetzt hat, in großem Maße das Reihenpflaster auf fester Unterbettung, die aus Pack- und Schüttlage oder 20 cm starker Betonlage bestanden hat, als die endgültige Befestigung auch für Wohnstraßen angesehen. Vom Beton als Unterbettung ist bald Abstand genommen, weil er den Aufbruch und die Wiederherstellung der Decke erschwert hat, und zugleich die bei Pflaster unvermeidlichen Geräusche als Resonanzboden verstärkt hat. Die Unterbettung aus Packlage und Schüttlage wird daher jetzt wieder bevorzugt.

β) Baustoff.

Für die Höhe und Breite der Großpflastersteine sind vielfach die Art des Gesteins und der Gewinnungsort maßgebend. Schmale Steine (12—14 cm) werden für zweckmäßiger gehalten; in Steigungen werden sie noch schmäler gewählt 10—8 cm. Bei der Höhe der Steine ist zu berücksichtigen, daß bei guter Unterbettung ein hoher Stein an sich nicht mehr notwendig ist, daß aber hohe Steine eine längere Lebensdauer haben, da eine größere Schicht abgenutzt werden kann. Großpflaster wird jetzt nur noch in Verkehrsstraßen verwendet, wo zumeist Straßenbahngleise liegen. Die Höhe der Steine muß sich nach diesen richten. Überschreitet die Höhe der Steine die der Schienen, dann muß der Höhenunterschied zwischen Unterbettung und Schienenfuß durch eine besondere Zwischenlage aus Schotter und Splitt ausgeglichen werden, die bei der Schmalheit des Schienenfußes keinen langen Bestand hat. Infolgedessen liegt das Gleis nicht fest. Werden Querschwellen benutzt, muß zwischen Schwelle und Schienenfuß ein Futter angelegt werden, wodurch der Zusammenhalt zwischen Schiene und Schwelle gestört wird. Lose Schienen ziehen aber das benachbarte Pflaster in Mitleidenschaft, so daß alles dafür spricht, die Höhe der Steine derjenigen der Schienen anzupassen. Der Nachteil, daß die Lebensdauer der Steine geringer ist, gleicht sich z. T. dadurch aus, daß in Straßen mit Schienen der Bestand des Pflasters durch das Lebensalter der Schienen beeinflußt wird. Dieses wird in stark befahrenem Gleis auf 18 Jahre angegeben. Dann muß es ausgewechselt werden. Bei Steinen größerer Höhe kann in solchem Falle die Umpflasterung aus Anlaß der Schienenauswechslung eine überflüssige und unwirtschaftliche Maßnahme bedeuten.

Als Gesteinsarten kommen alle gesunden, frostbeständigen Gesteine in Frage, wie alle Arten Granit, Diorit, Syenit, Dolerit, Diabas, Gabbro, Porphyr, Basalt, Melaphyr, Kohlensandstein, Weserkeuper, Grauwacke u. a. Es wird noch immer nach den drei Klassen I völlig würfelförmiger Stein, Klasse II mit einer Fußfläche von $^4/_5$ und Klasse III mit $^2/_3$ der Kopffläche unterschieden.

Klasse I als überaus kostspieliges Pflaster findet nur noch ausnahmsweise Verwendung (Straßenbahngleise).

Die Prüfung und Bewertung des Gesteines, ob es witterungsbeständig und widerstandsfähig gegen den Verkehr ist, hat nach den im Abschnitt VIII. gegebenen Grundlagen zu erfolgen.

Das Großpflaster ist in den Großstädten durch den Stampfasphalt zurückgedrängt worden. Es hat sich aber alsbald gezeigt, daß das Großpflaster dem Stampfasphalt in Straßen mit sehr schwerem Verkehr, z. B. Zufahrten zu Güterbahnhöfen, Häfen, Industrieanlagen überlegen ist. Solche Straßenflächen müssen unbedingt mit Großpflaster versehen werden; aber auch in Straßen mit Steigungen kann allein Großpflaster verwendet werden.

γ) Verlegung.

Großpflaster wird als Reihenpflaster, bei dem die durchgehenden Fugen rechtwinklig zur Straßenachse, und als Diagonalpflaster, bei dem es unter 45° zur Straßenachse liegt, verlegt. Das letztgenannte Diagonalpflaster wird jetzt nicht mehr angewendet, weil die Annahme, daß das Kanten der Steine unter den Pferdehufen dadurch verhindert würde und die Räder ruhiger über die Fugen geführt würden, sich nicht bestätigt hat. Auch der Anschluß an die Straßenbahngleise läßt sich mit Reihenpflaster besser herstellen als mit Diagonalpflaster. Bei Kreuzdämmen und Straßeneinmündungen werden die Reihen ineinander verzahnt oder die Reihen der einen — Haupt- — Straße laufen durch, die der anderen — Nebenstraße — schließen rechtwinklig ab.

In starken Verkehrsstraßen mit ihrem Staub und Schmutz ist ein geschlossenes Pflaster besonders erwünscht, dessen Fugen weder selbst Staub erzeugen, noch Schmutz und Feuchtigkeit aufnehmen können. Zunächst ist der Weg beschritten worden, die Fugen mit Zementmörtel auszufüllen. Das hat sich nicht bewährt, weil die dadurch entstehende starre Decke den Verkehrsstößen nicht gewachsen gewesen ist. Der Mörtel ist an den Steinen gerissen und ausgebröckelt. Die Fugenausfüllung muß nachgiebig sein und darf nicht durch die nicht zu vermeidende Bewegung des einzelnen Steines beschädigt werden. Das läßt sich durch Ausfüllung mit Teer (Pechöl) und Asphalt erreichen. Die Fugenausfüllung durch diesen Stoff wird allgemein angewendet. Damit sie wirksam bleibt, muß die Ausfüllung so beschaffen sein, daß sie im Winter bei Kälte nicht splittert, im Sommer bei Wärme nicht aus den Fugen ausfließt. Sie muß also in dem schon beim Asphalt geforderten knetbaren Zustand bleiben (s. S. 140). Da diese Anforderungen restlos nur Asphalt erfüllt, so ist er der beste Fugenausguß. Aber auch Pechölmischungen mit Asphaltzusatz sind brauchbar. Beide Massen müssen aber noch ein Stützgerüst aus feinem mehligen Stoff erhalten, da sie bei Temperaturen des Tropfpunktes zu weich werden und eine Beanspruchung nicht mehr aushalten. Nach den Vorschriften für die Prüfung und Lieferung bituminöser Massen[77] soll bei Pflasterfugenkitt der Gehalt an bituminöser Masse (Teer oder Asphalt) nicht weniger als 30 und nicht mehr als 50 Gewichtshundertteile betragen; er soll einen Schmelzpunkt über 28° haben und der Erstarrungspunkt unter — 10° liegen. Die mineralischen Stoffe können aus Ton, Mergel und kohlensaurem Kalk bestehen, der möglichst fein gemahlen ist.

Wenn im Laufe der Jahre es sich allgemein eingebürgert hat, die Fugen mit Teer und Asphalt zu vergießen, dann ist das darauf zurückzuführen, daß der durch den Zementmörtel beabsichtigte Schutz der Steinkanten nicht erreicht ist. Es ist also zugunsten einer dauerhaften Fugenausfüllung, die das Pflaster staubarm macht und leicht reinigen läßt, auf Schutz der Steine gegen Abnutzung verzichtet worden.

Nur in einer Ausführung hat das Verfahren des Vergusses der Fugen mit Zementmörtel praktische Bedeutung erlangt, und die günstigen Erfahrungen damit haben neuerdings die Anwendung an anderen Orten veranlaßt. Ausschlaggebend für das Beibehalten des Zementmörtels ist aber die Art des Gesteines gewesen. Die Güte des schlesischen Granites ist bekannt. Es gibt feinkörnige, die sich sehr gleichmäßig abnutzen und dabei rauh bleiben. Die Stadt Breslau ist gegenüber anderen deutschen Großstädten, die sich mehr dem Asphalt zugewendet haben, wegen seiner günstigen Lage zu den Gewinnungsplätzen beim Großpflaster geblieben, hat es aber in Zementmörtel besonderer Art verlegt. Der Unterbau besteht aus Beton, auf dem das Großpflaster in Pflasterkies von 3—5 cm Stärke verlegt und abgerammt wird. Die Fugen werden dann mit dem Fugeneisen ausgekratzt und im unteren Teil mit Mörtel 1 : 3, im oberen auf 10 cm Tiefe mit Mörtel im Mischungsverhältnis 1 : 1 vergossen, und mit dem Fugeneisen geglättet. Erst wenn der Mörtel, der längere Zeit feucht gehalten wird, erhärtet ist, wird die Decke dem Verkehr freigegeben, also etwa nach 10 bis 14 Tagen. Granit und Fuge nutzen sich unter dem Verkehr gleichmäßig ab, so daß die Steinpflasterstraße eine völlig ebene Oberfläche und ein asphaltähnliches Aussehen zeigt, mit dem besonderen Unterschied, daß sie wesentlich rauher ist. Der Erfolg beruht in der Gesteinsart, dem fetten Zementmörtel und der Pflege, die die Decke nach dem Fugenverguß erhält. Ihr Nachteil beruht im wesentlichen darin, daß sie sich sehr schwer aufbrechen läßt und dabei die Steine zerschlagen werden, da der Mörtel so fest am Stein haftet, daß eher der Stein springt, als die Fuge abplatzt. Ob in anderen Städten, wie Berlin, Hamburg, Stuttgart u. a., wo diese Pflasterart unter Verwendung des schlesischen Granites jetzt ausgeprobt wird, ebenso günstiges Verhalten zeigen wird, bleibt abzuwarten. Es wird davon abhängen, abgesehen von etwa andersartigem Verkehr, ob es mit derselben Sorgfalt und Technik, wie sie in Breslau gehandhabt wird, eingebaut worden ist.

Die Leistung beim Einpflastern von Großpflaster ist gering. Ein Steinsetzer darf nach den Vorschriften der Gewerkschaften kaum mehr als 12 m² an einem Tage verpflastern. Eine Leistungssteigerung ist durch die schon erwähnte Pflastersetzmaschine (S. 277) und Pflasterramme (S. 277) denkbar.

δ) Unterhaltung.

Die besondere Eigenart des Großpflasters ist, daß es nur geringe laufende Unterhaltung erfordert. Einmal gut verlegt, bedarf es jahrzehntelang nur geringer Pflege. Die Decke nützt sich gleichmäßig ab. Einzelne Steine, die gesprungen oder versackt sind, werden durch eine Zange herausgenommen und durch neue ersetzt. Bei Fugenverguß kommt als Unterhaltungsmaßnahme ein Nachfüllen der Fugen in Frage. Erst im Laufe längerer Zeit zeigt das Großpflaster Verfallserscheinungen je nach der Stärke des Verkehres, den es hat aufnehmen müssen, die sich in einer S-förmigen Verschiebung der Reihenfuge und in Schlaglöchern bemerkbar machen. Alsdann ist die Zeit gekommen, daß das Großpflaster unter Zusatz neuer Steine völlig umgepflastert werden muß. Zeitweilig ist auch bei diesem Pflaster das Flickverfahren angewendet worden, indem nur die schadhaften Stellen ausgebessert werden. Zweckmäßiger ist es aber, wenn erst verkehrsgefährliche Schäden vorhanden sind, größere zusammenhängende Flächen umzulegen.

Beim Aufnehmen der Steine zeigt sich in vielen Fällen, daß das Pflaster gekippt ist und der lotrechte Schnitt durch die Steine an der Fahrfläche keinen rechten Winkel mehr aufweist. Das ist darauf zurückzuführen, daß das Rad vom Sprung über die Fuge von einem Stein zum anderen einen Schlag auf die der Fahrtrichtung zunächst liegende Kante ausübt und der Stein langsam sich entgegen der Fahrtrichtung neigt und entsprechend abgeschliffen wird. Beim Kraftwagenverkehr ist es das angetriebene Rad, das in der gleichen Richtung auf den Stein einwirkt (Abb. 140). Es liegt keine Veranlassung vor, bei Umpflasterungen Steine, die so abgenutzt sind, fortzuwerfen. Sie können wieder verwendet werden, wenn die Steine so eingepflastert werden, daß die Reihenfuge in der Fahrtrichtung geneigt ist, also entgegengesetzt der Lage, aus der die Steine aufgenommen worden sind (Abb. 141). Wird das nicht beachtet, so wird das Pflaster sehr bald eine sägeförmige Oberfläche erhalten. Im anderen Falle werden dieselben Kräfte, die in der ursprünglichen Lage den Stein gekippt haben, sie in der neuen Lage aufzurichten suchen und sie gleichmäßig abnutzen[121]. Um das Umkippen der Steine etwas zu erschweren, käme in Frage, beim Abrammen des neuen Pflasters den ersten Schlag auf den Stein gegen die Verkehrsrichtung zu führen. Die vorgeschlagene Maßnahme hat zur Folge, daß bei Fahrbahnen mit zwei Verkehrsrichtungen in zwei Hälften gepflastert werden muß und bei Aufbruch in ganzer Straßenbreite die beiden Pflasterkolonnen in entgegengesetzter Richtung arbeiten.

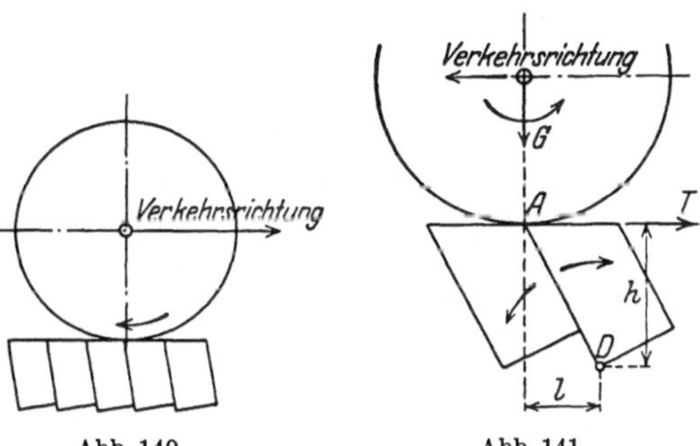

Abb. 140. Abb. 141.

Reihenpflaster, das wegen Abnutzung aus einer Straße mit schwerem Verkehr herausgenommen werden muß, kann in einer Straße mit geringerem Verkehr noch als Reihenpflaster IV. Klasse verwendet werden. Entspricht es dort den Anforderungen nicht mehr, wird es auf untergeordneten Wegen oder in Straßen mit nachgiebigem Untergrunde noch als Kopfsteinpflaster eingebaut. Hat es auch dort seine Pflicht erfüllt, können die Steine noch zu Kleinpflaster oder Schotter verarbeitet werden. Das ist wenigstens früher der Lebensweg eines Pflastersteines gewesen. Heute wird mit Erfolg unebenes Großpflaster mit Hartgußasphalt oder Colasteppich überzogen und kann dann als Unterbau für einen Kunstbelag ein Lebensalter erreichen, mit dem es alle anderen Pflasterarten übertrifft.

h) Pflasterung aus künstlichen Steinen.

1. Mansfelder Schlackensteine.

Neben den Pflastersteinen aus Naturgestein haben sich auch künstliche Steine im Straßenbau durchsetzen können, z. B. die Schlackensteine der Mansfelder A.-G. für Bergbau und Hüttenbetrieb. Dieses Werk fertigt aus den Schlakken der Erzverhüttung der Kupferschiefer, die in eiserne Formen gegossen werden und in denen sie langsam erstarren, $20 \cdot 10^6$ Steine jährlich $= 600000$ m² an, die in allen Teilen Deutschlands abgesetzt werden. Sie haben eine hohe Druckfestigkeit, sind aber wegen ihrer glasigen Beschaffenheit spröde. Sie sind nicht immer witterungsbeständig. Schlackensteine haben eine glatte Oberfläche und sehr regelmäßige Abmessungen. Sie eignen sich für Rinnenpflaster, Überwege in Steinschlagstraßen und Straßen mit nicht zu starkem Verkehr und wegen ihrer regelmäßigen Formen zur Einpflasterung in Straßenbahnkörpern. Es hält sich aber dort nicht besser als Großpflaster. Sein Vorteil ist nur der geringere Preis.

2. Klinkerpflaster.

Klinkerpflaster ist in Norddeutschland in den Provinzen Hannover, Schleswig-Holstein und in Oldenburg viel verwendet worden. In Holland und Nordamerika kann es zu den üblichen Pflasterarten gerechnet werden. Seine Anwendung hat sich überall dort als zweckmäßig und wirtschaftlich erwiesen, wo Hartgestein oder überhaupt Naturgestein schwer zu beschaffen ist. Auch im neuzeitlichen Straßenbau wird es nicht nur seine Stellung behaupten, sondern es muß nach den Erfahrungen in den V. St. A. angenommen werden, daß es sein Anwendungsgebiet erweitern wird.

α) Unterbau.

Tragfester Unterbau ist auch hier Vorbedingung für ein gutes Verhalten. Ehemalige Steinschlagstraßen geben, wenn sie fest eingefahren sind und ihr Querprofil gut nachgearbeitet und die Schlaglöcher beseitigt sind, eine zuverlässige Unterlage. Klinkerpflaster kommt daher auch als Verbesserung der Steinschlagstraßen in Betracht, wenn diese den Verkehr nicht mehr aufnehmen können. Bei neuen Straßen wird eine Betonunterbettung von 20—25 cm Stärke verwendet. Sonst gelten für den Unterbau alle jene Grundsätze, die schon bei den natürlichen Gesteinen gegeben sind.

β) Baustoff.

Die Abmessungen der Klinker sind etwas geringer als die des üblichen Ziegels.

Hamburger Klinker	220—105—50 mm	
Kieler Klinker	230—110—55 „	
Holland-Klinker	228—108—52 „	
Nordamerika-Ziegelformat	205—102—50 „	
Normalgröße der Vereinigten Klinkerfabriken	216—102—88 „	aus Schieferton,
	216—102—63 „	Ton,
	216—102—88 „	Schlackenstein.

Für die Beschaffenheit der Klinker ist Din. 105 maßgebend. Die Druckfestigkeit für zwei aus demselben Stein geschnittene, mit einer 1 cm starken Fuge aus Zementmörtel 1 : 1 zu einem würfelförmigen Körper zusammengesetzt, soll mehr als 300 kg/cm² betragen. Die Wasseraufnahme in 48 Stunden darf 5 Gewichtshundertteile nicht überschreiten. In den V. St. A. wird die Biegungsfestigkeit und Abnutzung in der Talbot-Jones-Schleifmaschine (A. S. T. M. 6—7—15) festgestellt. (Ausführungsvorschriften für Klinkerpflaster im Staate Nord-Carolina.)

γ) Verlegung.

Die Klinkerdecke bedarf eines seitlichen Randsteines, um zusammengehalten zu werden. In den V. St. A. werden Betonbordschwellen verwendet, die zugleich als Rinne ausgebildet sind (Abb. 142). Es genügen aber auch Randsteine gemäß Din. 482. Die Klinker werden nicht unmittelbar auf den Unterbau gelegt, sondern erhalten in jedem Fall eine Unterlage von 2—5 cm Stärke aus Sand, dessen Korngröße über 6 mm nicht hinausgehen darf. Das U. S. B. of P. R. in Washington hat auf der Versuchsstraße in Arlington neuerdings Versuche mit Klinkerpflaster vorgenommen, um festzustellen, welche Stärke die Decke haben muß, da das Bestreben besteht, die Klinker mit möglichst geringer Stärke zu verlegen. Die Ergebnisse dieser Versuche[122] werden im folgenden berücksichtigt werden. Die Flächen sind mit Lastkraftwagen bis zu 5 t Radlast sogar mit Kettenbespannung befahren und das Verhalten der Decken an der Zahl der geborstenen Steine bewertet worden. Empfohlen wird, das Sandbett nicht über 20 mm stark zu machen. Die Gründe sind wohl dieselben, die auch beim Kleinpflaster für ein schwaches Sandbett sprechen.

In Europa ist der Klinker zumeist hochkant verlegt worden. Diese Bauweise ist auch in den V. St. A. bisher üblich gewesen. Aber neuerdings haben die Erfahrungen in vielen Städten und auf der Versuchsbahn in Arlington erwiesen, daß Klinkerdecken von 63 mm Stärke, also flach gelegt, schwereren Verkehr aushalten können und von 50 mm Stärke noch für mittleren Verkehr geeignet sind, wenn der Unterbau durchaus fest ist. Das Sandbett wird in der vorgeschriebenen Stärke ausgebreitet und die Klinker darauf dicht an dicht verlegt. Es wird vermieden, die Steine über das Sandbett mit Karren zu fahren, sondern die Steine werden zu beiden Seiten längs der Straße aufgestapelt und auf einer Rutsche dem Arbeiter zugeführt, der die beste Seite aussucht und sie nach oben legt. An der Bordkante wird eine Dehnungsfuge von 12 mm bei 6 m, 6—9 m 20 mm, über 9 m 25 mm Breite vorgesehen, indem ein entsprechend starkes Brett eingelegt wird, das nach dem Verlegen herausgezogen wird, damit die Reihen sich nach der Seite bei starker Sonnenbestrahlung ausdehnen können. Diese Fuge ist nicht allgemein üblich. Im gemäßigten Klima genügen zwei Längsreihen an der Bordkante, die in ihren Längsfugen einen gewissen Spielraum bieten. Es werden nur volle Steine verlegt. Um einen Verband herzustellen, werden in jeder zweiten Reihe auch halbe Steine als Anfänger zugelassen. In Krümmungen werden von Zeit zu Zeit Keile eingesetzt. Das verlegte Pflaster wird darauf mit einer Walze von 3—5 t Gewicht abgewalzt. Die Walze arbeitet von den Seiten nach der Mitte, dann aber auch diagonal. Die Oberfläche soll völlig eben sein, und bei Auflegen eines Richtscheites von 3 m Länge dürfen keine Vertiefungen über 6 mm vorhanden sein. Etwa geborstene Steine müssem ersetzt werden. Alsdann werden die Fugen ausgefüllt. In Deutschland wird als Fugenfüllstoff Sand eingeschlämmt. In den V. St. A. wird Zementmörtel oder Asphalt verwendet. Dieselben Erfahrungen an den Zementfugen, die beim Großpflaster dazu geführt haben, daß diese Bauweise verlassen und die Ausfüllung mit Asphalt oder Pechöl bevorzugt wird, sind auch bei den Klinkern gemacht worden. Bei Verwendung von Zementmörtel hat es sich als notwendig erwiesen, wie bei den Betonstraßen, in Abständen Dehnungsfugen anzuordnen. Diese können unterbleiben, wenn als Fugenausfüllung Asphalt genommen wird. Dieser Asphalt wird mit 175° C in die Fugen eingegossen und mit Gummischiebern über das Pflaster ausgebreitet. Es wird aber davor gewarnt, einen Asphaltüberzug auf der Decke entstehen zu lassen. Eine Abrundung der Kanten wird gelegentlich

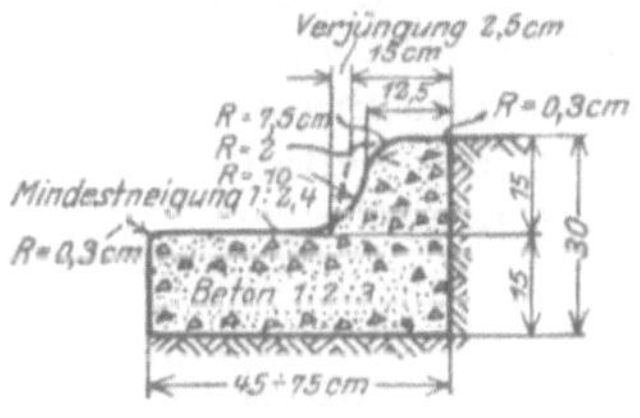

Abb. 142.

beobachtet, die aber auf einen zu großen Fugenabstand zurückgeführt werden muß.

Von der Klinkerdecke gilt dasselbe wie von allen anderen Kunstdecken, daß sie selbst starken Kraftwagenverkehr aushält, wenn die Oberfläche eben ist und keine Stöße entstehen können. Wird eine Decke aus guten Klinkern von vornherein dicht und völlig eben verlegt, dann erleidet sie unter dem Kraftwagenverkehr mit Gummibereifung keine merkliche Abnützung und zeigt eine hohe Lebensdauer.

δ) Unterhaltung.

Sie erstreckt sich lediglich auf den Ersatz gebrochener Steine, auf Nachfüllen der Fugen und der Dehnungsfugen am Bordstein und ist daher mit geringem Aufwand durchzuführen.

Vorteilhaft ist an der Klinkerdecke ihre Rauhigkeit zufolge der dichtliegenden Fugen, so daß Klinkerbahnen besonders in steilen Strecken in den V. St. A. anzutreffen sind.

3. Getränkte Kalksandsteine.

Als Ersatz für Klinker werden jetzt mit Asphalt getränkte Kalksandsteine benützt. Die Festigkeit und Härte der Kalksandsteine ist hinlänglich bekannt, so daß ihre Brauchbarkeit als Pflastersteine nicht von der Hand zu weisen ist. Nach dem Verfahren der Elbinger Maschinenfabrik F. Komnick werden die Kalksandsteine nach der Erhärtung in einen Tränkkessel gebracht und hier unter Vakuum durchtränkt. Der Stein nimmt etwa 1 kg Asphalt auf. Auf fester Unterbettung flach auf ein Sandbett von etwa 2 cm Stärke und mit Asphalt vergossen, wird eine solche Decke der Klinkerstraße ebenbürtig sein. In Ostpreußen sind schon vielversprechende Versuche mit den Kalksandsteinen gemacht worden. Ihre weitere Verbreitung ist dort anzunehmen, wo es an jedem anderen Straßenbaustoff fehlt, Verhältnisse, wie sie in Norddeutschland bestehen, wo nur Sand in guter Beschaffenheit und reichlich vorhanden ist. Ob der Kalksandstein unter anderen Verhältnissen den Wettbewerb mit den anderen Straßenbaustoffen aufnehmen kann, muß noch dahingestellt bleiben.

4. Andere künstliche Pflasterdecken.

Von den vielen Versuchen, künstliche Steine für Fahrdämme herzustellen, haben nur wenige zu Erfolgen geführt. Lediglich in Straßen mit geringem Verkehr haben sich solche Ersatzbauweisen halten können. Verwendet sind die Vulkanolsteine — ein Plattenbelag, dessen Schwäche die Kanten an den Fugen sind. Auch die neu eingeführten Ara-Quarzitplatten, von denen eine Probestrecke auf der Straße Leipzig—Merseburg und eine andere auf der Königin-Augusta-Straße in Berlin liegen, zeigen nach kaum einjähriger Liegedauer Zerfallserscheinungen an den Kanten, obwohl die Platten selbst eine hohe Druckfestigkeit und geringe Abnutzung[123] aufweisen. Über ähnliche Erzeugnisse, wie Vulkanexsteine — aus Müllschlacke mit Asphalttränkung — und Schmelzbasalt, dessen Zustand auf der Straße Köln—Düsseldorf nach etwa dreijähriger Liegedauer nicht befriedigt, sollen weitere Angaben nicht gemacht werden, solange ihre Brauchbarkeit nicht zuverlässig nachgewiesen ist. Pflasterarten mit Fugen sind stets gefährdet, es sei denn, daß der Baustoff solche Widerstandsfähigkeit besitzt, wie es bei guten Naturgesteinen der Fall ist. Denn an den Fugen lassen sich selten Unebenheiten vermeiden, die dann zu Stößen und Kantenabsplitterungen führen. Das Schwergewicht des neuzeitlichen Kunststraßenbaues liegt im fugenlosen Pflaster, zumal nur bei diesen Deckenarten ein schneller Baufortschritt zu erzielen ist.

i) Holzpflaster.

Die geschichtliche Entwicklung des Holzpflasters ist sehr anschaulich in der Schrift ,,Das Holzpflaster in London" von Dr.-Ing. e. h. Heinrich Freese, der sich um technische Durchbildung des Holzpflasters in Deutschland sehr verdient gemacht hat, behandelt. Es sei auf diese Schrift verwiesen [124]. Die Bewertung, die das Holzpflaster in den verschiedenen Zeitläuften gefunden hat, ist schwankend gewesen. Die heutige Auffassung ist wohl die, daß das Holzpflaster ein sehr brauchbares Straßenpflaster ist, daß es sich wegen seines geringen Gewichtes und Elastizität für Brücken besonders eignet, seine hygienischen Vorzüge, Geräusch- und Staubarmut und leichte Reinigung es für Kurorte und vor öffentlichen Gebäuden sehr empfehlen und seine Anwendung im Gleiskörper der Straßenbahnen und für Reitwege sich als zweckmäßig erwiesen hat. Seine Rauhigkeit hat bewirkt, daß es in Städten auf steilen Straßen mit Vorliebe verlegt worden ist, wo Stampfasphalt wegen seiner Glätte ausscheidet. Wieweit der Übergang zum Kraftwagenverkehr die Verwendung des Holzpflasters beeinflussen wird, ist noch nicht klar zu übersehen. Die Vor- und Nachteile werden in den folgenden Ausführungen nach dieser Richtung hin besonders behandelt werden.

1. Baustoff.

Es können nur sehr dicht gewachsene Hölzer für Zwecke der Straßenpflasterung verwendet werden. Erfahrungen liegen in europäischen Ländern — Deutschland, England, Frankreich, Österreich — mit der schwedischen oder nordischen Kiefer, die als Weichholz bezeichnet wird, mit der steyrischen Lärche und den australischen Harthölzern vor. In den V. St. A. werden außerdem Yellow pine (pinus ponderosa) Douglas-Föhre und Tamarack (Larix laricina) für Pflasterzwecke zugelassen. Verwendet werden auch: europäische Lärche, norwegische Kiefer. Die lange bestehenden Meinungsverschiedenheiten über Brauchbarkeit der einzelnen Holzarten sind wohl jetzt zugunsten der Weichhölzer entschieden worden. Das australische Hartholzpflaster wird aus verschiedenen Baumarten gewonnen, die aber alle zu den Eukalyptusarten gehören, z. B. Red Gum (Eucalyptus saligna), Blackbutt (E. pilularis), Blue Gum (E. botroides), weißer Buchsbaum (E. albeus), Tallowwood (E. microcorys), Jarrah (E. marginata) Karri (E. diversicolor). Von diesen Arten sind in Deutschland verlegt worden: Tallowwood, Blackbutt und Jarrah. Die genannten Holzarten sind keineswegs gleichwertig. Die drei in Deutschland verlegten Arten haben als die besseren Sorten gegolten, von denen wiederum Tallowwood als das beste, auch nach den Erfahrungen in Australien, selbst bezeichnet worden ist. Demnach ist Tallowwood zumeist mit Blackbutt gemischt geliefert worden [125]. Das australische Holz ist so fest gewachsen, daß es z. T. ein Raumgewicht hat, das über 1 liegt. Eine Tränkung ist unmöglich, da es Tränkmasse nicht aufnimmt. Die Druckfestigkeit ist hoch und die Abnutzung gering. Wegen seiner Dichte nimmt es Wasser, solange es noch jung ist, nicht an, treibt also nicht, wie es sonst bei Holz und beim Pflaster aus Weichholz der Fall ist. Dagegen hat es die nachteilige Eigenschaft, daß es im Laufe der Zeiten sehr schwindet. Australisches Hartholz, zumeist Tallowwood und Blackbutt, das auf dem Kaiserdamm in Charlottenburg im Jahre 1907 in großem Ausmaß verlegt worden ist, ist im Jahre 1921, trotz einer im Jahre 1914 vorgenommenen Umlegung, so zusammengeschwunden, daß die Klötze einzeln herausgenommen werden konnten. In diesem Zustande hat es dann auch Wasser aufgenommen und infolgedessen stark gearbeitet. Das ist darauf zurückzuführen, daß das räumlich schwere Holz, d. h. dasjenige, das die größte Menge an Holzsubstanz auf die Raumeinheit besitzt, am stärksten quillt und schwindet. Diese Erscheinung hat sich in anderen Fällen sowohl in Deutschland wie in anderen Ländern noch in viel kürzerer Zeit als in Charlottenburg gezeigt, so daß in den europäischen

Ländern australisches Hartholz für Pflasterungszwecke als unbrauchbar angesehen wird. In Paris sind die Hartholzpflasterungen bereits nach 6 Jahren zerstört gewesen (III. I. Str. K., Ber. 31), weil die locker gewordenen Klötze durch die Schläge, die sie unter dem Verkehr erleiden, den Beton darunter zermürbt hatten. Die gleichen Vorgänge sind auch in Charlottenburg beobachtet worden.

Behauptet hat sich dagegen das Weichholzpflaster vor allem aus der schwedischen Kiefer. Dieses Holz wächst auf dem steinigen Boden sehr langsam, Stämme von 30—35 cm Durchmesser haben ein Alter von 150—200 Jahren. Die Jahresringe liegen demnach sehr dicht beieinander. Je älter das Holz ist, desto fester ist der Kern. Darum werden die Stämme aus größerer Wachstumszeit vorgezogen. Das Holz für die Pflasterklötze wird in Bohlen von 3 Zoll = rd. 8 cm Stärke geliefert. Die Bohlen aus Stämmen hohen Alters haben etwa 9 Zoll = 23 cm Breite. Sie sind die wertvollsten. Schmälere Bohlen stammen von Stämmen von geringerer Lebensdauer und geben daher keine so dichten Klötze. Aus den Bohlen werden die Klötze geschnitten. Die Bohlenbreite bestimmt daher die Klotzlänge. Um daher stets Klötze aus dichtem, hochwertigem Holz zu erhalten, ist es zweckmäßig, vorzuschreiben, daß die Klötze nicht kürzer als 20 cm sein sollen. Dann ist Gewähr gegeben, daß nur dicht gewachsenes Holz geliefert wird.

Die Höhe der Klötze beträgt 10—13 cm. Aus Ersparnisgründen wird die geringere Höhe von 10 cm bevorzugt, nachdem es gelungen ist, durch Tränkung der Klötze die Widerstandsfähigkeit des Holzes gegen die Einflüsse der Witterung und des Verkehres zu erhöhen. Als Tränkungsmasse ist in den letzten Jahrzehnten nur noch Teeröl verwendet worden, das nicht so leicht wie Salze, die außerdem das Holz zerstören, aus dem Holz ausgewaschen wird. Die früher nur im Eintauchverfahren getränkten Klötze werden jetzt entweder im Bethell- oder im Rüpingverfahren durch und durch getränkt. Beim englischen Bethellverfahren werden die Holzklötze in großen verschlossenen Kesseln unter Luftleere gesetzt, um ihnen das Wasser zu entziehen und die Poren luftleer zu machen. Dann wird unter Druck von 7—10 kg/cm² heißes Teeröl 6—7 Stunden lang in die Klötze gedrückt. Diese Tränkungsart, falsch ausgeführt, hat den Nachteil, daß die Klötze zuviel Teeröl aufnehmen, bis zu 300 kg auf den Festmeter, und daß sie dann bei Wärme das Teeröl ausschwitzen. Verfasser hat im Jahre 1912 in den V. St. A., vor allem in Chikago, Holzpflasterstraßen gesehen, die mit einer flüssigen Schicht Teeröl bedeckt gewesen sind, so daß erhebliche Übelstände sich daraus ergeben haben[127]. Im Bericht 30 zum III. I. Str. K. wird auch die in den V. St. A. zugelassene Ölmenge zu 230—330 kg/fm Holz angegeben. Wegen der sich daraus ergebenden Mißstände ist Holzpflaster nach Feststellungen des Verfassers im Jahre 1925 in den V. St. A. weniger verwendet worden. Die richtige Tränkung muß so erfolgen, daß 1 fm Holz nur etwa 140—160 kg Teeröl (nach Freese bis 190 kg) aufnimmt. Das in England angewendete Bethellverfahren ist auch nach dieser Richtung hin verbessert worden. In Deutschland wird das Rüpingverfahren bevorzugt, bei dem die Klötze im Kessel erst unter Druck von 2—3 kg/cm² gesetzt werden, dann wird mit Drucksteigerung auf 5—6 kg/cm² heißes Teeröl in die Klötze gepreßt und darauf Unterdruck von 50—60 mm Quecksilbersäule hergestellt, so daß die in den Zellen zusammengepreßte Luft das überflüssige Teeröl wieder herausdrückt. Durch Regelung von Luftdruck und Unterdruck kann beliebig die Teeraufnahme beeinflußt werden. Die Teerölaufnahme beträgt gewöhnlich nur etwa 110 kg auf den Festmeter. Es werden nur die Zellwände mit Teeröl getränkt und damit gegen die Angriffe des organischen Lebens, d. h. vor Fäulnis geschützt. Die Teersäuren sollen die Eiweißstoffe der Holzmasse zum Gerinnen bringen, so daß Fäulnispilze auf ihnen keinen Nährboden mehr finden.

Große Teeraufnahme beim Bethellverfahren füllt die Holzzellen und verhindert die Wasseraufnahme, so daß die Klötze weniger treiben als beim eingeschränkten Bethell- und Rüpingverfahren. Dem steht der Nachteil des starken Teerausschwitzens gegenüber.

Das Arbeiten des Holzpflasters, d. h. die Ausdehnung bei Wasseraufnahme und das Schwinden bei Austrocknung, ist ein Nachteil des Holzpflasters, der durch die Tränkung durch und durch zwar gemäßigt ist, aber nicht ganz beseitigt werden kann. Es hängt auch von der Dichte des Holzes ab. So zeigt z. B. die steyrische Lärche (Larex europea) ein sehr dicht gewachsenes Holz, das bei der Tränkung nur etwa 80 kg Teeröl aufnimmt, in den ersten Lebensjahren keine Bewegung, sobald aber die oberen Schichten abgefahren sind und die Oberfläche sich dem Kern nähert, an den bei der Tränkung weniger Teeröl herangekommen ist, fängt auch dieses Holz stark an zu arbeiten, so daß die Lebensdauer dieser an sich sehr brauchbaren Holzart dadurch frühzeitig zu Ende geht, ehe die Klötze selbst weit abgenutzt sind. Um eine Gewähr für dichtes Holz zu haben, wird bisweilen vorgeschrieben, daß auf eine gegebene Länge eine bestimmte Anzahl von Jahresringen entfallen müssen, z. B. nach englischer Vorschrift auf 1 Zoll mindestens fünfzehn Jahresringe.

Im allgemeinen pflegt man Holz im Bauwesen nur zu verwenden, nachdem es abgelagert ist. Freese und Vespermann sind daher der Ansicht, daß auch das Holz zur Pflasterung wenigstens 6 Monate abgelagert haben muß. Englische Ingenieure verlangen dagegen ausdrücklich frisches Holz. Es herrschen demnach hier Meinungsverschiedenheiten, die insofern wenig belangreich erscheinen, weil das Holz getränkt wird und die damit verbundene Behandlung ähnliche Vorgänge wie die Ablagerung bewirkt.

Selbst das dichteste Holz zeigt noch Ungleichheiten in der Masse, z. B. Äste, so daß Heinrich Freese in seinem Werk eine Aussonderung der Klötze nach drei Arten vornimmt. Das dichte Holz — Klasse I — wird für die Fahrdammitte bestimmt, die Klasse II für die Fahrdammseiten und Klasse III, das am wenigsten dichte Holz, für die Längsreihen an der Bordschwelle. Die Abmessungen der Klötze betragen: Stärke 8 cm. Damit die Längsfugen glatt durchlaufen können, sind Abweichungen nicht zugelassen. Länge: nicht unter 20 cm, damit nur ausgewachsenes Holz verwendet wird. Höhe: zwischen 13—10 cm.

Die Bestrebungen gehen dahin, die Höhe einzuschränken. Die Höhe wird in erster Linie von der Abnutzung abhängen. Diese ist in Charlottenburg bei Weichholz im Verlaufe von 15 Jahren zu rd. 5 cm gemessen worden, bei Hartholz zu 0,6 cm. In Paris hat allerdings die Abnutzung in 12 Jahren nur 15 mm betragen. Es wird damit gerechnet werden können, daß der gummibereifte Kraftwagenverkehr eine wesentlich geringere Abnutzung der Klötze bewirken wird. Die Tiefbauverwaltung von Paris hat deshalb die Klotzhöhe für die Zukunft von 12 auf 10 cm herabgesetzt und rechnet mit der Möglichkeit, sie in Zonen geringeren Verkehres, z. B. innerhalb der Straßenbahngleise, auf 8—6 cm weiter ermäßigen zu können. Für eine größere Klotzhöhe spricht der Umstand, daß die Klötze, wenn sie an der Oberfläche abgefahren sind, durch Umdrehen noch einmal benutzt werden können. So haben die 12 cm hohen Klötze auf dem Schloßplatz in Stuttgart im Verlaufe von 15 Jahren um 2 cm an Höhe verloren. Da sie ursprünglich 12 cm hoch gewesen sind, hat man sie durch Umdrehen noch einmal benutzen können, was bei niedrigeren Klötzen kaum möglich ist. Aus diesem Grunde hat auch die Tiefbauverwaltung Stuttgart bei einer Neupflasterung in der Königstraße wieder 12 cm hohe Klötze eingebaut. Der Kraftwagenverkehr wird demnach sicherlich eine Verringerung der Klotzhöhe gestatten, dafür aber, wie im folgenden nachgewiesen, eine Verstärkung des Unterbaues erfordern.

2. Unterbau.

Für Holzpflaster wird nur Beton als Unterbau verwendet, der an der Oberfläche nach dem Deckenprofil genau abgeglichen wird, damit die Klötze völlig eben liegen. Es wird zumeist die Betonoberfläche mit einem haltbaren Glattstrich (1 : 3) versehen, um eine unbedingt ebene Fläche zu erzielen. Verfasser hat aber stets die Erfahrung gemacht, daß diese 2—3 cm starke Schicht an dem unteren Beton schlecht anbindet und sich in großen Schalen abtrennt und dann leicht zerbröckelt. An dieser Stelle setzt dann die Zerstörung der Decke ein. Es erscheint daher zweckmäßiger, die Zementmenge der Glätteschicht der ganzen Betondecke zuzugeben und die Oberfläche gut abzuziehen. Ein Beton im Mischverhältnis 1 : 7 bis 1 : 6 läßt sich sehr wohl an der Oberfläche glätten, wenn die nötige Sorgfalt darauf verwendet wird. Die Ausführung der Betondecke muß genau nach den gleichen Grundsätzen erfolgen, die schon bei den Asphalt- und Betonstraßen angeführt sind. Der Beton muß erst völlig erhärten unter Feuchthalten, ehe die Holzdecke aufgebracht werden darf. Wesentlich ist die Stärke. Sie hat ursprünglich mit Glattstrich 20 cm betragen. Sie ist aber im Laufe der Zeit wegen der durch den Verkehr schwerer Lastkraftwagen und Kraftomnibusse eingetretenen Beanspruchungen bis auf 40 cm gesteigert worden. Es sind das dieselben Vorgänge, die bereits im Abschnitt Asphaltstraßen eingehend behandelt worden sind (S. 184). Auf die dortigen Ausführungen wird verwiesen. Das Holzpflaster verlangt aus dem Grunde einen noch kräftigeren Unterbau, weil infolge der Fugen und der Unebenheiten, die leicht durch weiche oder angefaulte Klötze entstehen können, starke Stöße bewirkt werden, die nur von sehr kräftigen Betondecken aufgenommen werden können. Daß der Betonunterbau nur auf einem tragfähigen Boden aufgelegt werden kann, ist in den früheren Abschnitten hinreichend oft betont worden. Holzpflaster kann daher nur auf völlig sicherem Untergrund verlegt werden. In weichen Bodenarten und im Bergbausenkungsgebiet ist Holzpflaster ausgeschlossen.

3. Das Verlegen des Holzpflasters.

Hartholzpflaster ist im allgemeinen mit engen Fugen verlegt worden. Die Klötze werden in heiße Ausgußmasse getaucht und dann dicht an dicht gesetzt. Die Längsfugen müssen glatt durchgehen; die Stoßfugen werden um eine halbe Klotzlänge versetzt. Es bleiben dünne Fugen zwischen den Klötzen, die mit heißer Ausgußmasse ausgefüllt werden. In der Annahme, daß bei dieser Verlegungsart die Fugen nicht genügend ausgefüllt werden können, hat man bei Weichholz die Klötze nur an den schmalen Stoßfugen eng aneinandergesetzt, dagegen haben die Längsfugen durch Einlegen von Leisten eine größere Breite erhalten. Die Leisten haben eine Höhe von 25 mm und eine Stärke von 5 mm. Der obere Teil der Fuge ist mit Zementmörtel ausgegossen worden. Für diese Fugenanordnung und die Zementmörtelfüllung führt Freese in seiner Schrift viele gute Gründe an. Dennoch ist die Praxis dazu übergegangen, auch das Weichholz mit engen Fugen (Preßfugen) zu verlegen, auf die Gefahr hin, daß die engen Fugen nicht ganz gedichtet werden können und Wasser in und unter die Holzdecke gelangt. Weichholz wird heute so verlegt, daß entweder die getränkten Klötze trocken gegeneinander gestellt werden, oder daß sie nur durch Eintauchen in heiße Ausgußmasse an einer Schmal- und einer Längsseite mit Kittmasse benetzt werden, das sind die beiden Flächen, mit denen der Klotz gegen die schon verlegten Reihen gedrückt wird, oder daß die untere Hälfte des Klotzes in Ausgußmasse getaucht wird. In allen Fällen wird nach dem Verlegen die Oberfläche angestrichen, damit die Fugen noch von oben gedichtet werden. Als Ausgußmasse soll eine Mischung von Anthrazenöl und Pech verwendet werden, die dem präparierten Teer entspricht (S. 141). Sie wird durch Zusatz von Asphalt noch verbessert. Die Verlegung der Holzklötze kann wegen der Empfindlichkeit der Teermasse gegen Feuchtigkeit nur bei trockenem Wetter erfolgen. Um von der Witterung unabhängig zu sein, verwendet Heinrich Freese ein Zelt, das auf Schienen läuft und in dessen Schutz die Verlegungsarbeit vorgenommen werden kann. In Paris hat man bei feuchter Witterung als Klebemasse die Asphaltemulsion Colas zum ersten Male gebraucht und damit günstige Erfolge erzielt. Von den beiden Verlegungsarten — Längsfugen normal oder diagonal zur Straßenachse — hat sich die erstere überall durchgesetzt. Sie wird heute in London, Paris und Berlin nur noch angewendet. An der Bordkante werden zwei oder drei Reihen Klötze parallel mit ihr verlegt. Beim Weichholz muß von vornherein auf die Ausdehnung des Holzes beim Verlegen Rücksicht genommen werden. Geschieht das nicht, so besteht die Gefahr, daß beim ersten Regen das Holzpflaster, wenn es an allen Seiten eingespannt ist, sich nach oben wirft und Buckel bildet, die höchst verkehrsgefährlich sind. Um solche Bewegungen von vornherein auszuschalten, läßt Heinrich Freese beim Verlegen am Bordstein einen größeren Abstand und spart in der Decke in geringerer Entfernung Reihen aus. In diese Räume drängt das Holzpflaster, das angefeuchtet wird. Sobald es zum Stillstand gekommen ist, werden erst die dann noch verbliebenen Lücken geschlossen, gegebenfalls durch Rollschichten, d. h. Klotzreihen, deren Längsfugen parallel mit der Straßenachse verlaufen. Am Bordstein verbleibt eine Dehnungsfuge von 3—5 cm Dicke, die unten mit Sand, oben mit Ton gefüllt wird (Abb. 143).

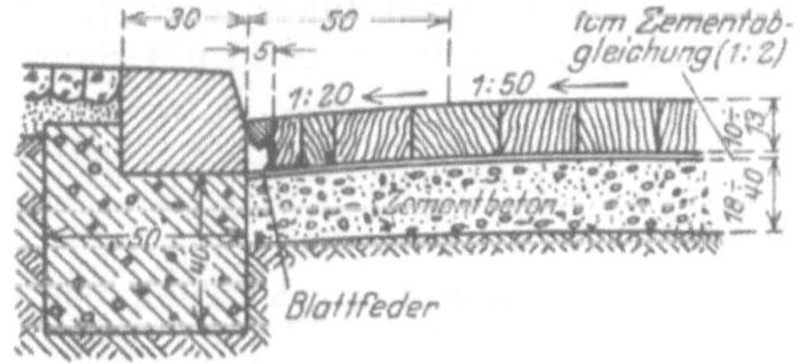

Abb. 143.

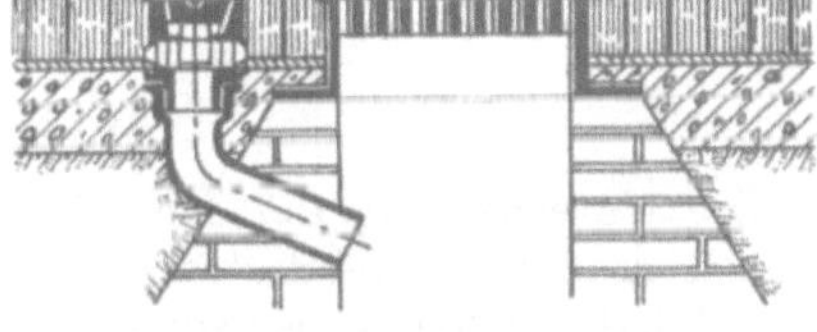
Abb. 144. Entwässerung des Holzpflasters.

Sie soll dem Holzpflaster seitliche Ausdehnung gestatten und ein Umwerfen oder Verschieben der Bordkanten unter dem Druck des sich infolge Feuchtigkeitsaufnahme ausdehnenden Holzpflasters verhindern. Die der Bordkante zunächst liegende Längsreihe wird unter Umständen erst 2 Wochen nach Verlegung des Pflasters geschlossen und die Tonfuge hergerichtet.

Wasser ist zweifellos der größte Feind des Holzpflasters. Es gelangt durch die Fugen unter die Holzdecke und kann von dort sein Zerstörungswerk beginnen. Deshalb sind mannigfache Vorkehrungen getroffen, um eine Abführung des Wassers zu ermöglichen. Auf Straßen mit Gefällen wird das Wasser nach dem Rande zu abzufließen suchen. Es kann dort in die Rinnenschächte abgeführt werden. Zu diesem Zweck hat Heinrich Freese eine Abflußmöglichkeit nach dem Rinnenschacht ausgebildet, die mit einem kleinen Schachtdeckel versehen ist (Abb. 144), G. M. 521 416/1912 und 547 848/1913, um das Rohr reinigen zu können. Verfasser hat die Wirksamkeit dieser Abflußleitungen an verschiedenen Stellen beobachtet, aber ein klares Bild nicht gewinnen können. Es ist zu beachten, daß mit dem Wasser viel Schlamm unter die Decke gelangt, die den Wasserabfluß hindert. Demnach kann besonders auf Straßen mit Gefälle die Verwendung dieser Entwässerung empfohlen werden. In einem Falle hat Verfasser zur besseren Ableitung des Wassers in geringer Entfernung von der Bordkante im Beton eine Rinne 3 × 3 cm ausgespart, in der das Wasser einen besseren Abfluß finden sollte. Um sie reinigen zu können, ist ein starker verzinkter Draht eingelegt worden. Ein besonderer Erfolg hat nicht festgestellt werden können. Eine ähnliche Anordnung hat Dr.-Ing. Henneking auf der Bonner Rheinbrücke getroffen[128].

Es ist ferner an Rampen beobachtet worden, daß das unter die Decke gelangte Wasser an den Fuß der Rampen fließt und sich dort aufstaut, wenn die anschließende Befestigung, z. B. Stampfasphalt, wegen der höheren Lage der Betonunterbettung den Abfluß verhindert. An diesen Stellen ist das Holzpflaster schneller in Fäulnis geraten und hat stark gegen das anschließende Pflaster gedrängt, vornehmlich auf der Seite des Talverkehres. Um das Wasser abzuführen und den Druck des Holzpflasters aufzuhalten, ist eine Anlage nach Abb. 145 am Fuß der Rampen getroffen worden[129]. Statt der Rinne aus U-Eisen hat Verfasser eine Klinkermauerung, deren obere Lage nach innen auskragt, angewendet. Das Wasser, das sich in der Rinne ansammelt, wird nach einem Rinnenschacht abgeführt. Zur Spülung ist am anderen Ende ein Schacht mit eisernem Decken-(Lampenloch-) verschluß eingebaut, so daß mit Spülwasser und Draht der Kanal gereinigt werden kann.

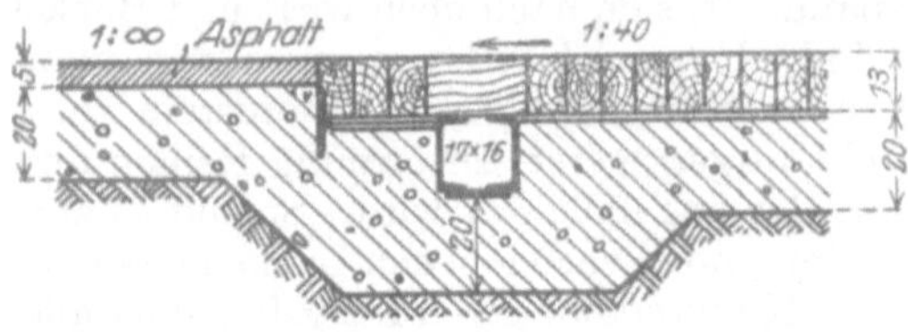

Abb. 145. Anschluß von Holzpflaster an Asphalt.

Die Nachgiebigkeit der Tonfuge ist schwer aufrechtzuerhalten, weil leicht Fremdkörper hineingeraten. In England wird die Fuge nur mit Sand ausgefüllt. Um ihre Nachgiebigkeit zu erhalten, wird in Berlin eine verzinkte Metallfeder nach Abb. 143 eingelegt, die unten einen Hohlraum läßt und nur oben mit Sand, Ton oder Asphalt ausgefüllt wird.

4. Unterhaltung.

Die Unterhaltung des Holzpflasters ist in deutschen Städten vielfach nach dem Muster der Asphaltstraßenunterhaltung dem Unternehmer, der die Straße gebaut hat, in der Weise übertragen, daß er für einige Jahre sie unentgeltlich, dann gegen eine feste Gebühr zu übernehmen hat. Dies Verfahren hat sich nicht bewährt. Sobald das Holzpflaster älter wird und seine Unterhaltung umfangreiche Erneuerung erfordert, suchen die Unternehmer sich ihren Verpflichtungen zu entziehen oder besondere Gründe für die Schäden am Pflaster festzustellen, deren Beseitigung nicht unter ihren Vertrag fällt. Zweckmäßiger ist es, die unentgeltliche Unterhaltung für einige Jahre beizubehalten, dann aber nur einen bestimmten Umfang dem Unternehmer gegen Bauschgebühr zu übergeben. Darunter rechnet: Dauernde Unterhaltung der Tonfuge, damit das Holzpflaster sich bewegen kann, ohne die Bordschwellen zu verdrücken oder umzukanten. Ferner die Beseitigung einzelner fauler Klötze, etwa bis zu sieben an einer Stelle. Trotz größter Vorsicht bei der Auswahl gelangen schwache Klötze in die Decke, die bald zu faulen beginnen. Werden sie schnell beseitigt, hat das keine Gefahr für die Decke. Da aber leicht die benachbarten Klötze angesteckt oder beschädigt werden, wenn der Ersatz nicht sofort erfolgt, so empfiehlt es sich, auch den Ersatz der benachbarten sechs — zwei in der Reihe des angefaulten und je zwei in den angrenzenden Reihen — vorzusehen. Größere Umlegungen sollen gegen Entschädigung erfolgen.

In die Unterhaltung gegen Bauschgebühr ist auch noch der Bewurf mit Grus und das Teeren der Oberfläche einzuschließen. Um das Hirnholz der Klötze an der Fahrfläche zu festigen, wird Hartgestein in Grusform auf die Decke gestreut, das vom Verkehr in das Holz gedrückt wird, und damit der Widerstand des Hirnholzes gegen Abnützung erhöht. Heinrich Freese hat früher einen solchen Bewurf mit Porphyrgrus zweimal im Jahre vorgenommen. Der Kraftwagenverkehr verbietet aber solche Abdeckung wegen des Umherschleuderns der Gesteinsteile und der Staubbildung. Zweckmäßiger ist es, die Decke zu teeren und dann den Teer mit Grus- oder Kiesbestreuung zu binden. Das Teeren wird jetzt, wie Verfasser Gelegenheit gehabt hat festzustellen, in London und Paris angewendet.

Die Lebensdauer des Weichholzpflasters hängt viel von der Unterhaltung ab. Sie wird im allgemeinen auf 12 Jahre angegeben. Sie ist aber selbst bei starkem Verkehr vielfach größer gewesen. Ist das Holzpflaster stärker abgefahren, daß sich ein Umlegen und Umdrehen nicht mehr lohnt, ist es trotzdem möglich, das Pflaster noch einige Jahre zu erhalten. Man vermeide aber dann das Herausnehmen und den Ersatz größerer Flächen und begnüge sich mit Unterhaltung der Tonfuge, Bewurf mit grobem Kies und Auswechseln einzelner Klötze. Nach den Erfahrungen des Verfassers kann die Aufnahme einer größeren Fläche den Bestand der ganzen Decke gefährden, weil das neue Pflaster sich schwer in die alte verfilzte Decke einpassen läßt und nur ihren Verband lockert.

Das Arbeiten des Holzes kann dadurch eingeschränkt werden, daß es dauernd ausreichend feucht bleibt. Im Winter ist genügend Feuchtigkeit vorhanden. Im Sommer muß sie durch Besprengung dem Pflaster zugeführt werden. Durch Waschen werden die Holzpflasterdecken daher nicht nur gereinigt, sondern auch in ihrem Bestande erhalten.

Besondere Schwierigkeiten bietet die Unterhaltung der Betonunterbettung. Es zeigt sich in noch stärkerem Maße beim Holzpflaster die schon beim Asphaltpflaster behandelte Erscheinung, daß Betondurchbrüche, die durch die Stoßwirkungen des Verkehres entstanden sind, sehr schwer wiederherzustellen sind und meist die Folge weiterer Durchbrüche sind. Außerdem muß der Verkehr von den Ausbesserungsstellen ferngehalten werden, bis der Beton genügend erhärtet ist, was selbst bei Verwendung von Beton mit hoher Anfangsfestigkeit einige Tage erfordert. Die Stadtverwaltung von Paris ist deshalb dazu übergegangen, bei Durchbrüchen die Versackungen mit Hartgußasphalt auszufüllen und hat damit nach dem neuesten Bericht große Erfolge erzielt, vor allem in der wesentlichen Abkürzung der Straßensperrung. Diese Arbeiten können auch bei Nacht ausgeführt werden. In Deutschland ist dieses Verfahren schon seit Jahren bei der Ausbesserung der Unterbettung von Stampfasphalt angewendet worden.

5. Anwendungsgebiet.

Der hohe Preis des Holzpflasters hat seine Anwendung in Deutschland stark eingeschränkt, vielfach ist Holzpflaster durch andere Pflasterarten ersetzt worden (S. 276). In London und Paris ist Holzpflaster dagegen weiter in großem Ausmaße verlegt worden. Die Straßen in der Innenstadt und die großen Durchgangs- und Ausfallstraßen aus London sind bis an die äußersten Stadtgrenzen mit Holz gepflastert. In Paris liegen gegenwärtig 2131000 m², nach neuen dem Verfasser gemachten Mitteilungen. Das sind 22,5 vH der gesamten Pflasterfläche. Gegenüber 1922 ist aber eine Abnahme von 330000 m² eingetreten. Es ist anzunehmen, daß die besonderen klimatischen Verhältnisse die Ursache für die ausgiebige Anwendung sind, weil z. B. Stampfasphaltpflaster in London bei seinem feuchten Klima leicht schlüpfrig wird; diese Eigenschaft beschränkt seine Anwendung in London beträchtlich, und zwingt zur Anwendung von Holzpflaster, dem ein feuchtes Klima eher zuträglich ist. In Paris hat der hohe Preis dazu geführt, an manchen Stellen Holzpflaster durch andere wohlfeilere Befestigungen zu ersetzen. Auf diesem Wege soll angeblich fortgeschritten werden und nur noch die Hauptadern des Verkehres, die jetzt schon Holzpflaster haben, es behalten. Holzpflaster wird daher auf die großen Städte beschränkt bleiben und auf solche Stellen wie vor öffentlichen Gebäuden, Krankenhäusern u. ä. und in Kurorten, wo seine besonderen hygienischen Eigenschaften seine Anwendung trotz der hohen Kosten erwünscht erscheinen lassen.

VIII. Prüfung und Bewertung der Straßenbaustoffe.

A. Allgemeines.

Die Prüfung und Bewertung der Straßenbaustoffe auf ihre Bewährung liegt im Verhältnis zu den Fortschritten auf anderen Gebieten der Stoffkunde noch sehr im argen. Unter den mancherlei Gründen hierfür sei nur auf die folgenden hingewiesen:

1. Zur Zeit, als die Straßen noch allein den Verkehr bewältigten, bestand nur geringe Möglichkeit in der Auswahl der Straßenbaustoffe; man mußte den Baustoff aus der Nachbarschaft der Straße entnehmen. Die Beförderungskosten zur Heranschaffung geeigneter Baustoffe wären zu hoch gewesen.

2. Die Angriffe des Verkehres — Wagenräder und Pferdehufe — auf die Straßenoberfläche sind schwer zu erfassen, so daß gewisse Schwierigkeiten bestehen, Prüfverfahren auszuarbeiten, bei denen der Stoff Beanspruchungen unterworfen wird, die denen des Verkehres wenigstens einigermaßen entsprechen.

3. Straße und Verkehr liegen in verschiedenen Händen. Aufwendungen für gute Straßen kommen den Straßenherstellern nur zum Teil zugute. Die größeren Vorteile hat das Fuhrgewerbe.

Allerdings ist bei der heutigen Verbundenheit zwischen den öffentlichen Wegeabgaben — Kraftwagensteuer — und dem Ertrag der Wirtschaft jetzt der Augenblick gekommen, wo die Straßenbauingenieure und Straßenbenutzer zusammenkommen müssen, um auch auf diesem Gebiete die Grundlage für die Höchstleistung in der Beförderung auf den Straßen zu schaffen.

In der Erkenntnis dieser Notwendigkeit ist von verschiedenen Seiten die Lösung dieser Aufgabe aufgenommen worden. Der D. V. M. beschäftigt sich z. Z. mit der Aufstellung der Prüfungsverfahren für Straßenbaustoffe nach dem Vorbilde der A. S. T. M. Über die Prüfung und Bewertung der Straßenbaustoffe liegen also keineswegs abgeschlossene Erkenntnisse vor. Dennoch ist es bereits jetzt möglich, eine umfassende Darstellung zu geben, weil seit Jahren an dieser Aufgabe von den verschiedensten Stellen gearbeitet worden ist; es hat nur an dem Austausch der Erfahrungen und an der Vereinheitlichung der Verfahren gefehlt. Bestrebungen, die Straßenbaustoffe zu prüfen und zu bewerten, bestehen heute in allen Kulturländern, angeregt durch die Entwicklung des Kraftwagens, und diejenigen Länder, in denen der Kraftwagen die größte Entwicklung aufweist, wie Nordamerika, England und Frankreich, haben die wissenschaftliche Straßenbauforschung weitgehend gefördert.

Bereits der III. I. Str. K. London 1913 hat in der Abteilung 1. Bau und Unterhaltung, 2. Mitteilung einiges über die Prüfung der im Straßenbau angewendeten Gesteine gebracht. Auf dem V. I. Str. K. in Mailand 1926 sind bereits in der Abteilung 1., Bau und Unterhaltungs-Frage, drei Vorschläge für die Normalisierung der Abnahmevorschriften für die Straßenbaustoffe Steinkohlenteer, Bitumen und Asphalt gemacht worden.

Das Ziel ist, durch Prüfverfahren an den im Straßenbau verwendeten Stoffen, die zum Teil im Wege der Zeitraffung vorgenommen werden, die Brauchbarkeit der Stoffe festzustellen, was allerdings voraussetzt, daß man Bewertungsmaßstäbe hat. Prüfverfahren sind reichlich ausgebildet worden, aber an den Bewertungsmaßstäben fehlt es in Deutschland noch fast völlig. Das hat einen besonderen Grund. Die Untersuchungsweisen und Prüfverfahren sind von den Materialprüfanstalten und petrographischen Instituten ausgebildet worden. Die Bewertungsgrundsätze mußte der Ingenieur in der Praxis festlegen. Der verstorbene Föppl hat von vornherein den Standpunkt vertreten, daß Laboratoriumsversuche keinen Aufschluß darüber geben können, welche verhältnismäßige Bedeutung jeder einzelnen physikalischen oder chemischen Eigenschaft für den gerade vorliegenden Verwendungszweck zuzusprechen ist, ob es mehr auf Druckfestigkeit oder Widerstand gegen Abschleifen oder auf Zähigkeit ankommt. Welche Bedeutung jeder einzelnen von ihnen im Vergleiche zu den anderen zukommt, muß dagegen der praktischen Erfahrung der Straßenbaubeamten zur Entscheidung überlassen werden. Das Laboratorium vermag dafür nur die von ihm zu beschaffenden Unterlagen zu liefern[130]. Die Zusammenarbeit zwischen Versuchsanstalten, Materialprüfämtern, Bauverwaltungen und Straßenbaugewerbe soll durch den Deutschen Ausschuß für die Normung und Prüfung der Straßenbaustoffe beim Reichsverkehrsminister herbeigeführt werden.

B. Die auf die Straßenbaustoffe einwirkenden Kräfte.

Die Ausbildung der Prüfverfahren setzt voraus, daß man die Kräfte kennt, die auf die Straßenbaustoffe in der Decke einwirken. Hier sind zwei wichtige Gruppen zu unterscheiden: Naturkräfte und Verkehrskräfte.

a) Naturkräfte.

Hierunter sind die Einflüsse der Witterung zu verstehen, Feuchtigkeit, Regen oder Schnee, Wärme und Kälte und Sonnenbestrahlung, chemischer Einfluß von Stoffen, die mit den Atmosphärilien an die Straßenbaustoffe gelangen. Die Nachbildung dieser Einflüsse in der Versuchsanstalt gestaltet sich verhältnismäßig einfach. Die Verfahren sind von Hirschwald[131] ausgebildet worden. Sie beziehen sich zwar nur auf natürliche Gesteine, sie lassen sich aber sinngemäß auf die künstlichen Straßenbaustoffe übertragen und werden auch schon seit längerem angewendet.

Der Einfluß von Durchfeuchtungen durch Regen und Schnee läßt sich durch Nässen der Versuchskörper getreu in der Versuchsanstalt nachahmen. Es müssen aber verschiedene Zustände der Durchfeuchtung berücksichtigt werden. Die Wasseraufnahme eines Gesteines oder körnigen Mischung ist nicht verhältnisgleich etwa der Porosität, sie hängt vielmehr von der Art und Form der Poren ab, ob sie miteinander vollkommen zusammenhängen oder getrennt sind; sie hängt auch ab von der Schnelligkeit des Eintauchens und dem Druck, unter dem das Wasser in die Masse eindringt. Das verschiedene Verhalten der Stoffe bei der Wasseraufnahme gibt Hinweise für die Porenausbildung. Die Form der Poren beeinflußt sehr z. B. die Frost- und Wetterbeständigkeit der Gesteine. Die Prüfung der Wasseraufnahme für verschiedene Zustände ist daher eine wertvolle Grundlage zur Beurteilung der Wetterbeständigkeit. Hirschwald hat vier Zustände der Durchfeuchtung ausgebildet, die natürlichen Vorgängen entsprechen, und aus ihrer Einwirkung auf die Stoffe leitet er die Struktur der angenäßten Körper ab, d. h. die Art und Größe ihrer Hohlräume und Poren.

1. Wasseraufnahme.

α) Schnelles Eintauchen.

Wasseraufnahme findet nur bei Körpern mit durchgehenden Poren statt (Schwamm).

β) Langsames Eintauchen in Wasser.

Der Körper wird in ein Gefäß gelegt, das so langsam mit Wasser gefüllt wird, daß in etwa 4 Stunden der Körper mit Wasser bedeckt ist. Er bleibt dann längere Zeit, bis 4 Wochen, unter Wasser liegen, bis keine Gewichtszunahme mehr ermittelt wird, um seine Wasseraufnahme festzustellen. Dieser Fall entspricht der Einwirkung längerer Regenperioden, die die Straßenbaustoffe nahezu völlig mit Wasser sättigen. Dieses zweite Verfahren wird daher vielfach angewendet, z. B. für die Ermittlung der Druckfestigkeit im wassergesättigten Zustand.

γ) Wassersättigung des Versuchskörpers unter Luftleere.

Der Körper wird in ein mit Wasser gefülltes Gefäß gebracht und mit einer Körtingschen Wasserstrahlpumpe mindestens 3 Stunden lang einem Luftdruck von mindestens 20 mm Quecksilbersäule ausgesetzt. Bei Herstellen des normalen Luftdrucks saugen sich die von der Luft befreiten Poren voll Wasser, indem die Proben noch 2 Stunden unter Wasser bleiben. Der Versuchskörper zeigt je nach seiner Porenstruktur gegenüber dem Verfahren zu 2. eine größere oder geringere Wasseraufnahme.

δ) Wassersättigung unter Druck.

Der nach dem Verfahren zu γ) mit Wasser gefüllte Versuchskörper wird in einer hydraulischen Presse unter einem Wasserdruck von 150 kg/cm^2 gebracht und die nunmehrige Wasseraufnahme festgestellt. Aus dem Unterschied in der Wasseraufnahme nach dem Verfahren zu γ) und δ) (wenn eine Presse nicht beschafft werden kann, genügt auch der Zustand zu γ)) ermittelt Hirschwald den „Sättigungsbeiwert", der angibt, bis zu welchem Grade die Poren der Masse (des Gesteins) durch Wasseraufsaugung gefüllt werden. Er liefert einen wichtigen Anhalt für die Bestimmung der Frostbeständigkeit. Bekanntlich dehnt sich das Wasser beim Gefrieren um etwa $^1/_{10}$ seines Inhaltes aus. Denkt man sich einen Körper so weit mit Wasser gesättigt, daß es die Poren gleichmäßig auf $^9/_{10}$ ihres Rauminhaltes erfüllt, so wird in solchem Falle eine schädigende Frostwirkung niemals eintreten können, selbst wenn die Festigkeit des Körpers noch so gering ist; denn das Wasser findet beim Gefrieren gerade noch genügend Raum, um sich frei ausdehnen zu können, ohne daß hierbei ein namhafter Druck auf die Porenwandungen ausgeübt wird. Erst wenn die Wasserfüllung der Poren mehr als $^9/_{10}$ ihres Inhaltes beträgt, fehlt es dem sich bildenden Eis an dem erforderlichen Raum, und es schafft sich denselben durch Zersprengen des Körpers. Hieraus folgt der durch viele Versuche bestätigte Satz:

Gesteine, aber auch andere Körper, wie Ziegelsteine, Asphaltmischungen, deren Poren nahezu mit Wasser gefüllt sind, zerfrieren in allen Fällen, selbst wenn ihre Festigkeit noch so bedeutend ist, während unvollkommen gesättigte auch bei sehr geringer Festigkeit der Frostwirkung widerstehen.

2. Sättigungsbeiwert und Frostversuch.

Es kommt also darauf an, festzustellen, ob der Körper bei der durch natürliche Vorgänge eintretenden Wasseraufnahme, die in diesem Falle durch das Verfahren zu β) Langsames Eintauchen, nachgeahmt wird, nur unvollkommen gesättigt wird. Das wird festgestellt durch die Zunahme der Wasseraufnahme durch die Wassersättigung zu γ) oder δ). Es gibt dann der Quotient $\frac{W_\beta}{W_\delta}$ an, der wievielte Teil der Poren durch die Kapillarwirkung von Wasser erfüllt wird. Dieser Quotient wird Sättigungsbeiwert genannt. Ist er höher als 0,9, so wird die Masse unter allen Umständen frostunbeständig sein, ist dagegen der Sättigungbeiwert beträchtlich niedriger als 0,9, so erscheint die zerstörende Wirkung des Frostes ausgeschlossen. Unter Berücksichtigung besonderer Strukturverhältnisse hat es sich als zweckmäßig erwiesen, den Sättigungsbeiwert auf 0,8 festzulegen. Alle Gesteine, die diesen oder einen Wert unter 0,8 aufweisen, können als frostbeständig angesehen werden.

Die Ermittlung des Sättigungsbeiwertes wird auch als der theoretische Frostversuch bezeichnet. Der praktische Frostversuch besteht darin, daß zehn mit Wasser gesättigte annähernd gleich große Proben fünfundzwanzigmal 20 Stunden lang dem Frost von — 17 ^{0} ausgesetzt und zwischen dem Gefrieren 4 Stunden lang in Wasser von Zimmerwärme wieder aufgetaut werden. Es wird hierbei einmal festgestellt, ob die Masse durch den Frost allein schon zerstört wird oder Absplitterungen oder andere Beschädigungen eintreten und außerdem, ob die Druckfestigkeit gegenüber dem Zustande vor der Einwirkung des Frostes eine Abnahme erleidet.

Diese für Gesteine ausgebildete Verfahren werden in gleichem Maße auch auf andere Stoffe, wie z. B. Beton, Asphalt u. a. angewendet.

Man kennt in Amerika einen abgekürzten Frostversuch, indem man den Versuchskörper 20 Stunden in schwefelsaures Natrium legt und dann 4 Stunden in einem Ofen trocknet. Diese Behandlung wird vier- bis fünfmal wiederholt. Das schwefelsaure Natrium kristallisiert aus. Gesteine, deren Sättigungsbeiwert nach Hirschwald größer als 0,8 oder 0,9 ist, die also nicht frostbeständig sind, werden auch bei diesem Versuch durch die Auskristallisation zerstört. Der Versuch, der allerdings als etwas gewaltsam zu bezeichnen ist, kann also angewendet werden, um die Frostbeständigkeit eines Gesteins in abgekürztem Vorgehen festzustellen.

3. Erweichung.

Schon die Aufnahme von Feuchtigkeit allein kann einen Straßenbaustoff gefährden, wenn er beispielsweise wasserlösliche Bestandteile enthält. Darum wird die Druckfestigkeit von Gesteinen und anderen Straßenbaustoffen, z. B. Stampfasphalt, in trockenem und in wassersattem Zustande ermittelt. Das Maß der Herabsetzung der Druckfestigkeit wird für den wassersatten (K_w) und trockenen Zustand (K_t) durch den Quotienten $K = \frac{K_w}{K_t}$ ausgedrückt und mit Erweichungsgrad bezeichnet. Diese ist bei kristallinen Gesteinen groß, er liegt bei 0,9. Ist er geringer, muß man annehmen, daß einzelne Gemengteile (z. B. Feldspat) sich im angewitterten Zustand befinden. Für Sedimentgesteine ist der Erweichungsgrad meistens geringer. Die Veränderung der Druckfestigkeit im Frostversuch hängt einmal mit dem Einfluß aus der Erweichung zusammen, zum anderen mit den Strukturverhältnissen. Alle im Wasser erweichbaren Gesteine sind frostunbeständig. Man kann annehmen, daß Gesteine mit dem Erweichungsbeiwert unter 0,5 dem Frost nicht widerstehen.

Die in Deutschland üblichen, von Hirschwald aufgestellten Verfahren zur Feststellung des Widerstandes gegen Einflüsse der Witterung sind auf dem Sechsten Kongreß des Internationalen Verbandes für die Materialprüfungen der Technik in New York 1912 zur allgemeinen Anwendung angenommen worden.

4. Behandlung mit Säuren.

Notwendig erscheint es auch noch, eine Betrachtung dem Verfahren zu widmen, die Widerstandsfähigkeit der Gesteine gegen chemische Einflüsse durch Einwirkung von Säuren auf zersetzbare feste Körper zu bestimmen. Dieses Verfahren wird verschieden beurteilt. Hanisch, Tetmajer und Seipp haben solche Versuche gemacht. Hirschwald sagt hierzu: „Jede energische Einwirkung von Säuren auf zersetzbare feste Körper, wie sie bei unseren Laboratoriumsversuchen zur Geltung gelangt, ist bekanntlich stets mit einer Zerstörung des Gefüges des festen Körpers verbunden.“ Vollzieht sich derselbe chemische Vorgang aber innerhalb sehr langer Zeiträume, so findet eine so allmähliche molekulare Umwandlung statt, daß dabei der Zusammenhang des festen Körpers vollkommen erhalten bleiben kann.

Der Wert der Behandlung von Gesteinen mit Säuren muß daher noch verschieden beurteilt werden. Das Maß der Einwirkung wird auch von dem Zustande des Stoffes abhängen, bei Gesteinen z. B. ob sie noch frisch sind oder bereits einen gewissen Grad der Verwitterung angenommen haben.

5. Erwärmung.

Der Einfluß der Erwärmung auf Straßenbaustoffe kann in der Weise erfolgen, daß sie im Wärmeschrank längere Zeit derjenigen höchsten Temperatur ausgesetzt werden, die der Örtlichkeit entspricht, in der die Stoffe verwendet werden, und dann einmal die aus der Erwärmung entstehenden Veränderungen festgestellt und außerdem die Einwirkung äußerer Kräfte bei der angenommenen Temperatur ermittelt werden, Verfahren, die beim Teer- und Asphaltstraßenbau sich als brauchbar erwiesen haben, Messung der Eindringungstiefe.

b) Verkehrskräfte.

Aufgabe des Ingenieurs wird es in erster Linie sein, die mechanischen Angriffe des Verkehres auf die Straßenbaustoffe zu behandeln. Die äußeren unmittelbaren Kräfte sind beim Pferdefuhrwerk die Radlasten als Druck, rollende Reibung und Stoß und die Schläge der Pferdehufe und Wagenräder. Beim Kraftwagen ist es die Bodenpressung, die Schubkräfte, hervorgerufen durch die Triebräder, die sowohl Schub- wie Schleifarbeit bewirken, die Stöße und die Wirbelkräfte. Um einen Straßenbaustoff daraufhin zu untersuchen, wie er sich diesen Angriffen gegenüber verhält, hat man unter Berücksichtigung des Pferdeverkehres Verfahren ausgebildet, die die zerstörenden Wirkungen der mechanischen Angriffe möglichst nachahmen sollen.

1. Druckfestigkeit.
2. Abschleifversuch (Härte); Abrasion test des National Physical Laboratory, Teddington, England; Dorry Hartness test der Am. Soc. of Civ. Eng.; deutsche Verfahren nach Bauschinger-Böhme, Amsler-Laffon, Schleifscheibe mit Schmirgel nach Hirschwald; Abschleifwalze der Materialprüfanstalt in Paris (I. V. M. 1912, XIX).
3. Abnutzung; Attrition test (engl.); Abrasion test (A. S. T. M. D 2/08); Deval-Trommel (franz.); deutsches Verfahren Trommel (Materialprüfungsamt, Berlin-Dahlem) und Verfahren nach Hirschwald.
4. Sandstrahlgebläse nach Gary.
5. Zähigkeits- (Sprödigkeits-) Versuch; Impact test (engl.); Toughness test (A. S. T. M. D 3/18); deutsches Verfahren Schlagversuche nach Föppl, München, und Materialprüfungsamt Berlin-Dahlem; ferner nach Hirschwald; Maschine zur Bestimmung des Stoßwiderstandes der Materialprüfanstalt in Paris (I. V. M. 1912, XIX 2).

Diese fünf Prüfverfahren sind zuerst für die natürlichen Baugesteine angewendet und dann auch auf andere Stoffe wie Beton und Asphalt übertragen worden. Für diese kommen aber nur die Verfahren 1., 2., 4. und allenfalls 5. in Frage. In dieser Hinsicht muß vor der schematischen Anwendung der Prüfweisen gewarnt werden. Jeder Stoff erfordert gemäß seiner chemischen und physikalischen Beschaffenheit eine besondere Behandlung, auch der Umstand, ob er nur als Abnutzungsschicht oder als tragender Bestandteil in der Decke anzusehen ist, wird die Art der Prüfung beeinflussen müssen. Es sollen daher nunmehr die einzelnen Prüfverfahren und die dafür bisher anerkannten Bewertungsgrundsätze für die einzelnen Straßenbaustoffgruppen für sich behandelt werden. Es wird sich hierbei zeigen, daß außer den bisher angeführten Prüfverfahren, die eine gewisse allgemeine Bedeutung haben, für die einzelnen Stoffe noch besondere eingeführt sind oder in Zukunft eingeführt werden müssen. Die Mehrzahl dieser Prüfweisen sind bereits in den Abschnitten, die die einzelnen Stoffe und Bauweisen behandeln, selbst erwähnt. Auf die gemachten Angaben wird in jedem Falle verwiesen werden.

C. Prüfungsverfahren für die einzelnen Straßenbaustoffe und Maßstäbe für ihre Bewertung.

a) Natürliche Gesteine.

Mit dieser Aufgabe hat sich bereits der D. V. M. in seinem Ausschuß 1b befaßt und Richtlinien aufgestellt, die sich auf folgende Maßnahmen erstrecken[132].

1. Raumgewicht. Die Feststellung des Raumgewichtes geschieht durch Bestimmung des Quotienten $\frac{\text{Gewicht } (G)}{\text{Rauminhalt } (J)}$. Bei unregelmäßigen Stücken wird das Raumgewicht nach dem Wassersättigungsverfahren bestimmt, indem das Gewicht des getrockneten Probestückes an der Luft (G_1), das Gewicht des wassergetränkten Probestückes in der Luft (G_2) und im Wasser (G_3) ermittelt wird. Das Raumgewicht berechnet sich dann aus der Formel

$$r = \frac{G_1}{G_2 - G_3} \tag{59}$$

in Kubikzentimeter. Probestücke mit regelmäßiger Form sollen nicht unter 4 cm Kantenlänge, mit unregelmäßigen Formen nicht unter 50 cm³ Rauminhalt besitzen. Die Bestimmung ist an mindestens drei Probestücken gleichen Stoffes durchzuführen.

2. Spezifisches Gewicht ist das Gewicht der Raumeinheit ausschließlich der Poren. Es wird an 30 g des zu Pulver zerkleinerten Stoffes im Volumenometer von Erdmenger und Mann, oder Schumann oder im Pyknometer ermittelt. Das Pulver soll durch das 900-Maschen-Sieb ausgesiebt sein.

3. Dichtigkeitsgrad ist der Rauminhalt der festen Masse in der Raumeinheit und wird errechnet aus dem Quotienten $\frac{\text{Raumgewicht}}{\text{spez. Gewicht}}$.

4. Undichtigkeitsgrad ist

$$1 - \frac{r}{s}. \tag{60}$$

5. Wasseraufnahme und -abgabe. a) Diese schon zuvor erwähnte Untersuchung wird folgendermaßen durchgeführt. Die Probestücke werden bis zur Gewichtsstetigkeit getrocknet und gewogen (Gewicht G). Darauf etwa 1 Stunde bis ¼ ihrer Höhe in Wasser gelegt. Dann wird das Wasser bis zur Hälfte der Höhe aufgefüllt und nach 2 Stunden bis zu ¾ der Höhe. Nach 20 Stunden werden die Proben völlig unter Wasser gesetzt. Sie werden das erstemal nach 24 Stunden gewogen und nach weiteren 24 Stunden wird festgestellt, ob gleichbleibendes Gewicht eingetreten ist (G_1). Die Wasseraufnahme in Gewichtshundertteilen wird berechnet aus der Formel

$$= \frac{(G_1 - G)\,100}{G} \tag{61}$$

und die Wasseraufnahme bezogen auf den Rauminhalt aus der Formel

$$r \cdot \frac{G_1 - G}{G} \cdot 100. \tag{62}$$

b) Wasserabgabe. Das Trocknen der wassersatten Proben aus 5a wird im Exsikkator bei 15—18° durchgeführt bis gleichbleibendes Gewicht erreicht ist. Die Trockendauer ist anzugeben.

6. Wasseraufnahme unter Druck (Sättigungsbeiwert) entspricht derjenigen Maßnahmen, die bereits im Abschnitt zur Ermittlung des Sättigungsbeiwertes angegeben worden sind (S. 294).

7. Frostbeständigkeit wird nach dem schon zuvor beschriebenen Verfahren durchgeführt.

8. Druckfestigkeit wird an fünf würfelförmigen Proben von mindestens 6 cm

Kantenlänge ermittelt. Die Prüfung erfolgt a) in trockenem, b) wassersattem und c) nach fünfundzwanzigmaligem Gefrieren und Auftauen. Die Festigkeitsänderung in vH der Trockenfestigkeit ist bei b) und c) anzugeben. Während die Festigkeitsprüfung zu a) die Widerstandskraft des Gesteins zur Aufnahme von Kräften angibt, kann aus den Werten zu b) und c) auch der Einfluß der Feuchtigkeit, also der Witterung, und die Beständigkeit gegen solche Einflüsse entnommen werden. Die Probestücke sind aus möglichst unbehauenen Blöcken herauszusägen und die Druckflächen durch Schleifen zu ebnen. Die Druckfestigkeit wird im allgemeinen senkrecht zur Lagerfläche (natürliche Schichtung oder Schieferung) ermittelt. Bei ausgesprochen schiefrigen Gesteinen ist die Prüfung auch in Richtung der Schieferung durchzuführen.

9. Abnutzung durch Schleifen. Das Verfahren ist vom D. V. M. noch nicht endgültig festgelegt worden. Es soll dazu dienen, die Härte der Gesteine festzustellen. Das ist aber nicht ganz einwandfrei durchzuführen, da die Gesteine aus mehreren Grundstoffen zusammengesetzt sind, deren Härte stark voneinander abweicht. Nach Hirschwald ist die Härte abhängig von der Härte des vorherrschenden Gemengeteiles, von dem Mengenverhältnis desselben gegenüber den sonstigen Bestandteilen und von dem Gefüge oder Kornbindungsfestigkeit des Gesteins.

Man empfindet die Härteunterschiede bei der Bearbeitung z. B. beim Bohren und Abschleifen. Beide Arbeitsweisen sind angewendet worden, um die Härte von Gesteinen, die als Straßenbaustoff verwendet werden sollen, festzustellen. Das Bohrmeißelverfahren des Stadtbauinspektors Siebeneicher ist aber verlassen worden. Dagegen ist das Verfahren zur Feststellung der Abnutzungshärte durch Abschleifen weiter durchgebildet und wird vielfach angewendet. Die in Deutschland angewendeten Einrichtungen beruhen auf derselben Bauart. Eine Gußstahlscheibe, die sich dreht, nutzt unter Zusatz von Schmirgel oder Quarzsand den eingespannten Versuchskörper, der mit einem bestimmten Gewicht gegen die Scheibe gedrückt wird, ab. Die Einwirkung der einzelnen Verfahren ist aber nicht die gleiche, so daß die Ergebnisse der vier Verfahren sich nicht unmittelbar miteinander vergleichen lassen.

1. Die Schleifscheibe nach dem Verfahren von Bauschinger, der es zuerst angewendet hat, macht 30 Umdrehungen in der Minute, Schleifradius 49 cm, Belastung 44,6 kg, Fläche des belasteten Körpers 100 cm². Nach je 10 Umdrehungen werden 20 g Naxosschmirgel Nr. 3 aufgegeben. Gesamtzahl der Umdrehungen 200 = 616 m Schleifweg.

2. Verfahren nach Martens auf der Böhmeschen Maschine, Fläche der Versuchskörper 50 cm², Druck 0,6 kg, gesamter Schleifweg 609 m, 440 Umdrehungen, auf je 22 Umdrehungen 20 g Naxosschmirgel, 30 Umdrehungen in der Minute, Schleifradius 22 cm.

3. Nach Wawrziniok[133] beträgt die Zahl der Umdrehungen nur zweiundzwanzig in der Minute, es wird also mit geringerer Geschwindigkeit gearbeitet, wodurch nach den Versuchen von Bauschinger die Abnutzung verringert wird. Nach seinen Versuchen ändert sich die Abnutzung für verschiedene Schleifradien bei derselben Umdrehungsgeschwindigkeit nach der folgenden Formel[134]

$$A = A_0 \cdot \frac{49^2 + 2000}{r^2 + 2000}, \tag{63}$$

wenn A_0 die Abnutzung für den Schleifradius 49 cm ist.

Im übrigen ist nach Bauschinger der Druck und die Schmirgelbeigabe so gewählt, daß die Abnutzung unabhängig vom Druck wird.

4. Eine Schleifmaschine mit beständig bewegten Probekörpern ist die Maschine von Amsler-Laffon in Schaffhausen. Während des Schleifens werden die Würfel durch Zahnradübertragung um ihre vertikale Achse gedreht (im

technischen Untersuchungsamt der Stadt Berlin wandert außerdem der Körper infolge exzentrischer Einspannung von außen nach innen, damit die Schleifscheibe gleichmäßig benutzt wird). Flächendruck 0,6 kg, der gesamte Schleifweg 500 m, auf je 100 m Schleifweg werden 66 g Naxosschmirgel fortlaufend aufgegeben.

Es weichen also die Prüfungseinrichtungen für die Feststellung der Abnutzung erheblich voneinander ab, so daß die in den einzelnen Anstalten erzielten Ergebnisse sich nicht vergleichen lassen. Um das zu erreichen, müßte das Verfahren vereinheitlicht werden und außerdem ein Normalgestein festgelegt werden, auf das alle Abschleifergebnisse zu beziehen sind. Hierbei wird ein sehr quarzreiches Gestein — Granit — den Vorzug verdienen. Stete Nachprüfungen sind besonders für den Fall notwendig, daß der Schmirgel eine andere Kornzusammensetzung hat und daß ein anderer Schleifhalbmesser genommen wird. Bedeutet N_n die Abnutzung für den Normalschmirgel bei 30 Uml./min. und 22 cm mittlerem Schleifhalbmesser für das Normalgestein — München hat hierfür blauen Nabburger Granit gewählt — und würde für andere Verhältnisse sich für dasselbe Gestein N ergeben, so soll die Abnutzung des untersuchten Gesteins betragen

$$a_x = a\frac{N_n}{N}, \tag{64}$$

wenn a gleich der Abnutzung unter den Verhältnissen für N ist. Ist N_n bei allen Versuchsanstalten gleich, hätten wir von vornherein vergleichbare Ergebnisse. Fällt aber N_n verschieden aus, müßte die Abnutzung N_n einer noch besonders auszuwählenden Versuchsanstalt als Norm angesetzt und die Werte N_n der anderen Anstalten darauf bezogen werden. Bisher ist Naxosschmirgel Nr. 3 verwendet worden. Dieser Schmirgel ist ein Naturerzeugnis und mit Verunreinigungen behaftet. Nachdem jetzt ein Elektroschmirgel hergestellt wird, der völlig rein ist und in derselben Korngröße geliefert wird, dürfte es sich empfehlen, diesen zu verwenden, weil das Erzeugnis gleichmäßiger ausfällt. England und Amerika haben dieselben Maschinen zur Härtebestimmung. Der Versuchskörper ist ein Zylinder von 26 mm Durchmesser, er wird mit 250 g/cm^2 gegen die Stahlgußscheibe gepreßt. Schleifhalbmesser 26 cm, 1000 Umdrehungen, Schmirgel, bestehend aus Quarzsand von 0,5—0,36 mm (zwischen 30- und 40-Maschen-Sieb A. S. T. M. D 7/18). Gemessen wird der Gewichtsverlust, der, durch 3 geteilt und von 20 abgezogen, $H = 20 - \frac{w}{3}$, den amerikanischen Härtebeiwert ergibt. Bemerkt sei, daß man in den V. St. A. diesem Verfahren zugunsten der nachfolgenden keinen übermäßigen Wert mehr beimißt. Auch in Frankreich hält man von der Abnutzungsscheibe nicht viel, weil der Baustoff sich ungleichmäßig abnutzt. Die Materialprüfanstalt Paris hat daher eine Walze von 0,60 m Durchmesser gebaut, auf der die 6,5 cm großen Versuchskörper unter gleichmäßiger Zugabe von Sand und Wasser abgeschliffen werden[135].

Da in Zukunft ungeschützte Schotterdecken in Straßen von einigem Verkehr nicht mehr verwendet werden, sondern eine Teer-, Bitumen- oder Wasserglasumhüllung erhalten, erscheint es zweifelhaft, ob für Gestein, das zu Straßenschotter verwendet werden soll, der Abschleifversuch noch angebracht ist. Dagegen wird er bei Groß- und Kleinpflaster noch gute Dienste leisten, ebenso auch bei Fußwegbelagen und Fußböden, insbesondere, wenn sie in Zementbeton hergestellt werden. Wir werden in Deutschland noch lange mit gemischtem Verkehr, d. h. Pferdehufen und eisernen Reifen, rechnen müssen. Die Untersuchung auf Abschleifverlust wird also noch weiterhin brauchbare Hinweise auf die Zweckmäßigkeit aller Deckenbefestigungen geben. Die Güteziffern liegen allerdings in Deutschland noch nicht fest.

Die amerikanischen und englischen Untersuchungsämter haben den Versuch unternommen, Bewertungsmaßstäbe aufzustellen. Nach amerikanischen Anschauungen gelten Steine mit einem Abnutzungsbeiwert unter 14 als weich, zwischen 14—17 mittelhart und über 17 als hart (französischer Beiwert).

Die staatliche Versuchsanstalt in Teddington bei London nimmt den Versuch am lufttrockenen und nassen Gestein vor und gibt die Werte an, die in der Zusammenstellung 46 in Spalte 2 und 3 verzeichnet sind (Vomhundertteile).

Zusammenstellung 46. Bewertung von Gesteinen als Straßenbaustoff (Teddington).

	Abschleifversuch auf Härte		Zähigkeit, Fallmaschine von Page	Abnutzung in der Deval-Trommel, franz. Beiwert	Verkittungsvermögen, Zahl der Schläge	Wasseraufnahme kg/cm³	Druckfestigkeit kg/cm²
	trocken	naß					
1. Sehr gut	2	2	19	19	über 100	0,0017	1360
2. Gut	2,1—2,5	2,1—3,1	16—18	17—18,9	76—100	0,0017—0,0067	1000—1360
3. Ziemlich gut . . .	2,6—3,1	3,2—4,0	13—15	16—16,9	26— 75	0,0069—0,017	680—1000
4. Ziemlich schlecht .	3,2—4,0	4,1—5,0	8—12	15—15,9	10— 25	0,017—0,051	340— 680
5. Schlecht	4	5	8	15	10	0,051	340

Es wird auch in Deutschland erwogen, statt der würfelförmigen Probekörper nach dem Muster der englischen und amerikanischen Versuchsanstalten zylindrische einzuführen. Gerade für die natürlichen Baugesteine ist die Herstellung zylinderförmiger Körper, die mit Kernbohrern aus dem Gestein gebohrt werden, einfacher und billiger, als die von würfelförmigen. Allerdings lassen sich die Festigkeiten, die an Probestücken verschiedener Gestalt ermittelt sind, nicht miteinander vergleichen.

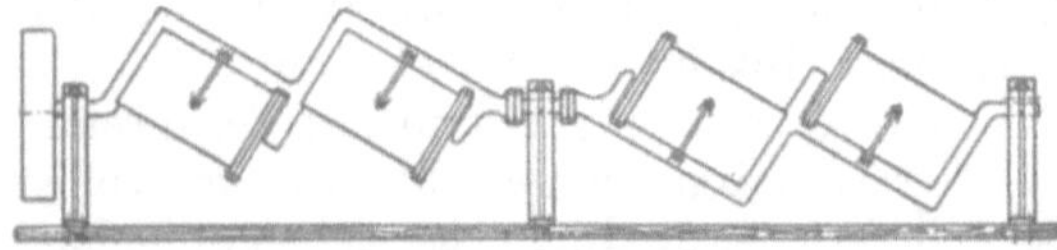

Abb. 146. Deval-Trommeln.

10. Die Feststellung der Abnutzung Nr. 2, S. 296, wird nach dem Vorschlage des D. V. M. richtiger als Kanten- und Stoßfestigkeit bezeichnet. Begründet ist das Verfahren im Jahre 1878 in Frankreich, es bedient sich der Deval-Trommel, die auch Eingang in England und Amerika gefunden hat (A. S. T. M. D 2/08). Es wird eine unter 30° geneigte Trommel von 30 cm Durchmesser und 50 cm Länge benutzt, in der etwa 5 kg gebrochenen Gesteins eingefüllt wird. Die Trommel (Abb. 146) wird dann 10000 Umdrehungen ausgesetzt und der Gewichtsverlust an Verschleißstoff gemessen, soweit er durch ein Sieb von 1,67 mm Maschenweite hindurchgeht[1]. Nach der heutigen Anschauung der Amerikaner ist diese Bestimmung unzulänglich, wenn nicht noch andere Proben vorgenommen werden. Hierzu gehört ein zweiter Versuch mit nassem Gestein und ein dritter mit Benutzung von sechs Stahlkugeln.

Die Menge der Zerfallstoffe kann sehr verschieden sein, wenn sich von Anfang an eine Menge Staub als Polster oder Schutzmantel um die Hauptbruchstücke legt. Darum ist sowohl von französischer Seite (III. I. Str. K. London, Heft 77) wie von Amerikanern (Blanchard) vorgeschlagen worden, eine Einrichtung zu treffen, daß der Staub von einer besonderen Korngröße an, 1,6 mm, von selbst aus der Trommel ausscheidet. Versuche in der Straßenbauversuchsanstalt des Verfassers haben das unterschiedliche Verhalten verschiedener Gesteine bestätigt[130].

Verschieden ist auch bei den einzelnen Gesteinen der Anteil des Gesteinsstaubes, der durch das 900-Maschen-Sieb fällt, ein weiterer Hinweis wohl für die Beurteilung des Gesteins.

[1] Die Abb. 146 sowie die folgenden Abb. 148, 149, 151 sind dem Aufsatz des Verfassers Z. V. d. I. 1926, Heft 42, entnommen.

Durch die Untersuchung in der Deval-Trommel sollte die Brauchbarkeit der Gesteine für Schotterstraßen festgestellt werden. Die Ergebnisse werden nunmehr auch auf die Gesteinsarten übertragen, die im Asphalt- und Teerstraßenbau verwendet werden. Der Abschleifverlust in g/kg eingesetzt in den Bruch $\frac{40}{w}$ gibt den französischen Abnutzungsbeiwert. Die amerikanischen Ingenieure geben zum Teil den französischen Beiwert, zum Teil den Verlust in vH-Teilen an. Sie beurteilen die Gesteine nach dem folgenden Maßstab:

Widerstand gegen Abnutzung. Bei Bewertung dieser Eigenschaften wird ein Gehalt an Abnutzung in vH über 5 (8) hoch, von 3,1 (13) bis 5 (8) mittel, von 2 (20) bis 3,1 (13) schwach, unter 2 (20) sehr schwach genannt. (Die Ziffern in den Klammern geben den französischen Beiwert an.)

Die Engländer legen auch den französischen Beiwert zugrunde, und ihre Bewertung ist in der Zusammenstellung 46, Spalte 5, wiedergegeben.

In Deutschland ist der Ausgangs punkt für die Einführung eines Verfahrens zur Prüfung der Kanten- und Stoßfestigkeit die Prüfung von Schotter als Gleisbettungsstoff im Eisenbahnwesen gewesen. Nach dem Vorschlage des Materialprüfungsamtes Berlin-Dahlem[136] ist eine Trommel mit horizontaler Achse eingeführt worden, deren Mantel wellenförmig gestaltet ist. Der innere Durchmesser beträgt 37,4 cm, der äußere 50 cm, die Achslänge 60 cm (Abb. 147). Von dem Gestein, das geprüft werden soll, werden 5 kg möglichst würfelförmig geschlagener Schotter, der durch das Sieb mit 6 cm Lochweite hindurchfällt und auf dem Sieb mit 4 cm Lochdurchmesser liegenbleibt, in die Trommel gegeben. Die Trommel wird dann mit 52 Umdrehungen in der Minute gedreht und nach 1560 Umdrehungen die Masse auf einem 7-mm-Sieb abgesiebt und der Gewichtsverlust des Gesteins festgestellt. Der Gewichtsverlust in vH gilt als Wert für die Kanten- und Stoßfestigkeit.

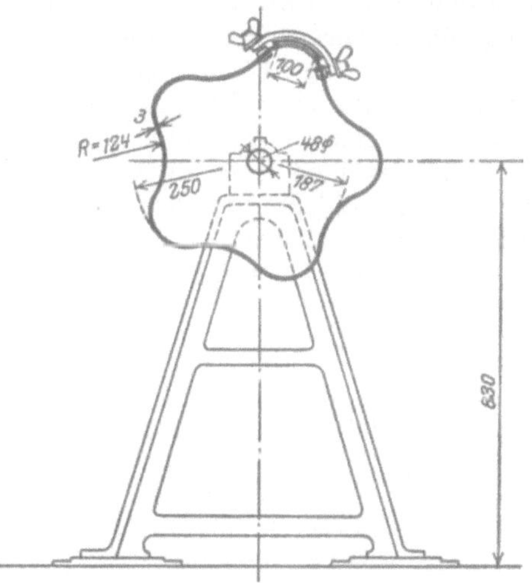

Abb. 147. Trommelmühle.

Der D. V. M. schlägt vor, dieses Verfahren auf die Prüfung von Straßenbaustoffen zu übertragen, also vor allem für Schotter. Das wird sich empfehlen. Allerdings muß dann darauf verzichtet werden, die Erfahrungen, die andere Länder bereits mit der Deval-Trommel erworben haben, zu verwerten. Das kann die internationale Verständigung über dieses Verfahren, die schon früher angebahnt und die jetzt wieder aufgenommen ist, erschweren. Aus dem Bericht 17 zum I. Str. K. Mailand ist zu entnehmen, daß Holland ein von den Deval-Trommeln abweichendes Verfahren verwendet. Dort werden die folgenden Bedingungen an die Beschaffenheit von Steinschlag gestellt.

Steinschlagstücke in der Größe von 2—6 cm in einer Kugelmühle mit einem inneren Durchmesser von 450 mm und einer Breite von 240 mm, die sich um eine horizontale Achse dreht und 45 Umdrehungen in der Minute ausführt, ohne Hinzufügen von Kugeln, dürfen nach einer Stunde keinen größeren Gewichtsverlust an feinem Pulver und Grus, die durch ein Sieb von 1 cm^2 Maschenweite fallen, als 1,3 kg für Basaltschlag und 1 kg für Porphyrschlag zeigen.

Bei einer derartigen Prüfung mit zwei Stahlkugeln von 80 mm Durchmesser darf der Gewichtsverlust wie oben angegeben für beide Sorten nicht mehr als 4 kg betragen. Als Gewichtsverlust dient der Durchschnitt von zwei Prüfungen.

11. Der aus der Untersuchung in der Deval-Trommel gewonnene Gesteinsstaub dient zu einer weiteren Prüfung des Gesteins, die besondere Bedeutung bei Steinschlag hat, der zu Steinschlagdecken verwendet werden soll, durch die Feststellung des Verkittungsvermögen des Gesteinsmehles. Es wird dabei von der Ansicht ausgegangen, daß die Beschaffenheit dieses Staubes von Einfluß auf den Zusammenhalt der Decke ist. Eine kittende Wirkung des Staubes würde die Schottersteine zusammenhalten und den Deckenbestand erhöhen. Deshalb hat man in Amerika und England die Prüfung auf Verkittungsvermögen eingeführt, worunter man die Rolle des Steinstaubes als Bindemittel für die gröberen Teile versteht. Dieses Verkittungsvermögen ist durchaus verschieden bei den einzelnen Gesteinsarten und Gesteinen verschiedener Herkunft. Man führt diese Bindekraft auf chemisch gebundenes Wasser und kolloidale Zustände zurück.

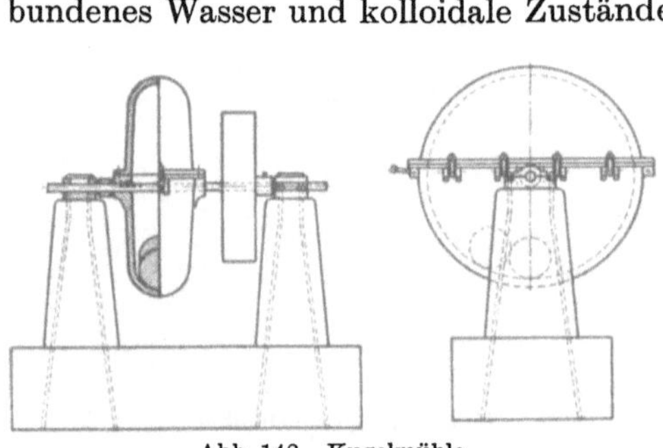
Abb. 148. Kugelmühle.

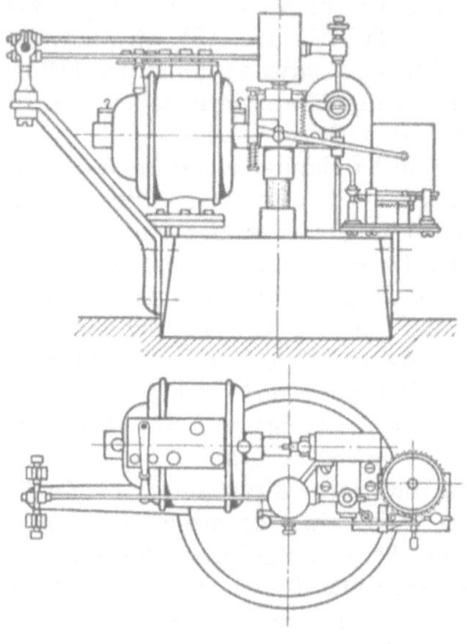
Abb. 149.

Das Prüfverfahren besteht darin, das ½ kg des gebrochenen Gesteines unter 12 mm in eine Kugelmühle (Abb. 148) mit 90 cm³ Wasser gegeben wird. Zwei gußstählerne Kugeln von 6,5 cm Durchmesser und 8,5 kg Gewicht mahlen nun 2½ Stunde lang mit einer Geschwindigkeit von 2000 Uml./Std. Der sich bildende Teig wird zu zylindrischen Briketts von 25 mm Durchmesser und 25 mm Höhe in einer besonderen Presse geformt. Diese werden dann in einem Ofen getrocknet und erhalten hierauf Schläge in einer besonderen Stoßmaschine (Abb. 149), deren Hammer aus einer stets gleichen Höhe von 1 cm fällt, bis der Probekörper zerbricht. Die Zahl der Schläge, die notwendig sind, um die Zerstörung hervorzurufen, wird auf einem Streifen aufgetragen und gibt den Wert des Verkittungsvermögens an.

Man kann diese Kittwirkung verschieden beurteilen. Derselbe Staub, der in der Decke eine Kittwirkung hervorruft, bewirkt auf der Decke die Bildung von Kot und Schlamm, die sich aufwickeln und trocknen, feinen Staub entwickeln, wie z. B. der Basalt, während Diabas ein mehr sandiges Mehl bildet, das vom Luftzug schwer bewegt wird.

In Amerika legt man den Versuchen auf Verkittungsvermögen infolge Übergang zum Beton- und Asphaltstraßenbau und zum Gummireifenverkehr heute keine so große Bedeutung mehr bei.

12. Beim Sandstrahlgebläse (Abb. 150), das von Gary für die Zwecke der Baustoffprüfung ausgebildet worden ist, Ziffer 4 auf S. 296, werden die Proben im lufttrockenen Zustand dem unter 3 at Dampf- oder Luftdruck stehenden Sandstrahl des Gebläses zwei Minuten ausgesetzt. Zur Erzielung gleichmäßiger

Beanspruchung wird die kreisrund abgeblendete Angriffsfläche von 28 cm² durch ein Planetengetriebe über dem Sandstrahl bewegt. Verwendet wird Normensand. Der Nachteil des Sandstrahlgebläses ist, daß es mit den Beanspruchungen der Straßendecke wenige Vergleichspunkte hat. Das Sandstrahlgebläse greift die verschiedenen Gesteinsbestandteile entsprechend ihrer verschiedenen Güte sehr verschieden an, so daß die dem Sandstrahl ausgesetzte Oberfläche ein pockennarbiges Aussehen erhält; die widerstandsfähigeren Gesteinsteile schauen als

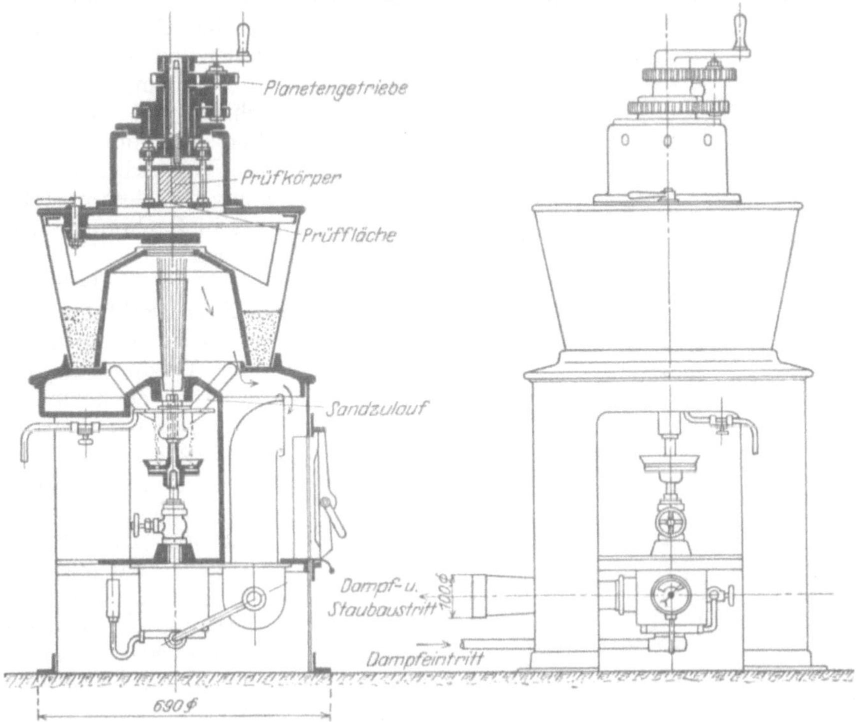

Abb. 150. Sandstrahlgebläse nach Gary.

Kuppen oder Rippen heraus. Hanisch hat z. B. an einer großen Reihe von Versuchen festgestellt, daß das Gebläse die quarzreichen Gesteine in der Mehrzahl der Fälle stärker, die quarzarmen und quarzfreien Gesteine dagegen durchaus weniger abnützt als die Schleifscheibe[137]. Das Sandstrahlgebläse zeigt die Härte der einzelnen Gemengeteile. Das widerspricht den natürlichen Vorgängen; denn wenn auch durch den Straßenverkehr die weicheren Gemengeteile zuerst herausgerissen werden, so folgen die härteren alsbald nach, da der Verkehr sie zertrümmert. Auch der Umstand, daß der abgeschliffene Stoff, der auf der Schleifscheibe zusammen mit dem Schmirgel verbleibt, beim Sandstrahlgebläse mit dem als Sand dienenden Schmirgel sofort abgeführt wird, kann als Vorteil des Sandstrahlgebläses nicht unbedingt anerkannt werden; denn tatsächlich bleibt der abgeschliffene Stoff der Straße auch auf der Pflasterdecke liegen.

13. Für die Prüfung von Gesteinen ist ferner in Anwendung die Untersuchung auf Schlagfestigkeit, die auch vom D. V. M. angenommen worden ist. Sechs Probewürfel von 4 cm Kantenlänge werden im lufttrockenen Zustande auf einen Stahlblock von 600 kg Gewicht, der in etwa 1 m³ Beton oder Mauerwerk lagert, frei aufgestellt und mit einer etwa 1 kg schweren quadratischen Platte bedeckt, deren untere Fläche eben geschliffen ist, während die obere die Form einer Kugelkalotte hat. Auf die Probe wird ein möglichst reibungslos geführtes

Schlaggewicht von 50 kg fallen gelassen, dessen Schlaghöhe mit jedem Schlage zunimmt (Abb. 151). Die Einrichtung muß so ausgebildet sein, daß der Prallschlag aufgefangen und seine Höhe ermittelt werden kann. Die Fallhöhe des Schlaggewichtes beim ersten Schlag wird so gewählt, daß die Schlagarbeit für 1 cm³ Probeneinheit 2 cmkg beträgt. Die Schlagarbeit jeden folgenden Schlages wird um diesen Betrag gesteigert, bis größere Beschädigungen an den Probekörpern auftreten. Die vollständige Zerstörung wird mit Schlägen gleicher Schlagarbeit in der zuletzt erreichten Größe herbeigeführt. Bei jedem Schlage ist der Rückprall festzustellen und aus seiner Größe zu ermitteln, ob die letzten Schläge mit ihrem vollen Wert oder nur einem Teil ihres Wertes bei der Ermittlung der Gesamtschlagarbeit in Rechnung zu bringen ist.

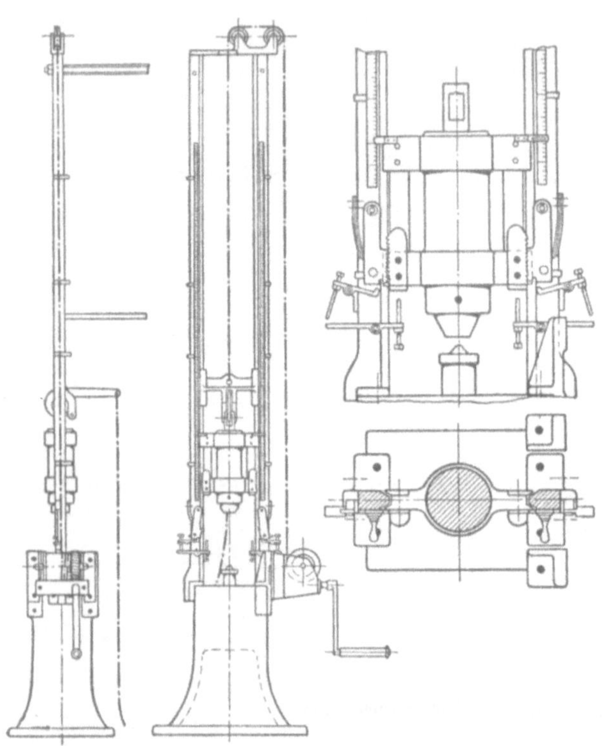

Abb. 151. Fallgewicht zur Zähigkeitsprüfung nach Föppl.

Als Wertziffer gilt die Zähigkeitszahl Z, als Mittel aus sechs Versuchen diejenige Gesamtschlagarbeit, die zur Zerstörung der Probekörper erforderlich ist, bezogen auf 1 cm³. Als Sprödigkeitsverhältnis kann außerdem der Quotient aus Druckfestigkeit (trocken) und Zähigkeitszahl gelten. Dieses Verfahren ist von Föppl d. Ä. in München ausgebildet worden und ausgiebig bei der Prüfung von Gesteinen verwendet worden.

In der Schweiz ist ein dem Föpplschen ähnliches Verfahren eingeführt worden[138].

In England und Amerika wendet man ein Verfahren an, bei dem ein 2 kg schwerer Bär, der durch eine Kette gehoben und durch eine Auslösung, die nach dem Fall den Bär um 1 cm höher hebt, auf den Probekörper fällt. Dieser hat die Form eines Zylinders von 23 mm Durchmesser und 25 mm Höhe. Gemessen wird die Hubhöhe des letzten Schlages.

Über die Beziehungen zwischen Härte (nach dem Dorry-Verfahren) und Zähigkeit, sowie Abnutzung in der Deval-Trommel und Zähigkeit hat Page, der Konstrukteur der amerikanischen Fallmaschine, bemerkenswerte Vergleiche gebracht. Aus 1538 Versuchen hat er eine Beziehung zwischen Härte und Zähigkeit abgeleitet:

$$(\text{Härte} - 20)^2 (\text{Zähigkeit} - 2{,}2) = 100 \tag{65}$$

$$\text{Härte} = 20 + \frac{10}{\sqrt{\text{Zähigkeit} - 2{,}2}}.$$

Wenn die Zähigkeit über 19 hinausgeht, unterscheiden sich die Härtewerte der verschiedenen Gesteinsarten nicht mehr wesentlich. Hohe Härte ist demnach zugleich auch mit hoher Zähigkeit verbunden. Bei abnehmender Zähigkeit weicht die Härte mehr und mehr von dem Durchschnittswert ab, so daß also Steine von geringer Zähigkeit sowohl hart als auch weich sein können. Daraus schließt Page, daß man die Härteprüfung unterlassen und die Zähigkeitsprüfung allein vornehmen könne. Bei sehr hoher Zähigkeit kann man dann auch auf sehr hohe Härte schließen.

Die Beziehungen zwischen dem Mittelwert für Schleifverlust in der Deval-Trommel in vH und Zähigkeit werden durch die Formel ausgedrückt

$$(\text{Schleifverlust in vH})^2 \cdot \text{Zähigkeit} = 158. \tag{66}$$

Auch hier sind bei großer Zähigkeit die Schleifverluste von größerer Übereinstimmung als bei geringerer. Auch hier zeigt die Kurve für diese Gleichung, daß man zwar die Schleifverluste angeben kann, wenn die Zähigkeit bekannt und von höherem Wert ist, das umgekehrte Verfahren ist aber nicht möglich. Aber auch die Untersuchung auf Zähigkeit ist heute zugunsten des Abnutzverfahrens in der Deval-Trommel nicht mehr so beliebt, da man gefunden hat, daß die Deval-Prüfung eine vereinigte Prüfung auf Zähigkeit und Abschleif darstellt[138]. Eine das gleiche Ziel verfolgende Einrichtung, die zugleich schleift und stößt, hat Professor Dr.-Ing. Gaber in Form einer Stoß-Schleifmaschine ausgebildet[139].

In Amerika werden die Ergebnisse der Zähigkeitsprüfung so bewertet, daß Gesteine, die unter 13 liegen, gering, von 13—19 als mittel und über 19 als hoch bezeichnet werden. Nahezu die gleichen Maßstäbe wenden die Engländer an, die in Zusammenstellung 46, Spalte 4, aufgeführt sind.

In Deutschland sind bisher wenige Versuche unternommen, aus der Prüfung der Gesteine und ihrem Verhalten in der Straße Güteziffern aufzustellen, die als allgemeingültig angesehen werden können.

Für Kleinpflaster hat Dr.-Ing. Scheuermann, Wiesbaden, neuerdings eine Gütebestimmung bekanntgegeben, die auf Grund langjähriger Erfahrungen aufgestellt ist und Beachtung verdient. Für Gestein zu Kleinpflasterungen wird verlangt[49]:

Druckfestigkeit mehr als 2500 kg/cm², bezeichnet mit d;

Abnutzung bei 600 m Schleifweg weniger als 18 g, bezeichnet mit a;

spezifische Dichte mehr als 0,990, Schlagfestigkeit mehr als 600 cmkg, bezeichnet mit z.

Die Beziehungen zwischen a, d und z hat Scheuermann versucht durch eine Formel auszudrücken. Er verlangt, daß

$$K = 1 = c \frac{a}{\sqrt{d} \cdot \sqrt[3]{z}}. \tag{67}$$

Damit $k = 1$ ist, muß bei den angegebenen Grenzwerten für a, d und z c mindestens $= 31$ sein. Werden die Werte für verschiedene Hartgesteine in diese Formel eingesetzt, dann wird das Ergebnis über 1 oder unter 1 liegen. Je kleiner K ist, desto dauerhafter ist das Hartgestein unter gleichem Verkehr. Beurteilungsmaßstäbe hat auch Professor Gaber auf Grund der von ihm eingeführten Prüfverfahren aufgestellt, deren Gültigkeit aber noch erprobt werden muß[139].

Die mechanische und physikalische Untersuchung allein kann kein volles Bild über die Beschaffenheit des Gesteins geben. Deshalb wird empfohlen, noch die Untersuchung der petrographischen Eigenschaften vorzunehmen. Grundlagen darüber sollen noch aufgestellt werden.

1. Mineralogische Untersuchung zur Feststellung der speziellen mineralogischen Zusammensetzung und Struktur der Gesteine;

2. mikroskopische Untersuchung zur Feststellung der speziellen mineralogischen Zusammensetzung und Struktur des Gesteins.

Da die Beschaffenheit der Gesteine selbst in demselben Bruch recht wechselnd sein kann, werden die Proben von sachverständiger Seite genommen werden müssen, so daß sie dem Durchschnitt der Gesteinslage entsprechen. Eine Besichtigung des Bruches selbst wird zweckmäßig sein.

3. Die Gefüge- und Bruchflächenbeschaffenheit ist zu prüfen, durch die alle äußerlichen Merkmale des Gesteins und die Farbe bestimmt werden. Es ist festzustellen, ob das Gestein dicht oder rissig ist, wie es bricht und spaltet, bei Straßenschotter die Form der Schotterstücke und ihre durchschnittliche Größe.

b) Sand, Kies, Grus, Splitt, Steinschlag.

Zu den natürlichen Gesteinen sind auch Sand und Kies zu rechnen, die im gesamten Bauwesen weitgehend verwendet werden. Bei ihnen kommt es ebensosehr auf die Festigkeitseigenschaften, wie auch auf die Korngröße ihrer einzelnen Teile und das Verhältnis der einzelnen Korngrößen zueinander, aber auch auf die Reinheit an. Im Abschnitt VII. A. a) sind die Verfahren der Bodenuntersuchung behandelt, bei denen der Anteil der abschlämmbaren Bestandteile und die mechanische Bodenanalyse zur Beurteilung herangezogen werden. Nach denselben Verfahren werden auch Sand und Kies als Baustoff untersucht und bewertet. Es werden durch Schlämmverfahren die tonigen Bestandteile festgestellt. Mit geringen Ausnahmen sind Sande und Kiese mit tonigen Beimengungen nicht zu gebrauchen. Das Höchstmaß an abschlämmbaren Bestandteilen, das zugelassen werden darf, wird bei den einzelnen Bauweisen angegeben. Erfahrungsgemäß sind Sande, die sich weich anfühlen, Verwitterungserzeugnisse des Feldspates, weisen infolgedessen erhebliche Mengen Tonerdesilikate auf und sind deshalb nicht brauchbar, im Gegensatz zu den scharfen Sanden, die ganz oder nahezu nur aus reinem Quarz bestehen.

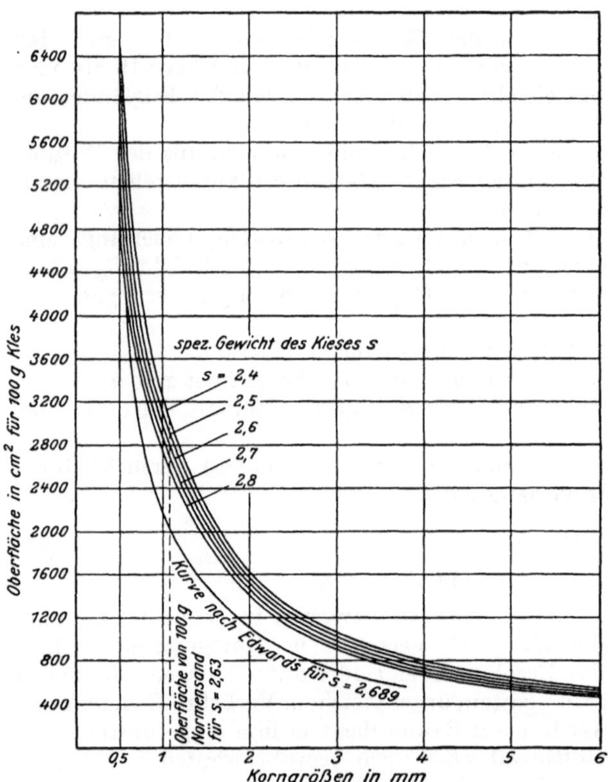

Abb. 152. Beziehungen zwischen Oberfläche und Korngröße nach Dr.-Ing. Jung. B. T. 1926, H. 41.

Die Korngrößen. Eine Begriffsbestimmung, was als Sand und Kies zu bezeichnen ist, besteht noch nicht in Deutschland, sie wird aber vom Siebnormenausschuß der deutschen Industrie beraten. Die bisherigen Annahmen, daß als Sand Korngemenge von 0—5 oder 7 mm gerechnet werden sollen, sind willkürlich. Eine sachliche Begründung für eine bestimmte Korngrößengrenze kann vielleicht aus der folgenden Betrachtung hergeleitet werden. Da bei allen Bindestoffen die Größe der Oberfläche des Sandes eine Rolle spielt, sollen mit Sand diejenigen mineralischen Bestandteile bezeichnet werden, deren Oberfläche mit geringer Veränderung der Korngröße erhebliche Unterschiede aufweisen. Die Grenze zwischen den Korngrößen, deren Oberfläche mit zunehmendem Durchmesser nur langsam abnimmt und denjenigen, deren Oberfläche mit abnehmendem Durchmesser schnell ansteigt, liegt etwa bei der Korngröße von 2 mm (vgl. die Abb. 152). Da auch nach den amerikanischen (A. S. T. M D 7—18) und englischen Grundätzen Sand zwischen dem 10-Maschen-Sieb (2 mm) und 200-Maschen-Sieb liegt (0,074 mm), so wird empfohlen, daß auch in Deutschland als Sand die Körnung unter 2 mm bezeichnet wird.

Für die Bestimmung der einzelnen Korngrößen wird eine Aussiebung der Korngemenge nach bestimmten Siebgrößen vorgenommen. A. S. T. M. bestimmt die Korngrößen für die mechanische Analyse des Sandes und für andere Straßenbaustoffe (D 7—18) nach folgenden Größen:

Prüfsieb	10	2 mm		Prüfsieb	50	0,29 mm
	20	0,85 „			80	0,17 „
	30	0,5 „			100	0,14 „
	40	0,36 „			200	0,074 „

Für gröbere Stoffe sind noch die folgenden Siebe eingeführt:

Prüfsieb 4 $^3/_8$ mm,
$^3/_4$ „
1 „
$1^1/_2$ „

In Deutschland werden für die Normung von Korngrößenabstufungen und die Normung der Gebrauchssiebe die folgenden Abmessungen vorgeschlagen (nach Din. 1171)[140]:

1. Sande	0— 0,06 mm	Prüfsieb Nr. 100	
	0,10 „	„ „ 60	
	0,20 „	„ „ 30	
	0,50 „	„ „ 12	
	2,00 „		
2. Grus	2,0— 5,0 mm	Sieb noch zu normen!	
	8,0 „		
	12,0 „		
3. Splitt	12,0—18,0 mm	„ „ „ „	
	25,0 „		
4. Steinschlag	25—35 mm	„ „ „ „	
	45 „		
	55 „		

c) Prüfung von Steinschlag für Straßenbauzwecke.

1. Aussiebung.

Da auf die Festigkeit der Decke, wie im Abschnitt VII. B. a) auseinandergesetzt ist, die Korngröße des Steinschlages und ihr Verhalten unter dem Walz- und Verkehrsdruck von Einfluß ist, und da ferner im Teer- und Asphaltstraßenbau der Hohlraumgehalt der Decke, der von der Korngröße und Kornzusammensetzung abhängig ist, eine Rolle spielt, so ist die Aussiebung nach den Siebgrößen, wie sie im vorhergehenden Abschnitt behandelt sind, vorzunehmen. Es wird bei den einzelnen Bauweisen angegeben, in welchem Verhältnis die einzelnen Korngrößen zueinander stehen sollen, wenn eine gute Ausführung gewährleistet werden soll.

2. Widerstandsfähigkeit gegen Zertrümmern.

Straßenschotter wird durch die Walzung und den Verkehr die gleichen Beanspruchungen erleiden wie Eisenbahnschotter. Es kann daher auch das Verfahren, das zur Prüfung des Schotters als Gleisbettungsstoff auf seinen Widerstand gegen

Zertrümmern eingeführt ist, auf Straßenschotter ausgedehnt werden. Man bedient sich folgender Einrichtung. In einem zylindrischen eisernen Behälter von 12 cm lichtem Durchmesser und 20 cm lichter Höhe wird so viel Schotter eingebracht, daß die Auffüllhöhe des eingerüttelten Schotters etwa 10 cm beträgt. Der Inhalt wird dann mit Hilfe eines Stempels unter allmählich gesteigerter Last bis zu 20000 kg belastet und der Grad der eingetretenen Zertrümmerung der Schotterstücke durch Aussieben auf den Sieben von 0,6, 1,0, 1,5, 3, 7, 15 und 25 mm Lochweite festgestellt. Als Maß der Widerstandsfähigkeit kann derjenige Anteil an zertrümmerter Masse angesehen werden, der durch das Sieb von 7 mm Lochweite hindurchgeht. Ein Durchschnittswert wird aus mindestens drei Versuchen ermittelt.

Unmittelbaren Einblick über den Einfluß der Walzung auf die Zertrümmerung bietet die Behandlung des Schotters in der von Hirschwald entworfenen Walzenpresse, bestehend in einem verschiebbaren Kasten, der eine gezahnte Bodenfläche (als Nachahmung der durch die Packlage bewirkten Rauhigkeit der Unterlage) und federnde, auf bestimmten Druck eingestellte Wände hat und in einem in Form eines drehbaren Zylindersegmentes ausgebildeten Preßstempels. Der mit Schotter gefüllte Kasten wird unter dem Stempel hin und her gezogen, dadurch wälzt sich das Zylindersegment auf dem Schotter ab und preßt ihn zusammen. Die Bewegung wird solange vorgenommen, bis die letzten fünf Walzengänge keine merkliche Zusammendrückung mehr hervorrufen. Die lineare Zusammendrückung und durch Einlassen von Wasser auch der Hohlraumgehalt werden gemessen. Der Druck des Zylindermantels wird nach vergleichenden Versuchen so eingestellt, daß er dem Walzendruck entspricht. Durch Trennung nach den einzelnen Korngrößen, deren Zusammensetzung vor dem Versuch ermittelt ist, und aus der sich ergebenden Zerkleinerung kann der Einfluß der Walzung und damit die Beschaffenheit des Gesteins beurteilt werden. Das hat allerdings zur Voraussetzung, daß darüber Erfahrungstatsachen bestehen, welche Abhängigkeit zwischen Zertrümmerung und der Lebensdauer und Haltbarkeit der Decken bestehen. Hierüber sind umfangreiche Versuche aus Decken, die aus bestehenden Straßen entnommen sind, von Hirschwald und Brix angestellt worden. Abgeschlossene Ergebnisse liegen aber noch nicht vor[141].

d) Prüfung von Asphalt und Teer.

In dem Abschnitt Teer und Asphalt im Dienste des Straßenbaues ist bereits auf die Verfahren, um die Geeignetheit der Stoffe für die Verwendung im Straßenbau festzustellen, hingewiesen und auch die Grundsätze, nach denen die Bewertung zu erfolgen hat, angegeben. Die Verfahren selbst und die dabei zur Anwendung kommenden Einrichtungen sollen im folgenden beschrieben werden. Angeblich hat Amerika die meisten Erfahrungen im Bau von Asphalt- und England im Bau von Teerstraßen. In diesen Ländern sind daher auch die Einrichtungen für die Untersuchung dieser Stoffe zuerst durchgebildet. Es muß aber darauf hingewiesen werden, daß zu gleicher Zeit auch in Deutschland auf diesem Gebiete gearbeitet ist (Zentrale für Asphalt- und Teerforschung), nur daß aus bekannten Gründen die Forschung sich zuerst auf den Stampfasphalt und seine Anwendungen erstreckt hat. In der Gegenwart besteht bereits eine gewisse Annäherung in der Handhabung der Prüfungen und der Beurteilung der Eigenschaften. Vor allem herrscht volle Übereinstimmung darüber, daß der Teer- und Asphaltstraßenbau einer sorgsamen Mitarbeit und Aufsicht durch die Untersuchungsämter bedarf, wenn er gelingen soll.

Der D. V. M. hat daher Grundsätze für die physikalische und chemische Untersuchung der Teere und Asphalte aufgestellt, die im folgenden auszugsweise wiedergegeben werden sollen unter Einfügung derjenigen Verfahren, die sonst noch gebräuchlich und zu empfehlen sind. Die Verfahren sind z. T. bei der Z. f. A. T. aufgestellt[142].

1. Physikalische Untersuchungsweisen von Asphalt und Teer.

1. Die äußere Beschaffenheit (D. V. M.) ob glatt und glänzend, völlig gleichartig und rauh, matt, körnig und ungleichartig, ob flüssig, weich, knetbar oder fest und spröde bei Zimmertemperatur von 15—20°, ob Geruch vorhanden und welcher Art dieser Geruch ist.

2. Das spezifische Gewicht (D. V. M.) bei 15° wird nach Lunge im Wägegläschen mit durchbohrten Glasstopfen gemessen.

3. Die Viskosität (D. V. M.) (Zähflüssigkeitsgrad). Es wird für Bindestoffe, die bei 15—20° flüssig sind, das Viskosimeter von Engler vorgeschlagen. Es werden aber die Ergebnisse nach diesem Verfahren als nicht immer einwandfrei angesehen. Für Stoffe, die bei 15—20° knetbar sind, wird das Fließvermögen an einem Messingblech ermittelt. In das eine Ende eines Messingbleches von 1,5 cm Wellenlänge und 0,5 cm Höhe wird ein in einer Springform hergestellter zylindrischer Körper aus Asphalt von 20 mm Länge und 10 mm Durchmesser gelegt. Das Blech wird in einem Wärmeschrank von 45° C so eingestellt, daß es eine Neigung von 15° erhält und nirgends in unmittelbare Berührung mit dem Ofenmetall kommt. Nach 30 Minuten wird das Blech herausgenommen, horizontal gelegt und die Fließlänge des Bitumens in Millimeter gemessen. Man kann auch, wie die Amerikaner, einen Neigungswinkel von 45° und die jeweilige Versuchstemperatur und Erhitzungsdauer beliebig wählen, muß aber dann zum Vergleich ein in seinen Eigenschaften genau bekanntes Bitumen stets gleichzeitig mit untersuchen. Die Methode ist schnell ausführbar und liefert für die Praxis genügend genaue Vergleichswerte.

Für die Praxis hat sich auch das Rütgers-Viskosimeter als genügend brauchbarer Apparat erwiesen; bei Teeren und flüssigen Teerpech-Öl-Mischungen ist seiner einfachen Handhabung wegen besonders empfehlenswert für die Praxis der Lungesche Teerprüfer. Er besteht aus einer starkwandigen Glasspindel, deren oberer verjüngter Teil wie bei den Aräometern mit einer Skala versehen ist. Der zu prüfende Teer usw. wird in einem Glaszylinder bis nahe zum Rande eingefüllt und unter Rühren auf genau 15° gebracht. Nun taucht man den Teerprüfer bis zu der Skalenzahl 1,25° in den Teer ein, zieht ihn heraus und läßt ihn 3 Minuten abtropfen. Dann hält man ihn so, daß sein unteres Ende den Teer eben berührt, setzt mit der linken Hand eine Stoppuhr in Gang und läßt in dem Augenblicke los, wo eine neue Minute anfängt. Sobald der Punkt 1,250 gerade erreicht ist, wird die Uhr gestoppt und die Sekundenzahl notiert. Man wiederholt den Versuch noch dreimal, nachdem vor jedem Versuch der Teerprüfer 3 Minuten lang hat abtropfen können. Die mittlere Sekundenzahl wird die Viskositätszahl genannt. Sie ist um so größer, je ölärmer und dickflüssiger der Teer ist.

Es ist unbedingt erforderlich, in den Untersuchungsberichten anzugeben, welches Verfahren angewandt worden ist.

4. Erweichungs- oder Schmelzpunkt (D. V. M.).

a) Im allgemeinen wird die Härte des Stoffes Teer oder Asphalt am Erweichungspunkt, auch Schmelzpunkt genannt, bestimmt. Hierfür wird der bekannte Apparat von Krämer-Sarnow (Chemische Industrie, 1903, 55), ferner Köhle-Gräfe: Die Chemie und Technologie der natürlichen und künstlichen Asphalte[88]) verwendet. Er besteht in einem Glasröhrchen von 6 mm Durchmesser, das 6 mm hoch mit Asphalt gefüllt wird. Auf dieser Schicht ruhen 5 g Quecksilber. Das Röhrchen wird in einem Wasserbade erwärmt. Es wird die Temperatur beobachtet, bei der das Quecksilber durch die Asphaltschicht durchbricht. Der abgelesene Wärmegrad gibt den Erweichungspunkt oder Schmelzpunkt an, der für die Verwendung des Asphaltes von besonderer Wichtigkeit ist. Die Bezeichnung Schmelzpunkt kann eigentlich für Stoffe wie Asphalt als amorpher Körper nicht angewendet werden, denn bei Kohlenwasserstoffverbindungen erfolgt der Übergang vom festen zum flüssigen Zustand allgemein stufenweise. Die nach dem Verfahren Krämer-Sarnow erhaltene Feststellung gibt nur einen bestimmten Grad der Weichheit an.

b) Ring- und Kugelprobe. In den V. St. A. verwendet man ein anderes aber nach demselben Grundsatz aufgebautes Verfahren, die Ring- und Kugelprüfung (Abb. 153). Ein Messingring von 15,875 mm Durchmesser und 6,35 mm Höhe wird auf einer amalgamierten Unterlage mit Asphalt ausgegossen. Nach Abkühlung wird der an einem Stab befestigte Ring in einen Becher von 400 cm³ Inhalt 26 mm über den Becherboden gehängt und die Asphaltscheibe mit einer Kugel von 9,53 mm Durchmesser (3,50 g) belastet. Das Wasser wird nun in je 1 Minute um 5° erwärmt. Wenn ein bestimmter Wärmegrad erreicht ist, sinkt die Kugel in dem Asphalt ein. Abgelesen wird die Temperatur im Augenblick, wenn die Kugel den Boden des Glases berührt. Das ist dann der Erweichungspunkt.

Da die Erweichungspunkte Krämer-Sarnow nach der Ring- und Kugelprobe sich nicht decken, ist es notwendig, in jedem Falle bei Angabe des Erweichungspunktes hinzuzufügen, nach welchem Verfahren er ermittelt ist.

5. Schwimmprobe. Der gleichen Feststellung dient auch die Schwimmprobe. Es wird Asphalt in einen kleinen zylindrischen Hals gegossen, der erst in Eiswasser getaucht und nach 15 Minuten an eine Schale angeschraubt und in ein Wasserbad von 50° gebracht wird. Die Zeit wird gemessen, bis der Tropfen warm und flüssig wird, das Wasser hier herausdrückt und die Schale zum Senken bringt (Abb. 154). Bei weichem Teer oder Asphalt tritt der Durchbruch nach wenigen Sekunden ein, dann empfiehlt es sich, den Versuch bei 32° zu machen. Tritt bei harteingestellten Stoffen der Durchbruch nach 5 Minuten nicht ein, dann muß die Temperatur des Wasserbades auf 65 oder 100° erhöht werden (A. S. T. M. D 135/24 T).

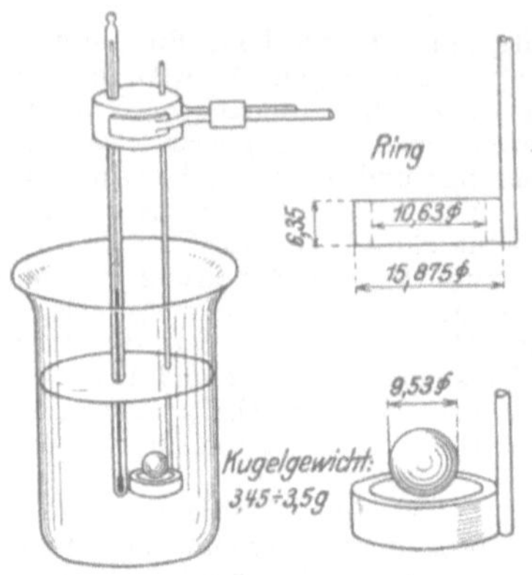

Abb. 153. Ring- und Kugelprobe.

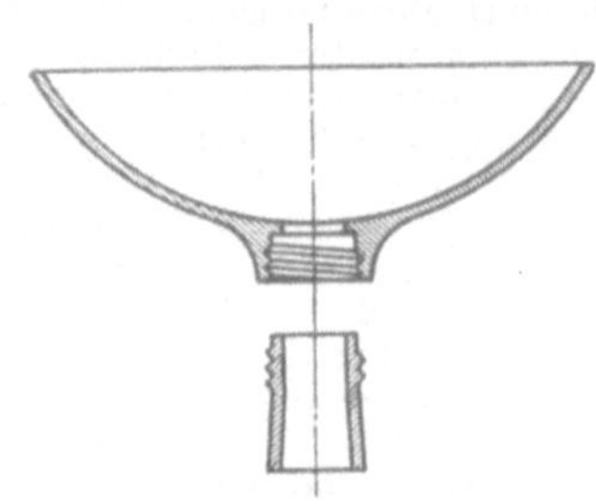
Abb. 154. Schwimmprobe.

Wie die Lage des Erweichungspunktes für die Verwendung des Asphaltes in der Straße beurteilt werden muß, ist in dem Abschnitt VII. B. e) 6. u. 7. ausführlich behandelt.

6. Tropfpunkt. Statt des Erweichungspunktes wird auch der Tropfpunkt ermittelt, dessen Kenntnis als vorteilhafter für die Beurteilung angesehen wird. Der Tropfpunkt ist nach Ubbelohde derjenige Wärmegrad, bei dem ein Tropfen unter seinem Eigengewicht von einer gleichmäßig erwärmten Masse des tropfbildenden Stoffes abfällt (vgl. Holde: Untersuchung von Fetten und Ölen, S. 209). Die Feststellung des Tropfpunktes muß sehr sorgfältig vorgenommen werden, da schon sehr geringe Abweichungen in der Versuchsanordnung und Ausführung die Ergebnisse ungünstig beeinflussen und zu Trugschlüssen führen können[142].

Die untere Grenze, die in der Härte der Asphalte nicht unterschritten werden darf, ist

7. der Erstarrungspunkt (D. V. M.). Er wird auf folgende Weise ermittelt: Man taucht die Kugel eines Thermometers in das mineralstoffreie, durch Erwärmen vorher flüssig gemachte Bitumen und hebt sie sogleich wieder heraus. Die Thermometerkugel bedeckt sich mit einer dünnen Schicht von Bitumen, die etwa 1—1,5 mm stark sein soll. Zur Ermittelung des Erstarrungspunktes läßt man auf Zimmertemperatur abkühlen und kühlt dann weiter in einem Luftbade frei hängend und mit einem Kork verschlossen je nach Bedarf mit Wasser, Kältemischung oder mittels Alkohol, den man durch flüssige Luft beliebig und für alle Fälle tief genug abkühlen kann. Es wird der Temperaturgrad als Erstarrungsgrad angesehen, bei dem es nicht mehr möglich ist, mit dem Fingernagel zu ritzen oder Eindrücke zu erzielen und der sich meist dadurch kenntlich macht, daß die dünne Bitumenschicht unter der Krafteinwirkung vom Thermometer abplatzt.

8. Eindringungstiefe (Penetration) (D. V. M.) Durch künstliche Mittel, wie durch Blasen mit Luft in der Hitze, kann der Schmelzpunkt der Asphalte sehr hoch getrieben werden, etwa bis auf 120—150°, ohne daß die Härte der Asphalte in gleichem Maße zunehmen. Die vom Schmelzpunkt unabhängige Feststellung der Härte erfolgt durch Mes-

sung der Eindrucktiefe (Penetration) (A. S. T. M. D 5/06). Es wird das Einsinken einer Nadel von bestimmtem Querschnitt und 100 g Gewicht in eine Bitumenschicht, die in einem Wasserbad auf 25 °C gehalten wird, innerhalb 5 Sekunden gemessen. Die Einsinktiefe wird in Zehntelmillimetern angegeben. Sie wird mit Hilfe des Eindringungsmessers bestimmt (Abb. 155). Es besteht aus einem beweglichen Schaft von 50 g Gewicht, den man mit weiteren 50 g belastet und der an seinem unteren Ende die Nadel trägt, die 50,8 mm lang und 1—1,02 mm stark an einem Ende zu einem gleichmäßigen, ungefähr 6,35 mm hohen Kegel zugespitzt ist. Die Spitze ist zu einer stumpfen Kugelkalotte mit 0,14—0,16 mm Durchmesser abgeschliffen.

Auf einer Ablesescheibe mit Zahnradübertragung kann man die Eindringungstiefe in Zehntelmillimeter ablesen. Mit dem Eindringungsmesser ist ein Uhrwerk verbunden, das die Sekunden schlägt. Man setzt die Nadel auf die Oberfläche, wobei mit Hilfe eines Spiegels die Nadelspitze genau eingestellt werden kann, und liest die Anfangszahl an der oberen Scheibe ab, hält den Schaft für 5 Sekunden fest und läßt ihn dann weitere 5 Sekunden in den Asphalt eindringen und hemmt den Schaft wiederum. Die Eindringungstiefe wird abgelesen, indem man mit der Zahnstange wieder auf den Schaft aufsetzt. Dadurch bewegt sich der Zeiger auf der Scheibe. Der Unterschied zwischen beiden Ablesungen gibt die Eindringungstiefe.

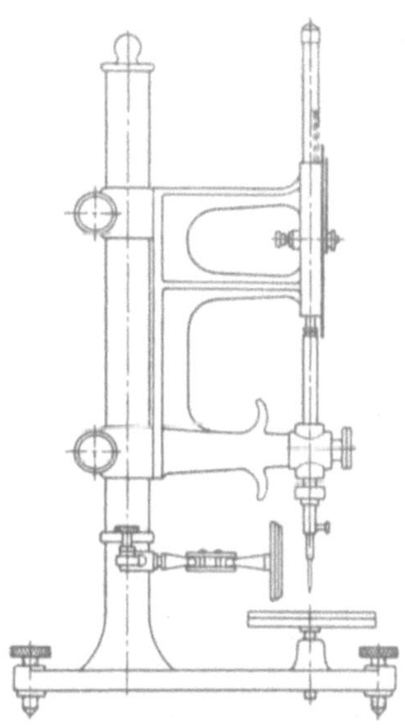
Abb. 155. Eindringungsmesser.

Die Asphaltprobe ist vorher zu schmelzen, damit eine gleichartige Mischung erreicht ist. Die Prüfung soll an derselben Füllung mehrmals wiederholt werden, die Punkte, an denen die Nadel angesetzt wird, sollen 1 cm voneinander und von der Kapselwand entfernt sein. Die Festsetzung der Wärme von 25° erscheint willkürlich. Die Eindringungstiefe wird in der Nähe des Schmelzpunktes am höchsten, in der Nähe des Erstarrungspunktes am geringsten sein. Es wird deshalb empfohlen, die Ermittlung auch bei 50° und 0° vorzunehmen. Welche Anforderungen an die Eindringungstiefe gestellt werden müssen, ist aus dem Abschnitt VII. B. e) 7., der über den Asphaltstraßenbau handelt, zu entnehmen.

9. Beständigkeitsprüfung (D. V. M.). Die Eindringungstiefe zeigt nur die Härte des Asphaltes an, ob aber der Asphalt diese Härte dauernd beibehalten wird, kann aus ihr nicht entnommen werden. Durch Zusatz eines Flußmittels, wie es z. B. beim Bermudaz- und Trinidadasphalt erfolgt, kann der Asphalt auf die gewünschte Eindringungstiefe gebracht werden. Ob er sie aber behält, hängt von der Art des Flußmittels ab. Siedet es schon bei geringer Temperatur, dann verdunstet es im Laufe der Zeit und der Asphalt in dem Straßenbelag wird hart und spröde. Um daher festzustellen, ob die Asphaltmischung flüchtige Bestandteile in schädlicher Menge enthält, wird die Verdampfungsprobe vorgenommen. 10 g des zu prüfenden Bitumens werden auf einer gläsernen Petrischale von 64 cm² Oberfläche aufgewogen und durch vorsichtiges Erwärmen gleichmäßig verteilt und dann innerhalb eines Heißluftbades auf einem starken Holtzklotz als Unterlage horizontal stehend 20 Stunden lang auf 125° erhitzt. Nach dem Abkühlen wird der Gewichtsverlust ermittelt und in Gewichtsprozent angegeben, ferner werden Tropf-, Schmelz-, Erstarrungspunkt, Fadenlänge und Eindringungstiefe bei 25° noch einmal festgestellt. Die eingetretene Veränderung dieser physikalischen Konstanten gibt ein Maß für die mehr oder weniger große Beständigkeit des Bitumens.

Ein Maßstab für die Güte einer bituminösen Mischung ist der Widerstand gegen das Eindringen, besonders bei hoher Temperatur. Einer solchen Einrichtung haben sich schon Schmidt-Herrmann[64] bedient. In der Straßenbauversuchsanstalt Stuttgart ist die Einrichtung, Abb. 156, ausgebildet worden, um im Wärmeschrank bei gleichmäßig gehaltener Wärme von etwa 50° die Eindringung zu messen. Der Stempel hat einen Querschnitt von 0,5 cm². Er wird mit 25 kg belastet. Das Gewicht kann aber auch gesteigert werden. Die Eindringungstiefe kann genau abgelesen werden. Nach den im Abschnitt VII. 7. gemachten Ausführungen kann ohne weiteres entnommen werden, daß die Widerstandsfähigkeit der bituminösen Mischung abhängt,

1. von der Weichheit des Bindemittels Teer oder Asphalt, d. h. von der Höhe seines Schmelz- oder Tropfpunktes,
2. von dem Mischverhältnis zwischen Bindemittel und Mineralstoffgerüst,
3. von der Güte der Durchmischung, ob die Mineralstoffe und Bindemittel gleichmäßig verteilt sind,
4. vermutlich auch von der Feinheit des Füllstoffes.

10. Fadenlänge (Duktilität). Eine einwandfreie Begriffsbestimmung, welche Eigenschaft mit diesem Verfahren gemessen wird, besteht nicht. Sie wird als Dehnbarkeit, Bindekraft und Haftfestigkeit, drei verschiedene Eigenschaften, bezeichnet. Der englische Bericht zum V. I. Str. K. (Nr. 14) muß feststellen, daß man weit davon entfernt ist, erklären zu können, was die Dehnbarkeit oder Duktilität (Biegsamkeit) eigentlich bedeutet und welches Vertrauen man in dieselbe bei Beurteilung der Asphalte setzen kann.

Der belgische Bericht zum V. I. Str. K. sucht Beziehungen zwischen der Kohäsion und Dehnbarkeit aufzustellen. Am treffendsten scheint der Ausdruck „Zähigkeit", den Bredtschneider aufgestellt hat, zu sein. Darunter ist die Eigenschaft zu verstehen, die die Asphaltmasse innerhalb des knetbaren Zustandes fest zusammenhält und sie befähigt, den äußeren Kräften Widerstand gegen Zerreißen entgegenzusetzen. Innerhalb des knetbaren Zustandes wird die Zähigkeit des Asphaltes beim Tropfpunkt am geringsten sein und von da bis zum Erstarrungspunkt zunehmen. Darum hat Bredtschneider vorgeschlagen, um einen Maßstab für die Zähigkeit zu gewinnen, die Asphalte bei Wärmegraden zu untersuchen, die entweder im Tropfpunkte selbst oder im Erstarrungspunkt oder in den gleichen Teilpunkten zwischen Tropf- und Erstarrungpunkt liegen. Am einfachsten lassen sich die Versuche im Tropfpunkt selbst vornehmen, und zwar in der Weise (D. V. M.), daß man bei der Bildung des Tropfens bei dem Verfahren nach Ubbelohde beobachtet, ob der Tropfen glatt abreißt oder beim Abfallen an einem Faden hängen bleibt. Die Länge dieses Fadens wird in der Weise festgestellt, daß mit einem Fettstift am Glase die Lage markiert wird, bei der der Tropfen von dem sich beim Tropfvorgange ausbildenden Faden zerreißt. Diese Tropfenentfernung von der Thermometeröffnung wird gemessen und in Zentimeter angegeben. Es hat sich gezeigt, daß die im Asphaltstraßenbau bewährten Asphalte die größte Fadenlänge haben. Hierüber sind bereits im Abschnitt VII. B. e) 6. Angaben gemacht.

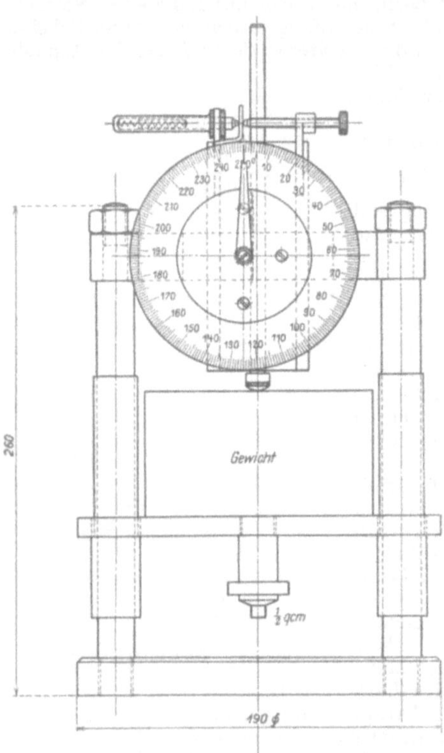

Abb. 156. Eindringungsmesser für Asphaltmischungen.

Zur Bestimmung der Fadenlänge wird in den V. St. A. der Duktilometer verwendet. Asphalt wird in eine Form, die einer Nierenform ähnlich ist, wie sie bei der Zementuntersuchung zu Zerreißproben benutzt werden, gegossen. In der Mitte der beiden Hälften hat der Asphalt einen Querschnitt von 1 cm². Die Nierenform wird in einen mit Wasser von 25° gefüllten Kasten gelegt, die eine Hälfte auf einem festen Brett befestigt, die andere an einem Schlitten, der sich mit einer Geschwindigkeit von 5 cm in der Minute von dem festen Brett fortbewegt und dadurch den Asphalt in einen Faden auszieht. Es wird die Entfernung zwischen dem festen Brett und dem Schlitten in dem Augenblick abgelesen, an dem der Faden reißt. Ein Vergleich der Fadenlänge zwischen mehreren Asphaltsorten setzt voraus, daß sie vorher auf die gleiche Eindringungstiefe (Penetration), also Weichheit gebracht sind, was bei harten Asphalten durch Flußmittel geschehen muß.

Das Verfahren mit dem Duktilometer wird gegenwärtig verschieden beurteilt. Im englischen Bericht zum V. I. Str. K. wird die von Bredtschneider 1919 geäußerte Ansicht vertreten, daß die Temperatur des Wasserbades von 25° willkürlich gewählt ist und der Weichheit des Asphaltes, bestimmt durch den Schmelzpunkt und Erstarrungspunkt, nicht genügt. Zwar erfolgt eine gewisse Angleichung der Asphalte dadurch, daß sie auf dieselbe Penetration gebracht werden sollen. Diese von Prof. Dr. Gräf[143] aufgestellte Forderung scheint nicht immer beachtet zu werden, Hinweise darauf finden sich auch nicht in den Ausführungsvorschriften, so daß Zweifel bestehen, ob diese Voraussetzung immer erfüllt ist. Das würde nur dann der Fall sein, wenn in Lieferungsbedingungen eine bestimmte Eindringungstiefe (Penetration) und Fadenlänge verlangt wird. Dann würden nur solche Asphalte in Betracht kommen, die die vorgeschriebene Eindringungstiefe haben und damit die gemeinsame Grundlage für die Beurteilung gegeben sein. Der D. V. M. hat die Messung der Fadenlänge im Duktilometer nicht unter die Untersuchungsverfahren für Asphalt aufgenommen, sondern nur diejenige im Tropfenpunkt. Es wird daher empfohlen, auch nur die letztgenannte anzuwenden.

11. Der Brechpunkt (D. V. M.).

Nach dem Verfahren von Church (Lunge-Berl, Chemisch-technische Untersuchungsmethoden 7. Auflage, Bd. 3, S. 295).

Ein Bitumenstück wird auf einer Kupferplatte auf dem Wasserbade erwärmt, bis sich eine Schicht von etwa 1 mm bildet. Nach dem Erkalten legt man die Kupferplatte in eine flache Porzellanschale und übergießt mit warmen Wasser. Die Temperatur des Wassers soll etwa 10—12° höher sein, als der zu erwartende Brechpunkt. Man läßt die Temperatur um je 1° für die Minute sinken und prüft das Bitumen von Zeit zu Zeit durch Einführen einer flachen Messerklinge. Die Ränder der Bitumenschicht werden sich zunächst von der Kupferplatte abheben, ohne zu brechen. Die Temperatur, bei der beim Einführen der Messerklinge zwischen Bitumenschicht und Kupferplatte ein Abbrechen des Bitumens stattfindet, bezeichnet man als Brechpunkt. Bei weichen Bitumen legt man die Kupferplatte in konzentrierte Salzlösung innerhalb einer flachen Porzellanschale und stellt diese auf die Kältemischung.

Die vorgenannten elf Untersuchungsverfahren gelten für Bitumen und Asphalt. Für Teer sollen nur die folgenden Untersuchungen angewendet werden:

1. Äußere Beschaffenheit,
2. spezifisches Gewicht,
4. Erweichungspunkt,
7. Erstarrungspunkt.

Alle anderen Verfahren sollen für den Teer bedeutungslos sein, weil er nicht darauf anspricht. Dafür wird für den Teer noch eine besondere Untersuchungsweise vorgeschlagen: Die Bestimmung des Verharzungsvermögens. Im Abschnitt VII. B. e) 2. ist hinlänglich auf die Bedeutung hingewiesen, die dem Verharzungsvermögen beim Teer zukommt. Es soll viel für die Bewährung und Haltbarkeit der Teerstraßen davon abhängen. Um das Verharzungsvermögen des Teeres beurteilen zu können, hat Dr. Herrmann (Z. f. A. T.) ein Verfahren vorgeschlagen, das aber von der Industrie noch nicht anerkannt wird[142].

Für den Teer ist eine andere von der für Asphalt vorgesehenen abweichende Verdampfungsprobe, die zugleich Beständigkeitsprüfung ist, eingeführt. Sie wird folgendermaßen vorgenommen (D. V. M.):

Möglichst annähernd 5 cm³ des Teerstoffes (ungefähr 5 g) werden auf einer Petri-Schale von 9 cm Durchmesser gleichmäßig und völlig horizontal verteilt, erforderlichenfalls unter gelindem Erwärmen, dann wird die Schale mit Inhalt genau gewogen und völlig horizontal in einem Luftbad von 50° eingestellt, wo sie 5 Stunden lang verbleibt. Die danach vorzunehmende Wägung erfolgt erst nach dem Erkalten der Schale an der Luft. Der Verlust ergibt sich in Gramm und da das spezifische Gewicht des Teerstoffes bekannt ist, auch in Kubikzentimetern. Er wird auf 100 cm² umgerechnet und in Millimeter Schichthöhe angegeben. Zu schnellem Vergleich empfiehlt sich die Angabe der Stundenzahl, die nötig ist, um ein Millimeter zum Verdampfen zu bringen. Den tatsächlichen Verhältnissen entspricht diese Zahl nicht, weil bei einem chemisch nicht einheitlichem Stoffe wie Teeröl die Intensität der Verdunstung mit der Zeit in dem Maße abnimmt, wie die Bestandteile höchsten Dampfdruckes aus ihm verschwinden. Bedingung für die Erreichung einwandfreier Ergebnisse ist, daß in ein und demselben Luftbade immer nur eine einzige Probe geprüft wird. Andernfalls werden besonders bei stark verschieden verdunstenden Präparaten die Dämpfe des einen teilweise von der anderen Probe aufgenommen.

2. Chemische Untersuchungsverfahren.

Die Vornahme dieser Untersuchungen bleibt dem Chemiker allein vorbehalten. Es wird deshalb davon abgesehen, die Untersuchungsweisen im einzelnen zu beschreiben, sie sind aus dem maßgebenden Schrifttum[88, 142] zu entnehmen. Es wird nur angegeben, welche Verfahren überhaupt in Frage kommen.

α) Asphalt.

1. Schwefelgehalt.
2. Wassergehalt.
3. Aschenbestimmung zur Feststellung des Anteils an Asphalt und Mineralstoff.
4. Gehalt an öligen Anteilen und ihre Konsistenz bei $+ 20^0$ zwecks Kennzeichnung, ob Naturasphalt oder Erdölasphalt.
5. Paraffingehalt, zur Feststellung, ob der zu untersuchende Asphalt auf asphaltischer oder paraffinischer Grundlage aufgebaut ist. Der letztere ist im Straßenbau nicht brauchbar (Erdölrückstände).
6. Verseifungszahl. Sie dient zur Kennzeichnung von natürlichem Asphalt und beträgt bei ihm 29—37, bei Erdölasphalt 8—14, bei Fettpechen 41—102.
7. Säurezahl, wird verwendet zur Unterscheidung von Natur- und Erdölasphalt, da die Erdölasphalte nur eine Säurezahl unter 1 besitzen, während Naturasphalte eine über 2 liegende, bis auf 15 steigende Säurezahl aufweisen.
8. Nachweis und Bestimmung von Steinkohlenteer bzw. Pech im Asphalt. Dieses Verfahren gestattet Verfälschungen festzustellen.
9. Mineralstoffgehalt und unlösliche organische Stoffe.
10. Die im Schwefelkohlenstoff CS_2 lösliche Menge an Asphalt darf eine bestimmte Grenze nicht unterschreiten, meistens nicht weniger als 99,5 vH betragen.
11. An Stelle des Verfahrens zu 10. als Lösungsmittel Tetrachlorkohlenstoff zur Bestimmung der Karbene, die zwar in CS_2 löslich sind, aber nicht in CCl_4. Durch dieses Verfahren kann festgestellt werden, ob die Asphalte überhitzt oder längere Zeit hohen Temperaturen ausgesetzt worden sind.[144]

β) Steinkohlenteer und Pech.

Die chemischen Untersuchungen betreffend Gehalt an Schwefel, Wasser, Asche und Mineralstoff werden wie unter A. 1, 2, 3 und 9 ausgeführt. Die anderen Bestimmungen kommen nicht in Frage. Dagegen sind am Teer noch folgende Untersuchungen vorzunehmen:

Gehalt an freiem Kohlenstoff.

Destillation, um den Anteil der verschiedenen Fraktionen im Teer festzustellen.

Bestimmung von Naphthalin.

Bestimmung der Phenole und Kresole.

Zu 12. Bestimmung des Flamm- und Brennpunktes. In Deutschland ist das Verfahren von Marcusson eingeführt[145]. In Amerika erfolgt die Bestimmung nach dem Verfahren A. S. T. M. D 12/21 T.

13. Aufschluß über den Gehalt von Anthrazenöl und Pech in Pechölmischungen. Nach den Erfahrungen der Z. f. A. T. ist das Verfahren der fraktionierten Destillation nicht genau genug, weil dabei auftretende Zersetzungen der Teerharze den Einblick in den wahren Gehalt an Anthrazenöl trüben. Es ist deshalb folgendes Verfahren eingeführt worden[59].

Zur Untersuchung mineralstofffreier Pechölmischungen auf Mischungsverhältnis zwischen Pech und Öl verreibt man 2 g des Pechöls mit etwa 30 g Seesand in einer Reibschale, bis das Pechöl gleichmäßig im Sande verteilt ist; nun laugt man mit 96 vH Alkohol (Pech ist darin so gut wie unlöslich) in Menge von 100—150 cm³, den man in kleinen Portionen nacheinander verwendet, unter gehörigem Reiben aus, filtriert den Alkohol und wägt das so ausgezogene Teeröl nach Abdunsten auf gewogener Porzellanschale.

Liegt der Teerstoff bereits als Teersand vor, so geht man von 10 g Teersand aus, reibt das Doppelte an Seesand unter und verfährt, wie mitgeteilt. Man muß in diesem Falle an einer weiteren Probe des zu kontrollierenden Teersandes die gesamten löslichen Anteile mit Toluol ausziehen und erhält so Aufschluß über Gehalt an Gesamtteerstoff, freiem Kohlenstoff, Pech und Öl.

e) Vorläufige Leitsätze für die Prüfung des Betons bei Ausführung von Betonstraßen[146].

1. Anfertigung der Probekörper.

a) Herstellung von drei Würfeln mit 20 cm Kantenlänge aus Betonmasse gleicher Art, gleicher Aufbereitung und gleichen Feuchtigkeitsgehaltes wie im Bauwerk.

b) Herstellung von drei Würfeln mit 20 cm Kantenlänge aus erdfeuchter Betonmasse.

c) Herstellung von drei Balken mit 15 cm Breite, 10 cm Höhe und 70 cm Länge (Auflagerabstand 60 cm) aus Betonmasse wie unter a). Herstellung, Behandlung und Aufbewahrung der Probekörper erfolgt nach den „Bestimmungen für Druckversuche an Würfeln bei Ausführung von Bauwerken aus Beton und Eisenbeton" (Dinorm 1048), jedoch sind die Balken nicht in eisernen Formen, sondern in Holzformen aus gehobelten Brettern mit dicht schließenden Fugen herzustellen.

d) Bei Herstellung der Probekörper unter a) und c) ist eine Steifeprobe in Form der Setzprobe und der Ausbreiteprobe vorzunehmen (S. 248). Das Setzmaß und der Kuchendurchmesser sind der die Prüfung vornehmenden Versuchsanstalt bei Übersendung der Probekörper zwecks Aufnahme dieser Zahlenwerte in das Prüfungszeugnis mitzuteilen.

e) Bei Herstellung der Straßendecke ist gleichzeitig mit dieser — etwa an ihrem Rande, durch eine Pappfuge getrennt — ein Betonstück von gleicher Art und Stärke, in etwa 60 cm Länge und 30 cm Breite herzustellen. Die Nachbehandlung dieses Probestückes erfolgt in der gleichen Weise wie bei der Straßendecke selbst. Aus diesem Probestück werden in der Versuchsanstalt zehn Würfel von 50 cm² Seitenfläche herausgeschnitten und zwar so, daß eine Seitenfläche jedes Würfels mit der Oberfläche des Probestückes zusammenfällt.

Wird die Straßendecke in zwei Schichten ausgeführt, so sind die Proben unter a) bis d) von jeder Schicht herzustellen.

2. Prüfung der Probekörper.

a) Bestimmung der Druckfestigkeit W_{b28} und W_{e28} an den nach 1. a) und 1. b) hergestellten Würfeln im Alter von 28 Tagen bei Verwendung von Handelszement und von 7 Tagen bei Verwendung von hochwertigem Zement, gemäß den „Bestimmungen für Druckversuche an Würfeln bei Ausführung von Bauwerken aus Beton und Eisenbeton" (Dinorm 1048).

b) Bestimmung der Biegezugfestigkeit an den nach 1. c) hergestellten Balken im Alter von 28 Tagen. Belastung durch Einzellast P in der Mitte bei $l = 60$ cm Stützweite. Berechnung der Biegezugfestigkeit B_{28} nach der Formel

$$B_{28} = \frac{3}{2} \frac{P \cdot l}{b \cdot h^2} . \tag{68}$$

c) Bestimmung der Wasseraufnahme an drei nach 1. e) hergestellten Würfeln von 50 cm^2 Seitenfläche. Alter der Würfel bei Beginn der Prüfung ca. 45 Tage.

d) Bestimmung der Abnutzbarkeit durch Schleifen der Oberfläche bei vier nach 1. e) hergestellten Würfeln im Alter von ca. 45 Tagen.

e) Bestimmung der Abnutzbarkeit durch Sandstrahl an der Oberfläche bei drei nach 1. e) hergestellten Würfeln im Alter von ca. 45 Tagen. Die Prüfungen 2. c) bis 2. e) sind nach den betreffenden Vorschriften für natürliche Gesteine durchzuführen.

f) Bestimmung der Schlagfestigkeit (Zähigkeit). Diese Prüfung wird vorerst nicht vorgeschrieben. Sollte sie sich als erforderlich erweisen, so ist ein besonderes Verfahren auszubilden, da das für die Prüfung der natürlichen Gesteine vorgeschriebene Verfahren nach Föppl sich für Beton als nicht zweckmäßig erwiesen hat. Außerdem wird es sich empfehlen, die Beschaffenheit des Betons in der Decke durch Herausbohren von Zylindern, die abgeglichen und auf Druckfestigkeit untersucht werden, nachzuprüfen (S. 251).

Die Bewertung hat nach den sonst im Betonbau üblichen Maßstäben zu erfolgen. Für die Prüfungen zu 2. e), d), f) fehlt es noch an den Unterlagen (S. 297).

E. Prüfbahnen.

Die Nachahmung der Verkehrskräfte in der Versuchanstalt ist mit Unzulänglichkeiten verbunden. Darum ist der Ausweg gewählt, auf eigens dazu angelegten Versuchsbahnen die Straßenbaustoffe der Krafteinwirkung von Rädern unter verschiedenen Bedingungen zu unterwerfen. Soweit dies auf Versuchsstraßen, auf denen die üblichen Verkehrsmittel gefahren sind, erfolgt ist, sei auf Abschnitt XIII. verwiesen. An dieser Stelle soll nur auf die Art von Prüfungsverfahren hingewiesen werden, wie sie z. B. in der englischen Versuchanstalt Teddington eingeführt ist. Die Versuchsbahn[130] besteht aus einem Kreisring von 10,36 m Durchmesser, auf dem Räder laufen, die an einem Drehkreuz befestigt sind. Die Räder, die in verschiedenen Spuren laufen, werden von Motoren angetrieben und haben Eisenreifen. Die Geschwindigkeit kann geregelt werden, ebenso die Belastung der Räder. Der Raddurchmesser beträgt 0,99 m, die Felgenbreite 7,5 cm. Es sind eiserne Räder verwendet, um eine stärkere Beanspruchung der Decken herbeizuführen und dadurch die Versuchszeit abzukürzen. Die zu prüfende Befestigung wird in den Kreisring gelegt. Die Abnutzung wird gemessen, indem einmal der Verkehrsstaub zusammengefegt und gewogen wird, außerdem auch durch einen Profilographen, der auf der Einfassung des Kreisringes läuft. Diese Bahn ist vornehmlich dazu gebaut worden, die Asphaltkunstbeläge auf ihr Verhalten zu studieren. Neben der Prüfanlage ist eine große Asphaltmischanlage errichtet, nach dem Muster der englischen Millars-Maschinen (S. 349), in der sehr verschiedene Mischungen hergesteltl sind, die dann auf der Bahn einer Prüfung unterzogen sind. Die Ergebnisse werden aber, nach einer dem Verfasser bei seinem Besuch — April 1927 — gemachten Angabe, nicht bekanntgegeben. Eine ähnliche Anlage ist an der Technischen Hochschule zu Stuttgart in Betrieb genommen worden.

IX. Wirtschaftlichkeit und Bewertung der Straßenbefestigungen.

A. Allgemeines.

Die Straßenbefestigungen werden nach vier Gesichtspunkten zu bewerten sein, erstens nach dem Umfang ihrer Verwendbarkeit, zweitens nach ihrer Wirtschaftlichkeit, drittens nach ihren hygienischen Eigenschaften, viertens nach ihrem Einfluß auf Zugkraft und Erleichterung des Verkehres. Diese vier Maßstäbe werden an eine Straßenbefestigung gelegt werden müssen, um sie für die Verwendbarkeit in jedem Falle prüfen zu können.

Zum ersten Maßstab — Umfang der Verwendbarkeit — ist zu sagen, daß es für die einzelnen Befestigungsarten technische Grenzen der Verwendbarkeit gibt. Sie sind in den Eigenschaften der Decken selbst gegeben und beruhen im wesentlichen in der Oberflächenbeschaffenheit. Rauhigkeit der Oberfläche gestattet die Anwendung selbst bei starken Steigungen, während glatte Decken auf geringe Steigungen beschränkt bleiben, und Decken, die nicht bei allen Witterungsverhältnissen rauh und verkehrssicher sind, die leicht schlüpfrig werden, für Kraftwagenverkehr ausscheiden. Die meisten fugenlosen Decken wie Stampfasphalt, Gußasphalt, die künstlichen Asphaltdecken, Teermischmakadam, Beton und verwandte Arten können nur bis zu bestimmten Steigungen benutzt werden, ihre Anwendung ist daher auf mehr flache Gegenden beschränkt. Dieselben Decken verlangen auch einen tragfesten Untergrund, einzelne sind z. B. im Bergbausenkungsgebiet ausgeschlossen. Sie scheiden daher für besondere Fälle aus. Auch die größere oder geringere Leistung, die bei der Ausführung der Befestigungsart zu erzielen ist, beeinflußt die Anwendungsmöglichkeit.

Die Wirtschaftlichkeit der Decken ergibt sich aus ihren Anlagekosten, ihrer Lebensdauer und Unterhaltungskosten, aber auch aus dem jeweiligen Geldstande eines Landes, d. h. aus den Zinssätzen, die für Verzinsung des Anlagekapitals und der Erneuerungsrücklage gerechnet werden müssen. Die Lebensdauer steht außerdem noch in Beziehungen zum Verkehr.

Unter hygienischen Eigenschaften der Decken ist zu verstehen: Staubarmut, Geräuschlosigkeit, Undurchlässigkeit, Fugenlosigkeit, Abtrocknungsfähigkeit, Möglichkeit der leichten Reinigung. Die einzelnen Decken werden daraufhin zu beurteilen sein, wieweit sie diesen Anforderungen entsprechen.

Dem vierten Maßstab — Einfluß auf Zugkraft und Erleichterung für den Verkehr und Ermäßigung der Beförderungskosten — kommt im Zeitalter des Kraftwagenverkehres eine besondere Bedeutung zu. Der Kraftwagen verlangt eine ebene, stoßfreie Oberfläche, die vor allem unter allen Witterungsverhältnissen genügend rauh ist und deren Benutzung zudem mit dem geringsten Aufwand an Treibstoff und geringstem Reifenverschleiß verbunden ist. Diese Eigenschaften lassen sich zahlenmäßig bewerten, wenn der Verkehr auf der Straße bekannt ist und stehen vom volkswirtschaftlichen Standpunkte aus betrachtet in Beziehungen zu der Wirtschaftlichkeit der Decken. Beide Maßstäbe gehören zueinander, und es wird bei einer Straßenbefestigung ihre Wirtschaftlichkeit in Beziehung zu den Beförderungskosten, die auf ihr entstehen, gesetzt werden müssen und anzustreben sein, daß für bekannte oder angenommene Verkehrsstärken beide zusammen einen Geringstwert annehmen.

Während also die Maßstäbe zu zwei und vier sich zahlenmäßig ausdrücken lassen, werden die Eigenschaften zu drei mehr gefühlsmäßig bewertet werden können, und außerdem noch von besonderen Umständen abhängig sein, z. B. ob es sich um eine Stadt- oder eine Landstraße handelt.

Es ist der Versuch gemacht worden, die einzelnen Eigenschaften mit Wertziffern zu versehen und aus der Summe der Wertziffern den Vergleichsmaßstab für die verschiedenen Pflasterarten zu gewinnen. Die höhere Wertziffer gibt die besseren Eigenschaften an. Dieses Verfahren hat sich als nicht brauchbar erwiesen. Es muß beschränkt bleiben auf diejenigen Eigenschaften, die nicht durch Mark und Pfennig ausgedrückt, sondern nur abgeschätzt werden können, würde demnach nur auf die Beurteilung zu drei anzuwenden sein. Die besonderen Eigenschaften zu eins wird man beachten müssen, damit nicht Decken auf Straßen gelegt werden, in denen sie nicht angebracht sind. Aber für den Vergleich werden von vornherein nur solche Deckenbefestigungen herangezogen werden können, die auf der betreffenden Straße, für die eine Entscheidung über die Befestigung gefällt werden soll, überhaupt in Frage kommen. Ein Gesichtspunkt darf dabei nicht aus dem Auge gelassen werden, das sind die Anforderungen, die an die Straße zu stellen sind. Sie werden ganz verschieden beurteilt werden von dem Fuhrwerksbesitzer, der noch mit Pferden sein Gewerbe ausübt, oder dem Kraftfahrer, dem Anwohner an einer Straße, dem Baubeamten, der gewohnt ist, seine Entscheidungen auf weite Sicht zu treffen und dem Stadtverordneten oder Kreistagsmitglied, der die Mittel für die Straße bewilligen soll. Demnach können in einem Lehrbuch nicht Rezepte gegeben werden, an welchen Stellen und in welchen Fällen die einzelnen Straßenbefestigungen anzuwenden sind, sondern es werden lediglich nach den bisherigen Erfahrungen Leitsätze aufgestellt werden, nach denen die Beurteilung erfolgen kann oder muß. Da die Anlagekosten noch immer erheblich schwanken, ebenso wie die Zinssätze und der Geldmarkt, so werden Zahlen und Preise nur in Beispielen gegeben werden.

B. Wirtschaftlichkeit.

a) Rechnungsgrundlagen.

Hauptwert wird zu allen Zeiten auf die Wirtschaftlichkeit der Straßenbefestigungen gelegt werden müssen. Die Zeiten der Naturalwirtschaft sind vorüber, als die Straßen durch Hand- und Spanndienste gebaut und unterhalten worden sind. Die Straßen sind ein Glied am Wirtschaftskörper, und sie dienen sowohl der Gütererzeugung wie dem Güteraustausch. An sie müssen daher dieselben Maßstäbe angelegt werden, deren sich die Wirtschaft bei ihren Anlagen bedient, d. h. es muß der Aufwand in Beziehung zum Ertrage stehen. Da die Straßen aber öffentliche Unternehmungen sind und ihre Benutzung unentgeltlich ist, so ist abgesehen von der Kraftfahrzeugsteuer, die aber nicht nach der Verkehrsleistung des Fahrzeuges, sondern nach anderen Merkmalen erhoben und den Straßen zugeleitet wird, ein in Geldwert auszudrückender Ertrag nicht vorhanden. Er beruht in volkswirtschaftlichen Werten. Die Einnahmeseite ist also nicht zu erfassen. Es kann lediglich zahlenmäßig beispielsweise errechnet werden, welche Ersparnis dem Verkehr durch eine Straßenverbesserung entsteht, eine Zahl, die meist den wirklichen Wert der Maßnahme nicht voll erfassen wird, weil Verkehrsverbesserungen stets Verkehrssteigerungen zur Folge haben. Aber es wäre ein großer Irrtum, deshalb, weil die Einnahmeseite in der Rechnung nicht zu erkennen ist, die Ausgabeseite willkürlich zu behandeln. Vielmehr gilt für sie das, was ein allgemeiner technischer Grundsatz ist, der die ganze Wirtschaft beherrscht oder beherrschen sollte, mit dem geringsten Aufwand die höchste Wirkung zu erzielen. Darunter ist zu verstehen, daß diejenigen Maßnahmen und Entscheidungen zu treffen sind, die für die Befriedigung eines bestimmten, klar festzulegenden Bedürfnisses den geringsten Aufwand an Mitteln erfordern. Die für die Linienführung der Straßen nach dieser Richtung hin geltenden Grundsätze sind bereits im Abschnitt IV. B. behandelt, sie sollen jetzt für die Straßenbefestigungen ermittelt werden, die erfahrungsgemäß einen erheblichen Teil der Kosten bei dem Bau neuer Straßen ausmachen, in der Gegenwart aber, wo es sich mehr um den Umbau des Straßennetzes ganzer Länder zur Anpassung an den Kraftwagenverkehr handelt, Aufwendungen von bisher nicht gekanntem Umfang erfordern.

Die Wirtschaftlichkeit einer Straßenbefestigung wird nach ihren erstmaligen Anlagekosten, ihren Unterhaltungskosten und späteren Erneuerungskosten zu beurteilen sein. Um diese drei Aufwendungen für verschiedene Pflasterarten gegenüberstellen zu können, gibt es verschiedene Möglichkeiten. Die erste besteht darin, daß aus den Neubaukosten N und der Lebensdauer an Jahren n, sowie aus den jährlichen Unterhaltungskosten U (alles auf eine Einheit berechnet, am besten Quadratmeter, weil bei laufendem Meter Straße oder Kilometer die Breite nicht in Erscheinung tritt) der Jahresaufwand

$$R = \frac{N}{n} + U \tag{69}$$

ermittelt wird.

Die andere Möglichkeit besteht darin, statt des einzelnen Jahresaufwandes die gesamten Aufwendungen für einen längeren Zeitraum zusammenzuzählen und dann miteinander zu vergleichen. Es würden also die Anlagekosten N, die jährlichen Unterhaltungskosten multipliziert mit der Zahl der Jahre n, für die der Vergleich durchgeführt wird, die Wirtschaftlichkeit ergeben. $N + nU = W$. Diesen Berechnungsweisen haften erhebliche Mängel an. Die Bestimmung der Zahl der Jahre n ist willkürlich und kann zu Trugschlüssen führen, wenn am Ende der n Jahre z. B. die eine Pflasterart völlig abgenutzt ist und erneuert werden muß, was in der Summenbildung nicht mehr zum Ausdruck kommt, während die andere Pflasterart noch eine längere Lebensdauer hat, vielleicht auch deshalb, weil eine Erneuerung in der Spanne von n Jahren bereits enthalten ist, die zu einer Erhöhung der Endsumme geführt hat. Es würde also eine gemeinsame Vergleichsgrundlage überhaupt nicht vorhanden sein. Aber auch wirtschaftlich gesehen ist das Verfahren nicht einwandfrei insofern, als die Mittel zu Straßenbauten nicht aus dem Strumpf genommen werden, wo sie zinslos liegen, sondern aus bereiten Mitteln des im Umlauf befindlichen Geldes, das üblicherweise überall, wo es angelegt wird, verzinst werden muß. Das kommt bei der einfachen Summierung der Aufwendungen überhaupt nicht zum Ausdruck. Dadurch müssen aber wesentliche Verschiebungen im Vergleichsbild entstehen, wenn z. B. eine Pflasterart, die hohe Anlagekosten hat, die vom Anfang der angenommenen Jahre verzinst werden müssen, mit einer anderen verglichen wird, bei der das nicht der Fall ist. Das gleiche gilt von den in der Frist angenommenen Erneuerungskosten. Nicht ganz so liegen die Vergleichsverhältnisse bei den Unterhaltungskosten, die erst im Laufe der Jahre entstehen und daher nicht gleich mit dem vollen Aufwand verzinst werden müssen. Aus dieser Überlegung ist nun zu entnehmen, daß das im Wirtschaftsleben übliche Gebaren, bei der Anlegung von Geldmitteln in anderen Werten auch im Straßenbau angewendet werden muß. Dagegen spricht nicht der Umstand, daß die öffentlichen Verwaltungen mit Wirtschaftsbetrieben nicht immer verglichen werden können, da sie einen Teil ihrer laufenden Ausgaben aus Steuern decken. Dieses Verfahren ist bisher im Straßenbau üblich gewesen, indem die Aufwendungen aus dem ordentlichen Haushalt gezahlt werden, soweit nicht in Städten die Anlieger auf Grund der Baugesetze die Anlage der Straßen und ihre Befestigungen getragen haben. Bei den Landstraßen zwingen aber die besonderen Umstände dazu, neben den Beiträgen aus den Steuern auch noch Anleihen aufzunehmen; denn auch die Anteile an der Kraftwagensteuer genügen nicht, um den ganzen Aufwand für den Neuaufbau der Straßen zu decken. Da aber Anleihen verzinst und getilgt werden müssen, so wird bei dem wirtschaftlichen Vergleich darauf Rücksicht zu nehmen sein.

Es wird der meistens wohl eintretende Fall angenommen, daß die Unterhaltung und Erneuerung der Decke aus den laufenden Mitteln des Haushaltes bestritten wird, während die Anlagekosten entweder aus Anleihen oder auch aus dem laufenden Haushalt genommen werden. In letzterem Falle ist es zweifelhaft, ob eine Verzinsung der Anlagekosten gerechtfertigt ist. Dennoch soll sie berücksichtigt werden, weil auf irgendeine Weise der Betrag der Anlagekosten im Gesamtbild erscheinen muß, und das geschieht durch die je nach den Anlagekosten geringe oder höhere Zinslast bei dem gleichen Zinssatz. Die Erneuerungskosten sollen in der Weise berücksichtigt werden, daß alljährlich ein

Zusammenstellung 47. Übersicht über die Kosten und Wirtschaftlichkeit verschiedener Straßenbauweisen.

Bauweise	Herstellungskosten (*N*) RM./m²	Jährliche Unterhaltungskosten (*U*) R.M/m²	Lebensdauer (*Z*) RM./m²	Jahresaufwand (*S*) f. Verzinsung (8%) der Herstellungskosten (*N*) und für Rücklage der Erneuerungskosten innerhalb der Lebensdauer (*Z*) RM./m²
A. Makadamstraßen.				
1. Wassergebundene Basaltdecke (8 cm stark gewalzt)	3,10	0,15	3	1,20
			5	0,78
2. Kalksteindecke mit Oberflächenteerung	3,10	0,35	2	1,70
			5	0,78
			8	0,54
3. Basaltdecke mit Oberflächenteerung	3,65	0,35	2	2,00
			5	0,91
			10	0,54
4. Basaltdecke mit Spramex oder Colas	4,20	0,43	2	2,30
			5	1,05
			10	0,62
5. Basaltdecke mit Teppichbelag. Nachbehandlung etwa alle $1^1/_2$ Jahre erforderlich	6,40	0,30	12	0,92
B. Teerstraßen.				
1. Teermakadam-Warmeinbau in zwei Schichten (9 cm starke Decke), Nachteerung durchschnittlich alle 1½ Jahre erforderlich	10,15	0,35	12	1,35
			16	1,14
			20	1,03
2. Teermakadam-Kalteinbau in vier Schichten (9 cm starke Decke), alljährliche Nachteerung erforderlich	10,15	0,35	16	1,14
C. Asphaltstraßen.				
1. Steinschlagasphalt (8 cm starke Decke), auf Kiesmakadamdecke, Nachspramexierung durchschnittlich alle zwei Jahre erforderlich	14,95	0,35	20	1,48
2. Topeka ohne Binder (6 cm stark)	16,25	0,17	15	1,80
3. Topeka (3,5 cm stark), mit Binder (4 cm stark)	18,75	0,17	20	1,87
4. Sandasphalt (4 cm stark), auf Binder (4 cm stark)	20,36	0,17	20	2,05
D. Betonstraßen.				
1. Betondecke 15—18 cm stark in zwei Schichten, 10 cm stark (Mischung 1:2,5:5), 5 cm stark (Mischung 1:1,5:2,5), mit Wasserglasanstrich	13,07	0,25	15	1,50
2. Soliditbetondecke in zwei Schichten (untere mindestens 4 cm stark, obere 6,5 cm stark, Mischung 1:8), mit Wasserglasanstrich	12,00	0,12	15	1,38
E. Pflasterstraßen.				
1. Kleinsteinpflaster aus Granit 8×10 cm, segmentbogenförmig gepflastert	16,80	0,10	30	1,47
			40	1,40
			50	1,37
2. Großpflaster aus Kupferschlackesteinen 16×16×13 cm	21,10	0,06	40	1,76
3. Großsteinpflaster aus Granit	24,00	0,04	50	1,96

Betrag von solcher Höhe zurückgelegt wird, daß auf Zinseszinsen gelegt im Zeitpunkt der Erneuerung die erforderliche Summe vorhanden ist. Diese Berechnungsart deckt sich nicht mit den tatsächlichen Verhältnissen; denn es ist nicht üblich, daß aus den laufenden Mitteln Beträge für die Erneuerung von Straßenbefestigungen jährlich zurückgelegt werden. Aber den praktischen Verhältnissen wird es insofern entsprechen, als in jedem Jahre im Umlauf Erneuerungen an dem Straßenpflaster vorgenommen werden und es daher im Endergebnis auf dasselbe herauskommen wird, ob in jedem Jahre die Mittel für die Erneuerung einer Straßenstrecke aufgewendet werden, oder ob im Haushalt für jede Straße eine Erneuerungsrücklage gemacht wird und aus dem angesammelten Stock diejenige Straßenstrecke, die in dem betreffenden Jahre gerade an der Reihe ist, erneuert wird.

Die Jahreskosten berechnen sich dann

1. aus der Verzinsung des Anlagekapitals $Z = Np$,
2. aus den jährlich aufzuwendenden Unterhaltungskosten U,
3. aus der jährlichen Rücklage, die nach n Jahren den Betrag für die Erneuerung erreichen muß

$$Re = \frac{Ne \cdot p}{q^n - 1}. \tag{70}$$

Der Jahresaufwand ist dann:

$$J = N \cdot p + U + \frac{Ne \cdot p}{q^n - 1}. \tag{71}$$

Unter Anwendung dieser Berechnungsart wird man den tatsächlichen Verhältnissen beim Vergleich der Wirtschaftlichkeit verschiedener Pflasterarten am nächsten kommen. Nach diesem Verfahren ist z. B. der Vergleich für die gebräuchlichen Straßenbefestigungen in der Denkschrift des Staates Bayern „Die bayrischen Staatsstraßen" durchgeführt[147]. Die Ergebnisse sind auszugsweise in der Zusammenstellung 47 wiedergegeben.

Für die Straßenbefestigungen der Stadt Stuttgart hat Baudirektor Dr.-Ing. Maier auf Grund der ihm zur Verfügung stehenden Erfahrungen nach demselben Verfahren die Wirtschaftlichkeit unter Annahme eines mittleren Verkehres berechnet (Zusammenstellung 48)[93]. Auch die Straßeningenieure in den V. St. A. haben diese Berechnungsart angenommen.

Zusammenstellung 48. Jahreskosten verschiedener Straßenbelage für 1 m² (ohne Reinigung) für eine Straße mit mittelstarkem Verkehr.

	Art des Belages	Zins aus den Anlagekosten: Anlagekosten	Zins aus den Anlagekosten: Zins bei 5 vH	Zins bei 10 vH	Kosten der Ausbesserungen	Rücklage für Wiederherstellung der Decke nach Ablauf der Belagsdauer, abzüglich Wert des Altmaterials: Belagsdauer	Kosten der Wiederherstellung	Rücklage bei 5 vH Zins	Rücklage bei 10 vH Zins	Jährliche Gesamtkosten bei einem Zins von 5 vH	10 vH
		RM.	RM.	RM.		Jahre	RM.	RM.	RM.	RM.	RM.
1	Walzdecke mit Hartschotter	3	0,15	0,30	0,70¹)	3	3,00	0,95	0,91	1,80	1,91
2	Walzdecke mit Hartschotter und Einguß von Bitumen	7	0,35	0,70	0,50²)	7	7,00	0,86	0,74	1,71	1,94
3	Sandasphalt, 5 cm stark	10	0,50	1,00	0,30	12	10,00	0,63	0,47	1,43	1,77
4	Sandasphalt, 7 cm stark	12	0,60	1,20	0,30	18	12,00	0,43	0,26	1,33	1,76
5	Kleinpflaster aus Hartgest. auf vorhand. Unterbau	18	0,90	1,80	0,40	20	15,00	0,45	0,26	1,75	2,46
6	Großpflaster aus Hartgest. mit Unterbau	30	1,50	3,00	0,30	50	20,00	0,10	0,02	1,90	3,32
7	Gußasphalt auf Beton, 25 cm stark	30	1,50	3,00	0,50	25	15,00	0,32	0,15	2,32	3,65

¹) Mit dreimal Teeren in 3 Jahren. ²) Erfahrungen fehlen.

b) Die Deckenkosten in Abhängigkeit vom Verkehr.

Die Durchführung der im Abschnitt a) gemachten Berechnungen erfolgt aber unter Annahmen, die nicht auf sicheren Füßen stehen, so daß es nur mit Vorbehalt möglich ist, die Ergebnisse auf andere Verhältnisse zu übertragen. Vor allem muß die Lebensdauer der Befestigung geschätzt werden, ebenso wie die Zeit, in der eine Erneuerung notwendig wird. Beide Annahmen unterliegen aber recht wechselnden Einflüssen, von denen die Größe des Verkehres, dem die Decke ausgesetzt ist, ausschlaggebend ist. Dieselbe Fahrbahndecke in einer Straße mit geringem Verkehr wird eine längere Lebensdauer haben und viel später einer Erneuerung bedürfen, als in einer Straße mit schwerem und dichtem Verkehr. Es muß demnach der vorhandene oder der zu erwartende Verkehr in die Wirtschaftlichkeitsberechnung mit eingeführt werden. Die Inanspruchnahme der Decke wird auch von der Breite der Straße abhängen. Es wird daher die Verkehrsstärke auf die Einheit der Fahrbahnbreite bezogen werden müssen. Straßenbahngleise, die in Straßen mit lebhaftem Verkehr von der Straßenbahn selbst in Anspruch genommen werden, müssen von der nutzbaren Fahrbahnbreite abgezogen werden. Wenn G die Größe des Verkehres in Tonnen in 24 Stunden in beiden Richtungen und $B—b$ die Breite der Straße abzüglich des Straßenbahnkörpers ist, dann wird die reduzierte Fahrbahnbelastung

$$g = \frac{G}{B-b} \text{ in 24 Stunden}$$ [148].

1. Feststellungen an Steinschlagdecken.

Da die Steinschlagdecke auf den deutschen Landstraßen vorherrscht, ist es erklärlich, wenn eine Anzahl von Versuchen vorliegen, die Beziehungen zwischen Verkehr und Abnutzung für diese Deckenart aufzuklären. Hierbei ist von dem Zunächstliegenden ausgegangen, d. h. den Schotterverbrauch in Beziehung zum Verkehr zu setzen. Die sächsische Straßenbauverwaltung hat für die verschiedenen im Staate Sachsen verwendeten Gesteinsarten folgende Verbrauchsziffern, auf die mittlere Straßenbreite umgerechnet, ermittelt[149].

Jährlicher Verbrauch an Schottersteinen in Kubikmeter auf 1 km ($x =$ vierundzwanzigstündiger Gesamtlastverkehr in Tonnen) bezogen auf 1 m Straßenbreite.

Granit und Syenit	$4{,}8 + 0{,}02\ x$ (aus 3 verschiedenen Gesteinsarten)
Gneis, a) fest	$3{,}4 + 0{,}02\ x$,
b) mittelfest	$3{,}8 + 0{,}02\ x$,
Hornblendeschiefer und Eklogit .	$4{,}2 + 0{,}02\ x$,
Quarz und quarzreiches Gestein:	
a) fest	$4{,}0 + 0{,}02\ x$,
b) mittelfest	$4{,}2 + 0{,}02\ x$,
Diabas	$3{,}0 + 0{,}016\ x$,
Porphyr und Porphyrtuff:	
a) fest	$3{,}4 + 0{,}02\ x$,
b) mittelfest	$4{,}0 + 0{,}02\ x$,
Basalt:	$3{,}6 + 0{,}02\ x$,
a) fest	$3{,}2 + 0{,}016\ x$,
b) mittelfest.	

Diese Erfahrungswerte, die aus den Jahren vor 1910 stammen, sind vom Kraftwagenverkehr noch wenig beeinflußt. Es ist anzunehmen, daß sie heute anders lauten würden. Für Landstraßen in größerer Entfernung von den Städten, wo der landwirtschaftliche Verkehr vorherrscht, könnte man sich ihrer noch bedienen und den Preisunterschied für die Verwendung verschiedener Gesteinsarten ermitteln.

Ähnliche Formeln hat Funk, auch auf Grund von Beobachtungen, aufgestellt[150]. Sie lauten, wenn d der Schotterverbrauch für 1 km und 1 m breite

Fahrbahn in Kubikmeter für das Jahr und i der Verkehr in 1000 t jährlich ist:

Dolerit	$-3{,}3+3\sqrt{i}=0{,}66+1{,}34\sqrt{i}$,
Basalt	$-4+4\sqrt{i}=0{,}80+1{,}8\sqrt{i}$,
Porphyr.	$-4{,}7+4{,}7\sqrt{i}=0{,}94+2{,}10\sqrt{i}$,
Kalkstein	$-8+4{,}7\sqrt{i}=1{,}6+2{,}10\sqrt{i}$,
Minderwertiger Kalkstein	$-10+7\sqrt{i}=2{,}0+3{,}13\sqrt{i}$.

Die Ermittlungen von Sachsen und die von Funk lassen sich nicht vergleichen, weil Sachsen auf 1 Zugtier 1,45 t, Funk nur 1 t rechnen. Ferner besteht ein wesentlicher Unterschied darin, daß Funk die Annahme macht, daß die Abnutzung nur mit der ½ Potenz des Verkehres zunimmt, während Sachsen die Abnutzung verhältnisgleich der vollen Verkehrsstärke setzt. Es spricht manches für die Annahme von Funk.

2. Allgemeines für alle Befestigungen.

Es wird angestrebt, die Beziehungen zwischen Lebensdauer und Verkehrsstärke allgemeiner zu fassen. Zu diesem Zweck wird jetzt die an sich im großen und ganzen zutreffende Annahme für die meisten Befestigungen gemacht, daß die Lebensdauer einer Straßenbefestigung sich umgekehrt verhält wie die reduzierte Fahrbahnbelastung

$$n : n_1 = g_1 : g\,, \tag{72}$$

$$n \cdot g = n_1 g_1\,,$$

oder in andere Form gekleidet, das Produkt aus Lebensdauer und reduzierte Fahrbahnbelastung ist für dieselbe Fahrbahnbefestigung ein Festwert.

$$n \cdot g = C\,. \tag{73}$$

Dieser Wert C kann nunmehr aus der Erfahrung ermittelt werden. Liegen jährliche Zählungen vor, so würde es zulässig sein, das arithmetische Mittel aus allen Zählungen zu nehmen. Sind dagegen die Zählungen in ungleichmäßigen Abständen vorgenommen worden, so muß diesem Umstande in der Weise Genüge geschehen, daß aus den beobachteten Zählungen eine Kurve aufgetragen, deren Inhalt ermittelt und durch die Zahl der Jahre, über die sich die Zählungen erstrecken, dividiert wird. Es gilt nun die Annahme, daß für einen anderen Verkehr g die Lebensdauer sich dann entsprechend ändern würde. Diese Berechnungsart ermöglicht die Beurteilung einer Pflasterart für verschiedene Verkehrsverhältnisse. Der Wert des Verfahrens wird davon abhängen, ob genügend Unterlagen zur Ermittlung des Wertes C vorliegen. Es müssen Verkehrszählungen über einen langen Zeitraum vorhanden und die Lebensdauer und laufenden Unterhaltungskosten bekannt sein. Dabei werden die örtlichen Verhältnisse eine besondere Rolle spielen. Es wird kaum möglich sein, die Werte C für ein großes Wirtschaftsgebiet, z. B. das Deutsche Reich, zu ermitteln. Vielmehr werden die Werte C in jeder Stadt und in jedem Land für sich berechnet werden müssen. Denn die topographischen Verhältnisse, der Charakter der Stadt, die Art des Verkehres, Klima und Boden müssen den Wert C beeinflussen. Bei der Lebensdauer wird zu beachten sein, daß in Städten vielfach ein Pflaster beseitigt wird, nicht weil es abgenutzt ist, sondern weil es den Ansprüchen, die an die Straße gestellt werden müssen, nicht mehr genügt. Das sind Übergangszustände im Städtebau und Straßenbau, die stets auftreten werden und stets zu neuen Maßnahmen zwingen werden. In solchem Falle wird ohne weiteres das Lebensalter der Pflasterung als abgelaufen anzusehen sein.

Anders liegen die Verhältnisse auf den Landstraßen, wo allein die Verkehrsbelastung die Lebensdauer und Unterhaltungskosten bei der Entscheidung, ob eine Decke belassen werden kann oder nicht, den Ausschlag geben werden. In dieser Hinsicht wird ein Unterschied zwischen Land- und Stadtstraße bestehen. Es soll nun versucht werden, aus Erfahrungen Werte für C abzuleiten. Ob C für Stunden- oder Tagesverkehr berechnet wird, hängt davon ab, wie die Zählungen vorgenommen sind. Bei Vergleichen muß selbstverständlich einheitlich vorgegangen werden.

α) Stadtstraßen.

Steinpflaster. Die Angaben über das Lebensalter schwanken recht erheblich:

Stillkrauth . . . . 60 Jahre
Dr.-Ing. Maier, Stuttgart . . . . 50 „
Löschmann, Berlin . . . . . . 25 „
Die bayrischen Landstraßen . . . 50 „
Stuttgart, Königstraße . . . . . 34—37 Jahre
Chemnitz . . . . 11—33 „

Aus Chemnitz liegen Zählungen über die Zahl der Lastwagen für neun Großpflasterstraßen aus dem Jahre 1902 vor[151]. Eine Umrechnung auf Tonnen, tägliche Verkehrsgröße und reduzierte Fahrbahnbreite gibt einen Wert von C, der zwischen 530—2200 liegt. Auffallenderweise stimmt der Wert C bei den Straßen mit kurzer Lebensdauer und schwerem Verkehr und langer Lebensdauer bei geringem Verkehr nahezu überein — etwa 2000 —. Dies läßt vermuten, daß die Decken mit langer Lebensdauer an der Grenze angelangt sind, dagegen die Lebensdauer der Decken der dazwischenliegenden Werte C noch nicht ihr Ende erreicht haben. Sie sollen daher ausgeschieden werden. Für Neubaukosten von 30 RM. für den Quadratmeter einschließlich Unterbettung (Preise von Berlin und Stuttgart), 15 RM. Erneuerungskosten und 0,15 RM. Unterhaltungskosten ist in der Abb. 157 die Kurve für Lebensdauer und Jahreskosten ermittelt. Als Zinssatz ist 5 vH, entsprechend der Höhe des gegenwärtigen Reichsbankdiskontes, zugrunde gelegt. Die Werte sind auf Verkehr in t/stdl. bezogen.

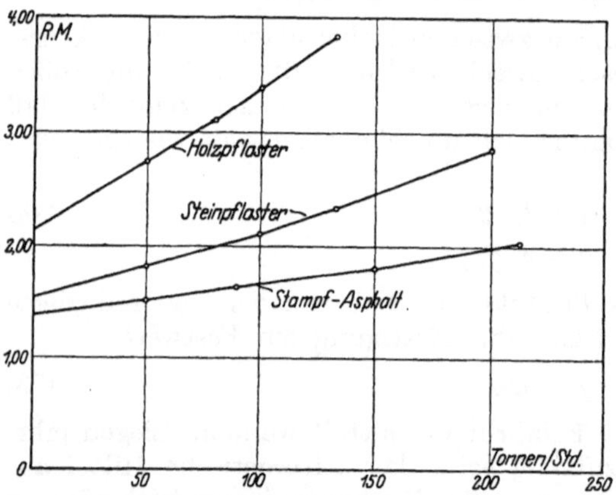

Abb. 157. Beziehung zwischen Verkehr und Lebensalter und Wirtschaftlichkeit.

Stampfasphalt. Es liegen Zählungen für die Nettelbeckstraße in Charlottenburg über 7 Jahre vor. Die im Jahre 1893 verlegte Asphaltdecke auf 20 cm Beton ist im Jahre 1922 durch eine neue auf 30 cm Beton ersetzt worden, Lebensdauer also rund 30 Jahre. Der Wert C ermittelt sich unter Zugrundelegung der Friedensverhältnisse zu 2250. Die Anlagekosten betragen nach Löschmann 1926 17,40 RM. für Asphalt einschließlich Betonunterbau, die Unterhaltungskosten veranschlagt Verfasser auf Grund einer eingehenden Untersuchung der gegenwärtigen Verhältnisse in Berlin auf 0,63 RM. Erneuerung kommt nur bezüglich des Betonunterbaues nach 30 Jahren in Frage, da in dem Unterhaltungspreis die fortlaufende Umlegung des Asphaltes enthalten ist. Nach diesen Werten ist für 5 vH Verzinsung die Kurve für Lebensdauer und Jahreskosten in der Abb. 157 ermittelt.

Holzpflaster. Für steyrische Lärche, eine Holzart, die in deutschen Städten viel verwendet ist, liegen Beobachtungen über eine Strecke auf der Charlottenburger Brücke vor, die im Jahre 1907 verlegt, 1922 aber ersetzt worden ist, also etwa 15 Jahre gehalten hat. Auf Grund von fünf Verkehrszählungen in den Jahren 1910 bis 1914 errechnet sich $C = 2000$, also etwa ebenso hoch wie Granitpflaster und Asphalt. Dies Ergebnis hat viel Wahrscheinlichkeit, denn tatsächlich sind Stampfasphalt, Großpflaster und Holzpflaster die einzigen Fahrbahnbeläge, die in städtischen Verkehrsstraßen sich gehalten haben. Ihr Unterschied liegt in der Wirtschaftlichkeit. Die Kosten einer 30 cm starken Unterbettung werden zu 9,9 RM. veranschlagt, die Holzpflasterdecke zu 30 RM., die Unterhaltungskosten nach Erfahrungen in Charlottenburg zu etwa 50 Pfg. für den Quadratmeter. Die Beziehungen zwischen Lebensdauer und Verkehr sind in der Abb. 157 eingetragen.

Es zeigt sich, daß bei hoher Verkehrsbelastung der Stampfasphalt am günstigsten abschneidet, wie schon auf S. 189 nachgewiesen ist. Bei geringer Verkehrsbelastung und hoher Lebensdauer gleichen sich die Unterschiede etwas aus. Diese Berechnung soll nur ein Beispiel sein. Wieweit es auch auf andere Verhältnisse paßt, muß von Fall zu Fall untersucht werden. Es liegt daher in der Natur der Sache, wenn die Decken der Verkehrsstraßen der heutigen Groß-

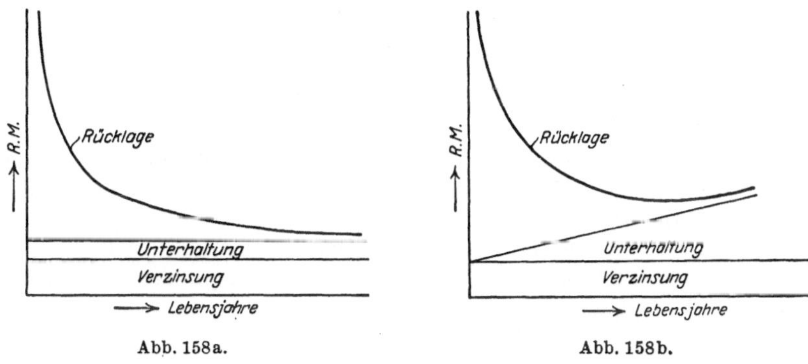

Abb. 158a. Abb. 158b.

städte aus diesen Pflasterarten bestehen, da sie allein dem schweren Verkehr widerstehen, dabei staub- und geräuscharm sind. Mit Zunahme des Kraftwagenverkehres und Abnahme der Pferdefuhrwerke werden sich vielleicht die Werte verändern. Es ist aber nicht anzunehmen, daß das Verhältnis der Pflasterarten zueinander, wie es die Abb. 157 angibt, sich wesentlich verschieben wird.

Bisher ist bei dem Jahresaufwand angenommen worden, daß die jährlichen Unterhaltungskosten dieselben bleiben. In diesem Falle nimmt die Kurve der Jahreskosten für die verschiedenen Lebensdauern eine hyperbolische Form an, wie Abb. 158a erkennen läßt. Denn die Verzinsung und Unterhaltung bleiben gleich groß, liegen demnach parallel zur Abszissenachse, nur die Beiträge der Erneuerungskosten verlaufen in einer Kurve. Es muß aber damit gerechnet werden, daß die Unterhaltungskosten im Laufe der Jahre steigen und diese Zunahme soll geradlinig angenommen werden. Dann ergibt sich für ein bestimmtes Lebensalter ein Kleinstwert der Jahreskosten (Abb. 158b). Das bedeutet: Es kann durch jährliche Vermehrung des Unterhaltungsaufwandes zwar die Lebensdauer einer Pflasterdecke vergrößert werden, aber es gibt eine Grenze, über die die Vermehrung der Unterhaltungskosten hinaus unwirtschaftlich wird, indem die jährlichen Aufwendungen trotz der Vergrößerung der Lebensdauer der Decke nicht abnehmen, sondern wachsen. Die Zunahme der Unterhaltung kann linear vor sich gehen, indem sie jährlich um den gleichen Betrag wächst, aber auch in Form einer Kurve, deren Exponent größer oder kleiner als 1 sein kann. Dieser Fall der kurvenförmigen Zunahme möge bei der weiteren Betrachtung ausgeschaltet werden, weil er zu verwickelten mathematischen Formeln führt.

Bei gleichmäßigem Anwachsen der jährlichen Unterhaltungskosten wird der Endwert des Unterhaltungssatzes, wenn a der Anfangswert und $a \cdot m$ der Zuwachs in $n - 1$ Jahren ist, $a + am$. Die Überlegung sagt, daß der Geringstwert an der Stelle liegen muß, wo der Rücklagewert gleich der jährlichen Erhöhung der Unterhaltungskosten wird. Denn mit Zunahme des Lebensalters nimmt der jährliche Rücklagewert ab, der Unterhaltungskostenzuwachs wächst aber stets um den gleichen Betrag, so daß die Summe beider jenseits der angegebenen Grenze wieder steigen wird, die Kurve also ihren Tiefstpunkt überschritten hat (Abb. 158b). Es muß also sein

$$\frac{Ne \cdot p}{q^x - 1} = \frac{a \cdot m \cdot (n-1)}{n}, \tag{74}$$

$$\frac{Ne \cdot p \cdot n}{ma(n-1)} + 1 = q^x,$$

$$\frac{Ne \cdot p \cdot n}{ma(n-1)} + 1 = b,$$

$$b = q^x,$$

$$\log b = x \cdot \log q,$$

$$x = \frac{\log b}{\log q}. \tag{75}$$

Bei der Lösung dieser Aufgabe muß von einem angenommenen Lebensalter ausgegangen werden. Die Durchrechnung an praktischen Beispielen hat aber ergeben, daß nur für sehr hohe Werte von m, die weit über das praktische Maß hinausgehen, der Wert x innerhalb der tatsächlichen Lebensdauer der Befestigung bleibt. Es ist daher davon abgesehen, diesen Gedanken, der auch von Ingenieuren der V. St. A. behandelt ist, weiter zu verfolgen.

β) Landstraßen.

Bei dem Übergangszustand, in dem sich die Landstraßen heute befinden, wird es schwer sein, zutreffende Angaben über Lebensdauer und Unterhaltungskosten zu erhalten. Für ausgesprochenen Kraftwagenverkehr bieten die Ergebnisse der Versuchsstraße in Braunschweig einige Unterlagen, die im folgenden ausgewertet werden sollen unter Bezugnahme auf die Denkschriften des deutschen Straßenbauverbandes. Die tägliche Verkehrsstärke hat etwa 1000 t für den Meter Breite betragen. Für die Unterhaltung liegen genaue Aufzeichnungen vor. Die Lebensdauer ist nach dem Zustande bei Beendigung der Versuche beurteilt worden, wobei zwischen einer langen und kurzen Lebensdauer unterschieden ist. Aus den Ergebnissen der Versuchsstraße ist die Wirtschaftlichkeit für die drei Dekenarten ermittelt, die sich im Landstraßenbau bei schwerem Verkehr im Wettbewerb gegenüberstehen (Zusammenstellung 49): Steinschlagasphalt, Beton, Kleinpflaster und Teermischmakadam. Für die beiden ersten sind sowohl die geschätzten langen wie kurzen Lebensdauern zugrunde gelegt, für Kleinpflaster nur die angenommene größte von 40 Jahren.

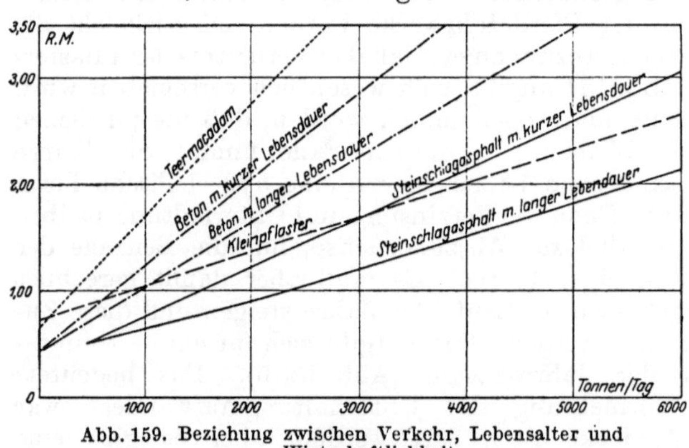

Abb. 159. Beziehung zwischen Verkehr, Lebensalter und Wirtschaftlichkeit

Zusammenstellung 49.

	Lebensdauer		Tägliche Verkehrsgröße t für 1 m Breite	C für Lebensdauer		Erneuerungskosten	Unterhaltungskosten	Verzinsung des Kapitals
	lange	kurze		lange	kurze	RM.	RM.	
1. Steinschlagasphalt . .	30	20	1000	30000	20000	9	0,08	0,44
2. Beton	20	15	1000	20000	15000	12	0,14	0,55
3. Kleinpflaster	40	—	1000	40000	—	14	0,24	0,71
4. Teermischmakadam . .	10	—	1000	10000	—	10,20	0,39	0,51

Für die Werte C sind dann die Jahreskosten bei 5 vH Verzinsung errechnet und in der Abb. 159 für die vier Decken zum Vergleich aufgetragen. Es zeigt sich, daß Beton und Steinschlagasphalt bei geringer Verkehrsbelastung wirtschaftlicher sind, daß aber bei schwererem Verkehr dem Kleinpflaster die größere Bedeutung zukommt. Die bisherige Anschauung wird damit bestätigt, daß Kleinpflaster erst bei sehr schwerem Verkehr wirtschaftlich gerechtfertigt ist, daß es zwischen der Kleinschlagdecke und Kleinpflaster noch eine Anzahl Abstufungen gibt. Bedauerlicherweise sind auf der Versuchsstraße keine Versuche mit den Asphaltemulsionen gemacht worden, weil diese bei dem Entwurf der Anlage noch nicht genügend bekannt gewesen sind. Sicherlich würden z. B. die mit Colas hergestellten Decken weitere Zwischenstufen abgegeben haben. Es wird ausdrücklich bemerkt, daß mit dem Ergebnis der Abb. 159 keine ein für allemal gültige Bewertung der einzelnen Befestigungsarten gegeben werden soll, sondern daß nur der Versuch gemacht ist, an Hand der Erfahrungen der Versuchsstraße in Braunschweig das Verfahren, wie die Wirtschaftlichkeit in Beziehungen zum Verkehr gebracht werden kann, zu erläutern.

c) Die Deckenkosten in Beziehungen zu den Beförderungskosten.

1. Fahrwiderstand und Betriebsstoffverbrauch.

Die Wirtschaft wird Wert darauf legen, die Güterbeförderung auf Kraftwagen mit dem geringsten Kraft- und Kostenaufwand durchzuführen. Aus dem Fahrbild Abb. 15, S. 29, kann man die Kräfte entnehmen, die für die Leistung auf der ebenen Holzfahrbahn der Prüfstandtrommeln notwendig sind. Da aber die Straßenfahrbahnen sich wesentlich von solchen Holzfahrbahnen unterscheiden, so haben die Ermittlungen nur Vergleichswert. Die heute im Straßenbau üblichen Fahrbahnbefestigungen sind recht verschiedene, wenn auch die fugenlosen, wie Asphalt- und Betondecken, in Städten bevorzugt werden, so bestehen dennoch ausgedehnte Strecken, besonders Landstraßen, aus Steinschlagdecken, Klein- und Großpflaster. Die letztgenannten Decken weisen fast regelmäßig Unebenheiten auf, sobald sie einige Zeit liegen, so daß hierdurch besondere Bewegungswiderstände hervorgerufen werden, die erhöhten Kraftaufwand erfordern. Denn beim Überfahren einer Vertiefung sinkt das Rad in sie ein, und es bedarf noch einer besonderen Arbeitsleistung, um es wieder auf die Höhe der Fahrbahn zu heben. Die Gesamtwirtschaftlichkeit von Fahrzeug und Fahrbahn verlangt, daß man die Wirtschaftlichkeit der Beförderung auf den einzelnen Fahrbahndecken dem wirtschaftlichen Verhalten der Deckenbefestigungen selbst gegenüberstellt und für die verschiedenen Verkehrsgrößen den geringsten Aufwand ermittelt. Hierzu ist Kenntnis des Kraftaufwandes und des Wagenverschleißes auf den einzelnen Befestigungsarten notwendig. Beim Pferdefuhrwerk besteht die Arbeitsleistung in der Zugkraft des Pferdes, das den Widerstand des Wagens bei der Fahrt überwinden muß. Die erforderliche Zugkraft wird nach der einfachen Formel berechnet

$$z = W = QK \cdot \pm Q \sin a,$$

W Bewegungswiderstand enthält den Widerstand der Zapfenreibung, den Roll- und Luftwiderstand. *K* der Beiwert in Kilogramm auf 1 t Last, der durch Versuche festgestellt ist, beträgt etwa:

Zusammenstellung 50. Widerstandswerte *k*.

Art der Fahrbahn	Durchschnittswert von *k* in vT, d. i. kg/t = Bruchteile der Zuglast	Nach neueren amerikanischen Versuchen m/Kraftwagen
Erdwege:		
Loser Sand	150 = rd. $^1/_7$	120
Schlechter Erdweg	100 = „ $^1/_{10}$	100
Trockner, fester Erdweg	50 = „ $^1/_{20}$	36—42
Steinschlagstraßen:		
Frisch aufgeworfen (nicht gewalzt)	100 = „ $^1/_{10}$	
Kotig	50 = „ $^1/_{20}$	
Trocken, gut	33 = „ $^1/_{30}$	29,5
Pflasterstraße:		
Schlechtes Steinpflaster	40 = „ $^1/_{25}$	
Gutes Steinpflaster	20 = „ $^1/_{50}$	
Holzpflaster	13 = „ $^1/_{75}$	
Stampfasphalt	10 = „ $^1/_{100}$	
Asphaltfeinbeton		31,4
Beton mit 1 cm Asphaltbelag mit Grus		22,5
Beton		12,7
Gleisbahnen in Steinschlagdecken		5—10

Über den Widerstand von Lastkraftwagen sind von dem Massachusetts Institut of Technologie in Boston Versuche mit einem elektrisch angetriebenen Rahmen von 500 kg Gewicht mit Vollgummireifen von 900 mm Durchmesser und Geschwindigkeiten von 13—24 km/stdl. gemacht worden. Für die Größe des Straßenwiderstandes einschließlich des Luftwiderstandes sind für die einzelnen Fahrbahnbefestigungen folgende Werte ermittelt worden:

Zusammenstellung 51. Widerstandswerte *k* unter Berücksichtigung der Fahrgeschwindigkeit.

kg/t gute Steinschlagdecke	= 24 — 0,67 + 0,03
schlechte Steinschlagdecke	28 — 0,25 + 0,02
Granitwürfel in Zement	17,5 + 0,025
Kopfsteine	29 — 0,67 + 0,067
Holz	18 — 0,25
Asphalt	14,5 — 0,25

Für eine mittlere Geschwindigkeit und für Luftbereifung hat die Universität Columbia folgende Zugkraftgrößen und dabei auch gleich die Fahrstrecke ermittelt, die für einen Nutztonnenkilometer mit einem Liter Betriebsstoff gefahren werden kann.

Zusammenstellung 52 der Widerstandswerte *k* und des Betriebsstoffverbrauches.

	kg *f*·t	Zahl der Nutz-tkm auf 1 l Benzin
Beton ohne Oberflächenbehandlung	14,7	2,5
Beton mit Oberflächenteerung und Begrusung	25	
Gute Kleinschlagdecke	33	
4 cm Topeka (Asphaltfeinbeton) auf Zementbeton	35	
Kiesstraße geebnet	40	1,5
Gute Klinkerstraße		2,4
Asphaltmakadam		2,0

Der Benzinverbrauch ist an fünf Zweitonnenlastwagen aus dem Durchschnitt der Ergebnisse ermittelt.

Die Straßenlänge, die mit 1 l Betriebsstoff zurückgelegt werden kann, ist durch gleiche Untersuchungen der Portland-Zement-Association 1918 an einem Zweitonnenlastwagen festgestellt worden zu:

Zusammenstellung 53.

Fahrbahnbefestigung	Zahl der Nutz-tkm auf 1 l Benzin	
Kiesbahn	1,6	100 vH
Asphaltmakadam	2,0	80 „
Klinkerbahn	2,1	76 „
Gute Klinkerbahn	2,45	65 „
Beton	2,5	64 „

Diese Ergebnisse decken sich mit denen der Zusammenstellung 52.

Es ist aber zu beachten, daß die amerikanischen Motore infolge der besonderen Steuerformel mehr Betriebsstoff verbrauchen als die deutschen. Die Angaben der Zusammenstellungen 52 und 53 können daher nur vergleichsweise herangezogen werden.

Neben dem Betriebsstoffverbrauch spielt der Reifenverschleiß eine große Rolle. Über diesen Betriebsaufwand bei verschiedenen Geschwindigkeiten und Wegebefestigungen sind vom State College von Washington Pullmann (Washington) an einem 4-Zylinder-Personenwagen die folgenden Feststellungen gemacht worden:

1. Der Reifenverschleiß hängt ab: von der Fahrgeschwindigkeit, Luftwärme und Straßenbeschaffenheit.

2. Die Kosten des Betriebsstoffverbrauches steigen auf 111,3 auf guter und 150,7 auf schlechter Steinschlagdecke, wenn sie auf Beton für die gleiche Strecke mit 100 angenommen werden (vgl. die Übereinstimmung mit der Zusammenstellung 53, s. oben).

3. Wird der Reifenverschleiß auf der Betondecke mit 1 angesetzt, dann steigt er auf guter Steinschlagbahn auf 17 und auf sehr schlechter auf 57,5.

Die Ersparnisse an Betriebsstoff und Reifenverschleiß geben noch kein vollständiges Bild über den tatsächlichen Einfluß der besseren Straßen. Es muß noch berücksichtigt werden, daß auf guten Straßen mit höheren Geschwindigkeiten gefahren und die Wagen besser ausgenutzt werden. Außerdem werden die Wagen geschont, so daß mit höherer Lebensdauer der Fahrzeuge gerechnet werden kann. Die Kraftverkehrsgesellschaft Sachsen hat die Zahl der Kilometer Straßen, die ihre Wagen laufen, bevor sie zur Instandsetzung aus dem Betriebe genommen werden, auf das Doppelte erhöht, nachdem der sächsische Staat einen großen Teil seiner Straßen durch Behandlung mit Colas in einen guten Zustand gebracht hat. Eine solche Verminderung des Bestandes an nicht fahrfähigen Wagen setzt nicht nur die Betriebskosten des einzelnen Wagens herab, sondern führt auch zur Einsparung an Wagen.

Ein zutreffendes Bild über die Bedeutung der verschiedenen Pflasterarten für die Wirtschaftlichkeit der Beförderung bietet der Quotient aus der mechanischen Arbeit : Fördermoment, der als Nutzzugleistung bezeichnet wird. Die Unterschiede treten bei diesem Verhältnis deshalb besonders scharf in Erscheinung, weil die mechanische Arbeit im Zähler auf schlechtem Pflaster steigt, das Fördermoment im Nenner aber abnimmt. Um handliche Werte zu erhalten, wird die mechanische Arbeit in Meterkilogramm, das Fördermoment in Tonnenkilometer eingesetzt. Hohe Werte ergeben sich für schlechte, niedrige für gute Straßendecken.

Nach Untersuchungen von Kistner (Diss. Braunschweig 1920)[152] stellt sich dieses Verhältnis für verschiedene Beförderungs- und Befestigungsarten folgendermaßen, wobei es wieder mehr auf das Verhältnis der Werte zueinander, wie auf die Werte selbst ankommt.

Zusammenstellung 54. Nutzzugleistung kg/m : tkm.

	Kutschwagen	Pferdelastwagen	Personenkraftwagen	Lastkraftwagen
Asphalt	13300	10000	43500	20180
Klinker	16700	—	48000	—
Kleinstein	20000	16700	48000	20500
Steinschlag	26700	26700	66900	24000
Großstein I	22200	20000	56300	21200
„ II	33300	33300	72500	26000

Aus den Betriebskosten und Ausnutzungsmöglichkeiten auf den verschiedenen Fahrbahnen läßt sich ein Bild über den Einfluß der Fahrbahnen auf die Beförderungskosten gewinnen. Hierzu ist noch notwendig, die Gesamtbetriebskosten der Kraftwagen selbst zu kennen.

2. Betriebskosten der Kraftwagen.

Über die Betriebskosten von Kraftwagen liegen verschiedene Berechnungen vor. Sie hängen nicht nur von Aufwendungen für die Einzelposten wie Verzinsung und Abschreibung der Anschaffung, Kosten für Unterbringung und Unterhaltung, von Löhnen, Verbrauch an Betriebsstoff und Reifen ab, sondern auch von der Ausnutzung des Wagens. Auf Seite 73, 74 sind bereits Angaben darüber gemacht worden (Abb. 49 u. 50). Weitere sollen hier noch folgen.

Dr.-Ing. Tecklenburg berechnet[153] die Betriebskosten für einen Fünftonnenlastkraftwagen zu 1,50 RM. für den Kilometer und für Lastkraftwagen mit Anhänger zu 2 RM. für den Kilometer bei einer jährlichen Fahrleistung von 12000 km. Die Betriebskosten für 1 Nutzkilometer ergeben sich dann je nach der Auslastung des Wagens.

Den Einfluß der im Jahre gefahrenen Wagenkilometer auf die Betriebskosten für 1 tkm für Vollauslastung auf dem Hinwege und eine Rückfracht von 15 vH hat Prof. Halter ermittelt[154]. Seine Ergebnisse weichen nicht erheblich von den zuvor genannten für die gleiche Jahresleistung ab. Ähnliche Berechnungen liegen auch von Oberingenieur Sachtleben[155, 156] vor, die zu denselben Ergebnissen kommen. Für die folgenden Untersuchungen soll eine amtliche Berechnung über die Betriebskosten eines Personenkraftwagens und Lastkraftwagens von 4—5 t benutzt werden, die das Reichsverkehrsministerium gelegentlich der Vorlage des Gesetzes zur Änderung des Kraftfahrzeugsteuergesetzes dem Reichsrat vorgelegt hat. Die Jahreskosten eines Personenkraftwagens bei 13000 km jährlicher Fahrleistung werden auf 7673 RM., die des Lastkraftwagens für 12000 km Fahrleistung auf 11814 RM. berechnet, also etwa 1 RM. auf den Kilometer.

Alle bisher bekannten und die hier erwähnten Betriebskostenberechnungen sind ohne Rücksicht auf die Fahrbahn aufgestellt worden. An sich ist es daher nicht möglich, den Einfluß der Fahrbahn auf die Betriebskosten aus den angegebenen Betriebskostenberechnungen zu ermitteln. Es soll aber die naheliegende Annahme gemacht werden, daß alle Betriebskosten für noch verhältnismäßig schlechte Straßendecken gelten und für die folgende Berechnung die vom Reichsverkehrsminister aufgestellten Betriebskosten zugrunde gelegt werden. Um die auf Tonnen bezogenen Beförderungskosten richtig auf Personenwagen und Lastkraftwagen zu verteilen, wird die Annahme gemacht, daß der Anteil der Personenwagen, nach dem Gewicht bemessen, 29 vH und der Lastkraftwagen 71 vH beträgt. Das entspricht dem aus den Verkehrszählungen festgestellten Durchschnitt des Rheinlandes[157]. Die Durchschnittsbelastung des Personenwagens wird zu 1,2 t, die des Lastkraftwagens einschließlich Eigenlast bei Vollast auf die Hälfte der Laufstrecke und 15 vH Rückfracht auf die andere Hälfte zu 6,3 t angenommen. Das ergibt dann die folgende Verteilung:

Zusammenstellung 55.

Belastung der Straße t	1000	2000	3000	4000	5000
Zahl der Personenwagen . .	240	480	720	960	1200
„ „ Lastwagen	113	226	339	451	565

Werden die Nutzzugleistungen, der Betriebsstoffverbrauch, der Reifenverschleiß und die Wagenunterhaltung für die Steinschlagdecke gleich 1 gesetzt, dann verringern sich diese Anteile an den Betriebskosten für die anderen Decken — Kleinpflaster, Beton, Asphalt — gemäß den zuvor gemachten Angaben (Zusammenstellung 53 u. 54) verhältnismäßig wie in der Zusammenstellung 56 angegeben. Die Werte für Kleinpflaster sind nach den amerikanischen Ergebnissen auf Klinkerpflaster geschätzt. Die verhältnismäßigen Werte für den Reifenverschleiß sind abgewandelt. Nach den Werten der Zusammenstellung 56 sind dann die Betriebsausgaben für den gewählten Personen- und Lastkraftwagen berechnet. Die Werte in der Zeile — Steinschlagdecke — sind den schon erwähnten Betriebskostenberechnungen des Reichsverkehrsministers entnommen. Nach den in der letzten Spalte der Zusammenstellung 57 errechneten Kosten für einen Wagenkilometer sind dann die Gesamtjahreskosten für verschiedene Verkehrsstärken (1000—5000 t) ermittelt (Zusammenstellung 58).

3. Die Wirtschaftlichkeit der Decken.

Zu den aus der Zusammenstellung 58 bekannten Jahreskosten sind dann die aus Abb. 159 zu entnehmenden Jahreskosten der Decken umgerechnet von 1 m² auf 1 km Strecke für 6 m befestigte Breite hinzuzufügen. Diese Summe ergibt dann die gesamten Jahreskosten jeder Deckenart, die sich zusammensetzt aus den Deckenkosten und den Betriebskosten. Diese Jahreswerte, auf 1 tkm umgerechnet und zeichnerisch aufgetragen, ergeben die Abb. 160, aus der folgendes zu ersehen ist:

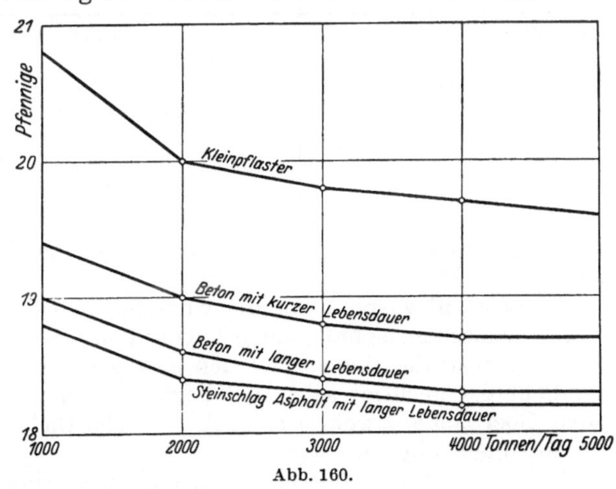

Abb. 160.

Zusammenstellung 56.
Verhältnis der Betriebskosten auf verschiedenen Straßendecken.

Deckenart	Arbeitsleistung nach Kisten	Lebensdauer der Bereifung nach State College Washington	Betriebsstoffverbrauch nach Untersuchungen der Columbia-Universität	Wagenunterhaltung nach Kistner
Steinschlagdecke	1	1	1,0	1,0
Kleinpflaster	1,17	0,5	0,70	0,74
Beton	1,2	0,1	0,64	0,70
Kunstasphaltbelag	1,2	0,2	0,80	0,70

Da Kistners Versuche Betonfahrbahnen nicht berücksichtigt haben, sind die Werte der Nutzzugleistungen von Asphalt auf Beton übertragen.

Zusammenstellung 57. Anwendung der Werte der Zusammenstellung 56 auf die Betriebskosten des Personen- und Lastkraftwagens.

a) Personenwagen.

1	2	3	4	5	6	7		
Deckenart	Arbeitsleistung km	Bereifungskosten RM.	Betriebsstoffverbrauch einschl. Öl RM.	Instandsetz.-Kosten RM.	Summe Spalte 3—5 bewegl. Kosten RM.	Feste Kosten RM.	Summe Spalte 6 u. 7 RM.	Kosten auf 1 km RM.
Steinschlagdecke . .	13000	828	860	886	2574	5099	7673	0,59
Kleinpflaster	15200	414	653,6	478	1546	5099	6645	0,44
Beton	15600	83	550	425	1058	5099	6157	0,40
Kunstasphaltbelag. .	15600	166	688	425	1279	5099	6378	0,41
b) Lastwagen.								
Steinschlagdecke . .	12000	980	2740	1296	5016	6797	11813	1,0
Kleinpflaster	14000	490	2082	702	3274	6797	10071	0,72
Beton	14400	100	1754	624	2478	6797	9275	0,65
Kunstasphaltbelag. .	14400	200	2192	624	3016	6797	9813	0,68

Zusammenstellung 58. Gesamtjahreskosten für 1 km Straße bei 300 Fahrtagen.

a) Lastwagen.

	1000 t	2000 t	3000 t	4000 t	5000 t
Kleinpflaster	24300	48600	72900	97200	121500
Beton	22035	44070	66105	88140	110175
Kunstasphaltbelag.	23052	46104	69156	92208	115260
b) Personenwagen.					
Kleinpflaster.	31800	63600	95400	127200	159000
Beton	28800	57600	86400	115200	144000
Kunstasphaltbelag.	29500	59000	88500	118000	147500

1. Kleinpflaster ist für die ausgesprochene Kraftwagenstraße ein unwirtschaftliches Pflaster.

2. Steinschlagasphalt ist die wirtschaftlichste Decke.

3. Steinschlagasphalt, lange Lebensdauer, hält sich mit Beton, lange Lebensdauer, nahezu die Wage. Bei den geringen Unterschieden in den Kosten wird der Schluß berechtigt sein, daß beide Deckenarten wegen ihrer ebenen, fugenlosen Oberfläche sowohl wie auch wirtschaftlich die besten Decken für Kraftwagenbahnen abgeben werden.

Es wird ausdrücklich bemerkt, daß diese Untersuchung als eine allgemeingültige nicht angesehen werden kann; denn sie beruht auf den Ergebnissen der Versuchsstraße in Braunschweig und ist nur für Kraftwagenbahnen aufgestellt (nicht für gemischten Verkehr). Die Untersuchung soll eine Anleitung sein, wie die Wirtschaftlichkeit von Decken auch unter Berücksichtigung der Betriebskosten ermittelt werden kann. Es wird erforderlich sein, daß über den Betriebsstoffverbrauch, über Reifenverschleiß, über die Nutzzugleistung und die Instandsetzungskosten wie Lebensdauer der Kraftwagen auf den einzelnen Deckenarten noch grundlegende Versuche gemacht werden.

Der Vergleich mit der Steinschlagdecke ist nicht gezogen worden, weil diese bei den hohen hier angenommenen Verkehrsziffern nicht mehr anwendbar ist. Er würde zugunsten aller drei Deckenarten ausfallen. Das ergibt sich aus der

Untersuchung der Straßenverhältnisse der Provinz Brandenburg von Dr.-Ing. Sander, der die Abb. 161 entnommen ist[158]. Werden lediglich die Unterhaltungskosten betrachtet, so ist nach den Feststellungen der Provinz Brandenburg die wassergebundene Steinschlagdecke gegenüber der Oberflächenteerung noch bis 325 t und der Kleinpflasterdecke noch bis 840 t Tagesverkehr wirtschaftlich. Wie Abb. 161 zeigt, ändert sich das Bild, wenn auch die Betriebskosten mit berücksichtigt werden. Hier ist schon von vornherein die Oberflächenteerung wirtschaftlicher als die Steinschlagdecke und die Kleinpflasterdecke bei 570 t Tagesverkehr.

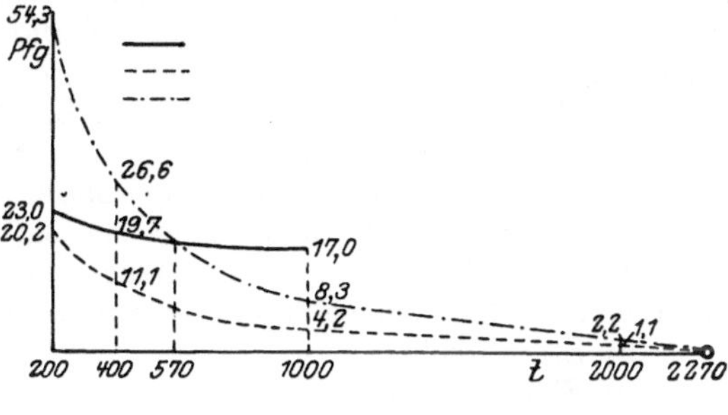

Abb. 161.

Aus diesen Betrachtungen kann auch gefolgert werden, welche Ersparnisse durch gute Straßen erzielt werden. In der Denkschrift des Staates Sachsen über die einmalige Instandsetzung der Staatsstraßen durch Herstellung hochwertiger Decklagen, ist diese Ersparnis auf 20 vH geschätzt und der Ausbauplan so aufgestellt, daß diese Ersparnis möglichst schnell erzielt wird, damit den Aufwendungen für die Straßen schnell auch Vorteile gegenüberstehen[1]).

X. Die Maschinen des Straßenbaues.

Der neuzeitliche Straßenbau kommt nicht nur in der Anlage und Befestigung der Straßen zum Ausdruck, sondern auch in der Art der Hilfsmittel, die bei der baulichen Durchführung verwendet werden. Im Bau des Straßenkörpers, wie in der Aufbereitung der Baustoffe und ihrer Verlegung auf der Straße macht sich das Bestreben bemerkbar, die Menschenkraft durch die Maschine zu ersetzen mit dem Ziel, auf diesem Wege die Herstellung zu verbilligen und beschleunigen und die Güte der Ausführung zu erhöhen. Das Beispiel des Straßenbaues in den V. St. A. zeigt, daß die Technik auf diesem Gebiete schon weit vorangeschritten ist, und daß dem Erfindungsgeist keinerlei Schranken gesetzt sind. Wenn auch die V. St. A. zum maschinellen Straßenbau haben übergehen müssen, weil es ihnen an Arbeitskräften mangelt, besonders in den vielfach sehr dünn besiedelten Gebieten, die jetzt mit Straßen erschlossen werden, während in Deutschland große Scharen Unbeschäftigter im Straßenbau untergebracht werden können, so wird dennoch die Wirtschaftlichkeit entscheidend sein, ob mit Maschinenkraft oder Menschenkraft die deutschen Straßen gebaut werden. Da bei Anwendung der Maschinenkraft auch die Bauzeiten kürzer werden, wodurch an Zinsen gespart und auf Kraftwagenbahnen, die nur gegen Entgelt befahren werden dürfen, schneller Einnahmen erzielt werden, so wird Menschenkraft nur dort eingestellt, wo sie nicht zu umgehen ist. Das mag im ersten Augenblick unsozial erscheinen, volkswirtschaftlich dürfte es aber das Richtige sein. Bei Bauten im Auslande und in den Kolonien wird man auf maschinellen Straßenbau nicht verzichten können. Auch im Straßenbau werden, wie im ganzen Bauwesen, drei Ziele verfolgt:

1. Zunehmende Mechanisierung des Baubetriebes für Erzielung höherer Leistungen, gerade im Straßenbau besonders wichtig zur Abkürzung der Verkehrssperren.

---

[1]) Vgl. auch Dr.-Ing. G. Eickner: Wirtschaftlichkeit und Produktivität des Ausbaues der Straßen für den Kraftwagenverkehr in der Provinz Hannover. Diss. Berlin 1927.

2. Wirtschaftlichere Gestaltung der Einzelarbeitsvorgänge.
3. Zusammenfassung der Arbeiten an einer Stelle.

Vier Gruppen von Maschinen werden in der Gegenwart beim Straßenbau verwendet.

Bei der Herstellung des Wegekörpers, Bodenaushubes und Bodenbeförderung. Solche Maschinen werden auch im Eisenbahn- und Kanalbau benutzt, sie sollen daher an dieser Stelle nicht weiter behandelt werden. Die besonders für die Erdbewegung im Straßenbau ausgebildeten und eingeführten Maschinen sind schon im Abschnitt VII. A. c), S. 115, beschrieben.

A. Bei der Aufbereitung der Baustoffe. Soweit solche Maschinen nur für eine einzige Art von Straßenbaustoff verwendet werden, z. B. Asphaltdarre, Betonmischer, Straßenfertiger u. a., sind sie bei der Behandlung des betreffenden Baustoffes aufgeführt, soweit sie Baustoffe für verschiedene Bauweisen liefern, sollen sie im folgenden behandelt werden. Hierzu gehören

a) Steinbrecher,
b) Siebanlagen,
c) Schroter und Quetschen,
d) Mahlmühlen.
e) Steinwäscher,
f) Trockner,
g) Mischer.

B. Bei der Verlegung und Befestigung der Decken

a) Dampfwalzen,
b) Tank- und Sprengwagen.

C. Bei der Unterhaltung der Straßen.

a) Aufreißer,
b) Wegehobel,
c) Straßentrockner.

A. Maschinen für die Aufbereitung der Baustoffe.

a) Steinbrecher.

Steinbrecher sollen ein Bruchgut in den verschiedenen Größen liefern, wie Steinschlag, und zwar Fein-, Mittel- und Grobschlag. Die Stücke sollen möglichst würfelförmig und gleichartig sein. Der Kraftbedarf und die Abnutzung der Anlagen sollen bei einer möglichst großen Leistung möglichst gering sein. Diese Anforderungen sind sehr schwer zu erfüllen, schon aus dem Grunde, weil die Gesteine, die verarbeitet werden sollen, durchaus ungleich sind. Sie unterscheiden sich bekanntlich in dem Gefüge und in der Härte und Zähigkeit sehr erheblich. Bei der Zerkleinerung der Bruchstücke fällt neben der gewünschten Korngröße noch feineres Gut wie Splitt, Grus und Mehl an, bisweilen auch Stücke, die über die verlangte Größe hinausgehen. Je nach dem Verhältnis der Menge dieses Abfalles zur Menge des Anfalles an der gebrauchten Korngröße wird man die Brauchbarkeit des Steinbrechers einschätzen. Bisweilen werden aber auch die Abfallkorngrößen verlangt, so daß in solchem Falle ein Brecher, der reichlich Feines liefert, am Platze sein kann. Die Trennung in die einzelnen Korngrößen erfolgt durch Siebanlagen, die später beschrieben werden. Es liegen noch keine grundlegenden Ergebnisse darüber vor, durch welche Brecherart die Anforderungen erfüllt werden können. Im allgemeinen muß durch besondere Untersuchungen mit dem zu brechenden Gestein die zweckmäßige Bauart des Brechers festgestellt werden.

Es werden hauptsächlich zwei Arten von Steinbrechern hergestellt:

1. die Backenquetschen,
2. die Kreiselbrecher.

Bei beiden Arten besteht die Arbeitsweise darin, daß der bewegliche Teil sich dem unbeweglichen nähert und entfernt. Bei Backenquetschen ist die Bewegung eine absatzweise, bei Kreiselbrechern eine ununterbrochene.

Im Backenbrecher findet ein Zerdrücken des Brechgutes zwischen zwei, einen keilförmigen Raum bildenden Brechbacken statt, von denen die eine, lose und schwingend aufgehängte Backe der zweiten festen Backe abwechselnd genähert und von ihr abgehoben wird, so daß gewissermaßen eine Kaubewegung entsteht. Diese wird durch Exzenter erzeugt. Die Größe und Art des gebrochenen Gutes sowie der Kraftbedarf hängt von der Bewegung der Backe ab.

Beim Einschwingenbrecher wird die Backe durch den Exzenter unmittelbar bewegt (Abb. 162, Bauart Velten der Ibag Internationale Baumaschinenfabrik A.-G. in Neustadt a. d. Haardt). Die Backe ist am Fuß durch eine beweglich gelagerte Druckplatte gestützt und wird durch eine Zugstange mit Feder festgehalten. Alle Brecher verlangen ein Glied, das so schwach ausgebildet ist, daß es zerstört wird, wenn Körper von ungewöhnlicher Härte (Eisenstücke u. a.) in das Brechmaul geraten, damit die ganze Maschine vor Zerstörungen, die schwer wieder zu ersetzen sind, geschützt wird. Bei dem Brecher der Abb. 162 ist die Druckplatte dieser schwache Teil. Beim Einschwingenbrecher durchlaufen alle Punkte der Schwinge eine Ellipse, die an der Einwurföffnung des Brechers sich der Kreisform nähert. Die nach unten gerichtete Bewegung übt zugleich eine einziehende Bewegung aus, die die Leistung der Maschine erhöht und verhindert, daß das Bruchgut herausspringt. Die Brecher der Ibag werden in 19 Größen gebaut. Angaben über die kleinste und größte Ausführung enthält Zusammenstellung 59.

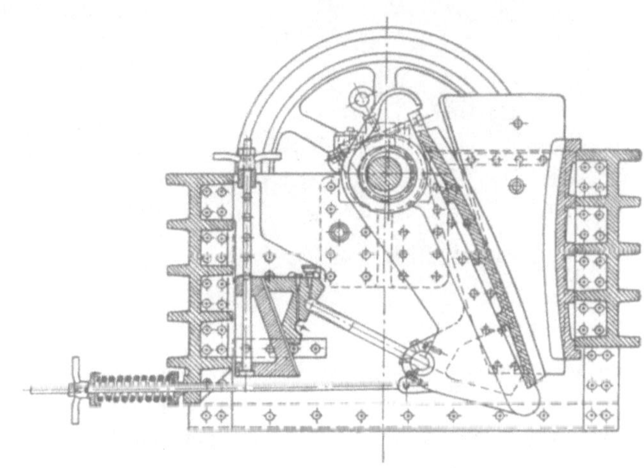

Abb. 162. Einschwingenbrecher der Ibag.

Zusammenstellung 59.

Nr.	Breite und Weite des Brechmaules mm	Kraftbedarf PS	Stundenleistung bei 50 mm Spalt m^3
1 bis 18	250 × 190 1300 × 900	4—6 100—150	1—1,5 60—70

Die größeren Anlagen erhalten beiderseitigen Antrieb. Die Brecher arbeiten mit geringerer Tourenzahl.

Eine Verbesserung des Einschwingenbrechers hat das Hüttenamt Sonthofen angestrebt, indem die bewegliche Backe nach unten unterstützt ist (Abb. 163). Dann ergeben sich verschiedene Bewegungsvorgänge der oberen, mittleren und unteren Schwingungspunkte, die durch die Kurven der Abb. 164 gekennzeichnet sind. Es wird für Grob- und Feinbruch je eine gesonderte Stütze verwendet. Die Brechrichtung ist gleichmäßig vor- und abwärts. Das Gut wird in das Brechmaul hineingezogen; die Brechwirkung ist schlagartig, das Gut fällt im Brechmaul abwärts, wodurch erreicht wird, daß die Leistung bei geringem Kraftbedarf größer wird. Das gebrochene Gut soll viel gleichmäßiger und würfelförmiger sein und weniger Feines liefern. Die Brecher werden in vier Größen hergestellt. Brechmaulabmessungen 200/150 bis 500/300 mm. Der Kraftbedarf liegt zwischen 4—18 PS und die Leistung zwischen 2—14 m^3 stündlich (mittlere Werte bei mittelhartem Gestein bei Grobbruch 80—40 mm und Spaltweite 60 mm).

Beim Doppelschwingenbrecher (Abb. 165) wird die bewegliche Backe *1* durch die hin und her gehende Hubstange *2* vermittels der Druckplatten *3*, die ein Kniehebelsystem bilden, der festen Backe *4* genähert und entfernt. Wenn die Hubstange *2* sich durch den Exzenter nach oben bewegt, wird Brecharbeit geleistet, bei der Abwärtsbewegung öffnet sich der Spalt, so daß das zerkleinerte Gut frei ausfallen kann, zugleich aber oben neues Gut eingezogen wird. Die Spaltgröße kann durch die Stellkeile *6* und *7* eingestellt werden. Die Seitenkeile *5*, die sich an allen Brechern vorfanden, schützen das Gehäuse und sind herausnehmbar. Die Punkte der beweglichen Backe legen eine nur schwach nach unten gekrümmte Bahn zurück, entsprechend der Pendelbewegung.

Abb. 163. Einschwingenbrecher des Hüttenamts Sonthofen.

Die Maschinenbauanstalt Humboldt in Köln a. Rh. liefert Doppelschwingenbrecher nach Abb. 165 in dreizehn Abstufungen. Die Abmessungen der geringsten und größten sind in Zusammenstellung 60 wiedergegeben.

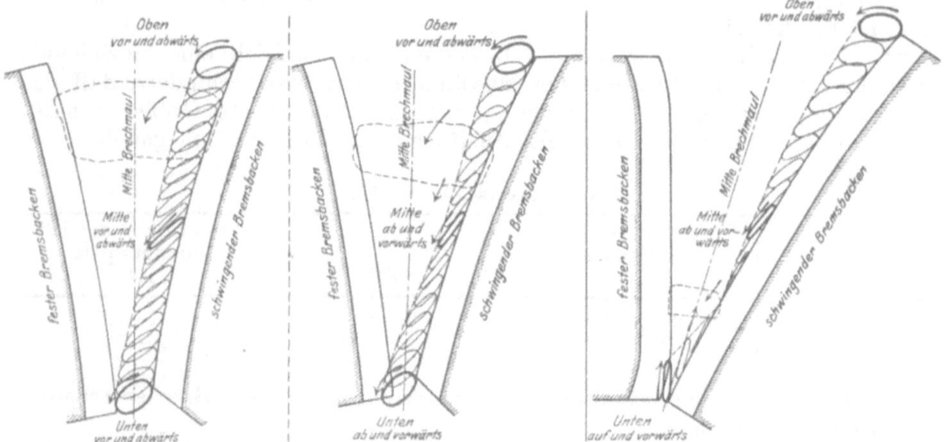

Abb. 164. Bild der Bewegung der beweglichen Backe des Sonthofener Einschwingenbrechers.

Zusammenstellung 60.

	Geringste Ausführung		Größte Ausführung
Obere Abmessungen des Brechmaules { Länge . . . . mm	100	160	1100
Obere Abmessungen des Brechmaules { Breite . . . . mm	50	90	850
Kraftbedarf in PS	0,1	0,2	90
Ungefähre Leistung bei 25 mm Bruchgröße Kilogramm für die Stunde	75	150	30000
Bei 50 mm.	—	300	60000

Die Einschwingenbrecher sollen bei nicht allzu harten Gesteinen die anderen Brecher an Leistung bei geringer Abnutzung übertreffen. Bei sehr harten Basalten soll dagegen die Verwendung von Doppelschwingenbrechern zu empfehlen sein.

Beim Doppelschwingenbrecher der Maschinenfabrik Max Friedrichs & Co.

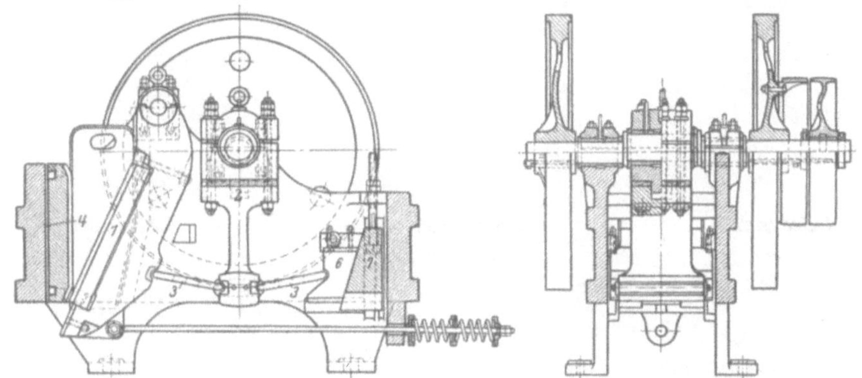

Abb. 165. Doppelschwingenbrecher der Maschinenbauanstalt Humboldt in Köln-Kalk.

Leipzig-Plagwitz (Abb. 166) ist die Schwinge f mit der Brechbacke h auf einem besonderen Exzenter aufgehängt, der von der Welle a durch Zahnräderüber-

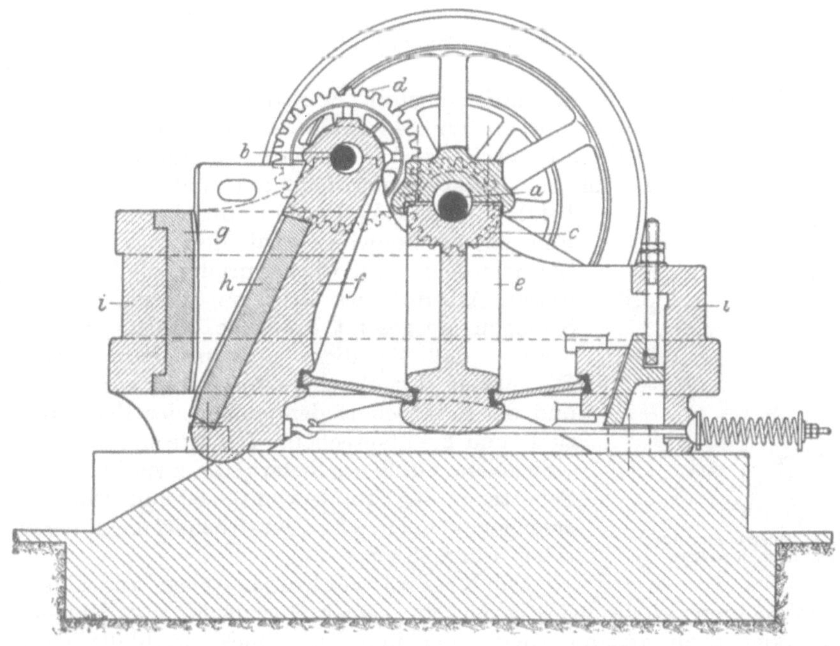

Abb. 166. Doppelschwingenbrecher der Maschinenfabrik M. Friedrichs & Co. Leipzig-Plagwitz. Neues D. R. Patent.

tragung angetrieben wird. Hierdurch erhält die schwingende Brechbacke neben der pendelnden Bewegung noch eine doppelseitig schwingende und schlagende, da durch die Zahnradumsetzung eine zusammengesetzte Bewegung entsteht, bei der die Backe gegen die festliegende Backe drückt, dann in der vollen Länge der Backe nach unten drückt und reißt und dann nach hinten und nach oben gezogen wird. Der Durchgang des Brechgutes von oben nach unten durch das Brechmaul wird durch das Nachuntendrücken der Schwinge befördert. Bei diesem Vorgang ist es möglich, mit einer größeren Spaltweite zu arbeiten, als bei einem gewöhnlichen Brecher, weil die untere Spaltweite die Bruchgröße bestimmt; das Brechmaul kann also mehr Masse aufnehmen, und damit wird die Leistung

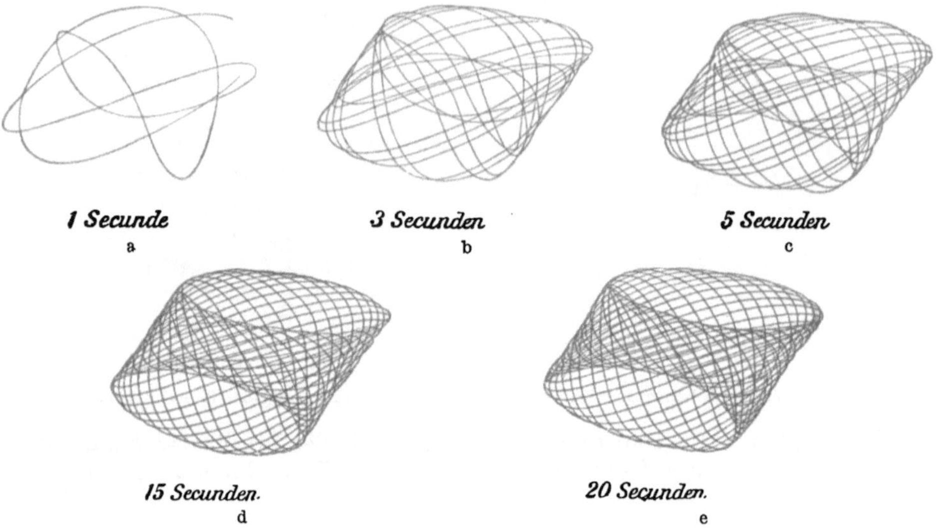

Abb. 167. Schwingbilder des Brechers Abb. 166.

des Brechers erhöht. Die zusammengesetzte Bewegung wird durch die fünf Diagramme veranschaulicht, die am unteren Ende der Schwinge aufgenommen sind (Abb. 167). Durch diese Bauweise wird die Leistungsfähigkeit des Brechers vergrößert; er soll zudem zur Verarbeitung feuchten und zähen Gesteines befähigt sein. Volle Betriebssicherheit bei dieser Führung der Schwinge wird allerdings nur dann zu erwarten sein, wenn die Zahnräder, die bei dem ruckweisen Arbeiten des Brechers starken Stößen und Schlägen ausgesetzt sind, so kräftig ausgebildet werden, daß sie diese Beanspruchung aushalten. Die Arbeit des Brechers soll ruhig vor sich gehen und der Kraftbedarf demjenigen der Backenbrecher zu 1. und 2. entsprechen. Der Brecher wird in verschiedenen Größen geliefert, die zwischen 1—27 m^3 Schotter in der Stunde von 0—80 mm Durchmesser erzeugen können. Der Kraftbedarf liegt dann zwischen 1 und 33 PS.

Abb. 168. Querschnitt durch den Kreiselbrecher.

Die Kreiselbrecher bestehen aus einem auf einer senkrechten Welle befestigtem, an seiner Oberfläche mit Rippen versehenen, oder auch glatten Kegel, der innerhalb eines gleichfalls gerippten oder glatten Hohlkegels oder Zylinders steht. Der innere Kegel ist auf einer senkrechten Welle exzentrisch angebracht, so daß er bei der Drehung um die Achse sich auf der einen Seite von dem äußeren Kegel entfernt, damit das Brechgut nachstürzen kann, während er sich auf der anderen Seite dem Hohlkegel nähert und dadurch die Quetschwirkung ausübt (Abb. 168). Die kleineren Stücke werden durch Druck und die größeren durch Druck und Biegung zerquetscht. Da bei dem Kreiselbrecher der Brechraum eine Ringform bildet und die Brechachse eine Bewegung ausführt, die dem

Mantel eines Kegels entspricht, so findet eine ununterbrochene Zerkleinerungsarbeit statt, während bei der Backenquetsche nur Brecharbeit geleistet wird, wenn sich die schwingende Backe der festen nähert, also nur auf die Hälfte der Betriebszeit. Kreiselbrecher sind demnach bei demselben Kraftbedarf leistungsfähiger als Backenbrecher. Bei dem Kreiselbrecher der Maschinen-

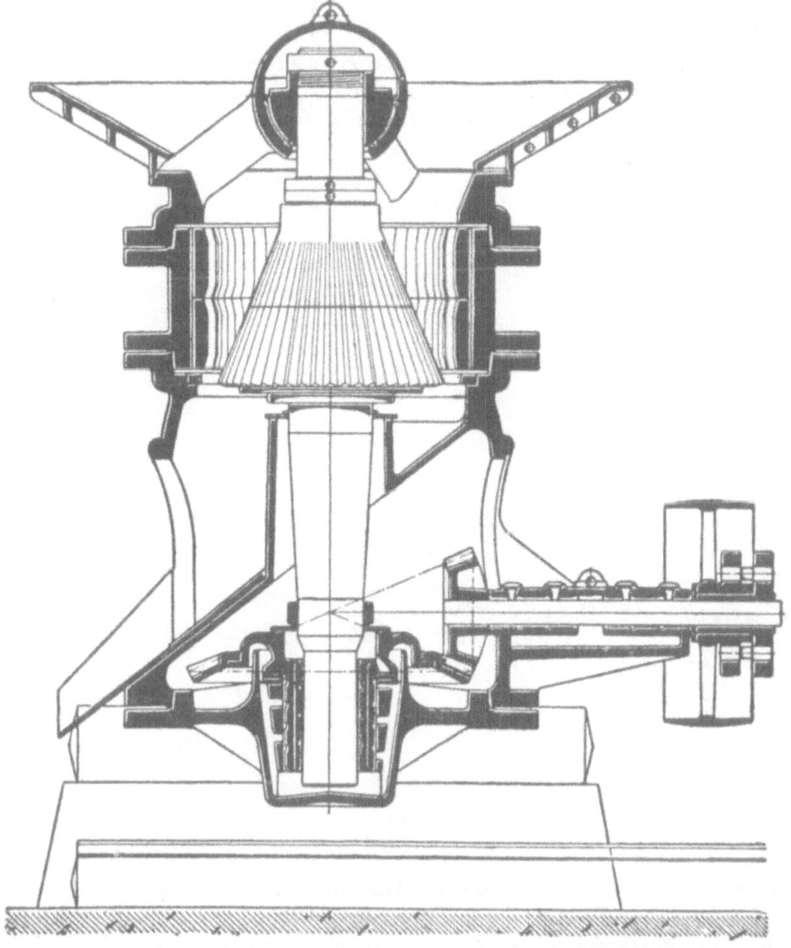

Abb. 169. Kreiselbrecher der Maschinenbauanstalt Humboldt.

bauanstalt Humboldt (Abb. 169) ist das untere Exzenterlager mit zwei ineinandergesetzten konischen Büchsen versehen, so daß durch gegenseitiges Verdrehen derselben die exzentrische Kreiselpendelbewegung der Achse verstellt und somit die Hubbewegung zwischen Brechmantel und Brechkegel der jeweiligen Härte und Zähigkeit des Brechgutes, sowie der zu erzielenden Körnung entsprechend auf die beste Brechwirkung und Arbeitsleistung eingestellt werden kann. Die äußeren Brechringe sind zudem nicht konisch, sondern zylindrisch ausgebildet, demnach ist die Kreisringfläche des Austrittes größer als bei konischer Anordnung, also auch die Leistung erheblich größer. Auswechslung aller arbeitenden Teile gestattet Abnutzung bis aufs äußerste. Kreiselbrecher werden von Humboldt in elf Größen geliefert. Die Abmessungen der kleinsten und größten Ausführung sind aus Zusammenstellung 61 zu entnehmen.

Zusammenstellung 61.

	Kleinste	Größte
Durchmesser der Füllöffnung . . . . mm	400	2000
Größte Spaltweite der Füllöffnung . . . . mm	100	700
Aufgabestückgröße . . . . mm	200/90	1200/700
Betriebskraft in PS	4—5	120—150
Stundenleistung in Tonnen je nach Körnung	2—4	180—220

Eine ähnliche Anordnung zeigt auch der Kreiselbrecher der Amme-Luther-Werke in Braunschweig (Abb. 170), bei dem der Brechring konvex, der Brechkegel konkav geschweift ist, um das Brechgut festzuhalten.

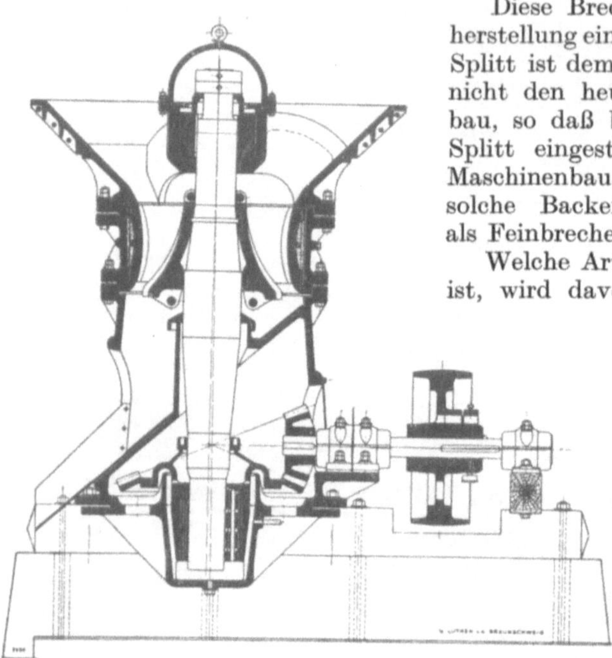
Abb. 170. Kreiselbrecher der Amme-Luther-Werke.

Diese Brecher sind für die Schotterherstellung eingerichtet, und der anfallende Splitt ist demnach nur gering. Er deckt nicht den heutigen Bedarf im Straßenbau, so daß besondere Brechanlagen für Splitt eingestellt werden müssen. Die Maschinenbauanstalt Humboldt liefert solche Backenbrecher in Sonderbauart als Feinbrecher und Feinkreiselbrecher.

Welche Art von Brechern zu wählen ist, wird davon abhängen, welcher Art das Brechgut ist, wie groß die Rohmasse, ihre Härte u. a. m. Bei der Beschaffung stelle man den Maschinenbauanstalten Brechgut zur Verfügung und lasse sich über Größe des gebrochenen Kornes, Leistung und Kraftbedarf Gewähr geben. Dann kann man bald unter den verschiedenen Preisangeboten das wirtschaftlichste ermitteln. Bei der starken Abnutzung wird aber besonderes Augenmerk auf die technische Durchbildung, daß alle Teile bis aufs äußerste ausgenutzt und dann leicht ersetzt werden können, zu richten sein und zumeist die kostspielige Anlage durch Ersparnisse in der Unterhaltung die vorteilhafteste sein. Fahrbare Brecher haben gerade im Straßenbau praktische Bedeutung. Sie werden auch in vielen Ausführungsarten geliefert. Angaben darüber enthält der folgende Abschnitt.

b) Siebanlagen.

Das aus den Brechern fallende Gut besteht aus sehr verschiedenen Korngrößen, so daß es für Zwecke des Straßenbaues und Eisenbahnbaues als Schotter noch nicht verwendet werden kann. Es muß erst durch ein Sieb gehen, damit das ungleichmäßig zusammengesetzte Haufenwerk nach einzelnen Korngrößen getrennt wird. Allerdings wird auch die Zusammensetzung der Stücke, die durch eine Sieblochung hindurchgegangen sind, noch recht verschieden ausfallen, aber eine gewisse Scheidung innerhalb von Größenklassen wird sich vornehmen lassen. Für die Zwecke des Straßenschotters werden Siebtrommeln verwendet, deren Mantel aus gelochtem Blech besteht. Die Trommel setzt sich aus mehreren

Rohrschüssen zusammen, die verschiedene Lochgrößen haben. Auf der Seite, wo das Brechgut eintritt, befindet sich der Rohrschuß mit der feinsten Sieblochung (etwa Grus), daran schließt sich der zweite mit größerer Sieblochung (Splitt), es folgt dann die Lochung für Feinschlag und dann für Grobschlag. Je nach der Größe und Länge der Trommeln, läßt sich die Aussiebung bei den kleinsten nach zwei, bei den größten bis zu acht Korngrößen vornehmen. Gesteinsstücke, die auch durch die größte Sieblochung nicht hindurchgefallen sind, durchlaufen die Siebtrommel und wandern vermittels Becherwerk und Transportbändern noch einmal in den Brecher. Bei Schotterwerken mit ortsfesten Anlagen sind unter jeder Sieblochung Taschen als Vorratsbehälter angeordnet, die die Steine gleicher Körnung aufnehmen, aus denen dann unten die Masse entnommen werden kann.

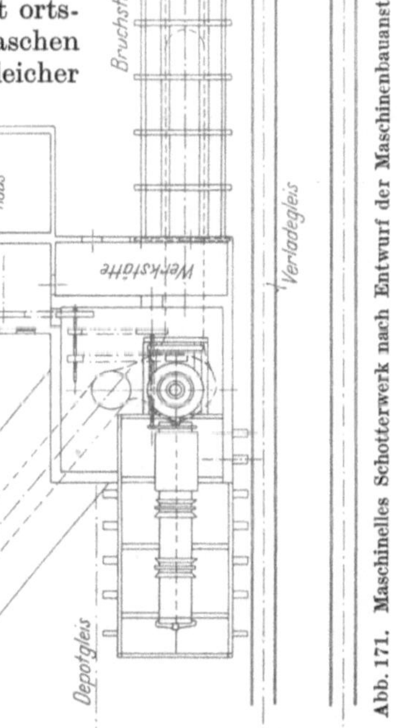

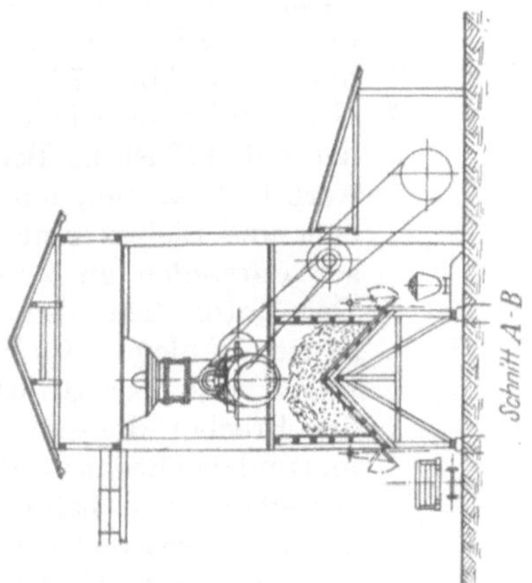

Abb. 171. Maschinelles Schotterwerk nach Entwurf der Maschinenbauanstalt Humboldt.

Neuzeitliche Schotteranlagen werden nur mit Maschinen ohne Anwendung menschlicher Arbeitskraft betrieben. Es wird auf der einen Seite das Gestein, wie es aus dem Bruch kommt, aufgegeben, auf der anderen Seite die verschiedenen Kornarten abgegeben. Ein Beispiel einer solchen Anlage nach Ausführung der Maschinenbauanstalt Humboldt Köln-Kalk zeigt die Abb. 171. Das Rohgestein wird oben vom Bruch zugeführt und wandert dann selbsttätig durch Brecher und Siebtrommel und wird nach Größen aufgespeichert.

Bei fahrbaren Anlagen fallen die einzelnen Korngrößen in Karren oder zu

Boden. Der Mantel der Trommel aus starkem Eisenblech ist an einem aus Winkeleisen zusammengesetzten Rahmen befestigt, damit die Trommel sich nicht durchbiegen kann. Der Mantel hat an den Enden Bordringe, die zugleich Laufringe sind und die auf breiten Rollen aufruhen, durch die die Trommel in Bewegung gesetzt wird. Sie ist nach der Ausfallseite schwach geneigt, so daß das vorgebrochene Gut langsam die Trommel durchwandelt und dabei durch die Siebe fallen kann.

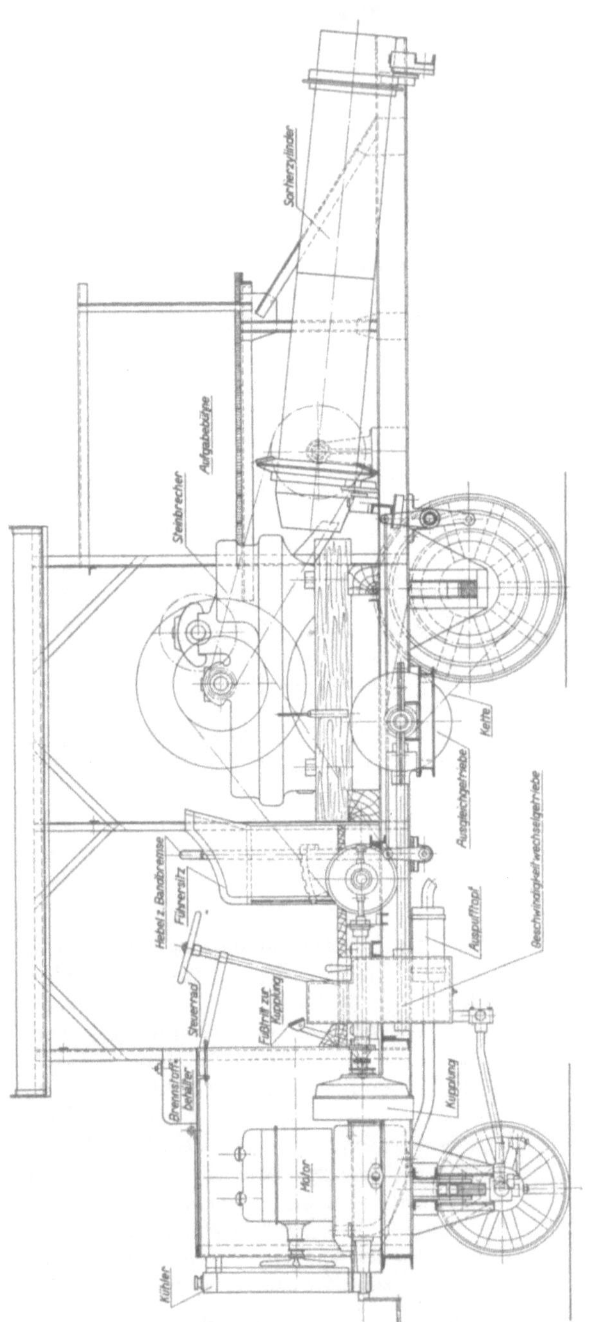

Abb. 172. Fahrbare Schotter- und Siebanlage der Maschinenfabrik Friedrichs & Co.

Es wird darauf ankommen, zur Verbilligung des Straßenbaues Gestein nicht immer von großen Schotteranlagen zu beziehen, die vielfach sehr weit von den Straßenbaustellen abliegen, sondern das in der Nähe der Baustelle anstehende Gestein, groben Kies, Flußschotter und ähnliches zu verwenden. Für diesen Zweck sind fahrbare Brech- und Schotteranlagen mit Antrieb durch Verbrennungsmotoren, bevorzugt werden kompressorlose Dieselmotoren, gebaut worden. Eine solche Anlage der Maschinenfabrik Max Friedrichs & Co., Leipzig-Plagwitz, gibt Abb. 172 in geometrischer Übersichtszeichnung und Abb. 173 in der Gesamtansicht wieder. In der Abb. 172 ist das Becherwerk fortgelassen, um Brecher und Siebtrommel besser darstellen zu können. Der Motor dient dazu, die ganze Anlage fortzubewegen und bei Stillstand den Brecher, die Siebtrommel und das Becherwerk anzutreiben. Die Siebschüsse können ausgewechselt werden. Solche fahrbaren Anlagen werden beispielsweise von der genannten Maschinenbauanstalt innerhalb den folgenden Abmessungen gebaut. Die Zusammenstellung 62 enthält die geringste und größte Anlage der ortsfesten und fahrbaren Anlagen.

Zusammenstellung 62.

	Ortsfeste Anlagen		Fahrbahr	Bemerkungen
	Kleinste Anlage	Größte Anlage	Größte Anlage	
Trommellänge . . . . m	1	10	6	In 10 Zwischenstufen
Leistung in Schotter, etwa 20, 40, 80 mm Körnung, für 1 Std. . . . . m^3	1	20—30	15—20	Es können bei den großen Anlagen bis 5 Sortierungen eingebaut werden.
Leistung in Feinkörnung 3, 9, 12 mm für 1 Std. . . . . m^3	0,5	10—12	6—8	
Anzahl der Sortierungen	2	8	5	
Kraftverbrauch in PS-Motoren	0,6	22	8	
Gewicht fahrbar . . . . kg	510	—	4400	

Solche Anlagen liefern die Ibag, Neustadt a. d. Haardt, Carl Kaelble in Backnang (Württemberg) mit Dieselmotorantrieb u. a.

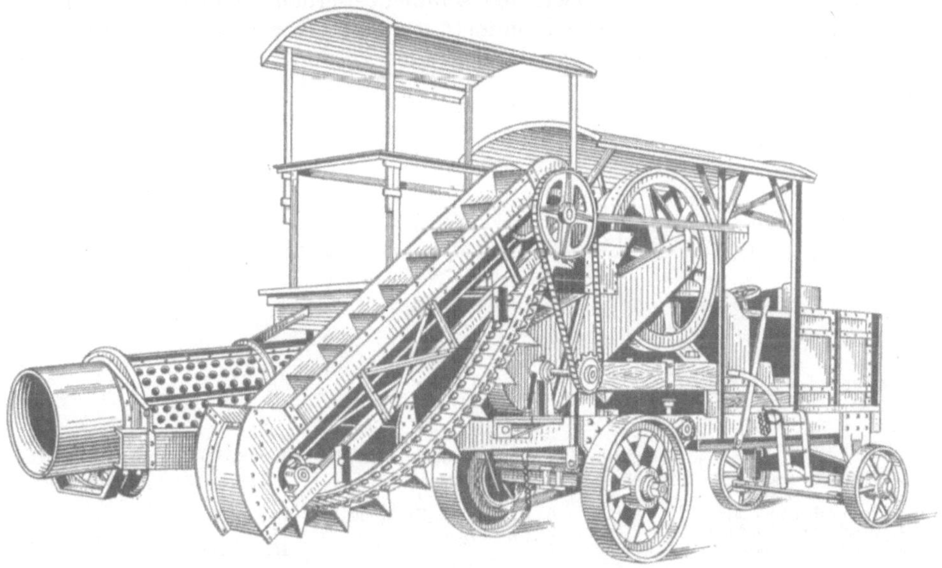

Abb. 173. Fahrbare Schotter- und Siebanlage.

c) Schroter und Quetschen.

Die neuzeitlichen Bauweisen verlangen Sand besonderer Zusammensetzung, der nicht immer am Ort des Straßenbaues zu haben ist, aber aus dem gebrochenen Gestein und dem Grus durch weitere Zerkleinerung in der gewünschten Korngröße gewonnen werden kann. Das Erzeugnis wird mit Quetschsand bezeichnet. Die dazu verwandten Maschinen bestehen vornehmlich in zwei sich gegeneinander drehenden Walzen, die den Grus einziehen und zerquetschen. Eine der Walzen wird angetrieben, sie nimmt mit Zahnrädern die andere mit, die verschiebbar gelagert ist, damit sie bei sehr hartem Gut etwas nachgeben kann und der Walzenmantel nicht zerstört wird. Die Loswalze wird gegen die Festwalze mit Spiralfedern angedrückt. Statt der Spiralfedern verwendet das Krupp-Grusonwerk Elektromagnete[159]. Der Durchmesser der Walzen muß sich der Stückgröße des Aufschüttgutes anpassen. Je größer das Gut ist, desto größer müssen auch die Walzen sein, sonst ziehen sie das Gut nicht ein. Allerdings kann die Zerkleinerung mit großen Walzen nur bis zu einem bestimmten Grade gebracht werden. Unter

Umständen muß dann eine zweite Quetschmühle aufgestellt werden, die das vorgeschrotete Gut auf die gewünschte Mehlfeinheit bringt. Anlagen dieser Art — Steinbrecher, Sortiertrommeln und Quetschmühlen — sind vielfach bei dem Bau von Talsperren verwendet worden, wo die Zuschläge für Beton und Mörtel aus Bruchgestein gewonnen werden müssen. Der neuzeitliche Straßenbau wird in gleicher Weise auf solche Anlagen angewiesen sein. Bewährte Walzwerke für Splitt verschiedener Körnung liefern z. B. Kleemanns Vereinigte Fabriken Stuttgart-Obertürkheim.

d) Mahlmühlen.

Soll der Sand noch feiner zu Mehl verarbeitet werden, z. B. als Füllstoff zu künstlichen Asphaltstraßen, so kann das nur in besonderen Einrichtungen erfolgen, in Schlag- oder Schleudermühlen. Zur Mahlung der Straßenbaustoffe wird die Schleudermühle (Desintegrator) verwendet (Abb. 174). Sie besteht aus zwei Körben, die sich aus zwei oder drei Trommeln zusammensetzen. Diese werden aus Stahlstäben gebildet, die zwischen schmiedeeisernen Scheiben und Ringen konzentrisch befestigt sind. Die Trommeln des einen Korbes greifen in die ringförmigen Zwischenräume der gegenüberliegenden Trommel ein. Die Körbe drehen

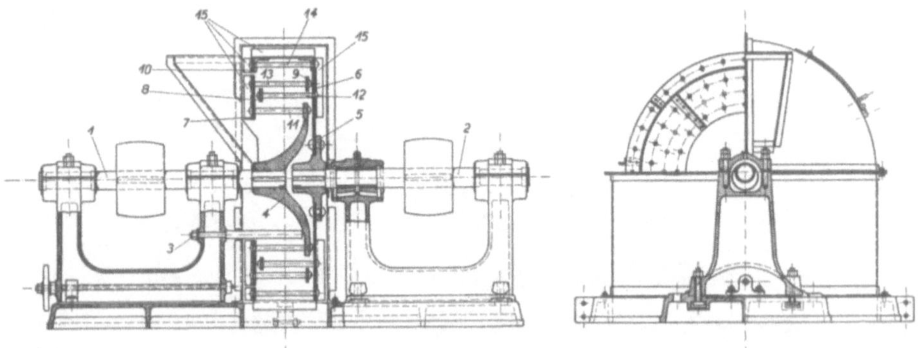

Abb. 174. Schleudermühle der Maschinenfabrik M. Friedrichs & Co.

1. Welle für geschweifte Korbnabe.
2. „ „ gerade „
3. Vorbrecher mit Mutter.
4. Geschweifte Korbnabe.
5. Gerade Korbnabe.
6. Große Scheibe.
7. Kleine „
8. Ring für 2. Korbreihe.
9. „ „ 3. „
10. „ „ 4. „
11. Stäbe für 1. Korbreihe.
12. „ „ 2. „
13. „ „ 3. „
14. „ „ 4. „
15. Abstreicher.

sich in dem Mahlgehäuse mit großer Geschwindigkeit in entgegengesetztem Sinne. Die nach derselben Richtung sich drehenden Trommeln sitzen auf einer Welle und werden durch Riemen angetrieben. Jeder Desintegrator hat demnach zwei Riemenantriebe. Seitlich befindet sich eine trichterförmige Einschüttöffnung. Das Gut tritt durch diese in die Trommel und wird von dort infolge der Fliehkraft nach außen geschleudert, wobei es bei der großen Geschwindigkeit, mit der sich die Trommeln gegeneinander bewegen, einer großen Anzahl von Schlägen durch die Stäbe ausgesetzt ist und dabei sehr fein vermahlen wird. Das Enderzeugnis ist, je nach der Sprödigkeit des Mahlgutes, ein mehr oder weniger grießiges Mehl. Die Feinheit des Mehles und die Leistung richten sich ganz nach der Mahlfähigkeit und Größe der aufgegebenen Stücke, sowie nach der Umlaufgeschwindigkeit der Körbe. Die Größe, Leistung und Kraftbedarf solcher Desintegratoren liegt zwischen folgenden Werten (s. Zusammenstellung 63) bei etwa sieben Abstufungen nach Angaben der Maschinenfabrik Max Friedrichs & Co.

Nach Art der Schleudermühlen wirken auch die Schlagkreuzmühlen, bei denen die zerkleinernden Werkzeuge aus einer Anzahl (4—6) von Armen, die zu einem Schlägerkreuz zusammengesetzt und auf einer rasch umlaufenden Welle befestigt sind. Der Boden der Mahlkammer ist mit Rosten belegt, deren Abstand

Zusammenstellung 63.

Schleudermühle	Größte	Geringste
Durchmesser der Trommeln . . . . mm	1200	500
Umdrehungen in der Minute	450	1000
Kraftverbrauch . . . . PS	15	3
Annähernde Leistung, je nach Feinheit der Mahlung und Sprödigkeit des Gutes in Kilogramm für die Std. .	8000	550

von der verlangten Zerkleinerung abhängt. Die Schlagkreuze wirken durch ihre schlagende und scherende Arbeit so lange auf die Masse ein, bis sie so fein geworden ist, daß sie durch die Roste durchfällt. Sie eignen sich besonders für die Zerkleinerung von Stampfasphalt.

Für noch feinere Mahlung kommen dann die Mahlgänge und Kugelmühlen in Betracht, wie sie in der Zementerzeugung gebraucht werden[159]. Der Straßenbau bedarf aber nur in ganz besonderen Fällen so feiner Mehle, wie sie die Zementindustrie erzeugt.

e) Steinwäscher.

Im Teer- und Asphaltstraßenbau darf nur Gestein verwendet werden, das frei von Staub und Schmutz, vor allem von Lehm und Ton ist. Um das zu er-

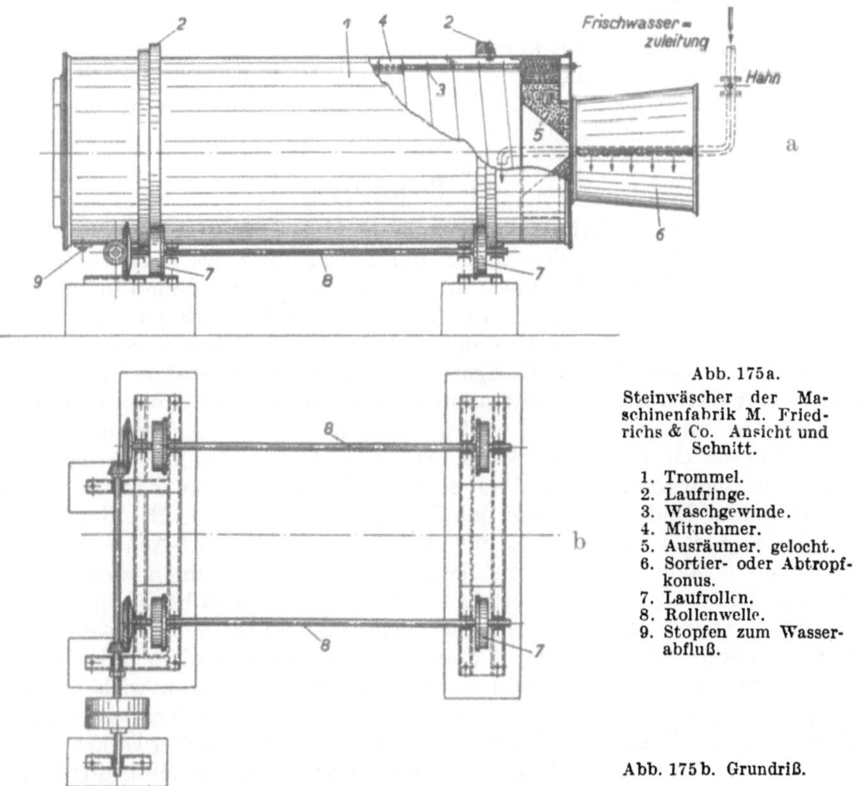

Abb. 175a. Steinwäscher der Maschinenfabrik M. Friedrichs & Co. Ansicht und Schnitt.

1. Trommel.
2. Laufringe.
3. Waschgewinde.
4. Mitnehmer.
5. Ausräumer, gelocht.
6. Sortier- oder Abtropfkonus.
7. Laufrollen.
8. Rollenwelle.
9. Stopfen zum Wasserabfluß.

Abb. 175b. Grundriß.

reichen, muß eine Waschung des Kleinschlages oder Splittes vorgenommen werden. Am schnellsten und gründlichsten erfolgt das in Waschtrommeln, für deren Ausbildung als Beispiel die Abb. 175a u. b gegeben ist. Die Trommel ist wagerecht in Rollen gelagert. Das Waschgut liegt von Anfang und Ende der Trommel in Wasser, was bei geneigt liegenden Trommeln nicht der Fall ist. Im

Inneren der Trommel ist ein Schneckengewinde so angeordnet, daß es nicht unmittelbar auf dem Trommelmantel liegt, sondern etwas absteht. Die Schneckengewinde sind mit einer großen Anzahl Löcher versehen, und zwischen den Windungen sitzen in Abständen starke Mitnehmer. Die Trommel ist an den Stirnwänden mit Aussparungen abgeschlossen. Da auf der Eintrittsseite des Gutes die Aussparung einen größeren Durchmesser hat, kann das Wasser, das im Gegenstromverfahren durch die Waschtrommel geht, dort abfließen. Es trifft demnach stets das reinste Wasser mit dem reinsten Waschgut zusammen, wodurch die Reinigung gefördert wird. Solche Waschtrommeln werden nach der Bauweise der Maschinenfabrik Max Friedrichs & Co. in Leipzig-Plagwitz in folgenden kleinsten und größten Abmessungen mit acht Zwischenstufen gebaut:

Zusammenstellung 64.

Waschtrommel		Größte	Kleinste
Trommeldurchmesser	mm	2000	600
Trommellänge	mm	8000	1500
Kraftbedarf	PS	11	1
Leistung für die Std. und Kubikmeter		25	1,5
Umdrehungen der Trommel in der Minute		140	100
Raumverbrauch: Länge	m	10	1,6
Raumverbrauch: Breite	m	3	0,9
Raumverbrauch: Höhe	m	3	0,9

An die Waschtrommeln können sofort Sortiertrommeln anschließen, die entweder als Konus unmittelbar an dem Mantel der Trommel angesetzt sind, oder die als besondere geschlossene Trommeln hinter den Waschtrommeln stehen und das Gut von ihnen aufnehmen.

f) Trockner.

Im Teer- und Asphaltstraßenbau ist bereits auf diejenigen Maschinen hingewiesen, mit denen die Trocknung und Erwärmung des Zuschlages und seine Umhüllung mit Teer und Asphalt erfolgt. Diese Anlagen sollen im einzelnen besprochen werden. Im Abschnitt VII. B. e), 4. u. 7. S. 159, 213, ist schon darauf hingewiesen worden, daß die Trocknung im Gegenstrom als dem zweckmäßigsten Verfahren erfolgt, daß also die Heizgase in der entgegengesetzten Richtung wie das Trockengut durch die Trockentrommel ziehen, damit eine langsame und allmähliche Erwärmung erfolgt und nicht durch zu schnelle Erhitzung sich Wrasen bilden und das Gestein reißen kann. Die meist liegende zylinderförmige Trommel besteht bei allen Ausführungen aus starkem Eisenblech. Sie lagert auf Laufrollen und an einem Ende auf einem Zahnkranz, in den ein von der Kraftanlage angetriebenes Ritzel eingreift, so daß die Trommel um ihre Achse gedreht wird. Am äußeren Ende befindet sich die Einschüttöffnung, am inneren die Auslauföffnung. Die großen und die ortsfesten Anlagen liegen so hoch, daß für die Aufgabe des Gesteinsstoffes Becherwerke oder Aufzugkübel benutzt werden müssen, die mit einem eisernen Trog auf dem Boden ruhen und oben durch einen Fülltrichter das Gut in den Trockner werfen. Die Becherwerke bewirken eine gleichmäßige Stoffaufgabe und in solcher Menge, wie sie die Trockentrommel verarbeiten kann. Englische Maschinen haben statt des Becherwerkes Kastenaufzüge, die die Trommeln absatzweise beschicken. Das scheint unzweckmäßig; da die Trommeln fortlaufend arbeiten, müssen sie auch fortlaufend gefüllt werden. Beim absatzweisen Beschicken müssen Stauungen in den Trommeln auftreten, die die Trocknung ungünstig beeinflussen. Die wagerecht oder leicht geneigt liegende Trommel hat im Inneren Schaufeln, Becher, Schneckengänge, Hebebleche und ähnliche Vorrichtungen, um das Gut anzuheben und durch den Trommelraum fallen zu lassen, daß es mit den Heizgasen in innige Berührung kommt und zugleich nach dem Auslaufende bewegt wird. Die Leistung der Trommel wird zu einem bedeutenden Teil davon abhängen, ob die Ausstreuung des Gutes so reichlich und gleichmäßig erfolgt, daß die Heizgase voll ausgenutzt werden. Die Wärmemengen, die notwendig sind, um eine bestimmte Menge Gestein, Kies oder Sand mit einem Feuchtigkeitsgehalt von 3—5 vH und von Luftwärme auf 200° bei Asphalt und etwa 130° bei Teer zu erhitzen, und die, die durch Ausstrahlung der Trommel verlorengehen, können berechnet und danach die Trommel und die Heizquelle in ihren Abmessungen festgelegt werden. Die Länge und der Durchmesser der Trockentrommel, ihre Umdrehungsgeschwindigkeit und damit auch die Aufenthaltsdauer des Gutes in ihr und die aufzuwendende Wärmemenge müssen miteinander abgestimmt werden, wenn die verlangte Leistung — Erwärmung einer bestimmten Gesteinsmenge von angenommenem Feuchtigkeitsgehalt auf eine vorgeschriebene Temperatur — erreicht werden soll. Daraus ergibt sich, daß die Leistung auf nahe beieinanderliegende Grenzen beschränkt ist und nur geringe Schwankungen in der Menge und vor allem im Feuchtigkeitsgehalte des Gutes auftreten dürfen. Ist die Wärmequelle gleichmäßig, dann kann sehr feuchtes Gestein nur dann völlig getrocknet werden, wenn sich die Trommel langsamer drehen würde, also die Aufenthaltsdauer des Gutes eine längere ist und zugleich entsprechend weniger Masse aufgegeben wird. Es muß dann der Trommelantrieb mit einem Vorgelege versehen werden, was den Aufbau der Maschine erschwert. Eine Möglichkeit zur Leistungssteigerung liegt in der Vermehrung der Heizquelle. Aber auch das ist nur in beschränktem Maße möglich und hängt von der Art des Brennstoffes ab.

Bisher sind feste — Kohle, Koks, Braunkohlenbrikett — und flüssige Brennstoffe benützt worden. Bei festen Brennstoffen steht die Wärmeabgabe in Beziehungen zur Größe der Rostfläche, die fest begrenzt ist. Eine Vermehrung der Wärmemengen in wirkungsvoller Weise ist durch Öffnung der Feuertüren und Ausübung eines stärkeren Zuges durch das Gebläse möglich. Leichter läßt sich mit flüssigem Brennstoff die Wärmemenge erhöhen, wenn eine regelbare Düse benützt wird, so daß mehr Brennstoff und mehr Luft zugeführt werden. Eine solche Möglichkeit der Regelung ist besonders erwünscht, um die Unterschiede in der äußeren Luftwärme auszugleichen. Wenn die Trommel keinen Wärmeschutz hat, unterliegt ihr Wärmeverbrauch stark der Höhe der Luftwärme. Es ist auch eine Vereinigung von festem und flüssigem Brennstoff in der Weise möglich, daß die Kohlenfeuerung als Grundfeuerung und die Ölfeuerung als Zusatz dient, um die Schwankungen in dem Feuchtigkeitsgehalt des Gesteines und der Luftwärme auszugleichen. Eine Erhöhung der Luftmenge vergrößert die Durchgangsgeschwindigkeit in der Trommel, so daß auch hier wieder zu befürchten ist, daß die Heizgase nicht voll ausgenützt werden. Daher wird die wirtschaftlichste und sicherste Betriebsweise einer Trockentrommel immer die sein, daß sie mit der Menge und von solcher Beschaffenheit, insbesondere Feuchtigkeit, beschickt wird, für die sie berechnet und gebaut ist. Wenn das Gestein nach starkem Regen eine höhere Feuchtigkeit als 3—5 vH angenommen hat, muß das Gut dann zweimal durch die Trommel geschickt werden, das erstemal zur Vortrocknung. Die Ölfeuerung wird gegenüber der Feuerung mit festen Brennstoffen bevorzugt. Sie hat gewisse Vorteile. Durch Fortfall des ausgemauerten Feuerungsraumes wird erheblich an Gewicht gespart. Ein Heizer ist nicht erforderlich; denn eine Ölfeuerung braucht nur eine geringe Wartung, da die Einstellung der Öl- und Luftzufuhr einfach zu bewerkstelligen ist. Der Brennstoff läßt sich leichter anfahren und sicher vor Verlust aufbewahren, da er in Fässern geliefert wird. Es fällt die Belästigung der Umgebung durch Rauch und Geruch fort. Ob Steinkohlenteeröle oder Gasöle benutzt werden, ist eine Betriebs- und Wirtschaftlichkeitsfrage, die von Fall zu Fall zu entscheiden sein wird. Teeröl hat gegenüber Steinkohle, Koks oder Braunkohle einen wesentlich höheren Heizwert. Es läßt sich genau die für die Verbrennung nötige Luftmenge zuführen, was bei Kohlenfeuerung nur in beschränktem Maße möglich ist. Bei der Ölfeuerung wird also der Brennstoff besser ausgenützt. Die Maschine ist in kürzerer Zeit arbeitsbereit, da Kohlenfeuerung längeres Anheizen erfordert. Schlacke und Asche entstehen nicht. Die Teeröle sind zähflüssig und vergasen erst bei 80 ⁰ C, Gasöl schon bei niedrigerer Temperatur. Gasöl wird daher bei der Inbetriebsetzung verwendet. Wenn die Anlage sich angewärmt hat, wird auch das Teeröl im Behälter leichtflüssiger und es kann nunmehr die Heizung mit Teeröl aufgenommen werden. An Stelle von flüssigen Ölen kommt auch Leuchtgas in Frage (Stuttgart) allerdings nur bei ortsfesten Anlagen.

Zwischen der Kohlen- und Ölfeuerung besteht insofern ein Unterschied, als die erste eine mittelbare, die zweite eine unmittelbare Feuerung, bei der die Gesteine mit der Flamme selbst in Berührung kommen, darstellt. Mit der Ölfeuerung sind daher gewisse Gefahren verknüpft, die in folgendem bestehen. Beim Anheizen muß die Trommel erst erwärmt werden. Wird der richtige Zeitpunkt hier nicht abgepaßt und die Trommel zu stark erhitzt, so kann die erste Stoffaufgabe leicht überhitzt werden. Es erfordert also die Inbetriebnahme Erfahrung. Ferner kann die Heizflamme Ruß bilden und die Gesteine und Sand damit überziehen, wenn die etwa mit 1800—2000⁰ brennende Flamme mit dem kalten Gestein zusammentrifft. Selbst eine sehr gut eingestellte Düse, die volle Verbrennung annehmen läßt, wird rußen können. Der feine Ruß magert aber den Asphaltzusatz erheblich und entzieht ihm die Gesteinsumhüllung. Verbrannte und nicht genügend mit Asphalt überzogene Zuschläge können keine feste Decke geben. Bei ungenügender Verbrennung kann auch eine Verölung der Zuschläge eintreten, wodurch dann der Asphalt erweicht wird und solche Stellen sich nachher in der Decke als nachgiebig und nicht genügend standfähig bei Wärme erweisen. Diese Nachteile lassen sich beim Trocknen vermeiden, wenn mittelbar durch feste Brennstoffe geheizt wird und die Zuschläge nicht mit der Flamme in Berührung kommen. In diesem Falle ist der Betrieb gleichmäßiger und von Zufälligkeiten unabhängiger. Es hat demnach wohl seine guten Gründe, wenn die Engländer, aber auch deutsche Maschinenfabriken von der Feuerung mit festen Brennstoffen nicht abgehen wollen.

Mit der Trocknung findet zugleich eine Entstaubung statt. Das Gebläse, das die Heizgase durch die Trommel saugt, nimmt dabei die Feuchtigkeit und die staubartigen Bestandteile mit. Diese schlagen sich in einem Staubabscheider nieder, damit sie nicht in die Luft geblasen werden und Belästigungen hervorrufen.

Es kann nur das Gestein, Kies oder Sand getrocknet werden. Die dem Asphaltbeton und Sandasphalt zuzusetzenden Füllstoffe sind so fein, daß sie von dem Gebläse abgesaugt werden würden. Sie müssen kalt dem warmen Gestein zugesetzt werden. Um das Gemisch auf der ausreichenden Wärme von 180⁰ zu erhalten, das einen Teil seiner Wärme an die Füllmasse abgeben wird, muß die Gesteinmasse etwas höher erwärmt werden. Bei der Ölfeuerung soll die Möglichkeit bestehen, auch die Füllmasse durch den Trockner zu senden und zu erwärmen, weil in diesem Falle mit geringerem Zug gearbeitet wird. Wieweit das möglich ist, scheint durch Erfahrungen noch nicht genügend nachgewiesen.

Aus dem Trockner fällt die Masse in das Heißbecherwerk, von dem es in einen Vorratsbehälter geschüttet wird. Wenn die Masse gleich in dem vorgeschriebenen Mischverhältnis in die Trockentrommel gegeben wird, kann die Aussiebung und Zusammensetzung der einzelnen Kornsorten nach der Trocknung und vor dem Einfüllen in den Mischer unterbleiben. Allerdings ist dann das Mischverhältnis nicht genau einzuhalten, da die verschiedenen Gemengteile sehr verschiedenen Feuchtigkeitsgehalt haben. Der übliche Feuchtigkeitsgehalt bei Hartgesteinen beträgt etwa 0,5 vH, bei Sand und Kies etwa 2 vH und kann bei Sandstein bis 7 vH steigen. Vor der Trocknung kann durch Unterschiede in der

Feuchtigkeit das Mischverhältnis stark beeinflußt werden. Deshalb gewährt eine Abmessung nach dem Trocknen größere Genauigkeit. Allerdings werden die Maschinen dadurch schwerer. Da in England auf die Einhaltung eines genauen Mischverhältnisses großer Wert gelegt wird, sind die englischen Maschinen mit Sieben verschiedener Lochung versehen. Die Masse wird nach den einzelnen Korngrößen getrennt in besondere Taschen abgesiebt. Unter jeder Tasche befindet sich eine Wage, die nach Einstellung selbsttätig das vorgeschriebene Gemisch der einzelnen Kornarten zuwiegt (Millars Maschine).

g) Mischer.

Von der Wage, die auch bei den Maschinen, die das heiße Gut nur in einem Vorratsbehälter aufspeichern, vorhanden ist, fällt es in den Mischer. Dieser ist ein Zwangsmischer, bestehend in zwei sich gegeneinander drehenden Wellen, die mit Rührarmen besetzt sind. Zur Erzielung einer gleichmäßigen Mischung[1]) feiner und grobkörniger Zuschlagstoffe sollen die Mischarme nicht nur einfache, schräge Armstiele sein, wie sie die Millars-Maschine hat, in der die sternartig aufgesetzten Arme gerade sind und an den Enden sich verjüngen. Dadurch wird die Masse am Trommelumfang nicht genügend gemischt, sondern bleibt zwischen den bestrichenen Stellen an der Trommelwand hängen. Nur durch eine verhältnismäßig sehr hohe Umdrehungszahl der Mischflügel und sehr enge Stellung der einzelnen Mischarmsterne kann eine brauchbare Mischung erreicht werden. Die enge Stellung führt zu Störungen, in dem sich die gröberen Stücke zwischen den einzelnen Mischarmen fangen und dadurch zu Brüchen Anlaß geben. Die Mischarbeit mit gröberen Stoffen hat sich sogar als unmöglich erwiesen. Eine vollkommene Mischung wird nur erzielt, wenn die Mischarme an ihrem äußeren Ende Mischschaufeln tragen oder wenigstens entsprechend verbreitert sind. Wichtig ist weiter ein richtiger Achsenabstand der beiden Mischwellen bei Zweiflügelmischern, da ein zu geringer Abstand unverhältnismäßig großen Kraftaufwand erfordert und eine allzugroße Entfernung eine ungenügende Mischung zur Folge hat. Die Mischschaufeln sollen namentlich für gröbere Zuschlagstoffe nachstellbar sein, um Verklemmungen zu vermeiden, da bei größerem Abstande zwischen Mischerkante und Trommelwand leicht sich Spritzstücke einklemmen können. Die Mischer haben eine Bodenklappe, aus der die fertige Masse in Fuhrwerke abgelassen wird. Die Größe des Mischers und der Trockentrommel muß so miteinander abgestimmt sein, daß in der Zeit, in der der Mischer eine Füllung verarbeitet, die Trommel eine neue vorgetrocknet hat, daß also ununterbrochener Betrieb stattfindet, der nur dann nicht eingehalten werden kann, wenn wegen hohen Feuchtigkeitsgehaltes nur geringe Mengen aufgegeben werden können.

Für die Erwärmung des Asphaltes sind besondere Kessel aufgestellt, die mit Kohle oder Öl geheizt werden, aus denen der Asphalt geschöpft und in einen schwenkbaren Bitumenkübel, in dem die vorgeschriebene Menge abgemessen werden kann, zum Mischer gebracht wird. Wird der Asphalt durch eine Pumpe zugeführt, so ist zu beachten, daß die erwärmte Masse im Umlauf bleiben muß. Die Mischung soll mindestens $1^1/_2$ Minuten dauern. Die Mischer liegen bei großen Maschinen so hoch, daß Lastkraftwagen darunter fahren können, in die die Masse aus dem Mischer fällt. Bei dieser Bauweise erhalten die Maschinen einen sehr hohen Aufbau, 7—8 m, so daß sie weder auf der Eisenbahn befördert, noch auf den Straßen gefahren werden können. Das Heißbecherwerk und der Vorratsbehälter sind deshalb abnehmbar ausgebildet. Maschinen mit geringerer Leistungsfähigkeit sind niedriger gebaut, indem sie die Masse nur in Karren abwerfen.

[1]) Die folgenden Angaben verdanke ich Herrn Oberbergrat Greinwald-Hüttenamt, Sonthofen, Obmann des Ausschusses „Straßenbaumaschinen" der Stu. f. A.

Die großen Maschinen werden zumeist nicht auf der Baustelle selbst aufgestellt, sondern an den Stellen, wo das Gestein angeliefert wird z. B. in der Nähe von Güterbahnhöfen. Da die fertige Mischung erfahrungsgemäß bis auf 40 km befördert werden kann, sind mit der Aufstellung an einem Mittelpunkt mit günstigen Arbeitsbedingungen — Güterbahnhof, Steinbruch u. a. — manche Vorteile verbunden. Die großen Maschinen sind zudem sehr schwer, sie haben voll aufgebaut bis 20 t Gewicht, so daß sie auf ihrer Beförderung auf Land- und Stadtstraßen Beschädigungen des Pflasters hervorrufen können. Kleinere Maschinen lassen sich dagegen an der Baustelle selbst aufstellen. Das ist dann zweckmäßig, wenn die Gesteine, Kies und Sand, in der Nähe der Straße selbst gewonnen und nur mittlere Leistungen verlangt werden. Da die Aufbereitung der künstlichen Asphaltdecken in einem bestimmten Arbeitsgang erfolgen muß, ist es erklärlich, wenn der allgemeine Aufbau bei allen Maschinen derselbe ist. Er entspricht etwa der schematischen Darstellung auf der Abb. 176, die für ortsfeste Anlagen gilt. Bei fahrbaren Maschinen sind die einzelnen Arbeitsgänge stärker zusammengedrängt. Die Erzeugnisse der verschiedenen Fabriken weichen nur in Besonderheiten ab, wie aus der folgenden Beschreibung einiger Anlagen zu entnehmen ist.

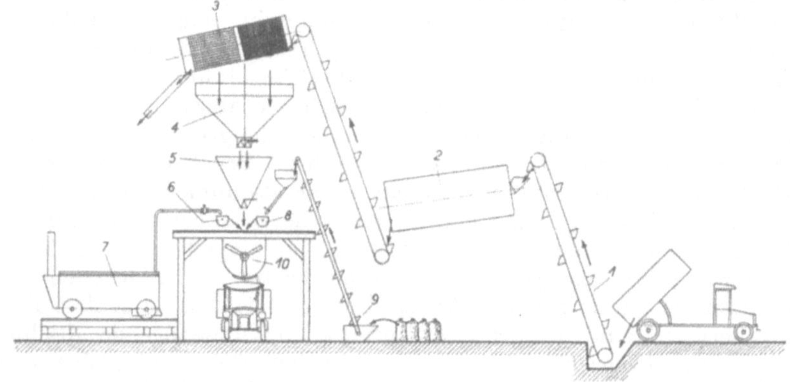

Abb. 176. Darstellung des Trocknungs- und Mischvorganges.

1. Becherwerk.
2. Trockentrommel.
2a. Heißbecherwerk.
3. Sortiertrommel.
4. Bunker.
5. Wage für Sand und Steinschlag.
6. „ „ Bitumen.
7. Bitumenkocher.
8. Meßgefäß für Füllstoff.
9. Becherwerk für Füllstoff.
10. Mischer.

1. Die Fabrik für die Teer-, Asphalt- und Straßenbau-Industrie Albrecht Reiser, Berlin-Lichtenberg, baut Mischmaschinen in der folgenden Größe:

a) Eine Maschine, die für 4—5 t Stundenleistung berechnet ist und am Ort des Baues aufgestellt wird. Sie wird von einem Lastkraftwagen oder Motorschlepper gezogen. Die Maschine arbeitet absatzweise mit Einzelmischungen von etwa 275 kg = rd. 180 l. Es fehlt ihr das Heißbecherwerk und der Vorratsbehälter. Das getrocknete Gut fällt von der Auslaufschurre in einen Zwischenbunker, der gerade eine Mischung faßt und als Wage ausgebildet ist.

b) Für größere Leistungen liefert dieselbe Fabrik zwei Maschinen, eine zu 6—7 t stündliche Leistung bei 22—25 PS Kraftbedarf, 25—80 l stündlichem Ölverbrauch und 15 t Gewicht (Abb. 177). Die Leistungszahlen gelten für Sandasphalt bei Erhitzung auf 200° und 5 vH Wassergehalt. Masse mit höherer Feuchtigkeit kann im Sommer bei volleingestelltem Brenner getrocknet werden. Bei Steinschlagasphalt, der aus gröberen Stoffen besteht, hat die Maschine eine dementsprechend höhere Leistung, ebenfalls bei Steinschlagteer, weil hier die Masse nur auf 80—100° erwärmt wird. Die einzelnen Teile können aus der Bezeichnungsliste entnommen werden.

Die größere Maschine, die von derselben Bauart ist, leistet stündlich 12 t bei 30—35 PS Kraftbedarf bei 40—120 l stündlichem Ölverbrauch.

2. Maschinen für den Bau von Asphaltbeton, Steinschlagasphalt, Sandasphalt und Teerbetonstraßen von Henschel, Kassel (Abb. 178). Der Aufbau der Maschine gleicht derjenigen unter 177). Die Trockentrommel ist hier gegen Wärmeverluste geschützt. Am Heißbecherwerk befindet sich eine Umstellung, so daß das getrocknete Gut entweder auf den Vorratsbehälter geschickt oder durch ein Fallrohr ins Freie entleert werden kann. Diese Anordnung ist zweckmäßig, wenn sehr feuchtes Gestein vorgetrocknet werden muß. Sie gestattet auch die Probeentnahme, um die Erhitzung des Gesteins festzustellen. Die Maschine ist mit Kohlenfeuerung versehen und wird von einer Lokomobile angetrieben. Die Leistung der Maschine soll 10 bis 12 t Masse stündlich betragen.

3. Eine kleine Anlage ist die in Abb. 179[1]) wiedergegebene Maschine der Maschinenfabrik Meyer, Ballenstedt, für 4—5 t Stundenleistung. Sie ist recht gedrungen gebaut; ihre größte Höhe beträgt nur 5,5 m. Nur wenn eine Siebanlage mit Vorratsbehältern angebracht wird, wie sie die englischen Maschinen haben, erreicht sie eine größere Höhe (punktiert gezeichnet). Die Maschine gibt das Mischgut in Karren oder Kippwagen ab.

4. Eine bewährte Maschine ist die von Ammann in Langenthal, Schweiz (Abb. 180).

Ein Aufgabebecherwerk wirft die Zuschläge durch einen Trichter erst auf einen Beschickungsapparat in der Form eines Schüttelrostes, der das Gut der Trockentrommel gleichmäßig zuführt. Seine Bewegung und damit die aufgegebene Menge kann geregelt werden, um dem Feuchtigkeitsgehalt entsprechend mehr oder weniger Masse zu trocknen. Die Trommel ist

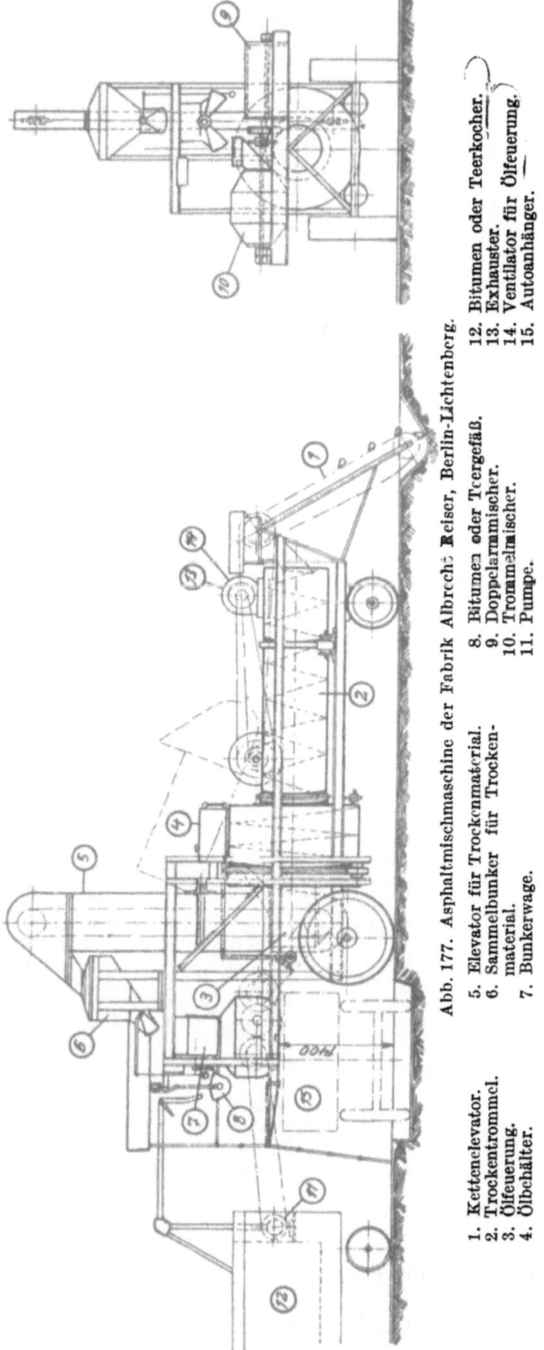

Abb. 177. Asphaltmischmaschine der Fabrik Albrecht Reiser, Berlin-Lichtenberg.

1. Kettenelevator.
2. Trockentrommel.
3. Ölfeuerung.
4. Ölbehälter.
5. Elevator für Trockenmaterial.
6. Sammelbunker für Trockenmaterial.
7. Bunkerwage.
8. Bitumen oder Teergefäß.
9. Doppelarmmischer.
10. Trommelmischer.
11. Pumpe.
12. Bitumen oder Teerkocher.
13. Exhauster.
14. Ventilator für Ölfeuerung.
15. Autoanhänger.

[1]) Die Abbildungen Nr. 178, 179 sind dem Aufsatze von Dipl.-Ing. Wingerter, Kassel, Maschinen für die neueren Straßenbauverfahren, Z. V. d. I. Jg. 1926, H. 16, entnommen.

außen durch Asbest und Blechabdichtung gegen Wärmeverluste geschützt. Die Feuerung besteht aus zwei Ölbrennern. Der eine kleine Brenner liegt am Einlauf; er tritt nur in Tätigkeit, wenn die Zuschlagsstoffe sehr feucht sind oder die Außentemperatur niedrig ist. Er wirkt unmittelbar auf die Stoffe und soll ihr Zusammenbacken verhindern. Die andere Flamme hat einen inneren Heizzylinder, so daß das Beschickungsgut nicht mit der Flamme in Berührung kommt, damit es nicht überhitzt wird. Die Entstaubung erfolgt vor dem Heißbecherwerk. Über diese gelangt die Masse auf Siebtrommeln mit zwei Siebgrößen, so daß sie in zwei Korngrößen geschieden wird. Die Siebmäntel können ausgewechselt werden. Vom Sieb fallen die beiden Korngrößen in zwei Vorratsbehälter, aus denen sie über zwei Wagen abgezogen werden. Der Mischer erfüllt weitgehend die zuvor aufgestellten Bedingungen. Er besitzt einen Geschwindigkeitswechsel, so daß die Rührarme bei grobem Zuschlag langsam, bei feinem schneller mischen. Ein besonderes Becherwerk hebt die Füllmasse auf und wirft sie über einen Zwischenbehälter auf die Wage, von der sie dem Mischer zugegeben wird. Der Mischer steht 1800 mm über dem Boden, also hoch genug für Fuhrwerke oder Kraftwagen.

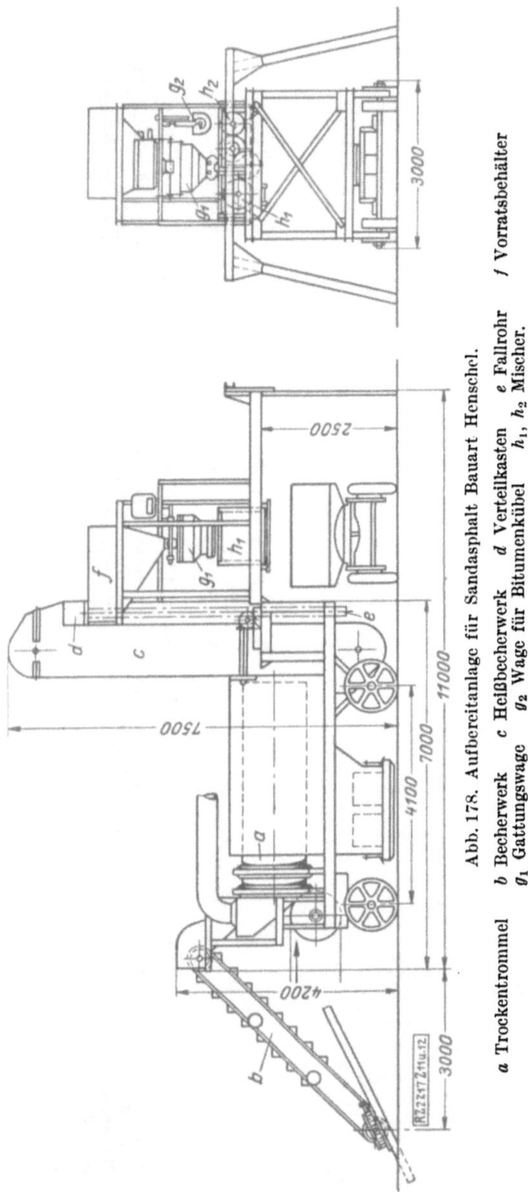

Abb. 178. Aufbereitanlage für Sandasphalt Bauart Henschel.
a Trockentrommel b Becherwerk c Heißbecherwerk d Verteilkasten e Fallrohr f Vorratsbehälter g_1 Gattungswage g_2 Wage für Bitumenkübel h_1, h_2 Mischer.

5. Die großen und schwerfälligen Maschinen können vermieden werden, wenn Trocknen und Mischen in getrennten Anlagen erfolgt. Die Trockentrommel ist eine Maschine für sich und desgleichen der Mischer. Die Asphaltstraßenbaumaschine von Gauhe, Gockel & Co., Neuwied, ist nach dieser Anordnung gebaut. Das getrocknete Gut fällt in einen von Heißluft umspülten Bunker. Durch Öffnen der Verschlußklappen wird die Masse über eine Wage in einen Aufzugkasten abgefüllt, der mit Windwerk angetrieben in den hochliegenden Doppeltrogmischer in der bekannten Bauart von Gauhe, Gockel & Co. entleert. Bei dieser Anordnung wird der Aufbau wesentlich niedriger gehalten, denn Trockner und Mischer sind je eine Einheit für sich. Getrennte Anlagen werden auch in Amerika verwendet, da sie den Vorzug haben, daß sie leichter sind als unsere deutschen Maschinen und sich daher überall aufstellen lassen. Sie bestehen aus dem Trockner, der auf einer Balkenlage aufgesetzt wird, einem Mischer und einem Asphaltkessel. Der Trockner, ein Erzeugnis der Dyar Supply Comp. in Cambridge (Massachusetts) ist in der Abb. 181 dargestellt. Er leistet 5—7,5 m^3

stdl. (3—4,5 t) und wird mit Öl geheizt. Der Verbrauch wird zu etwa 7,5 l für 1 t angegeben. Bei der An- und Abfuhr wird der Trockner auf Räder gesetzt, eine Tragachse vor dem Schlot, eine Lenkachse mit kleineren Rädern unter dem Auslauf. Mischer und Asphaltkessel sind die üblichen.

Eine kleine fahrbare Trocken- und Mischanlage ist in den V. St. A. von der Asphaltstraßenbau-Unternehmung Warren Brothers in Betrieb genommen, die besonders Unterhaltungsarbeiten dienen soll[161] (Abb. 182).

Sie kann für Sandasphalt und Asphaltbeton verwendet werden und ist besonders geeignet, um Steinschlagdecken oder Betonstraßen, die infolge Abnützung eine Erneuerung der Oberfläche nötig haben, bei großer Leistung mit neuer Decke zu versehen. Solche Arbeiten sind vielfach daran gescheitert, daß die Aufstellung stehender Anlagen und die Beförderung des Mischgutes auf längere Strecken sehr kostspielig ist. Sie ist auch für Ausbesserung von Asphaltstraßen selbst geeignet. In einer halben Stunde nach der Ankunft am Ort ist sie aufgebaut und in einer weiteren halben Stunde ist sie arbeitsbereit.

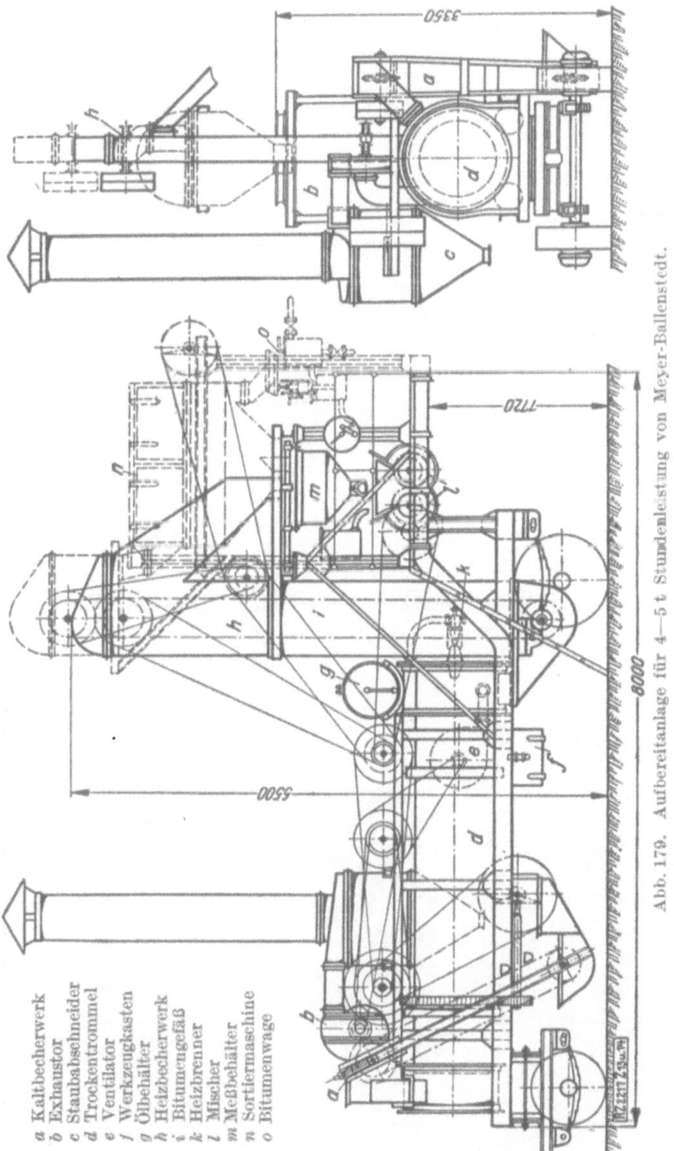

Abb. 179. Aufbereitanlage für 4—5 t Stundenleistung von Meyer-Ballenstedt.

Maschinen für Teermischmakadam oder Teerbeton. Teermischmakadam und Teerbeton lassen sich auch in den Asphaltmischmaschinen herstellen, die Erwärmung wird nur nicht so weit getrieben. So eignet sich auch die Maschine Abb. 177 für Teerbeton bei 30—50 vH Mehrleistung. Zweckmäßiger und wirtschaftlicher ist es aber, diese Mischungen in besonders dafür gebauten Maschinen vorzunehmen. Bei der Bevorzugung der groben Zuschlagstoffe beim Teerstraßenbau für Decken mit Hohlraumgehalt (s. S. 158) kommt weniger eine Mischung als eine Umhüllung in Frage. Diese läßt sich aber in einfacherer Weise mit geringerem

Kraftaufwand als durch Mischer in sich drehenden Zylindern erreichen, in denen der erwärmte Teer dem Zuschlag zugeführt wird. Die Mischtrommel hat auf einer kurzen Strecke hinter der Teerzuführung eine durchbrochene Wandung, so daß überschüssiger Teer sich abscheiden kann. Die Bauweise einer solchen Maschine, wie sie die Maschinenfabrik Ammann, Langenthal, liefert, hat, wie bei dem Asphaltmischer, ein Aufgabebecherwerk, die Trockentrommel mit Entstaubung für Ölfeuerung, daran schließt sich die Mischtrommel mit einem Ausfall, der allerdings so tief liegt, daß das Mischgut nur mit Handwagen befördert werden kann, weil das bei der Asphaltmischmaschine vorhandene Zwischenglied, das Heißbecherwerk, fehlt. Die Maschine hat eine stündliche Leistung von 6—7t. Das Gestein wird auf 150° erwärmt.

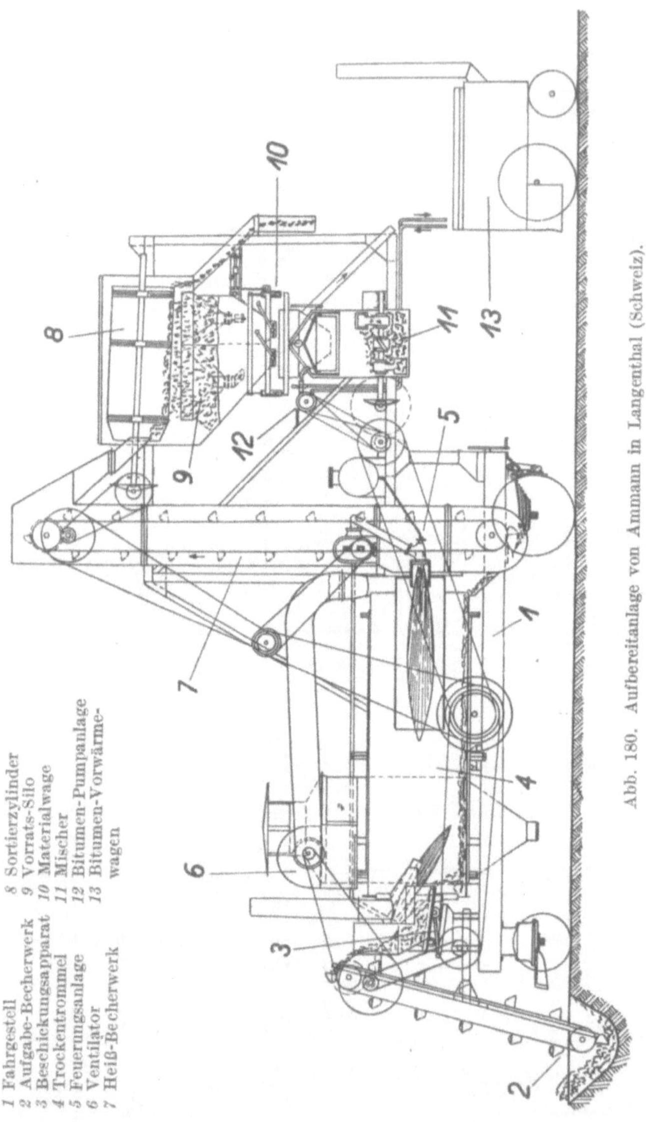

1 Fahrgestell 2 Aufgabe-Becherwerk 3 Beschickungsapparat 4 Trockentrommel 5 Feuerungsanlage 6 Ventilator 7 Heiß-Becherwerk 8 Sortierzylinder 9 Vorrats-Silo 10 Materialwage 11 Mischer 12 Bitumen-Pumpanlage 13 Bitumen-Vorwärmewagen

Abb. 180. Aufbereitanlage von Ammann in Langenthal (Schweiz).

Der Teer wird in einen Behälter durch eine Pumpe gedrückt, der über der Feuerung liegt, durch die der Teer erwärmt wird. Er läuft von dort in die Mischtrommel. Die Trockentrommel ist seitlich und oben, um die Heizwirkung zu erhöhen und Wärmeverluste zu vermeiden, durch Wellblechverkleidung geschützt. Zum Antrieb der Maschine sind 10 PS erforderlich.

Der Umhüllung des Teeres ohne genaue Abmessung des Teeres nach dem oben beschriebenen Verfahren haften erhebliche Mängel an, vor allem durch die fehlende Genauigkeit des Teerzusatzes, auf die jetzt größter Wert gelegt wird. Es wird daher auch im Teerstraßenbau im Flügelmischer unter genauer Bemessung der Zuschlagsstoffe und des Teeres gemischt.

Nach diesen Grundsätzen baut das Alfelder Eisenwerk in Alfeld (Leine) zwei Teermischmakadam-Maschinen für 4—7 m³ und 8—12 m³ Stundenleistung. Die Menge hängt von der Körnung der Zuschläge ab. Die höchste Leistung wird bei 30—50 mm Korn erzielt. Bei mittlerer Korngröße 5—15 mm ermäßigt sie sich um etwa 20 vH und bei Feinkorn 0—5 mm um 35 vH. Als Heizquelle wird Koks verwendet, was nach Ansicht des Werkes billiger und betriebssicherer ist. Bei beiden Maschinen läuft das Trockengut mit Becherwerk in Sammelbehälter

Abb. 181. Amerikanische Trockentrommel.

Abb. 182. Fahrbare Aufbereitanlage für Unterhaltung.

entsprechender Größe. Die Maschine mit geringer Leistung (Abb. 183a u. b) hat einen Mischer mit einem Rührwerk, die mit größerer Leistung mit zwei Wellen.

Eine Beurteilung der beschriebenen Maschinen ist nur nach allgemeinen Gesichtspunkten möglich. Ihre Anwendbarkeit wird von besonderen Umständen abhängen. Vorerst wird die Leistung mit dem Koks-, Kohle- oder Ölverbrauch zu vergleichen sein. Maschinen mit gutem Wärmeschutz auch im Heißbecherwerk und Vorratsbehälter können sparsam arbeiten. Dafür fallen sie schwerer aus und sind teurer. Maschinen wie die englische von Millars und die von Ammann sind zweifellos gut durchgebildet. Sie sind aber schwer, haben hohe Aufbauten, die bei der Beförderung abgenommen werden müssen. Sie sind infolgedessen teuer. Sie besitzen viele Antriebe, vor allem sehr viele Riemen, die stark dem Verschleiß unterliegen, und viel Antriebskraft erfordern. Solche

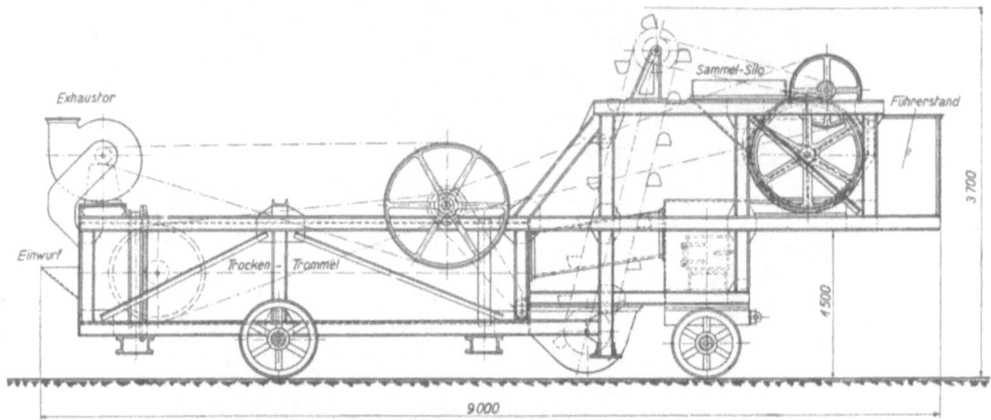

Abb. 183a. Teermischmakadammaschine des Alfelder Eisenwerkes. Ansicht.

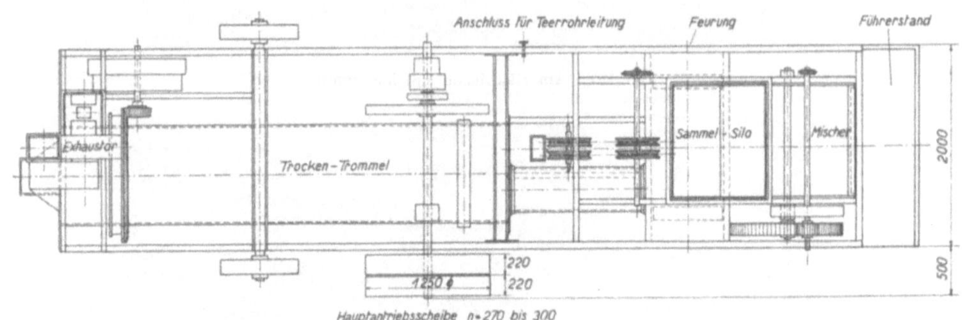

Abb. 183b. Grundriß.

Maschinen werden sich nur bei sehr großen Massen wirtschaftlich erweisen. Es wird aber auch Bedarf an kleinen Maschinen sein. Das beweist schon die Tatsache, daß in den V. St. A. Maschinen verschiedener Größe gebaut werden, obwohl dort viel eher mit großen Leistungen gerechnet werden kann. Gelegentliche in dem Schrifttum mitgeteilte Betriebserfahrungen können nicht immer als Maßstab angesehen werden, da die Werke dauernd ihre Erzeugnisse verbessern[162].

B. Maschinen für die Verlegung und Befestigung der Decken.

a) Dampfwalzen.

Die Walze als Hilfsmittel zur Befestigung der Decken ist schon seit langem im Gebrauch. Die leichte aber schwerfällige Pferdewalze ist mit der Entwicklung der Dampfmaschine bald in die Dampfwalze (Ende der sechziger Jahre als eine

Erfindung des Ingenieurs Thomas Aveling in Rochester) umgebildet worden, deren Vorzüge sind, daß sie mehr leistet, weil sie schwerer ist und schneller fährt und nicht zu wenden braucht, und daß sie auf steilen Straßen arbeiten kann. Bei den Steinschlagstraßen verwendet man die ganz schweren Walzen bei Hartgestein, bei Weichgestein müssen leichtere Walzen angesetzt werden. Die Walzen sind Dreiradwalzen mit zwei großen Triebrädern und zwei kleineren auf einer Achse laufenden Lenkwalzen. Die Lauffläche der großen Triebräder ist gegenwärtig noch konisch, damit die Walzen das meist mit starker Querneigung angelegte Profil der Steinschlagstraßen herstellen können. Man wird aber dazu übergehen müssen, die Walzen auch mit zylindrischen Mänteln zu bauen. Denn sehr viele Steinschlagbahnen erhalten eine Oberflächenteerung und Asphaltierung, können daher und sollen auch mit einer flacheren Querneigung angelegt werden. Walzen mit konischen Rädern können dazu nicht verwendet werden. Die Krümmungen von kleineren Halbmessern als etwa 180 m werden mit einseitig geneigter Fahrbahn angelegt. Solche Strecken können schnell und einwandfrei nur mit zylindrischen Rädern hergestellt werden. In den stark überhöhten Krümmungen des Nürburgringes hat die Herstellung der Steinschlagdecke mit Walzen mit konischen Rädern Schwierigkeiten gemacht. Da auch bei den Steinschlagstraßen das Quergefälle jetzt dachförmig angelegt und nur in der Mitte auf eine kurze Strecke ausgerundet wird, können selbst auf den üblichen Straßen mit starkem Quergefälle die Walzen mit zylindrischen Rädern benutzt werden. Es erscheint demnach gerechtfertigt, heute nur noch Walzen mit zylindrischen Rädern zu bauen, die dann auch überall anwendbar sind. Ruthmeyer in Soest baut jetzt Dreiradwalzen mit zylindrischen Felgen und auch mit Ausgleichgetrieben, so daß sie sehr wendig sind. Dreirädrige Walzen werden etwa in den folgenden Abmessungen und Gewichten gebaut, Walzenformen der Maschinenfabrik J. A. Maffei & Jacob in Leipzig, Zusammenstellung 65.

Für den Bau der Teer- und Asphaltstraßen werden leichtere Walzen mit zwei Rädern verwendet, von denen verlangt wird, daß sie möglichst ruhig laufen, damit sie nicht ihre Eigenschwingungen auf die Decke übertragen und dadurch Wellen erzeugen, daß sie von großer Beweglichkeit und Wendigkeit sind, daß sie stoßfrei anfahren und sich leicht vom Vorwärts- auf den Rückwärtsgang umsteuern lassen, was besser durch Dampfsteuerungen zu erreichen ist. Damit der Asphalt nicht an den Walzen anklebt, sind über den Walzen Rohre mit Düsen, aus denen die Walzen mit Wasser besprengt werden. Der Führer muß alle Steuerungen in seiner Nähe haben und so aufgestellt sein, daß er völlig freien Blick hat und die Straßenstrecke vor und neben sich völlig übersehen kann.

Da die Güte der Asphaltstraßen von der Walzarbeit abhängt, müssen solche Walzen besonders gut durchgebildet werden. Die ersten Walzen sind von England eingeführt worden. Inzwischen haben deutsche Unternehmungen gleichwertige Maschinen gebaut, die den zuvor genannten Anforderungen genügen und sich daher bewährt haben. Die Walze der Maschinenfabrik Henschel & Sohn,

Zusammenstellung 65.

	Tandemform	4 Radwalzen				
Betriebsgewicht . . . . kg	5400	8000	10500	13500	15000	19500
Hinterwalzen-Durchmesser . . . mm	1070	1450	1525	1620	1620	1830
„ -Breite . . . . . . „	1000	400	450	450	450	510
Vorderwalzen-Durchmesser . . „	800	950	1070	1190	1190	1370
„ -Breite . . . . . . „	500	560	565	610	658	660
Walzbreite . . . . m	1,000	1,83	1,91	2,03	2,1	2,16
Radstand . . . . „	2,76	2,85	3,2	3,4	3,715	3,8
Länge der Maschine . . . . . . „	4,15	5,00	5,25	5,83	6,1	6,25
Breite der Maschine . . . . . . „	3,04	—	—	—	—	—
Höhe der Maschine . . . . . . „	1,65	2,96	3,05	3,1	3,12	3,23

Kassel, wird zu 7 t Leergewicht und 8,3 t Dienstgewicht geliefert. Die Arbeitsgeschwindigkeit beträgt 3—6 km stündlich, Arbeitsbreite 1280 mm. Diese Walzen können auch für 5 und 6 t Leergewicht angefertigt werden.

Die Walze von der Maschinenfabrik Maffai & Jacob (Abb. 184), Leipzig, hat 8,5 t Dienstgewicht und 1300 mm Arbeitsbreite.

Die Berliner Maschinenbauanstalt vorm. Schwartzkopff baut Walzen für Asphaltstraßen, Flug- und Sportplätze von 3—6 t, für Steinschlagstraßen von 8—20 t Gewicht und für Asphalt- und Teerstraßen Tandem-Heißdampfwalzen von 4—8 t. Die Arbeitsbreite der Siebentonnenwalze beträgt 1180 mm, Abstand 2,675 m, Leistung 10—18 PS.

Die früher für die Befestigung von Spiel- und Tennisplätzen gebauten leichten Motorwalzen (sie sind auch zum Einbau von Tondichtungen bei Kanaldämmen

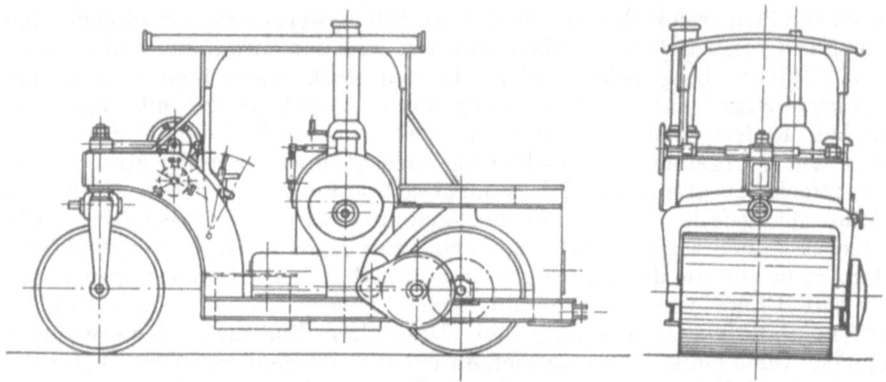

Abb. 184. Tandem-Walze von Maffei & Jacob.

mit Erfolg benutzt worden) sind jetzt in schwerer Ausführung auch in den Straßenbau eingeführt worden. Als Antriebsmaschine hat sich der Dieselmotor als zweckmäßig erwiesen. Ihre Vorteile gegenüber den Dampfwalzen sind ihre sofortige Bereitschaft, Unabhängigkeit von Brennstoff und Wasser, da sie den Brennstoff entweder mit sich führt oder ihn jetzt überall erhalten kann, großen Leistungsüberschuß, daher kann sie auch in starken Steigungen walzen, keine Rauchbelästigung und kein Funkenauswurf, leichtere Führung, da der Motor weniger Wartung als Kessel und Maschine erfordert. Die vielfach errechnete größere Wirtschaftlichkeit wird bestritten. Zwar haben die Motore keinen Brennstoffverbrauch während der Betriebspausen. Es ist aber zu beachten, daß der Motor für die stärkste Belastung gewählt werden muß, die etwa das Vierfache der üblichen beträgt, aber nur selten voll ausgenützt wird. Verbrennungsmotoren haben aber die beste Ausnützung bei Vollast, unterbelastet steigt ihr Brennstoffverbrauch über den Einheitsverbrauch erheblich. Das gilt nicht für Dampfmaschinen. Die Maffei & Jacob-Werke geben in einer Vergleichsrechnung für eine Sechzehntonnenwalze einen Kraftverbrauch von 17,5 PS bei einem Dampfverbrauch von 11 kg für die PS-Stunde an, wofür 20 kg Kohle verbraucht werden, und errechnen einen Stundenverbrauch von 0,82 RM. Der Verbrennungsmotor, der für Überlastung 50 PS Nennleistung erhalten muß, verbraucht bei nur etwa ⅓ Belastung 345 g Benzol für die PS-Stunde. Bei den gegenwärtigen Kohlen- und Brennstoffpreisen stellen sich die Betriebskosten für die Motorwalze höher, auf 2,67 RM. Da die Dampfmaschine auch Kohlen beim Anheizen und in den Pausen (Wasserfassen) verbraucht, wird der Durchschnittssatz über 0,82 RM. Kohlenkosten liegen, immerhin wird er aber unter den Betriebskosten der Motorwalze bleiben. Aber auch die Lebensdauer von Dampfmaschinen wird höher eingeschätzt werden müssen, so daß für schwere Maschinen der Dampfantrieb der wirtschaftlich günstigere sein wird. Ob das auch für die leichten Walzen gilt, bleibt noch zu entscheiden. Leichte und schwere Walzen, die durch Dieselmotoren angetrieben werden, liefert die Maschinenfabrik Carl Kaelble in Backnang (Württemberg), Kemna in Breslau u. a.

b) Tank- und Sprengwagen.

Im folgenden sollen diejenigen Einrichtungen behandelt werden, die bei der Oberflächen- und Tränkbehandlung der Decken mit Teer und Asphalt verwendet werden. Sie unterscheiden sich nach Teer- und Asphaltmaschinen, weil beim leichtflüssigen Teer eine Erhitzung auf 130° C genügt, während Asphalt mindestens auf 180° C erwärmt werden muß, wenn er leicht aus dem Sprengrohr ausfließen soll. Darnach müssen die Sprengeinrichtungen gebaut werden. Es kann wohl Teer aus einer Asphaltsprengmaschine, aber nicht umgekehrt Asphalt aus einer für Teer bestimmten Maschine ausgebreitet werden. Die Einrichtungen unterscheiden sich weiterhin noch nach der Richtung hin, daß in dem einen Teil die Tränkmasse mit natürlichem Gefälle auf die Decke gelangt, im andern mit Druck in zerstäubtem Zustand aufgesprengt wird. Zur ersten Gruppe gehört der Sprengwagen von Lassailly, der auf dem I. I. Str. K. in Paris bekannt geworden und seitdem viel verwendet worden ist (S. 152). Er hat sich für Oberflächenteerungen wohl als zweckmäßig erwiesen. Die Teersprengwagen für Hand- und Pferdebetrieb sind weiter ausgebildet worden. Die Handsprengwagen haben einen Teerkessel von 300—350 l Füllung, der auf abgefederten Rahmen ruht und vorn an der Deichsel mit Feuerbüchse versehen ist. Die Heizgase ziehen durch eine Rauchkammer in den Schornstein ab, der sich am hinteren Ende befindet. In der Rauchkammer ist eine Flügelpumpe untergebracht, mit der der Kessel aus einem Teerfaß oder Vorkocher mittels eines Metallschlauches gefüllt werden kann. Die Pumpe wird von den Heizgasen umspült; sie kann daher nicht durch Teer verkleben. Zwischen Pumpe und Kessel ist ein Sieb zwischengeschaltet, das Verunreinigungen fernhält. Am hinteren Ende unter der Rauchkammer befindet sich das Sprengrohr mit den Düsen und ein Entleerungshahn, um die Masse in Eimer füllen zu können. Hinter dem Sprengrohr hängen Besen, die die Masse auf der Decke verteilen und einkehren (s. Bauart Lasailly). Bei Erwärmung der Masse in Vorkochern dient die Feuerungseinrichtung an dem Sprengwagen mehr zur Erhaltung der Temperatur, dann gestaltet sich der Betrieb einfacher, und die Leistung kann erhöht werden. Sie soll 2000—3000 m² täglich betragen.

Größere Leistungen werden mit Sprengwagen von 1500 l Fassungsraum erreicht, die noch von Pferden gezogen werden können. Solche Wagen gleichen im allgemeinen den Handsprengwagen. Bei größerem Inhalt, 2000 l und mehr, müssen die Wagen von Motorschleppern bewegt werden. Die Gase werden von der am Vorderwagen liegenden Feuerbüchse zweimal durch den Kessel gezogen, ehe sie durch die Rauchkammer und den vorn liegenden Schlot entweichen. Der Kessel enthält ein Rührwerk. Hinten ist ein Sitzplatz für einen Bedienungsmann, der den Auslauf der Menge und den Besendruck durch Laufgewichte und Einstellung auf jede Straßenwölbung regeln kann. Der in der Abb. 185[1]) wiedergegebene Wagen nach Bauart Henschel-Linnhoff hat noch auf dem Kessel ein Lager für drei Fässer, die mit einer besonderen Rutsche mit Faßkorb und Winde hochgezogen werden können. Er wird entweder aus diesen Fässern oder aus Vorkochern mittels Pumpe gefüllt. Der Wagen wiegt gefüllt 4400 kg und soll 8000—10000 m² Straßenfläche innerhalb eines Tages besprengen können. Das Faßlager erhöht die Leistung, da mit dem Einfüllen aus Vorkochern beträchtliche Arbeitszeit verlorengeht.

[1]) Die Abb. 185 u. 187 sind dem Aufsatze von Dipl.-Ing. Wingerten-Kassel, Z. V. d. I. Jg. 1926, Heft 16, entnommen.

Eine größere Leistung und bessere Verbindung des Teeres mit der Decke wird aber durch Verwendung von Druck erreicht. Der Teer oder Asphalt wird hierbei mit Druck von 3—6 kg/cm² auf die Straßenoberfläche aufgespritzt. Beim Tränkverfahren wird dadurch ein tieferes Eindringen in die Decke bewirkt und bei der Oberflächenbehandlung ein festeres Anhaften der Masse an der Decke, da durch den Aufpralldruck auch noch die Staubteilchen aus der Decke fortgeblasen werden. Voraussetzung ist allerdings, daß die Masse genügend erwärmt ist, denn beim Durchstreichen durch die Luft kühlt sie sich sehr stark ab und trifft dann nicht mehr genügend warm und flüssig auf der Decke auf.

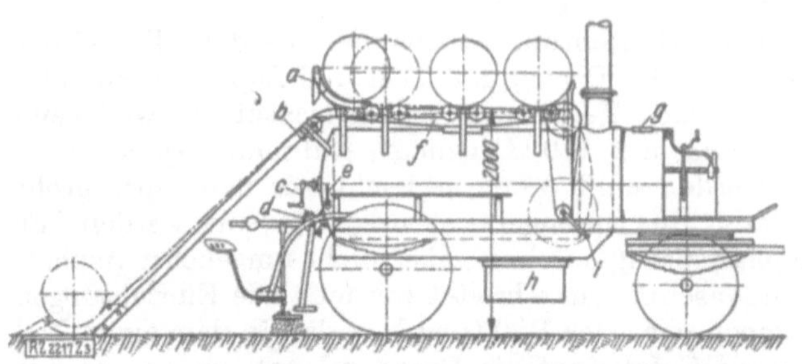

Abb. 185. Teersprengwagen für 1500 l Inhalt mit Dreifaß-Aufzug.
a Faßkorb *b* Befestigung der Rutsche am Wagen *c* Handkurbel zum Rührwerk *d* Dreiweghahn *e* Thermometer *f* Einfüll- und Überlauftrichter *g* Werkzeugkasten *h* Feuerung *i* Handkurbel zur Aufzugwinde.

Dieses Hochdruckverfahren ist für Oberflächenteerung und Asphaltierungen schon seit längerem in den V. St. A. in Gebrauch. Die Tarvia-Gesellschaft hat sich vor allem besonderer Sprengwagen dafür bedient. Im Asphaltmakadambau wir der viel verwendet. Da Asphalt zähflüssiger ist als Teer, ist die Aussprengung mit Druck bei der erforderlichen Wärme von 180—200° das Gegebene. Es sind hier wieder Handsprengwagen wie Sprengwagen mit Motorantrieb in Gebrauch. Die Handsprengwagen nach der Bauweise von Henschel-Linnhoff (Abb. 186) mit etwa 300—350 l Fassungsraum gleichen im Aufbau den schon behandelten mit freiem Auslauf, nur daß sie noch eine besondere Vorrichtung zur Druckerzeugung besitzen, bestehend in einer Hochdruckzerstäuberpumpe mit Druckkessel, die wie die Füllpumpe in dem Wärmeschrank untergebracht sind. Die Pumpe wird von Hand betätigt. Am Druckkessel ist nochmals ein Sieb vorgeschaltet mit etwa dem 20fachen Rohrquerschnitt, um ein Verstopfen und Verkleben der Verteilungseinrichtung zu verhindern. Die Masse wird mit Düsen auf die Straße ausgespritzt, die mit Handgriffen versehen von Bedienungsmannschaften geführt werden. Die Leistung soll täglich 200 m² Asphaltflächen und 3000 m² Teerflächen betragen.

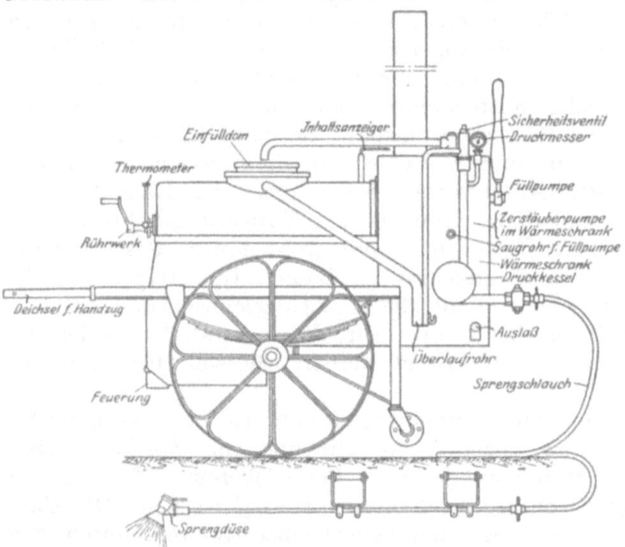

Abb. 186. Handsprengwagen von Henschel-Linnhoff.

Für höhere Leistungen müssen Wagen mit größerer Fassung verwendet werden, die nicht mehr mit der Hand oder mit Pferden gezogen werden können, sondern die entweder selbst mit Kraftantrieb versehen sind oder von Kraftwagen oder Motorschleppern gezogen werden. Der Druck von 6 at wird von einem Motorenkompressor erzeugt. Amerikanische Maschinen haben keine Heizung, sondern die Kessel sind mit Wärmeschutz umgeben und die Masse wird heiß übergepumpt. Deutsche Maschinen, wie die z. B. von **Henschel-Linnhoff** (Abb. 187), haben eine gemischte Kohlen- und Ölfeuerung, die gut regelbar sein soll, insofern als die Kohlenfeuerung die Grundfeuerung ist und etwa erforderlicher Mehrbedarf an Heizung durch die Ölfeuerung geliefert werden kann. Der Kessel wird von den Rauchgasen bis zu 60 vH der Oberfläche umspült. Die Sprengleitung kann für verschiedene Breiten eingestellt werden. Nach einem amerikanischen Patent der Asphaltunternehmung Finlay in Atlanta werden die Sprengrohre seitlich herausgezogen, so daß der Sprengwagen die Straßenhälfte besprengt, die von ihm selbst nicht befahren wird. Auf diese Weise wird verhütet, daß die eben abgewalzte Decke vor der Asphaltierung durch die Last der Räder des Sprengwagens Eindrücke erhält und verschoben wird. Die Wagen haben 1600—2000 l Fassung und können daher etwa 8000 m² Fläche besprengen.

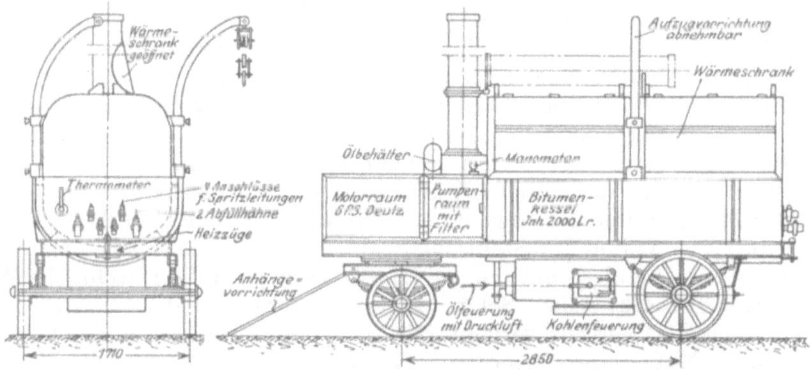

Abb. 187. Drucksprengwagen von **Henschel-Linnhoff.**

Auch diese Maschinen sind mit Stutzen versehen, um Sprengdüsen anzuschließen, so daß mit Hand an solchen Stellen gesprengt werden kann, wo die Sprengwagen nicht hinfahren können. Die Fahrgeschwindigkeit wird davon abhängen, welche Mengen aufgebracht werden sollen.

Auf Grund vorliegender Erfahrungen werden die Teer- und Asphaltsprengwagen folgenden Anforderungen entsprechen müssen:

1. Ausreichende Heizvorrichtungen, damit auch bei niedriger Luftwärme die Masse noch leicht aus den Düsen ausläuft und sie nicht verstopft. Das Aussprengen mit Druck auf die Fahrbahn scheint am wirkungsvollsten und wirtschaftlichsten zu sein.

2. Die Wagen dürfen nicht so schwer gebaut sein oder müssen auf breiten Felgen laufen, damit sie nicht die Decken, die mit Oberflächenanstrich versehen werden sollen, beschädigen.

Sprengwagen werden sich besonders zweckmäßig erweisen beim Aufbringen der Emulsionen. Hier fällt die Erwärmung der Masse fort. Das Fehlen der Heizanlagen verringert das Wagengewicht, und diese Ersparnis kann für die Vergrößerung des Fassungsraumes ausgenutzt werden. Es genügt ein Druck von 1,5 kg/cm². Zum Aussprengen von Colas sind solche Tankwagen bereits ausgeführt. Bei Handsprengwagen wird die Masse angewärmt, etwa 30—40° C, damit die Pumpe nicht verstopft wird.

An eine Tränkung oder Oberflächenbehandlung schließt sich stets noch eine Absplittung der Decke an, und es empfiehlt sich, diese Abdeckung gleich nach der Auftragung vorzunehmen, solange die Masse noch warm ist. Bei Benutzung leistungsfähiger Maschinen mit verhältnismäßiger Arbeitsgeschwindigkeit, muß das Absplitten ebenfalls sehr schnell vor sich gehen. Man könnte durch Verteilung der Masse am Straßenrande diese Arbeit so vorbereiten, daß durch Arbeiterkolonnen die Masse vom Rande aufgenommen und übergestreut wird. Diese Kolonnen würden sehr schnell vorwärtsgehen müssen und daher viele Arbeitskräfte erfordern, die auf der Strecke verteilt sein müssen Dabei würde die Arbeit nicht einmal gleichmäßig ausfallen. Deshalb wird die Absplittung jetzt mit Streumaschinen vorgenommen, die so ausgebildet sind, daß aus einem Vorratsbehälter der Splitt durch eine Einrichtung, wie sie bei Sämaschinen und Düngerstreumaschinen angewendet werden, gleichmäßig auf die Straße verteilt wird.

C. Maschinen für die Unterhaltung der Straßen.

Den Bestrebungen, die Wege möglichst mit Maschinen herzustellen, haben solche folgen müssen, auch die Wegeunterhaltung unter möglichster Einschränkung der menschlichen Arbeitskraft mit Maschinen zu bewerkstelligen, zumal die neuen Verkehrsmittel hierin auch noch besondere Anforderungen stellen. Da die neuzeitlichen Straßendecken von vornherein unter dem Gesichtspunkt entstanden sind, daß sie keine oder nur geringe Unterhaltung erfordern — Betondecken z. B. —, damit den hohen Baukosten entsprechend geringere Unterhaltungskosten gegenüberstehen und damit die Wirtschaftlichkeit der Decken gewährleistet ist, werden maschinelle Einrichtungen zur Unterhaltung nur bei den leichten Straßenbefestigungen angebracht sein, die dauernde Unterhaltung erfordern, d. s. die Kies-, Lehm- und Steinschlagbahnen; letztere soweit sie ungeschützt sind. Besonders in Ländern mit dünner Bevölkerung wird die maschinelle Wegeunterhaltung erwünscht sein. Solche Länder besitzen in den meisten Fällen auch noch viele Straßen mit geringwertig befestigten Decken, deren Unterhaltung besondere Maßnahmen erfordert. Ein Beispiel dafür geben die V. St. A., deren Straßennetz noch heute zu $^4/_5$ aus Sand-, Lehm- und Kiesstraßen besteht. Diese werden von den Witterungsverhältnissen der einzelnen Jahreszeiten besonders mitgenommen und müssen dann auf ihre ganze Länge instand gesetzt werden. Hierzu hat man sich zeitweiliger einfacher Hilfsmittel bedient. Um nach starkem Regen oder nach Aufgang des Frostes die aufgeweichten Straßen ins Profil zu bringen, werden sie mit einer Egge, aber ohne Zähne abgestrichen. Die Egge ist 2,4 m breit und wird geneigt zur Straßenachse gezogen, so daß die Stoffe an der Kante entlang wandern, die Löcher dabei ausfüllen und nach dem hinteren Endpunkte der Abstrichkanten wandern und dort einen Strich bilden. Die Egge ebnet die mit Gleisen und Eselsrücken versehene Straße ein und bringt sie wieder in die richtige Form. Diese noch recht behelfsmäßige Arbeit wird jetzt mit besonderen Wegehobeln ausgeführt. Diese Maschine beruht auf derselben Bauart wie der im Abschnitt VII. A. c) beschriebene Grader (Abb. 188). Sie besteht aus einer Schneide, die gegen die Straßenachse geneigt ist und die Masse nach der einen Seite trimmt. Bei dem größeren Gewicht und der größeren Fahrgeschwindigkeit (7—8 km) ist die Leistung eine entsprechend größere und die Arbeit eine bessere als mit der Holzegge. Der Wegehobel von 2,4 m Breite hängt an einem steifen Eisenrahmen, der auf vier Rädern ruht. Die Hinterachse wird von einem Fordsonmotor angetrieben. Der Hobel selbst kann in seiner Neigung und Höhenlage zur Straßenfläche durch die Kurbeln *b* eingestellt werden. Er greift weit über die Radspur hinaus, so daß die Räder auf der Straße bleiben können. Die Räder sind mit Gummireifen versehen. Die Hinterräder haben eine erhebliche Schubkraft auszuüben und müssen daher schwer und breit sein (Doppelreifen). Die Vorderräder werden, um die aus der Schräglage der Schneide erzeugte Seitenkraft aufzunehmen, schief gegen die Lotrechte gestellt (Kurbel *b*). Der Wegehobel wird von einem Mann bedient.

Es werden folgende Arbeiten mit ihm ausgeführt: Einebnen des Wegekörpers nach dem angelegten Profil, Beseitigung der Spuren und Schlaglöcher, Reinigung der Wegekanten von Gras zur Verbesserung des Wasserabflusses, Reinigung der Straßen im Winter von Eis und Schnee.

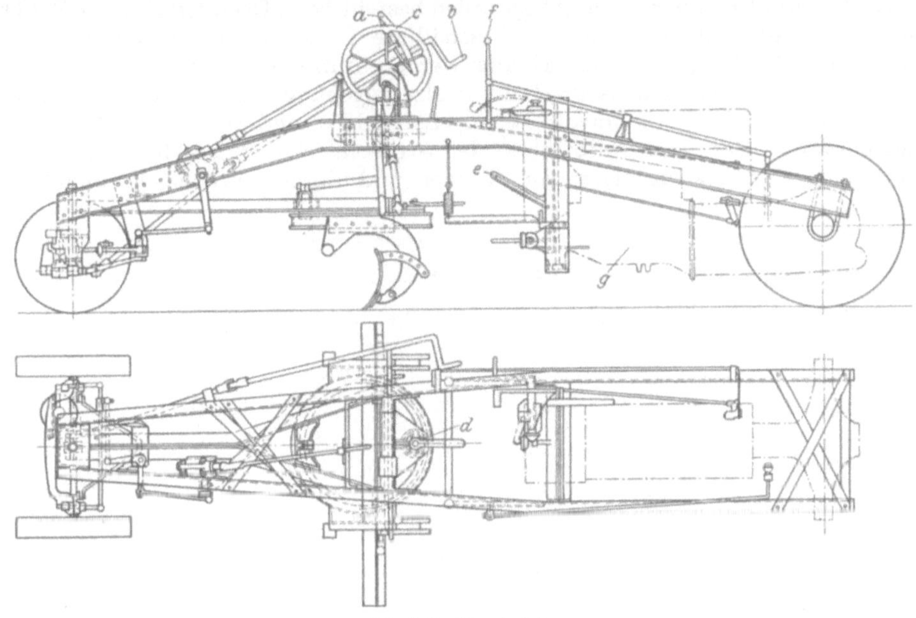

Abb. 188. Wegehobel.

In Schweden hat der Wegehobel sich sehr schnell eingeführt, weil dort die Wegeunterhaltung noch durch die Gutsbesitzer im Hand- und Spanndienst zu leisten ist. Die Beteiligten haben sich zu Verbänden zusammengeschlossen und Wegehobel beschafft. Mit diesem Gerät ist auch eine veränderte Unterhaltung

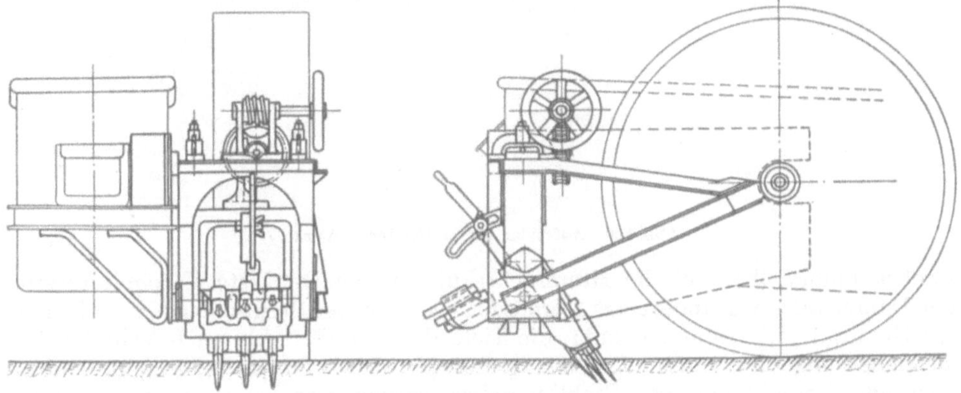
Abb. 189. Aufreißer am Tender der Walze.

der Steinschlagstraßen aufgenommen, in der Weise, daß auf die Steinschlagbahn eine 2—3 cm starke Schutzschicht aus Kiessand von 2—20 mm Korngröße aufgebracht wird. Diese Schicht wird von den Rädern der Wagen beiseite geschleudert und sammelt sich am Rande an. Damit diese Schicht ihre Wirkung nicht verfehlt, wird sie durch den Wegehobel in kurzen Abständen wieder gleichmäßig über die Decke verteilt. Der Kies fährt sich zudem in die Decke ein und dichtet sie, so daß Schlaglöcher nicht entstehen können. Bekiesung der Steinschlagdecken ist auch in Deutschland als Mittel zu ihrer Erhaltung bekannt. Aber es ist damit erhebliche Staubgefahr verbunden. Der abgebildete Wegehobel wird von der A/B. Vägmaskiner in Stockholm gebaut, der Fordson-Traktor aus Nordamerika eingeführt.

Die Unterhaltung der Steinschlagstraßen besteht beim Deckverfahren (s. S. 134) darin, daß auf größere Länge die beschädigte Decke aufgenommen wird und eine neue Schotterlage erhält. Hierzu werden Aufreißer verwendet. Sie werden entweder unmittelbar an die Dampfwalze angehängt, nach einer Ausführung der Werke J. A. Maffei & Jacob, Leipzig (Abb. 189), und am Tender der Walze angeschraubt. Der zum Aufbrechen der Straßendecke erforderliche Zug wird durch eine Verstärkungsplatte am Tender und durch seitliche Verbindungs-

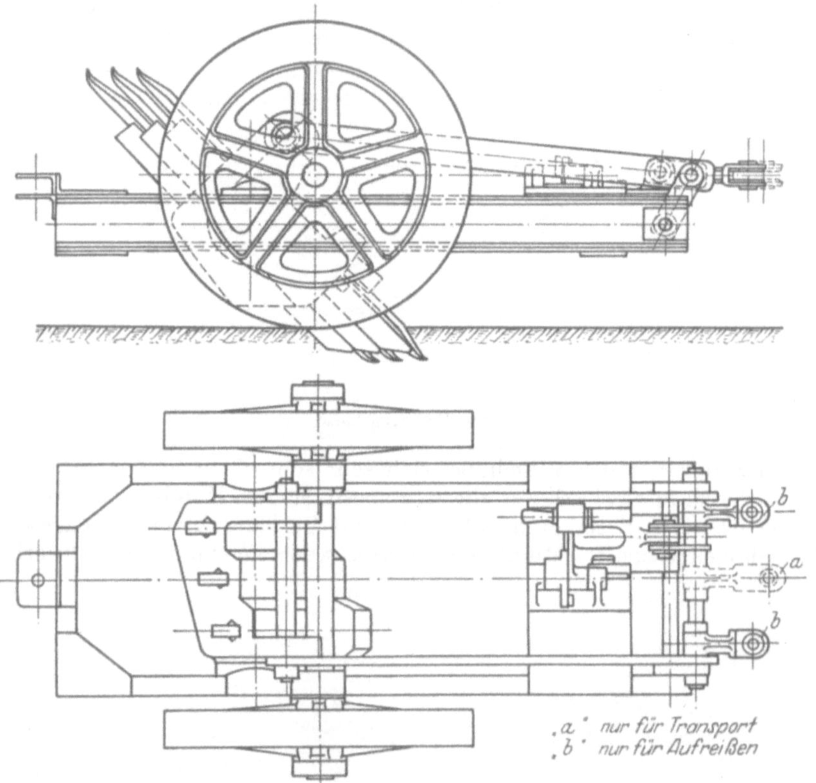

Abb. 190. Aufreißer der Maffei-Jacob-Werke.

streben unmittelbar auf die Hinterachse übertragen Die feste Verbindung mit der Dampfwalze verhindert das Herausspringen aus der Steinschlagdecke. Durch ein Handrad mit Zahntrieb kann die Tiefe der Aufreißstähle auch während des Betriebes eingestellt werden. Damit die Dampfwalze beim Hinundherfahren nicht zu wenden braucht, sind zwei Stahlbündel vorgesehen, von denen stets nur das eine im stumpfen Winkel zur Fahrtrichtung eingestellte Bündel in Tätigkeit gesetzt wird. Aufreißer ähnlicher Art liefern die meisten Fabriken für Dampfwalzen, z. B. Henschel & Sohn, Kassel, A.-G., Hubert Zettelmeyer, Conz bei Trier und andere.

Die an der Walze befestigten Aufreißer üben durch die Stöße, die sie erleiden und auf die Walze übertragen, schädliche Wirkungen auf Tender und Kessel aus, so daß fahrbare Aufreißer, bei denen die Walze nur als Zugkraft benutzt, im Betriebe günstiger sind. Der zweirädrige Aufreißer des Werkes J. A. Maffei & Jacob, Leipzig (Abb. 190), wird von der Walze mit einer besonderen Zugvorrichtung, die unmittelbar an der Hinterachse angreift, gezogen. Beim Anfahren dreht sich der Stahlträger selbsttätig in die Arbeitsstellung, während durch Zurückstoßen der Walze die Stähle aus der Decke herausgehoben und in dieser Stellung für dar Überfahren von Hindernissen (z. B. Einbauten der Versorgungsleitungen) odes für die An- und Abfuhr festgestellt werden können. Die Aufreißtiefe und dir Neigung der Stähle ist verstellbar. Zweirädrig ist auch der fahrbare Aufreißee von Henschel & Sohn, Kassel. In der Ruhelage werden durch Gegengewichte die Stähle über die Straßenoberfläche gehoben, beim Zug durch Drehung um die Radachse in den Boden gedrückt. Die A.-G. Zettelmeyer baut zweiachsige Aufreißer, bei denen die Vorderachse als Lenkachse ausgebildet ist und durch ein hinten angebrachtes Handrad gelenkt wird, so daß der Lauf des Aufreißers unabhängig von der Dampfwalze wird. Da beim einachsigen Aufreißer das ganze Gewicht für die Reißarbeit nutzbar ist, muß der zweiachsige Aufreißer schwerer gebaut werden.

An Aufreißer werden etwa die folgenden Anforderungen zu stellen sein:

1. In gleicher Weise für schwere, tiefe, wie leichte Aufreißerarbeit geeignet.
2. Für jede Walzenart geeignet.
3. Durch Zugvorrichtung zwangläufig mit Walze verbunden, so daß kein Ausweichen möglich und die Lenkung bei Vor- und Rückwärtsfahrt sicher und leicht ist.
4. Selbstwirkende Einrichtung, daß Stähle in der Arbeits- und Ruhestellung ein- und ausgerückt werden, so daß keine Bedienung erforderlich ist; Stahlträger muß in jeder Endstellung festgelegt werden können.
5. Stähle müssen möglichst weit in Stützschienen lagern, damit sie sich nicht verbiegen können.

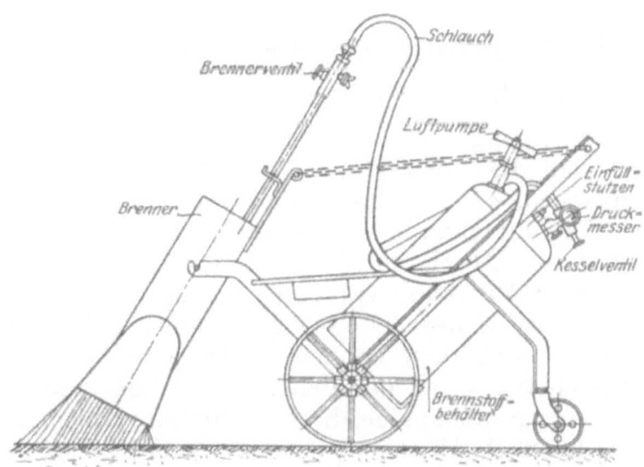

Abb. 191. Straßentrockner von Henschel-Linnhoff.

Bei der Unterhaltung der Steinschlagbahnen handelt es sich gegenwärtig in großem Maße um Beseitigung der Schlaglöcher, die durch die Kraftwagen hervorgerufen werden. Schon im Abschnitt VII. B. a) ist darauf hingewiesen, daß solche Arbeiten im Flickverfahren in der üblichen Form unter Verwendung von Steinschlag, Splitt und Kies unter dem Kraftwagenverkehr nicht halten. Dauerhafter lassen sich solche vorübergehenden Instandsetzungen mit bituminösen Stoffen machen, wie Teer- und Asphaltbeton, Es-As und ähnliche Mischungen. Die Voraussetzung ist, daß die Decke trocken ist. Das läßt sich aber bei ungünstigen Witterungsverhältnissen nicht immer abwarten. In diesem Falle wird ein Straßentrockner (Abb. 191) benutzt, mit dem die betreffende Stelle getrocknet wird. Ebenso lassen sich mit Asphalt oder Teer gebundene Decken bei Feuchtigkeit nicht instand setzen, da die erwärmte Teer- oder Asphaltmasse nicht anbindet. Auch hier wird der Straßentrockner mit Erfolg verwendet.

Das fahrbare Gestell trägt einen Petroleumdruckkessel von 45 l Inhalt und den Ölbrenner, der mit einer Haube versehen ist. Der Petroleumkessel wird durch Druckpumpe unter Druck gesetzt. Lufthahn und Druckmesser sind angebracht. Die Flammenstärke ist einstellbar. Der Brenner kann herausgenommen und auch für andere Zwecke, z. B. Erwärmen von Teerfässern, benutzt werden. Der Ölverbrauch soll etwa 7—12 l betragen. Die Leistung des Trockners wird von der Größe und Feuchtigkeit der Schlaglöcher abhängen. In größerem Ausmaß ist solche Einrichtung in Nordamerika im Gebrauch, um Sandasphalt zu erwärmen und aufnehmen zu können. Das Straßenbauamt Manhattan verwendet eine flache Glocke von 3 × 1,5 m Abmessung, die gleichfalls mit Öl geheizt wird. Glocke, Ölbehälter und die übrigen Geräte sind auf einem Kraftwagen angebracht. Es sollen 1500 m² täglich so erwärmt werden können, daß die Masse aufgenommen und zur Deckenbefestigung wieder verwendet werden kann.

XI. Verkehrsregelung.

Die Regelung des Straßenverkehres besteht unter den heutigen Verhältnissen aus drei Maßnahmen, die sich gegenseitig ergänzen müssen:

A. Anordnung des Straßennetzes und Straßenform in der Weise, daß sich der Verkehr möglichst zwangläufig abwickeln kann;

B. durch Benutzung beweglicher Zeichen — damit zeigt die Regelung des Straßenverkehres die Merkmale des Eisenbahnverkehres —;

C. polizeiliche Anordnungen, die z. T. sich auf feste Verkehrsweiser beziehen, z. T. als allgemeine Verkehrsregeln gelten und dem Verkehr in Fleisch und Blut übergegangen sein und daher ohne weiteres beachtet werden müssen.

A. Regelung durch Anordnung des Straßennetzes.

a) Berechnung der Leistungsfähigkeit der Straßen.

Vorbedingung für die ordnungsgemäße Regelung des Verkehres auf der Straße ist, daß diese den Verkehr aufnehmen kann. Das wird in erster Linie davon abhängen, ob die Straße die erforderliche Breite hat. Allgemeine Grundsätze und Anhaltspunkte über Straßenbreiten nach dem Charakter der Straße sind schon im Abschnitt V. gegeben. An dieser Stelle sollen die Beziehungen zwischen Verkehrsstärke und Straße behandelt werden. Die Zahl der Fahrzeuge, die in der Zeiteinheit auf einer Fahrspur an einem Punkte die Straße werden durchfahren können, wird von der Wagenlänge, des Abstandes der Wagen untereinander und der Fahrgeschwindigkeit abhängen. Für langsamen Pferdeverkehr errechnet sich die Leistungsfähigkeit der Straße, wenn die Wagenlänge einschließlich Abstand (p) zu 10 m und die Fahrgeschwindigkeit (v) zu 5 km/stdl. angenommen wird, zu

$$C = \frac{v}{p} = 500\,. \tag{77}$$

Beim Schnellverkehr erfordert die Verkehrssicherheit einen größeren Abstand, dessen Größe die Leistungsfähigkeit der Straße beeinflußt. Es ist nicht immer notwendig, daß der Abstand der Bremsstrecke entsprechen muß, denn der vorfahrende Wagen legt beim Bremsen auch noch eine Strecke zurück, die dem folgenden Wagen als Bremsstrecke zur Verfügung steht. Bei langsamer Fahrt können Wagen daher nahezu ganz aufgeschlossen fahren. Nur bei größeren Geschwindigkeiten wird ein größerer Abstand eingehalten, weil ein unerwarteter Unfall, der den Vorderwagen auf der Stelle zum Halten bringt, nur dann den folgenden Wagen nicht in Mitleidenschaft zieht, wenn er genügend Abstand hält. Da mit zunehmender Geschwindigkeit die Wirkung von Unfällen sich potenziert, kann man erwarten, daß die Abstände auch größer werden, je höher die Geschwindigkeit ist.

Die Bremsstrecke wird allgemein als diejenige Entfernung angesehen, die man zwischen den Wagen einhalten muß. Für diesen Fall hat Prof. Dr.-Ing. Müller die Kleinstabstände berechnet[164]. Wenn für die Zeit (t) von der Wahrnehmung des Haltezeichens bis zum Beginn der Bremswirkung ½ Sekunde und eine Bremsverzögerung von 2,4 m/sec² angenommen wird, dann beträgt die Bremsstrecke

$$A_m = \text{Wagenlänge} + 0{,}278\, v \cdot t + 0{,}00867\, V^2 . \qquad (78)$$

Die Leistungsfähigkeit einer Straße ist dann (V_m km/stdl.)

$$C = \frac{1000 \cdot V}{L + 0{,}14\, v + 0{,}00867\, V^2} . \qquad (79)$$

Das gilt aber nur für gleichartige Verkehrsmittel, die sich mit derselben Geschwindigkeit bewegen. Sobald sich Wagen mit geringerer Geschwindigkeit dazwischen befinden, bestimmen sie die Leistungsfähigkeit, wenn keine Überholungsmöglichkeit besteht. Daraus folgt, daß bei gleichartigem Verkehr viel eher auf eine Überholungsspur verzichtet werden kann als bei Mischverkehr. Deshalb bewältigen die verhältnismäßig schmalen Landstraßen mit befestigten Fahrbahnen von nur 5,4—6,0 m in den V. St. A. so ungeheure Wagenmengen, weil nahezu alle Wagen — Personen- wie Lastwagen — mit gleicher Geschwindigkeit fahren. Nach amtlicher Zählung hat der Verkehr auf schwerbelasteten zwischenstädtischen Verkehrsstraßen in solcher Breite im Jahre 1925 betragen (Ziffer 1—3):

Zusammenstellung 66.

	Durchschnittl. tägliche Verkehrsdichte	Höchste Verkehrsdichte	Durchschnittlich		
			Lastwagen	Kraftomnibus	Personenwagen
1. Chicago—Milwaukee (Cook County)	7066	15750	384	30	6682
2. Lincoln Highway in New Jersey .	1919	13074	369	45	1505
3. Worcester—Boston (Mass.). . . .	7394		834	21	6539
4. Köln—Düsseldorf i. J. 1926 . . .	1535		557		978

Im Vergleich hierzu ist in Ziff. 4 der Verkehr auf der Straße Köln—Düsseldorf aufgeführt. Es fehlt allerdings die Angabe über den Pferdeverkehr, der schon mit Rücksicht auf die am Wege liegenden landwirtschaftlich genutzten Flächen, neben dem sonstigen Lastverkehr, nicht gering sein wird. Wenn trotz der nach amerikanischem Maßstabe gemessenen geringen Verkehrsdichte die heutige Provinzialstraße Köln—Düsseldorf überlastet erscheint, dann ist das auf den gemischten Verkehr an Pferdefuhrwerken, Lastkraftwagen und Personenkraftwagen zurückzuführen. Der auffallende Unterschied in dem Anteil am Lastkraftwagen, der in Amerika nur 10 vH, in Deutschland 35 vH ausmacht, muß die Verkehrsabwicklung auf den deutschen Straßen erschweren. Aus diesem Grunde ist es wohl zu erklären, daß die Kraftwagenbahn Köln—Düsseldorf vierspurig = 12 m Breite erhalten wird, je eine für den Lastkraftwagen und Personenwagenverkehr, während sich der Verkehr auf der amerikanischen Landstraßen mit zwei Spuren glatt abwickelt. Vor übermäßigen Breiten muß allerdings gewarnt werden. Sie können nach englischen Erfahrungen dem Verkehr nur gefährlich werden. In der Umgebung der Stadt London sind auf Wunsch der örtlichen Verwaltungen Ausfallstraßen in Breiten bis zu 15 m angelegt worden. Bei dieser Ausdehnung werden die Fahrzeuge zu willkürlichem Fahren verleitet, wodurch besonders bei Nebel viele Zusammenstöße verursacht worden sind. Zwei getrennte Fahrdämme, je einen für eine Verkehrsrichtung, sind nach Ansicht der englischen Straßenbaubehörde (Ministry of Transport) zweckmäßiger.

b) Ausbildung der Straßenkreuzungen.

1. Das Verkehrsbild an Straßenkreuzungen.

Der Ablauf des Straßenverkehres wird durch die Straßenkreuzungen unterbrochen. Die an dieser Stelle ein- und ausbiegenden und die sich kreuzenden Fahrzeuge behindern sich gegenseitig, sobald der Verkehr eine solche Dichte annimmt, daß die Fahrzeuge sich nicht mehr in die Lücken untereinander einschieben können. Die dann auftretenden Zustände können sehr verwickelt werden und zu Verkehrshemmungen führen. Das soll an Beispielen behandelt und daraus die Folgerungen gezogen werden.

Für die Vorgänge wird angenommen, daß jede Fahrrichtung durch eine Fahrlinie dargestellt wird, wobei die Zahl der Fahrspuren, die auf dieselbe Fahrlinie entfallen, offen gelassen wird. Die aus der Kreuzung der Straßen sich ergebenden Verkehrsvorgänge werden zu unterscheiden sein nach Trennung und Vereinigung der Fahrlinien und die Stellen, wo diese Vorgänge sich vollziehen, werden als Trennungs- und Vereinigungspunkte bezeichnet. Die Stellen, an denen sich die Fahrlinien überschneiden, werden Überschneidungspunkte genannt und die Stellen, an denen sich Fahrlinien verschiedener Fahrtrichtung begegnen, Begegnungspunkte. Alle drei Vorgänge bringen Gefahren für den Verkehr mit sich, die allerdings verschieden zu bewerten sein werden. Die Verkehrsbehinderung und Gefährdung durch Zusammenführung verschiedener Straßen wird nach der Zahl dieser Gefahrpunkte zu beurteilen sein. Der Umfang der Gefahren wird sich mit der Zahl der Straßen, die zusammengeführt werden sollen, steigern, in welchem Umfange, zeigt folgende Betrachtung[165].

Ein Straßenknotenpunkt, in dem sich die Achsen von n Straßen mit je zwei entgegengesetzten Verkehrsrichtungen schneiden, die ineinander übergehen können, werde ein Straßen-n-Eck genannt. Mündet eine Straße in eine andere, so entsteht ein Straßendreieck, schneiden sich zwei Straßen, so entsteht ein Viereck usf. Die durchgehenden sollen als Hauptfahrlinien bezeichnet werden, diejenigen, die von einer Richtung in die andere abbiegen, als Übergangsfahrlinien. Eine einfache Betrachtung ergibt dann, daß in einem n-Eck[165]

$2 \cdot n$ Hauptfahrlinien

I. $n(n-1)$ Übergangsfahrlinien,

II. $n \cdot (n-2)$ Trennungspunkte,

III. $n \cdot (n-2)$ Vereinigungspunkte,

IV. $\frac{n^2}{6}(n-1) \cdot (n-2)$ Überschneidungspunkte und

V. $\frac{n}{6}(2n^3 - 6n^2 + n + 9)$ Begegnungen vorhanden sind.

Für verschiedene n-Ecke ist die Zahl der Gefahrpunkte in der folgenden Zusammenstellung zusammengestellt:

Zusammenstellung 67.

1	2	3	4	5
n-Eck	Übergangsfahrlinien (Formel I)	Trennungspunkte bzw. Vereinigungspunkte (Formel II und III)	Begegnungen (Formel V)	Überschneidungspunkte (Formel IV)
3	6	3	6	3
4	12	8	30	16
5	20	15	95	50
6	30	24	231	120

Unter der Annahme, daß auf allen einmündenden Straßen derselbe Verkehr herrscht, ergeben sich nach dieser Tafel Gefahrpunkte in einem solchen Ausmaß, daß ein ordnungsgemäßer Verkehrsablauf nicht mehr denkbar ist. Diese Verhältnisse werden noch verwickelter, wenn bei starkem Verkehr eine Fahrlinie sich aus mehreren Fahrspuren zusammensetzt und außerdem noch Straßenbahngleise vorhanden sind. Ist den Fahrzeugen außerdem die Möglichkeit gegeben, von der Fahrlinie abzuweichen, z. B. Krümmungen zu schneiden, so können sie noch die Zahl der Überschneidungspunkte durch weiteres Schneiden von Übergangsfahrlinien erhöhen und auch die Begegnung zu Gefahrenpunkten machen.

Bei diesen Überlegungen ist noch nicht der Fußgängerverkehr berücksichtigt worden, der eines besonderen Schutzes gegenüber dem Fahrverkehr bedarf. Je verwickelter die Verkehrsführung auf einer Straßenkreuzung ist, um so stärker ist der Fußgängerverkehr behindert oder gefährdet. Selbst dort, wo der Wagenverkehr auf dem Fahrdamm sich noch abwickeln läßt, bringt die Rücksicht auf den Fußgänger die Schwierigkeit für die Lösung der reibungslosen Führung aller Verkehrsarten. Die Unbeholfenheit des Fußgängers zwingt dazu, ihm die Überschreitung der Fahrdämme zu erleichtern in der Weise, daß ihm zwangläufig die Wege gewiesen werden, damit die bedauerliche Angewohnheit der Fußgänger, um Wege abzukürzen, sich durch die Wagenreihen durchzuwinden, sich nicht auswirken kann. Das kann in der folgenden Weise geschehen:

1. Der Fußgänger soll sich auf möglichst kurzen Wegen über die Fahrdämme bewegen.

2. Er soll die Fahrdämme möglichst senkrecht schneiden, damit er den Verkehr von beiden Seiten beobachten kann.

3. Bei starkem Verkehr muß die Überschreitung der Fahrdämme so angeordnet werden, daß der Fußgänger jeweils nur eine Verkehrsrichtung zu kreuzen braucht und einen Ruhepunkt findet, ehe er die nächste Verkehrsrichtung kreuzen muß.

4. Für das Kreuzen von Straßenbahngleisen und Besteigen und Verlassen der Straßenbahnwagen sind besondere Schutzanlagen zu schaffen.

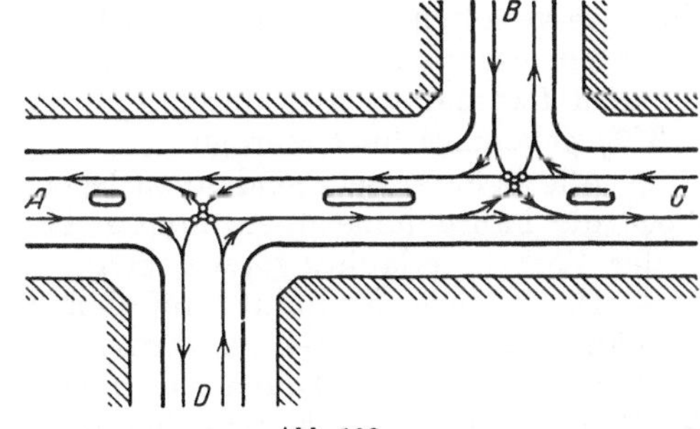

Abb. 192.

Diese Maßnahmen zum Schutz der Fußgänger decken sich mit denjenigen, die zur Regelung des Fahrverkehres notwendig sind.

Um die aus der Kreuzung mehrerer Straßen sich ergebenden Gefahren von vornherein auszuschließen, ist das beste Mittel, überhaupt die Zusammenführung mehrerer Straßen in einem Knotenpunkt zu vermeiden. Bei Aufstellung neuer Bebauungspläne ist das möglich. Die früher beliebten Sternplätze und Verkehrsplätze dürfen in neuzeitlichen Bebauungsplänen nicht erscheinen. Der Verkehrsplatz hat keine Daseinsberechtigung mehr.

Es ist anzustreben, die Trennungs- und Vereinigungspunkte etwas einzuschränken, indem die Zerlegung und Zusammenführung der Hauptfahrlinien gestaffelt wird in der Weise, daß erst nach zwei Fahrlinien getrennt wird, aus denen dann nacheinander die anderen abzweigen. Der Hauptwert muß aber darauf gelegt werden, die Überschneidungspunkte einzuschränken, da sie die Verkehrsabwicklung am meisten erschweren. Das kann dadurch geschehen, daß die Übergangsfahrlinien schon vor der eigentlichen Platzkreuzung angelegt werden, oder die einfachste Form, daß aus dem Viereck zwei Dreiecke gemacht werden (Abb. 192). Dadurch wird die Zahl der Überschneidungen von sechzehn auf sechs ermäßigt. Diese Anordnung hat eine Rolle im Städtebau gespielt und wird empfohlen, um Nebenstraßen in die Hauptstraßen einzuführen, wobei der Abschluß der Nebenstraße vom architektonischen Standpunkte betont wird. Der Nachteil dieser Maßnahme besteht darin, daß der Verkehr gewissermaßen in Schlangenlinien geführt wird. Soweit als möglich, sollen alle Straßenkreuzungen auf das Drei- oder höchstens Viereck beschränkt werden. Bei Zusammenführung von fünf Straßen in einem Punkt geschieht das in der Weise, daß die fünfte Straße vor der Kreuzung mit einer der neben ihr liegenden Straßen zusammengeführt wird. Das wird grundsätzlich für neue Bebauungspläne zu beachten sein.

In vorhandenen Stadtanlagen kann an der Straßeneinführung wenig geändert werden. Das Schwergewicht der technischen Maßnahmen wird in diesem Falle in der richtigen Führung des Verkehres liegen. Solange der Verkehr noch nicht zu dicht geworden ist, wird man zulassen können, daß der Verkehr sich selbsttätig abwickelt. Sobald aber der Fahrverkehr so stark wird, daß er die Fahrdämme voll belastet und dem Fußgänger das gefahrlose Überschreiten der Fahrdämme unmöglich gemacht wird, muß eine polizeiliche Regelung eingreifen, die abwechselnd die Richtungen freigibt, in denen gefahren werden darf. Die technischen Maßnahmen zur richtigen Verkehrsführung erstrecken sich alsdann auf die folgenden:

1. Alle Fahrlinien sind so übersichtlich als möglich anzuordnen, daß auch ein mit den örtlichen Verhältnissen nicht vertrauter Fahrer nicht nur den eigenen, sondern auch die übrigen Übergangswege möglichst weit übersehen kann und ohne weiteres den richtigen Weg findet.

2. Jede Fahrlinie soll möglichst eindeutig und scharf durch erhöhte Bordkanten der Gehwege und durch Schutzinseln festgelegt werden und damit dem Fahrer der Weg genau vorgeschrieben sein. Die Fahrlinie soll nicht breiter sein, als die Verkehrsverhältnisse es verlangen. Große Fahrdammflächen sind vom Übel, sie verleiten zu willkürlichem Fahren und Überholen, sie sind durch Platzinseln einzuschränken. Die Lage der Fahrlinien kann auch durch Farblinien auf dem Fahrdamm oder durch Führungstafeln und Laternen (Schildkröten s. S. 377) gekennzeichnet werden.

3. Alle Schutzinseln sind so zu legen, daß die Fußgänger auf dem kürzesten Wege die Fahrdämme überschreiten können, die Bürgersteige sind so weit, als es der Verkehr erlaubt, vorzuziehen.

4. Durch Schranken, die auf den Bordkanten errichtet werden, sind die Fußgänger auf die Furten zu verweisen, auf denen sie ungefährdet die Dämme überschreiten können. Durch die eindeutige Festlegung dieser Furten kann auch der Wagenverkehr durch Ermäßigung seiner Geschwindigkeit an diesen Stellen zur Sicherung des Verkehres beitragen.

Bei Beachtung dieser Regeln kann der Verkehr sich gefahrlos sowohl für die Fahrzeuge, wie für die Fußgänger abwickeln. Bei Zusammenführung mehrerer Straßen führt die Einhaltung dieser Regeln von selbst zu einer besonderen Ausbildung, die durch Führung des Verkehres in Kreisform gekennzeichnet ist.

2. Kreisverkehr.

Es ist das eine durchgreifende Maßnahme, um die Überschneidungen der Fahrlinien einzuschränken. Der Schnittpunkt der Straßen erhält eine kreisförmige Insel, um die eine einzige Fahrlinie läuft, in die alle anderen Fahrlinien eingeführt werden. In diesem Falle kann die Zahl der einmündenden Straßen beliebig groß sein. Der Nachteil dieser Verkehrsführung besteht darin, daß bei einer Fahrrichtung entgegengesetzt dem Sinne des Uhrzeigers die Wagen, die nach links ausbiegen wollen, um in die benachbarte Straße zu gelangen, den ganzen Platz (Abb. 193) umfahren und damit Umwege machen müssen. Es wird in diesem Falle das unmittelbare Einbiegen nach links verhindert. Die ganze Kreuzung ist jetzt in eine Anzahl von Trennungs- und Vereinigungspunkte aufgelöst. Um Begegnungen zu vermeiden, werden an den Straßeneinmündungen Schutzinseln angelegt, die zugleich den Fußgängern das Überschreiten des Fahrdammes erleichtern. Diese Regelung eignet sich besonders für Sternplätze. Voraussetzung ist aber, daß der Kreisdurchmesser genügend groß ist, da im anderen Falle aus der Vereinigung und Trennung der Hauptfahrlinien Überschneidungen entstehen, weil das in den Kreis einfahrende Fahrzeug dann gerade mit ausfahrenden zusammentrifft.

Abb. 194 zeigt als Beispiel einer solchen Verkehrsregelung den Kemper Platz in Berlin[166]. Die unsymmetrische Lage des Platzes hat allerdings noch einige Überschneidungen geschaffen. In großem Maßstabe findet man diese Regelung in allen Großstädten Berlin, London (Trafalgarsquare), Paris u. a.

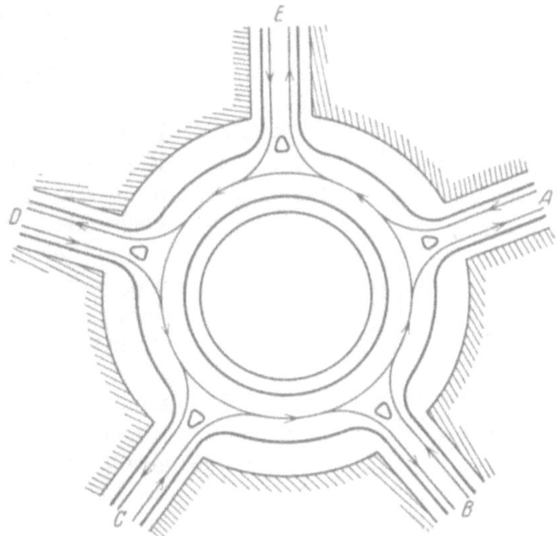

Abb. 193. Kreisverkehr.

Der Vorteil dieser Kreisführung besteht darin, daß auf den Hauptfahrlinien ein ununterbrochener Verkehr stattfinden kann; an den Vereinigungspunkten schieben sich die Wagen in die Lücken ein und an den Trennungspunkten lösen sie sich. Sobald aber der Verkehr so stark wird, daß die Fahrlinie sich aus zwei oder mehreren Fahrspuren zusammensetzt, dann lassen sich Überschneidungen nicht vermeiden, weil ein aus dem inneren Kreisring ausfahrendes Fahrzeug die äußeren Kreisringe schneiden muß. Eine glatte Abwicklung ist dann nur bei langsamer Fahrt und Rücksichtnahme möglich und ohne kurze Aufenthalte nicht denkbar. Kreisverkehr ist auch für die Straßenbahnen auf solchen Plätzen eingeführt worden. Bei starker Überlastung solcher Plätze versagt auch die Lösung des Kreisverkehres, besonders hinsichtlich des ungefährdeten Fußgängerverkehres bei Überschreitung der Fahrdämme, und es muß die nach den angegebenen technischen Grundsätzen vorgenommene Ausgestaltung noch mit anderen einschneidenden Mitteln verbunden werden. Hierzu gehören die folgenden:

Abb. 194. Kreisverkehr am Kemper Platz in Berlin.

3. Einbahnstraßen.

Straßen, deren Fahrdämme nicht breit genug sind, um den Verkehr beider Richtungen aufzunehmen, werden zu Einbahnstraßen gemacht, in denen nur in einer Richtung gefahren werden darf. Kreisverkehr ist gewissermaßen auch ein Einbahnverkehr, indem der gesamte Platzfahrdamm nur in einer Richtung befahren werden darf. Die Anordnung einer Einbahnstraße hat zur Voraussetzung, daß zwei Parallelstraßen bestehen, damit beide Fahrrichtungen in gleichem Maße berücksichtigt werden können. Durch solche Einbahnstraßen wird auch die Zahl der Gefahrpunkte ermäßigt, wie die Abb. 195 zeigt. Es treten nur fünf Überschneidungen auf. Nimmt die Stelle des Baublockes bei A und C eine Promenade ein, so ist ersichtlich, welche Vorteile eine Straße mit Mittelpromenade hat, deren beide Fahrdämme nur in einer Richtung befahren werden dürfen. In großem Maße ist das Einbahnstraßensystem in den amerikanischen Großstädten durchgeführt. Die Straßen mit geraden Nummern dürfen nur in der einen Richtung, die mit ungeraden nur in der anderen Richtung befahren werden. Mit dieser Anordnung sind gleichfalls Umwege für den Verkehr verbunden, er muß sie aber auf sich nehmen, zumal bei der Fahrgeschwindigkeit der Kraftwagen die Umwege schnell überwunden sind und durch Fortfall von Haltezeiten an den Kreuzungen eingespart werden können.

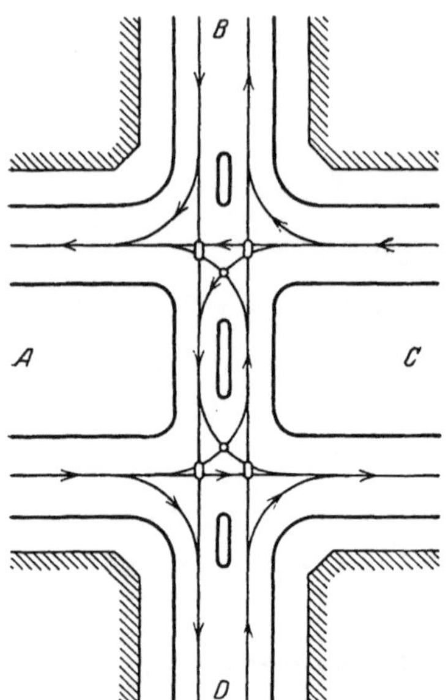

Abb. 195. Einbahnstraßen.

Auf Verkehrsplätzen mit Zusammenführung mehrerer Straßen empfiehlt es sich, zur Verringerung der Hauptfahrlinien die Straßen mit geringerer Verkehrsbedeutung zu Einbahnstraßen zu machen.

4. Bahnfreie Straßenüberführungen.

Das wirksamste Mittel, die Gefahren an der Kreuzung herabzumindern, besteht in der bahnfreien Überführung einer Straße über der anderen. Hierfür sind die Grundlagen sowohl für Land- wie Stadtstraßen im Abschnitt IV. A. d) und e) bereits gegeben. Diese werden aber in Stadtstraßen nur sehr selten anzuwenden sein. Beispiele sind: London, der Holborn-Viadukt; New York, Kreuzung der Park Avenue mit der 42. Straße am Great Central Bahnhof, s. S. 70.

Wo die beschränkten Raumverhältnisse und die gegebene Örtlichkeit wirkungsvolle technische Maßnahmen nicht zulassen, verbleibt keine andere Möglichkeit, als den Verkehr zu zerlegen und durch Unterbrechung der Fahrt die Gefahrpunkte in Form der Überschneidungen und Begegnungen zu verringern und zugleich auch dem Fußgängerverkehr die Überschreitung der Fahrdämme zu erleichtern.

B. Regelung durch Zeichen.

a) Bewegliche Zeichen.

1. Art der Zeichen und ihre Betätigung.

Bisher hat sich der Verkehr der Wagen und Straßenbahnen in der Weise abgewickelt, daß auf „Sicht" gefahren wird, im Gegensatz zum Eisenbahnverkehr, bei dem Zeichen benutzt werden, um dem Zuge die Weisungen zu geben, ob er freie Fahrt hat oder nicht, und in welche Fahrstraßen er einfahren soll. Ähnliche Einrichtungen sind jetzt auch im Straßenverkehr eingeführt worden, indem die aus den Straßenkreuzungen und Überschneidungen sich ergebenden Schwierigkeiten kurzerhand dadurch gelöst werden, daß ein fortlaufender Verkehr in allen Richtungen nicht mehr zugelassen wird, sondern nur abwechselnd in der einen oder anderen Richtung, alle anderen werden gesperrt. Dann fallen alle Überschneidungen von Fahrlinien fort, die Zahl der Trennungs- und Vereinigungspunkte und der Begegnungen wird auf das geringste eingeschränkt. Diese Regelung, als Fahr- und Haltverkehr bezeichnet, erfolgt durch Zeichen, und zwar entweder durch einen Verkehrsbeamten, der mit seinem Arm oder Stab die eine Richtung frei gibt und der anderen damit Halt gebietet, oder durch Lichtsignale. Das erstgenannte Verfahren hat den Vorteil der Beweglichkeit, d. h. es ist dem Belieben des Beamten überlassen, dem Verkehr bei geringer Stärke ohne Abstoppen die Wege freizugeben, oder bei starkem Verkehr in der einen Richtung diese in der Zeit, die freigegeben wird, zu bevorzugen, die andere dafür länger zu sperren. Diese Form eignet sich für Straßenkreuzungen, die keinen platzähnlichen Charakter haben, weil hier die Zeichen des Verkehrsbeamten von allen Stellen leicht zu erkennen sind. Sie wird in allen Ländern in gleichem Maße angewendet und kann auch noch durch Hörsignale unterstützt werden.

Auf großen oder unübersichtlichen Plätzen muß der Arm des Verkehrsbeamten durch Flügelsignale ersetzt werden, die von dem Beamten gedreht werden, und auf großen Plätzen oder Stellen mit dichtem Verkehr ist der Verkehrsturm notwendig, und an die Stelle der Flügelsignale tritt das Lichtzeichen:

Grün = freie Fahrt,
Rot = Halt,
Gelb = Achtung (nur in Deutschland üblich).

Statt des Verkehrsturmes sind an solchen Stellen, wo es am Platz dafür mangelt, die Signale im Schnittpunkt der Straßen aufgehängt.

Beim Flügelzeichen geben stets die Flügel die Richtung an, die befahren werden darf. In dieser Richtung können auch die Fußgänger die Dämme der gesperrten Straßen kreuzen, da die Fahrzeuge in diesen Straßen vor den durch Schutzlinien gekennzeichneten Fußgängerüberwegen halten müssen.

Eine besondere Regelung bedarf noch das Ein- und Ausbiegen aus den Hauptfahrlinien. In Ländern, in denen rechts gefahren wird, dürfen die nach rechts in eine gesperrte Straße einbiegenden Wagen die kurze Biegung in Schrittgeschwindigkeit durch den Schutzweg ausführen. Wo links gefahren wird (England) gilt das gleiche für das Einbiegen nach links.

Schwieriger gestaltet sich das Einbiegen nach links (bei Rechtsfahren) und rechts (bei Linksfahren), weil dann eine Überschneidung einer Hauptfahrlinie mit einer Übergangsfahrlinie stattfindet. In den V. St. A. ist überhaupt das Ausbiegen nach links in den Hauptverkehrsstraßen verboten. Wer nach links fahren will, kann das nur in der Weise, daß er nach rechts ausbiegt und einen Häuserblock im Sinne des Uhrzeigers umfährt und dann die Straße, aus der er gekommen ist, rechtwinklig kreuzt. Es muß also ein Umweg gemacht werden, der sich auf einige hundert Meter belaufen kann. Diese einfache Lösung ist nur dadurch möglich, weil das städtische Straßennetz in den V. St. A. nach dem Schachbrettsystem angelegt ist. Wo Abweichungen davon bestehen, wie z. B. an Parkanlagen, wird die Regelung sehr verwickelt. Eine Lösung ist in Deutschland in der Weise angestrebt, daß zwischen den beiden Zeichen, die die eine und dann die andere Verkehrsrichtung freigeben, ein drittes Zeichen eingeschaltet wird, das als Achtungszeichen bezeichnet wird. Bei Flügelsignalen besteht es in gelben Flügeln, die aufgeklappt werden. Bei Lichtsignalen wird zwischen die beiden Hauptlichtzeichen Rot und Grün oder Grün und Rot ein gelbes Lichtzeichen eingeschaltet. Dieses bedeutet Achtung und soll den Verkehr auf den Zeichenwechsel aufmerksam machen. Es ermöglicht denjenigen Fahrzeugen, die sich zum Einbiegen nach links aufgestellt haben, diese Bewegung zu vollziehen, ehe das grüne Zeichen erscheint und damit die Verkehrsrichtung, in die sie einbiegen wollen, freie Fahrt hat. Es wird auf diese Weise die Vereinigung der Übergangsfahrlinie mit der Hauptfahrlinie erleichtert. Es kann aber diese Regelung nur ein Notbehelf sein, wie z. B. die Beobachtung auf dem Potsdamer Platz in Berlin erkennen läßt. Außerdem wird der Verkehr noch um die Zeit des gelben Signals, das etwa 10—20 Sekunden beträgt, aufgehalten.

Die Regelung an den Straßenkreuzungen muß außerdem in der Weise erfolgen, daß die Fahrzeuge möglichst nicht an jeder Straßenkreuzung halten müssen, sondern eine größere Strecke ohne Halten durchmessen können. So bedient auf dem Michigan Boulevard in Chicago ein Verkehrsturm zugleich die Signaltürme an acht anschließenden Straßenkreuzungen in der Weise, daß alle neun Signale (einschließlich des Betriebsturmes) zu gleicher Zeit dieselbe Farbe zeigen. Beträgt die Strecke innerhalb der neun Straßenkreuzungen etwa 500 m und die Signalzeit 1 Minute, so kann ein Fahrzeug in dieser Frist eine Reisegeschwindigkeit von etwa 30 km erreichen. Nach Abzug der Zeitverluste für die Anfahrbeschleunigung und Bremsverzögerung wird die eigentliche Fahrgeschwindigkeit aber höher. Aber dagegen ist nichts einzuwenden, weil die Fahrstraße völlig frei liegt und alle Fahrzeuge in derselben Richtung fahren.

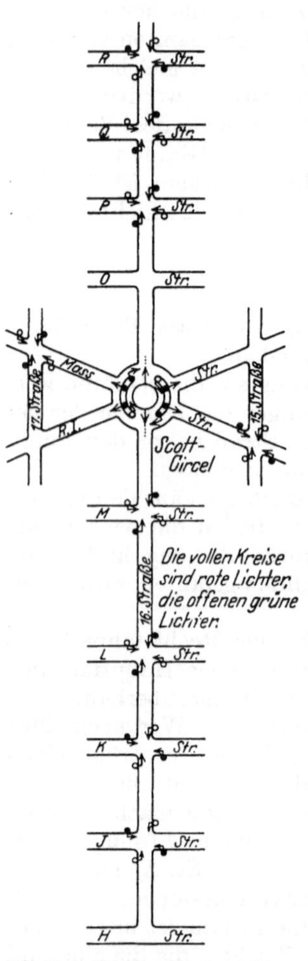

Abb. 196. Fahrregelung auf der 16. Straße, Washington (V.St.A.).

Eine Verbesserung kann in der Weise erfolgen, daß nach dem Fließsystem auf langen Straßen die Zeichen nacheinander wechseln in einem Abstande, der der zulässigen Fahrgeschwindigkeit entspricht.

Als Beispiel ist die 16. Straße in Washington gegeben am Scotts Zirkel, dessen eigenartige Einteilung des Kreisverkehres im Reisebericht des Verfassers näher beschrieben ist[31]. Wie aus der Abb. 196 zu ersehen ist, wird abwechselnd für zwei Blocks der 16. Straße die Fahrt freigegeben, während die folgenden zwei Blocks gesperrt sind und den Querverkehr durchlassen. Der Wechsel zwischen Grün und Rot tritt in solchem Zeitabstande auf, daß auf der ganzen Straße eine Reisegeschwindigkeit von 35 km/stdl. an den meisten Stunden und 29 km/stdl. in den Zeiten der Hochflut möglich sind. In der gleichen Weise ist jetzt auch der Verkehr in der Leipziger Straße in Berlin geregelt. Sie ist in einzelne Blockabschnitte eingeteilt, die durch in Straßenmitte aufgehängte Signallampen kenntlich gemacht sind. Der Lichtwechsel zwischen Rot—Gelb—Grün—Gelb—Rot ist so abgestimmt, daß auf der Strecke zwischen Leipziger Platz und Markgrafenstraße eine Reisegeschwindigkeit von 18 km/stdl. und zwischen Markgrafenstraße und Jerusalemer Straße von 25 km/stdl. möglich ist.

Die Unterbrechung an den Straßenkreuzungen muß die Leistungsfähigkeit der Straßen einschränken. Das ergibt die Rechnung zweifelsfrei. Bei der Fahrt zwischen zwei aufeinanderfolgenden Punkten, an denen der Verkehr zum Halten gebracht wird, damit der Querverkehr durchfahren kann, durchläuft ein Kraftwagen drei Zustände. Zuerst ein Zustand der beschleunigten Bewegung. Dann ein Zustand der gleichmäßigen und dann der verzögerten Bewegung. Die Gesamtzahl von Fahrzeugen auf eine Spurbreite für die Stunde ergibt sich aus der folgenden Gleichung

$$C = \frac{3600 \cdot d}{(t_r + t_h)\, p}\,. \tag{80}$$

Tatsächliche Beobachtungen, die auf der 5. Avenue in New York angestellt worden sind, haben ergeben, daß unter solchen Verkehrsbedingungen der durchschnittliche Beschleunigungswert zu 1,8 m/sec² und der entsprechende Durchschnittswert der Bremsverzögerung zu 2,4 m/sec² angenommen werden können. Daraus folgt für die Entfernung d_s der Wert

$$d_s = v \cdot t_r - \frac{7}{14{,}4} v^2 .$$

t_r ist die gesamte Zeit in Sekunden zwischen den Haltezeiten und t_h die Stoppzeit in Sekunden, um den Querverkehr durchzulassen.

Unter Zugrundelegung dieser Gleichungen ist die Leistungsfähigkeit für eine Wagenlänge von 4,5 m bei verschiedenen Geschwindigkeiten berechnet[167] und in der Abb. 197 dargestellt. Zum Vergleich ist auch die Leistungsfähigkeit ohne Unterbrechung in der Abbildung wiedergegeben. Die erste Kurve gibt eine maximale Leistungsfähigkeit von 1020 Wagen stündlich für eine Verkehrsspur mit einer Fahrgeschwindigkeit von 20 km/Std. (welche einer Reisegeschwindigkeit von etwa 17,5 km/Std. entspricht), und die letztere eine Höchstleistungsfähigkeit von 1890 Wagen bei einer Stundengeschwindigkeit von 24 km. Diese Kurven stellen Bedingungen für eine übliche Stadtstraße dar, deren Fahrdamm frei ist von irgendwelchen Einbauten. Wenn Straßenbahngleise verlegt worden sind, wird die Leistungsfähigkeit herabgesetzt, etwa in dem Verhältnis, wie es durch die nachfolgende Zusammenstellung erläutert wird:

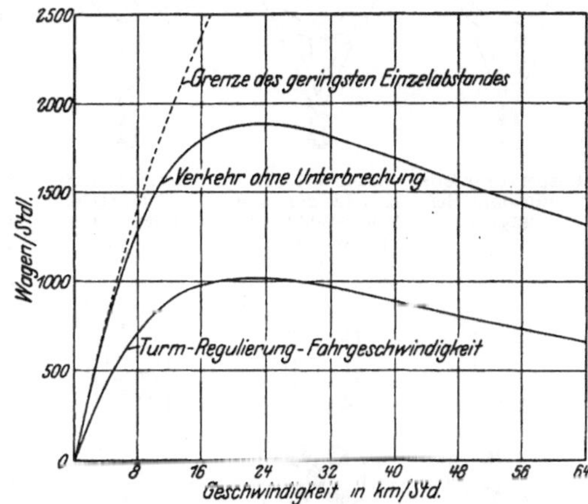

Abb. 197. Leistungsfähigkeit von Straßen ohne und mit Turmregelung.

Straße mit Kraftomnibus und Verkehrsregelung	750 Wagen/Std.
Straße mit Hochbahnviadukt	700 „
Straße aus drei Wagenspuren ohne Verkehrsregelung . . .	700 „
Straße mit vier Wagenspuren und Straßenbahn	600 „
Straße mit drei Wagenspuren und Straßenbahn	475 „
Straße mit Straßenbahn und Hochbahnviadukt	400 „

b) Feste Zeichen.

Die festen Zeichen werden zu unterscheiden sein nach ausgesprochenen Verbotszeichen und nach Weisern, die eine Regelung des Verkehres herbeiführen sollen.

1. Sperrzeichen.

Vorbedingung ist die Einheitlichkeit der Zeichenform, damit auch Fremde sie verstehen und beachten können. Da die verkehrspolizeiliche Regelung in Deutschland nicht zur Zuständigkeit des Reiches sondern der Länder gehört, so hat das Reich einen unmittelbaren Einfluß auf die Form der Zeichen nicht. Um demnach eine Einheitlichkeit zu erzielen, hat das Reich mit den Ländern die Form der Zeichen vereinbart. Als Sperrschilder sind die sechs Formen der Abb. 198 festgesetzt worden. Auf Grund von Beobachtungen ist festgestellt, daß ein weißer Grund mit roter Umrandung sich am besten bei allen Witterungslagen abhebt[168].

2. Weiser für Verkehrsregelung.

Der Verkehrsregelung dienen alle diejenigen Weiser, die unmittelbar die zu befolgende Maßnahme vorschreiben oder auf die Bestimmungen der Polizeiverordnungen hinweisen.

Zur ersten Gruppe gehören z. B. weiße Linien, die auf den Fahrdämmen aufgebracht werden, und die die beiden Verkehrsrichtungen voneinander trennen sollen, oder an Kreuzungen die für die Fußgänger ausgewiesenen Furten bezeichnen.

Gesperrt für Motorrad ohne Beiwagen. — Gesperrt für Kraftwagen und Motorräder mit Beiwagen, frei für Motorräder ohne Beiwagen. — Gesperrt für Kraftfahrzeuge aller Art.

Gesperrt für Lastwagen. — Gesperrt für Fahrzeuge aller Art. — Gesperrt für Kraftfahrzeuge aller Art an Sonn- u. Feiertagen von 8 V. bis 8 N.

Abb. 198. Verbotzeichen für die verschiedenen Verkehrsarten.

Das englische Verkehrsministerium hat im Jahre 1921 eine Anweisung über die Benutzung solcher „Weißen Linien" herausgegeben, die unter Übertragung auf deutsche Verhältnisse auszugsweise wiedergegeben werden sollen, z. T. sind sie in Deutschland selbst schon eingeführt. Diese weißen Linien sollen allein für sich dazu dienen, den Verkehr zu regeln, das gilt vor allem auf Landstraßen, zugleich aber auch in städtischen Straßen die polizeiliche Regelung unterstützen. Um in den Krümmungen der Landstraßen das Schneiden zu verhindern, wird für die volle Länge der Krümmung und etwa 15 m vor dem Anfang in Fahrdammmitte eine weiße Linie aufgemalt. Bei Krümmungen mit Verbreiterung wird die „weiße Linie" näher an die Innenkante gerückt. Besonders angebracht ist die „weiße Linie" bei Gegenkrümmungen und bei Buckeln mit geringer Sichtweite (s. Abschnitt IV. A. u. B.).

In städtischen Straßen trennen die „weißen Linien" die Fahrtrichtungen, sie werden aber auch benutzt, um die Grenzen zu bezeichnen, hinter denen die Wagen an den Straßenkreuzungen halten müssen, um die Fußgängerfurten frei zu lassen. An Kreuzungen, bei denen auch das Einbiegen nach rechts nicht zugelassen ist, werden die „weißen Linien" in der Form der Abb. 199 angebracht. Diese Anordnung gilt für Kreuzungen mit polizeilicher Verkehrsregelung. Die zwei Spuren in der breiteren von den beiden Straßen sollen bewirken, daß die Wagenreihen sich dicht zusammenschließen, und daß die Wagen, die nach rechts einbiegen wollen, darauf hingewiesen werden, die Spur an der Bordkante aufzusuchen, um ohne Kreuzung der Hauptfahrlinie einbiegen zu können. Wo das Einbiegen nach rechts zugelassen werden kann, werden die „weißen Linien" nach der Form der Abb. 200 angebracht. Die „weißen Linien" können nur auf glatten Fahrbahnen aufgetragen werden. Auf Kleinschlagdecken

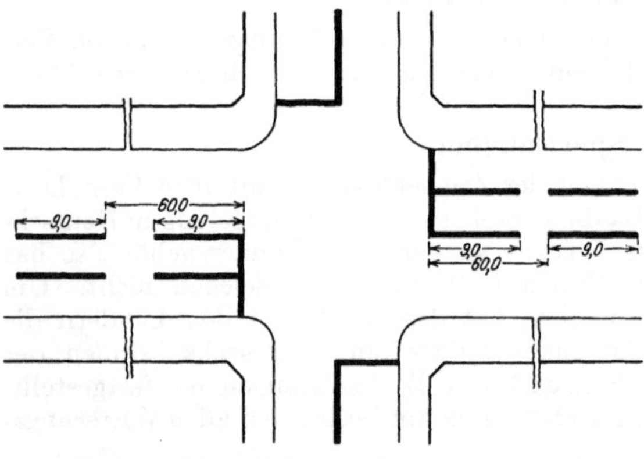

Abb. 199. „Weiße Linien" an Straßenkreuzungen mit Verkehrsregelung.

verschwinden sie sofort. Schwierigkeiten haben sich in der Aufbringung der Linien in dauerhafter Form ergeben. Durch Witterungseinflüsse und Verkehr werden sie sehr schnell verwischt.

Wirksamer sind in dieser Hinsicht die Lichtzeichen, sogenannte Schildkröten (Abb. 201), die an solchen Stellen, an denen der Platz zur Anlage einer Schutz-

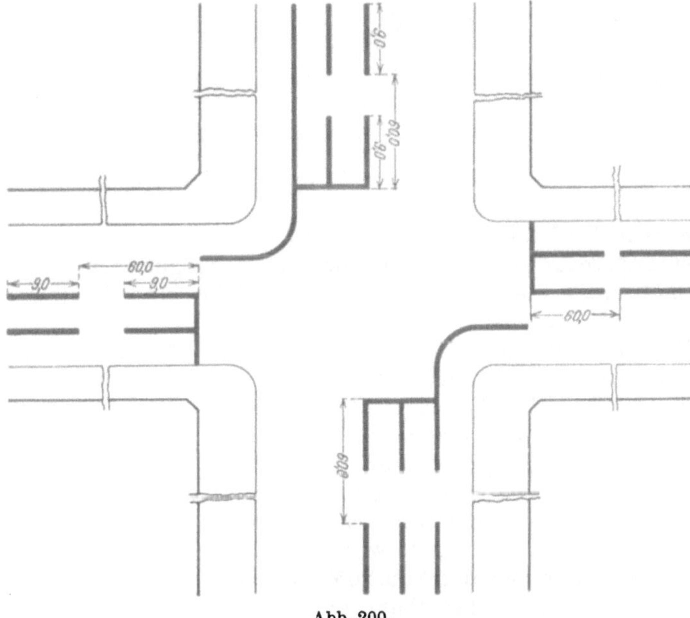

Abb. 200.

insel nicht ausreicht, angebracht werden, um die Fahrlinien zu begrenzen. Sie werden meistens an Kreuzungen eingebaut, um das nach links einbiegende Fahrzeug zu zwingen, den polizeilich vorgeschriebenen weiten Bogen einzuhalten. Auf diese Weise wird der Gefahr, die beim Schneiden der Krümmung durch Begegnen mit der Fahrlinie aus der entgegengesetzten Richtung entstehen kann, vorgebeugt. Solche Lichtzeichen werden aber auch eingebaut, um die Mittellinie der Straße zu bezeichnen und die beiden Fahrrichtungen zu trennen, oder um die äußere Begrenzung von Schutzinseln, z. B. an Straßenbahnhaltestellen, anzudeuten.

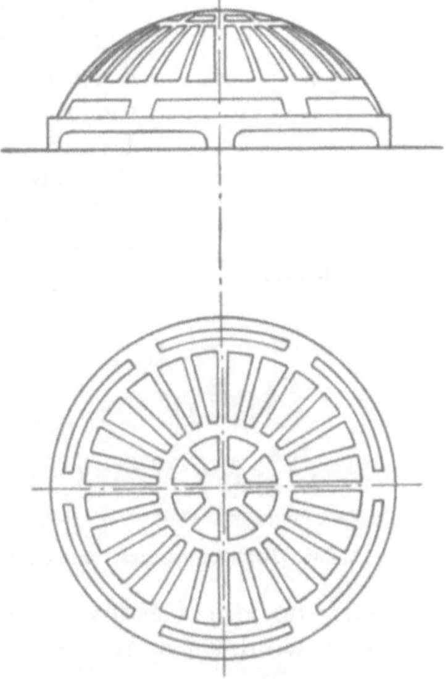
Abb. 201. Schildkröte.

Zur Kennzeichnung der Verkehrsbedeutung der Straßen sind drei Weiser eingeführt:

1. ein auf die Spitze gestelltes Quadrat für Verkehrsstraßen I. Ordnung (Abb. 202),

2. ein auf die Spitze gestelltes Doppelquadrat für Verkehrsstraßen II. Ordnung (Abb. 203).

Durch die Straßenpolizei ist vorgeschrieben, welche Anordnungen in jeder der beiden Straßenarten zu befolgen sind. Der Fahrzeugführer muß die Polizeivorschriften für diese Fälle kennen und beachten. Z. B. darf in Straßen I. Ordnung nicht gewendet werden. Auch dürfen Personenfahrzeuge nicht länger halten, als das Ein- und Aussteigen erfordert.

Zweckmäßig scheint eine Regelung zu sein, daß auf Straßen I. u. II. Ordnung der Durchgangsverkehr das Recht hat, an der Kreuzung mit anderen Straßen vorzufahren, und daß die aus den Nebenstraßen ausfahrenden Fahrzeuge an der Kreuzung halten müssen und erst die Straße kreuzen oder einbiegen dürfen, wenn eine Lücke in der Fahrzeugreihe der Hauptverkehrsstraße vorhanden ist.

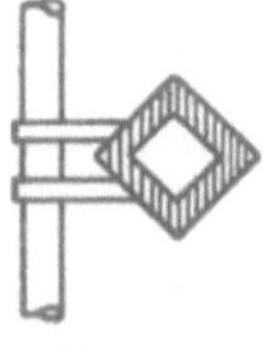

Abb. 202.

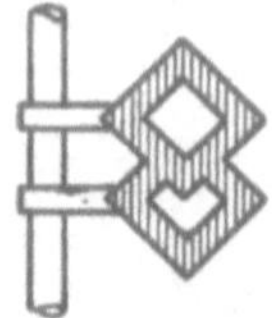

Abb. 203.

Abb. 204.

Wird der Verkehr der Verkehrsstraße I. Ordnung so stark, daß eine selbständige Regelung der Fahrzeuge untereinander nicht mehr möglich ist, wenigstens nicht zeitweilig, dann muß die zuvor beschriebene Fahr- und Haltregelung durch bewegliche Zeichen erfolgen.

3. Ein Pfeil mit der Aufschrift Einbahnstraße (Abb. 204). Die Pfeilspitze gibt an, in welcher Richtung die Straße befahren werden darf (s. S. 371).

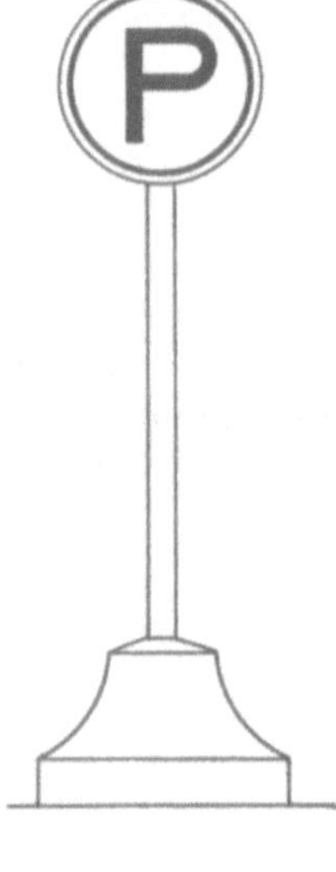

Abb. 205.

Um Flächen auf den Fahrdämmen abzugrenzen, die dem Fußgängerverkehr vorbehalten bleiben sollen oder zur Aufstellung von Kraftwagen bestimmt sind, werden Ständer nach der Abb. 205 benutzt. *P* bedeutet Platz zum Aufstellen von Wagen (Parken).

Zur Verkehrsregelung gehören auch die Tafeln, die die Fahrgeschwindigkeit dort einschränken, wo sie unterhalb derjenigen Grenze bleiben muß, die an sich durch die V. ü. Kfzgv. zugelassen sind. Da die Fahrgeschwindigkeit innerhalb geschlossener Ortsteile niedriger liegt als außerhalb, so ist die Aufstellung von Tafeln, die die Geschwindigkeit bestimmen, gewissermaßen als Hinweis anzusehen, wo der geschlossene Ortsteil beginnt. Auch diese Zeichen sind einheitlich geregelt.

Abb. 206. Richtungsbezeichnung im Landgebiet.

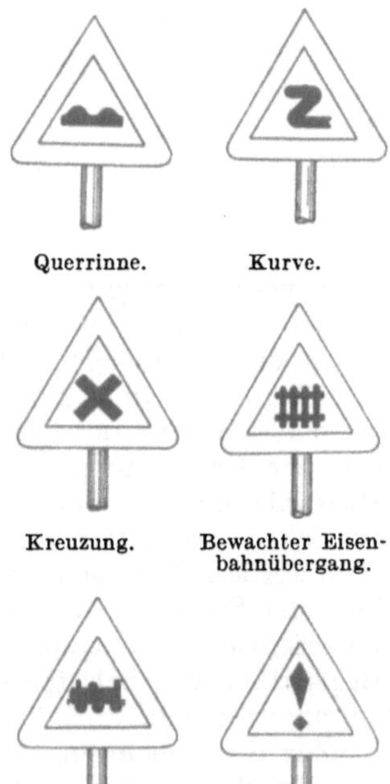

Abb. 207. Warnungszeichen.

Zur Verkehrsregelung dienen auch Wegweiser, die an allen Wegkreuzungen aufzustellen sind, damit Irrfahrten vermieden werden. Mit den Wegweisern ist zugleich eine Wegbezeichnung verbunden. England und die V. St. A. haben ihre

Wege mit Buchstaben und Nummern bezeichnet, so daß es sehr leicht ist, sich nach der Karte, die in Nordamerika von den Kraftwagenverbänden, in England vom Ministry of Transport herausgegeben werden, zurechtzufinden. In Deutschland ist der Staat Sachsen mit der Wegebezeichnung vorangegangen. Der Ruhrsiedlungsverband hat für die Wegebezeichnung ein Merkblatt zur einheitlichen Richtungsbezeichnung der Hauptverkehrsstraßen, dem die Abb. 206 entnommen ist, aufgestellt[169].

Zu der Verkehrsregelung werden auch die Warnungszeichen zu rechnen sein, die vor den Gefahrpunkten an den Straßen aufgestellt werden und den Fahrer zur Vorsicht mahnen sollen. Eine einheitliche Regelung ist durch die „Verordnung über Warnungstafeln für den Kraftfahrzeugverkehr" vom 8. Juli 1927 erreicht, die die Formen der Abb. 107 vorschreibt. Die Zeichen sind in schwarzer Farbe auf weißen Tafeln anzubringen. Die Tafeln sind etwa 150—250 m vor dem Hindernis aufzustellen.

XII. Kraftwagenstraßen und Kraftwagenbahnen.

A. Kraftwagenstraßen.

a) Das deutsche Netz.

Aus den statistischen Erhebungen des D. Str. B. V. über den Verkehr auf den Landstraßen, im Vergleich zu früheren gelegentlichen Zählungen, ist eindeutig erwiesen, daß eine erhebliche Zunahme stattgefunden hat, die sich besonders im Umkreise der großen Städte bemerkbar macht. Den gegenwärtigen und zukünftig noch zu erwartenden Verkehr wird das vorhandene, unter ganz anderen Voraussetzungen und wirtschaftlichen Verhältnissen entstandene Straßennetz in seiner heutigen Form nicht mehr bewältigen können. Die durch den Kraftwagen hervorgerufenen Bedürfnisse des Straßenverkehres können durch zwei Maßnahmen erfüllt werden. Durch Ausbau des vorhandenen Straßennetzes in Verbindung mit Neubaustrecken zu einem Kraftwagenstraßennetz und durch besondere neu zu schaffende Kraftwagenbahnen, auf denen nur Kraftwagen zugelassen werden. Im ersten Falle wird der Ausbau der vorhandenen Straßen in Umgehungsstraßen um enge Ortskerne, in Verbesserungen zu scharfer Krümmungen und in dem Umbau von Plankreuzungen in schienenfreie und manchen anderen aus der Örtlichkeit sich ergebenden Verbesserungen bestehen. Da der Kraftwagenverkehr sich in den Hauptgebieten der Arbeit, d. h. in den Industriegebieten und den großen Städten, zusammenzieht und hin und her pendelt, kommen für den Ausbau der Straßen zu Kraftwagenstraßen vornehmlich die Verbindungsstraßen zwischen diesen Brennpunkten des Wirtschaftslebens in Frage. Nach diesen Gesichtspunkten ist von dem Beigeordneten des Ruhrsiedlungsverbandes, Dr.-Ing. Rappaport, für die Stu. f. A.[170] und von dem D. Str. B. V.[171] je eine Karte für den Ausbau der Straßen entworfen worden, die sich in ihren Grundzügen decken. Der Entwurf der Stu. f. A. geht von den wirtschaftlichen Zusammenhängen aus und sieht ein Netz von etwa 15000 km Straßen vor, von denen vorerst 10000 km, später noch 5000 auszubauen sein würden. Der D. Str. B. V. hält sich mehr an das vorhandene Straßennetz, ohne weitere Unterscheidungen in der Ausbauweise vorzusehen, infolgedessen kommt er auf etwa 30000 km. Bei der Aufstellung beider Netze ist auch auf die Beziehungen und Anschlüsse des deutschen Kraftwagenverkehres zum Auslande an den Grenzen Rücksicht genommen worden. Über die Notwendigkeit des Ausbaues des deutschen Straßennetzes bestehen sowohl bei dem Reiche, wie bei den wegeunterhaltungspflichtigen Ländern und Verbänden und bei der öffentlichen Meinung auch außerhalb der Kraftwagenbenutzer völlige Einigkeit.

Es wird von der Stu. f. A. vorgeschlagen, die Straßen in diesem Kraftwagennetz, je nach der Bedeutung für den Verkehr und je nach der Notwendigkeit des allmählichen Ausbaues in Fernstraßen, in Straßen erster und zweiter Ordnung einzuteilen. Ein solches Verfahren erscheint zweckmäßig und ist auch in anderen Ländern, V. St. A. und England, eingeschlagen worden. Beide Entwürfe haben Kraftwagenbahnen nicht berücksichtigt.

b) Vereinigte Staaten von Nordamerika.

Die amerikanische Bundesregierung verfügt über keine Straßen; sie befinden sich in der Verwaltung der Einzelstaaten, der Kreise und Gemeinden. Also Zustände, die den deutschen im Wegewesen entsprechen. Dennoch hat die Zentralverwaltung die Ausgestaltung des Wegegesetzes unter ihre Fürsorge genommen, indem sie aus den Einnahmen der Kraftwagensteuer und Zuschüssen den wegeunterhaltungspflichtigen Verbänden Beihilfen zum Umbau ihrer Straßen gegeben haben, wobei der Ausbau nach einheitlichen von der Zentralverwaltung genehmigten Plänen erfolgt.

Die amerikanische Bundesregierung — Staatssekretariat für Landwirtschaft, Abteilung Straßenbau U. S. B. of P. R. — hat auf Grund der von den Staaten vorgelegten Plänen 4650000 km Straßen genehmigt, von denen 7 vH mit Beihilfen bedacht werden können. Sie hat in der Zeit von 1917 bis 31. März 1927 $2{,}04 \cdot 10^9$ RM. für Bauten im Gesamtbetrage von $4{,}6 \cdot 10^9$ RM. aufgewendet. Damit ist aber keineswegs der Gesamtaufwand für alle Straßen erfaßt. Denn die Verbände haben in den letzten Jahren außerdem noch für etwa $600 \cdot 10^6$ RM. jährlich Straßen ausgeführt[31].

c) England.

England hat von 1921—1926 für etwa $1{,}47 \cdot 10^9$ RM. Beihilfen gewährt. Im Jahre 1926 sind aus der Kraftwagensteuer $360 \cdot 10^6$ RM. für Straßenbauten ausgegeben worden. Hiervon sind an die wegeunterhaltungspflichtigen Verbände $166 \cdot 10^6$ RM. für Straßen I. Klasse und $30 \cdot 10^6$ RM. für Straßen II. Klasse vergeben worden. Der Bau von Ausfallstraßen aus London und von Umgehungsstraßen, die nach einem durch einen besonderen Ausschuß in den Jahren 1912 bis 1917 aufgestellten Plan von der Zentralverwaltung (Ministry of Transport) selbst ausgeführt werden, hat $100 \cdot 10^6$ RM. erfordert. Der Plan umfaßt 410 km neue Straßen in der Umgebung Londons, von denen 306 i. J. 1926 fertig waren. Neun von London ausstrahlende Straßen und die Verbindungsstraße zwischen Liverpool und Hull und eine zwischen Glasgow und Edinburg mit einer Gesamtlänge von 3150 km, werden als Hauptgüterstraßen (Trunk-Lines) ausgebildet, wobei, wohlgemerkt, die vorhandenen Straßen soweit als zulässig mitbenutzt werden. Nach Zählungen findet auf diesen Straßen nur noch ein sehr geringer Pferdeverkehr von etwa 2—4 vH des gesamten Verkehres statt[172].

Die öffentlichen Straßen in den V. St. A. und in England werden fast nur von Kraftwagen benutzt, und sie sind für diese Verkehrsart auch schon in großem Umfange hergerichtet. Es ist daher erklärlich, wenn der Wunsch nach besonderen Kraftwagenbahnen nicht hervortritt, andererseits aber die Regierungen davon absehen, auf den öffentlichen Straßen Abgaben zu erheben.

Dieses Vorgehen auf deutsche Verhältnisse übertragen, würde bedeuten, daß überall dort, wo bereits ein lebhafter Kraftverkehr stattfindet, das alte Straßennetz in Kraftwagenstraßen umgebaut werden muß.

B. Kraftwagenbahnen.

Ob es notwendig und wirtschaftlich vertretbar ist, neben den Kraftwagenstraßen gegebenenfalls zu ihrer Entlastung Kraftwagenbahnen anzulegen, auf denen nur Kraftwagen zugelassen sind, die die übrigen Straßen und Verkehrsanlagen wegefrei kreuzen und nur gegen besondere Gebühren benutzt werden sollen, darüber gehen die Ansichten auseinander. Es wird das Bedürfnis für solche Straßen bestritten und die Möglichkeit der Aufbringung der Geldmittel für solche Straßen und die wirtschaftliche Durchführung solcher Unternehmungen angezweifelt[173]. Da es sich hier um eine ganz neue Art von Straßen handelt, sollen sie vom verwaltungsrechtlichen, wirtschaftlichen und technischen, und zwar vom verkehrstechnischen wie bautechnischen Standpunkte behandelt werden.

a) Verwaltungstechnische Grundlagen.

Verwaltungstechnisch wird jede Kraftwagenbahn, obwohl sie nicht dem öffentlichen Verkehr dient, allen denjenigen Anforderungen zu entsprechen haben, die an solche Straßen gestellt werden müssen. Sie wird der landespolizeilichen und wegepolizeilichen Aufsicht unterstehen, auch wenn solche Straßen von Privatunternehmungen gebaut werden. Die Landespolizei wird die Belange des von der Straße berührten Gebietes wahrzunehmen haben. Hierzu wird auch eine Prüfung der Wirtschaftlichkeit gehören, ob das Unternehmen an sich auf gesunder Grundlage ruht und auch lebensfähig ist. Wenn die Gesellschaft schon zusammenbricht, ehe die Straße fertiggestellt ist — man erinnere sich der Zeit der Eisenbahngründungen —, so daß die Straße unfertig liegenbleibt, oder wenn die Straße mangels genügender Einnahmen nicht ordnungsgemäß unterhalten wird, so wird die Allgemeinheit alsdann einspringen müssen und ihr damit erhebliche Lasten aufgebürdet. Auch die Aufsicht über solche Straßen wird sich die Polizei vorbehalten müssen. Einmal in der Weise, daß sie Unberufene mit polizeilicher Gewalt fernhält, andererseits dafür sorgt, daß die Straße stets allen verkehrlichen Ansprüchen genügt und nicht die Benutzer gefährdet sind. Ob bei der Anlage solcher Bahnen auch der Staat zu prüfen hat, wieweit eine solche Straße anderen Verkehrsmitteln schädlichen Wettbewerb macht, wird verschieden beurteilt. Das wird auch davon abhängen, ob die anderen Verkehrsmittel dem Staate gehören oder nicht. In Amerika hat die Bundesverwaltung es abgelehnt, in den freien Wettbewerb zwischen Eisenbahn- und Kraftwagenverkehr einzugreifen[174]. Die Genehmigung wird sich einfacher gestalten, wenn diejenige Behörde, die für das Straßenwesen selbst zu sorgen hat, z. B. in Preußen die Provinzen oder die Länder, den Bau solcher Straßen betreibt. Dabei wird aber zu beachten sein, daß Kraftwagenbahnen Fernverkehr vermitteln, der heute bereits die Grenzen eines Landes überschreiten wird. Damit von vornherein die großen Verkehrslinien eingehalten werden, muß in einem Bundesstaate, wie ihn Deutschland und die V. St. A. darstellen, eine übergeordnete Stelle vorhanden sein, die das Netz dieser Linien festlegt und seine Einhaltung überwacht. In den V. St. A. übt die Bundesbehörde diese Aufsicht in der im vorhergehenden Abschnitt beschriebenen Weise aus. In Deutschland fehlt eine solche Stelle.

Als Entgelt für die Unterwerfung unter die staatliche Aufsicht wird den Unternehmungen für Kraftwagenbahnen das Recht der Enteignung des Grund und Bodens zuerkannt werden müssen. Bei der Genehmigung solcher Unternehmungen, wenn sie auf privatwirtschaftlicher Grundlage beruhen, wird der Staat sich ein Mitbeteiligungs- und u. U. ein Heimfallrecht ausmachen müssen. Die Mitbeteiligung wird darin bestehen, daß das Unternehmen über eine gewisse übliche Verzinsung hinaus einen Teil seiner Mehrerträge an den Staat abführen muß, oder daß eine gemischt-wirtschaftliche Unternehmung gebildet wird. Bei den Kraftwagenbahnen nach den oberitalienischen Seen hat der italienische Staat sich das Recht gesichert, daß nach 50 Jahren das ganze Straßennetz an den Staat entschädigungslos fällt. Dafür zahlt er jährlich dem Unternehmer einen Zuschuß von 1,5 Millionen Lire. Zusammenfassend muß festgestellt werden, daß die Kraftwagenbahnen, auch wenn sie von Privatunternehmungen betrieben werden, der staatlichen Aufsicht unterstehen und der Staat sich ein Recht der Mitwirkung sichern muß.

b) Wirtschaftliche Grundlagen.

Es ist in allen Ländern als ein Fortschritt bezeichnet worden, daß die Wegegelder aufgehoben und damit die Straßen unbeschränkt der Allgemeinheit zur Verfügung gestellt worden sind. Wenn jetzt wieder für die Kraftwagenbahnen besondere Benutzungsgebühren eingeführt werden, kann das als ein Rückfall in glücklicherweise überwundene Verhältnisse bezeichnet werden.

Unter den gegenwärtigen Verhältnissen sieht man davon ab, die Wirtschaftlichkeit der vorhandenen Straßen nachzuprüfen, vielmehr wird den gegenwärtig hohen Ausgaben, die allein für die Unterhaltung aufgewendet werden müssen, der volkswirtschaftliche Wert guter Straßen gegenübergestellt, weil damit Güteraustausch und Personenverkehr erleichtert und gefördert werden. Durch § 13 des Finanzausgleichsgesetzes ist im Deutschen Reich die Erhebung besonderer Wegeabgaben überhaupt untersagt. Das Gesetz geht von der Voraussetzung aus, daß der Schaden, den die Kraftwagen den Straßen zufügen, und daß die Aufwendungen, die zur Anpassung der Straßen an den Kraftwagenverkehr notwendig sind, durch die Kraftwagensteuer abgegolten sind. Die Kraftwagenbenutzer, sowie Handel und Verkehr widersprechen daher mit einer gewissen Berechtigung der Erhebung von Gebühren auf Kraftwagenbahnen. Um zu einer gerechten Beurteilung dieser stark umstrittenen Frage zu kommen, soll unter Bezugnahme auf die für die V. St. A. und England geschilderten Zustände eine Zwischenbetrachtung angestellt werden.

Bei unentgeltlicher Benutzung hat die Allgemeinheit den Bau und die Unterhaltung der Bahnen zu tragen. Diese ist um so weniger daran beteiligt, je geringer der Kraftwagenverkehr in einem Lande ist. Während also in einem Lande mit überwiegend Kraftwagenverkehr die Straßen unentgeltlich zur Verfügung gestellt werden sollten, würde das in einem Lande mit geringem Bestande an Kraftwagen nicht zu vertreten sein. In dieser Hinsicht ist die Überlassung des Wegewesens an Verbände — z. B. preußische Provinzen — vorteilhaft. Denn, wenn die Provinz Rheinland eine Kraftwagenbahn Köln—Düsseldorf herstellt, trägt das Rheinland mit seinem großen Kraftwagenbestande die Kosten, aber andere Provinzen mit wenig Kraftwagen — z. B. Ostpreußen — bleiben unbeteiligt. Das läßt den Gedanken aufkommen, die Frage, ob die Bahn gegen Entgelt benutzt werden soll, nicht grundsätzlich zu behandeln, sondern den besonderen Verhältnissen anzupassen, d. h. erst einen Teil der Unkosten durch Gebühren zu decken und später, wenn eine größere Zunahme der Kraftwagen in dem ganzen Lande eingetreten ist, die Lasten auf die Allgemeinheit zu übernehmen. Diesen Standpunkt scheint Italien zu vertreten, wie aus den zuvor gemachten Angaben zu entnehmen ist. Denn nunmehr nehmen alle Bevölkerungskreise an den Vorteilen solcher Straßen teil, sie kommen allen zugute. Die Zunahme des Kraftwagenbestandes vermehrt von selbst die Einnahmen aus den Steuern und ermöglicht dann, die Straßen ohne Entschädigung zu überlassen.

Die Gebührenerhebung auf Kraftwagenbahnen wird auch von dem Gesichtspunkt zu beurteilen sein, ob mit den Vorteilen für den Kraftwagenverkehr noch andere Belange gefördert werden. Hierunter wären z. B. die Vorteile für die Allgemeinheit zu rechnen, die sich ergeben, wenn durch die neue Bahn, die eng bebaute Städte und Ortschaften umgeht, die allgemeinen Verkehrsverhältnisse verbessert werden. Der Bau solcher Umgehungsstraßen hat sich an vielen Stellen als notwendig erwiesen; er verursacht aber erhebliche Kosten, die durch Gebühren nicht gedeckt werden können; denn die Benutzung solcher Straßen muß völlig gebührenfrei bleiben. Umgehungsstraßen haben zumeist den Nachteil, daß sie die Wege verlängern. Eine Kraftwagenbahn kann aber solche Umgehungsstraßen überhaupt überflüssig machen. Es werden dann die von der Allgemeinheit aufzubringenden Beträge für diese Umgehungsstraßen gespart. Dann ist es aber nur gerecht und billig, diese Beträge der Kraftwagenbahn zur Verfügung zu stellen. Es ist dann nicht begründet, die Verzinsung und Tilgung der gesamten Strecke den Benutzern aufzubürden, vielmehr sollte nur der Anteil von ihnen verlangt werden, der dem besonderen Nutzen, den sie aus der Bahn haben, entspricht. Bei der Berechnung dieses Wertes darf nicht unberücksichtigt bleiben, daß die anderen öffentlichen Straßen eine wesentliche Entlastung erfahren, wenn der Kraftwagenverkehr nahezu völlig von ihnen abgelenkt wird und ihre Unterhaltungskosten sich dadurch ermäßigen. In den vorhergehenden Abschnitten ist zur Genüge darauf hingewiesen, was auch die Versuche auf der Versuchsstraße in Braunschweig gezeigt haben, daß der gemischte Verkehr die größten Schäden an den Decken hervorruft, und daß eine Trennung der beiden unterschiedlichen Verkehrsarten — Pferde- und Kraftverkehr — und Überweisung an besondere Straßen, wenigstens auf den Linien des Hauptverkehres, wirtschaftliche Vorteile bringen muß. Dann aber dürfte der eigentliche Nutzen, der auf den Kraftwagen dadurch fällt, daß er eine höhere Reisegeschwindigkeit entwickeln kann und an Betriebsstoff und Reifen auf der neuen Bahn spart, so gering sein, daß die Erhebung von Gebühren kaum noch berechtigt ist. Als Beispiel für eine solche Straße kann die Kraftwagenbahn Köln—Düsseldorf betrachtet werden. Damit ist aber die Grundlage gewonnen, von der aus die Gebührenerhebung zu betrachten ist. Überall dort, wo der Verkehr so dicht geworden ist, daß ein dringendes Bedürfnis zur Entlastung der vorhandenen Straßen besteht und aus diesem Anlaß heraus die Kraftwagenbahn gebaut wird, ist sie gebührenfrei zu lassen. Aber dort, wo die Kraftwagenbahn diese Voraussetzungen noch nicht erfüllt, wo sie mehr dem Sport- und Erholungsbedürfnis der Gemeinde der Kraftwagenbesitzer dient und ihre Benutzung einem beschränkten Kreise der Bevölkerung zugute kommt, sollen Gebühren erhoben werden, bei deren Höhe u. U. die etwaigen Vorteile, die die Allgemeinheit durch Fortnahme der Wagen von den öffentlichen Straßen hat, mit berücksichtigt werden müssen. Ein Beispiel für eine solche Straße ist z. B. der Nürburgring. Es wird aber eine Anzahl Zwischenstufen geben. Es muß auch mit bedeutenden Entwicklungsmöglichkeiten und damit gerechnet werden, daß die Kraftwagenzahl sehr schnell wächst, Straßenbauten aber lange Bauzeiten in Anspruch nehmen. Darum sollte der Bau von Kraftwagenbahnen nicht dadurch unterbunden werden, daß ihnen grundsätzlich die Erhebung von Gebühren untersagt wird. Es müssen aber Vorkehrungen getroffen werden, um zu gegebener Zeit die Bahnen für den öffentlichen Verkehr übernehmen zu können.

Denn es muß der Kraftwagenverkehr nicht nur als ein Teil des Straßenverkehres, sondern als ein besonderes Glied des gesamten Verkehrswesens betrachtet werden, der u. U. geeignet ist, andere Verkehrsarten, z. B. die Kleinbahnen, abzulösen. So stehen sich heute Kleinbahn und Kraftwagenbahn im Wettbewerb gegenüber, der sehr wohl zugunsten der Kraftwagenbahn entschieden werden kann. Als Beispiel ist hierfür der Plan einer Kraftwagenbahn München—Passau anzuführen, s. S. 386. Es dürfen also nicht grundsätzliche Erwägungen, sondern es müssen wirtschaftliche dafür maßgebend sein, ob Gebühren erhoben werden sollen oder nicht. Wo das Verkehrsbedürfnis die Bahn noch nicht dringend verlangt, werden die Gebühren aber allein nicht ausreichen, die Unkosten zu decken. Die Unternehmer werden sich noch nach anderen Einnahmequellen umsehen müssen. Für den Bau der Kraftwagenbahnen werden an öffentlichen Mitteln noch Zuschüsse aus der produktiven Erwerbslosenfürsorge und von kommunalen Verbänden in Frage kommen, denen durch Bau solcher

Straßen Vorteile erwachsen oder Verpflichtungen an ihre bestehenden Straßen abgenommen werden. Zur Sicherung des in die Unternehmen gesteckten Privatkapitals kommt auch die Gewähr für Zinsen und unentgeltliche Abgabe von Gelände in Frage, die kommunale Verbände oder andere Körperschaften, z. B. Handelskammern, übernehmen, wie das z. B. beim Bau der Avusbahn geschehen ist.

Eine Einnahmequelle läßt sich vielleicht auch noch aus einem anderen Verkehrsunternehmen erschließen, das gegenwärtig mit großem Nachdruck betrieben wird, durch Aufnahme von Leitungen der Gasfernversorgungen.

Werden alle diese Quellen genügend ausgeschöpft, dann wird der dann noch notwendige Kapitalaufwand soweit zurückgehen, daß die Gebühren, die für die Benutzung der Straßen von den Kraftwagen erhoben werden müssen, bei einigem Verkehr nicht mehr so hoch sind, daß sie unwirtschaftlich sind und etwa vor der Benutzung der Bahn abschrecken und damit die wünschenswerte Erleichterung der öffentlichen Wege unterbunden wird.

c) Technische Ausgestaltung.

1. Verkehrstechnische Anordnung.

Die Kraftwagenstraßen werden mindestens zweispurig anzulegen sein. Da sie aber sowohl den schnellen Personenwagen-, wie langsamen Lastwagenverkehr übernehmen sollen, wird eine mindestens dreispurige Breite mit einer Spur in der Mitte für die Überholung vorzusehen sein. Noch besser ist eine vierspurige Anlage, zwei innere Spuren für den Schnellverkehr und zwei äußere für den Lastwagenverkehr. Eine solche Breite empfiehlt der amerikanische Bericht 50 zum V. I. Str. K. unter der Voraussetzung, daß der stündliche Verkehr zweitausend Wagen überschreitet, oder daß infolge des Vorhandenseins von vielen langsam fahrenden Wagen die Geschwindigkeit des Verkehres beträchtlich herabgesetzt wird. Diese Grundsätze auf die Kraftwagenbahn Köln—Düsseldorf angewendet, führen dazu, eine vierspurige Bahn von 12 m Breite anzulegen, weil damit gerechnet wird, daß ein Drittel der Fahrzeuge Lastkraftwagen mit geringerer Fahrgeschwindigkeit sein werden (s. S. 367).

Alle Kreuzungen mit anderen Verkehrslinien müssen bahnfrei erfolgen. Die besonderen Anlagen für den Anschluß an die öffentlichen Straßen und die Zusammenführung und Kreuzung von Kraftwagenbahnen sind nach den Angaben im Abschnitt IV. A. d) in besonderen Bahnhöfen anzuordnen, die zugleich ein Wenden ermöglichen, das auf freier Strecke selbst wegen der Verkehrsgefahr verboten ist. Damit der Verkehrsrichtung streng eingehalten wird, ist die Mittellinie der Bahn durch Farbstriche (Weiße Linien, S. 376) oder bei Betonstraßen durch Längsfuge zu bezeichnen (S. 243).

An den Bahnhöfen wird Platz für Tankstellen und zum Aussetzen nicht betriebsfähiger Wagen vorzusehen sein. Die Straße wird nachts beleuchtet werden müssen. Damit Fußgänger fern gehalten werden, muß sie von einem Zaun auf der ganzen Länge eingefaßt sein.

2. Bautechnische Ausgestaltung.

Es sind alle die Grundsätze zu beachten, die in den vorbehandelten Abschnitten festgelegt sind mit der Besonderheit, daß Ausnahmen, die bei Kraftwagenstraßen mit Rücksicht auf vorhandene Zustände zugelassen werden können, ausscheiden. Geringere Krümmungshalbmesser als 300 m dürfen bei Kraftwagenbahnen nicht angewendet werden. Da Zugtierverkehr nicht stattfindet, können die Krümmungen Überhöhungen erhalten von solcher Neigung, wie sie Halbmesser, Zustand der Bahn und Fahrgeschwindigkeit erheischen. Zur Erleichterung des Verkehres sollen die Steigungen nicht zu stark sein. Sie werden sich nach dem

Charakter des Geländes richten. Das Gefälle der italienischen Kraftwagenstraßen ist nicht über 3 vH genommen. Der amerikanische Bericht 50 V. I. Str. K. schlägt die Höchsteigung 3½ vH vor. Die Fahrbahnbefestigung muß mit besonderer Sorgfalt ausgewählt und hergestellt werden. Es kommen nur völlig ebene und möglichst fugenlose Decken in Frage, also Beton- und Asphalt- oder Teerdecken.

d) Vorhandene und geplante Kraftwagenbahnen.

Kraftwagenbahnen im Sinne der vorstehenden Ausführungen sind:

1. Deutsche Bahnen.

α) Avusbahn, Automobil-Übungs- und Verkehrsstraße[175].

Sie ist von einer Unternehmung in den Jahren 1913—1921 erbaut worden, dient mit Ausnahme derjenigen Zeit, wenn Rennen abgehalten werden, dem Kraftwagenverkehr zwischen Nicolassee und Charlottenburg. Sie hat zwei Fahrbahnen von je 8 m Breite, die an den Endpunkten durch je eine Schleife verbunden sind (Abb. 208). Ihre Länge zwischen Charlottenburg und Nicolassee beträgt 10 km.

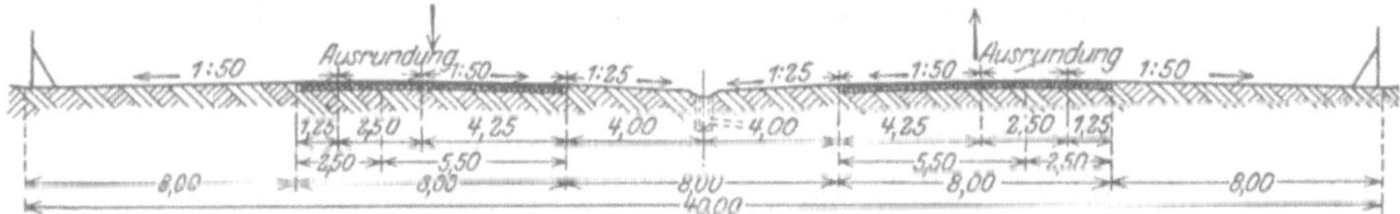

Abb. 208. Querschnitt der Avusbahn Berlin.

β) Köln—Düsseldorf.

Die Straße wird vom Provinzialverband der Provinz Rheinland geplant[176]. Die Höchstbelastung der Straße beträgt z. Z. an einem Tage 7110 t; sie ist seit den Jahren 1882 um das Fünfzig- bis Achtzigfache gestiegen. Der Zwang, bei dem starken Verkehr auf dieser Straße an vier Ortschaften auf der Linie Köln—Düsseldorf Umgehungsstraßen zu bauen, die $8 \cdot 10^6$ RM. gekostet und den Weg um 4 km verlängert hätten, hat zu dem Entschluß geführt, statt dieser Umgehungsstraßen, die nur als Notbehelf anzusehen sind, gleich eine Kraftwagenbahn zu erstellen. Die Straße, die auf dem rechten Rheinufer unter Vermeidung aller Ortschaften verläuft, soll 31,5 km lang werden. Die Straßenbreite beträgt 16 m, von denen 12 m befestigt werden sollen. Als größte Steigung sind 3 vH zugelassen. Zwischen Köln und Düsseldorf sind sieben Bahnhöfe, d. h. Verbindungsstellen mit anderen Straßen vorgesehen, die etwa in der Form der Abb. 42 angelegt werden. Die Straße wird nachts beleuchtet werden, um den Kraftwagen das Fahren mit Scheinwerfern, mit denen sie sich gegenseitig gefährden, untersagen zu können.

γ) Halle—Leipzig.

Auch zwischen diesen beiden Städten herrscht ein so lebhafter Kraftwagenverkehr, daß die Schaffung einer Kraftwagenbahn ein Bedürfnis sein soll. Die Bahn wird 27 km lang werden.

δ) Hamburg—Basel, über Hannover—Kassel—Frankfurt a. M.

Es ist kein Gesamtausbau beabsichtigt, sondern es sollen nur Teilstrecken, die sich vorerst als bauwürdig erweisen, hergerichtet werden. Das Zeitmaß der Ausführung wird durch die Zunahme des Verkehres und das Bedürfnis bestimmt werden. Strecken wie Hamburg—Hannover mit einem Anschluß nach Braunschweig und dem Harzzugang erscheinen schon durchaus spruchreif zu sein.

Auch die Strecke Frankfurt a. M.—Basel, die die Zufahrt zur Schweiz schafft, muß aus besonderen Gründen als notwendig angesehen werden. Gegenwärtig verbindet die badische Staatsstraße Nr. 1 die Städte Frankfurt a. M. über Weinheim, Heidelberg—Durlach—Karlsruhe, Offenburg, Freiburg mit Basel. Diese Straße am Ostrande der Rheinebene am Fuße des Oden- und Schwarzwaldes überschreitet zahlreiche Vorhügel dieses Gebirges mit starken Steigungen und engen Krümmungen. An den Seitentälern in geringen Entfernungen liegen Ortschaften oder Städte, durch die sich die Straße mit zahlreichen Windungen und starken Knicken durchzwängt.

Straßendurchbrüche würden zumeist baulich wertvolle Gebäude und Städtebilder zerstören. Umgehungsstraßen können nur nach der Talseite hin gelegt werden, dort aber haben sich die Erweiterungen der Siedlungen schon festgesetzt, die bis an die Hauptbahn Frankfurt—Basel reichen. Die neue Kraftwagenbahn neben die Eisenbahn zu legen, ist unzweckmäßig, weil die Eisenbahnanlagen, Güterbahnhöfe u. a. stören würden. Die beste Lösung würde eine Lage weiter westlich der Bahn in der Rheinebene sein. Es liegt dann die Landstraße neben der natürlichen Verkehrsstraße, dem Rhein, die beide das gemeinsam haben, daß die Natur die Bahn liefert, die durch die Mittel der Allgemeinheit vervollkommnet wird, während die Beförderungsgefäße dem einzelnen gehören, die miteinander den Wettkampf führen. Die Gesamtlänge der Straße Hamburg—Basel beträgt 830 km. Ihre Kosten werden auf $250 \cdot 10^6$ RM. veranschlagt.

ε) Mannheim—Heidelberg.

Diese Straße hat mehr die Bedeutung einer zwischenstädtischen Verbindung. Heidelberg ist ein Wohnvorort von Mannheim geworden.

ζ) München—Passau.

Diese Bahn soll an die Stelle einer Kleinbahn treten, die zur Erschließung des Vilstales schon seit Jahren geplant worden ist. Die Straße benutzt auf der Strecke München—Erdingen und Vilshofen—Passau vorhandene Straßen. Nur die Strecke Erdingen—Vilshofen muß als Kraftwagenbahn neu erbaut werden. Die jetzt 180 km lange Strecke wird dadurch auf 160 km verkürzt. Die Kosten sind auf $20{,}5 \cdot 10^6$ RM. geschätzt.

2. Ausländische Kraftwagenbahnen.

α) Kraftwagenparkstraße auf Long Island (Staat New York).

Im Jahr 1904 für Vanderbilt Cup-Racol-Rennen von einer Privatgesellschaft gebaut. Länge 68 km, frei von allen Straßenkreuzungen. Die Straße kann gegen Gebühr von jedem Kraftwagen befahren werden, als Höchstgeschwindigkeit sind 64 km/stdl. zugelassen.

β) Das oberitalienische Kraftbahnennetz Mailand—Seengebiet[177].

Die Straße verläuft von Mailand aus in N.W.-Richtung bis

a) Lainate, 12,34 km Länge, 14 m Breite, wo sie sich verzweigt;
b) Lainate—Gallarate 20,67 km, 14 m Breite;
c) Lainate—Como 24,66 km, 11 m Breite.

In Gallarate teilt sie sich nochmals in zwei Arme.

d) Gallarate—Varese 16,18 km, 11 m Breite;
e) Gallarate—Sesto Calenda 11,08 km, 11 m Breite.

Die Gebühren richten sich nach der Leistung der Motoren, es sind vier Klassen vorgesehen.

Die Fahrgeschwindigkeit ist für Lastwagen mit Luftreifen auf 40 km, mit Vollgummireifen auf 20 km/stdl. beschränkt.

3. Kraftwagenbahnen besonderer Art.

Das Kraftfahrzeug wird nicht nur als Verkehrsmittel, sondern auch als Sportfahrzeug verwendet. Hierin wird eine Möglichkeit gesehen, die Erzeugnisse der Kraftwagenindustrie auf ihre Leistungsfähigkeit zu prüfen. Es bestehen aber Bedenken, Kraftwagenrennen auf den öffentlichen Landstraßen abzuhalten. Sie sind auch dafür nicht geeignet. Deshalb haben die Industrie und Sportverbände sich eigene Rennbahnen geschaffen. Da Straßenrennen in England überhaupt verboten sind, ist dort die erste Bahn entstanden.

α) Brooklandbahn bei London im Jahre 1907.

Eine birnenförmige Betonbahn von 30,5 m Breite, eine Krümmung von 304,8 m Halbmesser ist 10 m, die andere von 457,2 m Halbmesser auf 8 m überhöht. Die gesamte Länge beträgt 4,452 km. Als Endstrecke ist eine 1,005 km lange querschneidende Gerade eingelegt. Mit der Bahn ist ein Netz von Nebenstraßen verbunden, um auch Prüfungen an Steigungen vorzunehmen.

β) In den V. St. A. dient die Bahn bei Indianopolis Rennzwecken.

Sie ist 1909 erbaut. Die Bahn ist eine Rundbahn mit zwei parallelen längeren Zwischengeraden und 4,220 km lang, in der Geraden 15 m, in der Krümmung 18 m breit. Sie ist mit Klinker besfestigt.

γ) Rennbahn bei Monza.

Italien weist die 1923 eröffnete Monzabahn auf, die aus einer Rundbahn mit zwei Geraden von 4,5 km Länge besteht, an die sich eine in sich geschlossene Bahn von 5,5 km als Straße anschließt. Die Rundbahn hat überhöhte Krümmungen von 325 m, der kleinste Halbmesser der Straßenstrecke beträgt 155 m.

δ) Rennbahn bei Montlhéry.

Etwa 35 km von Paris entfernt ist im Jahre 1924 die Bahn von Montlhéry erbaut worden, die wiederum aus einer Rundbahn von 2,5 km Länge mit stark überhöhten Krümmungen besteht, an die sich eine Straßenstrecke mit stark welligem Längsprofil und kleinen Krümmungen anschließt. Diese Strecke ist 7 km lang. Die Rundbahn ist mit Beton befestigt, die Straßenstrecke z. T. mit Beton, zum größeren Teil mit Colas-Emulsion im Tränkverfahren. Diese Befestigung hat sich sehr gut gehalten und rauher als Beton erwiesen, so daß einzelne Betonflächen mit Colas behandelt worden sind.

ε) Nürburgring.

In Deutschland wird im Jahre 1927 der Nürburgring in der Eifel seiner Bestimmung als Renn- und Prüfungsbahn übergeben. Er wird alle bisherigen Bahnen an Länge, wie an den Besonderheiten der Linienführung übertreffen. Die Bahn ist 29 km lang. Sie besteht aus einer kleinen und einer großen Schleife, die sich am Start und Zielplatz vereinigen. Das stark wellige Gelände der Eifel ist so ausgenutzt, daß die Bahn Höhenunterschiede zwischen + 332 bis + 628 N. N. mehrmals mit sehr starken Gefällen und Steigungen und mit verhältnismäßig geringen Krümmungshalbmessern überwindet. Bei der technischen Durchbildung sind alle Grundsätze des neuzeitlichen Straßenbaues angewendet. Die Straße wird die mannigfachsten Befestigungen aus Beton, Asphalt und Teer erhalten und soll zugleich als Versuchsstraße für die Bewährung und Wirtschaftlichkeit der einzelnen Befestigungsarten dienen.

XIII. Versuchsstraßen.

A. Allgemeines.

Die ersten von Riedler vorgenommenen Versuche zur wissenschaftlichen Automobilwertung haben alsbald zu der Erkenntnis geführt, daß die größten Leistungsverluste am Antriebsrade entstehen, daß also am Berührungspunkt zwischen Straße und Rad die größten Kräfte auftreten. Riedler hat sich daher auch mit der Frage der Verminderung dieser Verluste durch richtige Bereifung befaßt und erkannt, daß bezüglich der Beziehungen zwischen Rad und Fahrbahn „zur Klärung der für die Zukunft durch den Kraftwagen neu belebten öffentlichen Verkehrsstraßen außerordentlich wichtigen Frage, planmäßige Versuche dringend erwünscht sind“[38]. Damit hat Riedler wohl die erste Anregung für Versuchsstraßen gegeben. Es hat aber noch einige Zeit gedauert, bis dieser Gedanke praktische Ausgestaltung erfahren hat. Es sind zwar eine Anzahl Versuchsstraßen im Auslande gebaut worden, sie haben aber immer das Ziel im Auge gehabt, die Bewährungen von Straßendecken unter dem Kraftwagenverkehr festzustellen. Die erste Bahn, auf der grundsätzlich die Beziehungen zwischen Reifenart und Fahrbahn untersucht worden sind, ist die Versuchsstraße des D. Str. B. V. in Braunschweig gewesen.

Die anderen Versuchsstraßen haben mehr das Ziel im Auge gehabt, die mannigfachen Straßenbauweisen unter Kraftwagenverkehr zu erproben und technische und wirtschaftliche Gesichtspunkte für die Bewertung und Verbesserung der Fahrbahnbefestigung zu finden, Gesichtspunkte, die auch auf der Versuchsstraße in Braunschweig verfolgt worden sind. Die Versuchsstraßen sind etwa nach drei verschiedenen Verfahren betrieben worden:

Beim ersten Verfahren wird eine vorhandene Straße für Versuche benutzt, beim zweiten wird eine besondere Straßenfahrbahn angelegt, auf der Verkehr bestimmter Form zugelassen wird, und beim dritten Verfahren wird die Straße auf dem Wege experimenteller Versuche in verkleinertem Maßstabe ausgeführt und durch besondere Versuchsanordnungen die Einwirkung der Verkehrslasten auf die Straße ermittelt. Die Versuche, um die es sich hierbei handelt, beziehen sich auf das Verhalten der verschiedenen Straßenbefestigung unter den Einflüssen der Witterung und des Verkehres. Die Anforderungen, die der Verkehr stellt, sind mannigfach, einmal Tragfähigkeit, Widerstand gegen Abnutzung, geringer Fahrwiderstand, keine Geräusch- und Staubbildung, aber auch genügende Rauhigkeit z. B. für Steigungen. Durch die Versuche soll ermittelt werden, wieweit die einzelnen Befestigungsarten diese Forderungen erfüllen, und welche Aufwendungen sie verursachen. Das erstgenannte Verfahren, unter Benutzung vorhandener Straßen, ist das natürliche und schon seit langem in Anwendung. Scharf betrachtet, ist jede Land- und Stadtstraße ein Versuch. Denn die Bedingungen, denen eine Straße unterworfen ist, sind nach der örtlichen Lage, Untergrund, Klima, Verkehr, so verschiedenartig, daß man sehr schwer die zutreffende Befestigung, die nach der technischen wie wirtschaftlichen Seite die einzig gegebene ist, mit unbedingter Sicherheit voraussagen kann. Man darf wohl behaupten, daß eine geordnete Straßenverwaltung sich dauernd im Zustande des Versuches befindet und zum mindesten ihre Hauptverkehrsstrecken als wertvolle Versuchsanlagen betrachtet. Schon die Rücksicht auf die Kosten und die Anforderungen des Verkehrs zwingen sie dazu.

B. Versuchsstraßen für Kraftwagenverkehr.

a) Bekannt ist der erste englische Versuch auf der Straße von New Eltham nach Sidcup unter Beteiligung des englischen Wegebauamtes im Jahre 1911[178]. Diese Versuchsstraßen, die jetzt in großer Zahl in allen Ländern angelegt sind, sollen hier nicht weiter behandelt werden. Auf diesen Straßen wird gelegentlich zwar der Verkehr gezählt, aber er unterliegt nicht dem Einfluß derjenigen Verwaltung, die die Versuche vornimmt. Wissenschaftliche Versuche, bei denen alle Vorgänge vom Versuchsunternehmer bestimmt werden und vor allem Versuche, bei denen das Ziel ist, im Wege der Zeitraffung schnell Ergebnisse zu erzielen, können nicht auf Straßen, die dem öffentlichen Verkehr ausgesetzt sind, vorgenommen werden. Solche Straßen müssen von der Umgebung losgelöst werden.

b) Das ist zum ersten Male in den V. St. A. geschehen, als im Staate Illinois 1920 Versuche auf der Straße in Bates vorgenommen worden sind. Eine zweite Versuchsstraße ist alsbald in Pittsburg (Cal.) angelegt worden und das U. S. B. of P. R. betreibt seit längerer Zeit die Versuchsbahn in Arlington. In Deutschland ist dann im Jahr 1924 die schon erwähnte Versuchsbahn bei Braunschweig erbaut worden. Über diese vier Versuchsstraßen, ihre Aufgaben und Ergebnisse sollen einige Angaben folgen.

Der Staat Illinois hat 1920 die Batesversuchsstraße erbaut, um die zweckmäßigste Deckenart für Kraftwagenverkehr zu erproben. Die Straße hat eine Länge von 3240 m und 5,5 m Breite ohne Krümmungen[179]. Sechs Gruppen von Befestigungen, wie sie hauptsächlich im amerikanischen Straßenbau verwendet werden, auf die wieder insgesamt 71 Unterabschnitte von 30—75 m Länge verteilt waren, sind untersucht worden: 1. Klinkerdecken mit bituminösem Fugenausguß auf Makadamunterbau, 2. Asphaltbeton auf Makadamunterbau, 3. Asphaltbeton auf Betonunterbau, 4. Klinkerdecke mit bituminösem Fugenausguß auf Beton, 5. Klinker auf Beton in Zementmörtel, 6. Beton ohne und mit Eiseneinlagen.

Die einzelnen Deckenarten waren in ihrer Stärke gestaffelt, von der schwächsten Form, wie sie allenfalls bei geringem Verkehr noch technisch möglich ist, in Abschnitten übergehend zu den kräftigsten Deckenstärken, die auch die schwersten nach den Polizeiverordnungen zugelassenen Verkehrslasten tragen würden.

Die Höchstbelastung hat 340000 t betragen. Die Belastung des Hinterrades ist stufenweise von 1135 kg auf 3632 kg gesteigert worden. Die Geschwindigkeit hat 19 km/stdl. betragen. Unter den zahlreichen Ergebnissen dieses Versuches sind die folgenden für uns von Wert:

1. Die Belastung der Wagen darf nicht zu hoch getrieben werden, wenn die Straßen erhalten bleiben sollen. Es muß streng beaufsichtigt werden, daß die zulässigen Lasten nicht überschritten werden.

2. Zehn Beton- und zwei Asphaltdecken und eine Klinkerdecke in Asphalt haben die Versuche überdauert. Die Betondecken haben die größte Tragfähigkeit und Widerstandsfähigkeit, wenn sie am Rande verstärkt werden.

Die Versuche haben die Brauchbarkeit der Betonstraße erwiesen. Die konstruktiven Ergebnisse befinden sich im Abschnitt VII. f).

c) Die Versuchsstraße in Pittsburg (Cal.) 1921/1922 hat die Aufgabe gehabt, im einzelnen Aufschluß über die Vor- und Nachteile der verschiedenen möglichen Deckenausbildungen aus Beton mit und ohne Eiseneinlagen zu geben und auch die Grundlagen von Berechnungsverfahren zu schaffen, nach denen der Ingenieur in die Lage versetzt werden soll, solche Decken zu berechnen[106]. Die Anregung zur Anlage der Bahn hat die Columbia Steel Company gegeben, um die Zweckmäßigkeit der Eisenbewehrung in Betonquerschnitten festzustellen. Die Leitung der Versuche hat in den Händen behördlicher Ingenieure gelegen.

Die Bahn hat aus zwei Geraden von 135 m Länge bestanden, durch zwei Halbkreise von 22,5 m Halbmesser miteinander verbunden, Breite der Fahrbahn 5,4 m, beiderseits Bankette von 1,2 m Breite, dann 90 cm tiefe Gräben (Abb. 209). In der Geraden hat man den Querschnitt dachförmig, in der Krümmung mit einseitigem Quergefälle angelegt. 13 verschiedene Arten von Betondecken mit und ohne Eiseneinlagen sind verwendet worden, deren Form sich auf Grund von Umfragen bei einer großen Zahl von Straßenbaubehörden ergeben hat. Die Aufgabe hat darin bestanden, die inneren Kräfte, die in den Betondecken auftreten, insbesondere die Biegungsspannungen zu untersuchen, und zwar nicht nur unter ruhender, sondern auch unter sich bewegender Last und unter Stößen. Da das aber nur möglich ist unter Beobachtung der Bewegungen der unteren Fläche der Betonplatten, sind an vier Stellen Tunnel unter der Fahrbahn angelegt worden, in denen die Bewegungen vermittelst an der Unterseite der Decken befestigten Stangen beobachtet worden sind, die ihre Bewegungen auf sehr feinfühlige Apparate übertragen haben. Bis 32 Lastkraftwagen sind auf der Strecke gefahren, die Hälfte immer auf einer Spur in entgegengesetzter Richtung. Es hat sich aber für einen so dichten Verkehr eine Breite von 5,4 m nicht als ausreichend erwiesen. Die Belastung der Wagen ist in Zwischenräumen und Abstufungen von 7,5 bis auf 10, 11 und 12,2 t erhöht worden. Die Verteilung war 75 vH auf die Hinterachse, 25 vH auf Vorderachse. 7362000 t sind in verhältnismäßig sehr kurzer Zeit über die Bahn gefahren worden.

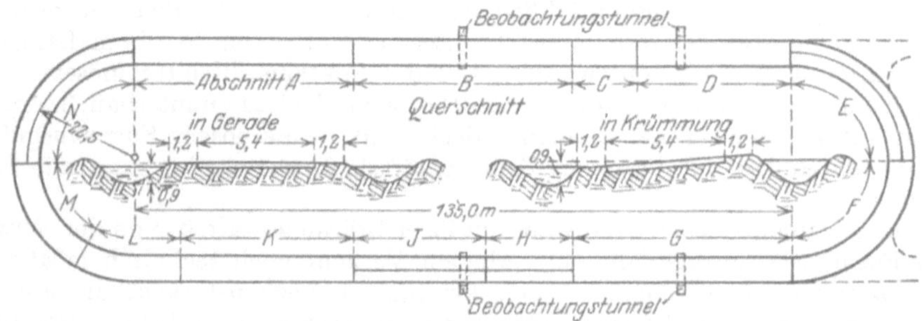

Abb. 209. Versuchsstraße in Pittsburg (Cal.).

Die Ergebnisse sind die folgenden, soweit sie sich auf das Verhalten der verwendeten Betondecken erstrecken:

1. Der ohne besondere Oberflächenbehandlung hergestellte Beton hat allen Angriffen von Vollgummireifen widerstanden. Ein beschränkter Verkehr mit eisernen Reifen hat erkennen lassen, daß mit entsprechend schweren Lasten frühzeitig die Oberfläche beschädigt würde.

2. Verkehr in der Morgenfrühe hat im Verhältnis die Betondecken stärker in Anspruche genommen, als der Verkehr am Tage.

3. Die beobachteten Durchbiegungen der Betondecke sind nahezu verhältnisgleich der Lasten.

4. Die Betonabschnitte, die Eiseneinlagen in solcher Lage haben, daß sie befähigt sind, die Zugspannungen von Biegungsmomenten aufzunehmen, haben eine größere Lebensdauer, als die von denselben Abmessungen, aber ohne Eiseneinlagen an entsprechender Stelle.

Bezüglich des Wertes solcher Versuchsstraßen für die Praxis äußert sich der Bericht folgendermaßen:

„Der Verkehr auf der Versuchsstraße entspricht demjenigen einer Straße von 1000 Lastkraftwagen für den Tag auf einen Zeitraum über 12 Jahre. In dieser Zeit würde eine solche Straße zwölf Wechsel der Jahreszeiten verbunden mit atmosphärischen und Untergrundveränderungen durchmachen, während in Pittsburg nur ein solcher Wechsel vorhanden gewesen ist. Diese Verhältnisse, die zwar günstig auf die Versuchsvorgänge anzusehen sind, werden auf der anderen Seite dadurch aufgewogen, daß infolge der Verkehrsdichte dem Material keine Zeit besonders hinsichtlich der Durchbiegungen zur Erholung geblieben ist, und dadurch eine im gewöhnlichen Verkehr nicht vorhandene Überbeanspruchung eingetreten ist.“

Dieser Ansicht wird beigetreten, sie findet Anwendung auf alle Versuchsstraßen der zweiten Gruppe und muß den auf solchen Straßen erzielten Ergebnissen unbedingte Anerkennung verschaffen.

d) Die von dem U. S. P. of P. R. in Arlington bei Washington angelegte Versuchsbahn ist kreisförmig und hat einen Durchmesser von 60 m. Sie fällt sowohl unter die zweite Gruppe der ausgesprochenen Versuchsbahnen, als auch unter die dritte Gruppe, Nachahmung des Straßenverkehres durch Modelle. Die innere Bahnfläche ist benutzt worden, um 60 verschiedene Sandasphalt- und Asphaltbetonmischungen auf ihre Beständigkeit, und zwar vornehmlich auf etwaige Verschiebungen unter dem Verkehr zu untersuchen.

Die hauptsächlichen Ergebnisse bezüglich des Verhaltens der verschiedenen Deckenarten sind in den Abschnitten VII. B. e), f), g) bereits verwertet worden.

e) Versuchsstraße in Braunschweig[180, 181]. Veranlassung für den Bau dieser Versuchsstraße war die von der Kraftfahrzeugindustrie aufgestellte und auch von Prof. Dr. Becker am Prüfstand nachgewiesene Behauptung, daß die Fahrgeschwindigkeit der Kraftwagen für die Abnutzung der Straßen bedeutungslos sei, wenn nur die richtige elastische Bereifung verwendet wird. Die durch den Lastkraftwagenverkehr auf den deutschen noch mit Steinschlagbahnen versehenen Landstraßen hervorgerufenen Zerstörungen stehen mit dieser Behauptung in scharfem Gegensatz. Da man theoretisch diese Frage nicht entscheiden kann, ist der Weg beschritten worden, auf dem Versuchswege die Antwort zu finden. Der deutsche Straßenbauverband, dem die preußischen Provinzen und Länder angehören, hat daher mit Unterstützung des Reiches bei Braunschweig eine Versuchsstraße gebaut, die seit dem 18. Juni 1925 in Betrieb ist. Es sollen auf ihr die folgenden Fragen geklärt werden:

1. Wie wirken die schweren Lastkraftwagen bei verschiedener Bereifungsart und bei verschiedener Geschwindigkeit auf die Fahrbahndecke?

2. Wie bewähren sich die hauptsächlich für die Landstraßen in Frage kommenden Straßenbefestigungen unter gleichen Verkehrsverhältnissen im Vergleich miteinander auch vom wirtschaftlichen Gesichtspunkte?

Im Gegensatz zu dem Verfahren auf den anderen Bahnen, auf denen die Decken bis zur Zerstörung abgefahren worden sind, sind in Braunschweig die Decken fortlaufend in fahrbarem Zustande erhalten und die Kosten dieser Maßnahmen genau festgehalten worden, so daß es möglich ist, die Wirtschaftlichkeit der einzelnen Deckenarten in Beziehungen zum Verkehr zu bringen.

Damit ist ein Weg beschritten worden, den die Engländer schon bei der Versuchsstraße in Sidcup und die Amerikaner in Pittsburg (Cal.) eingeschlagen haben, auf dem Versuchswege die Wirtschaftlichkeit der Fahrbahndecken festzustellen. Denn der gesamte Straßenbau in Deutschland ist eine Frage der Wirtschaftlichkeit. Es gibt Straßenbefestigungen, die auch den stärksten Lastkraftwagenverkehr lange Zeit aushalten. Die Versuche in Bates in Illinois geben auch hier ausreichend Anhaltspunkte. Es hat keine Veranlassung vorgelegen, diese Versuche in Deutschland noch einmal zu wiederholen. Es ist auch in Deutschland auf Landstraßen die Erfahrung gemacht, daß Kleinpflaster ein außerordentlich widerstandsfähiges und haltbares Pflaster ist, nur ist es sehr teuer und daher nur auf sehr stark belasteten Straßen zu verantworten. Es gilt aber, Pflasterdecken für gewisse Zwischenstufen zu finden, die widerstandsfähiger und staubärmer als Schotterdecken sind, ohne gleich den hohen Aufwand der Kleinpflasterstraßen zu erfordern. Hierüber soll zugleich die Versuchsstraße in Braunschweig Aufklärung bringen. Sie hat eine Fahrbahnbreite, wie aus der Abb. 210 hervorgeht, von 11 m, vier Spuren von je 2,75 m Breite. Die erste innere Spur ist von Lastkraftwagen mit Luftreifen anfangs mit 30, später bis 45 km/stdl.

befahren worden, die ein Gewicht bis 15 t gehabt haben. Auf der zweiten anschließenden Spur sind Wagen mit Kissenreifen bis 10 t Belastung, aber nur mit 25 km/stdl. anfangs, später 35 km/stdl. Geschwindigkeit und auf der dritten Spur Lastkraftwagen mit Vollgummireifen und 20—25 km/stdl. Geschwindigkeit gefahren. Die vierte Spur ist für Zugmaschinen ohne Güterladeraum bestimmt und von Lanzschen Bulldoglastzügen und Poehlmaschinen mit 6 bis 10 km/stdl. befahren worden. Die gefahrenen Runden sind genau aufnotiert, so daß man die Belastung der Strecken genau kennt, wie auch alle Aufwendungen

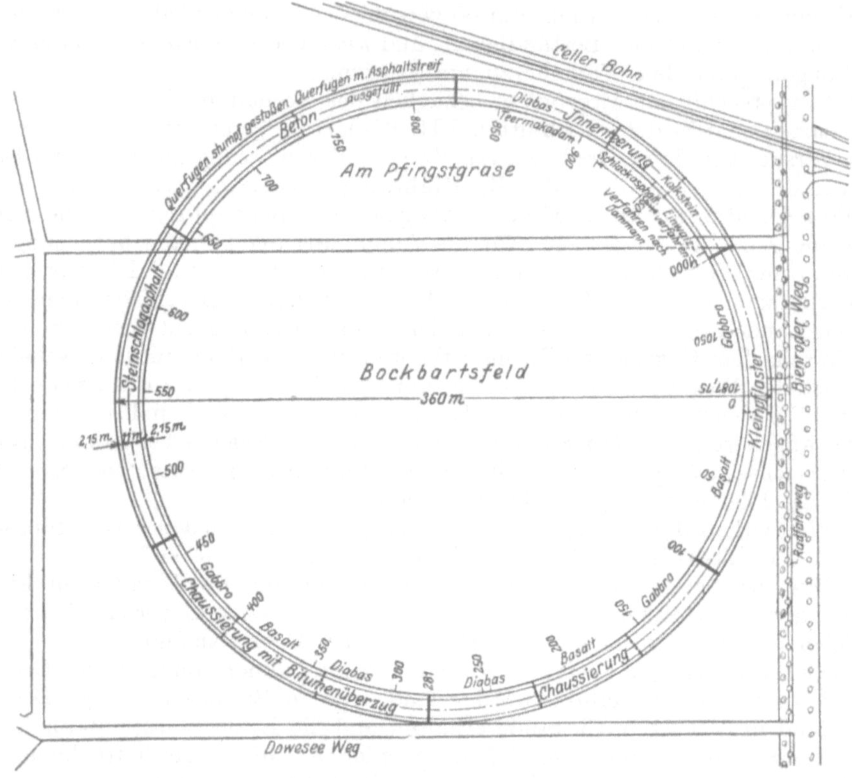

Abb. 210. Versuchsbahn des D. Str. B. V. bei Braunschweig.

für die Instandhaltung, Ausbesserungen der Decken und ähnliches genau festgestellt worden sind.

Um den Einfluß des Verkehres der Zugtiere und der eisernen Reifen festzustellen, ist auf Spur II am Schluß der Untersuchungen noch ein Versuch mit gemischtem Verkehr — Pferdewagen und Kraftwagen — gemacht worden in der Weise, daß ein Lastkraftwagen mit Vollgummireifen, zwei Zugmaschinen mit je zwei eisenbereiften Anhängern und drei Pferdegespanne mit je einem eisenbereiften Wagen die Strecke befahren haben. Die Belastung mit Gummi hat 52,2 vH mit Eisen 47,8 vH des gesamten Verkehres betragen.

Der Betrieb der Versuchsstraße hat zu folgenden Ergebnissen geführt:

I. Fahrversuche auf den Spuren I—III mit schweren Lastkraftwagen.

1. Die Lastkraftwagen mit Luftreifen haben bei 30 und 45 km Stundengeschwindigkeit die Fahrbahndecke am wenigsten beschädigt.
2. Die Lastkraftwagen mit hochelastischer Bereifung haben bei 25 und 35 km

Stundengeschwindigkeit die Fahrbahndecken etwas mehr angegriffen als die Lastkraftwagen unter 1.

3. Die Lastkraftwagen mit Vollgummireifen haben bei 20 und 25 km Stundengeschwindigkeit die Fahrbahndecken erheblich mehr beschädigt als die Lastkraftwagen unter 1 und 2.

Die Verkehrsbelastung ist in allen drei Fällen annähernd gleich gewesen; sie hat im Mittel 2774 t/Tag betragen.

Von den eingebauten Decken haben sich Steinschlagasphalt, Beton und Kleinpflaster am besten bewährt. Angaben über ihre Unterhaltungskosten befinden sich in der Zusammenstellung 49, S. 327. Als unzureichend für so starken und schweren Lastkraftwagenverkehr haben sich die chaussierten Decken erwiesen.

II. Fahrversuche auf der Spur IV mit Zugmaschinen.

Die schweren eisenbereiften Anhänger der Zugmaschinen haben bei 6—10 km Stundengeschwindigkeit die Spur IV stark beschädigt, während die Zugmaschinen mit gummibereiften Anhängern keinen merkbaren Einfluß gehabt haben. Am besten haben sich auch auf dieser Spur Steinschlagasphalt, Kleinpflaster und Beton gehalten, während die chaussierten Strecken stark gelitten haben.

III. Die Fahrversuche auf Spur II mit gemischtem Verkehr.

Bei einer Stundengeschwindigkeit der Pferdefuhrwerke von 3,5—4 km, der Zugmaschinen von 6 km und des Lastkraftwagens von 20 km und bei einer Tagesbelastung von 958 t mit Gummibereifung und 877 t mit Eisenbereifung hat sich das Kleinpflaster bewährt, alle anderen Befestigungsarten haben mehr oder weniger gelitten. Die Schädlichkeit der Eisenreifen im Zusammenwirken mit Gummireifen hat sich namentlich bei den chaussierten Fahrbahndecken (Oberflächenteerung und nachträgliche Emulsionsbehandlung mit Terrol, Vialit und Huagol) herausgestellt, die diesem Verkehr gegenüber keineswegs gewachsen gewesen sind. Die starke Abnutzung der Betonstrecke, die unter dem Verkehr der gummibereiften Fahrzeuge nahezu unbeschädigt geblieben ist, muß auf die Überbeanspruchung durch Eisenreifen zurückgeführt werden.

Auf der Versuchsstraße in Braunschweig sollen die Versuche fortgesetzt werden. Als neue Versuchsstraße wird jetzt auch der Nürburgring betrieben. Dem Versuchsstraßenwesen kommt unbedingt eine besondere Bedeutung zu. Das haben auch England und Frankreich erkannt. In beiden Ländern werden demnächst Versuchsstraßen betrieben werden. Der wissenschaftlichen Kraftwagenwertung tritt nunmehr eine wissenschaftliche Straßenbauwertung an die Seite, als Leitgedanke des neuzeitlichen Straßenbaues.

Schrifttumverzeichnis.

1. Neumann, Dr.-Ing.: Die Entwicklung des städtischen Straßenbaues unter dem Einfluß des Fluchtliniengesetzes nebst Vorschlägen für einen wirtschaftsgemäßen Straßenbau in Flachbausiedlungen. Diss. V. T. 1921, H. 15—16.
2. Luther, Dr., Stadtrat a. D.: Der städtische Immobiliarkredit. Mitt. d. Zentralstelle d. Deutschen Städtetages Bd. 5, Nr. 7/8.
3. Wirtschaft und Statistik. 1926.
4. Bericht der Handelskammer von Berlin.
5. H. f. B. Bd. 1, II. Teil, S. 156.
6. V. T. 1925, S. 620.
7. Feuchtinger u. Neumann: Bericht über eine Studienreise in den V. St. A. S. 58. Berlin 1925.
8. Jentsch: Aussichten und Aufgaben des deutschen Straßenbaues, S. 104. Berlin 1925.
9. Speck, Dr.-Ing.: V. T. 1926, H. 38, S. 261.
10. V. T. 1925, S. 685.
11. Becker, Prof. Dr.-Ing., Berlin: Daag-Schnellastwagen.
12. Quarg: Die Fortschritte im Berliner Omnibusverkehr. Berlin 1926.
13. Bobeth: Die Leistungsverluste und die Abfederung von Kraftwagen. Berlin 1913.
14. Schaar: Die Beanspruchung der Straßen durch die Kraftfahrzeuge. Berlin 1925.
15. Mitteilungen des Institutes für Kraftfahrwesen, T. H. Dresden, I. Sammelband. Berlin 1923.
16. Becker, Prof. Dr.-Ing. G.: Motorschlepper. Berlin 1926.
17. Str.B. 1926, Nr. 25, S. 396.
18. Bloss, Dr.-Ing.: Elektrische Kraftbetriebe und Bahnen 1920.
19. Z. V. D. I. 1926, Nr. 5.
20. Risch, Dr.-Ing. u. Dr.-Ing. Kaufmann: V. T. 1926, H. 32.
21. Z. f. T. u. Str. 1912, Nr. 22—25.
22. Heller: Motorwagenbau, 2. Aufl. Berlin 1925.
23. P. R. Bd. 7, Nr. 4. Bd. 5, Nr. 10.
24. Wittig, Z. d. B. 1926, S. 262.
25. Essers u. Th. Kappes, Aachen: Bodenerschütterungen durch Kraftfahrzeuge. Automobilrundschau Jg. 29.
26. Hohl: Luftbereifung der Schweizer Postautomobile. Berlin 1925.
27. IV. I. Str. K. Sevilla.
28. Reise nach der Schweiz zum Studium des Teerstraßenbaues. Stu. f. A.
29. III. I. Str. K. London, Bericht.
30. Förster: Taschenbuch für Bauingenieure.
31. Neumann: Kritische Betrachtungen über den gegenwärtigen Stand des Straßenwesens in den V. St. A. Berlin: Wilhelm Ernst & Sohn 1926.
32. Giese, Dr.-Ing.: V. T. 1926.
33. Cassinone: Eisenbahnübergänge über Verkehrsstraßen. V. T. 1924, S. 345.
34. Scheuermann, Dr.-Ing.: Die Sicherung der Niveauübergänge. V. T. 1925, S. 346.
35. Renfert, Dr.-Ing.: Z. d. B. 1925, S. 352.
36. Neumann: Anpassung der Straßen an den Kraftwagenverkehr. V. T. 1924, S. 586.
37. Jahrbuch des deutschen Kraftfahr- und Motorwesens 1924. Berlin: Valentin.
38. Riedler: Wissenschaftliche Automobilwertung.
39. Der Motorwagen 1926, H. 19.
40. Ehlgötz: T. G. 1926, S. 23.
41. Maier, Dr.-Ing.: Bztg. 1926, Nr. 37.
42. Bredtschneider u. Kunitz: III. I. Str. K. Ber. 46.
43. P. R. 1925, Nr. 2. Bd. 5, Nr. 6. Bd. 6, Nr. 5. Bd. 6, Nr. 7.
44. Blanchard: American Highway Engineers Handbook.
45. Wörnle, Dr.-Ing.: Geräte und Maschinen des nordamerikanischen Landstraßenbaues. Charlottenburg: Zementverlag 1926.
46. Fuchs, Dr., Baurat: Mitteilungen über die Instandhaltung der Landstraßen im Großherzogtum Baden. 1907.
47. Die Bayrischen Staatsstraßen. Denkschrift der obersten Baubehörde im Staatsministerium des Innern.

48. Birk: Der Wegebau, 4. Teil: Linienführung der Straßen- und Eisenbahnen, S. 60.
49. Scheuermann, Dr.-Ing.: Wichtige Fragen bei neuzeitlicher Gestaltung von Stadtstraßen. Wiesbaden 1915.
50. Die Staubbekämpfungsversuche auf den sächsischen Staatsstraßen in den Jahren 1911 bis 1913.
51. Bztg. 1926, Nr. 37.
52. Vilbig: Die Anpassung der bayrischen Staatsstraßen an die neuzeitlichen Verkehrsverhältnisse. V. T. 1926, Nr. 38, S. 618.
53. Mallison, Dr.: Teer, Pech, Bitumen und Asphalt. Halle a. S.: Wilhelm Knapp 1926.
54. Abraham: Asphalt and Allied Substances. New York 1920 s. a. Zeitschrift „Teer" 1926, H. 30.
55. Spilker, Dr.: Kokerei- und Teerprodukte der Steinkohle. Halle a. S.: Wilhelm Knapp 1900.
56. Scheuermann, Dr.-Ing.: Z. f. T. u. Str. 1915.
57. Schläpfer, Prof.: Schw. Z. f. Str. 1925, Nr. 26.
58. Bredtschneider, Dr.-Ing.: Asphalt und Teer im Dienste des Straßenbaues. T. G. 1914, H. 3 u. 4; 1915, H. 7 u. 8; 1919, H. 16 u. 17; 1922, H. 12.
59. Tätigkeitsberichte des Technischen Untersuchungsamtes der Stadt Berlin als Zentralstelle für Asphalt und Teerforschung. Jg. 1923. T. G. 1925, Nr. 2/3 u. 4.
60. Derselbe Bericht 1921. T. G. 1922, H. 9.
61. Mallison, Dr.: Straßenteer oder Erdölbitumen. V. T. 1926, S. 9.
62. American Society for testing Materials. Standards 1924.
63. Herrmann, Dr.: Asphalt und Teer im Dienste des Straßenbaues. B. u. G. 1926, H. 7.
64. Schmidt-Herrmann: Die Prüfung von Stampfasphalt und anderen Straßendecken mit bituminösen Bindemitteln. Berlin 1915.
65. B. u. G. 1927, H. 1.
66. Vorläufiges Merkblatt für Oberflächenteerungen. Stu. f. A.
67. Hoepfner, Prof.: Entwurf einer Anweisung für die Ausführung von Oberflächenteerungen. V. T. 1926, H. 37 u. 38.
68. V. T. 1926, H. 5 und 1927, H. 9.
69. Reise nach London zum Studium des Automobilstraßenbaues. Stu. f. A. 1925.
70. Weber von Ebenhof: Bericht über den I. I. Str. K. Wien 1909.
71. Hoepfner, Prof.: Bericht über die Besichtigung von Teerstraßen am 14.—18. Oktober 1925. Stu. f. A.
72. Dammann, Dr.: Über Wirkungsweise und Prüfung einiger, insbesondere bituminöser Straßenbefestigungsmittel. Diss. Berlin 1917.
73. Vespermann: Teermakadam. Berlin. Allg. Industrie-Verlag G. m. b. H.
74. Hochofenschlacke im Straßenbau mit besonderer Berücksichtigung der Teerstraße. Ausschuß für Verwertung der Hochofenschlacke. Bericht Nr. 7.
75. Guttmann, Dr.: Über die Prüfung der Raumbeständigkeit der Hochofenschlacke im ultravioletten Licht und die Ursache des Schlackenzerfalles. Stahl und Eisen 1926, H. 42.
76. Richtlinien für Verwertung der Hochofenschlacke. Bericht 2: Richtlinien für die Herstellung und Lieferung von Hochofenschlacke zur Verwendung als Gleiseinbettungsstoff.
77. Vorschriften für die Prüfung und Lieferung bituminöser Massen, soweit sie im Straßen-, Tief- und Hochbau Verwendung finden. T. G. 1917 (20), Nr. 6—8.
78. Die Verwendung des Trinidad Lake Asphaltes. Mitt. zum V. I. Str. K. in Mailand.
79. Feuchtmann, Dr.-Ing.: Beitrag zur Beurteilung bituminöser Stoffe, unter besonderer Berücksichtigung ihrer Verwendung im Straßenbau. Diss. Berlin 1919.
80. Z. f. A. T. Bericht für das Jahr 1925. A. T. I. 1927, Nr. 3, 4 u. 5.
81. Neumann, Dr.-Ing.: T. G. 1926, Heft 1.
82. Herrmann, Dr.: Bauing. 1923, H. 1, S. 18.
83. Neumann, Dr.-Ing.: Der Asphaltstraßenbau nach den Berichten des V. I. Str. K. Mailand 1926. A. T. I. 1927, Nr. 7.
84. Löschmann: Zur Straßenbaufrage. Str.B. 1926, H. 6.
85. Mitteilungen aus dem Materialprüfungsamt zu Groß-Lichterfelde 1912, Nr. 2.
86. Kröhnke, Dr.: Über synthetische Asphaltkalksteine.
87. Chemische Zeitung 1920, S. 253, 459 u. 527.
88. Koehler-Gräfe: Die Chemie und Technologie der natürlichen und künstlichen Asphalte. Braunschweig 1913.
89. Vespermann: Gußasphalt als neuzeitlicher Straßenbelag. T. G. 1924, S. 15 u. 36.
90. Quality of oil for surface oiling of earth Roads and streets by Sperrey. A. S. T. M. 1925.
91. Kerkhoff: Asphalt- und Teerstraßen. Berlin 1926.
92. Das technische Untersuchungsamt bei der Tiefbaudeputation der Stadt Berlin als Z. f. A. T. Tätigkeitsbericht 1924.
93. Maier, Dr.-Ing.: T. G. Jg. 28, H. 14.
94. Reiner: Sonderabdruck aus Zement Jg. 14, H. 2 u. 3.

95. A. T. I. 1927, S. 192.
96. A. T. I. 1927, S. 306.
97. Mezger, Dr.: Str.B. 1927, H. 2.
98. Kluge: V. T. 1926, H. 5, H. 24.
99. Speck, Dr.-Ing.: V. T. 1927, Heft 29.
100. Riepert, Dr.: Betonstraßenbau in Deutschland.
101. Petry, Dr.: Deutsche Betonstraßen. 1925.
102. Neumann, Dr.-Ing.: Die Aussichten des Betonstraßenbaues für Deutschland. B. T. 1923.
103. Die Betonstraße 1926, Nr. 6.
104. P. R. Bd. 7, Nr. 2, S. 301.
105. Leitz, Dr.-Ing.: B. T. 1926, H. 44.
106. Report of Higway Research at Pittsburg (Cal.) 1921—1922.
107. Kleinlogel, Dr.-Ing.: Nordamerikanische Betonstraßen.
108. Neumann, Dr.-Ing.: Erfahrungen mit Solidititbeton. Str.B. 1926, H. 2.
109. Graf: Die Siebprobe, die Setzprobe, die Ausbreitprobe (Fließ- oder Rüttelprobe) und ihre Anwendung. Beton und Eisen 1926, H. 12.
110. Graf: der Aufbau des Mörtels im Beton. Berlin 1923.
111. Jung, Dr.-Ing.: Kritische Betrachtungen über den Aufbau von Zementmörtel. B. T. 1926, H. 38. Diss. Braunschweig.
112. Concrete Data s. a. Abrams Bulletin Structural Materials Research Laboratory Design of Concrete Mixtures.
113. Abrams, wie 112. Bulletin 8 u. 10.
114. Henneking, Dr.-Ing.: Str.B. 1926, S. 160.
115. Abrams Bulletin 13 Calcium-Chlorid as an Admixture of Concrete.
116. Das oberitalienische Automobilstraßennetz. Charlottenburg, Zementverlag 1925.
117. Schumann: Kurze Zusammenstellung von massiven Fußbodenestrichen, Zement- und Stahlbetonestrichen.
118. Speck, Dr. Ing.: B. T. 1925, S. 514.
119. Scheuermann, Dr.: St. T. 1924, S. 68.
120. Sander: Str.B. H. 28.
121. Marx: Str.B. 1926, S. 208.
122. P. R. Nr. 7. 1926.
123. Klose, Dr.-Ing.: V. T. 1926, S. 726.
124. Freese, Dr.-Ing. Heinrich: Das Holzpflaster in London.
125. Vespermann: Über die Verwendung des Holzes zu Pflasterzwecken in den Großstädten Europas und Australiens. Leipzig 1912.
126. III. I. Str. K. London, Bericht 28—34.
127. Neumann, Dr.-Ing.: Amerikanisches Straßenpflaster. Z. f. T. u. Str. 1912, S. 678.
128. Henneking, Dr.-Ing.: Z. d. B. 1911, Nr. 83.
129. Freese, Dr.-Ing. Heinrich: T. G. 1926, Nr. 1 u. 2.
130. Neumann, Dr.-Ing.: Prüfung und Bewertung von Straßenbaustoffen. Z. V. D. I. 1926, Nr. 42 u. 44.
131. Hirschwald: Bautechnische Gesteinskunde. Berlin 1912.
132. Zwanglose Mitteilungen des D. V. M. 1926, Nr. 7.
133. Wawrziniok: Handbuch des Materialprüfungswesens.
134. Mitteilungen des Materialprüfungsamtes München, H. 11.
135. Berichte der Internationalen Kongresse für Materialprüfung der Technik, H. 19.
136. Rudloff: Mitteilungen der Materialprüfungsanstalt Berlin 1897.
137. Bericht der geotechnischen Kommission der Schweizerischen Naturforschenden Gesellschaft, Nr. 6 der Schw. Z. f. Str. 1927.
138. III. I. Str. K. London, Ber. 76.
139. Gaber: Prüfung und Beurteilung von Straßenschotter u. Pflastersteinen. Z. d. B. 1927, Nr. 21.
140. Bauing. 1925. Die Baunormung Nr. 8.
141. Hirschwald: Bautechnische Gesteinsprüfung, H. I. VII, VIII.
142. Vorschriften für die Prüfung und Lieferung von Asphalt- und Teermassen, soweit sie im Straßen-, Tief- und Hochbau verwendet werden.
143. Gräfe, Dr.: A. T. I. 1926, Nr. 18—20.
144. V. I. Str. K. Mailand 1926, Bericht 12.
145. Marcusson: Die natürlichen und künstlichen Asphalte. Leipzig 1921.
146. Mitteilungen der Stu. f. A. 1927, Nr. 4.
147. Neumann, Dr.-Ing.: B. T. 1926, H. 31. Die Instandsetzung der Staatsstraßen in Bayern, Baden und Sachsen nach den amtlichen Berichten.
148. Häberle, Dr.-Ing.: Verkehr auf städtischen Straßen. Diss. Stuttgart 1920.
149. Katalog für die Sonderausstellung der Königl. Sächsischen Staatsverwaltung. I. Baufachausstellung Leipzig 1913.

150. Funk: Das Kunststraßenwesen. Halle 1927.
151. Harms: Vergleichende Darstellung der Beziehungen von Verkehrsstärke, Lebensdauer, Unterhaltungs- und Erneuerungskosten verschiedener Fahrbahnbefestigungen. T. G. 1910, S. 11.
152. Kistner, Dr.-Ing.: Der Einfluß der Fahrbahnbefestigung auf die Beförderungskosten. Diss. Braunschweig 1920.
153. Speck, Dr.-Ing.: Weitere Teilergebnisse der Verkehrszählungen auf den deutschen Landstraßen. V. T. 1926, H. 38.
154. Tecklenburg, Dr.-Ing.: Die deutsche Reichsbahn im Rahmen der Verkehrswirtschaft. V. T. W. 1925, S. 535.
155. Halter: Wettbewerbsfähigkeit der Lastkraftwagen mit den Eisenbahnen. V. T. 1926, S. 669.
156. Neumann, Dr.-Ing.: Neuzeitliches Straßenwesen. V. T. W. 2. März 1925.
157. Sachtleben: Die Ansprüche des Automobilverkehres, Niederschrift der Gründungsversammlung der Stu. f. A.
158. Sander, Dr.-Ing.: Anforderungen des Kraftwagenverkehres an das Überlandstraßenwesen in wirtschaftlicher, technischer und organisatorischer Beziehung. Diss. Berlin.
159. Naske: Hartzerkleinerung.
160. Wingerter: Maschinen für die neueren Straßenbauverfahren. Z. V. D. I. 1926, H. 49.
161. Highway Engineer and Contractor 1926.
162. V. T. 1926, H. 5.
163. Wingerter: Die wichtigsten Maschinen beim neuzeitlichen Straßenbau. Bauing. 1926, H. 33.
164. Müller, Dr.-Ing.: Kleinstabstände. V. T. 1926.
165. Roth, Dr.-Ing.: Ein Beitrag zur Anlage städtischer Straßenkreuzungen und Plätze im Verkehrsinteresse. Diss. Berlin.
166. Löschmann: Deutsches Bauwesen, Verkehr und Straßen 1926, S. 33.
167. Neumann, Dr.-Ing.: Die Leistungsfähigkeit von Kraftwagenstraßen. V. T. 1926, H. 5.
168. Schuppan: Kraft und Verkehr 1927.
169. Rappaport, Dr.-Ing.: V. T. 1926, H. 27.
170. Rappaport, Dr.-Ing.: V. T. 1926, S. 285.
171. Speck, Dr.-Ing.: V. T. 1925, S. 962.
172. Englische Parlamentsberichte.
173. Leipziger Verkehr und Verkehrspolitik, Nr. 4, Autofernstraße Berlin—Leipzig—München—Rom.
174. Neumann, Dr.-Ing.: V. T. 1927, S. 186. Entwicklungslinien des Verkehrs in den V. St. A.
175. Bredtschneider, Dr.-Ing.: V. T. 1922, H. 6.
176. Denkschrift zur Frage der Autobahnstraße Köln—Düsseldorf. Landeshauptmann der Rheinprovinz.
177. Das oberitalienische Automobilstraßennetz Mailand—Seengebiet. Charlottenburg: Zementverlag 1925.
178. III. I. Str. K. London, Ber. 22.
179. V. T. 1922, S. 66.
180. Drei Denkschriften des D. Str. B. V.
181. Neumann, Dr.-Ing.: Bauing. 1926, S. 624.

Sachverzeichnis.

Asphalt- und Teerstraßen (Bituminöse Straßenanlagen). Von Direktor **B. J. Kerkhof,** Utrecht. Übersetzt von Direktor **E. Ilse.** Zweite, unveränderte Auflage. Mit 10 Abbildungen auf Tafeln. VIII, 72 Seiten. 1926. Gebunden RM 7.50

Moderner Straßenbau unter besonderer Berücksichtigung der Landstraßen. Von Oberbaurat **W. Reiner,** Berlin-Tempelhof. In Vorbereitung.

Leitfaden für Straßenbau und Straßenerhaltung. Ein Hilfsbuch für Gemeinde- und Bezirksorgane, für Landesbeamte, Straßenmeister und Straßenwärter. Von Ing. **Norbert Sille,** Teplitz-Schönau. Mit 43 Abbildungen. 174 Seiten. 1917. (Technische Praxis, Band XX.) Gebunden RM 1.50

(Verlag von Julius Springer, Wien.)

[Kr] **Die Bekämpfung des Straßenstaubes.** Eine Ergänzung seines Lehr- und Handbuches „Straßenbaukunde". Von Geh. Hofrat Prof. **Ferd. Loewe.** Mit 23 Abbildungen. III, 30 Seiten. 1910. RM 1.40

[Kr] **Die Bahnen der Fuhrwerke in den Straßenbögen.** Eine Ergänzung zu dessen Straßenbaukunde. Von Geh. Hofrat Prof. **Ferd. Loewe.** Mit 9 Abbildungen im Text. 21 Seiten. 1901. RM 1.20

Die graphischen Verfahren zur Ermittelung der Querschnittsflächen, der Grunderwerbs- und Böschungsbreiten von Bahn- und Straßenkörpern. Von Dr.-Ing. **Felix von Glasser.** Mit 115 Textabbildungen und auf 1 Tafel. IV, 123 Seiten. 1914. RM 4.20

Der Eingelenkbogen für massive Straßenbrücken. Eine statisch-wirtschaftliche Untersuchung. Von Dipl.-Ing. Dr. sc.-techn. **Ernst Burgdorfer.** Mit 51 Abbildungen im Text und 10 Tafeln. VII, 160 Seiten. 1924. RM 7.50

Theorie und Berechnung der eisernen Brücken. Von Dr.-Ing. **Friedrich Bleich.** Mit 486 Textabbildungen. XI, 581 Seiten. 1924. Gebunden RM 37.50

Der Wettbewerb um den Entwurf der Friedrich-Ebert-Brücke über den Neckar in Mannheim. Von Baurat Dr.-Ing. e. h. **Karl Bernhard,** Berlin. (Sonderabdruck aus „Der Bauingenieur", 6. Jahrgang 1925, Heft 28/33. Mit 81 Textabbildungen. 28 Seiten. 1925. RM 3.—

Die Eisenbahn-Elbbrücke in Meißen. Von Reichsbahnrat **Julius Karig,** Reichsbahndirektion Dresden. (Sonderabdruck aus „Der Bauingenieur", 1925, Heft 28 und 29.) Mit 53 Abbildungen im Text und auf 1 Tafel. 20 Seiten. 1926. RM 2.40

Die mit [Kr] bezeichneten Werke sind in C. W. Kreidel's Verlag, München, erschienen.